2025 개정 17판

책 구입 시 드리는 혜택
1. 전 과목 실기 이론 동영상 강의 평생 제공
2. 2013년 ~ 2024년 12개년 기출문제 동영상 강의 평생 제공
3. 우수회원 인증 후 2015년 ~ 2017년 3개년 추가 기출문제(해설 포함) 제공

평생무료

평생 무료 동영상과 함께하는 ▶YouTube Daum

소방설비기사
실기 이론 ⊕ 기출문제
- 기계편

2025년 1회 기출문제 수록

강석민   정진홍   공저

- 2025년 1회 기출문제 및 해설 수록
- 2025년 시험대비 소방관련법령 개정 수록 / 저자 1대1 질의응답 카페 운영
- 전 과목 실기 이론 및 12개년 기출문제 동영상 강의 평생 제공
- 전 과목 실기 이론 상세 해설 / 최근 기출문제 수록 및 완벽 해설
- 빠른 합격을 위한 상세한 이론 구성/ 문제 해설을 이해하기 쉽도록 자세히 설명

무료 동영상 강의
▶YouTube 정진홍
Daum 정진홍소방세상 http://cafe.daum.net/sobangpass

www.sejinbooks.kr

머리말

무료 동영상과 함께하는
소방설비기사(기계분야) 실기

인류문명의 발전으로 건축물은 대형화·고층화와 함께 우리의 삶은 풍요롭고 안락한 생활을 할 수 있게 되었으나 경제발전의 속도보다 화재피해의 증가속도는 빠르게 진행되고 있습니다.

따라서 그 어느 때 보다도 화재예방과 화재진압에 대한 체계적이고 전문적인 지식을 갖춘 소방전문인력의 필요성이 크게 대두되고 있는 현실입니다.

이에 저자는 소방 전문 인력이 되기 위한 소방설비기사 및 소방설비산업기사 등 각종 소방분야의 자격시험에 응시하고자 하는 많은 수험생들을 위하여 본서를 집필하게 되었습니다.

이 책의 특징은

1. 오랜 기간 소방전문학원 강의경력을 토대로 집필하였고
2. 초보자입장에서 상세한 해설을 하였으며
3. 핵심 요약정리를 통하여 학습시간을 단축할 수 있습니다.
4. 한국산업인력공단의 출제기준을 토대로 최근 출제경향을 완전 분석할 수 있으며
5. 가장 최근에 개정된 화재안전기술기준과 화재안전성능기준에 의하여 수정·보완하였습니다.

부족한 부분은 신속히 수정·보완하여 소방분야 수험서로서 최고가 되도록 열심히 노력할 것을 약속드리며 이 수험서가 출간되기까지 애써주신 세진북스 편집부 직원과 홍세진 사장님께 감사드리며 수험생 여러분의 합격을 진심으로 기원합니다.

저자 정 진 홍(119sbsb@hanmail.net) 드림

출제기준

실 기

직무분야	안전관리	중직무분야	안전관리	자격종목	소방설비기사(기계분야)	적용기간	2023. 1. 1~2025.12.31

- **직무내용**: 소방시설(기계)의 설계, 공사, 감리 및 점검업체 등에서 설계 도서류를 작성하거나, 소방설비 도서류를 바탕으로 공사 관련 업무를 수행하고, 완공된 소방설비의 점검 및 유지관리업무와 소방계획수립을 통해 소화, 화재통보 및 피난 등의 훈련을 실시하는 소방안전관리자로서의 주요사항을 수행하는 직무이다.
- **수행준거**: 1. 소방기계시설의 구성요소에 대한 조작과 특성을 설명할 수 있다.
  2. 소방시설의 시스템을 설계 할 수 있다.
  3. 소방시설의 배치계획 및 설계서류 작성 및 적산을 수행할 수 있다.
  4. 소방시설의 작동 및 유지관리 업무를 수행할 수 있다.
  5. 소방시설 시공 실무를 수행할 수 있다.

실기검정방법	필답형	시험시간	3시간

실기 과목명	주요항목	세부항목	세세항목
소방기계시설 설계 및 시공 실무	1. 소방기계시설 설계	1. 작업분석하기	1. 현장 여건, 요구사항 분석을 할 수 있다. 2. 기본계획 수립, 기본설계서, 실시설계서를 작성할 수 있다. 3. 공사시방서, 공사내역서, 운영관리지침서를 작성할 수 있다.
		2. 소방기계시설 구성하기	1. 재료의 상호 연관성에 대해 설명할 수 있다. 2. 소방기계시설의 기기 및 부품을 조작할 수 있다. 3. 소방기계시설의 기능 및 특성을 설명할 수 있다.
		3. 소방시설의 시스템 설계하기	1. 소방기계시설을 구성하는 재료의 규격 및 크기를 산정할 수 있다. 2. 소방기계시설의 물량을 결정하기 위한 계산을 수행할 수 있다. 3. 소방기계시설 자료의 활용을 할 수 있다. 4. 도면작성 및 판독을 할 수 있다. 5. 시방서의 작성 등을 할 수 있다.
		4. 소방시설의 배치계획 및 설계서류 작성하기	1. 계통도를 작성할 수 있다. 2. 평면도를 작성할 수 있다. 3. 상세도를 작성할 수 있다. 4. 소방기계시설의 설계 및 시공 관련 업무를 수행할 수 있다. 5. 소방기계설비의 적산 등을 할 수 있다.
	2. 소방기계시설 시공	1. 설계도서 검토하기	1. 설계도서상의 누락, 오류, 문제점을 검토하여 설계도서 검토서를 작성할 수 있다. 2. 설계도면, 시공 상세도, 계산서를 검토하여 시공상의 문제점을 파악하고 조치할 수 있다.
		2. 소방기계시설 시공하기	1. 소화기구를 설치할 수 있다. 2. 옥내·외소화전설비를 설치할 수 있다. 3. 스프링클러(간이스프링클러)설비를 설치할 수 있다. 4. 물분무소화설비를 설치할 수 있다. 5. 포소화설비를 설치할 수 있다. 6. 이산화탄소소화설비를 설치할 수 있다. 7. 할로겐화합물소화설비를 설치할 수 있다. 8. 분말소화설비를 설치할 수 있다. 9. 청정소화약제소화설비를 설치할 수 있다. 10. 피난기구 및 인명구조기구를 설치할 수 있다. 11. 소화용수설비를 설치할 수 있다. 12. 거실제연 및 특별피난계단 및 비상용 승강기 승강장의 제연설비를 설치할 수 있다. 13. 연결송수관설비, 연결살수설비, 연소방지설비를 설치할 수 있다. 14. 기타 소방기계시설 관련 설비를 설치할 수 있다

실기 과목명	주요항목	세부항목	세세항목
		3. 공사 서류 작성하기	1. 시공된 시설을 검사하여 설계도서와 일치여부를 판단할 수 있다. 2. 시공된 시설을 검사하여 관련 서류를 작성할 수 있다. 3. 공정관리 일정을 계획하여 공사일지를 작성 할 수 있다.
	3. 소방기계시설 유지관리	1. 소방시설의 작동 및 유지관리 하기	1. 소방시설의 기술공무 관리 및 실무 작업을 할 수 있다. 2. 기계시설의 점검 및 조작을 할 수 있다. 3. 계측 및 사고요인을 파악할 수 있다. 4. 재해방지 및 안전관리 업무를 수행할 수 있다. 5. 자재관리 업무를 수행할 수 있다.
		2. 소방기계 시설의 유지보수 및 시험점검하기	1. 유지보수 관리 및 계획을 수립할 수 있다. 2. 시험 및 검사를 할 수 있다. 3. 기계기구 점검 및 보수작업을 할 수 있다. 4. 설치된 소방시설을 정상 가동하고, 작동기능 점검 사항을 기록할 수 있다. 5. 종합정밀 점검 사항을 기록할 수 있다. 6. 소방시설 운영에 관한 업무 일지를 작성할 수 있다. 7. 기록 사항을 분석하여 보수·정비를 할 수 있다. 8. 보수에 필요한 부품 및 장비를 확보하고, 점검 기록부를 작성 보존할 수 있다.

차례 Contents

제 1 편 소방유체역학 — 11

- 1-1 기체의 성질 — 13
- 1-2 표준대기압과 절대압 — 14
  - ★ 핵심 출제문제 / 15
- 1-3 배관용 강관의 종류 — 17
- 1-4 관의 두께 — 17
- 1-5 밸브(Valve) — 17
- 1-6 강관의 이음 — 18
- 1-7 배관의 신축 이음(expansion joint) — 19
- 1-8 안전밸브 — 20
  - ★ 핵심 출제문제 / 21
- 1-9 원심 펌프 — 23
- 1-10 NPSH(Net Positive Suction Head) : 흡입 양정 — 24
- 1-11 공동 현상(Cavitation) — 27
- 1-12 수격 작용(Water hammering) — 28
- 1-13 서징 현상(Surging)(맥동 현상) — 28
- 1-14 펌프의 양정 — 29
- 1-15 송수 펌프의 동력 계산 — 30
  - ★ 핵심 출제문제 / 31
- 1-16 유체의 속도 — 34
- 1-17 유체의 연속의 식 — 34
- 1-18 베르누이의 정리(Bernoulli's theorem) — 34
- 1-19 소방용호스의 플랜지볼트에 작용하는 힘 — 35
- 1-20 직관에서의 두 손실 — 37
- 1-21 배관의 마찰 손실 — 37
- 1-22 관 로 망 — 38
- 1-23 관의 축소 및 확대에 의한 두 손실 — 38
- 1-24 유량의 측정 — 39
  - ★ 핵심 출제문제 / 41

제 2 편 소방기계시설의 설계 및 시공 … 49

제 1 장 소화설비 … 51

- 1-1 소화기구 및 자동소화장치(NFTC 101) ── 51
  - ★ 핵심 출제문제 / 57
- 1-2 옥내소화전설비(NFTC 102) ── 61
  - ★ 핵심 출제문제 / 81
- 1-3 옥외소화전설비(NFTC 109) ── 96
  - ★ 핵심 출제문제 / 99
- 1-4 스프링클러설비(NFTC 103) ── 103
  - ★ 핵심 출제문제 / 130
- 1-5 물분무 소화설비(NFTC 104) ── 168
- 1-6 미분무소화설비 ── 170
  - ★ 핵심 출제문제 / 172
- 1-7 포 소화설비(NFTC 105) ── 174
  - ★ 핵심 출제문제 / 184
- 1-8 이산화탄소소화설비(NFTC 106) ── 197
  - ★ 핵심 출제문제 / 209
- 1-9 할론 소화설비(NFTC 107) ── 231
- 1-10 할로겐화합물 및 불활성기체 소화설비(NFTC 107) ── 239
  - ★ 핵심 출제문제 / 245
- 1-11 분말소화설비(NFTC 108) ── 260
  - ★ 핵심 출제문제 / 267
- 1-12 도로터널(NFTC 603) ── 270
- 1-13 임시소방시설(NFTC 606) ── 271

제 2 장 소화활동설비 … 273

2-1 제연설비(NFTC 501) ………………………………………… 273
2-2 특별피난계단의 계단실 및 부속실 제연설비(NFTC 501A) …… 280
　★ 핵심 출제문제 / 285
2-3 연결송수관 설비(NFTC 502) ………………………………… 303
2-4 연결살수설비(NFTC 503) …………………………………… 307
2-5 지하구의 연소방지설비(NFTC 605) ………………………… 309
　★ 핵심 출제문제 / 311

제 3 장 피난설비 … 314

3-1 피난기구(NFTC 301) ………………………………………… 314

제 4 장 소화용수설비 … 325

4-1 소화수조 및 저수조(NFTC 402) ……………………………… 325
4-2 상수도소화용수설비(NFTC 401) ……………………………… 326
　★ 핵심 출제문제 / 327

제 3 편 단위환산표 및 도시기호 … 329

제 1 장 단위환산표 … 331

제 2 장 소방시설 도시기호 … 334

제4편 과년도 출제문제

2018년도
- 2018년 4월 15일 시행 ∗ 345
- 2018년 6월 30일 시행 ∗ 369
- 2018년 11월 10일 시행 ∗ 390

2019년도
- 2019년 4월 14일 시행 ∗ 408
- 2019년 6월 29일 시행 ∗ 434
- 2019년 11월 9일 시행 ∗ 457

2020년도
- 2020년 5월 24일 시행 ∗ 473
- 2020년 7월 25일 시행 ∗ 498
- 2020년 10월 17일 시행 ∗ 520
- 2020년 11월 15일 시행 ∗ 542

2021년도
- 2021년 4월 25일 시행 ∗ 565
- 2021년 7월 10일 시행 ∗ 590
- 2021년 11월 14일 시행 ∗ 613

2022년도
- 2022년 5월 7일 시행 ∗ 636
- 2022년 7월 24일 시행 ∗ 663
- 2022년 11월 19일 시행 ∗ 687

2023년도
- 2023년 4월 23일 시행 ∗ 713
- 2023년 7월 22일 시행 ∗ 739
- 2023년 11월 5일 시행 ∗ 763

2024년도
- 2024년 4월 27일 시행 ∗ 788
- 2024년 7월 28일 시행 ∗ 813
- 2024년 11월 2일 시행 ∗ 841

2025년도
- 2025년 4월 20일 시행 ∗ 864

제 1 편

소방유체역학

제 1 장

총액배분 자율편성

제 1 편 소방유체역학

 1-1 기체의 성질

(1) 보일(Boyle)의 법칙

온도가 일정할 때 기체가 차지하는 부피는 가해지는 절대압력에 반비례한다.

$$P_1 V_1 = P_2 V_2$$

(2) 샤를(charle)의 법칙

압력이 일정할 때 기체가 차지하는 부피는 절대온도에 비례한다.

$$\frac{V_1}{T_1} = \frac{V_2}{T_2}$$

(3) 보일 – 샤를의 법칙

기체가 차지하는 부피는 절대압력에 반비례하고 절대온도에 비례한다.

$$\frac{P_1 V_1}{T_1} = \frac{P_2 V_2}{T_2}$$

(4) 기체의 상태 방정식

표준상태(0℃, 1atm)에서 모든 기체의 분자 1kmol은 22.4m³의 부피를 차지한다.

$$PV = \frac{W}{M} RT = n(몰) RT$$

여기서, P : 압력(atm), V : 부피(m³), W : 무게(kg), M : 분자량

R : 기체상수(0.082atm · m³/kmol · K), T : 절대온도 K(273+t℃)

$$PV = WRT$$

여기서, P : 압력(kgf/m²), V : 부피(m³), W : 무게(kg)
R : 기체상수(kgf · m/kg · K), T : 절대온도 K(273+t℃)

[예] CO_2 기체상수 R값(0℃, 1기압, 표준상태)

① $R = \dfrac{PV}{nT} = \dfrac{1.0332 \times 10^4 \text{kgf/m}^2 \times 22.4\text{m}^3}{1\text{kg}-\text{mol} \times (273+0)\text{K}}$

   $= 847.753 \text{kgf} \cdot \text{m/kg}-\text{molK}$

② $R = \dfrac{PV}{nT} = \dfrac{1.0332 \times 10^4 \text{kgf/m}^2 \times 22.4\text{m}^3 \times 1\text{kg}-\text{mol}}{1\text{kg}-\text{mol} \times (273+0)\text{K} \times 44\text{kg}}$

   $= 19.2671 \text{kgf} \cdot \text{m/kgK}$

③ $R = \dfrac{19.2671 \text{kgf} \cdot \text{m}}{\text{kg} \cdot \text{K}} \times \dfrac{9.8\text{N}}{1\text{kgf}} = \dfrac{188.8166\text{N} \cdot \text{m(J)}}{\text{kg} \cdot \text{K}}$

1-2 표준대기압과 절대압

(1) 표준 대기압(atmospheric pressure) ★★★★★

$1\text{atm} = 760\text{mmHg} = 1.0332\text{kgf/cm}^2 = 1.0332 \times 10^4 \text{kgf/m}^2$
$= 10332\text{mmH}_2\text{O(mmAq)} = 10.332\text{mH}_2\text{O(mAq)} = 1013\text{mbar}$
$= 1.013\text{bar} = 101.325\text{kPa(kN/m}^2) = 101325\text{Pa(N/m}^2)$
$= 14.7\text{PSI(lb/in}^2)$

※ Aq = Aqua(물)의 약자
※ PSI = pound per square inch의 약자

(2) 절대압(absolute pressure)

절대압 = 국소대기압 $\begin{matrix} + \text{ 계기압} \\ - \text{ 진공압} \end{matrix}$

핵심 출제문제

01 다음 그림에서 게이지의 압력은 얼마인가?(몇 kPa로 나타낼 것)

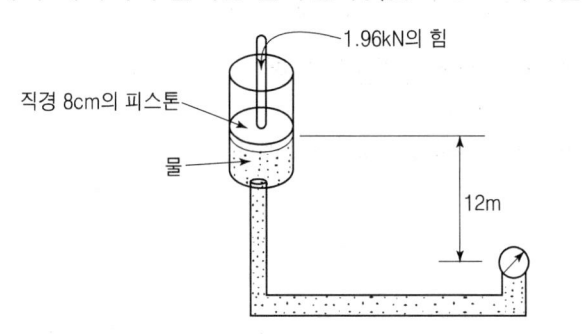

[풀이] $P_1 = \dfrac{F}{A} = \dfrac{1.96}{\dfrac{\pi}{4} \times 0.08^2} = 389.93 \,\text{kN/m}^2 (\text{kPa})$

$P_2 = rh = 9.8\,\text{kN} \times 12\,\text{m} = 117.6\,\text{kN/m}^2 = 117.6\,\text{kPa}$

$\therefore P_T = 389.93 + 117.6 = 507.53\,\text{kPa}$

[해답] 507.53kPa

02 실내온도가 25℃인 사무실에서 화재가 발생하여 720℃가 되었다. 팽창된 공기의 부피는 처음의 몇 배가 되는가?(단, 압력변화는 없다고 본다.)

[풀이] 압력이 일정하므로 샤를의 법칙을 적용한다.

$\dfrac{V_1}{T_1} = \dfrac{V_2}{T_2} \qquad \dfrac{V_1}{273+25} = \dfrac{V_2}{273+720}$

$298\,V_2 = 993\,V_1 \quad \therefore V_2 = 3.33\,V_1 \quad \therefore 3.33$배

[해답] 3.33배

03 25℃의 질소 3kg을 체적이 0.6m³인 압력용기에 저장하였다. 이때 질소의 압력(Pa)은 얼마인가?(단, 질소의 가스상수 R은 296.91J/kg·K이다.)

풀이 $PV = WRT$ ∴ $P = \dfrac{wRT}{V}$ $1J = 1N \cdot m$

$P = \dfrac{3\text{kg} \times 296.91\text{J/kgK} \times (273+25)\text{K}}{0.6\text{m}^3}$

$= 442395.9 \text{J/m}^3 = 442395.9 \text{N/m}^2 (\text{Pa})$

해답 442395.9Pa

04 펌프의 흡입이론에서 볼 때 물을 흡수할 수 있는 이론 최대 높이는 몇(m)인가? (단, 대기압은 760[mmHg], 수은의 비중량은 13,600[kgf/m³], 물의 비중량은 1,000[kgf/m³]이다.)

풀이 $P = r_A h_A = r_B h_B$

r_A = 수은의 비중량(13600kgf/m³) r_B = 물의 비중량(1000kgf/m³)

h_A = 수은의 두(760mmHg = 0.76mHg) h_B = ?

∴ $h_B = \dfrac{13600 \times 0.76}{1000} = 10.336\text{m}$

해답 10.34m

1-3 배관용 강관의 종류

① 배관용 탄소강 강관(SPP) : 1MPa 이하
② 압력배관용 탄소강 강관(SPPS) : 1MPa∼10MPa 이하
③ 고압배관용 탄소강 강관(SPPH) : 10MPa 이상
④ 고온배관용 탄소강 강관(SPHT) : 350℃∼450℃
⑤ 저온배관용 탄소강 강관(SPLT) : -350℃∼0℃
⑥ 배관용 스테인레스 강관(STS) : -350℃∼350℃
⑦ 배관용 아크용접 탄소강 강관(SPW) : 350℃ 이하, 1MPa 이하
⑧ 배관용 합금강 강관(SPA) : 350℃ 이상

1-4 관의 두께

관의 두께는 규격 번호(schedule No)로 표시한다.

$$* \; \text{schedule No} = \frac{\text{최대 사용압력(MPa)}}{\text{허용응력(MPa)}} \times 1000$$

$$* \; \text{허용응력} = \frac{\text{인장강도}}{\text{안전율}}$$

schedule No 40 = 보통관   schedule No 80 및 160 = 두꺼운 관

1-5 밸브(Valve)

(1) OS & Y 밸브(outside screw & yoke valve)

일명 gate밸브, main밸브, sluice 밸브라고도 하며 유체의 흐름에 직각으로 게이트의 상하운동으로 유량을 조절하며 섬세한 유량조절은 힘들고 대형의 밸브로 저수지의 수문으로도 사용된다.

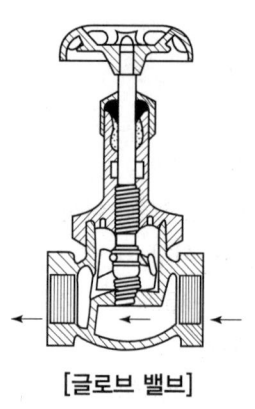
[글로브 밸브]

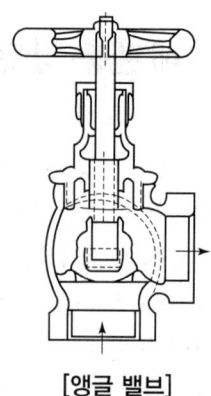
[앵글 밸브]

(2) 글로브 밸브(globe valve)

유체가 밸브의 디스크 옆을 거쳐서 흐르게 되어 **수류의 방향**을 180°로 흐르게 되어 다소 섬세한 유량을 조절할 수 있다. 소형 밸브이며 집안의 수도꼭지와 같은 것이다.

(3) 앵글 밸브(angle valve)

글로브 밸브의 일종이며 **수류의 방향**을 90°로 변환시켜주는 밸브로서 옥내, 외 소화전의 방수구와 스프링클러소화설비 유수검지장치의 배수 밸브 등에 쓰인다.

 1-6 강관의 이음

(1) 나사 이음

일반적으로 나사 이음은 50A 이하의 관연결시 사용하며 나사는 한번에 절삭하지 말고 2~3회로 하여 절삭한다.
이음에 사용하는 패킹제로는 테프론테프, 광명단, 일산화연(PbO) 등이 있다.

(2) 용접 이음

일반적으로 50A 이상의 관연결시 사용하며 전기 또는 가스로 용접한다. 맞대기이음과 슬리이브이음이 있고 슬리이브 길이는 일반적으로 관경의 1.2~1.7배가 적당하다.

(3) 플랜지 이음

배관 중간에 설치한 밸브류, 펌프, 계기 등 각종 기기의 고장 수리시, 배관해체시 편리하다. 볼트 체결시에는 대각선 방향으로 천천히 조여 체결한다.

1-7 배관의 신축 이음(expansion joint)

배관의 열 등에 의한 팽창 또는 수축 등을 흡수하여 배관의 손상을 방지한다.

(1) **슬리브형 신축 이음**(미끄럼 이음 : Slide Type expansion joint)

직관의 선팽창을 흡수하며 벨로우즈형보다 큰 압력의 온도에 견딜 수 있다.

(2) **굴곡관형 신축 이음**(만곡관형 이음 : Bending pipe joint)

(3) **벨로우즈형 신축 이음**(파형 이음 : Bellows Type expansion joint)

(4) **스위블형 신축 이음**(스윙형 이음)

배관상 2개 이상의 엘보를 설치하여 신축을 흡수한다.

팽창과 수축의 흡수량 순서
굴곡관형〉슬리브형〉벨로우즈형〉스위블형

(5) **볼조인트형**

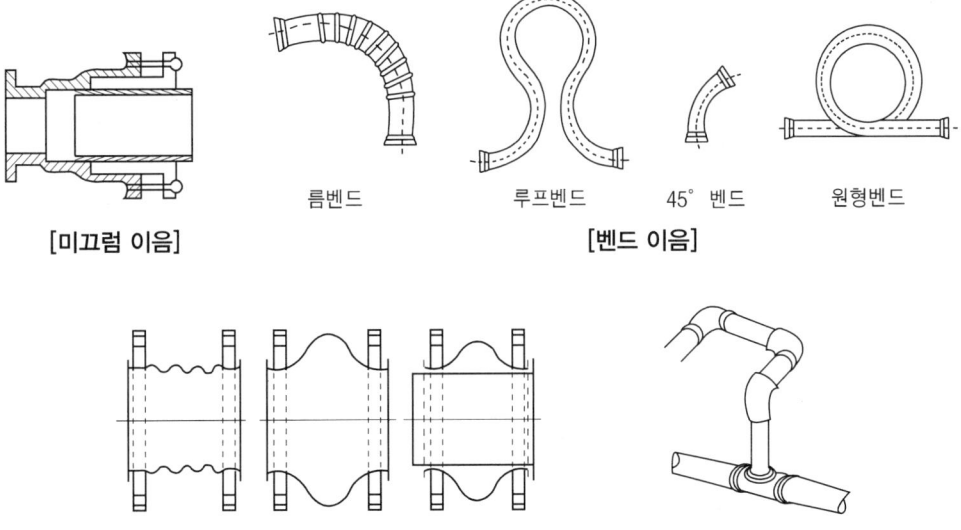

[미끄럼 이음]   름벤드   루프벤드   45° 벤드   원형벤드
　　　　　　　　　　　[벤드 이음]

[파형 이음]　　　　　　[스위블형 이음]

1-8 안전밸브

(1) 안전밸브의 종류

① 스프링식
  스프링의 탄성을 나사의 조임으로 분출 압력을 조절하며 동작이 정확하여 일반적으로 가장 많이 사용된다.

② 추식(중추식)
  추의 중량을 밸브에 연결시켜 분출 압력을 조절한다.

③ 지렛대식
  지렛대의 원리를 이용한 것으로 밸브의 분출 압력을 레버에 매달인 추를 이동시켜 조절하는 방식

(2) 안전밸브의 누설 원인

① 스프링 장력의 감소
② 밸브와 밸브 시이트 틈에 이물질 침투 및 손상
③ 밸브의 조정 압력을 너무 낮게 설정

핵심 출제문제

01 배관의 접합방법 중 플랜지 접합 방법은 어떠한 경우에 사용하는가?(3가지를 쓰시오.)

풀이 ① 두 개의 직관을 이을 때(50mm 이상)
② 두 개의 기기를 접속할 때
③ 증설이나 교환을 예상할 수 있는 경우

02 파이프(배관) 시스템 설계시 woody차아트에서 배관길이의 마찰손실 이외에 소위 부차적 손실을 고려하게 된다. 부차적 손실은 주로 어떠한 부분에서 발생하는지 3가지만 기술하시오.

풀이 ① 엘보, 티등 관 부속품 설치 부분
② 배관의 급격한 축소 부분
③ 배관의 급격한 확대 부분
④ 유체의 방향이 갑자기 변경되는 부분 중 3가지 선택

03 안전밸브는 배관 및 설비에 이상고압이 발생하였을 때 파열방지기능을 하며 그 작동방법에 따라 다음과 같이 분류한다. 다음 ( ) 안에 알맞는 말을 쓰시오.

㉮ 지렛대식 : 지렛대의 원리를 이용 밸브에 작용하는 이상고압을 분출시키는 것으로 레버와 추를 이동하여 방출압력을 조절
㉯ 추식 : 주철제 원판을 밸브시트에 직접 작용시켜 방출압력에 작동시킨다.
㉰ ( ) : 작동이 가장확실하며 나사조임으로 작동압력을 조절하며 일반적으로 가장 많이 설치한다.

 스프링식

04 강관은 사용용도 및 사용목적에 따라 KS 규격에 규정되어 사용하고 있다. 대부분 온도, 압력, 용도 등에 따라 여러 종류로 규격이 정해져 있다. 이에 따른 배관용 강관의 종류를 4가지만 쓰시오.

풀이
① 배관용 탄소강관   ② 압력배관용 탄소강관
③ 고압배관용 탄소강관 ④ 고온배관용 탄소강관
⑤ 저온배관용 탄소강관 ⑥ 배관용 스테인레스 강관 중 4가지 선택

05 어느 배관의 인장강도가 200N/mm²이고 내부작업 응력이 4MPa이었다면 이 배관의 스케듈(Schedule)수는 얼마인가? (단, 안전율은 4이다)

풀이

$$\text{스케듈 수(Schedule No)} = \frac{\text{내부작업 압력}}{\text{재료의 허용응력}} \times 1000$$

$$\text{안전율} = \frac{\text{인장강도}}{\text{허용응력}}$$

$200\text{N/mm}^2 \times 10^6 \text{mm}^2/\text{m}^2 = 2 \times 10^8 \text{N/m}^2(\text{Pa})$

$\therefore \text{허용응력(kPa)} = \dfrac{2 \times 10^8 \text{N/m}^2(\text{Pa})}{4} = 5 \times 10^7 \text{N/m}^2(\text{Pa}) = 5 \times 10^4 \text{kN/m}^2(\text{kPa})$

$\text{스케듈 수} = \dfrac{4 \times 10^3 \text{kPa}}{5 \times 10^4 \text{kPa}} \times 1000 = 80$

해답 80

06 배관이 열응력 등에 신축하는 것이 원인이 되어 파괴되는 것을 방지하기 위해 신축이음을 하는데 다음과 같은 방법이 있다. ( )안에 알맞는 것은?

- 루우프형 신축이음
- (㉮) 형 신축이음
- (㉯) 형 신축이음

해답 ㉮ 슬리브 ㉯ 벨로우즈

1-9 원심 펌프

(1) 볼류트 펌프(Volute pump)

물 안내 날개 없다.

(2) 터빈 펌프(Turbine pump)

물 안내 날개 있다.

impeller(임펠러)의 회전에 의하여 생긴 원심력으로 액체를 밀어내는 것이다. 원심 펌프는 air binding(공기 바인딩)현상이 일어나므로 송액전 액을 채워 공기를 제거하거나 자동으로 공기를 제거시키는 자동유출펌프(self-priming pump)를 사용해야 된다.

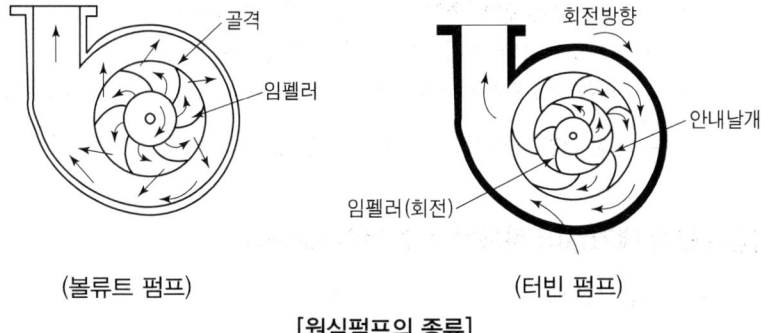

[원심펌프의 종류]

1-10 NPSH(Net Positive Suction Head) : 흡입 양정

1. 유효흡입 양정(avaliable NPSH : NPSHav)

펌프를 설치하여 사용시 펌프의 성능 그 자체와는 상관없이 흡입측 배관 또는 system에 의하여 정하여지는 값이다. 즉, 펌프 흡입구 중심까지 유입되는 액체에 외부에서 가해지는 압력을 절대압으로 나타낸 값에서 그 온도에서 액체 포화수증기압을 뺀 것을 말한다.

$$NPSHav = h_{sv} = \frac{P_s}{\gamma} - \frac{P_V}{\gamma} \pm h_s - \frac{fVs^2}{2g}$$

여기서, h_{sv} : 유효 흡입양정(m)
P_s : 흡입수면에 작용하는 압력(kPa abs)
P_V : 사용온도에서의 액체의 포화증기압(kPa abs)
γ : 사용온도에서의 단위 체적당의 중량(kN/m³)
h_s : 흡수면에서 펌프기준면까지 높이(m)(흡상되면 음(-), 압입되면(+))
$\frac{fVs^2}{2g}$: 흡입관 내에서의 총 손실 수두(m)

(1) 흡입수면에 대기압이 작용하는 경우의 NPSHav

표고 0부근의 상온의 물

$$NPSHav = 10 - hs - \frac{fVs^2}{2g}$$

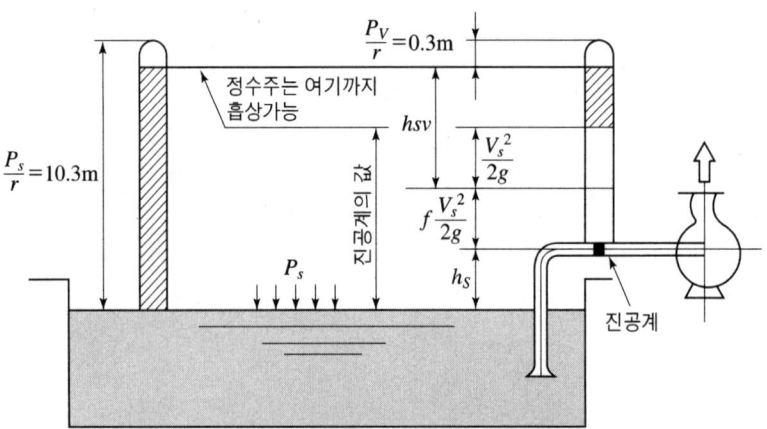

항목		흡상의 경우		가압의 경우
		평지대	고지대	
설치조건	펌프흡입상태	(대기압, 3m)	(대기압, 고지대)	(대기압, 2m)
	액체	물	물	물
	수온(℃)	20	20	20
	해발고도(m)	0	1000	0
	P_s 대기압(kgf/m² abs)	1.0330×10^4	0.9180×10^4	1.0330×10^4
	P_V 포화증기압(kgf/m² abs)	0.0238×10^4	0.0238×10^4	0.0238×10^4
	γ 단위체적당 중량(kgf/m³)	998.2	998.2	998.2
	$\pm hs$ 흡입양정(m)	-3	-3	+2
	$\dfrac{fVs^2}{2g}$ 흡입관 총손실(m)	0.8	0.8	0.6
계산값	$hsv = \dfrac{Ps}{\gamma} - \dfrac{Pv}{\gamma} \pm hs - f\dfrac{Vs^2}{2g}$	hsv $= 10.35 - 0.24$ $- 3 - 0.8$ $= 6.31\text{m}$	hsv $= 9.2 - 0.24$ $- 3 - 0.8$ $= 5.16\text{m}$	hsv $= 10.35 - 0.24$ $+ 2 - 0.6$ $= 11.51\text{m}$

[예] 흡입수면에 대기압이 작용하는 경우의 계산 방법

(2) 흡입측이 밀폐수조인 경우의 NPSHav

액면의 포화증기압 P_V가 작용하고 있을 때

$$NPSHav = hs - \frac{fVs^2}{2g}$$

단, hs는 반드시 압입되지 않으면 안된다.

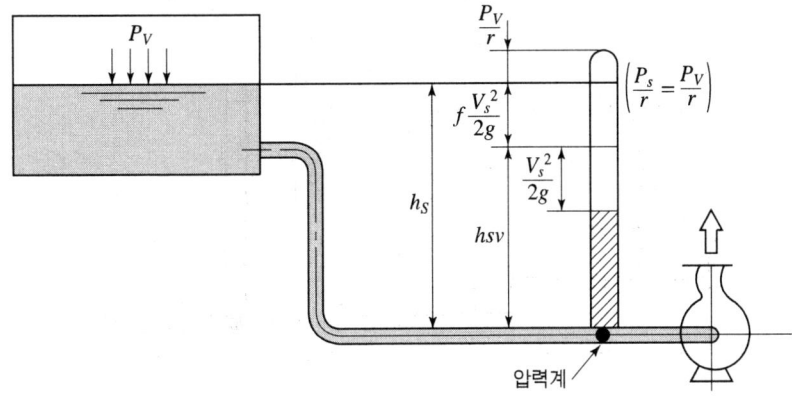

$$\text{압력계의 읽음} = (P_v + \gamma hs) - Pa - \gamma(1+f) \times \frac{Vs^2}{2g}$$

$$hsv = \frac{1}{\gamma} \times \text{압력계의 읽음} + \frac{1}{\gamma} \times (P_a - P_V) + \frac{Vs^2}{2g}$$

[예] 흡수면에 밀폐수조가 있는 경우의 계산 방법

	항 목	내압작용의 경우	가압의 경우
설치조건	펌프흡입상태	내압, 4m	포화증기압, 4m
	액체	물	뜨거운 물
	수온(℃)	20	120(포화상태)
	해발고도(m)	0	0
	P_s 대기압(kgf/m² abs)	2.0000×10^4	2.0245×10^4
	P_V 포화증기압(kgf/m² abs)	0.0238×10^4	2.0245×10^4
	γ 단위체적당 중량(kgf/m³)	998.2	943.1
	$\pm hs$ 흡입헤드(m)	+4	+4
	$\dfrac{fVs^2}{2g}$ 흡입관 총손실(m)	0.8	0.8
계산값	$hsv = \dfrac{P_s}{\gamma} - \dfrac{P_V}{\gamma} \pm hs - \dfrac{fVs^2}{2g}$	$hsv = 20.04 - 0.24 + 4 - 0.8 = 23.0\,\text{m}$	$hsv = 21.47 - 21.47 + 4 - 0.8 = 3.2\,\text{m}$

(3) 액면에 압력 Ps(kgf/m² abs)가 작용하고 있을 때

$$NPSHav = \frac{1}{\gamma}(P_s - P_V) + hs - \frac{fVs^2}{2g}$$

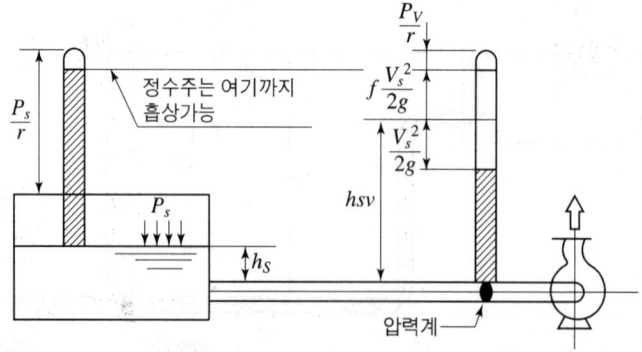

압력계의 읽음 $= (P_V + \gamma hs) - Pa - \gamma(1+f) \times \dfrac{Vs^2}{2g}$

$hsv = \dfrac{1}{\gamma} \times 압력계의 읽음 + \dfrac{1}{\gamma} \times (P_a - P_V) + \dfrac{Vs^2}{2g}$

P_a = 펌프설치지점의 대기압(kgf/m² abs)

2. 필요 흡입양정 : required NPSH(NPSHre)

물이 펌프의 임펠러(impeller)에 유입되어 가압되기 직전의 속도수두와 임펠러 입구에서 발생하는 일시적인 압력저하를 총수두로 나타낸 값이다.

1-11 공동 현상(Cavitation)

유체 중 물온도의 증기압보다 낮은 부분이 발생되면 물이 증발되고 물속에 용해되어 있던 공기가 물과 분리되어 기포가 발생되는 현상이다.

(1) 공동 현상의 발생원인

① 펌프의 흡입측 수두가 클 경우
② 펌프의 마찰 손실이 과대할 경우
③ 펌프의 임펠러(impeller) 속도가 클 경우
④ 펌프의 흡입관경이 작을 경우
⑤ 펌프의 설치 위치가 수원보다 높을 경우
⑥ 펌프의 흡입 압력이 유체의 증기압보다 낮을 경우
⑦ 배관내의 유체가 고온일 경우

(2) 공동 현상의 방지 대책

① 펌프의 설치 위치를 수원보다 낮게 한다.
② 펌프의 흡입측 수두 및 마찰 손실을 적게 한다.
③ 펌프의 임펠러(impeller)속도를 작게 한다.
④ 펌프의 흡입관경을 크게 한다.
⑤ 양흡입 펌프 사용
⑥ 펌프를 2대 이상 설치

1-12 수격 작용(Water hammering)

펌프에서 유체를 압송시 정전 등으로 갑자기 펌프가 정지한 경우 혹은 밸브를 갑자기 개폐할 경우 배관내의 유체의 운동에너지가 압력에너지로 변하여 고압이 발생, 유속이 급변하여 압력 변화를 가져와 배관내의 벽면을 치는 현상

(1) 수격 작용 발생 원인

① 정전 등으로 갑자기 펌프가 정지할 경우
② 급히 밸브를 개폐할 경우
③ 펌프의 정상 운전시 유체의 압력 변동이 있는 경우

(2) 수격 작용 방지 대책

① 관경을 크게 하고 유속을 낮춘다.
② 펌프에 fly wheel(플라이 휠)설치하여 펌프의 급격한 속도변화 방지
③ 조압수조(surge tank) 혹은 수격 방지기(water hammering cusion)설치
④ 밸브는 펌프 송출구 가까이 설치하고 적당한 밸브제어
⑤ 배관은 가능한 직선적으로 시공

1-13 써어징 현상(Surging)(맥동 현상)

펌프 운전시 규칙적으로 운동, 양정, 토출량이 변화하는 현상. 즉 송출 압력과 송출 유량의 주기적인 변동이 발생하는 현상이다.

(1) 써어징 현상 발생 원인

① 펌프의 양정 곡선이 산형 특성이며 사용범위가 우상특성일 것.
② 토출배관에 수조, 공기저장기가 있을 때
③ 토출량 조절 밸브가 수조, 공기저장기보다 아래에 있을 때

(2) 써어징 현상 방지 대책

① pump의 양수량을 증가시키거나 임펠러 회전수를 변화시킨다.
② 배관내의 공기제거 및 단면적, 유속, 유량 조절

1-14 펌프의 양정

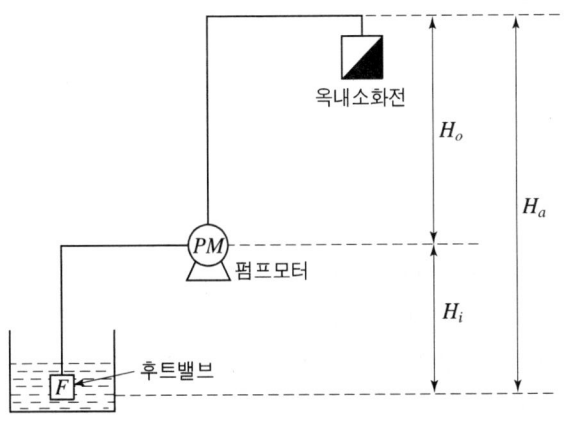

① 흡입 양정(H_i) = 흡입수면(Foot Valve)에서 펌프의 중심까지 수직거리(m)
② 토출 양정(H_o) = 펌프 중심에서 최선단, 최상층 송수구까지 수직거리(m)
③ 실 양정(H_a) = 흡입수면(foot valve)에서 최선단, 최상층 송수구까지 수직거리(m)

$$H_a = H_i + H_o$$

④ 전양정(H) = 실 양정(H_a)과 직관의 마찰손실수두, 관부속품의 마찰손실수두의 합을 말한다.

$$\therefore \text{전 양정}(H) = \text{실양정} + \text{직관 마찰손실수두} + \text{관부속품 마찰손실수두}$$

[예] ① 옥내소화전 $H = h_1 + h_2 + h_3 + 17\text{m}$
  h_1 : 실 양정(흡입 양정+토출 양정)(m), h_2 : 배관 및 관부속품 마찰손실수두(m)
  h_3 : 소방용 호스 마찰손실수두(m), 17m : 노즐의 방수압 환산수두(m)

② 옥외소화전 $H = h_1 + h_2 + h_3 + 25\text{m}$
  h_1 : 실 양정(흡입 양정+토출 양정)(m), h_2 : 배관 및 관부속품 마찰손실수두(m)
  h_3 : 소방용 호스 마찰손실수두(m), 25m : 노즐의 방수압 환산수두(m)

③ 스프링 클러 소화설비 $H = h_1 + h_2 + 10\text{m}$
  h_1 : 실 양정(흡입 양정+토출 양정)(m), h_2 : 배관 및 관부속품 마찰손실수두(m)
  10m : 노즐 선단의 방수압 환산수두(m)

1-15 송수 펌프의 동력 계산

(1) 전동기 용량

$$P[\text{kW}] \geq \frac{9.8 \times Q \times H}{E} \times K = \frac{\gamma \times Q \times H}{1000 \times E} \times K$$

(2) 내연 기관의 용량

$$1\text{HP} = 0.746\text{kW}\,[76.07(\text{kgf}\cdot\text{m/s}) \div 101.97(\text{kgf}\cdot\text{m/s})]$$
$$1\text{PS} = 0.7355\text{kW}\,[75(\text{kgf}\cdot\text{m/s}) \div 101.97(\text{kgf}\cdot\text{m/s})]$$

여기서, P : 전동기 출력(kW), γ : 물의 비중량 9800N/m^3
Q : 토출량(m^3/s), H : 전 양정(m)
E : 펌프 효율, K : 전달계수

※ • 1PS = 75kgf · m/s
 • 1HP = 76.07kgf · m/s
 • 1kW = 101.97kgf · m/s

핵심 출제문제

01 아래 그림은 어느 물분무 소화설비의 소화펌프 계통도를 나타내고 있다. 아래 조건 및 그림을 보고 펌프가 갖추어야 할 유효흡입양정(NPSH)를 구하시오.

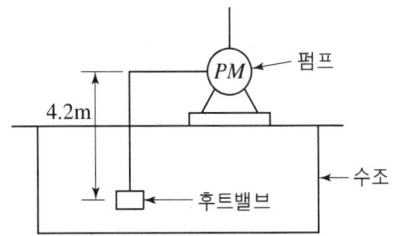

[조건]
1. 25℃에서의 수증기압 : 2.33[kPa]
2. 펌프의 사용최대 토출량 : 2400[L/min]
3. 펌프 흡입배관에서의 마찰손실압 : 3.5[kPa](최대토출량시)
   (단, 기준 온도는 25℃이며, 대기압은 101.325[kPa], 물의 비중량은 9800[N/m³]로 하며 속도수두는 무시한다.)

풀이 NPSH(Net Positive Suction Head)

$P_a = 101.325\text{kPa} = 101325\text{Pa}(\text{N/m}^2)$

$P_V = 2.33\text{kPa} = 2330\text{Pa}(\text{N/m}^2)$

$H_S = 4.2\text{m}$

$\Delta H_L \left(f \dfrac{V^2}{2g} \right) = 3.5\text{kPa} = 3500\text{Pa}(\text{N/m}^2)$

$NPSH_{av} = \dfrac{101325}{9800} - \dfrac{2330}{9800} - 4.2\text{m} - \dfrac{3500}{9800} = 5.54\text{m}$

해답 5.54m

참고 NPSHav(유효흡입양정)

$$\text{NPSH}_{av} = \dfrac{P_a}{\gamma} - \dfrac{P_v}{\gamma} \pm H_s - f\dfrac{V_s^2}{2g}$$

여기서, P_a : 대기압(Pa), P_V : 증기압(Pa), H_S : 흡입수두(-) 또는 압입수두(+)

$f\dfrac{V_s^2}{2g}$: 흡입배관마찰손실수두(m), γ : 물의 비중량(9800N/m³)

02 다음 그래프는 두 대의 펌프를 동일한 배관망(network)으로 연결, (　)운전할 때의 펌프 성능을 나타내고 있다. (　)안에 알맞은 말은?

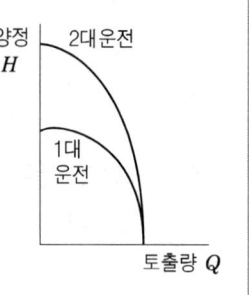

해답 직렬

03 유체에서 발생하는 여러 가지 현상 중 공동현상 방지대책을 3가지만 쓰시오.

풀이
① 펌프의 설치 위치를 수원보다 낮게 한다.
② 펌프의 흡입측 수두 및 마찰 손실을 적게 한다.
③ 펌프의 임펠러(impeller) 속도를 작게 한다.
④ 펌프의 흡입관경을 크게 한다.
⑤ 양흡입 펌프 사용
⑥ 펌프를 2대 이상 설치 중 3가지

04 수격작용에 의한 압력상승을 방지하기 위한 필요한 조치 3가지만 기술하시오.

풀이
① 관경을 크게 하고 유속을 낮춘다.
② 펌프에 플라이 휠(fly wheel)설치하여 펌프의 급격한 속도변화 방지
③ 조압수조(Surge tank)혹은 수격방지기(water hamering Cusion)설치
④ 밸브는 펌프 송출구 가까이 설치
⑤ 적당한 밸브 제어 중 3가지 선택

05 다음 그림에서 흡입배관과 토출배관의 구경이 같을 경우 펌프의 전양정은 얼마인가? (단, 1MPa=100m로 한다.)

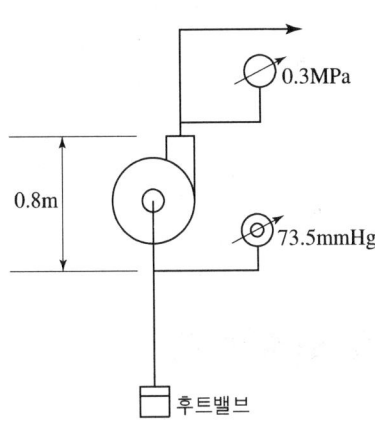

풀이 전양정 $H : h_1 + h_2 + h_3$

h_1 : 펌프의 토출양정(m), h_2 : 펌프의 길이(m), h_3 : 펌프의 흡입양정(m)

h_1 : 0.3MPa=30m, h_2 : 0.8m, h_3 : 73.5mmHg=1.0m

∴ $H = 30 + 0.8 + 1 = 31.8\,\mathrm{m}$

해답 31.8m

06 단수가 5인 어느 수평회전축 펌프를 운전 하면서 흡입구로 들어가는 물의 수압을 측정하여 보니 0.05MPa이고 토출측에서는 1.05MPa이었다. 펌프 몸체 내에 있는 하나의 회전차(임펠러)는 몇 MPa의 가압능력을 가지고 있는가? (단, 펌프 내에서 물 에너지 손실은 없으며 물의 속도수두는 무시한다.)

풀이 회전차 1개의 가압능력

$$P = \frac{P_o - P_i}{N(단수)} = \frac{1.05 - 0.05}{5} = 0.2\,\mathrm{MPa}$$

해답 0.2MPa

1-16 유체의 속도

$$U = \frac{Q}{A} = \frac{Q}{\frac{\pi}{4}D^2}$$

여기서, U : 평균 유속(m/s), Q : 유량(m³/s), A : 단면적(m²), D : 관내경(m)

1-17 유체의 연속의 식

[조건] 정상류(steady state flow)이어야 한다.
정상류란 임의의 한점에서 흐름의 특성(속도, 온도, 압력, 밀도, 농도 등의 평균값)이 시간에 따라 변화하지 않는 상태의 흐름

① 질량 유량 $m = A_1 U_1 \rho_1 = A_2 U_2 \rho_2$ (kg/s)
② 중량 유량 $G = A_1 U_1 r_1 = A_2 U_2 r_2$ (kgf/s)
③ 용량 유량 $Q = A_1 U_1 = A_2 U_2$ (m³/s)

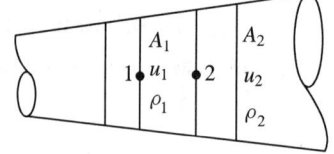

1-18 베르누이의 정리(Bernoulli's theorem)

그림과 같이 유체가 관의 단면 1에서 2로 정상적으로 흐르고 있다고 한다. 이것이 이상유체라 하면 에너지 보존의 법칙에 의하여 다음과 같은 식이 성립된다.

$$\frac{U_1^2}{2g} + \frac{P_1}{r} + Z_1 = \frac{U_2^2}{2g} + \frac{P_2}{r} + Z_2 = 일정(Const)$$

$$\frac{U^2}{2g} + \frac{P}{r} + Z = H(m)$$

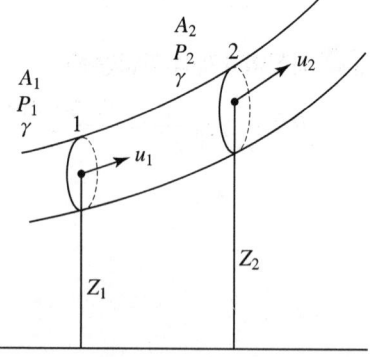

여기서, U : 유체 평균속도(m/s), Z : 높이(m), P : 압력(kg/m^2)

r : 비중량(1000kg/m^3)(물), $\dfrac{U^2}{2g}$: 속도 수두, $\dfrac{P}{r}$: 압력 수두, Z : 위치 수두

실제유체(비압축성 유체 즉, 액체일 경우)일 경우는 다음과 같은 식이 성립된다.

$$\dfrac{U_1^2}{2g}+\dfrac{P_1}{r}+Z_1=\dfrac{U_2^2}{2g}+\dfrac{P_2}{r}+Z_2+\Delta H$$

여기서, ΔH : 에너지 손실 수두(배관상 마찰손실수두)

1-19 소방용호스의 플랜지볼트에 작용하는 힘

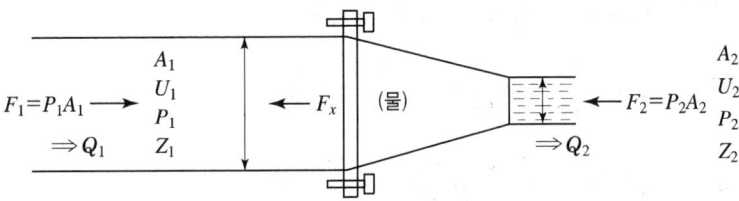

수평배관 $Z_1 = Z_2$(위치수두), $P_2 = 0$(대기압), 유체밀도 $\rho_1 = \rho_2$(물), 유량 $Q_1 = Q_2$

| 유체의 운동량방정식 $F= Q\Delta U\rho = Q\rho(U_2 - U_1)$ |

여기서, F(kgf), Q(m^3/s), U(m/s), ρ(kgf·s^2/m^4)$=\dfrac{r}{g}$

| 베르누이 정리 $\dfrac{U_1^2}{2g}+\dfrac{P_1}{r}+Z_1=\dfrac{U_2^2}{2g}+\dfrac{P_2}{r}+Z_2$ |

여기서, U(m/s), g(9.8m/s^2), P(kgf/m^2), r(kgf/m^3), Z(m)

$$F(\text{kgf})= Q\rho(U_2 - U_1) = \dfrac{rQ}{g}\left(\dfrac{Q}{A_2}-\dfrac{Q}{A_1}\right)= \dfrac{rQ^2}{gA_2}-\dfrac{rQ^2}{gA_1}$$

$$\dfrac{U_1^2}{2g}+\dfrac{P_1}{r}+Z_1=\dfrac{U_2^2}{2g}+\dfrac{P_2}{r}+Z_2$$

수평배관이므로 $Z_1 = Z_2$(위치수두), P_2(대기압)$=0$

$$\dfrac{U_1^2}{2g}+\dfrac{P_1}{r}=\dfrac{U_2^2}{2g}$$

$$\frac{P_1}{r} = \frac{U_2^2}{2g} - \frac{U_1^2}{2g}$$ 양변에 r(비중량 kgf/m³)을 곱하면

$$P_1 = \frac{rU_2^2}{2g} - \frac{rU_1^2}{2g} \qquad P_1 = \frac{r\left(\frac{Q}{A_2}\right)^2}{2g} - \frac{r\left(\frac{Q}{A_1}\right)^2}{2g}$$

$$\therefore P_1 = \frac{rQ^2}{2g}\left(\frac{1}{A_2^2} - \frac{1}{A_1^2}\right) \qquad F_1 = P_1 A_1 \text{의 공식에서}$$

$$F_1 = \frac{rQ^2}{2g}\left(\frac{1}{A_2^2} - \frac{1}{A_1^2}\right)A_1 = \frac{rQ^2 A_1}{2gA_2^2} - \frac{rQ^2 A_1}{2gA_1^2}$$

$$P_1 A_1 - Fx - P_2 A_2 = F$$

$$\therefore Fx = P_1 A_1 - F$$

$$Fx = \frac{rQ^2 A_1}{2gA_2^2} - \frac{rQ^2 A_1}{2gA_1^2} - \frac{rQ^2}{gA_2} + \frac{rQ^2}{gA_1}$$

$$Fx = rQ^2\left(\frac{A_1}{2gA_2^2} - \frac{A_1}{2gA_1^2} - \frac{1}{gA_2} + \frac{1}{gA_1}\right)$$

$$Fx = rQ^2\left(\frac{A_1^3 - A_1 A_2^2 - 2A_1^2 A_2 + 2A_1 A_2^2}{2gA_1^2 A_2^2}\right)$$

$$Fx = \frac{rA_1 Q^2}{2g}\left(\frac{A_1^2 - A_2^2 - 2A_1 A_2 + 2A_2^2}{A_1^2 A_2^2}\right) = \frac{rA_1 Q^2}{2g}\left(\frac{A_1^2 - 2A_1 A_2 + A_2^2}{A_1^2 A_2^2}\right)$$

$$\therefore Fx = \frac{rA_1 Q^2}{2g}\left(\frac{A_1 - A_2}{A_1 A_2}\right)^2$$

여기서, Fx(kgf) : 플랜지볼트에 작용하는 힘

1-20 직관에서의 두 손실

(1) Hazen-Poiseuille의 법칙 (층류일 경우)

$$F = \frac{32\mu u l}{gD^2 \rho}$$

여기서, F : 두 손실(m), μ : 점도(kg/m·s), u : 평균유속(m/s), D : 관내경(m)
l : 직관의 길이(m), g : 중력가속도(9.8m/s²), ρ : 밀도(kg/m³)

(2) Darcy-Weisbach식

$$\Delta h_L = \frac{flu^2}{2gD}(\text{m})$$

여기서, f : 마찰계수, l : 길이(m), u : 속도(m/s), D : 내경(m)
g : (9.8m/s²), Δh_L : 마찰손실(m)

(3) Hazen-William's

$$\Delta Pm = 6.053 \times 10^4 \times \frac{Q^{1.85}}{C^{1.85} \times D^{4.87}}$$

여기서, ΔPm : 배관 1m당 압력 손실(MPa), C : 조도(roughness)
D : 관내경(mm), Q : 관의 유량(l/min)

1-21 배관의 마찰 손실

(1) 주손실
관로 마찰에 의한 손실

(2) 부차적 손실
① 관의 급격한 확대에 의한 손실
② 관의 급격한 축소에 의한 손실
③ 관부속품에 의한 손실

1-22 관로망

한 개 또는 여러 개의 닫힌 관로로 이루어진 것을 말한다.

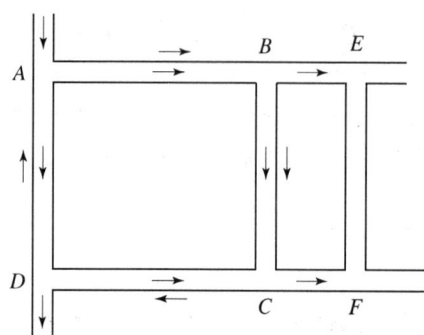

흐름순서 A→B→C A→D→C

$\Delta h_{AC} = \Delta h_{AB} + \Delta h_{BC} = \Delta h_{AD} + \Delta h_{DC}$

$\Delta h_{AD} = -\Delta h_{DA} \quad \Delta h_{DC} = -\Delta h_{CD}$

$\therefore \Delta h_{AB} + \Delta h_{BC} + \Delta h_{CD} + \Delta h_{DA} = 0$

1-23 관의 축소 및 확대에 의한 두 손실

(1) 관이 급격히 축소하는 경우

$$F(\text{m}) = K \frac{U_2^2}{2g}$$

$K(축소손실계수) = \left(\dfrac{1}{A_c} - 1\right)^2$ 의 함수

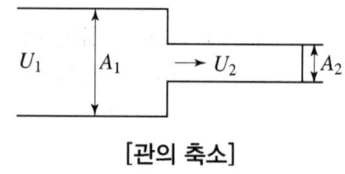

[관의 축소]

[weisbach에 의한 물의 축소계수]

	0.1	0.2	0.3	0.4	0.5	0.6	0.7	0.8	0.9	1.0
	0.624	0.632	0.643	0.659	0.681	0.712	0.755	0.813	0.892	1.00

(2) 관이 급격히 확대하는 경우

$$F(\text{m}) = \frac{(U_1 - U_2)^2}{2g} = K \frac{u_1^2}{2g}$$

$K(확대손실계수) = \left[1 - \left(\dfrac{d_1}{d_2}\right)^2\right]^2 \quad d_2 \gg d_1$ 이면 $K = 1$

[관의 확대]

$\therefore F = \dfrac{(U_1 - U_2)^2}{2g} (\text{m})$

1-24 유량의 측정

(1) 오리피스 미터(orifice meter)

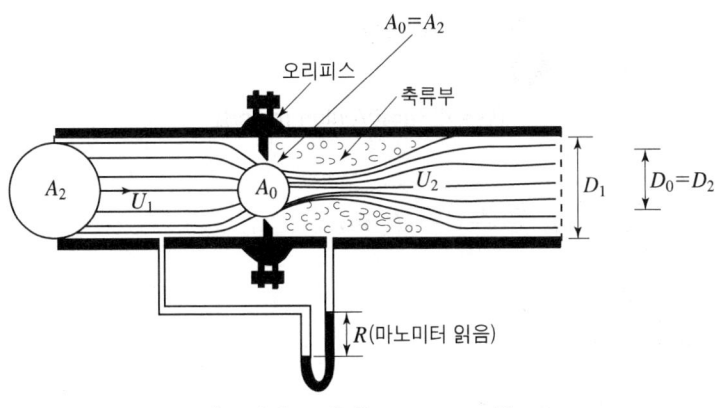

[오리피스 미터(orifice meter)]

배관 도중에 오리피스관을 설치하여 오리피스관의 전후 압력차를 측정하여 유량을 측정하는 차압식 유량계이다. 오리피스 미터는 가격이 싼 장점이 있으나 압력손실이 큰 단점이 있다.

U자관 마노미터의 압력차

$$\Delta P = P_1 - P_2 = \frac{g}{gc}(\rho_1 - \rho_2)R = (\gamma_1 - \gamma_2)R$$

	MKS 단위	CGS 단위
여기서, ρ_1 : 마노미터 유체밀도	(kg/m³)	(g/cm³)
ρ_2 : 유체의 밀도	(kg/m³)	(g/cm³)
R : 마노미터 읽음	(m)	(cm)
γ_1 : 마노미터 유체비중량	(kgf/m³)	(gf/cm³)
γ_2 : 유체의 비중량	(kgf/m³)	(gf/cm³)
g : 중력 가속도	(9.8m/s²)	
gc : 중력환산계수	(≒9.8kg·m/kgf·s²)	
ΔP : 압력차	(kgf/m²)	

(2) 벤츄리 미터(Venturi meter)

오리피스와 마찬가지로 차압식 유량계이며 노즐 하류측에 확대관을 두어 압력 손실을 적게함과 동시에 손실 압력을 회복하도록 한 것이다. 벤츄리 미터는 압력 손실이 적은 장점이 있으나 설치비용이 비싸고 설치장소를 많이 차지하는 단점이 있다.

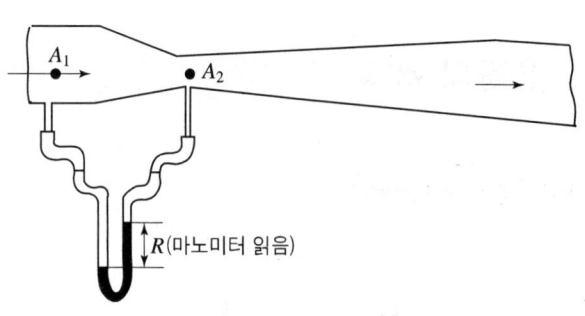

[벤츄리 미터(Venturi meter)]

$$U_2 = \frac{C_V}{\sqrt{1-m^2}}\sqrt{\frac{2g(\gamma_1-\gamma_2)}{\gamma_2}R}\ (\text{m/s})$$

$$Q = \frac{C_v A_2}{\sqrt{1-m^2}}\sqrt{\frac{2g(\gamma_1-\gamma_2)}{\gamma_2}R}\ (\text{m}^3/\text{s})$$

여기서, γ_1 : 마노미터 유체비중량 (kgf/m^3), m : 개구비 $=\dfrac{A_2}{A_1}=\left(\dfrac{D_2}{D_1}\right)^2$

γ_2 : 유체의 비중량(kgf/m^3), C_v : 벤츄리 계수

R : 마노미터 읽음(m), A_2 : $\dfrac{\pi}{4}D_2^2$, g : 중력가속도($\fallingdotseq 9.8$m/s^2)

(3) 로타미터(rotameter)

유량계 속에 부자(float)를 띄워 유량을 직접 눈으로 볼 수 있으며 압력 손실이 적고 측정 범위가 넓은 장점 때문에 일반적으로 많이 사용한다.

핵심 출제문제

01 아래 그림과 같이 물이 흐르는 배관의 Ⓐ점은 직경 50mm 압력 12kPa, Ⓑ점은 직경 50mm 압력 11.5kPa Ⓒ점은 직경 30mm 압력 10.5kPa이며 유량은 5L/s이다. 각 물음에 답하시오.

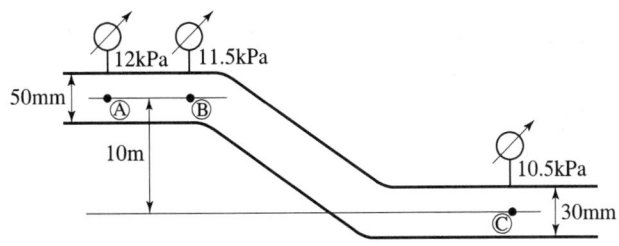

(물음 1) Ⓐ 지점에서의 유속(m/s)를 구하시오.
(물음 2) Ⓒ 지점에서의 유속(m/s)을 구하시오.
(물음 3) Ⓐ지점과 Ⓑ지점간의 마찰손실(m)을 구하시오.
(물음 4) Ⓐ지점과 Ⓒ지점간의 마찰손실(m)을 구하시오.

풀이 (물음 1) $Q = UA$, $U = \dfrac{Q}{A}$ $Q = 5l/s = 5 \times 10^{-3} \, m^3/s$

$$\therefore U = \dfrac{5 \times 10^{-3}}{\dfrac{\pi}{4} \times 0.05^2} = 2.5465 \, m/s$$

해답 2.55m/s

(물음 2) $Q = UA$, $U = \dfrac{Q}{A}$

$$\therefore U = \dfrac{5 \times 10^{-3}}{\dfrac{\pi}{4} \times 0.03^2} = 7.0736 \, m/s$$

해답 7.07m/s

(물음 3) 〈베르누이 정리를 적용〉

$$\dfrac{U_1^2}{2g} + \dfrac{P_1}{r} + Z_1 = \dfrac{U_2^2}{2g} + \dfrac{P_2}{r} + Z_2 + \Delta h_L (\text{마찰손실})$$

$P_A = 12 \text{kPa} = 12 \times 10^3 \, Pa(N/m^2)$

$P_B = 11.5 \text{kPa} = 11.5 \times 10^3 \, Pa(N/m^2)$

물의 비중량 $r = 1000\text{kgf/m}^3 = 9.8 \times 10^3 \text{N/m}^3$

$\therefore \dfrac{2.55^2}{2 \times 9.8} + \dfrac{12 \times 10^3}{9.8 \times 10^3} + 10 = \dfrac{2.55^2}{2 \times 9.8} + \dfrac{11.5 \times 10^3}{9.8 \times 10^3} + 10 + \Delta h_L (\text{m})$

$\Delta h_L = 0.05 \text{ m}$

> 해답 0.05m

(물음 4) $\dfrac{U_1^2}{2g} + \dfrac{P_1}{r} + Z_1 = \dfrac{U_3^2}{2g} + \dfrac{P_3}{r} + Z_3 + \Delta h_L$

$\therefore \dfrac{2.55^2}{2 \times 9.8} + \dfrac{12 \times 10^3}{9.8 \times 10^3} + 10 = \dfrac{7.07^2}{2 \times 9.8} + \dfrac{10.5 \times 10^3}{9.8 \times 10^3} + 0 + \Delta h_L (\text{m})$

$\Delta h_L = 7.93 \text{ m}$

> 해답 7.93m

---

02 직경이 0.3m인 배관에 물이 초당 3000N으로 흐를 때 다음 각 물음에 답하시오.

(물음 1) 배관 내의 평균유속(m/s)을 구하시오.

(물음 2) 배관내 유속을 9.74m/s로 하려면 배관의 직경(m)은 얼마로 해야 하는가?

풀이 (물음 1) 유체 연속의 식

질량유량 $\overline{m}(\text{kg/s}) = AU\rho$

중량유량 $\overline{G}(\text{kgf/s}) = AU\gamma$

용량유량 $\overline{Q}(\text{m}^3/\text{s}) = AU$

A : 단면적(m^2), U : 유속(m/s), ρ : 밀도(kg/m^3), γ : 비중량(kgf/m^3)

$\overline{G} = 3000 \text{ N/s} \times \dfrac{1 \text{kgf}}{9.8 \text{ N}} = 306.1224 \text{ kgf/s}$

$\therefore U = \dfrac{\overline{G}}{Ar} = \dfrac{306.1224}{\dfrac{\pi}{4} \times 0.3^2 \times 1000} = 4.33 \text{ m/s}$

> 해답 4.33m/s

(물음 2) $\overline{G} = AU\gamma = \dfrac{\pi}{4} D^2 U \gamma$

$\therefore D = \sqrt{\dfrac{4\overline{G}}{\pi U \gamma}} \qquad D = \sqrt{\dfrac{4 \times 306.1224}{\pi \times 9.74 \times 1000}} = 0.20 \text{ m}$

> 해답 0.20m

03 그림은 어느 배관 평면도이며 화살표의 방향으로 물이 흐르고 있다. 배관 ABCD 및 AEFD간을 흐르는 유량을 각각 계산하시오. 단, 주어진 조건을 참조할 것.

[조건] ① 헤이젠-윌리엄스 공식은 다음과 같다.

$$\Delta P = \frac{6 \times 10^4 \times Q^2}{100^2 \times d^5}$$

단, ΔP : 배관 1m 당 마찰손실 압력(MPa)
Q : 배관내의 유수량(L/min), d : 배관의 안지름(mm)
② 호칭 50mm배관의 안지름은 54mm
③ 호칭 50mm엘보(90°)의 등가길이는 1.4m이다.
④ A 및 D점에 있는 티(Tee)의 마찰손실은 무시한다.
⑤ 루프(Loop) 배관 BCFEB의 호칭구경은 50mm이다.

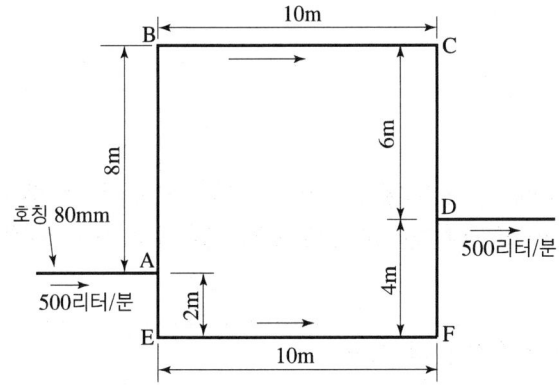

풀이

$$\Delta P_{ABCD} = \frac{6 \times 10^4 \times Q_1^2}{100^2 \times 54^5} \times (8 + 10 + 6 + (1.4 \times 2)) = 3.50 \times 10^{-7} \times Q_1^2$$

$$\Delta P_{AEFD} = \frac{6 \times 10^4 \times Q_2^2}{100^2 \times 54^5} \times (2 + 10 + 4 + (1.4 \times 2)) = 2.46 \times 10^{-7} \times Q_2^2$$

∴ $3.50 \times 10^{-7} \times Q_1^2 = 2.46 \times 10^{-7} \times Q_2^2$ $3.50\,Q_1^2 = 2.46\,Q_2^2$

$Q_1 = 1$일 때 $Q_2 = 1.1928$

∴ $Q_1 = 500 \times \dfrac{1}{1 + 1.1928} = 228.02$ L/분

∴ $Q_2 = 500 \times \dfrac{1.1928}{1 + 1.1928} = 271.98$ L/분

해답 배관 ABCD = 228.02L/분
배관 AEFD = 271.98L/분

04 어느 물 소화설비 배관(일정한 관경)의 두 지점에서 압력계로 흐르는 물의 수압을 측정하였더니 각각 0.58MPa, 0.53MPa이었다. 만약 이 때의 유량보다 두 배의 유량을 흘려보냈다면 두 지점간의 수압차는 얼마나 될 것인가?(단, 배관의 마찰 손실은 헤이젠-윌리엄스 공식을 따른다고 한다.)

[풀이]

헤이젠-윌리엄스공식 $\Delta Pm\,[\mathrm{kg/cm^2}] = \dfrac{6.053 \times 10^4 \times Q^{1.85}}{C^{1.85} \times D^{4.87}}$

여기서, ΔPm : 관장 1m당 마찰손실압력(MPa), Q : 유량($l/\min$)
C : 조도(roughness), D : 관내경[mm]

문제에서 일정한 관경(동일 구경)이므로 C, D, 6.053×10^4는 일정하다.
그리고 $Q_1 = 1$일 때 $Q_2 = 2$이므로
$\Delta P = (P_1 - P_2) \times 2^{1.85} = (0.58 - 0.53) \times 2^{1.85} = 0.18\,\mathrm{MPa}$

[해답] 0.18MPa

---

05 내경이 100mm인 소방용 호스에 내경이 30mm인 노즐이 부착되어 있다. 1.5m³/min의 방수량으로 대기 중에 방사할 경우 아래 조건에 따라 각 물음에 답하시오.

[조건] 마찰 손실은 무시한다.

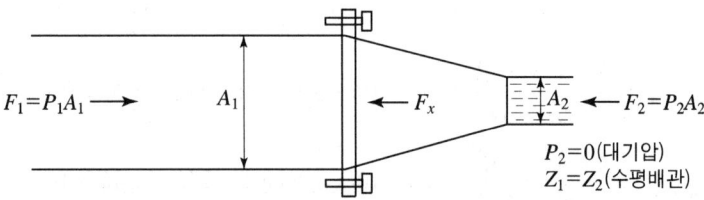

(물음 1) 소방용호스의 평균유속(m/s)을 계산하시오.
(물음 2) 소방용호스에 부착된 노즐의 평균유속(m/s)을 계산하시오.
(물음 3) 소방용호스에 부착된 flange volt(플랜지 볼트)에 작용하는 힘(Newton)을 계산하시오.

[풀이] (물음 1) $Q = UA$ $\quad U = \dfrac{Q}{A} = \dfrac{Q}{\dfrac{\pi}{4} \times D^2}$

$$\therefore U = \frac{1.5\,\text{m}^3/\text{min} \times \text{min}/60\,\text{s}}{\frac{\pi}{4} \times (0.1)^2 \,\text{m}^2} = 3.1831\,\text{m/s}$$

해답 3.18m/s

(물음 2) $U = \dfrac{Q}{\frac{\pi}{4} \times D^2} = \dfrac{1.5\,\text{m}^3/\text{min} \times \text{min}/60\,\text{s}}{\frac{\pi}{4} \times (0.03)^2\,\text{m}^2} = 35.3678\,\text{m/s}$

해답 35.37m/s

(물음 3) [방법 1]

$$Fx = \frac{rA_1 Q^2}{2g}\left(\frac{A_1 - A_2}{A_1 A_2}\right)^2$$

여기서, $Fx(\text{kgf})$, $r(\text{kgf/m}^3)$, $Q(\text{m}^3/\text{s})$, $g(9.8\,\text{m/s}^2)$, $A(\text{m}^2)$

$$\therefore Fx = \frac{1000 \times \frac{\pi}{4} \times 0.1^2 \times (1.5/60)^2}{2 \times 9.8}\left(\frac{\frac{\pi}{4} \times 0.1^2 - \frac{\pi}{4} \times 0.03^2}{\frac{\pi}{4} \times 0.1^2 \times \frac{\pi}{4} \times 0.03^2}\right)^2$$

$= 415.08\,\text{kgf}$

$\therefore Fx(\text{N}) = 415.08\,\text{kgf} \times \dfrac{9.8\,\text{N}}{1\,\text{kgf}} = 4067.78\,\text{N}$

[방법 2]

$$Fx = P_1 A_1 - F,\ Fx = P_1 A_1 - Q\Delta U\rho\,(F = Q\Delta U\rho)$$

$$P_1 = \frac{r}{2g}(U_2^2 - U_1^2)$$

여기서, $Fx(\text{kgf})$, $P(\text{kgf/m}^2)$, $A(\text{m}^2)$, $Q(\text{m}^3/\text{s})$, $U(\text{m/s})$
$\rho(\text{kgf}\cdot\text{s}^2/\text{m}^4)$, $r(\text{kgf/m}^3)$, $g(9.8\,\text{m/s}^2)$

물의 중력단위 밀도$(\rho) = 102\,\text{kgf}\cdot\text{s}^2/\text{m}^4$

$[\rho = r/g = 1000\,\text{kgf/m}^3 / 9.8\,\text{m/s}^2]$

$\therefore Fx = \left[\dfrac{1000}{2 \times 9.8}(35.37^2 - 3.18^2) \times \dfrac{\pi}{4} \times 0.1^2\right]$
$\qquad\qquad - [(1.5/60) \times (35.37 - 3.18) \times 102]$

$= 415.17\,\text{kgf}$

$Fx(\text{N}) = 415.17\,\text{kgf} \times \dfrac{9.8\,\text{N}}{1\,\text{kgf}} = 4068.67\,\text{N}$

해답 4068.67N

06 안지름이 각각 300mm와 450mm의 원관이 직접 연결되어 있을 때 안지름이 작은 관에서 큰 관 방향으로 매초 230ℓ의 물이 흐르고 있을 때 돌연 확대 부분에서의 손실은 얼마인가?

풀이

$$F = \frac{(U_1 - U_2)^2}{2g} \qquad U = \frac{Q}{A}$$

$$\therefore U_1 = \frac{230/1000}{\frac{\pi}{4}(0.3\,\text{m})^2} = 3.254\,\text{m/s} \qquad \therefore U_2 = \frac{230/1000}{\frac{\pi}{4}(0.45\,\text{m})^2} = 1.446\,\text{m/s}$$

$$\therefore F = \frac{(3.254 - 1.446)^2}{2 \times 9.8} = 0.1668\,\text{m}$$

해답 0.17m

07 다음의 도면상 B점에서의 유량(m^3/s)을 계산하시오.

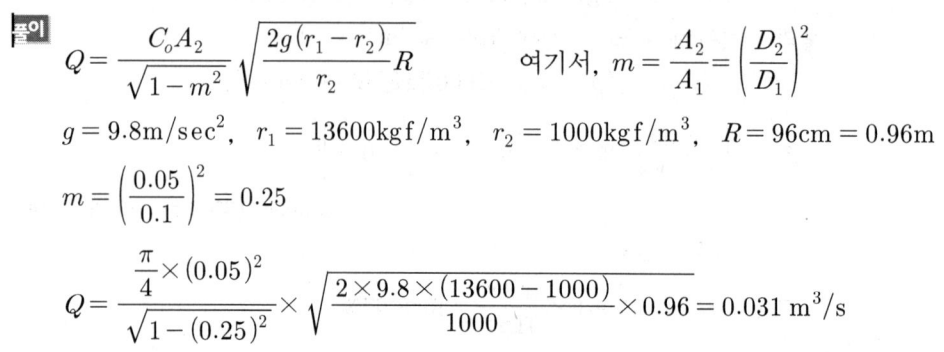

$D_1 = 100\,\text{mm} \qquad D_2 = 50\,\text{mm}$

풀이

$$Q = \frac{C_o A_2}{\sqrt{1-m^2}} \sqrt{\frac{2g(r_1 - r_2)}{r_2} R} \qquad \text{여기서, } m = \frac{A_2}{A_1} = \left(\frac{D_2}{D_1}\right)^2$$

$g = 9.8\,\text{m/sec}^2$, $r_1 = 13600\,\text{kgf/m}^3$, $r_2 = 1000\,\text{kgf/m}^3$, $R = 96\,\text{cm} = 0.96\,\text{m}$

$$m = \left(\frac{0.05}{0.1}\right)^2 = 0.25$$

$$Q = \frac{\frac{\pi}{4} \times (0.05)^2}{\sqrt{1 - (0.25)^2}} \times \sqrt{\frac{2 \times 9.8 \times (13600 - 1000)}{1000} \times 0.96} = 0.031\,\text{m}^3/\text{s}$$

해답 0.03m³/s

08 어떤 지하상가 제연설비를 화재안전기술기준과 아래 조건에 따라 설치하려고 한다. 각 물음에 답하시오.

[조건]
1. 주덕트의 높이제한은 600mm이다.
   (강판 두께, 닥트 후렌지 및 보온두께는 고려하지 않는다.)
2. 배출기는 원심 다익형이다.
3. 각종 효율은 무시한다.
4. 예상 제연구역의 설계 배출량은 45000[m³/H]이다.

(물음 1) 배출기의 흡입측 주덕트의 최소폭[m]를 계산하시오.
(물음 2) 배출기의 배출측 주닥트의 최소폭[m]를 계산하시오.
(물음 3) 준공 후 풍량시험을 한 결과 풍량은 36000[m³/H], 회전수는 600[rpm], 축동력은 7.5[kW]로 측정되었다. 배출량 45000[m³/H]를 만족시키기 위한 배출구 회전수[rpm]를 계산하시오.
(물음 4) 회전수를 높여서 배출량을 만족시킬 경우의 예상 축동력[kW]을 계산하시오.

풀이 (물음 1) $Q = 45000\,\text{m}^3/\text{H} = 12.5\,\text{m}^3/\text{s}$ $Q = UA$에서 닥트 단면적 $A = \dfrac{Q}{U}$

흡입측 주닥트의 풍속 $U = 15\text{m/s}$ 이하

∴ $A = \dfrac{12.5\,\text{m}^3/\text{s}}{15\,\text{m/s}} = 0.8333\,\text{m}^2$

닥트 최소폭 $L = \dfrac{0.8333}{0.6} = 1.39\,\text{m}$

해답 1.39m

(물음 2) $Q = 45000\,\text{m}^3/H = 12.5\,\text{m}^3/\text{s}$ $Q = UA$에서 닥트 단면적 $A = \dfrac{Q}{U}$

배출측 주닥트의 풍속 $U = 20\text{m/s}$ 이하

∴ $A = \dfrac{12.5\,\text{m}^3/\text{s}}{20\,\text{m/s}} = 0.625\,\text{m}^2$

배출측 주닥트 최소폭 $L = \dfrac{0.625}{0.6} = 1.04\text{m}$

해답 1.04m

(물음 3) $Q' = Q \times \left(\dfrac{N'}{N}\right)$　　$H' = H \times \left(\dfrac{N'}{N}\right)^2$　　$P' = P \times \left(\dfrac{N'}{N}\right)^3$

Q : 풍량, H : 전압, P : 축동력, N : 회전수

∴ $Q' = Q \times \dfrac{N'}{N}$ 식에 대입

$45000 = 36000 \times \left(\dfrac{N'}{600}\right)$　　$N' = 750\,\text{rpm}$

해답 750rpm

(물음 4) $P' = P \times \left(\dfrac{N'}{N}\right)^3$ 식에 대입

∴ $P' = 7.5 \times \left(\dfrac{750}{600}\right)^3$　　$P' = 14.65\,\text{kW}$

해답 14.65kW

제 2 편

소방기계시설의 설계 및 시공

제 1 장 소화설비
제 2 장 소화활동설비
제 3 장 피난설비
제 4 장 소화용수설비

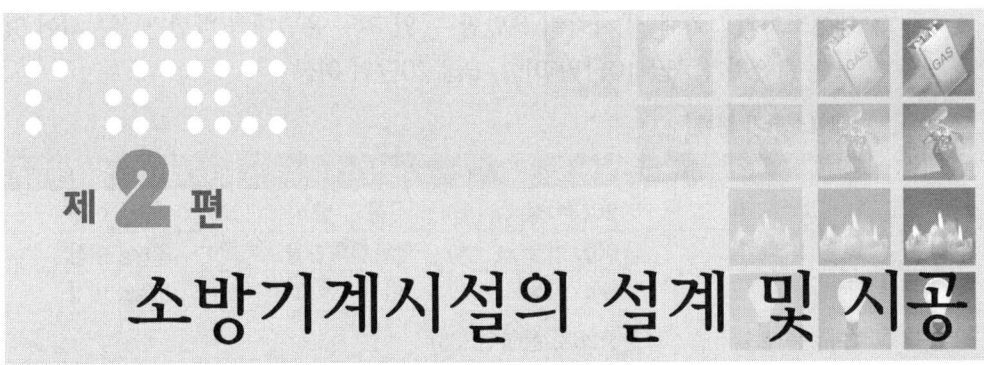

제2편 소방기계시설의 설계 및 시공

제1장 소화설비

1-1 소화기구 및 자동소화장치(NFTC 101)

1. 설치 대상

(1) 소화기 또는 간이소화용구

　① 연면적 33m² 이상인 것
　② 가스시설, 발전시설 중 전기저장시설 및 국가유산
　③ 터널
　④ 지하구

(2) 주거용 주방자동소화장치 : 아파트 및 오피스텔의 모든 층

2. 소화기의 분류

(1) 가압방식에 따른 분류

　① 축압식 : 소화약제와 압축가스를 같이 봉입한 방식의 소화기
　② 가압식 : 소화약제와 가압용 가스를 각각 별도 용기에 저장한 방식의 소화기

(2) 용량에 따른 분류

　① 소형소화기 : 능력단위가 1단위 이상이고 대형소화기의 능력단위 미만

② 대형소화기 : 화재 시 사람이 운반할 수 있도록 운반대와 바퀴가 설치되어 있고 능력단위가 A급 10단위 이상, B급 20단위 이상

[대형소화기 분류]

소화기의 종류	약제의 충전량	소화기의 종류	약제의 충전량
포	20L 이상	분 말	20kg 이상
강 화 액	60L 이상	할로겐화합물	30kg 이상
물	80L 이상	이산화탄소	50kg 이상

(어두문자 암기법 : 포강물268, 분할탄235)

3. 소화기구의 설치기준

(1) 소화기

① 각 층마다 설치
② 소방대상물의 각 부분으로부터 1개의 소화기까지의 보행거리

구 분	소형 소화기	대형 소화기
보행거리	20m 이내	30m 이내

③ 소방대상물의 각층이 2 이상의 거실로 구획된 경우에는 각 층마다 설치하는 것 외에 바닥면적이 33m² 이상으로 구획된 각 거실에도 배치할 것[아파트의 경우 각 세대 및 공용부(승강장, 복도 등)마다 설치]

(2) 소화기구(자동확산소화기를 제외)

① 바닥으로부터 높이 1.5m 이하의 곳에 비치
② 소화기에 있어서는 "소화기", 투척용 소화용구에 있어서는 "투척용소화용구", 마른모래에 있어서는 "소화용모래", 팽창진주암 및 팽창질석에 있어서는 "소화질석"이라고 표시한 표지를 보기 쉬운 곳에 부착할 것

(3) 주거용 주방자동소화장치

① 소화약제 방출구는 환기구의 청소부분과 분리되어 있어야 하며, 형식승인 받은 유효설치 높이 및 방호면적에 따라 설치할 것
② 감지부는 형식승인 받은 유효한 높이 및 위치에 설치할 것

※ 감지부 : 화재시 발생한 열을 감지하는 부분

③ 차단장치(전기 또는 가스)는 상시 확인 및 점검이 가능하도록 설치할 것

④ 탐지부는 수신부와 분리하여 설치

가스의 구분	공기보다 **가벼운 가스** 사용하는 경우	공기보다 **무거운 가스** 사용하는 경우
탐지부의 설치 위치	천장면으로부터 30cm 이하	바닥면으로부터 30cm 이하

※ 탐지부 : 가스누설시 누설가스를 탐지하는 부분

⑤ 수신부는 주위의 열기류 또는 습기 등과 주의온도에 영향을 받지 아니하고 사용자가 상시 볼 수 있는 장소에 설치할 것

(4) 캐비닛형 자동소화장치

① 분사헤드의 설치 높이는 방호구역의 바닥으로부터 형식승인을 받은 범위 내에서 유효하게 소화약제를 방출시킬 수 있는 높이에 설치할 것
② 화재감지기는 방호구역내의 천장 또는 옥내에 면하는 부분에 설치
③ 방호구역내의 화재감지기의 감지에 따라 작동되도록 할 것
④ 화재감지기의 회로는 교차회로방식으로 설치할 것
⑤ 교차회로내의 각 화재감지기회로별로 설치된 화재감지기 1개가 담당하는 바닥면적은「자동화재탐지설비의 화재안전기술기준(NFTC 203)」에 따른 바닥면적으로 할 것
⑥ 개구부 및 통기구(환기장치를 포함한다. 이하 같다)를 설치한 것에 있어서는 약제가 방사되기 전에 해당 개구부 및 통기구를 자동으로 폐쇄할 수 있도록 할 것.
⑦ 작동에 지장이 없도록 견고하게 고정시킬 것
⑧ 구획된 장소의 방호체적 이상을 방호할 수 있는 소화성능이 있을 것

(5) 가스, 분말, 고체에어로졸 자동소화장치

① 소화약제 방출구는 형식승인 받은 유효설치범위 내에 설치할 것
② 자동소화장치는 방호구역내에 형식승인 된 1개의 제품을 설치할 것.
③ 감지부는 형식승인된 유효설치범위 내에 설치하여야 하며 설치장소의 평상시 최고주위온도에 따라 다음 표에 따른 표시온도의 것으로 설치할 것. 다만, 열감지선의 감지부는 형식승인 받은 최고주위온도범위 내에 설치하여야 한다.

설치장소의 최고주위온도	표시온도
39℃ 미만	79℃ 미만
39℃ 이상 64℃ 미만	79℃ 이상 121℃ 미만
64℃ 이상 106℃ 미만	121℃ 이상 162℃ 미만
106℃ 이상	162℃ 이상

(6) CO_2 또는 할로겐화합물 소화기구 설치 제외 장소 ★★★
    (단, 자동확산소화기를 제외)

　　지하층이나 무창층 또는 밀폐된 거실로서 그 바닥면적이 $20m^2$ 미만의 장소

4. 간이소화용구의 능력단위

간이소화용구		능력단위
1. 마른모래	삽을 상비한 50L 이상의 것 1포	0.5단위
2. 팽창질석 또는 팽창진주암	삽을 상비한 80L 이상의 것 1포	

5. 소방대상물별 소화기구의 능력단위기준

소방대상물	소화기구의 능력단위
• 위락시설	• 바닥면적 $30m^2$ 마다 능력단위 1단위 이상
• 공연장·집회장·관람장·문화재·장례식장 및 의료시설	• 바닥면적 $50m^2$ 마다 능력단위 1단위 이상
• 근린생활시설·판매시설·운수시설·숙박시설·노유자시설·전시장·공동주택·업무시설·방송통신시설·공장·창고·항공기 및 자동차관련시설 및 관광휴게시설	• 바닥면적 $100m^2$ 마다 능력단위 1단위 이상
• 그 밖의 것	• 바닥면적 $200m^2$ 마다 능력단위 1단위 이상

[주] 소화기구의 능력단위를 산출함에 있어서 건축물의 주요구조부가 **내화구조**이고, 벽 및 반자의 실내에 면하는 부분이 불연재료·준불연재료 또는 난연재료로 된 소방대상물에 있어서는 위 표의 기준면적의 2배를 당해 소방대상물의 기준면적으로 한다.

6. 부속용도별로 추가하여야 할 소화기구

용도별	소화기구의 능력단위
1. 다음 각목의 시설. 다만, **스프링클러설비·간이스프링클러설비·물분무등소화설비** 또는 **상업용 주방자동소화장치**가 설치된 경우에는 **자동확산소화기**를 설치하지 아니할 수 있다. 가. 보일러실·건조실·세탁소·대량화기취급소 나. 음식점(지하가의 음식점을 포함)·다중이용업소·노유자·호텔·기숙사·의료시설·업무시설·공장의 주방 다만, 의료시설·업무시설 및 공장의 주방은 공동취사를 위한 것에 한한다. 다. 관리자의 출입이 곤란한 변전실·송전실·변압기실 및	1. 당해 용도의 바닥면적 $25m^2$ 마다 능력단위 1단위 이상의 소화기로 하고, 그 외에 자동확산소화기를 바닥면적 $10m^2$ 이하는 1개, $10m^2$ 초과는 2개를 설치할 것. 2. 나목의 주방의 경우, 1호에 의하여 설치하는 소화기 중 한 개 이상은 주방화재용소화기(K급)을 설치하여야 한다.

용 도 별				소화기구의 능력단위
배전반실(불연재료로된 상자안에 장치된 것을 제외)라. 지하구의 제어반 또는 분전반 내부				
2. 발전실·변전실·송전실·변압기실·배전반실·통신기기실·전산기기실·기타 이와 유사한 시설이 있는 장소. 다만, 제1호다목의 장소를 제외한다.				당해 용도의 바닥면적 $50m^2$마다 적응성이 있는 소화기 1개 이상 또는 유효설치 방호체적 이내의 가스, 분말, 고체에어로졸 자동소화장치, 캐비닛형 자동소화장치(다만, 통신기기실·전자기기실을 제외한 장소에 있어서는 교류 600V 또는 직류 750V 이상의 것에 한한다)
3. 지정수량의 1/5 이상 지정수량 미만의 위험물을 저장 또는 취급하는 장소				능력단위 2단위 이상 또는 유효설치 방호체적 이내의 가스, 분말, 고체에어로졸 자동소화장치, 캐비닛형 자동소화장치
4. 특수가연물을 저장 또는 취급하는 장소	화재의 예방 및 안전관리에 관한 법률 시행령 별표2에서 정하는 수량 이상			소방기본법시행령 별표2에서 정하는 수량의 50배 이상마다 능력단위 1단위 이상
	화재의 예방 및 안전관리에 관한 법률 시행령 별표2에서 정하는 수량의 500배 이상			대형 소화기 1개 이상
5. 가연성가스를 연료로 사용하는 장소	가연성가스를 연료로 사용하는 연소기기가 있는 장소			각 연소기로부터 보행거리 10m 이내에 능력단위 3단위 이상의 소화기 1개 이상. 다만, 상업용 주방자동소화장치가 설치된 장소는 제외한다.
	가연성가스를 연료로 사용하기 위하여 저장하는 저장실 (저장량 300kg 미만은 제외)			능력단위 5단위 이상의 소화기 2개 이상 및 대형 소화기 1개 이상
6. 가연성가스를 제조하거나 연료외의 용도로 저장·사용하는 장소	저장하고 있는 양 또는 1개월 동안 제조·사용하는 양	200kg 미만	저장하는 장소	능력단위 3단위 이상의 소화기 2개 이상
			제조·사용하는 장소	능력단위 3단위 이상의 소화기 2개 이상
		200kg 이상 300kg 미만	저장하는 장소	능력단위 5단위 이상의 소화기 2개 이상
			제조·사용하는 장소	바닥면적 $50m^2$마다 능력단위 5단위 이상의 소화기 1개 이상
		300kg 이상	저장하는 장소	대형 소화기 2개 이상
			제조·사용하는 장소	바닥면적 $50m^2$ 마다 능력단위 5단위 이상의 소화기 1개 이상

[비고] 액화석유가스·기타 가연성가스를 제조하거나 연료외의 용도로 사용하는 장소에 소화기를 설치하는 때에는 당해 장소 바닥면적 $50m^2$ 이하인 경우에도 해당 소화기를 2개 이상 비치하여야 한다.

7. 분말 소화기

종별	소화약제	약제의 착색	적응화재	열분해 반응식
제1종 분말	탄산수소나트륨 ($NaHCO_3$)	백색	B.C급	$2NaHCO_3 \xrightarrow{\Delta} Na_2CO_3 + CO_2 + H_2O$
제2종 분말	탄산수소칼륨 ($KHCO_3$)	담회색	B.C급	$2KHCO_3 \xrightarrow{\Delta} K_2CO_3 + CO_2 + H_2O$
제3종 분말	제1인산암모늄 ($NH_4H_2PO_4$)	담홍색	A.B.C급	$NH_4H_2PO_4 \xrightarrow{\Delta} HPO_3 + NH_3 + H_2O$
제4종 분말	탄산수소칼륨 + 요소 $KHCO_3 + (NH_2)_2CO$	회(백)색	B.C급	$2KHCO_3 + (NH_2)_2CO \xrightarrow{\Delta} K_2CO_3 + 2NH_3 + 2CO_2$

8. 이산화탄소 소화기와 할로겐화합물 소화기의 비교

종류 구분	이산화탄소 소화기	할로겐화합물 소화기
소화효과	질식 및 냉각효과	부촉매(억제)효과
적응화재	B급, C급	B급, C급(할론1211 : A, B, C급)
가압원	자체증기압으로 방사	축압용가스(질소가스)로 축압
약제의 검정	형식승인 대상품목 제외	형식승인 대상품목
사용장소 제한	지하층이나 무창층 또는 밀폐된 거실로서 바닥면적이 20m² 미만의 장소	지하층이나 무창층 또는 밀폐된 거실로서 바닥면적이 20m² 미만의 장소(자동확산 소화기는 제외)

핵심 출제문제

01 자동차에 설치할 수 있는 소화기를 5가지 쓰시오.

풀이 ① 이산화탄소 소화기 ② 할로겐 화합물 소화기
　　 ③ 분말소화기　　　　 ④ 강화액 소화기(무상)
　　 ⑤ 포 소화기

02 소화기중 축압식 소화기와 가압식소화기의 차이점을 쓰시오.

풀이 **축압식 소화기** : 소화기 내부에 별도의 용기 없이 질소나 이산화탄소로 가압시켜 놓은 것
　　 가압식 소화기 : 소화기 내부 또는 외부에 별도의 가압용 가스봄베가 설치되어 있는 것

03 축압식 소화기의 내부압력을 점검하는 방법에 대하여 기술하시오.

풀이 지시 압력계

압력계의 지침을 확인하여 녹색을 지시하고 있으면 정상이고 적색을 지시하면 비정상이므로 압력을 충전하여야 한다.

04 아래의 간이 소화용구의 능력단위에 대하여 설명하시오.

풀이

간이 소화 용구		능력단위
마른모래	삽을 상비한 50L 이상의 것 1포	0.5단위
팽창질석	삽을 상비한 80L 이상의 것 1포	

05 다음 소방시설의 도시기호 명칭을 쓰시오.

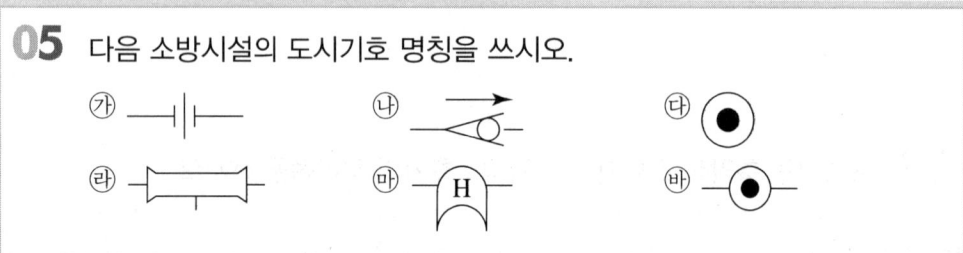

풀이
㉮ 유니온   ㉯ 가스체크밸브   ㉰ 피뢰부(평면도)
㉱ 라인프로포셔너   ㉲ 옥외소화전   ㉳ 감지선

06 다음은 아파트의 각 세대별로 주방에 설치하는 주거용 주방자동소화장치의 설치기준이다. 각 물음에 답하시오.

(물음 1) 전기 또는 가스 차단장치는 어떻게 설치하여야 하는가?
(물음 2) 가스용 주방자동소화장치를 사용하는 경우 탐지부는 수신부와 분리하여 설치하되 공기보다 가벼운 가스를 사용하는 경우에는 천장면으로 부터 (①)의 위치에 설치하고 공기보다 무거운 가스를 사용하는 장소에는 바닥면으 로부터 (②)의 위치에 설치할 것.
( )안에 알맞은 답을 쓰시오.

풀이 (물음 1) 상시확인 및 점검이 가능하도록 설치할 것
(물음 2) ① 30cm 이하   ② 30cm 이하

07 다음 혼합물의 연소 상한계와 하한계를 구하라. 또한 이 물질의 연소 가능여부를 답하시오.

물질	조성농도(%)	인화점(°F)	LFL(%)	UFL(%)
수소	5	가스	4	75
메탄	10	−306	5	15
프로판	5	가스	2.1	9.5
아세톤	10	가스	2.5	13
공기	70			
합계	100			

(물음 1) 연소상한계 : (　　　　)[%]
(물음 2) 연소하한계 : (　　　　)[%]
(물음 3) 연소가능여부를 판단하고 설명하시오.

풀이 (물음 1) **연소상한계**(UFL)

르샤트리에(Lechartelier)공식을 이용한다.

$$\frac{x}{L_m} = \frac{V_1}{L_1} + \frac{V_2}{L_2} + \frac{V_3}{L_3} + \cdots\cdots \frac{V_n}{L_n}$$

여기서, L_m : 혼합가스의 연소한계(하한값(LFL), 상한값(UFL)의 용량(%))

V_1, V_2, V_3, V_n : 가연성가스의 용량(%)

L_1, L_2, L_3, L_n : 가연성가스의 하한값 또는 상한값의 용량(%)

x : 혼합가스 중 가연성가스의 총합계(%)

∴ $x = 5 + 10 + 5 + 10 = 30\%$

$$\frac{30}{L_m(연소상한계)} = \frac{5}{75} + \frac{10}{15} + \frac{5}{9.5} + \frac{10}{13}$$

L_m(연소상한계) = 14.79[%]

해답 14.79[%]

(물음 2) **연소하한계**(LFL)

$$\frac{30}{L_m(연소하한계)} = \frac{5}{4} + \frac{10}{5} + \frac{5}{2.1} + \frac{10}{2.5}$$

L_m(연소하한계) = 3.11[%]

해답 3.11[%]

(물음 3) **연소가능여부**

혼합가스의 연소범위=3.11~14.79[%]

연소가스의 총합계 = 5 + 10 + 5 + 10 = 30[%]
연소가스의 총합계가 30[%]이므로 이는 연소범위(3.11~14.79[%]) 밖에 있으므로 연소가 불가능하다.

08 다음은 소화약제의 종류를 나열한 것이다. ( )안을 채우시오.

가. (①) 소화약제　　나. (②) 소화약제
다. 물 소화약제　　　　라. 할론 소화약제
마. 이산화탄소 소화약제　바. 분말 소화약제
사. 포 소화약제

풀이 ① 강화액　② 산, 알칼리

09 소화기는 소화약제의 충전량에 따라 대형 및 소형소화기로 구분한다. 아래에 나열된 소화기는 약제충전량이 얼마 이상일 경우 대형소화기로 분류되는가?

[아래]　㉮ 물　　　㉯ 포　　　　㉰ 강화액
　　　　㉱ 분말　　㉲ 할로겐화합물　㉳ 이산화탄소

풀이 ㉮ 80L 이상　㉯ 20L 이상　㉰ 60L 이상
　　　㉱ 20kg 이상　㉲ 30kg 이상　㉳ 50kg 이상

10 주방의 식용유 화재에는 분말소화약제 중 중탄산나트륨계의 분말약제가 특히 유효한데 그것은 이 약제의 어떤 특성(현상)때문인가?

풀이 비누화(검화)현상

1-2 옥내소화전설비(NFTC 102)

1. 옥내소화전설비 계통도

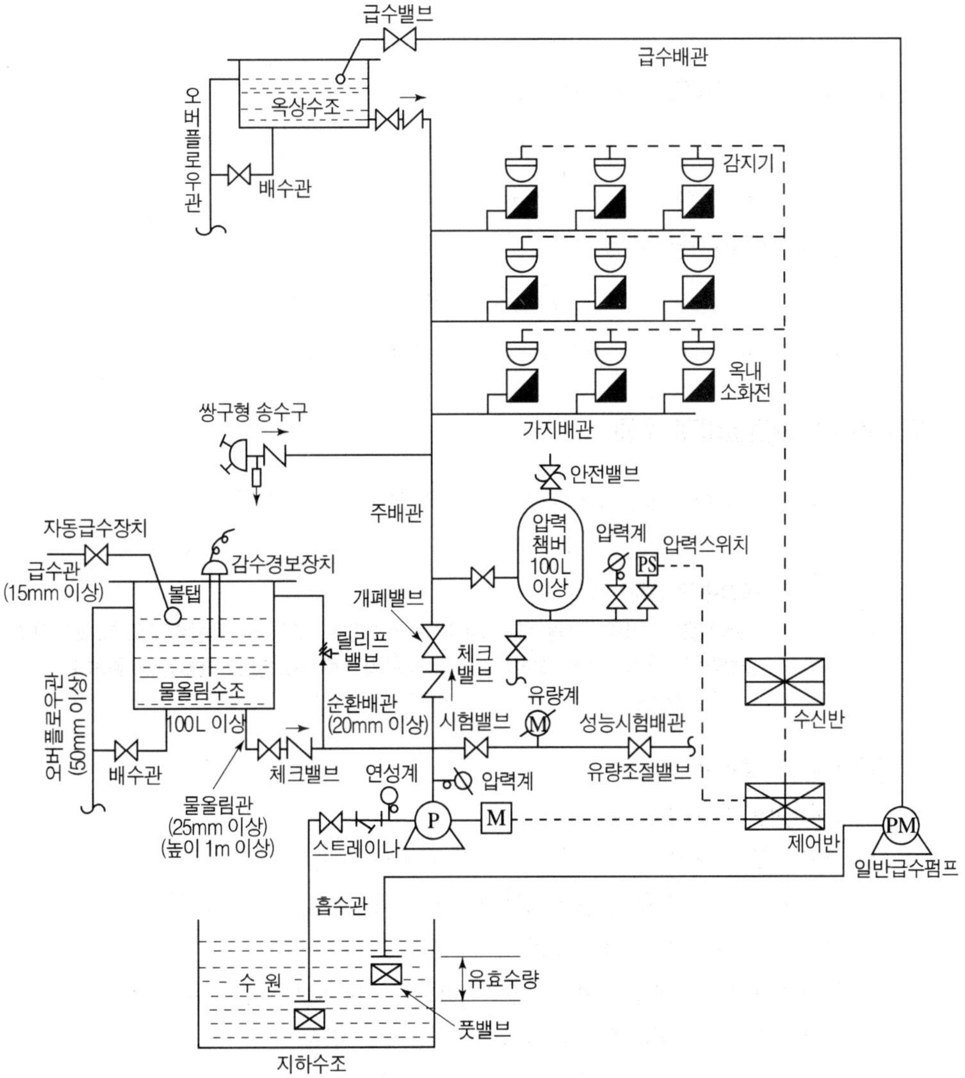

[옥내소화전설비 계통도]

2. 수 원

(1) 수원의 저수량

① 29층 이하(20분 기준)

$$Q(\mathrm{m}^3) = N \times 2.6\mathrm{m}^3 \text{ 이상}$$

여기서, N : 가장 많은 층의 옥내소화전 설치개수(최대 2개)

② 30층 이상 49층 이하(40분 기준)

$$Q(\mathrm{m}^3) = N \times 5.2\mathrm{m}^3 \text{ 이상}$$

여기서, N : 가장 많은 층의 옥내소화전 설치개수(최대 5개)

③ 50층 이상(60분 기준)

$$Q(\mathrm{m}^3) = N \times 7.8\mathrm{m}^3 \text{ 이상}$$

여기서, N : 가장 많은 층의 옥내소화전 설치개수(최대 5개)

(2) 옥내소화전설비의 수원

산출된 유효수량외에 유효수량의 $\frac{1}{3}$ 이상을 옥상에 설치

> **참고 옥상수조 설치 이유**
> 상용전원 및 비상전원 차단 시 또는 소화펌프 고장 시 옥상수조와 소화전간에 발생되는 자연낙차에 의한 노즐의 방사압으로 원활한 소화활동을 위하여

[옥상수조 설치 예외]
① 지하층만 있는 건축물
② 고가수조를 가압송수장치로 설치한 옥내소화전설비
③ 수원이 건축물의 **최상층에 설치된 방수구보다 높은 위치**에 설치된 경우
④ 건축물의 높이가 지표면으로 부터 10m 이하인 경우
⑤ 주펌프와 동등 이상의 성능이 있는 **별도의 펌프**로서 내연기관의 기동과 연동하여 작동되거나 **비상전원**을 연결하여 설치한 경우
⑥ 가압수조를 가압송수장치로 설치한 옥내소화전설비
※ 위의 단서에도 불구하고 30층 이상의 특정소방대상물은 산출된 유효수량 외에 유효수량의 $\frac{1}{3}$ 이상을 옥상에 설치하여야 한다.

(4) 수조의 설치기준

① 점검이 편리한 곳에 설치
② 동결방지조치를 하거나 동결의 우려가 없는 장소에 설치
③ 수조의 외측에 수위계를 설치
④ 수조의 상단이 바닥보다 높을 때에는 수조의 외측에 **고정식 사다리**를 설치
⑤ 수조가 실내에 설치된 때에는 그 실내에 **조명설비**를 설치
⑥ 수조의 밑부분에는 청소용 **배수밸브** 또는 배수관을 설치
⑦ 수조의 외측의 보기 쉬운 곳에 "옥내소화전설비용 수조"라고 표시한 **표지** 설치
⑧ 옥내소화전펌프의 흡수배관 또는 옥내소화전설비의 입상배관과 수조의 접속 부분에는 "옥내소화전설비용 배관"이라고 표시한 **표지** 설치

3. 가압송수장치

(1) 고가수조 방식

건축물의 옥상이나 높은 곳에 고가수조(물탱크)를 설치하여 옥내소화전에 설치된 노즐에서 **규격 방수압력(0.17MPa 이상) 규격 방수량(130L/min 이상)**을 토출할 수 있도록 자연낙차를 이용하여 가압 송수하는 방법

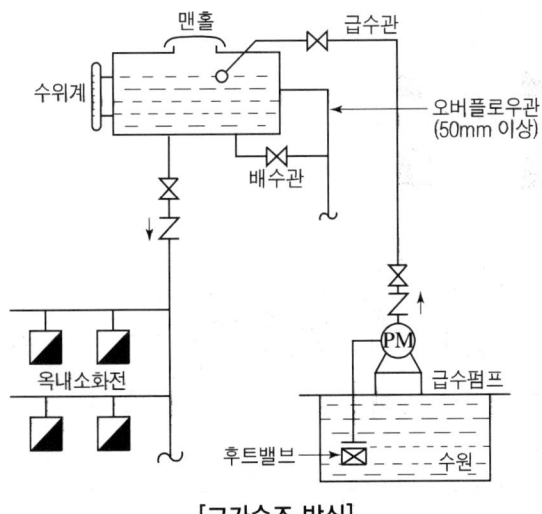

[고가수조 방식]

$H \geq h_1 + h_2 + 17\text{m}$ (호스릴 옥내소화전설비 포함)

여기서, H : 필요한 낙차(m)
h_1 : 소방용호스 마찰손실수두(m), h_2 : 배관의 마찰손실수두(m)
17m : 노즐선단의 방수압력 환산수두

※ 고가수조에는 수위계, 배수관, 급수관, 오버플로우관, 맨홀을 설치
(어두문자 암기법 : 오 급 수 배 트 맨)

(2) 압력수조 방식

수조대신 압력탱크를 설치하여 탱크용량의 $\frac{2}{3}$는 항시 급수펌프로 물을 공급하고 $\frac{1}{3}$은 자동식 공기압축기를 이용하여 탱크 내를 압축하여 그 압력을 이용하여 옥내소화전에 설치된 노즐에서 규격방수압력 0.17MPa, 규격 방수량(130L/min 이상)을 유지할 수 있도록 가압 송수하는 방법. 따라서 압력수조의 압력은 다음 식에서 산출한 수치 이상으로 한다.

$$P \geq P_1 + P_2 + P_3 + 0.17\,\mathrm{MPa}(호스릴\ 옥내소화전설비\ 포함)$$

여기서, P : 필요한 압력(MPa)
P_1 : 소방용호스 마찰손실수두압(MPa)
P_2 : 배관의 마찰손실수두압(MPa)
P_3 : 낙차의 환산 수두압(MPa)
0.17MPa : 옥내소화전 노즐선단의 방수압

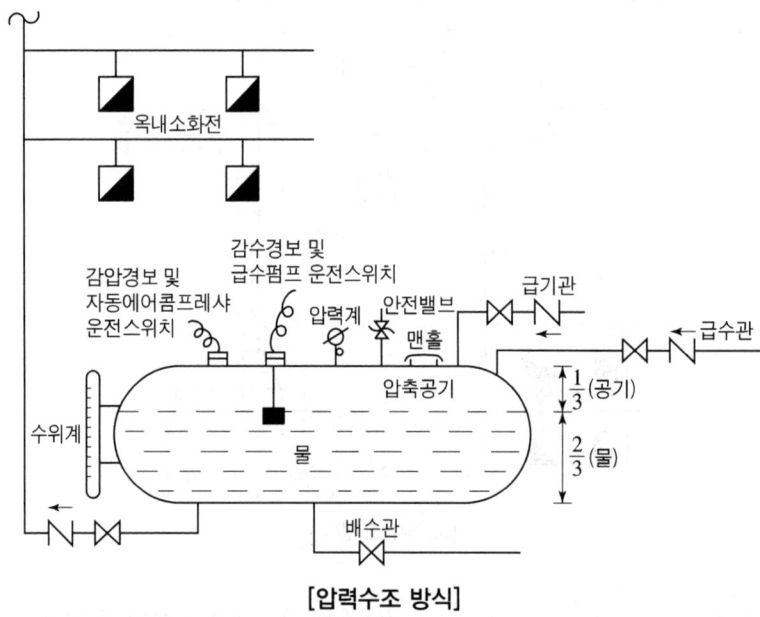

[압력수조 방식]

※ 압력 수조에는 수위계, 급수관, 급기관, 배수관, 맨홀, 압력계, 안전장치, 자동식공기압축기 설치(어두문자 암기법 : 맨압배 급수 자급방안)

(3) 펌프에 의한 방식

옥내소화전에 설치된 호스의 노즐에서 규격 방수압력(0.17MPa), 규격방수량(130L/min)을 얻기 위해 펌프를 설치하는 일반적으로 가장 보편화된 방법이다. 펌프는 주로 원심펌프를 사용한다. 원심펌프 중에서 볼류트펌프(Volute pump)와 터빈펌프(Turbine pump)가 소화설비의 가압송수펌프로 가장 많이 사용되고 있다.

$$H \geqq h_1 + h_2 + h_3 + 17\mathrm{m}$$

여기서, H : 전 양정(m)
h_1 : 소방용 호스 마찰손실수두(m)
h_2 : 배관의 마찰손실수두(m)
h_3 : 실양정(흡입+토출 양정)(m)
17m : 노즐선단 방수압력 환산수두

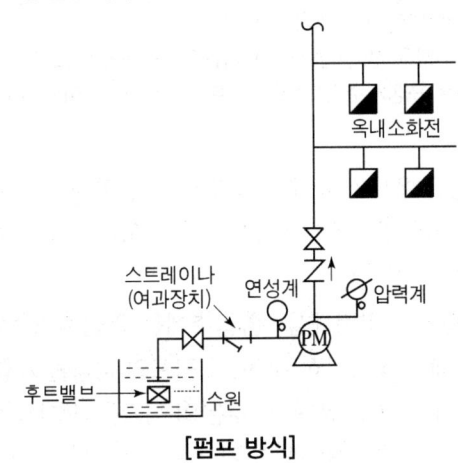

[펌프 방식]

(4) 가압수조 방식

① 가압수조의 압력은 방수량 및 방수압이 20분 이상 유지되도록 할 것
② 가압수조 및 가압원은 방화구획 된 장소에 설치 할 것
③ 가압수조를 이용한 가압송수장치는 소방청장이 정하여 고시한 「가압수조식 가압송수장치의 성능인증 및 제품검사의 기술기준」에 적합한 것으로 설치할 것

4. 가압송수장치 설치기준

① 쉽게 접근할 수 있고 점검하기에 충분한 공간이 있는 장소로서 화재 및 침수 등의 재해로 인한 피해를 받을 우려가 없는 곳에 설치
② 동결방지조치를 하거나 동결의 우려가 없는 장소에 설치
③ 소방대상물의 어느 층에 있어서도 당해 층의 **옥내소화전(최대 2개)**을 동시에 사용할 경우 각 소화전의 노즐선단에서 방수압력이 0.17MPa 이상이고 방수량이 130L/분 이상이 되는 성능의 것으로 할 것. 다만, 하나의 옥내소화전을 사용하는 노즐선단에서 방수압력이 0.7MPa을 초과할 경우에는 호스 접결구의 인입측에 **감압장치**를 설치

> **노즐 선단에서의 방수 압력을 0.7MPa 이하로 제한하는 이유**
> ① 노즐의 압력이 0.7MPa 이상이면 한 사람의 힘으로는 노즐을 잡고 소화 작업을 행하기가 어렵기 때문
> ② 방수량은 방수압력의 제곱근에 비례($Q = K\sqrt{10P}$)하여 방수량이 과대하므로 규정저수량으로는 20분간 방사하기 어렵기 때문

④ **펌프의 토출량**은 옥내소화전이 가장 많이 설치된 층의 설치개수(옥내소화전이 2개 이상 설치된 경우에는 2개)에 130L/min를 곱한 양 이상
⑤ 펌프는 **전용**으로 할 것.
⑥ 펌프의 **토출측**에는 압력계를, 흡입측에는 연성계 또는 진공계를 설치할 것.
⑦ 가압송수장치에는 정격부하 운전 시 **펌프의 성능을 시험하기 위한 배관**을 설치
⑧ 가압송수장치에는 체절 운전 시 **수온의 상승을 방지**하기 위한 **순환배관**을 설치
⑨ 기동장치로는 **기동용 수압개폐장치**나 또는 이와 동등 이상의 성능이 있는 것을 설치할 것.
⑩ 내연기관을 사용하는 경우의 설치기준
　㉠ 내연기관의 기동은 소화전함의 위치에서 원격조작이 가능하고, 기동을 명시하는 적색등을 설치할 것
　㉡ 제어반에 의하여 내연기관의 자동기동 및 수동 기동이 가능하고, 상시 충전되어 있는 축전지설비를 갖출 것
⑪ 가압송수장치에는 "옥내소화전펌프"라고 표시한 표지를 하여야 한다. 이 경우 그 가압 송수장치를 다른 설비와 겸용하는 때에는 그 겸용되는 설비의 이름을 표시한 표지를 함께 하여야 한다.

5. 소화설비의 감압방식

(1) 중계수조 및 중계펌프 방식

고층부와 저층부로 구역을 설정한 후 건물 중간에 **중계수조와 중계펌프**를 설치하는 방식으로 방사 압력을 낮춘다. 그러나 기존방식보다 소화펌프의 설치대수가 증가되어 설치비가 많이 소요된다.

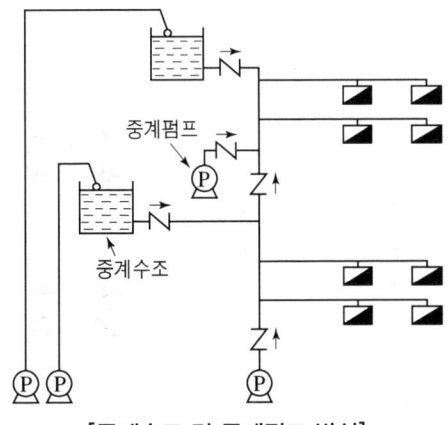

[중계수조 및 중계펌프 방식]

(2) 개별 펌프방식(배관계통 분리방식)

고층부와 저층부로 구역을 설정한 후 **펌프와 배관을 분리**하여 설치하는 방식으로 저층부는 저양정 펌프를 설치하여 비교적 안전하지만 고층부는 고양정의 펌프를 설치해야 하므로 배관 및 주변부대시설도 고압에 견디는 것으로 해야 하는 단점이 있다. 따라서 펌프설치대수도 증가되어 설치비가 많이 소요된다.

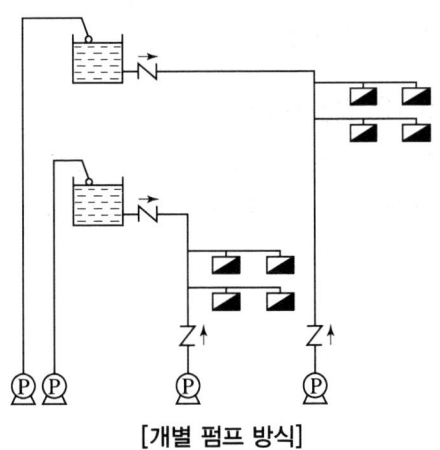

[개별 펌프 방식]

(3) 고가수조방식

고층부와 저층부로 구역을 설정한 후 해당구역에 따라 **고가수조를 설치**하는 방식이다. 이는 고가수조의 자연낙차압력을 이용하는 방법으로 별도의 소화펌프가 필요없으며 비교적 안정적인 방수압력을 얻을 수 있다. 그리고 소방대상물 주변에 높은 산이나 급수탑이 있는 경우 유리하며 소화펌프의 설치비용을 크게 절감할 수 있다.

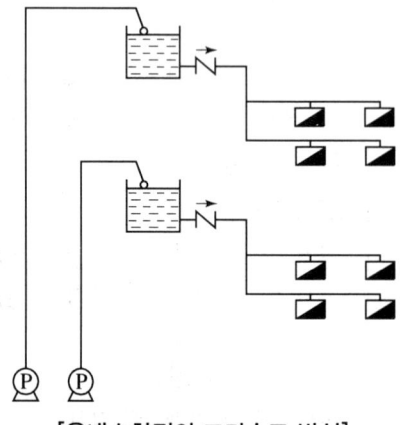

[옥내소화전의 고가수조 방식]

[고가수조방식의 장점]
① 구역별로 고가수조를 설치하므로 최저층에서도 **적정압력을 유지**할 수 있다.
② 소화펌프가 필요 없고 수격작용에 의한 **배관 등 파손 우려가 적다**.
③ 층고가 높아도 별도의 감압장치가 필요 없다.
④ 고가수조를 일반 생활용수로 이용할 수 있다.
⑤ 화재시 소화펌프의 고장으로 인한 **송수불능상태** 우려가 감소한다.
⑥ 설비의 간편화로 유지관리가 쉽다.

(4) 감압밸브 또는 압력조절밸브 설치 방식

호스접결구 인입측에 감압밸브 또는 오리피스를 설치하여 방사압력을 낮추거나 또는 펌프의 토출측에 압력조절밸브를 설치하여 토출압력을 낮추는 방식이다.

6. 송수펌프에 의한 가압송수장치

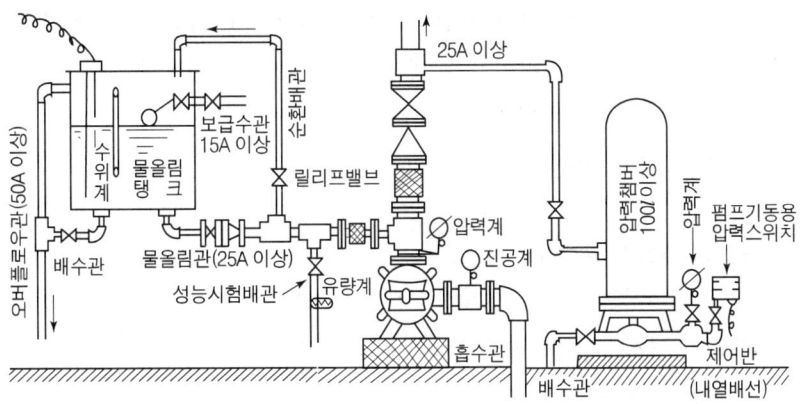

[가압송수장치 상세도]

(1) 물올림장치(priming Tank)

물올림장치는 수평회전축 **펌프보다 수원의 수위가 아래에 있을 경우에만** 필요하며 수원의 수위가 펌프보다 높으면 필요가 없다. 또한 수직회전축 펌프에는 필요치 않다. 물올림장치는 아래 그림과 같이 구성되어 있고 주요 기능은 펌프흡입관의 풋밸브의 고장으로 인하여 펌프 내의 물이 누수가 되면 펌프 가동시 물을 흡수할 수 없으므로 풋밸브에서부터 펌프 임펠러까지 항시 물을 충전시켜 주어 펌프가 가동시 즉시 물을 송수할 수 있도록 준비시켜 두는 부속설비이며 수직회전축펌프에는 필요 없다.

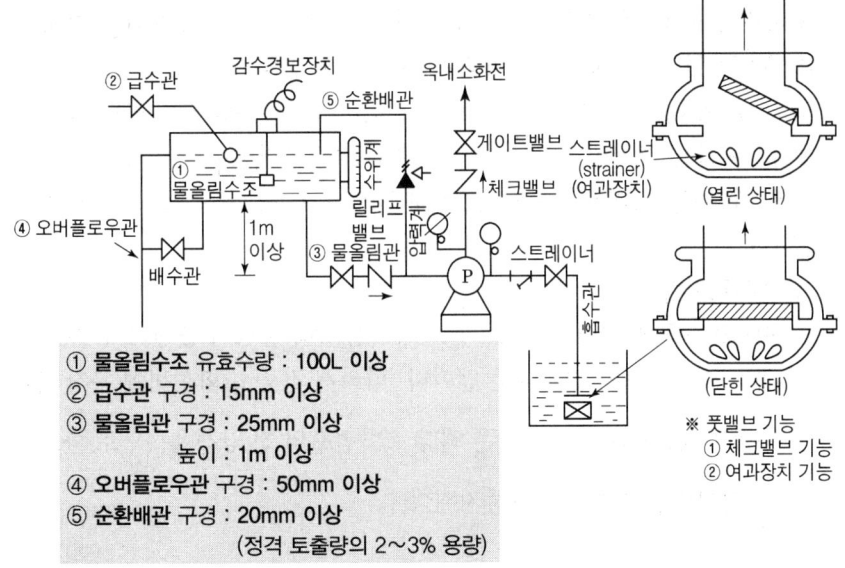

[물올림장치 계통도]　　　　　[풋밸브의 구조]

(2) 펌프(Pump) 및 모터(Motor)

소방용펌프는 일반적으로 원심펌프(centrifugal pump)를 사용하며 원심펌프는 볼류트 펌프(Volute pump)와 터빈 펌프(turbine pump)의 두 가지가 있으며, 일반적으로 터빈 펌프를 많이 사용하고 있다.

① 볼류트 펌프와 터빈 펌프의 특징

볼류트 펌프(Volute pump)	터빈 펌프(Turbine pump)
임펠러 주위에 물 안내 날개 없음	임펠러 주위에 물 안내 날개 있음
양정이 낮고 방수량이 많은 곳에 설치	양정이 높고 방수압력 높은 곳에 설치

② 펌프의 전동기 용량 계산 방법

- 전동기 용량

$$P(\text{kW}) = \frac{\gamma \times Q \times H}{E} \times K$$

- 내연 기관의 용량

$1\text{HP} = 0.746\text{kW}\,[76.07(\text{kgf}\cdot\text{m/s}) \div 101.97(\text{kgf}\cdot\text{m/s})]$

$1\text{PS} = 0.7355\text{kW}\,[75(\text{kgf}\cdot\text{m/s}) \div 101.97(\text{kgf}\cdot\text{m/s})]$

여기서, P : 전동기의 출력(kW), γ : 물의 비중량 9.8(kN/m³)
Q : 토출량(m³/s), H : 전양정(m)
E : 펌프의 효율, K : 전달계수

(3) 기동용 수압개폐장치(압력챔버) : 용량 100L 이상

압력챔버의 역할은 펌프의 2차측 게이트밸브에서 분기하여 전 배관내의 압력을 감지하고 있다가 배관내의 압력이 떨어지면 압력스위치가 작동하여 **충압펌프**(Jocky pump, 보조펌프, Booster pump) 또는 **주펌프를 기동**시킨다. 그러므로 압력스위치를 정확히 조정해야 규격방수량과 규격방수압을 방수할 수 있다.
압력스위치는 RANGE(범위)와 DIFF(Differance : 차이)를 상단부의 나사로 조정한다.

① RANGE(범위)

펌프의 작동정지점이다. 즉, 펌프가 가동되어 압력이 충전되어 설정 압력 범위 내가 되면 펌프가 정지되는 점이다. 따라서 각종 소화설비에 부착하는 압력스위치의 Range의 압력설정은 해당 소화펌프의 전 양정을 $\dfrac{1}{10}$로 환산하여 압력을 설정하면 펌프기동이 중지된다.

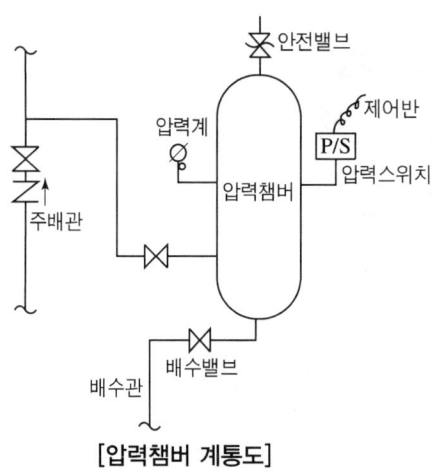
[압력챔버 계통도]

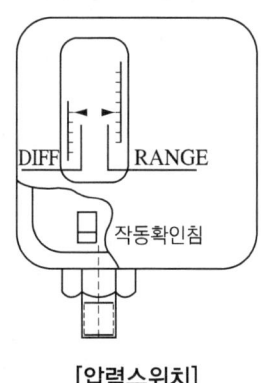
[압력스위치]

② DIFF(차이)

Range에 설정된 압력에서 Diff에 설정된 압력만큼 떨어지면 펌프가 기동되는 압력의 차이를 뜻한다.

[예] Range에 0.3MPa에 설정하고 Diff을 0.1MPa에 설정했다면 압력이 0.2MPa 이하가 되면 펌프는 자동 기동한다는 뜻이다.

③ 충압펌프(보조펌프, jocky pump)의 압력 설정

주펌프의 작동 정지점과 재작동점 사이에 설정하여 Diff와 Range을 조정한다.

④ 기동용 수압개폐장치를 기동장치로 사용할 경우 충압펌프의 기준
  ㉠ 펌프의 정격토출압력 = 최고위 호스접결구의 **자연압** + 0.2MPa 또는 가압송수장치 정격토출압력과 같게 할 것
  ㉡ 펌프의 정격토출량 : 펌프의 정격토출량은 정상적인 누설량보다 적어서는 아니되며, 옥내소화전설비가 자동적으로 작동할 수 있도록 충분한 토출량을 유지하여야 한다.

7. 압력계, 진공계, 연성계(브루동관 압력계)

① 압력계 : 펌프의 **토출측**에 설치하여 펌프의 토출 압력을 나타낸다.
  (대기압력 이상)
② 진공계 : 펌프의 **흡입측**에 설치하여 펌프의 흡입력을 나타낸다.(대기압력 이하)
③ 연성계 : 펌프의 **흡입측**에 설치하여 펌프의 흡입력을 나타낸다.
  (대기압력 이상 및 이하)

※ 흡입력(진공도 0~76cmHg)
※ 연성계는 토출압력 및 흡입력을 측정할 수 있다.

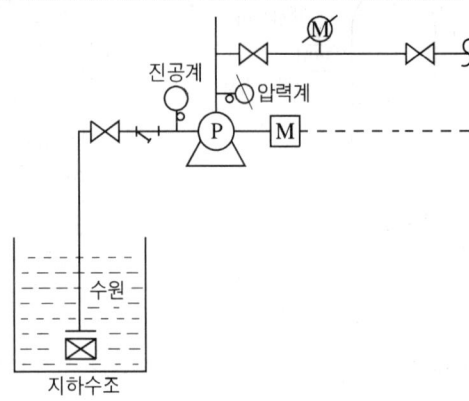

[압력계, 진공계(연성계) 설치위치]

8. 순환배관

순환배관은 송수펌프의 토출측 체크밸브이 전에서 20mm 이상의 배관으로 분기하며 **체절운전시 체절압력 이하에서 작동되는 릴리프밸브**(relief valve : 일종의 안전밸브)를 설치하고 배관상 개폐밸브는 절대로 설치하여서는 안 된다.

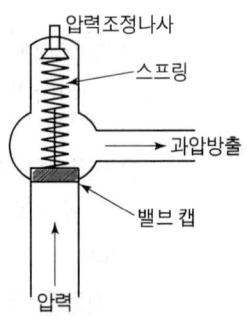

[릴리프 밸브의 구조]

 **체절 운전**
펌프 토출측 배관이 전부 막힌 상태(물이 전혀 방출되지 않음)에서 펌프가 계속 작동하여 최고점의 압력에서 펌프가 공회전하는 운전이다.
릴리프 밸브는 순환배관내의 압력이 설정압력 이상이 되면 밸브캡을 지지하고 있던 스프링이 눌리면서 과압을 방출하여 펌프의 체절운전 시 공회전에 의한 온도상승을 방지하는 역할을 한다.

 **릴리프 밸브(Relief Valve)의 기능**
펌프의 공회전시 체절압력 이하에서 과압을 방출하여 수온의 온도상승을 방지한다.

(1) 펌프의 체절운전 방법

주밸브와 성능시험 배관의 개폐밸브(게이트 밸브)를 차단하고 보조펌프(충압 펌프)를 작동 중단시킨 후 주펌프의 수동기동스위치를 눌러 기동시키거나 압력챔버 하부의 배수밸브를 열어 펌프가 기동되면 배수밸브를 잠근다. 펌프가 기동후 압력이 계속 상승하면 순환배관에 설치된 릴리프밸브가 작동, 압력수를 방출한다. 이때의 압력이 당해 설비의 설정(setting)된 체절압력이다. 만약 적합한 규격의 릴리프밸브를 설치하지 않으면 체절압력 이상이 되어서도 릴리프밸브가 작동하지 않아 배관상 약한 부분의 파손을 초래하므로 필히 릴리프밸브는 몸체에 표시된 규격압력을 확인 후 펌프를 기동해야 된다.

(2) 릴리프밸브의 규격압력 확인방법

펌프의 규격표시판에 표시된 양정(m)을 $\frac{1}{100}$로 환산(MPa)한 수치에 1.4를 곱한 값이 체절압력 즉, 릴리프밸브의 작동압력이므로 필히 이 압력미만의 릴리프밸브를 설치한다.

9. 평상시 충압펌프가 자주 기동할 경우

(1) 원인 및 방지대책

원 인	방 지 대 책
옥상수조의 배관상 체크밸브가 완전 폐쇄되지 않는 경우(체크밸브 시트에 이물질이 부착되어 배관 내 압력수가 고가수조측으로 역류하여 배관 내 압력이 감소한다.)	고가수조 배관상 체크밸브를 분해하여 시트를 청소하거나 또는 교체한다.
펌프의 토출측 주배관상 설치된 스모렌스키 체크밸브의 바이패스(by-pass)밸브가 개방된 경우(배관 내 압력수가 스모렌스키 체크밸브의 하부측으로 역류하여 배관 내 압력이 감소한다.)	스모렌스키 체크밸브를 점검하여 수리하거나 교체한다.
연결송수구의 배관상 체크밸브의 고장(배관 내 압력수가 자동배수밸브 쪽으로 역류하여 배관 내 압력이 감소한다.)	체크밸브를 점검하여 수리하거나 교체한다.
스프링클러설비의 경우 알람밸브에 설치한 드레인밸브 또는 말단시험 장치함의 시험밸브가 완전 폐쇄되지 않은 경우	드레인밸브 또는 시험밸브를 점검하여 수리 또는 교체한다.
소화설비의 배관 및 밸브 등에서 누수가 발생하는 경우	설비를 점검하여 교체 또는 수리한다.

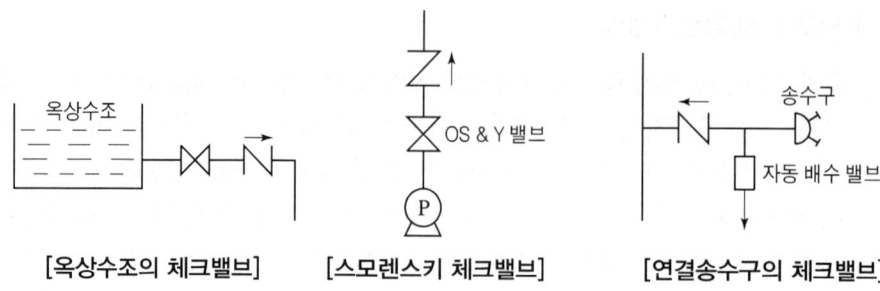

[옥상수조의 체크밸브]　　[스모렌스키 체크밸브]　　[연결송수구의 체크밸브]

10. 소화펌프의 자동운전시 ON, OFF 현상이 반복되는 경우

(1) 원 인

소화펌프 운전시 스위치를 자동(Auto)위치로 설정하고 작동할 때 펌프가 쿨렁쿨렁하면서 작동하는 경우가 있다. 이는 **압력챔버 내에 공기가 없고 물로만 채워져 수격작용을 방지할 수 없는 경우**에 발생한다. 이렇게 되면 MCC PANEL의 전자접촉기가 ON, OFF를 반복하게 되어 손상이 될 뿐만 아니라 배관에 충격을 주어 파손우려가 있다.

(2) 방지대책

기동용 수압개폐장치의 **압력챔버 내의 물을 배수하고 공기를 주입**하면 된다.

(3) 압력챔버 내에 공기주입방법

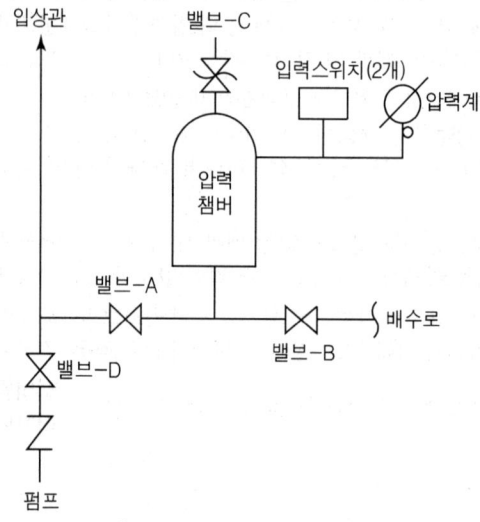

[기동용 수압개폐 장치도]

① 제어반에서 **주펌프** 및 **충압펌프**의 운전스위치를 **정지**(OFF)로 한다.
② 밸브A를 폐쇄하고 밸브C와 밸브B를 개방하여 배수시킨다.
③ 밸브C와 밸브B를 폐쇄시킨 후 **충압펌프**를 **자동**으로 기동시킨다.
④ 밸브A를 개방하여 압력챔버(압력탱크)를 가압한다.
⑤ 일정압력이 되면 **충압펌프**는 자동으로 **정지**한다.
⑥ 제어반에서 **주펌프**의 운전스위치를 **자동**으로 설정한다.

압력챔버가 2MPa용인 경우 밸브C를 개방하기 어렵다.(∵공기안전밸브는 릴리프밸브를 설치함) 그러므로 압력챔버와 밸브C를 연결한 동관을 분리하면 작업이 쉽다.

11. 펌프의 성능 및 성능시험 배관

(1) 펌프의 성능

① 체절 운전시 정격토출압력의 140%를 초과하지 않아야 한다.
② 정격 토출량의 150%로 운전시 정격 토출압의 65% 이상이 되어야 한다.

(2) 펌프의 성능시험 배관

① 펌프의 토출측에 설치된 **개폐밸브 이전**에서 **분기**하여 설치하고 유량측정장치를 기준으로 전단 직관부에 **개폐밸브**를 후단 직관부에 **유량조절밸브**를 설치할 것
② **유량측정장치**는 성능시험배관의 직관부에 설치하되 펌프 **정격 토출량**의 175% 이상 측정할 수 있는 성능이 있을 것

    ㉠ 정격토출압력(MPa) : 당해 설비 펌프의 양정을 $\dfrac{1}{100}$로 환산한 압력

    ㉡ 정격토출량(L/min) : 당해 설비 펌프의 분당 토출량

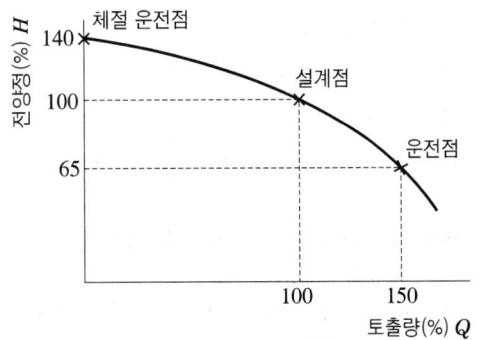

[양정과 토출량 관계 곡선]

(3) 펌프의 성능시험 방법 ★★★

① 무부하운전=체절운전(No Flow Condition)
  ㉠ 펌프의 토출측 개폐밸브 폐쇄
  ㉡ 제어반에서 충압펌프 및 주펌프 운전스위치를 수동(Manual)위치로 한다.
  ㉢ 성능시험 배관 상 유량조절밸브 완전 폐쇄 후 개폐밸브 완전 개방
  ㉣ 제어반에서 주펌프 수동기동
  ㉤ 릴리프밸브 작동압력을 압력계로 확인(만약 릴리프밸브가 체절압력 이하에서 개방되지 않으면 릴리프밸브를 서서히 개방하여 체절압력 이하에서 압력수가 토출되도록 한다.)

② 정격부하운전=설계점운전(Rated Load)
  ㉠ 펌프가 기동한 상태에서 성능시험 배관상 유량조절밸브 서서히 개방하여 유량계의 유량이 정격토출량이 되도록 한다.
  ㉡ 압력계의 눈금을 읽어 압력을 확인

③ 피크부하운전=최대운전(Peak Load)
  ㉠ 성능시험 배관상 유량조절밸브를 더 개방하여 유량계의 유량이 정격토출량의 150%가 되도록 한다.
  ㉡ 압력계의 눈금을 읽어 압력을 확인

12. 배 관

① 배관 내 사용압력이 1.2MPa 미만일 경우
  ㉠ 배관용 탄소강관(KS D 3507)
  ㉡ 이음매 없는 **구리 및 구리합금관**(KS D 5301). 다만, 습식의 배관에 한한다.
  ㉢ 배관용 스테인리스강관(KS D 3576) 또는 일반배관용 스테인리스강관(KS D 3595)
  ㉣ 덕타일 주철관(KS D 4311)

② 배관 내 사용압력이 1.2Mpa 이상일 경우
  ㉠ 압력배관용탄소강관(KS D 3562)
  ㉡ 배관용 아크용접 탄소강강관(KS D 3583)

소방용 합성 수지배관으로 설치할 수 있는 경우
  ㉠ 배관을 지하에 매설하는 경우
  ㉡ 다른 부분과 내화구조로 구획된 닥트 또는 피트의 내부에 설치하는 경우
  ㉢ 천장과 반자를 불연재료로 설치하고 그 내부에 습식배관을 설치하는 경우

③ 배관은 전용으로 하여야 한다.
④ 펌프의 흡입측 배관은 공기고임이 생기지 아니하는 구조로 하되 여과장치를 설치

>  **펌프와 흡입측 배관 연결시 편심레듀샤 사용 이유**
> 공기고임 현상(공동 현상)을 방지하기 위함이다.

⑤ 펌프의 토출측 주배관의 구경은 유속이 4m/s 이하가 될 수 있는 크기 이상

펌프의 토출측 주배관 구경 산출방법

$$Q = UA = U \times \frac{\pi}{4} D^2 \qquad \therefore D = \sqrt{\frac{4Q}{\pi U}}$$

여기서, Q : 토출량(m^3/s), U : 유속(m/s), A : 배관단면적(m^2), D : 배관내경(m)

⑥ 옥내소화전 방수구와 연결되는 가지배관의 구경은 40mm(호스릴 옥내소화전설비의 경우에는 25mm) 이상
⑦ 주배관 중 입상관의 구경은 50mm(호스릴 옥내소화전설비의 경우에는 32mm) 이상
⑧ 연결송수관 설비의 배관과 겸용일 경우
　㉠ 주배관의 구경 : 100mm 이상
　㉡ 가지관의 구경 : 65mm 이상

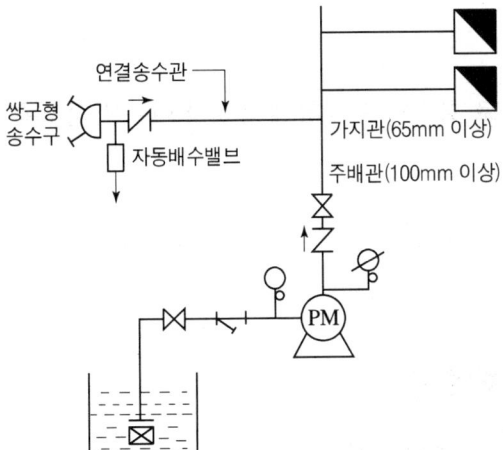

⑨ 개폐밸브
　개폐 표시형으로 하며 버터플라이밸브(볼밸브제외)는 제외
⑩ 송수구 설치기준
　㉠ 소방펌프 자동차가 쉽게 접근할 수 있고 노출된 장소에 설치

ⓛ 송수구로부터 주배관에 이르는 연결배관에는 **개폐밸브를 설치금지**
　　　　(단, 스프링클러설비 · 물분부소화 설비 · 포소화설비 또는 연결송수관설
　　　　비의 배관과 겸용하는 경우에는 예외)
　　　ⓒ 지면으로부터 **높이가 0.5m 이상 1m 이하**의 위치에 설치하여야 한다.
　　　ⓔ 구경 65mm의 쌍구형 또는 단구형으로 하여야 한다.
　　　ⓜ 송수구의 가까운 부분에 **자동배수밸브**(또는 직경 5mm의 배수공) 및 체크
　　　　밸브를 설치하여야 한다. 이 경우 자동배수밸브는 배관안의 물이 잘 빠질
　　　　수 있는 위치에 설치하되, 배수로 인하여 다른 물건 또는 장소에 피해를 주
　　　　지 아니하여야 한다.
　　　ⓗ 송수구에는 이물질을 막기 위한 마개를 씌울 것

13. 옥내소화전 설비함의 기준

(1) 함의 재료

① 1.5mm 이상 강판 또는 두께 4mm 이상의 합성수지재
② 함의 재질이 강판인 경우에는 **염수분무 시험방법**(KS D 9502)에 의하여 시험한 경우 변색 또는 부식되지 아니하여야 하고, 합성수지재인 경우에는 내열성 및 난연성의 것으로서 (80±2)℃의 온도에서 24시간 이내에 열로 인한 변형이 생기지 아니하는 것으로 할 것.

(2) 문의 면적

0.5m² 이상으로 호스의 수납 등에 충분한 여유를 갖도록 할 것.

(3) 소화전 함

① 호스 구경 : 40mm
② 관창(노즐) : 구경 13mm

14. 옥내소화전 방수구

① 소방대상물의 **층마다** 설치
② 소방대상물의 각 부분으로부터 하나의 옥내소화전 방수구까지의 **수평거리는 25m 이하**
③ 바닥으로부터 높이가 1.5m 이하가 되도록 할 것
④ 호스는 구경 40mm(호스릴 옥내소화전 설비의 경우 25mm) 이상의 것

⑤ 호스릴 옥내소화전설비의 경우 그 노즐에는 노즐을 쉽게 개폐할 수 있는 장치를 부착

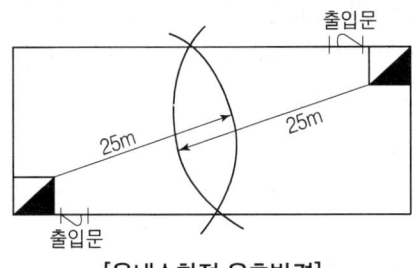

[옥내소화전 유효반경]

15. 옥내소화전설비의 표시등

① 옥내소화전설비의 위치를 표시하는 표시등은 함의 상부에 설치하되 그 불빛은 부착면과 15° 이하의 각도로도 발산되어야 하며 주위의 밝기가 0lx인 장소에서 측정하여 10m 떨어진 위치에서 켜진 등이 확실히 식별되어야 한다.
② 적색등은 사용전압의 130%인 전압을 24시간 연속하여 가하는 경우에도 단선, 현저한 광속변화, 전류변화 등의 현상이 발생되지 아니할 것.
③ 가압송수장치의 시동을 표시하는 표시등은 옥내소화전함의 내부 또는 그 직근에 설치하되 적색등으로 할 것.
④ 옥내소화전설비의 함에는 그 표면에 "소화전"이라고 표시한 표지와 그 사용요령을 기재한 표지판(외국어 병기)을 붙여야 한다.

16. 방수압력 측정방법

① 옥내소화전이 가장 많이 설치된(최대 5개) 층에서 모든 소화전을 동시에 개방하여 호스 노즐선단에서 압력 및 방수량을 측정하고 또 최상층에 설치된 모든 소화전을 동시에 개방하여 압력 및 방수량을 측정하였을 때 각각의 소화전에서 규격방수압 0.17MPa 이상 및 규격방수량(130L/min 이상)이 되어야 한다.

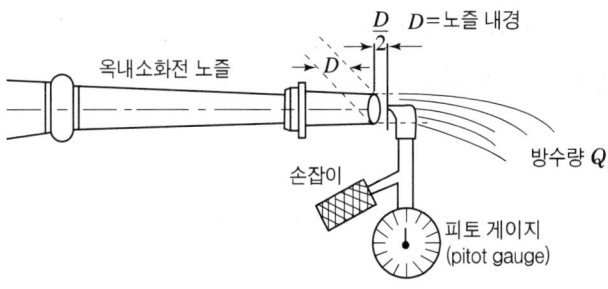

[방수량 측정 상세도]

② 방수압 측정은 호스 노즐선단에 **노즐내경의 0.5배**($\frac{D}{2}$) 떨어진 부분에 피토 게이지(pitot gauge)의 피토관 입구를 수류의 중심선과 일치토록 하면 실제 방수압력이 게이지상의 지시침에 의하여 구하면 된다. 방수압과 방출구를 측정하고 나면 다음 공식에 의하여 방수량을 알 수 있다.

$$Q = 0.653 D^2 \sqrt{10P}$$

여기서, Q : 방수량(L/min), D : 관경(노즐내경)(mm), P : 방수압력(MPa)

노즐의 방수량과 방수압력 관계식의 유도

$$Q = UA = C_v \sqrt{2gH} \cdot \frac{\pi}{4} D^2 = C_v \sqrt{2 \times 9.8 \times 10P} \cdot \frac{\pi}{4} D^2$$

$$\therefore P(\text{kg/cm}^2) = 10P(\text{mH}_2\text{O})$$

$$Q = 0.99 \sqrt{2 \times 9.8 \times 10P} \cdot \frac{\pi}{4} \times \frac{D^2}{(10^3)^2} \times 10^3 \times 60 = 0.653 D^2 \sqrt{P} (\text{L/분})$$

여기서, Q : 방수량(L/분), D : 노즐구경(mm), P : 방수압(동압)(kg/cm²)
C_v : 속도계수(흐름계수)(점성 및 노즐의 손실을 고려≒0.99)

17. 노즐의 반동력

$$F(\text{kgf}) = 1.5 d^2 P$$

여기서, d : 노즐구경(cm), P : 방사압력(kgf/cm²)

18. 방수구 설치제외 장소

① 냉장창고 중 온도가 영하인 냉장실 또는 냉동창고의 **냉동실**
② 고온의 노가 설치된 장소 또는 **물과 격렬하게 반응하는 물품**의 저장 또는 취급 장소
③ 발전소, 변전실 등으로 **전기시설**이 설치된 장소
④ **식물원, 수족관, 목욕실, 수영장** 그 밖의 이와 비슷한 장소
⑤ **야외음악당, 야외극장** 또는 그 밖의 이와 비슷한 장소

핵심 출제문제

01 다음 그림을 완성하고 설명하시오.

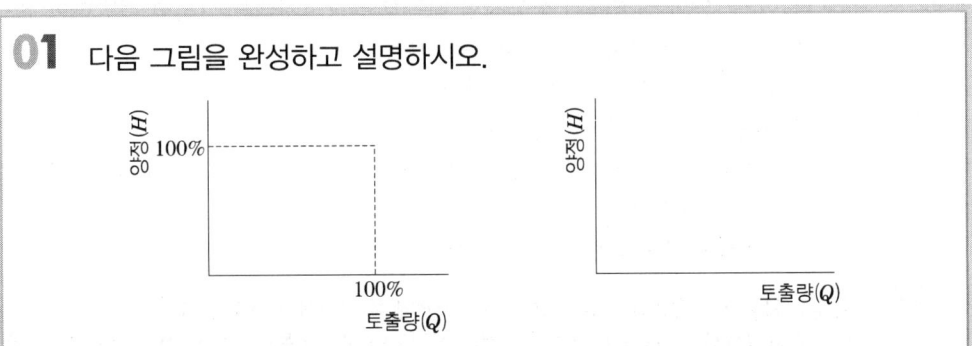

[풀이] 펌프의 성능은 정격토출량의 150%로 운전시 정격토출압력의 65%이상이 되어야 한다.

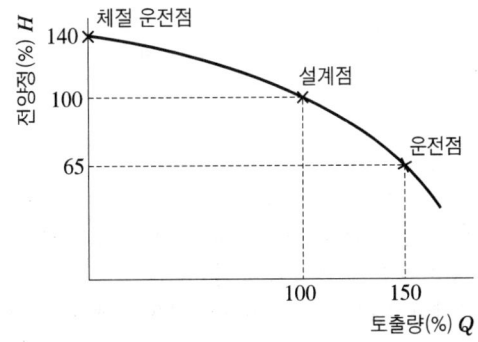

02 펌프의 성능시험배관에 유량계의 설치목적과 시험방법을 기술하시오.
   (1) 유량계 설치목적   (2) 펌프의 성능시험 방법

[풀이] **(1) 유량계 설치목적** : 펌프의 성능이 정격토출량의 150%로 운전시 정격토출압력의 65% 이상이 되는가를 확인하기 위하여
(2) 펌프의 성능시험 방법
① 무부하운전=체절운전(No Flow Condition)
  ㉠ 펌프의 토출측 개폐밸브 폐쇄
  ㉡ 제어반에서 충압펌프 및 주펌프 운전스위치를 수동(Manual)위치로 한다.
  ㉢ 성능시험 배관 상 유량조절밸브 완전 폐쇄 후 개폐밸브 완전 개방
  ㉣ 제어반에서 주펌프 수동기동
  ㉤ 릴리프밸브 작동압력을 압력계로 확인(만약 릴리프밸브가 체절압력 이하에서

개방되지 않으면 릴리프밸브를 서서히 개방하여 체절압력 이하에서 압력수가 토출되도록 한다.)

② 정격부하운전=설계점운전(Rated Load)
  ㉠ 펌프가 기동한 상태에서 성능시험 배관상 유량조절밸브 서서히 개방하여 유량계의 유량이 정격토출량이 되도록 한다.
  ㉡ 압력계의 눈금을 읽어 압력을 확인
③ 피크부하운전=최대운전(Peak Load)
  ㉠ 성능시험 배관상 유량조절밸브를 더 개방하여 유량계의 유량이 정격토출량의 150%가 되도록 한다.
  ㉡ 압력계의 눈금을 읽어 압력을 확인

> **참고**
> ① 성능시험 배관은 펌프토출측에 설치된 개폐밸브 이전에서 분기할 것
> ② 유량측정장치는 성능시험배관 직관부에 설치하되 정격토출량의 175%이상 측정할 수 있는 성능이 있을 것

03 풋밸브의 점검요령을 쓰시오.

풀이 송수펌프의 물올림 컵 밸브를 이용하여, 물이 계속적으로 분출하는 것을 확인한 후 호수 배관의 제어밸브를 잠그고 물올림 컵의 물이 감소하지 않는 것을 확인한다. 만약 감소시 풋밸브에서 누수가 발생하고 있기 때문에 재점검할 필요가 있다. 따라서 흡수배관을 해체하고 풋밸브를 인상하여 점검하거나 와이어 고리 등으로 밸브를 작동시켜 이물질의 부착 또는 막힘이 없는가 확인 점검한다.

04 옥내소화전의 방수압력을 0.7MPa 이하로 제한시켜 놓는 이유는 무엇인지 간단히 설명하시오.

풀이
① 노즐의 압력이 0.7MPa 이상이면 한 사람의 힘으로는 노즐을 잡고 소화 작업을 행하기가 어렵기 때문이다.
② 방수량은 방수 압력의 제곱근에 비례($Q = K\sqrt{10P}$)하여 방수량이 과대하므로 규정 저수량으로는 20분간 방사하기 어렵기 때문이다.

05 충암펌프의 설치 이유는 무엇인가?

풀이 배관내의 적은 양의 압력누수는 충압펌프가 기동하여 주펌프의 잦은 기동을 방지하기 위하여

06 소화설비의 급수배관에 사용하는 개폐표시형 밸브 중 버터플라이(볼형식 이외)외의 밸브를 꼭 사용하여야 하는 배관의 이름과 그 이유를 기술하시오.

풀이 ㉮ 배관이름 : 흡입(측) 배관
㉯ 이유 : 버터플라이밸브는 난류를 형성하고 마찰손실이 커 공동현상 발생때문

07 다음 그림은 펌프의 양정곡선이다. 릴리프 밸브의 작동압력(MPa)은 얼마인가?

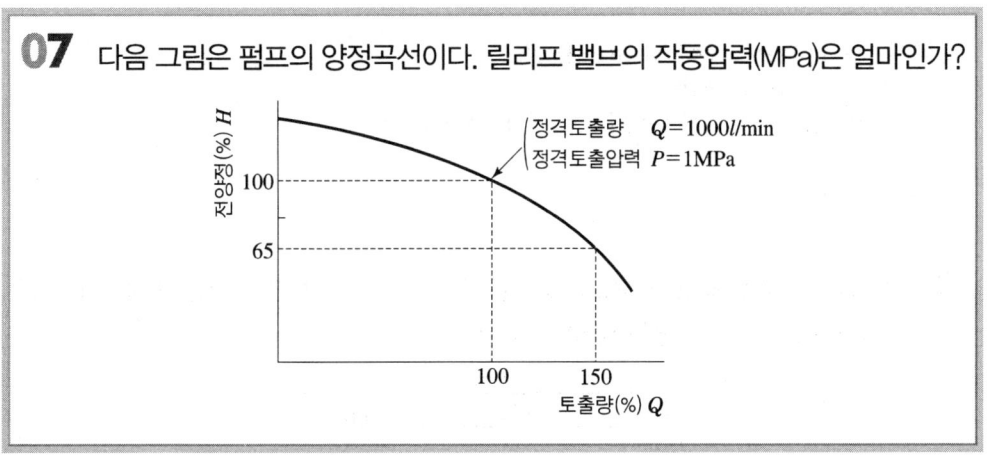

풀이 릴리프 밸브 작동압력은 설계점의 정격토출압력의 1.4배이다.
∴ 릴리프 밸브 작동압력 = 1 × 1.4 = 1.4MPa 이하

해답 1.4MPa

08 아래 조건을 보고 ( )안에 알맞은 답을 쓰시오.

[조건] 1. 주펌프의 토출량 Q = 1500L/min   TDH = 1MPa
2. 보조펌프의 토출량 Q = 60L/min   TDH = 1MPa
3. 각 압력스위치는 0.05MPa 차이를 둔다.

답란	주펌프의 기동압력 : (㉮)	보조펌프의 기동압력 : (㉯)
	주펌프의 정지압력 : 1.05MPa	보조펌프의 정지압력 : (㉰)

제 2 편 소방기계시설의 설계 및 시공

풀이 ㉮ 0.95 − 0.05 = 0.9MPa
㉯ 1 − 0.05 = 0.95MPa
㉰ 1.05 − 0.05 = 1MPa

```
압력(MPa)
              (주펌프)   (충압펌프)
정지점(Range) 1.05 ┬                  ┬ 0.05MPa
              1    │ 정지압력         ┴ 정지압력
                   │                  ┬
              0.95 │                  ┴ 기동압력
설비사용압력 0.9   ┴ 기동압력         ┬ 0.05MPa
```

참고
TDH = Total Dynamic Head(전양정)
TDH = HL + HF + HV
HL = 총정수두, HF = 총마찰손실, HV = 속도수두

09 그림과 같은 옥내소화전설비를 다음 조건과 화재안전기술기준 등에 따라 설치하려고 한다. 각 물음에 답하시오.

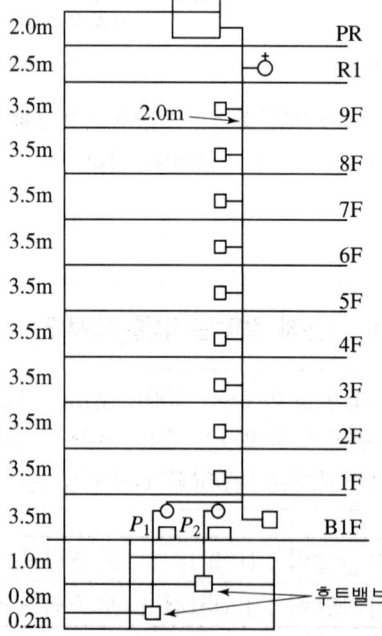

[조건]
1. P_1 : 옥내소화전 펌프
2. P_2 : 잡용수 양수펌프
3. 펌프의 풋밸브로부터 9층 옥내소화전함의 호스접속구까지 마찰손실 및 저항손실수두는 실양정의 25%로 한다.
4. 펌프의 효율은 70%
5. 옥내소화전의 갯수는 각층 2개씩이다.
6. 소화호스의 마찰손실수두는 7.8m이다.

(물음 1) 펌프의 최소유량은 몇 [L/min]인가?
(물음 2) 수원의 최소 유효저수량은 몇 [m^3]인가?
(물음 3) 펌프의 양정은 몇 [m]인가?
(물음 4) 펌프의 축동력은 몇 [kw]인가?
(물음 5) 체절운전시 수온의 상승을 방지하기 위한 순환배관의 최소구경은 몇 [mm]인가?
(물음 6) 물올림장치용 탱크의 최소 유효수량은 몇 [L]인가?
(물음 7) 주배관용 입상관의 최소구경은 몇 [mm] 이상인가?
(단, 풋밸브는 지하수조 바닥으로부터 0.2m)

풀이 (물음 1) $Q = N \times 130 \text{L/min}$ (N : 옥내소화전 개수 최대 2개)
∴ $Q = 2 \times 130 \text{L/min} = 260 \text{L/min}$

해답 260L/min

(물음 2) $Q = N \times 2.6 \text{m}^3$ (N : 최대 2개)
∴ $Q = 2 \times 2.6 \text{m}^3 = 5.2 \text{m}^3$

해답 5.2m^3

(물음 3) $H = h_1 + h_2 + h_3 + 17\text{m}$
H : 전양정(m), h_1 : 실양정(흡입양정+토출양정)(m)
h_2 : 배관의 마찰손실수두(m)
h_3 : 소방용호스의 마찰손실수두(m)
17m : 노즐선단의 방수압력 환산수두

$h_1 = 0.8 + 1.0 + (3.5 \times 9) + 2.0 = 35.3\text{m}$
$h_2 = 35.3 \times 0.25 = 8.83\text{m}$
$h_3 = 7.8\text{m}$
∴ $H = 35.3 + 8.83 + 7.8 + 17 = 68.93\text{m}$

해답 68.93m

(물음 4) $P(\text{kW}) = \dfrac{9.8 \times Q \times H}{E}$

$P(\text{kW}) = \dfrac{9.8 \times (0.26/60) \times 68.93}{0.70} = 4.18$

해답 4.18kW 이상

(물음 5)

해답 20mm 이상

(물음 6) 압력챔버 내용적 : 100L 이상

해답 100L 이상

(물음 7) $Q = UA = \dfrac{\pi}{4}D^2 U \quad D = \sqrt{\dfrac{4Q}{\pi U}}$

$Q = 260\text{L/min} \times \text{m}^3/1000\text{L} \times \text{min}/60\text{s} = 4.333 \times 10^{-3}\text{m}^3/\text{s}$

$U = 4\text{m/s}$ 이하가 되어야 한다(옥내소화전)

$\therefore D = \sqrt{\dfrac{4 \times 4.333 \times 10^{-3}}{\pi \times 4}} = 0.03714\text{m} = 37.14\text{mm}$

옥내소화전설비의 주배관 중 수직배관(입상관)의 구경은 50mm 이상

해답 50mm 이상

---

10 토출량 $Q(\text{m}^3/\text{s})$는 방사압력 $P(\text{kg/cm}^2)$에 대하여 이론적으로 평방근에 비례하는 관계를 가짐을 증명하시오.

풀이 $u = \sqrt{2gh} \quad P(\text{kg/cm}^2) = 10P(\text{mH}_2\text{O})$

$Q = uA$ 에서 $Q = \sqrt{2gh} \times \dfrac{\pi}{4}D^2 = \sqrt{2 \times 9.8 \times 10P} \times \dfrac{\pi}{4}D^2$

$\therefore Q = 10.99 D^2 \sqrt{P}$

따라서 유량 $Q(\text{m}^3/\text{s})$는 압력 $P(\text{kg/cm}^2)$에 대하여 이론적으로 평방근($\sqrt{P}$)에 비례한다.

11 물계통의 소화설비에서 펌프의 성능시험배관의 설치기준을 2가지 기술하시오.

풀이 ① 펌프의 토출측에 설치된 개폐밸브 이전에서 분기할 것
② 유량측정장치는 성능시험배관의 직관부에 설치하되 펌프 정격토출량의 175% 이상 측정할 수 있는 성능이 있을 것.

12 옥내 소화전 소방용호스 노즐의 방수압력의 허용 범위는 0.17MPa~0.7MPa이다. 만약 0.7MPa를 초과시 설비의 감압방식 종류를 5가지 쓰시오.

풀이 ① 개별 펌프방식
② 중계 펌프방식
③ 고가 수조방식
④ 가압송수장치에 압력조절밸브 설치 방식
⑤ 소화전밸브에 감압밸브 설치 방식

13 수원이 펌프보다 높은 위치에 있을 경우 어떠한 설비가 필요 없게 되는데 이때 필요 없는 것 3가지만 쓰시오.

풀이 물올림장치, 진공계(연성계), 풋밸브

14 소방펌프가 가져야 할 펌프의 성능기준(유량과 양정에 대하여)을 2가지 쓰시오.

풀이 ① 체절운전시 정격토출압력의 140%를 초과하지 아니할 것
② 정격토출량의 150%로 운전시 정격토출압력의 65% 이상이 되어야 한다.

15 옥내소화전설비의 펌프 토출측 주배관의 구경을 선정하려한다. 주배관 내의 유량이 650L/min, 유속이 4m/s일 경우 배관관경을 아래 보기에서 선정하시오.

[보기]

급수관의 구경(mm)	25	32	40	50	65	80	90	100

풀이

$$Q = uA = u \times \frac{\pi}{4}D^2 \qquad \therefore D = \sqrt{\frac{4Q}{\pi u}}$$

여기서, D(m), Q(m³/s), u(m/s)

$Q = 650\text{L/min} = 0.65\text{m}^3/60\text{s}, \quad u = 4\text{m/s}$

$$\therefore D = \sqrt{\frac{4 \times 0.65/60}{\pi \times 4}} = 0.05872\text{m} = 58.72\text{mm}$$

∴ 58.72mm보다 큰 65mm를 선택한다.

 65mm

16 물계통의 소화설비에서 수원의 수위가 펌프보다 낮은 위치에 있는 가압송수장치에는 물올림장치를 설치한다. 설치기준을 3가지만 쓰시오.

풀이
① 물올림장치에는 전용의 탱크를 설치 할 것
② 탱크의 유효수량은 100L 이상으로 할 것
③ 구경 15mm 이상의 급수배관에 의하여 당해 탱크에 물이 계속 보급 되도록 할 것

17 기동용 수압개폐장치의 주요기능을 2가지만 쓰시오.

풀이
① 소화펌프의 자동기동
② 규격방수압력유지 및 수격작용 방지

18 그림과 같이 6층 건물(철근콘크리트 건물)에 1층부터 6층까지 각층에 1개씩 옥내소화전을 설치하고자 한다. 이 그림과 주어진 조건을 이용하여 옥내 소화전 설치에 필요한 펌프의 송수량, 수원의 소요저수량, 전동기의 소요출력을 계산 하시오. (단, 전동기 소요출력은 답안지의 계산 과정 순으로 계산하여 출력을 산출하시오.) (28점)

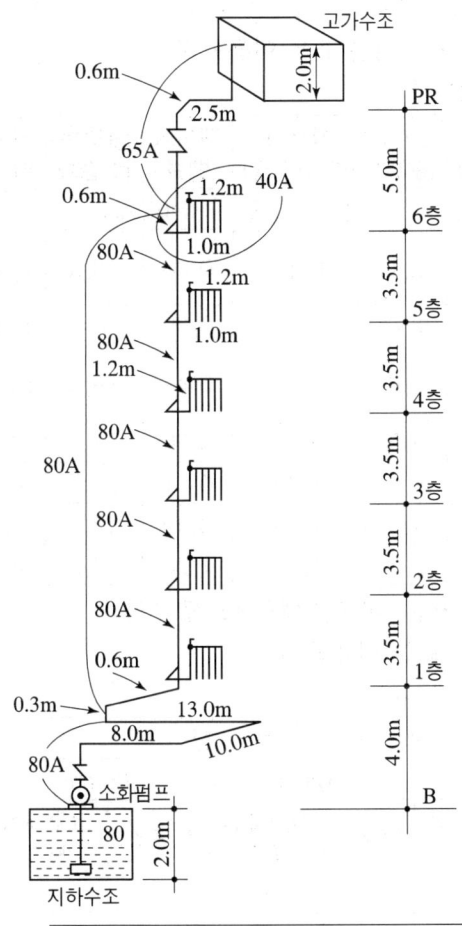

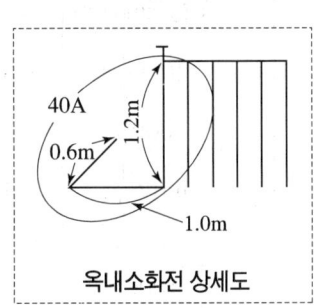

옥내소화전 상세도

[조건]
① 노즐의 최소 방수량 : 130[L/min] (40mm×13mm 노즐)
② 펌프의 송수량 : 필요수량에 20[%]의 여유를 둔다.
③ 수원의 용량 : 소화전 사용할 때 20분간 계속 사용할 수 있는 량으로 한다.
④ 소화전 호스의 최소 선단압력 : 0.17[MPa]
⑤ 직관의 마찰손실은 다음 표를 참조할 것

[직관의 마찰손실(100m 당)]

유량[L/min]	130	260	390	520
40mm	14.7m			
50mm	5.1m	18.4m		
65mm	1.72m	6.20m	13.2m	
80mm	0.71m	2.57m	5.47m	9.20m

⑥ 관이음 및 밸브 등의 등가길이는 다음 표를 이용할 것

[관이음 및 밸브 등의 등가길이]

관이음 및 밸브의 호칭경mm(in)	90°(엘보)	45°(엘보)	90°T(분류)	카프링 90°T(직류)	게이트 밸브	글로우브 밸브	앵글 밸브
	등	가		길	이	(m)	
40($1\frac{1}{2}$)	1.5	0.9	2.1	0.45	0.30	13.5	6.5
50(2)	2.1	1.2	3.0	0.60	0.39	16.5	8.4
65($2\frac{1}{2}$)	2.4	1.5	3.6	0.75	0.48	19.5	10.2
80(3)	3.0	1.8	4.5	0.90	0.60	24.0	12.0
100(4)	4.2	2.4	6.3	1.20	0.81	37.5	16.5
125(5)	5.1	3.0	7.5	1.50	0.99	42.0	21.0
150(6)	6.0	3.6	9.0	1.80	1.20	49.5	24.0

* 체크밸브와 풋밸브의 등가길이는 이표의 앵글밸브에 준한다.

⑦ 호스의 마찰손실수두는 다음 표를 이용할 것

[호스의 마찰손실수두(100m 당)]

구분 유량 (L/min)	호스의 호칭경					
	40mm		50mm		65mm	
	마호스	고무내장호스	마호스	고무내장호스	마호스	고무내장호스
130	26m	12m	7m	3m	—	—
350	—	—	—	—	10m	4m

⑧ 호스는 길이 15m, 구경 40mm(마호스)
⑨ 펌프의 효율은 55%이며, 전동기의 축동력 전달 효율은 100%로 계산한다.

[각 물음을 계산하시오.]

(물음 1) 펌프의 분당 송수량(L/min)
(물음 2) 수원의 최소저수량(m^3)

(물음 3) 호스의 마찰손실수두(m)
(물음 4) 배관의 마찰손실수두(m)
(물음 5) 관부속의 마찰손실수두(m)
(물음 6) 낙차의 환산수두(m)
(물음 7) 방수압력 0.17MPa를 수두(m)로 환산
　　　　　(단, 소수점 이하는 반올림하여 정수로 표기)
(물음 8) 전양정(m)
(물음 9) 전동기의 최소 소요출력(kw)

풀이 (물음 1) 펌프의 송수량(L/min)

$Q = N \times 130 \, \text{L/min} \, (N : \text{최대 2개})$

$\therefore Q = 1 \times 130 \, \text{L/min} \times \dfrac{120}{100} = 156 \, \text{L/min}$

해답 156L/min 이상

(물음 2) 수원의 소요 저수량(m³)

$Q = N \times 2.6 \, \text{m}^3 \, (130\text{L/min} \times 20\text{min})$

$\therefore Q = 1 \times 2.6 \, \text{m}^3 \times \dfrac{120}{100} = 3.12 \, \text{m}^3$

해답 3.12m³ 이상

(물음 3) 소방용호스의 마찰손실수두(m) : h_2
- 조건 ⑧에서 호스길이 15m, 40mm
- 조건 ⑦에서 마호스 40mm의 유량 130L/min일 때 100m당 마찰손실수두는 26m이다.

$\therefore h_2 = 15\text{m} \times \dfrac{26\text{m}}{100\text{m}} = 3.9\text{m}$

해답 3.9m

(물음 4) 배관 마찰손실수두(m) : h_3

구경	유량	배관길이	m당 마찰손실 수두(m)	배관 마찰손실수두(m)
80A	130L/min	2+(4−0.3)+8+10+13+ 0.3+0.6+(3.5×5)=55.1m	$\dfrac{0.71}{100}$	$55.1 \times \dfrac{0.71}{100}$ $= 0.3912$
40A	130L/min	0.6+1.0+1.2=2.8m	$\dfrac{14.7}{100}$	$2.8 \times \dfrac{14.7}{100}$ $= 0.4116$
계				0.8028

해답 0.80m

(물음 5) 관부속의 마찰손실수두(m) : h_3

구경	유량	관부속 및 등가길이	m당 마찰 손실수두(m)	마찰손실수두(m)
80A	130L/min	풋밸브1개×12.0=12.0 체크밸브1개×12.0=12.0 90° 엘보 6개×3.0=18.0 90° T(직류) 5개×0.9=4.5 90° T(분류) 1개×4.5=4.5 계 51m	$\dfrac{0.71}{100}$	$51 \times \dfrac{0.71}{100}$ $= 0.3621$
40A	130L/min	90° 엘보2개×1.5=3.0 앵글밸브1개×6.5=6.5 계 9.5m	$\dfrac{14.7}{100}$	$9.5 \times \dfrac{14.7}{100}$ $= 1.3965$
계				1.7586

> **해답** 1.76m

(물음 6) 낙차의 환산수두(m) : h_1

h_1 : 실양정(흡입양정 + 토출양정) = $2 + 4 + (3.5 \times 5) + 1.2 = 24.7\text{m}$

> **해답** 24.7m

(물음 7) 0.17MPa의 수두환산(m)

$0.17\text{MPa} \times \dfrac{10.332\text{m}}{0.101325\text{MPa}} = 17.33\text{m}$

∴ 17m

> **해답** 17m

(물음 8) 전양정(m)

전양정 $H = h_1 + h_2 + h_3 + 17\text{m}$

∴ $H = 24.7 + 3.9 + (0.8 + 1.76) + 17 = 48.16\text{m}$

> **해답** 48.16m

(물음 9) 전동기의 소요출력(kW)

$P(\text{kW}) = \dfrac{9.8 \times Q(\text{m}^3/\text{sec}) \times H}{E} \times K$

∴ $P(\text{kW}) = \dfrac{9.8 \times (0.156/60) \times 48.16}{0.55} \times 1.0 = 2.23\text{kW 이상}$

> **해답** 2.23kW 이상

19 소화펌프의 성능 기준을 유량과 양정에 대하여 기술 하시오.

풀이 ① 체절 운전시 정격 토출압력의 140[%] 초과 하지 않을 것
② 정격 토출량의 150[%]로 운전시 정격 토출압의 65[%] 이상일 것

20 옥내소화전에 관한 설계시 아래 조건을 읽고 답하시오.(15점)
(단, 소숫점 이하는 반올림하여 정수만 나타내시오.)

[조건]
㉮ 건물규모 : 3층×각층의 바닥면적 1200m²
㉯ 옥내소화전 수량 : 총 12개(각 층당 4개 설치)
㉰ 소화펌프에서 최상층 소화전호스 접결구까지 수직거리 : 15m
㉱ 소방호스 : φ40mm×15m(고무내장)
㉲ 호스의 마찰손실 수두값(호스 100m당)

구 분 유 량 (L/min)	호스의 호칭구경(mm)					
	40		50		65	
	마호스	고무내장 호스	마호스	고무내장 호스	마호스	고무내장 호스
130	26m	12m	7m	3m	–	–
350	–	–	–	–	10m	4m

㉳ 배관 및 관부속의 마찰손실수두 합계 : 30m
㉴ 배관 내경

호칭구경	15A	20A	25A	32A	40A	50A	65A	80A	100A
내경(mm)	16.4	21.9	27.5	36.2	42.1	53.2	69	81	105.3

㉵ 펌프의 동력전달계수

동력전달형식	전달계수
전동기	1.1
전동기 이외의 것	1.2

㉶ 펌프의 구경에 따른 효율(단, 펌프의 구경은 펌프의 토출측 주배관의 구경과 같다.)

펌프의 구경(mm)	40	50~65	80	100	125~150
펌프의 효율(E)	0.45	0.55	0.60	0.65	0.70

(물음 1) 소방펌프의 정격유량과 정격양정을 계산하시오.
           (단, 흡입양정은 무시)
(물음 2) 소화펌프의 토출측 최소관경을 구하시오.
(물음 3) 소화펌프를 디젤엔진으로 구동시 디젤엔진의 동력(PS)를 계산하시오.
(물음 4) 펌프의 최대 체절압력을 계산하시오.
(물음 5) 만일 펌프로부터 제일 먼 옥내소화전 노즐과 가장 가까운 곳의 옥내소화전 노즐의 방수압력 차이가 0.4MPa이며 펌프로부터 제일 먼 거리에 있는 옥내소화전 노즐의 방수압력이 0.17MPa 방수유량이 130LPm인 경우 가장 가까운 소화전의 방수유량(LPm)은 얼마인가?
(물음 6) 옥상에 저장하여야 할 소화용수량(m^3)은 얼마인가?

풀이 **(물음 1)** [정격유량(L/분)]

$Q = N \times 130 \text{L/분}$ (N : 최대 2개)   ∴ $Q = 2 \times 130 = 260 \text{L/분}$

해답 260L/분

[정격양정]

$H = h_1 + h_2 + h_3 + 17\text{m}$

$H = 15 + 30 + \left(15 \times \dfrac{12}{100}\right) + 17 = 63.8\text{m}$

해답 64m

(물음 2) $Q = UA$ 옥내소화전 토출측 배관내 유속은 4m/s 이하

∴ $U = \dfrac{Q}{A} = \dfrac{Q}{\dfrac{\pi D^2}{4}}$ $D = \sqrt{\dfrac{4Q}{\pi U}}$

$D = \sqrt{\dfrac{4 \times (0.26/60)}{\pi \times 4}} \times 1000 = 37.14\text{mm}$ ∴ 50A

조건 ㈒에서 선택(주배관 중 수직배관의 구경은 50mm 이상)

해답 50A

(물음 3) $P(\text{PS}) = \dfrac{rQH}{75 \times 60 \times E} \times K$

$r = 1000 \text{kgf/m}^3$ $Q = 0.26\text{m}^3/\text{분}$ $H = 64\text{m}$ $E = 0.55$ $K = 1.2$

∴ $P(\text{PS}) = \dfrac{1000 \times 0.26 \times 64}{75 \times 60 \times 0.55} \times 1.2 = 8.07\text{PS}$

해답 8PS

(물음 4) 펌프의 체절압력은 정격토출압력의 1.4배
정격토출압력=64m=0.64MPa
∴ 체절압력=0.64×1.4=0.896MPa   ∴ 1MPa

해답 1MPa

(물음 5) 가장 가까운 소화전의 방수압 $P=0.17+0.4=0.57$MPa
$Q=K\sqrt{10P}$ 130L/분=$K\sqrt{10\times 0.17}$ $K=99.7054$
∴ $Q=99.7054\times\sqrt{10\times 0.57}=238.04$

해답 238LPm

(물음 6) 옥상에 저장하여야 할 소화용수량은 저장하여야 할 소화용수량의 $\frac{1}{3}$ 이상
∴ $Q=2\times 2.6\text{m}^3\times\frac{1}{3}=1.73\text{m}^3$
∴ 2m^3

해답 2m^3

---

21 소화펌프의 토출측에서 유량이 1500Lpm, 압력이 0.7MPa이었다. 이 소화펌프의 토출측 주배관의 적당한 크기를 정하시오.(단, 배관의 내경은 다음 표에 의한다.)

호칭경	내경(mm)	호칭경	내경(mm)	호칭경	내경(mm)
25A	25	65A	65	150A	150
32A	32	80A	80	200A	200
40A	40	100A	100	250A	250
50A	50	125A	125	300A	300

풀이
$Q=UA=U\times\dfrac{\pi D^2}{4}$ $D=\sqrt{\dfrac{4Q}{\pi U}}$

$U=4$m/s 이하 $Q=1500$Lpm(L/min)=0.025m³/s

∴ $D=\sqrt{\dfrac{4\times 0.025}{\pi\times 4}}=0.089209\text{m}=89.21\text{mm}$

∴ 100mm를 선택한다.

참고 LPm = liter per minute(L/min)의 약자   GPm = gallon per minute(gal/min)의 약자

해답 100A

1-3 옥외소화전설비(NFTC 109)

1. 옥외소화전설비 계통도

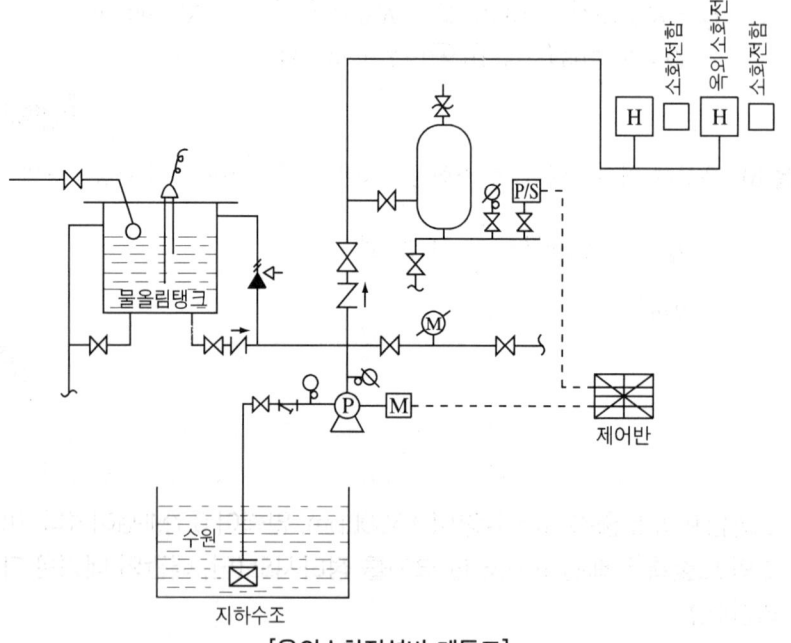

[옥외소화전설비 계통도]

2. 수원

옥외소화전설비의 수원의 저수량은 옥외소화전 설치개수(최대 2개)에 $7m^3$(규격 방수량 350L/min×20min)를 곱한 양 이상

$$수원의\ 양(m^3) = N \times 7m^3\ 이상$$

여기서, N : 옥외소화전 설치개수(최대 2개)

3. 옥외소화전설비의 방수압력 및 방수량

소방대상물에 설치된 옥외소화전(2개 이상 설치된 경우에는 2개의 옥외소화전)을 동시에 사용할 경우 각 옥외소화전의 노즐선단에서의 방수압력이 0.25MPa 이상이고 방수량이 1분당 350L/분 이상이 되는 성능의 것으로 하여야 한다.

노즐의 규격방수압 : 0.25MPa 이상, 노즐의 규격방수량 : 350L/분 이상

펌프의 토출량 $Q(\text{L}/\text{분}) = N \times 350\text{L}/\text{분}$

여기서, N : 옥외소화전 설치개수 최대 2개

4. 옥외소화전 배관

① 호스접결구는 소방대상물 각 부분으로부터 호스접결구까지의 **수평거리가 40m 이하**가 되도록 설치하며 옥외소화전설비는 1층과 2층에 한하여 유효 범위에 포함된다.

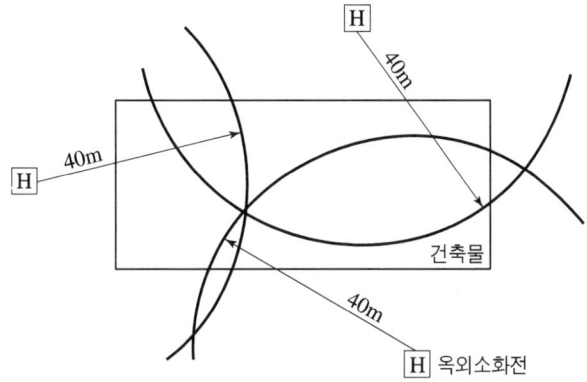

[옥외소화전의 배치 및 유효반경]

② 배관은 옥내소화전에 준하여 설치하되 구경을 65mm 이상으로 한다.
③ 호스는 구경 65mm의 것으로 하여야 한다.
④ 옥외소화전 방수구는 65mm의 앵글밸브로 하고 지면으로부터 **높이가 0.5m 이상 1m 이하**의 위치에 설치한다.

5. 옥외소화전설비의 함

① 옥외소화전설비에는 옥외소화전으로부터 5m 이내에 소화전함을 설치하여야 한다.
② 옥외소화전의 개수에 따른 소화전함의 설치개수

옥외소화전의 개수	소화전함의 설치개수
• 10개 이하	• 소화전마다 5m 이내에 1개 이상
• 11개 이상 30개 이하	• 11개의 소화전함 분산 설치
• 31개 이상	• 소화전 3개마다 1개 이상

③ 옥외소화전함 표면에는 "**옥외소화전**"이라고 표시하고 가압송수장치의 기동표시의 적색등을 설치하여야 한다.

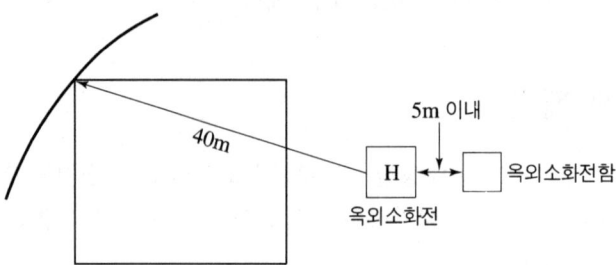

핵심 출제문제

01 어떤 소방대상물의 소화설비로 옥외소화전을 5개 설치하였다. 다음 각 물음에 답 하시오.

(물음 1) 수원의 저수량(m^3)은 얼마 이상인가?
(물음 2) 가압송수장치의 토출량(L/min)은 얼마 이상인가?

풀이 (물음 1)
$$Q = N \times 7m^3 (350L/min \times 20min) \text{ 이상}$$
여기서, Q : 수원의 최소 유효저수량(m^3), N : 옥외소화전 개수(최대 2개)

∴ $Q = 2 \times 7m^3 = 14m^3$ 이상

 $14m^3$ 이상

(물음 2)
$$Q = N \times 350L/min \text{ 이상}$$
여기서, Q : 펌프의 토출량(L/min), N : 옥외소화전 개수(최대 2개)

∴ $Q = 2 \times 350L/min = 700L/min$

700L/min 이상

02 옥외소화전이 5개 설치된 4층 건물의 지하에는 할론 1301 소화설비가 설치되어 있다. 아래 도면 및 조건을 참조하여 각 물음에 답 하시오.

[조건] ① 실양정은 37m이다.
② 배관 및 소방용호스의 마찰손실수두는 16m이다.
③ 펌프의 효율은 65%이며 전달계수 K=1.1이다.

[도면]

(물음 1) 전양정(m)을 산출하시오.
(물음 2) 송수펌프의 최소 유효수량(L/분)을 산출하시오.
(물음 3) 수원의 최소 저수량(m^3)을 산출하시오.
(물음 4) 펌프의 전동기 모터 동력(kW)을 산출하시오.
(물음 5) 할론 소화설비의 약제저장 용기수는 몇 개 이상인가?
  (단, 병당 약제량은 50kg이며 개구부는 자동폐쇄장치가 설치되어 있음)

풀이 (물음 1) $H = h_1 + h_2 + h_3 + 25m$
  ∴ $H = 37 + 16 + 25 = 78m$

해답 78m

(물음 2) $Q = N \times 350L/분$ N : 최대 2개
  ∴ $Q = 2 \times 350 = 700L/분$

해답 700L/분

(물음 3) $Q = N \times 7m^3$ N : 최대 2개
  ∴ $Q = 2 \times 7 = 14m^3$

해답 $14m^3$

(물음 4) $P(kW) = \dfrac{9.8 \times (0.7/60) \times 78}{0.65} \times 1.1 = 15.09kW$

해답 15.09kW 이상

(물음 5) 기계실 : $17m \times 9m \times 4.1m \times 0.32kg/m^3 \div 50kg/병 = 4.01병$
    ∴ 5병
  보일러실 : $8m \times 5m \times 4.1m \times 0.32kg/m^3 \div 50kg/병 = 1.05병$
    ∴ 2병
  전기실 : $8m \times 4m \times 4.1m \times 0.32kg/m^3 \div 50kg/병 = 0.84병$
    ∴ 1병
  가장 많은 약제량을 필요로 하는 방호구역 기준이므로 5병

해답 5병

03 어떤 소방대상물에 옥외소화전 3개를 화재안전기술기준과 다음 조건에 따라 설치하려고 한다. 다음 각 물음에 답하시오.

[조건] ① 옥외소화전은 지상용 A형을 사용한다.
② 펌프에서 첫째 옥외소화전까지의 직관길이는 150m관의 내경은 100mm이다.
③ 모든 규격치는 최소량을 적용한다.

(물음 1) 수원의 최소 유효저수량은 몇 [m³]인가?
(물음 2) 펌프의 최소 유량(m³/분)은 얼마인가?
(물음 3) 직관부분에서의 마찰손실수두(m)는 얼마인가?
(DARCY WEISBACH의 식을 사용하고 마찰손실 계수는 0.02이다.)

풀이 (물음 1) 옥외소화전 수원의 저수량 $Q(\text{m}^3) = N \times 7\text{m}^3$ 이상
N : 옥외소화전 설치개수(최대 2개)
∴ $Q(\text{m}^3) = 2 \times 7\text{m}^3 = 14\text{m}^3$ 이상

해답 14m^3 이상

(물음 2) 펌프의 토출량(l/min) = $N \times$ (규정 방수량 $350l/\text{min}$)
N : 옥외소화전 설치개수(최대 2개)
∴ $Q = 2 \times 350\text{L/min} = 700\text{L/min} = 0.7\text{m}^3/\text{min}$

해답 $0.7\text{m}^3/\text{min}$

(물음 3) DARCY WEISBACH식

$$\Delta h_L = \frac{f l u^2}{2gD}(\text{m})$$

여기서, Δh_L : 마찰손실 수두[m], f : 마찰계수, l : 배관길이[m]
u : 유속[m/s], D : 내경[m], g : 9.8m/s²

문제에서 $f = 0.02$ $l = 150\text{m}$ $D = 100\text{mm} = 0.1\text{m}$ $g = 9.8\text{m/s}^2$

$u = \dfrac{Q}{A}$에서 $U = \dfrac{Q}{\dfrac{\pi}{4} \times D^2}$ ∴ $U = \dfrac{0.7\text{m}^3/\text{min} \times \text{min}/60\text{s}}{\dfrac{\pi}{4}(0.1)^2}$

∴ $U = 1.4854\text{m/s}$ ∴ $\Delta h_L = \dfrac{0.02 \times 150 \times (1.4854)^2}{2 \times 9.8 \times 0.1} = 3.38\text{m}$

해답 3.38m

04 옥내 주차장에 설치할 수 있는 고정식 소화설비를 5가지 쓰시오.(단, 주차장은 상시난방이 되지 않는다.)

풀이
① 포소화 설비
② 이산화탄소 소화설비
③ 할로겐 화합물 소화설비
④ 분말 소화설비(제3종 분말)
⑤ 물분무 소화설비
⑥ 스프링클러 소화설비(건식, 준비작동식)

05 아래 소화설비와 소방대상물 또는 건축물과의 수평거리, 보행거리를 쓰시오.

① 옥내소화전의 호스접결구
② 옥외소화전의 호스접결구
③ 포호스릴 소화전의 호스접결구
④ 소형소화기
⑤ 연결송수관설비(사무실)의 방수구

풀이
① 수평거리 25m 이하
② 수평거리 40m 이하
③ 수평거리 15m 이하
④ 보행거리 20m 이하
⑤ 수평거리 50m 이하

참고 대형 소화기 : 보행거리 30m 이하

1-4 스프링클러설비(NFTC 103)

1. 폐쇄형 스프링클러헤드

폐쇄형스프링클러헤드는 그 설치장소의 평상시 최고 주위온도에 따라 다음 표에 따른 표시온도의 것으로 설치하여야 한다. 다만, **높이가 4m 이상인 공장 및 창고** (랙크식창고를 포함한다)에 설치하는 스프링클러헤드는 그 설치장소의 평상시 최고 주위온도에 관계없이 표시온도 121℃ 이상의 것으로 할 수 있다.

설치 장소의 최고 주위온도	표시 온도
39℃ 미만	79℃ 미만
39℃ 이상 64℃ 미만	79℃ 이상 121℃ 미만
64℃ 이상 106℃ 미만	121℃ 이상 162℃ 미만
106℃ 이상	162℃ 이상

2. 스프링클러헤드의 배치기준과 방법

(1) 헤드의 배치기준

① 스프링클러헤드는 소방대상물의 천장·반자·천장과 반자사이, 닥트·선반 기타 이와 유사한 부분(폭이 1.2m를 초과하는 것)에 설치하여야 한다. 다만, 폭이 9m 이하인 실내에 있어서는 **측벽**에 설치

② 스프링클러헤드를 설치하는 천장·반자·천장과 반자사이·닥트·선반 등의 각 부분으로부터 하나의 스프링클러헤드까지의 수평거리는 다음과 같이 하여야 한다.

[스프링클러 헤드의 배치기준]

설치장소			설치기준
천장·반자·천장과 반자 사이·덕트·선반 기타 이와 유사한 부분(폭이 1.2m를 초과하는 것)	무대부, **특수가연물** 저장 취급 장소 및 **창고**		수평거리 1.7m 이하
	특정 소방대상물	기타구조	수평거리 2.1m 이하
		내화구조	수평거리 2.3m 이하
	아파트		수평거리 2.6m 이하
랙식 창고			랙 높이 3m 이하 마다
연소할 우려가 있는 개구부	개구부 폭이 2.5m 초과		상하좌우에 2.5m 간격으로 설치
	개구부 폭이 2.5m 이하		중앙에 설치

③ 무대부 또는 연소할 우려가 있는 개구부에 있어서는 개방형 스프링클러헤드를 설치하여야 한다.

(2) 헤드의 배치방법

① 정사각형(정방형)형

헤드 2개의 거리가 스프링클러 파이프 두 가닥의 거리와 같은 경우이다.

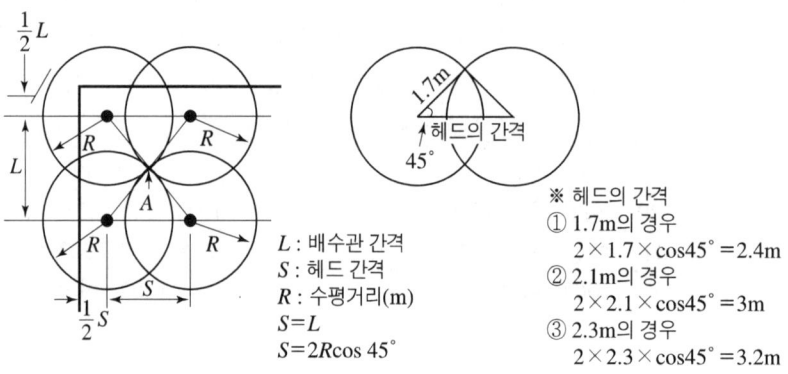

L : 배수관 간격
S : 헤드 간격
R : 수평거리(m)
$S=L$
$S=2R\cos 45°$

※ 헤드의 간격
① 1.7m의 경우
   $2 \times 1.7 \times \cos 45° = 2.4m$
② 2.1m의 경우
   $2 \times 2.1 \times \cos 45° = 3m$
③ 2.3m의 경우
   $2 \times 2.3 \times \cos 45° = 3.2m$

② 직사각형(장방형)형

헤드 2개의 거리가 스프링클러 파이프 두 가닥의 거리와 같지 않은 경우이다.

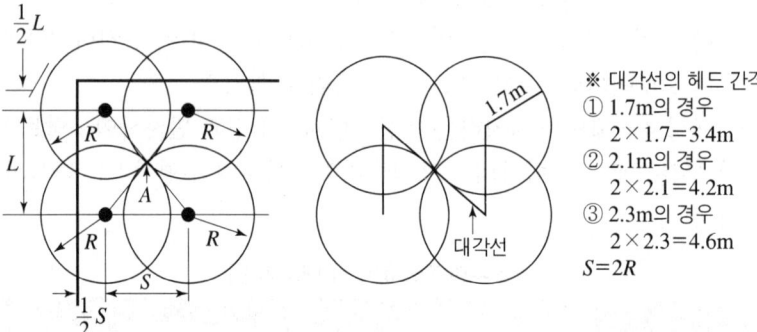

※ 대각선의 헤드 간격
① 1.7m의 경우
   $2 \times 1.7 = 3.4m$
② 2.1m의 경우
   $2 \times 2.1 = 4.2m$
③ 2.3m의 경우
   $2 \times 2.3 = 4.6m$
$S=2R$

3. 스킵핑(Skipping)현상

(1) 정 의

화재초기에 개방된 헤드로부터 방사되는 물이 주변헤드를 직접 적시거나 또는 열기류에 동반 상승되어 폐쇄형헤드의 감열부(휴즈블링크 등)를 냉각시켜 주변에 설치된 헤드의 개방을 지연 또는 미개방시키는 현상

(2) 발생원인 및 방지대책

발생원인	방지대책
• 헤드의 설치간격이 짧은 경우	• 헤드간의 설치간격 1.8m 이상 유지 • 설치된 헤드간의 간격이 1.8m 이하인 경우에는 차폐판(Baffle Plate)을 설치(차폐판은 불연성 재료)

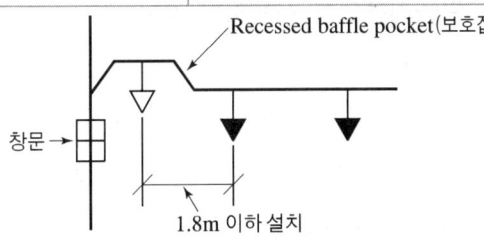

[스키핑(Skipping)현상발생]　　[차폐판(Baffle Plate)설치도]

발생원인	방지대책
• 폐쇄형헤드와 드랜쳐헤드(개방형) 간의 설치거리가 1.8m 이하인 경우	• 드랜쳐 헤드(개방형)을 보호집(Recessed baffle pocket)안에 설치

[드랜쳐헤드 설치도]

발생원인	방지대책
• 다수의 헤드가 수직상태로 설치된 경우(락크식 창고)	• 랙크형(In-Rack) 스프링클러헤드 설치 • 화재 조기진압형헤드 (ESFR : Early Suppression Fast Response Head)설치

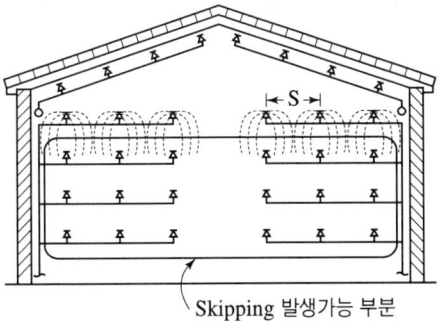

[랙크식 창고의 Skipping 발생도]

발생원인	방지대책
• 헤드에서 방사된 물이 열기류와 동반상승하여 주변헤드를 냉각시키는 경우	• 방사된 물의 입자(물방울)를 크게 하여 화염 속으로 침투할 수 있도록 라지드롭(Large Drop)형 스프링클러헤드 설치

 **반응시간지수(RTI)**

기류의 온도, 속도 및 작동시간에 대하여 스프링클러헤드의 반응을 예상한 지수로서 아래 식에 의하여 계산하고 $(m \cdot s)^{0.5}$을 단위로 한다.

$$RTI = r\sqrt{U}$$

여기서, r : 감열체의 시간 상수(초)
U : 기류속도(m/s)

4. 수 원

(1) 폐쇄형 스프링클러헤드를 사용하는 경우

① 29층 이하(20분 기준)

$$Q(\mathrm{m}^3) = N \times 1.6\mathrm{m}^3 \text{ 이상}$$

여기서, N(개) : 폐쇄형헤드 기준개수(기준개수보다 적은 경우 설치개수)

② 30층 이상 49층 이하(40분 기준)

$$Q(\mathrm{m}^3) = N \times 3.2\mathrm{m}^3 \text{ 이상}$$

여기서, N(개) : 폐쇄형헤드 기준개수(기준개수보다 적은 경우 설치개수)

③ 50층 이상(60분 기준)

$$Q(\mathrm{m}^3) = N \times 4.8\mathrm{m}^3 \text{ 이상}$$

여기서, N(개) : 폐쇄형헤드 기준개수(기준개수보다 적은 경우 설치개수)

[스프링클러 소화설비 수원의 저수량]

스프링클러헤드의 기준개수[설치개수가 가장 많은 층(아파트의 경우 가장 많은 세대)에 설치된 헤드의 개수가 기준개수보다 적은 경우에는 그 설치개수]에 $1.6m^3$를 곱한 양 이상이 되도록 할 것

소방대상물			폐쇄형		개방형
			스프링클러 헤드의 기준개수	수원의 양	수원의 양
지하층을 제외한 층수가 10층 이하인 소방대상물	공장	특수가연물을 저장, 취급하는 것	30	$30 \times 1.6m^3 = 48m^3$	최대방수구역설치 헤드개수 • 30개 이하인 경우 설치 헤드수 $\times 1.6m^3$ • 30개 초과의 경우 가압송수장치송수량 (L/min) $\times$ 20min
		그 밖의 것	20	$20 \times 1.6m^3 = 32m^3$	
	근린생활시설, 판매시설·운수시설 또는 복합건축물	판매시설 또는 복합건축물 (판매시설이 설치되는 복합건축물)	30	$30 \times 1.6m^3 = 48m^3$	
		그 밖의 것	20	$20 \times 1.6m^3 = 32m^3$	
	그 밖의 것	헤드의 부착높이가 8m 이상의 것	20	$20 \times 1.6m^3 = 32m^3$	
		헤드의 부착높이가 8m 미만의 것	10	$10 \times 1.6m^3 = 16m^3$	
아파트			10	$10 \times 1.6m^3 = 16m^3$	
지하층을 제외한 층수가 11층 이상인 소방대상물(아파트를 제외한다) 지하가 또는 지하역사			30	$30 \times 1.6m^3 = 48m^3$	

[비고] 하나의 소방대상물이 2 이상의 "스프링클러헤드의 기준개수"란에 해당하는 때에는 기준개수가 많은 것을 기준으로 한다. 다만, 기준개수에 해당하는 수원을 별도로 설치하는 경우에는 그러하지 아니하다.

(2) 개방형 스프링클러헤드를 사용하는 경우

① 30개 이하 설치한 경우

$$Q = N \times 1.6 \, m^3 \text{ 이상}$$

여기서, $Q(m^3)$: 수원의 저수량, N(개) : 개방형헤드 설치개수

② 30개 초과 설치한 경우

$$Q = \text{가압송수장치 송수량}(L/min) \times 20min \text{ 이상}$$

여기서, $Q(L)$: 수원의 저수량, N(개) : 개방형헤드 설치개수

 **가압송수장치 송수량(L/min) 계산방법**

$$Q = K\sqrt{10P}$$

여기서, Q(L/min) : 헤드의 방수량, P(MPa) : 방수압력(설계압력), K : 상수

[K의 값]

관 경	15mm	20mm
K의 허용범위	$80(1) \pm \dfrac{5}{100}$	$114\left(1 \pm \dfrac{5}{100}\right)$

5. 가압송수장치

(1) 정격 토출압력

헤드 선단에 0.1MPa~1.2MPa의 방수압력 이상 유지할 수 있는 압력

(2) 송수량

80L/min (방수압력 0.1MPa기준(속도 수두는 포함하지 않음))

(3) 충압펌프의 설치기준

① 정격 토출압력 : 최고위 살수장치의 자연압＋0.2MPa이상 또는 가압송수장치와 같게 할 것

② 정격 토출량 : 펌프의 정격토출량은 정상적인 누설량보다 적어서는 아니되며 스프링클러설비가 자동적으로 작동할 수 있도록 충분한 토출량을 유지하여야 한다.

6. 가압송수장치의 종류

(1) 고가수조 방식

① 고가수조의 자연낙차압력(수조의 하단으로부터 최고층에 설치된 헤드까지의 수직거리.)은 다음의 식에 의하여 산출한 수치이상이 되도록 하여야 한다.

$$H = h_1 + 10\text{m}$$

여기서, H : 필요한 낙차(m)
　　　　h_1 : 배관의 마찰손실수두(m)
　　　　10m : 헤드선단의 방수압력 환산수두(0.1MPa≒10m)

② 고가수조에는 수위계, 배수관, 급수관, 오버플로우관 및 맨홀을 설치

(2) 압력수조 방식

① 압력수조의 압력은 다음의 식에 의하여 산출한 수치 이상으로 하여야 한다.

$$P = P_1 + P_2 + 0.1\text{MPa}$$

여기서, P : 필요한 압력[MPa]
 P_1 : 낙차의 환산수두압[MPa]
 P_2 : 배관의 마찰손실 수두압[MPa]
 0.1MPa : 헤드선단의 방수압력

② 압력수조에는 수위계, 급수관, 배수관, 급기관, 맨홀, 압력계, 안전장치 및 압력저하 방지를 위한 자동식 공기압축기를 설치할 것

(3) 펌프 방식

① 지하수조의 풋밸브에서 송수펌프를 이용하여 최상단의 헤드까지 송수하는 방식이다.

$$H = H_1 + H_2 + 10\text{m}$$

여기서, H : 펌프의 전양정(m)
 H_1 : 배관의 마찰손실수두(m)
 H_2 : 낙차(m), 10m : 헤드선단의 방수압력 환산수두(0.1MPa ≒ 10m)

(4) 가압수조 방식

① 가압수조의 압력은 방수량 및 방수압이 20분 이상, 층수가 30층 이상 49층 이하는 40분 이상, 50층 이상은 60분 이상 유지되도록 할 것
② 가압수조 및 가압원은 방화구획 된 장소에 설치 할 것
③ 가압수조를 이용한 가압송수장치는 소방청장이 정하여 고시한 「가압수조식 가압송수장치의 성능인증 및 제품검사의 기술기준」에 적합한 것으로 설치할 것

7. 스프링클러설비의 종류

(1) 폐쇄형 스프링클러설비

① 습식 스프링클러설비(wet pipe sprinkler system)
   가압송수장치에서 폐쇄형헤드까지 배관 내에 항상 물이 가압되어 있다가 화재 발생시 폐쇄형헤드가 열에 의하여 개방되어 소화하는 형태이다.

② 건식 스프링클러설비(dry type sprinkler system)
   가압송수장치에서 건식밸브 1차측까지 배관 내에 항상 물이 가압되어 있고 2차측부터 폐쇄형헤드까지는 압축공기 또는 질소가스로 압축되어 있다가 화재 발생시 폐쇄형헤드의 개방으로 소화하는 형태이다.

[습식과 건식 설비의 비교]

습 식 설 비	건식설비
① 전배관내에 물이 가득 차 있다. ② 0℃ 이상에서 사용(보온필요) ③ 구조가 간단 ④ 설비비가 적게 든다. ⑤ 오동작으로 인한 물의 피해가 크다.	① 크레퍼를 중심으로 시스템 쪽으로 물, 헤드 쪽으로 압축공기 또는 질소. ② 0℃ 이하에도 사용(보온불필요) ③ 구조가 복잡 ④ 설비비가 많이 든다. ⑤ 오동작으로 인한 피해가 적다

③ 준비작동식 스프링클러설비(pre-action sprinkler system)
   가압송수장치에서 준비작동밸브 1차측 배관 내에 항상 물이 가압되어 있고 준비작동밸브 2차측부터 폐쇄형헤드까지는 대기압상태로 있다가 화재발생시 감지기에 의하여 준비작동밸브를 개방하여 헤드까지 물을 송수시켜 놓고 열에 의하여 헤드가 개방되면 소화되는 형태이다.

(2) 폐쇄형 스프링클러설비 구성도

① 습식

② 건식

③ 준비작동식

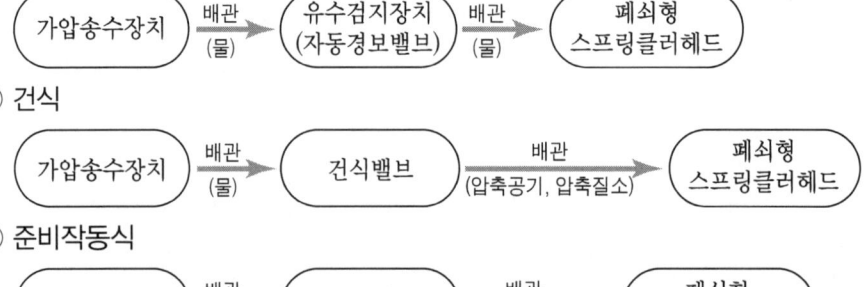

(3) 폐쇄형 스프링클러설비 계통도

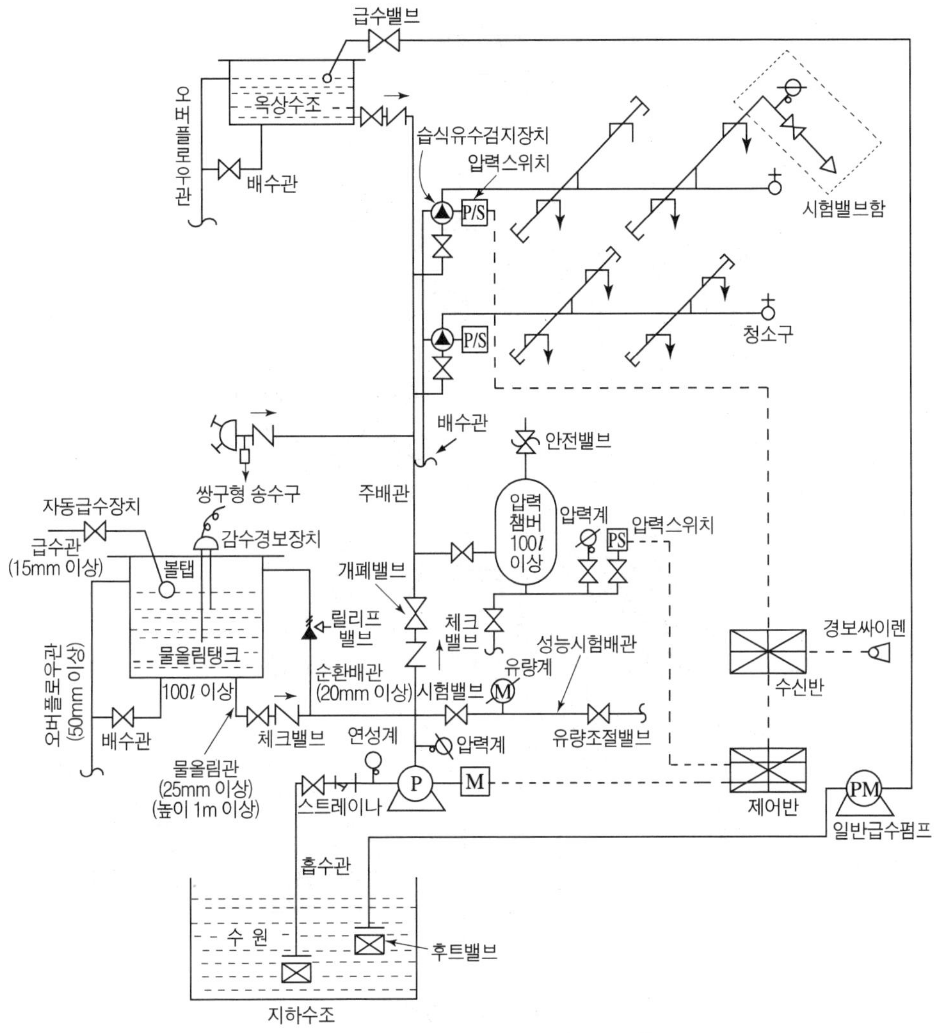

[스프링클러소화설비 계통도(폐쇄형)]

(4) 개방형 스프링클러설비

① 일제살수식 스프링클러설비(Deludge sprinkler system)
가압송수장치에서 델류즈밸브 1차측 배관까지 항상 물이 가압되어 있고 델류즈밸브 2차측부터 개방형헤드까지는 대기압상태로 있다가 화재발생시 감지기에 의하여 델류즈밸브가 개방되어 소화하는 형태이다.

② 개방형 스프링클러설비 구성도

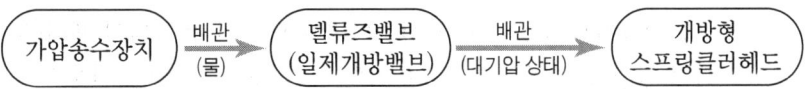

8. 습식 스프링클러설비 주요 구성부분

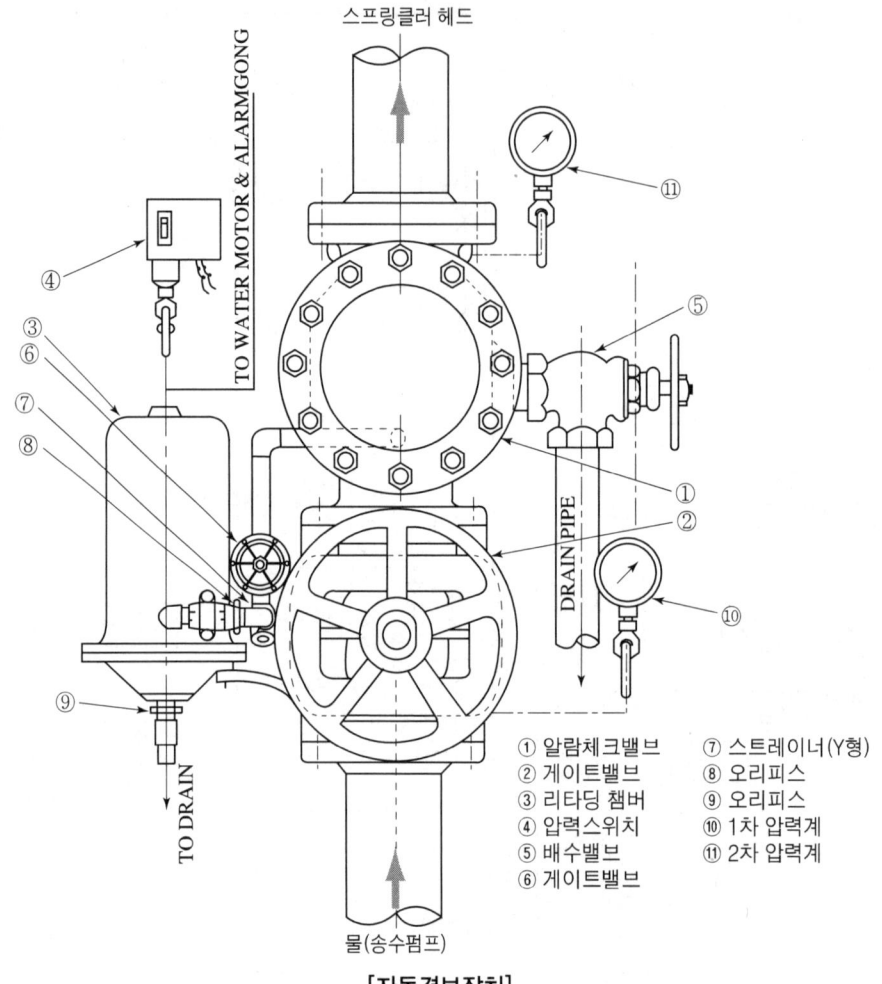

[자동경보장치]

(1) 자동경보밸브(alarm check valve : 알람체크밸브) : 최저 작동 유량 50L/min

자동경보밸브는 클래퍼(clapper)를 경계로 가압송수장치측(1차측)과 헤드측(2차측)으로 구분하여 1차측 압력계와 2차측 압력계가 상시 같은 압력을 유지하고 있다가 화재로 폐쇄형헤드가 개방되면 2차측 압력이 감소하여 유수가 발생, 알람밸브가 작동, 클래퍼가 개방되면 압력수가 리타딩챔버(Retarding chamber)로 송수된다.

① 리타딩챔버(Retarding chamber)

알람체크밸브의 클래퍼가 개방되어 압력수가 유입되어 챔버(용기)가 만수가 되면 상단에 설치된 압력스위치(pressure switch)를 작동시킨다.

리타딩챔버(Retarding chamber)의 주요기능
① 유수경보밸브 오동작 방지하기 위한 안전장치로 **비화재인 오보방지**
② 워터햄머링과 같은 순간압력은 오리피스를 통하여 자동 배수하여 **압력스위치의 오보방지 및 보호**

② 압력스위치(Pressure switch)

리타딩챔버내가 압력수로 만수가 되면서 벨로우즈를 가압하여 회로를 연결하여 화재수신반 화재표시등에 불이 점등되고 경보장치(Motor siren)가 작동된다.

9. 건식 스프링클러설비의 주요 구성부분

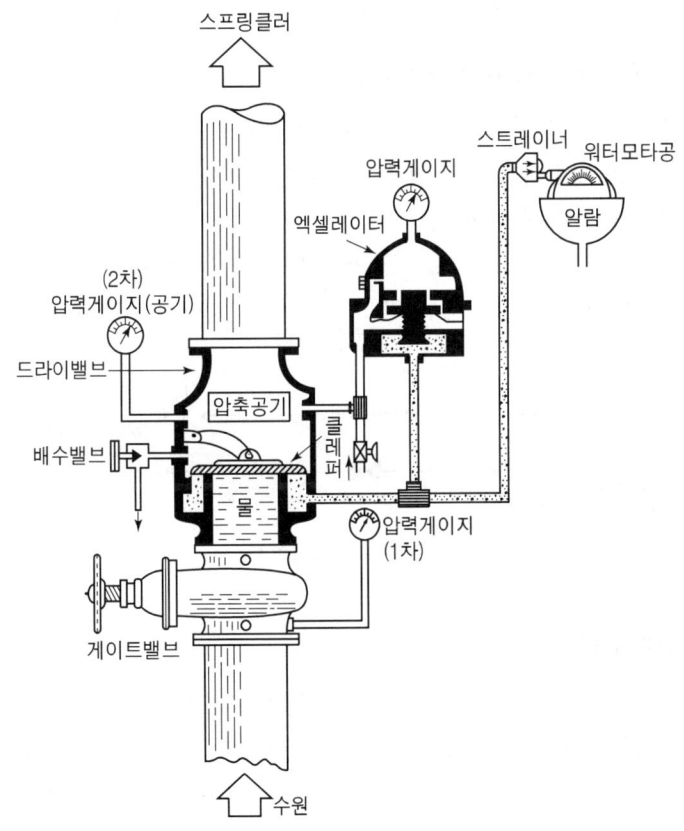

[건식스프링클러설비 구조도]

(1) 건식 밸브(Dry pipe Valve)

습식설비의 알람체크밸브(자동경보밸브)와 같은 기능을 하며 송수펌프측(1차측)은 가압수로 헤드측(2차측)은 압축공기 또는 질소(N_2)가스로 충전된다.

(2) 엑셀레이터(Accelater) : 배기가속장치

폐쇄형 건식 스프링클러소화설비에서 화재시 스프링클러헤드의 개방으로 2차측(헤드측) 배관내에 채워있던 압축공기나 압축질소의 방출이 늦어져 1차측(송수펌프측)의 가압수가 늦게 방수되므로 2차측 배관내의 압축공기나 압축질소의 방출속도를 빠르게 해주는 장치이다.

(3) 익져스터(Exhauster) : 배기가속장치

엑셀레이터와 같은 기능을 하며 A형 및 C형이 있다.

(4) 자동식 공기압축기(auto air compressor)

스프링클러소화설비에서 2차측(헤드측)에 공기를 가압송기시키는 역할을 한다.

(5) 에어 레귤레이터(air Regulator)

자동 공기압축기의 가압송기시 **압력조절장치**이며 스프링클러 전용 공기압축기에는 필요가 없으며 타 설비와 겸용하는 공기압축기에는 필히 건식밸브와 주공기 공급관 사이에 설치해야 한다.

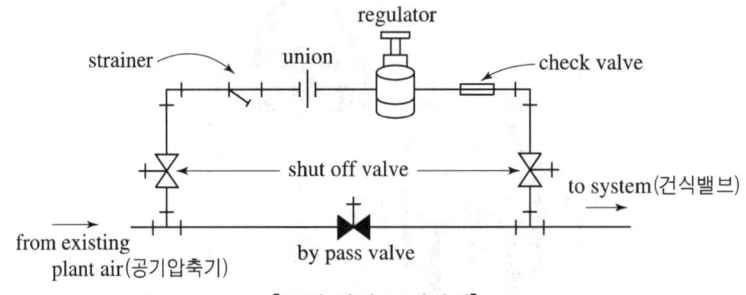

[공기 압력 조정장치]

(6) 스프링클러헤드

건식설비의 스프링클러헤드는 **상향형헤드만 사용**할 수 있고 **하향형헤드**를 설치할 때는 **드라이펜던트(Dry pendant)형 헤드**를 설치한다. 드라이펜던트형은 롱니플 속에 부동액이 봉입되어 있어 헤드가 작동후 배수부에 부동액이 남아있어 동파를 방지할 수 있다.

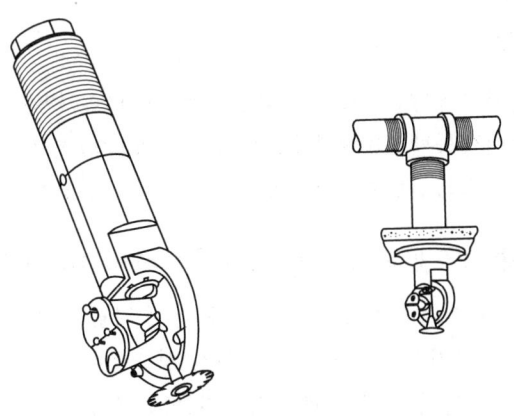

[Dry Pendant Springkler Head]

10. 준비작동식 스프링클러설비의 주요 구성부분

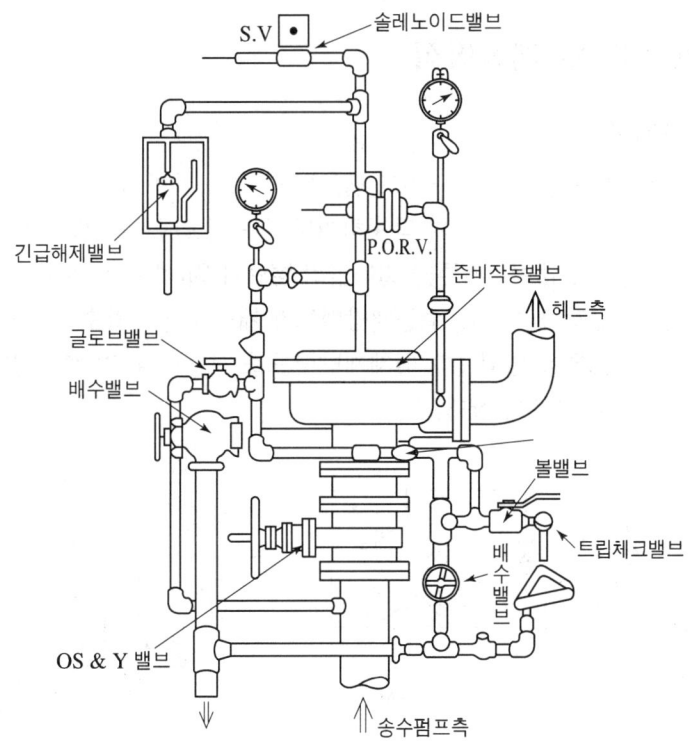

[준비작동식 배관 구조도]

(1) 준비작동 밸브

① 전기식 준비작동밸브(electrical pre-action valve)
② 기계식 준비작동밸브(mechanical pre-action valve)
③ 뉴메틱식 준비작동밸브(Pneumatical pre-action valve)

(2) 슈퍼비죠리 콘트롤 판넬(supervisory & control pannel)

준비작동밸브의 주요 핵심부로 이것이 고장이 나면 준비작동식 밸브가 작동하지 않는다. 따라서 전원차단 또는 자체고장시 경보장치가 작동하며 감지기와 준비작동밸브 작동연결외에 개구부 폐쇄작동기능도 한다.

보통 110V & 120V/AC 및 36V~40V/DC 전력용이며 슈퍼비죠리회로, 감지기 이상경보회로, 판넬표시등회로, 전원이상경보회로, 개구부폐쇄조작회로, 고장신호회로와 준비작동밸브 개방회로 등이 있다.

11. 일제개방밸브의 개방방식

(1) 가압 개방식

배관에 전자개방밸브(솔레노이드 밸브) 또는 수동개방밸브를 설치하여 화재감지기에 의하여 전자개방밸브가 작동하거나 수동개방밸브를 개방하여 가압된 물이 일제개방밸브의 **밸브피스톤을 밀어올려 밸브가 열리는 방식**이다.

[작동원리] 전자밸브 또는 수동개방밸브가 개방되면 가압수가 ①실로 들어가 피스톤을 밀어올려 일제개방밸브를 개방시켜 1차측 가압수를 2차측으로 흐르게 한다.

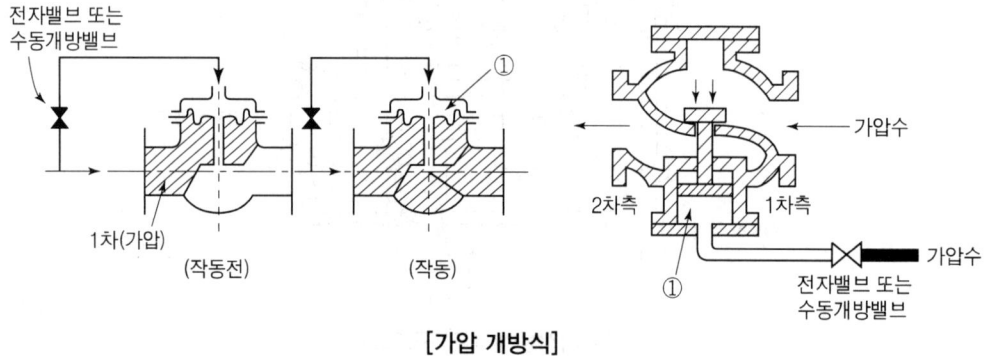

[가압 개방식]

(2) 감압 개방식

바이패스 배관상에 전자밸브(솔레노이드 밸브) 또는 수동개방밸브를 설치하여 화재감지기에 의하여 전자밸브가 작동하거나 수동개방밸브를 개방하여 생긴 감압으로 밸브피스톤을 끌어올려 밸브가 열리는 방식이다.

[작동원리] 바이패스 배관상에 설치된 전자밸브 또는 수동개방밸브가 개방되면 감압이 생겨 ①실의 밸브피스톤을 끌어 올리면 일제개방밸브가 개방되어 1차측 가압수를 2차측으로 흐르게 한다.

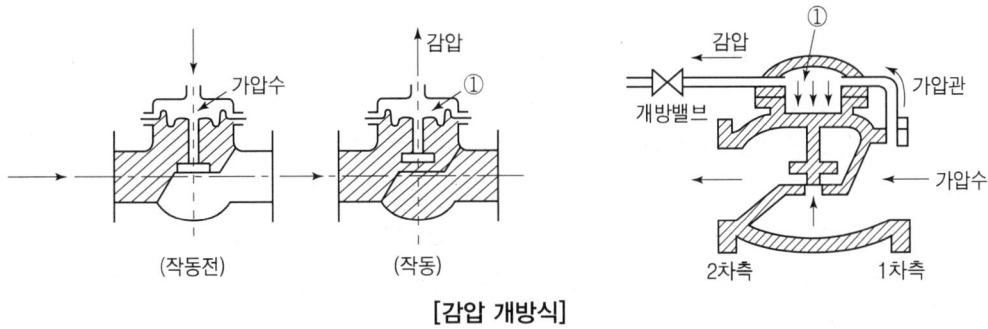

[감압 개방식]

12. 스프링클러설비의 송수구

(1) 설치 목적

① 송수펌프가 고장일 경우 외부로부터 소방용수를 공급받기 위하여
② 소화활동시 자체수원이 부족할 경우 외부로부터 소방용수를 공급받기 위하여
③ 원활한 소화활동을 하기 위하여

(2) 송수구 설치기준

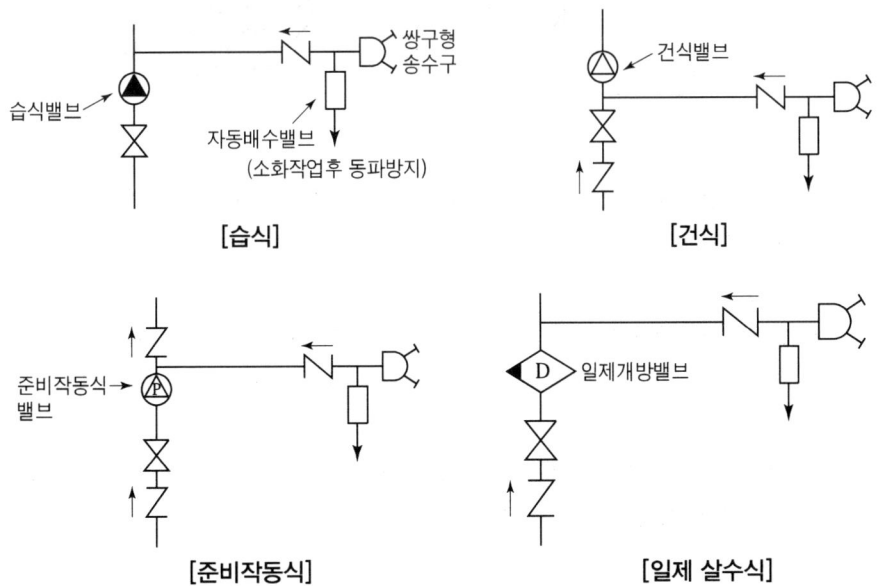

① 송수구는 화재층으로부터 지면으로 떨어지는 유리창등이 송수 및 그밖의 소화작업에 지장을 주지 아니하는 장소에 설치
② 송수구로부터 스프링클러설비 주배관에 이르는 연결배관에 개폐밸브를 설치한 때에는 개폐상태 쉽게 확인 및 조작할 수 있는 옥외 또는 기계실 등의 장소에 설치
③ **구경 65mm의 쌍구형**으로 할 것
④ 송수구 가까운 보기 쉬운 곳에 송수압력범위 표지 설치
⑤ 폐쇄형 스프링클러헤드 사용시 송수구는 하나의 층의 바닥면적이 3,000m²넘을 때 마다 1개 이상 설치(5개 넘을 경우 5개로 한다.)
⑥ **지면**으로부터 높이가 **0.5m 이상 1m 이하**의 위치에 설치
⑦ 송수구 가까운 부분에 자동배수밸브(또는 직경 5mm배수공) 및 체크밸브를 설치한다.

13. 스프링클러헤드의 설치기준

① 살수가 방해되지 아니하도록 그림과 같이 스프링클러헤드로부터 **반경 60cm 이상**의 공간을 보유하여야 한다. 다만, **벽과 스프링클러헤드간의 공간은 10cm 이상**으로 한다.

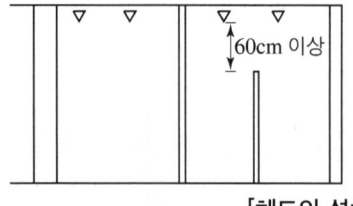

[헤드의 설치]

② 스프링클러헤드와 그 부착면(상향식 헤드의 경우에는 그 헤드의 직상부의 천장·반자 또는 이와 비슷한 것을 말한다. 이하 같다)과의 거리는 **30cm 이하**로 할 것.
③ 스프링클러헤드의 반사판이 그 부착면과 평행되게 설치하여야 한다. 다만 측벽형 헤드 또는 연소할 우려가 있는 개구부에 설치하는 경우에는 그러하지 아니하다.
④ 배관, 행거 및 조명기구 등 살수를 방해하는 것이 있는 경우에는 아래에 설치하여 살수에 장애가 없도록 할 것.

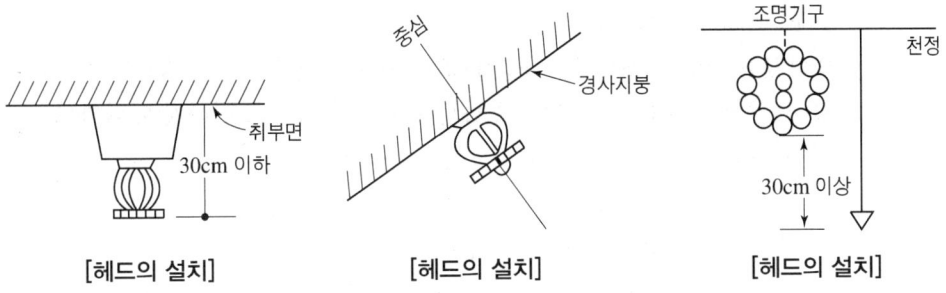

[헤드의 설치]　　　　　[헤드의 설치]　　　　　[헤드의 설치]

⑤ 연소할 우려가 있는 개구부에는 그 상하좌우 2.5m 간격으로(개구부의 폭이 2.5m 이하인 경우에는 그 중앙에) 스프링클러헤드를 설치하되, 스프링클러헤드와 개구부의 내측면으로부터의 직선거리는 15cm 이하가 되도록 하여야 한다. 이 경우 사람이 상시 출입하는 개구부로서 통행에 지장이 있는 때에는 개구부의 상부 측면(개구부의 폭이 9m 이하인 경우에 한한다)에 설치하되 헤드 상호간의 간격은 1.2m 이하로 설치하여야 한다.

⑥ 천장의 기울기가 1/10을 초과하는 경우에는 그림과 같이 가지관을 천장의 마루와 평행되게 하고 천장의 마루를 중심으로 한 최상부의 가지관 상호간의 거리는 가지관상의 **스프링클러헤드 상호간의 거리의 1/2 이하**(최소 1m 이상)가 되게 하여 스프링클러헤드를 설치하고 천장의 최상부에 설치하는 스프링클러헤드는 그 부착면으로 부터의 **수직거리가 90cm 이하**가 되도록 설치한다. 톱날 지붕, 둥근지붕, 기타 이와 유사한 지붕의 경우에도 이에 준한다.

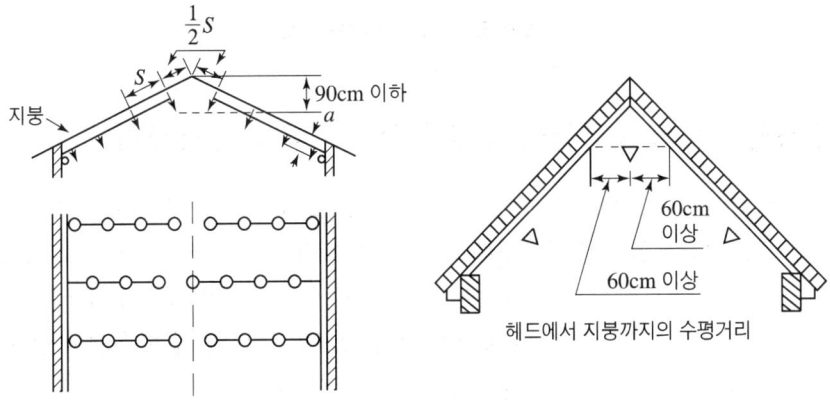

[경사 천장의 경우]

⑦ **측벽형 스프링클러헤드** 설치하는 경우 4.5m 미만인 실내 있어서는 긴 변의 한쪽 면에 **일렬로 설치**하고, 폭이 4.5m 이상 9m 이하인 실에 있어서는 긴 변의 양쪽에 각각 일렬로 설치하되, 마주보는 스프링클러헤드가 **나란히꼴**이 되도록

3.6m 이내마다 설치할 것

⑧ 습식 또는 부압식 스프링클러설비외의 설비에는 **상향식 스프링클러헤드**를 설치할 것. 다만, 다음 각 목의 1에 해당하는 경우에는 그러하지 아니하다.
  ㉠ 드라이펜던트 스프링클러헤드를 사용하는 경우
  ㉡ 스프링클러헤드의 설치장소가 **동파**의 우려가 없는 곳인 경우
  ㉢ 개방형 스프링클러헤드를 사용하는 경우
⑨ 소방대상물의 보와 가장 가까운 스프링클러헤드는 아래와 같이 설치

[보가 있는 경우 스프링클러헤드의 설치]

스프링클러헤드의 반사판 중심과 보의 수평거리(L)	스프링클러헤드의 반사판 높이와 보의 하단높이의 수직거리(H)
0.75m 미만	보의 하단보다 낮을 것
0.75m 이상 1.0m 미만	0.1m 미만일 것
1.0m 이상 1.5m 미만	0.15m 미만일 것
1.5m 이상	0.3m 미만일 것

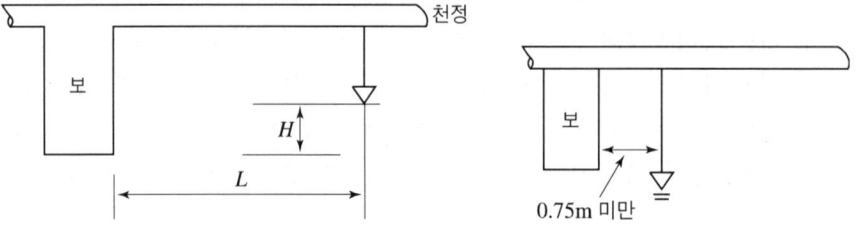

[보가 있는 경우의 헤드설치]

14. 폐쇄형스프링클러설비의 방호구역·유수검지장치

① 하나의 방호구역의 바닥면적은 3,000m²를 초과하지 아니할 것. 다만, 폐쇄형 스프링클러설비에 격자형배관방식(2이상의 수평주행배관 사이를 가지배관으로 연결하는 방식)을 채택하는 때에는 3,700m² 범위 내에서 펌프용량, 배관의 구경 등을 수리학적으로 계산한 결과 헤드의 방수압 및 방수량이 방호구역 범위 내에서 소화목적을 달성하는 데 충분할 것
② 하나의 방호구역에는 1개 이상의 유수검지장치를 설치하되, 화재발생시 접근이 쉽고 점검하기 편리한 장소에 설치할 것.
③ 하나의 방호구역은 2개 층에 미치지 아니하도록 할 것. 다만, 1개 층에 설치되는 스프링클러헤드의 수가 10개 이하인 경우와 복층형구조의 공동주택에는 3개 층 이내로 할 수 있다.

④ 유수검지장치를 실내에 설치하거나 보호용 철망 등으로 구획하여 바닥으로부터 0.8m 이상 1.5m 이하의 위치에 설치하되, 그 실 등에는 가로 0.5m 이상 세로 1m 이상의 출입문을 설치하고 그 출입문 상단에 "유수검지장치실" 이라고 표시한 표지를 설치할 것.
⑤ 스프링클러헤드에 공급되는 물은 유수검지장치를 지나도록 할 것. 다만, 송수구를 통하여 공급되는 물은 그러하지 아니하다.
⑥ 자연낙차에 따른 압력수가 흐르는 배관 상에 설치된 유수검지장치는 화재시 물의 흐름을 검지할 수 있는 최소한의 압력이 얻어질 수 있도록 수조의 하단으로부터 낙차를 두어 설치할 것
⑦ 조기반응형 스프링클러헤드를 설치하는 경우에는 습식유수검지장치 또는 부압식스프링클러설비를 설치할 것

15. 개방형 스프링클러설비의 방수구역 및 일제개방밸브

① 하나의 방수구역은 2개층에 미치지 아니할 것
② 방수구역마다 일제개방밸브를 설치할 것
③ 하나의 방수구역을 담당하는 헤드의 개수는 50개 이하로 설치할 것. 다만, 2개 이상의 방수구역으로 나눌 경우에는 하나의 방수구역을 담당하는 헤드의 개수는 25개 이상으로 할 것

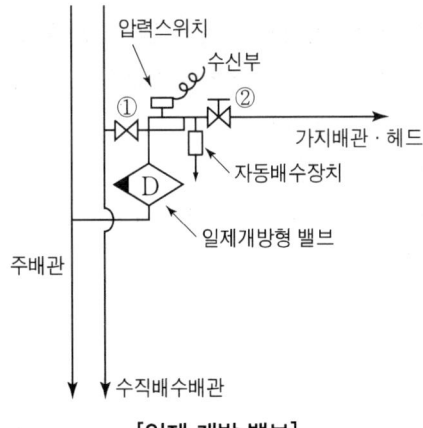

[일제 개방 밸브]

④ 일제개방밸브의 설치위치는 기준에 따르고 표지는 "일제개방밸브실"이라고 표시할 것

16. 스프링클러설비의 배관 설치기준

(1) 급수배관

구경은 규정에 적합하도록 수리계산에 의하거나 다음 표에 의한 기준에 의하여 설치하여야 한다. 다만, 수리계산에 의하는 경우 가지배관의 유속은 6m/s, 그 밖의 배관의 유속은 10m/s를 초과할 수 없다.

[스프링클러헤드 수별 급수관의 구경]

급수관의 구경(mm) 구 분	25	32	40	50	65	80	90	100	125	150
가	2	3	5	10	30	60	80	100	160	161 이상
나	2	4	7	15	30	60	65	100	160	161 이상
다	1	2	5	8	15	27	40	55	90	91 이상

① 폐쇄형 스프링클러헤드를 사용하는 설비의 경우로서 1개 층에서 하나의 급수배관(또는 밸브 등)이 담당하는 구역의 최대면적은 3,000m²를 초과하지 아니하여야 한다.
② 폐쇄형 스프링클러헤드를 설치하는 경우에는 "가"란의 헤드 수에 의한다. 다만, 100개 이상의 헤드를 담당하는 급수배관(또는 밸브)의 구경은 100mm로 할 수 있다.
③ 폐쇄형 스프링클러헤드를 설치하고 반자 아래의 헤드와 반자속의 헤드를 동일 급수관의 가지관상에 병설하는 경우에는 "나"란의 헤드 수에 의한다.
④ 무대부·특수가연물 취급 장소에는 폐쇄형 스프링클러헤드를 설치하는 설비의 배관구경은 "다"란에 의한다.
⑤ 개방형 스프링클러헤드를 설치하는 경우 하나의 방호구역이 담당하는 헤드의 수가 30개 이하일 때는 "다"란의 헤드 수에 의하고, 30개를 초과할 때는 수리계산방법에 의한다.

(2) 가지배관

① 가지배관의 배열은 토너먼트(tournament) 방식이 아닐 것
② 교차배관에서 분기되는 지점을 기점으로 한쪽 가지배관에 설치되는 헤드의 개수(반자 아래와 반자 속 헤드를 하나의 가지배관상에 병설하는 경우에는 반자 아래의 헤드의 개수)는 8개 이하로 할 것. 다만, 다음에 해당하는 경우에는 그러하지 아니하다.
  ㉠ 기존의 방호구역 안에서 칸막이 등으로 구획하여 1개의 헤드를 증설하는

경우
ⓒ 습식 스프링클러에 격자형 배관방식(2 이상의 수평주행배관 사이를 가지배관으로 연결하는 방식을 말한다.)을 채택하는 때에는 펌프의 용량, 배관의 구경 등을 수리학적으로 계산한 결과 헤드의 방수압 및 방수량이 소화목적을 달성하는 데 충분하다고 인정되는 경우. 다만, 중앙소방안전기술위원회 또는 지방소방안전기술위원회의 심의를 거친 경우에 한한다.

가지배관과 스프링클러헤드 사이의 배관을 신축배관으로 할 때 설치기준
① 최고 사용압력은 1.4MPa 이상이어야 하고, 최고 사용압력의 1.5배의 수압에서 변형, 누수 되지 아니할 것.
② 진폭이 5mm, 진동수는 매초당 25회로 하여 6시간 작동시킨 경우 또는 매초 0.35MPa부터 3.5MPa까지의 압력 변동을 4000회 실시한 경우에도 변형, 누수되지 아니할 것.

(3) 일제개방 밸브의 2차측 부대설비 설치기준

① 개폐표시형 밸브를 설치할 것.
② 밸브와 일제개방밸브 사이의 배관은 다음 각목과 같은 구조로 할 것.
  ㉠ 수직 배수배관과 연결하고 동 연결배관상에는 개폐 밸브를 설치할 것.
  ㉡ 자동 배수장치 및 압력 스위치를 설치 할 것.
  ㉢ 압력 스위치는 수신부에서 일제개방밸브의 개방여부를 확인할 수 있게 설치할 것.

(4) 시험장치 설치기준

① 유수검지장치에서 가장 먼 가지배관의 끝으로부터 연결, 설치할 것.
② **시험장치배관의 구경**은 유수검지장치에서 가장 먼 가지배관의 구경과 동일한 구경으로 하고, 그 끝에 **개방형 헤드**를 설치할 것. 이 경우 **개방형 헤드**는 반사판 및 프레임을 제거한 오리피스만으로 설치할 수 있다.
③ 시험배관의 끝에는 물받이통 및 배수관을 설치하여 시험 중 방사된 물이 바닥에 흘러내리지 아니하도록 하여야 한다.

(5) 습식설비의 교차배관의 위치, 청소구 및 가지배관의 헤드설치

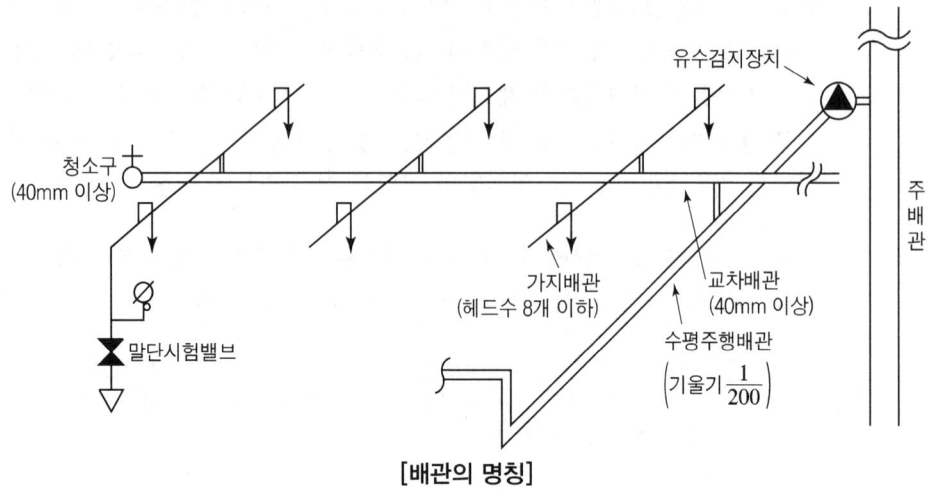

[배관의 명칭]

① 교차배관은 가지배관 밑에 수평으로 설치하고 구경은 설치기준에 의하여 최소 구경은 40mm 이상이 되도록 한다.
② 청소구는 교차배관 끝에 40mm 이상 크기의 개폐밸브를 설치하고 호스접결이 가능한 나사식 또는 고정배수 배관식으로 한다. 이 경우 나사식의 개폐밸브는 옥내소화전 호스 접결용의 것으로 하고, 나사보호용의 캡으로 마감하여야 한다.
③ 하향식헤드를 설치하는 경우에 가지배관으로부터 헤드에 이르는 헤드 접속배관은 가지관 상부에서 분기하여야 한다. 이것은 배관 내에 물의 불순물에 의해 헤드의 방수구가 막히는 것을 방지하기 위해서이다.

(6) 배관의 고정방법 (배관의 행가 설치기준)

① 가지 배관
가지배관에는 헤드의 설치지점 사이마다 1개 이상의 행가를 설치하되, 상향식 헤드의 경우에는 그 헤드와 행가사이에 8cm 이상의 간격을 두어야 한다. 다만, 헤드간의 거리가 3.5m를 초과하는 경우에는 3.5m 이내마다 1개 이상을 설치한다.

② 교차 배관
교차배관에는 가지배관과 가지배관 사이에 1개 이상의 행가를 설치하되 가지배관 사이의 거리가 4.5m를 초과하는 경우에는 4.5m 이내마다 1개 이상 설치하여야 한다.

③ 수평주행 배관
수평주행 배관에는 4.5m 이내마다 1개 이상 설치한다.

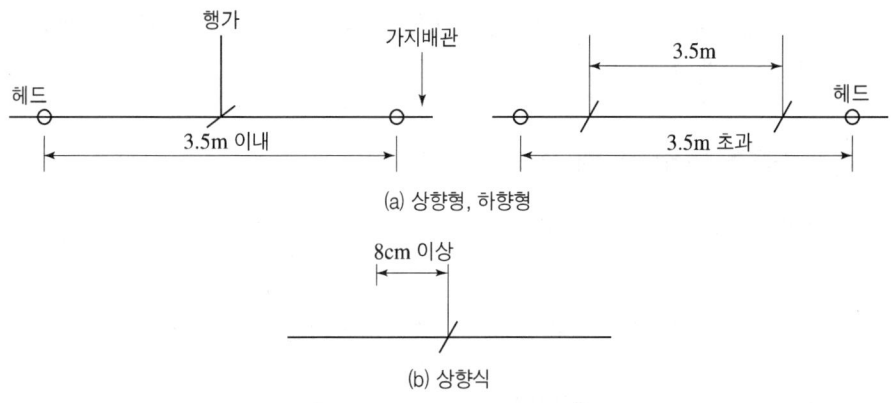

[가지배관의 행가 설치방법]

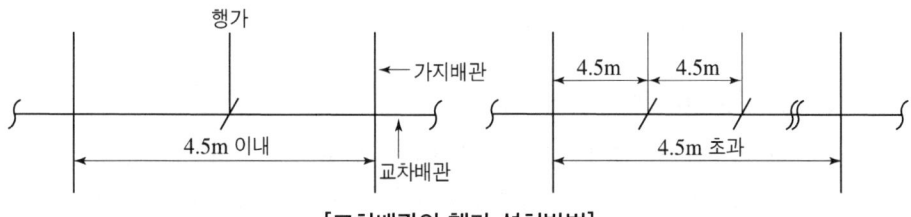

[교차배관의 행가 설치방법]

(7) 수직 배수배관의 구경

수직 배수배관의 구경은 50mm 이상

(8) 배관의 배수 기울기

습식 또는 부압식 스프링클러설비외의 설비에는 헤드를 향하여 상향으로 **수평주행 배관의 기울기를 500분의 1이상, 가지배관의 기울기를 250분의 1 이상**으로 할 것.

(9) 주차장의 스프링클러설비

주차장의 스프링클러설비는 **습식외의 방식**으로 한다. 다만, 주차장이 벽 등으로 차단되어 있고 출입구가 자동으로 열리고 닫히는 구조인 것으로서 다음 각 호의 1에 해당하는 경우에는 그러하지 아니하다.
① 동절기에 상시 난방이 되는 곳이거나 그밖에 동결의 염려가 없는 곳
② 스프링클러설비의 동결을 방지할 수 있는 구조 또는 장치가 된 것

(10) 일제개방밸브 설치기준

① 담당구역내의 화재감지기의 동작에 의하여 개방·작동될 것
② 폐쇄형 스프링클러헤드를 사용하는 설비의 경우에 화재 감지기회로는 교차회로방식으로 하여야 한다.

③ 일제개방밸브의 인근에서 수동기동(전기식 및 배수식)에 의하여도 개방·작동 될 수 있게 할 것

17. 스프링클러설비의 배관방식

(1) 트리형 배관(Tree system)
소화수의 흐름이 주배관 → 교차배관 → 가지배관 → 헤드 순서의 단일방향으로 급수가 되며 일반적인 배관방식으로 소방기술기준에 따른다.

(2) 루프형 배관(Looped system)
교차배관과 교차배관이 서로 연결되는 배관방식으로 소화수가 두 방향이상으로 급수되며 가지관은 서로 연결되지 않는다.

(3) 격자형 배관(gridded system)
교차배관이 헤드가 설치된 다중가지배관에 연결되어 소화수 공급시 가지배관의 양쪽방향으로 급수가 이루어지며 발화위험이 높은 반도체공장등에 많이 적용한다.

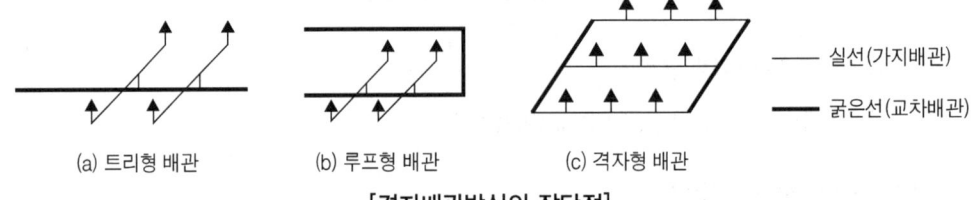

(a) 트리형 배관　　(b) 루프형 배관　　(c) 격자형 배관

[격자배관방식의 장단점]

[장점]
① 물의 흐름이 분산되어 배관내 압력손실이 적다.
② 각헤드의 압력분포가 일정하다 즉 방수압과 방수량이 일정하다
③ 배관중간에 막힘이 있어도 급수가 용이하다.
④ 배관내 압력변동이 작고 충격파의 분산이 가능함.
⑤ 가지배관에 설치되는 헤드수를 제한할 필요가 없다

[단점]
① 습식설비에만 사용이 가능하다
② 유량 및 압력계산을 컴퓨터가 함으로써 프로그램에 오류가 발생시 문제점 파악이 어렵다
③ 수계산으로는 설계가 불가능하다
④ 준비작동식 및 건식설비의 경우 공기압축으로 급수에 장애가 발생할 가능성이 있어 사용이 제한된다.

18. 스프링클러설비의 설계방식

(1) 규약배관 방식(Pipe Schedule Method)

현재 국내의 스프링클러설비 설계시 일반적으로 이용되는 방식으로 용도, 방호면적, 방호예상 최대면적에 대한 헤드의 방수밀도로 설계되는 방식이다.

(2) 수리계산 방식

설비의 설계를 위한 몇가지의 초기결정은 규약배관방식과 같으나 배관 압력손실을 계산하는데 헤이젠-윌리엄스(Hazen-William,s)공식을 이용하여 정확한 계산을 함으로써, 결과의 신뢰성이 크다.

(3) 컴퓨터 프로그램을 이용한 격자방식

수계산으로는 설계가 불가능한 격자형배관방식을 컴퓨터프로그램을 이용하여 설계하는 방법이다 또한 중앙소방안전 심의위원회에서 심의 받아야만 적용이 가능하다.

19. 드랜쳐 설비(Drencher System)

(1) 드랜쳐 소화설비의 개요

드랜쳐 소화설비는 건축물의 창, 외벽 등의 개구부, 처마, 지붕 등에 있어서 건축물 옥외로부터 화재로 연소하기 쉬운 곳 또는 유리창문과 같이 열에 의하여 파손되기 쉬운 부분에 드랜쳐 헤드를 설치, 연속적으로 물을 살수하여 수막을 형성, 외부 화재로부터 보호하는 소화설비이다.

① 드랜쳐 헤드는 개구부 위측에 2.5m 이내마다 1개 설치
② 제어밸브는 바닥으로부터 0.8~1.5m에 설치
③ 수원의 저수량은 가장 많이 설치된 제어밸브의 드랜쳐헤드 개수에 $1.6m^3$를 곱한 수치 이상
④ 헤드 선단 방수압력은 0.1MPa 이상, 방수량은 80L/min 이상

20. 간이 스프링클러설비(NFTC 103A)

(1) 수 원

① 상수도설비에 직접 연결하는 경우에는 수돗물
② 수조 설치하는 경우 : 적어도 1개 이상의 자동급수장치를 갖추어야 하며, 2개의

간이헤드에서 최소 10분[근린생활시설 1000m² 이상, 생활형숙박시설 600m² 이상, 복합건축물 1000m² 이상에 해당하는 경우에는 5개의 간이헤드에서 최소 20분]이상 방수할 수 있는 양 이상을 수조에 확보할 것. 〈2015.1.23.〉

(2) 가압송수장치

방수압력(상수도직결형의 상수도압력)은 가장 먼 가지배관에서 2개[근린생활시설(1000m² 이상, 생활형숙박시설(600m² 이상, 복합건축물 1000m² 이상에 해당하는 경우에는 5개]의 간이헤드를 동시에 개방할 경우 각각의 간이헤드 선단 방수압력은 0.1MPa 이상, 방수량은 50L/min 이상이어야 한다. 다만, 주차장에 표준반응형스프링클러헤드를 사용할 경우 헤드 1개의 방수량은 80L/min 이상이어야 한다. 〈2015.1.23.〉

(3) 간이스프링클러설비의 배관 및 밸브 등의 순서

① 상수도 직결형

수도용계량기 → 급수차단장치 → 개폐표시형밸브 → 체크밸브 → 압력계 → 유수검지장치 → 2개의 시험밸브의 순으로 설치할 것

② 펌프 등의 가압송수장치를 이용하여 배관 및 밸브 등을 설치하는 경우

수원 → 연성계 또는 진공계(수원이 펌프보다 높은 경우를 제외) → 펌프 또는 압력수조 → 압력계 → 체크밸브 → 성능시험배관 → 개폐표시형밸브 → 유수검지장치 → 시험밸브의 순으로 설치할 것

③ 가압수조를 가압송수장치로 이용하여 배관 및 밸브등을 설치하는 경우

수원 → 가압수조 → 압력계 → 체크밸브 → 성능시험배관 → 개폐표시형밸브 → 유수검지장치 → 2개의 시험밸브의 순으로 설치할 것

④ 캐비닛형의 가압송수장치에 배관 및 밸브 등을 설치하는 경우

수원 → 연성계 또는 진공계(수원이 펌프보다 높은 경우를 제외) → 펌프 또는 압력수조 → 압력계 → 체크밸브 → 개폐표시형밸브 → 2개의 시험밸브의 순으로 설치할 것.

21. 화재조기진압용 스프링클러설비의 화재안전기술기준(NFTC 103B)

(1) 설치장소의 구조

① 당해 층의 높이가 13.7m 이하일 것. 다만, 2층 이상일 경우에는 당해 층의 바닥을 내화구조로 하고 다른 부분과 방화 구획할 것

② 천장의 기울기가 168/1,000을 초과하지 않아야 하고, 이를 초과하는 경우에는

반자를 지면과 수평으로 설치할 것
③ 천장은 평평하여야 하며 철재나 목재·트러스 구조인 경우, 철재나 목재의 돌출부분이 102mm를 초과하지 아니할 것
④ 보로 사용되는 목재, 콘크리트 및 철재 사이의 간격이 0.9m 이상 1.3m 이하일 것. 다만, 보의 간격이 2.3m 이상인 경우에는 스프링클러헤드의 동작을 원활히 하기 위하여 보로 구획된 부분의 천장 및 반자의 넓이가 28m²를 초과하지 아니할 것
⑤ 창고내의 선반의 형태는 하부로 물이 침투되는 구조로 할 것

(2) 수원

화재조기진압용 스프링클러설비의 수원은 수리적으로 가장 먼 가지배관 3개에 각각 4개의 스프링클러헤드가 동시에 개방되었을 때 헤드선단의 압력이 별표3에 의한 값 이상으로 60분간 방사할 수 있는 양으로 계산식은 다음과 같다.

$$Q = 12 \times 60 \times K\sqrt{10P}$$

여기서, Q : 수원의 양(L), K : 상수[L/min/(MPa)$^{1/2}$], P : 헤드선단의 압력[MPa]

[화재조기진압용 스프링클러헤드의 최소방사압력]

최대층고	최대저장높이	화재조기진압용 스프링클러헤드				
		K = 360 하향식	K = 320 하향식	K = 240 하향식	K = 240 상향식	K = 200 하향식
13.7m	12.2m	0.28	0.28	–	–	–
13.7m	10.7m	0.28	0.28	–	–	–
12.2m	10.7m	0.17	0.28	0.36	0.36	0.52
10.7m	9.1m	0.14	0.24	0.36	0.36	0.52
9.1m	7.6m	0.10	0.17	0.24	0.24	0.34

제 2 편 소방기계시설의 설계 및 시공

핵심 출제문제

01 건식스프링클러설비중 배기가속장치(Quick-Opening Devices : QOD)의 종류 2가지를 설명하시오.

풀이

구분 내용	엑셀레이터(Accelerator)	익조스터(exhauster)
연결상태	• 입구 : 건식밸브 2차측 배관에 연결 • 방출구 : 건식밸브의 중간챔버에 연결	• 입구 : 건식밸브 2차측 배관에 연결 • 출구 : 대기중에 노출
작동원리	화재시 헤드의 개방으로 건식밸브 2차측의 압축공기압력이 셋팅 압력보다 낮아지면 작동하여 2차측의 압축공기 일부를 클래퍼 1차측 중간챔버로 배기하여 건식밸브가 신속히 개방되도록 유도함	화재시 헤드의 개방으로 건식밸브 2차측의 압축공기압력이 셋팅 압력보다 낮아지면 작동하여 2차측의 압축공기를 대기 중으로 신속히 배출되도록 함.

02 다음은 스프링클러 가압송수장치 설치기준이다. 다음 (   )안에 알맞는 답을 쓰시오.

(1) 가압송수장치의 정격토출압력은 하나의 헤드 선단에 (①) 이상 (②) 이하의 방수압력이 될 수 있게 하는 크기 일 것.
(2) 가압송수장치의 송수량은 (③)의 방수압력기준으로 (④) 이상의 방수성능을 가진 기준개수의 모든 헤드로부터의 (⑤)을 충족시킬 수 있는 양 이상으로 할 것. 이 경우 (⑥)는 계산에 포함하지 아니 할 수 있다.
(3) 고가수조에는 (⑦) (⑧) (⑨) (⑩) 및 (⑪)을 설치 할 것.
(4) 압력수조에는 (⑫) (⑬) (⑭) (⑮) (⑯) (⑰) (⑱) 및 압력저하 방지를 위한 (⑲)를 설치할 것.

풀이 (1) ① 0.1MPa   ② 1.2MPa
(2) ③ 0.1MPa   ④ 80L/min   ⑤ 방수량   ⑥ 속도수두
(3) ⑦ 수위계   ⑧ 배수관   ⑨ 급수관   ⑩ 오버플로우관   ⑪ 맨홀
(4) ⑫ 수위계   ⑬ 급수관   ⑭ 배수관   ⑮ 급기관   ⑯ 맨홀
⑰ 압력계   ⑱ 안전장치   ⑲ 자동식 공기압축기

03 일제 살수식 델류지 밸브(Deludge Valve)의 작동방식의 종류를 쓰고 간단히 설명하시오.

1. 가압 개방식

관로상에 전자밸브(솔레노이드 밸브) 또는 수동 개방밸브를 설치하여 화재시 화재감지기가 감지, 전자 밸브를 개방 또는 수동으로 수동 개방밸브를 개방하여 가압수가 밸브피스톤을 밀어올려 밸브가 열리는 방식

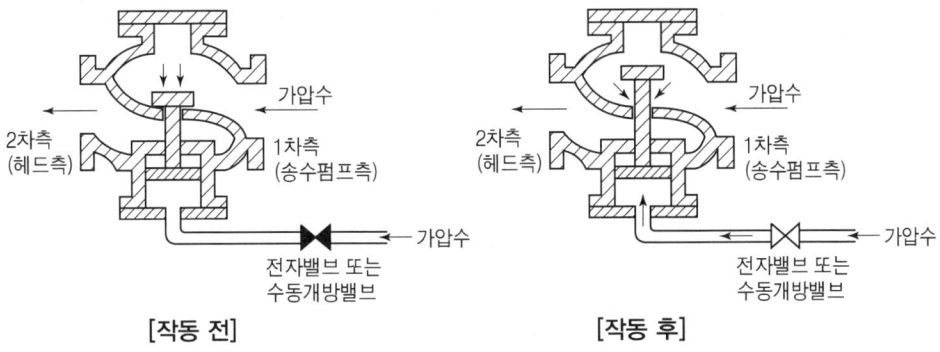

[작동 전]　　　　　　[작동 후]

2. 감압 개방식

관로상에 전자밸브(솔레노이드 밸브) 또는 수동 개방밸브를 설치하여 화재시 화재감지기가 감지, 전자밸브를 개방 또는 수동으로 수동 개방밸브를 개방하여 밸브의 실린더실이 감압되어 밸브가 열리는 방식

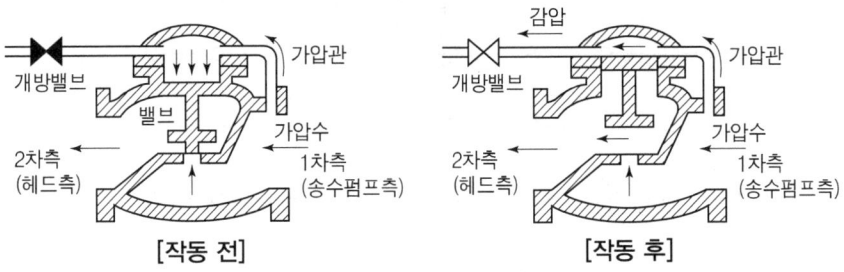

[작동 전]　　　　　　[작동 후]

04 그림과 같은 스프링클러 설비의 알람체크밸브 2차측의 시스템 평면도에서 시공시 배관상 설치하여야 할 레듀샤(Reducer)의 규격 및 최소수량을 산출하시오.

단, ㉠ 배관에 설치되는 티는 직류 방향상에 있는 두 접속부의 구경이 동일한 것만을 사용하는 것으로 한다.
   ㉡ 답안작성은 [예시]와 같이 작성한다.
   [예시] 규격(25×15), 수량(3), 규격이 큰 쪽의 호칭구경 25mm, 작은쪽 15mm을 뜻한다.

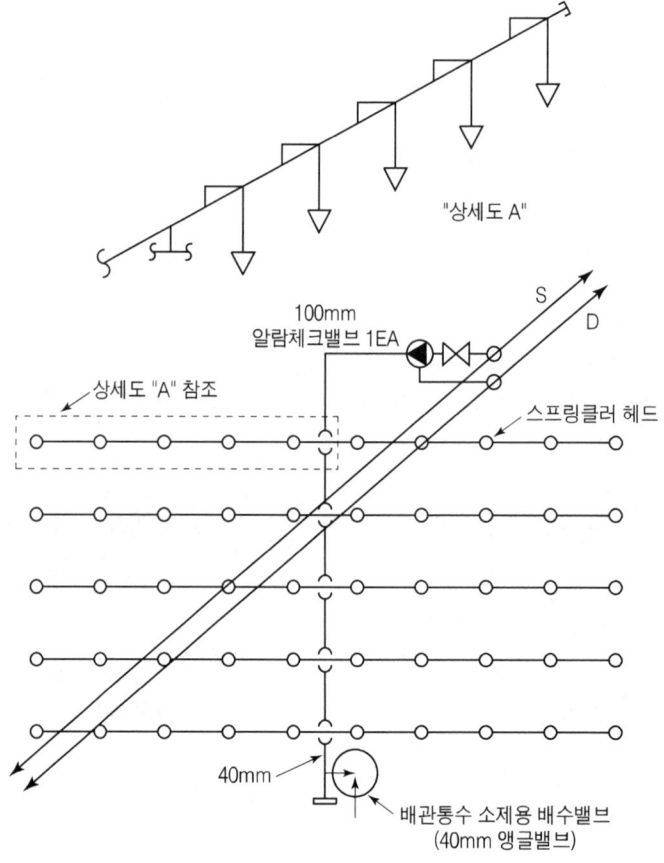

[스프링클러헤드의 관경이 담당하는 헤드의 개수]

관경(mm)	25	32	40	50	65	80	100	125	150
담당하는 헤드의 수(개)	2	3	5	10	20	40	100	160	275

풀이

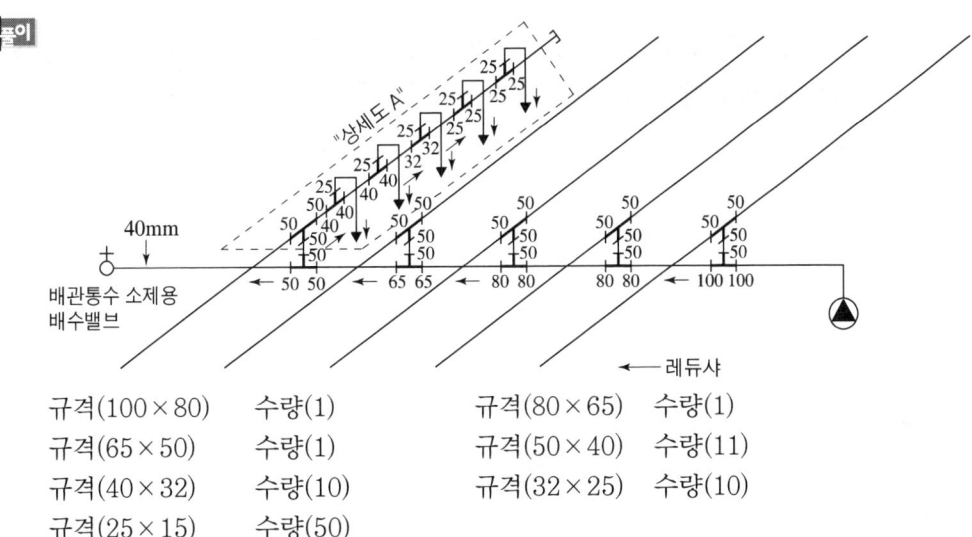

규격(100×80)	수량(1)	규격(80×65)	수량(1)
규격(65×50)	수량(1)	규격(50×40)	수량(11)
규격(40×32)	수량(10)	규격(32×25)	수량(10)
규격(25×15)	수량(50)		

05 그림은 스프링클러 소화펌프의 계통도이다. 적당한 곳에 주펌프, 죠키펌프(jocky pump), 체크밸브를 연결하여 답안지의 도면을 연결하시오.

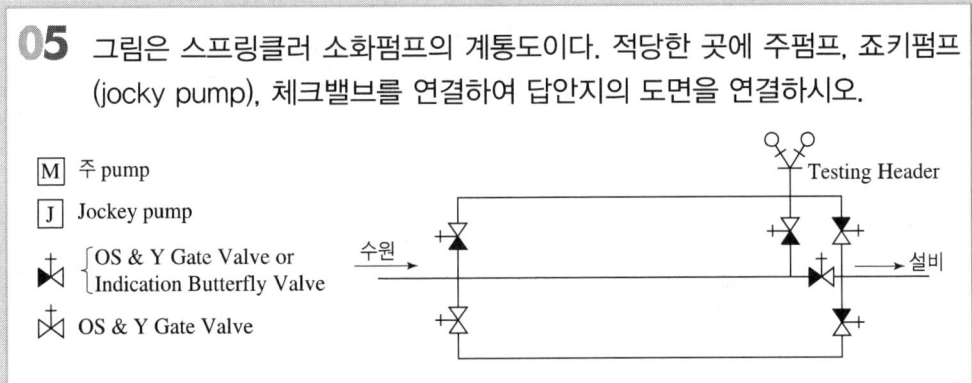

풀이

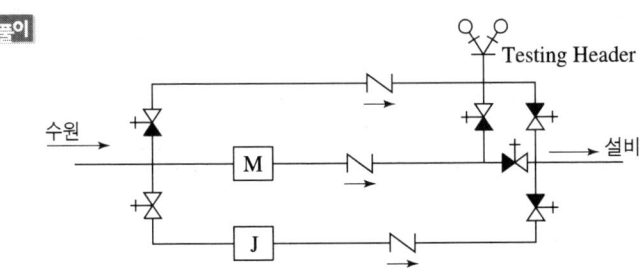

06 그림은 스프링클러 소화펌프의 계통도이다. 적당한 곳에 주펌프, 죠키펌프(jocky pump), 체크밸브를 연결하여 답안지의 도면을 연결하시오.

(물음 1) 습식 스프링클러설비의 구성과 구조를 나타낼 수 있는 계통도를 그리시오.
(물음 2) 설비의 작동방식(작동순서 포함)을 설명하시오.
(물음 3) 설비의 유지관리를 위한 외관점검과 기능점검 중 기능점검 사항으로 필요한 것 중 2가지만을 선택하여 설명하시오.

풀이 (물음 1)

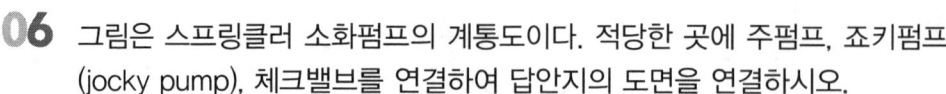

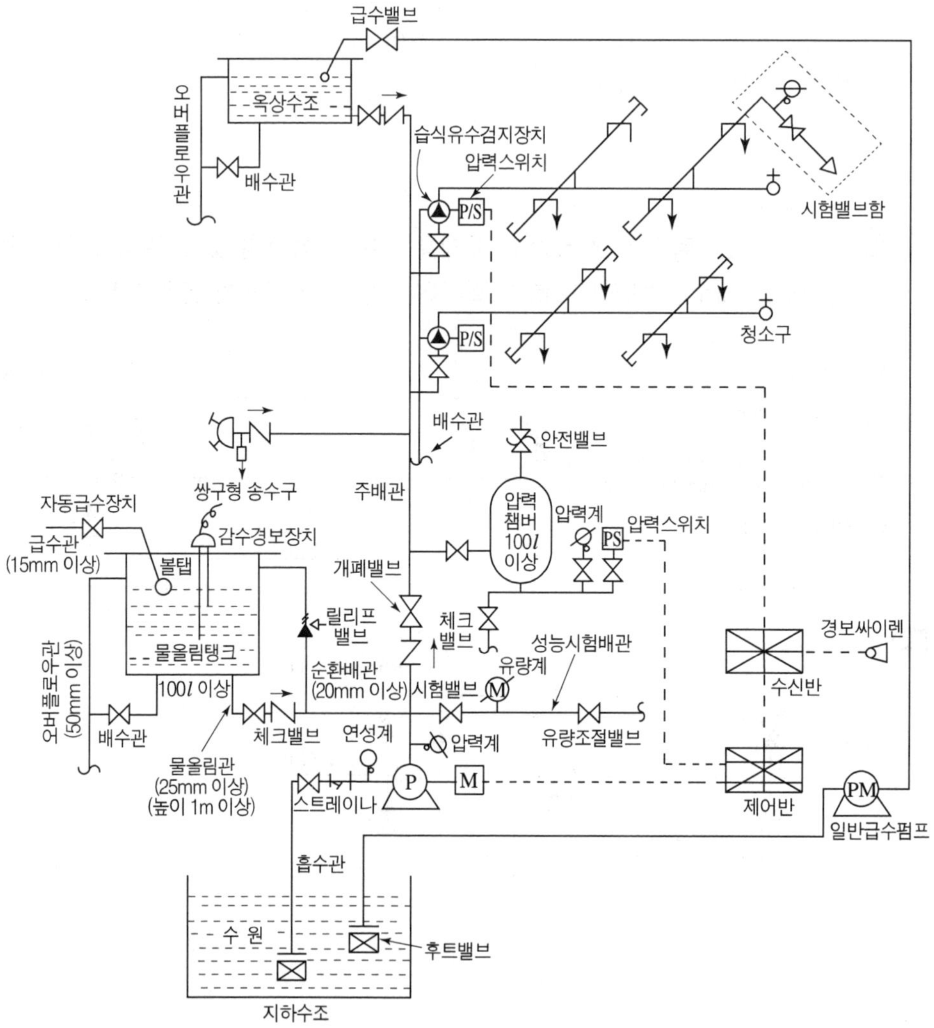

(물음 2) 작동 방식
① 폐쇄형 헤드가 화재를 감지하여 헤드를 개방시킨다.
② 헤드의 개방으로 배관 내 압력이 감소된다.
③ 압력 감소로 유수현상 발생하여 이를 유수검지장치가 감지 작동하여 화재경보발령 및 수신반 화재표시등 점등된다.
④ 배관 내 압력감소로 압력챔버의 압력스위치 작동되어 이를 제어반에 통보
⑤ 제어반에서 가압송수장치(송수펌프) 기동시켜 헤드로부터 계속 방수되어 소화가 이루어진다.

참고 소화 후 폐쇄형 헤드이기 때문에 반드시 개방된 헤드를 새것으로 교체하여야 함.

(물음 3) ① 최상층 최말단에 설치된 말단 시험밸브에서 규정 방수압 [0.1MPa(1kg/cm^2)], 규정 방수량(80L/min 이상) 유지상태 점검
② 말단시험밸브 개방하여 유수검지장치 작동상태 확인
③ 말단시험밸브 개방하여 가압송수장치 작동상태 확인

07 다음 그림은 가로 20m 세로 10m인 직사각형 형태의 실의 평면도이다. 이 실의 내부에는 기둥이 없고 실내상부는 반자로 고르게 마감되어 있다. 이 실내에 방호 반경 2.3m로 스프링클러헤드를 직사각형 형태로 설치하고자 할 때 배열할 수 있는 헤드의 최소개수를 답안지의 산출과정 순으로 작성하여 산출하시오.(단, 반자 속에는 헤드를 설치하지 아니하며 전등 또는 공조용 디퓨져 등의 모듈(module)은 무시한다.

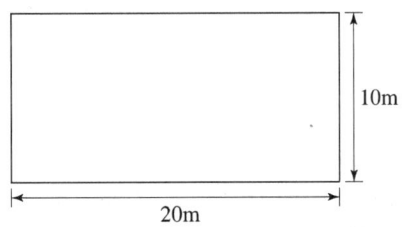

[유의사항] 산출과정의 작성 "예"
예) 가로변의 최소개수~최대개수가 8~11
세로변의 최소개수~최대개수가 7~9라면

세로열의 헤드수 \ 가로열의 헤드수	8	9	10	11
7	56	63	70	77
8	64	72	80	88
9	72	81	90	99

[풀이] 장방형으로 헤드 설치시

$\begin{bmatrix} 가로열\ 최소개수 = 가로길이 \div 2r\cos30° \\ 가로열\ 최대개수 = 가로길이 \div 2r\cos60° \end{bmatrix}$

$\begin{bmatrix} 세로열\ 최소개수 = 세로길이 \div 2r\sin60° \\ 세로열\ 최대개수 = 세로길이 \div 2r\sin30° \end{bmatrix}$

∴ 가로열 최소개수 = $20 \div (2 \times 2.3\cos30°) = 5.020 = 6$개
  가로열 최대개수 = $20 \div (2 \times 2.3\cos60°) = 8.696 = 9$개
∴ 세로열 최소개수 = $10 \div (2 \times 2.3\sin60°) = 2.510 = 3$개
  세로열 최대개수 = $10 \div (2 \times 2.3\sin30°) = 4.348 = 5$개

세로열의 헤드수 \ 가로열의 헤드수	6	7	8	9
3	18	21	24	27
4	24	28	32	36
5	30	35	40	45

08 준비작동식 스프링클러설비의 작동원리를 간단히 설명하시오.

[풀이] 송수펌프에서 준비작동밸브 1차측까지 배관내에 항상 물이 가압되어 있고 준비작동밸브 2차측부터 폐쇄형헤드까지는 대기압 상태로 있다가 화재가 발생하면 감지기에 의하여 준비작동밸브를 개방하여 헤드까지 물을 송수시켜 놓고 있으면 열에 의하여 헤드가 개방되어 소화되는 원리이다.

09 스프링클러설비에는 소방대 연결송수구 설비를 함께 갖추도록 하는 이유를 두 가지만 설명하시오.

[풀이] ① 자체 수원의 저수량이 부족할 때 소방차등 외부에서 소방용수를 공급받기 위하여
② 송수펌프가 고장시 외부에서 소화용수를 공급받기 위하여
③ 화재시 원활한 소화활동을 위하여 중 2가지 선택

10 스프링클러헤드의 표시사항을 5가지 쓰시오.

풀이
① 종별 및 형식
② 형식승인번호
③ 제조년월 및 제조번호
④ 제조업체명 또는 상호
⑤ 표시온도 및 최고주위온도(폐쇄형헤드)
⑥ 표시온도에 따른 색표시(폐쇄형헤드)
⑦ 부착방향
⑧ 취급상의 주의사항 중 5가지 선택

11 지하 2층, 지상 12층의 사무소 건물에 있어서 11층 이상에 화재안전기술기준과 아래 조건에 따라 스프링클러설비를 설계하려고 한다. 다음 각 물음에 답하시오.

[조건]
① 11층 및 12층에 설치하는 폐쇄형 스프링클러헤드의 수량은 각각 80개이다.
② 입상관의 내경은 150mm이고 배관길이는 40m이다.
③ 펌프의 풋밸브로부터 최상층 스프링클러헤드까지의 실고는 50m이다.
④ 입상관의 마찰손실수두를 제외한 펌프의 풋밸브로부터 최상층, 가장 먼 스프링클러헤드까지의 마찰 및 저항손실수두는 15m이다.
⑤ 모든 규격치는 최소량을 적용한다.
⑥ 펌프의 효율은 65%이다.

(물음 1) 펌프의 최소 유량[L/min]을 산정하시오.
(물음 2) 수원의 최소 유효 저수량[m^3]은 얼마인가?
(물음 3) 입상관에서의 마찰손실수두[m]를 계산하시오.
(입상관은 직관으로 간주, DARCY WEISBACH의 식을 사용, 마찰손실계수는 0.02)
(물음 4) 펌프 최소양정[m]를 계산하시오.
(물음 5) 펌프의 축동력[kW]를 계산하시오.
(물음 6) 불연재료로 된 천정에 헤드를 아래 그림과 같이 정방형으로 배치하려고 한다. A 및 B의 최대길이를 계산하시오.(단, 건물은 내화구조이다.)

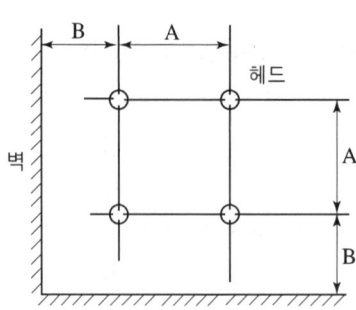

풀이 (물음 1) $Q = N \times 80\text{L/min}$ N : 기준개수

∴ $Q = 30 \times 80\text{L/min} = 2400\text{L/min}$

해답 2400L/min

(물음 2) $Q = N \times 80\text{L/min} \times 20\text{min}$

∴ $Q = 30 \times 80\text{L/min} \times 20\text{min} = 4800\text{L} = 48\text{m}^3$

해답 48m³

(물음 3) **Darcy Weisbach식**

$$\Delta h_L = \frac{flU^2}{2gD}$$

여기서, f : 마찰손실계수, l : 배관길이(m), U : 유속(m/s)
g : 9.8(m/s²), D : 내경(m)

$U = \dfrac{Q}{A} = \dfrac{2.4/60}{\dfrac{\pi}{4} \times (0.15)^2} = 2.2635\,\text{m/s}$

∴ $\Delta h_L = \dfrac{0.02 \times 40 \times (2.2635)^2}{2 \times 9.8 \times 0.15} = 1.3941\,\text{m}$

해답 1.39m

(물음 4) $H = h_1 + h_2 + 10\text{m}$

여기서, h_1 : 실양정(흡입+토출양정), h_2 : 배관의 마찰손실수두

∴ $H = 50 + (1.39 + 15)\text{m} + 10\text{m} = 76.39\text{m}$

해답 76.39m

(물음 5) $P(\text{kW}) = \dfrac{9.8 \times Q \times H}{E}$

∴ $P(\text{kW}) = \dfrac{9.8 \times (2.4/60) \times 76.39}{0.65} = 46.07\text{kW}$

해답 46.07kW

(물음 6) $A = 2 \times 2.3 \times \cos 45 = 3.2527$

$B = \dfrac{A}{2} = \dfrac{3.2527}{2} = 1.6264 \, \text{m}$

해답 A = 3.25m B = 1.63m

12 다음 도면은 압력탱크 기동방식에 의한 스프링클러설비 중 펌프토출측 부근에 대한 계통도로서 본 도면에서는 잘못 작성된 부분이 많이 있다. 이 도면의 잘못된 부분을 수정하여 계통도를 다시 작성하시오.

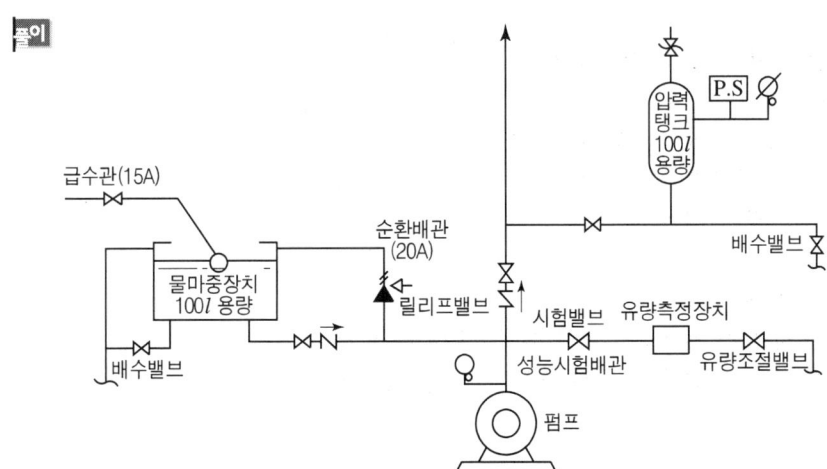

13 알람체크밸브가 설치된 습식 스프링클러설비에서 비화재시에도 수시로 오보가 울릴 경우 그 원인을 찾기 위하여 점검하여야 할 사항 3가지를 쓰시오? (단, 알람체크밸브에는 리타딩챔버가 설치되어 있는 것으로 한다.)

풀이 ① 리타딩챔버의 자동배수장치 작동상태 점검
② 리타딩챔버에 설치된 압력스위치 작동상태 점검
③ 알람체크밸브의 설정압력 점검

14 습식 스프링클러설비에서 알람체크밸브의 1차측에 개폐 밸브를 설치하는 이유를 두 가지만 설명하시오.

풀이 ① 밸브 2차측의 헤드 교환시 물이 송수되지 않게 하기 위하여
② 밸브 2차측의 배관 및 밸브 등의 보수 작업시 물이 송수되지 않게 하기 위하여
③ 소화작업 후 해당방호구역으로 물이 송수되지 않게 하기 위하여

15 스프링클러 소화설비에 설치하는 유수검지장치의 작동시험은 어떻게 하는 것이 좋은가?

풀이 (1) 말단 시험밸브 개방(2차측 압력감소)
(2) **작동상태확인**
      ① 압력스위치 작동하여 화재경보발령
      ② 수신반 해당방호구역 화재표시등. 지구표시등 점등
      ③ 가압송수장치 기동
(3) **복구**
      ① 말단시험밸브 폐쇄
      ② 가압송수장치 기동중지 및 화재경보발령 해제 확인
      ③ 수신반 복구스위치 눌러 복구(화재표시등 및, 지구표시등 소등)

16 어느 스프링클러 습식설비에서 임의의 헤드를 개방시켜 보았더니 처음에는 약간의 물이 새어 나오다가 그것마저도 중지되었다. 그 원인으로 우선 다음 두 가지의 가능성을 조사해 보았으나 아무런 이상이 없었다.

① 전동기의 고장유무
② 전동기에 동력을 공급하는 설비의 고장유무

그러므로 위의 두 가지 경우가 아닌 경우로서 반드시 그 원인이 있을 것인바, 조사해 볼 수 있는 가능성들 중 5가지만을 열거하고 그 이유를 설명하시오. (단, 이 설비는 고가수조와는 연결되어 있지 않고 전동기식 송수펌프에 의해 물이 공급되는 구조이며, 모든 배관의 연결부분이 끊어지거나 외부로 물이 새는 곳은 없다.)

풀이
① 풋밸브의 막힘 등 고장일 경우 : 송수불가
② 기동용 수압개폐장치의 압력스위치 등 고장일 경우 : 송수펌프 기동불가
③ 물올림장치의 고장일 경우 : 공동현상으로 송수불가
④ 입상관의 주밸브가 폐쇄되었을 경우 : 송수불가
⑤ 자동경보장치의 클래퍼가 개방되지 않을 경우 : 송수불가

17 습식스프링클러 시스템과 준비작동식 시스템의 차이점 2가지만 쓰시오.

풀이
1. **배관상**
   습식 : 송수펌프에서 폐쇄형헤드까지 전배관내에 항상 물이 가압되어 있는 상태
   준비작동식 : 준비작동밸브 1차측까지는 배관 내에 물이 가압되어 있고 준비작동밸브 2차측부터 폐쇄형헤드까지는 대기압상태
2. **작동방식**
   습식 : 폐쇄형헤드가 화재를 감지하여 자동경보밸브 작동
   준비작동식 : 감지기가 화재를 감지하여 준비작동밸브 작동

18

다음 그림은 어느 스프링클러설비의 Isometric Diagram 이다. 이 도면과 주어진 조건에 의하여 헤드 A만을 개방하였을 때 실제 방수량을 계산하시오.

[조건]
① 펌프의 양정력은 토출량에 관계없이 일정하다고 가정한다. (펌프토출압 = 0.3MPa)
② 헤드의 방출계수(k)는 90이다.
③ 배관의 마찰손실은 헤이젠-윌리엄스공식을 따르되 계산의 편의상 다음 식과 같다고 가정한다.

$$\Delta P = \frac{6 \times 10^4 \times Q^2}{120^2 \times d^5}$$

(단, ΔP : 배관 1m 당 마찰손실 압력[MPa]
Q : 배관내의 유수량[L/min], d : 배관의 안지름[mm])

④ 배관의 호칭구경별 안지름은 다음과 같다.

호칭구경	25ϕ	32ϕ	40ϕ	50ϕ	65ϕ	80ϕ	100ϕ
내 경	28	37	43	54	69	81	107

⑤ 배관부속 및 밸브류의 등가길이(m)는 아래 표와 같으며, 이 표에 없는 부속 또는 밸브류의 등가길이는 무시해도 좋다.

호칭 구경	25mm	32mm	40mm	50mm	65mm	80mm	100mm
90°엘보	0.8	1.1	1.3	1.6	2.0	2.4	3.2
티 측 류	1.7	2.2	2.5	3.2	4.1	4.9	6.3
게이트밸브	0.2	0.2	0.3	0.3	0.4	0.5	0.7
체크밸브	2.3	3.0	3.5	4.4	5.6	6.7	8.7
알람밸브	−	−	−	−	−	−	8.7

⑥ 가지관과 헤드간의 마찰손실은 무시한다.
⑦ 배관의 마찰손실, 등가길이, 마찰손실압력은 호칭구경 25ϕ와 같이 구하도록 한다.

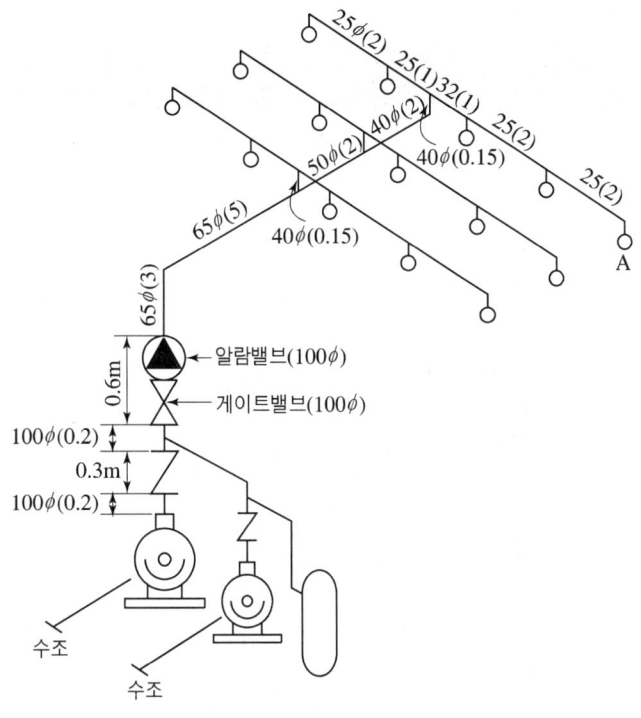

※ ( )안은 배관의 길이(m)임 ISOMETRIC 계통도(축척 : 없음)

(1) 산출근거

호칭 구경	배관의 마찰손실(ΔP) 산출[MPa]	등가길이 산출	마찰손실 압력 [MPa]
25ϕ	$\Delta P =$ $2.421 \times 10^{-7} \times Q^2$	직관 : 2+2=4 엘보 : 1×0.8=0.8 계 : 4.8m	$1.162 \times 10^{-6} \times Q^2$
32ϕ			
40ϕ			
50ϕ			
65ϕ			
100ϕ			

(2) 배관의 총마찰손실(MPa) :
(3) 실층고 환산 낙차수두(m) :
(4) 방수량(L/min) :
(5) 방수압(MPa) :

[풀이] (1) 산출근거

호칭 구경	배관의 마찰 손실 (ΔP)산출(MPa)	등가길이 산출	마찰손실압력(MPa)
25ϕ	$\Delta P = 2.421 \times 10^{-7} \times Q^2$	직관 : 2+2=4 엘보 : 1×0.8=0.8 계 : 4.8m	$1.162 \times 10^{-6} \times Q^2$
32ϕ	$\Delta P = \dfrac{6 \times 10^4 \times Q^2}{120^2 \times 37^5}$ $= 6.009 \times 10^{-8} \times Q^2$	직관 : 1 계 : 1m	$1 \times 6.009 \times 10^{-8} \times Q^2$ $= 6.009 \times 10^{-8} \times Q^2$
40ϕ	$\Delta P = \dfrac{6 \times 10^4 \times Q^2}{120^2 \times 43^5}$ $= 2.834 \times 10^{-8} \times Q^2$	직관 : 2+0.15=2.15 90°엘보 : 1.3 티측류 : 2.5 계 : 5.95m	$5.95 \times 2.834 \times 10^{-8} \times Q^2$ $= 1.686 \times 10^{-7} \times Q^2$
50ϕ	$\Delta P = \dfrac{6 \times 10^4 \times Q^2}{120^2 \times 54^5}$ $= 9.074 \times 10^{-9} \times Q^2$	직관 : 2 계 2m	$2 \times 9.074 \times 10^{-9} \times Q^2$ $= 1.815 \times 10^{-8} \times Q^2$
65ϕ	$\Delta P = \dfrac{6 \times 10^4 \times Q^2}{120^2 \times 69^5}$ $= 2.664 \times 10^{-9} \times Q^2$	직관 : 5+3=8 90°엘보 : 1×2.0=2 계 10m	$10 \times 2.664 \times 10^{-9} \times Q^2$ $2.664 \times 10^{-8} \times Q^2$
100ϕ	$\Delta P = \dfrac{6 \times 10^4 \times Q^2}{120^2 \times 107^5}$ $= 2.971 \times 10^{-10} \times Q^2$	직관 : 0.2+0.2=0.4 체크밸브 : 1×8.7=8.7 게이트밸브 : 1×0.7=0.7 알람밸브 : 1×8.7=8.7 계 : 18.5m	$18.5 \times 2.971 \times 10^{-10} \times Q^2$ $= 5.496 \times 10^{-9} \times Q^2$

(2) 배관상의 총마찰손실

$(1.162 \times 10^{-6} \times Q^2) + (6.009 \times 10^{-8} \times Q^2) + (1.686 \times 10^{-7} \times Q^2)$
$+ (1.815 \times 10^{-8} \times Q^2) + (2.664 \times 10^{-8} \times Q^2) + (5.496 \times 10^{-9} \times Q^2)$
$= 1.44 \times 10^{-6} \times Q^2$

[해답] $1.44 \times 10^{-6} \times Q^2$ MPa

(3) 실층고 환산 낙차수두

0.2m+0.3m+0.2m+0.6m+3m+0.15m=4.45m

[해답] 4.45m

(4) 방수량

$Q = k\sqrt{10P}$ 에서 $k = 90$

P(헤드압) = 펌프토출압 − (실층고낙차환산수두압+배관손실압)

$$\therefore P = 0.3 - (0.045 + 1.44 \times 10^{-6} Q^2) = 0.255 - 1.44 \times 10^{-6} Q^2 \text{MPa}$$
$$Q = 90\sqrt{10(0.255 - 1.44 \times 10^{-6} Q^2)}$$
양변을 제곱하면
$$Q^2 = 90^2 (2.55 - 1.44 \times 10^{-5} \times Q^2)$$
$$Q^2 = 20,655 - 0.1166 Q^2$$
$$Q^2 + 0.1166 Q^2 = 20,655$$
$$1.1166 Q^2 = 20,655$$
$$Q^2 = \frac{20,655}{1.1166} \quad \therefore Q = \sqrt{\frac{20,655}{1.1166}} = 136.04 \text{L/min}$$

해답 136.04L/min

(5) 방수압
$$P = 0.3 - (0.045 + 1.44 \times 10^{-6} \times 136.04^2) = 0.228 \text{MPa}$$

해답 0.23MPa

19 다음은 습식 스프링클러설비와 건식 스프링클러설비의 송수구 주위 배관을 나타낸 것이다. 체크밸브, 게이트밸브, 자동배수밸브 및 배관을 추가하여 그림을 완성시키시오. (단, 도시기호를 참조한다.)

[도시기호]

- ⤫ : 스프링클러 송수구
- ↓ : 스프링클러헤드
- ● : 습식경보밸브
- ―N― : 체크밸브
- ―▷◁― : 게이트밸브
- ▯ : 자동배수밸브
- ⊙ : 건식경보밸브

(1) 습식 스프링클러설비

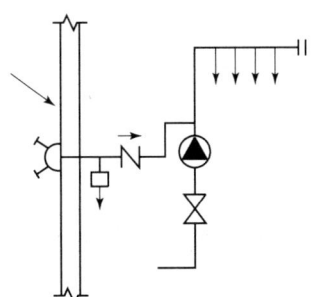

(2) 건식 스프링클러설비

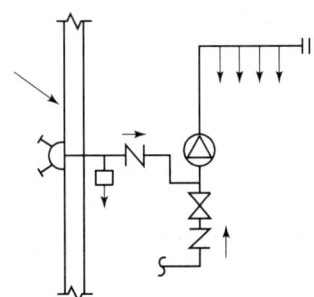

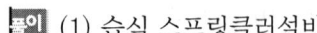
(1) 습식 스프링클러설비

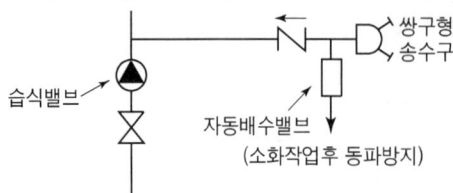

(2) 건식 스프링클러설비

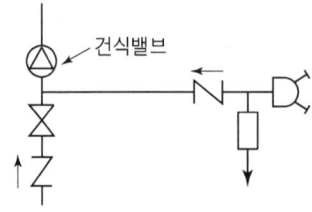

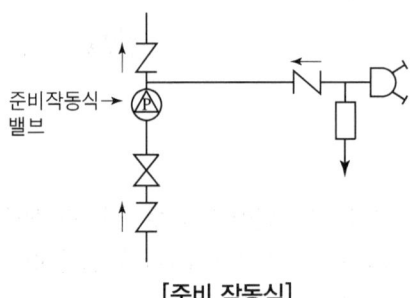

[준비 작동식]

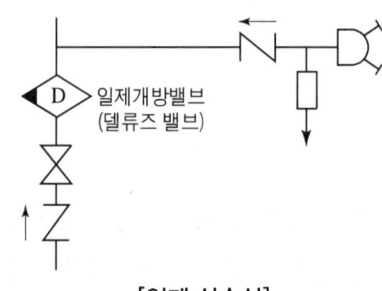

[일제 살수식]

20 스프링 건식배관시스템에 설치하는 건식밸브(Dry valve)의 기능을 두 가지만 설명하시오.

- **경보기능** : 화재시 클래퍼가 개방되어 유수가 발생하여 화재경보 발령
- **체크밸브기능** : 클래퍼를 중심으로 1차측(송수펌프측)은 가압수가 2차측(헤드측)은 압축공기 또는 압축질소로 압축 되어 2차측의 압축공기가 1차측으로 유입방지

21 건식 스프링클러설비의 엑셀레이터(Accelater) 설치 이유는 무엇인가?

풀이 건식 스프링클러설비에서 화재시 폐쇄형헤드의 개방으로 2차측(헤드측) 배관내에 채워 있던 압축공기나 압축질소의 방출이 늦어져 1차측(송수펌프측)의 가압수가 늦게 방수되므로 2차측 배관내의 압축공기나 압축질소의 방출속도를 빠르게 해주는 장치이다.

22 다음 그림을 보고 충압펌프의 정격토출압력[MPa]을 계산하시오.

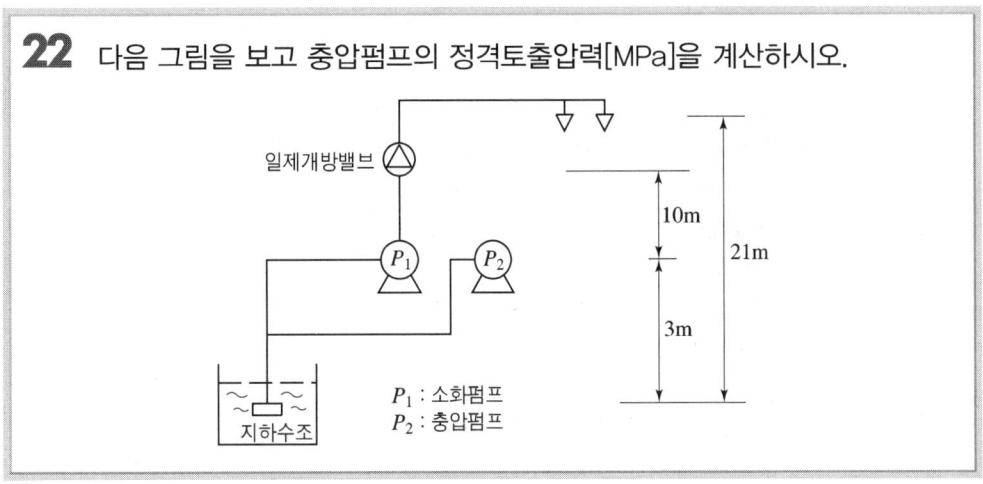

풀이 충압펌프의 정격토출압력은 그 설비의 최고위 살수장치(일제개방밸브의 경우는 그 밸브)의 자연압보다 적어도 0.2MPa더 크도록 할 것.
∴ 충압펌프 정격토출압력 = 0.1MPa(10m)] + 0.2MPa = 0.3MPa 이상

해답 0.3MPa 이상

23 폐쇄형 헤드를 사용한 스프링클러 설비에서 나타난 스프링클러헤드 중 A점에 설치된 헤드 1개만이 개방되었을 때 A점에서의 헤드 방사 압력은 몇 kPa 인가?

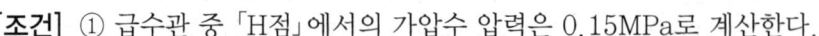

[조건] ① 급수관 중 「H점」에서의 가압수 압력은 0.15MPa로 계산한다.
② 티이 및 엘보는 직경이 다른 티이 및 엘보는 사용치 않는다.
③ 스프링클러헤드는 「15A」헤드가 설치된 것으로 한다.
④ 직관 마찰 손실(100m당)(단위 : m)

유량	25A	32A	40A	50A
80L/min	39.82	11.38	5.40	1.68

(A점에서의 헤드 방수량 80L/min로 계산한다.)

⑤ 관이음쇠 마찰손실에 해당하는 직관길이(단위 : m)

구 분	25A	32A	40A	50A
엘보(90°)	0.9	1.20	1.50	2.10
레듀샤	(25×15A)0.54	(32×25A)0.72	(40×32A)0.90	(50×40A)1.20
티이(직류)	0.27	0.36	0.45	0.60
티이(분류)	1.50	1.80	2.10	3.00

⑥ 방사압력 산정에 필요한 계산과정을 상세히 명시하고, 방사 압력을 소수점 4자리까지 구하시오.(소수점 4자리 미만은 삭제)
⑦ 물의 비중량은 9800N/m³으로 한다.

[풀이]

관경	유량	직관 및 등가길이(m)	100m당 마찰 손실수두(m)	마찰손실 수두(m)
50A	80L/min	직관 : 3 관부속 : 티이(직류)1개×0.60=0.60 　　　　　레듀샤(50×40)1개×1.20=0.20 계 : 4.80	1.68	$4.8 \times \dfrac{1.68}{100}$ $=0.0806$
40A	80L/min	직관 : 3+0.1=3.1 관부속 : 엘보(90°)1개×1.50=1.50 　　　　　티이(분류)1개×2.10=2.10 　　　　　레듀샤(40×32)1개×0.90=0.90 계 : 7.60	5.40	$7.60 \times \dfrac{5.40}{100}$ $=0.4104$
32A	80L/min	직관 : 1.5 관부속 : 티이(직류)1개×0.36=0.36 　　　　　레듀샤(32×25)1개×0.72=0.72 계 : 2.58	11.38	$2.58 \times \dfrac{11.38}{100}$ $=0.2936$
25A	80L/min	직관 : 2+2+0.1+0.1+0.3=4.5 관부속 : 티이(직류)1개×0.27=0.27 　　　　　엘보(90°)3개×0.9=2.70 　　　　　레듀샤(25×15)1개×0.54=0.54 계 : 8.01	39.82	$8.01 \times \dfrac{39.82}{100}$ $=3.1895$
		총 계		3.9741m

① ΔH_L(손실수두) $= (0.1 + 0.1 - 0.3) + 3.9741 = 3.8741\text{m}$
② 물의 비중량 $= 9800\text{N}/\text{m}^3 = 9.8\text{kN}/\text{m}^3$
③ $\Delta P = \gamma h = 9.8\text{kN}/\text{m}^3 \times 3.8741\text{m} = 37.96618\text{kN}/\text{m}^2(\text{kPa})$
④ $P = 0.15 \times 10^3 \text{kPa} - 37.96618\text{kPa} = 112.03382\text{kPa}$

 112.0338kPa

24 스프링클러설비에서 소방펌프 자동차로부터 그 설비에 송수할 수 있는 송수구를 설치할 때 설치기준을 5가지 쓰시오.

풀이
① 송수구는 화재층으로부터 지면으로 떨어지는 유리창 등이 송수 및 그 밖의 소화작업에 지장을 주지 아니하는 장소에 설치
② 송수구로부터 스프링클러설비 주배관에 이르는 연결배관에 개폐밸브를 설치한 때에는 개폐상태 쉽게 확인 및 조작할 수 있는 옥외 또는 기계실 등의 장소에 설치
③ 구경 65mm 이상의 쌍구형으로 할 것
④ 송수구 가까운 보기 쉬운 곳에 송수압력범위 표지 설치
⑤ 폐쇄형스프링클러헤드 사용시 송수구는 하나의 층의 바닥면적이 3000m²넘을 때 마다 1개 이상 설치(5개 넘을 경우 5개로 한다.)

25 스프링클러소화설비에 설치하는 유수검지장치의 작동시험은 어떻게 하는 것이 좋은가?

풀이
① 말단시험밸브함을 열고 압력계 확인 후 시험밸브 개방
② 클래퍼가 개방되어 압력스위치가 작동하여 경보장치 작동 유무 확인
③ 수신반에 의하여 해당 방호구역의 화재표시등 점등 확인
④ 가압송수장치 작동 확인
⑤ 작동 상태 확인후 시험밸브 폐쇄 및 펌프 스위치 복구
⑥ 수신반 복구 또는 자동복구스위치 눌러 복구시킨다.

26 스프링클러 소화설비의 유수검지장치의 호칭압력이 1MPa일 때 최고 사용압력[MPa]의 범위를 쓰시오.

풀이 유수검지장치의 최고 사용압력 범위

호칭압력[MPa]	1	1.6
수압력[MPa]	1~1.4	1.6~2.2

해답 1~1.4MPa

27 스프링클러 소화설비의 가지배관설치시 배관방식을 토나멘트 방식으로 하지 않는다. 그 이유를 간단히 설명하시오.

풀이 ① 배관상 마찰손실이 커져서 규격방수압 및 규격방수량 유지곤란
② 배관상 수격작용에 의하여 배관에 충격이 커져 배관 파손우려

28 스프링클러 소화설비의 종류에서 습식과 건식의 차이점을 5가지만(습식 3가지, 건식 2가지) 열거하시오.

풀이 습식 ① 전배관내 물이 가득 차 있다.
② 구조가 간단
③ 0℃ 이상에서 사용(보온필요)
④ 설비비가 적게 든다.
⑤ 오동작으로 인한 피해가 크다. 중 3가지

건식 ① 크래퍼를 중심으로 시스템 쪽은 물, 헤드 쪽은 압축공기 또는 질소
② 0℃ 이하에서도 사용(보온 불필요)
③ 구조가 복잡하다.
④ 설비비가 많이 든다.
⑤ 오동작으로 인한 피해가 적다. 중 2가지

제 1 장 소화설비

29 스프링클러의 반응시간지수(Response Time Index)에 대하여 설명하시오.

풀이 기류의 온도, 속도 및 작동시간에 대하여 스프링클러헤드의 반응시간을 예상한 지수

30 가로 30m, 세로 20m의 내화구조로 된 소방대상물의 스프링클러헤드를 설치하려고 한다. 헤드를 정방형으로 설치할 때 헤드의 소요 개수를 계산하시오.

풀이 스프링클러헤드의 배치기준

설치장소			설치기준
천장·반자·천장과 반자 사이·덕트·선반 기타 이와 유사한 부분(폭이 1.2m를 초과하는 것)	무대부, **특수가연물** 저장 취급 장소 및 **창고**		수평거리 1.7m 이하
	특정 소방대상물	기타구조	수평거리 2.1m 이하
		내화구조	수평거리 2.3m 이하
	아파트		수평거리 2.6m 이하
랙식 창고			랙 높이 3m 이하 마다

정방형으로 헤드설치시 헤드간의 상호거리 $S = 2r\cos 45°$

∴ $S = 2 \times 2.3 \times \cos 45° = 3.2527\,\text{m}$

⟨가로 소요개수⟩ $30\,\text{m} \div 3.2527\,\text{m} = 9.22$ ∴ 10개

⟨세로 소요개수⟩ $20\,\text{m} \div 3.2527\,\text{m} = 6.15$ ∴ 7개

총 소요개수 $= 10 \times 7 = 70$개

해답 70개

31 스프링클러설비에서 리타딩 챔버(Retarding Chamber)의 주요 기능을 2가지만 쓰시오.

풀이 ① 유수경보밸브 오동작 방지하기 위한 안전장치로 비화재인 오보방지
② 워터 햄머링과 같은 순간압력으로 유입된 물은 오리피스를 통하여 자동 배수하여 압력 스위치의 오보방지 및 보호

32 다음 그림은 습식 스프링클러설비의 계통도이다. 도면을 이용하여 각 물음에 답하시오.

[도면]

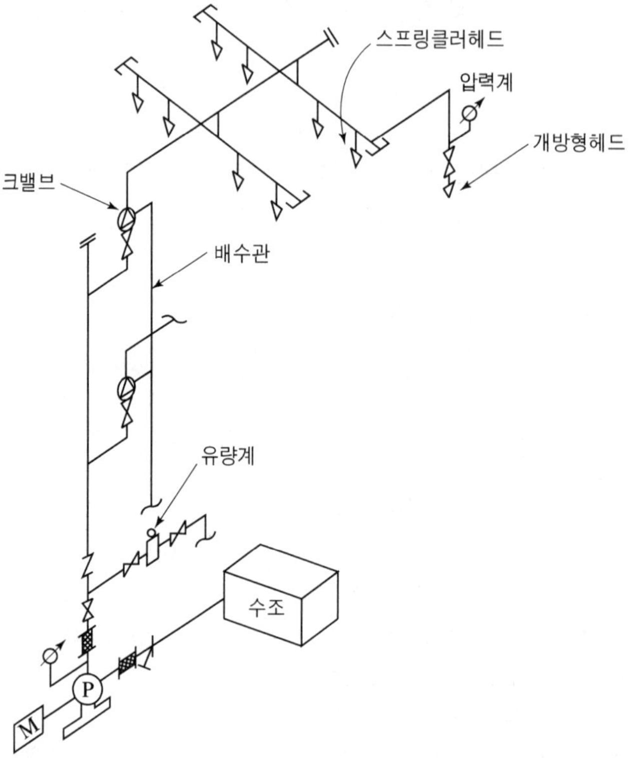

(물음 1) 계통도에 표시된 사항 중 잘못된 곳 4가지를 지적하시오.
(물음 2) 계통도 중 누락된 사항을 3가지만 지적하시오.
(단, 충압펌프, 기동용수압 개폐장치 및 알람밸브주위의 기기상세에 대하여는 제외한다.)
(물음 3) 설비의 최상층, 최선단에 설치하는 말단시험장치(Test Connection)으로 시험 가능한 사항을 2가지만 설명하시오.
(물음 4) 아파트에 설치하는 습식스프링클러설비의 헤드 설치시 가지관에서 측면 분기하여도 되는 이유를 간단히 기술하시오.

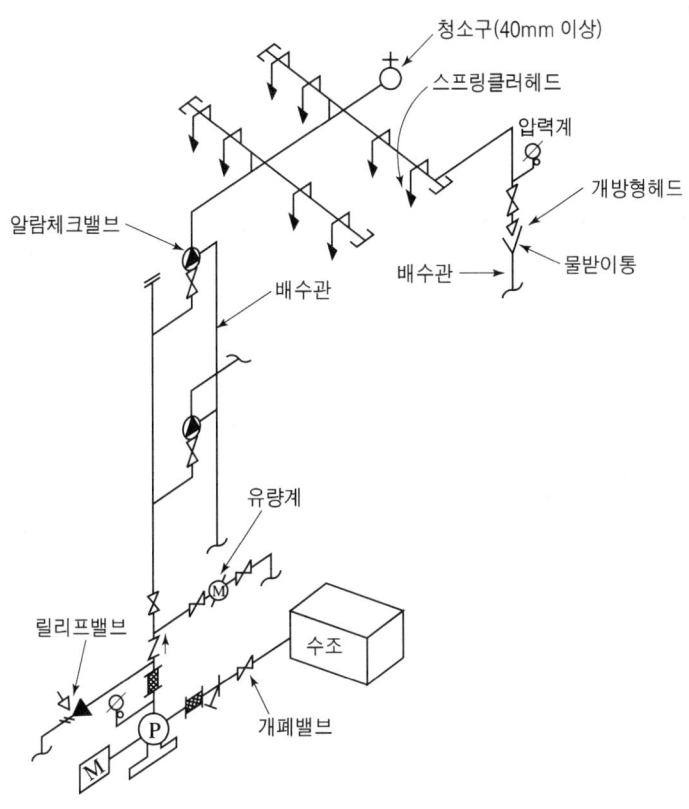

[수정된 도면]

(물음 1) ① 알람밸브의 도시기호가 잘못 표기됨.
② 펌프의 토출측에 설치된 개폐밸브와 체크밸브 설치위치가 바뀌었음
③ 가지배관 설치위치가 교차배관위에 설치되어야하는데 아래에 설치됨
④ 하향식 헤드의 배관방식이 회향식 배관으로 표시되어야 함.
⑤ 스프링클러헤드(폐쇄형)의 도시기호 잘못됨

> 참고 성능시험배관은 개폐밸브 이전에서만 분기하면 된다.

(물음 2) ① 수조와 펌프사이(수조와 스트레이너사이)에 개폐밸브설치 누락
② 교차배관 끝에 청소구(40A이상 개폐밸브)설치 누락
③ 시험배관 끝에 물받이통 및 배수관 설치 누락

> 참고 도면상 수조가 펌프보다 위에 설치되어 있으므로 펌프의 흡입측에 연성계(진공계)는 필요 없음.

(물음 3) ① 규격 방수량 및 규격 방수압력 확인
② 유수검지장치 작동확인
③ 송수펌프 자동기동 확인

(물음 4) 아파트의 천정 속 공간은 없거나 또는 250~300mm로 회향식 배관에 어려움이 있으므로

33 스프링클러헤드를 방호반경 2.3m로 하여 그림과 같이 사각형으로 배열할 때 헤드가 담당하는 면적이 최대가 될 수 있는 헤드간의 직선거리 a의 값은 몇 m인가?

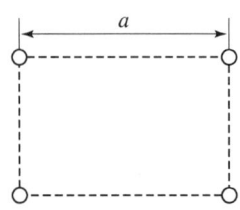
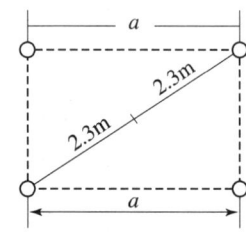

풀이 $a = 2r \cos 45°$
$a = 2 \times 2.3 \times \cos 45° = 3.25\,\text{m}$

해답 3.25m

34 건식 스프링클러설비의 밸브에서 1차측 물의 압력이 0.7MPa이고, 1차측 단면직경이 50mm, 2차측 단면적이 79cm²일 때 2차측 공기압은 최소얼마 이상이어야 밸브가 닫히는가?

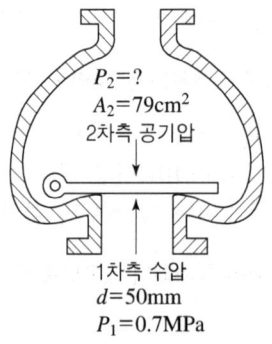

풀이 1차측의 힘 $F_1(\text{MN}) = P_1(\text{MPa}) \times A_1(\text{m}^2)$
2차측의 힘 $F_2(\text{MN}) = P_2(\text{MPa}) \times A_2(\text{m}^2)$

$F_1 \leq F_2$ $0.7(\text{MPa}) \times \dfrac{\pi}{4} \times (50 \times 10^{-3}\text{m})^2 = P_2 \times 79 \times 10^{-4}\text{m}^2$

∴ $P_2 = 0.17\text{MPa}$

해답 0.17MPa

35 아래 그림은 일제 개방형 스프링클러 소화설비 계통도의 일부를 나타낸 것이다. 주어진 조건을 참조하여 답란의 빈칸을 채우시오.

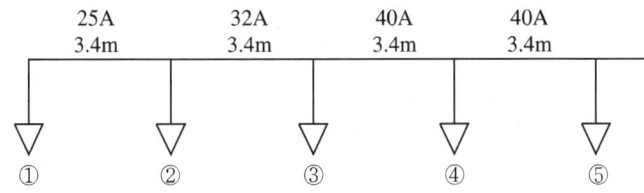

[조건]
① 배관 마찰손실 압력은 헤이젠-윌리엄스 공식을 따르되 계산의 편의상 다음 식과 같다고 가정한다.

$$\Delta P = \dfrac{6 \times 10^4 \times Q^2}{120^2 \times d^5}$$

단, ΔP : 배관 1m당 마찰손실압력[MPa]
    Q : 배관내의 유수량[L/min], d : 배관의 안지름[mm]

② 헤드는 개방형 헤드이며 각 헤드의 방출계수(k)는 동일하며 방수압력 변화와 관계없이 일정하고 그 값은 $K=80$이다.
③ 가지관과 헤드간의 마찰손실은 무시한다.
④ 각 헤드의 방수량은 서로 다르다.
⑤ 배관 내경은 호칭경과 같다고 가정한다.
⑥ 배관부속은 무시한다.
⑦ 계산과정 및 답은 소숫점 둘째자리까지 나타내시오.
⑧ 헤드번호 ①의 방수압은 0.1MPa이다.

항목	헤드 번호	방수압	방수량[L/min]
1	①	0.1MPa	80
2	②	$\Delta P ① \sim ② = \dfrac{6 \times 10^4 \times 80^2}{120^2 \times 25^5} \times 3.4 = 0.01\,\text{MPa}$ $\therefore\ P = 0.1 + 0.01 = 0.11\,\text{MPa}$	$Q = 80\sqrt{10 \times 0.11}$ $= 83.90$
3	③	$\Delta P ② \sim ③ = \dfrac{6 \times 10^4 \times (80 + 83.90)^2}{120^2 \times 32^5} \times 3.4 = 0.01\,\text{MPa}$ $\therefore\ P = 0.11 + 0.01 = 0.12\,\text{MPa}$	$Q = 80\sqrt{10 \times 0.12}$ $= 87.64$
4	④	$\Delta P ③ \sim ④ = \dfrac{6 \times 10^4 \times (80 + 83.90 + 87.64)^2}{120^2 \times 40^5} \times 3.4$ $\quad = 0.01\,\text{MPa}$ $\therefore\ P = 0.12 + 0.01 = 0.13\,\text{MPa}$	$Q = 80\sqrt{10 \times 0.13}$ $= 91.21$
5	⑤	$\Delta P ④ \sim ⑤ = \dfrac{6 \times 10^4 \times (80 + 83.90 + 87.64 + 91.21)^2}{120^2 \times 40^5} \times 3.4$ $\quad = 0.02\,\text{MPa}$ $\therefore\ P = 0.13 + 0.02 = 0.15\,\text{MPa}$	$Q = 80\sqrt{10 \times 0.15}$ $= 97.98$

36 스프링클러헤드는 헤드의 개방 유무에 따라 개방형과 폐쇄형으로 분류한다. 이 두 헤드의 기능 및 설치대상 소방대상물의 차이점을 비교 설명하시오.

① **기능상 차이점**
   개방형 : 화재시 열을 감지하는 감지부가 없으며 평상시에도 항상 개방되어 있다.
   폐쇄형 : 화재시 열을 감지하는 감지부가 있으며 평상시에는 폐쇄되어 있다.
② **설치대상 소방대상물의 차이점**
   개방형 : 화재시 열의 감지시간이 긴 무대부 또는 급격히 화재가 확대될 수 있는 부분에 설치한다.
   폐쇄형 : 화재시 열의 감지시간이 비교적 짧은 소방대상물에 설치한다.

37 스프링클러 설비의 배관 방식 중 격자 배관방식(grid system)과 가지배관방식(tree system)의 특징과 문제점에 대하여 간단히 설명하시오.

[특징]
① 격자형 : 오직 컴퓨터프로그램에 의해서만 설계가 가능하며 배관내 물의 흐름이 분산되어 각 헤드의 방수압과 방수량의 편차가 적다 또한 중간배관의 막힘에 대처가 가능하다.
② 트리형 : 현재 국내에서 대부분 이용하는 방식이며 방호구역의 용도 및 방호예상 최대면적에 대한 방수량으로 설계된다. 또한 가압송수장치로부터 가장 먼 거리에 설치되는 헤드를 기준으로 한다.

[문제점]
① 격자형 : ㉠ 습식 스프링클러설비에만 적용할 수 있다.
　　　　　㉡ 설계는 컴퓨터프로그램에만 의존해야 한다.
　　　　　㉢ 오류발생시 컴퓨터프로그램에만 의존하므로 문제점 파악이 어렵다.
② 트리형 : ㉠ 각 헤드의 방수압과 방수량의 편차가 크다.
　　　　　㉡ 중간배관의 막힘이 있으면 소화수 공급이 불가능하다.
　　　　　㉢ 가지배관에 설치되는 헤드수에 제한을 받는다.

38 상수도에 직접 연결하여 폐쇄형 간이헤드를 사용하는 간이형 스프링클러설비의 소화수 공급순서(게이지, 밸브 등)를 쓰시오.

수도용계량기 → 급수차단장치 → 개폐표시형밸브 → 체크밸브 → 압력계 → 유수검지장치(압력스위치 등 유수검지장치와 동등 이상의 기능과 성능이 있는 것을 포함) → 2개의 시험밸브

39 아래 그림은 습식유수검지장치도이다. 번호 중 (①~⑪)에서 6가지를 선택하여 명칭 및 역할(기능)을 간단히 쓰시오.

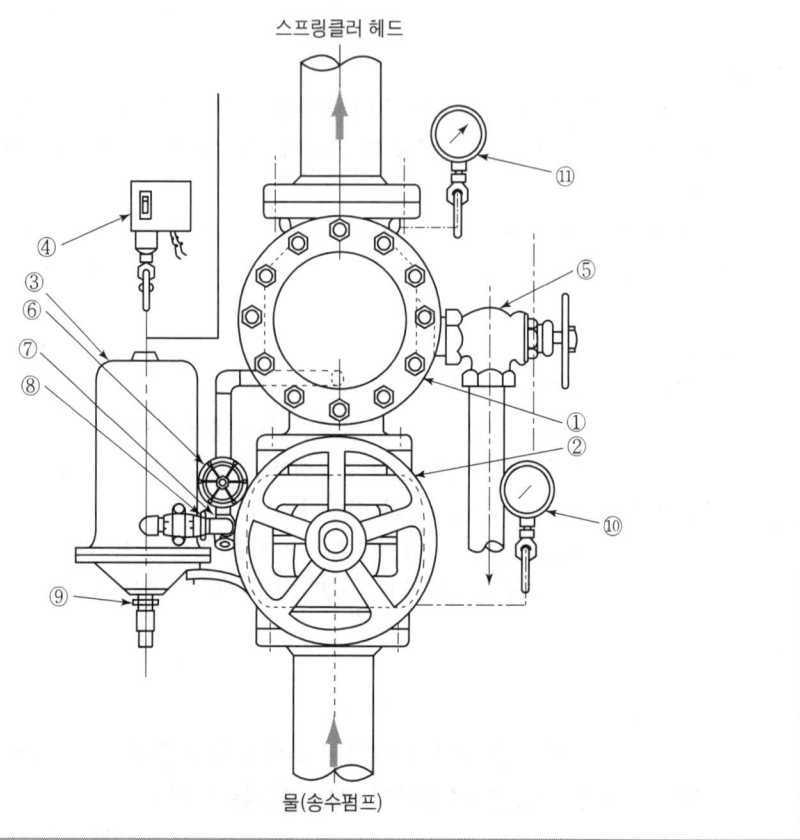

풀이
① **알람체크밸브** : 2차측 압력수가 1차측으로 유입되는 것을 방지하는 체크밸브 기능
② **게이트밸브** : 필요시 2차측으로 송수를 차단하는 제어밸브기능
③ **리타딩챔버** : 비화재인 오보를 방지하는 기능
④ **압력스위치** : 화재경보발령 및 해당 방호구역 화재표시등 점등 기능
⑤ **배수밸브** : 필요시 유수검지장치로부터 물을 배수시키고 유수검지장치 작동 시험시 시험밸브 기능
⑥ **게이트밸브** : 화재경보를 차단시 사용하는 신호정지 밸브기능
⑦ **스트레이너(Y형)** : 리타딩챔버내로 유입되는 물속의 이물질을 제거하는 여과기능
⑧ **오리피스** : 리타딩챔버내로 유입되는 물의 압력을 조절하는 기능
⑨ **오리피스** : 리타딩챔버내로 유입되는 적은양의 유입수는 자동으로 배수시키는 자동 배수 기능
⑩ **1차 압력계** : 송수펌프에서 알람체크밸브까지의 1차측 압력표시기능
⑪ **2차 압력계** : 알람체크밸브에서 폐쇄형헤드까지의 2차측 압력표시기능

40 습식스프링클러설비를 아래의 조건을 이용하여 그림과 같이 8층의 백화점 건물에 시공할 경우 다음 물음에 답하시오.

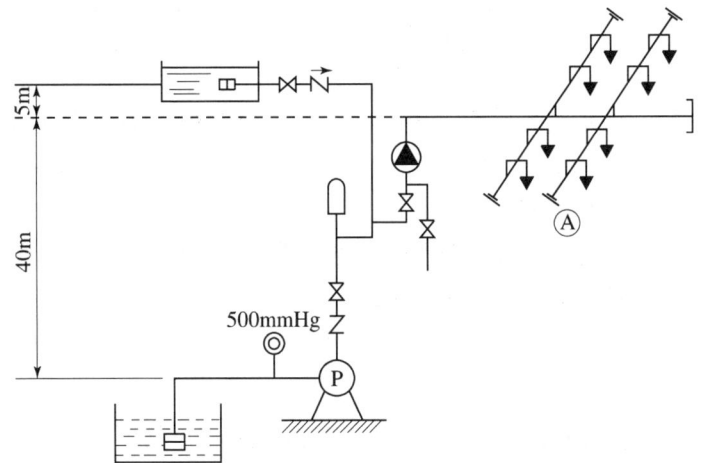

[조건]
① 배관 및 부속류의 총 마찰손실은 펌프 자연 낙차압의 40%이다.
② 펌프의 진공계 눈금은 500mmHg이다.
③ 펌프의 체적효율(v)=0.95, 기계효율(m)=0.85, 수력효율(h)=0.75 이다.
④ 전동기의 전달계수(K)는 1.2이다.

(물음 1) 주 펌프의 양정(m)을 구하시오.
(물음 2) 주펌프의 토출량(L/min)을 구하시오.
(단, 스프링클러 헤드는 최대 기준개수 이상 설치되는 기준임)
(물음 3) 주 펌프의 전 효율(%)를 구하시오.
(물음 4) 주펌프의 수동력, 축동력, 모터동력을 [kW]로 나타내시오.
① 수동력
② 축동력
③ 모터동력
(물음 5) 그림에서 (A) 부분에 말단시험배관을 설치하려고 한다. 설치방법을 그림으로 나타내시오.
(물음 6) 폐쇄형스프링클러헤드의 선정은 설치장소의 최고주위온도와 선정된 헤드의 표시온도를 고려하여야 한다. 다음 표의 설치장소의 최고 주위온도에 대한 표시온도를 쓰시오.

설치장소의 최고 주위온도	표시온도
39℃ 미만	79℃ 미만
39℃ 이상 64℃ 미만	①
64℃ 이상 106℃ 미만	②
106℃ 이상	162℃ 이상

(물음 7) 관속의 유체온도 및 외부온도의 변화에 따라 관이 팽창 또는 수축을 하므로 배관도중에 신축이음을 사용한다. 신축이음의 종류 5가지를 쓰시오.

(물음 8) 수원의 유효수량 중 1/3 이상을 옥상에 설치하여야 한다. 이때 예외사항 5가지를 쓰시오.

풀이 (물음 1) $H = h_1 + h_2 + 10\text{m}$

H : 펌프의 전양정(m), h_1 : 낙차(흡입양정 + 토출양정)

h_2 : 배관의 마찰손실수두(m)

흡입양정 = $500[\text{mmHg}] \times \dfrac{10.33[\text{m}]}{760[\text{mmHg}]} = 6.80[\text{m}]$

토출양정 = 40m

∴ $h_1 = 6.8 + 40 = 46.8\text{m}$

$h_2 = (40 + 5)\text{m}(펌프의\ 자연낙차) \times 0.4 = 18\text{m}$

∴ $H = 46.8 + 18 + 10 = 74.8\text{m}$

해답 74.8m

(물음 2) 소방대상물이 백화점이므로 폐쇄형헤드의 기준개수는 30개

$Q = N \times 80\text{L/min}[N : 폐쇄형헤드의\ 기준개수(기준개수보다\ 적은\ 경우\ 그\ 설치\ 개수)]$

∴ $Q = 30 \times 80\text{L/min} = 2400\text{L/min}$

해답 2400L/min

(물음 3) 전효율 = 체적효율 × 기계효율 × 수력효율 × 100

∴ $\eta_T = 0.95 \times 0.85 \times 0.75 \times 100 = 60.56\%$

해답 60.56%

(물음 4) ① 수동력 $L_W[\text{kW}] = \gamma QH$

γ : 비중량(kN/m³, 물=9.8kN/m³), Q : 유량(m³/s), H : 전양정(m)

∴ $L_W[\text{kW}] = 9.8[\text{kN/m}^3] \times [2.4\text{m}^3/60\text{s}] \times 74.8[\text{m}] = 29.32[\text{kW}]$

② 축동력 $L_S[\text{kW}] = \dfrac{\gamma QH}{E}$ E : 펌프의 효율(%/100)

$$\therefore L_S[\text{kW}] = \dfrac{9.8[\text{kN}/\text{m}^3] \times [2.4\text{m}^3/60\text{s}] \times 74.8[\text{m}]}{0.6056} = 48.42[\text{kW}]$$

③ 모터동력 $P[\text{kW}] = \dfrac{\gamma QH}{E} \times K$ K : 전달계수

$$P[\text{kW}] = \dfrac{9.8[\text{kN}/\text{m}^3] \times [2.4\text{m}^3/60\text{s}] \times 74.8[\text{m}]}{0.6056} \times 1.2$$
$$= 58.10[\text{kW}]$$

해답 ① 29.32kW ② 48.42kW ③ 58.10kW

(물음 5)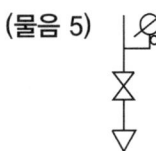

(물음 6) ① 79℃ 이상 121℃ 미만 ② 121℃ 이상 162℃ 미만
(물음 7) ① 슬리브형 ② 벨로우즈형 ③ 루프형 ④ 스위블형 ⑤ 볼죠인트형
(물음 8) ① 지하층만 있는 건축물
② 고가수조를 가압송수장치로 설치한 스프링클러설비
③ 수원이 건축물의 최상층에 설치된 방수구보다 높은 위치에 설치된 경우
④ 건축물의 높이가 지표면으로부터 10m 이하인 경우
⑤ 주펌프와 동등 이상의 성능이 있는 별도의 펌프로서 내연기관의 기동과 연동하여 작동되거나 비상전원을 연결하여 설치한 경우
⑥ 가압수조를 가압송수장치로 설치한 스프링클러설비

---

41 습식스프링클러설비외의 설비에는 헤드 설치시 상향식으로 설치하여야 한다. 그러나 하향식으로 설치가 가능한 경우를 3가지만 쓰시오.

풀이 ① 드라이펜던트형 헤드를 사용하는 경우
② 헤드의 설치장소가 동파우려가 없는 장소인 경우
③ 개방형헤드를 사용하는 경우

42 스프링클러설비에는 소방대 연결 송수구 설비를 함께 갖추도록 하는 이유를 두 가지만 설명하시오.

풀이 ① 자체 수원의 저수량이 부족할 때 소방차등 외부에서 소방용수를 공급받기 위하여
② 송수펌프가 고장 시 외부에서 소화용수를 공급받기 위하여
③ 화재 시 원활한 소화활동을 위하여 중 2가지 선택

43 스프링클러 설비의 배관 방식 중 격자형 배관(gridded system)방식과 루프형 배관(looped system)방식을 간단히 그림으로 나타내시오.

44 반응시간 지수(RTI)라 함은 기류의 (㉮), (㉯) 및 (㉰)에 대하여 스프링클러 헤드의 반응을 예상한 지수이다. 에서 ( ) 안에 알맞은 답을 쓰시오.

풀이 ㉮ 온도 ㉯ 속도 ㉰ 작동시간

참고 RTI = $\tau \sqrt{u}$
τ : 감열체의 시간상수, u : 기류속도(m/s), RTI : Response Time Index의 약자

45 스프링클러설비에서 리타딩 챔버의 용도와 기능에 대하여 간단히 쓰시오.

풀이 용도 : 비화인 오보방지
기능 : 수격작용 등과 같은 순간압력으로 유입된 물은 자동배수하고 화재시 클래퍼가 완전 개방되어 유입된 물은 챔버가 만수가 되면서 상단에 설치된 압력스위치를 작동시킨다.

46 가로 19m, 세로 9m인 무대부에 스프링클러헤드를 설치하려고 한다. 헤드를 정방형으로 설치할 때 헤드의 소요 개수를 계산하시오.

풀이 스프링클러헤드의 배치기준

설치장소			설치기준
천장 · 반자 · 천장과 반자 사이 · 덕트 · 선반 기타 이와 유사한 부분(폭이 1.2m를 초과하는 것)	무대부, 특수가연물 저장 취급 장소 및 창고		수평거리 1.7m 이하
	특정 소방대상물	기타구조	수평거리 2.1m 이하
		내화구조	수평거리 2.3m 이하
	아파트		수평거리 2.6m 이하
랙식 창고			랙 높이 3m 이하 마다

정방형으로 헤드설치시 헤드간의 상호거리 $S = 2r\cos 45°$
∴ $S = 2 \times 1.7 \times \cos 45° = 2.40\text{m}$
〈가로 소요개수〉 19m ÷ 2.40m = 7.92   ∴ 8개
〈세로 소요개수〉 9m ÷ 2.40m = 3.75   ∴ 4개
총소요개수 = 8 × 4 = 32개

 32개

47 소방용 기계 · 기구 등의 규격 및 검정규칙 중 스프링클러헤드의 시험방법 5 가지만 쓰시오.

풀이 ① 강도시험 ② 진동시험 ③ 수격시험 ④ 작동온도시험
⑤ 감도시험 ⑥ 방수량시험 ⑦ 살수분포시험

48 습식스프링클러설비에서 펌프의 정격토출량이 2.4m³/min, 배관내 유속이 4m/s일 경우 다음 각 물음에 답하시오.

(물음 1) 펌프의 토출측 배관의 최소구경을 계산하시오.
(물음 2) 문제의 토출량으로 해당 방호구역에 기준시간내 방사할 경우 헤드의 설치개수는 최소 몇 개로 하여야 하는가?
(물음 3) DARCY-WEISBACH식을 적용하여 입상관에서의 마찰손실수두(m)를 계산하시오.
(단, 입상관의 내경은 150mm, 마찰손실계수 0.02, 배관길이 60m, 유속 4m/s로 한다)

(물음 1) $Q = UA = \dfrac{\pi}{4}D^2 U$ 에서

Q : 토출량(m^3/s), U : 유속(m/s), A : 단면적(m^2)

$D = \sqrt{\dfrac{4Q}{\pi U}} = \sqrt{\dfrac{4 \times (2.4 \div 60)}{\pi \times 4}} = 0.11284m = 112.84mm$

∴ 호칭구경은 125mm

> **해답** 125mm

(물음 2) 2400L/min ÷ 80L/min = 30개

> **해답** 30개

(물음 3) $\Delta HL = f\dfrac{lV^2}{2gD} = 0.02 \times \dfrac{60 \times 4^2}{2 \times 9.8 \times 0.15} = 6.53m$

> **해답** 6.53m

---

49 다음 조건을 참조하여 각 물음에 답하시오.(40점)

[조건]
① 지하1층 지상25층의 계단실형(계단식) APT에 옥내소화전설비와 스프링클러설비를 설치한다.
② 지상층의 층당 바닥면적은 320m^2이다.
③ 지하층의 바닥면적은 6300m^2로 방화구획 완화규정 적용한다.
④ 옥내소화전은 2개/층, 폐쇄형 습식 스프링클러헤드는 28개/층개 설치된다.
⑤ 지하층에는 옥내소화전 9개와 준비작동식스프링클러설비가 혼합 설치된다.
(단, 소화펌프는옥내소화전설비와 스프링클러설비 겸용으로 사용한다)

(물음 1) 소화펌프의 토출량(L/min)과 전동기의 소요동력(kW)을 산출하시오.(단, 실양정은 70m, 배관마찰손실수두는 25m, 전달계수는 1.1, 펌프효율은 65%로 하며, 방수압은 옥내소화전설비의 화재안전기술기준을 적용 하되 안전율 10m를 고려한다)

(물음 2) 소화설비에 필요한 수원의 양을 산출하고, 산출된 수원을 전량 지하수조로만 적용하고자 하는 경우 국가화재안전기술기준(NFTC)에 따른 조치방법을 기술하시오.

(물음 3) 소화펌프의 토출측 주배관(mm)의 배관구경을 수리계산방법에 의한 최소값을 구하시오.(단, 배관내 유속은 옥내소화전설비의 화재안전기술기준(NFTC 102)에 의한 상한값을 적용한다)

(물음 4) 하나의 계단으로부터 출입할 수 있는 세대수가 층당 2세대일 경우 스프링클러설비의 방호구역수를 산출하시오(단, 지하 주차장 포함하여 산출 할 것)

(물음 5) 다음 표를 보고 옥내소화전설비와 호스릴 옥내소화전설비의 차이점을 기술하시오.

구 분	옥내소화전설비	호스릴 옥내소화전설비
수원의 양		
방수압		
방수량		
배관의 구경		
수평거리		

풀이 (물음 1) [소화펌프의 토출량(L/min)]

① 옥내소화전설비의 펌프토출량(L/min) = $N \times 130$L/min 이상

  N : 가장 많이 설치된 층의 소화전 개수(최대 2개)
  - $N=2$(지하층의 소화전 개수가 9개이므로 최대 2개를 적용한다)
  ∴ $Q_1 = 2 \times 130$L/min $= 260$L/min

② 스프링클러설비의 펌프토출량(L/min) = $N \times 80$L/min

  N : 헤드의 기준개수(기준개수 이하인 경우 설치개수)
  - $N=10$(아파트의 헤드기준개수는 10개이다)
  ∴ $Q_2 = 10 \times 80$L/min $= 800$L/min

∴ $Q_T = Q_1 + Q_2 = 260$L/min $+ 800$L/min $= 1060$L/min

[전동기의 소요동력(kW)]

$$H \geq h_1 + h_2 + h_3 + 17\text{m}(\text{호스릴 옥내소화전 설비를 포함})$$

여기서, H : 전 양정(m), h_1 : 소방용 호스 마찰손실수두(m)
  h_2 : 배관의 마찰손실수두(m)
  h_3 : 실양정(흡입+토출 양정)(m)
  17m : 노즐선단 방수압력 환산수두

$H = h_1 + h_2 + h_3 + 17\text{m} = 70\text{m} + 25\text{m} + 17\text{m} + 10\text{m}(\text{안전율}) = 122\text{m}$

$$P[\text{kW}] = \frac{\gamma QH}{E} \times K$$

여기서, γ : 물의 비중량[9.8kN/m³], Q : 토출량[m³/s], H : 전양정[m]
K : 전달계수(여유율), E : 펌프의 효율

∴ 전동기 용량 $P[\text{kW}] = \dfrac{9.8 \times (1.06\text{m}^3/60\text{s}) \times 122}{0.65} \times 1.1 = 35.75\text{kW}$

> **해답** 소화펌프의 토출량 : 1060L/min
> 전동기의 소요동력 : 35.750kW

(물음 2) [수원의 양]

① 옥내소화전설비의 수원 양(m³) = $N \times 2.6\text{m}^3$ 이상
  N : 가장 많이 설치된 층의 소화전 개수 (최대 2개)
  • $N = 2$(지하층의 소화전 개수가 9개이므로 최대 2개를 적용한다)
  ∴ $Q_1 = 2 \times 2.6\text{m}^3 = 5.2\text{m}^3$

② 스프링클러설비의 수원 양 = $N \times 1.6\text{m}^3$
  N : 헤드의 기준개수(기준개수 이하인 경우 설치개수)
  • $N = 10$(아파트의 헤드기준개수는 10개이다)
  ∴ $Q_2 = 10 \times 1.6\text{m}^3 = 16\text{m}^3$

∴ 수원의 양 $Q_T = Q_1 + Q_2 = 5.2\text{m}^3 + 16\text{m}^3 = 21.2\text{m}^3$

[수원을 전량 지하수조로만 적용하고자 하는 경우]
주 펌프와 동등 이상의 성능이 있는 별도의 펌프로서 내연기관의 기동과 연동하여 작동되거나 비상전원을 연결하여 설치한다.

> **해답** 수원의 양 : 21.2m³
> 조치방법 : 주 펌프와 동등 이상의 성능이 있는 별도의 펌프로서 내연기관의 기동과 연동하여 작동되거나 비상전원을 연결하여 설치한다.

(물음 3) • 펌프 토출측 배관내 유속(U) = 4m/s 이하
• 펌프 토출측 배관내 유량(Q) = 1060L/min = 1.06m³/60s

$Q = \dfrac{\pi}{4} D^2 U$ 에서

$D = \sqrt{\dfrac{4Q}{\pi U}} = \sqrt{\dfrac{4 \times (1.06\text{m}^3/60\text{s})}{\pi \times 4}} = 0.07499\text{m} = 74.99\text{mm}$

> **해답** 74.99mm

(물음 4) ① 하나의 방호구역의 바닥면적은 3000m²를 초과하지 아니할 것
② 하나의 방호구역은 2개층에 미치지 아니할 것
  (단, 1개층에 설치되는 헤드가 10개 이하인 경우는 3개층을 하나의 방호구역으로 할 수 있다)

지하층의 방호구역수 = $6300\text{m}^2/3000\text{m}^2 = 2.1$
∴ 3구역(절상)
지상층의 방호구역수 = $320\text{m}^2/3000\text{m}^2 = 0.1$
∴ 1구역(절상)/층 × 25층 = 25구역
총 방호구역수 = 3구역(지하층) + 25구역(지상층) = 28구역

해답 28구역

(물음 5)

구 분	옥내소화전설비	호스릴 옥내소화전설비
수원의 양	옥내소화전의 설치개수가 가장 많은 층의 설치개수 (최대 2개) × 2.6m³ 이상	호스릴 옥내소화전의 설치개수가 가장 많은 층의 설치개수 (최대 2개) × 2.6m³ 이상
방수압	0.17MPa 이상	0.17MPa 이상
방수량	130L/min 이상	130L/min 이상
배관의 구경	가지배관 : 40mm 이상 주배관 중 수직배관 : 50mm 이상	가지배관 : 25mm 이상 주배관 중 수직배관 : 32mm 이상
수평거리	25m 이하	25m 이하

1-5 물분무 소화설비(NFTC 104)

1. 물분무 소화설비의 장·단점

① 적상주수보다 무상주수하므로 물이 절약된다.
② 불용성 액체(유류) 또는 수용성인 액체에 특히 소화효과가 뛰어 나다.
③ 약제가 물이므로 가격이 저렴하고 피해가 없다.
④ 화재의 연소방지, 화세제압에 특히 유효하다.

2. 물분무 소화설비의 소화효과

① 냉각 작용 : 물분무 상태로 소화하여 대량의 기화열을 내어서 연소물을 발화점 이하로 낮추어 소화한다.
② 질식 작용 : 분무주수이므로 대량의 수증기가 발생하여 체적이 1650배로 팽창하여 농도를 21%에서 15% 이하로 낮추어 소화한다.
③ 희석 작용 : 알콜과 같이 수용성인 액체는 물에 잘녹아 희석하여 소화한다.
④ 유화 작용 : 석유제4류 위험물과 같이 유류화재시 불용성의 가연성액체 표면에 불연성의 유막을 형성하여 소화한다.

3. 헤드와 전기기기와의 이격 거리

[물분무헤드와 전기기기와의 이격 거리]

전압(kV)	거리(cm)	전압(kV)	거리(cm)
66 이하	70 이상	154 초과 181 이하	180 이상
66 초과 77 이하	80 이상	181 초과 220 이하	210 이상
77 초과 110 이하	110 이상	220 초과 275 이하	260 이상
110 초과 154 이하	150 이상		

4. 펌프의 토출량과 수원의 양

소방대상물	펌프의 토출량(L/min)	수원의 양(L)
특수 가연물 저장, 취급	바닥면적(m^2)(최대방수구역 기준 최소 $50m^2$)×10L/min·m^2	바닥면적(m^2)(최대방수구역 기준 최소 $50m^2$)×10L/min·m^2×20min
차고, 주차장	바닥면적(m^2)(최대방수구역 기준 최소 $50m^2$)×20L/min·m^2	바닥면적(m^2)(최대방수구역 기준 최소 $50m^2$)×20L/min·m^2×20min

소방대상물	펌프의 토출량(L/min)	수원의 양(L)
절연유 봉입변압기	표면적(바닥면적 제외)(m^2) $\times 10L/min \cdot m^2$	표면적(바닥면적제외)(m^2) $\times 10L/min \cdot m^2 \times 20min$
케이블 트레이, 덕트	투영된 바닥면적(m^2) $\times 12L/min \cdot m^2$	투영된 바닥면적(m^2) $\times 12L/min \cdot m^2 \times 20min$
콘베어 벨트	밸트부분의 바닥면적(m^2) $\times 10L/min \cdot m^2$	밸트 부분의 바닥면적(m^2) $\times 10L/min \cdot m^2 \times 20min$

(어두문자 암기법 : 특절콘 케 차 10 12 20)

5. 물분무 소화설비의 제어밸브 등

① 설치 위치 : 바닥에서 0.8m 이상 1.5m 이하
② 제어 밸브라고 표시한 표지 설치

6. 물분무 소화설비의 배수설비

① 주차장에는 10cm 이상 경계턱으로 배수구 설치
② 배수구에서 새어나온 기름을 모아 소화할 수 있도록 길이 40m 이하마다 집수관, 소화핏트등 기름분리장치 설치
③ 주차장 바닥은 배수구를 향하여 $\frac{2}{100}$ 이상의 기울기 유지
④ 배수설비는 가압송수장치의 최대 송수능력의 수량을 유효하게 배수할 수 있는 크기 및 기울기로 할 것.

7. 물분무 소화설비 설치제외 장소

① 물과 심하게 반응하는 물질 또는 물과 반응하여 위험한 물질을 생성하는 물질을 저장 또는 취급하는 장소
② 고온물질 및 증류범위가 넓어 끓어 넘치는 위험이 있는 물질을 저장 또는 취급하는 장소
③ 운전시에 표면의 온도가 260℃ 이상으로 되는 등 직접분무를 하는 경우 그 부분에 손상을 입힐 우려가 있는 기계장치 등이 있는 장소

1-6 미분무소화설비

1. 용어의 정의

(1) 미분무

① 물만을 사용하여 소화하는 방식
② 최소설계압력에서 헤드로부터 방출되는 물입자 중 99 %의 누적체적분포가 400㎛ 이하로 분무
③ A,B,C급 화재에 적응성을 갖는 것

(2) 압력에 따른 미분무 소화설비

구 분	사용압력
저압	최고사용압력 1.2MPa 이하
중압	사용압력 1.2MPa 초과 3.5MPa 이하
고압	최저사용압력 3.5MPa 초과

2. 설계도서 작성

(1) 일반설계도서와 특별설계도서로 구분

① 점화원의 형태
② 초기 점화되는 연료 유형
③ 화재 위치
④ 문과 창문의 초기상태(열림, 닫힘) 및 시간에 따른 변화상태
⑤ 공기조화설비, 자연형(문, 창문) 및, 기계형 여부
⑥ 시공 유형과 내장재 유형

(2) 일반설계도서

유사한 특정소방대상물의 화재사례 등을 이용하여 작성

(3) 특별설계도서

일반설계도서에서 발화 장소 등을 변경하여 위험도를 높게 만들어 작성

3. 수원

① 용수는 「먹는물관리법」 제5조에 적합하고, 저수조 등에 충수할 경우 필터 또는 스트레이너를 통하여야 하며, 사용되는 물에는 입자 · 용해고체 또는 염분이 없을 것
② 배관의 연결부 또는 주배관의 유입측에는 필터 또는 스트레이너를 설치할 것
③ 스트레이너에는 청소구가 있을 것
④ 검사 · 유지관리 및 보수 시에 배치위치를 변경하지 아니할 것
⑤ 필터 또는 스트레이너의 메쉬는 헤드 오리피스 지름의 80% 이하
⑥ 수원의 양

$$Q = N \times D \times T \times S + V$$

Q : 수원의 양(m^3) N : 방호구역(방수구역)내 헤드의 개수
D : 설계유량(m^3/min) T : 설계방수시간(min)
S : 안전율(1.2 이상) V : 배관의 총체적(m^3)

4. 헤드

① 미분무 설비에 사용되는 헤드는 조기반응형 헤드를 설치
② 폐쇄형 미분무헤드는 그 설치장소의 평상시 최고주위온도에 따라 다음 식에 따른 표시온도의 것으로 설치

$$T_a = 0.9 T_m - 27.3℃$$

T_a : 최고주위온도 T_m : 헤드의 표시온도

5. 청소 · 시험 · 유지 및 관리 등

완성한 시점부터 최소 연 1회 이상 실시

핵심 출제문제

01 다음은 물분무 헤드와 전기기기의 이격거리이다. 빈칸에 알맞은 답을 쓰시오.

전압(kV)	거리(cm)	전압(kV)	거리(cm)
66 이하	70 이상	154초과 181 이하	㉰ 이상
66 초과 77 이하	㉮ 이상	181 초과 220 이하	㉱ 이상
77 초과 110 이하	110 이상	220 초과 275 이하	㉲ 이상
110 초과 154 이하	㉯ 이상		

[풀이] ㉮ 80 ㉯ 150 ㉰ 180 ㉱ 210 ㉲ 260

02 물분무 소화설비의 소화효과 4가지만 기술하시오.

[풀이] ① 냉각효과 ② 질식효과 ③ 희석효과 ④ 유화효과

03 아래 그림과 같이 설치된 물분무 소화설비에서 바닥면적을 제외한 표면적이 100m²일 때 방출계수 K값을 구하시오.(5점)(단, 절연유 봉입변압기 설치부분으로 1m²에 대한 방출량은 10L/min 이며 헤드의 방사 압력은 0.4MPa이다.)

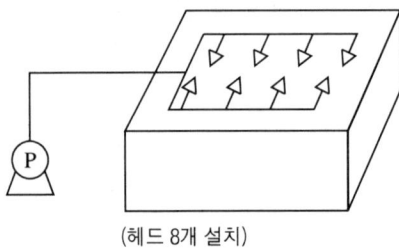

(헤드 8개 설치)

[풀이] $Q = 100\text{m}^2 \times 10\text{L/m}^2 \cdot \text{min} = 10^3 \text{L/min}$

∴ 헤드 1개의 방사량(L/min) $= 10^3 \text{L/min} \div 8$개 $= 125\text{L/min} \cdot$ 개

$Q = K\sqrt{10P}$ Q : (L/min), K : 방출 계수, P : 방사압력(MPa)

∴ $125 = K\sqrt{10 \times 0.4}$ $K = 62.50$

해답 62.50

04 기름 화재시 물을 봉상으로 방사시에는 소화효과가 없으나 물분무로서는 소화가 가능하다. 이때 기대되는 소화효과를 2가지만 설명하시오.

풀이 질식효과 : 분무주수이므로 대량의 수증기가 발생하여 산소농도를 21%에서 15%이하로 낮추어 소화한다.
유화효과 : 유류화재시 불용성의 가연성액체 표면에 불연성의유막을 형성하여 소화한다.

05 최대방수구역 바닥 면적이 150m²인 주차장에 물분무소화설비를 하려고 한다. 펌프의 분당토출량(m³/min)과 수원의 저수량(m³)을 계산하시오.

(물음 1) 펌프의 분당토출량
(물음 2) 수원의 저수량

풀이 (물음 1) Q(L/분) = A(바닥면적 : 최대 방수구역 기준 최소 50m²) × K(표준방사량)
∴ $Q = 150\text{m}^2 \times 20\text{L/m}^2 \cdot \text{분} = 3000\text{L/분} = 3\text{m}^3/\text{분}$

해답 3m³/min

(물음 2) Q = (L) = A(바닥면적 : 최대 방수구역 기준 최소 50m²) × K(표준방사량) × 20분
∴ $Q = 150\text{m}^2 \times 20\text{L/m}^2 \cdot \text{분} \times 20\text{분} = 60000\text{L} = 60\text{m}^3$

해답 60m³

1-7 포 소화설비(NFTC 105)

1. 포 소화약제의 조건

① 포의 안정성이 좋아야 한다.
② 독성이 작아야 한다.
③ 유류와 접착성이 강하여야 한다.
④ 포의 유동성이 양호하여야 한다.
⑤ 유류표면에 잘 분산되어야 한다.

2. 포 소화약제의 저장량 및 수원의 양

(1) 포 헤드방식

소방대상물	적용 설비	수원의 양			약제량
특수가연물 저장, 취급하는 공장 및 창고	- 포워터스프링클러설비 - 포헤드설비 - 고정포 방출설비 - 압축공기포 소화설비	- 포워터스프링클러설비 [포워터스프링클러헤드수×75L/분×10분] - 포헤드설비 [바닥면적(200m² 이상인 경우 200)×표준방사량(K값)×10분] [표준방사량 K값(L/m²·분)]			수원의 양 × 약제의 농도 (%/100)
차고, 주차장	- 포워터스프링클러설비 - 포헤드설비 - 고정포 방출설비 - 압축공기포 소화설비	차고, 주차장 및 항공기 격납고	단백포	6.5	
			합성계면활성제포	8	
			수성막포	3.7	
		특수가연물	단백포	6.5	
			합성계면활성제포	6.5	
			수성막포	6.5	
항공기 격납고	- 포워터스프링클러설비 - 포헤드설비 - 고정포방출설비 - 압축공기포 소화설비	- 호스릴포설비 또는 포소화전설비 [방수구수(5 이상인 경우 5)×6m³] - 고정포방출방식 [고정포방출구 필요량+보조소화전 필요량+배관보정 필요량]			

※ 하나의 소방대상물에 여러 종류의 설비가 함께 설치된 때에는 각 설비별로 산출된 저수량 중 최대의 것으로 함

(2) 고정포 방출구 방식

구 분	약제 저장량
❶ 고정포 방출구	$Q = A \times Q_1 \times T \times S$ Q : 포소화약제의 양(L) A : 저장탱크의 액표면적(m^2) Q_1 : 단위 포소화수용액의 양(L/m^2분) T : 방출시간(분) S : 포소화약제의 사용농도(%)
❷ 보조소화전	$Q = N \times S \times 8000L$ Q : 포소화약제의 양(L) N : 호스 접결구 개수(3개 이상의 경우는 3) S : 포소화약제의 사용농도(%)
❸ 배관보정	가장 먼 탱크까지의 송액관(내경 75mm 이하 제외)에 충전하기 위하여 필요한 양 $Q = V \times S \times 1000$ Q : 포소화약제의 양(L) V : 송액관 내부의 체적(m^3) S : 포소화약제의 사용농도(%)
❹ 합계	고정포 방출구방식의 약제량 = ❶ + ❷ + ❸

(3) 옥내포소화전방식 또는 호스릴방식

약제 저장량	수원의 양
$Q = N \times S \times 6000L$ Q : 포소화약제의 양(L) N : 호스접결구수(5개 이상의 경우는 5) S : 포소화약제의 사용농도(%/100)	$Q = N \times S_w \times 6000L$ Q : 수원의 양(L) N : 호스접결구수(5개 이상의 경우는 5) S_w : 포수용액 중 물의 농도(%/100)

* 바닥면적이 200m^2 미만인 건축물에 있어서는 계산량의 75%로 할 수 있다.

3. 가압송수장치의 표준방사량

표준방사량

구 분	표 준 방 사 량
포워터 스프링클러헤드	75L/min 이상
포헤드 · 고정포 방출구 또는 이동식 포노즐	설계압력에 의하여 방출되는 소화약제의 양

4. 포헤드 및 고정포방출구

팽창비율에 의한 포의 종류	포방출구의 종류
팽창비가 20 이하인 것(저발포)	포헤드
팽창비가 80 이상 1,000 미만인 것(고발포)	고발포용 고정포방출구

5. 포헤드의 설치기준

① 포워터 스프링클러헤드 : 바닥면적 $8m^2$마다 1개 이상 설치
② 포헤드 : 바닥면적 $9m^2$마다 1개 이상 설치
③ 포헤드의 포소화약제에 따른 1분당 방사량

[소방대상물별 포약제의 종류 및 방사량]

소방대상물	포소화약제의 종류	$L/m^2 \cdot 분$(바닥면적) (이상)
차고, 주차장 및 항공기 격납고	단백포 소화약제	6.5L
	합성계면활성제포 소화약제	8.0L
	수성막포 소화약제	3.7L
특수가연물을 저장·취급하는 소방대상물	단백포 소화약제	6.5L
	합성계면활성제포 소화약제	6.5L
	수성막포 소화약제	6.5L

6. 고정포 방출구의 종류

(1) I형 포방출구

고정지붕구조의 탱크에 **상부포주입법**을 이용하는 것으로서 방출된 포가 액면 아래로 몰입되거나 액면을 뒤섞지 않고 액면상을 덮을 수 있는 **통계단 또는 미끄럼판** 등의 설비 및 탱크내의 위험물증기가 외부로 역류되는 것을 저지할 수 있는 구조·기구를 갖는 포방출구

 수용성 액체용 포소화약제(알콜형포)는 연소액면에 포를 주입시 소포성(포를 소멸시키는 성질)이 빨라 소화효과가 감소하기 때문에 I형 포방출구를 사용하는 것이 좋다.

(2) II형 포방출구

고정지붕구조 또는 부상덮개부착고정지붕구조의 탱크에 **상부포주입법**을 이용하는 것으로 방출된 포가 탱크옆판의 내면을 따라 흘러내려 가면서 액면 아래로 몰입

되거나 액면을 뒤섞지 않고 액면상을 덮을 수 있는 반사판 및 탱크내의 위험물증기가 외부로 역류되는 것을 저지할 수 있는 구조·기구를 갖는 포방출구

(3) 특형 포방출구

부상지붕구조의 탱크에 상부포주입법을 이용하는 부상지붕의 부상부분에 **높이 0.9m 이상의 금속제의 칸막이**를 탱크옆판의 내측로부터 **1.2m 이상 이격**하여 설치하고 탱크옆판과 칸막이에 의하여 형성된 환상부분에 포를 주입하는 것이 가능한 구조의 반사판을 갖는 포방출구

(4) Ⅲ형 포방출구

고정지붕구조의 탱크에 **저부포주입법**을 이용하는 것으로서 **송포관**으로부터 포를 방출하는 포방출구

(5) Ⅳ형 포방출구

고정지붕구조의 탱크에 **저부포주입법**을 이용하는 것으로서 평상시에는 탱크의 액면하의 저부에 설치된 격납통에 수납되어 있는 특수호스 등이 송포관의 말단에 접속되어 있다가 포를 보내는 것에 의하여 **특수호스** 등이 전개되어 그 선단이 액면까지 도달한 후 포를 방출하는 포방출구

Ⅲ형 포방출구 설치시 주의사항

온도 20℃의 물 100g에 용해되는 양이 1g 미만인 위험물(비수용성) 또는 저장온도가 50℃ 이하 또는 동점도 100cst 이하인 위험물을 저장·취급하는 탱크에 한하여 설치가 가능하다.

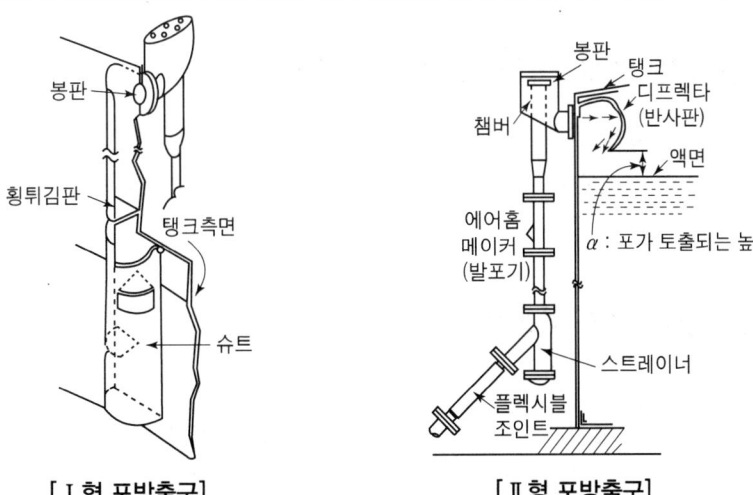

[Ⅰ형 포방출구]   [Ⅱ형 포방출구]

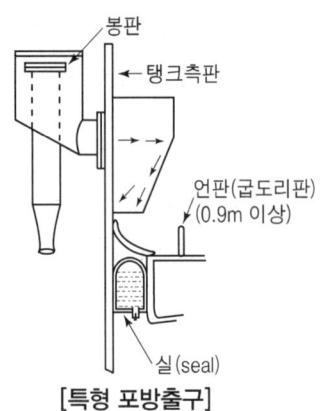
[특형 포방출구]

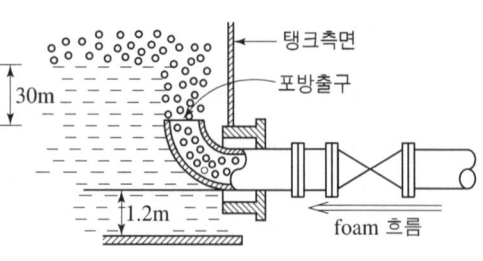
[Ⅲ형 포방출구]

[위험물의 구분 및 방출구의 종류에 따른 포수용액량 및 방출량]

포 방출구의 종류 / 위험물의 종류	Ⅰ형		Ⅱ형		특형		Ⅲ형		Ⅳ형	
	포수용액량 (L/m²)	방출율 (L/m²·min)	포수용액량 (L/m²)	방출율 (L/m²·min)	포수용액량 (L/m²)	방출율 (L/m²·min)	포수용액량 (L/m²)	방출율 (L/m²·min)	포수용액량 (L/m²)	방출율 (L/m²·min)
제4류 위험물 중 인화점이 21℃ 미만의 것	120	4	220	4	240	8	220	4	220	4
제4류 위험물 중 인화점이 21℃ 이상 70℃ 미만의 것	80	4	120	4	160	8	120	4	120	4
제4류 위험물 중 인화점이 70℃ 이상의 것	60	4	100	4	120	8	100	4	100	4

7. 탱크 종류에 따른 적용 고정포 방출구

탱크의 종류	고정포 방출구
고정지붕구조(콘루프 탱크)	Ⅰ형, Ⅱ형, Ⅲ형, Ⅳ형
부상지붕구조(플루팅루프 탱크)	특형

8. 고정포 방출구에 이용하는 포소화약제

방출구의 종류	사용 포소화약제
Ⅲ형	불화단백포 또는 수성막포
Ⅰ형, Ⅱ형, 특형, Ⅳ형	단백포, 불화단백포 또는 수성막포

(단, 수용성 위험물에는 수용성 액체용 포소화약제(알코올포)를 사용)

9. 차고·주차장의 호스릴포설비 또는 포소화전설비

① 호스릴포 방수구 또는 포소화전 방수구의 성능 기준
호스릴포 방수구 또는 포소화전 방수구(호스릴포 방수구 또는 포소화전 방수구가 5개 이상 설치된 경우에는 5개)를 동시에 사용할 경우 이동식 포노즐 선단의 성능기준은 아래와 같다.

[이동식 포노즐 선단의 성능기준]

구 분	성 능 기 준
노즐의 방사압력	0.35MPa 이상
노즐의 방사량	300L/분 이상(바닥면적 200m^2 이하는 230L/분 이상)
노즐의 방사거리	수평거리 15m 이상

② 저발포의 포 소화약제를 사용할 수 있는 것으로 할 것
③ 호스릴함 또는 호스함의 설치거리 : 방수구로부터 3m 이내
④ 호스릴함 또는 호스함은 바닥으로부터 높이 1.5m 이하의 위치에 설치할 것
⑤ 호스릴 포방수구 및 포소화전 방수구의 수평거리

[방수구의 종류에 따른 수평거리]

구 분	수 평 거 리
호스릴 방수구	15m 이하
포소화전 방수구	25m 이하

10. 포소화약제의 혼합장치

(1) 펌프프로포셔너 방식(pump proportioner type) (펌프 조합방식)

펌프의 토출관과 흡입관 사이의 배관도중에 설치한 흡입기에 펌프에서 **토출된 물의 일부**를 보내고, 농도 조정밸브에서 조정된 포 소화약제의 필요량을 포 소화약제 탱크에서 펌프 흡입측으로 보내어 이를 혼합하는 방식

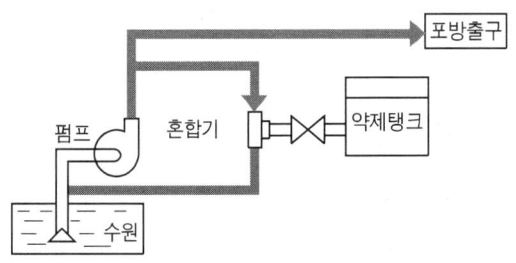

(2) 프레져 프로포셔너 방식(pressure proportioner type)(차압 조합방식)

펌프와 발포기의 중간에 설치된 벤추리관의 벤추리작용과 펌프 가압수의 포 소화약제 저장탱크에 대한 압력에 의하여 포소화약제를 흡입·혼합하는 방식

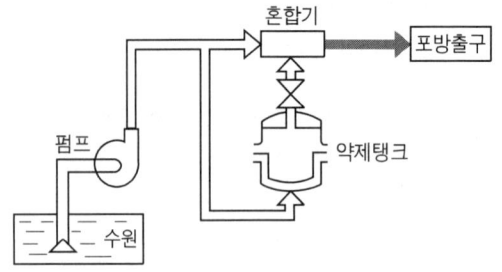

> **벤츄리 작용**
> 관의 도중을 가늘게 하여 흡인력으로 약제와 물을 혼합하는 작용

[특징] ① 혼합가능 유량의 범위 : 정격용량의 50~200%
② 혼합기 압력손실 : 0.04~0.21MPa
③ 격막식(다이아프램 내장)과 비격막식(다이아프램 없음)
④ 정격 혼합비 도달시간 : 소형-2~3분, 대형-약 15분
⑤ 작동중 포약제 보충 불가능하다.
⑥ 비격막식인 경우 한번 작동하면 약제를 모두 소모후 재충전해야함.

(3) 라인 프로포셔너 방식(line proportioner type)(관로 조합방식)

펌프와 발포기의 중간에 설치된 벤추리관의 벤추리 작용에 의하여 포소화약제를 흡입·혼합하는 방식

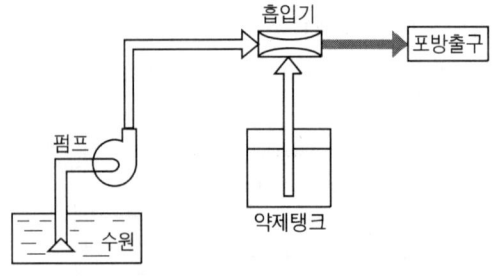

[특징] ① 설치비가 저렴하다.
② 혼합가능유량범위가 좁다.

③ 혼합기의 압력손실이 크다(혼합장치 입구압력의 $\frac{1}{3}$ 정도).

④ 약제흡입 가능높이 1.8m 이하

(4) 프레져 사이드 프로포셔너 방식(pressure side proportioner type)(압입 혼합방식)

펌프의 토출관에 **압입기**를 설치하여 포 소화약제 **압입용 펌프**로 포소화약제를 압입시켜 혼합하는 방식

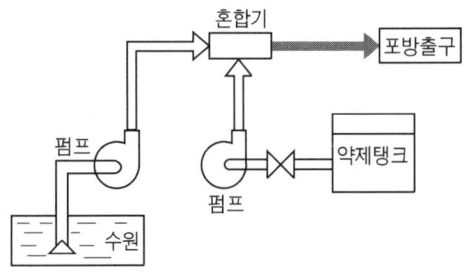

(5) 압축공기포 믹싱챔버방식

11. 포소화약제 저장탱크의 설치장소

① 화재등의 재해로 인한 피해를 받을 우려가 없는 장소에 설치
② 기온의 변동으로 포의 발생에 장애를 주지 아니하는 장소에 설치. 다만 기온의 변동에 영향을 주지 아니하는 포소화약제의 경우에는 그러하지 아니하다.
③ 포소화약제가 변질될 우려가 없고 점검에 편리한 장소에 설치
④ 가압송수장치 또는 포소화약제 혼합장치의 기동에 의하여 압력이 가해지는 것 또는 상시 가압된 상태로 사용되는 것에 있어서는 압력계를 설치
⑤ 포소화약제 저장량의 확인이 쉽도록 액면계 또는 계량봉 등을 설치
⑥ 가압식이 아닌 저장탱크는 그라스게이지를 설치하여 액량을 측정할 수 있는 구조로 할 것

12. 고발포용 포방출구 설치기준

(1) 전역방출방식의 고발포용 고정포 방출구

① 개구부에 자동폐쇄장치를 설치할 것
② 고정포 방출구는 소방대상물 및 포의 팽창비에 의한 종별에 따라 당해 방호구역의 관포체적 $1m^3$에 대하여 1분당 방출량이 다음 표에 의한 양 이상이 되도록 할 것

[전역방출방식의 고발포용 고정포 방출구의 방출량]

소방대상물	포의 팽창비	1m³에 대한 분당 포수용액 방출량
항공기 격납고	팽창비 80 이상 250 미만의 것	2.00L
	팽창비 250 이상 500 미만의 것	0.05L
	팽창비 500 이상 1000 미만의 것	0.29L
차고 또는 주차장	팽창비 80 이상 250 미만의 것	1.11L
	팽창비 250 이상 500 미만의 것	0.28L
	팽창비 500 이상 1000 미만의 것	0.16L
특수가연물 저장 또는 취급하는 소방대상물	팽창비 80 이상 250 미만의 것	1.25L
	팽창비 250 이상 500 미만의 것	0.31L
	팽창비 500 이상 1000 미만의 것	0.18L

※ 관포체적 : 당해 바닥면으로부터 방호대상물의 높이보다 0.5m 높은 위치까지의 체적

③ 고정포 방출구의 설치 개수 : 바닥면적 500m²마다 1개 이상
④ 고정포 방출구는 방호 대상물의 최고부분보다 높은 위치에 설치할 것

(2) 국소방출방식의 고발포용 고정포 방출구

① 방호대상물이 서로 인접하여 불이 쉽게 붙을 우려가 있는 경우에는 불이 옮겨 붙을 우려가 있는 범위내의 방호 대상물을 하나의 방호대상물로 하여 설치할 것

② 고정포 방출구는 방호대상물의 구분에 따라 당해 방호대상물의 높이의 3배 (1m 미만인 경우 1m)의 거리를 수평으로 연장한 선으로 둘러쌓인 부분의 면적 1m²에 대하여 1분당 방출량이 다음 표에 의한 양 이상이 되도록 할 것

[국소방출방식의 고발포용 고정포 방출구의 방출량]

방호대상물	방호면적 1m²에 대한 1분당 방출량
특수가연물	3L
기타의 것	2L

13. 포 소화설비의 기동장치

(1) 수동식 기동장치

① 직접조작 또는 원격조작에 의하여 가압송수장치·수동식 개방밸브 및 소화약제 혼합장치를 기동할 수 있을 것
② 2 이상의 방사구역을 가진 포 소화설비에는 방사구역을 선택할 수 있는 구조로

할 것
③ 기동장치의 조작부 설치위치 : 바닥으로부터 0.8m 이상 1.5m 이하의 위치에 설치할 것
④ 차고 또는 주차장에 설치하는 포 소화설비의 수동식 기동장치는 방사구역마다 1개 이상 설치할 것

(2) 자동식 기동장치

① 자동화재탐지설비의 감지기의 작동 또는 폐쇄형 스프링클러헤드의 개방과 연동하여 가압송수장치·일제개방밸브 및 포 소화약제 혼합장치를 기동시킬 수 있을 것
② 폐쇄형 스프링클러헤드를 사용하는 경우
  ㉠ 표시온도가 79℃ 미만인 것을 사용하고, 1개의 스프링클러헤드의 **경계면적은 20m² 이하**로 할 것
  ㉡ **부착면의 높이**는 바닥으로부터 **5m 이하**로 하고, 화재를 유효하게 감지할 수 있도록 할 것
  ㉢ 하나의 감지장치 경계구역은 하나의 층이 되도록 할 것

핵심 출제문제

01 포워터 스프링클러헤드가 5개 설치된 경우 수원의 양(m^3)은 얼마인가?

풀이 포워터 스프링클러헤드의 수원의 양 = 설치 헤드수 × 표준방사량(75L/min) × 10분
= 5 × 75L/min × 10분
= 3750L = 3.75m^3

해답 3.75m^3

02 포소화 설비에 설치된 봉판의 재질 3가지만 쓰시오.

풀이 ① 납 ② 주석 ③ 유리 ④ 석면

03 포소화설비의 수동식 기동장치 설치기준을 5가지 서술하시오.

풀이 ① 직접조작 또는 원격조작에 의하여 가압송수장치·수동식 개방밸브 및 소화약제 혼합장치를 기동할 수 있는 것으로 할 것.
② 2 이상의 방사구역을 가진 포소화설비에는 방사구역을 선택할 수 있는 구조로 할 것.
③ 기동장치의 조작부는 화재시 쉽게 접근할 수 있는 곳에 설치하되, 바닥으로부터 0.8m 이상 1.5m 이하의 위치에 설치하고, 유효한 보호장치를 설치 할 것.
④ 기동장치의 조작부 및 호스접결구에는 가까운 곳의 보기 쉬운 곳에 각각 "기동장치의 조작부" 및 "접결구"라고 표시한 표지를 설치할 것.
⑤ 차고 또는 주차장에 설치하는 포소화설비의 수동식 기동장치는 방사구역마다 1개 이상 설치할 것.
⑥ 항공기격납고에 설치하는 포소화설비의 수동식 기동장치는 각 방사구역마다 2개 이상을 설치하되, 그 중 1개는 각 방사구역으로부터 가장 가까운 곳 또는 조작에 편리한 장소에 설치하고, 1개는 화재감지수신기를 설치한 감시실 등에 설치할 것.

04 다음 그림은 포소화설비의 약제혼합장치 중 펌프프로포셔너에 대한 설명도이다. 그림을 보고 다음 물음에 답하시오.

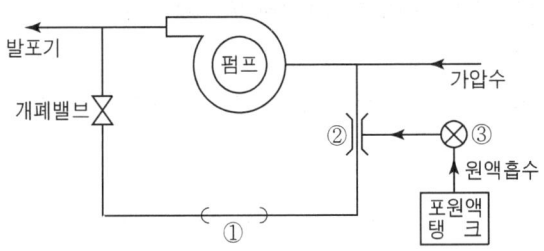

(물음 1) 바이패스배관에 표시된 ①번의 (   )안에 유체의 흐르는 방향을 화살표로 표시하시오.
(물음 2) ② 번 기구의 명칭은 무엇인가?
(물음 3) ③ 번 기구의 명칭은 무엇인가?

풀이 (물음 1)

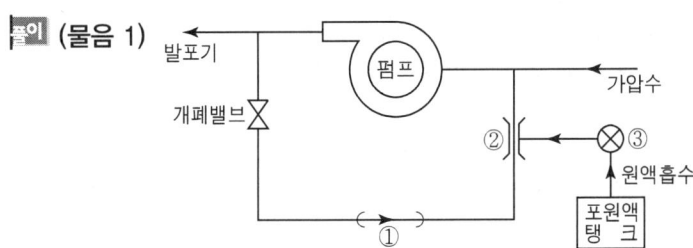

(물음 2) 흡입기(혼합기)
(물음 3) 농도조절밸브

> **참고** **펌프 프로포셔너 방식(pump proportioner Type)**
> 펌프의 토출관과 흡입관 사이의 배관도중에 설치한 흡입기에 펌프에서 토출된 물의 일부를 보내고 농도조절밸브에서 조정된 포소화약제의 필요량을 포소화약제탱크에서 펌프흡입측으로 보내어 이를 혼합하는 방식

05 위험물 옥외 탱크 저장소의 방유제에 용량 50000L(직경 4m, 높이 4.6m) 탱크 2기, 용량 30000L(직경 3m, 높이 4.5m) 탱크 1기를 다음 그림과 같이 설치하였을 경우 필요한 방유제의 높이(m)를 구하시오.
(단, 방유제 면적은 230m², 각 탱크의 기초높이는 0.5m이며, 기타 구조물의 방유제 내 용량과 탱크의 두께 및 보온은 무시하고, 소수 첫째 단위까지 나타내시오.)

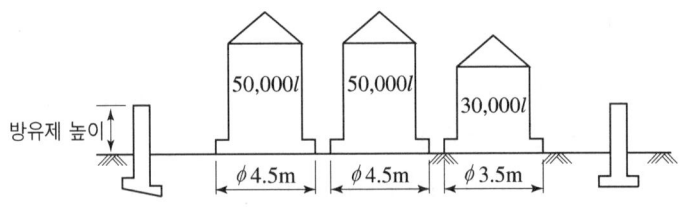

풀이 위험물안전관리법 시행규칙 [별표 6]의 IX(옥외 탱크 저장소의 방유제)
① 방유제의 용량은 방유제안에 설치된 탱크가 하나인 때에는 그 탱크 용량의 110% 이상, 2 이상인 때에는 그 탱크 중 용량이 최대인 것의 110% 이상으로 하여야 한다.
② 방유제의 높이는 0.5m 이상 3m 이하로 하여야 한다.

방유제의 용량 : 방유제 높이 이하부분에서 최대 탱크이외의 탱크가 점유하는 체적(탱크 기초부분 체적포함)은 최대용량의 110%(약간의 여유율을 고려) 이상이 되도록 한다.

$$H = \frac{(\pi/4 \times D_m^2 \times H_m \times 1.1 + V) - \pi/4 \times (D_1^2 + D_2^2 + \cdots)Hf}{S - \pi/4 \times (D_1^2 + D_2^2 + \cdots)}$$

여기서, H : 방유제의 높이(m), D_m : 최대 용량탱크의 직경(m)
H_m : 최대 용량탱크의 높이(m), V : 탱크 기초체적(m³)
D_1, D_2 : 최대 용량탱크이외 탱크의 직경(m)
Hf : 탱크 기초의 높이(m), S : 방유제 면적(m²)

$$H = \frac{50 \times 1.1 + (\pi/4 \times (4.5^2 + 4.5^2 + 3.5^2) \times 0.5) - \pi/4 \times (4^2 + 3^2) \times 0.5}{230 - \pi/4 \times (4^2 + 3^2)}$$

$= 0.31 \, m$

∴ 0.5m

 0.5m 이상

06
포헤드에 사용하는 포소화약제의 혼합 농도에 있어서 사용압력이 상한치 및 하한치로 발포하는 경우 25%의 환원시간을 헤드에 사용하는 포소화약제의 종류에 따라 몇초 이상이어야 하는가?

풀이

포소화약제의 종류	25%환원시간
단백포 소화약제	60초 이상
합성계면 활성제포 소화약제	180초 이상
수성막포 소화약제	60초 이상

07
고정포방출구 방식의 보조소화전이 6개 설치되어 있을 때 저장하여야 할 약제의 양[m³] 및 수원의 양 [m³]을 계산하시오.(6점) (단, 3% 단백포를 사용하는 것으로 한다)

풀이 $Q = N \times S \times 8000L$ [N : 호스접결구수(최대 3개)]
- 약제의 양 $Q = 3 \times 0.03 \times 8000 = 720L = 0.72\,\mathrm{m}^3$
- 수원의 양 $Q = 3 \times 0.97 \times 8000 = 23280L = 23.28\,\mathrm{m}^3$

해답 약제의 양 : $0.72\mathrm{m}^3$
수원의 양 : $23.28\mathrm{m}^3$

08
콘루프 탱크(cone roof tank)에 설치하는 표면하주입방식 중 Ⅲ형 포방출구에 대하여 설명하시오.

풀이 고정지붕구조의 탱크에 저부포 주입법을 이용하는 것으로서 송포관으로부터 포를 방출하는 포방출구

09
포소화설비에서 사용하는 약제 중 수성막포의 장점을 3가지만 쓰시오.

풀이 ① 포약제 중 소화력이 가장 우수하다.
② 화학적으로 안정하여 장기보존이 가능하다.
③ 화학적으로 안정하여 다른 소화약제와 겸용이 가능하다.

> **참고** **수성막포 단점**
> ① 대형화재 및 고온화재(1000℃이상)에 표면막 생성곤란
> ② 다른 약제에 비해 가격이 비싸다.
> ③ 유동성과 열안정성에 약하다.

10 경유를 저장하는 탱크의 내부직경이 40m인 플루팅루프(Floating Roof) 탱크에 포소화설비의 특형 방출구를 설치하여 방출하려고 할 때 다음 각 물음에 답하시오.

> **[조건]**
> ① 소화약제는 3%용의 단백포를 사용하며 수용액의 분당 방출량은 10[L/m² · min]이고 방사시간은 20분으로 한다.
> ② 탱크내면과 굽도리판의 간격은 2m로 한다.
> ③ 펌프의 효율은 65%, 전동기 전달계수는 1.2로 한다.

(물음 1) 상기탱크의 특형 방출구에 의하여 소화하는데 필요한 수용액의 양, 수원의 양, 포소화 약제 원액의 양은 각각 얼마 이상이어야 하는가?(단위는 L)
(물음 2) 수원을 공급하는 가압송수장치의 분당 토출량(L/min)은 얼마 이상이어야 하는가?
(물음 3) 펌프의 정격 전양정이 120m라고 할 때 전동기의 출력(kW)은 얼마 이상이어야 하는가?

풀이 (물음 1) [수용액의 양]

$$A = A \times T \times Q_1$$

여기서, Q : 포소화수용액의 양(L), T : 방출시간(분)
A : 탱크 액표면적(m²)
Q_1 : 단위 포소화 수용액의 양(L/m² · 분)

$$A = \frac{\pi}{4} \times (D_1^2 - D_2^2)$$

$$\therefore A = \frac{\pi}{4} \times (40^2 - 36^2)$$

$T = 20\text{min}, \ Q_1 = 10\text{L/m}^2 \cdot \text{min},$

$S = 3\% \left(\dfrac{3}{100}\right)$

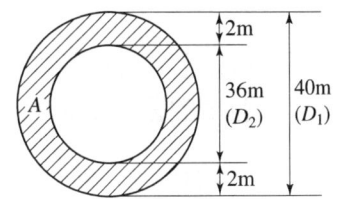

$$\therefore Q = \frac{\pi}{4} \times (40^2 - 36^2)\text{m}^2 \times 20\text{min} \times 10\text{L/m}^2 \cdot \text{min} = 47752.21\text{L}$$

[수원의 양]

$$Qw = A \times T \times Q_1 \times Sw$$

여기서, Qw : 수원의 양(L), Sw : 물의 농도(100 − 약제사용농도)

$$\therefore Q = \frac{\pi}{4} \times (40^2 - 36^2)\text{m}^2 \times 20\text{min} \times 10\text{L/m}^2 \cdot \text{min} \times \frac{97}{100} = 46319.64\text{L}$$

[포소화약제 원액의 양]

$$Q = A \times T \times Q_1 \times S$$

여기서, Q : 포소화약제 원액의 양(L), A : 탱크 액표면적(m²)

T : 방출시간(min), Q_1 : 단위 포소화 수용액의 양(L/m² · min)

S : 포소화약제의 사용농도

$$\therefore Q = \frac{\pi}{4} \times (40^2 - 36^2)\text{m}^2 \times 20\text{min} \times 10\text{L/m}^2 \cdot \text{min} \times \frac{3}{100} = 1432.57\text{L}$$

> **해답** 수용액의 양 = 47752.21L 이상
> 수원의 양 = 46319.64L 이상
> 원액의 양 = 1432.57L 이상

(물음 2) 펌프의 토출량 = 포헤드, 고정포 방출구, 이동식 포노즐의 설계압력 또는 방사압력의 허용범위 안에서 포수용액을 방출 또는 방사할 수 있는 양 이상이 되도록 할 것

∴ 포수용액을 방사 시간 내에 토출할 수 있어야 한다.

47752.21L/20min = 2387.61L/min

> **해답** 2387.61L/min 이상

(물음 3) 펌프의 동력 $P(\text{kW}) = \dfrac{\gamma \times Q \times H}{1000 \times E} \times K$

여기서, γ : 유체 비중량(물 = 9800N/m³), Q : 토출량(m³/s)

H : 전양정(m), E : 전동기 효율, K : 전달계수

$$\therefore P(\text{kW}) = \frac{9800 \times (2.387/60) \times 120}{1000 \times 0.65} \times 1.2 = 86.37\text{kW}$$

> **해답** 86.37kW 이상

11 다음은 위험물 옥외저장탱크에 포소화설비를 설치한 도면이다. 도면 및 주어진 조건을 참조하여 각 물음에 답하시오.

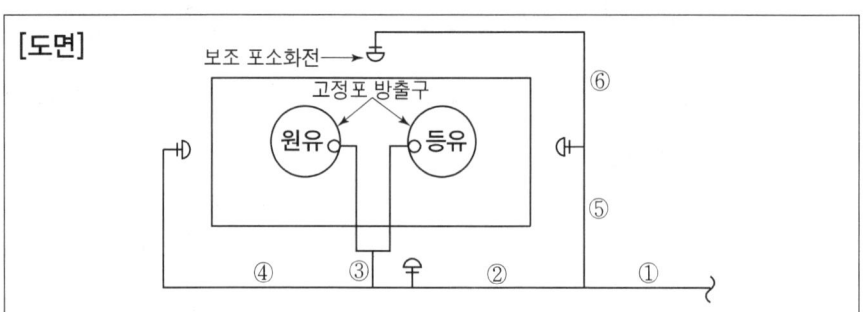

[조건]
① 원유저장탱크는 플루팅루프탱크이며 탱크직경은 16m, 탱크내 측면과 굽도리판(foam Dam) 사이의 거리는 0.6m, 특형방출구수는 2개이다.
② 등유저장탱크는 콘루프 탱크이며 탱크직경은 10m, Ⅱ형 방출구수는 2개이다.
③ 포약제는 3%형 단백포이다.
④ 각 탱크별 포수용액의 방수량 및 방사시간은 아래와 같다.

구 분	원유저장탱크	등유저장탱크
방수량	8L/m²·분	4L/m²·분
방사시간	30분	30분

⑤ 보조소화전 : 4개
⑥ 구간별 배관의 길이는 다음과 같다.

번 호	①	②	③	④	⑤	⑥
배관길이(m)	20	10	50	100	20	150

⑦ 송액배관의 내경 산출은 $D = 2.66\sqrt{Q}$ 공식을 이용한다.
⑧ 송액배관내의 유속은 3m/s로 한다.
⑨ 화재는 저장탱크 2개에서 동시에 발생하는 경우는 없는 것으로 간주한다.

(물음 1) 각 옥외저장탱크에 필요한 포수용액의 양(L/분)을 산출하시오.
(물음 2) 각 옥외저장탱크에 필요한 포원액의 양(L)을 산출하시오.
       ① 원유탱크   ② 등유탱크
(물음 3) 보조소화전에 필요한 포수용액의 양(L/분)을 산출하시오.
(물음 4) 보조소화전에 필요한 포원액의 양(L)을 산출하시오.
(물음 5) 번호별로 각 송액배관의 구경(mm)을 산출하시오.

(물음 6) 송액배관에 필요한 포약제의 양(L)을 산출하시오.
(물음 7) 포소화설비에 필요한 포약제의 양(L)을 산출하시오.

풀이 (물음 1) ① 원유탱크 : $Q = A \times Q_1 = \dfrac{\pi}{4} \times (16^2 - 14.8^2) \mathrm{m}^2 \times 8 \mathrm{L/m}^2 \cdot 분$
$= 232.23 \mathrm{L}/분$

② 등유탱크 : $Q = A \times Q_1 = \dfrac{\pi}{4} \times 10^2 \mathrm{m}^2 \times 4 \mathrm{L/m}^2 \cdot 분 = 314.16 \mathrm{L}/분$

해답 ① 232.23L/분, ② 314.16L/분

(물음 2) ① 원유탱크 : $Q = A \times T \times Q_1 \times S$
$= \dfrac{\pi}{4} \times (16^2 - 14.8^2) \mathrm{m}^2 \times 30분 \times 8 \mathrm{L/m}^2 \cdot 분 \times 0.03$
$= 209.00 \mathrm{L}$

② 등유탱크 : $Q = A \times T \times Q_1 \times S$
$= \dfrac{\pi}{4} \times 10^2 \mathrm{m}^2 \times 30분 \times 4 \mathrm{L/m}^2 \cdot 분 \times 0.03$
$= 282.74 \mathrm{L}$

해답 ① 209.00L, ② 282.74L

(물음 3) $Q = N(\text{호스접결구수(3개 이상인 경우 3개)}) \times Q_1(400 \mathrm{L}/분)$
∴ $Q = 3 \times 400 \mathrm{L}/분 = 1200 \mathrm{L}/분$

해답 1200L/분

(물음 4) $Q = N(\text{호스접결구수(3개 이상인 경우 3개)}) \times S \times 8000 \mathrm{L}$
∴ $Q = 3 \times 0.03 \times 8000 = 720 \mathrm{L}$

해답 720L

(물음 5) 조건 ⑦의 내경산출 공식 $D = 2.66\sqrt{Q}$ 를 이용한다.
$D(\mathrm{mm})$: 내경, Q : (L/분) : 유량
[배관번호 ①] 유량 $Q(\mathrm{L}/분)$ = 탱크 중 최대 송액량+보조소화전 송액량(최대 3개)
∴ $Q = 314.16 \mathrm{L}/분 + 3 \times 400 \mathrm{L}/분 = 1514.16 \mathrm{L}/분$
∴ $D = 2.66\sqrt{1514.16} = 103.51 \mathrm{mm}$ ∴ 125mm

[배관번호 ②] 유량 $Q(\mathrm{L}/분)$ = 탱크 중 최대송액량+보조포화전 송액량(최대3개)
∴ $Q = 314.16 \mathrm{L}/분 + 2개 \times 400 \mathrm{L}/분 = 1114.16 \mathrm{L}/분$
∴ $D = 2.66\sqrt{1114.16} = 88.79 \mathrm{mm}$ ∴ 90mm

[배관번호 ③] 유량 $Q(\mathrm{L}/분)$ = 탱크 중 최대송액량
∴ $Q = 314.16 \mathrm{L}/분$
∴ $D = 2.66\sqrt{314.16} = 47.15 \mathrm{mm}$ ∴ 50mm

[배관번호 ④] 유량 $Q(L/분)$ = 보조소화전 송액량
∴ $Q = 1개 \times 400L/분 = 400L/분$
∴ $D = 2.66\sqrt{400} = 53.2mm$ ∴ 65mm

[배관번호 ⑤] 유량 $Q(L/분)$ = 보조포화전 송액량
∴ $Q = 2개 \times 400L/분 = 800L/분$
∴ $D = 2.66\sqrt{800} = 75.24mm$ ∴ 80mm

[배관번호 ⑥] 유량 $Q(L/분)$ = 보조소화전 송액량
∴ $Q = 1개 \times 400L/분 = 400L/분$
∴ $D = 2.66\sqrt{400} = 53.2mm$ ∴ 65mm

> **해답** 배관번호① : 125mm, 배관번호② : 90mm, 배관번호③ : 50mm
> 배관번호④ : 65mm, 배관번호⑤ : 80mm, 배관번호⑥ : 65mm

(물음 6) $Q = Q_A \times S$
여기서, Q : 배관충전량(L), Q_A : 송액관 내용적(L), S : 포소화약제 사용농도
(단, 내경 75mm 이하 제외)
Q_A(송액관 내용적)
$= \left[Q_① \left(\dfrac{\pi}{4} \times (0.125m)^2 \times 20m \right) + Q_② \left(\dfrac{\pi}{4} \times (0.09m)^2 \times 10m \right) \right.$
$\left. + Q_⑤ \left(\dfrac{\pi}{4} \times (0.08m)^2 \times 20m \right) \right] \times 1000L/m^3 = 409.59L$

∴ $Q = 409.591L \times 0.03 = 12.29L$

> **해답** 12.29L

(물음 7) Q = 고정포 방출구 필요량(탱크 중 최대필요량) + 보조소화전 필요량
         + 송액관 필요량
∴ Q = 282.74L(등유탱크 필요량) + 720L(보조소화전 필요량)
         + 12.29L(송액배관 필요량)
      = 1015.03L

> **해답** 1015.03L

---

12 콘루프탱크(Cone Roof Tank)와 플루팅루프탱크(Folating Roof Tank)에 설치할 수 있는 고정포 방출구 종류를 (   )안에 알맞게 쓰시오.
• 콘루프탱크 : (①)방출구, (②)방출구, (③)방출구
• 플루팅루프탱크 : (④)방출구

풀이 ① Ⅰ형   ② Ⅱ형   ③ Ⅲ형 또는 Ⅳ형   ④ 특형

13 경유를 저장하는 위험물 옥외 저장 탱크의 높이가 7m, 직경 10m인 콘루프 탱크(Cone Roof Tank)에 Ⅱ형 포방출구 및 옥외보조소화전 2개가 설치되었다.

[조건]
① 배관의 낙차 수두와 마찰손실 수두는 55m이다.
② 폼챔버 압력 수두로 양정계산(그림 참조, 보조 표 소화전압력 수두는 무시)한다.
③ 펌프의 효율은 65%(전동기와 펌프 직결), $K=1.1$이다.
④ 배관의 송액량은 제외한다.

* 그림 및 별표 참조로 계산하시오.

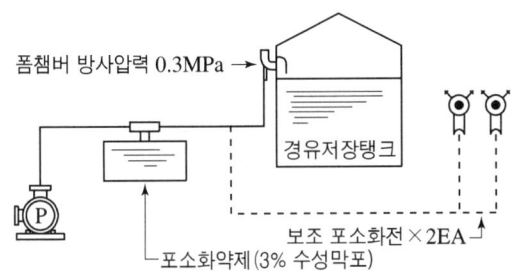

포방출구의 종류 / 위험물의 구분	Ⅰ형 포수용액량 (L/m²)	방출율 (L/m²·min)	Ⅱ형 포수용액량 (L/m²)	방출율 (L/m²·min)	특형 포수용액량 (L/m²)	방출율 (L/m²·min)	Ⅲ형 포수용액량 (L/m²)	방출율 (L/m²·min)	Ⅳ형 포수용액량 (L/m²)	방출율 (L/m²·min)
제4류 위험물 중 인화점이 21℃ 미만인 것	120	4	220	4	240	8	220	4	220	4
제4류 위험물 중 인화점이 21℃ 이상 70℃ 미만인 것	80	4	120	4	160	8	120	4	120	4
제4류 위험물 중 인화점이 70℃ 이상인 것	60	4	100	4	120	8	100	4	100	4
제4류 위험물 중 수용성의 것	160	8	240	8	–	–	–	–	240	8

(물음 1) 포소화약제의 량(L)을 구하라.
① 고정포방출구의 포소화약제량(Q_1)
② 옥외보조소화전 약제량(Q_2) (단, 수성막포 3%이다.)

(물음 2) 펌프 동력(kW)을 계산하시오

풀이 (물음 1) ① $Q = A \times Q_1 \times T \times S$

Q : 포소화약제의 양(L) : 고정포방출구, A : 탱크의 액표면적(m^2)
Q_1 : 단위 포소화수용액의 양($L/m^2 \cdot$ 분), T : 방출시간(분)
S : 포소화 약제의 농도, 경유 : 제2석유류(인화점 21℃ 이상 70℃ 미만)

$$\therefore Q = \frac{\pi}{4} \times (10[m])^2 \times 120[L/m^2] \times \frac{3}{100} = 282.74[L]$$

② $Q = N \times S \times 8000L$

Q : 포소화약제의 양(L) : 포소화전
N : 호스접결구 수(3개 이상일 경우 3개), S : 포소화약제의 농도

$$\therefore Q = 2 \times \frac{3}{100} \times 8000[L] = 480[L]$$

해답 ① 282.74L ② 480L

(물음 2) $P[kW] = \dfrac{\gamma[kN/m^3] \times Q[m^3/s] \times H[m]}{E} \times K$

※ 펌프의 분당 토출량(m^3/분)은 포수용액의 양을 방사시간 이내에 모두 토출시켜야 한다.

$Q = A \times Q_1 + N \times 400[L]$

$= \dfrac{\pi}{4} \times (10[m])^2 \times 4[L/m^2 \cdot 분] + 2개 \times 400[L/분]$

$= 1114.16[L/분] = 1.11[m^3/분]$

$H = h_1 + h_2 + h_3$, $h_1 + h_2 = 55m$, $h_3 = 0.3MPa = 30m$

$\therefore H = 55 + 30 = 85m$, $E = \dfrac{65}{100} = 0.65$, $K = 1.1$

$$\therefore P[kW] = \frac{9.8 \times (1.11/60) \times 85}{0.65} \times 1.1 = 26.08[kW]$$

해답 26.08kW

---

14 포소화약제 6g의 원액과 물 100g을 섞었을 때 농도를 계산하시오.

풀이 포약제의 농도(%) = $\dfrac{포원액 양}{포수용액(원액 + 물)양} \times 100$

$\therefore \dfrac{6g}{6g + 100g} \times 100 = 5.66[\%]$

해답 5.66[%]

15 다음 그림은 주차장의 일부이다. 이곳에 포 소화설비를 설치할 경우 다음 물음에 답하시오. (단, 방호구역은 2개이며, 기타 조건은 무시한다)

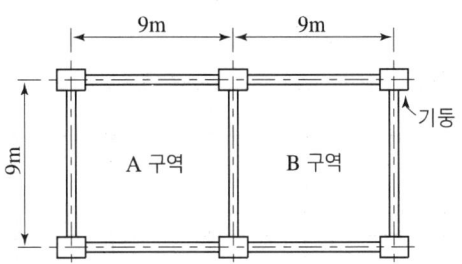

(물음 1) 주차장에 설치할 수 있는 포 소화설비의 종류는? (2가지만 명기하시오.)

(물음 2) 상기 면적에 설치해야 할 포 헤드의 수는 몇 개인가? (단, 헤드간 거리 산출 시 소수점은 반올림하고 정방형 배치방식으로 산출하시오.)

(물음 3) 한 개의 방사 구역에 대한 분당 포 소화 약제 수용액의 최저 방사량은 몇 L인가?
① 단백포 소화약제의 경우
② 합성계면활성제포 소화약제의 경우
③ 수성막포 소화약제의 경우

(물음 4) 포헤드 및 일제개방밸브를 상기도면에 정방형 배치방식으로 표시하시오. (단, 헤드간 거리, 기둥중심선으로부터 포헤드 설치간격을 꼭 표시해야 함)

풀이 **(물음 1)** ① 포워터 스프링클러설비 ② 포헤드 설비 ③ 고정포 방출설비 중 2가지

(물음 2) 정방형 $S = 2\gamma \cos 45°$
S : 포헤드 상호간의 거리(m), γ : 유효반경(2.1m)
∴ $S = 2 \times 2.1 \times \cos 45° = 2.97m$ ∴ 3m(조건에서 소숫점은 반올림)
가로 소요헤드수 9m ÷ 3m : 3개
세로 소요헤드수 9m ÷ 3m : 3개
1개의 방호구역 소요헤드수 : 3×3 = 9개/구역
총 소요 헤드수 : 9개/구역 × 2구역 = 18개

해답 18개

(물음 3) ① 단백포 소화약제 : $9m \times 9m \times 6.5L/m^2 \cdot$ 분 $= 526.5L/$분
② 합성계면활성제포 소화약제 : $9m \times 9m \times 8L/m^2 \cdot$ 분 $= 648L/$분

③ 수성막포 소화약제 : $9m \times 9m \times 3.7L/m^2 \cdot 분 = 299.7L/분$

해답 ① 526.5L/분 ② 648L/분 ③ 299.7L/분

(물음 4)

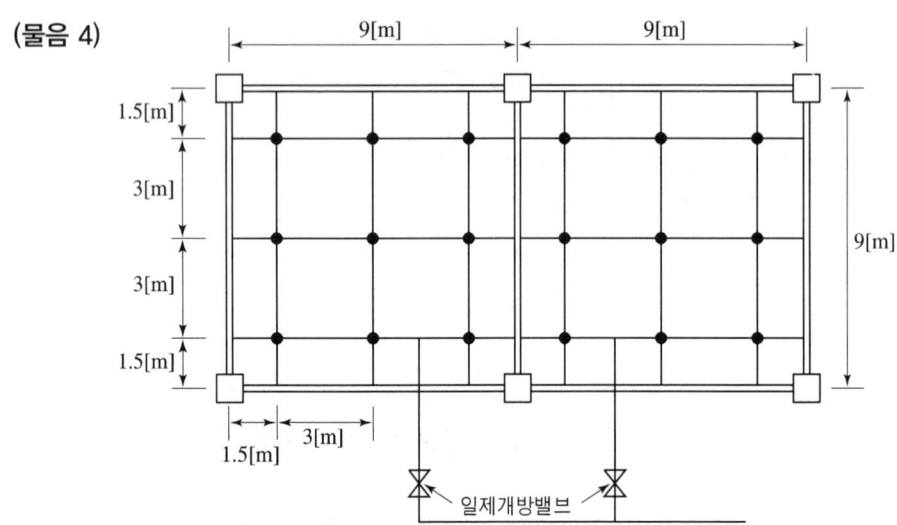

16 팽창비가 300인 포소화설비에서 3%포원액 저장량이 100L이라면 포를 방출한 후 포의 체적은 몇 m^3가 되는가?

풀이 팽창비 $= \dfrac{발포후포의\ 부피(y)}{발포전포수용액의\ 부피(x)}$

포수용액 = 포약제(원액)+물

3%형은 포원액 3L+물 97L ⇒ 포수용액 100L

즉, 포원액 3L   → 포수용액 100L
    포원액 100L → 포수용액 x L

∴ $x = \dfrac{100 \times 100}{3} L = \dfrac{10000}{3} L = \dfrac{10}{3} m^3$

∴ $300 = \dfrac{y\,m^3}{\left(\dfrac{10}{3}\right)m^3}$ $y = 1000 m^3$

해답 $1000 m^3$

1-8 이산화탄소소화설비(NFTC 106)

1. 이산화탄소 소화설비 계통도

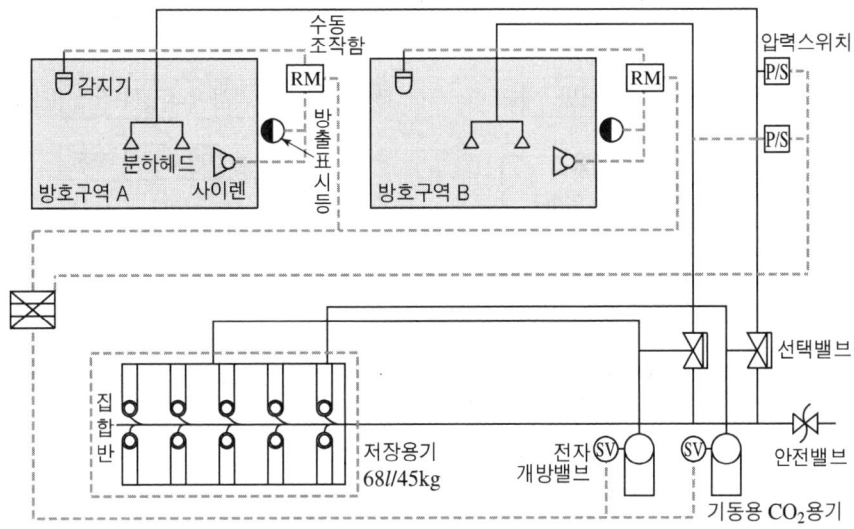

[CO₂ 소화설비 계통도]

[올바른 CO₂동관 배관도]

2. 이산화탄소소화설비 작동계통도

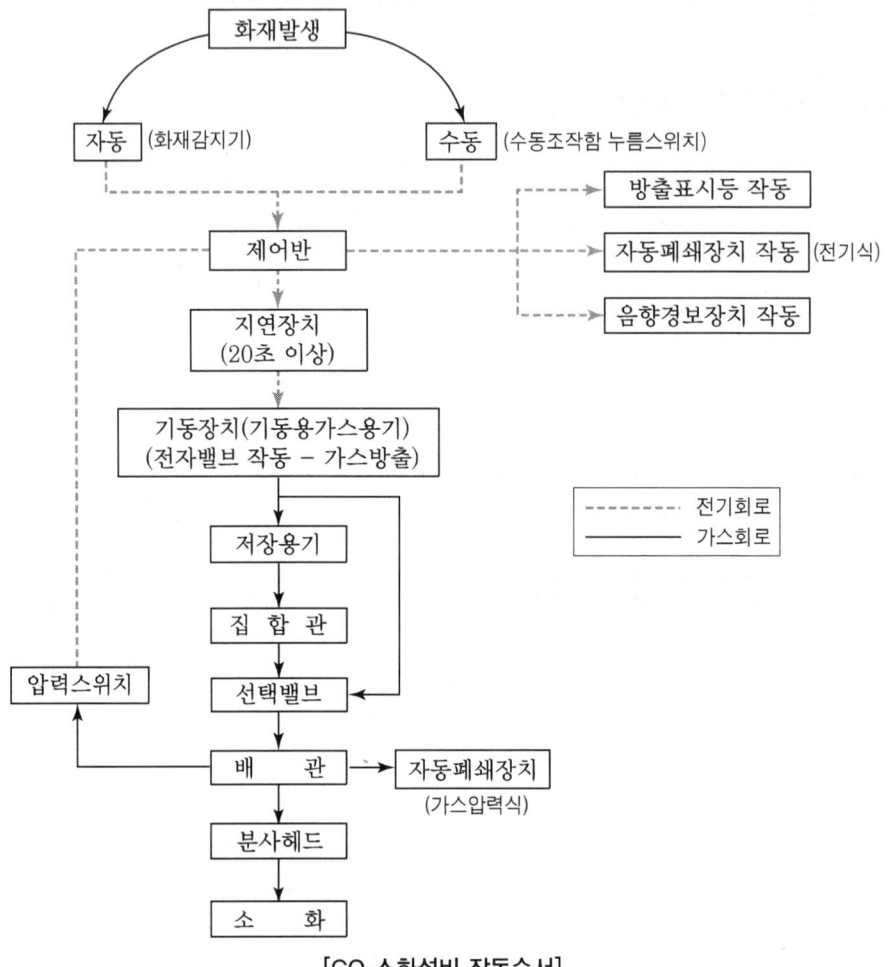

[CO₂소화설비 작동순서]

3. 이산화탄소의 독성

CO$_2$농도(%)	인 체 영 향
2	불쾌감이 있다.
3	호흡수가 늘어나며 호흡이 깊어진다.
4	눈, 목의 점막에 자극이 있다. 두통, 귀울림, 어지러움(현기증), 혈압상승이 발생
8	호흡곤란
9	구토 및 실신
10	시력장애, 몸이 떨리며 1분 이내에 의식을 잃으며 그대로 방치시 사망
20	중추신경이 마비되어 사망

4. 소화설비의 장, 단점

장 점	단 점
① 화재 진화후 깨끗하다.	① 설비가 고압이므로 특별한 주의가 요구된다.
② 심부 화재에 적합하다.	② CO_2 방사시 동상우려가 있다.
③ 증거 보존이 양호하여 화재원인 조사가 쉽다.	③ 인체에 질식의 우려가 있다.
④ 피연소물에 피해가 적다.	④ CO_2 방사시 소음이 크다.

5. 소화약제의 소화효과

① 질식효과
② 피복효과
③ 냉각효과 (쥴-톰슨효과)

6. 용기저장방식의 종류

(1) 고압용기 저장방식

CO_2가스가 액체상태로 게이지압력 5.3MPa(15℃)로 고압용기(봄베)에 저장하는 방식

(2) 저압용기 저장방식

CO_2가스가 액체상태로 저장되며 자동냉동기를 설치하여 게이지압력 2.1MPa(-18℃)를 유지하면서 저압용기에 저장하는 방식으로 CO_2 저장량이 2톤 이상인 경우에 경제성이 있다

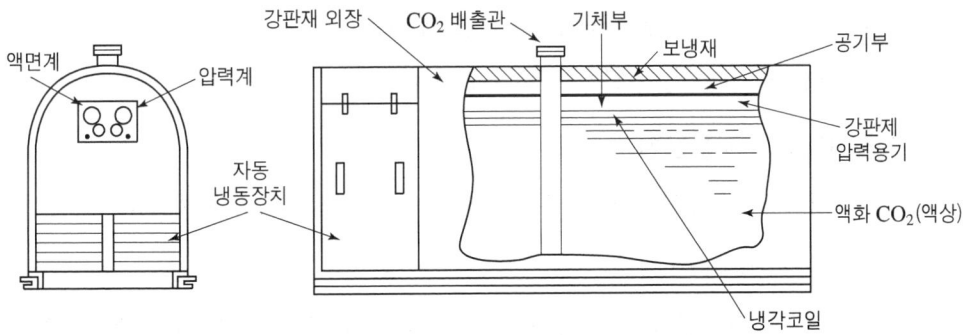

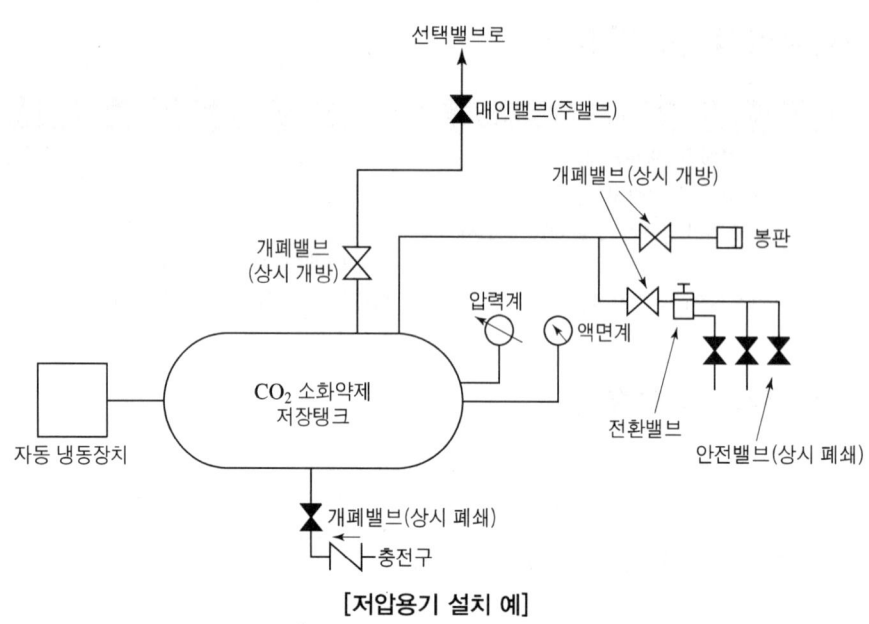

[저압용기 설치 예]

7. 소화약제의 저장용기등

(1) 소화약제의 저장용기 설치장소

① 방호구역외의 장소에 설치할 것.
   (단, 방호구역내에 설치할 경우에는 피난구 부근에 설치)
② 온도가 40℃ 이하이고 온도변화가 적은 곳에 설치할 것
③ 직사광선 및 빗물이 침투할 우려가 없는 곳에 설치할 것
④ 방화문으로 구획된 실에 설치할 것
⑤ 용기의 설치장소에는 당해 용기가 설치된 곳임을 표시하는 표지를 할 것
⑥ 용기간의 간격은 점검에 지장이 없도록 3cm 이상의 간격을 유지할 것
⑦ 저장용기와 집합관을 연결하는 연결배관에는 체크밸브를 설치할 것
   (단, 저장용기가 하나의 방호구역만을 담당하는 경우에는 그러하지 아니하다.)

(2) 소화약제의 저장용기

① 저장용기의 충전비(용기 내용적 V(L)과 약제량 G(kg)의 비율)

$$C(\text{L/kg}) = \frac{V}{G}$$

구 분	고압식	저압식
충전비(L/kg)	1.5 이상 1.9 이하	1.1 이상 1.4 이하
CO_2의 기화잠열(kJ/kg)	149	279

② 저압식 저장용기 설치기준

설치 장치	작동압력 및 기타
안전밸브	내압시험압력의 0.64배 ~ 0.8배의 압력에서 작동
봉 판	내압시험압력의 0.8배 ~ 내압시험압력에서 작동
압력경보장치	2.3MPa 이상 1.9MPa 이하의 압력에서 작동
자동냉동장치	용기내부의 온도가 −18℃ 이하에서 2.1MPa 이상의 압력 유지
액면계 및 압력계	

③ 저장용기의 내압시험 압력

고 압 식	저 압 식
25MPa 이상	3.5MPa 이상

(3) 소화약제 저장용기의 개방밸브

전기식 · 가스압력식 또는 기계식에 의하여 자동 및 수동으로 개방되는 것으로서 안전장치가 부착된 것

(4) 안전장치

소화약제 저장용기와 선택밸브 또는 개폐밸브 사이에는 배관의 최소사용설계압력과 최대허용압력 사이의 압력에서 작동하는 안전장치를 설치

8. 이산화탄소 소화약제의 저장량

(1) 전역방출방식의 표면화재 방호대상물인 경우

① 표면화재(가연성 액체 및 가스) 방호대상물의 경우

[표면화재의 방호구역 체적계수 및 개구부 면적계수]

방호구역의 체적(m^3)	방호구역의 체적 $1m^3$에 대한 소화약제의 양 kg (K_1 : kg/m^3)	저장량의 최저한도량 (kg)	개구부 가산량 (K_2 : kg/m^2) (자동폐쇄장치 미설치시)
45 미만	1	45	5
45 이상 150 미만	0.9	45	5
150 이상 1450 미만	0.8	135	5
1450 이상	0.75	1125	5

[$K_1(kg/m^3)$: 방호구역 체적계수, $K_2(kg/m^2)$: 개구부 면적계수]

[주] 1. 불연재료나 내열성재료로 밀폐된 구조물이 있는 경우에는 그 체적을 제외한다.
2. 산출한 양이 최저한도의 양 미만이 될 경우에는 그 최저한도의 양으로 한다.
3. 개구부의 면적은 방호구역 전체 표면적의 3% 이하로 하여야 한다.

전역방출방식 표면화재 방호대상물의 약제저장량

$Q = V \times K_1 + A \times K_2$

여기서, Q : CO_2약제저장량(kg), V : 방호구역체적(m^3)
K_1(kg/m^3) : 방호구역 체적계수, A : 개구부면적(m^2)
K_2(kg/m^2) : 개구부 면적계수

② 설계농도가 34% 이상인 방호대상물의 소화약제량은 기준에 의하여 산출한 기본소화약제량에 다음 표에 의한 보정계수를 곱하여 산출한다.

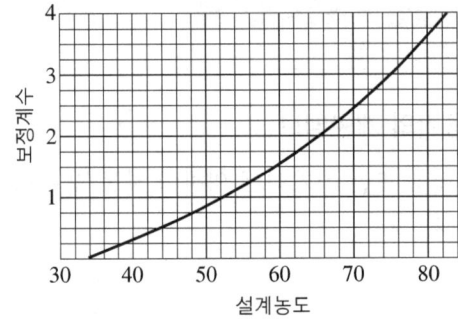

전역방출방식 표면화재 방호대상물의 약제저장량(설계농도 34% 이상인 경우)

$Q = V \times K_1 \times N + A \times K_2$

여기서, Q : CO_2약제저장량(kg), V : 방호구역체적(m^3)
K_1(kg/m^3) : 방호구역 체적계수, N : 보정계수, A : 개구부면적(m^2)
K_2(kg/m^2) : 개구부 면적계수

(2) 전역방출방식의 심부화재 방호대상물인 경우

① 심부화재(종이 · 목재 · 석탄 · 섬유류 · 합성수지류) 방호대상물의 경우

[심부화재의 방호구역 체적계수 및 개구부 면적계수]

방 호 대 상 물	방호구역의 체적 1m^3에 대한 소화약제의 양 kg (K_1 : kg/m^3)	설계농도 (%)	개구부 가산량 (K_2 : kg/m^2) (자동폐쇄장치 미설치시)
유압기기를 제외한 전기설비, 케이블실	1.3	50%	10
체적 55m^3 미만의 전기설비	1.6	50%	
서고, 전자제품창고, 목재가공품창고, 박물관	2.0	65%	
고무류, 면화류창고, 모피창고, 석탄창고, 집진설비	2.7	75%	

[K_1(kg/m³) : 방호구역 체적계수, K_2(kg/m²) : 개구부 면적계수]
[주] 1. 불연재료나 내열성재료로 밀폐된 구조물이 있는 경우에는 그 체적을 제외한다.
   2. 개구부의 면적은 방호구역 전체 표면적의 3% 이하로 하여야 한다.

전역방출방식 심부화재 방호대상물의 약제저장량

$Q = V \times K_1 + A \times K_2$

여기서, Q : CO_2약제저장량(kg), V : 방호구역체적(m³)
K_1(kg/m³) : 방호구역 체적계수, A : 개구부면적(m²)
K_2(kg/m²) : 개구부 면적계수

(3) 국소방출방식에서 소화약제 저장량

① 국소방출방식에 있어서는 다음의 기준에 의하여 산출한 양에 고압식의 것에 있어서는 1.4, 저압식의 것에 있어서는 1.1을 각각 곱하여 얻은 양 이상으로 할 것

㉠ 윗면이 개방된 용기에 저장하는 경우와 화재시 연소면이 한정되고 가연물이 비산할 우려가 없는 경우[평면화재]에는 방호대상물의 표면적당 13kg/m²

$Q = A \times 13\text{kg/m}^2 \times F$ (고압식 : 1.4, 저압식 : 1.1)

여기서, Q : CO_2 저장량(kg), A : 방호대상물의 표면적(m²)

㉡ ㉠ 외의 경우[입면화재]에는 방호공간(방호대상물의 각 부분으로부터 0.6m의 거리에 의하여 둘러싸인 공간)의 체적 1m³에 대하여 다음의 식에 의하여 산출한 양

$Q_1(\text{kg/m}^3) = 8 - 6\dfrac{a(\text{m}^2)}{A(\text{m}^2)}$

여기서, Q_1 : 방호공간 1m³에 대한 이산화탄소 소화약제의 양(kg/m³)
   a : 방호대상물 주위에 설치된 벽의 면적의 합계(m²)
   A : 방호공간의 벽면적(벽이 없는 경우에는 벽이 있는 것으로 가정한 당해 부분의 면적)의 합계(m²)

$Q = V \times Q_1 \times F$ (고압식 : 1.4, 저압식 : 1.1)

여기서, Q : CO_2 저장량(kg), V : 방호공간체적(m³), Q_1 : (kg/m³)

(4) 호스릴방식에서 소화약제 저장량

하나의 노즐당 약제저장량 : 90kg 이상

9. 소화설비의 기동장치

(1) 소화설비의 수동식 기동장치

① 전역방출 방식은 방호구역마다 국소방출 방식은 방호대상물마다 설치할 것
② 당해 방호구역의 출입구부분 등 조작을 하는 자가 쉽게 피난할 수 있는 장소에 설치할 것
③ 기동장치의 조작부는 바닥으로부터 높이 0.8m 이상 1.5m 이하의 위치에 설치하고 보호판 등에 의한 보호장치를 설치할 것
④ 기동장치에는 그 가까운 곳의 보기 쉬운 곳에 "이산화탄소 소화설비 기동장치"라고 표시한 표지를 할 것
⑤ 전기를 사용하는 기동장치에는 전원표시등을 설치할 것
⑥ 기동장치의 방출용 스위치는 음향경보장치와 연동하여 조작될 수 있는 것으로 할 것

(2) 소화설비의 자동식 기동장치

① 자동화재탐지설비는 감지기의 작동과 연동하는 것으로 하여야 한다.
② 자동식 기동장치에는 수동으로도 기동할 수 있는 구조로 할 것
③ 전기식 기동장치로서 7병 이상의 저장용기를 동시에 개방하는 설비에 있어서는 2병 이상의 저장용기에 전자개방밸브를 부착할 것
④ 가스압력식 기동장치는 다음의 기준에 의할 것
　㉠ 기동용 가스용기 및 당해 용기에 사용하는 밸브는 25MPa 이상의 압력에 견딜 수 있는 것으로 할 것
　㉡ 기동용 가스용기에는 내압시험압력의 0.8배 내지 내압시험압력 이하에서 작동하는 안전장치를 설치할 것
　㉢ 기동용가스용기의 용적은 5L 이상으로 하고, 해당 용기에 저장하는 질소 등의 비활성기체는 6.0MPa 이상(21℃ 기준)의 압력으로 충전할 것 〈2015.1.23.〉
　㉣ 기동용가스용기에는 충전여부를 확인할 수 있는 압력게이지를 설치할 것 〈2015.1.23.〉

> **가스압력식 기동장치**
> ① 밸브 : 25MPa 이상 압력에 견딜 수 있는 것
> ② 안전장치 : 내압시험압력의 0.8배 내지 내압시험압력 이하에서 작동
> ③ 기동용 가스용기 : 용적=1L 이상, CO_2양=0.6kg 이상, 충전비=1.5 이상

⑤ 기계식 기동장치에 있어서는 저장용기를 쉽게 개방할 수 있는 구조로 할 것

10. 소화설비의 배관 등

(1) 소화설비의 배관 설치기준

① 배관은 **전용**으로 할 것

② 강관을 사용하는 경우의 배관

압력배관용 탄소강관(KS D 3526) 중 **스케줄 80**(저압식에 있어서는 스케줄 40) 이상의 것 또는 이와 동등 이상의 강도를 가진 것으로 아연도금 등으로 방식처리된 것을 사용할 것(다만, 배관의 호칭이 20mm 이하인 경우에는 스케줄 40 이상인 것을 사용할 수 있다.)

③ **동관을 사용하는 경우의 배관**(이음이 없는 동 및 동합금관(KS D 5301)

고압식	16.5MPa 이상의 압력에 견딜 수 있는 것
저압식	3.75MPa 이상의 압력에 견딜 수 있는 것

④ 개폐밸브 또는 선택밸브의 배관부속

고압식	1차측 배관부속은 4MPa의 압력에 견딜 수 있는 것
	2차측 배관부속은 2MPa의 압력에 견딜 수 있는 것
저압식	2MPa의 압력에 견딜 수 있는 것

(2) 동관의 점검방법

소화약제 저장용기와 기동용 가스용기 사이에 설치된 동관이 막혀 있거나 누출이 된다면 약제저장용기의 니들밸브(Needle Valve)를 작동시키지 못하여 약제를 방출시키지 못하는 경우가 있다. 따라서 정기적으로 동관의 상태를 점검할 필요가 있다.

① 이산화탄소 배관 계통도

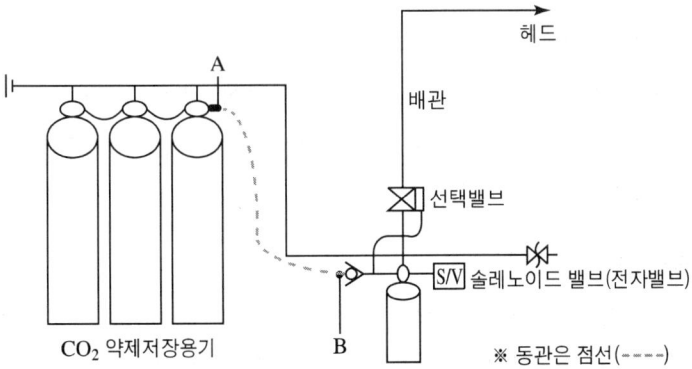

② 간단한 점검방법
　㉠ 기동용기의 체크밸브에서 약제저장용기측으로 연결된 동관분리(B부분)
　㉡ 약제저장용기의 니들밸브(Needle Valve)에 연결된 동관분리(A부분)
　㉢ 동관의 B부분에서 A부분으로 압축공기를 흘러 보내 막힘 여부 확인
※ 동관의 점검은 원칙적으로 기동관 누설검지기로 한다.

(3) 소화설비의 배관구경

이산화탄소의 소요량이 다음의 기준에 의한 시간 내에 방사될 수 있는 것으로 할 것

구 분	전역방출방식		국소 방출방식
	표면 화재 (가연성 액체 및 가스)	심부 화재 (종이, 목재, 석탄, 섬유류, 합성수지류)	
방사시간 기준	1분 이내	7분 이내 (설계농도가 2분 이내 30%에 도달할 것)	30초 이내

(4) 소화설비의 선택밸브

① 방호구역 또는 방호대상물마다 설치할 것
② 각 선택밸브에는 그 담당방호구역 또는 방호대상물을 표시할 것

11. 소화설비의 분사헤드

(1) 전역방출 방식의 분사헤드

① 방사된 소화약제가 방호구역의 전역에 균일하게 신속히 확산할 수 있도록 할 것
② 분사헤드 방사압력

　　고압식 : 2.1MPa 이상　　　　저압식 : 1.05MPa 이상

③ 소방대상물 또는 그 부분에 설치된 이산화탄소 소화설비의 소화약제의 저장량은 기준에서 정한 시간 이내에 방사할 수 있는 것으로 할 것

(2) 국소방출 방식의 분사헤드

① 소화약제의 방사에 의하여 가연물이 비산하지 아니하는 장소에 설치할 것
② 이산화탄소 소화약제의 저장량은 30초 이내에 방사할 수 있는 것으로 할 것

(3) 호스릴 이산화탄소 소화설비

수 평 거 리	노즐방사량(20℃)	약제저장량(노즐당)	개 방 밸 브
15m 이하	60kg/min 이상	90kg 이상	수동으로 개폐 가능할 것

(4) 분사헤드의 구경

분사헤드의 오리피스 면적은 분사헤드가 연결되는 배관구경면적의 70%를 초과하지 않을 것

12. 소화설비의 분사헤드 설치제외 장소

① 방재실·제어실 등 사람이 상시 근무하는 장소
② 니트로셀룰로스·셀룰로이드제품 등 자기연소성 물질을 저장, 취급하는 장소
③ 나트륨·칼륨·칼슘 등 활성 금속물질을 저장, 취급하는 장소
④ 전시장 등의 관람을 위하여 다수인이 출입·통행하는 통로 및 전시실 등

13. 소화설비의 자동폐쇄장치

① 이산화탄소가 방사되기 전에 당해 환기장치가 정지할 수 있도록 할 것
② 개구부 또는 통기구(천정으로부터 1m 이상의 아래부분 또는 바닥으로부터 당해층의 높이의 2/3 이내의 부분)에 있어 이산화탄소의 유출에 의하여 소화효과를 감소시킬 우려가 있는 것에 있어서는 이산화탄소가 방사되기 전에 당해 개구부 및 통기구를 폐쇄할 수 있도록 할 것
③ 자동폐쇄장치는 방호구역 또는 방호대상물이 있는 구획의 밖에서 복구할 수 있는 구조로 하고, 그 위치를 표시하는 표지를 할 것

14. CO_2 소화설비 설계공식

(1) 액화 CO_2의 증발량 계산

$$[\text{방법 1}] \text{ 액화 } CO_2 \text{의 증발량(kg)} = \frac{P_{wt} \times C \times (t_1 - t_2)}{H_1}$$

$$[\text{방법 2}] \text{ 액화 } CO_2 \text{의 증발량(kg)} = \frac{4.19 \times P_{wt} \times C \times (t_1 - t_2)}{H_2}$$

여기서, P_{wt} : 배관중량(kg), C : 배관재료의 비열(강관 0.11)(kcal/kg℃)
t_1 : CO_2 방출전 배관평균온도(설계온도)

t_2 : CO_2 방출하는 동안 배관평균온도(고압용기방식은 일반적으로 16℃)
H_1 : 액화 CO_2의 증발잠열(kcal/kg), H_2 : 액화 CO_2의 증발잠열(kJ/kg)
[참고] 1kcal≒4.19kJ

(2) CO_2 농도 계산방법

$$CO_2(\%) = \frac{21 - O_2(\%)}{21} \times 100$$

$$CO_2(\%) = \frac{\text{방출된 } CO_2 \text{가스체적}(m^3)}{\text{방호구역체적}(m^3) + \text{방출된 } CO_2 \text{가스체적}(m^3)} \times 100$$

(3) 방출된 CO_2가스량 계산방법

$$G_V = \frac{21 - Q_1}{Q_1} \times V$$

여기서, G_V : 방출된 CO_2가스량(m^3)
Q_1 : 물질의 연소한계산소농도(%) 또는 측정된 산소농도(%)
V : 방호구역체적(m^3)

(4) 이상기체 상태방정식

$$PV = \frac{W}{M}RT$$

여기서, P : 압력(atm), V : 체적(m^3), W : CO_2무게(kg), M : CO_2분자량(44)
R : 기체상수(0.082 atm·m^3/kmol·K), T : 절대온도(273+t℃)K

(5) 헤드의 분구면적(cm^2)

$$\frac{\text{헤드 1개의 방출량(kg/sec)}}{\text{헤드의 방사율}(kg/sec \cdot cm^2)}$$

핵심 출제문제

01 이산화탄소 소화설비 공사시 배관의 설치기준 및 배관구경에 대하여 기술하시오.

풀이 (1) 배관의 설치기준
① 배관은 전용으로 할 것
② 강관을 사용하는 경우의 배관은 압력배관용탄소강관(KS D 3562)중 스케줄 80(저압식에 있어서는 스케줄 40) 이상의 것 또는 이와 동등 이상의 강도를 가진 것으로 아연도금 등으로 방식처리된 것을 사용할 것. 다만, 배관의 호칭구경이 20mm 이하인 경우에는 스케줄 40 이상인 것을 사용할 수 있다.
③ 동관을 사용하는 경우의 배관은 이음이 없는 동 및 동합금관(KS D 5301)으로서 고압식은 16.5MPa 이상, 저압식은 3.75MPa이상의 압력에 견딜 수 있는 것을 사용할 것
④ 고압식의 1차측(개폐밸브 또는 선택밸브 이전) 배관부속의 최소사용설계압력은 9.5MPa로 하고, 고압식의 2차측과 저압식의 배관부속의 최소사용설계압력은 4.5MPa로 할 것

(2) 배관구경 기준
이산화탄소의 소요량이 다음의 기준에 의한 시간내에 방사될 수 있는 것으로 할 것

구 분	전역방출방식		국소 방출방식
	표면 화재 (가연성 액체 및 가스)	심부 화재 (종이, 목재, 석탄, 섬유류, 합성수지류)	
방사시간 기준	1분 이내	7분 이내 (설계농도가 2분 이내 30%에 도달할 것)	30초 이내

02 이산화탄소 소화설비가 오작동으로 약제가 방출되었다. 방출시 인체에 미치는 영향에 대하여 농도별로 기술하시오.

[풀이]

공기중의 CO_2 농도	인체에 미치는 영향
2%	불쾌감
4%	눈, 목의 점막자극, 두통, 귀울림, 현기증, 혈압상승
8%	호흡 곤란
9%	구토하며 실신
10%	시력장애, 1분이내 의식상실, 장시간 노출시 사망
20%	중추신경 마비되어 단시간내 사망

03 이산화탄소를 방출시켜 공기와 혼합시키면 상대적으로 공기 중의 산소는 희석된다. 이 경우 CO_2와 O_2가 갖는 체적농도(%)는 이론적으로 다음과 같은 관계를 가짐을 증명하시오.

$$CO_2\% = \frac{21 - O_2\%}{21} \times 100$$

(단, 공기 중에는 체적 농도로 79%의 질소 21%의 산소만이 존재하고, 이들 기체[CO_2 포함]는 모두 이상 기체의 성질을 갖는다고 가정한다.)

[풀이] CO_2 방사 전 방호구역 내 산소질량 = CO_2 방사 후 방호구역 내 산소질량

$\rho(kg/m^3)$: 산소밀도, $V(m^3)$: 방호구역 체적, $G_V(m^3)$: 방출된 CO_2 가스량

$$\rho(V \times 21[\%]) = \rho(V + G_V) \times O_2(\%)$$

$$\therefore G_V = \frac{21 - O_2(\%)}{O_2(\%)} \times V \cdots\cdots ① \qquad CO_2(\%) = \frac{G_V}{V + G_V} \times 100 \cdots\cdots ②$$

①식을 ②식에 대입

$$CO_2(\%) = \frac{\dfrac{21 - O_2(\%)}{O_2(\%)} \times V}{V + \dfrac{21 - O_2(\%)}{O_2(\%)} \times V} \times 100$$

$$\therefore CO_2(\%) = \frac{21 - O_2(\%)}{21} \times 100$$

04 체적이 500m³인 방호구역에 전역방출방식으로 CO_2를 방사하였을 때 O_2의 농도가 10%이었다. 이때 방사된 CO_2의 양은 몇 kg인가?(단, 내부압력은 1.2atm이고 내부온도는 15℃이었다)

풀이

$$G_V = \frac{21 - Q_1}{Q_1} \times V$$

여기서, G_V : 방출된 CO_2 가스량(m³), Q_1 : 물질의 연소한계 산소농도(%)
        V : 방호구역체적(m³)

∴ 방출된 CO_2 가스량 $= \frac{21 - 10}{10} \times 500\text{m}^3 = 550\text{m}^3$

그러므로 부피를 무게(kg)으로 환산한다.

$PV = \frac{W}{M}RT$ (이상기체상태방정식)을 이용한다.

여기서, P : 압력(atm), V : 체적(m³), M : 분자량, W : 무게(kg)
        R : 기체상수 0.082atm·m³/kmol·K, T : 절대온도 273+t℃(°K)

$1.2\text{atm} \times 550\text{m}^3 = \frac{W}{44} \times 0.082\text{atm} \cdot \text{m}^3/\text{kmol} \cdot \text{K} \times (273 + 15)\text{K}$

∴ $W = 1229.6747\text{kg}$

해답 1229.67kg

---

05 이산화탄소 소화설비의 배관에 CO_2을 방출한다. CO_2 저장용기내의 액화 CO_2의 온도는 -40℃, 배관의 무게는 10kg, CO_2 방출 전 배관의 평균온도는 20℃이며 CO_2 방출동안의 배관온도는 -20℃이고 배관의 비열은 0.11kcal/kg℃이며 액화 CO_2의 증발 잠열은 10kcal/kg이다. 액화 CO_2의 증발량(kg)은 얼마인가?

풀이

$$Q = \frac{WC_p(t_1 - t_2)}{H_1} = \frac{4.19\, WC_P(t_1 - t_2)}{H_2}$$

여기서, Q : 액화 CO_2의 증발량(kg), W : 배관의 중량(kg)
        C_P : 배관 재료의 비열(kcal/kg℃)
        t_1 : CO_2 방출 전 배관 평균온도 ℃(설계온도)
        t_2 : CO_2 방출하는 동안 배관의 평균온도 ℃(고압용기방식은 통상 16℃)
        H_1 : 액화 CO_2 증발잠열(kcal/kg), H_2 : 액화 CO_2 증발잠열(kJ/kg)

> **참고** 1kcal = 4.19kJ
> $$\therefore Q = \frac{10 \times 0.11(20-(-20))}{10} = 4.40\text{kg}$$

해답 4.40kg

06 교차회로 방식의 화재 감지기 회로로 구성하여 작동되는 소화설비의 종류 3가지를 기술하시오.

풀이 • 이산화탄소 소화설비 • 할로겐 화합물 소화설비 • 분말소화설비

참고 위 이외에 준비작동식 및 일제살수식 스프링클러설비가 있다.

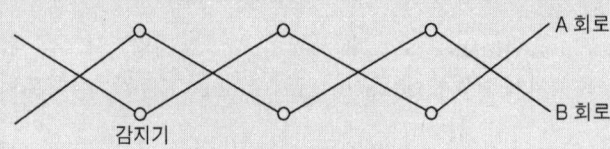

[교차회로]

교차회로방식 : 하나의 방호구역내에 2 이상의 화재감지회로를 설치하고 인접한 2 이상의 화재 감지기가 화재를 감지하는 때에 소화설비가 작동하는 방식

07 하나의 소방대상물 또는 그 부분에 2이상의 방호구역 또는 방호대상물이 있어 이산화탄소 저장용기를 공용하는 경우에는 선택밸브를 설치하여야 한다. 선택밸브를 설치할 때 유의할 점 2가지만 쓰시오.

풀이 ① 방호구역 또는 방호대상물마다 설치할 것
② 각 선택밸브에는 그 담당 방호구역 또는 방호대상물을 표시할 것

08 이산화탄소 소화설비가 설치된 방호구역의 체적이 150m³이고 소화약제의 방출계수가 1.33kg/m³일 때 용기저장실에 저장하여야 할 약제 저장용기수(병)을 구하시오.(5점)(단, 용기의 내용적은 68L이고 충전비는 1.8이다.)

풀이 약제 소요량 $= 150\text{m}^3 \times \dfrac{1.33\text{kg}}{\text{m}^3} = 199.5\text{kg}$ 충전비 $C = \dfrac{V(\text{L})}{G(\text{kg})}$

∴ $1.8 = \dfrac{68(\text{L})}{G(\text{kg})}$ $G = 37.78\text{kg/병}$

199.5kg/37.78kg = 5.28 ∴ 6병

해답 6병

09 이산화탄소 및 할로겐소화설비의 설치부품 중 피스톤릴리이져의 기능을 간단히 쓰시오.

풀이 기동용가스 또는 약제저장용기의 가스압력에 의하여 저장용기 또는 선택밸브를 개방하거나 개구부를 자동으로 폐쇄시키는데 이용된다.

10 어떤 사무소 건물의 지하층에 있는 발전기실 및 축전지실에 전역방출방식 이산화탄소 소화설비를 설치하려고 한다. 화재안전기술기준과 주어진 조건에 의하여 다음 각 물음에 답하시오.

[조건]
① 소화설비는 고압식으로 한다.
② 발전기실의 크기 : 가로 6m×세로 10m×높이 5m
③ 발전기실의 개구부크기 : 1.8m×3m×2개소(자동폐쇄장치 있음)
④ 축전지실의 크기 : 가로 5m×세로 6m×높이 4m
⑤ 축전지실의 개구부 크기 : 0.9m×2m×1개소(자동폐쇄장치 없음)
⑥ 가스용기 1병당 충전량 : 50kg
⑦ 가스저장용기는 공용으로 한다.
⑧ 가스량은 다음 표를 이용하여 산출한다.

방호구역의 체적 (m³)	소화약제의 양 (kg/m³)	소화약제 저장량의 최저한도 (kg)
50 이상~150 미만	0.9	45
150 이상~1500 미만	0.8	135

※ 개구부 가산량은 5[kg/m²]으로 계산한다.

(물음 1) 각 방호구역별로 필요한 가스용기의 병수는 몇 병인가?
(물음 2) 집합장치에 필요한 가스용기의 병수는 몇 병인가?
(물음 3) 각 방호구역별 선택밸브 직후의 유량은 몇 [kg/s]인가?
(물음 4) 저장용기의 내압시험 압력은 몇 [MPa]인가?
(물음 5) 안전장치의 작동압력 범위는 얼마인가?
(물음 6) 분사헤드의 방출압력은 21℃에서 몇 [MPa] 이상이어야 하는가?
(물음 7) 음향경보장치는 약제방사 개시 후 몇 분 동안 경보를 계속할 수 있어야 하는가?
(물음 8) 각 방호구역에 필요한 음향경보장치는 각각 몇 개씩인가?
(물음 9) 가스용기의 개방밸브는 작동방식에 따라 3가지로 분류되는데 그 각각의 명칭은 무엇인가?

풀이

(물음 1) 발전기실 : $6m \times 10m \times 5m \times 0.8kg/m^3 = 240kg$
   $240kg/50kg = 4.80$
   ∴ 5병
   축전지실 : $5m \times 6m \times 4m \times 0.9kg/m^3 + 0.9m \times 2m \times 5kg/m^2 = 117kg$
   $117kg/50kg = 2.34$
   ∴ 3병

(물음 2) 가장 많은 약제소요량의 방호구역기준이므로 5병

(물음 3) 발전실 : $(50kg \times 5)/60 = 4.17kg/s$
   축전지실 : $(50kg \times 3)/60s = 2.50kg/s$

(물음 4) 25MPa 이상

(물음 5) 내압 시험압력의 0.8배

(물음 6) 고압식으로 2.1MPa 이상

(물음 7) 1분 이상

(물음 8) 1개씩

(물음 9) 전기식, 가스압력식, 기계식

11 CO_2(이산화탄소)소화설비의 계통도를 답안지에 완성하고 각부(①~⑩번)의 명칭을 기입하시오.

[조건]
① 회로는 3개회로 기준임
② 계통도 완성시 배관은 실선 ——, 배선은 점선 ······ 으로 표시할 것

풀이 계통도

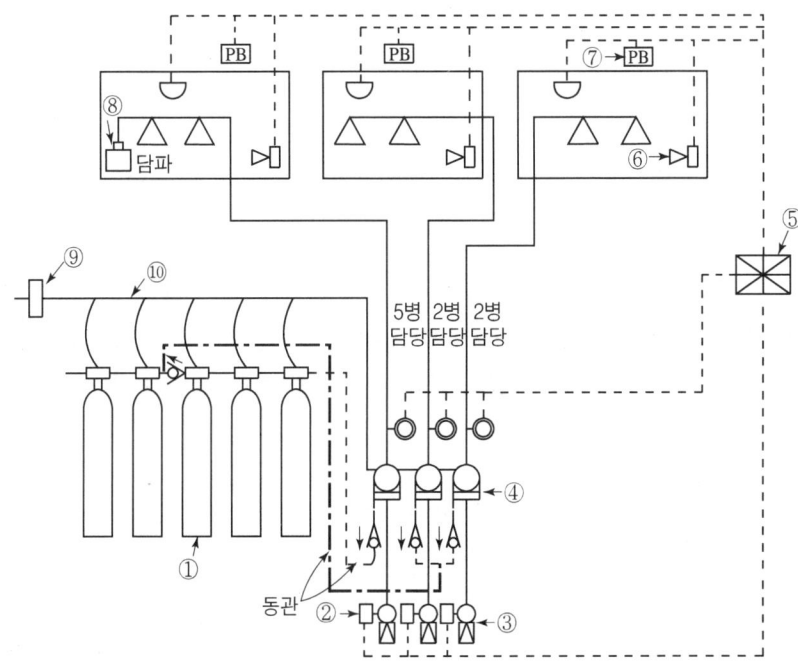

각부의 명칭
① 소화약제 저장용기 ② 기동용 전자밸브 ③ 기동용 가스용기 ④ 선택밸브 ⑤ 수신반
⑥ 음향경보 사이렌 ⑦ 수동 기동 조작함 ⑧ 피스톤 릴리이져 ⑨ 안전밸브 ⑩ 집합관

12 이산화탄소 소화설비의 방호구역 내에 경보장치를 사이렌으로 할 경우 이산화탄소 소화설비를 설치하였다는 표지를 그 구역 내에 설치하는데 가장 적합하다고 생각되는 문안 내용을 80자 이내로 쓰시오.

풀이 당 구역에는 이산화탄소 소화설비가 설치되었습니다.
소화약제 방출 전에 경보 사이렌이 울리고 대피지시 방송을 하오니 지시에 따라 신속하게 안전한 장소로 대피하시기 바랍니다.

13 이산화탄소 소화약제 저장량은 아래 기준에 의한 양으로 한다. 괄호 안에 알맞은 답을 쓰시오.

〈전역방출방식의 가연성액체 또는 가연성가스등 표면화재 방호대상물〉

방호구역 체적	방호구역 $1m^3$당 소화약제의 양	소화약제 저장량의 최저한도의 양
$45m^3$ 미만	(㉮) kg	(㉱) kg
$45m^3$ 이상 $150m^3$ 미만	(㉯) kg	
$150m^3$ 이상 $1450m^3$ 미만	(㉰) kg	(㉲) kg
$1450m^3$ 이상	(㉱) kg	(㉳) kg

풀이 ㉮ 1.00　㉯ 0.90　㉰ 0.80　㉱ 0.75　㉲ 45　㉳ 135　㉴ 1125

14 다음 그림은 국소방출방식의 이산화탄소 소화설비이다. 각 물음에 답하시오.(단, 고압식이며 방호대상물은 비산할 우려가 있는 것이다.)

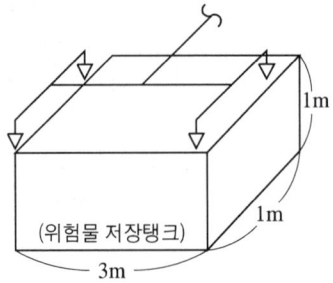

(물음 1) 방호 공간 체적(m^3)은 얼마인가?
(물음 2) 소화약제 최소저장량(kg)은 얼마인가?
(물음 3) 헤드 1개의 방출량(kg/s)은 얼마인가?

풀이 $Q = 8 - 6\dfrac{a}{A}$

여기서, Q : 소화약제량(kg/m^3), a : 방호대상물 주위에 설치된 벽면적 합계(m^2)
　　　　A : 방호공간의 벽면적(벽이 없는 경우 있는 것으로 가정한 당해부분의 면적) 합계(m^2)

(**물음 1**) 방호공간의 체적(m^3) = 방호대상물의 각 부분으로부터 0.6m의 거리에 둘러싸인 공간을 말한다.

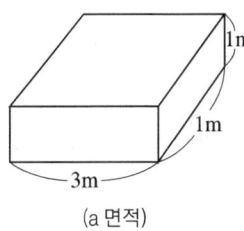
(a 면적)

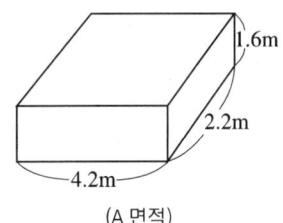
(A 면적)

∴ 방호공간체적 = $4.2 \times 2.2 \times 1.6 = 14.784 m^3$

🔍해답 $14.78 m^3$

(물음 2) a = 설치된 고정측벽이 없으므로 0 즉, $a = 0$

$A = 4.2m \times 1.6m \times 2면 + 2.2m \times 1.6m \times 2면 = 20.48 m^2$

∴ $Q(kg/m^3) = 8 - 6 \times \dfrac{0}{20.48} = 8 kg/m^3$

∴ 약제량(kg) = $14.78 m^3 \times \dfrac{8kg}{m^3} \times 1.4 (고압식) = 165.54 kg$

🔍해답 $165.54 kg$

(물음 3) 약제 방사시간은 국소방출방식이므로 30초 이내이다.

∴ 헤드 1개당 방출량(kg/s) = $165.54 kg \div 30초 \div 4개 = 1.38 kg/s$

🔍해답 $1.38 kg/s$

15
다음은 이산화탄소 소화설비에 관한 사항이다. 조건 및 도면을 보고 각 물음에 답하시오.

[조건]
① 옥내탱크 저장소에 저장된 것은 에탄이며 에탄은 표면화재 방화대상물로 약제 저장량은 아래와 같다.

[가연성액체 또는 가연성가스등 표면화재 방호대상물]

방호구역 체적	방호구역의 체적 $1m^3$에 대한 소화약제의 양	최저 한도량	개구부 가산량(kg/m^2) (자동폐쇄장치 미설치시)
$45m^3$ 미만	1kg	45kg	5
$45m^3$ 이상 $150m^3$ 미만	0.9kg		5
$150m^3$ 이상 $1450m^3$ 미만	0.8kg	135kg	5
$1450m^3$ 이상	0.75kg	1125kg	5

② 전기실의 설계가스농도가 30%에 도달할 때 약제소요량은 $0.7kg/m^3$로 한다.

③ 표면 화재에 의한 설계농도가 34% 이상인 방호대상물의 소화 약제량은 방호구역의 체적 $1m^3$에 대한 소화약제량에 다음 표에 의한 보정 계수를 곱하여 산출한 양으로 하며 에탄의 설계 농도는 40%이며 보정 계수는 1.2이다.

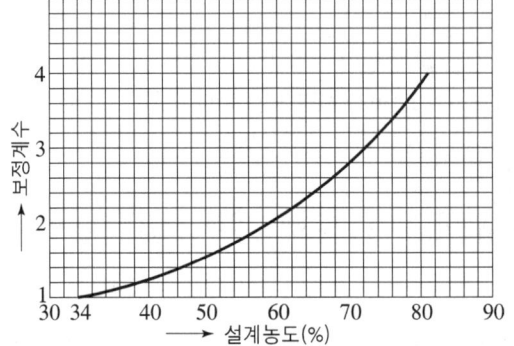

④ CO_2소화설비 방식은 고압식이며 개구부에 대한 가산량은 무시한다.
⑤ 전기실은 심부화재 방호대상물로 약제 저장량은 아래와 같다.

[종이, 목재, 석탄, 섬유류, 합성수지류 등 심부화재 방호대상물]

방호대상물	방호구역 $1m^3$에 대한 소화약제의 양	설계농도 (%)	개구부 가산량(kg/m^2) (자동폐쇄장치 미설치시)
유압기기를 제외한 전기설비 · 케이블실	1.3kg	50	10
체적 $55m^3$ 미만의 전기설비	1.6kg	50	10
서고, 전자제품창고, 목재가공품 창고, 박물관	2.0kg	65	10
고무류, 면화류창고, 모피창고, 석탄창고, 집진설비	2.7kg	75	10

⑥ CO_2소화약제 저장용기의 내용적은 68L이며 충전비는 1.6이다.
⑦ 심부화재 방호대상물은 설계농도가 2분 이내에 30%에 도달하여야 한다.
⑧ 각실의 방호구역 체적   옥내탱크저장소 : $9m \times 14m \times 4m = 504m^3$
전기실 : $18m \times 21m \times 4m = 1512m^3$
⑨ 옥내소화전 F-1의 방사압력은 0.17MPa이고 이때 방수량은 140L/분 이었다
⑩ 옥내소화전 F-2의 방사압력은 0.47MPa이다.

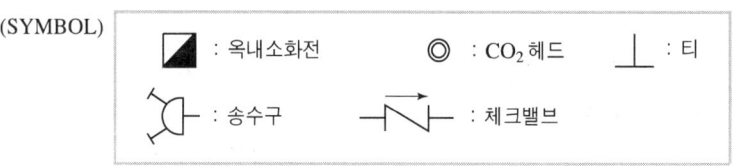

[도면]

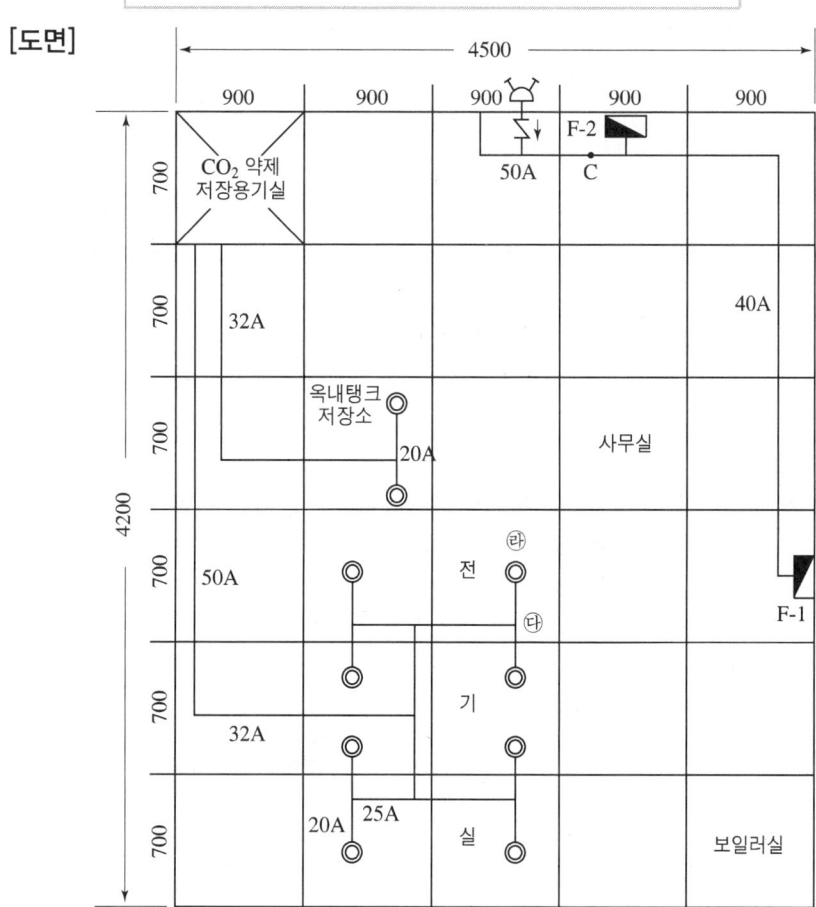

(물음 1) 옥내 탱크 저장소 및 전기실의 약제 소요량과 소요 병수를 계산하시오.

(물음 2) ㉰~㉱ 구간의 유량(kg/s)을 구하시오.

(물음 3) CO_2 소화약제 저장 용기수를 최저로 할 때 충전비 및 소요병수를 구하시오.

(물음 4) 옥내소화전설비 F – 2의 유량(L/분)을 계산하시오.

(물음 5) 옥내소화전설비 C점의 유량(L/분)을 계산하시오.

(물음 6) 옥내소화전을 20분 작동시 수원의 양(m^3)을 구하시오.
 (단, 소수점은 절상하여 정수로 표시한다)

(물음 1) [약제 소요량] 옥내 탱크 저장소 : $504\text{m}^3 \times 0.8\text{kg/m}^3 \times 1.2 = 483.84\text{kg}$

전기실 : $1512\text{m}^3 \times 1.3\text{kg/m}^3 = 1965.6\text{kg}$

[소요병수] 충전비$(C) = V(\text{L})/G(\text{kg})$

∴ $1.6 = 68\text{L}/G$ $G = 42.5\text{kg}$(병당 약제 저장량)

옥내 탱크 저장소 : $483.84 \div 42.5 = 11.38$ ∴ 12병

전기실 : $1965.6 \div 42.5 = 46.25$ ∴ 47병

방호구역	약제 소요량	소요 병수
옥내탱크저장소	483.84kg	12병
전기실	1965.60kg	47병

(물음 2) [전기실의 설계농도가 2분 이내에 30% 도달될 때 방출 약제량을 구하면]

$W = 1512\text{m}^3 \times 0.7\text{kg/m}^3 = 1058.4\text{kg}$

∴ 약제 1058.4kg을 2분(120초) 이내에 헤드 8개로 방출하여야 한다.

∴ $Q(\text{kg/sec}) = 1058.4\text{kg} \div 8\text{개} \div 120\text{초} = 1.10\text{kg/s}$

해답 1.10kg/s

(물음 3) CO_2소화설비의 고압식 충전비 = 1.5 이상, 1.9 이하

충전비 = 1.5일 때 $1.5 = 68\text{L}/G(\text{kg})$ $G = 45.33\text{kg}$

충전비 = 1.9일 때 $1.9 = 68\text{L}/G(\text{kg})$ $G = 35.79\text{kg}$

∴ CO_2소화약제 저장용기수를 최저로 하기 때문에 병당 약제 저장량은 충전비
  = 1.5일 때 $G = 45.33\text{kg}$(병당 약제 저장량)을 적용

∴ 최저 소요병수 = $1965.60\text{kg} \div 45.33\text{kg/병} = 43.36$ ∴ 44병

해답 충전비 = 1.5 최저 소요병수 = 44병

(물음 4) $F-1$ $Q = K\sqrt{10P}$ $140\text{L/분} = K\sqrt{10 \times 0.17}$

∴ $K = 107.375$

$F-2$ $Q = K\sqrt{10P}$

∴ $Q = 107.375\sqrt{10 \times 0.47} = 232.78\text{L/분}$

해답 232.78L/분

(물음 5) $Q_T = Q_1 + Q_2$

∴ $Q_T = 232.78 + 140 = 372.78\text{L/분}$

해답 372.78L/분

(물음 6) $Q = (232.78\text{L/분} + 140\text{L/분}) \times 20\text{분} = 7455.6\text{L} = 7.46\text{m}^3$ ∴ 8m^3

해답 8m^3

16 그림은 CO_2 소화설비의 소화약제 저장용기 주위의 배관 계통도이다. 방호구역은 A, B 두 부분으로 나누어지고, 각 구역의 소요 약제량은 A 구역은 2B/T, B 구역은 5B/T 이라 할 때 그림을 보고 다음 물음에 답하시오.

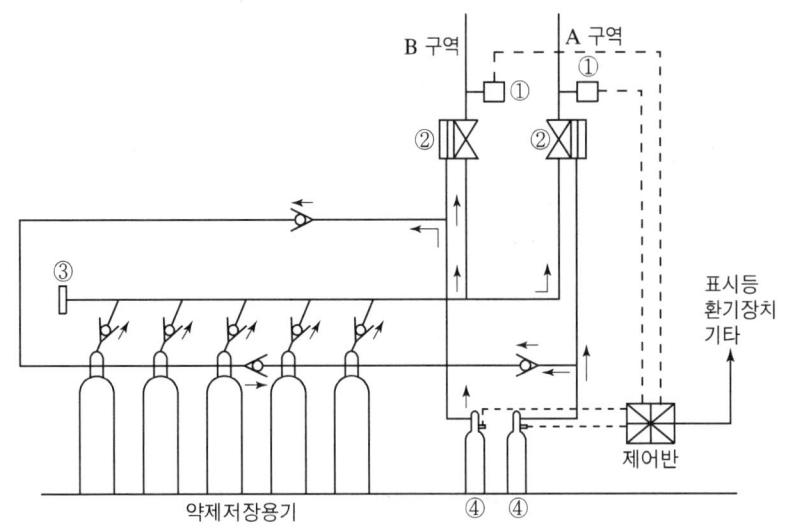

(물음 1) 각 방호구역에 소요 약제량을 방출할 수 있게 조작관에 설치할 체크밸브의 위치를 표시하시오.
(물음 2) ①, ②, ③, ④ 기구의 명칭은 무엇인가?

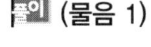 (물음 1)

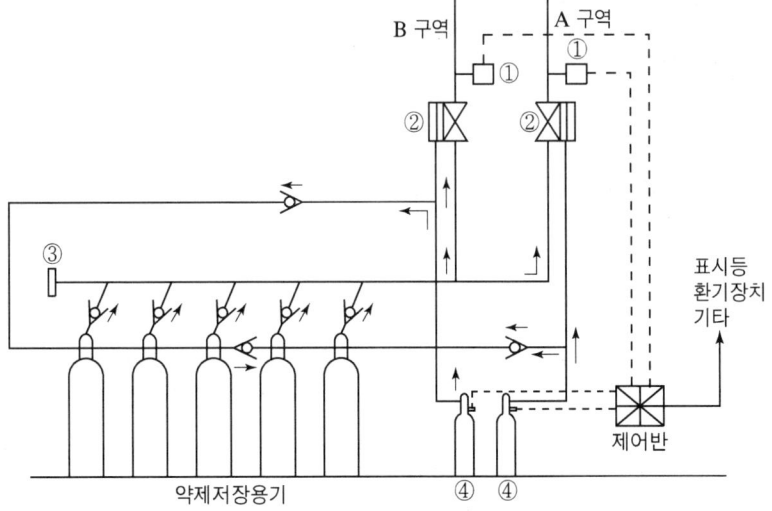

(물음 2) ① 압력스위치 ② 선택밸브 ③ 안전밸브 ④ 기동용가스용기

참고 B/T = Bottle(병)

17 방호구역 체적이 400m³인 소방대상물에 이산화탄소 소화설비를 하였다. 이곳에 CO_2 80kg을 방사하였을 경우 CO_2(%)는 얼마인가?(5점) (단, 실내압력은 2atm, 실내온도는 22℃로 가정한다.)

풀이

① 이상기체상태 방정식 $PV = \dfrac{W}{M}RT$을 이용한다.

여기서, P : 압력(atm), V : 부피(방출가스량)(m³), W : CO_2무게(kg)
M : CO_2분자량(44), R : 기체상수(0.082atm · m³/kmol · K)
T : 절대온도(K = 273 + t℃)

② $CO_2 = \dfrac{\text{방출된 } CO_2 \text{ 가스량(m}^3)}{\text{방호구역체적(m}^3) + \text{방출된 } CO_2 \text{ 가스량(m}^3)} \times 100$

[방출된 CO_2가스량 계산] $2 \times V = \dfrac{80}{44} \times 0.082 \times (273 + 22)$ ∴ $V = 21.99\text{m}^3$

[CO_2(%) 계산] $CO_2(\%) = \dfrac{21.99}{400 + 21.99} \times 100 = 5.21\%$

해답 5.21%

18 에탄(ethane)을 저장하는 창고에 이산화탄소 소화설비를 설치하려고 할 때 다음 사항을 답하시오.

[조건]
가. 소화설비의 방식 : 전역방출방식(고압식)
나. 저장창고의 규모 : 5m×5m×5m
다. 에탄소화에 필요한 이산화탄소의 설계농도 : 40%
라. 저장창고의 개구부 크기와 개수 −1m×0.5m×1개소
　　　　　　　　　　　　　　　　 −2m×1m×1개소
마. 표면화재의 전역방출방식에서 방호구역의 체적당 이산화탄소의 약제량

방호구역 체적	방호구역의 체적 1m³에 대한 소화약제의 양	최저 한도량
45m³ 미만	1kg	45kg
45m³ 이상 150m³ 미만	0.9kg	
150m³ 이상 1450m³ 미만	0.8kg	135kg
1450m³ 이상	0.75kg	1125kg

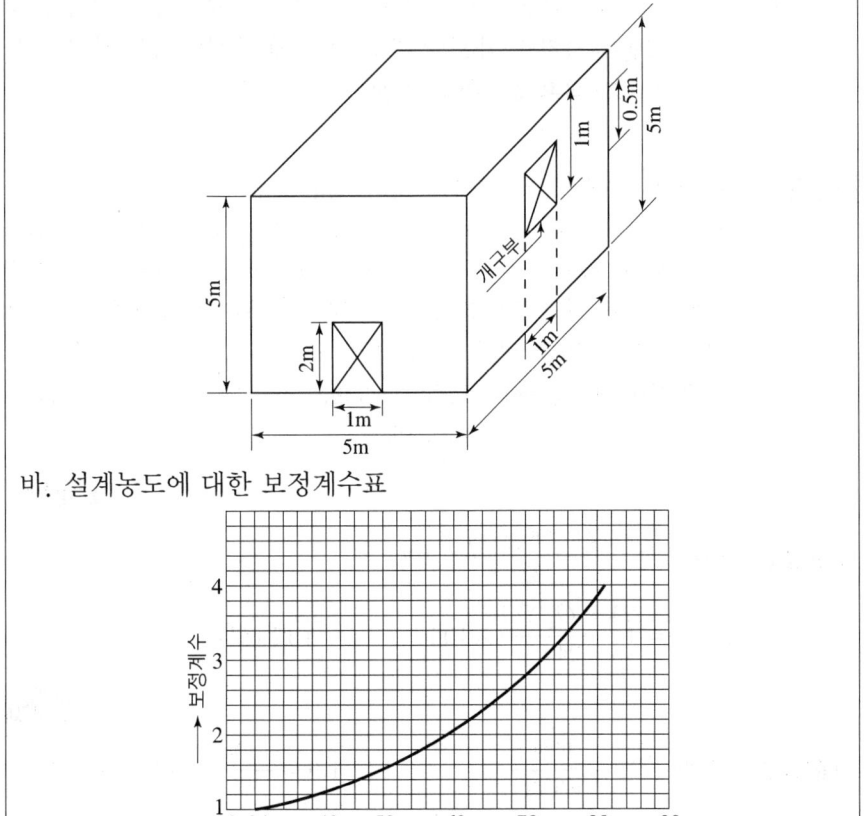

바. 설계농도에 대한 보정계수표

(물음 1) 필요한 이산화탄소 약제의 양(kg)을 계산하시오.
(물음 2) 방호구역내에 이산화탄소가 설계농도로 유지될 때의 산소의 농도는 얼마인가?
(물음 3) 이산화탄소 저장용기의 충전비를 최대(1.9)로 할 경우의 저장용기(68L) 1병당 저장약제의 중량은 얼마인가?
(물음 4) (물음 3)과 같이 충전비를 최대(1.9)로 할 경우 필요한 저장용기의 숫자는?
(물음 5) 상기조건에서 빈칸을 채우시오.

분사헤드의 방사압력	(㉮) 이상
이산화탄소의 방사시간	(㉯) 이내
저장용기의 저장압력	(㉰)
저장용기실의 온도	(㉱)
강관의 종류(배관)	(㉲)

(물음 6) 이산화탄소 설비의 자동식기동장치에 사용되는 화재감지기 회로(일반감지기를 사용할 경우)는 어떤 방식이어야 하나? 그 방식의 이름과 내용을 설명하시오.

풀이 (물음 1)
- 저장창고의 방호구역체적 = 5m × 5m × 5m = 125m³
- 개구부 단면적 = 1m × 0.5m × 1개소 + 2m × 1m × 1개소 = 2.5m²
- 에탄(ethane)의 설계가스농도가 34% 이상이므로 방호구역의 체적 1m³에 대한 소화약제의 양에 보정계수 1.2(에탄설계가스 농도가 40%일 때)를 곱하여 산출한 양으로 한다.

∴ 약제의 양 $Q(kg) = 125m^3 × 0.9kg/m^3 × 1.2 + 2.5m^2 × 5kg/m^2$
　　　　　　　　$= 147.50 kg$

　　　　　　　　　　　　　　　　　　　　　　　　해답 147.50kg

(물음 2) $CO_2(\%) = \dfrac{21 - O_2(\%)}{21} × 100$

∴ $40 = \dfrac{21 - O_2(\%)}{21} × 100$　　$O_2 = 12.60\%$

　　　　　　　　　　　　　　　　　　　　　　　　해답 12.60%

(물음 3) 충전비$(C) = \dfrac{V(L)}{G(kg)}$　　　∴ $1.9 = \dfrac{68L}{G}$　　$G = 35.79 kg$

　　　　　　　　　　　　　　　　　　　　　　　　해답 35.79kg

(물음 4) 저장용기수 = 약제저장량 ÷ 1병당 약제의 중량
∴ 저장용기수 = 147.5kg ÷ 35.79kg/병 = 4.12　　∴ 5병

　　　　　　　　　　　　　　　　　　　　　　　　해답 5병

(물음 5) ㉮ 2.1MPa　㉯ 1분　㉰ 5.3MPa　㉱ 40℃ 이하
　　　　㉲ 압력배관용 탄소강관중 이음이 없는 스케줄 80 이상

(물음 6) **교차회로방식** : 하나의 방호구역 내에 2 이상의 화재감지기회로를 설치하고 인접한 2 이상의 화재감지기가 화재를 감지하는 때에 소화설비가 작동하는 방식

19 다음은 저압식 이산화탄소 소화설비 계통도이다. 항상 닫혀 있는 밸브와 열려 있는 밸브의 번호를 열거 하시오.

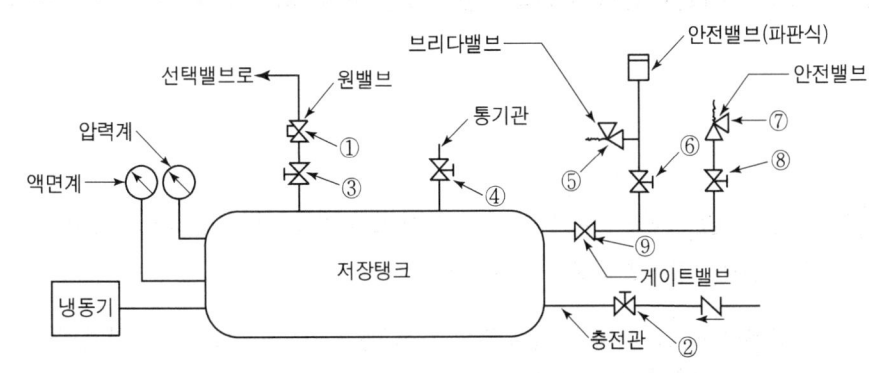

풀이 항상 닫혀 있는 밸브 : ① ② ④ ⑤ ⑦
항상 열려 있는 밸브 : ③ ⑥ ⑧ ⑨

20 이산화탄소 소화설비 설치금지 장소를 3가지 쓰시오.

풀이 ① 사람이 상시 근무하는 장소
② 자기 연소성 물질을 저장, 취급하는 장소
③ 활성금속 물질을 저장, 취급하는 장소

21 이산화탄소소화설비의 소화농도는 이론소화농도와 설계소화농도로 구분된다. 이를 간략하게 구별하여 설명하시오.

① 이론 소화농도 ② 설계 소화농도

풀이 ① **이론소화농도** : 방호구역내의 산소농도를 21%에서 15% 이하로 소화가 된다. 즉, 방호구역내의 산소농도를 15% 이하로 유지하기 위한 CO_2농도 약 28%를 말한다.
② **설계소화농도** : CO_2소화설비를 설계하는 경우 이론소화농도는 필요최저농도이므로 가스누설을 고려하여 20%의 안전율을 가한 값이며 이 값은 이론농도 28%의 경우에 34%에 해당된다.

> **참고**
> $$CO_2(\%) = CO_2[\%] = \frac{21 - O_2[\%]}{21} \times 100 = \frac{21-15}{21} \times 100 ≒ 28[\%] (이론소화농도)$$
> $28[\%] \times 1.2[\%](20[\%] \text{ 안전율}) ≒ 34[\%]$(설계 소화농도)

22 다음 그림은 어느 실에 대한 CO_2설비의 평면도이다. 이 도면과 주어진 조건을 이용하여 다음의 물음에 답하시오.

[조건] 모터싸이렌을 약제방출 사전 예고시는 파상음으로, 약제방출시는 연속음을 발한다.

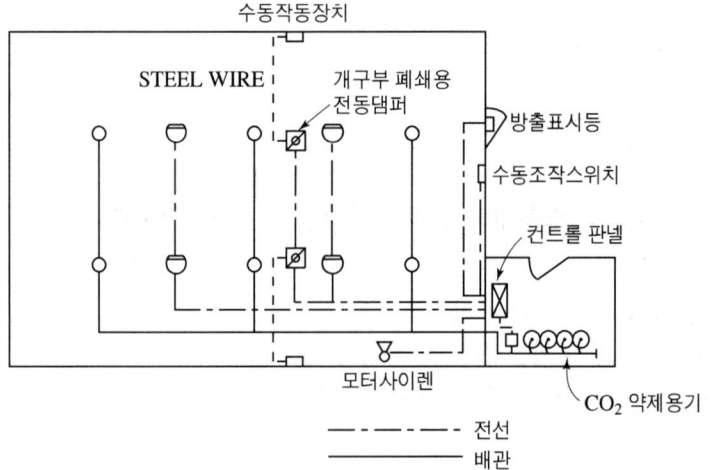

(물음 1) 화재가 발생하여 화재감지기가 작동되었을 경우 설비의 작동연계성(Operation Sequence)을 순서도로 설명하시오.(단, 구성장치의 기능이 모두 정상이다.)
(물음 2) 화재감지기 작동이전에 실내거주자가 화재를 먼저 발견하였을 경우 이 설비의 작동과 관련된 조치방법을 설명하시오.
(물음 3) 화재가 실내거주자에게 발견되었으나 상용 및 비상전원이 고장일 경우 이 설비의 작동과 관련된 조치방법을 설명하시오.

제1장 소화설비

풀이 (물음 1)

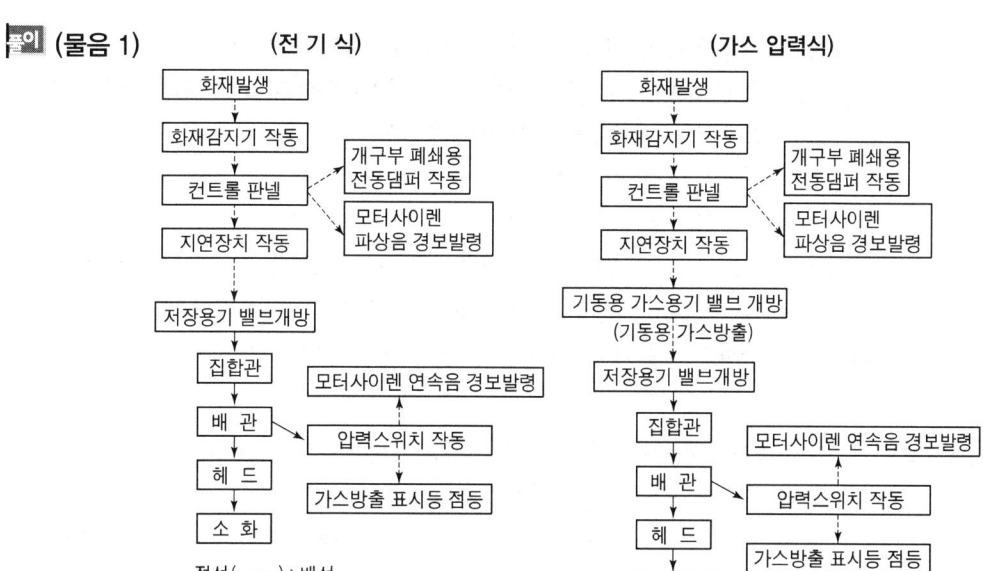

(주) 가스압력식 또는 전기식을 선택하여 답한다.

(물음 2) 화재실 내 근무자 확인 후 출입문 옆에 설치된 수동기동 스위치를 작동시켜 CO_2 소화설비를 작동하게 한다.

(물음 3) ① 화재구역 내에 근무자 확인하여 화재발생 및 대피를 알린다.
② 수동작동장치로 개구부를 수동으로 폐쇄한다.
③ 약제저장용기를 수동으로 개방한다.
④ 배관을 통하여 헤드로 CO_2약제 방사를 확인한다.

23
이산화탄소 소화설비를 고압식으로 설치하였다. 조건을 참조하여 각 물음에 답하시오.

[조건]
① 약제방출방식은 전역방출방식이다.
② 면화창고와 전기실은 가로 8m 세로 6m이다.
③ 면화창고와 전기실에는 가로 1m 세로 2m의 개구부가 1개씩 있으며 자동폐쇄장치가 없다.
④ 서고와 케이블실은 가로 6m 세로 5m이다.
⑤ 서고와 케이블실에는 가로 1m 세로 2m의 개구부가 1개씩 설치되어 있으며 자동폐쇄장치가 있다.
⑥ 각실의 층고는 3m이다.
⑦ 약제방사시간은 7분을 기준으로 한다.

(물음 1) 면화창고에 대한 약제소요량(kg)은 얼마인가?
(물음 2) 약제 저장용기 1병에 대한 약제량을 계산하시오.(단, 저장용기의 충전비는 1.51이고 내용적은 68L이다.)
(물음 3) 선택밸브의 필요한 개수는 몇 개인가?
(물음 4) 필요한 가스저장용기의 수는 몇 병인가?
(물음 5) 면화창고 및 서고의 선택밸브 직후의 유량(kg/min)은 얼마인가? (단, 실제 저장하는 약제량을 전량 방사하는 것으로 한다.)
(물음 6) 약제저장용기의 설치장소 기준을 5가지만 쓰시오.

풀이 (물음 1) ① 면화창고(심부화재)의 방호구역당 약제량은 2.7kg/m^3이다.
② 심부화재의 개구부 가산량은 10kg/m^2이다.
∴ $Q = 8\text{m} \times 6\text{m} \times 3\text{m} \times 2.7\text{kg/m}^3 + 1\text{m} \times 2\text{m} \times 10\text{kg/m}^2 = 408.8\text{kg}$

해답 408.8kg

(물음 2) 충전비 $C(\text{L/kg}) = \dfrac{V(\text{내용적 : L})}{G(\text{약제량 : kg})}$

∴ $G = \dfrac{V}{C} = \dfrac{68}{1.51} = 45.03\text{kg}$

해답 45.03kg

(물음 3) 선택밸브는 방호구역당 1개씩 설치한다.

해답 4개

(물음 4) ① 면화창고의 소요병수
408.8kg/45.03kg = 9.09   ∴ 10병
② 전기실의 소요병수
약제소요량 = $8\text{m} \times 6\text{m} \times 3\text{m} \times 1.3\text{kg/m}^3 + 1\text{m} \times 2\text{m} \times 10\text{kg/m}^2$
= 207.2kg
∴ 207.2kg/45.03kg = 4.60   ∴ 5병
③ 서고의 소요병수
약제소요량 = $6\text{m} \times 5\text{m} \times 3\text{m} \times 2.0\text{kg/m}^3 = 180\text{kg}$
∴ 180kg/45.03kg = 4.0   ∴ 4병
④ 케이블실의 소요병수
약제소요량 = $6\text{m} \times 5\text{m} \times 3\text{m} \times 1.3\text{kg/m}^3 = 117\text{kg}$
∴ 117kg/45.03kg = 2.60   ∴ 3병
※ 가장 많은 병수를 필요로 하는 방호구역을 기준하므로 10병이다.

해답 10병

(물음 5) ① 면화창고 : $Q(\text{kg/min}) = \dfrac{10\text{병} \times 45.03\text{kg/병}}{7\text{min}} = 64.33\text{kg/min}$

② 서고 : $Q(\text{kg/min}) = \dfrac{4\text{병} \times 45.03\text{kg/병}}{7\text{min}} = 25.73\text{kg/min}$

> **해답** 면화창고 : 64.33kg/min
> 서고 : 25.73kg/min

(물음 6) ① 방호구역 외의 장소에 설치할 것(단, 방호구역 내에 설치시 피난구 부근에 설치)
② 온도가 40℃ 이하이고, 온도변화가 작은 곳에 설치할 것
③ 직사광선 및 빗물이 침투할 우려가 없는 곳에 설치할 것
④ 방화문으로 구획된 실에 설치할 것
⑤ 용기의 설치장소에는 당해 용기가 설치된 곳임을 표시하는 표지를 할 것
⑥ 용기간의 간격은 점검에 지장이 없도록 3cm 이상의 간격을 유지할 것
⑦ 저장용기와 집합관을 연결하는 연결배관에는 체크밸브를 설치할 것
중 5가지

24 다음은 이산화탄소 소화설비의 수동식 기동장치의 설치기준이다. ( ) 안에 알맞은 답을 쓰시오.

① 전역방출 방식은 (㉮)마다 국소방출방식은 (㉯)마다 설치할 것
② 당해 방호구역의 출입구부분 등 조작자가 (㉰)에 설치할 것
③ 기동장치 조작부는 바닥으로부터 높이 (㉱)이상 (㉲)이하의 위치에 설치하고 보호장치를 할 것
④ 기동장치에는 가까운 곳의 보기 쉬운 곳에 (㉳)라고 표시한 표지를 할 것
⑤ 전기를 사용하는 기동장치에는 (㉴)을 설치 할 것
⑥ 기동장치의 방출용 스위치는 (㉵)와 연동하여 조작될 수 있는 것으로 할 것

풀이 ㉮ 방호구역 ㉯ 방호대상물 ㉰ 쉽게 피난할 수 있는 장소 ㉱ 0.8m ㉲ 1.5m
㉳ 이산화탄소소화설비 기동장치 ㉴ 전원표시등 ㉵ 음향경보장치

25 다음 (　)안에 알맞은 답을 쓰시오.(5점)

CO_2는 대기압 상온에서 (㉮) 상태로 존재하고 증기 비중은 (㉯)이다. 그리고 (㉰)과 (㉱) 과정에서 쉽게 액화하며 고체, 액체, 기체가 공존하는 (㉲)을 가진다.

풀이 ㉮ 기체　㉯ 1.52　㉰ 압축　㉱ 냉각　㉲ 삼중점

1-9 할론 소화설비(NFTC 107)

1. 할론 소화설비의 계통도

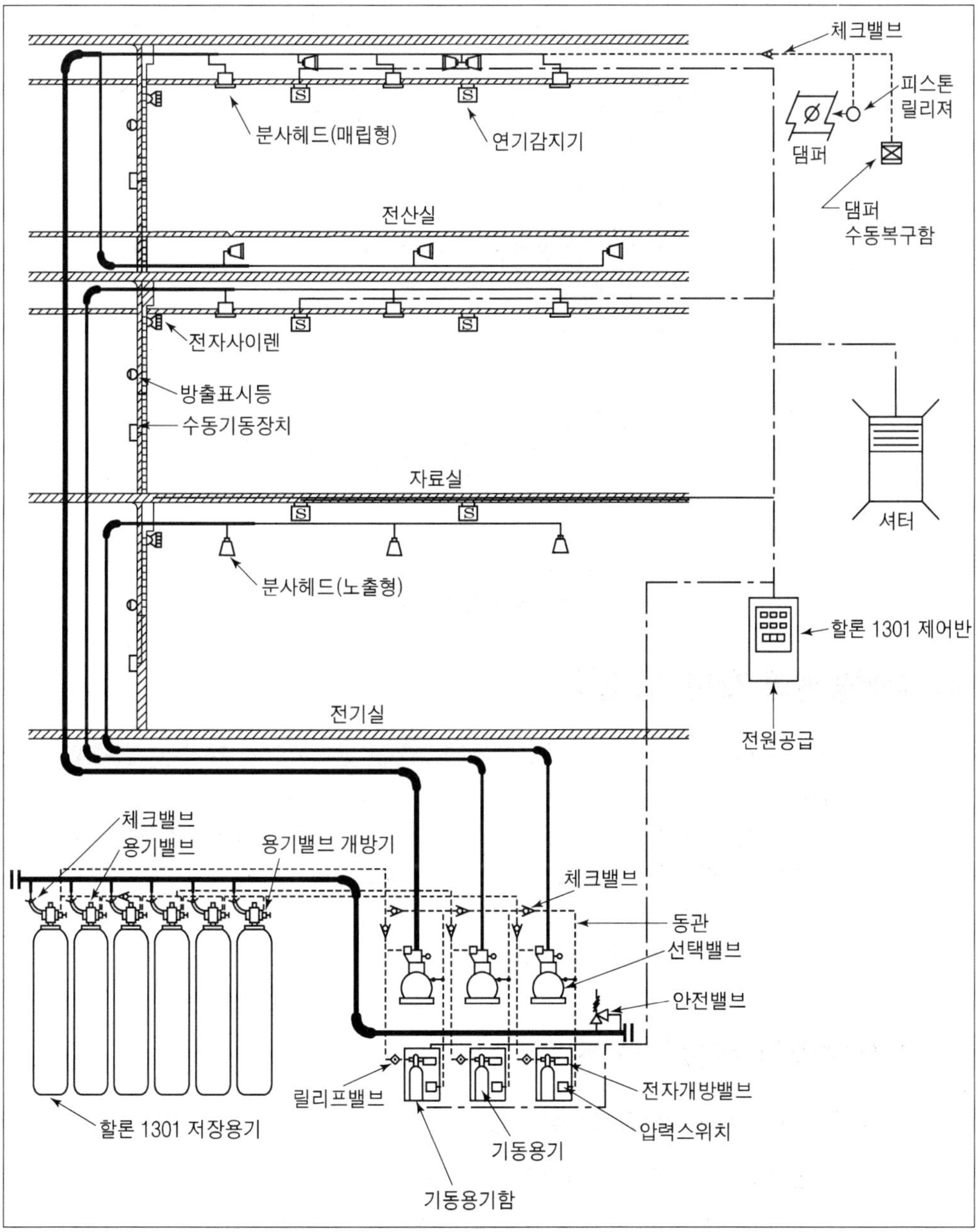

[FLOW DIAGRAM FOR HALON 1301 SYSTEM]

2. 소화설비 작동 계통도

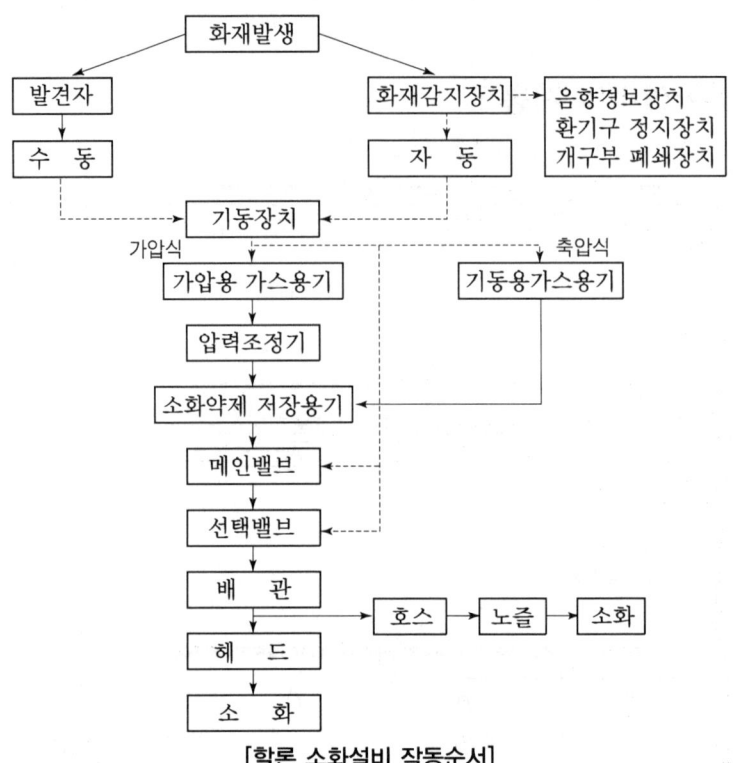

[할론 소화설비 작동순서]

3. 소화설비의 장점 및 단점

장 점	단 점
① 부촉매 작용으로 연소억제 작용이 크다.	① 가격이 비싸다.
② 금속에 대한 부식성이 작다.	② 소화약제를 수입에 의존해야 한다.
③ 소화약제의 변질 및 분해가 없다.	③ 대기오염이 크다.
④ 화재 진화후 깨끗하다.	
⑤ 비전도성으로 전기화재에도 적합하다.	

4. 소화약제의 저장용기 등

(1) 할론 소화약제의 저장용기 설치장소

① 방호구역 외의 장소에 설치할 것
   (단, 방호구역내에 설치할 경우에는 피난구 부근에 설치)
② 온도가 40℃ 이하이고 온도변화가 적은 곳에 설치할 것

③ 직사광선 및 빗물이 침투할 우려가 없는 곳에 설치할 것
④ 방화문으로 구획된 실에 설치할 것
⑤ 용기의 설치장소에는 당해용기가 설치된 곳임을 표시하는 **표지**를 할 것
⑥ 용기간의 간격은 점검에 지장이 없도록 3cm 이상의 간격을 유지할 것
⑦ 저장용기와 집합관을 연결하는 **연결배관**에는 **체크밸브**를 설치할 것
 (단, 저장용기가 하나의 방호구역만을 담당하는 경우에는 제외)

(2) 소화약제의 저장용기 설치기준

① 축압식 저장용기의 압력

소화약제의 종별	저 장 압 력	충전가스
할론1211	1.1MPa(저압식) 또는 2.5MPa(고압식)	질소(N_2)
할론1301	2.5MPa(저압식) 또는 4.2MPa(고압식)	질소(N_2)

할론1301약제 저장용기내를 질소가스로 축압하는 이유

할론1301은 상온에서는 자체증기압이 1.4MPa으로 방사압에는 문제가 없으나 영하의 저온에서는 약제방사시 헤드의 방사압이 일정하지 않으므로 질소로 축압하여 용기내압력을 4.2MPa로 하여 일정한 방사압력을 유지할 수 있다

② 저장용기의 충전비

소화약제의 종별		충 전 비(L/kg)
할론1211		0.7 이상 1.4 이하
할론1301		0.9 이상 1.6 이하
할론2402	가 압 식	0.51 이상 0.67 미만
	축 압 식	0.67 이상 2.75 이하

③ 동일 집합관에 접속되는 용기
 소화약제 충전량은 동일충전비의 것이어야 할 것
④ 가압용 가스용기
 ㉠ 충전가스 : 질소가스(N_2)
 ㉡ 충전압력(21℃에서) : 2.5MPa 또는 4.2MPa
⑤ 가압식 저장용기
 압력조정장치 : 2MPa 이하의 압력으로 조정할 수 있는 것
⑥ 별도 독립방식
 하나의 구역을 담당하는 소화약제 저장용기의 소화약제량의 체적합계보다 그 소화약제 방출시 방출경로가 되는 배관(집합관 포함)의 내용적이 1.5배 이상일 경우에는 당해 방호구역에 대한 설비는 **별도 독립방식**으로 하여야 한다.

5. 할론 소화약제

(1) 전역방출 방식

① 방호구역의 체적(불연재료나 내열성의 재료로 밀폐된 구조물이 있는 경우에는 그 체적을 제외) $1m^3$에 대하여 다음 표에 의한 양

[방호구역 체적계수 및 개구부 면적계수]

소방대상물 또는 그 부분		소화약제의 종별	방호구역의 체적 $1m^3$에 대한 소화약제의 양 kg (K_1 : kg/m^3)	개구부 가산량 (자동폐쇄장치 미설치시) (K_2 : kg/m^2)
차고, 주차장, 전기실, 통신기기실, 전산실 기타 이와 유사한 전기설비가 설치되어 있는 부분		할론1301	0.32 이상 0.64 이하	2.4
특수가연물을 저장, 취급하는 소방대상물	가연성 고체류, 석탄류, 목탄류, 가연성 액체류	할론2402	0.40 이상 1.1 이하	3.0
		할론1211	0.36 이상 0.71 이하	2.7
		할론1301	0.32 이상 0.64 이하	2.4
	면화류, 나무껍질 및 대패밥, 넝마 및 종이부스러기, 사류, 볏짚류	할론1211	0.60 이상 0.71 이하	4.5
		할론1301	0.52 이상 0.64 이하	3.9
	합성수지류를 저장·취급하는 것	할론1211	0.36 이상 0.71 이하	2.7
		할론1301	0.32 이상 0.64 이하	2.4

[$K_1(kg/m^3)$: 방호구역 체적계수, $K_2(kg/m^2)$: 개구부 면적계수]
[주] 1. 불연재료나 내열성재료로 밀폐된 구조물이 있는 경우에는 그 체적을 제외한다.

※ 시험에 자주 출제되는 것은 전기설비의 할론1301이므로
K_1 : $0.32kg/m^3$, K_2 : $2.4kg/m^2$은 반드시 암기

전역방출방식의 약제저장량

$Q = V \times K_1 + A \times K_2$

여기서, Q : 할론 약제저장량(kg), V : 방호구역체적(m^3)
$K_1(kg/m^3)$: 방호구역 체적계수, A : 개구부면적(m^2)
$K_2(kg/m^2)$: 개구부 면적계수

(2) 국소방출방식

다음의 기준에 의하여 산출한 양에 할론2402 또는 할론1211에 있어서는 1.1을, 할론1301에 있어서는 1.25를 각각 곱하여 얻은 양 이상으로 할 것
① 윗면이 개방된 용기에 저장하는 경우와 화재시 연소면이 1면에 한정되고 가연

물이 비산할 우려가 없는 경우[평면화재]에는 다음 표에 의한 양

소화약제의 종별	방호대상물의 표면적 $1m^2$에 대한 소화약제의 양 kg(K_1 : kg/m^2)
할론2402	8.8
할론1211	7.6
할론1301	6.8

국소방출방식의 약제저장량(평면화재)

$Q = A \times K_1 \times F$ (할론2402, 할론1211 = 1.1, 할론1301 = 1.25)
여기서, Q : 할론약제저장량(kg), A : 방호대상물의 표면적(m^2)

② ①외의 경우[입면화재]에는 방호공간의 체적 $1m^3$에 대하여 다음의 식에 의하여 산출한 양

$$Q_1 = X - Y\frac{a}{A}$$

여기서, Q_1 : 방호공간 $1m^3$에 대한 할론 소화약제의 양(kg/m^3)
a : 방호대상물의 주위에 설치된 벽의 면적의 합계(m^2)
A : 방호공간의 벽면적(벽이 없는 경우에는 벽이 있는 것으로 가정한 당해 부분의 면적)의 합계(m^2)
X 및 Y : 다음 표의 수치

소화약제의 종별	X의 수치	Y의 수치
할론2402	5.2	3.9
할론1211	4.4	3.3
할론1301	4.0	3.0

국소방출방식의 약제저장량(입면화재)

$Q = V \times Q_1 \times F$ (할론2402, 할론1211 = 1.1, 할론1301 = 1.25)
여기서, Q : 할론약제저장량(kg), V : 방호공간의 체적(m^3), Q_1 : (kg/m^3)

(3) 호스릴 할론 소화설비의 약제저장량

하나의 노즐에 대하여 다음 표에 의한 양 이상으로 할 것

소화약제의 종별	소화약제의 양
할론2402	50kg
할론1211	
할론1301	45kg

6. 할론 소화설비의 배관

① 전용으로 할 것
② 강관을 사용하는 경우의 배관
   압력배관용 탄소강관(KS D 3562) 중 **스케줄 40 이상**의 것 또는 이와 동등 이상의 강도를 가진 것으로서 아연도금 등에 의하여 방식처리된 것을 사용할 것
③ 동관을 사용하는 경우(이음이 없는 동 및 동합금관(KS D 5301)

고압식	16.5MPa 이상의 압력에 견딜 수 있는 것
저압식	3.75MPa 이상의 압력에 견딜 수 있는 것

④ 배관부속 및 밸브류는 강관 또는 동관과 동등 이상의 강도 및 내식성이 있는 것으로 할 것

7. 할론 소화설비의 분사헤드

(1) 전역방출방식

① 할론2402를 방출하는 분사헤드는 당해 소화약제가 **무상으로 분무되는 것으로** 할 것

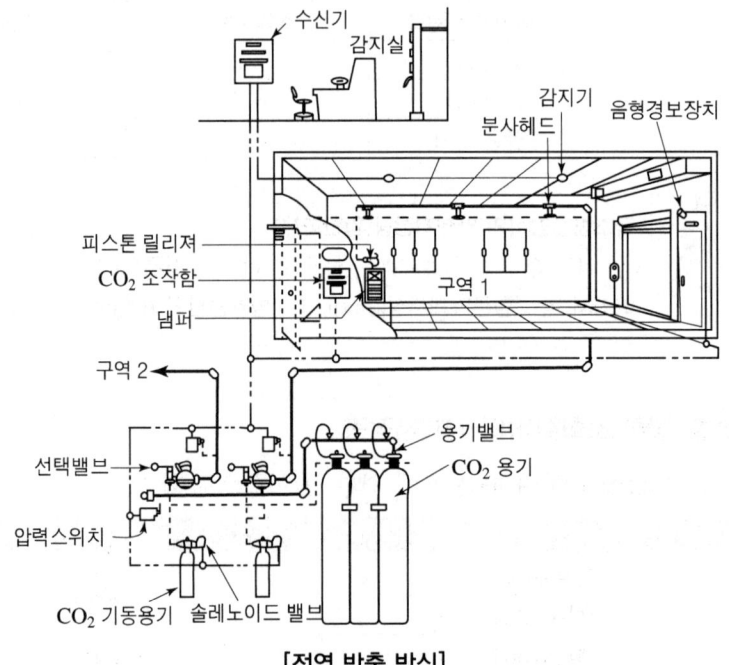

[전역 방출 방식]

② 분사헤드의 방사압력

소화약제의 종별	헤드의 방사압력[MPa]
할론2402	0.1 이상
할론1211	0.2 이상
할론1301	0.9 이상

③ 규정에 의한 기준저장량의 소화약제를 10초 이내에 방사할 수 있는 것으로 할 것

(2) 국소방출방식

① 소화약제의 방사에 의하여 가연물이 비산하지 아니하는 장소에 설치할 것
② 할론2402를 방사하는 분사헤드는 당해 소화약제가 **무상으로 분무**되는 것으로 할 것
③ 분사헤드의 방사압력

소화약제의 종별	헤드의 방사압력[MPa]
할론2402	0.1 이상
할론1211	0.2 이상
할론1301	0.9 이상

④ 규정에 의한 기준저장량의 소화약제를 10초 이내에 방사할 수 있는 것으로 할 것

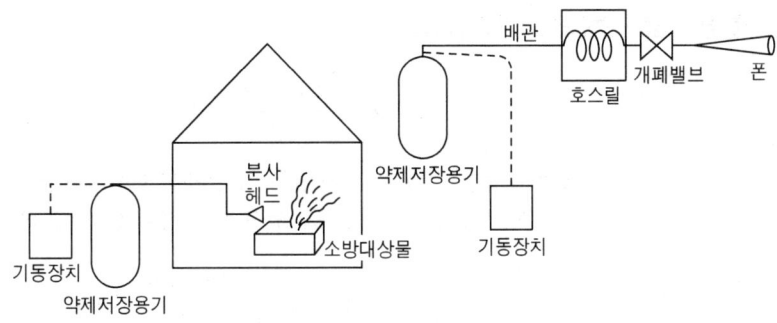

[국소 방출 방식]

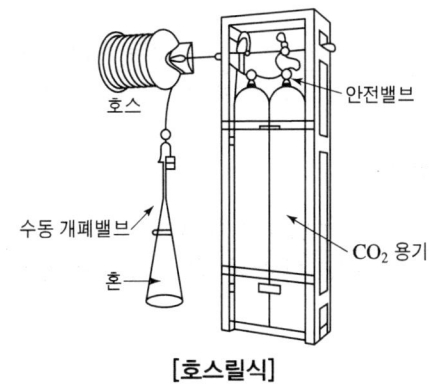

[호스릴식]

(3) 호스릴방식의 할론소화설비 설치기준

① 방호대상물의 각 부분으로부터 하나의 호스 접결구까지의 **수평거리가 20m 이하**가 되도록 할 것
② 소화약제의 저장용기의 개방밸브는 호스릴의 설치장소에서 수동으로 개폐할 수 있는 것으로 할 것
③ 소화약제의 저장용기는 호스릴을 설치하는 장소마다 설치할 것
④ 노즐은 20℃에서 하나의 노즐마다 1분당 다음 표에 의한 소화약제를 방사할 수 있는 것으로 할 것

할론 번호	1분당 방사하는 소화약제의 양
할론2402	45kg
할론1211	40kg
할론1301	35kg

⑤ 소화약제 저장용기의 가까운 곳의 보기 쉬운 곳에 **적색의 표시등**을 설치하고, 호스릴 할론 소화설비가 있다는 뜻을 표시한 표지를 할 것

8. 할론 소화설비의 설계

(1) 할론 1301 농도(%) 계산방법

①
$$G = \frac{21-Q_1}{Q_1} \times V$$

여기서, G : 방출된 할론 1301 가스량(m³), V : 방호구역 체적(m³)
Q_1 : 물질의 연소한계 산소농도(%) 또는 측정된 산소농도(%)

②
$$할론 1301 농도(\%) = \frac{21-O_2}{21} \times 100$$

여기서, O_2 : 산소농도(%)

③
$$할론 1301 농도(\%) = \frac{방출된\ 할론\ 1301\ 체적(m^3)}{방호구역\ 체적(m^3) + 방출된\ 할론1301체적(m^3)}$$

(2) 헤드의 분구면적(cm²)

$$\frac{헤드\ 1개의\ 방출량(kg/sec)}{헤드의\ 방출압력에\ 대한\ 방출량(kg/sec \cdot cm^2)}$$

(3) 가스 유량 공식

$$Q(\text{kg/sec}) = \frac{G}{T} = \frac{G}{10\text{sec}}$$

여기서, G : 가스량(kg) = $(g \times V + a \times A)$
  g : 기본 가스량(kg/m³), V : 방호구역 체적(m³)
  a : 개구부 가산량(kg/m²), A : 개구부 면적(m²), T : 시간(10초)

1-10 할로겐화합물 및 불활성기체 소화설비(NFTC 107)

1. 할로겐화합물 소화약제의 개요

(1) ODP(Ozone Depletion Potential) : 오존파괴지수

CFC-11(CFCl₃)의 오존파괴능력을 1로 하였을 때 상대적으로 다른 물질에 대한 오존파괴능력

오존파괴지수(ODP) = 어떤 물질 1kg이 파괴하는 오존량/CFC-11 1kg이 파괴하는 오존량

물질명	CFCl₃(CFC-11)	할론1211	할론2402	할론1301
ODP	1	3	6	10

(2) GWP(Global Warming Potential) : 지구온난화지수

CO₂ 1kg이 지구온난화에 미치는 영향을 1로 하였을 때 상대적으로 다른 기체가 대기중에 방사시 지구 온난화에 미치는 정도

지구온난화지수(GWP) = 어떤 물질 1kg이 기여하는 지구온난화정도/CO₂ 1kg이 기여하는 지구온난화정도

물질명	이산화탄소	메탄	아산화질소	수소불화탄소	과불화탄소	육불화황
GWP	1	21	310	1300	7000	23900

(3) ALT(Atmospheric Life Time)

어떤 물질이 대기권에 방출된 후 분해되지 않고 체류하는 잔존시간(단위 : 년)

(4) NOAEL(No Observed Adverse Effect Level)

심장 독성 시험시 심장에 영향을 미치지 않는 최대 농도

(5) LOAEL(Lowest Observed Adverse Effect Level)
심장 독성 시험시 심장에 영향을 미치는 최소 농도

2. 할로겐화합물 및 불활성기체 소화약제의 종류

번호	소화약제명	화 학 식	비 고
1	FC-3-1-10	C_4F_{10}	할로겐화합물 소화약제
2	HCFC BLEND A	HCFC-123($CHCl_2CF_3$) : 4.75% HCFC-22($CHClF_2$) : 82% HCFC-124($CHClFCF_3$) : 9.5% $C_{10}H_{16}$: 3.75%	
3	HCFC-124	$CHClFCF_3$	
4	HFC-125	CHF_2CF_3	
5	HFC-227ea	CF_3CHFCF_3	
6	HFC-23	CHF_3	
7	HFC-236fa	$CF_3CH_2CF_3$	
8	FIC-13I1	CF_3I	
9	FK-5-1-12	$CF_3CF_2C(O)CF(CF_3)_2$	
10	IG-01	Ar	불활성기체 소화약제
11	IG-100	N_2	
12	IG-541	N_2 : 52%, Ar : 40%, CO_2 : 8%	
13	IG-55	N_2 : 50%, Ar : 50%	

3. 소화약제의 저장용기 등

(1) 할로겐화합물 및 불활성기체 소화약제의 저장용기 설치장소
① 방호구역외의 장소에 설치할 것
  (단, 방호구역내에 설치할 경우에는 피난구 부근에 설치)
② 온도가 55℃ 이하이고 온도의 변화가 작은 곳에 설치할 것
③ 직사광선 및 빗물이 침투할 우려가 없는 곳에 설치할 것
④ 저장용기를 방호구역 외에 설치한 경우에는 **방화문으로 구획된 실에 설치할 것**
⑤ 용기의 설치장소에는 당해 용기가 설치된 곳임을 표시하는 **표지**를 할 것
⑥ 용기간의 간격은 점검에 지장이 없도록 3cm 이상의 간격을 유지할 것
⑦ 저장용기와 집합관을 연결하는 **연결배관에는 체크밸브**를 설치할 것
  (단, 저장용기가 하나의 방호구역만을 담당하는 경우에는 예외)

(2) 할로겐화합물 및 불활성기체 소화약제의 저장용기 기준

① 저장용기의 충전비, 충전압력(생략)
② 저장용기 표시사항
 ㉠ 약제명   ㉡ 저장용기 자체중량과 총중량
 ㉢ 충전일시   ㉣ 충전압력
 ㉤ 약제의 체적
③ 집합관에 접속되는 저장용기는 동일한 내용적을 가진 것으로 충전량 및 충전압력이 같도록 할 것
④ 저장용기는 충전량 및 충전압력을 확인할 수 있는 구조로 할 것
⑤ 저장용기의 약제량 손실이 **5%를 초과**하거나 **압력손실이 10%를 초과**할 경우에는 재충전하거나 저장용기를 교체하여야 한다. 다만, 불활성기체 소화약제 저장용기의 경우에는 **압력손실이 5%를 초과**할 경우 재충전하거나 저장용기를 교체할 것

(3) 별도의 독립방식

하나의 방호구역을 담당하는 저장용기의 소화약제의 체적합계보다 소화약제의 방출시 방출경로가 되는 배관(집합관을 포함한다)의 내용적의 비율이 할로겐화합물 및 불활성기체 소화약제 제조업체(이하 "제조업체"라 한다)의 설계기준에서 정한 값 이상일 경우에는 당해 방호구역에 대한 설비는 별도 독립방식으로 하여야 한다.

4. 저장용기의 재충전 및 교체

(1) 할로겐화합물 소화약제

저장용기의 약제량 손실이 5%를 초과 또는 압력손실이 10%를 초과할 경우에는 재충전하거나 저장용기를 교체할 것

(2) 불활성기체 소화약제

저장용기의 압력손실이 5%를 초과할 경우 **재충전**하거나 저장용기를 교체할 것

5. 소화약제 저장량

(1) 전역방출방식

① 할로겐화합물 소화약제

$$W = \frac{V}{S} \times \left[\frac{C}{(100-C)} \right]$$

여기서, W : 소화약제의 무게(kg), V : 방호구역의 체적(m^3)
S : 소화약제별 선형상수$(K_1 + K_2 \times t)(m^3/kg)$
C : 체적에 따른 소화약제의 설계농도(%)
t : 방호구역의 최소예상온도(℃)

② 불활성기체 소화약제

$$X = 2.303 \left(\frac{V_s}{S}\right) \times \log_{10}\left[\frac{100}{(100-C)}\right]$$

여기서, X : 공간체적당 더해진 소화약제의 부피(m^3/m^3)
S : 소화약제별 선형상수$(K_1 + K_2 \times t)(m^3/kg)$
C : 체적에 따른 소화약제의 설계농도(%)
V_s : 20℃에서 소화약제의 비체적(m^3/kg)
t : 방호구역의 최소예상온도(℃)

6. 설계농도 및 최대허용설계농도 기준

(1) 설계농도의 기준

체적에 따른 소화약제의 설계농도(%)는 상온에서 제조업체의 설계기준에서 정한 실험수치를 적용한다.

설계농도	소화농도	안전계수
A급	A급	1.2
B급	B급	1.3
C급	A급	1.35

★C급(통전상태)의 안전계수는 A급(전기차단상태)소화농도의 1.35

(2) 최대허용설계농도

소화약제량은 사람이 상주하는 곳에서는 별표에 따른 최대허용설계농도를 초과할 수 없다.

[할로겐화합물 및 불활성기체 소화약제 최대허용설계농도]

소 화 약 제	최대허용설계농도(%)	소 화 약 제	최대허용설계농도(%)
FC-3-1-10	40	FIC-13I1	0.3
HCFC BLEND A	10	FK-5-1-12	10
HCFC-124	1.0	IG-01	43
HFC-125	11.5	IG-100	43
HFC-227ea	10.5	IG-541	43
HFC-23	30	IG-55	43
HFC-236fa	12.5		

7. 기동장치

(1) 수동식 기동장치

① 방호구역마다 설치
② 당해 방호구역의 출입구부근 등 조작을 하는 자가 쉽게 피난할 수 있는 장소에 설치할 것
③ 기동장치의 조작부는 바닥으로부터 0.8m 이상 1.5m 이하의 위치에 설치하고, 보호판 등에 따른 보호장치를 설치할 것
④ 기동장치에는 가깝고 보기 쉬운 곳에 "할로겐화합물 및 불활성기체 소화설비 기동장치"라는 표지를 할 것
⑤ 전기를 사용하는 기동장치에는 **전원표시등**을 설치할 것
⑥ 기동장치의 **방출용스위치**는 **음향경보장치와 연동**하여 조작될 수 있는 것으로 할 것
⑦ 5kg 이하의 **힘**을 가하여 **기동**할 수 있는 구조로 설치

(2) 자동식 기동장치

자동화재탐지설비의 감지기의 작동과 연동하는 것으로서 다음 각 목의 기준에 따라 설치할 것
① 자동식 기동장치에는 수동식 기동장치를 함께 설치할 것
② 기계식, 전기식 또는 가스압력식에 따른 방법으로 기동하는 구조로 설치할 것

8. 배관 설치기준

① 배관은 전용으로 할 것
② 배관·배관부속 및 밸브류는 저장용기의 방출내압을 견딜 수 있어야 하며 다음의 각목의 기준에 적합할 것. 이 경우 설계내압은 최소사용설계압력 이상으로 하여야 한다.
　㉠ 강관을 사용하는 경우의 배관은 **압력배관용탄소강관**(KS D 3562) 또는 이와 동등 이상의 강도를 가진 것으로서 아연도금 등에 따라 방식처리된 것을 사용할 것
　㉡ 동관을 사용하는 경우의 배관은 이음이 없는 동 및 동합금관(KS D 5301)의 것을 사용할 것
③ 배관부속 및 밸브류는 강관 또는 동관과 동등 이상의 강도 및 내식성이 있는 것으로 할 것

④ 배관과 배관, 배관과 배관부속 및 밸브류의 접속 방법
   나사접합, 용접접합, 압축접합 또는 플랜지접합 등의 방법을 사용
⑤ 배관의 구경은 당해 방호구역에 할로겐화합물 소화약제가 10초(불활성기체 소화약제는 A, C급 화재 2분, B급 화재 1분) 이내에 방호구역 각 부분에 최소설계농도의 95% 이상 해당하는 약제량이 방출되도록 하여야 한다.

9. 분사헤드의 설치기준

① 분사헤드의 설치 높이 : 방호구역의 바닥으로부터 최소 0.2m 이상 최대 3.7m 이하
   천장높이가 3.7m를 초과할 경우 : 추가로 다른 열의 분사헤드를 설치할 것
② 분사헤드의 개수
   규정된 방사 시간내 약제량의 95% 이상이 방출되도록 설치

[규정된 방사시간]

소화약제의 구분	방사시간
할로겐화합물 소화약제	10초 이내
불활성기체 소화약제	A, C급 화재 2분 이내, B급 화재 1분 이내

③ 분사헤드에는 부식방지조치를 하고 오리피스의 크기, 제조일자, 제조업체를 표시
④ 분사헤드의 오리피스의 면적 : 연결되는 배관구경면적의 70% 초과 금지

핵심 출제문제

01 다음 조건을 참조하여 할로겐화합물 소화설비의 10초 동안 방사된 소화약제량을 구하시오.

[조건]
① 10초 동안 약제가 방사될 시 설계농도의 95%에 해당하는 약제가 방출된다.
② 방호구역의 크기는 가로 4m 세로5m 높이4m 이다.
③ $K_1 = 0.2413$, $K_2 = 0.00088$, 실온은 20℃이다.
④ A급 화재 발생 가능 장소로써 소화농도는 8.5%이다.

[풀이] $W = \dfrac{V}{S} \times \left\{ \dfrac{C}{(100-C)} \right\}$

여기서, W : 소화약제의 무게(kg), V : 방호구역의 체적(m³)
  S : 소화약제별 선형상수$(K_1 + K_2 \times t)$(m³/kg)
  C : 체적에 따른 소화약제의 설계농도(%)
  t : 방호구역의 최소예상온도(℃)

① V(방호구역 체적) $= 4 \times 5 \times 4 = 80 \text{m}^3$
② S(소화약제별 선형상수) $= K_1 + K_2 \times t = 0.2414 + 0.00088 \times 20$
   $= 0.2589 (\text{m}^3/\text{kg})$
③ 설계농도(C) = 소화농도 × 1.2(안전률 A급화재) = 8.5% × 1.2 = 10.2%
④ 설계농도의 95%에 해당하는 농도 = 10.2% × 0.95 = 9.69%

∴ $W = \dfrac{V}{S} \times \left(\dfrac{C}{100-C} \right) = \left(\dfrac{80}{0.2589} \right) \times \left(\dfrac{9.69}{100-9.69} \right) = 33.15 \text{kg}$

 33.15kg

02 내용적이 100m³인 어느 실에 대해 하론 1301설비를 하고자 한다. 소화에 필요한 할론의 설계농도를 8%라고 하면 필요한 약제는 몇(kg)인가?(단, 설계기준 온도는 21℃이고 이 온도에서의 할론1301의 비체적은 0.16m³/kg이며, 개구부에 대한 소요량은 무시한다.)

풀이 **(1) 설계가스농도**

이론 가스 농도에 가스 누설을 고려하여 약 20% 안전율을 가한 값을 설계 가스농도라 한다.

$$\text{설계가스농도}(\%) = \frac{\text{방출가스체적}(m^3)}{\text{방호구역체적}(m^3) + \text{방출가스체적}(m^3)} \times 100$$

방출가스체적(m^3)은 이상기체상태방정식 $PV = \frac{W}{M}RT$ 공식을 이용한다.

여기서, P(atm) : 압력, $V(m^3)$: 가스 체적, M : 분자량, W(kg) : 가스무게
R(0.082atm·m^3/kmol·K) : 기체상수, T(K) : 273+t℃(절대온도)

$\therefore PV = \frac{W}{M}RT$에서 방출가스체적 $\frac{V}{W} = \frac{RT}{PM}$ 여기서, $\frac{RT}{PM}$ = 비체적(m^3/kg)

$\therefore V = 0.16W$ 이것을 설계가스농도(%)식에 대입한다.

$$8\% = \frac{0.16W}{100 + 0.16W} \times 100$$

$0.16W \times 100 = 8(100 + 0.16W)$ $16W = 800 + 1.28W$

$\therefore W = \frac{800}{14.72} = 54.3478\text{kg}$

(2) $CO_2(\%) = \frac{21 - O_2(\%)}{21} \times 100$ $G_v = \frac{21 - Q_1}{Q_1} \times V$ 식을 이용

여기서, G_V : 방출가스량(m^3)
Q_1 : 물질의 연소한계농도(%) 또는 측정된 산소 농도(%)
V : 방호구역의 체적(m^3)

$8(\%) = \frac{21 - O_2(\%)}{21} \times 100$에서 $O_2 = 19.32\%$, 즉 O_2가 19.32%로 줄었다.

$\therefore G_V = \frac{21 - 19.32}{19.32} \times 100$ $G_V = 8.695652 m^3$

$\therefore PV = \frac{W}{M}RT$ 식을 이용한다. $\frac{V}{W} = \frac{RT}{PM}$ $\frac{RT}{PM}$ = 비체적(m^3/kg)

$\therefore V = 0.16W$ $V = 8.695652 m^3$이므로

$W = \frac{8.695652}{0.16} = 54.3478\text{kg}$

해답 54.35kg

03 다음은 할론 소화설비의 배치도이다. 아래 그림의 조건에 적합하도록 체크밸브를 도시하시오.(단, 저장용기와 집합관 사이의 연결관에는 설치된 것으로 가정한다.)

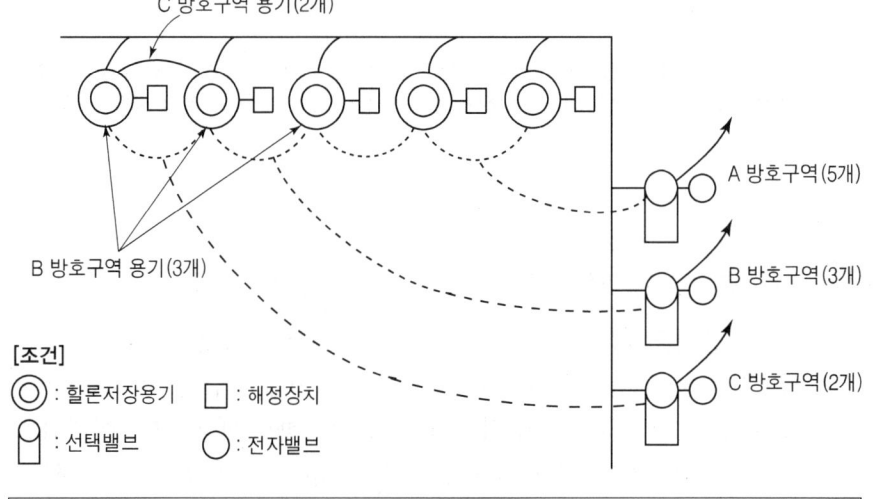

[조건] 체크밸브 5개를 사용하며 도시기호는 ⟁과 ⟁를 사용할 것

풀이

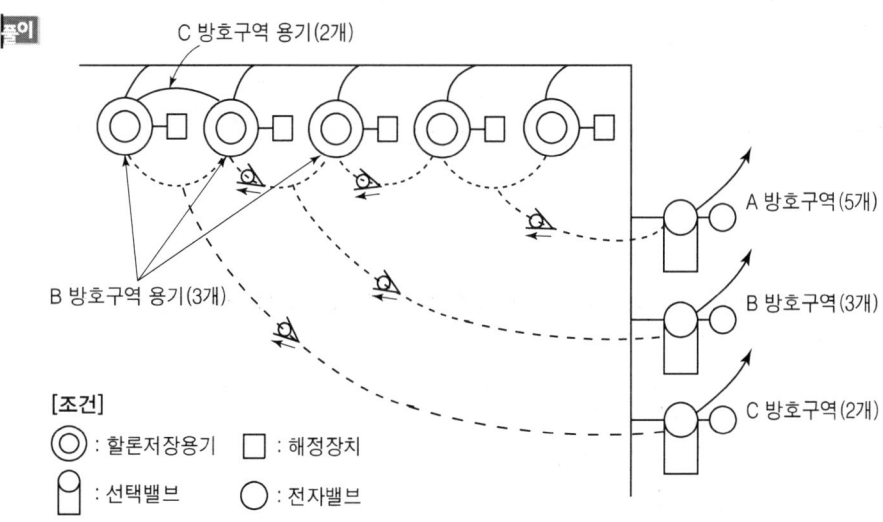

04 할론 1301 설비의 전역방출방식과 국소방출방식의 개념차이를 설명하시오.

풀이 **전역 방출 방식** : 화재 발생시 밀폐된 실내에 미리 설치된 소화설비에 의하여 저장된 할론 1301 가스를 방사하여 실내의 산소농도를 감소시켜 연소를 중단시키는 방법이다.
국소 방출 방식 : 소방대상물에 커다란 개구부가 있어 전역방출방식으로 소화가 곤란한 경우 한정된 연소부분에 할론1301가스를 집중적으로 분사하여 산소의 공급을 일시적으로 급히 차단하여 소화하는 방법이다.

참고 전역방출방식은 방호구역 전체의 산소농도를 감소시켜 소화하는 방법이며 국소방출방식은 방호대상물의 한정된 부분의 산소농도를 일시적으로 감소시켜 소화하는 방법이다.

05 다음의 글을 잘 읽어보고 ( )안에 적당한 답을 쓰시오.

할론 1301은 대기압 및 상온에서 (①) 상태로만 존재하는 물질로서 무색, 무취하고 21℃에서 공기보다 약 (②)배 무겁다. 할론 1301은 21℃, 상온에서 약 (③)MPa의 압력으로 가압하면 액화된다. 할론 1301은 약 (④)℃ 이상의 온도에서 CO_2는 약 (⑤)℃ 이상의 온도에서는 아무리 큰 압력으로 압축하여도 결코 액화하지 않는데 이 온도를 (⑥)라고 부른다. CO_2는 불에 대해 산소의 농도를 낮추어 주는 이른바 (⑦)효과에 의하여 소화하지만, 할론 1301은 불꽃의 연쇄반응에 대한 (⑧)로서 소화의 기능을 보여준다.

풀이 ① 기체 ② 5.16 ③ 1.4 ④ 67 ⑤ 31.35 ⑥ 임계온도 ⑦ 질식 ⑧ 부촉매

06 아래의 도면과 같은 방호대상물에 할론 소화설비를 설계하려고 한다. 각 물음에 답하시오.

[설계조건]
1. 건물의 층고(높이)는 4m이다.
2. 약제방출방식은 전역방출방식이다.
3. 약제는 할론1301을 사용한다.
4. 약제용기의 내용적은 68L로 하고 충전비는 1.36이다.
5. 방호대상물에는 자동폐쇄장치가 전부 설치되어 있다.

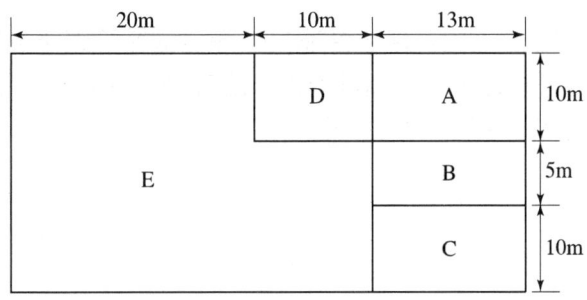

(물음 1) 방호구역상 필요한 저장용기의 수량을 각 실별로 산출하시오.
(물음 2) 위 설비에서 설치하여야 할 최소 용기수는 몇 개인가?
(물음 3) 기동방식을 가스 압력식으로 할 경우 체크밸브는 몇 개가 필요한가?
(물음 4) 위 설비에서 필요한 선택밸브의 수는 몇 개인가?

풀이 (물음 1)

$$C = \frac{V}{G}$$

C : 충전비, V : 내용적(L), G : 무게(kg)

$$\therefore G = \frac{V}{C} = \frac{68}{1.36} = 50\,kg$$

A실 = $10 \times 13 \times 4(m^3) \times 0.32\,kg/m^3 = 166.4\,kg/50\,kg = 3.3$병 ∴ 4병
B실 = $5 \times 13 \times 4(m^3) \times 0.32\,kg/m^3 = 83.2\,kg/50\,kg = 1.7$병 ∴ 2병
C실 = $10 \times 13 \times 4(m^3) \times 0.32\,kg/m^3 = 166.4\,kg/50\,kg = 3.3$병 ∴ 4병
D실 = $10 \times 10 \times 4(m^3) \times 0.32\,kg/m^3 = 128\,kg/50\,kg = 2.6$병 ∴ 3병
E실 = $(10 \times 20 + 30 \times 15) \times 4(m^3) \times 0.32\,kg/m^3 = 832\,kg/50\,kg = 16.6$병
  ∴ 17병

해답 A실 : 4병, B실 : 2병, C실 : 4병, D실 : 3병, E실 : 17병

(물음 2)

해답 17병

(물음 3) 동관 check valve 수 = $2n - 1$ n : 방호 구역수
  ∴ $(2 \times 5) - 1 = 9$
  그러나 A와 C실은 소요병수가 같으므로 $9 - 1 = 8$개
  ※ 집합관과 저장용기의 연결배관 check valve수 = 17개(저장용기마다 설치)

해답 25개

(물음 4) 선택밸브는 방호구역당 1개

해답 5개

07 체적이 600m³인 밀폐된 통신기기실에 설계농도 5%의 할론1301소화설비를 전역방출방식으로 적용하였다. 68L 내용적을 가진 축압식 저장용기수를 3병으로 할 경우 저장용기의 충전비는 얼마인가?

풀이

$$\text{충전비} \quad C = \frac{V(\text{L})}{G(\text{kg})}$$

[통신기기실의 할론 1301 약제 소요량]
0.32kg/m^3(설계농도 5%)~0.64kg/m^3(설계농도 10%)
약제 소요량 = $600\text{m}^3 \times 0.32\text{kg/m}^3 = 192\text{kg}$
병당 약제 저장량(kg) = 192kg/3병 = 64kg/병

$$\therefore C = \frac{68\text{L}}{64\text{kg}} = 1.06\text{L/kg}$$

해답 1.06

08 할론 1301 소화설비에 있어서 분사헤드 1개의 유량이 초당 3kg이다. 노즐 방사 압력에서의 방출률을 1.5kg/s/cm²이라고 할 때 분사헤드의 오리피스 구경을 구하시오.(5점) (단, 분사헤드에 접속되는 배관의 구경은 32mm이며, 분사헤드의 오리피스 구멍은 2개)

풀이

$$\text{분사헤드 오리피스 분구면적} = \frac{\text{헤드 1개의 방출량}(\text{kg/s})}{\text{헤드의 방출압력에 대한 방출량}(\text{kg/s} \cdot \text{cm}^2)}$$

$$\therefore \text{단면적} \ A = \frac{3\text{kg/s}}{1.5\text{kg/s} \cdot \text{cm}^2 \times 2} = 1\text{cm}^2$$

$$A = \frac{\pi D^2}{4}$$

$$D = \sqrt{\frac{4A}{\pi}} = \sqrt{\frac{4 \times 1}{\pi}} = 1.13\text{cm}$$

해답 1.13cm

09 할론 1301 고압식 전역방출방식 소화설비의 출발압력은 다음 식에 의하여 산출한다.

출발압력(MPa)
$= 4.2 - \dfrac{(\text{저장용기의 저장압력} - \text{할론1301의 증기압}) \times \text{배관내용적}}{\text{저장용기의 기체부용적} + \text{배관내용적}}$

68L 내용적을 가지는 고압식의 저장용기 1개의 할론 1301 소화약제의 용적을 43L이라 하고, 배관 내용적을 50L라고 할 때 출발압력을 구하시오.
(단, 할론 1301의 증기압은 1.4MPa이고, 할론 1301 저장 용기수는 2병이다.)

[풀이] 출발압력(MPa) $= 4.2 - \dfrac{(4.2 - 1.4) \times 50}{(68 - 43) \times 2 + 50} = 2.8\text{MPa}$

 2.8MPa

10 다음과 같은 조건이 주어질 때 HALON 1301의 소화설비를 설계하는데 필요한 다음 각 물음에 답하시오.

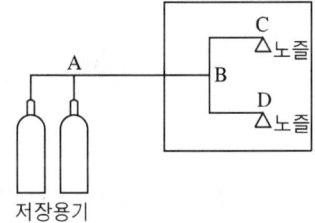

[조건]
① 약제소요량 120kg(출입구 자동폐쇄장치 설치)
② 초기 압력강하 1.6MPa
③ 고저에 의한 압력손실 0.04MPa
④ A, B간의 마찰저항에 의한 압력손실 0.04MPa
⑤ B-C, B-D간의 각 압력손실 0.02MPa
⑥ 약제 저장압력 4.2MPa
⑦ 작동 30초 이내에 약제 전량이 방출

(물음 1) 소화설비가 작동하였을 때 A-B간의 배관내를 흐르는 유량(kg/s)은 얼마인가?
(물음 2) B-C간 약제의 유량(kg/s)은 얼마인가?(단, B-D간 약제의 유량과 같다.)
(물음 3) C점 노즐에서 방출되는 약제의 압력(MPa)은 얼마인가?
(물음 4) 노즐 1개의 방사량(kg/개)은 얼마인가?
(물음 5) C점 노즐에서의 방출량이 2.5(kg/s·cm²)이면 헤드의 등가분구 면적(cm²)은 얼마인가?

(물음 1) 유량 = 방출량/시간 ∴ $Q = 120\,\text{kg}/30\,\text{s} = 4\,\text{kg/s}$

해답 4kg/s

(물음 2) A~B의 유량이 두 배관으로 분기하여 흐르므로
$$Q = \frac{A \sim B 유량}{2} = \frac{4\,\text{kg/s}}{2} = 2\,\text{kg/s}$$

해답 2kg/s

(물음 3) $P =$ 저장압력 − 전 손실압력(초기압력 강하 + 압력손실)

∴ $P = 4.2\,\text{MPa} - (1.6\,\text{MPa} + 0.04\,\text{MPa} + 0.04\,\text{MPa} + 0.02\,\text{MPa})$
    $= 2.5\,\text{MPa}$

해답 2.5MPa

(물음 4) 약제 소요량 120kg 노즐 2개로 방사하므로
120kg/2개 = 60kg/개

해답 60kg/개

(물음 5) 헤드의 등가 분구 면적(cm²) = $\dfrac{Q(유량\,\text{kg/s})}{방출량\,(\text{kg/s}\cdot\text{cm}^2)}$

∴ 등가 분구 면적 = $\dfrac{2\,\text{kg/s}}{2.5\,\text{kg/s}\cdot\text{cm}^2} = 0.8\,\text{cm}^2$

해답 0.8cm²

---

11 할론 소화설비의 헤드 1개당 분구면적이 1cm², 헤드방출량 2kg/s · cm², 헤드개수 5개일 때 약제소요량(kg)을 계산하시오.

풀이 헤드의 분구면적 = 약제소요량 ÷ 방사시간 ÷ 헤드의 방출율 ÷ 헤드개수
∴ 약제소요량 = 1cm² × 10s × 2kg/s · cm² × 5개 = 100kg

해답 100kg

---

12 할론 소화약제 저장용기에 저장되어 있는 할론 소화약제의 양을 측정하는 방법을 3가지만 쓰시오.

풀이 액면측정법, 중량측정법, 비파괴검사법

13 할론 1301을 사용하는 전역방출방식의 축압식 할로겐화물 소화설비에 대한 내용 중 다음 물음에 답하시오.

(물음 1) 답안지의 계통도를 완성하시오.(5점)
(물음 2) 상기계통도의 ①~⑧번의 명칭을 쓰고, ①, ④, ⑥번의 기능을 쓰시오.(14점)
(물음 3) 분사헤드의 방사압력은 얼마 이상 이어야 하는가?(2점)
(물음 4) 방호구역에서 화재가 발생하였을 경우에 감지기의 화재감지로부터 분사헤드의 소화약제 방출까지 작동순서를 약술하시오.(5점)

풀이 (물음 1) 계통도(굵은 선 부분이 해답임)

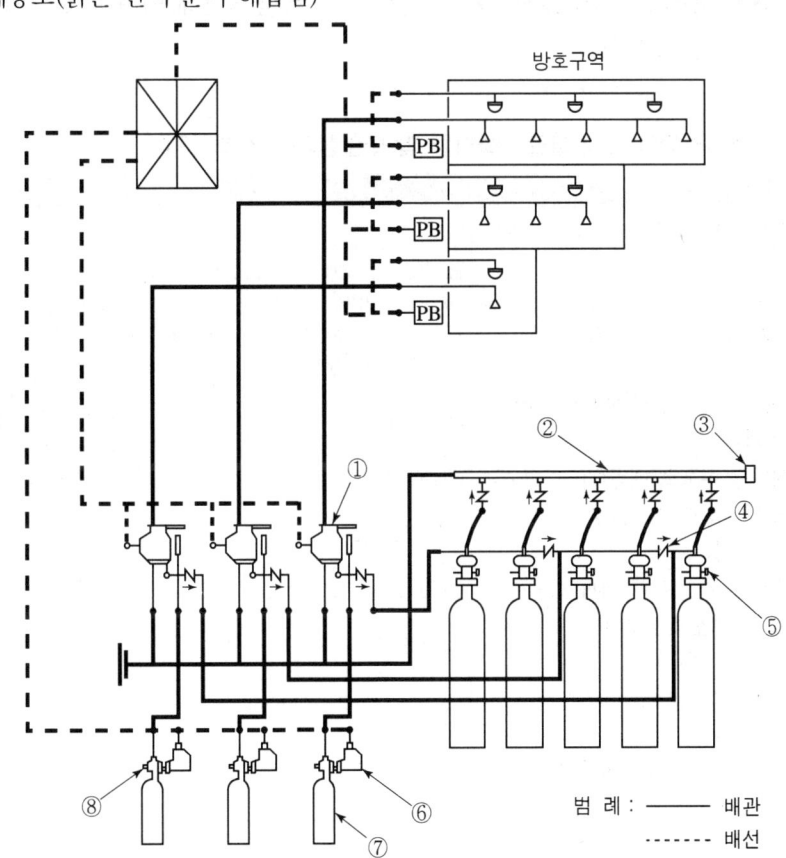

(물음 2) 명칭 : ① 선택밸브 ② 집합관
③ 안전밸브 ④ 체크밸브
⑤ 약제저장용기 개방장치 ⑥ 기동용 솔레노이드 밸브(전자밸브)
⑦ 기동용 가스용기 ⑧ 기동용 가스용기 개방장치

기능 : ④ 방호구역이 2 이상인 경우 화재시 해당방호구역만 개방되어 소화약제가 선택적으로 보내진다.
　　　　④ 해당 방호구역에 필요한 약제저장용기만 개방되도록 기동용가스를 차단시킨다.
　　　　⑥ 화재 발생시 감지기가 감지함에 따라 전기적으로 작동되어 기동용기 개방장치를 작동시킨다.

(물음 3) 0.9MPa

(물음 4) 화재발생 → 감지기 화재감지 → 수신반 → 기동용 전자밸브작동 → 기동용 가스방출 → 선택밸브 및 약제저장용기 개방 → 배관 → 헤드 → 약제 방출

---

14 할론의 대체 소화약제 중에서 현재 소방청장에 의하여 고시된 약제를 2가지만 쓰시오.

풀이 소방청장의 고시 할로겐화합물 및 불활성기체 소화약제

소화약제	화학식	상품명	제조업체
퍼플루오로부탄(FC-3-1-10)	C_4F_{10}		
하이드로 클로로 플루오르 카본 혼화제(HCFC BLEND A)	HCFC-123($CHCl_2CH_3$) : 4.75% HCFC-22($CHClF_2$) : 82% HCFC-124($CHClFCH_3$) : 9.5% $C_{10}F_{16}$: 3.75%	NAF S-Ⅲ	NAFG(캐나다) North American Fire Guardin
클로르 테트라 플루오르 에탄 (HCFC-124)	$CHClFCF_3$	FE-241	Dupont(미국)
펜타 플루오르 에탄(HFC-125)	CHF_2CF_3	FE-25	Dupont(미국)
헵타 플루오르 프로판 (HFC-227ea)	CF_3CHFCF_3	FM200	Great Lakes사
트리 플루오르 메탄(HFC-23)	CHF_3	FE-13	Dupont(미국)
헥사플루오로프로판 (HFC-236fa)	$CF_3CH_2CF_3$		
트리플루오로이오다이드 (FIC-13I1)	CF_3I		
불연성 · 불활성기체혼합가스 (IG-01)	Ar		
불연성 · 불활성기체혼합가스 (IG-100)	N_2		
불연성, 불활성기체 혼합가스 (IG-541)	N_2 : 52%, Ar : 40%, CO_2 : 8%	Inergen	Ansul사
불연성 · 불활성기체혼합가스 (IG-55)	N_2 : 50%, Ar : 50%		

소화약제	화학식	상품명	제조업체
도데카플루오로-2-메틸펜탄-3-원 (FK-5-1-12)	$CF_3CF_2C(O)CF(CF_3)_2$		

해답 ① HCFC BLEND A ② HCFC-124 ③ HFC-125
④ HFC-227ea ⑤ HFC-23 ⑥ IG-541 중 2가지

참고
ODP(오존파괴지수) = 어떤 물질 1kg이 파괴하는 오존양/CFC-11 1kg이 파괴하는 오존양
GWP(지구온난화지수) = 어떤 물질1kg이 파괴하는 온난화정도/CO_2 1kg이 파괴하는 온난화정도
NOAEL=심장독성시험시 심장에 영향을 미치지 않는 최대농도
LOAEL=심장독성시험시 심장에 영향을 미치는 최소농도

※ NOAEL : No Observed Adverse Effect Level의 약자
※ LOAEL : Lowest Observed Adverse Effect Level의 약자

15 아래도면은 어느 소방대상물인 전기실(A실), 발전기실(B실), 방제반실(C실), 밧데리실(D실)을 방호하기위한 할론1301의 배관평면도이다. 도면 및 조건을 참조하여 할론1301 소화약제의 최소용기 개수를 산출하시오.

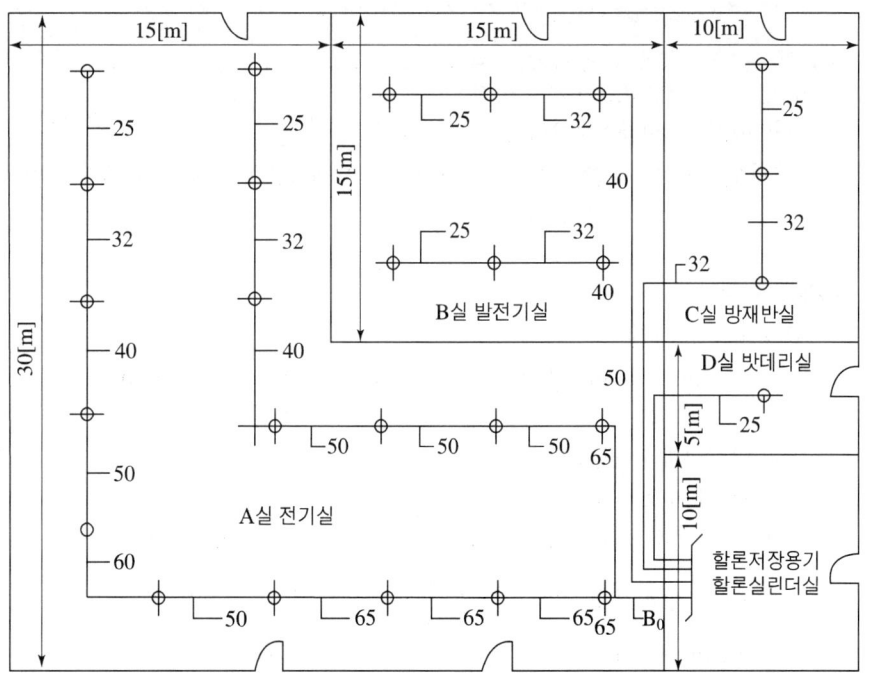

[조건]
① 약제저장용기 방식은 고압식이다.
② 용기 1개의 약제량은 50kg이고 내용적은 68L이다.
③ 도면상 각 실에 대한 배관내용적(용기실내의 입상관 포함)은 다음과 같다.

A실 배관내용적 : 198L	B실 배관내용적 : 78L
C실 배관내용적 : 28L	D실 배관내용적 : 10L

④ A실에 대한 할론 집합관의 배관내용적은 88L이다.
⑤ 할론약제저장용기와 집합관 사이의 연결관에 대한 내용적은 무시한다.
⑥ 설비의 설계기준온도는 20℃로 한다.
⑦ 액화할론1301의 비중은 20℃에서 1.6이다.
⑧ 각 실의 개구부는 없다고 가정한다.
⑨ 약제 소요량 산출시 각 실의 내부기둥 및 내용물은 무시한다.
⑩ 각 실의 층고(바닥으로부터 천정까지 높이)는 각각 다음과 같다.

A실 및 B실 : 5m	C실 및 D실 : 3m

풀이 ○ 계산과정 :

할론1301 소화약제 저장량

소방대상물	방호구역의 소요약제량	개구부 가산량 (자동폐쇄장치 미설치시)
차고,주차장,전기실,통신기기실,전산실, 기타 이와 유사한 전기설비가 설치되어 있는 부분	$0.32 kg/m^3$	$2.4 kg/m^2$

※ 약제장량(kg) = 방호구역체적(m^3) × 소요약제량(kg/m^3) + 개구부면적(m^2) × 개구부 가산량(kg/m^2)

A실(전기실)

① 방호구역 약제소요량 계산
$Q = (30m \times 30m - 15m \times 15m) \times 5m \times 0.32 kg/m^3 = 1080 kg$

② 소요 용기 수 = 1080kg/50kg = 21.6병 ∴ 22병

③ 독립배관방식 필요여부
  ㉠ 배관 내용적(집합관+배관) = 88 + 198 = 286L
  ㉡ 저장용기 소화약제량의 체적 = 22병 × 50kg ÷ 1.6 = 687.5L
  ㉢ 배관 내용적에 대한 약제량의 체적비 = $\frac{286}{687.5}$ = 0.42배
  ㉣ 1.5배 미만이므로 별도 독립배관방식 불필요

B실(발전기실)

① 방호구역 약제소요량

$Q = 15\text{m} \times 15\text{m} \times 5\text{m} \times 0.32\text{kg/m}^3 = 360\text{kg}$

② 소요 용기 수 = 360kg/50kg = 7.2병   ∴ 8병

③ 독립배관방식 필요여부

   ㉠ 배관 내용적(집합관+배관) = 88 + 78 = 166L

   ㉡ 저장용기 소화약제량의 체적 = 8병 × 50kg ÷ 1.6 = 250L

   ㉢ 배관 내용적에 대한 약제량의 체적비 = $\dfrac{166}{250}$ = 0.66배

   ㉣ 1.5배 미만이므로 별도 독립배관방식 불필요

C실(방재반실)

① 방호구역 약제소요량

$Q = 10\text{m} \times 15\text{m} \times 3\text{m} \times 0.32\text{kg/m}^3 = 144\text{kg}$

② 소요 용기 수 = 144kg/50kg = 2.88병   ∴ 3병

③ 독립배관방식 필요여부

   ㉠ 배관 내용적(집합관+배관) = 88 + 28 = 116L

   ㉡ 저장용기 소화약제량의 체적 = 3병 × 50kg ÷ 1.6 = 93.75L

   ㉢ 배관 내용적에 대한 약제량의 체적비 = $\dfrac{116}{93.75}$ = 1.24배

   ㉣ 1.5배 미만이므로 별도 독립배관방식 불필요

D실(밧데리실)

① 방호구역 약제소요량

$Q = 10\text{m} \times 5\text{m} \times 3\text{m} \times 0.32\text{kg/m}^3 = 48\text{kg}$

② 소요 용기 수 = 48kg/50kg = 0.96병   ∴ 1병

③ 독립배관방식 필요여부

   ㉠ 배관 내용적(집합관+배관) = 88 + 10 = 98L

   ㉡ 저장용기 소화약제량의 체적 = 1병 × 50kg ÷ 1.6 = 31.25L

   ㉢ 배관 내용적에 대한 약제량의 체적비 = $\dfrac{98}{31.25}$ = 3.14배

   ㉣ 1.5배 이상이므로 별도 독립배관방식 필요

저장실에 저장하여야 할 용기 수

N = 22병(같은 집합관사용 소요용기수중 최대) + 1병(별도 독립배관 사용 소요용기수)
= 23병

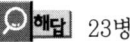 23병

참고 할론 소화설비의 배관

하나의 구역을 담당하는 소화약제 저장용기의 소화약제량의 체적합계보다 그 소화약제 방출시 방출경로가 되는 배관(집합관 포함)의 내용적이 1.5배 이상일 경우에는 당해 방호구역에 대한 설비는 별도 독립방식으로 하여야 한다.

실	저장용기 소화약제량의 체적(A)	배관내용적(B) (집합관+배관)	B/A	독립배관방식
A	$1080 \div 50 = 21.6$ ∴ 22병 $\times$ 50kg $\div$ 1.6 = 687.5L	286L	0.42	필요없음
B	$360 \div 50 = 7.2$ ∴ 8병 $\times$ 50kg $\div$ 1.6 = 250L	166L	0.66	필요없음
C	$140 \div 50 = 2.88$ ∴ 3병 $\times$ 50kg $\div$ 1.6 = 93.75L	116L	1.23	필요없음
D	$48 \div 50 = 0.96$ ∴ 1병 $\times$ 50kg $\div$ 1.6 = 31.25L	98L	3.14	필요

16 할론 소화약제의 오존층 파괴 메카니즘(mechanism)을 4단계로 구분하여 쓰시오.

풀이
$CF_3Br + H \rightarrow CF_3 + HBr$
$HBr + H \rightarrow H_2 + Br$
$Br + O_3 \rightarrow BrO + O_2$
$BrO + O \rightarrow Br + O_2$

17 가스계통의 소화약제 중 할로겐화합물 소화약제는 방사시간을 10초 이내로 제한하고 있는데 그 이유를 간단히 쓰시오.

풀이 약제 방사시 열분해하여 생성되는 독성 물질을 최소화하기 위하여

18 할론 소화약제 방사시 지구촌에 미치는 영향에 대하여 간단히 쓰시오.

풀이 대기의 성층권에 있는 오존층을 파괴하여 지구촌에 자외선이 증가하여 환경파괴를 초래한다.

19 바닥면적이 1,000m², 높이가 6m인 전기실에 Halon 1301소화설비를 설치하고자한다. 본실에는 자동폐쇄장치가 설치되지 않은 개구부의 면적이 15m²일 때 필요한 약제량[kg]은 얼마인가?(단, 방호구역 1m³당 최소 소화약제량은 0.32kg이고, 개구부의 가산량은 1m²당 2.4kg이다.)

풀이 할론1301 약제량[kg]

$$= 방호구역\ 체적[m^3] \times \frac{약제량[kg]}{방호구역\ 1[m^3]} + 개구부면적 \times \frac{약제량[kg]}{개구부\ 1[m^2]}$$

$$\therefore 할론1301\ 약제량[kg] = (1000[m^2] \times 6[m]) \times \frac{0.32[kg]}{1[m^3]} + 15[m^2] \times \frac{2.4[kg]}{1[m^2]}$$

$$= 1956[kg]$$

 1956kg

20 할로겐화합물 및 불활성기체 소화설비의 배관과 배관, 배관과 배관부속 및 밸브류의 접속방법을 3가지만 나열하시오.

풀이 ① 나사접합 ② 용접접합 ③ 플랜지접합 ④ 압축접합 중 3가지

1-11 분말소화설비(NFTC 108)

1. 분말소화설비의 계통도

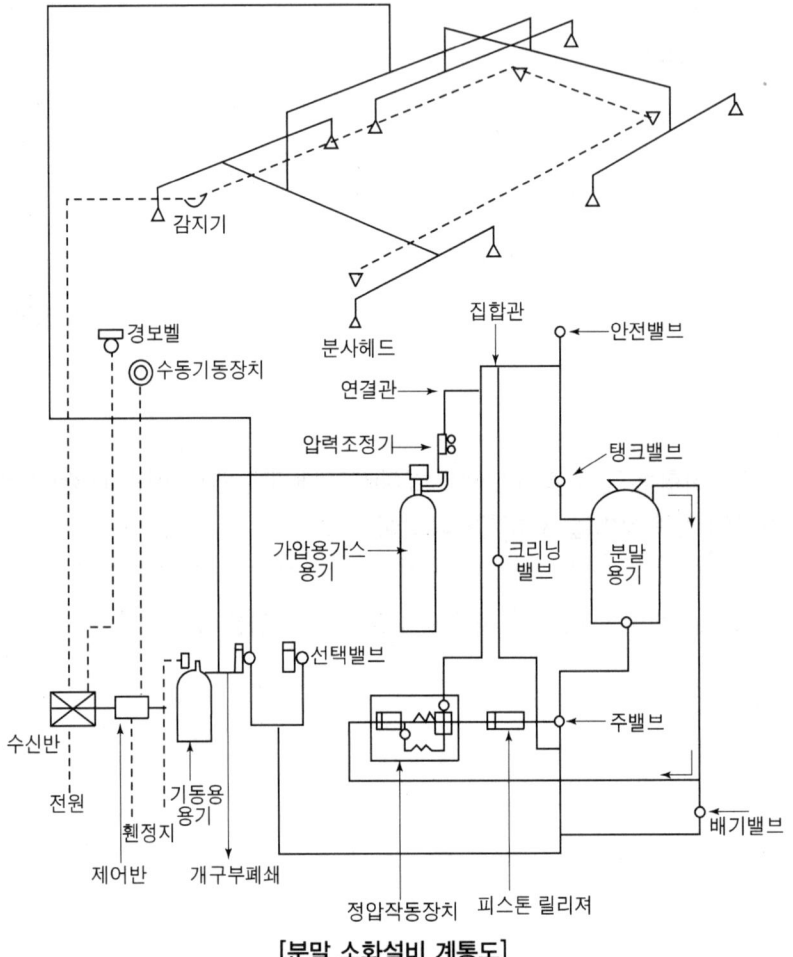

[분말 소화설비 계통도]

2. 분말소화설비의 장점

① 다른 소화설비보다 소화능력이 좋으며 진화시간이 짧다.
② 분말약제는 절연성이 있어 전기화재(C급)에도 적합하다.
③ 피연소물에 피해가 적고 인체에도 해가 적다.
④ 약제가 반영구적이고 가격이 저렴하다.
⑤ 다른 설비보다 설치비용이 저렴하다.

3. 분말소화약제의 구비조건

① 유동성이 좋고 흡습성이 적어야 한다.
② 고화 또는 응고되지 않고 부식성과 독성이 적어야 한다.
③ 분말입자의 크기가 고르고 미세하여야 한다.(분말입자크기는 $20 \sim 25 \mu$ m가 가장 좋다.)
④ 일정한 겉보기비중이 있고 부식성과 독성이 없어야 한다.
⑤ 장기보관이 용이하고 안정성이 있어야 한다.
⑥ 가격이 저렴하여야 한다.

4. 분말소화약제의 저장용기

① 저장용기의 충전비(L/kg)

소화약제의 종별	주 성 분	화 학 식	충 전 비(L/kg)
제1종 분말	탄산수소나트륨	$NaHCO_3$	0.80 이상
제2종 분말	탄산수소칼륨	$KHCO_3$	1.00 이상
제3종 분말	제1인산암모늄	$NH_4H_2PO_4$	1.00 이상
제4종 분말	탄산수소칼륨과 요소	$KHCO_3 + (NH_2)_2CO$	1.25 이상

② 저장용기에 설치하는 안전밸브의 작동압력

작 동 방 식	작 동 압 력
가 압 식	용기의 최고사용압력의 1.8배 이하
축 압 식	용기의 내압시험압력의 0.8배 이하

③ 저장용기에는 저장용기의 내부압력이 설정압력이 되었을 때 주밸브를 개방하는 정압작동장치를 설치할 것
④ 저장용기의 충전비는 0.8 이상으로 할 것
⑤ 저장용기 및 배관에는 잔류소화약제를 처리할 수 있는 청소장치를 설치할 것
⑥ 축압식의 분말소화설비는 사용압력의 범위를 표시한 지시압력계를 설치할 것

5. 분말소화약제의 가압용 가스용기

① 분말소화약제의 가스용기는 분말소화약제의 저장용기에 접속하여 설치하여야 한다.
② 분말소화약제의 가압용 가스용기를 3병 이상 설치한 경우에 있어서는 2개 이상의 용기에 전자개방밸브를 부착하여야 한다.
③ 분말소화약제의 가압용 가스용기에는 2.5MPa 이하의 압력에서 조정이 가능

한 압력조정기를 설치하여야 한다.

④ 가압용 또는 축압용 가스

구 분	질소가스 사용시	이산화탄소 사용시
가압용 가스	40L(질소)/1kg(약제) 이상 (35℃, 1기압 기준)	20g(CO_2)/1kg(약제) +배관청소에 필요한 양
축압용 가스	10L(질소)/1kg(약제) 이상 (35℃, 1기압 기준)	20g(CO_2)/1kg(약제) +배관청소에 필요한 양

⑤ 배관의 청소에 필요한 양의 가스는 별도의 용기에 저장할 것

분말소화약제

분말소화설비에 사용하는 소화약제는 제1종 분말 · 제2종 분말 · **제3종 분말** 또는 제4종 분말로 하여야 한다.(단, **차고 또는 주차장**에 설치하는 분말소화설비의 소화약제는 제3종 분말로 하여야 한다.)

6. 분말소화약제의 저장량

(1) 전역방출방식

[방호구역체적에 대한 약제량 및 개구부 가산량]

소화약제의 종별	방호구역의 체적 1m³에 대한 소화약제의 양 kg(K_1 : kg/m³)	개구부 가산량(K_2 : kg/m²) (자동폐쇄장치 미설치시)
제1종 분말	0.60	4.5
제2종 분말 또는 제3종 분말	0.36	2.7
제4종 분말	0.24	1.8

전역방출방식의 약제저장량

$Q = V \times K_1 + A \times K_2$

여기서, Q : 분말약제저장량(kg), V : 방호구역체적(m³)
K_1 : 방호구역 체적계수(kg/m³), A : 개구부면적(m²)
K_2 : 개구부 면적계수(kg/m²)

(2) 국소방출방식

다음의 기준에 의하여 산출한 양에 1.1을 곱하여 얻은 양 이상으로 할 것

$$Q_1 = X - Y\frac{a}{A}$$

여기서, Q_1 : 방호공간 1m³에 대한 분말소화약제의 양(kg/m³)

a : 방호대상물의 주변에 설치된 벽면적의 합계(m^2)
A : 방호공간의 벽면적(벽이 없는 경우에는 벽이 있는 것으로 가정한 당해 부분의 면적)의 합계(m^2)
X 및 Y : 다음 표의 수치

소화약제의 종별	X의 수치	Y의 수치
제1종 분말	5.2	3.9
제2종 분말 또는 제3종 분말	3.2	2.4
제4종 분말	2.0	1.5

$Q = V \times Q_1 \times 1.1$
여기서, Q : 분말약제 저장량(kg), V : 방호공간체적(m^3), Q_1 : (kg/m^3)

(3) 호스릴 분말소화설비

하나의 노즐에 대하여 다음 표에 의한 양 이상으로 할 것

소화약제의 종별	노즐당 약제 저장량(kg)
제1종 분말	50
제2종 분말 또는 제3종 분말	30
제4종 분말	20

7. 분말소화설비의 배관 설치기준

① 전용으로 할 것
② 강관을 사용하는 경우의 배관은 아연도금에 의한 **배관용 탄소강관(KS D 3507)** 이나 이와 동등 이상의 강도·내식성 및 내열성을 가진 것으로 할 것. 다만, 축압식 분말소화설비에 사용하는 것 중 20℃에서 압력이 **2.5MPa 이상 4.2MPa 이하** 인 것에 있어서는 **압력배관용 탄소강관(KS D 3562)** 중 이음이 없는 **스케줄 40 이상**의 것 또는 이와 동등 이상의 강도를 가진 것으로서 아연도금으로 방식처리 된 것을 사용하여야 한다.
③ **동관**을 사용하는 경우의 배관은 고정압력 또는 **최고사용압력의 1.5배 이상**의 압력에 견딜 수 있는 것을 사용할 것
④ 밸브류는 개폐위치 또는 개폐방향을 표시한 것으로 할 것
⑤ 배관의 관부속 및 밸브류는 배관과 동등 이상의 강도 및 내식성이 있는 것으로 할 것
⑥ 엘보 앞에 티를 설치하는 경우 관경의 **20배 이상의 거리**를 유지한다.
(분말 소화약제가 엘보부속품을 통과시 분말밀도가 외측은 크고 내측은 작아

밀도가 일정하지 않으므로 배관구경의 20배 이상 거리를 유지하여 밀도를 일정하게 하여야 한다.)

⑦ 배관방식은 토너먼트 방식으로 설치한다.

※ 토너먼트 방식으로 하는 이유 : 동시에 방사하는 헤드의 방사압력을 일정하게 하기 위하여

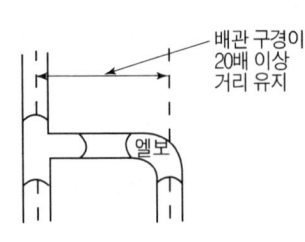

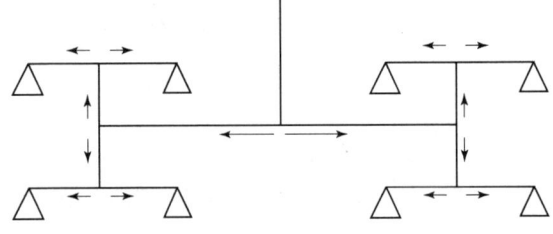

[엘보 앞에 티를 설치하는 경우]   [토너먼트 배관방식]

8. 분사헤드 설치기준

(1) 전역방출방식의 분사헤드
① 방사된 소화약제가 방호구역의 전역에 균일하고 신속하게 확산할 수 있도록 할 것
② 규정에 의한 소화약제 저장량을 30초 이내에 방사할 수 있는 것으로 할 것

(2) 국소방출 방식의 분사헤드
① 소화약제의 방사에 의하여 가연물이 비산하지 아니하는 장소에 설치할 것
② 규정에 의한 기준저장량의 소화약제를 30초 이내에 방사할 수 있는 것으로 할 것

(3) 호스릴방식의 분말소화설비
① 방호대상물의 각 부분으로부터 하나의 호스 접결구까지의 **수평거리가 15m 이하**가 되도록 할 것
② 소화약제의 저장용기의 개방밸브는 호스릴의 설치장소에서 수동으로 개폐할 수 있는 것으로 할 것
③ 소화약제의 저장용기는 호스릴을 설치하는 장소마다 설치할 것
④ 노즐은 하나의 노즐마다 1분당 다음 표에 의한 소화약제를 방사할 수 있는 것으로 할 것

소화약제의 종별	노즐의 방사량(kg/min)
제1종 분말	45
제2종 분말 또는 제3종 분말	27
제4종 분말	18

9. 정압작동장치의 기능 및 종류

(1) 기 능

가압용 가스용기로부터 가압용 가스(질소 또는 이산화탄소)가 분말약제 저장용기에 유입되어 약제를 혼합 유동시킨 후 **설정된 방출압력**이 되면 **주밸브(메인밸브)**를 개방시키는 역할을 한다.

(2) 종 류

① 압력스위치 방식

분말약제 저장용기에 유입된 가압용 가스에 의하여 설정된 압력이 되면 스위치가 닫혀 전자밸브를 개방하여 가압용 가스가 공급되어 주밸브를 개방시키는 방식이다.

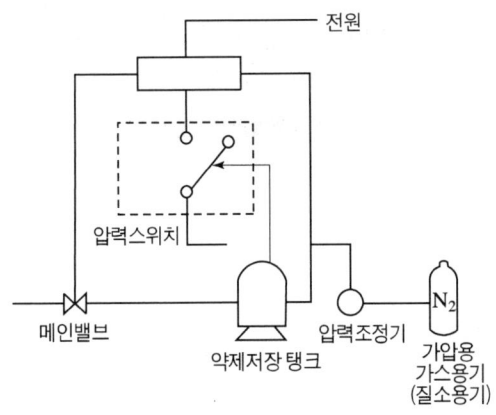

[압력 스위치 방식]

② 기계적 방식(스프링식)

분말약제 저장용기에 유입된 가압용 가스에 의하여 밸브의 레버를 당기면 가스의 통로가 개방되면서 가스를 주밸브로 보내 주밸브를 개방시키는 방식

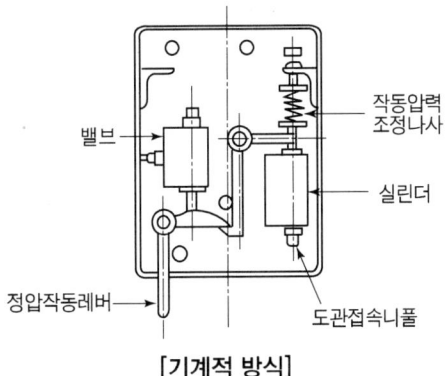

[기계적 방식]

③ 시한릴레이 방식(전기식)

분말약제 저장용기에 유입된 가압용 가스가 설정된 압력에 도달하는 시간을 미리 산출하여 시한릴레이에 입력시키고 설비의 기동과 동시에 시한릴레이를 작동시켜 입력시간이 지나면 릴레이가 작동하여 전자밸브를 개방하여 주밸브를 개방시키는 방식이다.

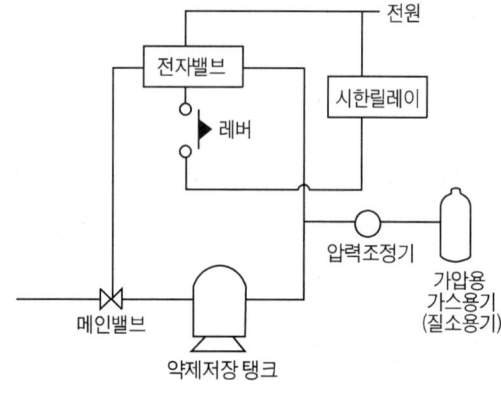

[시한릴레이 방식]

핵심 출제문제

01 다음은 분말 소화설비에 대한 내용이다. ( )안에 알맞은 답을 쓰시오.

(1) 분말 소화약제 저장용기의 잔류가스를 배출하기 위하여 (①)을 설치하며 배관내의 잔류 소화약제를 배출시키기 위하여 (②)를 설치한다.
(2) 정압작동장치의 작동방식 3가지를 쓰시오.

풀이 (1) ① 배기 밸브 ② 청소장치
(2) ① 압력스위치 방식 ② 기계적 방식 ③ 시한릴레이 방식

> **참고**
> **압력스위치 방식**
> 분말약제 저장용기에 유입된 가스압력에 의하여 설정된 압력이 되면 스위치가 닫혀 전자밸브를 개방시켜 메인밸브를 개방시키는 방식
>
> **기계적 방식**
> 분말약제 저장용기에 유입된 가스압력에 의하여 밸브의 레버를 당겨서 가스의 통로를 개방, 가스를 메인밸브로 보내어 메인밸브를 개방시키는 방식
>
> **시한릴레이 방식**
> 분말약제 저장용기에 유입된 가스가 설정된 압력에 도달하는 시간을 미리산출하여 시한릴레이에 입력시키고 기동과 동시에 시한릴레이를 작동케하여 입력시간이 지나면 릴레이가 작동, 전자밸브를 개방하여 메인밸브를 개방시키는 방식

02 아래 그림과 같이 분말헤드를 설치하려 한다. 이 분말헤드를 알맞게 연결하시오.

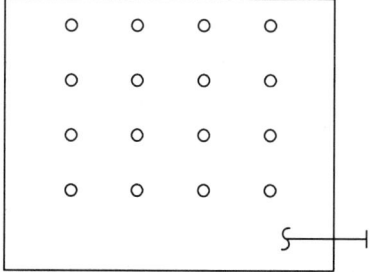

풀이

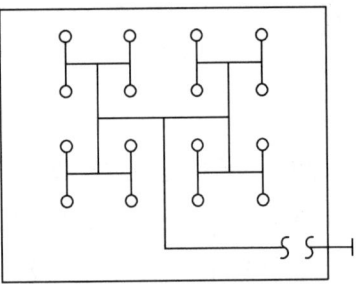

참고 분말헤드의 배관방법은 토너먼트방식이어야 한다.

03 주방의 식용유 화재에는 분말소화약제 중 중탄산나트륨계의 분말약제가 특히 유효한데 그것은 이 약제의 어떤 특성(현상)때문인가?

풀이 비누화(검화)현상

참고 **비누화(검화)현상**
알칼리를 작용하면 가수분해 되어서 그 성분의 산의 염과 알코올이 되는 변화를 말한다.

04 분말소화설비에 사용되는 소화약제의 종류를 쓰고 약제의 주성분을 기술하시오.(단, 종별로 구분하시오)

풀이

종 별	주성분
제1종분말	$NaHCO_3$ (탄산수소나트륨)
제2종분말	$KHCO_3$ (탄산수소칼륨)
제3종분말	$NH_4H_2PO_4$ (제1인산암모늄)
제4종분말	$(NH_2)_2CO + KHCO_3$ (요소+탄산수소칼륨)

05 분말소화설비에서 사용되는 분말의 약제로서 갖추어야 할 일반적인 성질을 4가지만 쓰시오.

풀이 ① 소방대상물 및 인체에 피해가 적어야 한다.
② 독성이 적고 부식성이 없어야 한다.
③ 분말의 입도가 골고루 분포되어 있어야 한다.
④ 수분에 응고 및 변질이 적어야 한다.
⑤ 순도가 높아야 한다.

06 아래의 표는 분말소화설비에 관한 것이다. 빈칸에 적당한 답을 쓰시오

풀이

종별	주성분		기 타	
1종	탄산수소나트륨	안전밸브 작동압력	가압식 : 최고사용압력의 (1.8배) 이하	
2종	탄산수소칼륨		축압식 : 내압시험압력의 (0.8배) 이하	
3종	인산암모늄	충전비 : (0.8) 이상		
4종	탄산수소칼륨+요소			

07 위험물을 일반 취급하는 옥내 일반취급소에 전역방출방식의 분말소화설비를 설치하고자 한다. 방호대상이 되는 일반취급소의 용적은 3000m³이며, 60분+ 방화문 또는 60분 방화문이 설치되지 않은 개구부의 면적은 20m²이고 방호구역 내에 설치되어 있는 불연성 물체의 용적은 500m³이다. 이때 다음 식을 이용하여 분말 약제 소요량을 구하시오.

$$W = C(V - U) + 2.4A \quad (단, \ C는 \ 0.70으로 \ 계산한다.)$$

풀이 $W(\mathrm{kg})$: 소요약제량, $V(\mathrm{m}^3)$: 방호구역 용적, C : 상수
$U(\mathrm{m}^3)$: 방호구역내의 불연성물체의 용적
$A(\mathrm{m}^2)$: 자동폐쇄장치가 없는 개구부 합계 면적
∴ $W = 0.7(3000 - 500) + 2.4 \times 20 = 1798\mathrm{kg}$

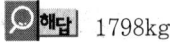 1798kg

1-12 도로터널(NFTC 603)

1. 소화기 설치기준

① 능력단위는 A급 화재는 3단위 이상, B급 화재는 5단위 이상 및 C급 화재는 적응성이 있는 것
② 총중량은 7kg 이하
③ 주행차로의 우측 측벽에 50m 이내의 간격으로 2개 이상을 설치하며, 편도2차선 이상의 양방향 터널과 4차로 이상의 일방향 터널의 경우에는 양쪽 측벽에 각각 50m 이내의 간격으로 엇갈리게 2개 이상을 설치
④ 바닥면으로부터 1.5m 이하의 높이에 설치

2. 옥내소화전설비 설치기준

① 소화전함과 방수구
　㉠ 주행차로 우측 측벽을 따라 50m 이내의 간격으로 설치
　㉡ 편도 2차선 이상의 양방향 터널이나 4차로 이상의 일방향 터널의 경우 양쪽 측벽에 각각 50m 이내의 간격으로 엇갈리게 설치
② 수원의 양

$$Q(\mathrm{L}) = N \times 190\mathrm{L/min} \times 40\mathrm{min} \text{ 이상}$$

여기서, N : 옥내소화전 설치개수 2개(4차로 이상의 터널 : 3개)

③ 방수압력은 0.35MPa 이상
④ 방수량은 190L/min 이상
⑤ 방수구는 40mm 구경의 단구형을 바닥면으로부터 1.5m 이하의 높이에 설치
⑥ 소화전함에는 옥내소화전 방수구 1개, 15m 이상의 소방호스 3개 이상 및 방수노즐을 비치
⑦ 비상전원은 40분 이상 작동할 수 있을 것

3. 제연설비 설치기준

① 설계화재강도 20MW를 기준
② 연기발생률은 80m³/s로 할 것
③ 비상전원의 용량 : 60분 이상 작동

4. 연결송수관설비의 기준

① 방수압력 : 0.35MPa 이상, 방수량 : 400L/min 이상
② 방수구는 50m 이내의 간격으로 설치
③ 방수 기구함
　㉠ 50m 이내의 간격으로 옥내소화전함 안에 설치
　㉡ 65mm 방수노즐 1개와 15m 이상의 호스 3개를 설치

5. 물분무소화설비

① 방수량 : 도로면 1m^{2}당 6L/min 이상
② 하나의 방수구역은 25m 이상으로 하며 3개 방수구역을 동시에 40분 이상 방수할 수 있는 수량 확보할 것
③ 비상전원 용량 : 40분 이상

1-13 임시소방시설(NFTC 606)

1. 소화기의 성능 및 설치기준

① 소화기는 각층마다 능력단위 3단위 이상인 소화기 2개 이상을 설치하고,
② 화재위험작업의 경우 작업종료 시까지 작업지점으로부터 5m 이내 쉽게 보이는 장소에 능력단위 3단위 이상인 소화기 2개 이상과 대형소화기 1개를 추가 배치할 것

화재위험작업에 해당하는 경우
① 인화성·가연성·폭발성 물질을 취급하거나 가연성 가스를 발생시키는 작업
② 용접·용단 등 불꽃을 발생시키거나 화기를 취급하는 작업
③ 전열기구, 가열전선 등 열을 발생시키는 기구를 취급하는 작업
④ 소방청장이 정하여 고시하는 폭발성 부유분진을 발생시킬 수 있는 작업
⑤ 그 밖에 제①부터 ④까지와 비슷한 작업으로 소방청장이 정하여 고시하는 작업

2. 간이소화장치 성능 및 설치기준

① 수원은 20분 이상의 소화수를 공급할 수 있는 양을 확보 할 것.
② 소화수의 방수압력은 최소 0.1MPa 이상
③ 방수량은 65L/min 이상
④ 작업종료 시까지 작업지점으로부터 25m 이내에 설치 또는 배치하여 상시 사용이 가능할 것
⑤ 동결방지조치를 할 것.
⑥ 넘어질 우려가 없어야 하고 손쉽게 사용할 수 있을 것
⑦ 식별이 용이하도록 "간이소화장치" 표시를 할 것

3. 비상경보장치의 성능 및 설치기준

① 작업종료 시까지 작업지점으로부터 25m 이내에 설치 또는 배치하여 상시 사용이 가능 할 것
② 화재사실 통보 및 대피를 해당 작업장의 모든 사람이 알 수 있을 정도의 음량을 확보 할 것.

4. 간이피난유도선의 성능 및 설치기준.

① 광원점등방식으로 공사장의 출입구까지 설치하고 공사의 작업 중에는 상시 점등될 것
② 설치위치는 바닥으로부터 높이 1m 이하로 할 것
③ 작업장의 어느 위치에서도 출입구로의 피난방향을 알 수 있는 표시를 할 것

5. 간이소화장치 설치제외

대형소화기를 작업지점으로부터 25m 이내 쉽게 보이는 장소에 6개 이상을 배치한 경우

제 2 장 소화활동설비

2-1 제연설비(NFTC 501)

1. 제연방식의 종류

(1) 밀폐제연방식

제연의 기본방식이며 개구부를 밀폐시켜 외부의 신선한 공기의 유입을 차단시키고 실내의 연기를 배출하는 제연방식이다. 공동주택, 여관, 호텔등 밀폐구역을 작게 구획할 수 있는 건축물에 적합하다.

(2) 자연제연방식

화재시 발생한 열기류의 부력 또는 화재실 외부의 공기흡출효과에 따라 창문 또는 전용 배연구로 연기를 배출시키는 방식

(3) 스모그타워 제연방식

제연전용굴뚝 또는 환기통을 설치하여 화재시 발생한 **열기류의 부력**이나 지붕 상부에 설치된 **루프모니터** 등이 바람에 의한 **회전력**으로 생긴 **흡인력**을 이용하여 연기를 배출시키는 방식으로 **자연제연의 일종이며 고층빌딩에 적합**하다.

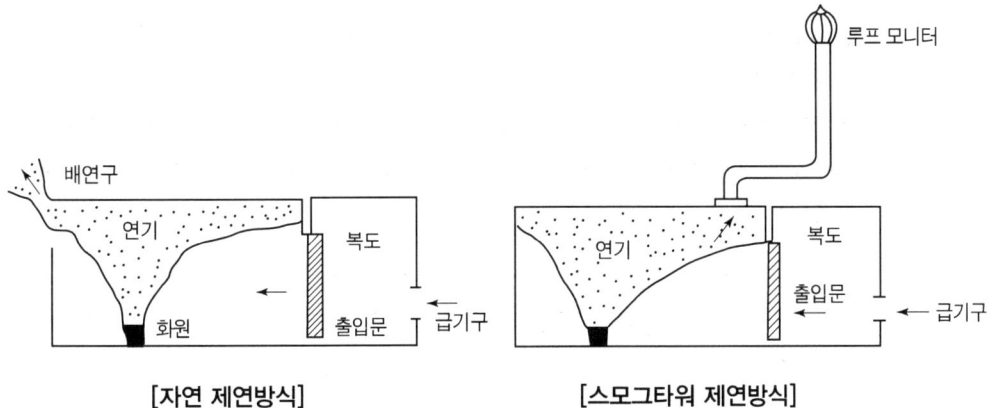

[자연 제연방식]　　　　　[스모그타워 제연방식]

(4) 기계제연방식(강제제연방식)

화재시 발생한 연기를 화재실 상부 또는 화재실 입구에 **송풍기**나 **배풍기**를 설치하여 연기를 강제로 배출시키는 방식으로 배연구역이 너무 크면 곤란하며 유지관리비가 많이 든다.

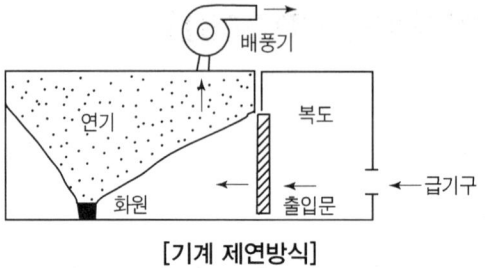

[기계 제연방식]

2. 제연구역의 구획

① 하나의 제연구역의 면적은 1,000m² 이내로 할 것
② 거실과 통로(복도를 포함)는 상호 제연구획할 것
③ 통로상의 제연구역은 보행중심선의 길이가 60m를 초과하지 아니할 것
④ 하나의 제연구역은 직경 60m 원내에 들어갈 수 있을 것
⑤ 하나의 제연구역은 2개 이상 층에 미치지 아니하도록 할 것

3. 제연구역의 보, 제연경계벽(제연경계) 및 벽의 설치기준

① 재질은 내화재 또는 불연재(화재시 쉽게 변형·파괴되는 것을 제외)로 할 것
② 제연경계는 천장 또는 반자로부터 그 수직하단까지의 거리("제연경계의 폭")가 0.6m 이상이고, 바닥으로부터 그 수직하단까지의 거리("수직거리")가 2m 이내이어야 한다.
③ 제연경계벽은 배연시 기류에 의하여 그 하단이 쉽게 흔들리지 아니하여야 하며, 또한 가동식의 경우에는 급속히 하강하여 인명에 위해를 주지 아니하는 구조일 것

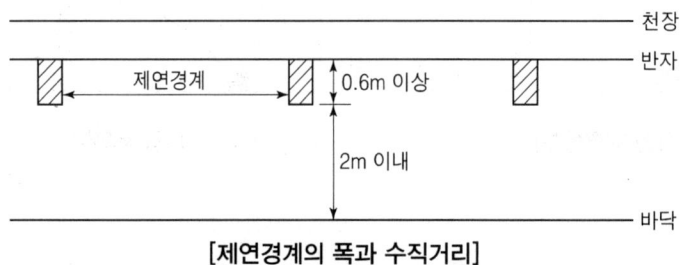

[제연경계의 폭과 수직거리]

4. 배출량 및 배출방식

(1) 거실의 바닥면적이 400m² 미만인 예상제연구역의 배출량

(제연경계에 따른 구획을 제외. 다만, 거실과 통로와의 구획은 그렇지 않다)

① 바닥면적 1m²당 1m³/분 이상으로 하되, 예상제연구역 전체에 대한 최저 배출량은 5000m³/시간 이상으로 할 것.

예상제연 구역의 배출량

$$Q = S \times m^3/min \cdot m^2$$

여기서, Q : 배출량(m³/min)[최솟값은 5000m³/hr(83.33m³/min) 이상]
S : 바닥면적(m²)

② 예상제연구역의 바닥 면적이 50m² 미만이며 통로 배출 방식으로 하는 경우

[기 준 량]

통로 길이	수직거리	배출량	비고
40m 이하	2m 이하	25000m³/hr	벽으로 구획된 경우를 포함한다.
	2m 초과 2.5m 이하	30000m³/hr	
	2.5m 초과 3m 이하	35000m³/hr	
	3m 초과	45000m³/hr	
40m 초과 60m 이하	2m 이하	30000m³/hr	벽으로 구획된 경우를 포함한다
	2m 초과 2.5m 이하	35000m³/hr	
	2.5m 초과 3m 이하	40000m³/hr	
	3m 초과	50000m³/hr	

(2) 거실의 바닥면적이 400m² 이상인 예상제연구역의 배출량

① 예상제연구역이 직경 40m인 원의 범위안에 있을 경우에는 배출량이 40000 m³/hr 이상으로 할 것. 다만, 예상제연구역이 제연경계로 구획된 경우에는 그 수직거리에 따라 배출량은 다음 표에 의한다.

수직거리	배출량
2m 이하	40000m³/hr 이상
2m 초과 2.5m 이하	45000m³/hr 이상
2.5m 초과 3m 이하	50000m³/hr 이상
3m 초과	60000m³/hr 이상

② 예상제연구역이 직경 40m인 원의 범위를 초과할 경우에는 배출량이 45000 m³/hr 이상으로 할 것. 다만, 예상제연구역이 제연경계로 구획된 경우에는 그

수직거리에 따라 배출량은 다음 표에 의한다.

수직거리	배출량
2m 이하	45000m^3/hr 이상
2m 초과 2.5m 이하	50000m^3/hr 이상
2.5m 초과 3m 이하	55000m^3/hr 이상
3m 초과	65000m^3/hr 이상

(3) 예상제연구역이 통로인 경우의 배연량
① 보행 중심선의 길이가 40m 이내인 경우 : 40,000m^3/시간 이상
② 보행 중심선의 길이가 40m를 초과할 경우 : 45,000m^3/시간 이상

5. 예상제연구역의 배출구 설치기준

예상제연구역의 각 부분으로부터 하나의 배출구까지의 수평거리는 10m 이내가 되도록 하여야 한다.

6. 배출기 및 배출풍도

(1) 배출기의 설치기준
① 배출기의 배출능력은 규정에 의한 배출량 이상이 되도록 할 것.
② 배출기와 배출풍도의 접속부분에 사용하는 캔버스는 석면 등 내열성이 있는 것으로 할 것
③ 배출기의 전동기 부분과 배풍기 부분은 분리하여 설치하여야 하며, 배풍기 부분은 유효한 내열처리를 할 것

(2) 배출풍도의 설치기준
① 배출풍도는 아연도금강판 또는 이와 동등이상의 내식성ㆍ내열성이 있는 것으로 할 것
② 배출풍도는 불연재료인 단열재로 유효한 단열 처리를 할 것

(3) 배출풍도의 강판의 두께

[배출풍도의 강판의 두께]

풍도단면의 긴변 또는 직경의 크기	450mm 이하	450mm 초과 750mm 이상	750mm 초과 1500mm 이상	1500mm 초과 2250mm 이상	2250mm 초과
강판두께	0.5mm 이상	0.6mm 이상	0.8mm 이상	1.0mm 이상	1.2mm 이상

(4) 배출기 풍도안의 풍속

① 배출기의 흡입측 풍도 안의 풍속 : 15m/s 이하
② 배출기의 배출측의 풍속 : 20m/s 이하

7. 유입풍도 및 제연설비의 기동

(1) 유입풍도

① 유입풍도안의 풍속 : 20m/s 이하
② 옥외에 면하는 배출구 및 공기유입구는 비 또는 눈 등이 들어가지 아니하도록 하고 배출된 연기가 공기유입구로 순환유입되지 아니하도록 하여야 한다.

(2) 제연설비의 기동

가동식의 벽·제연경계벽·댐퍼 및 배출기의 작동은 자동화재감지기와 연동되어야 하며, 예상제연구역(또는 인접장소) 및 제어반에서 수동으로 기동이 가능하도록 하여야 한다.

8. 배출기의 전동기출력 산출

$$P(\text{kW}) = \frac{Q \times P_T}{102 \times 60 \times E} \times K$$

여기서, P : 배출기의 전동기출력(kW), Q : 풍량(m³/min), P_T : 전압(mmH₂O)
E : 전동기효율, K : 전달계수

9. 급기풍량 계산방법

(1) 피난로의 SMOKE CONTROL을 위한 급기풍량 계산방법

$$Q = 0.827 \times A \times P^{1/N}$$

여기서, Q : 급기 풍량(m³/s), A : 틈새 면적(m²)
P : 문을 경계로한 실내외 기압차(N/m²=Pa)
N : 누설 면적 상수(일반출입문=2, 창문=1.6)

① 병렬상태인 경우의 틈새 면적(m²)

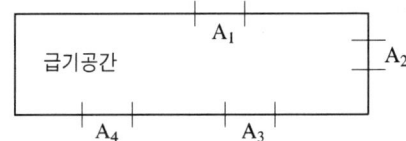

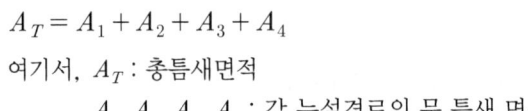

$$A_T = A_1 + A_2 + A_3 + A_4$$

여기서, A_T : 총틈새면적

A_1, A_2, A_3, A_4 : 각 누설경로의 문 틈새 면적

② 직렬상태인 경우의 틈새 면적(m^2)

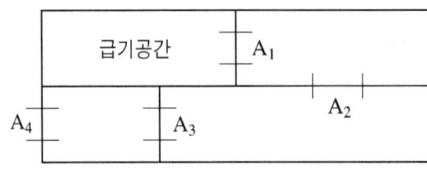

$$A_T = \left(\frac{1}{A_1^2} + \frac{1}{A_2^2} + \frac{1}{A_3^3} + \frac{1}{A_4^2} \right)^{-\frac{1}{2}}$$

③ 병렬 및 직렬상태인 경우의 틈새 면적(m^2)

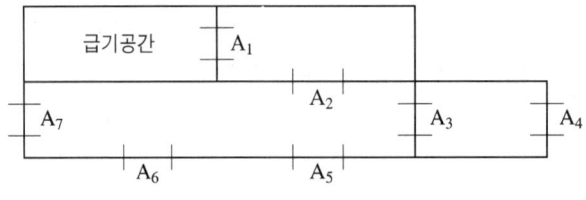

$$A_{T_{1/7}} = \left(\frac{1}{A_1^2} + \frac{1}{A_2^2} + \frac{1}{(A_{3/4} + A_{5/7})^2} \right)^{-\frac{1}{2}}$$

$$A_{3/4} = \left(\frac{1}{A_3^2} + \frac{1}{A_4^2} \right)^{-\frac{1}{2}}$$

[표 1] Door

문의 유형	누설 틈새의 면적(m^2)	n의 값
Single leaf door (급기공간 실내쪽으로 열리는 경우)	0.01	2
Single leaf door (급기공간 실외쪽으로 열리는 경우)	0.02	2
Double leaf door	0.03	2
엘리베이터 Landing door	0.06	2

[표 2] Window

창문의 유형	Crack의 1m당 누설틈새 면적(m^2/m)	n의 값
좌우 여닫이식 창문(경첩식)	2.55×10^{-4}	1.6
상하 여닫이식 창문(경첩식)	3.61×10^{-5}	1.6
미닫이식 창문	1.00×10^{-4}	1.6

(2) 계단실 급기풍량 계산방법

① 문의 틈새에 의한 급기풍량(m^3/s)

$$Q_1 = K \times A_T \times P^{1/N}$$

② 문의 개폐에 의한 급기풍량(m^3/s)

$$Q_2 = A_D \times V_A \times N$$

여기서, A_D : 문의 면적(m^2), V_A : 공기 속도(m/s), N : 문의 개수(개)

∴ 계단실 급기풍량(m^3/s) $Q_{T_1} = Q_1 + Q_2$

(3) 전실 급기풍량 계산방법

① 문의 틈새에 의한 급기풍량(m^3/s)

$$Q_1 = K \times A_T \times P^{1/N}$$

② 문의 개폐에 의한 급기풍량(m^3/s)

$$Q_2 = A_D \times V_A \times N$$

③ 엘리베이터 틈새에 의한 급기량(m^3/s)

$$Q_3 = \frac{Q_L \times F}{N}$$

여기서, Q_L : 공기 누설량(일반적으로 Q_L : $0.827 \times 0.06 \times P^{1/2}$이다)
F : 보정인자, N : 급기되는 전실의 수

∴ 전실 총급기량(m^3/s) $Q_{T_2} = Q_1 + Q_2 + Q_3$

(4) 전체 가압 급기량

$$Q_T = Q_{T_1} + Q_{T_2}$$

(5) 닥트의 크기(m^2)

$$Q_T \div 풍속 = A m^2$$

※ 전압 계산
  H(mmAq) = 닥트저항 + 부속저항 + 댐퍼저항 + 흡입구 저항 + 토출구 저항

2-2 특별피난계단의 계단실 및 부속실 제연설비(NFTC 501A)

1. 차압등 유지기준

① 제연구역과 옥내와의 사이에 유지하여야 하는 최소차압은 40Pa 이상으로 할 것(옥내에 스프링클러설비가 설치된 경우에는 12.5Pa 이상)
② 제연설비가 가동시 출입문의 개방에 필요한 힘은 110N 이하로 할 것
③ 출입문이 일시적으로 개방되는 경우 개방되지 아니하는 제연구역과 옥내와의 차압은 제①항의 기준에 따른 차압의 70% 미만이 되어서는 아니된다.
④ 계단실과 부속실을 동시에 제연하는 경우 부속실의 기압은 계단실과 같게 하거나 계단실의 기압보다 낮게 할 경우에는 부속실과 계단실의 압력차이는 5Pa 이하가 되도록 할 것

2. 급기량 및 보충량

① 차압을 유지하기 위하여 제연구역에 공급하여야 할 공기량. 이 경우 제연구역에 설치된 출입문(창문을 포함)의 누설량과 같을 것
② 부속실(또는 승강장)의 수가 20 이하는 1개층 이상, 20을 초과하는 경우에는 2개층 이상의 보충량으로 할 것(단, 산출된 양이 영 이하인 경우에는 영으로 본다.)

3. 방연풍속

제 연 구 역		방연풍속
계단실 및 그 부속실을 동시에 제연하는 것 또는 계단실만 단독으로 제연하는 것		0.5m/s 이상
부속실만 단독으로 제연하는 것	부속실 또는 승강장이 면하는 옥내가 거실인 경우	0.7m/s 이상
	부속실이 면하는 옥내가 복도로서 그 구조가 방화구조(내화시간이 30분 이상인 구조를 포함)인 것	0.5m/s 이상

4. 과압방지조치

① 과압방지장치는 제연구역의 보충량 등을 자동으로 배출하는 성능의 것으로 할 것
② 과압방지를 위한 감압은 제연구역으로부터 옥내(옥내에 반자가 있는 경우에는

반자하부의 옥내) 또는 옥외로 보충량을 유효하게 배출하는 것에 따를 것

③ 플랩댐퍼의 날개의 면적 산출방식

$$A_f = \frac{q}{5.85}$$

여기서, A_f : 플랩댐퍼의 날개면적(m^2), q : 제연구역에 대한 보충량(m^3/s)

플랩댐퍼
부속실의 설정압력범위를 초과하는 경우 압력을 배출하여 설정압 범위를 유지하게 하는 과압방지장치

④ 플랩댐퍼는 출입문의 개방에 필요한 힘이 110N 초과시에 개방하는 구조로 할 것
⑤ 플랩댐퍼에 사용하는 철판은 두께 1.5mm 이상의 열간압연강판(KS D 3501) 또는 이와 동등 이상의 내식성 및 내열성이 있는 것으로 할 것

5. 누설틈새의 면적 등

(1) 출입문의 틈새면적

$$A = \frac{L}{l} \times A_d$$

여기서, A : 출입문의 틈새(m^2)
L : 출입문 틈새의 길이(m)
(단, L의 수치가 l의 수치 이하인 경우 l의 수치로 할 것)

[문의 종류에 따른 l의 수치]

문의 종류	외 여닫이문	쌍 여닫이문	승강기의 출입문
l의 수치	5.6	9.2	8.0

[문의 종류에 따른 A_d의 수치]

문의 종류	외 여닫이문 (실내쪽으로 개방시)	쌍 여닫이문 (실외쪽으로 개방시)	승강기의 출입문
A_d의 수치	0.01	0.02	0.06

(2) 창문의 틈새면적

① 여닫이식 창문으로서 창틀에 방수팩킹이 없는 경우

$$A(m^2) = 2.55 \times 10^{-4} \times L$$

여기서, A : 틈새면적(m^2), L : 틈새의 길이(m)

② 여닫이식 창문으로서 창틀에 방수팩킹이 있는 경우

$$A(\mathrm{m}^2) = 23.61 \times 10^{-5} \times L$$

여기서, A : 틈새면적(m^2), L : 틈새의 길이(m)

③ 미닫이식 창문이 설치되어 있는 경우

$$A(\mathrm{m}^2) = 1.00 \times 10^{-4} \times L$$

여기서, A : 틈새면적(m^2), L : 틈새의 길이(m)

(3) 제연구역으로부터 누설하는 공기가 승강기의 승강로를 경유하여 승강로의 외부로 유출하는 유출면적은 승강로 상부의 환기구의 면적으로 할 것

6. 수직풍도에 따른 배출

① 수직풍도는 내화구조로 할 것
② 수직풍도의 내부면은 두께 0.5mm 이상의 아연도금강판으로 마감하되 강판의 접합부에 대하여는 통기성이 없도록 조치할 것
③ 각층의 옥내와 면하는 수직풍도의 관통부의 배출댐퍼 설치기준
　㉠ 배출댐퍼는 두께 1.5mm 이상의 강판 또는 이와 동등 이상의 성능이 있는 것으로 설치하여야 하며 비내식성 재료의 경우에는 부식방지 조치를 할 것
　㉡ 평상시 닫힌 구조로 기밀상태를 유지할 것
　㉢ 개폐여부를 당해 장치 및 제어반에서 확인할 수 있는 감지기능을 내장하고 있을 것
　㉣ 구동부의 작동상태와 닫혀 있을 때의 기밀상태를 수시로 점검할 수 있는 구조일 것
　㉤ 풍도의 내부마감상태에 대한 점검 및 댐퍼의 정비가 가능한 이·탈착구조로 할 것
　㉥ 화재층의 옥내에 설치된 화재감지기의 동작에 따라 당해 층의 댐퍼가 개방될 것
　㉦ 개방시의 실제개구부(개구율 감안한 것)의 크기는 수직풍도의 내부단면적과 같도록 할 것
　㉧ 댐퍼는 풍도내의 공기흐름에 지장을 주지 않도록 수직풍도의 내부로 돌출하지 않게 설치할 것

④ 수직풍도의 내부단면적 기준
  ㉠ **자연 배출식의 경우**
    (단, 수직풍도의 길이가 100m를 초과하는 경우에는 산출수치의 1.2배 이상)

$$A_P = \frac{Q_N}{2}$$

   여기서, A_P : 수직풍도의 내부단면적(m^2)
          Q_N : 수직풍도가 담당하는 1개층의 제연구역의 출입문(옥내와 면하는 출입문) 1개의 면적(m^2)과 방연풍속(m/s)를 곱한 값(m^3/s)

  ㉡ **기계 배출식의 경우**
    자연배출식 수직풍도의 내부단면적의 4분의 1 이상 또는 **풍속 15m/s 이하**로 할 것
⑤ **기계배출식**에 따라 배출하는 경우 배출용 송풍기의 설치기준
  ㉠ 열기류에 노출되는 송풍기 및 그 부품들은 250℃의 온도에서 1시간 이상 가동상태를 유지할 것
  ㉡ 송풍기의 풍량은 기준에 따른 Q_N의 수치로 할 것
  ㉢ **송풍기**는 옥내의 화재감지기의 동작에 따라 **연동**하도록 할 것
⑥ 수직풍도의 상부의 말단(기계배출식의 송풍기도 포함)은 빗물이 흘러들지 아니하는 구조로 하고, 옥외의 풍압에 따라 배출성능이 감소하지 아니하도록 유효한 조치를 할 것

7. 배출구에 따른 배출

① 배출구에는 다음 각 목의 기준에 적합한 개폐기를 설치할 것
  ㉠ 빗물과 이물질이 유입하지 아니하는 구조로 할 것
  ㉡ 옥외쪽으로만 열리도록 하고 옥외의 풍압에 따라 자동으로 닫히도록 할 것
② 개폐기의 개구면적은 다음 식에 따라 산출한 수치 이상으로 할 것

$$A_O = \frac{Q_N}{2.5}$$

여기서, A_O : 개폐기의 개구면적(m^2)
       Q_N : 수직풍도가 담당하는 1개층의 제연구역의 출입문(옥내와 면하는 출입문) 1개의 면적(m^2)과 방연풍속(m/s)를 곱한 값(m^3/s)

8. 급기구 설치기준

① 급기용 수직풍도와 직접 면하는 벽체 또는 천장(당해 수직풍도와 천장급기구 사이의 풍도를 포함)에 고정하되, 옥내와 면하는 출입문으로부터 가능한 먼 위치에 설치할 것
② 계단실과 그 부속실을 동시에 제연하거나 또는 계단실만을 제연하는 경우 급기구는 계단실 매 3개층 이하의 높이마다 설치할 것. 다만, 계단실의 높이가 31m 이하로서 계단실만을 제연하는 경우에는 하나의 계단실에 하나의 급기구만을 설치할 수 있다.

9. 급기송풍기 설치기준

① 송풍기의 **송풍능력**은 송풍기가 담당하는 제연구역에 대한 **급기량의 1.15배** 이상으로 할 것
② 송풍기의 **배출측**에는 **풍량조절용댐퍼** 등을 설치하여 풍량조절을 할 수 있도록 할 것
③ 송풍기의 배출측에는 풍량 및 풍량을 실측할 수 있는 유효한 조치를 할 것
④ 송풍기는 인접장소의 화재로부터 영향을 받지 아니하고 접근이 용이한 곳에 설치할 것
⑤ 송풍기는 옥내의 화재감지기의 동작에 따라 작동하도록 할 것
⑥ 송풍기와 연결되는 캔버스는 내열성(석면재료를 제외)이 있는 것으로 할 것

10. 외기취입구 설치기준

① 취입구를 옥상에 설치하는 경우
　㉠ 취입구는 배기구 등으로부터 **수평거리 5m 이상, 수직거리 1m 이상**의 위치에 설치할 것
　㉡ **취입구**는 옥상의 외곽면으로부터 **수평거리 5m 이상**, 외곽면의 상단으로부터 하부로 **수직거리 1m 이하**의 위치에 설치할 것
② 취입구는 빗물과 이물질이 유입하지 아니하는 구조로 할 것
③ 취입구는 취입공기가 옥외의 바람의 속도와 방향에 따라 영향을 받지 않는 구조로 할 것

핵심 출제문제

01 각 배연구역의 소요배출량을 계산하여 보니 A(5000CMH), B(7000CMH), C(5000CMH), D(10000CMH), E(15000CMH)이었다. ABC는 공동 배연구역으로 DE는 각각 독립 배연구역으로 할 경우 배출 FAN의 소요 풍량을 계산하시오.

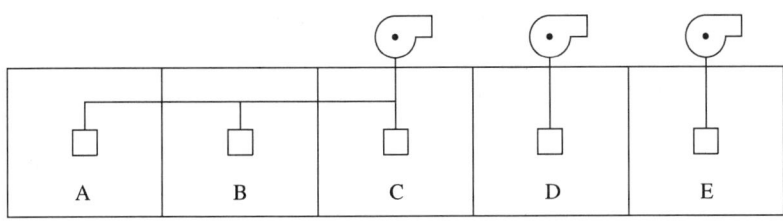

풀이 공동 배연구역의 배출량은 각 예상 제연구역의 배출량을 합한 것 이상으로 하여야 한다. (벽으로 구획된 경우) 독립 배연구역의 배출량은 그대로이다.

∴ 공동 배연구역 배출량 = 5000 + 7000 + 5000 = 17000CMH
  D 배연구역 배출량 = 10000CMH × 1.0 = 10000CMH
  E 배연구역 배출량 = 15000CMH × 1.0 = 15000CMH

참고
CMH = Cubic Meter Per Hour(m^3/hr)
CMM = Cubic Meter Per Minute(m^3/min)
CMS = Cubic Meter Per Second(m^3/s)

02 6층 이상의 건축물로서 해당 용도로 사용되는 구역은 건설부령이 정하는 바에 의해서 제연설비를 설치해야 한다. 다음 제연 설비에 관한 물음에 답 하시오.

(물음 1) 제연구(배출구)에서 측정한 평균 풍속이 200cm/s, 배연구의 유효 면적이 $2.0m^2$이고 실내의 온도가 20℃일 때 풍량(m^3/min)은 얼마인가?

(물음 2) 전압이 30mmAq이고 전동기 효율이 60%, 전압력 손실과 제연량 누수도 고려한 여유율을 10% 증가시킨 것으로 할 때 1)의 풍량을 송풍할 수 있는 배출기의 동력(kW)을 구하시오.

풀이 **(물음 1)**

$$Q = UA$$

여기서, Q : 풍량(m^3/min), U : 풍속(m/min), A : 단면적(m^2)

∴ $Q = 200\text{cm/s} \times 10^{-2}\text{m/cm} \times 60\text{s/min} \times 2.0\text{m}^2 = 240\text{m}^3/\text{min}$

해답 $240\text{m}^3/\text{min}$

(물음 2)

$$P(\text{kW}) = \frac{Q \times P_T}{102 \times 60 \times E} \times K$$

여기서, P : 전동기 출력(kW), Q : 풍량(m^3/min), P_T : 전압(mmH$_2$O)

E : 전동기 효율, K : 전달계수

$P(\text{kW}) = \dfrac{240 \times 30}{102 \times 60 \times 0.6} \times 1.1 = 2.16\text{kW}$

해답 2.16kW 이상

03 그림은 서로 직렬된 2개의 실 Ⅰ, Ⅱ의 평면도로서 A₁, A₂는 출입문이며, 각 실은 출입문이외의 틈새가 없다고 한다. 출입문이 닫힌 상태에서 실 Ⅰ을 급기 가압하여 실 Ⅰ과 외부간에 50파스칼의 기압차를 얻기 위하여 실 Ⅰ에 급기시켜야 할 풍량은 몇 (m³/s)가 되겠는가?(단, 닫힌문 A₁, A₂에 의해 공기가 유통될 수 있는 틈새의 면적은 각각 0.02m²이며, 임의의 어느 실에 대한 급기량 Q[m³/s]와 얻고자 하는 기압차[파스칼]의 관계식은 $Q = 0.827 \times A \times P^{1/2}$이다.)

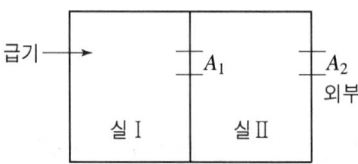

풀이

$$Q = 0.827 \times A \times \sqrt{P}$$

여기서, Q : 풍량(m³/s), A : 닫힌 문 틈새면적(m²), P : 압력차(Pa)

닫힌 두 개의 문의 틈새면적 $A = \dfrac{1}{\sqrt{\dfrac{1}{A_1^2} + \dfrac{1}{A_2^2}}}$ 이므로

$A = \dfrac{1}{\sqrt{\dfrac{1}{(0.02)^2} + \dfrac{1}{(0.02)^2}}} = \dfrac{1}{\sqrt{2500 + 2500}} = \dfrac{1}{\sqrt{5000}} = 0.01414\text{m}^2$

$P = 50\text{Pa}$

$\therefore Q = 0.827 \times 0.01414 \times \sqrt{50} = 0.0827 \text{m}^3/\text{s}$

 $0.08\text{m}^3/\text{s}$

04 다음 ( )안에 알맞은 답을 쓰시오.

(1) 제연설비의 배출기 및 배출 풍도에 관한 사항
  ㉮ 배출기의 흡입측 풍도안의 풍속은 (①) 이하로 하고 배출측 풍속은 (②)이하이다.
  ㉯ 배출기와 배출풍도의 접속부분에 사용하는 캔버스의 재료의 성질은 (③)이 있는 것으로 한다.
  ㉰ 배출기는 (④) 부분과 배풍기 부분은 분리하여 설치하여야 한다.
  ㉱ 배출풍도는 아연도금강판 또는 이와 동등이상의 내식성 (⑤)이 있는 것으로 하며 (⑥)인 단열재로 단열 처리한다.

(2) 제연설비에 관한 사항
  ㉮ 하나의 제연구역의 면적은 (⑦)m² 이내로 하고 하나의 제연구역은 직경 (⑧)m의 원내에 들어갈 수 있어야 한다.
  ㉯ 제연경계는 천정 또는 반자로부터 그 수직하단까지의 거리가 (⑨)m 이상이고 그 바닥으로부터 그 수직하단까지의 거리가 (⑩)m 이내이어야 한다.

(3) 옥내소화전설비의 가압송수장치에 관한 사항
  ㉮ 소방대상물의 어느 층에 있어서도 당해 층의 옥내소화전을 동시에 사용할 경우 각 소화전의 노즐선단에서의 (⑪)이 0.17[MPa] 이상이고, (⑫)이 130[L/분] 이상이 되는 성능의 것으로 한다. 이 옥내소화전을 사용하는 노즐선단에서의 (⑬)이 0.7[MPa]를 초과할 경우에는 호스 접결구의 인입측에 (⑭)를 설치하여야 한다.

풀이
① 15m/s   ② 20m/s   ③ 내열성   ④ 전동기   ⑤ 내열성
⑥ 불연재료 ⑦ 1000   ⑧ 60   ⑨ 0.6   ⑩ 2
⑪ 방수압력   ⑫ 방수량   ⑬ 방수압력 ⑭ 감압장치

05 다음 그림은 어느 실 등의 평면도이다. 이 실들 중 A실을 급기 가압하고자 한다. 주어진 조건을 이용하여 A실에 유입시켜야 할 풍량은 몇 (m³/s)가 되는지 산출하시오.

[조건]
① 실외부 대기의 기압은 절대압력으로 101300 파스칼로서 일정하다.
② A실에 유지하고자 하는 가압은 절대압력으로 101400 파스칼이다.
③ 각 실의 문(Door)들의 틈새 면적은 0.01m²이다.
④ 어느 실을 급기 가압할 때 그 실의 문의 틈새를 통하여 누출되는 공기의 양은 다음의 식을 따른다.

(아래 그림 참조) $Q = 0.827 A P^{\frac{1}{2}}$

여기서, Q : 누출되는 공기의 양(m³/s)
A : 문의 틈새 면적(m²)
P : 문을 경계로 한 실내외 기압차(파스칼)

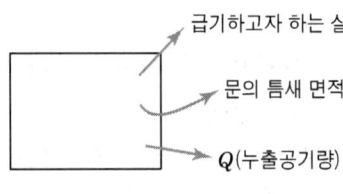

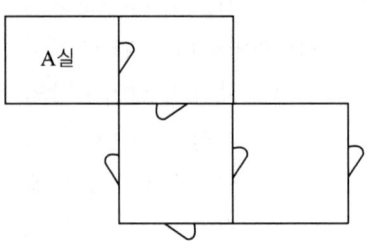

풀이

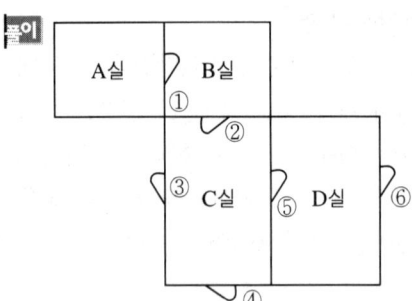

우선 D실의 ⑤와 ⑥의 합성 틈새 면적 $A = \dfrac{1}{\sqrt{\dfrac{1}{(0.01)^2} + \dfrac{1}{(0.01)^2}}} = 0.00707\text{m}^2$

그리고 ③과 ④의 합성 틈새 면적은 외부와 직접 연결되므로 $0.01\text{m}^2 + 0.01\text{m}^2 = 0.02\text{m}^2$

∴ ③~⑥까지 합성 틈새 면적 = $0.02\text{m}^2 + 0.00707\text{m}^2 = 0.02707\text{m}^2$

∴ ① = 0.01m²   ② = 0.01m²   ③~⑥ = 0.02707m²

∴ 총합성 틈새 면적 = $\dfrac{1}{\sqrt{\dfrac{1}{(0.01)^2} + \dfrac{1}{(0.01)^2} + \dfrac{1}{(0.02707)^2}}}$

$= \dfrac{1}{146.166538} = 0.0068415 \text{m}^2$

∴ $A = 0.0068415 \text{m}^2$ $P = 101400 - 101300 = 100 \text{Pa}$

∴ $Q = 0.827 A P^{\frac{1}{2}} = 0.827 A \sqrt{P}$ 식에 대입

∴ $Q = 0.827 \times 0.0068415 \times \sqrt{100} = 0.05658 \text{m}^3/\text{s}$

 0.06m³/s

06 제연설비 중 배출기의 점검, 유지관리 사항을 5가지만 쓰시오.

풀이
① 배출기가 가열될 우려가 있는 부분에 설치되어 있지 않는가
② 배출풍도는 파손, 변형된 부분이 없는가
③ 배출기와 배출풍도의 캔버스는 내열성이 있는가
④ 배출기의 전동기부분과 배풍기 부분은 분리설치 되었는가
⑤ 배출기부분은 유효한 내열처리 되어 있는가
⑥ 배출구 및 공기 유입구는 비 또는 눈등이 들어가지 않도록 되어 있는가
⑦ 배출된 연기가 공기유입구로 순환 유입되지 않도록 되어 있는가
⑧ 비상 전원은 이상 없는가

07 그림은 어느 판매장의 무창층에 대한 제연설비 중 연기 배출풍도와 배출 FAN을 나타내고 있는 평면도이다. 주어진 조건을 이용하여 풍도에 설치되어야 할 제어댐퍼를 가장 적합한 지점에 표기한 다음 물음에 답하시오.(10점) (단, 댐퍼의 표기는 ⊘의 모양으로 할 것)

[조건]
1. 건물의 주요구조부는 모두 내화구조이다.
2. 각 실은 불연성 구조물로 구획되어 있다.
3. 복도의 내부면은 모두 불연재이고, 복도내에 가연물을 두는 일은 없다.

제 2 편 소방기계시설의 설계 및 시공

4. 각 실에 대한 연기 배출방식에서 공동배출구역 방식은 없다.
5. 이 판매장에는 음식점은 없다.

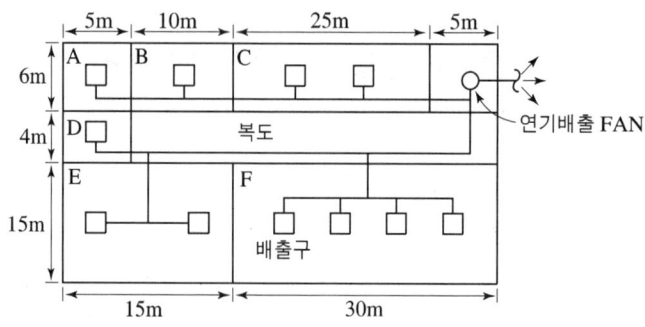

(물음 1) 제어댐퍼를 설치하시오.
(물음 2) 각실(A, B, C, D, E, F)의 최소 소요배출량은 얼마인가?
(물음 3) 배출 FAN의 소요 최소 배출용량은 얼마인가?
(물음 4) C실에 화재가 발생했을 경우 제어댐퍼의 작동상황(개폐여부)이 어떻게 되어야 하는지 설명하시오.

풀이 (물음 1)

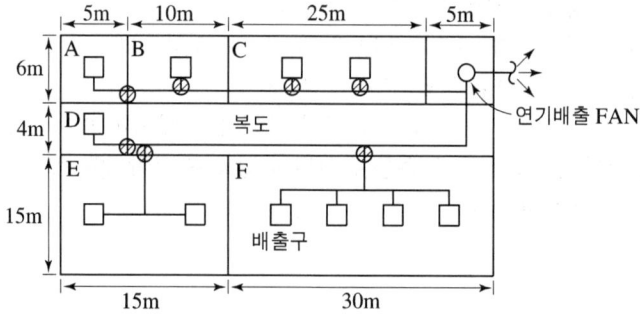

(물음 2) 제연설비의 화재안전기술기준 제6조 참조

A실 : $6m \times 5m \times m^3/m^2 \cdot 분 \times 60분/시간 = 1800 m^3/hr$
최저 배출량은 $5000 m^3/hr$ 이상 ∴ $5000 m^3/hr$

B실 : $6m \times 10m \times m^3/m^2 \cdot 분 \times 60분/시간 = 3600 m^3/hr$
최저 배출량은 $5000 m^3/hr$ 이상 ∴ $5000 m^3/hr$

C실 : $6m \times 25m \times m^3/m^2 \cdot 분 \times 60분/시간 = 9000 m^3/hr$
∴ $9000 m^3/hr$

D실 : $4m \times 5m \times m^3/m^2 \cdot 분 \times 60분/시간 = 1200 m^3/hr$
최저 배출량은 $5000 m^3/hr$ 이상 ∴ $5000 m^3/hr$

E실 : $15m \times 15m \times m^3/m^2 \cdot 분 \times 60분/시간 = 13500 m^3/hr$

$$\therefore 13500 \text{m}^3/\text{hr}$$

F실 : 15m × 30m = 450m² (400m² 이상이며 제연구역이 40m 원안에 있음)

$$\therefore 40000 \text{m}^3/\text{hr} \text{ 이상}$$

(물음 3) 가장 많은 소요배출량 기준이므로 40000m³/hr 이상
(물음 4) C실의 2개 댐퍼는 개방되고 A B D E F실 댐퍼는 모두 폐쇄된다.

---

08 어떤 지하상가에 제연설비를 화재안전기술기준과 아래 조건에 따라 설치하려고 한다. 각 물음에 답하시오.

[조건]
1. 주닥트의 높이제한은 600mm이다. (강판 두께, 닥트 후렌지 및 보온두께는 고려하지 않는다.)
2. 배출기는 원심 다익형이다.
3. 각종 효율은 무시한다.
4. 예상 제연구역의 설계 배출량은 45000[m³/H]이다.

(물음 1) 배출기의 흡입측 주덕트의 최소폭[m]를 계산하시오.
(물음 2) 배출기의 배출측 주닥트의 최소폭[m]를 계산하시오.
(물음 3) 준공후 풍량시험을 한 결과 풍량은 36000[m³/H], 회전수는 600 [rpm], 축동력은 7.5[kW]로 측정되었다. 배출량 45000[m³/H]를 만족시키기 위한 배출기 회전수[rpm]를 계산하시오.
(물음 4) 회전수를 높여서 배출량을 만족시킬 경우의 예상축동력[kW]을 계산하시오.

풀이 (물음 1) $Q = 45000 \text{m}^3/\text{H} = 12.5 \text{m}^3/\text{s}$

$Q = UA$ 에서 닥트 단면적 $A = \dfrac{Q}{U}$

흡입측 주닥트의 풍속 $U = 15 \text{m/s}$ 이하 $\therefore A = \dfrac{12.5 \text{m}^3/\text{s}}{15 \text{m/s}} = 0.8333 \text{m}^2$

닥트 최소폭 $L = \dfrac{0.8333}{0.6} = 1.39 \text{m}$

해답 1.39m

(물음 2) $Q = 45000 \text{m}^3/\text{H} = 12.5 \text{m}^3/\text{s}$

$Q = UA$ 에서 닥트 단면적 $A = \dfrac{Q}{U}$

배출측 주닥트의 풍속 $U=20\text{m/s}$ 이하 $\therefore A = \dfrac{12.5\text{m}^3/\text{s}}{20\text{m/s}} = 0.625\text{m}^2$

배출측 주닥트 최소폭 $L = \dfrac{0.625}{0.6} = 1.04\text{m}$

해답 1.04m

(물음 3)
$$Q' = Q \times \left(\dfrac{N'}{N}\right) \quad H' = H \times \left(\dfrac{N'}{N}\right)^2 \quad P' = P \times \left(\dfrac{N'}{N}\right)^3$$

여기서, Q : 풍량, H : 전압, P : 축동력, N : 회전수

$\therefore Q' = Q \times \dfrac{N'}{N}$ 식에 대입 $45000 = 36000 \times \left(\dfrac{N'}{600}\right)$ $N' = 750\text{rpm}$

해답 750rpm

(물음 4) $P' = P \times \left(\dfrac{N'}{N}\right)^3$ 식에 대입 $P' = 7.5 \times \left(\dfrac{750}{600}\right)^3$ $P' = 14.65\text{kW}$

해답 14.65kW

---

09 다음 도면은 비화재시 즉, 평상시에는 공조설비로 사용하고 화재시에는 제연설비로 사용할 때 도면이다 아래 도면에 댐퍼의 설치위치를 도시하고 평상시 및 화재시 댐퍼의 개방 및 폐쇄 관계를 간단히 설명하시오.

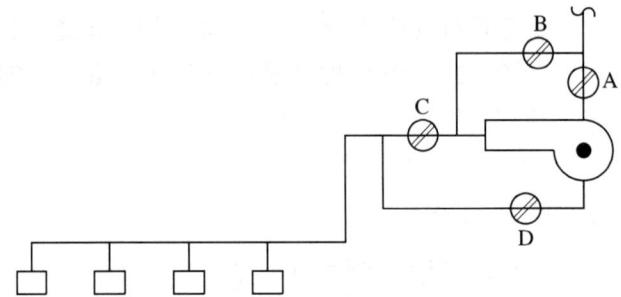

풀이 **작동관계** : 비화재시(평상시)에는 댐퍼B와 D는 폐쇄하고 댐퍼A와 C를 개방시켜 공조설비를 가동시킨다. 화재시에는 댐퍼B와 D는 개방하고 댐퍼A와 C를 폐쇄하여 화재실내의 연기를 제연 시킨다.

10 smoke hatch에 대하여 설명하시오.

풀이 대형건물의 지붕에 설치하는 배연구이다.
즉 화재시 드레프트(Draft)커텐을 작동시켜 연기의 확산을 차단하고 지붕에 설치한 뚜껑(hatch)을 개방하여 발생한 연기를 제연시키는 지붕배연구이다.

11 스모그 타워(Smog Tower) 제연방식이란 무엇인지 간단히 설명하시오.

풀이 **스모그 타워 제연 방식**
제연 전용으로 굴뚝 또는 환기통을 설치하여 화재시 온도상승에 의하여 생긴 실내공기의 부력이나 지붕상부에 설치된 루프모니터 등이 외부의 바람에 의하여 회전하면서 생긴 흡입력을 이용하여 제연하는 방식이며 고층빌딩에 적합하다. 굴뚝이나 환기통의 내열성에 따라 어느 정도의 고온연기까지는 제연할 수 있는 장점이 있다.

참고

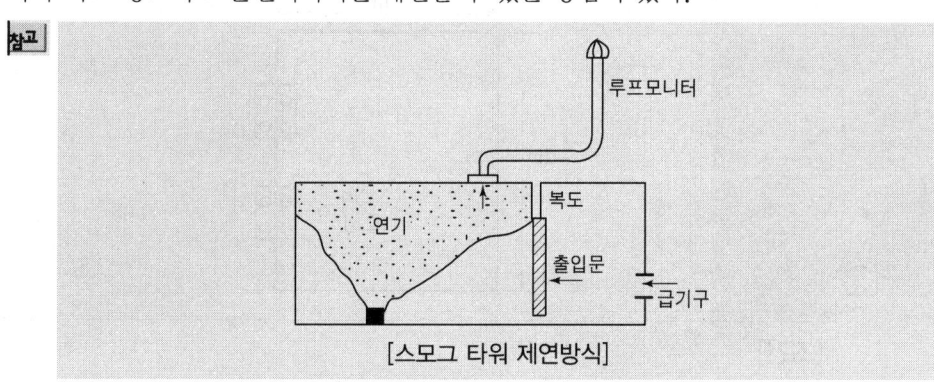

[스모그 타워 제연방식]

12 어떤 예상제연구역의 바닥면적이 60m²인 경우 배출기의 배출량(m³/hr)은 얼마이상으로 하여야 하는가?

풀이 거실 바닥면적이 400m² 미만이므로
$Q_v = S \times 1\text{m}^3/\text{min} \cdot \text{m}^2 \times 60\text{min}/1\text{hr}$
여기서, Q_v : 배출량(m³/hr) (최소 5000m³/hr 이상), S : 바닥 면적(m²)
∴ $Q_v = 60\text{m}^2 \times 1\text{m}^3/\text{min} \cdot \text{m}^2 \times 60\text{min}/\text{hr} = 3600\text{m}^3/\text{hr}$
최소 배출량은 5000m³/hr이므로 5000m³/hr

해답 5000m³/hr

13 어느 제연구역의 계단실을 급기가압하여 제연하려고 한다. 급기량이 50m³/분 일 때 플랩댐퍼 날개의 면적(m²)을 구하시오.

풀이

$$A_f = \frac{Q}{5.85}$$

여기서, A_f : 날개면적(m²), Q : 제연구역에 대한 보충량(m³/s)

$$\therefore A_f = (50\text{m}^3/60\text{s})/5.85 = 0.14\text{m}^2$$

해답 0.14m^2

14 다음 그림은 어느 실의 출입문 도면이다. 화재시 출입문을 개방하는데 필요한 힘(kgf)은 얼마인지 조건을 참조하여 산출하시오.

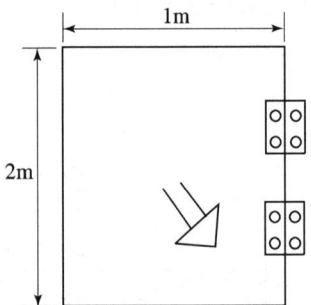

[조건]
1. 출입문에는 자동폐쇄장치가 설치되어 있으며 폐쇄되는 힘은 0.9kgf이다.
2. 출입문을 지지하고 있는 지지대(경첩)의 마찰력은 무시한다.
3. 화재시 급기풍량으로 인한 제연공간의 차압은 60Pa이다.

풀이 [방법 1] $F(\text{kgf}) = P(\text{kgf/m}^2) \times A(\text{m}^2)$

1기압 $= 1.0332 \times 10^4 \text{kgf/m}^2 = 101325\text{Pa} = 101.325\text{kPa}$

$$P = 60\text{Pa} \times \frac{1.0332 \times 10^4 \text{kgf/m}^2}{101325\text{Pa}} \qquad A = 2 \times 1\text{m}^2$$

$$F = F = 60 \times \frac{1.0332 \times 10^4}{101325} \times 2 \times 1 = 12.2363 \text{kgf}$$

∴ 경첩이 한쪽 면을 지지하고 있으므로 필요한 힘은 $\frac{1}{2}$ 이다.

$$\therefore F = \frac{12.2363}{2} = 6.12 \text{kgf}$$

∴ 전체 필요한 힘 $F(\text{kgf}) = 6.12 + 0.9 + 0 = 7.02 \text{kgf}$

[방법 2] 출입문 개방에 필요한 힘(kgf)

$$F(\text{kgf}) = \frac{A \times P}{19.6} + F_1 + F_2$$

여기서, $P(\text{Pa})$: 실내·외 압력차 (차압), A : 출입문 단면적(m^2)
$F_1(\text{kgf})$: 자동폐쇄장치 폐쇄력, $F_2(\text{kgf})$: 경첩(지지대)의 마찰력

$19.6 =$ 압력단위 Pa을 kgf/m^2로 환산하기 위한 상수

$$\frac{101325 \text{P}_a}{1.0332 \times 10^4 \text{kgf/m}^2} \times 2 = 19.6138$$

$$\therefore F(\text{kgf}) = \frac{(2 \times 1) \times 60}{19.6} + 0.9 = 7.02 \text{kgf}$$

해답 7.02kgf

15

배연구역의 바닥면적이 350m²일 때 제3종 기계제연방식으로 배연하기 위하여 필요한 송풍기용 전동기의 용량(HP)을 조건을 참조하여 계산하시오

[조건]
① 송풍기 효율은 70%이고 전압은 500Pa이다.
② 동력전달효율은 95%, 여유율은 10%로 한다.

풀이 배출기(송풍기)의 전동기 출력계산

$$P(\text{HP}) = \frac{Q \times P_T}{76 \times 60 \times E \times B} \times K$$

여기서, Q : 풍량(m^3/min), P_T : 전압(mmH_2O), E : 전동기효율
K : 전달계수(여유율), B : 송풍기효율

[예상제연 구역의 거실바닥면적이 400m² 미만인 경우]
예상제연 구역의 배출량
$Q = S \times \text{m}^3/\text{min} \cdot \text{m}^2$
여기서, Q : 배출량(m^3/min)[최솟값은 $5000\text{m}^3/\text{hr}(83.33\text{m}^3/\text{min})$ 이상]
S : 바닥면적(m^2)
$\therefore Q = 350 \times 1 \text{m}^3/\text{min} \cdot \text{m}^2 = 350 \text{m}^3/\text{min}$

$$P_T = 500\text{Pa} \times \frac{10332\text{mmH}_2\text{O}}{101325\text{Pa}} = 50.98\text{mmH}_2\text{O}$$

$$E = 0.95$$

$$K = \frac{110}{100} = 1.1$$

$$\therefore P(\text{HP}) = \frac{350 \times 50.98}{76 \times 60 \times 0.95 \times 0.70} \times 1.1 = 6.47\text{HP}$$

> 참고
> 1PS = 75kgf · m/s   1HP = 76kgf · m/s   1kW = 102kgf · m/s
> 1atm = 1.0332kgf/cm² = 10.332mH₂O = 10332mmH₂O = 101325Pa

해답 6.47HP

16 비화재시 즉 평상시에는 공조 설비로 사용하고 화재시에는 제연설비로 사용할 때의 단점을 5가지만 쓰시오.

풀이 ① 화재시 작동신뢰도가 낮다.　　② 댐퍼의 설치개수가 많다.
③ 설비가 복잡하여 유지, 관리가 어렵다.　④ 설비의 수명이 짧아진다.
⑤ 설비의 변동대처에 불리하다.

17 다음의 도면, 조건 및 덕트 설계도를 참고로 하여 제연설비의 설계과정 중의 공란을 채우고 배출기의 소요동력[kW]을 구하시오.

[도면해설] ㉮ A-H는 각 거실의 명칭(제연구획)
㉯ ①-④는 메인 덕트와 분기 덕트의 분기점
㉰ $A_Q - H_Q$는 각 거실의 설계 배연 풍량

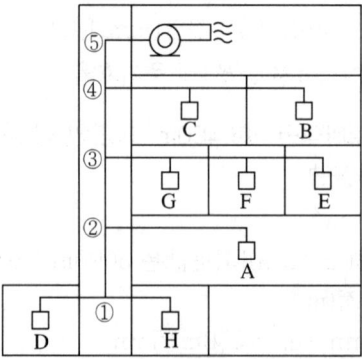

[조건]
① 배출풍도 계통 중 한 부분의 통과 풍량은 같은 분기 덕트에 속하는 말단에 있는 배연구의 해당 풍량 가운데 최대 풍량의 2배가 통과할 수 있게 한다.
② 거실의 용적 A>B>C>D>E>F>G>H
③ 메인 덕트 내의 풍속 15m/s, 분기 덕트의 풍속은 10m/s로 가정한다.
④ 각 거실의 설계 배출풍량은 다음 표와 같다.

구 분	배출풍량(m^3/min)	구 분	배출풍량(m^3/min)
A_Q	400	E_Q	180
B_Q	300	F_Q	150
C_Q	250	G_Q	100
D_Q	200	H_Q	80

[설계과정]
(물음 1) 배출풍도 각 부분의 통과 풍량

배출풍도의 부분	통과풍량(m^3/min)	담당구역	덕트의 직경(cm)
D-①	D_Q(200)	D	65
H-①	H_Q(80)	H	42
①-②	$2D_Q$(400)	D.H	⑤
A-②	A_Q(400)	A	92
②-③	$2A_Q$(800)	A.D.H	108
E-F	E_Q(180)	E	⑥
F-G	$2E_Q$(360)	E.F	85
G-③	①	E.F.G	⑦
③-④	②	A.D.E.G.F.H	108
B-C	B_Q(300)	B	80
C-④	③	B.C	⑧
④-⑤	④	A-H	108

(1) 통과풍량 : ①~④의 빈칸을 답란의 예시와 같이 구하시오.
(2) ⑤~⑧덕트의 직경을 주어진 조건 및 덕트 설계도를 이용하여 구하되, 적당한 수치는 아래 보기에서 골라 기재하시오.

[보기] 33, 42, 50, 62, 70, 75, 80, 85, 92, 108, 115, 130

(물음 2) 이 덕트의 소요 전압이 1.47mmHg이고, 배출기는 터보형 원심 송풍기를 사용하려 한다. 이 배출기의 이론 소요동력은 몇[kW]인 가? (단, 송풍기의 효율은 50%로 본다)

풀이 (물음 1)
(1) 통과풍량
① : G~③구간
담당구역이 $G_Q(100)$, $F_Q(150)$, $E_Q(180)$이므로 최대 풍량은 $E_Q(180)$이다. 또한 최대 풍량의 2배가 통과할 수 있어야 함으로
$G-③ = 2E_Q = 2 \times 180 = 360$
∴ $2E_Q(360)$

해답 $2E_Q(360)$

② : ③~④구간
담당구역이 $A_Q(400)$, $D_Q(200)$, $E_Q(180)$, $G_Q(100)$, $F_Q(150)$, $H_Q(80)$이므로 최대풍량은 $A_Q(400)$ 이다. 또한 최대풍량의 2배가 통과할 수 있어야 함으로
③~④ $= 2A_Q = 2 \times 400 = 800$
∴ $2A_Q(800)$

해답 $2A_Q(800)$

③ : C~④구간
담당구역이 $B_Q(300)$, $C_Q(250)$이므로 최대풍량은 $B_Q(300)$이다. 또한 최대풍량의 2배가 통과할 수 있어야 함으로
C~④ $= 2B_Q = 2 \times 300 = 600$
∴ $2B_Q(600)$

해답 $2B_Q(600)$

④ : ④~⑤구간
담당구역이 전부이므로 $A_Q \sim H_Q$ 중 최대풍량은 $A_Q(400)$이다. 또한 최대풍량의 2배가 통과할 수 있어야 하므로
④~⑤ $= 2A_Q = 2 \times 400 = 800$
∴ $2A_Q(800)$

해답 $2A_Q(800)$

(2) 덕트직경 ⑤~⑧

$Q = uA$에서 $Q = u \times \dfrac{\pi}{4}D^2$ ∴ $D^2 = \dfrac{4Q}{\pi u}$ $D = \sqrt{\dfrac{4Q}{\pi u}}$

여기서, D : 덕트직경(m), Q : 풍량(m^3/s), U : 풍속(m/s)
⑤ (①~②구간)
메인덕트이므로 $u = 15$m/s
$Q = 2D_Q(400) = 400m^3/min = 400m^3/60s$

$$\therefore D = \sqrt{\frac{4 \times 400[\text{m}^3/60\text{s}]}{\pi \times 15[\text{m/s}]}} = 0.7523[\text{m}] = 75.23[\text{cm}]$$

보기에서 75.23cm보다 크고 근사값은 80cm

해답 80

⑥ (E~F구간)

분기덕트이므로 $u = 10\text{m/s}$

$Q = E_Q(180)(E\text{구역만 담당}) = 180\text{m}^3/\text{min} = 180\text{m}^3/60\text{s}$

$$\therefore D = \sqrt{\frac{4 \times 180[\text{m}^3/60\text{s}]}{\pi \times 10[\text{m/s}]}} = 0.6180[\text{m}] = 61.80[\text{cm}]$$

보기에서 61.80cm보다 크고 근사값은 62cm

해답 62

⑦ (G−③구간)

분기덕트이므로 $u = 10\text{m/s}$

$Q = 2E_Q(360) = 360\text{m}^3/\text{min} = 360\text{m}^3/60\text{s}$

$$\therefore D = \sqrt{\frac{4 \times 360[\text{m}^3/60\text{s}]}{\pi \times 10[\text{m/s}]}} = 0.8740[\text{m}] = 87.40[\text{cm}]$$

보기에서 87.40cm보다 크고 근사값은 92cm

해답 92

⑧ (C~④구간)

분기덕트이므로 $u = 10\text{m/s}$

$Q = 2B_Q(600) = 600\text{m}^3/\text{min} = 600\text{m}^3/60\text{s}$

$$\therefore D = \sqrt{\frac{4 \times 600[\text{m}^3/60\text{s}]}{\pi \times 10[\text{m/s}]}} = 1.1284[\text{m}] = 112.84[\text{cm}]$$

보기에서 112.84cm보다 크고 근사값은 115cm

해답 115

(물음 2) 송풍기 소요동력 $P[\text{kW}] = \dfrac{Q \times P_T}{102 \times 60 \times E} \times K$

여기서, P : 송풍기 소요동력(kW), Q : 풍량(m³/분), P_T : 전압(mmH₂O)

E : 송풍기 효율, K : 전달계수

$P_T = 1.47[\text{mmHg}] \times \dfrac{10332[\text{mmH}_2\text{O}]}{760[\text{mmHg}]} = 19.98[\text{mmH}_2\text{O}]$

$Q = $ 풍량이 가장 큰 $2A_Q = 2 \times 400\text{m}^3/\text{분} = 800\text{m}^3/\text{분}$

$E = 50[\%] = \dfrac{50}{100} = 0.5$ $\qquad \therefore P[\text{kW}] = \dfrac{800 \times 19.98}{102 \times 60 \times 0.5} = 5.22[\text{kW}]$

해답 5.22[kW]

18 특별 피난계단 및 비상용 승강기 승강장에 설치하는 급기 가압방식인 제연설비의 제연구역과 옥내사이의 압력차[Pa]는 얼마이어야 하는가?

[풀이] 40Pa 이상

19 다음 그림은 어느 건축물의 평면도이다. 이 실들 중 A실에 급기가압을 하고 문 A_4, A_5, A_6는 외기와 접해있을 경우 A실을 기준으로 외기와의 유효 개구부 틈새 면적을 구하시오. (단, 모든 개구부 틈새면적은 $0.01m^2$으로 동일하다.)

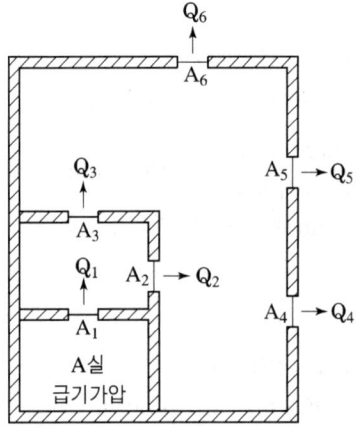

[풀이]

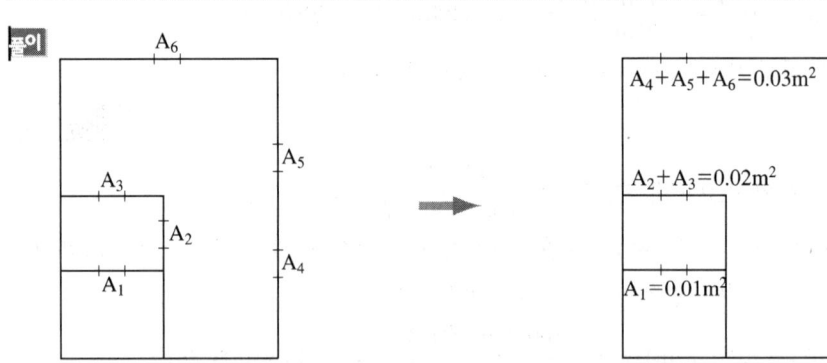

- 도면에서 A_4, A_5, A_6는 병렬상태이므로 $A_4 + A_5 + A_6 = 0.01 + 0.01 + 0.01 = 0.03m^2$
- 도면에서 A_2, A_3는 병렬상태이므로 $A_2 + A_3 = 0.01 + 0.01 = 0.02m^2$
- A_1, $A_2 + A_3$, $A_4 + A_5 + A_6$는 직렬상태

∴ $A_1 = 0.01m^2$ $A_2 \sim A_3 = 0.02m^2$ $A_4 \sim A_6 = 0.03m^2$

$$\therefore A_T = \cfrac{1}{\sqrt{\cfrac{1}{0.01^2} + \cfrac{1}{0.02^2} + \cfrac{1}{0.03^2}}} = 8.57 \times 10^{-3} [\text{m}^2] = 0.00857 [\text{m}^2]$$

해답 0.00857m^2

20 아래 그림은 어느 거실에 대한 급기 및 배출풍도와 급기 및 배출 FAN을 나타내고 있는 평면도이다. 각 물음에 답하시오.(단, ⊘ 표기는 댐퍼를 뜻한다.)

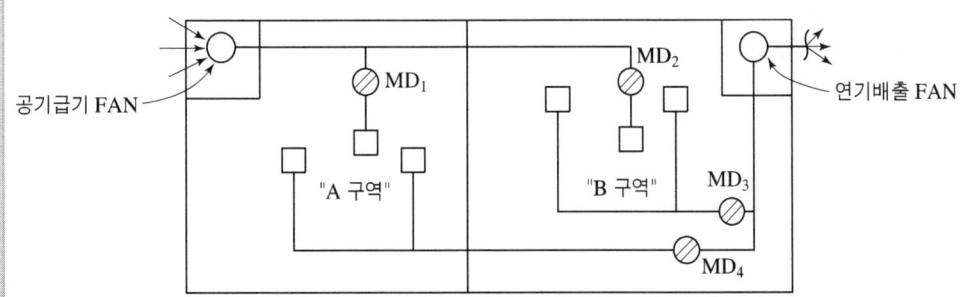

(물음 1) 동일실 제연방식에 대하여 간단히 서술하시오.
(물음 2) 상기 평면도에서 동일실 제연방식을 적용할 경우 상황에 따른 댐퍼의 닫힘(close) 및 열림(open) 상태를 쓰시오.
(물음 3) 인접구역 상호제연방식에 대하여 간단히 서술하시오.
(물음 4) 상기 평면도에서 인접구역 상호제연방식을 적용할 경우 상황에 따른 댐퍼의 닫힘(close), 및 열림(open) 상태를 쓰시오.

풀이 (물음 1) 일반적으로 소규모 화재구역에서 화재 시 급기 및 배연을 동시에 실시하는 방식

(물음 2)

화재 구역	급기 댐퍼	배연 댐퍼
A 구역	MD_1 열림	MD_4 열림
	MD_2 닫힘	MD_3 닫힘
B 구역	MD_2 열림	MD_3 열림
	MD_1 닫힘	MD_4 닫힘

(물음 3) 화재시 화재구역은 연기를 배출하고 인접구역은 외부공기를 급기하는 방식

(물음 4)

화재 구역	급기 댐퍼	배연 댐퍼
A 구역	MD_2 열림	MD_4 열림
	MD_1 닫힘	MD_3 닫힘
B 구역	MD_1 열림	MD_3 열림
	MD_2 닫힘	MD_4 닫힘

21 제연설비에 이용되는 원심식 송풍기는 깃의 경사에 따라 팬(fan)을 분류하는데 팬(fan)의 종류를 5가지만 쓰시오.

풀이 ① 다익팬(시로코팬 : siroco fan)
② 터보팬(turbo fan)
③ 익형팬(airfoil fan)
④ 리밋로드팬(limit load fan)
⑤ 프로펠러팬(propeller fan)
⑥ 튜블러팬
⑦ 크로스플로팬

2-3 연결송수관 설비(NFTC 502)

1. 연결송수관 설비의 구성 부분

① 송수구 ② 배관 ③ 방수구

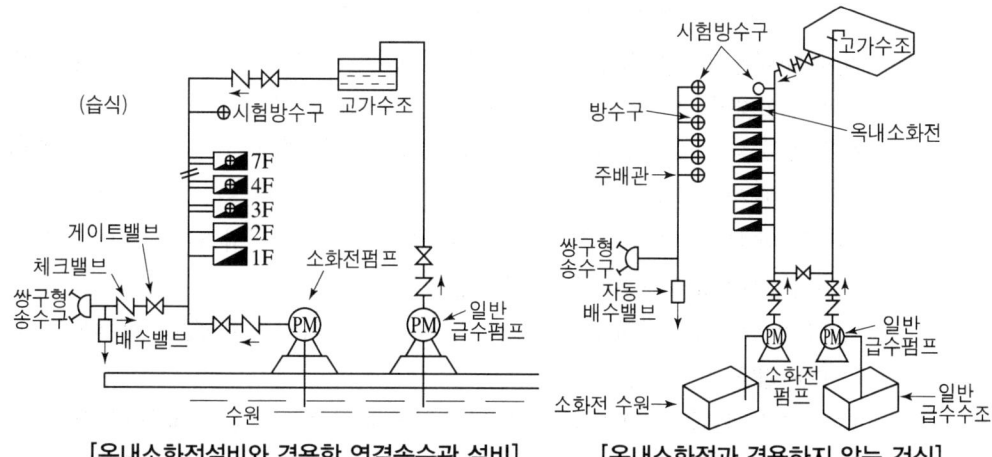

[옥내소화전설비와 겸용한 연결송수관 설비]   [옥내소화전과 겸용하지 않는 건식]

2. 종 류

(1) 건 식

평상시에는 배관 내에 물이 없는 경우이며 소방자동차로부터 송수구로 물을 송수해야 비로소 방수가 된다.

(2) 습 식

평상시에도 배관 내에 고가수조에 의하여 **물이 차있어** 소방자동차로부터 송수구로 물을 송수시 수격작용을 방지할 수 있고 즉시 방수가 가능하다.(지면에서 31m 이상 건축물 또는 11층 이상의 건축물에 이용된다.)

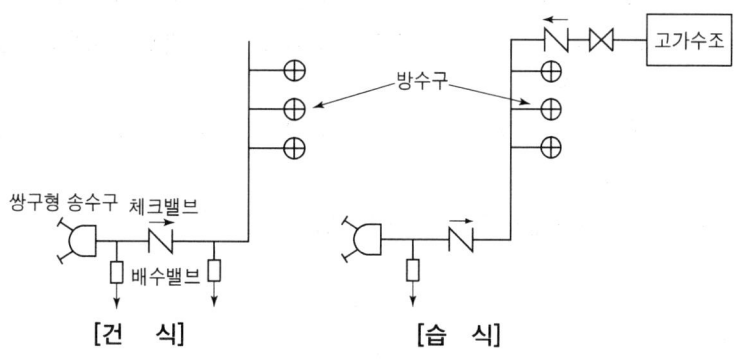

[건 식]   [습 식]

3. 송수구

① 소방차가 쉽게 접근할 수 있고 **잘 보이는 장소**에 설치할 것
② 지면으로부터 높이가 **0.5m 이상 1m 이하**의 위치에 설치할 것
③ 송수구는 화재층으로부터 지면으로 떨어지는 유리창 등이 송수 및 그 밖의 소화작업에 지장을 주지 아니하는 장소에 설치할 것
④ 송수구로부터 연결송수관설비의 주배관에 이르는 연결배관에 개폐밸브를 설치한 때에는 그 개폐상태를 쉽게 확인 및 조작할 수 있는 옥외 또는 기계실 등의 장소에 설치할 것. 이 경우 개폐밸브에는 그 밸브의 개폐상태를 감시제어반에서 확인할 수 있도록 급수개폐밸브 작동표시 스위치를 다음 각 목의 기준에 따라 설치하여야 한다.
   ㉠ 급수개폐밸브가 잠길 경우 탬퍼 스위치의 동작으로 인하여 감시제어반 또는 수신기에 표시되어야 하며 경보음을 발할 것
   ㉡ 탬퍼 스위치는 감시제어반 또는 수신기에서 **동작의 유무확인과 동작시험, 도통시험**을 할 수 있을 것
   ㉢ 급수개폐밸브의 작동표시 스위치에 사용되는 전기배선은 내화전선 또는 내열전선으로 설치할 것
⑤ 구경 **65mm의 쌍구형**으로 할 것
⑥ 송수구에는 그 가까운 곳의 보기 쉬운 곳에 **송수압력범위**를 표시한 표지를 할 것
⑦ 송수구는 연결송수관의 수직배관마다 1개 이상을 설치할 것. 다만, 하나의 건축물에 설치된 각 수직배관이 중간에 개폐밸브가 설치되지 아니한 배관으로 상호 연결되어 있는 경우에는 건축물마다 1개씩 설치할 수 있다.
⑧ 송수구의 부근에는 자동배수밸브 및 체크밸브를 다음 각목의 기준에 따라 설치할 것. 이 경우 자동배수밸브는 배관안의 물이 잘빠질 수 있는 위치에 설치하되, 배수로 인하여 다른 물건이나 장소에 피해를 주지 아니하여야 한다.
   ㉠ 습식의 경우에는 **송수구 · 자동배수밸브 · 체크밸브**의 순으로 설치할 것
   ㉡ 건식의 경우에는 **송수구 · 자동배수밸브 · 체크밸브 · 자동배수밸브**의 순으로 설치할 것
⑨ 송수구에는 가까운 곳의 보기 쉬운 곳에 "**연결송수관설비송수구**"라고 표시한 표지를 설치할 것
⑩ 송수구에는 이물질을 막기 위한 마개를 씌울 것

4. 배 관

① 주배관 구경은 100mm 이상
② 지면에서 31m 이상 소방대상물 또는 11층 이상인 특정소방대상물에 있어서는 습식설비로 할 것.
③ 연결송수관설비의 배관은 주배관의 구경이 100mm 이상인 옥내소화전설비의 배관과 겸용할 수 있다.

5. 방수구

① 특정소방대상물의 층마다 설치(설치예외 장소)
  ㉠ 아파트의 1층 및 2층
  ㉡ 소방자동차의 접근이 가능하고 소방대원이 소방자동차로부터 각 부분에 쉽게 도달할 수 있는 피난층
  ㉢ 송수구가 부설된 옥내소화전이 설치된 특정소방대상물(집회장·관람장·판매시설·공장·창고시설 또는 지하가를 제외한다)로서 다음의 1에 해당하는 층
    ⓐ 지하층을 제외한 층수가 4층 이하이고 연면적이 6,000m^2 미만인 특정소방대상물의 지하층
    ⓑ 지하층의 층수가 2이하인 특정소방대상물의 지하층
② 아파트 또는 바닥면적이 1,000m^2 미만인 층에 있어서는 계단(계단이 2 이상 있는 경우에는 그 중 1개의 계단을 말한다)으로부터 5m 이내에 바닥면적 1,000m^2 이상인 층(아파트를 제외한다)에 있어서는 각 계단(계단이 3 이상 있는 층의 경우에는 그중 2개의 계단을 말한다)으로부터 5m 이내에 설치하되, 그 방수구로부터 그 층의 각 부분까지의 수평거리가 다음 각목의 기준을 초과하는 경우에는 그 기준 이하가 되도록 방수구를 추가하여 설치하여야 한다.
  ㉠ 지하가 또는 지하층의 바닥면적의 합계가 3,000m^2 이상인 것은 25m
  ㉡ ㉠목에 해당하지 아니하는 것은 50m
③ 11층 이상의 부분에 설치하는 **방수구는 쌍구형**으로 하여야 한다. 다만, 다음 각목의 1에 해당하는 층에는 단구형으로 설치할 수 있다.
  ㉠ 아파트의 용도로 사용되는 층
  ㉡ 스프링클러설비가 유효하게 설치되어 있고 방수구가 2개소이상 설치된 층
④ 방수구의 **호스 접결구**는 **바닥**으로부터 높이 **0.5m 이상 1m 이하**의 위치에 설치할 것
⑤ 방수구는 연결송수관설비의 전용방수구 또는 옥내소화전 방수구로서 **구경**

65mm의 것으로 하여야 한다.
⑥ 방수구의 위치표시는 방수구의 상부에 설치하며, 10m거리에서 쉽게 식별할 수 있는 적색등이나 발광식 또는 축광식 표지로 할 것
⑦ 방수구는 개폐기능을 가진 것으로 할 것

6. 방수 기구함

① 3층 이내마다 1개 이상 설치(방수구로부터 보행거리 5m 이내)
② 65mm(구경)×15m(길이)×유효개수, 방사형 관창 2개 이상(단, 단구형 1개 이상)
③ 보기쉬운 곳에 "방수 기구함"표지 설치
　(주) 유효개수 : 쌍구형 방수구는 단구형 방수구의 2배 이상 개수 설치

7. 가압송수장치

(1) 설치대상

지표면으로부터 최상층 방수구의 높이가 70m 이상

(2) 펌프 토출량

2400L/min(계단식 아파트 1200L/min) 이상으로 하고 한 층에 방수구가 3개 초과(최대 5개)인 경우 1개마다 800L(계단식 아파트 400L) 가산한 양이 되는 것으로 할 것

(3) 펌프의 양정

최상층 노즐 선단의 방수압이 0.35MPa 이상의 압력이 되도록 할 것

(4) 기동장치

자동 또는 수동스위치의 조작으로 기동 가능하여야 한다.
이 경우 수동스위치는 2개 이상 설치하되 그중 1개는 다음 기준에 따라 송수구 부근에 설치한다.
① 송수구로부터 5m 이내의 보기 쉬운 장소에 바닥으로부터 높이 0.8m 이상 1.5m 이하로 설치하여야 한다.
② 1.5mm 이상의 강판함에 수납하여 설치하되, 문짝은 불연재료로 설치할 수 있다.
③ 전기설비 기술기준에 관한 규칙에 의하여 접지하고 빗물 등이 들어가지 아니하는 구조로 하여야 한다.

2-4 연결살수설비(NFTC 503)

1. 구성요소

① 송수구   ② 배관   ③ 살수 헤드   ④ 밸브

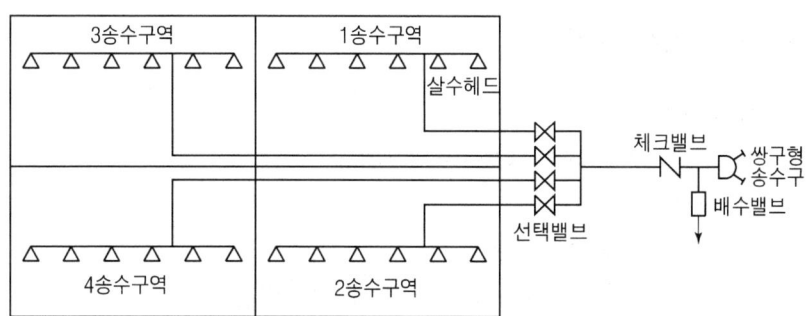

[선택밸브 및 송수구역의 예]

2. 송수구

① 소방차가 쉽게 접근할 수 있고 노출된 장소에 설치할 것. 이 경우 가연성가스의 저장·취급시설에 설치하는 연결살수설비의 송수구는 그 방호대상물로부터 20m 이상의 거리를 두거나 방호대상물에 면하는 부분이 높이 1.5m 이상 폭 2.5m 이상의 철근콘크리트벽으로 가려진 장소에 설치
② 송수구는 구경 **65mm**의 **쌍구형**으로 설치할 것.
　다만, 하나의 송수구역에 부착하는 살수헤드의 수가 10개 이하인 것에 있어서는 단구형의 것으로 할 수 있다.
③ 개방형헤드를 사용하는 송수구의 호스접결구는 각 **송수구역마다 설치**할 것. 다만, 송수구역을 선택할 수 있는 선택밸브가 설치되어 있고 각 송수구역의 주요 구조부가 내화구조로 되어 있는 경우에는 그러하지 아니하다.
④ 지면으로부터 높이가 **0.5m 이상 1m 이하**의 위치에 설치할 것
⑤ 송수구로부터 주배관에 이르는 연결배관에는 개폐밸브를 설치하지 아니 할 것. 다만, 스프링클러설비·물분무소화설비·포소화설비 또는 연결송수관설비의 **배관과 겸용**하는 경우에는 그러하지 아니하다.
⑥ 송수구의 부근에는 "**연결살수설비 송수구**"라고 표시한 표지와 **송수구역 일람표**를 설치할 것. 다만, 선택밸브를 설치한 경우에는 그러하지 아니하다.
⑦ 송수구에는 이물질을 막기 위한 **마개**를 씌워야 한다.

3. 선택밸브

① 화재시 연소의 우려가 없는 장소로서 조작 및 점검이 쉬운 위치에 설치
② 자동개방밸브에 의한 선택밸브를 사용하는 경우에는 송수구역에 방수하지 않고 자동밸브의 작동시험이 가능 할 것
③ 선택밸브의 부근에는 송수구역 일람표를 설치.

4. 부속설비 설치순서

① 폐쇄형헤드 사용시
　송수구 → 자동 배수 밸브 → 체크밸브
② 개방형 헤드사용시
　송수구 → 자동 배수 밸브
　개방형 헤드 사용시 송수구역당 10개 이하 설치
③ 자동배수밸브는 배관 안의 물이 잘 빠질 수 있는 위치에 설치하되, 배수로 인하여 다른 물건 또는 장소에 피해를 주지 아니하여야 한다.

5. 연결살수설비 배관 등

① 연결살수설비 전용헤드 수별 급수관의 구경

하나의 배관의 헤드수	1개	2개	3개	4~5개	6~10개
배관 구경 (mm)	32	40	50	65	80

② 폐쇄형헤드 사용시 시험 배관 설치
　㉠ 가장 먼 가지배관 끝에 설치
　㉡ 시험장치 배관의 구경은 가장 먼 가지배관의 구경과 동일한 구경으로 하고, 그 끝에는 물받이 통 및 배수관을 설치하여 시험 중 방사된 물이 바닥으로 흘러내리지 아니하도록 할 것. 다만, 목욕실·화장실 또는 그 밖의 배수처리가 쉬운 장소의 경우에는 물받이 통 또는 배수관을 설치하지 아니할 수 있다.
③ 개방형 헤드 사용시 $\frac{1}{100}$ 이상 기울기의 수평주행배관 설치
④ 가지배관의 배열은 토너먼트 방식이 아니어야 하고 한쪽 가지관에 설치하는 헤드 수는 8개 이하

6. 연결살수설비의 헤드

① 천장 또는 반자의 실내에 면하는 부분에 설치
② 천장, 반자에서 살수 헤드까지 수평거리
  ㉠ 연결살수설비 전용헤드 3.7m 이하
  ㉡ 스프링클러헤드 2.3m 이하
③ 가연성 가스의 저장, 취급시설
  ㉠ 연결살수설비 전용의 개방형헤드를 설치하여야 한다.
  ㉡ 가스저장탱크ㆍ가스홀더 및 가스발생기의 주위에 설치하되, 헤드 상호간의 거리는 3.7m 이하로 하여야 한다.
  ㉢ 헤드의 살수범위는 가스저장탱크ㆍ가스홀더 및 가스발생기의 몸체의 중간 윗부분의 모든 부분이 포함되도록 하여야 하고, 살수된 물이 흘러내리면서 살수범위에 포함되지 아니한 부분에도 모두 적셔질 수 있도록 하여야 한다.

2-5 지하구의 연소방지설비(NFTC 605)

1. 연소방지설비 송수구 설치기준

① 소방펌프 자동차가 쉽게 접근할 수 있는 노출된 장소에 설치하되, 눈에 띄기 쉬운 보도 또는 차도에 설치
② 송수구는 구경 65mm의 쌍구형
③ 송수구로부터 1m 이내에 살수구역 안내표지를 설치
④ 지면으로부터 0.5m 이상 1m 이하의 위치에 설치
⑤ 송수구 가까운 부분에 자동배수밸브(또는 직경 5mm의 배수공) 및 체크밸브 설치
⑥ 송수구로부터 주배관에 이르는 연결배관에는 개폐밸브를 설치하지 아니할 것
⑦ 송수구에는 이물질을 막기 위한 마개를 씌워야 한다.

2. 연소방지설비의 배관

① 연소방지설비 전용 헤드를 사용하는 경우의 배관구경

하나의 배관에 부착하는 살수헤드의 개수	1개	2개	3개	4개 또는 5개	6개 이상
배관의 구경	32	40	50	65	80

② 배관용 탄소강관(KS D 3507) 또는 압력배관용 탄소강관(KS D 3562)이나 이와 동등 이상의 강도 · 내식성 및 내열성을 가진 것으로 하여야 한다.
③ 급수배관(송수구로부터 연소방지설비 헤드에 급수하는 배관)은 전용으로 하여야 한다.
④ 교차배관은 가지배관과 수평으로 설치하거나 또는 가지배관 밑에 설치하고 최소구경이 40mm 이상이 되도록 할 것

3. 방수헤드설치기준

① 천장 또는 벽면에 설치
② 방수헤드간의 수평거리
　㉠ 연소방지설비 전용헤드 : 2.0m 이하
　㉡ 스프링클러헤드 : 1.5m이하
③ 소방대원의 출입이 가능한 환기구 · 작업구마다 지하구의 양쪽방향으로 살수헤드를 설정하되, 한쪽 방향의 살수구역의 길이는 3m 이상으로 것. 다만, 환기구 사이의 간격이 700m를 초과할 경우에는 700m 이내마다 살수구역을 설정하되 지하구의 구조를 고려하여 방화벽을 설치한 경우에는 그러하지 아니하다.

4. 방화벽의 설치기준

① 내화구조로서 홀로 설 수 있는 구조일 것
② 방화벽의 출입문은 60분+ 방화문 또는 60분 방화문으로 설치할 것
③ 방화벽을 관통하는 케이블 · 전선 등에는 내화충전구조로 마감할 것
④ 방화벽은 분기구 및 국사 · 변전소 등의 건축물과 지하구가 연결되는 부위(건축물로부터 20m 이내)에 설치할 것

핵심 출제문제

01 11층 이상의 소방대상물에 설치하는 연결 송수관설비의 방수구는 쌍구형을 설치한다. 쌍구형으로 설치하는 이유를 간단히 설명하시오.

풀이 11층 이상은 화재 시 고층건축물로 외부에서 소화 작업 지원이 곤란하기 때문에 자체적으로 충분한 소화용수를 공급함으로써 원활한 소화활동을 하기 위하여

02 연결송수관설비의 송수구 설치기준을 5가지만 쓰시오.

풀이 ① 연결 송수관의 수직배관마다 설치
② 송수구 부근에 자동배수밸브 및 체크밸브 설치
③ 송수구 가까운 보기 쉬운 곳에 연결송수관 설비 송수구 표지 설치
④ 소방펌프 자동차가 쉽게 접근할 수 있고 노출된 장소에 설치
⑤ 지면으로부터 0.5m 이상 1m 이하의 위치에 설치
⑥ 구경 65mm의 쌍구형으로 할 것

03 그림과 같이 소방대 연결송수구와 체크밸브 사이에 자동배수장치(Auto Drip)를 설치하는 이유를 간단히 설명하시오.

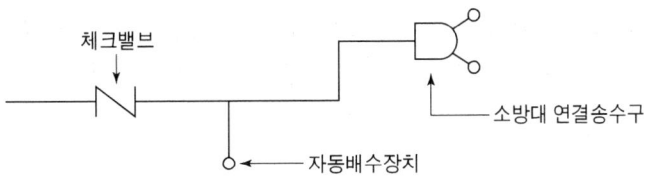

풀이 소화작업 후 배관내의 물을 자동으로 배수하여 동파방지 및 배관부식 방지

04 소화설비중 옥내 소화전설비의 옥내소화전과 연결송수관설비의 연결송수관 사용자의 차이점을 쓰시오.

풀이 **옥내소화전** : 화재 초기소화의 진화목적으로 설치된 것으로 소방대상물의 자체소방대원이 사용한다.
연결송수관 : 화재 본격소화의 진화목적으로 설치된 것으로 외부의 소방대원이 사용한다.

05 연결송수관설비에 대한 각 물음에 답하시오.
(물음 1) 가압송수장치의 설치이유를 간단히 설명하시오
(물음 2) 펌프의 분당 토출량(L/min)은 얼마 이상인가?
(물음 3) 최상층 노즐선단의 방수압(MPa)은 얼마 이상인가?

풀이 **(물음 1)** 높이가 70m 이상인 소방 대상물은 소방 자동차에서 공급되는 수압력만으론 규정 노즐방사압력(0.35MPa) 이상을 유지하기 어렵기 때문에 가압송수장치를 설치한다.
(물음 2) 2400L/min
(물음 3) 0.35MPa

06 소화설비 중 소화용수설비에 대하여 아래 물음에 답하시오.
(물음 1) 소화용수설비 중 소화용수가 지면으로부터 몇 m 이상의 지하에 있는 경우에 가압송수장치를 설치하는가?
(물음 2) 가압송수장치의 설치이유를 간단히 설명하시오.

풀이 **(물음 1)** 4.5m 이상

참고

소요수량	20m³ 이상 40m³ 미만	40m³ 이상 100m³ 미만	100m³ 이상
가압송수장치의 1분당 양수량	1100L 이상	2200L 이상	3300L 이상

(물음 2) 지면으로부터 수면까지의 낙차가 클 경우 소방자동차등 외부에서 소화용수를 가압송수시 흡입관내의 공동현상(캐비테이션)에 의하여 흡입능력이 떨어지거나 심하면 송수불능 상태에 이르므로, 가압송수장치를 설치하여 이를 방지한다.

07 다음은 지하구의 화재안전기술기준에 관한 설치기준이다. ( ) 안에 알맞은 답을 쓰시오.

(1) 연소방지설비전용헤드를 사용하는 경우 하나의 배관에 부착하는 살수헤드의 개수가 4개 또는 5개인 경우 배관의 구경은 (①)mm 이상의 것으로 할 것

(2) 소방대원의 출입이 가능한 (②)·(③)마다 지하구의 양쪽방향으로 살수헤드를 설정하되, 한쪽 방향의 살수구역의 길이는 (④)m 이상으로 할 것. 다만, 환기구 사이의 간격이 (⑤)m를 초과할 경우에는 (⑥)m 이내마다 살수구역을 설정 할 것

(3) 방수헤드간의 수평거리는 연소방지설비 전용헤드의 경우에는 (⑦)m 이하, 스프링클러헤드의 경우에는 (⑧)m 이하로 할 것

풀이 ① 65   ② 환기구   ③ 작업구   ④ 3
⑤ 700   ⑥ 700   ⑦ 2   ⑧ 1.5

제 2 편 소방기계시설의 설계 및 시공

제3장 피난설비

3-1 피난기구(NFTC 301)

1. 피난설비의 종류

피난사다리, 완강기, 구조대, 피난교, 유도등, 유도표지

(1) 피난사다리

① 고정식 사다리   ② 올림식 사다리   ③ 내림식 사다리

① 고정식 사다리

　　㉠ 수납식   ㉡ 접어개기식   ㉢ 신축식

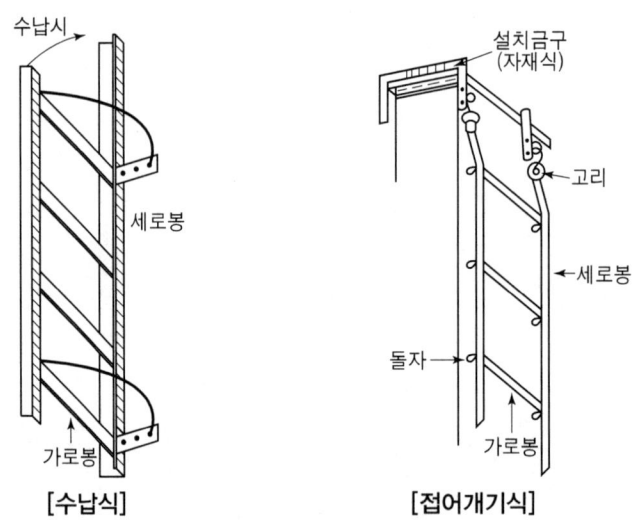

[수납식]　　　　　　　　　[접어개기식]

② 올림식 사다리
　　방화대상물에 상부지지대를 걸고 올려 받쳐 사용하는 것
③ 내림식 사다리
　　미사용시 접거나 축소시켜, 말아놓은 상태로 방화대상물의 견고한 부분에 설치하여 달아매어 사용하는 것으로 **접어개기식, 와이어식, 체인식**이 있다.

2. 완강기

사용방법에 따라 1인용, 다수인용으로 구분되나 다수인용은 거의 사용되지 않고 있다.

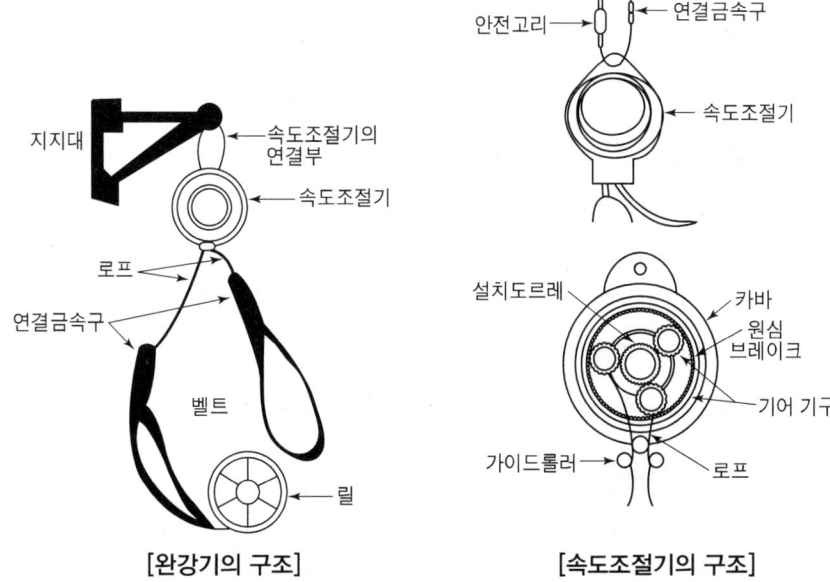

[완강기의 구조]   [속도조절기의 구조]

(1) 용어의 정의

① **속도조절기** : 완강기의 강하속도를 일정범위로 조절하는 장치
② **속도조절기의 연결부** : 지지대와 속도조절기를 연결하는 부분
③ **지지대** : 화재 시 피난용으로 사용되는 완강기와 간이완강기를 소방대상물에 고정 설치해 줄 수 있는 기구
④ **연결금속구** : 로프와 벨트의 연결부위에 사용하는 금속구 및 완강기 또는 간이완강기를 지지대에 연결할 때 사용하는 금속구

(2) 완강기 및 간이완강기의 공통사항

① 속도조절기 · 속도조절기의 연결부 · 로프 · 연결금속구 및 벨트로 구성되어야 한다.
② 속도조절기는 다음 각 목에 적합하여야한다.
   ㉠ 견고하고 **내구성**이 있어야 한다.
   ㉡ 평상시에 분해 청소 등을 하지 아니하여도 작동할 수 있어야 한다.
   ㉢ 강하시 발생하는 열에 의하여 기능에 이상이 생기지 아니하여야 한다.

㉣ 속도조절기는 사용 중에 분해 · 손상 · 변형되지 아니하여야 하며, 속도조절기의 이탈이 생기지 아니하도록 덮개를 하여야 한다.
㉤ 강하시 로프가 손상되지 아니하여야 한다.
㉥ 속도조절기의 풀리 등으로부터 로프가 노출되지 아니하는 구조이어야 한다.
③ 기능에 이상이 생길 수 있는 모래나 기타의 이물질이 쉽게 들어가지 아니하도록 견고한 덮개로 덮어져 있어야 한다.

(3) 최대사용하중 및 최대사용자수 등

① 최대사용하중은 1500N 이상의 하중이어야 한다.
② 최대사용자수(1회에 강하할 수 있는 사용자의 최대수)는 최대사용하중을 1500N으로 나누어서 얻은 값(1미만의 수는 계산하지 아니한다)으로 한다.

> 최대사용자수 = 최대사용하중(N) / 1500N

③ 최대사용자수에 상당하는 수의 벨트가 있어야 한다.

(4) 완강기 및 간이완강기의 강도

① 완강기 및 간이완강기의 강도(벨트의 강도 제외)는 최대사용자수에 3900N을 곱하여 얻은 값의 정하중을 가하는 시험에서 다음 각목에 적합하여야 한다.
  ㉠ 속도조절기, 속도조절기의 연결부 및 연결금속구는 분해 · 파손 또는 현저한 변형이 생기지 아니하여야 한다.
  ㉡ 로프는 파단 또는 현저한 변형이 생기지 아니하여야 한다.
② 벨트의 강도는 늘어뜨린 방향으로 1개에 대하여 6500N의 인장하중을 가하는 시험에서 끊어지거나 현저한 변형이 생기지 아니하여야 한다.

(5) 표시

완강기 및 간이완강기는 다음 사항을 보기 쉬운 부위에 잘 지워지지 아니하도록 표시하여야 한다. 다만, ⑧과 ⑩은 보관함 또는 취급설명서에 표시할 수 있다.
① 품명 및 형식
② 형식승인번호
③ 제조연월 및 제조번호
④ 제조업체명 또는 상호
⑤ 길이
⑥ 최대사용하중
⑦ 최대사용자수

⑧ 사용안내문(설치 및 사용방법, 취급상의 주의사항)
⑨ "본 제품은 1회용임"(간이완강기에 한함)
⑩ 품질보증에 관한 사항(보증기간, 보증내용, A/S방법, 자체검사필증 등)

(6) 완강기

① 강하속도
로프의 길이를 최대한으로 사용하는 높이(로프의 길이가 15 m를 초과하는 것은 15 m의 높이)에 완강기를 설치하고 강하시험을 하는 경우 완강기의 강하속도는 다음 각 호에 적합하여야 하며, 주위온도 시험조건은 −20~50℃의 상태에서 하여야한다.
250N · 750N · 1500N의 하중, 최대사용자수에 750N을 곱하여 얻은 값의 하중, 최대사용하중에 상당하는 하중으로 좌우 교대하여 각각 1회 연속 강하시키는 경우 각각의 **강하속도는 16cm/s 이상 150cm/s 미만**이어야 한다.

② 완강기는 최대사용자수에 750N을 곱하여 얻은 값의 하중으로 좌우 교대하여 각각 10회 연속 강하시키는 시험을 하는 경우 각각의 강하속도는 어느 경우에나 20회의 평균강하속도의 80% 이상 120% 이하이어야 한다.

(7) 간이완강기의 강하속도 시험

① 로프의 길이를 최대한으로 사용하는 높이(로프의 길이가 15m를 초과하는 것은 15m의 높이)에 설치할 것
② 시험조건은 **주위온도 −20~50℃**의 상태에서 실시할 것
③ 강하속도는 250N · 750N · 1500N의 하중, 최대사용자수에 750N을 곱하여 얻은 값의 하중, 최대사용하중에 상당하는 하중으로 각각 1회 강하시키는 경우 각각의 **강하속도는 16cm/s 이상 150cm/s 미만**일 것

3. 구조대

구조대는 방화대상물의 3층 이상의 건물에 설치하는 것으로 화재시, 비상시에 창문, 발코니등의 개구부에서 지상까지 통상의 포대를 설치, 포대속을 피난자가 활강하는 피난기구이며 경사강하식과 수직 강하식이 있다.

(1) 종 류

① 경사강하식구조대
소방대상물에 비스듬하게 고정시키거나 설치하여 사용자가 **미끄럼식**으로 내려올 수 있는 구조대

② 수직강하식구조대

　소방대상물 또는 기타 장비 등에 수직으로 설치하여 사용하는 구조대

(2) 경사강하식구조대의 구조기준

① 연속하여 활강할 수 있는 구조로 안전하고 쉽게 사용할 수 있어야 한다.
② 입구틀 및 취부틀의 입구는 **지름 50cm 이상의 구체가 통과 할 수 있어야 한다.**
③ 포지는 사용시에 수직방향으로 현저하게 늘어나지 아니하여야 한다.
④ 포지, 지지틀, 취부틀 그밖의 부속장치 등은 견고하게 부착되어야 한다.
⑤ 구조대 본체는 강하방향으로 봉합부가 설치되지 아니하여야 한다.
⑥ 구조대 본체의 활강부는 낙하방지를 위해 포를 2중구조로 하거나 또는 망목의 변의 길이가 8cm 이하인 망을 설치하여야 한다. 다만, 구조상 낙하방지의 성능을 갖고 있는 구조대의 경우에는 그러하지 아니하다.
⑦ 본체의 포지는 하부지지장치에 인장력이 균등하게 걸리도록 부착하여야 하며 하부지지장치는 쉽게 조작할 수 있어야 한다.
⑧ 손잡이는 출구부근에 좌우 각3개 이상 균일한 간격으로 견고하게 부착하여야 한다.

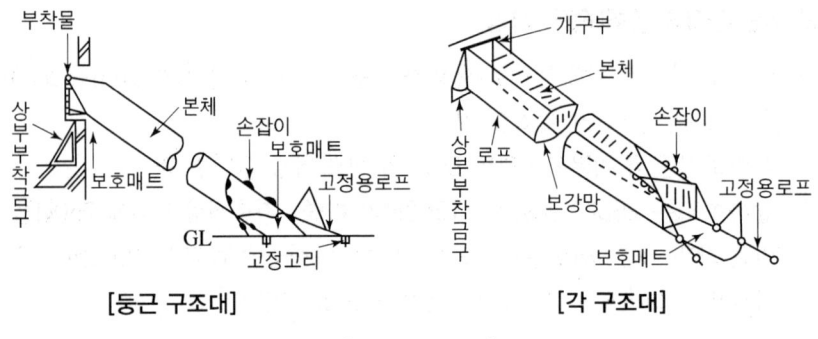

[구조대의 구조]

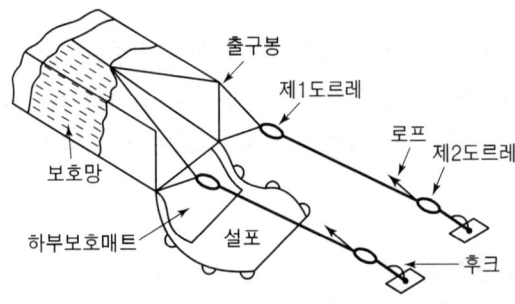

[하부지지 장치 및 보호장치]

⑨ 구조대본체의 끝부분에는 길이 4m 이상, 지름 4mm 이상의 유도선을 부착하여야 하며, 유도선 끝에는 **중량 3N(300 g) 이상의 모래주머니** 등을 설치하여야 한다.
⑩ 땅에 닿을 때 충격을 받는 부분에는 완충장치로서 받침포 등을 부착하여야 한다.

(3) 수직강하식 구조대의 구조기준

① 구조대는 안전하고 쉽게 사용할 수 있는 구조이어야 한다.
② 구조대의 포지는 외부포지와 내부포지로 구성하되, 외부포지와 내부포지의 사이에 충분한 공기층을 두어야 한다. 다만, 건물내부의 별실에 설치하는 것은 외부포지를 설치하지 아니할 수 있다.
③ 입구틀 및 취부틀의 입구는 **지름 50cm 이상의 구체가 통과할 수 있는 것이어야** 한다.
④ 구조대는 연속하여 강하할 수 있는 구조이어야 한다.
⑤ 포지는 사용시 수직방향으로 현저하게 늘어나지 아니하여야 한다.
⑥ 포지, 지지틀, 취부틀 그밖의 부속장치 등은 견고하게 부착되어야 한다.

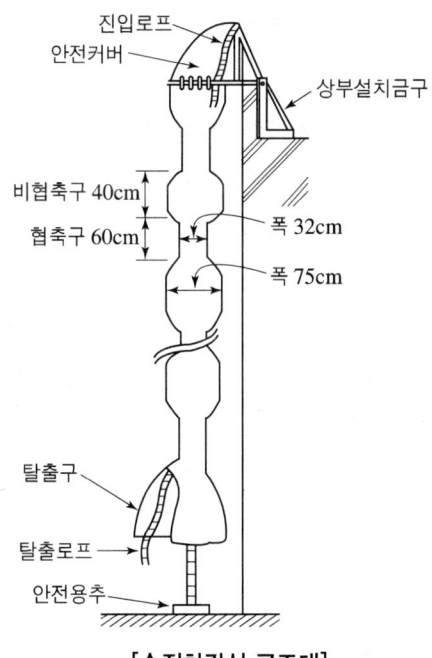

[수직하강식 구조대]

4. 미끄럼대

고정식과 반고정식이 있으며 방화대상물의 창문이나 발코니의 견고한 부분에 설치하며 미끄럼면은 25~35°의 경사로 설치된다.

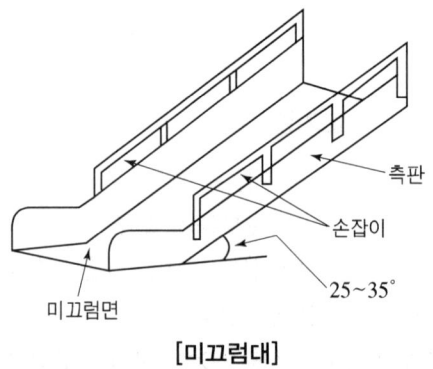

[미끄럼대]

5. 피난교 및 피난트랩

(1) 피난교

방화대상물이 2개동 이상일 때 각 방화대상물의 옥상 또는 외벽의 개구부를 서로 연결하여 화재시 피난할 수 있도록 설치된 것으로 교각, 교판, 난간 등으로 구성된다.

① 교판

바닥면 구배 $\frac{1}{5}$ 미만($\frac{1}{5}$ 이상시 계단식으로 한다)

② 난간

㉠ 난간 높이 1.1m 이상, 난간 폭목 높이 10cm 이상, 난간의 간격 1.1m 이상 18cm 이하

㉡ 재료 : 강재, 알루미늄

㉢ 적재하중 : 350kg/m² 이상

㉣ 하중시험 : 굽힘 지점간 $\frac{1}{300}$ 미만

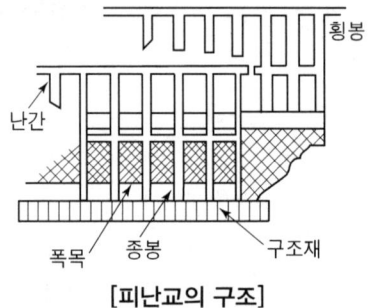

[피난교의 구조]

(2) 피난트랩

방화대상물 외벽에 설치하는 일종의 피난계단이다.

① 디딤판 및 용장(踊場)

트랩 유효폭 : 50cm 이상

용장 및 용장의 디딤폭 : 트랩 높이가 4m 초과시 높이 4m 이내마다 용장을 설

치하고 디딤폭은 1.2m 이상

② 난간

　재질 : 강재, 알루미늄

　적재하중 : 디딤면마다 130kg 이상

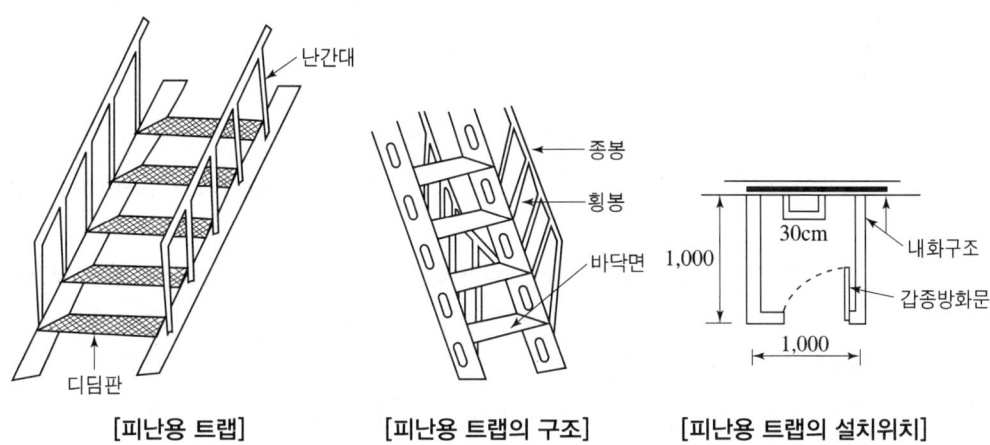

[피난용 트랩]　　[피난용 트랩의 구조]　　[피난용 트랩의 설치위치]

6. 피난기구의 설치기준

(1) 피난기구의 소방대상물에 적응하는 종류

[소방대상물별 피난기구의 적응성]

소방대상물의 구분	1층	2층	3층	4층 이상 10층 이하
노유자시설	미구교다승	미구교다승	미구교다승	구[1]교다승
의료시설·근린생활시설 중 입원실이 있는 의원·접골원·조산원			미트구교다승	트구교다승
다중이용업소로서 영업장의 위치가 4층 이하인 다중이용업소		미사구완다승	미사구완다승	미사구완다승
그 밖의 것			트공[3]간[2]교미사구완다승	공[3]간[2]교사구완다승

[주] 1) 구조대의 적응성은 장애인 관련 시설로서 주된 사용자 중 스스로 피난이 불가한 자가 있는 경우 추가로 설치하는 경우에 한한다.
　　2) 간이완강기의 적응성은 숙박시설의 3층 이상에 있는 객실에 한한다.
　　3) 공기안전매트의 적응성은 **공동주택**에 추가로 설치하는 경우에 한한다.

어두문자 암기방법

피난용트랩 ⇒ 트	피난교 ⇒ 교	피난사다리 ⇒ 사	미끄럼대 ⇒ 미
구조대 ⇒ 구	다수인피난장비 ⇒ 다	승강식피난기 ⇒ 승	완강기 ⇒ 완
간이완강기 ⇒ 간	공기안전매트 ⇒ 공		

(2) 피난기구의 설치

① 층마다 설치하되 피난기구의 설치개수는 표와 같이 한다

특수 장소	숙박시설, 노유자 시설, 의료시설로 사용되는 층	위락시설, 문화집회 및 운동시설, 판매시설, 복합용도의 층	계단실형 아파트	그 밖의 용도의 층
설치 개수	500m²마다 1개 이상	800m²마다 1개 이상	각세대마다 1개 이상	바닥면적 1000m²마다 1개 이상

② 규정에 의하여 설치한 피난기구 외에 숙박시설(휴양콘도미니엄을 제외한다)의 경우에는 추가로 객실마다 완강기 또는 둘 이상의 간이완강기를 설치하여야 한다.

③ 규정에 의하여 설치한 피난기구 외에 공동주택(공동주택관리법 시행령 제2조 규정에 따른 공동주택에 한한다)의 경우에는 하나의 관리주체가 관리하는 공동주택 구역마다 공기안전매트를 1개이상을 추가로 설치하여야 한다. 다만, 옥상으로 피난이 가능하거나 인접세대로 피난할 수 있는 구조인 경우에는 추가로 설치하지 아니할 수 있다.

(3) 피난기구의 설치기준

① 피난기구는 계단 · 피난구 기타 피난시설로 부터 적당한 거리에 있는 안전한 구조로 된 피난 또는 소화활동상 유효한 개구부(가로 0.5m 이상 세로 1m 이상인 것을 말한다. 이 경우 개구부 하단이 바닥에서 1.2m 이상이면 발판 등을 설치하여야 하고, 밀폐된 창문은 쉽게 파괴할 수 있는 파괴장치를 비치하여야 한다)에 고정하여 설치하거나 필요한 때에 신속하고 유효하게 설치할 수 있는 상태에 둘 것

② 피난기구를 설치하는 개구부는 서로 동일직선상이 아닌 위치에 있을 것, 다만, 피난교 · 피난용트랩 · 간이완강기 · 아파트에 설치되는 피난기구(다수인 피난장비는 제외) 기타 피난상 지장이 없는 것에 있어서는 그러하지 아니하다.

③ 소방대상물의 기둥 · 바닥 · 보 기타 구조상 견고한 부분에 볼트조임 · 매입 · 용접 기타의 방법으로 견고하게 부착하여야 한다.

④ **4층 이상의 층에 피난사다리**(하향식 피난구용 내림식사다리는 제외)를 설치하는 경우에는 **금속성 고정사다리**를 설치하고, 당해 고정사다리에는 쉽게 피난할 수 있는 구조의 노대를 설치하여야 한다.

⑤ 완강기는 강하시 로프가 소방대상물과 접촉하여 손상되지 아니하도록 하여야 한다.

⑥ 완강기 로프의 길이는 부착위치에서 지면 기타 피난상 유효한 착지 면까지의

길이로 하여야 한다.
⑦ **미끄럼대**는 안전한 강하속도를 유지하도록 하고, 전락방지를 위한 **안전조치**를 하여야 한다.
⑧ 구조대의 길이는 피난상 지장이 없고 안전한 강하속도를 유지할 수 있는 길이로 하여야 한다.
⑨ 피난기구를 설치한 장소에는 가까운 곳의 보기 쉬운 곳에 피난기구의 위치를 표시하는 **발광식 또는 축광식표지와** 그 **사용방법**을 표시한 표지를 부착하되, 축광식표지는 소방청장이 정하여 고시한「축광표지의 성능인증 및 제품검사의 기술기준」에 적합하여야 한다. 다만, 방사성물질을 사용하는 위치표지는 쉽게 파괴되지 아니하는 재질로 처리할 것

(4) 다수인 피난장비 설치기준

① 피난에 용이하고 안전하게 하강할 수 있는 장소에 적재 하중을 충분히 견딜 수 있도록「건축물의 구조기준 등에 관한 규칙」에서 정하는 구조안전의 확인을 받아 견고하게 설치할 것
② 다수인피난장비 보관실은 건물 외측보다 돌출되지 아니하고, 빗물·먼지 등으로부터 장비를 보호할 수 있는 구조 일 것
③ 사용 시에 보관실 외측 문이 먼저 열리고 탑승기가 외측으로 자동으로 전개될 것
④ 하강 시에 탑승기가 건물 외벽이나 돌출물에 충돌하지 않도록 설치할 것
⑤ 상·하층에 설치할 경우에는 탑승기의 하강경로가 중첩되지 않도록 할 것
⑥ 하강 시에는 안전하고 일정한 속도를 유지하도록 하고 전복, 흔들림, 경로이탈 방지를 위한 안전조치를 할 것
⑦ 보관실의 문에는 **오작동 방지조치**를 하고, 문 개방 시에는 당해 소방대상물에 설치된 경보설비와 연동하여 유효한 **경보음**을 발하도록 할 것
⑧ 피난층에는 해당 층에 설치된 피난기구가 착지에 지장이 없도록 충분한 공간을 확보할 것
⑨ 한국소방산업기술원 또는 성능시험기관으로 지정받은 기관에서 그 성능을 검증받은 것으로 설치할 것

(5) 승강식피난기 및 하향식 피난구용 내림식사다리 설치기준

① 승강식피난기 및 하향식 피난구용 내림식사다리는 설치경로가 설치층에서 피난층까지 연계될 수 있는 구조로 설치할 것. 다만, 건축물의 구조 및 설치 여건상 불가피한 경우에는 그러하지 아니 한다.

② 대피실의 면적은 2m²(2세대 이상일 경우에는 3m²) 이상으로 하고, 하강구(개구부) 규격은 직경60cm 이상일 것. 단, 외기와 개방된 장소에는 그러하지 아니한다.
③ 하강구 내측에는 기구의 연결 금속구 등이 없어야 하며 전개된 피난기구는 하강구 수평투영면적 공간 내의 범위를 침범하지 않는 구조이어야 할 것. 단, 직경 60cm 크기의 범위를 벗어난 경우이거나, 직하층의 바닥 면으로부터 **높이 50cm 이하의 범위는 제외** 한다.
④ 대피실의 출입문은 60분+ 방화문 또는 60분 방화문으로 설치하고, 피난방향에서 식별할 수 있는 위치에 "대피실" 표지판을 부착할 것. 단, 외기와 개방된 장소에는 그러하지 아니한다.
⑤ 착지점과 하강구는 상호 **수평거리 15cm 이상**의 간격을 둘 것
⑥ 대피실 내에는 **비상조명등**을 설치 할 것
⑦ 대피실에는 층의 위치표시와 피난기구 사용설명서 및 주의사항 표지판을 부착할 것
⑧ 대피실 출입문이 개방되거나, 피난기구 작동 시 해당층 및 직하층 거실에 설치된 표시등 및 경보장치가 작동되고, 감시 제어반에서는 피난기구의 작동을 확인 할 수 있어야 할 것
⑨ 사용 시 기울거나 흔들리지 않도록 설치할 것
⑩ 승강식피난기는 한국소방산업기술원 또는 성능시험기관으로 지정받은 기관에서 그 성능을 검증받은 것으로 설치할 것

제4장 소화용수설비

4-1 소화수조 및 저수조(NFTC 402)

1. 소화수조등

① 소방차가 채수구로부터 2m 이내의 지점까지 접근할 수 있는 위치에 설치
② 소화수조 또는 저수조의 저수량

소방대상물의 연면적을 다음 표에 의한 기준면적으로 나누어 얻은 수(소수점 이하의 수는 1로 본다)에 $20m^3$를 곱한 양 이상

[소방대상물의 기준면적]

소방대상물의 구분	기준면적
1층 및 2층의 바닥면적 합계가 $15000m^2$ 이상인 소방대상물	$7500m^2$
그밖의 소방대상물	$12500m^2$

소화수조 또는 저수조의 저수량

저수량 $Q(m^3) = \dfrac{\text{연면적}(m^2)}{\text{기준면적}(m^2)}$ (소수점 이하의 수는 1로 본다) $\times 20m^3$

[예제] 연면적이 $65000m^2$이며 건축물의 층수가 5층인 소방대상물에 소화수조를 설치하려고 한다. 저수량(m^3)은 얼마 이상으로 하여야 하는가? (단, 각 층의 바닥면적은 동일하다.)

$$Q(m^3) = \dfrac{65000m^2}{7500m^2} = 8.67 = 9 \times 20m^3 = 180m^3$$

2. 소화수조 또는 저수조의 설치기준

[지하에 설치하는 소화용수설비의 흡수관투입구]

① 한 변이 0.6m 이상이거나 직경이 0.6m 이상으로 할 것
② 소요수량이 $80m^3$ 미만인 것에 있어서는 1개 이상 설치
③ 소요수량이 $80m^3$ 이상인 것에 있어서는 2개 이상 설치
④ "흡수관투입구"라고 표시한 표지를 할 것

3. 채수구 설치기준

① 소방용 호스 또는 소방용 흡수관에 사용하는 구경 65mm 이상의 나사식 결합금속구를 설치할 것

[소요수량과 채수구수]

소요수량	20m³ 이상 40m³ 미만	40m³ 이상 100m³ 미만	100m³ 이상
채수구수	1개	2개	3개

② 채수구 설치위치 : 지면으로부터의 높이가 0.5m 이상 1m 이하의 위치에 설치
③ "채수구"라고 표시한 표지를 할 것
④ 소화용수설비를 설치하여야 할 소방대상물에 있어서 유수의 양이 0.8m³/min 이상인 유수를 사용할 수 있는 경우에는 소화수조를 설치하지 아니할 수 있다.

4. 소화용수의 가압송수장치

① 소화수조 또는 저수조가 지표면으로부터의 깊이(수조 내부바닥까지의 길이)가 4.5m 이상인 지하에 있는 경우에는 다음 표에 의하여 가압송수장치를 설치하여야 한다.

[소요수량과 가압송수장치의 분당 양수량]

소요수량	20m³ 이상 40m³ 미만	40m³ 이상 100m³ 미만	100m³ 이상
가압송수장치의 1분당 양수량	1100L 이상	2200L 이상	3300L 이상

② 소화수조가 옥상 또는 옥탑의 부분에 설치된 경우에는 지상에 설치된 채수구에서의 압력이 0.15MPa 이상이 되도록 하여야 한다.

4-2 상수도소화용수설비(NFTC 401)

1. 설치기준

① 호칭지름 75mm 이상의 수도배관에 호칭지름 100mm 이상의 소화전을 접속
② 소화전은 소방자동차 등의 진입이 쉬운 도로변 또는 공지에 설치할 것
③ 소화전은 소방대상물의 수평투영면의 각 부분으로부터 140m 이하가 되도록 설치

핵심 출제문제

01 소화설비 중 소화용수설비에 대하여 아래 물음에 답하시오.

(물음 1) 소화용수설비 중 소화용수가 지면으로부터 몇 m 이상의 지하에 있는 경우에 가압송수장치를 설치하는가?

(물음 2) 가압송수장치의 설치이유를 간단히 설명하시오.

풀이 (물음 1) 4.5m 이상

소요수량	20m³ 이상 40m³ 미만	40m³ 이상 100m³ 미만	100m³ 이상
가압송수장치의 1분당 양수량	1100L 이상	2200L 이상	3300L 이상

(물음 2) 지면으로부터 수면까지의 낙차가 클 경우 소방자동차등 외부에서 소화용수를 가압송수시 흡입관내의 공동현상(캐비테이션)에 의하여 흡입능력이 떨어지거나 심하면 송수불능 상태에 이르므로, 가압송수장치를 설치하여 이를 방지한다.

02 다음은 소화배관에 관한 내용이다. ( )속에 적합한 숫자나 말을 아래에 적으시오.

(1) 소화배관에 사용하는 탄소강관 이음쇠 중에서 배관의 분해·수리·교체를 편리하게 하기 위하여 사용하는 것으로, 일반적으로 호칭경 65A 이상의 용접이음에는 (①)이(가) 사용되고 호칭경 50A 이하의 나사이음에는 (②)이(가) 주로 사용된다.

(2) 수계 소화배관에 사용하는 탄소강관은 한국산업규격의 기준에 따라 일반적으로 사용압력이 (③)MPa를 기준으로 이보다 사용압력이 낮은 경우에는 (④)을(를) 이보다 사용압력이 높은 경우에는 (⑤)을(를) 사용한다.

풀이 ① 플랜지   ② 유니온
③ 1.2   ④ 배관용 탄소강관   ⑤ 압력배관용 탄소강관

03 다음 각 소화설비의 노즐 및 헤드에서 방사되어야 할 표준 방사량을 쓰시오.

㉮ 옥내소화전 ㉯ 옥외소화전
㉰ 스프링클러헤드 ㉱ 홈워터 스프링클러헤드
㉲ 물분무헤드(차고, 주차장) ㉳ 이산화탄소 소화설비(호스릴 방식 20℃)

풀이
㉮ 130L/분 이상   ㉯ 350L/분 이상   ㉰ 80L/분 이상
㉱ 75L/분 이상   ㉲ 20L/분·m² 이상   ㉳ 60kg/분 이상

무료 동영상과 함께하는 소방설비(기계분야) 실기

제 3 편

단위환산표 및 도시기호

제 1 장   단위환산표
제 2 장   소방시설 도시기호

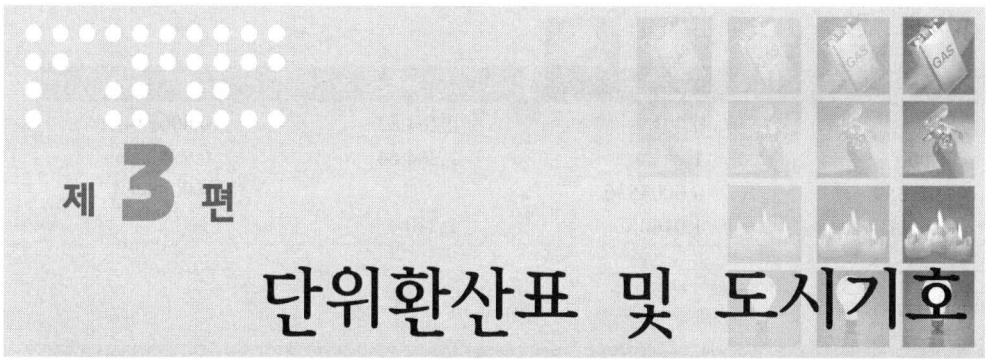

제 1 장 단위환산표

(1) 길 이

mm	m	in	ft
1	0.001	0.03937	0.00328
1000	1	39.371	3.2809
25.4	0.0254	1	0.08333
304.79	0.30479	12	1

(2) 면 적

cm	m²	in²	ft²
1	0.0001	0.15501	0.0010764
10×10³	1	1550.1	10.7643
6.4514	0.00064514	1	0.006944
929	0.0929	144	1

(3) 체 적

dm 또는 l	m³ 또는 kl	ft³	英 gal	美 gal
1	0.001	0.035317	0.21995	0.26419
1.000	1	35.3166	219.95	264.19
28.3153	0.028315	1	6.22786	7.48055
4.5465	0.045465	0.16057	1	1.20114
3.7852	0.0037852	0.13368	0.83254	1

(4) 중량

kg	T(tonne)	lb	英 Ton
1	0.001	2,204.62	0.0009842
1.000	1	2,204.64	0.984205
0.45359	0.0004536	1	0.0004464
1.0160474	1.01605	2,240	1

(5) 속도

m/s	m/min	ft/s	ft/min
1	60	3.2809	196.854
0.01667	1	0.05468	3.2809
0.30479	18.2874	1	60
0.00508	0.3048	0.01667	1

(6) 밀도

kg/m^3 또는 g/l	g/m^3	lb/ft^3	oz/ft^3
1	1000	0.06243	0.99882
0.001	1	0.0000624	0.0009988
16.0194	16019.4	1	16
1.0012	1001.2	0.0625	1

(7) 압력

bar	kg/cm^2	lb/in^2	표준기압 atm	Hg(℃) m	Hg(℃) in	Aq(15℃) m	Aq(15℃) ft	비고
1	1.0204	14.51	0.9860	0.75055	29.55	10.213	33.51	$bar = 1Mdyne/cm^2$
0.98	1	14.22	0.9672	0.7355	28.96	10.009	32.84	$= 10^6 dyne/cm^2$
0.06890	0.07031	1	0.06800	0.05171	2.036	0.7037	2.309	$1kg/cm^2$(국제표준)
1.0133	1.0340	14.706	1	0.76052	29.94	10.35	33.95	$= 0.980665 bar$
1.3324	1.3595	19.34	1.3149	1	39.37	13.61	44.64	1표준기압(0℃,
0.03384	0.03453	0.4921	0.03340	0.02540	1	0.3456	1.134	$g=980.665 cm/s^2$에서
0.09791	0.09991	1.421	0.09663	0.07349	2.893	1	3.281	의 760mmHg의 압력)
0.02984	0.03045	0.4331	0.02945	0.02240	0.8819	0.3048	1	$= 1.01325 bar$
								1bar는 1atm이라 해도 가능하다.

(8) 일량 및 열량

kg-m	ft-lb	kWh	PSh	HPh	Kcal	BTU
1	7.23314	0.000002724	0.000003704	0.000003653	0.002342	0.009293
0.1383	1	0.000000377	0.000000512	0.000000505	0.000324	0.001285
367100	2655200	1	1.35963	1.34101	859.98	3412
27×10^4	1952900	0.73549	1	0.98635	632.54	2509.7
273750	198×10^4	0.74569	1.01383	1	641.33	2544.4
426.85	3087.4	0.001163	0.001581	0.001558	1	3.96832
107.582	778.168	0.000293	0.000398	0.000393	0.252	1

주 : PS = 미터마력

(9) 유 량

l/s	m^3/h	m^3/s	ft^3/h	ft^3/s
1	3.6	0.001	127.14	0.03532
0.2777	1	0.000278	35.317	0.0098
1000	3600	1	127.150	35.3165
0.00787	0.02832	0.00000786	1	0.000278
28.3153	101.935	0.02832	3600	1

(10) 동 력

kW/s	kg·m/s	ft lb/s	PS	HP	kcal	BTU/s
1	101.97	737.56	1.3596	1.3410	0.2389	0.9486
0.0098	1	7.233	0.0133	0.0132	0.00234	0.00929
0.00136	0.1383	1	0.00184	0.00182	0.000324	0.00129
0.7355	75	542.3	1	0.9864	0.1757	0.6969
0.7457	76.038	550	1.01383	1	0.178	0.7068
4.1860	426.85	3087.44	5.6913	5.6135	1	3.9683
1.0550	107.58	778.168	1.4344	1.4148	0.252	1

(11) SI 단위계

量	단위			
	명칭	기호	정의	SI 기본단위에 의한 표시
압 력	Pascal	Pa	N/m^2	$m^{-1} \cdot kg \cdot s^{-2}$
에 너 지	Joule	J	N·m	$m^2 \cdot kg \cdot s^{-2}$
기체상수, 비열	Joule per Kilogrm per Kelvin	J/(kg·°K)	N·m/(kg·°K)	$m^2 \cdot s^{-2} \cdot K^{-1}$
일률, 동력	Watt	W	J/s	$M^2 \cdot kg \cdot s^{-3}$
주 파 수	Hertz	Hz	l/s	s^{-1}
힘	Newton	N	m·m/kg	$m \cdot kg \cdot s^{-2}$
비 에 너 지	Joule/Kilogrm	J/kg	N·m/kg	$m \cdot s^{-2}$
표 면 장 력	Newton per meter	N/m	N/m	$kg \cdot s^{-2}$
점 도	Pascal second	Pa·s	N/m^2	$m^{-1} \cdot kg \cdot s^{-2}$

제2장 소방시설 도시기호

분류	명 칭		도시기호	비고
배관	일반배관		———	
	옥내·외소화전		—H—	
	스프링클러		—SP—	
	물분무		—WS—	
	포소화		—F—	
	배수관		—D—	
	전선관	입상	⌀↗	
		입하	↙⌀	
		통과	↗⌀↗	
관이음쇠	후렌지		⊣├	
	유니온		⊣╠	
	플러그		←┤	
	90° 엘보		┘┌	
	45° 엘보		╳┤	
	티		┼┬	
	크로스		┼╬	
	맹후렌지		—┤	
	캡		—⊐	

제 2 장 소방시설 도시기호

분류	명 칭	도시기호	비고
헤 드 류	스프링클러헤드폐쇄형 상향식(평면도)		
	스프링클러헤드폐쇄형 하향식(평면도)		
	스프링클러헤드개방형 상향식(평면도)		
	스프링클러헤드개방형 하향식(평면도)		
	스프링클러헤드폐쇄형 상향식(계통도)		
	스프링클러헤드폐쇄형 하향식(입면도)		
	스프링클러헤드폐쇄형 상·하향식(입면도)		
	스프링클러헤드 상향형(입면도)		
	스프링클러헤드 하향형(입면도)		
	분말·탄산가스·할로겐헤드		
	연결살수헤드		
	물분무헤드(평면도)		
	물분무헤드(입면도)		
	드랜쳐헤드(평면도)		
	드랜쳐헤드(입면도)		
	포헤드(평면도)		
	포헤드(입면도)		
	감지헤드(평면도)		
	감지헤드(입면도)		
	청정소화약제 방출헤드(평면도)		
	청정소화약제 방출헤드(입면도)		

분류	명 칭	도시기호	비고
밸 브 류	FOOT밸브		
	볼밸브		
	배수밸브		
	자동배수밸브		
	여과망		
	자동밸브		
	감압밸브		
	공기조절밸브		
계 기 류	압력계		
	연성계		
	유량계		
소 화 전	옥내소화전함		
	옥내소화전 방수용기구 병설		
	옥외소화전		
	포말소화전		
	송수구		
	방수구		

제 3 편 단위환산표 및 도시기호

분류	명 칭	도시기호	비고
스트레이너	Y형		
	U형		
저장탱크류	고가수조(물올림장치)		
	압력챔버		
	포말원액탱크	(수직) (수평)	
레듀셔	편심레듀셔		
	원심레듀셔		
혼합장치류	프레져푸로포셔너		
	라인푸로포셔너		
	프레져사이드 푸로포셔너		
	기 타	P	
펌프류	일반펌프		
	펌프모터(수평)	M	
	펌프모토(수직)	M	
저장용기류	분말약제 저장용기	P.D	
	저장용기		

제 2 장 소방시설 도시기호

분류	명 칭	도시기호	비고
경보설비기기류	차동식스포트형감지기		
	보상식스포트형감지기		
	정온식스포트형감지기		
	연기감지기		
	감지선		
	공기관		
	열전대		
	열반도체		
	차동식분포형 감지기의 검출기		
	발신기셋트 단독형	ⓅⒷⓁ	
	발신기 셋트 옥내소화전내장형	ⓅⒷⓁ	
	경계구역번호	△	
	비상용누름버튼	Ⓕ	
	비상전화기	㉤	
	비상벨	Ⓑ	
	싸이렌		
	모터싸이렌	Ⓜ	
	전자싸이렌	Ⓢ	
	조작장치	E P	

339

분류	명 칭	도시기호	비고
경보설비기기류	증폭기	AMP	
	기동누름버튼	Ⓔ	
	이온화식감지기(스포트형)	S I	
	광전식 연기감지기(아나로그)	S A	
	광전식 연기감지기(스포트형)	S P	
	감지기간선, HIV 1.2mm×4(22C)	─F ///─	
	감지기간선, HIV 1.2mm×8(22C)	─F /// ///─	
	유도등간선 HIV 2.0mm×3(22C)	── EX ──	
	경보부저	BZ	
	제어반	⊠	
	표시반	⊞	
	회로시험기	⊙	
	화재경보벨	Ⓑ	
	시각경보기(스트로브)	◇	
	수신기	⊠	
	부수신기	⊞	
	중계기	▭	
	표시등	◐	
	피난구유도등	⊗	
	통로유도등	→	
	표시판	◁	
	보조전원	T R	
	종단저항	Ω	

제 2 장 소방시설 도시기호

분류	명 칭		도시기호	비고
제연설비	수동식제어		□	
	천장용 배풍기			
	벽부착용 배풍기			
	배풍기	일반배풍기		
		관로배풍기		
	댐퍼	화재댐퍼		
		연기댐퍼		
		화재/연기 댐퍼		
스위치류	압력스위치		(PS)	
	탬퍼스위치		TS	
방연·방화문	연기감지기(전용)		S	
	열감지기(전용)			
	자동폐쇄장치		(ER)	
	연동제어기			
	배연창기동 모터		(M)	
	배연창수동조작함			
피뢰침	피뢰부(평면도)		⊙	
	피뢰부(입면도)			
	피뢰도선 및 지붕위 도체		───	

341

분류	명 칭	도시기호	비고
제연설비	접지		
	접지저항 측정용단자		
소화기류	ABC 소화기	소	
	자동확산 소화기	자	
	자동식 소화기	소	
	이산화탄소 소화기	C	
	할로겐화합물 소화기		
기타	안테나		
	스피커		
	연기 방연벽		
	화재방화벽		
	화재 및 연기방화벽		
	비상콘센트		
	비상분전반		
	가스계소화설비의 수동조작함	RM	
	전동기구동	M	
	엔진구동	E	
	배관행거		
	기압계		
	배기구		
	바닥은폐선		
	노출배선		
	소화가스 패키지	PAC	

제 4 편

과년도 출제문제

제 6 장

감염예술세계

소방설비기사 – 기계분야

2018년 4월 15일 시행

01 연결살수설비의 종합정밀점검표 중 헤드의 점검항목을 4가지만 쓰시오.

(4점)

○답 : ① 헤드의 변형·손상 유무
② 헤드 설치 위치·장소·상태(고정) 적정 여부
③ 헤드 살수장애 여부

상세해설

27. 연결살수설비 점검표(종합정밀점검 및 작동기능점검 동일)

27-D. 헤드	
27-D-001	○헤드의 변형·손상 유무
27-D-002	○헤드 설치 위치·장소·상태(고정) 적정 여부
27-D-003	○헤드 살수장애 여부

02 스프링클러설비의 화재안전기술기준 중 조기반응형 스프링클러헤드를 설치하여야하는 장소를 5가지만 쓰시오.

(5점)

○답 : ① 공동주택의 거실
② 노유자시설의 거실
③ 오피스텔의 침실
④ 숙박시설의 침실
⑤ 병원의 입원실
⑥ 의원의 입원실

03 아래 그림은 고가수조방식의 스프링클러설비이다. 각 물음에 답하시오.(단, 중력가속도는 반드시 9.81m/s²를 적용한다) (6점)

(물음 1) 고가수조에서 A점 헤드까지 낙차가 15m이고 배관내 마찰손실압력이 0.04MPa일 때 A점 헤드의 방사압력(kPa)은 얼마인가?
  ○ 계산과정 :
  ○ 답 :

(물음 2) A점 헤드의 방사압력을 0.12MPa 이상으로 할 경우 고가수조는 현재 설치 높이보다 몇 m 더 높이 설치하여야 하는가?(단, 배관 마찰손실압력은 0.04MPa로 가정한다)
  ○ 계산과정 :
  ○ 답 :

풀이 (물음 1) ○ 계산과정 :
① 낙차 15m를 압력으로 환산
$$P = \gamma H = \rho g H = 1000\text{kg/m}^3 \times 9.81\text{m/s}^2 \times 15\text{m}$$
$$= 147150(\text{kg} \cdot \text{m/s}^2) \cdot \frac{1}{\text{m}^2} = 147150\text{N/m}^2(\text{Pa})$$
$$= 147.15\text{kPa}$$
② A점 헤드의 방사압력(kpa)
$$P_A = 147.15\text{kPa} - 40\text{kPa}(0.04\text{MPa}) = 107.15\text{kPa}$$
○ 답 : 107.15kPa

(물음 2) ○ 계산과정 :
① 120kPa(0.12MPa) = 147.15kPa + X − 40kPa(배관내 마찰손실압력)
  X = 120 − 147.15 + 40 = 12.85kPa
② 12.85kPa를 수두로 환산
$$H = \frac{P}{\gamma} = \frac{P}{\rho g} = \frac{12.85 \times 10^3 \text{N/m}^2(\text{Pa})}{1000\text{kg/m}^3 \times 9.81\text{m/s}^2}$$

$$H = \frac{12.85 \times 10^3 \text{N/m}^2 (\text{Pa})}{9810 \text{kg} \cdot \text{m/s}^2 \cdot \frac{1}{\text{m}^3}} = \frac{12.85 \times 10^3 \text{N/m}^2 (\text{Pa})}{9810 \text{N/m}^3} = 1.31 \text{m}$$

○ 답 : 1.31m

상세해설

압력과 수두관계

$$P = \gamma H = \rho g H, \quad H = \frac{P}{\gamma} = \frac{P}{\rho g}$$

여기서, P : 압력(N/m², pa), γ : 비중량(N/m³), ρ : 밀도(kg/m³)
g : 중력가속도(m/s²)

---

04 거실의 크기가 가로20m×세로15m×높이5m인 공간에서 커다란 화염의 화재가 발생하여 t초 시간이 지난 후의 청결층높이 y(m)의 값이 1.8m가 되었다. 다음의 식을 이용하여 각 물음에 답하시오. (5점)

[조건]
① $Q = \dfrac{A(H-y)}{t}$ [Q : 연기 발생량(m³/min), A : 바닥면적(m²), H : 층고(m)]
② 위 식에서 시간 t(초)는 다음의 Hinkley식을 만족한다.
  Hinkley식 : $t = \dfrac{20A}{Pf \times \sqrt{g}} \times \left(\dfrac{1}{\sqrt{y}} - \dfrac{1}{\sqrt{H}}\right)$
  (단, $g=9.81$m/s²이고 Pf는 화재경계의 길이로서 큰 화염의 경우 12m, 중간화염의 경우 6m, 작은 화염의 경우 4m를 적용한다)
③ 연기 생성률(kg/s)계산공식은 다음과 같다
  $M(\text{kg/s}) = 0.188 \times Pf \times y^{\frac{3}{2}}$

(물음 1) 상부에 설치된 배연구에서 몇 m³/min의 연기를 배출해야 이 청결층의 높이가 유지되는지 계산하시오.
  ○ 계산과정 :
  ○ 답 :
(물음 2) 연기 생성률(kg/s)을 계산하시오.
  ○ 계산과정 :
  ○ 답 :

[풀이] **(물음 1)** ○ 계산과정 : $t = \dfrac{20A}{Pf \times \sqrt{g}} \times \left(\dfrac{1}{\sqrt{y}} - \dfrac{1}{\sqrt{H}}\right)$

$= \dfrac{20 \times 300\text{m}^2}{12\text{m} \times \sqrt{9.81}} \times \left(\dfrac{1}{\sqrt{1.8\text{m}}} - \dfrac{1}{\sqrt{5\text{m}}}\right)$

$= 47.59\text{초}$

$t = 47.59\text{s} \times \dfrac{\min}{60\text{s}} = 0.7932\min$

$Q = \dfrac{A(H-y)}{t} = \dfrac{300\text{m}^2 \times (5\text{m} - 1.8\text{m})}{0.7932\min} = 1210.29\text{m}^3/\min$

○ 답 : $1210.29\text{m}^3/\min$

(물음 2) ○ 계산과정 : 연기 생성률 $M = 0.188 \times Pf \times y^{\frac{3}{2}} = 0.188 \times 12 \times 1.8^{\frac{3}{2}}$

$= 5.45\text{kg/s}$

○ 답 : 5.45kg/s

---

05 어떤 물분무 소화설비의 배관에 물이 흐르고 있다. 두 지점에 흐르는 물의 압력을 측정하여 보니 각각 0.45MPa, 0.4MPa이었다. 만약 유량을 2배로 송수하였다면 두 지점간의 압력차는 얼마인가?(단, 배관의 마찰손실압력은 헤이젠 윌리암스 공식을 이용하시오.) **(5점)**

○ 계산과정 :
○ 답 :

[풀이] ○ 계산과정 : 헤이젠 윌리암스 공식

$$\Delta Pm = 6.053 \times \dfrac{Q^{1.85}}{C^{1.85} \times D^{4.87}} \times 10^4$$

여기서, ΔPm : 관장 1m당 마찰손실압력(MPa), Q : 유량($l/\min$)
C : 조도(roughness), D : 관내경(mm)

문제에서 동일한 구경이므로 C, D, 6.053×10^4는 일정하다.
그리고 $Q_1 = 1$일 때 $Q_2 = 2$이므로

$\Delta P = (P_1 - P_2) \times 2^{1.85}$ ∴ $\Delta P = (0.45 - 0.4) \times 2^{1.85} = 0.18\text{MPa}$

○ 답 : 0.18MPa

06
다음과 같은 특정소방대상물에 소화수조 및 저수조를 설치하고자 한다. 다음 각 물음에 답하시오. (6점)

구 분	지하2층	지하1층	지상1층	지상2층	지상3층
바닥면적[m^2]	2,500	2,500	13,500	13,500	6,500

(물음 1) 소화용수의 저수량은 몇 [m^3]인가?
  ○ 계산과정 :
  ○ 답 :
(물음 2) 흡수관투입구 및 채수구는 몇 개 이상으로 설치하여야 하는가?
  ○ 답 :
(물음 3) 가압송수장치의 1분당 양수량은 몇 [l] 이상으로 하여야 하는가?
  ○ 답 :

풀이 (물음 1) 소화용수의 저수량

○계산과정 : $Q = K \times 20m^3$, $K = \dfrac{38,500}{7500} = 5.13$

∴ $K = 6$ (소수점 이하의 수는 무조건 절상)

$Q = 6 \times 20m^3 = 120m^3$

○답 : $120m^3$

(물음 2) 흡수관투입구 및 채수구
① 흡수관투입구
소요수량이 $80m^3$ 미만인 것은 1개 이상, $80m^3$ 이상인 것은 2개 이상
○답 : 2개 이상
② 채수구
소요수량이 $100m^3$ 이상이므로 채수구 수는 3개
○답 : 3개

(물음 3) 가압송수장치의 1분당 양수량
소요수량이 $100m^3$ 이상이므로 $3300l$/분 이상
○답 : $3300l$

상세해설

1. 소화수조 또는 저수조의 저수량

$$Q = K \times 20m^3 \text{ 이상}$$

여기서, Q : 소화수조 또는 저수조의 저수량(m^3)

$$K = \frac{\text{연면적}(m^2)}{\text{기준면적}(m^2)} \text{(소수점 이하의 수는 1로 본다)}$$

2. **소방대상물의 구분에 따른 기준면적**

소방대상물의 구분	면적
1. 1층 및 2층의 바닥면적 합계가 15,000m^2 이상인 소방대상물	7,500m^2
2. 제1호에 해당되지 아니하는 그 밖의 소방대상물	12,500m^2

3. **흡수관투입구 또는 채수구 설치기준**
   (1) 지하에 설치하는 소화용수설비의 흡수관투입구 설치기준
       한 변이 0.6m 이상이거나 직경이 0.6m 이상인 것으로 하고, 소요수량이 80m^3 미만인 것은 1개 이상, 80m^3 이상인 것은 2개 이상을 설치하여야 하며, "흡관투입구"라고 표시한 표지를 할 것
   (2) 소화용수설비에 설치하는 채수구 설치기준
       ① 채수구는 다음 표에 따라 소방용호스 또는 소방용흡수관에 사용하는 구경 65mm 이상의 나사식 결합금속구를 설치할 것

소요수량	20m^3 이상 40m^3 미만	40m^3 이상 100m^3 미만	100m^3 이상
채수구의 수	1개	2개	3개

       ② 채수구는 지면으로부터의 높이가 0.5m 이상 1m 이하의 위치에 설치하고 "채수구"라고 표시한 표지를 할 것

4. **가압송수장치 설치기준**
   소화수조 또는 저수조가 지표면으로부터의 깊이(수조 내부바닥까지의 길이)가 4.5m 이상인 지하에 있는 경우에는 다음 표에 따라 가압송수장치를 설치하여야 한다. 다만, 저수량을 지표면으로부터 4.5m 이하인 지하에서 확보할 수 있는 경우에는 소화수조 또는 저수조의 지표면으로부터의 깊이에 관계없이 가압송수장치를 설치하지 아니할 수 있다.

소요수량	20m^3 이상 40m^3 미만	40m^3 이상 100m^3 미만	100m^3 이상
가압송수장치의 1분당 양수량	1,100l 이상	2,200l 이상	3,300l 이상

07 주차장에 제3종 분말약제를 사용한 분말소화설비를 전역방출방식으로 설치하고자 한다. 다음 조건을 참조하여 각 물음에 답하시오. (6점)

[조건] ① 주차장의 바닥면적은 600m²이고 층고는 4m이다.
② 자동폐쇄장치가 없는 개구부의 크기는 10m²이다.

(물음 1) 소화설비에 필요한 약제저장량은 몇(kg)인가?
○ 계산과정 :
○ 답 :

(물음 2) 축압용가스로 질소를 사용할 때 필요한 질소가스의 양(m³)은 얼마 이상인가?
○ 계산과정 :
○ 답 :

풀이 (물음 1) 소화설비에 필요한 약제저장량(kg)

○ 계산과정 : $V = 600\text{m}^2 \times 4\text{m} = 2400\text{m}^3$

$Q = 2400\text{m}^3 \times 0.36\text{kg/m}^3 + 10\text{m}^2 \times 2.7\text{kg/m}^2 = 891\text{kg}$

○ 답 : 891kg

(물음 2) 축압용가스로 질소를 사용할 때 필요한 양

○ 계산과정 : $Q = 891\text{kg} \times 10l/\text{kg} = 8910l = 8.91\text{m}^3$

○ 답 : 8.91m³

상세해설

1. 분말약제의 전역방출방식

종별	체적계수 K_1(kg/m³)	면적계수 K_2(kg/m²) (자동폐쇄장치 미설치 시)
제1종	0.60	4.5
제2종, 제3종	0.36	2.7
제4종	0.24	1.8

2. 분말약제의 저장량(kg)

$$Q = V \times K_1 + A \times K_2$$

여기서, Q : 분말약제 저장량(kg), V : 방호구역체적(m³)
K_1 : 방호구역 체적계수(kg/m³), K_2 : 개구부 면적계수(kg/m²)
A : 개구부면적(m²)(자동폐쇄장치 없는 개구부면적)

3. 가압용 또는 축압용 가스

구 분	질소가스 사용 시	이산화탄소 사용 시
가압용 가스	$40l$(질소)/1kg(약제) 이상 (35℃, 1기압기준)	$20g(CO_2)$/1kg(약제)+배관청소에 필요한 양
축압용 가스	$10l$(질소)/1kg(약제) 이상 (35℃, 1기압기준)	$20g(CO_2)$/1kg(약제)+배관청소에 필요한 양

08 특정소방대상물의 보와 가장 가까운 스프링클러헤드는 다음 표의 기준에 따라 설치하여야 한다. 빈칸에 알맞은 답을 쓰시오. (8점)

스프링클러헤드의 반사판 중심과 보의 수평거리	스프링클러헤드의 반사판 높이와 보의 하단 높이의 수직거리
0.75m 미만	
0.75m 이상 1m 미만	
1m 이상 1.5m 미만	
1.5m 이상	

풀이 ○답 :

스프링클러헤드의 반사판 중심과 보의 수평거리	스프링클러헤드의 반사판 높이와 보의 하단 높이의 수직거리
0.75m 미만	보의 하단보다 낮을 것
0.75m 이상 1m 미만	0.1m 미만일 것
1m 이상 1.5m 미만	0.15m 미만일 것
1.5m 이상	0.3m 미만일 것

09 경유를 저장하는 내부직경이 50m인 플루팅루프탱크(부상식 지붕구조)에 포 방출구를 설치하여 방호하려고 할 때 아래의 조건을 참조하여 다음 각 물음에 답하시오. (12점)

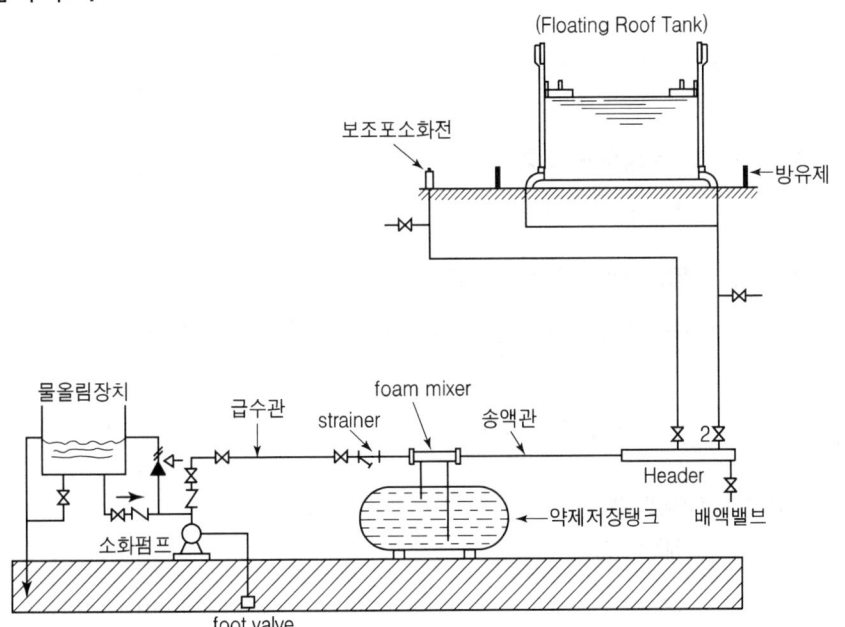

[조건] ① 소화약제는 6%용의 단백포를 사용하며 수용액의 표준 방사량은 $8l/m^2 \cdot$ 분이고 방사시간은 30분을 기준으로 한다.
② 탱크내면과 굽도리판의 간격은 1.2m로 한다.
③ 보조소화전은 3개 설치되어 있다.
④ 송액배관의 길이는 200m이며 내경은 100mm이다.
⑤ 물의 밀도는 $1000kg/m^3$, 포소화약제의 밀도는 $1050kg/m^3$이다.

(물음 1) 고정식 포방출구의 종류는 무엇인가?
(물음 2) 가압송수장치의 최소 분당 토출량(l/분)을 계산하시오.
  ○ 계산과정 :
  ○ 답 :
(물음 3) 최소 수원의 양(m^3)을 계산하시오.
  ○ 계산과정 :
  ○ 답 :
(물음 4) 최소 포소화약제의 양(l)을 계산하시오.
  ○ 계산과정 :
  ○ 답 :

(물음 5) 배관 내 물의 질량 유량(kg/s)과 포소화약제의 질량유량(kg/s)을 계산하시오.
  ○ 계산과정 :
  ○ 답 :
(물음 6) 포소화약제의 혼합방식을 쓰시오.

풀이 (물음 1) 고정포방출구의 종류
  ○답 : 특형방출구

(물음 2) 가압송수장치의 분당 토출량(l/분)
  ○계산과정 : $Q = \dfrac{\pi}{4} \times (50^2 - 47.6^2)\text{m}^2 \times 8l/\text{m}^2 \cdot \text{min} + 3 \times 400l/\text{min}$
      $= 2671.77 l/\text{min}$
  ○답 : $2671.77 l/\text{min}$

(물음 3) 수원의 양(m^3)
  ○계산과정 :
  $Q_1 = \dfrac{\pi}{4} \times (50^2 - 47.6^2)\text{m}^2 \times 8l/\text{m}^2 \cdot \text{min} \times 30\text{min} \times 0.94$
     $= 41504.01 l = 41.50 \text{m}^3$
  $Q_2 = 3 \times 0.94 \times 8000(400l/\text{min} \times 20\text{min}) = 22560 l = 22.56 \text{m}^3$
  $Q_3 = \dfrac{\pi}{4} \times (0.1\text{m})^2 \times 200\text{m} \times 0.94 \times \dfrac{1000l}{\text{m}^3} = 1476.55 l = 1.48 \text{m}^3$
  $Q = Q_1 + Q_2 + Q_3 = 41.50 + 22.56 + 1.48 = 65.54 \text{m}^3$
  ○답 : 65.54m^3

(물음 4) 포소화약제의 양(l)
  ○계산과정 :
  $Q_1 = \dfrac{\pi}{4} \times (50^2 - 47.6^2)\text{m}^2 \times 8l/\text{m}^2 \cdot \text{min} \times 30\text{min} \times 0.06 = 2649.19 l$
  $Q_2 = 3 \times 0.06 \times 8000(400l/\text{min} \times 20\text{min}) = 1440 l$
  $Q_3 = \dfrac{\pi}{4} \times (0.1\text{m})^2 \times 200\text{m} \times 0.06 \times \dfrac{1000l}{\text{m}^3} = 94.25 l$
  $Q = Q_1 + Q_2 + Q_3 = 2649.19 + 1440 + 94.25 = 4183.44 l$
  ○답 : $4183.44 l$

(물음 5) 물의 질량유량(kg/s) 및 포소화약제의 질량유량(kg/s)
① 물의 질량유량
  ○ 계산과정 : $\overline{m} = Au\rho = Q\rho = \dfrac{2671.77 l}{60s} \times 0.94 \times 1 kg/l = 41.86 kg/s$
  ○ 답 : 41.86kg/s
② 포소화약제의 질량유량
  ○ 계산과정 : $\overline{m} = Au\rho = Q\rho = \dfrac{2671.77 l}{60s} \times 0.06 \times 1.05 kg/l = 2.81 kg/s$
  ○ 답 : 2.81kg/s

(물음 6) 포소화약제의 혼합방식
  ○ 답 : 프레져 푸로포셔너방식

10 아래 그림은 어느 거실에 대한 급기 및 배출풍도와 급기 및 배출 FAN을 나타내고 있는 평면도이다. 그림 및 조건을 참조하여 각 물음에 답하시오. (14점)

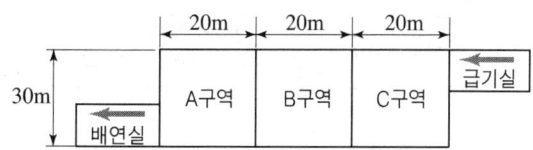

[조건] ① 제연방식은 인접구역 상호제연방식으로 한다.
② 닥트의 표시는 실선으로 표시 한다.
③ 급기닥트 풍속은 15m/s, 배기닥트 풍속은 20m/s로 한다.
④ fan의 정압은 40mmAq로 한다.
⑤ 제연구역의 구획은 상호제연방식으로 공동예상제연구역이 제연
  경계로 구획되어 있다.
⑥ 바닥으로부터 천장까지의 높이는 2.5m이다.

(물음 1) 예상제연구역에 대한 최소배출량(m^3/hr)을 산정하시오.
  ○ 계산과정 :
  ○ 답 :
(물음 2) 제연 팬을 구동하기 위한 전동기의 최소 소요동력(kW)을 계산하시오.(단, 전동기효율은 55% 여유율은 110%이다.)
  ○ 계산과정 :
  ○ 답 :

(물음 3) 다음 조건을 참조하여 그림에 설계도면을 물음에 따라 완성하시오.

[조건]
① 닥트의 형태는 사각형이며 높이는 400mm이다.
② 급기구 및 배기구의 형태는 정사각형이고 배기구는 제연구역당 4개, 급기구는 제연구역당 3개를 설치하는 것으로 한다
③ 급기구 및 배기구의 단면적은 급기/배기량 m^3/min당 $35cm^2$ 이상으로 한다.
④ 댐퍼의 작동여부는 표의 빈칸에 표기하시오.
⑤ 닥트는 실선으로 표기한다.

(1) 아래 그림에 급기구 및 배기구, 닥트 등을 완성하시오.

(2) 댐퍼의 작동여부
댐퍼의 작동여부(○ : open　● : close)

화재 구역	배기 댐퍼			급기 댐퍼		
	A구역	B구역	C구역	A구역	B구역	C구역
A 구역						
B 구역						
C 구역						

(3) 다음 표를 완성하시오.(단, 풍량, 닥트 단면적, 닥트크기는 계산결과 소수점 첫째자리에서 반올림하여 정수로 나타내시오.)

구분		풍량 (m^3/h)	닥트 단면적 (mm^2)	닥트크기 (가로mm×세로mm)
급기구	1개소	①	⑦	⑬
	2개소	②	⑧	⑭
	3개소	③	⑨	⑮
배기구	1개소	④	⑩	⑯
	2개소	⑤	⑪	⑰
	4개소	⑥	⑫	⑱

○ 계산과정 :
○ 답 :

(4) 급기구의 단면적(cm²) 및 크기(가로mm×세로mm)을 계산하시오.
  ○ 계산과정 :
  ○ 답 :
(5) 배기구의 단면적(cm²) 및 크기(가로mm×세로mm)을 계산하시오.
  ○ 계산과정 :
  ○ 답 :

풀이 **(물음 1)** ○계산과정 :

(1) 바닥면적 400m² 이상인 거실의 예상제연구역의 배출량
  예상제연구역이 직경 40m인 원의 범위 안에 있을 경우에는 배출량이 40,000m³/hr 이상으로 할 것. 다만, 예상제연구역이 제연경계로 구획된 경우에는 그 수직거리에 따라 배출량은 다음 표에 따른다.

수 직 거 리	배 출 량
2m 이하	40,000m³/hr 이상
2m 초과 2.5m 이하	45,000m³/hr 이상
2.5m 초과 3m 이하	50,000m³/hr 이상
3m 초과	60,000m³/hr 이상

(2) 바닥면적 $= 30 \times 20\text{m}^2 = 600\text{m}^2$ ∴ 바닥면적 400m² 이상
(3) 직경40m원의 범위 $= \sqrt{30^2 + 20^2} = 36.06\text{m}$ ∴ 직경40m원의 범위 안
(4) 수직거리 $= 2.5\text{m}(\text{천장높이}) - 0.6\text{m}(\text{제연경계의 최소폭}) = 1.9\text{m}$
  ∴ 수직거리 2m 이하
(5) 표에서 수직거리 2m 이하의 배출량은 40,000m³/hr 이상
  ① "수직거리"라 함은 제연경계의 바닥으로부터 그 수직하단까지의 거리를 말한다.
  ② 제연경계는 제연경계의 폭이 0.6m 이상이고, 수직거리는 2m 이내이어야 한다. (다만, 구조상 불가피한 경우는 2m를 초과할 수 있다.)

○**답** : 40,000m³/hr 이상

(물음 2) ○계산과정 :
배풍기의 전동기동력 계산방법

$$P(\text{kw}) \geqq \frac{Q(\text{m}^3/\text{min}) \times P_T(\text{mmAq})}{102 \times 60 \times E} \times K$$

여기서, Q : 풍량, P_T : 전압, E : 펌프의 효율, K : 전달계수

$$P(\text{kW}) \geq \frac{(40000\text{m}^3/60\text{min}) \times 40(\text{mmAq})}{102 \times 60 \times 0.55} \times 1.1 = 8.71\text{kW}$$

○답 : 8.71kW

(물음 3) (1)

(2) 댐퍼의 작동여부

댐퍼의 작동여부(○ : open ● : close)

화재 구역	배기 댐퍼			급기 댐퍼		
	A구역	B구역	C구역	A구역	B구역	C구역
A 구역	○	●	●	●	○	○
B 구역	●	○	●	○	●	○
C 구역	●	●	○	○	○	●

(3) 표완성

구분		풍량 (m³/h)	닥트 단면적 (mm²)	닥트크기 (가로mm×세로mm)
급기구	1개소	① 40,000	⑦ 740,741	⑬ 1,852×400
	2개소	② 20,000	⑧ 370,370	⑭ 926×400
	3개소	③ 13,333	⑨ 246,907	⑮ 617×400
배기구	1개소	④ 40,000	⑩ 555,556	⑯ 1,389×400
	2개소	⑤ 20,000	⑪ 277,778	⑰ 694×400
	4개소	⑥ 10,000	⑫ 138,889	⑱ 347×400

○계산과정 :

급기구 풍량

① 급기구 1개소인 경우 풍량 $Q_1 = 40000\text{m}^3/\text{h}$

② 급기구 2개소인 경우 풍량 $Q_2 = 40000\text{m}^3/\text{hr} \times \frac{1}{2} = 20000\text{m}^3/\text{h}$

③ 급기구 3개소인 경우 풍량 $Q_3 = 40000\text{m}^3/\text{hr} \times \frac{1}{3} = 13333\text{m}^3/\text{h}$

배기구 풍량

④ 배기구 1개소인 경우 풍량 $Q_1 = 40,000\text{m}^3/\text{h}$

⑤ 배기구 2개소인 경우 풍량 $Q_2 = 40000\text{m}^3/\text{hr} \times \frac{1}{2} = 20000\text{m}^3/\text{h}$

⑥ 배기구 4개소인 경우 풍량 $Q_4 = 40000\text{m}^3/\text{hr} \times \frac{1}{4} = 10000\text{m}^3/\text{h}$

급기닥트 단면적(급기닥트 풍속 $u = 15\text{m/s}$)

⑦ 급기닥트 1개소인 경우 단면적이므로 풍량은 $40,000\text{m}^3/\text{h}$

$$A = \frac{Q}{u} = \frac{40,000\text{m}^3/3,600\text{s}}{15\text{m/s}} \times \frac{10^6 \text{mm}^2}{\text{m}^2} = 740,741\text{mm}^2$$

⑧ 급기닥트 2개소인 경우 단면적이므로 풍량은 $20,000\text{m}^3/\text{h}$

$$A = \frac{Q}{u} = \frac{20,000\text{m}^3/3,600\text{s}}{15\text{m/s}} \times \frac{10^6 \text{mm}^2}{\text{m}^2} = 370,370\text{mm}^2$$

⑨ 급기닥트 3개소인 경우 단면적이므로 풍량은 $13,333\text{m}^3/\text{h}$

$$A = \frac{Q}{u} = \frac{13,333\text{m}^3/3,600\text{s}}{15\text{m/s}} \times \frac{10^6 \text{mm}^2}{\text{m}^2} = 246,907\text{mm}^2$$

배기닥트 단면적(배기닥트 풍속 $u = 20\text{m/s}$)

⑩ 배기닥트 1개소인 경우 단면적이므로 풍량은 $40,000\text{m}^3/\text{h}$

$$A = \frac{Q}{u} = \frac{40,000\text{m}^3/3,600\text{s}}{20\text{m/s}} \times \frac{10^6 \text{mm}^2}{\text{m}^2} = 555,556\text{mm}^2$$

⑪ 배기닥트 2개소인 경우 단면적이므로 풍량은 $20,000\text{m}^3/\text{h}$

$$A = \frac{Q}{u} = \frac{20,000\text{m}^3/3,600\text{s}}{20\text{m/s}} \times \frac{10^6 \text{mm}^2}{\text{m}^2} = 277,778\text{mm}^2$$

⑫ 배기닥트 4개소인 경우 단면적이므로 풍량은 $10,000\text{m}^3/\text{h}$

$$A = \frac{Q}{u} = \frac{10,000\text{m}^3/3,600\text{s}}{20\text{m/s}} \times \frac{10^6 \text{mm}^2}{\text{m}^2} = 138,889\text{mm}^2$$

닥트크기

A(단면적)$= W$(폭 : 가로)$\times H$(높이 : 세로)

닥트의 높이(세로)는 400mm로 한정

⑬ $W = \dfrac{A}{H} = \dfrac{740,741}{400} = 1,852\text{mm}$ ∴ 가로 1,852mm × 세로 400mm

⑭ $W = \dfrac{A}{H} = \dfrac{370,370}{400} = 926\text{mm}$ ∴ 가로 926mm × 세로 400mm

⑮ $W = \dfrac{A}{H} = \dfrac{246,907}{400} = 617\text{mm}$ ∴ 가로 617mm × 세로 400mm

⑯ $W = \dfrac{A}{H} = \dfrac{555,556}{400} = 1,389\text{mm}$ ∴ 가로 1,389mm × 세로 400mm

⑰ $W = \dfrac{A}{H} = \dfrac{277,778}{400} = 694\text{mm}$ ∴ 가로 694mm × 세로 400mm

⑱ $W = \dfrac{A}{H} = \dfrac{138,889}{400} = 347\text{mm}$ ∴ 가로 347mm × 세로 400mm

(4) 급기구의 단면적 및 크기

① 급기구의 단면적(cm^2)

$$A = \frac{40,000 m^3/60 min}{3개소} \times \frac{35 cm^2}{m^3/min} = 7,777.78 cm^2$$

○**답** : $7,777.78 cm^2$

② 급기구의 크기(가로mm × 세로mm)

정사각형이므로 $A = $ 가로 × 세로 $= 7,777.78 cm^2$

가로 $= \sqrt{7,777.78 cm^2} = 88.1917 cm = 881.92 mm$

세로 $= \sqrt{7,777.78 cm^2} = 88.1917 cm = 881.92 mm$

○**답** : 가로881.92mm × 세로881.92mm

(5) 배기구의 단면적 및 크기

① 배기구의 단면적(cm^2)

$$A = \frac{40,000 m^3/60 min}{4개소} \times \frac{35 cm^2}{m^3/min} = 5,833.33 cm^2$$

○**답** : $5,833.33 cm^2$

② 배기구의 크기(가로mm × 세로mm)

정사각형이므로 $A = $ 가로 × 세로 $= 5,833.33 cm^2$

가로 $= \sqrt{5,833.33 cm^2} = 76.3762 cm = 763.76 mm$

세로 $= \sqrt{5,833.33 cm^2} = 76.3762 cm = 763.76 mm$

○**답** : 가로763.76mm × 세로763.76mm

11 다음 그림은 위험물저장탱크에 국소방출방식의 이산화탄소소화설비를 설치한 도면이다. 각 물음에 답하시오.(단, 고압식이며 방호대상물 주위에는 동일한 크기의 벽이 설치되어 있다) (5점)

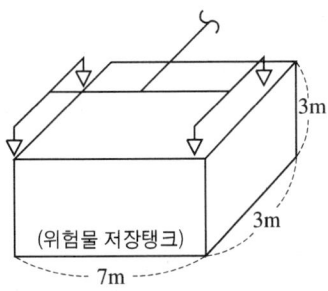

(물음 1) 방호공간의 체적(m^3)은 얼마인가?
  ○ 계산과정 :
  ○ 답 :

(물음 2) 소화약제 최소저장량(kg)은 얼마인가?
  ○ 계산과정 :
  ○ 답 :

(물음 3) 저압식으로 하였을 경우 소화약제 최소저장량(kg)은 얼마인가?
  ○ 계산과정 :
  ○ 답 :

풀이 (물음 1) 방호공간의 체적(m^3)
  ○ 계산과정 : $V = 7(가로) \times 3(세로) \times 3.6(높이+0.6m) = 75.6m^3$
  ○ 답 : $75.6m^3$

(물음 2) 고압식 CO_2 최소저장량(kg)
  ○ 계산과정 :
  ① a : 방호대상물 주위에 설치된 벽의 면적의 합계(m^2)
    a = 가로7 × 높이3 × 2면(전면 및 후면) + 세로3 × 높이3 × 2면(좌면 및 우면)
    = $60m^2$
  ② A : 방호공간의 벽 면적(m^2)
    A = 가로7 × 높이3.6 × 2면(전면 및 후면) + 세로3 × 높이3.6 × 2면(좌면 및 우면)
    = $72m^2$
  ③ 방호공간 $1m^3$에 대한 CO_2소화약제의 양
    $Q(kg/m^3) = 8 - 6 \times \dfrac{60}{72} = 3kg/m^3$

④ 필요한 CO_2 소화약제의 양
$$Q(kg) = 75.6m^3 \times 3kg/m^3 \times 1.4(고압식) = 317.52kg$$
○답 : 317.52kg

(물음 3) 저압식 CO_2 최소저장량(kg)
○계산과정 : 필요한 CO_2 소화약제의 양
$$Q(kg) = 75.6m^3 \times 3kg/m^3 \times 1.1(저압식) = 249.48kg$$
○답 : 249.48kg

상세해설

(물음 1) 방호공간의 체적(m^3)

방호대상물 주위에는 동일한 크기의 벽이 설치되어 있으므로 벽 방향으로는 연장할 수 없고 높이 방향으로만 0.6m를 연장한다.

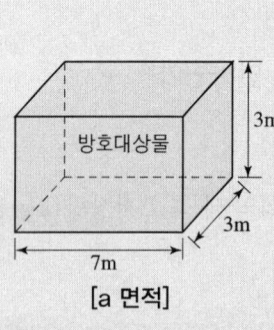
[a 면적]

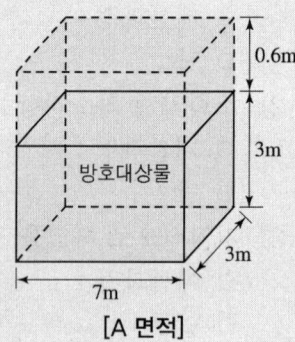
[A 면적]

국소방출방식

① • 윗면이 개방된 용기에 저장하는 경우
  • 화재시 연소면이 한정되고 가연물이 비산할 우려가 없는 경우
  $Q(kg)$ = 방호대상물 표면적(m^2) × $13kg/m^2$ × [고압식 1.4, 저압식 1.1]

② ① 이외의 경우
  $Q(kg) = V$(방호공간의 체적) × Q_1 × [고압식 1.4, 저압식 1.1]

  $Q_1 = 8 - 6\dfrac{a}{A}$ 여기서, Q_1 : (kg/m^3)

  a : 방호대상물 주위에 설치된 벽면적 합계(m^2)

  A : 방호공간의 벽면적 합계(m^2)

※ **방호공간** : 방호대상물의 각부분으로부터 0.6m의 거리에 따라 둘러싸인 공간

[주] (1) 바닥은 밀폐된 것으로 간주하는 것이 원칙이며 별도의 규정이 없는 한 0.6m 연장을 적용하면 안된다.

(2) 방호대상물로부터 0.6m이내에 기둥 또는 칸막이가 설치되어 더 이상 연장할 수 없는 경우에는 해당부분까지만 연장하여야 한다.

12 다음 그림은 어느 습식스프링클러설비에서 배관의 일부를 나타내는 평면도이다 점선 내에 필요한 관 부속품의 개수를 답란의 빈칸에 기입하시오.

(10점)

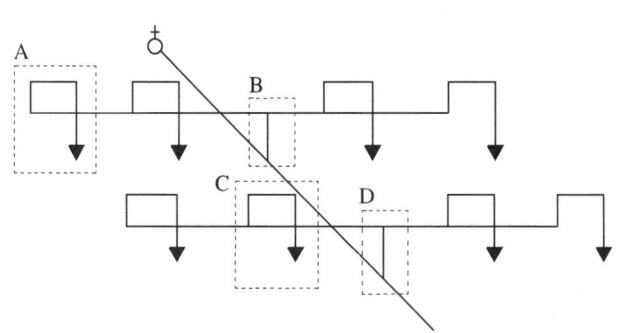

번호	관부속	규격	수량(개)	번호	관부속	규격	수량(개)
A	엘보	25A		B	티	40×40×40A	
	리듀셔	25×15A			리듀셔	40×25A	
C	티	25×25×25A		D	티	50×50×40A	
	엘보	25A			티	40×40×40A	
	리듀셔	25×15A			리듀셔	50×40A	
	/	/	/		리듀셔	40×25A	

풀이 ○답:

번호	관부속	규격	수량(개)	번호	관부속	규격	수량(개)
A	엘보	25A	3	B	티	40×40×40A	2
	리듀셔	25×15A	1		리듀셔	40×25A	2
C	티	25×25×25A	1	D	티	50×50×40A	1
	엘보	25A	2		티	40×40×40A	1
	리듀셔	25×15A	1		리듀셔	50×40A	1
	/	/	/		리듀셔	40×25A	2

상세해설

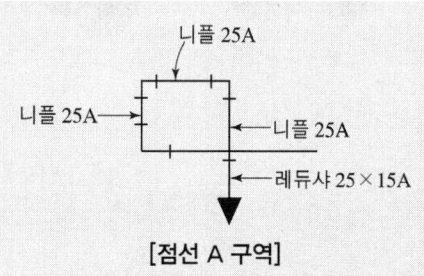

[점선 A 구역]

관 부 속	규 격	수 량
엘보	25A	3개
니플	25A	3개
레듀샤	25×15A	1개

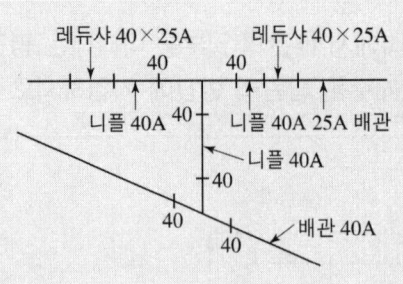

[점선 B 구역]

관 부 속	규 격	수 량
티	40×40×40A	2개
니플	40A	3개
레듀샤	40×25A	2개

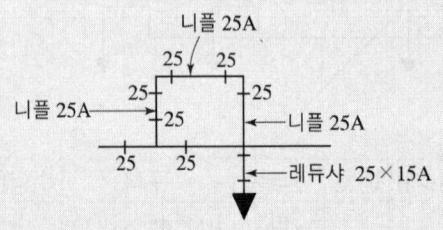

[점선 C 구역]

관 부 속	규 격	수 량
티	25×25×25A	1개
니플	25A	3개
엘보	25A	2개
레듀샤	25×15A	1개

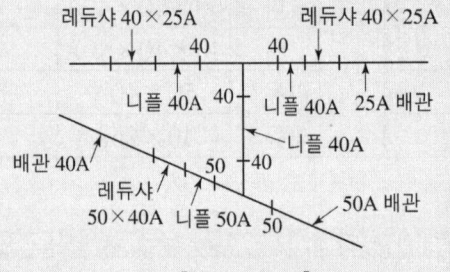

[점선 D 구역]

관 부 속	규 격	수 량
티	50×50×40A	1개
티	40×40×40A	1개
니플	40A	3개
니플	50A	1개
레듀샤	40×25A	2개
레듀샤	50×40A	1개

관부속

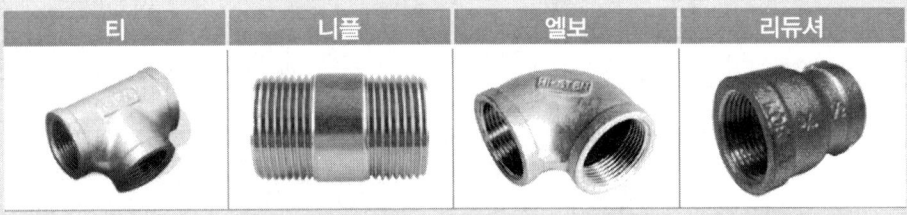

| 티 | 니플 | 엘보 | 리듀셔 |

13
건식 스프링클러설비의 가압송수장치(펌프방식)의 성능시험을 실시하고자 한다. 다음 주어진 도면을 참고로 성능시험순서 및 시험결과 판정기준을 쓰시오.

(5점)

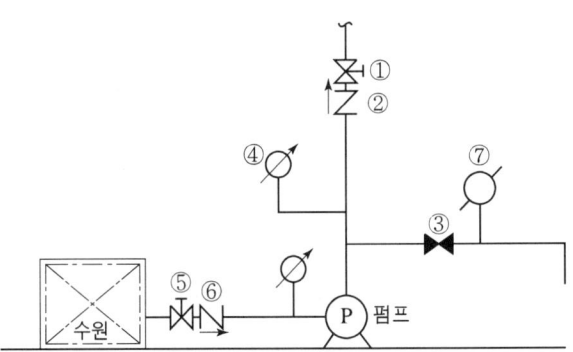

(물음 1) 성능시험 순서
(물음 2) 판정기준

풀이 (물음 1) (1) **무부하운전=체절운전**(No Flow Condition)
  ㉠ 펌프의 토출측 개폐밸브① 폐쇄
  ㉡ 제어반에서 충압펌프 및 주펌프 운전스위치를 수동(Manual)위치로 한다.
  ㉢ 제어반에서 주펌프 수동기동
  ㉣ 성능시험 배관상 개폐밸브③ 폐쇄상태에서 릴리프밸브 작동압력을 압력계④로 확인
  (만약 릴리프밸브가 체절압력 이하에서 개방되지 않으면 릴리프밸브를 서서히 개방하여 체절압력 이하에서 압력수가 토출되도록 한다.)

(2) **정격부하운전=설계점운전**(Rated Load)
  ㉠ 펌프가 기동한 상태에서 성능시험 배관상 개폐밸브③ 서서히 개방하여 유량계⑦의 유량이 정격토출량이 되도록 한다.
  ㉡ 압력계④의 눈금을 읽어 압력을 확인

(3) **피크부하운전=최대운전**(Peak Load)
  ㉠ 성능시험 배관상 개폐밸브③를 더 개방하여 유량계⑦의 유량이 정격토출량의 150%가 되도록 한다.
  ㉡ 압력계④의 눈금을 읽어 압력을 확인

(물음 2) **시험결과 판정기준**
  ① 체절운전 시 릴리프밸브 작동압력이 정격토출압력의 140% 미만이면 정상
  ② 정격토출량의 150%운전 시 정격토출압력의 65% 이상이면 정상

상세해설

성능시험배관상 유량조절밸브가 설치된 경우 펌프성능시험방법
(원칙적으로 성능시험배관상 개폐밸브 및 유량조절밸브가 설치되어야 한다.)

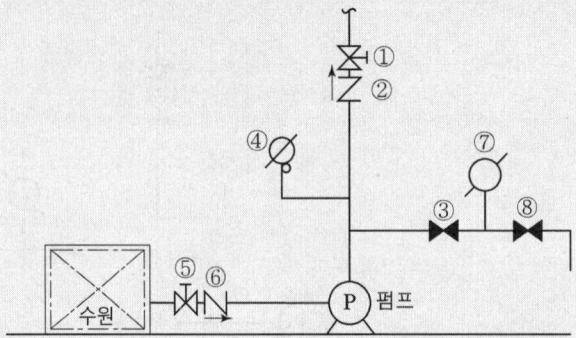

① 무부하운전=체절운전(No Flow Condition)
  ㉠ 펌프의 토출측 개폐밸브① 폐쇄
  ㉡ 제어반에서 충압펌프 및 주펌프 운전스위치를 수동(Manual)위치로 한다.
  ㉢ 성능시험 배관 상 유량조절밸브⑧완전 폐쇄 후 개폐밸브③완전 개방
  ㉣ 제어반에서 주펌프 수동기동
  ㉤ 릴리프밸브 작동압력을 압력계④로 확인(만약 릴리프밸브가 체절압력 이하에서 개방되지 않으면 릴리프밸브를 서서히 개방하여 체절압력 이하에서 압력수가 토출되도록 한다)

② 정격부하운전=설계점운전(Rated Load)
  ㉠ 펌프가 기동한 상태에서 성능시험 배관상 유량조절밸브⑧ 서서히 개방하여 유량계⑦의 유량이 정격토출량이 되도록 한다.
  ㉡ 압력계④의 눈금을 읽어 압력을 확인

③ 피크부하운전=최대운전(Peak Load)
  ㉠ 성능시험 배관상 유량조절밸브⑧를 더 개방하여 유량계⑦의 유량이 정격토출량의 150%가 되도록 한다.
  ㉡ 압력계④의 눈금을 읽어 압력을 확인

14 바닥면적 270m², 높이 3.5m의 발전기실에 할로겐화합물 및 불활성기체 소화설비를 설치하고자한다. 다음 조건을 참조하여 각 물음에 답하시오. (7점)

[조건]
① HCFC Blend-A의 소화농도는 A급 화재는 7.2%, B급 화재는 10%이다.
② HCFC Blend-A의 저장용기는 68l이며 충전밀도는 714kg/m³이다.
③ 발전기실의 연료는 경유를 사용한다.
④ 선형상수를 이용하며 방사 시 기준온도는 20℃이다.

소화약제	K_1	K_2
HCFC Blend-A	0.2413	0.00088

(물음 1) 필요한 HCFC Blend-A의 약제량(kg)은 얼마인가?
　　　　○ 계산과정 :
　　　　○ 답 :
(물음 2) 저장용기의 병당 약제 저장량(kg)은 얼마인가?
　　　　○ 계산과정 :
　　　　○ 답 :
(물음 3) HCFC Blend-A의 저장용기 수는 최소 몇 병인가?
　　　　○ 계산과정 :
　　　　○ 답 :

풀이 **(물음 1) 필요한 약제량(kg)**
　○계산과정 :
　　$V = 270 \times 3.5 = 945 \text{m}^3$
　　$S = 0.2413 + (0.00088 \times 20) = 0.2589 \text{m}^3/\text{kg}$
　　B급 화재시 C = 소화농도 × K(안전계수) = 10% × 1.3(B급) = 13%
　　$W = \dfrac{945}{0.2589} \times \left(\dfrac{13}{100-13}\right) = 545.41 \text{kg}$
　○**답** : 545.41kg

(물음 2) 병당 약제 저장량
　○계산과정 :
　　충전밀도 $\rho = 714 \text{kg/m}^3 = 714 \text{kg}/1000l = 0.714 \text{kg}/l$
　　$W = 68l \times 0.714 \text{kg}/l = 48.55 \text{kg}/병$
　○**답** : 48.55kg

(물음 3) 저장용기 수

○계산과정 : 저장용기 수 : $N = \dfrac{545.41\text{kg}}{48.55\text{kg}} = 11.23$병   ∴ 12병

○답 : 12병

상세해설

HCFC 등의 소화약제량 산출 공식

$$W = \dfrac{V}{S} \times \left(\dfrac{C}{100-C}\right)$$

여기서, W : 소화약제의 무게(kg), V : 방호구역의 체적(m³)
S : 소화약제별 선형상수$(K_1 + K_2 \times t)$(m³/kg)
C : 체적에 따른 소화약제의 설계농도(%)
　　[C=소화농도(%)×K(안전계수, A급 1.2, B급 1.3, C급 1.35)]
　　※ C급(통전상태)의 안전계수는 A급(전기차단상태)소화농도의 1.35
t : 방호구역의 최소예상온도(℃)

소방설비기사 – 기계분야

2018년 6월 30일 시행

---

01 스프링클러설비에서 드라이펜던트형 스프링클러헤드를 사용하는 목적과 구조에 대하여 간단히 쓰시오. (4점)

○ 목적 :
○ 구조 :

○답 : ① **목적** : 겨울철 동파방지
② **구조** : 롱니플 속에 부동액등이 봉입되어 평상시 물의 유입을 방지하는 구조

---

02 소화설비의 급수배관에 사용하는 개폐표시형 밸브 중 버터플라이(볼형식 이외)외의 밸브를 꼭 사용하여야 하는 배관의 이름과 그 이유를 기술하시오. (5점)

○ 배관이름 :
○ 이유 :

○답 : ① **배관** : 펌프 흡입측 배관
② **이유** : 버터플라이밸브는 난류를 형성하고 마찰손실이 커 공동현상 발생 때문

---

03 건식스프링클러시스템에 설치하는 건식밸브의 평상시 기능과 화재시 기능을 구분하여 쓰시오. (4점)

○ 답 :

○답 : **평상시 기능** : 체크밸브 기능
화재시 기능 : 자동경보 기능

04 경유를 저장하는 위험물 옥외 저장 탱크의 높이가 7m, 직경 10m인 콘루프 탱크(Cone Roof Tank)에 Ⅱ형 포방출구 및 옥외보조소화전 2개가 설치되었다.

(10점)

[조건] ① 배관의 낙차 수두와 마찰손실 수두는 55m이다.
② 폼챔버 압력 수두로 양정계산(그림 참조, 보조소화전 압력수두는 무시)한다.
③ 펌프의 효율은 65%(전동기와 펌프 직결), $K=1.1$이다.
④ 배관의 송액량은 제외한다.
• 그림 및 별표 참조로 계산하시오.

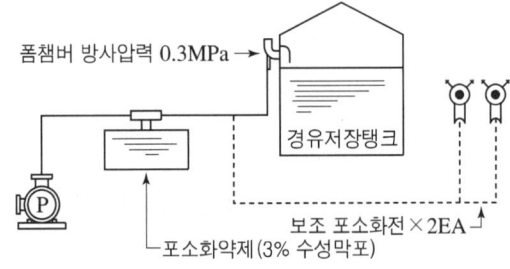

[별표] 고정포방출구의 방출량 및 방사시간

포방출구의 종류 위험물의 구분	Ⅰ형		Ⅱ형		특형		Ⅲ형		Ⅳ형	
	포수용액량 (l/m^2)	방출율 ($l/m^2 \cdot min$)	포수용액량 (l/m^2)	방출율 ($l/m^2 \cdot min$)	포수용액량 (l/m^2)	방출율 ($l/m^2 \cdot min$)	포수용액량 (l/m^2)	방출율 ($l/m^2 \cdot min$)	포수용액량 (l/m^2)	방출율 ($l/m^2 \cdot min$)
제4류 위험물 중 인화점이 21℃ 미만인 것	120	4	220	4	240	8	220	4	220	4
제4류 위험물 중 인화점이 21℃ 이상 70℃ 미만인 것	80	4	120	4	160	8	120	4	120	4
제4류 위험물 중 인화점이 70℃ 이상인 것	60	4	100	4	120	8	100	4	100	4
제4류 위험물 중 수용성의 것	160	8	240	8	–	–	–	–	240	8

(물음 1) 포소화약제의 량(l)을 구하라.
① 고정포방출구의 포소화약제량(Q_1)
○ 계산과정 :
○ 답 :

② 옥외보조소화전 약제량(Q_2) (단, 수성막포 3%이다.)
　　　○ 계산과정 :
　　　○ 답 :
(물음 2) 펌프 동력(kW)을 계산하시오.
　　　○ 계산과정 :
　　　○ 답 :

(물음 1) ① 고정포방출구의 포소화약제량
　　○계산과정 : $Q = A \times Q_1 \times T \times S$
　　　여기서, Q : 포소화약제의 양(l), A : 탱크의 액표면적(m^2)
　　　　　　Q_1 : 단위 포소화수용액의 양($l/m^2 \cdot$ 분)
　　　　　　T : 방출시간(분)
　　　　　　S : 포소화 약제의 농도
　　　　　　　경유 : 제2석유류(인화점 21℃ 이상 70℃ 미만)
　　　∴ $Q = \dfrac{\pi}{4} \times (10\text{m})^2 \times 120 l/\text{m}^2 \times \dfrac{3}{100} = 282.74 l$

　○답 : $282.74 l$

② 보조 포화전의 포소화약제량
　　○계산과정 : $Q = N \times S \times 8000 l$
　　　여기서, Q : 포소화약제의 양(l), S : 포소화약제의 농도
　　　　　　N : 호스접결구 수(3개 이상일 경우 3개)
　　　∴ $Q = 2 \times \dfrac{3}{100} \times 8000 l = 480 l$

　○답 : $480 l$

(물음 2) ○계산과정 : $P[\text{kW}] = \dfrac{9.8 \times Q[\text{m}^3/\text{s}] \times H[\text{m}]}{E[\%/100]} \times K$

• 펌프의 분당 토출량(m^3/분)은 포수용액의 양을 방사시간 이내에 모두 토출시켜야 한다.

$Q = A \times Q_1 + N \times 400 l/\text{분} = \dfrac{\pi}{4} \times (10\text{m})^2 \times 4 l/\text{m}^2 \cdot \text{분} + 2\text{개} \times 400 l/\text{분}$
　$= 1114.16 l/\text{분} = 1.11 \text{m}^3/\text{분}$

$H = h_1 + h_2 + h_3 \quad h_1 + h_2 = 55\text{m} \quad h_3 = 0.3\text{MPa} = 30\text{m}$

∴ $H = 55 + 30 = 85\text{m} \quad E = \dfrac{65}{100} = 0.65 \quad K = 1.1$

∴ $P[\text{kW}] = \dfrac{9.8 \times (1.11/60) \times 85}{0.65} \times 1.1 = 26.08 \text{kW}$

○답 : 26.08kW

05 아래 도면은 어느 소방대상물인 전기실(A실), 발전기실(B실), 방재반실(C실), 밧데리실(D실)을 방호하기위한 할론1301의 배관평면도이다. 도면 및 조건을 참조하여 할론1301 소화약제의 최소용기 개수 및 독립배관방식 필요여부를 답란의 빈칸에 채우시오. (8점)

[도면]

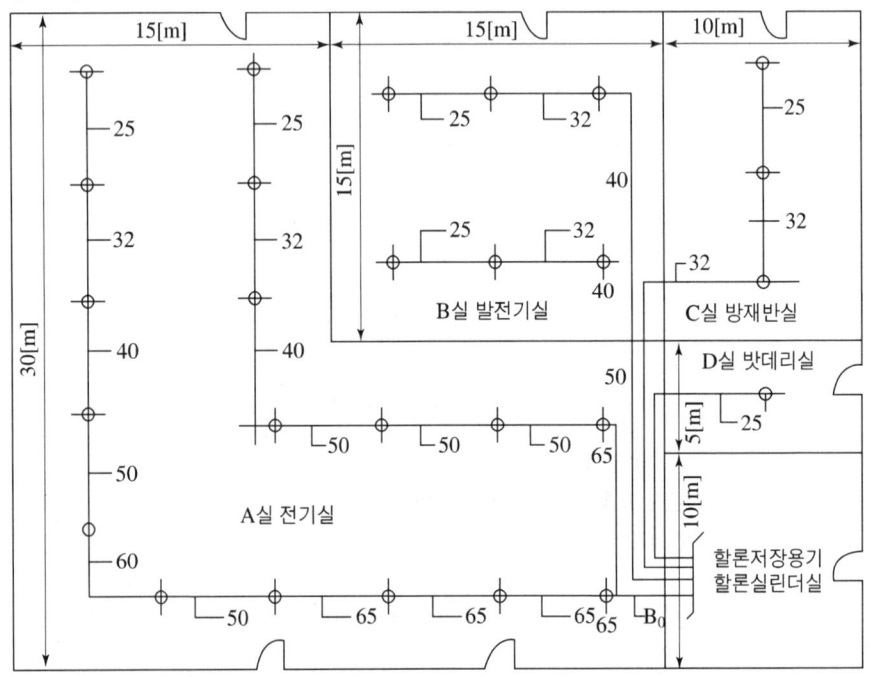

[조건] 1) 약제저장용기 방식은 고압식이다.
2) 용기 1개의 약제량은 50kg이고 내용적은 68l이다.
3) 도면상 각 실에 대한 배관내용적(용기실내의 입상관 포함)은 다음과 같다.

| A실 배관내용적 : 198l | B실 배관내용적 : 78l |
| C실 배관내용적 : 28l | D실 배관내용적 : 10l |

4) A실에 대한 할론 집합관의 배관내용적은 88l이다.
5) 할론약제저장용기와 집합관 사이의 연결관에 대한 내용적은 무시한다.
6) 설비의 설계기준온도는 20℃로 한다.
7) 액화할론1301의 비중은 20℃에서 1.6이다.
8) 각 실의 개구부는 없다고 가정한다.

9) 약제 소요량 산출시 각 실의 내부기둥 및 내용물은 무시한다.
10) 각 실의 층고(바닥으로부터 천정까지 높이)는 각각 다음과 같다.

| A실 및 B실 : 5m | C실 및 D실 : 3m |

○ 계산과정 :

○ 답 :

구 분	A실	B실	C실	D실
최소소요병수				
독립배관방식 필요여부				

풀이 ○ 계산과정 :

할론1301 소화약제 저장량

소방대상물	방호구역의 소요약제량	개구부 가산량 (자동폐쇄장치 미설치시)
차고, 주차장, 전기실, 통신기기실, 전산실, 기타 이와 유사한 전기설비가 설치되어 있는 부분	0.32kg/m³	2.4kg/m²

• 약제장량(kg) = 방호구역체적(m^3) × 소요약제량(kg/m^3) + 개구부면적(m^2) × 개구부가산량(kg/m^2)

A실(전기실)

① 방호구역 약제소요량 계산

$Q = (30m \times 30m - 15m \times 15m) \times 5m \times 0.32 kg/m^3 = 1080 kg$

② 소요 용기 수 = 1080kg/50kg = 21.6병 ∴ 22병

③ 독립배관방식 필요여부

㉠ 배관 내용적(집합관+배관) = 88 + 198 = 286l

㉡ 저장용기 소화약제량의 체적 = 22병 × 50kg ÷ 1.6 = 687.5l

㉢ 배관 내용적에 대한 약제량의 체적비 = $\dfrac{286}{687.5}$ = 0.42배

㉣ 1.5배 미만이므로 별도 독립배관방식 불필요

B실(발전기실)

① 방호구역 약제소요량

$Q = 15m \times 15m \times 5m \times 0.32 kg/m^3 = 360 kg$

② 소요 용기 수 = 360kg/50kg = 7.2병 ∴ 8병

③ 독립배관방식 필요여부

㉠ 배관 내용적(집합관+배관) = 88 + 78 = 166l

      ⓒ 저장용기 소화약제량의 체적＝ 8병 × 50kg ÷ 1.6 = 250*l*

      ⓒ 배관 내용적에 대한 약제량의 체적비＝ $\dfrac{166}{250}$ = 0.66배

      ⓔ 1.5배 미만이므로 별도 독립배관방식 불필요

C실(방재반실)

① 방호구역 약제소요량

$$Q = 10\text{m} \times 15\text{m} \times 3\text{m} \times 0.32\text{kg/m}^3 = 144\text{kg}$$

② 소요 용기 수＝ 144kg/50kg = 2.88병 ∴ 3병

③ 독립배관방식 필요여부

      ⓐ 배관 내용적(집합관+배관)＝ 88 + 28 = 116*l*

      ⓑ 저장용기 소화약제량의 체적＝ 3병 × 50kg ÷ 1.6 = 93.75*l*

      ⓒ 배관 내용적에 대한 약제량의 체적비＝ $\dfrac{116}{93.75}$ = 1.24배

      ⓔ 1.5배 미만이므로 별도 독립배관방식 불필요

D실(밧데리실)

① 방호구역 약제소요량

$$Q = 10\text{m} \times 5\text{m} \times 3\text{m} \times 0.32\text{kg/m}^3 = 48\text{kg}$$

② 소요 용기 수＝ 48kg/50kg = 0.96병 ∴ 1병

③ 독립배관방식 필요여부

      ⓐ 배관 내용적(집합관+배관)＝ 88 + 10 = 98*l*

      ⓑ 저장용기 소화약제량의 체적＝ 1병 × 50kg ÷ 1.6 = 31.25*l*

      ⓒ 배관 내용적에 대한 약제량의 체적비＝ $\dfrac{98}{31.25}$ = 3.14 배

      ⓔ 1.5배 이상이므로 별도 독립배관방식 필요

○답 :

구 분	A실	B실	C실	D실
최소소요병수	22병	8병	3병	1병
독립배관방식 필요여부	불필요	불필요	불필요	필요

저장실에 저장하여야 할 용기 수

N ＝ 22병(같은 집합관사용 소요용기수중 최대)＋1병(별도 독립배관 사용 소요용기수)
   ＝ 23병

○답 : 23병

> **참고** **할론 소화설비의 배관**
>
> 하나의 구역을 담당하는 소화약제 저장용기의 소화약제량의 체적합계보다 그 소화약제 방출시 방출경로가 되는 배관(집합관 포함)의 내용적이 1.5배 이상일 경우에는 당해 방호구역에 대한 설비는 별도 독립방식으로 하여야 한다.

실	저장용기 소화약제량의 체적(A)	배관내용적(B) (집합관+배관)	B/A	독립배관방식
A	$1080 \div 50 = 21.6$ $\therefore 22병 \times 50kg \div 1.6 = 687.5l$	$286l$	0.42	필요없음
B	$360 \div 50 = 7.2$ $\therefore 8병 \times 50kg \div 1.6 = 250l$	$166l$	0.66	필요없음
C	$140 \div 50 = 2.88$ $\therefore 3병 \times 50kg \div 1.6 = 93.75l$	$116l$	1.23	필요없음
D	$48 \div 50 = 0.96$ $\therefore 1병 \times 50kg \div 1.6 = 31.25l$	$98l$	3.14	필요

06 다음 조건을 참조하여 할로겐화합물소화설비의 10초 동안 방사된 소화약제량을 구하시오. (5점)

[조건] ① 10초 동안 약제가 방사될 시 설계농도의 95%에 해당하는 약제가 방출된다.
② 방호구역의 크기는 가로 4m 세로 5m 높이 4m 이다.
③ $K_1 = 0.2413$, $K_2 = 0.00088$, 실온은 20℃이다.
④ A급 화재 발생 가능 장소로써 소화농도는 8.5%이다.

풀이 ○계산과정 : $W = \dfrac{V}{S} \times \left\{ \dfrac{C}{(100-C)} \right\}$

여기서, W : 소화약제의 무게(kg), V : 방호구역의 체적(m³)
S : 소화약제별 선형상수($K_1 + K_2 \times t$)(m³/kg)
C : 체적에 따른 소화약제의 설계농도(%)
t : 방호구역의 최소예상온도(℃)

① V(방호구역 체적) $= 4 \times 5 \times 4 = 80 m^3$
② S(소화약제별 선형상수) $= K_1 + K_2 \times t = 0.2413 + 0.00088 \times 20$
   $= 0.2589 (m^3/kg)$
③ 설계농도(C) $=$ 소화농도 $\times 1.2$(안전률 A급 화재) $= 8.5\% \times 1.2$
   $= 10.2\%$
④ 설계농도의 95%에 해당하는 농도 $= 10.2\% \times 0.95 = 9.69\%$

$\therefore W = \dfrac{V}{S} \times \left(\dfrac{C}{100-C} \right) = \left(\dfrac{80}{0.2589} \right) \times \left(\dfrac{9.69}{100-9.69} \right) = 33.15 kg$

○답 : 33.15kg

제 4 편 소방설비기사 과년도 출제문제

07 특수가연물을 저장하는 창고에 포소화설비를 설치하고자 한다. 다음 조건을 참조하여 각 물음에 답하시오. (10점)

[조건] ① 창고의 크기는 가로20m, 세로10m이다.
② 포워터스프링클러헤드를 정방형으로 배치한다.
③ 포원액은 3% 수성막포를 사용한다.
④ 전양정은 35m, 효율은 65%, 여유율은 10%이다.

(물음 1) 필요한 포워터스프링클러헤드의 수량은 몇 개인가?
  ○ 계산과정 :   ○ 답 :
(물음 2) 수원의 저수량은 몇 m³ 이상으로 하여야 하는가?
  ○ 계산과정 :   ○ 답 :
(물음 3) 포 원액의 양은 몇 l 이상으로 하여야 하는가?
  ○ 계산과정 :   ○ 답 :
(물음 4) 펌프의 분당 토출량(l/min)은 얼마 이상인가?
  (단, 포원액의 양은 토출량에서 제외한다)
  ○ 계산과정 :   ○ 답 :
(물음 5) 전동기의 출력은 몇 kW인가?
  ○ 계산과정 :   ○ 답 :

풀이 (물음 1) 필요한 포헤드의 수량

  ○ 계산과정 : 헤드간의 거리 $S = 2 \times 2.1 \times \cos 45° = 2.97 \text{m}$

  가로열 헤드설치 수 $N = \dfrac{20\text{m}}{2.97\text{m}} = 6.73$개 ∴ 7개

  세로열 헤드설치 수 $N = \dfrac{10\text{m}}{2.97\text{m}} = 3.37$개 ∴ 4개

  포헤드 수량 $N = 7 \times 4 = 28$개

  ○ 답 : 28개

(물음 2) 수원의 저수량

  ○ 계산과정 : $Q = 28 \times 75 l/\text{min} \times 10 \text{min} \times 0.97 = 20370 l = 20.37 \text{m}^3$
  ○ 답 : 20.37m^3

(물음 3) 포 원액의 량

  ○ 계산과정 : $Q = 28 \times 75 l/\text{min} \times 10 \text{min} \times 0.03 = 630 l$
  ○ 답 : $630 l$

(물음 4) 펌프의 분당 토출량
○계산과정 : $Q = 28 \times 75l/\min \times 0.97 = 2037l/\min$
○답 : $2037l/\min$

(물음 5) 전동기의 출력
○계산과정 : $P = \dfrac{9.8 \times (2.037/60) \times 35}{0.65} \times 1.1 = 19.71\text{kW}$
○답 : 19.71kW

상세해설

(물음 1) 포헤드(포워터스프링클러헤드 및 포헤드)
정방형 설치시 헤드간의 거리

$$S = 2r\cos 45°$$

(물음 2) 포워터스프링클러헤드의 수원의 양(m^3)
$Q = N$(헤드의 개수)$\times K$(표준방사량)$\times T(\min)$(방사시간)$\times S_w$(물의 농도)
※ 포워터스프링클러헤드 표준방사량 : $75l/\min$

포헤드의 방식

소방대상물	수원의 양
차고, 주차장 및 항공기 격납고	• 포워터스프링클러설비 : 포워터스프링클러헤드수 $\times 75l$/분$\times 10$분 • 포헤드설비 : 바닥면적($200m^2$ 이상인 경우 200) $\times$ 표준방사량(K값) $\times 10$분 [표준방사량K값($l/m^2 \cdot$ 분)] ┌─────────────┬──────────────────┐ │ 포소화약제의 종류 │ 바닥면적 $1m^2$당 방사량 │ ├─────────────┼──────────────────┤ │ 단백포 │ $6.5l$ 이상 │ │ 합성계면활성제포 │ $8.0l$ 이상 │ │ 수성막포 │ $3.7l$ 이상 │ └─────────────┴──────────────────┘
특수가연물 저장·취급장소	┌─────────────┬──────────────────┐ │ 포소화약제의 종류 │ 바닥면적 $1m^2$당 방사량 │ ├─────────────┼──────────────────┤ │ 단백포 │ $6.5l$ 이상 │ │ 합성계면활성제포 │ $6.5l$ 이상 │ │ 수성막포 │ $6.5l$ 이상 │ └─────────────┴──────────────────┘

(물음 3) 포 원액의 양(l)
$Q = N$(헤드의 개수)$\times K$(표준방사량)$\times T(\min)$(방사시간)$\times S$(약제의 농도)

(물음 4) 펌프의 분당 토출량($l/\min$)
$Q = N$(헤드의 개수)$\times K$(표준방사량 : $75l/\min$)

(물음 5) 전동기의 출력(kW)

모터동력

$$P(\text{kW}) = \frac{\gamma Q H}{E} \times K$$

여기서, γ : 비중량(kN/m³, 물의 비중량=9.8kN/m³), K : 전달계수
Q : 유량(m³/s), H : 전양정(m), E : 펌프의 효율(%/100)

08
다음 그림은 어느 스프링클러설비의 Isometric Diagram 이다. 이 도면과 주어진 조건에 의하여 헤드 A만을 개방하였을 때 실제 방수량을 계산하시오. (13점)

[조건]
① 펌프의 양정력은 토출량에 관계없이 일정하다고 가정한다.(펌프토출압 =0.3MPa)
② 헤드의 방출계수(k)는 90이다.
③ 배관의 마찰손실은 헤이젠-윌리엄스공식을 따르되 계산의 편의상 다음 식과 같다고 가정한다.

$$\Delta P = \frac{6 \times 10^4 \times Q^2}{120^2 \times d^5}$$

(단, ΔP : 배관 1m 당 마찰손실 압력[MPa]
Q : 배관내의 유수량[l/min], d : 배관의 안지름[mm])

④ 배관의 호칭구경별 안지름은 다음과 같다.

호칭구경	25φ	32φ	40φ	50φ	65φ	80φ	100φ
내 경	28	37	43	54	69	81	107

⑤ 배관부속 및 밸브류의 등가길이(m)는 아래 표와 같으며, 이 표에 없는 부속 또는 밸브류의 등가길이는 무시해도 좋다.

호칭 구경	25mm	32mm	40mm	50mm	65mm	80mm	100mm
90°엘보	0.8	1.1	1.3	1.6	2.0	2.4	3.2
티 측 류	1.7	2.2	2.5	3.2	4.1	4.9	6.3
게이트밸브	0.2	0.2	0.3	0.3	0.4	0.5	0.7
체크밸브	2.3	3.0	3.5	4.4	5.6	6.7	8.7
알람밸브	-	-	-	-	-	-	8.7

⑥ 가지관과 헤드간의 마찰손실은 무시한다.

⑦ 배관의 마찰손실, 등가길이, 마찰손실압력은 호칭구경 25φ와 같이 구하도록 한다.

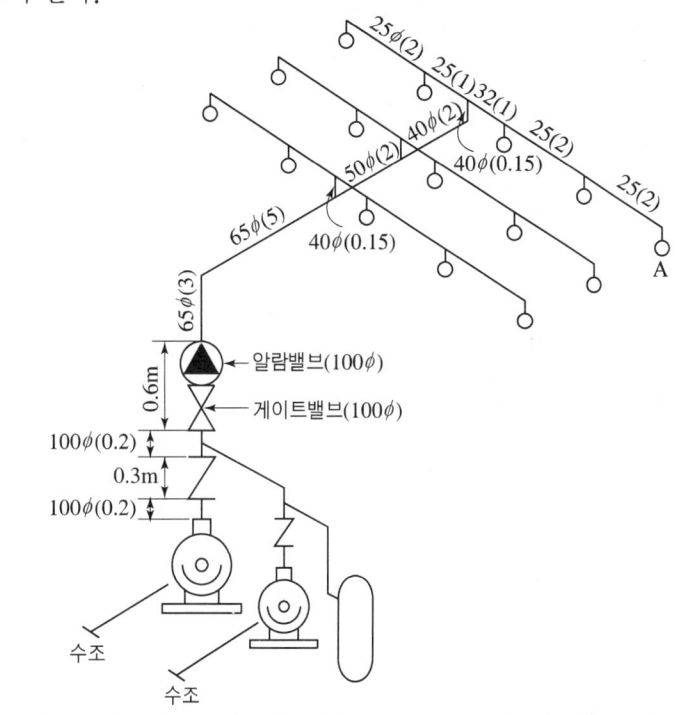

※ ( )안은 배관의 길이(m)임 ISOMETRIC 계통도(축척 : 없음)

(1) 산출근거

호칭 구경	배관의 마찰손실(ΔP) 산출[MPa]	등가길이 산출	마찰손실 압력 [MPa]
25φ	$\Delta P =$ $2.421 \times 10^{-7} \times Q^2$	직관 : 2+2=4 엘보 : 1×0.8=0.8 계 : 4.8m	$1.162 \times 10^{-6} \times Q^2$
32φ			
40φ			
50φ			
65φ			
100φ			

(2) 배관의 총마찰손실(MPa) :

(3) 실층고 환산 낙차수두(m) :

(4) 방수량(l/min) :

(5) 방수압(MPa) :

풀이 (1) 산출근거

○답:

호칭 구경	배관의 마찰 손실 (ΔP)산출(MPa)	등가길이 산출	마찰손실압력(MPa)
25ϕ	$\Delta P = 2.421 \times 10^{-7} \times Q^2$	직관 : 2+2=4 엘보 : 1×0.8=0.8 계 : 4.8m	$1.162 \times 10^{-6} \times Q^2$
32ϕ	$\Delta P = \dfrac{6 \times 10^4 \times Q^2}{120^2 \times 37^5}$ $= 6.009 \times 10^{-8} \times Q^2$	직관 : 1 계 : 1m	$1 \times 6.009 \times 10^{-8} \times Q^2$ $= 6.009 \times 10^{-8} \times Q^2$
40ϕ	$\Delta P = \dfrac{6 \times 10^4 \times Q^2}{120^2 \times 43^5}$ $= 2.834 \times 10^{-8} \times Q^2$	직관 : 2+0.15=2.15 90°엘보 : 1.3 티측류 : 2.5 계 : 5.95m	$5.95 \times 2.834 \times 10^{-8} \times Q^2$ $= 1.686 \times 10^{-7} \times Q^2$
50ϕ	$\Delta P = \dfrac{6 \times 10^4 \times Q^2}{120^2 \times 54^5}$ $= 9.074 \times 10^{-9} \times Q^2$	직관 : 2 계 2m	$2 \times 9.074 \times 10^{-9} \times Q^2$ $= 1.815 \times 10^{-8} \times Q^2$
65ϕ	$\Delta P = \dfrac{6 \times 10^4 \times Q^2}{120^2 \times 69^5}$ $= 2.664 \times 10^{-9} \times Q^2$	직관 : 5+3=8 90°엘보 : 1×2.0=2 계 10m	$10 \times 2.664 \times 10^{-9} \times Q^2$ $2.664 \times 10^{-8} \times Q^2$
100ϕ	$\Delta P = \dfrac{6 \times 10^4 \times Q^2}{120^2 \times 107^5}$ $= 2.971 \times 10^{-10} \times Q^2$	직관 : 0.2+0.2=0.4 체크밸브 : 1×8.7=8.7 게이트밸브 : 1×0.7=0.7 알람밸브 : 1×8.7=8.7 계 : 18.5m	$18.5 \times 2.971 \times 10^{-10} \times Q^2$ $= 5.496 \times 10^{-9} \times Q^2$

(2) 배관상의 총마찰손실

○계산과정 :
$(1.162 \times 10^{-6} \times Q^2) + (6.009 \times 10^{-8} \times Q^2) + (1.686 \times 10^{-7} \times Q^2)$
$+ (1.815 \times 10^{-8} \times Q^2) + (2.664 \times 10^{-8} \times Q^2) + (5.496 \times 10^{-9} \times Q^2)$
$= 1.44 \times 10^{-6} \times Q^2$

○답 : $1.44 \times 10^{-6} \times Q^2$ MPa

(3) 실층고 환산 낙차수두

○계산과정 : 0.2m+0.3m+0.2m+0.6m+3m+0.15m=4.45m
○답 : 4.45m

(4) 방수량

○계산과정 :
$Q = k\sqrt{10P}$ 에서 $k = 90$

P(헤드압) = 펌프토출압 − (실층고낙차환산수두압+배관손실압)

∴ $P = 0.3 - (0.045 + 1.44 \times 10^{-6} Q^2) = 0.255 - 1.44 \times 10^{-6} Q^2 \text{MPa}$

$Q = 90\sqrt{10(0.255 - 1.44 \times 10^{-6} Q^2)}$

양변을 제곱하면

$Q^2 = 90^2(2.55 - 1.44 \times 10^{-5} \times Q^2)$

$Q^2 = 20,655 - 0.1166 Q^2$

$Q^2 + 0.1166 Q^2 = 20,655$

$1.1166 Q^2 = 20,655$

$Q^2 = \dfrac{20,655}{1.1166}$ ∴ $Q = \sqrt{\dfrac{20,655}{1.1166}} = 136.04 l/\min$

○답 : $136.04 l/\min$

(5) 방수압

○계산과정 : $P = 0.3 - (0.045 + 1.44 \times 10^{-6} \times 136.04^2) = 0.228 \text{MPa}$

○답 : 0.23MPa

09 어느 특정소방대상물에 전역방출방식의 이산화탄소소화설비를 설치하였다. 다음 조건을 참조하여 과압 배출구의 면적(m^2)을 계산하시오. (5점)

[조건] ① CO_2의 유량은 250kg/min이다.
② CO_2 방호구역의 허용압력은 2.4kPa이다.

○계산과정 : $A = \dfrac{239 \times 250}{\sqrt{2.4}} = 38568.46 \text{mm}^2 = 0.04 \text{m}^2$

○답 : 0.04m^2

과압 배출구의 면적 계산공식

$$A = \dfrac{239 \times Q}{\sqrt{P}}$$

여기서, A : 과압 배출구의 면적(mm^2), Q : CO_2의 유량(kg/min), P : 허용압력(kPa)

10 상수도소화용수설비가 설치되지 않은 특정소방대상물에 옥외소화전설비를 설치하고자 한다. 아래 도면을 참조하여 다음 각 물음에 답하시오. (6점)

[도면] (가로 150m × 세로 80m 직사각형)

(물음 1) 설치하여야 할 옥외소화전의 최소개수를 계산하시오.
　　○ 계산과정 :　　　　　　　　　　○ 답 :
(물음 2) 펌프의 최소 토출량(Lpm)을 계산하시오.
　　○ 계산과정 :　　　　　　　　　　○ 답 :
(물음 3) 수원의 최소 유효저수량(m^3)을 계산하시오.
　　○ 계산과정 :　　　　　　　　　　○ 답 :

풀이 (물음 1) 옥외소화전의 최소개수

○ 계산과정 : $N = \dfrac{150 \times 2 + 80 \times 2}{80} = 5.75$

∴ 6개(소수점 이하는 무조건 절상하여 정수로 표기)

○ 답 : 6개

(물음 2) 펌프의 최소 토출량($l/분$)

○ 계산과정 : 펌프의 토출량(l/min) = $N \times$ (규정 방수량 $350 l/min$)

N : 옥외소화전 설치개수(최대 2개)

∴ $Q = 2 \times 350 l/min = 700 l/min$ (Lpm)

○ 답 : 700Lpm

(물음 3) 수원의 최소 유효저수량(m^3)

○ 계산과정 : 옥외소화전 수원의 저수량 $Q(m^3) = N \times 7m^3$ 이상

N : 옥외소화전 설치개수(최대 2개)

∴ $Q(m^3) = 2 \times 7m^3 = 14m^3$ 이상

○ 답 : $14m^3$

상세해설

(1) 옥외소화전의 호스접결구

① 지면으로부터 높이가 0.5m 이상 1m 이하의 위치에 설치
② 특정소방대상물의 각 부분으로부터 하나의 호스접결구까지의 수평거리가 40m 이하

(2) 옥외소화전설비에서 펌프의 토출량

$$\text{펌프의 토출량 } Q(l/\min) = N \times 350 l/\min$$

여기서, N : 옥외소화전 설치개수(최대2개)

(3) 옥외소화전설비에서 수원의 최소 유효저수량(m^3)

$$Q(\text{m}^3) = N \times 7\text{m}^3 (N : 최대2개)$$

11 소방법상으로 옥내소화전 설치대상 건축물로서 소화전 설치수가 지하 1층 2개소, 1~3층까지 각 5개소씩, 5, 6층에 각 3개소, 옥상 층에는 시험용 소화전을 설치하였다. 실양정(흡입+토출양정)은 37m, 배관의 마찰손실 6m, 호스의 마찰손실 6.2m, 이음쇠 밸브류 등의 마찰손실 8m일 때 다음 물음에 답하시오. (단, 펌프의 효율 E=75%, 전달계수 K=1.1로 한다) **(12점)**

(물음 1) 펌프의 최소유량은 몇 Lpm인가?
(물음 2) 수원의 최소유효 저수량은 몇 m^3인가? (옥상수조 포함)
(물음 3) 옥상수조에 필요한 최소유효 저수량은 몇 m^3인가?
(물음 4) 펌프의 전양정은 몇 m인가?
(물음 5) 펌프의 모터동력은 몇 kW인가?
(물음 6) 만약 노즐에서 방수압력이 0.7MPa를 초과할 경우 감압하는 방법 3가지를 쓰시오.
(물음 7) 노즐 선단에서 봉상 방수의 경우 방수압 측정 요령을 쓰시오.

풀이 (물음 1) 펌프의 최소유량
　　　　○계산과정 : $Q = 2 \times 130 = 260 l/\min$
　　　　○답 : 260Lpm

(물음 2) 수원의 최소유효 저수량(옥상수조 포함)

　　　　○계산과정 : $Q = 2 \times 2.6 + 2 \times 2.6 \times \dfrac{1}{3} = 6.93 \text{m}^3$
　　　　○답 : 6.93m^3

(물음 3) 옥상수조에 필요한 최소유효 저수량

　　　　○계산과정 : $Q = 2 \times 2.6 \times \dfrac{1}{3} = 1.73 \text{m}^3$
　　　　○답 : 1.73m^3

(물음 4) 펌프의 전양정
  ○계산과정 : $H = 37 + (6 + 8) + 6.2 + 17 = 74.2\text{m}$
  ○답 : 74.2m

(물음 5) 펌프의 모터동력
  ○계산과정 : $P = \dfrac{9.8 \times (0.26/60) \times 74.2}{0.75} \times 1.1 = 4.62\text{kW}$
  ○답 : 4.62kW

(물음 6) 감압하는 방법 3가지
  ○답 : ① 개별 펌프방식   ② 중계 펌프방식
         ③ 고가 수조방식   ④ 가압송수장치에 압력조절밸브 설치 방식
         ⑤ 소화전밸브에 감압밸브 설치 방식 중 3가지

(물음 7) 노즐선단에서 방수압 측정요령
  ○답 : 노즐선단에서 노즐내경의 $\dfrac{1}{2}\left(\dfrac{d}{2}\right)$만큼 떨어진 곳에서 피토관 입구를 수류의 중심선과 일치토록 하여 게이지상의 압력을 읽는다.

상세해설

(물음 1) 펌프의 최소유량($l/\min$)
옥내소화전설비 펌프의 최소토출량
$Q = N \times 130\, l/\min$
여기서, N : 옥내소화전이 가장 많은 층의 설치개수(최대 2개)

(물음 2) 및 (물음 3) 수원의 최소 유효저수량(m^3)
- 옥내소화전설비 수원의 수량
  $Q = N \times 2.6 [\text{m}^3]$
  여기서, N : 옥내소화전이 가장 많은 층의 설치개수(최대 2개)
- 옥상수조 저수량
  산출된 유효수량 외에 유효수량의 3분의 1 이상을 옥상에 설치
  $Q = 유효수량 \times \dfrac{1}{3}$

(물음 4) 펌프의 양정(m)
옥내소화전설비의 전양정

$$H = h_1 + h_2 + h_3 + 17\text{m}$$

여기서, H : 전양정(m), h_1 : 실양정(흡입양정 + 토출양정)(m)
        h_2 : 배관마찰손실수두(m), h_3 : 소방호스의 마찰손실수두(m)
        17m : 노즐선단의 방수압력 환산수두

(물음 5) 모터동력

모터동력 $P(\text{kW}) = \dfrac{\gamma(\text{kN/m}^3) \times Q(\text{m}^3/\text{s}) \times H(\text{m})}{E(\text{효율})} \times K(\text{전달계수})$

(물음 7) 노즐선단에서 방수압 측정방법

방수량 계산방법

$$Q = 0.653 D^2 \sqrt{10P}$$

여기서, Q : 방수량(l/min) D : 관경(노즐구경, mm) P : 방수압력(MPa)

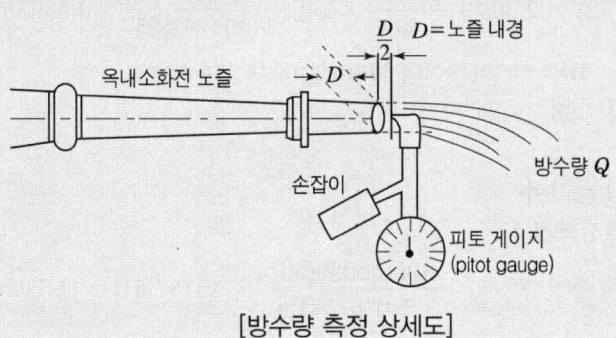

[방수량 측정 상세도]

12 바닥면적이 162m², 높이 3.5m인 전산실에 할로겐화합물 및 불활성기체 소화약제 중 IG-541을 사용할 경우 아래 조건을 참조하여 다음 각 물음에 답하시오. (6점)

[조건]
① IG-541의 소화농도는 33%이다.
② IG-541의 저장용기는 80l, 충전압력은 19,996kPa이다.
③ 소화약제량 산정 시 선형상수를 이용하며 방사 시 기준온도는 20℃이다.

K_1	K_2
0.65799	0.00239

④ 20℃에서 소화약제의 비체적(m³/kg)은 선형상수와 같다.
⑤ 전산실의 화재는 C급(전기화재)로 간주한다.

(물음 1) IG-541의 약제 저장량은 최소 몇 m³인가?
(물음 2) IG-541의 저장용기 수는 최소 몇 병인가?
(물음 3) 배관구경산정 조건에 따라 IG-541의 약제량 방사 시 주배관의 방사유량은 몇 m³/s인가?

풀이 **(물음 1)** 약제 저장량(m³)

　　○계산과정 :
　　　① $V = 162 \times 3.5 = 567 \text{m}^3$
　　　② $V_S = 0.65799 + (0.00239 \times 20) = 0.7058 \text{m}^3/\text{kg}$
　　　③ $S = 0.65799 + (0.00239 \times 20) = 0.7058 \text{m}^3/\text{kg}$
　　　④ C급 화재시 $C = $ 소화농도 $\times K$(안전계수) $= 33\% \times 1.35$(C급) $= 44.55\%$
　　　⑤ $X = 2.303 \times \dfrac{0.7058}{0.7058} \times \log_{10}\left(\dfrac{100}{100-44.55}\right) = 0.5898 \text{m}^3/\text{m}^3$
　　　⑥ $W = 567\text{m}^3 \times 0.5898 \text{m}^3/\text{m}^3 = 334.42\text{m}^3$
　　○답 : 334.42m³

(물음 2) 저장 용기 수

　　○계산과정 :
　　　① 충전량 : $V = \dfrac{80l \times 19996\text{kPa}}{101.325\text{kPa}} = 15787.61l = 15.79\text{m}^3/\text{병}$
　　　② 저장용기 수 : $N = \dfrac{334.42\text{m}^3}{15.79\text{m}^3} = 21.18$병 ∴ 22병
　　○답 : 22병

(물음 3) 주배관의 방사유량

　　○계산과정 :
　　　① $V_S = 0.65799 + (0.00239 \times 20) = 0.7058 \text{m}^3/\text{kg}$
　　　② $S = 0.65799 + (0.00239 \times 20) = 0.7058 \text{m}^3/\text{kg}$
　　　③ C급 화재 시 $C = 33\% \times 1.35$(C급)$\times 0.95 = 42.32\%$
　　　④ $X = 2.303 \times \dfrac{0.7058}{0.7058} \times \log_{10}\left(\dfrac{100}{100-42.32}\right) = 0.5504 \text{m}^3/\text{m}^3$
　　　⑤ 기준시간 내에 방사되어야 할 약제의 부피
　　　　$V = 567\text{m}^3 \times \dfrac{0.5504\text{m}^3}{\text{m}^3} = 312.08\text{m}^3$
　　　⑥ 약제 방사 시 유량 $Q = \dfrac{312.08\text{m}^3}{120\text{s}} = 2.60\text{m}^3/\text{s}$
　　○답 : 2.60m³/s

상세해설

(1) IG-541의 저장량(m³)
　불활성기체 소화약제량 산출 공식

$$X = 2.303 \times \frac{V_S}{S} \times \log_{10}\left(\frac{100}{100-C}\right)$$

여기서, X : 공간체적당 더해진 소화약제의 부피(m^3/m^3)
  V_S : 20℃에서 소화약제의 비체적(m^3/kg)
  S : 소화약제별 선형상수($K_1 + K_2 \times t$)(m^3/kg)
  C : 체적에 따른 소화약제의 설계농도(%)

(2) **설계농도**는 소화농도(%)에 안전계수(A급화재 1.2, B급화재 1.3, C급화재 1.35)를 곱한 값으로 할 것
  ※ C급(통전상태)의 안전계수는 A급(전기차단상태)소화농도의 1.35
(3) 용기 1병당 충전량

$$V(l/병) = \frac{용기의\ 내용적(l) \times 충전압력(kPa)}{표준대기압(101.325kPa)}$$

(4) **배관의 구경**은 해당 방호구역에 할로겐화합물 소화약제는 10초 이내에, 불활성기체 소화약제는 A·C급 화재 2분, B급 화재 1분 이내에 방호구역 각 부분에 최소설계농도의 95% 이상 해당하는 약제량이 방출되도록 하여야 한다.

13 아래 그림 및 조건을 참조하여 체절압력을 확인하고 릴리프밸브의 개방압력을 설정하는 방법을 기술하시오. (7점)

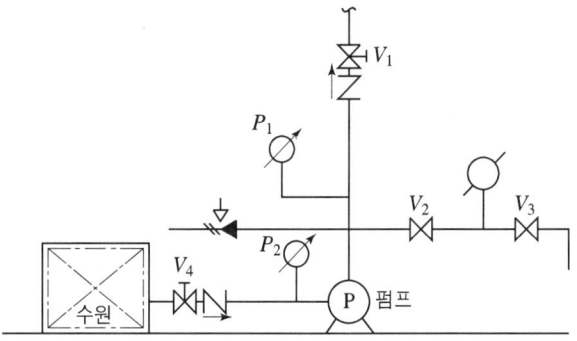

[조건]
① 릴리프밸브는 체절압력에서 개방되지 않는 상태이다.
② 주 펌프의 운전은 제어반에서 수동으로 기동하는 것을 원칙으로 한다.
③ 릴리프밸브의 작동압력은 체절압력의 90%로 한다.
④ V_2 및 V_3 밸브는 폐쇄상태이다.

[풀이] ○ 답 : ① 주밸브(V_1)를 폐쇄한다.
② 제어반에서 주 펌프를 수동으로 기동한다.
③ 압력계(P_1)를 확인하여 체절압력을 확인한다.
④ 개폐밸브(V_2)를 완전히 개방하고 유량조절밸브(V_3)를 서서히 개방하여 압력계(P_1)의 압력이 체절압력의 90%가 되도록 한다.
⑤ 릴리프밸브를 천천히 개방하여 압력수가 토출되도록 한다.
⑥ 제어반에서 주 펌프를 정지한다.
⑦ 가압송수장치를 정상상태로 복구한다.
(V_1개방, V_2 및 V_3 폐쇄, 주펌프 운전스위치 자동위치로 한다.)

14 특별피난계단의 계단실 및 부속실 제연설비에 대한 다음 각 물음에 답하시오.
(7점)

[조건] ① 제연구역과 옥내와의 차압은 50Pa이다.
② 문의 폭(W)은 1m, 높이(H)는 2.1m이다.
③ 자동폐쇄장치 및 경첩에 의해 폐쇄되는 힘은 40N이다.
④ 문의 손잡이와 문의 끝까지(모서리까지)의 거리는 20cm이다.
⑤ K=상수(1.0)으로 한다.

(물음 1) 제연설비가 가동된 상태에서 출입문 개방에 필요한 힘[N]을 계산하시오.
(물음 2) 플랩댐퍼를 설치하여야 하는지의 여부를 화재안전기술기준을 근거하여 설명하시오.

[풀이] (물음 1) ○계산과정 : $F = 40\text{N} + \dfrac{1 \times 1\text{m} \times (1\text{m} \times 2.1\text{m}) \times 50\text{pa}}{2 \times (1\text{m} - 0.2\text{m})} = 105.63\text{N}$

○답 : 105.63N

(물음 2) ○답 : 화재안전기술기준에 따른 출입문개방에 필요한 힘은 110N이하이다. 따라서 출입문 개방에 필요한 힘이 105.63N이므로 플랩댐퍼를 설치할 필요가 없다.

상세해설

(1) 출입문 개방에 필요한 힘(제연설비가 가동된 상태에서)

$$F[N] = F_{dc}[N] + F_P[N]$$

여기서, F : 출입문개방에 필요한 전체 힘(N)
F_{dc} : 자동폐쇄장치(도어체크)의 저항력(N)
F_P : 차압에 의해 출입문에 미치는 힘(N)

(2) 차압에 의한 방화문에 미치는 힘(제연설비가 가동된 상태에서)

$$F_P = \frac{K_d \times W \times A \times \Delta P}{2(W-d)}$$

여기서, K_d : 상수 값(1.0), W : 출입문의 폭(m), A : 출입문의 면적(m²)
ΔP : 제연구역과 옥내와의 차압(Pa)
d : 문의 손잡이와 문의 끝까지(모서리까지)의 거리(m)

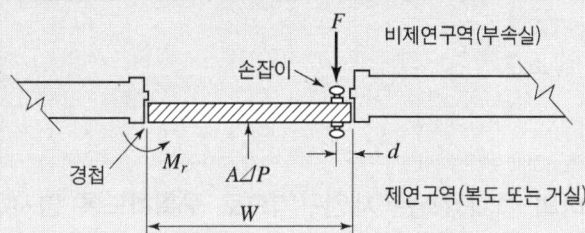

[제연구역 출입문에 미치는 힘]

(3) 특별피난계단의 계단실 및 부속실 제연설비의 화재안전기술기준(NFTC 501A)
① 제연설비가 가동되었을 경우 출입문의 개방에 필요한 힘은 110N 이하
② 제연구역과 옥내와의 사이에 유지하여야 하는 최소 차압은 40Pa
(옥내에 스프링클러설비가 설치된 경우에는 12.5Pa) 이상

소방설비기사 - 기계분야

2018년 11월 10일 시행

01 피난설비는 피난기구와 인명구조기구로 나뉜다. 이때 인명구조기구의 종류를 3가지 쓰시오. (5점)

풀이 ○답 : ① 방열복 또는 방화복(안전모, 보호장갑 및 안전화를 포함)
　　　　② 공기호흡기
　　　　③ 인공소생기

02 제연설비의 설치장소는 제연구역으로 구획하도록 명시하고 있다. 아래의 ( )안에 해당되는 단어를 기재하시오. (5점)

1. 하나의 제연구역의 면적은 (①)m² 이내로 할 것
2. 거실과 통로(복도를 포함한다. 이하 같다)는 (②)할 것
3. 통로상의 제연구역은 보행중심선의 길이가 (③)m를 초과하지 아니할 것
4. 하나의 제연구역은 직경 (④)m 원내에 들어갈 수 있을 것
5. 하나의 제연구역은 (⑤)이상 층에 미치지 아니하도록 할 것
　　다만, 층의 구분이 불분명한 부분은 그 부분을 다른 부분과 별도로 제연구획 하여야 한다.

풀이 ○답 : ① 1000　② 상호제연구획　③ 60　④ 60　⑤ 2개

상세해설

제연구역의 구획기준
① 하나의 제연구역의 면적은 1,000m² 이내로 할 것
② 거실과 통로(복도를 포함)는 상호 제연구획 할 것
③ 통로상의 제연구역은 보행중심선의 길이가 60m를 초과하지 아니할 것
④ 하나의 제연구역은 직경 60m 원내에 들어갈 수 있을 것
⑤ 하나의 제연구역은 2개 이상 층에 미치지 아니하도록 할 것

03 운전 중인 펌프의 압력계를 측정한 결과 흡입측 진공계의 눈금이 150mmHg, 송출측 압력계는 0.294MPa 이었다. 펌프의 전양정(m)을 구하시오. (단, 송출측 압력계는 흡입측 진공계 보다 50cm 높은 곳에 있고, 흡입측과 송출측의 직경은 동일하다.) **(5점)**

풀이 ○ 계산과정 :

$$H = 150\text{mmHg} \times \frac{10.332\text{m}}{760\text{mmHg}} + 0.294\text{MPa} \times \frac{10.332\text{m}}{0.101325\text{MPa}} + 0.5\text{m}(50\text{cm})$$
$$= 32.52\text{m}$$

○ 답 : 32.52m

상세해설

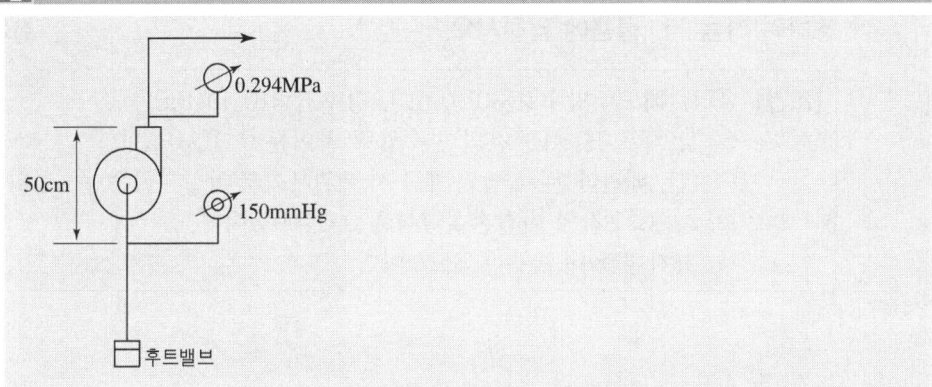

04 다음은 지하구의 화재안전기술기준에 관한 설치기준이다. ( ) 안에 알맞은 답을 쓰시오. **(8점)**

(1) 연소방지설비전용헤드를 사용하는 경우 하나의 배관에 부착하는 살수헤드의 개수가 4개 또는 5개인 경우 배관의 구경은 (①)mm 이상의 것으로 할 것

(2) 소방대원의 출입이 가능한 (②)·(③)마다 지하구의 양쪽방향으로 살수헤드를 설정하되, 한쪽 방향의 살수구역의 길이는 (④)m 이상으로 할 것. 다만, 환기구 사이의 간격이 (⑤)m를 초과할 경우에는 (⑥)m 이내마다 살수구역을 설정 할 것

(3) 방수헤드간의 수평거리는 연소방지설비 전용헤드의 경우에는 (⑦)m 이하, 스프링클러헤드의 경우에는 (⑧)m 이하로 할 것

풀이 ○답 : ① 65　　② 환기구　　③ 작업구　　④ 3
　　　　⑤ 700　　⑥ 700　　⑦ 2　　⑧ 1.5

상세해설

연소방지설비전용헤드를 사용하는 경우에는 다음 표에 따른 구경 이상으로 할 것

하나의 배관에 부착하는 살수헤드의 개수	1개	2개	3개	4개 또는 5개	6개 이상
배관의 구경(mm)	32	40	50	65	80

05 다음 그림은 습식스프링클러설비 계통도의 일부를 나타낸 것이다. 조건을 참조하여 다음 각 물음에 답하시오. (12점)

[조건] ① H_1헤드 : 방수량(80L/min), 방수압력(0.1MPa)
　　　② 각 헤드 $H_1 \sim H_5$ 간의 방수압력 차이는 0.01MPa이다.
　　　　（단, 배관마찰손실압력 계산 시 배관부속의 마찰손실은 무시한다）
　　　③ A~B 구간의 마찰손실압력은 0.04MPa이다.
　　　④ 가지배관 내 유속은 6m/s이다.

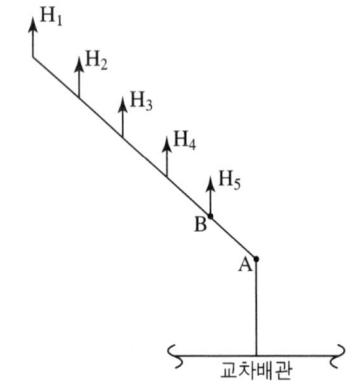

(물음 1) A지점에서 필요한 최소압력(MPa)은 얼마인가?
(물음 2) A~B구간에서의 유량(L/min)은 얼마인가?
(물음 3) A~B구간의 배관 최소호칭경(mm)은 얼마인가?

풀이 **(물음 1)** ○계산과정 :
　　　　A지점의 압력 $P_A = 0.1 + (0.01 \times 4) + 0.04 = 0.18$MPa
　　　○답 : 0.18MPa

(물음 2) ○계산과정 :

$$Q = K\sqrt{10P}, \quad K = \frac{Q}{\sqrt{10P}} = \frac{80}{\sqrt{10 \times 0.1}} = 80$$

① $Q_{H_1} = 80 \times \sqrt{10 \times 0.1} = 80 \text{L/min}$

② $Q_{H_2} = 80 \times \sqrt{10 \times (0.1 + 0.01)} = 83.90 \text{L/min}$

③ $Q_{H_3} = 80 \times \sqrt{10 \times (0.1 + 0.01 + 0.01)} = 87.64 \text{L/min}$

④ $Q_{H_4} = 80 \times \sqrt{10 \times (0.1 + 0.01 + 0.01 + 0.01)} = 91.21 \text{L/min}$

⑤ $Q_{H_5} = 80 \times \sqrt{10 \times (0.1 + 0.01 + 0.01 + 0.01 + 0.01)} = 94.66 \text{L/min}$

$Q = 80 + 83.90 + 87.64 + 91.21 + 94.66 = 437.41 \text{L/min}$

○답 : 437.41L/min

(물음 3) ○계산과정 : $d = \sqrt{\dfrac{4 \times (437.41 \times 10^{-3}/60)}{\pi \times 6}} \times 1000 = 39.33 \text{mm}$

○답 : 40mm

상세해설

(물음 1) B지점에 필요한 압력

$P_B = H_1$ 헤드의 방사압력 + 각 헤드간의 방수압력차

(물음 2) A~B구간의 유량
- $Q_A = H_1 \sim H_5$ 헤드의 방수량
- 헤드의 방수량

$$Q = K\sqrt{10P}$$

여기서, Q : 방수량(L/min), K : 방출계수, P : 방수압력(MPa)

(물음 3) A~B구간의 배관 호칭구경
- 배관내경 산출공식

$$d(\text{mm}) = \sqrt{\frac{4Q}{\pi u}} \times 1000$$

여기서, d : 배관내경(mm), Q : 유량(m³/s), u : 배관내 유속(m/s),
1000 : m를 mm로 환산하기 위한 상수

- 급수관의 구경(호칭구경)(단위 : mm)

25	32	40	50	65	80	90	100	125	150

06 스프링클러설비에 설치되는 폐쇄형헤드와 개방형헤드에 대한 다음 각 물음에 답하시오. (6점)

(물음 1) 폐쇄형헤드와 개방형헤드의 기능상 차이점을 쓰시오.
(물음 2) 폐쇄형헤드와 개방형헤드를 사용하는 스프링클러설비의 종류를 쓰시오.

○답 : **(물음 1)** ○ 폐쇄형헤드 : 헤드의 방수구가 폐쇄된 상태로 감열부가 있다.
　　　　　　　　○ 개방형헤드 : 헤드의 방수구가 개방된 상태로 감열부가 없다.
　　(물음 2) ○ 폐쇄형헤드 : 습식스프링클러설비, 부압식스프링클러설비,
　　　　　　　　　　　　　　건식스프링클러설비, 준비작동식스프링클러설비
　　　　　　　○ 개방형헤드 : 일제살수식스프링클러설비

상세해설

- **개방형스프링클러헤드**
  감열체 없이 방수구가 항상 열려져 있는 스프링클러헤드
- **폐쇄형스프링클러헤드**
  정상상태에서 방수구를 막고 있는 감열체가 일정온도에서 자동적으로 파괴·용해 또는 이탈됨으로써 방수구가 개방되는 스프링클러헤드
- **습식스프링클러설비**
  가압송수장치에서 **폐쇄형스프링클러헤드**까지 배관 내에 항상 물이 가압되어 있다가 화재로 인한 열로 폐쇄형스프링클러헤드가 개방되면 배관 내에 유수가 발생하여 습식유수검지장치가 작동하게 되는 스프링클러설비를 말한다.
- **부압식스프링클러설비**
  가압송수장치에서 준비작동식유수검지장치의 1차측까지는 항상 정압의 물이 가압되고, 2차측 폐쇄형 스프링클러헤드까지는 소화수가 부압으로 되어 있다가 화재 시 감지기의 작동에 의해 정압으로 변하여 유수가 발생하면 작동하는 스프링클러설비를 말한다.
- **준비작동식스프링클러설비**
  가압송수장치에서 준비작동식유수검지장치 1차 측까지 배관 내에 항상 물이 가압되어 있고 2차 측에서 **폐쇄형스프링클러헤드**까지 대기압 또는 저압으로 있다가 화재발생시 감지기의 작동으로 준비작동식유수검지장치가 작동하여 폐쇄형스프링클러헤드까지 소화용수가 송수되어 폐쇄형스프링클러헤드가 열에 따라 개방되는 방식의 스프링클러설비를 말한다.
- **건식스프링클러설비**
  건식유수검지장치 2차 측에 압축공기 또는 질소 등의 기체로 충전된 배관에 폐쇄형스프링클러헤드가 부착된 스프링클러설비로서, **폐쇄형스프링클러헤드**가 개방되어 배관내의 압축공기 등이 방출되면 건식유수검지장치 1차 측의 수압에 의하여 건식유수검지장치가 작동하게 되는 스프링클러설비

- **일제살수식스프링클러설비**
  가압송수장치에서 일제개방밸브 1차 측까지 배관 내에 항상 물이 가압되어 있고 2차 측에서 개방형스프링클러헤드까지 대기압으로 있다가 화재발생시 자동감지장치 또는 수동식 기동장치의 작동으로 일제개방밸브가 개방되면 스프링클러헤드까지 소화용수가 송수되는 방식의 스프링클러설비

07 아래 그림과 같이 절연유 봉입변압기에 물분무소화설비를 하고자 한다. 가로 5m. 세로 3m, 높이 1.8m일 때 다음 각 물음에 답하시오. (6점)

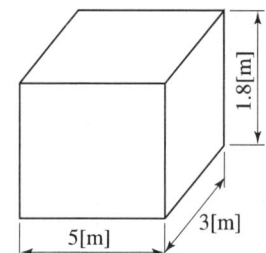

(물음 1) 소화펌프의 최소토출량(l/min)을 구하시오.
(물음 2) 필요한 최소 수원의 양(m^3)을 구하시오.
(물음 3) 다음은 물분무헤드와 전기기기의 이격거리 기준이다. 알맞은 답을 쓰시오.

전압(kV)	거리(cm)	전압(kV)	거리(cm)
66 이하	(①) 이상	154 초과 181 이하	180 이상
66 초과 77 이하	80 이상	181 초과 220 이하	(②) 이상
77초과 110 이하	110 이상	220 초과 275 이하	260 이상
110 초과 154 이하	150 이상		

풀이 (물음 1) 소화펌프의 최소토출량(l/min)
  ○계산과정 : $Q(\mathrm{m}^3) = A(\mathrm{m}^2) \times K$(표준방사량)
  (1) 표면적 계산
    $A = 5\mathrm{m} \times 3\mathrm{m} \times 1$면 $+ 5\mathrm{m} \times 1.8\mathrm{m} \times 2$면 $+ 3\mathrm{m} \times 1.8\mathrm{m} \times 2$면
    $= 43.8\mathrm{m}^2$
  (2) 토출량 계산
    $Q(l/\mathrm{min}) = 43.8\mathrm{m}^2 \times 10 l/\mathrm{m}^2 \cdot \mathrm{min} = 438 l/\mathrm{min}$
  ○답 : $438 l/\mathrm{min}$

(물음 2) 필요한 최소 수원의 양(m³)
　○계산과정 :
　　$Q(\mathrm{m}^3) = 43.8\mathrm{m}^2 \times 10l/\mathrm{m}^2 \cdot \min \times 20\min = 8760l = 8.76\mathrm{m}^3$
　○답 : $8.76\mathrm{m}^3$

(물음 3) 고압의 전기기기가 있는 장소와 헤드사이의 거리(cm)
　○답 : ① 70　② 210

상세해설

(물음 1) 소화설비의 유량(l/min)
물분무소화설비의 펌프 분당토출량

소방대상물	펌프의 토출량(l/분)
특수가연물 저장, 취급	바닥면적(m²)(최대방수구역기준 최소 50m²) × 10l/m²·분
차고, 주차장	바닥면적(m²)(최대방수구역기준 최소 50m²) × 20l/m²·분
절연유 봉입 변압기	표면적(바닥부분제외)(m²) × 10l/m²·분
케이블 트레이, 덕트	투영된 바닥면적(m²) × 12l/m²·분
콘베이어벨트 등	벨트부분의 바닥면적(m²) × 10l/m²·분

(물음 2) 소화설비의 저수량(m³)
물분무소화설비의 수원의 양

소방대상물	수원의 저수량(m³)
특수가연물 저장, 취급	바닥면적(m²)(최대방수구역기준 최소 50m²) × 10l/m²·분 × 20분
차고, 주차장	바닥면적(m²)(최대방수구역기준 최소 50m²) × 20l/m²·분 × 20분
절연유 봉입 변압기	표면적(바닥부분제외)(m²) × 10l/m²·분 × 20분
케이블 트레이, 덕트	투영된 바닥면적(m²) × 12l/m²·분 × 20분
콘베이어벨트 등	벨트부분의 바닥면적(m²) × 10l/m²·분 × 20분

(물음 3) 물분무헤드와 전기기기의 이격거리(cm)
물분무헤드와 전기기기와의 이격거리

전압(KV)	거리(cm)	전압(KV)	거리(cm)
66 이하	70 이상	154 초과 181 이하	180 이상
66 초과 77 이하	80 이상	181 초과 220 이하	210 이상
77 초과 110 이하	110 이상	220 초과 275 이하	260 이상
110 초과 154 이하	150 이상	—	—

08 다음 그림은 어느 실등의 평면도이다. 이 실들 중 A실을 급기 가압하고자 한다. 주어진 조건을 이용하여 A실에 유입시켜야 할 풍량은 몇 (l/s)가 되는지 산출하시오.　　　　　　　　　　　　　　　　　　　　　　　　　　(9점)

[조건]
1. 실외부 대기의 기압은 절대압력으로 101300 파스칼로서 일정하다.
2. A실에 유지하고자 하는 가압은 절대압력으로 101500 파스칼이다.
3. 각 실의 문(Door)들의 틈새 면적은 0.01m^2이다.
4. 어느 실을 급기 가압할 때 그 실의 문의 틈새를 통하여 누출되는 공기의 양은 다음의 식을 따른다.

(아래 그림 참조) $Q = 0.827 A P^{\frac{1}{2}}$

단, Q = 누출되는 공기의 양(m^3/s)
　A = 문의 틈새 면적(m^2)
　P = 문을 경계로 한 실내외 기압차(파스칼)

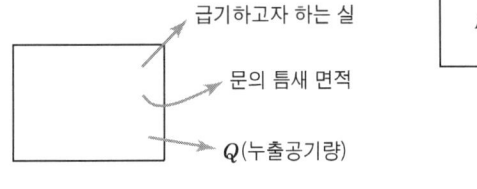
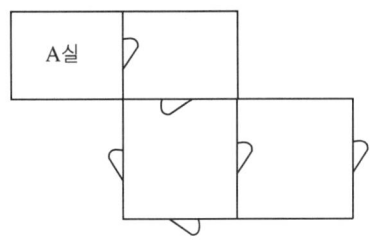

풀이

○ 계산과정 :

우선 D실의 ⑤와 ⑥의 합성 틈새 면적 $A = \dfrac{1}{\sqrt{\dfrac{1}{(0.01)^2} + \dfrac{1}{(0.01)^2}}} = 0.00707\text{m}^2$

그리고 ③과 ④의 합성 틈새 면적은 외부와 직접 연결되므로
$0.01\text{m}^2 + 0.01\text{m}^2 = 0.02\text{m}^2$

∴ ③~⑥까지 합성 틈새 면적 $= 0.02\text{m}^2 + 0.00707\text{m}^2 = 0.02707\text{m}^2$

∴ ① $= 0.01\text{m}^2$　　② $= 0.01\text{m}^2$　　③~⑥ $= 0.02707\text{m}^2$

∴ 총합성 틈새 면적 = $\dfrac{1}{\sqrt{\dfrac{1}{(0.01)^2}+\dfrac{1}{(0.01)^2}+\dfrac{1}{(0.02707)^2}}}$

= $\dfrac{1}{146.166538}$ = 0.0068415m²

∴ $A = 0.00684\text{m}^2$ $P = 101500 - 101300 = 200\text{Pa}$

∴ $Q = 0.827 A P^{\frac{1}{2}} = 0.827 A \sqrt{P}$ 식에 대입

∴ $Q = 0.827 \times 0.00684 \times \sqrt{200} \times 10^3 = 80 l/s$

○ 답 : $80 l/s$

---

09 18층의 복도식 아파트 1동에 아래와 같은 조건으로 습식 스프링클러 소화설비를 설치하고자 한다. 아래의 각 물음에 답하시오. (8점)

[조건] 층별 방호면적은 990m², 실 양정이 65m, 마찰손실 수두 25m, 헤드의 방사압력 0.1MPa, 배관 내의 유속 2.0m/s, 펌프의 효율 60%, 전달계수 1.1 이다.

(물음 1) 본 소화설비의 주 펌프의 토출량을 구하시오. (단, 헤드 적용 수량은 최대 기준 개수를 적용한다.)
  ○ 계산과정 및 답 :
(물음 2) 전용 수원의 확보량을 구하시오.
  ○ 계산과정 및 답 :
(물음 3) 소화펌프의 축동력(kW)을 구하시오.
  ○ 계산과정 및 답 :

풀이 (물음 1) 주 펌프의 토출량
  ○ 계산과정 : $Q = 10 \times 80 l/\min = 800 l/\min$
  ○ 답 : $800 l/\min$

(물음 2) 전용수원의 확보량
  ○ 계산과정 : $Q = 10 \times 1.6\text{m}^3 = 16\text{m}^3$
  ○ 답 : 16m^3

(물음 3) 소화펌프의 축동력(kW)

　○ 계산과정 : 전양정 $H = 65\,\text{m} + 25\,\text{m} + 10\,\text{m} = 100\,\text{m}$

$$P(\text{kW}) = \frac{9.8 \times (0.8\,\text{m}^3/60\text{s}) \times 100}{0.6} = 21.78\,[\text{kW}]$$

　○ 답 : 21.78[kW]

상세해설

(물음 1) 주 펌프의 토출량 계산

　　$Q = N \times 80\,l/\text{min}$ (N : 기준개수 또는 기준개수보다 적은 경우 설치개수)

(물음 2) 전용수원의 확보량

　　$Q = N \times 1.6\,\text{m}^3$ (N : 기준개수 또는 기준개수보다 적은 경우 설치개수)

(물음 3) 펌프의 동력계산

　(1) 전동기 용량(모터동력)

$$P(\text{kW}) = \frac{\gamma QH}{E} \times K$$

　　여기서, γ : 비중량(kN/m³, 물의 비중량 = 9.8kN/m³)
　　　　　　Q : 유량(m³/s), H : 전양정(m), E : 펌프의 효율(%/100)
　　　　　　K : 전달 계수

　(2) 내연기관의 용량

$$1\text{HP} = 0.746\text{kW}\,[76.07(\text{kgf}\cdot\text{m/s}) \div 101.97(\text{kgf}\cdot\text{m/s})]$$
$$1\text{PS} = 0.7355\text{kW}\,[75(\text{kgf}\cdot\text{m/s}) \div 101.97(\text{kgf}\cdot\text{m/s})]$$

　　[참고]　1kW = 101.97 kgf·m/s
　　　　　　1HP = 76.07 kgf·m/s
　　　　　　1PS = 75 kgf·m/s

　(3) 축동력

$$L_S(\text{KW}) = \frac{\gamma QH}{E}$$

　　[주의] 축동력 계산시 전달계수 K값은 무시한다.

　(4) 수동력

$$L_W(\text{kW}) = \gamma QH$$

　　[주의] 수동력 계산 시 펌프의 효율 및 전달계수 K값은 무시한다.

10 다음은 위험물 옥외저장탱크에 포소화설비를 설치한 도면이다. 도면 및 주어진 조건을 참조하여 각 물음에 답하시오. (14점)

[도면]

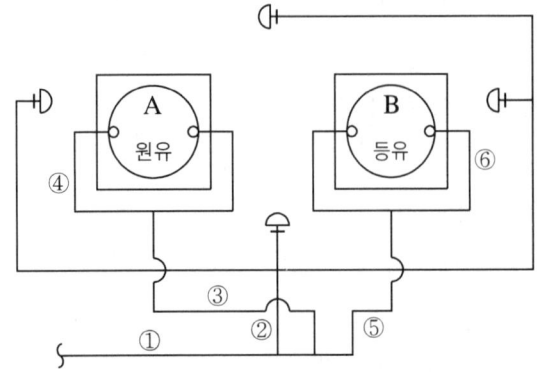

[조건]
① 원유저장탱크는 플루팅루프탱크이며 탱크직경은 12m, 탱크내 측면과 굽도리판(Foam Dam) 사이의 거리는 1.2m, 특형 방출구수는 2개이다.
② 등유저장탱크는 콘루프탱크이며 탱크직경은 25m, Ⅱ형 방출구수는 2개이다.
③ 포약제는 3%형 단백포이다.
④ 각 탱크별 포수용액의 방수량 및 방사시간은 아래와 같다.

구 분	원유저장탱크	등유저장탱크
방사량	$8l/m^2 \cdot 분$	$4l/m^2 \cdot 분$
방사시간	30분	30분

⑤ 보조소화전 : 4개
⑥ 번호별 배관의 길이는 다음과 같다고 가정한다.

번 호	①	②	③	④	⑤	⑥
배관길이(m)	10	100	20	60	20	80

⑦ 배관의 호칭구경은 다음과 같다고 가정한다

호칭구경(mm)	40	50	65	80	90	100	125	150

⑧ 송액배관내의 유속은 3m/s로 한다.
⑨ 화재는 저장탱크 2개에서 동시에 발생하는 경우는 없는 것으로 간주한다.

(물음 1) 각 옥외저장탱크에 필요한 포수용액의 최소 방사량(l/분)을 산출하시오.

(물음 2) 보조소화전에 필요한 포수용액의 최소 방사량(l/분)을 산출하시오.
(물음 3) 각 옥외저장탱크에 필요한 포원액의 최소량(l)을 산출하시오.
(물음 4) 보조소화전에 필요한 포원액의 최소량(l)을 산출하시오.
(물음 5) 번호별로 각 송액배관의 구경(mm)을 산출하시오.
(물음 6) 송액배관에 필요한 포약제의 양(l)을 산출하시오.
(물음 7) 포소화설비에 필요한 포약제의 양(l)을 산출하시오.

풀이 (물음 1) 각 옥외저장탱크에 필요한 포수용액의 최소 방사량(l/분)

① 원유탱크

○계산과정 : $Q = A \times Q_1 = \dfrac{\pi}{4} \times (12^2 - 9.6^2) \times 8 = 325.72 l/\min$

○답 : $325.72 l$/분

② 등유탱크

○계산과정 : $Q = A \times Q_1 = \dfrac{\pi}{4} \times 25^2 \times 4 = 1963.5 l/\min$

○답 : $1963.5 l$/분

(물음 2) 보조소화전에 필요한 포수용액의 최소 방사량(l/분)

○계산과정 : $Q = N \times 400 l/\min = 3 \times 400 = 1200 l/\min$

○답 : $1200 l$/분

(물음 3) 각 옥외저장탱크에 필요한 포원액의 최소량(l)

① 원유탱크

○계산과정 : $Q = A \times Q_1 \times T \times S = \dfrac{\pi}{4} \times (12^2 - 9.6^2) \times 8 \times 30 \times 0.03$

$= 293.15 l$

○답 : $293.15 l$

② 등유탱크

○계산과정 : $Q = A \times Q_1 \times T \times S = \dfrac{\pi}{4} \times 25^2 \times 4 \times 30 \times 0.03 = 1767.15 l$

○답 : $1767.15 l$

(물음 4) 보조소화전에 필요한 포원액의 최소량(l)

○계산과정 : $Q = N \times 400 l/\min \times 20\min \times S = 3 \times 400 \times 20 \times 0.03$

$= 720 l$

○답 : $720 l$

(물음 5) 번호별로 각 송액배관의 구경(mm)

[배관번호①] 유량(Q) = 등유탱크유량 + 보조소화전유량

○ 계산과정 : $Q = \dfrac{(1963.5 + 1200)l}{\min} \times \dfrac{m^3}{1000l} \times \dfrac{\min}{60s} = 0.0527 \, m^3/s$

$D(mm) = \sqrt{\dfrac{4Q}{\pi \times u}} \times 1000 = \sqrt{\dfrac{4 \times 0.0527}{\pi \times 3}} \times 1000$

$= 149.55 \, mm$

∴ 표에서 150mm 선택

○ 답 : 150mm

[배관번호②] 유량(Q) = 보조소화전유량

○ 계산과정 : $Q = \dfrac{1200l}{\min} \times \dfrac{m^3}{1000l} \times \dfrac{\min}{60s} = 0.02 \, m^3/s$

$D(mm) = \sqrt{\dfrac{4Q}{\pi \times u}} \times 1000 = \sqrt{\dfrac{4 \times 0.02}{\pi \times 3}} \times 1000$

$= 92.13 \, mm$

∴ 표에서 100mm 선택

○ 답 : 100mm

[배관번호③] 유량(Q) = 원유탱크유량

○ 계산과정 : $Q = \dfrac{325.72l}{\min} \times \dfrac{m^3}{1000l} \times \dfrac{\min}{60s} = 5.4287 \times 10^{-3} \, m^3/s$

$D(mm) = \sqrt{\dfrac{4Q}{\pi \times u}} \times 1000 = \sqrt{\dfrac{4 \times 5.4287 \times 10^{-3}}{\pi \times 3}} \times 1000$

$= 48.00 \, mm$

∴ 표에서 50mm 선택

○ 답 : 50mm

[배관번호④] 유량(Q) = 원유탱크유량 × $\dfrac{1}{2}$

○ 계산과정 : $Q = \dfrac{325.72l}{\min} \times \dfrac{m^3}{1000l} \times \dfrac{\min}{60s} \times \dfrac{1}{2} = 2.7143 \times 10^{-3} \, m^3/s$

$D(mm) = \sqrt{\dfrac{4Q}{\pi \times u}} \times 1000 = \sqrt{\dfrac{4 \times 2.7143 \times 10^{-3}}{\pi \times 3}} \times 1000$

$= 33.94 \, mm$

∴ 표에서 40mm 선택

○ 답 : 40mm

[배관번호⑤] 유량(Q) = 등유탱크유량

○계산과정 : $Q = \dfrac{1963.5 l}{\min} \times \dfrac{m^3}{1000 l} \times \dfrac{\min}{60 s} = 0.03273 m^3/s$

$D(mm) = \sqrt{\dfrac{4Q}{\pi \times u}} \times 1000 = \sqrt{\dfrac{4 \times 0.03273}{\pi \times 3}} \times 1000$

$= 117.86 mm$

∴ 표에서 125mm선택

○답 : 125mm

[배관번호⑥] 유량(Q) = 등유탱크유량 $\times \dfrac{1}{2}$

○계산과정 : $Q = \dfrac{1963.5 l}{\min} \times \dfrac{m^3}{1000 l} \times \dfrac{\min}{60 s} \times \dfrac{1}{2} = 0.0164 m^3/s$

$D(mm) = \sqrt{\dfrac{4Q}{\pi \times u}} \times 1000 = \sqrt{\dfrac{4 \times 0.0164}{\pi \times 3}} \times 1000$

$= 83.43 mm$

∴ 표에서 90mm선택

○답 : 90mm

(물음 6) 송액배관에 필요한 포약제의 양(l)

○계산과정 :

$Q = Q_A \times S$

여기서, Q : 배관충전량(l), Q_A : 송액관내용적(l)

S : 포소화약제 사용농도(단, 내경 75mm 이하 제외)

$Q_A = \dfrac{\pi}{4} \times (0.15^2 \times 10 + 0.1^2 \times 100 + 0.125^2 \times 20 + 0.09^2 \times 80) \times 10^3$

$= 1716.49 l$

$Q = 1716.49 \times 0.03 = 51.49 l$

○답 : 51.49l

(물음 7) 포소화설비에 필요한 포약제의 양(l)

○계산과정 :

Q = 고정포방출구 필요량(탱크 중 최대필요량)+보조소화전 필요량+송액관 필요량

$Q = 1767.15 + 720 + 51.49 = 2538.64 l$

○답 : 2538.64l

11 용도가 근린생활시설인 특정소방대상물에 옥내소화전설비를 하였다. 조건을 참조하여 다음 각 물음에 답하시오. (10점)

[조건]
① 각층에 소화전을 4개씩 설치하였다.
② 펌프 토출 측 주배관의 구경은 유속이 4m/s 이하가 될 수 있는 크기 이상으로 할 것
③ 배관의 구경은 다음 표에 의한다.

호칭구경	40A	50A	65A	80A	100A
내경(mm)	42	53	69	81	105

④ 중력가속도는 9.8m/s²으로 한다.
⑤ 배관의 마찰손실 및 소방용호스의 마찰손실수두가 10m이고 실양정은 25m이다.

(물음 1) 펌프토출측 배관의 최소구경은 얼마로 하여야 하는지 호칭구경으로 답하시오.

(물음 2) 중력가속도 $g=9.8\text{m/s}^2$일 경우 펌프의 체절압력(kPa)은 얼마인가?

(물음 3) 펌프성능은 정격토출량의 150%로 운전시 토출압력(kPa)은 얼마 이상이 되어야 하는가?

(물음 4) 펌프성능시험 배관상에 설치하는 유량측정장치의 최대측정유량(Lpm)은 얼마인가?

(물음 5) 펌프성능시험배관상의 유량계의 전단 직관부에는 (①)를 후단 직관부에는 (②)를 설치할 것. 에서 ( )안에 알맞은 답을 쓰시오.

풀이 (물음 1) ○계산과정 : $Q = 2 \times 130 = 260 l/\min = 0.26 \text{m}^3/60\text{s}$

$$D(\text{mm}) = \sqrt{\frac{4Q}{\pi u}} \times 1000 = \sqrt{\frac{4 \times 0.26/60}{\pi \times 4}} \times 1000$$
$$= 37.14 \text{mm}$$
∴ 50A(주배관 중 수직배관의 최소구경은 50mm)

○답 : 50A

(물음 2) ○계산과정 : 정격토출압력 $P = \gamma h = \rho g h = 1000 \times 9.8 \times 52$
$$= 509600 \text{N/m}^2(\text{Pa}) = 509.6 \text{kPa}$$
체절압력 $P = 509.6 \times 1.4 = 713.44 \text{kPa}$

○답 : 713.44kPa

(물음 3) ○계산과정 : ① 전양정 $H = 25 + 10 + 17 = 52\text{m}$
② 전압력 $P = 9.8\text{kN/m}^3 \times 52\text{m} = 509.6\text{kN/m}^2(\text{kPa})$
③ 정격토출량의 150%로 운전시 토출압력(kPa)
$P = 509.6 \times 0.65 = 331.24\text{kPa}$
○답 : 331.24kPa

(물음 4) ○계산과정 : $Q = 260 \times 1.75(175\%) = 455 l/\text{min}$
○답 : 455Lpm

(물음 5) ○답 : ① 개폐밸브   ② 유량조절밸브

상세해설

(1) 옥내소화전설비의 펌프의 토출량
$Q = N \times 130 l/\text{min}$ (여기서, N : 가장 많이 설치된 층의 옥내소화전개수(최대2개))

(2) 펌프의 토출측 배관의 최소 호칭구경
① 펌프 토출측 주배관의 구경은 유속이 4m/s 이하가 될 수 있는 크기 이상
② $D(\text{mm}) = \sqrt{\dfrac{4Q}{\pi u}} \times 1000$

(3) 펌프의 성능
① 체절운전 시 정격토출압력의 140%를 초과하지 아니 할 것
② 정격토출량의 150%로 운전 시 정격토출압력의 65% 이상이 되어야 할 것

(4) 펌프의 성능시험배관
① 성능시험배관은 펌프의 토출측에 설치된 개폐밸브 이전에서 분기하여 설치
② 유량측정장치를 기준으로 전단 직관부에 개폐밸브를 후단 직관부에는 유량조절밸브를 설치할 것
③ 유량측정장치는 성능시험배관의 직관부에 설치하되, 펌프의 정격토출량의 175% 이상 측정할 수 있는 성능이 있을 것

---

12 다음은 미분무소화설비의 화재안전기술기준에서 사용하는 용어의 정의이다. (   )안에 알맞은 답을 쓰시오. (5점)

"미분무"란 물만을 사용하여 소화하는 방식으로 최소설계압력에서 헤드로부터 방출되는 물입자 중 (①)%의 누적체적분포가 (②)μm 이하로 분무되고 (③)화재에 적응성을 갖는 것을 말한다.

○답 : ① 99 ② 400 ③ A, B, C급

상세해설

미분무소화설비의 화재안전기술기준(NFTC 104A)
용어의 정의
① "미분무"란 물만을 사용하여 소화하는 방식으로 최소설계압력에서 헤드로부터 방출되는 물입자 중 99%의 누적체적분포가 400μm 이하로 분무되고 A, B, C급 화재에 적응성을 갖는 것을 말한다.
② "저압 미분무 소화설비"란 최고사용압력이 1.2MPa 이하인 미분무소화설비를 말한다.
③ "중압 미분무 소화설비"란 사용압력이 1.2MPa을 초과하고 3.5MPa 이하인 미분무소화설비를 말한다.
④ "고압 미분무 소화설비"란 최저사용압력이 3.5MPa을 초과하는 미분무소화설비를 말한다.

13 분말 소화설비에 설치하는 정압작동 장치의 설치목적과 압력 스위치 방식에 대하여 작성하시오. (4점)

(1) 정압작동 장치 설치목적 :
(2) 압력 스위치 방식 :

○답 : (1) **정압작동장치의 설치목적**
저장용기의 내부압력이 설정압력이 되었을 때 주 밸브를 개방시키기 위하여
(2) **압력스위치 방식**
분말약제 저장용기에 유입된 가스압력에 의하여 설정된 압력이 되면 스위치가 닫혀 전자밸브를 개방시켜 메인밸브를 개방시키는 방식

상세해설

(1) **기계적 방식**
분말약제 저장용기에 유입된 가스압력에 의하여 밸브의 레버를 당겨서 가스의 통로를 개방, 가스를 메인밸브로 보내어 메인밸브를 개방시키는 방식
(2) **시한릴레이 방식**
분말약제 저장용기에 유입된 가스가 설정된 압력에 도달하는 시간을 미리 산출하여 시한릴레이에 입력시키고 기동과 동시에 시한릴레이를 작동 하게하여 입력시간이 지나면 릴레이가 작동, 전자밸브를 개방하여 주 밸브를 개방시키는 방식

14 펌프의 운전 중 이상현상인 공동현상(cavitation)에 대하여 다음 각 물음에 답하시오. (6점)

(물음 1) 공동현상이란 무엇인지 압력관점으로 간단히 설명하시오.
(물음 2) 공동현상의 방지대책을 4가지만 쓰시오.

○답 : (물음 1) 빠른 속도로 액체가 운동할 때 액체의 압력이 증기압 이하로 낮아져서 액체 내에 증기 기포가 발생하는 현상

(물음 2) ① 펌프의 설치 위치를 수원보다 낮게 한다.
② 펌프의 흡입 측 수두 및 마찰 손실을 적게 한다.
③ 펌프의 임펠러속도를 작게 한다.
④ 펌프의 흡입관경을 크게 한다.
⑤ 양 흡입 펌프 사용
⑥ 펌프를 2대 이상 설치 중 4가지

상세해설

NPSHav(유효흡입양정)

$$\text{NPSH}_{av} = \frac{P_a}{\gamma} - \frac{P_v}{\gamma} \pm H_s - f\frac{V_s^2}{2g}$$

여기서, P_a : 대기압(Pa), P_V : 증기압(Pa), H_S : 흡입수두(−) 또는 압입수두(+)

$f\frac{V_s^2}{2g}$: 흡입배관마찰손실수두(m), γ : 물의 비중량(9800N/m³)

① NPSH
유효흡입양정으로 펌프의 흡입압력이 물의 증기압보다 낮을 때 물이 증발하여 공동현상이 발생하지 않고 펌프가 물을 액송할 수 있는 양정을 말한다.
② 공동현상 발생 방지조건
  NPSH_{av}(유효흡입양정) ≧ NPSH_{re}(필요흡입양정)
③ 공동현상 방지 설계조건
  NPSH_{av}(유효흡입양정) ≧ NPSH_{re}(필요흡입양정) × 1.3

소방설비기사 – 기계분야
2019년 4월 14일 시행

11년-11월, 14년-07월, 14년-11월, 16년-11월 기출

01 포소화설비 중 배액밸브를 설치하는 목적과 설치위치에 대하여 쓰시오.
(4점)

○답 : ① **설치목적** : 포 약제방출 후 배관안의 액을 배출하기 위하여
② **설치위치** : 배관의 가장 낮은 부분에 설치

10년-07월, 13년-04월, 17년-11월 기출

02 제연설비의 설치장소는 다음 기준에 따른 제연구역으로 구획하여야 한다. ( )안에 알맞은 답을 쓰시오. (3점)

(1) 하나의 제연구역의 면적은 (①)m^2 이내로 할 것
(2) 하나의 제연구역은 직경 (②)m 원내에 들어갈 수 있을 것
(3) 하나의 제연구역은 (③)개 이상 층에 미치지 아니하도록 할 것. 다만, 층의 구분이 불분명한 부분은 그 부분을 다른 부분과 별도로 제연구획 하여야 한다.

○답 : ① 1000 ② 60 ③ 2

상세해설

① 하나의 제연구역의 면적은 1,000m^2이내로 할 것
② 거실과 통로(복도를 포함)는 상호 제연구획 할 것
③ 통로상의 제연구역은 보행중심선의 길이가 60m를 초과하지 아니할 것
④ 하나의 제연구역은 직경 60m 원내에 들어갈 수 있을 것
⑤ 하나의 제연구역은 2개 이상 층에 미치지 아니하도록 할 것. 다만, 층의 구분이 불분명한 부분은 그 부분을 다른 부분과 별도로 제연구획 하여야 한다.

16년-04월 기출 유사

03 지하 2층, 지상 3층인 특정소방대상물의 각 층에 ABC분말소화기(3단위)를 설치하고자 한다. 아래 조건을 참조하여 각 층별로 필요한 소화기의 최소 개수를 구하시오. (단, 건축물의 주요구조부가 내화구조가 아닌 경우이다) (5점)

[조건] ① 각 층의 바닥면적은 1500m²로 동일하다.
② 지하 1층 및 지하 2층의 주 용도는 주차장이며 지하2층에는 보일러실 100m²가 구획된 장소로 바닥면적에 포함된다.
③ 지상1층~지상3층의 주 용도는 업무시설이다.
④ 소화설비 및 대형소화기의 설치에 따른 감소기준은 적용하지 않는다.
⑤ 지하2층을 제외한 모든 층은 구획된 장소 없이 개방된 공간이다.

(1) 지하 2층   ○계산과정 :   ○답
(2) 지하 1층   ○계산과정 :   ○답
(3) 지상 1층 ~ 지상 3층 ○계산과정 :   ○답

풀이 (1) 지하 2층(주차장 및 보일러실)
○계산과정 :

① 주차장(자동차관련시설)의 소요단위 $N = \dfrac{1500\text{m}^2}{100\text{m}^2} = 15$단위

소화기 소요개수 $N = \dfrac{15\text{단위}}{3\text{단위}} = 5$개

(주의) 소요단위산정 시 바닥면적은 부속용도(보일러실)의 바닥면적도 포함하여 1500m²로 계산한다.

② 부속용도별로 추가하여야 할 소화기구

보일러실의 소요단위 $N = \dfrac{100\text{m}^2}{25\text{m}^2} = 4$단위

추가 소화기 소요개수 $N = \dfrac{4\text{단위}}{3\text{단위}} = 1.33$개   ∴ 2개

③ 총 소요개수 = 5 + 2 = 7개
○답 : 7개

(2) 지하 1층(주차장)
○계산과정 :

① 주차장(자동차관련시설)의 소요단위 $N = \dfrac{1500\text{m}^2}{100\text{m}^2} = 15$단위

② 소화기 소요개수 $N = \dfrac{15단위}{3단위} = 5개$

○답 : 5개

(3) 지상 1층~지상 3층(업무시설)
○계산과정 :

① 층당 소요단위 $N = \dfrac{1500\text{m}^2}{100\text{m}^2} = 15단위$

② 층당 소화기 소요개수 $N = \dfrac{15단위}{3단위} = 5개$

③ 총 소요개수 = 5개 × 3개층 = 15개

○답 : 15개

상세해설

소화기 소요개수 산정시 유의사항
① 소화기의 설치기준은 용도별, 면적별 소요단위 수 산정
② 바닥면적별 소요단위 수 만족한 경우에도 보행거리 20m초과시 추가로 소화기 설치
③ 소화기는 각 층에 대하여 당해용도별로 단위수를 산정
④ 2개 이상의 용도가 복합된 경우에도 복합건축물로 적용하지 않는다.
⑤ 소화기는 건물단위로 산정하는 것이 아니며 층별 당해용도 및 바닥면적별로 산출한다.
 • 주차장 : 자동차관련시설(바닥면적 100m²마다 1단위 이상)
 • 보일러실 : 부속용도별로 추가(바닥면적 25m²마다 1단위 이상 1개)
 • 지상층 : 업무시설(바닥면적 100m²마다 1단위 이상)

소방대상물별 소화기구의 능력단위기준

소방대상물	능력단위기준
1. 위락시설	바닥면적 30m² 마다 능력단위 1단위 이상
2. 공연장, 집회장, 관람장, 문화재 · 장례식장 및 의료시설	바닥면적 50m² 마다 능력단위 1단위 이상
3. 근린생활시설 · 판매시설 · 운수시설 · 숙박시설 · 노유자시설 · 전시장 · 공동주택 · 업무시설 · 방송통신시설 · 공장 · 창고시설 · 항공기 및 **자동차관련시설 및 관광휴게시설**	**바닥면적 100m² 마다 능력단위 1단위 이상**
4. 그 밖의 것	바닥면적 200m² 마다 능력단위 1단위 이상

[주] 소화기구의 능력단위를 산출함에 있어서 건축물의 주요구조부가 내화구조이고, 벽 및 반자의 실내에 면하는 부분이 불연재료 · 준불연재료 또는 난연재료로 된 특정소방대상물에 있어서는 위 표의기준면적의 2배를 해당 특정소방대상물의 기준면적으로 한다.

부속용도별로 추가하여야 할 소화기구

용 도 별	소화기구의 능력단위
다음 각목의 시설. 다만, 스프링클러설비·간이스프링클러설비·물분무등소화설비 또는 상업용 주방자동소화장치가 설치된 경우에는 자동확산소화기를 설치하지 아니 할 수 있다. ① 보일러실·건조실·세탁소·대량화기취급소 ② 음식점(지하가의 음식점을 포함)·다중이용업소·호텔·기숙사·노유자시설·의료시설·업무시설·공장의 주방 다만, 의료시설·업무시설 및 공장의 주방은 공동취사를 위한 것에 한한다. ③ 관리자의 출입이 곤란한 변전실·송전실·변압기실 및 배전반실(불연재료로 된 상자안에 장치된 것을 제외한다) ④ 지하구의 제어반 또는 분전반	1. 해당 용도의 바닥면적 $25m^2$마다 능력단위 1단위 이상의 소화기로 하고, 그 외에 자동확산소화기를 바닥면적 $10m^2$ 이하는 1개, $10m^2$ 초과는 2개를 설치할 것. 2. ②의 주방의 경우 1호에 의하여 설치하는 소화기 중 1개 이상은 주방화재용소화기(K급)를 설치하여야 한다.

15년-11월 기출

04 지하1층, 지상9층 백화점에 습식스프링클러설비를 아래의 조건을 이용하여 시공할 경우 다음 각 물음에 답하시오. (8점)

[조건]
① 펌프는 지하1층에 설치하였으며 최상층 스프링클러헤드까지 수직거리는 45m이다.
② 배관 및 부속류의 총 마찰손실은 펌프 자연 낙차의 20%이다.
③ 펌프의 진공계 눈금은 350mmHg이다.
④ 층 당 설치된 스프링클러헤드 수는 80개이다.
⑤ 펌프의 효율은 68%이다.

(물음 1) 펌프의 체절압력(kPa)을 산출하시오.
(물음 2) 펌프의 축동력(kW)을 산출하시오.

풀이 (물음 1) ○계산과정:
① 전양정 계산
$$H = h_1 + h_2 + 10m$$

흡입양정 $= 350mmHg \times \dfrac{10.332m}{760mmHg} = 4.76m$

토출양정 $=45\text{m}$

$\therefore h_1 = 4.76 + 45 = 49.76\text{m}$

$h_2 = 45\text{m}(펌프의\ 자연낙차) \times 0.2 = 9\text{m}$

$\therefore H = 49.76 + 9 + 10 = 68.76\text{m}$

② 전양정을 압력으로 단위환산

$P = 9.8\text{kN}/\text{m}^3 \times 68.76\text{m} = 673.85\text{kPa}$

③ 체절압력계산

$P = 673.85 \times 1.4 = 943.39\text{kPa}$

○ 답 : 943.39kPa

(물음 2) ○ 계산과정 :

① 펌프의 토출량 계산

$Q = 30 \times 80 l/\text{min} = 2400 l/\text{min} = 2.4\text{m}^3/60\text{s} = 0.04\text{m}^3/\text{s}$

② 펌프의 축동력 계산

$L_S(\text{kW}) = \dfrac{9.8 \times 0.04 \times 68.76}{0.68} = 39.64\text{kW}$

○ 답 : 39.64kW

(물음 1) ① 전양정 계산

$H = h_1 + h_2 + 10\text{m}$

H : 펌프의 전양정(m)

h_1 : 낙차(흡입양정 + 토출양정)

h_2 : 배관 및 관부속품 마찰손실수두(m)

② 전양정을 압력으로 단위환산

물의 비중량 $\gamma = 1000\text{kgf}/\text{m}^3 = 9.8\text{KN}/\text{m}^3 = 9800\text{N}/\text{m}^3$

$P = \gamma h = 9.8\text{kN}/\text{m}^3 \times 68.76\text{m} = 673.85(\text{kN}/\text{m}^2)\text{kPa}$

③ 체절압력계산

$P = 673.85 \times 1.4 = 943.39\text{kPa}$

(물음 2) ① 펌프의 토출량 계산

소방대상물이 백화점이므로 폐쇄형헤드의 기준개수는 30개

$Q = N \times 80 l/\text{min}$

② 펌프의 동력계산

㉠ 수동력

$$L_W(\text{kW}) = \gamma Q H$$

※ 주의 : 수동력 계산 시 펌프의 효율 및 전달계수 K값은 무시한다.

ⓛ 축동력

$$L_S(\text{kW}) = \frac{\gamma QH}{E}$$

※ 주의 : 축동력 계산 시 전달계수 K값은 무시한다.

ⓒ 모터동력

$$P(\text{kW}) = \frac{\gamma QH}{E} \times K$$

γ : 비중량(kN/m³, 물의 비중량=9.8kN/m³)
Q : 유량(m³/s), H : 전양정(m)
E : 펌프의 효율(%/100), K : 전달계수

[참고] (1) 1PS=75kgf·m/s, (2) 1HP=76.07kgf·m/s, (3) 1kW=101.97kgf·m/s

18년-04월 기출

05 경유를 저장하는 내부직경이 50m인 플루팅루프탱크(부상식 지붕구조)에 포방출구를 설치하여 방호하려고 할 때 아래의 조건을 참조하여 다음 각 물음에 답하시오. **(9점)**

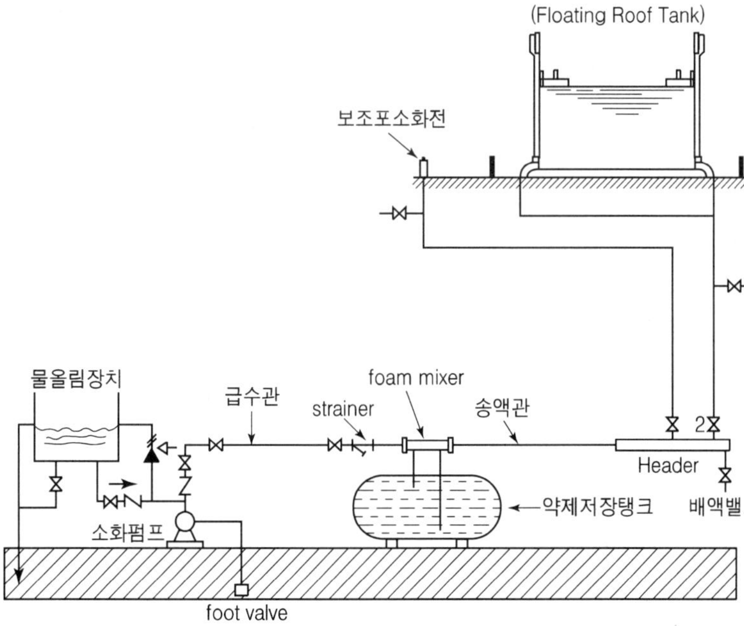

[조건] ① 소화약제는 6%용의 단백포를 사용하며 수용액의 표준 방사량은 $8l/m^2 \cdot$ 분이고 방사시간은 30분을 기준으로 한다.
② 탱크내면과 굽도리판의 간격은 1.2m로 한다.
③ 보조소화전은 3개 설치되어 있다.
④ 송액배관의 길이는 200m이며 내경은 100mm이다.
⑤ 물의 밀도는 $1000kg/m^3$, 포소화약제의 밀도는 $1050kg/m^3$이다.

(물음 1) 고정식 포방출구의 종류는 무엇인가?
(물음 2) 가압송수장치의 최소 분당 토출량(l/분)을 계산하시오.
　　　　○ 계산과정 :
　　　　○ 답 :
(물음 3) 최소 수원의 양(m^3)을 계산하시오.
　　　　○ 계산과정 :
　　　　○ 답 :
(물음 4) 최소 포소화약제의 양(l)을 계산하시오.
　　　　○ 계산과정 :
　　　　○ 답 :
(물음 5) 배관 내 물의 질량 유량(kg/s)과 포소화약제의 질량유량(kg/s)을 계산하시오.
　　　　○ 계산과정 :
　　　　○ 답 :
(물음 6) 포소화약제의 혼합방식을 쓰시오.

풀이 (물음 1) 고정포방출구의 종류

　○ 답 : 특형방출구

(물음 2) 가압송수장치의 분당 토출량(l/분)

　○ 계산과정 : $Q = \dfrac{\pi}{4} \times (50^2 - 47.6^2)m^2 \times 8l/m^2 \cdot min + 3 \times 400 l/min$
　　　　　　$= 2671.77 l/min$

　○ 답 : 2671.77l/min

(물음 3) 수원의 양(m^3)

　○ 계산과정 :
　　$Q_1 = \dfrac{\pi}{4} \times (50^2 - 47.6^2)m^2 \times 8l/m^2 \cdot min \times 30min \times 0.94$
　　　$= 41504.01 l = 41.50 m^3$

$$Q_2 = 3 \times 0.94 \times 8000\,(400l/\min \times 20\min) = 22560l = 22.56\text{m}^3$$

$$Q_3 = \frac{\pi}{4} \times (0.1\text{m})^2 \times 200\text{m} \times 0.94 \times \frac{1000l}{\text{m}^3} = 1476.55l = 1.48\text{m}^3$$

$$Q = Q_1 + Q_2 + Q_3 = 41.50 + 22.56 + 1.48 = 65.54\text{m}^3$$

○답 : 65.54m^3

(물음 4) 포소화약제의 양(l)
　　○계산과정 :

$$Q_1 = \frac{\pi}{4} \times (50^2 - 47.6^2)\text{m}^2 \times 8l/\text{m}^2 \cdot \min \times 30\min \times 0.06 = 2649.19l$$

$$Q_2 = 3 \times 0.06 \times 8000\,(400l/\min \times 20\min) = 1440l$$

$$Q_3 = \frac{\pi}{4} \times (0.1\text{m})^2 \times 200\text{m} \times 0.06 \times \frac{1000l}{\text{m}^3} = 94.25l$$

$$Q = Q_1 + Q_2 + Q_3 = 2649.19 + 1440 + 94.25 = 4183.44l$$

　　○답 : $4183.44l$

(물음 5) 물의 질량유량(kg/s) 및 포소화약제의 질량유량(kg/s)
　① 물의 질량유량
　　○계산과정 : $\overline{m} = Au\rho = Q\rho = \dfrac{2671.77l}{60\text{s}} \times 0.94 \times 1\text{kg}/l = 41.86\text{kg/s}$

　　○답 : 41.86kg/s

　② 포소화약제의 질량유량
　　○계산과정 : $\overline{m} = Au\rho = Q\rho = \dfrac{2671.77l}{60\text{s}} \times 0.06 \times 1.05\text{kg}/l = 2.81\text{kg/s}$

　　○답 : 2.81kg/s

(물음 6) 포소화약제의 혼합방식
　　○답 : 프레져 푸로포셔너방식

11년-07월, 16년-11월 기출

06 그림은 어느 옥내소화전설비의 계통을 나타내는 Isometric Diagram이다. 이 설비에서 펌프의 정격토출량이 200L/min 일 때 주어진 조건을 이용하여 물음에 답하시오. **(10점)**

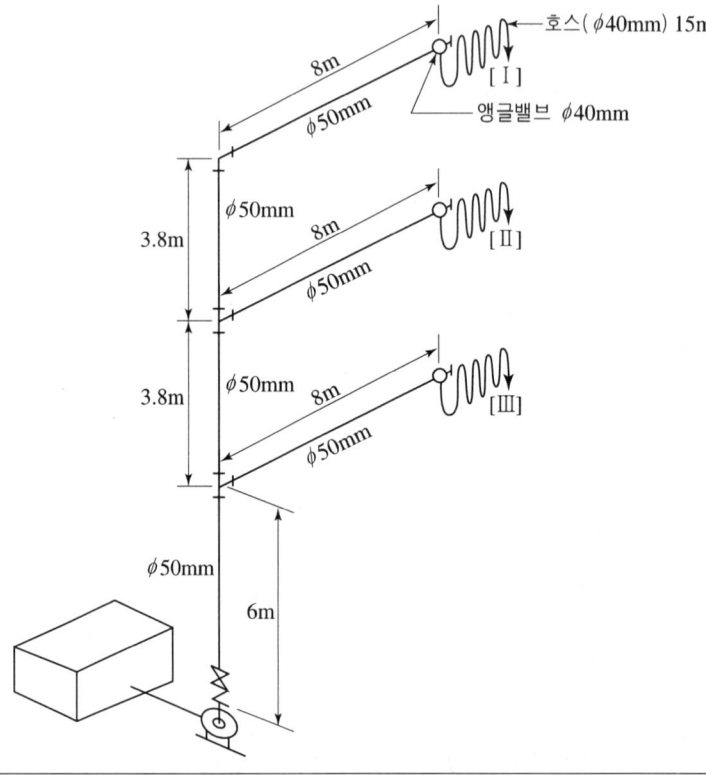

[조건]
(1) 옥내소화전 [I]에서 호스 관창 선단의 방수압과 방수량은 각각 0.17MPa, 130L/min이다.
(2) 호스길이 100m당 130L/min의 유량에서 마찰손실 수두는 15m이다.
(3) 각 밸브와 배관부속의 등가길이는 다음과 같다.
   앵글밸브(ϕ40mm) : 10m   게이트밸브(ϕ50mm) : 1m
   체크밸브(ϕ50mm) : 5m   티(ϕ50mm, 분류) : 4m
   엘보(ϕ50mm) : 1m
(4) 배관의 마찰 손실압은 다음의 공식을 따른다고 가정한다.
$$\Delta P = \frac{6 \times 10^4 \times Q^2}{120^2 \times d^5}$$
   여기서, ΔP : 배관길이 1m당 마찰손실압력[MPa]
   Q : 유량[L/min]

d : 관의 내경[mm](ϕ50mm 배관의 경우 내경은 53mm, ϕ40mm의 배관의 경우 내경은 42mm로 한다.)
(5) 펌프의 양정은 토출량의 대소에 관계없이 일정하다고 가정한다.
(6) 정답을 산출 할 때 펌프 흡입측의 마찰손실 수두, 정압, 동압 등은 일체 계산에 포함시키지 않는다.
(7) 본 조건에 자료가 제시되지 아니한 것은 계산에 포함되지 아니한다.

(물음 1) 소방호스의 마찰손실수두[m]는 얼마인지 쓰시오.
  ○ 계산과정 :
  ○ 답 :

(물음 2) 최고위 앵글밸브에서의 마찰손실압력[kPa]은 얼마인지 쓰시오.
  ○ 계산과정 :
  ○ 답 :

(물음 3) 최고위 앵글밸브의 인입구로부터 펌프 토출구까지 배관의 총 등가길이[m]는 얼마인지 쓰시오.
  ○ 계산과정 :
  ○ 답 :

(물음 4) 최고위 앵글밸브의 인입구로부터 펌프 토출구까지의 마찰손실압력[kPa]은 얼마인지 쓰시오.
  ○ 계산과정 :
  ○ 답 :

(물음 5) 펌프 전동기의 소요동력은 몇 [kW]인지 쓰시오.(단, 펌프의 효율은 0.6, 전달계수는 1.1이다.)
  ○ 계산과정 :
  ○ 답 :

(물음 6) 옥내소화전[Ⅲ]을 조작하여 방수하였을 때의 방수량을 q(L/min)라고 할 때,
  (1) 이 소화전호스를 통하여 일어나는 마찰손실 압력[Pa]은 얼마인지 쓰시오.(단, q는 기호 그대로 사용하고, 마찰손실의 크기는 유량의 제곱에 정비례한다.)
    ○ 계산과정 :
    ○ 답 :
  (2) 당해 앵글밸브 인입구로부터 펌프 토출구까지의 마찰손실압력[Pa]은 얼마인지 쓰시오. (단, q는 기호 그대로 사용한다.)

○계산과정 :

○답 :

(3) 당해 앵글밸브의 마찰손실압력[Pa]은 얼마인지 쓰시오. (단, q기호는 그대로 사용한다)

○계산과정 :

○답 :

(4) 호스 관창선단의 방수압[kPa]과 방수량[L/min]은 각각 얼마인지 쓰시오.

○계산과정 :

○답 :

풀이

(물음 1) ○계산과정 : $\Delta H_L = 15\text{m} \times \dfrac{15\text{m}}{100\text{m}} = 2.25\text{m}$

○답 : 2.25m

(물음 2) ○계산과정 : $\Delta P = \dfrac{6 \times 10^4 \times 130^2}{120^2 \times 42^5} \times 10\text{m} \times \dfrac{1000\text{kPa}}{1\text{MPa}} = 5.39\text{kPa}$

○답 : 5.39kPa

(물음 3) ○계산과정 : 직관길이 = 6 + 3.8 + 3.8 + 8 = 21.6m

등가길이 = 체크밸브 5m + 게이트밸브 1m + 엘보 1m = 7m

∴ 총 등가길이 = 21.6 + 7 = 28.6m

○답 : 28.6m

(물음 4) ○계산과정 : $\Delta P = \dfrac{6 \times 10^4 \times 130^2}{120^2 \times 53^5} \times 28.6\text{m} \times \dfrac{1000\text{kPa}}{1\text{Mpa}} = 4.82\text{kPa}$

○답 : 4.82kPa

(물음 5) ○계산과정 : 펌프 토출량 $Q = 200\text{L/min} = 0.2\text{m}^3/\text{min}$

전양정 $H = 13.6\text{m} + (5.39 + 4.82)\text{kPa} \times \dfrac{10.332\text{m}}{101.325\text{kPa}}$

$+ 2.25\text{m} + 17\text{m}$

$= 33.89\text{m}$

$P(\text{kW}) = \dfrac{9800 \times (0.2/60) \times 33.89}{1000 \times 0.60} \times 1.1 = 2.03\text{kW}$

○답 : 2.03kW

(물음 6) 옥내소화전[Ⅲ]를 조작하여 방수하였을 때의 방수량을 q(L/min)라고 할 때

(1) 소화전호스의 마찰손실압력[Pa]

○계산과정 : $\Delta H_L = \dfrac{q^2}{130^2} \times 15 \times \dfrac{15}{100} = 1.3314 \times 10^{-4} \times q^2 \, \text{m}$

$\therefore \Delta P = (1.3314 \times 10^{-4} \times q^2 \, \text{m}) \times \dfrac{101325 \text{pa}}{10.332 \text{m}} = 1.31 q^2 \text{pa}$

○답 : $1.31 q^2 \text{pa}$

(2) 앵글밸브 인입구로부터 펌프 토출구까지의 마찰손실압력[Pa]

○계산과정 : 직관 및 등가길이

$= 6 + 8 + 5(\text{체크밸브}) + 1(\text{게이트밸브}) + 4(\text{티분류})$

$= 24\text{m}$

$\Delta P = \dfrac{6 \times 10^4 \times q^2}{120^2 \times 53^5} \times 24 \times \dfrac{10^6 \text{pa}}{1\text{MPa}} = 0.24 q^2 \text{pa}$

○답 : $0.24 q^2 \text{pa}$

(3) 앵글밸브의 마찰손실압력[Pa]

○계산과정 : 앵글밸브($\phi 40$)의 등가길이 $= 10\text{m}$

$\Delta P = \dfrac{6 \times 10^4 \times q^2}{120^2 \times 42^5} \times 10 \times \dfrac{10^6 \text{pa}}{1\text{MPa}} = 0.32 q^2 \text{pa}$

○답 : $0.32 q^2 \text{pa}$

(4) 호스 관창선단의 방수압[kpa]과 방수량[L/min]

① 호스 관창선단의 방수압[kpa]

○계산과정 : 펌프의 토출압력(전 양정 환산 수두압)

전양정 환산수두압 $= 33.89\text{m} \times \dfrac{101.325\text{kpa}}{10.332\text{m}} = 332.36\text{kpa}$

낙차의 환산수두압력 $= 6\text{m} \times \dfrac{101.325\text{kpa}}{10.332\text{m}} = 58.84\text{kpa}$

배관 및 관 부속 마찰손실압력

$\Delta P = 0.24 q^2 \text{pa} + 0.32 q^2 \text{pa} = 0.56 q^2 \text{pa} = 0.56 \times 10^{-3} q^2 \text{kPa}$

호스 마찰손실압력 $= 1.31 q^2 \text{pa} = 1.31 \times 10^{-3} q^2 \text{kPa}$

호스 관창선단의 방수압력 계산

$=$ 펌프의 토출압력 $-$ (낙차의 환산수두압 $+$ 배관마찰손실압 $+$ 호스마찰손실압)

$P = 332.36 - 58.84 - (0.56 \times 10^{-3} q^2) - (1.31 \times 10^{-3} q^2)$

$= 273.52 - (1.87 \times 10^{-3} q^2) \text{kPa}$

$\therefore P = 273.52 - (1.87 \times 10^{-3} \times 151.43^2) \text{kPa}$

$= 230.64 \text{kPa}$

○답 : 230.64kPa

② 호스 관창선단의 방수량[L/min]

○계산과정 : $k = \dfrac{q}{\sqrt{10P}}$ $k = \dfrac{130}{\sqrt{10 \times 0.17}} = 99.71$

$$P = 273.52 - (1.87 \times 10^{-3} q^2) \text{kPa}$$
$$= [273.52 - (1.87 \times 10^{-3} q^2)] \times 10^{-3} \text{MPa}$$
$$k = 99.71$$
$$q = k\sqrt{10P}$$
$$q = 99.71\sqrt{10 \times [(273.52 - (1.87 \times 10^{-3} q^2)] \times 10^{-3}}$$
$$1.18592 q^2 = 27193.59$$
$$q = \sqrt{\dfrac{27193.59}{1.18592}} = 151.43 \,\text{L/min}$$

○답 : 151.43L/min

13년-07월, 17년-11월 기출

07 아래 그림과 같이 바닥이 자갈로 되어있는 절연유 봉입변압기에 물분무소화설비를 하고자 한다. 다음 각 물음에 답하시오.   (8점)

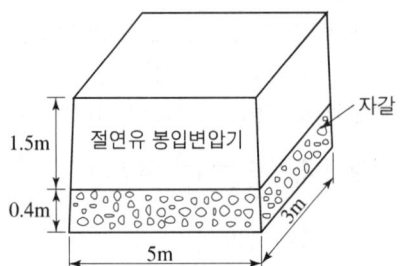

(물음 1) 소화펌프의 최소 토출량(L/min)을 구하시오.
(물음 2) 필요한 최소 수원의 양(m^3)을 구하시오.
(물음 3) 다음은 전기기기와 물분무헤드 사이에 다음 표에 따른 거리를 두어야 한다. ( )안에 알맞은 답을 쓰시오.

전압(kV)	거리(cm)	전압(kV)	거리(cm)
66 이하	( ) 이상	154 초과 181 이하	( ) 이상
66 초과 77 이하	( ) 이상	181 초과 220 이하	( ) 이상
77 초과 110 이하	( ) 이상	220 초과 275 이하	( ) 이상
110 초과 154 이하	150 이상		

[풀이] (물음 1) 소화펌프의 최소 토출량(L/min)
　　　　○계산과정 :
$$Q(\text{m}^3) = A(\text{m}^2) \times K(\text{L/m}^2 \cdot \text{min})$$
$$A = 5\text{m} \times 3\text{m} \times \underline{1\text{면}} + 5\text{m} \times 1.5\text{m} \times \underline{2\text{면}} + 3\text{m} \times 1.5\text{m} \times \underline{2\text{면}}$$
　　　　　　　　　(상부)　　　　　　(앞면, 뒷면)　　　　　(좌면, 우면)
$$= 39\text{m}^2$$
$$Q = 39\text{m}^2 \times 10\text{L/m}^2 \cdot \text{min} = 390\text{L/min}$$
　　　　○답 : 390L/min

(물음 2) 필요한 최소 수원의 양(m^3)
　　　　○계산과정 : $Q = 390\text{L/min} \times 20\text{min} = 7800\text{L} = 7.8\text{m}^3$
　　　　○답 : 7.8m^3

(물음 3) 거리(cm)
　　　　○답 :

전압(kV)	거리(cm)	전압(kV)	거리(cm)
66 이하	(70) 이상	154 초과 181 이하	(180) 이상
66 초과 77 이하	(80) 이상	181 초과 220 이하	(210) 이상
77초과 110 이하	(110) 이상	220 초과 275 이하	(260) 이상
110 초과 154 이하	150 이상		

[상세해설]

(물음 1) 물분무소화설비의 펌프 분당토출량

소방대상물	펌프의 토출량(l/분)
특수가연물 저장, 취급	바닥면적(m^2)(최대방수구역기준 최소 50m^2)$\times 10 l/\text{m}^2 \cdot$분
차고, 주차장	바닥면적(m^2)(최대방수구역기준 최소 50m^2)$\times 20 l/\text{m}^2 \cdot$분
절연유 봉입 변압기	표면적(바닥부분제외)(m^2)$\times 10 l/\text{m}^2 \cdot$분
케이블 트레이, 닥트	투영된 바닥면적(m^2)$\times 12 l/\text{m}^2 \cdot$분
콘베이어벨트 등	벨트부분의 바닥면적(m^2)$\times 10 l/\text{m}^2 \cdot$분

(물음 2) 물분무소화설비의 수원의 양

소방대상물	수원의 저수량(m^3)
특수가연물 저장, 취급	바닥면적(m^2)(최대방수구역기준 최소 50m^2)$\times 10 l/\text{m}^2 \cdot$분$\times$20분
차고, 주차장	바닥면적(m^2)(최대방수구역기준 최소 50m^2)$\times 20 l/\text{m}^2 \cdot$분$\times$20분
절연유 봉입 변압기	표면적(바닥부분제외)(m^2)$\times 10 l/\text{m}^2 \cdot$분$\times$20분
케이블 트레이, 닥트	투영된 바닥면적(m^2)$\times 12 l/\text{m}^2 \cdot$분$\times$20분
콘베이어벨트 등	벨트부분의 바닥면적(m^2)$\times 10 l/\text{m}^2 \cdot$분$\times$20분

(물음 3) 물분무헤드와 전기기기와의 이격거리

전압(kV)	거리(cm)	전압(kV)	거리(cm)
66 이하	70 이상	154 초과 181 이하	180 이상
66 초과 77 이하	80 이상	181 초과 220 이하	210 이상
77 초과 110 이하	110 이상	220 초과 275 이하	260 이상
110 초과 154 이하	150 이상	–	–

14년-11월 기출

08 다음은 지하구의 화재안전기술기준 중 일부이다. 다음 각 물음에 답하시오.
(5점)

(물음 1) 다음은 지하구의 정의이다. ( ) 안에 알맞은 답을 쓰시오.

> 전력·통신용의 전선이나 가스·냉난방용의 배관 또는 이와 비슷한 것을 집합수용하기 위하여 설치한 지하 인공구조물로서 사람이 점검 또는 보수를 하기 위하여 출입이 가능한 것 중 다음의 어느 하나에 해당하는 것
> ① 전력 또는 통신사업용 지하 인공구조물로서 전력구(케이블 접속부가 없는 경우는 제외한다) 또는 통신구 방식으로 설치된 것
> ② ①외의 지하 인공구조물로서 폭이 (㉠)m 이상이고 높이가 (㉡)m 이상 이며 길이가 (㉢)m 이상인 것

(물음 2) 연소방지설비의 교차배관의 최소 구경(mm) 기준을 쓰시오.

풀이 (물음 1) ○답 : ㉠ 1.8 ㉡ 2 ㉢ 50
(물음 2) ○답 : 40mm 이상

상세해설

소방시설법 시행령 [별표2] 지하구의 정의
전력·통신용의 전선이나 가스·냉난방용의 배관 또는 이와 비슷한 것을 집합수용하기 위하여 설치한 **지하 인공구조물로서 사람이 점검 또는 보수를 하기 위하여 출입이 가능한 것** 중 다음의 어느 하나에 해당하는 것
① 전력 또는 통신사업용 지하 인공구조물로서 **전력구**(케이블 접속부가 없는 경우에는 제외 한다) 또는 **통신구** 방식으로 설치된 것
② ①외의 지하 인공구조물로서 **폭이 1.8m 이상**이고 **높이가 2m 이상**이며 **길이가 50m 이상** 인 것
③ 「국토의 계획 및 이용에 관한 법률」에 따른 공동구

지하구의 화재안전기술기준 제7조(연소방지설비)
(1) 연소방지설비의 배관
  배관용 탄소강관(KS D 3507) 또는 압력배관용 탄소강관(KS D 3562)이나 이와 동등 이상의 강도·내식성 및 내열성을 가진 것으로 하여야 한다.
(2) 급수배관(송수구로부터 연소방지설비 헤드에 급수하는 배관)은 전용으로 하여야 한다.
(3) 배관의 구경은 다음 각 목의 기준에 적합한 것이어야 한다.
  ① 연소방지설비전용헤드를 사용하는 경우에는 다음 표에 따른 구경 이상으로 할 것

하나의 배관에 부착하는 살수헤드의 개수	1개	2개	3개	4개 또는 5개	6개 이상
배관의 구경(mm)	32	40	50	65	80

  ② 교차배관은 가지배관과 수평으로 설치하거나 또는 가지배관 밑에 설치하고, 그 구경은 최소구경이 40mm 이상이 되도록 할 것

10년-07월 기출 유사

09 가로4m, 세로3m, 높이2m인 방호대상물에 국소방출방식으로 고압식 이산화탄소소화설비가 설치되어 있다. 필요한 소화약제의 최소 저장량(kg)을 계산하시오. (단, 화재 시 가연물이 비산할 우려가 있고 방호대상물 주위에는 설치된 벽이 없는 것으로 간주한다)   (5점)

풀이 ○ 계산과정 :
  ① 방호공간의 체적(m^3)
    $V = 5.2m(가로) \times 4.2m(세로) \times 2.6(높이) = 56.784m^3$
  ② a는 방호대상물 주위에 설치된 벽의 면적의 합계(m^2)
    $a = 0$(방호대상물 주위에는 설치된 벽이 없다)
  ③ A는 방호공간의 벽 면적(m^2)
    $A = 가로5.2 \times 높이2.6 \times \underline{2면} + 세로4.2 \times 높이2.6 \times \underline{2면} = 48.88m^2$
         (전면 및 후면)   (좌면 및 우면)
  ④ 방호공간 $1m^3$에 대한 CO_2소화약제의 양
    $Q(kg/m^3) = 8 - 6 \times \dfrac{0}{48.88} = 8kg/m^3$
  ⑤ 필요한 CO_2소화약제의 양
    $Q(kg) = 56.78m^3 \times 8kg/m^3 \times 1.4(고압식) = 635.94kg$
○ 답 : 635.94kg

상세해설

(1) 방호공간의 체적(m³)
방호대상물의 각 부분으로부터 0.6m의 거리에 따라 둘러싸인 공간

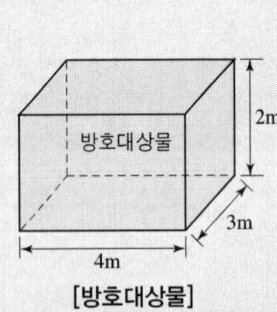
[방호대상물]

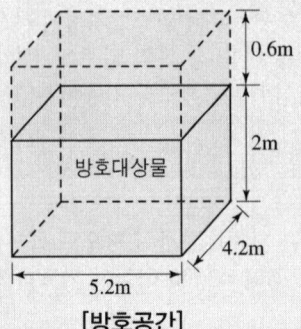
[방호공간]

(2) 국소방출방식
① • 윗면이 개방된 용기에 저장하는 경우
   • 화재시 연소면이 한정되고 가연물이 비산할 우려가 없는 경우
   $Q(\text{kg})$ = 방호대상물 표면적(m^2) × $13\text{kg}/\text{m}^2$ × [고압식 1.4, 저압식 1.1]

② ① 이외의 경우
   $Q(\text{kg}) = V$(방호공간의 체적) × Q_1 × [고압식 1.4, 저압식 1.1]

   $Q_1 = 8 - 6\dfrac{a}{A}$

   여기서, $Q_1 : (\text{kg}/\text{m}^3)$
   a : 방호대상물 주위에 설치된 벽면적 합계(m^2)
   A : 방호공간의 벽면적 합계(m^2)

※ **방호공간** : 방호대상물의 각 부분으로부터 0.6m의 거리에 따라 둘러싸인 공간

[주] (1) 방호공간의 벽 면적 계산 시 상부(뚜껑)의 면적은 적용하지 않는다.
(2) 바닥은 밀폐된 것으로 간주하는 것이 원칙이며 별도의 규정이 없는 한 0.6m 연장을 적용하면 안된다.
(3) 방호대상물로부터 0.6m 이내에 기둥 또는 칸막이가 설치되어 더 이상 연장할 수 없는 경우에는 해당부분까지만 연장하여야 한다.

13년-04월, 14년-04월, 14년-07월, 17년-06월 기출 유사

10 가로8m 세로10m 높이4m인 전산실에 할로겐화합물 소화약제 중 FK-5-1-12를 사용할 경우 아래 조건을 참조하여 다음 각 물음에 답하시오. (5점)

[조건]
① FK-5-1-12의 설계농도는 12%이다.
② FK-5-1-12의 저장용기는 80L이며 충전밀도는 1441kg/m³이다.
③ 소화약제량 산정 시 선형상수를 이용하며 방사 시 기준온도는 21℃이다.

소화약제	K₁	K₂
FK-5-1-12	0.0664	0.0002741

(물음 1) FK-5-1-12의 저장량은 최소 몇(kg)인가?
(물음 2) FK-5-1-12의 저장용기 수는 최소 몇 병 인가?

풀이 (물음 1) FK-5-1-12의 저장량

○계산과정 : $V = 8 \times 10 \times 4 = 320\text{m}^3$

$S = 0.0664 + (0.0002741 \times 21) = 0.072156 \text{m}^3/\text{kg}$

$W = \dfrac{320}{0.072156} \times \left(\dfrac{12}{100-12}\right) = 604.75\text{kg}$

○답 : 604.75kg

(물음 2) FK-5-1-12의 저장용기 수

○계산과정 : 충전밀도 $\rho = \dfrac{1441\text{kg}}{\text{m}^3} = 1441\text{kg}/1000\text{L} = 1.441\text{kg/L}$

병당 약제저장량 $W = 80(\text{L}) \times 1.441(\text{kg/L}) = 115.28\text{kg}$

$N = \dfrac{604.75\text{kg}}{115.28\text{kg}} = 5.25$병   ∴ 6병

○답 : 6병

상세해설

(1) 할로겐화합물소화약제량 산출 공식

$$W = \dfrac{V}{S} \times \left(\dfrac{C}{100-C}\right)$$

여기서, W : 소화약제의 무게(kg), V : 방호구역의 체적(m³)
S : 소화약제별 선형상수$(K_1 + K_2 \times t)$(m³/kg)
C : 체적에 따른 소화약제의 설계농도(%)
C=소화농도(%)×K[안전계수(A급 : 1.2, B급 : 1.3, C급 : 1.35]
※ C급(통전상태)의 안전계수는 A급(전기차단상태)소화농도의 1.35

t : 방호구역의 최소예상온도(℃)

(2) 용기 1병당 약제량(kg)

$$W = V(l) \times G(kg/l)$$

여기서, $V(l)$: 용기의 부피, $G(kg/l)$: 용기의 충전밀도

11 바닥면적 400m², 높이 3.5m되는 통신기기실에 이산화탄소소화설비를 설치하고자 한다. 다음 조건을 참조하여 각 물음에 답하시오. (5점)

[조건] ① 전역방출방식이며 심부화재로 간주 한다.
② CO_2의 방사는 21℃, 1atm을 기준으로 한다.
③ 기체상수 $R = 8.3143$kJ/mol·K로 한다.
④ 방호구역에는 5m²의 개구부가 있으며 자동폐쇄장치가 없다.

(물음 1) 필요한 CO_2의 저장용기(68L/45kg)의 병수를 구하시오.
(물음 2) 저장된 CO_2 약제량의 방사시간이 7분이라면 선택밸브 1차 측의 최소 체적유량(m³/min)은 얼마인가?

풀이 (물음 1) 필요한 CO_2의 저장용기의 병수
○계산과정 :
방호구역체적 $V = 400\text{m}^2 \times 3.5\text{m} = 1400\text{m}^3$, 개구부면적 $A = 5\text{m}^2$
필요한 약제량 $Q = 1400\text{m}^3 \times 1.3\text{kg/m}^3 + 5\text{m}^2 \times 10\text{kg/m}^2 = 1870\text{kg}$
필요한 저장용기수 $N = \dfrac{1870\text{kg}}{45\text{kg}} = 41.56$병 ∴ 42병

○답 : 42병

(물음 2) 체적유량(m³/min)
○계산과정 :
○약제 방사량 무게 $Q = 42$병 $\times 45$kg/병 $= 1890$kg
○0℃, 1atm에서 CO_2의 비체적(선형상수)
$$K_1 = \frac{RT}{PM} = \frac{8.3143\text{kJ/mol·K} \times (273+0)\text{K} \times 1\text{mol}}{101.325\text{kPa} \times 44\text{kg}}$$
$= 0.509119\text{m}^3/\text{kg}$
○21℃에서 비체적(선형상수)

$$S = K_1 + K_2 t = 0.509119 + \frac{0.509119}{273} \times 21 = 0.548282 \text{m}^3/\text{kg}$$

○ CO_2 42병(1890kg)을 체적으로 환산

$$V = 1890\text{kg} \times \frac{0.548282\text{m}^3}{\text{kg}} = 1036.25\text{m}^3$$

○ 체적유량 $Q = \dfrac{1036.25\text{m}^3}{7\text{min}} = 148.04\text{m}^3/\text{min}$

○ 답 : $148.04\text{m}^3/\text{min}$

상세해설

(1) 전역방출방식

종이 · 목재 · 석탄 · 섬유류 · 합성수지류 등 심부화재 방호대상물

방 호 대 상 물	방호구역의 체적 1m³에 대한 소화약제의 양 kg (K_1 : kg/m³)	설계농도 (%)	개구부 가산량 (K_2 : kg/m²) (자동폐쇄장치 미설치시)
유압기기를 제외한 전기설비, 케이블실	1.3	50%	10
체적 55m³ 미만의 전기설비	1.6	50%	
서고, 전자제품창고, 목재가공품창고, 박물관	2.0	65%	
고무류, 면화류창고, 모피창고, 석탄창고, 집진설비	2.7	75%	

(2) 약제 저장량 계산

$$Q = V \times K_1 + A \times K_2$$

여기서, Q : CO_2약제저장량(kg), V : 방호구역체적(m³)
K_1 : 방호구역 체적계수(kg/m³), A : 개구부 면적(m²)
K_2 : 개구부 면적계수(kg/m²)

11년-11월, 14년-04, 14년-11월, 16년-06월 기출 유사

12 아래 그림은 어느 거실에 대한 급기 및 배출풍도와 급기 및 배출 FAN을 나타내고 있는 평면도이다. 그림 및 조건을 참조하여 각 물음에 답하시오. (14점)

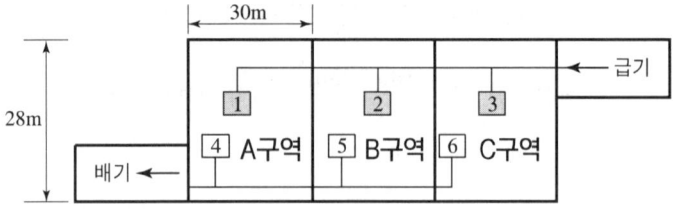

[조건]
① 제연방식은 인접구역 상호제연방식으로 한다.
② 제연구역의 구획은 상호제연방식으로 공동예상제연구역이 제연경계로 구획되어 있다.
③ 바닥으로부터 천장까지의 높이는 3.5m이다.
④ 바닥으로부터 반자까지의 높이는 3m이다.
⑤ 제연경계의 폭은 0.8m이다.

(물음 1) 예상제연구역에 대한 최소배출량(m^3/h)을 산정하시오.
(물음 2) B구역 화재 시 댐퍼의 동작 상태를 쓰시오.
(댐퍼의 작동여부(○ : open ● : close))

풀이 (물음 1) 예상제연구역에 대한 최소배출량(m^3/h)
○계산과정 :
① 바닥면적= $30m \times 28m = 840m^2$
  ∴ 바닥면적 $400m^2$ 이상
② 직경 40m원의 범위= $\sqrt{30^2 + 28^2} = 41.05m$
  ∴ 직경 40m원의 범위를 초과
③ 수직거리= 3m(바닥으로부터 반자까지 높이) − 0.8m(제연경계의 폭)
  = 2.2m
  ∴ 수직거리 2m 초과 2.5m 이하에 해당
④ 표에서 배출량은 50,000㎥/hr 이상
○답 : 50,000㎥/hr 이상

(물음 2) B구역 화재 시 댐퍼의 동작 상태
○답 :

화재구역	급기댐퍼			배기댐퍼		
	1	2	3	4	5	6
B 구역	○	●	○	●	○	●

상세해설

바닥면적 400m² 이상인 거실의 예상제연구역의 배출량
① 직경 40m인 원의 범위 안에 있을 경우에는 배출량이 40,000m³/hr 이상
② 예상제연구역이 제연경계로 구획된 경우 배출량

수 직 거 리	배 출 량
2m 이하	40,000m³/hr 이상
2m 초과 2.5m 이하	45,000m³/hr 이상
2.5m 초과 3m 이하	50,000m³/hr 이상
3m 초과	60,000m³/hr 이상

③ 직경 40m인 원의 범위를 초과할 경우에는 배출량이 45,000m³/hr 이상
④ 제연경계로 구획된 경우에는 그 수직거리에 따라 배출량

수 직 거 리	배 출 량
2m 이하	45,000m³/hr 이상
2m 초과 2.5m 이하	50,000m³/hr 이상
2.5m 초과 3m 이하	55,000m³/hr 이상
3m 초과	65,000m³/hr 이상

13 할론소화설비의 화재안전기술기준에서 규정한 전역방출방식의 할론1301의 방사량이 0.52kg/m³인 경우에 대한 설계농도를 계산하시오(단, 할론1301의 농도측정온도인 25℃의 경우 비체적은 0.162m³/kg이다) (5점)

풀이 ○계산과정 : ① 방출가스량 계산(방호구역 1m³기준)

$$G_v = 1\text{m}^3 \times \frac{0.52\text{kg}}{\text{m}^3} \times \frac{0.162\text{m}^3}{\text{kg}} = 0.08424\text{m}^3$$

② 방호구역체적 $V = 1\text{m}^3$ 기준
③ 설계농도 계산

$$C = \frac{0.08424\text{m}^3}{1\text{m}^3 + 0.08424\text{m}^3} \times 100 = 7.77\%$$

○답 : 7.77%

상세해설

설계농도 계산공식

$$C(\%) = \frac{v}{V+v} \times 100$$

여기서, C : 설계농도(%), V : 방호구역체적(m³), v : 방출가스체적(m³)

16년-04월 기출 유사

14 가압송수장치의 펌프방식에서 펌프의 성능곡선, 성능기준, 성능시험배관에 대한 다음 각 물음에 답하시오. (5점)

[조건] ① 펌프의 정격토출량은 800LPm이다.
② 펌프의 정격토출양정은 80m이다.

(물음 1) 표준수직원심펌프의 성능특성곡선을 그리고 체절점, 설계점, 운전점을 명시하시오.
(물음 2) 펌프의 성능에 대한 기준을 2가지만 쓰시오.
(물음 3) 펌프의 성능시험배관의 설치기준을 2가지만 쓰시오.

풀이 (물음 1) 표준수직원심펌프의 성능특성곡선을 그리고 체절점, 설계점, 운전점을 명시

○답 :

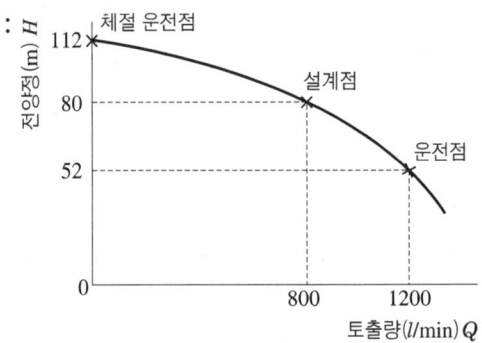

(물음 2) 펌프의 성능에 대한 기준
○답 : ① 체절운전 시 정격토출압력의 140%를 초과하지 아니할 것
② 정격토출량의 150%로 운전 시 정격토출압력의 65% 이상이 되어야 할 것

(물음 3) 펌프의 성능시험배관의 설치기준
○답 : ① 성능시험배관은 펌프의 토출측에 설치된 개폐밸브 이전에서 분기하여 설치하고, 유량측정장치를 기준으로 전단 직관부에 개폐밸브를 후단 직관부에는 유량조절밸브를 설치할 것
② 유량측정장치는 성능시험배관의 직관부에 설치하되, 펌프의 정격토출량의 175% 이상 측정할 수 있는 성능이 있을 것

10년-07월, 13년-11월, 14년-04월, 15년-11월 기출 유사

15 습식스프링클러설비를 백화점(1~9층)에 아래의 조건을 이용하여 시공하는 경우 다음 각 물음에 답하시오. (8점)

[조건]
① 최상층의 가장 먼 말단헤드의 방수압력은 0.11MPa을 기준으로 한다.
② 펌프의 연성계 눈금은 300mmHg이다.
③ 배관 및 부속류의 총 마찰손실은 펌프 자연 낙차압의 40%이다.
④ 펌프에서 최상층의 헤드까지의 수직높이는 50m이다.
⑤ 헤드의 오리피스구경은 11mm로 가정한다.

(물음 1) 주 펌프의 양정(m)을 구하시오.
(물음 2) 필요한 최소 수원의 양(m^3)을 구하시오.(단, 스프링클러 헤드는 최대 기준개수 이상 설치되는 기준이며 옥상수조는 제외)

풀이 (물음 1) 주 펌프의 양정(m)
○계산과정 : $H = h_1 + h_2 + 11m$ (조건에 의하여)

$$h_1 = \left(300\text{mmHg} \times \frac{10.332\text{m}}{760\text{mmHg}}\right) + 50\text{m} = 54.08\text{m}$$

$$h_2 = 50\text{m} \times 0.4 = 20\text{m}$$

$$H = 54.08 + 20 + 11 = 85.08\text{m}$$

○답 : 85.08m

(물음 2) 필요한 최소 수원의 양(m^3)
○계산과정 : $Q = 0.653 \times d^2 \times \sqrt{10P}$

헤드 1개의 방수량 $Q = 0.653 \times 11^2 \times \sqrt{10 \times 0.11}$
$= 82.87\text{L/min}$

수원의 양 $Q = 30$개(기준개수) $\times 82.87\text{L/min} \times 20\text{min}$
$= 49722\text{L} = 49.72\text{m}^3$

○답 : 49.72m^3

16 옥상수조에 급수펌프로 물을 공급하고자 한다. 다음 조건을 참조하여 각 물음에 답하시오.

[조건]
① 펌프의 토출량은 $0.37\text{m}^3/\text{min}$이다.
② 직관의 길이는 100m이다.
③ 펌프에서 옥상수조까지 낙차는 50m이다.
④ 배관부속은 90°엘보 4개, 게이트밸브 1개, 체크밸브 1개, 풋밸브 1개이다.
⑤ 관이음 및 밸브 등의 등가길이는 다음 표를 이용할 것

[관이음 및 밸브 등의 등가길이]

관이음 및 밸브의 호칭경 DN(in)	90°(엘보)	45°(엘보)	90°T(분류)	카프링 90°T(직류)	게이트 밸브	글로우브 밸브	앵글 밸브
	등가길이(m)						
40($1\frac{1}{2}$)	1.5	0.9	2.1	0.45	0.30	13.5	6.5
50(2)	2.1	1.2	3.0	0.60	0.39	16.5	8.4
65($2\frac{1}{2}$)	2.4	1.5	3.6	0.75	0.48	19.5	10.2
80(3)	3.0	1.8	4.5	0.90	0.60	24.0	12.0
100(4)	4.2	2.4	6.3	1.20	0.81	37.5	16.5
125(5)	5.1	3.0	7.5	1.50	0.99	42.0	21.0
150(6)	6.0	3.6	9.0	1.80	1.20	49.5	24.0

* 체크밸브와 풋밸브의 등가길이는 이 표의 앵글밸브에 준한다.

(물음 1) 펌프 토출측 배관 내 유속을 2.4m/s 이하로 하는 경우 관경을 구하시오.
(물음 2) 펌프의 전 양정(m)을 계산하시오.
    (단, 직관1m당 마찰손실은 80mmAq로 한다.)
(물음 3) 펌프의 동력(kW)을 계산하시오.
    (단, 전달계수 $K=1.1$, 펌프효율은 68%로 한다.)

풀이 (물음 1) 펌프 토출측 배관 내 유속을 2.4m/s 이하로 하는 경우 관경
  ○계산과정 :
  $$D = \sqrt{\frac{4Q}{\pi u}} \times 1000 = \sqrt{\frac{4 \times 0.37\text{m}^3/60\text{s}}{\pi \times 2.4\text{m/s}}} \times 1000 = 57.20\text{mm}$$
  표에서 DN65 선택
  ○답 : DN65

(물음 2) 펌프의 전 양정(m)
　　　　○계산과정 :
　　　　　① 총 직관의 길이
　　　　　　$L = 100\text{m} + (90° \text{엘보} 4 \times 2.4\text{m}) + (\text{게이트밸브} 1 \times 0.48)$
　　　　　　　$+ (\text{체크밸브} 1 \times 10.2) + (\text{풋밸브} 1 \times 10.2\text{m})$
　　　　　　　$= 130.48\text{m}$
　　　　　② 배관의 마찰손실
　　　　　　$\Delta H = 130.48\text{m} \times \dfrac{80\text{mmAq}}{1\text{m}} = 10438.4\text{mmAq} = 10.44\text{mAq}$
　　　　　③ 전양정 $H = 50 + 10.44 = 60.44\text{m}$
　　　　○답 : 60.44m

(물음 3) 펌프의 동력(kW)
　　　　○계산과정 :
　　　　　$P(\text{kW}) = \dfrac{9.8 \times (0.37/60) \times 60.44}{0.68} \times 1.1 = 5.91\text{kW}$
　　　　○답 : 5.91kW

소방설비기사 - 기계분야

2019년 6월 29일 시행

10년-07월 기출

01 아래의 헤드 설치 도면은 폐쇄형 습식스프링클러설비에 대한 가지배관의 최고 말단부를 나타낸 것이다. 다음 각 물음에 답하시오. (9점)

[조건]
1. 헤드 설치 도면

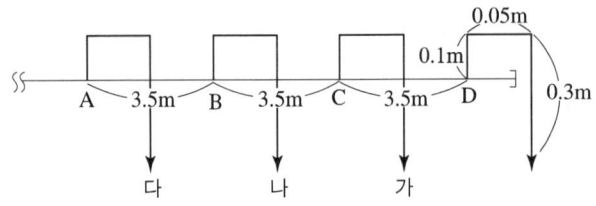

2. 구간별 배관 내 유량은 다음과 같다.

구간	유량(L/min)
A~B	240
B~C	160
C~D	80

3. 배관에 설치된 관 부속품의 등가길이(m)는 아래 표와 같다.

호칭경	90°엘보	분류 T	직류 T	레듀샤
32A	1.2	1.8	0.36	0.72
25A	0.9	1.5	0.27	0.50

4. 호칭경에 따른 내경 표는 아래와 같다.

호칭경	50A	40A	32A	25A
내경	53	42	36	28

5. 최종헤드의 방사압력은 0.1MPa이다.

6. 배관의 마찰손실은 헤이젠-윌리엄스공식을 따르되, 이 식에서 "C"값은 120으로 한다.

$$\Delta P = \frac{6.053 \times 10^4 \times Q^{1.85}}{C^{1.85} \times D^{4.87}}$$

여기서, ΔP : 배관 1m당 마찰손실압력(MPa)
Q : 배관내 유수량(L/min)
D : 배관의 안지름(mm)

(물음 1) A~B구간 배관의 마찰손실압력(kPa)을 구하시오.
(단, 배관의 호칭구경은 32A)
(물음 2) B~C구간 배관의 마찰손실압력(kPa)을 구하시오.
(단, 배관의 호칭구경은 25A)
(물음 3) C~D구간 배관의 마찰손실압력(kPa)을 구하시오.
(단, 배관의 호칭구경은 25A)
(물음 4) D~최종헤드 구간 배관의 마찰손실압력(kPa)을 구하시오.
(단, 배관의 호칭구경은 25A)
(물음 5) A지점에서의 압력(kPa)을 구하시오.
(물음 6) C지점 헤드의 방사압력(kPa)을 구하시오.

풀이 (물음 1) A~B구간 배관의 마찰손실압력(kPa)

○계산과정 :
유량 $Q = 240 \text{L/min}$
배관의 총길이 L = 직관(3.5m)+분류티(1.8m)+레듀샤(32×25)(0.72)
$= 6.02 \text{m}$

$$\Delta P = \frac{6.053 \times 10^4 \times 240^{1.85}}{120^{1.85} \times 36^{4.87}} \times 6.02 \times 10^3 = 34.62 \text{kPa}$$

○답 : 34.62kPa

(물음 2) B~C구간 배관의 마찰손실압력(kPa)

○계산과정 :
유량 $Q = 160 \text{L/min}$
배관의 총길이 L = 직관(3.5m)+분류티(1.5m) = 5m

$$\Delta P = \frac{6.053 \times 10^4 \times 160^{1.85}}{120^{1.85} \times 28^{4.87}} \times 5 \times 10^3 = 46.18 \text{kPa}$$

○답 : 46.18kPa

(물음 3) C~D구간 배관의 마찰손실압력(kPa)

○ 계산과정 :

유량 $Q = 80\text{L/min}$

배관의 총길이 $L = $ 직관3.5m + 분류티1.5m = 5m

$$\Delta P = \frac{6.053 \times 10^4 \times 80^{1.85}}{120^{1.85} \times 28^{4.87}} \times 5 \times 10^3 = 12.81\text{kPa}$$

○ 답 : 12.81kPa

(물음 4) D~최종헤드 구간 배관의 마찰손실압력(kPa)

○ 계산과정 :

유량 $Q = 80\text{L/min}$

배관의 총길이 $L = $ 직관0.45m(0.1+0.05+0.3)
　　　　　　　+90°엘보2개1.8m(0.9×2) +레듀샤0.5m(25×15)
　　　　　　　= 2.75m

$$\Delta P = \frac{6.053 \times 10^4 \times 80^{1.85}}{120^{1.85} \times 28^{4.87}} \times 2.75 \times 10^3 = 7.04\text{kPa}$$

○ 답 : 7.04kPa

(물음 5) A지점에서의 압력(kPa)

○ 계산과정 :

① $P_A = $ A~최종헤드 마찰손실압력(kPa) + 최종헤드의 방사압력(kPa)
　　　　－낙차의 환산수두압(kPa)

② A~최종헤드 마찰손실압력 = 34.62+46.18+12.81+7.04
　　　　　　　　　　　　= 100.65kPa

③ 낙차(H) = 0.3m − 0.1m = 0.2m

④ 낙차의 환산수두압(P) = $0.2\text{m} \times \dfrac{101.325\text{kPa}}{10.332\text{m}} = 1.96\text{kPa}$

$P_A = 100.65\text{kPa} + 100\text{kPa} - 1.96\text{kPa} = 198.69\text{kPa}$

○ 답 : 198.69kPa

(물음 6) C지점 헤드의 방사압력(kPa)

○ 계산과정 :

$P = $ 최종헤드의 방사압력 + C~D배관마찰손실압력

$P = 100\text{kPa} + 12.81\text{kPa} = 112.81\text{kPa}$

○ 답 : 112.81kPa

상세해설

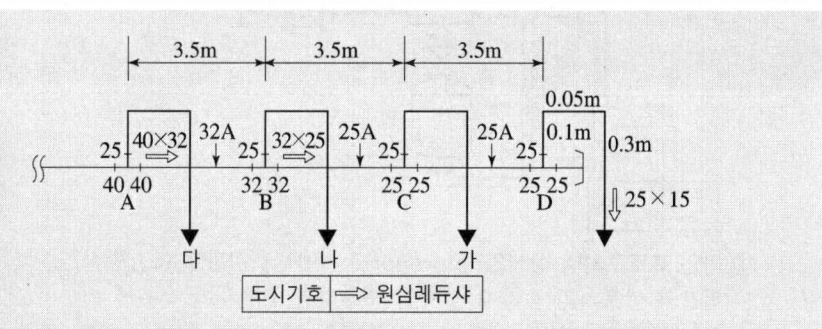

11년-05월 기출

02 포소화설비의 포소화약제혼합장치의 종류를 5가지만 쓰시오. (3점)

풀이 ○답 : ① 펌프 푸로포셔너방식
② 프레져 푸로포셔너방식
③ 라인 푸로포셔너방식
④ 프레져사이드 푸로포셔너방식
⑤ 압축공기포 믹싱챔버방식

상세해설

포소화약제의 혼합장치
① **펌프 프로포셔너 방식**(pump proportioner type)(펌프 조합방식)
   펌프의 토출관과 흡입관 사이의 배관도중에 설치한 흡입기에 펌프에서 토출된 물의 일부를 보내고, 농도 조정밸브에서 조정된 포 소화약제의 필요량을 포 소화약제 탱크에서 펌프 흡입측으로 보내어 이를 혼합하는 방식

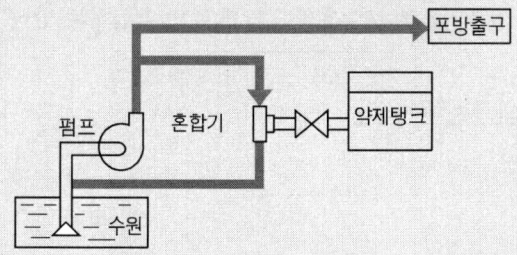

② **프레져 프로포셔너 방식**(pressure proportioner type)(차압 조합방식)
   펌프와 발포기의 중간에 설치된 벤추리관의 벤추리작용과 펌프 가압수의 포 소화약제 저장탱크에 대한 압력에 의하여 포소화약제를 흡입·혼합하는 방식

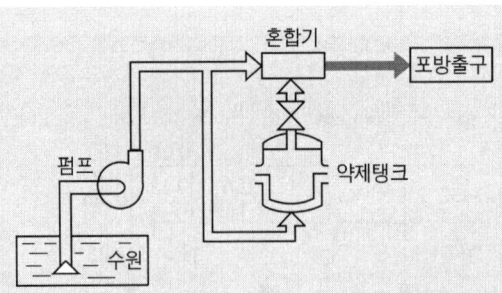

③ 라인 프로포셔너 방식(line proportioner type)(관로 조합방식)
  펌프와 발포기의 중간에 설치된 벤추리관의 벤추리 작용에 의하여 포소화약제를 흡입·혼합하는 방식

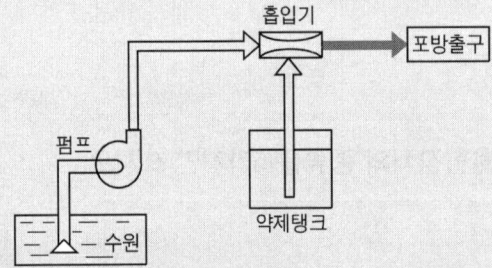

④ 프레져사이드 프로포셔너 방식(pressure side proportioner type)(압입 혼합방식)
  펌프의 토출관에 압입기를 설치하여 포 소화약제 압입용 펌프로 포소화약제를 압입시켜 혼합하는 방식

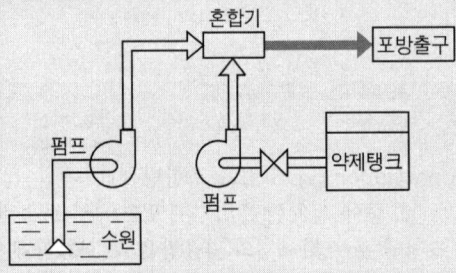

⑤ 압축공기포 믹싱챔버방식(Compressed Air Foam Mixing Chamber Type)
  압축공기 또는 압축질소를 일정비율로 포수용액에 강제 주입 혼합하는 방식

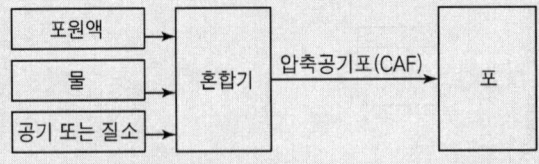

13년-07월 기출

03 다음은 피난기구에 대한 화재안전기술기준이다. 각 물음에 답하시오. (6점)

(물음 1) 의료시설에 설치하여야 하는 피난기구를 층별로 구분하여 답하시오.
① 지상3층　　　　② 지상4층 이상 10층 이하

(물음 2) 피난기구 설치 시 개구부에 관련되는 사항으로 ( )안에 알맞은 답을 쓰시오.

> 피난기구는 계단·피난구 기타 피난시설로부터 적당한 거리에 있는 안전한 구조로 된 피난 또는 소화활동상 유효한 개구부(가로 (①)m 이상 세로 (②)m 이상인 것을 말한다. 이 경우 개부구 하단이 바닥에서 (③)m 이상이면 발판 등을 설치하여야 하고, 밀폐된 창문은 쉽게 파괴할 수 있는 파괴장치를 비치)에 고정하여 설치하거나 필요한 때에 신속하고 유효하게 설치할 수 있는 상태에 둘 것

풀이 (물음 1) ○답 : ① **지상3층** : 미끄럼대·구조대·피난교·피난용트랩·다수인피난장비·승강식피난기
② **지상4층 이상 10층 이하** : 구조대·피난교·피난용트랩·다수인피난장비·승강식피난기

(물음 2) ○답 : ① 0.5　　② 1　　③ 1.2

상세해설

소방대상물의 설치장소별 피난기구의 적응성

구분 \ 층별	1층	2층	3층	4층 이상 10층 이하
노유자시설			미구교다승	구[1]교다승
의료시설·근린생활시설 중 입원실이 있는 의원·접골원·조산원			미트구교다승	트구교다승
다중이용업소로서 영업장의 위치가 4층 이하인 다중이용업소			미사구 완다승	
그 밖의 것			트공[3]간[2]교미사구 완다승	공[3]간[2]교사구 완다승

[비고] 1) 구조대의 적응성은 장애인 관련 시설로서 주된 사용자 중 스스로 피난이 불가한 자가 있는 경우 추가로 설치하는 경우에 한한다.
2) 간이완강기의 적응성은 숙박시설의 3층 이상에 있는 객실에 한한다.
3) 공기안전매트의 적응성은 공동주택에 추가로 설치하는 경우에 한한다.

어두문자 암기방법

피난용트랩 ⇒ 트	피난교 ⇒ 교	피난사다리 ⇒ 사	미끄럼대 ⇒ 미
구조대 ⇒ 구	다수인피난장비 ⇒ 다	승강식피난기 ⇒ 승	완강기 ⇒ 완
간이완강기 ⇒ 간	공기안전매트 ⇒ 공		

피난기구 설치기준
(1) 피난기구는 계단·피난구 기타 피난시설로부터 적당한 거리에 있는 안전한 구조로 된 피난 또는 **소화활동상 유효한 개구부**(가로 0.5m 이상 세로 1m 이상인 것을 말한다. 이 경우 개부구 하단이 바닥에서 1.2m 이상이면 발판 등을 설치하여야 하고, 밀폐된 창문은 쉽게 파괴할 수 있는 파괴장치를 비치하여야 한다)에 고정하여 설치하거나 필요한 때에 신속하고 유효하게 설치할 수 있는 상태에 둘 것
(2) 피난기구를 설치하는 개구부는 서로 동일직선상이 아닌 위치에 있을 것. 다만, 피난교·피난용트랩·간이완강기·아파트에 설치되는 피난기구(다수인 피난장비는 제외) 기타 피난 상 지장이 없는 것에 있어서는 그러하지 아니하다.

09년-04월 기출, 11년-05월 기출

04 어떤 소방대상물의 소화설비로 옥외소화전을 5개 설치하였다. 다음 각 물음에 답하시오. (4점)

(물음 1) 수원의 저수량(m^3)은 얼마 이상인가?
(물음 2) 가압송수장치의 토출량(l/min)은 얼마 이상인가?
(물음 3) 다음은 배관 등 설치기준이다. ( )안에 알맞은 답을 쓰시오.

> 호스접결구는 지면으로부터 높이가 (①)의 위치에 설치하고 특정소방대상물의 각 부분으로부터 하나의 호스접결구까지의 수평거리가 (②)가 되도록 설치하여야 한다.

풀이 (물음 1) ○계산과정 : $Q = N \times 7m^3 (350l/min \times 20min)$ 이상
여기서, Q : 수원의 최소 유효저수량(m^3)
N : 옥외소화전 개수(최대 2개)
∴ $Q = 2 \times 7m^3 = 14m^3$ 이상
○답 : $14m^3$ 이상

(물음 2) ○계산과정 : $Q = N \times 350l/min$ 이상
여기서, Q : 펌프의 토출량(l/min)
N : 옥외소화전 개수(최대 2개)
∴ $Q = 2 \times 350l/min = 700l/min$
○답 : $700l/min$ 이상

(물음 3) ○답 : ① 0.5m 이상 1m 이하
② 40m 이하

14년-11월 기출

05 다음은 지하구의 화재안전기술기준 중 일부이다. 각 물음에 답하시오. (5점)

(물음 1) 다음은 지하구의 정의이다. ( ) 안에 알맞은 답을 쓰시오.

> 전력·통신용의 전선이나 가스·냉난방용의 배관 또는 이와 비슷한 것을 집합수용하기 위하여 설치한 지하 인공구조물로서 사람이 점검 또는 보수를 하기 위하여 출입이 가능한 것 중 다음의 어느 하나에 해당하는 것
> ① 전력 또는 통신사업용 지하 인공구조물로서 전력구(케이블 접속부가 없는 경우는 제외한다) 또는 통신구 방식으로 설치된 것
> ② ①외의 지하 인공구조물로서 폭이 (㉠)m 이상이고 높이가 (㉡)m 이상 이며 길이가 (㉢)m 이상인 것

(물음 2) 연소방지설비의 교차배관의 최소 구경(mm) 기준을 쓰시오.

풀이 (물음 1) ○답 : ㉠ 1.8 ㉡ 2 ㉢ 50
(물음 2) ○답 : 40mm 이상

상세해설

소방시설법 시행령 [별표2] 지하구의 정의
전력·통신용의 전선이나 가스·냉난방용의 배관 또는 이와 비슷한 것을 집합수용하기 위하여 설치한 지하 인공구조물로서 사람이 점검 또는 보수를 하기 위하여 **출입이 가능한 것** 중 다음의 어느 하나에 해당하는 것
① 전력 또는 통신사업용 지하 인공구조물로서 **전력구**(케이블 접속부가 없는 경우에는 제외한다) 또는 **통신구** 방식으로 설치된 것
② ①외의 지하 인공구조물로서 폭이 1.8m 이상이고 높이가 2m 이상이며 길이가 50m 이상인 것
③ 「국토의 계획 및 이용에 관한 법률」에 따른 **공동구**

지하구의 화재안전기술기준 제7조(연소방지설비)
(1) 연소방지설비의 배관
   배관용 탄소강관(KS D 3507) 또는 압력배관용 탄소강관(KS D 3562)이나 이와 동등 이상의 강도·내식성 및 내열성을 가진 것으로 하여야 한다.
(2) 급수배관(송수구로부터 연소방지설비 헤드에 급수하는 배관)은 **전용**으로 하여야 한다.
(3) 배관의 구경은 다음 각 목의 기준에 적합한 것이어야 한다.
   ① 연소방지설비전용헤드를 사용하는 경우에는 다음 표에 따른 구경 이상으로 할 것

하나의 배관에 부착하는 살수헤드의 개수	1개	2개	3개	4개 또는 5개	6개 이상
배관의 구경(mm)	32	40	50	65	80

   ② **교차배관**은 가지배관과 수평으로 설치하거나 또는 가지배관 밑에 설치하고, 그 구경은 **최소구경이 40mm 이상**이 되도록 할 것

06년-11월, 12년-04월 기출

06 소화설비의 배관상에 설치하는 계기류 중 압력계, 진공계, 연성계의 설치 위치와 지시압력범위를 쓰시오. (2점)

○답:

내용＼구분	압력계	진공계	연성계
설치위치	펌프의 토출측 배관	펌프의 흡입측 배관	펌프의 흡입측 배관
지시압력범위	대기압력 이상	대기압력 이하	대기압력 이상 및 이하

참고 연성계는 양압(+압력)과 진공압(-압력)을 측정할 수 있다.

07년-07월, 12년-07월 기출

07 다음 조건을 기준으로 이산화탄소소화설비에 대한 물음에 답하시오. (12점)

[조건] (1) 소방대상물의 천장까지의 높이는 3m이고 방호구역의 크기와 용도는 다음과 같다.

통신기기실 가로 12m × 세로 10m (자동폐쇄장치 설치)	전자제품창고 가로 20m × 세로 10m 개구부 2m × 2m (자동폐쇄장치 미설치)
위험물저장창고 가로 32m × 세로 10m (자동폐쇄장치 설치)	

(2) 소화약제의 저장은 고압용기저장방식이며 충전량은 45kg/병이다.
(3) 통신기기실과 전자제품창고는 전역방출방식으로 설치하고 위험물 저장창고에는 국소방출방식을 적용한다.
(4) 개구부 가산량은 $10kg/m^2$, 사용하는 헤드의 방출율은 $1.5kg/mm^2 \cdot 분 \cdot 개$이다.
(5) 위험물저장창고에는 가로 세로가 각각 5m, 높이가 2m인 개방된 용기에 제4류 위험물을 저장한다.
(6) 주어진 조건 외는 소방관련법규 및 소방화재안전기술기준에 준한다.

(물음 1) 각 방호구역에 대한 약제저장량은 몇 kg 이상인가?
  (1) 통신기기실
  (2) 전자제품창고
  (3) 위험물저장창고

(물음 2) 각 방호구역별 약제저장용기는 몇 병인가?
  (1) 통신기기실
  (2) 전자제품창고
  (3) 위험물저장창고

(물음 3) 통신기기실 헤드의 방사압력은 몇 MPa이어야 하는가?

(물음 4) 통신기기실에서 설계농도에 도달하는 시간은 몇 분 이내여야 하는가?

(물음 5) 전자제품창고의 헤드 수를 14개로 할 때 헤드의 오리피스 최소직경(mm)은 얼마인가?

(물음 6) 약제저장용기의 저장온도가 15℃일 때 저장용기의 압력(MPa)은 얼마인가?

(물음 7) 전자제품창고에 저장된 약제가 모두 분사되었을 때 CO_2의 체적은 몇 m^3가 되는가? (단, 압력은 1기압, 온도는 25℃로 한다.)

(물음 8) 소화설비용으로 강관을 사용할 때의 배관기준을 설명하시오.

풀이 (물음 1) 방호구역별 약제저장량
  (1) 통신기기실
    ○계산과정 : $Q = 12m \times 10m \times 3m \times 1.3kg/m^3 = 468kg$
    ○답 : 468kg
  (2) 전자제품창고
    ○계산과정 : $Q = 20m \times 10m \times 3m \times 2kg/m^3 + 2m \times 2m \times 10kg/m^2$
             $= 1240kg$
    ○답 : 1240kg
  (3) 위험물 저장창고
    ○계산과정 : $Q = 5m \times 5m \times 13kg/m^2 \times 1.4(고압식) = 455kg$
    ○답 : 455kg

(물음 2) 방호구역별 약제저장용기 수
  (1) 통신기기실
    ○계산과정 : $468kg \div 45kg/병 = 10.4병$ ∴ 11병
    ○답 : 11병

(2) 전자제품창고
  ○ **계산과정** : 1240kg ÷ 45kg/병 = 27.56병 ∴ 28병
  ○ **답** : 28병

(3) 위험물 저장창고
  ○ **계산과정** : 455kg ÷ 45kg/병 = 10.11병 ∴ 11병
  ○ **답** : 11병

(물음 3) 헤드의 방사압력(고압식)
  ○ **답** : 2.1MPa 이상

(물음 4) 설계농도에 도달하는 시간
  CO_2 약제 소요량 방사시간

표면화재	심부화재
1분 이내	7분 이내(단, 설계농도가 2분 이내에 30%에 도달)

  ○ **답** : 7분 이내

(물음 5) 헤드의 오리피스직경(mm)
  ○ **계산과정** :
    ① 헤드의 오리피스 분구면적 $A(mm^2)$
       A = 약제저장량 ÷ 방사시간 ÷ 헤드방출율 ÷ 헤드개수
       A = (45kg × 28병) ÷ 7분 ÷ 1.5kg/mm² · 분 · 개 ÷ 14개 = 8.57mm²
    ② 헤드의 오리피스 최소직경(mm)
       $A = \dfrac{\pi d^2}{4}$ 에서 $d = \sqrt{\dfrac{4A}{\pi}}$, $d = \sqrt{\dfrac{4 \times 8.57\text{mm}^2}{\pi}} = 3.30\text{mm}$

  ○ **답** : 3.30mm

(물음 6) 저장용기의 압력(MPa)
  ○ **답** : 5.3MPa

(물음 7) CO_2 체적
  ○ **계산과정** : $V = \dfrac{WRT}{PM} = \dfrac{1260(28병 \times 45\text{kg}) \times 0.082 \times 298}{1 \times 44}$
    $= 699.76\text{m}^3$
  ○ **답** : 699.76m³

(물음 8) CO_2 소화설비의 강관 배관기준
  ○ **답** : 배관은 압력배관용 탄소강관(KS D 3562) 중 스케줄 80(저압식에 있어서는 스케줄 40) 이상의 것 또는 이와 동등 이상의 강도를 가진 것으로 아연도금 등으로 방식처리된 것을 사용할 것. 다만, 배관의 호칭이 20mm 이하인 경우에는 스케줄 40 이상인 것을 사용할 수 있다.

상세해설

(1) 전역방출방식

종이, 목재, 석탄, 섬유류, 합성수지류 등 심부화재 방호대상물

방호대상물	방호구역 1m³에 대한 소화약제의 양	설계농도 (%)	개구부 가산량(kg/m²) (자동폐쇄장치 미설치시)
유압기기를 제외한 전기설비·케이블실	1.3	50	10
체적 55m³ 미만의 전기설비	1.6	50	
서고, 전자제품창고, 목재가공품 창고, 박물관	2.0	65	
고무류, 면화류창고, 모피창고, 석탄창고, 집진설비	2.7	75	

$Q = V \times K_1 (\text{kg/m}^3) + A \times K_2 (\text{kg/m}^2)$

여기서, V : 방호구역체적(m³), A : 개구부 면적(m²)
K_1 : 방호구역 체적계수, K_2 : 개구부 면적계수

(2) 국소방출방식

① • 윗면이 개방된 용기에 저장하는 경우
   • 화재시 연소면이 한정되고 가연물이 비산할 우려가 없는 경우

$Q(\text{kg}) = $ 방호대상물 표면적(m²) $\times 13 \text{kg/m}^2 \times$ [고압식 1.4, 저압식 1.1]

② ① 이외의 경우

$Q(\text{kg}) = V$(방호공간의 체적) $\times Q_1 \times$ [고압식 1.4, 저압식 1.1]

$Q_1 = 8 - 6\dfrac{a}{A}$

여기서, Q_1 : (kg/m³)
a : 방호대상물 주위에 설치된 벽면적 합계(m²)
A : 방호공간의 벽면적 합계(m²)

※ **방호공간** : 방호대상물의 각 부분으로부터 0.6m의 거리에 따라 둘러싸인 공간

(3) CO_2 저장용기 저장방식

① 고압용기 저장방식(High pressure storage Container Type) : 고압용기에 액화 CO_2 가스가 저장된다 액화CO_2가스는 게이지압력 5.3MPa(15℃)를 갖는다.
② 저압용기 저장방식(Low pressure storage Container Type) : 저압용기에 자동 냉동기를 설치하여 게이지압력 2.1MPa(-18℃)를 유지하며 액화CO_2가스를 저장하는 방법이다.

(4) 이상기체 상태방정식

$$PV = nRT = \dfrac{W}{M}RT$$

여기서, P : 압력(atm), V : 체적(m³), n : kmol, W : CO_2무게(kg), M : CO_2분자량
R : 기체상수(0.082atm·m³/mol·K), T : 절대온도(273+t℃)K

07년-11월 기출

08 다음의 조건을 참조하여 제연설비의 배출기의 ① 배출량(풍량) [CMH], ② 전압[mmAq], ③ 전동기의 최소동력[kW], ④ 다익팬의 장점을 쓰시오. (4점)

[조건] ① 거실 바닥면적은 390m²이다.
② Duct의 길이는 150m이고, Duct저항은 0.8mmAq/m이다.
③ 배출구 저항은 8mmAq, 그릴저항은 3mmAq, 관부속류는 Duct 저항의 50%로 한다.
④ 효율(E)은 60%로 하고 전동기 전달계수 $k=1.1$이다.

풀이 ① 배출량(풍량) [CMH]
○ 계산과정 :
거실의 바닥면적이 400m² 미만으로 구획된 예상제연구역에 대한 배출량
$$Q = S \times m^3/min \cdot m^2$$
여기서, Q : 배출량(m³/min)[최솟값은 5000m³/hr(83.33m³/min) 이상]
S : 바닥면적(m²)
∴ $Q = 390m^2 \times 1m^3/min \cdot m^2 \times 60min/hr$
$= 23,400m^3/hr = 23,400CMH$
○ 답 : 23,400CMH

② 전압[mmAq]
○ 계산과정 :
$P_T = 150m \times 0.8mmAq/m + 8mmAq + 3mmAq + (150m \times 0.8mmAq/m) \times 0.5$
$= 191mmAq$
○ 답 : 191mmAq

③ 전동기의 최소동력[kW]
○ 계산과정 :
$Q = 23,400m^3/hr = 23,400m^3/60min$
$P_T = 191mmAq, \quad E = 60\% = 0.6, \quad K = 1.1$
∴ $P(kW) = \dfrac{Q(m^3/min) \times P_T(mmH_2O)}{102 \times 60 \times E} \times K = \dfrac{(23,400/60) \times 191}{102 \times 60 \times 0.6} \times 1.1$
$= 22.31kW$
○ 답 : 22.31kW

④ 다익팬(시로코팬)의 장점
㉠ 풍량 변화시 풍압변화가 작다.
㉡ 설치공간을 적게 차지한다.
㉢ 비교적 큰 풍량을 얻을 수 있다.

13년-04월 기출

09 다음 그림과 같이 직육면체(수면면적 36m²)의 물탱크에서 밸브를 완전히 개방하였을 때 최저유효수면(10m)까지 물이 배수되는 소요시간(min)을 구하시오.(단, 토출측 관의 안지름은 80mm이고 탱크수면의 하강속도가 변화하는 것을 고려한다) (4점)

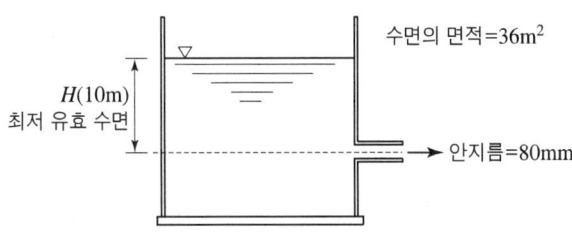

○ 계산과정: $A_1 = 36\text{m}^2$, $A_2 = \dfrac{\pi}{4}d^2 = \dfrac{\pi}{4}(0.08\text{m})^2 = 5.03 \times 10^{-3}\text{m}^2$

$u_2 = \sqrt{2gH} = \sqrt{2 \times 9.8 \times 10\text{m}} = 14\text{m/s}$, $36 \times u_1 = 5.03 \times 10^{-3} \times 14$

$u_1 = \dfrac{5.03 \times 10^{-3} \times 14}{36} = 1.95 \times 10^{-3}\text{m/s}$

표면하강 가속도 $a(\text{m/s}^2) = \dfrac{0 - 1.95 \times 10^{-3}}{t} = \dfrac{-1.95 \times 10^{-3}}{t}$

물체의 속도 $u_2 = u_1(처음속도) + at$

t초 동안 이동한 거리

$$S = u_0 t + \dfrac{1}{2}at^2$$

이동거리 $10 = 1.95 \times 10^{-3} \times t + \dfrac{1}{2}\left(\dfrac{-1.95 \times 10^{-3}}{t}\right) \times t^2$

$10 = \dfrac{1.95 \times 10^{-3} t}{2}$ $t = 10256.41\text{s} = 170.94\text{min}$

○ 답 : 170.94min

상세해설

연속방정식

$$A_1 u_1 = A_2 u_2$$

토리첼리 방정식

$$u = \sqrt{2gH}$$

u : 유체 속도(m/s), g : 중력 가속도(9.8m/s²), H : 높이(m)

t초 동안 이동한 거리

$$S = \int u\,dt = \int (u_0 + at)\,dt = u_0 t + \dfrac{1}{2}at^2$$

08년-11월, 12년-11월 기출

10 아래 그림과 같은 루프(Loop) 배관에 직접 연결 된 살수헤드에서 210l/min 의 유량으로 물이 방수되고 있다. 화살표 방향으로 흐르는 Q_1 및 Q_2의 유량 (l/min)을 산출하시오.(단, 계산시 조건은 아래와 같다) (4점)

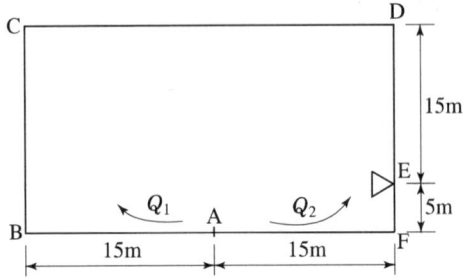

[조건] ① 배관 마찰손실은 헤이젠-윌리엄스 공식을 사용하되 계산 편의상 다음과 같다고 가정한다.

$$\Delta P = \frac{6 \times 10^4 \times Q^2}{100^2 \times d^5}$$

단, ΔP = 배관 1m당 마찰손실압력(MPa)
Q = 배관내 유수량(l/min), d = 배관의 안지름(mm)

② 루프(Loop) 배관의 안지름은 40mm이다.
③ 배관 부속품의 등가길이는 전부 무시한다.

풀이 ○계산과정 : Q_1방향으로 흐르는 배관 마찰손실과 Q_2방향으로 흐르는 배관마찰손실은 같다.

즉 $\Delta P_{ABCDE} = \Delta P_{AFE}$

∴ $\Delta P_{ABCDE} = \dfrac{6 \times 10^4 \times Q_1^2}{100^2 \times 40^5} \times (15\text{m} + 20\text{m} + 30\text{m} + 15\text{m})$

$\Delta P_{AFE} = \dfrac{6 \times 10^4 \times Q_2^2}{100^2 \times 40^5} \times (15\text{m} + 5\text{m})$

즉 $\dfrac{6 \times 10^4 \times Q_1^2 \times 80}{100^2 \times 40^5} = \dfrac{6 \times 10^4 \times Q_2^2 \times 20}{100^2 \times 40^5}$

∴ $80Q_1^2 = 20Q_2^2$ ∴ $Q_2^2 = 4Q_1^2$ 양변에 제곱근을 취하면

$\sqrt{Q_2^2} = \sqrt{4Q_1^2}$ ∴ $Q_2 = 2Q_1$

$Q_1 = 1$일 때 $Q_2 = 2$

$Q_1 = 210 \times \dfrac{1}{1+2} = 70 l/\text{min}$ $Q_2 = 210 \times \dfrac{2}{1+2} = 140 l/\text{min}$

○답 : $Q_1 = 70 l/\text{min}$, $Q_2 = 140 l/\text{min}$

11 특별피난계단의 계단실 및 부속실제연설비에 대한 제연구역과 옥내와의 차압(Pa)을 다음 조건을 참조하여 계산하시오. **(4점)**

[조건] ① 출입문 개방에 필요한 힘은 화재안전기술기준상 110N 이하이다. 그러나 실제 출입문개방에 필요한 힘을 측정하여보니 100N이었다.
② 출입문의 폭(W)은 0.9m, 높이(H)는 2.1m이다.
③ 자동폐쇄장치 및 경첩에 의해 폐쇄되는 힘은 30N이다.
④ 문의 손잡이와 문의 끝까지(모서리까지)의 거리는 0.1m이다.
⑤ K(상수)=1.0으로 한다.

○ 계산과정 : $100\text{N} = 30\text{N} + \dfrac{1 \times 0.9 \times (0.9 \times 2.1) \times \Delta P}{2 \times (0.9 - 0.1)}$

$\Delta P = \dfrac{(100 - 30) \times 2 \times (0.9 - 0.1)}{1 \times 0.9 \times (0.9 \times 2.1)} = 65.84\text{Pa}$

○ 답 : 65.84Pa

상세해설

(1) 출입문 개방에 필요한 힘(제연설비가 가동된 상태에서)

$$F[\text{N}] = F_{dc}[\text{N}] + F_P[\text{N}]$$

여기서, F : 출입문개방에 필요한 전체 힘(N)
F_{dc} : 자동폐쇄장치(도어체크)의 저항력(N)
F_P : 차압에 의해 출입문에 미치는 힘(N)

(2) 차압에 의한 방화문에 미치는 힘(제연설비가 가동된 상태에서)

$$F_P = \dfrac{K_d \times W \times A \times \Delta P}{2(W - d)}$$

여기서, K_d : 상수 값(1.0), W : 출입문의 폭(m), A : 출입문의 면적(m^2)
ΔP : 제연구역과 옥내와의 차압(Pa)
d : 문의 손잡이와 문의 끝까지(모서리까지)의 거리(m)

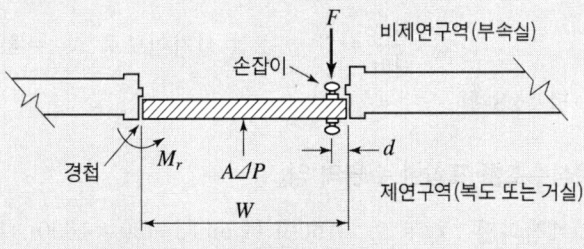

[제연구역 출입문에 미치는 힘]

(3) 특별피난계단의 계단실 및 부속실 제연설비의 화재안전기술기준(NFTC 501A)
① 제연설비가 가동되었을 경우 출입문의 개방에 필요한 힘은 110N 이하
② 제연구역과 옥내와의 사이에 유지하여야 하는 최소 차압은 40Pa
(옥내에 스프링클러설비가 설치된 경우에는 12.5Pa) 이상

12 특수가연물을 저장 또는 취급하는 랙크식 창고에 스프링클러헤드를 설치 하고자 한다. 조건을 참조하여 다음 각 물음에 답하시오. (5점)

[조건] ① 헤드는 라지드롭형 스프링클러헤드(폐쇄형)를 정방형으로 설치한다.
② 랙크식 창고의 크기는 가로15m, 세로15m, 높이6m이다.
③ 화재조기진압용 스프링클러설비는 적용하지 않는다.

(물음 1) 랙크에 소요되는 헤드의 개수는 몇 개인가?
(물음 2) 헤드 1개당 80L/min으로 방출시 옥상수조를 포함한 수원의 최소 유효저수량(L)은 얼마인가?
(물음 3) 급수배관의 최소구경(mm)은 얼마인가?(단, 스프링클러설비의 화재안전기술기준 별표1의 스프링클러헤드 수별 급수관의 구경(규약배관방식)을 이용하시오.)

풀이 (물음 1) 헤드의 소요개수

○계산과정 : $S = 2 \times 1.7 \times \cos 45° = 2.40\text{m}$

① 가로열 소요개수 $H_W = \dfrac{15\text{m}}{2.4\text{m}} = 6.25$ ∴ 7개

② 세로열 소요개수 $H_L = \dfrac{15\text{m}}{2.4\text{m}} = 6.25$ ∴ 7개

③ 총 헤드소요개수 $N = 7 \times 7 = 49$개

④ 특수가연물의 랙크식창고는 높이 3m 이하마다 설치

⑤ $\dfrac{6\text{m}}{3\text{m}} = 2$ ∴ 2열 설치이므로 $N_T = 49 \times 2 = 98$개

○답 : 98개

(물음 2) 옥상수조를 포함한 수원의 양(L)

○계산과정 : $Q = 30 \times 1600\text{L}\,(1.6\text{m}^3) + 30 \times 1600\text{L}\,(1.6\text{m}^3) \times \dfrac{1}{3}$
$= 64000\text{L}$

○답 : 64000L

(물음 3) 헤드의 소요개수가 91개 이상이므로 표의 "다"란에서 150mm
　　　　○답 : 150mm

상세해설

(1) 정방형 설치시 헤드간의 거리

$$S = 2r\cos 45° \quad \text{(여기서, } r : \text{수평거리)}$$

(2) 스프링클러헤드의 배치기준

설치장소			설치기준
천장·반자·천장과 반자 사이·덕트·선반 기타 이와 유사한 부분(폭이 1.2m를 초과하는 것)	무대부, 특수가연물 저장 취급 장소 및 창고		수평거리 1.7m 이하
	특정 소방대상물	기타구조	수평거리 2.1m 이하
		내화구조	수평거리 2.3m 이하
	아파트		수평거리 2.6m 이하
랙식 창고			랙 높이 3m 이하 마다

(3) 랙크식 창고

층고가 10m 이상으로 선반 등을 설치하고 자동식 승강장치에 의해 수납물을 운반하는 자동화창고의 일종으로 rack(선반)단위로 물품을 보관하는 곳을 말한다. 랙크(rack)마다 헤드를 설치하는 것이 원칙이고 높이 기준으로 헤드를 설치하고 있다. 때문에 화재 시 각 랙크(rack)마다 살수가 되지 않는 문제점이 발생한다.

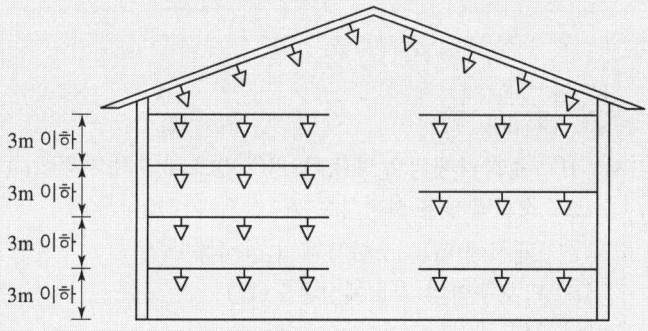

(4) 스프링클러헤드 수별 급수관의 구경(단위 : mm)

급수관의 구경 구분	25	32	40	50	65	80	90	100	125	150
가	2	3	5	10	30	60	80	100	160	161 이상
나	2	4	7	15	30	60	65	100	160	161 이상
다	1	2	5	8	15	27	40	55	90	91 이상

(주) 1. 폐쇄형스프링클러헤드를 사용하는 설비의 경우로서 1개층에 하나의 급수배관(또는 밸브 등)이 담당하는 구역의 최대면적은 3,000m²를 초과하지 아니할 것

2. 폐쇄형스프링클러헤드를 설치하는 경우에는 "가"란의 헤드 수에 따를 것. 다만, 100개 이상의 헤드를 담당하는 급수배관(또는 밸브)의 구경을 100mm로 할 경우에는 수리계산을 통하여 배관의 유속에 적합하도록 할 것
3. 폐쇄형스프링클러헤드를 설치하고 반자 아래의 헤드와 반자속의 헤드를 동일 급수관의 가지관상에 병설하는 경우에는 "나"란의 헤드 수에 따를 것
4. 무대부·특수가연물을 저장 또는 취급하는 장소의 경우 폐쇄형스프링클러헤드를 설치하는 설비의 배관구경은 "다"란에 따를 것
5. 개방형스프링클러헤드를 설치하는 경우 하나의 방수구역이 담당하는 헤드의 개수가 30개 이하일 때는 "다"란의 헤드수에 의하고, 30개를 초과할 때는 수리계산 방법에 따를 것

13 다음 조건을 참조하여 할로겐화합물소화설비의 10초 동안 방사된 소화약제량을 구하시오. (6점)

[조건] ① 10초 동안 약제가 방사될 시 설계농도의 95%에 해당하는 약제가 방출된다.
② 방호구역의 크기는 가로 4m 세로 5m 높이 4m 이다.
③ $K_1 = 0.2413$, $K_2 = 0.00088$, 실온은 20℃이다.
④ A급 화재 발생 가능 장소로써 소화농도는 8.5%이다.

○계산과정 : $W = \dfrac{V}{S} \times \left\{ \dfrac{C}{(100-C)} \right\}$

여기서, W : 소화약제의 무게(kg), V : 방호구역의 체적(m^3)
S : 소화약제별 선형상수($K_1 + K_2 \times t$)(m^3/kg)
C : 체적에 따른 소화약제의 설계농도(%)
t : 방호구역의 최소예상온도(℃)

① V(방호구역 체적) $= 4 \times 5 \times 4 = 80 m^3$
② S(소화약제별 선형상수) $= K_1 + K_2 \times t = 0.2413 + 0.00088 \times 20$
$= 0.2589(m^3/kg)$
③ 설계농도(C) = 소화농도 × 1.2(안전률 A급 화재) = 8.5% × 1.2
$= 10.2\%$
④ 설계농도의 95%에 해당하는 농도 $= 10.2\% \times 0.95 = 9.69\%$

∴ $W = \dfrac{V}{S} \times \left(\dfrac{C}{100-C} \right) = \left(\dfrac{80}{0.2589} \right) \times \left(\dfrac{9.69}{100-9.69} \right) = 33.15 kg$

○답 : 33.15kg

14 소방법상으로 옥내소화전 설치대상 건축물로서 소화전 설치수가 지하 1층 2개소, 1~3층까지 각 5개소씩, 5, 6층에 각 3개소, 옥상층에는 시험용 소화전을 설치하였다. 다음 각 물음에 답하시오. (12점)

(물음 1) 수원의 최소유효 저수량은 몇 m^3인가?(옥상수조 포함)
(물음 2) 펌프의 토출량(L/min)은?
(물음 3) 도면에서 번호에 따른 명칭을 적으시오.(도면은 미완성)
(물음 4) 후렉시블조인트의 설치목적은?
(물음 5) 릴리이프밸브의 설치목적은?
(물음 6) 옥내소화전 노즐의 내경이 13mm이고 토출압력이 0.25MPa일 때 10분간 노즐에서 방수되는 물의 양(L)은?

풀이 (물음 1) 수원의 최소유효 저수량(m^3)
　　　○계산과정 : $Q = 2 \times 2.6m^3 + 2 \times 2.6m^3 \times \dfrac{1}{3} = 6.93m^3$
　　　○답 : $6.93m^3$

(물음 2) 펌프의 토출량(L/min)
　　　○계산과정 : $Q = 2 \times 130L/min = 260L/min$
　　　○답 : 260L/min

(물음 3) 도면에서 번호에 따른 명칭
　　　○답 : ① 감수경보장치　　② 스모렌스키체크밸브
　　　　　　③ 릴리이프밸브　　④ 후렉시블조인트

(물음 4) 후렉시블조인트의 설치목적
　　　○답 : 배관 내 진동을 흡수하여 배관 및 부속품의 파손방지

(물음 5) 릴리이프밸브의 설치목적
　　　○답 : 펌프의 체절운전 시 체절압력 이하에서 작동하여 펌프 및 배관을 보호

(물음 6) 노즐에서 방수되는 물의 양(L)
　　　○계산과정 : $Q = 0.653 \times 13^2 \times \sqrt{10 \times 0.25} \times 10min = 1744.90L$
　　　○답 : 1744.90L

15 지상 4층 건물에 호스릴옥내소화전을 설치하려고 한다. 각층에 호스릴옥내소화전 4개씩을 배치하며 이때 실양정은 50m, 배관의 손실압력수두는 실양정의 25%라고 본다. 또 호스의 마찰손실수두가 3.5m이며 20분간 연속 방수되는 것으로 하였을 때 다음 각 물음에 답하시오. (5점)

(물음 1) 펌프의 최소토출량(L/분)을 구하시오.
(물음 2) 펌프의 최소 토출압력(MPa)을 구하시오.

풀이 (물음 1) 펌프의 최소토출량(L/분)
　　　　　○계산과정 : $Q = 2 \times 130 L/min = 260 L/min$
　　　　　○답 : 260L/min
　　(물음 2) 펌프의 최소 토출압력(MPa)
　　　　　○계산과정 : $H = 50m + (50m \times 0.25) + 3.5m + 17m = 83m$
　　　　　　　　　　∴ 0.83MPa
　　　　　○답 : 0.83MPa

상세해설

구 분	옥내소화전설비	호스릴 옥내소화전설비
수원의 양	옥내소화전의 설치개수가 가장 많은 층의 설치개수 (최대 2개)×2.6m³ 이상	호스릴 옥내소화전의 설치개수가 가장 많은 층의 설치개수 (최대 2개)×2.6m³ 이상
방수압	0.17MPa 이상	0.17MPa 이상
방수량	130 l/min 이상	130 l/min 이상
배관의 구경	가지배관 : 40mm 이상 주배관 중 수직배관 : 50mm 이상	가지배관 : 25mm 이상 주배관 중 수직배관 : 32mm 이상
수평거리	25m 이하	25m 이하

16 지상16층의 계단실형(계단식) APT에 옥내소화전설비와 스프링클러설비를 설치한다. 옥내소화전은 3개/층, 폐쇄형스프링클러헤드는 28개/층 설치되며 소화펌프는 옥내소화전설비와 스프링클러설비 겸용으로 사용한다. 다음 각 물음에 답하시오. (10점)

(물음 1) 소화펌프의 전양정(m)을 산출하시오. (단, 실양정은 70m, 배관마찰손실수두는 25m, 안전율 10m를 고려한다.)
(물음 2) 소화설비에 필요한 수원의 최소 유효저수량(m³)을 산출하시오. (옥상수조 포함)
(물음 3) 전동기의 소요동력(kW)을 산출하시오.
 (단, 전달계수는 1.1, 펌프효율은 65%로 한다)
(물음 4) 감시제어반과 동력제어반으로 구분하여 설치하지 아니할 수 있는 경우를 3가지만 쓰시오.

풀이 (물음 1) 전양정(m)
  ○계산과정 : 전양정은 옥내소화전설비를 기준
  $$H = 70\text{m} + 25\text{m} + 17\text{m} + 10\text{m} = 122\text{m}$$
  ○답 : 122m

(물음 2) 수원의 최소 유효저수량(옥상수조 포함)(m³)
  ○계산과정 :
  $$Q = [2 \times 2.6\text{m}^3 + 10 \times 1.6\text{m}^3] + [2 \times 2.6\text{m}^3 + 10 \times 1.6\text{m}^3] \times \frac{1}{3}$$
  $$= 28.27\text{m}^3$$
  ○답 : 28.27m³

(물음 3) 전동기용량
  ○계산과정 : 펌프의 토출량
  $$Q = 2 \times 130\text{L/min} + 10 \times 80\text{L/min} = 1060\text{L/min} = 1.06\text{m}^3/\text{min}$$
  $$P(\text{kW}) = \frac{9.8 \times (1.06/60) \times 122}{0.65} \times 1.1 = 35.75\text{kW}$$
  ○답 : 35.75kW

(물음 4) 감시제어반과 동력제어반을 구분하여 설치하지 않아도 되는 경우
  ○답 : ① 내연기관에 따른 가압송수장치를 사용하는 경우
    ② 고가수조에 따른 가압송수장치를 사용하는 경우
    ③ 가압수조에 따른 가압송수장치를 사용하는 경우

상세해설

(1) 옥내소화전설비의 감시제어반과 동력제어반으로 구분하여 설치하지 아니할 수 있는 경우
① 비상전원 설치대상에 해당하지 아니하는 특정소방대상물에 설치되는 옥내소화전설비
② 내연기관에 따른 가압송수장치를 사용하는 옥내소화전설비
③ 고가수조에 따른 가압송수장치를 사용하는 옥내소화전설비
④ 가압수조에 따른 가압송수장치를 사용하는 옥내소화전설비

(2) 스프링클러설비의 감시제어반과 동력제어반으로 구분하여 설치하지 아니할 수 있는 경우
① 다음 각 목의 어느 하나에 해당하지 아니하는 특정소방대상물에 설치되는 스프링클러설비
  ㉠ 지하층을 제외한 층수가 7층 이상으로서 연면적이 2,000m² 이상인 것
  ㉡ 특정소방대상물로서 지하층의 바닥면적의 합계가 3,000m² 이상인 것.
② 내연기관에 따른 가압송수장치를 사용하는 스프링클러설비
③ 고가수조에 따른 가압송수장치를 사용하는 스프링클러설비
④ 가압수조에 따른 가압송수장치를 사용하는 스프링클러설비

소방설비기사 – 기계분야

2019년 11월 9일 시행

17년-4월 기출

01 그림은 서로 직렬된 2개의 실 Ⅰ, Ⅱ의 평면도로서 A_1, A_2는 출입문이며, 각 실은 출입문 이외의 틈새가 없다고 한다. 출입문이 닫힌 상태에서 실 Ⅰ을 급기 가압하여 실 Ⅰ과 외부간에 50파스칼의 기압차를 얻기 위하여 실 Ⅰ에 급기시켜야 할 풍량은 몇 (m³/s)가 되겠는가? (단, 닫힌 문 A_1, A_2에 의해 공기가 유통될 수 있는 틈새의 면적은 각각 0.02m^2이며, 임의의 어느 실에 대한 급기량 $Q[\text{m}^3/\text{s}]$와 얻고자 하는 기압차[파스칼]의 관계식은 $Q = 0.827 \times A \times P^{1/2}$이다.) (3점)

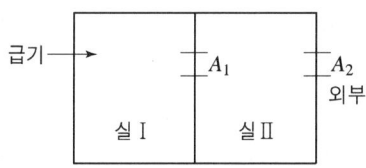

풀이 ○ 계산과정:

$Q = 0.827 \times A \times \sqrt{P}$

　　Q : 풍량(m³/s), A : 닫힌 문 틈새면적(m²), P : 압력차(Pa)

닫힌 두 개의 문의 틈새면적 $A = \dfrac{1}{\sqrt{\dfrac{1}{A_1^2} + \dfrac{1}{A_2^2}}}$ 이므로

$A = \dfrac{1}{\sqrt{\dfrac{1}{(0.02)^2} + \dfrac{1}{(0.02)^2}}} = \dfrac{1}{\sqrt{2500 + 2500}} = \dfrac{1}{\sqrt{5000}} = 0.01414\text{m}^2$

$P = 50\text{Pa}$

∴ $Q = 0.827 \times 0.01414 \times \sqrt{50} = 0.0827\text{m}^3/\text{s}$

○ **답** : $0.08\text{m}^3/\text{s}$

13년-11월 기출

02 주방의 식용유 화재에는 중탄산나트륨계의 분말약제가 비누화현상 때문에 특히 유효하다. 비누화현상을 간단히 설명하고 소화효과 2가지만 쓰시오? (4점)

○ 답 : ① **비누화(검화)현상** : 알칼리를 작용하면 가수분해 되어서 그 성분의 산의 염과 알코올이 되는 변화
② **소화효과** : 질식효과, 부촉매효과(억제효과)

10년-7월, 14년-4월 기출

03 스프링클러설비의 수원은 산출된 유효수량 외에 유효수량의 3분의 1 이상을 옥상에 설치하여야 한다. 그러나 옥상에 설치하지 않아도 되는 경우를 4가지만 쓰시오. (4점)

○ 답 : ① 지하층만 있는 건축물
② 고가수조를 가압송수장치로 설치한 스프링클러설비
③ 수원이 건축물의 최상층에 설치된 헤드보다 높은 위치에 설치된 경우
④ 건축물의 높이가 지표면으로부터 10m 이하인 경우
⑤ 주펌프와 동등 이상의 성능이 있는 별도의 펌프로서 내연기관의 기동과 연동하여 작동되거나 비상전원을 연결하여 설치한 경우
⑥ 가압수조를 가압송수장치로 설치한 스프링클러설비

17년-6월 기출

04 가로 19m, 세로 9m인 직사각형 형태의 무대부가 있다. 이 무대부에는 기둥이 없고 상부는 반자로 고르게 마감되어 있다. 이 무대부에 스프링클러헤드를 정방형 형태로 설치하고자 할 때 헤드의 소요개수를 계산하시오. (단, 반자속에는 헤드를 설치하지 아니하며 헤드 설치 시 장애물은 모두 무시한다) (4점)

○ 계산과정 : 가로열 헤드수 $N = \dfrac{19\text{m}}{2 \times 1.7\text{m} \times \cos 45°} = 7.90$ ∴ 8개

세로열 헤드수 $N = \dfrac{9m}{2 \times 1.7\text{m} \times \cos 45°} = 3.74$ ∴ 4개

소요 헤드수 $N_T = 8 \times 4 = 32$개

○ 답 : 32개

상세해설

스프링클러헤드의 배치기준

설치장소			설치기준
천장·반자·천장과 반자 사이·덕트·선반 기타 이와 유사한 부분(폭이 1.2m를 초과하는 것)	무대부, 특수가연물 저장 취급 장소 및 창고		수평거리 1.7m 이하
	특정 소방대상물	기타구조	수평거리 2.1m 이하
		내화구조	수평거리 2.3m 이하
	아파트		수평거리 2.6m 이하
랙식 창고			랙 높이 3m 이하 마다

정방형(정사각형)설치 시 헤드간의 거리

| 정방향 설치 | $S = 2r\cos 45°$ [여기서, S : 헤드의 간격(m), r : 수평거리(m)] |

13년-4월, 18년-4월 기출

05 지상 5층이고 각 층의 바닥면적이 6000m²인 특정소방대상물에 소화수조 및 저수조를 설치하고자 한다. 다음 각 물음에 답하시오. (6점)

(물음 1) 소화수조의 저수량은 몇 [m³]인가?
(물음 2) 흡수관투입구는 몇 개 이상으로 설치하여야 하는가?
(물음 3) 가압송수장치를 설치하는 경우 1분당 양수량은 몇 [L] 이상으로 하여야 하는가?

풀이 (물음 1) 소화용수의 저수량[m³]

○계산과정 : $Q = K \times 20\text{m}^3$, $K = \dfrac{30000\text{m}^2}{12500\text{m}^2} = 2.40$

$K = 3$(소수점 이하는 무조건 절상하여 정수로 표기)

∴ $Q = 3 \times 20\text{m}^3 = 60\text{m}^3$

○답 : 60m³

(물음 2) 흡수관투입구의 수

소요수량이 80m³ 미만인 것은 1개 이상, 80m³ 이상인 것은 2개 이상

○답 : 1개 이상

(물음 3) 가압송수장치의 1분당 양수량[L]

소요수량이 40m³ 이상 100m³ 미만이므로 2200L/분 이상

○답 : 2200L 이상

상세해설

1. 소화수조 또는 저수조의 저수량

$$Q = K \times 20\text{m}^3 \text{ 이상}$$

여기서, Q : 소화수조 또는 저수조의 저수량(m^3)

$$K = \frac{\text{연면적}(\text{m}^2)}{\text{기준면적}(\text{m}^2)} \text{(소수점 이하의 수는 1로 본다)}$$

2. 소방대상물의 구분에 따른 기준면적

소방대상물의 구분	면적
1. 1층 및 2층의 바닥면적 합계가 15,000m^2 이상인 소방대상물	7,500m^2
2. 제1호에 해당되지 아니하는 그 밖의 소방대상물	12,500m^2

3. 흡수관투입구 또는 채수구 설치기준

(1) 지하에 설치하는 소화용수설비의 흡수관투입구 설치기준

한 변이 0.6m 이상이거나 직경이 0.6m 이상인 것으로 하고, 소요수량이 80m^3 미만인 것은 1개 이상, 80m^3 이상인 것은 2개 이상을 설치하여야 하며, "흡관투입구"라고 표시한 표지를 할 것

(2) 소화용수설비에 설치하는 채수구 설치기준

① 채수구는 다음 표에 따라 소방용호스 또는 소방용흡수관에 사용하는 구경 65mm 이상의 나사식 결합금속구를 설치할 것

소요수량	20m^3 이상 40m^3 미만	40m^3 이상 100m^3 미만	100m^3 이상
채수구의 수	1개	2개	3개

② 채수구는 지면으로부터의 높이가 0.5m 이상 1m 이하의 위치에 설치하고 "채수구"라고 표시한 표지를 할 것

4. 가압송수장치 설치기준

소화수조 또는 저수조가 지표면으로부터의 깊이(수조 내부바닥까지의 길이)가 4.5m 이상인 지하에 있는 경우에는 다음 표에 따라 가압송수장치를 설치하여야 한다. 다만, 저수량을 지표면으로부터 4.5m 이하인 지하에서 확보할 수 있는 경우에는 소화수조 또는 저수조의 지표면으로부터의 깊이에 관계없이 가압송수장치를 설치하지 아니할 수 있다.

소요수량	20m^3 이상 40m^3 미만	40m^3 이상 100m^3 미만	100m^3 이상
가압송수장치의 1분당 양수량	1,100L 이상	2,200L 이상	3,300L 이상

14년-4월 기출

06 이산화탄소소화설비의 분사헤드를 설치하여서는 아니되는 장소를 4가지만 쓰시오. (4점)

○답 : ① 방재실·제어실 등 사람이 상시 근무하는 장소
② 니트로셀룰로스·셀룰로이드제품 등 자기연소성물질을 저장·취급하는 장소
③ 나트륨·칼륨·칼슘 등 활성금속물질을 저장·취급하는 장소
④ 전시장 등의 관람을 위하여 다수인이 출입·통행하는 통로 및 전시실 등

12년-4월 기출

07 옥내소화전에 관한 설계시 아래 조건을 읽고 답하시오. (12점)

[조건]
㉮ 건물규모 : 3층×각층의 바닥면적 1200m²
㉯ 옥내소화전 수량 : 총 12개(각 층당 4개 설치)
㉰ 소화펌프에서 최상층 소화전호스 접결구까지 수직거리 : 15m
㉱ 소방호스 : φ40mm×15m(고무내장)
㉲ 호스의 마찰손실 수두값(호스 100m당)

구분 유량 (l/min)	호스의 호칭구경(mm)					
	40		50		65	
	마호스	고무내장호스	마호스	고무내장호스	마호스	고무내장호스
130	26m	12m	7m	3m	–	–
350	–	–	–	–	10m	4m

㉳ 배관 및 관부속의 마찰손실수두 합계 : 30m
㉴ 배관 내경

호칭구경	15A	20A	25A	32A	40A	50A	65A	80A	100A
내경(mm)	16.4	21.9	27.5	36.2	42.1	53.2	69	81	105.3

㉵ 펌프의 동력전달계수

동력전달형식	전달계수	동력전달형식	전달계수
전동기	1.1	전동기 이외의 것	1.2

㉶ 펌프의 구경에 따른 효율(단, 펌프의 구경은 펌프의 토출측 주배관의 구경과 같다.)

펌프의 구경(mm)	40	50~65	80	100	125~150
펌프의 효율(E)	0.45	0.55	0.60	0.65	0.70

(물음 1) 소방펌프의 정격유량과 정격양정을 계산하시오.
         (단, 흡입양정은 무시)
(물음 2) 소화펌프의 토출측 최소관경을 구하시오.
(물음 3) 소화펌프의 모터동력(kW)를 계산하시오.
         (단, 펌프는 디젤엔진 구동방식이다.)
(물음 4) 펌프의 성능은 체절운전 시 정격토출압력의 (①)%를 초과하지 아니하여야 하고 유량측정장치는 성능시험배관의 직관부에 설치하되 펌프의 정격토출량의 (②)% 이상 측정 할 수 있는 성능이 있을 것. 에서 ( )안에 알맞은 답을 쓰시오.
(물음 5) 만일 펌프로부터 제일 먼 옥내소화전 노즐과 가장 가까운 곳의 옥내소화전 노즐의 방수압력 차이가 0.4MPa이며 펌프로부터 제일 먼 거리에 있는 옥내소화전 노즐의 방수압력이 0.17MPa 방수유량이 130LPm인 경우 가장 가까운 소화전의 방수유량(LPm)은 얼마인가?
(물음 6) 옥상에 저장하여야 할 수원의 양(m^3)은 얼마인가?

풀이 **(물음 1)** 소방펌프의 정격유량과 정격양정

    (1) 정격유량(l/분)

        ○계산과정 : $Q = 2 \times 130 = 260\,l$/분

        ○답 : $260\,l$/분

    (2) 정격양정(m)

        ○계산과정 : $H = 15 + 30 + \left(15 \times \dfrac{12}{100}\right) + 17 = 63.8\,\text{m}$

        ○답 : 63.8m

(물음 2) 소화펌프의 토출측 최소관경

    ○계산과정 : 옥내소화전 토출 측 배관 내 유속은 4m/s 이하

$$D = \sqrt{\dfrac{4 \times (0.26/60)}{\pi \times 4}} \times 1000 = 37.14\,\text{mm 조건 ㈎에서 선택}$$

    ∴ 50A(주배관 중 수직배관의 최소구경은 50mm)

    ○답 : 50A

(물음 3) 소화펌프의 모터동력

    ○계산과정 : $P(\text{kW}) = \dfrac{9.8 \times (0.26/60) \times 63.8}{0.55} \times 1.2 = 5.91\,\text{kW}$

    ○답 : 5.91kW

(물음 4) ○답 : ① 140   ② 175

(물음 5) 소화전의 방수유량

○계산과정 : ① 가장 가까운 소화전의 방수압 $P = 0.17 + 0.4 = 0.57\text{MPa}$

② $Q = K\sqrt{10P}$ $130l/분 = K\sqrt{10 \times 0.17}$ $K = 99.71$

∴ $Q = 99.71 \times \sqrt{10 \times 0.57} = 238.05\text{LPm}\,(l/\min)$

○답 : 238.05LPm

(물음 6) 옥상에 저장하여야 할 수원의 양

○계산과정 : 옥상에 저장하여야 할 수원의 양(m^3)은 산출된 유효수량의 $\frac{1}{3}$ 이상

∴ $Q = 2 \times 2.6\text{m}^3 \times \frac{1}{3} = 1.73\text{m}^3$

○답 : 1.73m^3

상세해설

(물음 1) $Q = N \times 130\,l/분$ (N : 최대 2개)

(물음 2) $H = h_1 + h_2 + h_3 + 17\text{m}$

$Q = UA$ 옥내소화전 토출 측 배관 내 유속은 4m/s 이하

∴ $U = \dfrac{Q}{A} = \dfrac{Q}{\dfrac{\pi D^2}{4}}$ $D = \sqrt{\dfrac{4Q}{\pi U}}$

(물음 3) $P(\text{kW}) = \dfrac{\gamma QH}{E} \times K$

$\gamma = 9.8\text{kN/m}^3$ $Q = 0.26\text{m}^3/60\text{s}$ $H = 63.8\text{m}$ $E = 0.55$ $K = 1.2$

09년-10월 기출, 16년-11월 기출

08 전압이 100mmAq 이고 송풍기효율은 50%, A실의 소요배출량 $8000\text{m}^3/\text{h}$, B실의 소요배출량 $8000\text{m}^3/\text{h}$ 일 때 다음 각 물음에 답하시오. (3점)

(물음 1) 송풍기의 소요 풍량($\text{m}^3/\min$)을 계산하시오.
(물음 2) 송풍기의 축동력(kW)을 계산하시오.

풀이 (물음 1) ○계산과정 : 소요풍량 $= 8000 + 8000 = 16000\text{m}^3/\text{h} = 16000\text{m}^3/60\min$
$= 266.67\text{m}^3/\min$

○답 : $266.67\text{m}^3/\min$

(물음 2) ○계산과정 : 송풍기의 축동력 계산 : $P(\text{kW}) = \dfrac{Q \times P_T}{102 \times 60 \times E}$

여기서, P : 송풍기의 축동력(kW), Q : 풍량($\text{m}^3/\min$)

P_T : 전압(mmH$_2$O), E : 송풍기 효율

$$P(\text{kW}) = \frac{266.67 \times 100}{102 \times 60 \times 0.5} = 8.71\text{kW}$$

○답 : 8.71kW

09 포소화약제 중 수성막포의 장점과 단점을 각각 2가지씩 쓰시오. (4점)

○답 : [장점] ① 포약제 중 소화력이 가장 우수하다.
　　　　　② 화학적으로 안정하여 장기보존이 가능하다.
　　　　　③ 화학적으로 안정하여 다른 소화약제와 겸용이 가능하다.
　　　[단점] ① 다른 약제에 비해 가격이 비싸다.
　　　　　② 유동성과 열안정성에 약하다.
　　　　　③ 대형화재 및 고온화재(1000℃ 이상)에 표면막 생성곤란

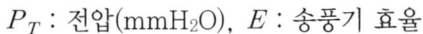
13년-4월, 13년-11월, 14년-4월, 16년 11월, 17년-6월 기출

10 가로15m 세로14m 높이3.2m인 전기실에 불활성기체소화약제인 IG-541을 사용할 경우 아래 조건을 참조하여 다음 각 물음에 답하시오. (9점)

[조건]
① IG-541의 소화농도는 33%이다.
② IG-541의 저장용기는 80(L)용 12.5(m³/병)을 적용하며 충전압력은 19.996MPa이다.
③ 소화약제량 산정 시 선형상수를 이용하며 방사시 기준온도는 30℃이다.

K$_1$	K$_2$
0.65799	0.00239

(물음 1) 필요한 소화약제 저장용기는 몇 [병]인가?
(물음 2) 배관구경은 몇 [분] 이내에 방호구역 각 부분에 최소설계농도의 몇 [%] 이상 해당하는 약제량이 방출되도록 하여야 하는가?

(물음 1) 필요한 저장용기의 병수
○계산과정 :
$V = 15 \times 14 \times 3.2 = 672\text{m}^3$
$V_S = 0.65799 + (0.00239 \times 20) = 0.7058\text{m}^3/\text{kg}$
$S = 0.65799 + (0.00239 \times 30) = 0.7297\text{m}^3/\text{kg}$

C급화재시 C(설계농도) = 소화농도 × K(안전계수) = 33% × 1.35(C급)
$$= 44.55\%$$

$$X = 2.303 \times \frac{0.7058}{0.7297} \times \log\left(\frac{100}{100-44.55}\right) = 0.5705 \text{m}^3/\text{m}^3$$

$$W = 672\text{m}^3 \times 0.5705\text{m}^3/\text{m}^3 = 383.38\text{m}^3$$

$$N = \frac{383.38\text{m}^3}{12.5\text{m}^3} = 30.67병 \quad \therefore 31병$$

○답 : 31병

(물음 2) ○답 : 2분 이내, 95% 이상

상세해설

IG-541의 저장량(m^3)

불활성기체 소화약제량 산출공식

$$X = 2.303 \times \frac{V_S}{S} \times \log_{10}\left(\frac{100}{100-C}\right)$$

여기서, X : 공간 체적당 더해진 소화약제의 부피(m^3/m^3)
V_S : 20℃에서 소화약제의 비체적(m^3/kg)
S : 소화약제별 선형상수($K_1 + K_2 \times t$)(m^3/kg)
C : 체적에 따른 소화약제의 설계농도(%)
 [C = 소화농도(%) × K(안전계수, A급 1.2, B급 1.3, C급 1.35)]
 ※ C급(통전상태)의 안전계수는 A급(전기차단상태)소화농도의 1.35

배관구경 : 방호구역에 할로겐화합물 소화약제가 10초(불활성기체 소화약제는 A, C급 화재 2분, B급 화재 1분) 이내에 최소설계농도의 95% 이상 방출되도록 하여야 한다.

---

11 할로겐화합물 및 불활성기체소화설비에 대한 다음 각 물음에 답하시오.

(8점)

(물음 1) 할로겐화합물소화약제란 어떤 원소를 기본성분으로 하는지 원소의 명칭을 쓰시오.

(물음 2) 불활성기체소화약제란 어떤 원소를 기본성분으로 하는지 원소의 명칭을 쓰시오.

(물음 3) 다음은 할로겐화합물 및 불활성기체소화설비의 약제저장용기를 재충전하거나 저장용기를 교체하여야하는 기준이다. ( )안에 알맞은 답을 쓰시오.

> 저장용기의 약제량 손실이 (①)를 초과하거나 압력손실이 (②)를 초과할 경우에는 재충전하거나 저장용기를 교체할 것. 다만, 불활성기체 소화약제 저장용기의 경우에는 압력손실이 (③)를 초과할 경우 재충전하거나 저장용기를 교체하여야 한다.

(물음 4) 할로겐화합물 및 불활성기체소화설비 설치제외 장소를 2가지만 쓰시오.

(물음 5) 할로겐화합물소화약제를 1가지만 쓰시오.
(단, 할론 1301, 할론 2402, 할론 1211, 할론1011은 제외한다)

풀이

(물음 1) ○답 : 불소, 염소, 브롬, 요오드
(물음 2) ○답 : 헬륨, 네온, 아르곤, 질소
(물음 3) ○답 : ① 5%, ② 10%, ③ 5%
(물음 4) ○답 : ① 사람이 상주하는 곳으로써 최대허용설계농도를 초과하는 장소
　　　　　　② 제3류 위험물 및 제5류 위험물을 사용하는 장소
(물음 5) ○답 : 퍼플루오로부탄(FC-3-1-10)

상세해설

할로겐화합물 및 불활성기체소화약제

소 화 약 제	화 학 식
도데카플루오로-2-메틸펜탄-3-원(FK-5-1-12)	$CF_3CF_2C(O)CF(CF_3)_2$
퍼플루오로부탄(FC-3-1-10)	C_4F_{10}
하이드로클로로플루오르카본혼화제 (HCFC BLEND A)	HCFC-123($CHCl_2CF_8$) : 4.75% HCFC-22($CHClF_2$) : 82% HCFC-124($CHClFCF_3$) : 9.5% $C_{10}H_{16}$: 3.75%
클로로테트라플루오르에탄(HCFC-124)	$CHClFCF_3$
펜타플루오르에탄(HFC-125)	CHF_2CF_3
헵타플루오르프로판(HFC-227ea)	CF_3CHFCF_3
트리플루오르메탄(HFC-23)	CHF_3
헥사플루오르프로판(HFC-236fa)	$CF_3CH_2CF_3$
트리플루오르이오다이드(FIC-13 I 1)	CF_3I
불연성·불활성기체혼합가스(IG-01)	Ar
불연성·불활성기체혼합가스(IG-100)	N_2
불연성·불활성기체혼합가스(IG-541)	N_2 : 52%, Ar : 40%, CO_2 : 8%
불연성·불활성기체 혼합가스(IG-55)	N_2 : 50%, Ar : 50%

09년-4월, 11년-5월 기출

12 어떤 소방대상물에 옥외소화전 3개를 화재안전기술기준등과 다음 조건에 따라 설치하려고 한다. 다음 각 물음에 답하시오. (9점)

[조건] ① 옥외소화전은 지상용 A형을 사용한다.
② 펌프에서 첫째 옥외소화전까지의 직관길이는 150m, 관의 내경은 100mm이다.
③ 모든 규격치는 최소량을 적용한다.

(물음 1) 수원의 최소 유효저수량은 몇 [m³]인가?
(물음 2) 펌프의 최소 토출량(Lpm)은 얼마인가?
(물음 3) 직관부분에서의 마찰손실수두(m)는 얼마인가?
(DARCY WEISBACH의 식을 사용하고 마찰손실 계수는 0.02이다.)

풀이 (물음 1) ○계산과정 : 옥외소화전 수원의 저수량 $Q(\text{m}^3) = N \times 7\text{m}^3$ 이상
여기서, N : 옥외소화전 설치개수(최대 2개)
∴ $Q(\text{m}^3) = 2 \times 7\text{m}^3 = 14\text{m}^3$ 이상

○답 : 14m³ 이상

(물음 2) ○계산과정 : 펌프의 토출량(m^3/min) = $N \times$ (규정 방수량 $350l$/min)
여기서, N : 옥외소화전 설치개수(최대 2개)
∴ $Q(\text{m}^3) = 2 \times 350 l/\text{min} = 700 l/\text{min}(\text{Lpm})$

○답 : 700Lpm

(물음 3) ○계산과정 : DARCY WEISBACH식

$$\Delta h_L = \frac{flu^2}{2gD}(\text{m})$$

여기서, Δh_L : 마찰손실 수두(m), f : 마찰계수, l : 배관길이(m)
u : 유속(m/s), D : 내경(m), g : 9.8m/s²

문제에서 $f = 0.02$ $l = 150\text{m}$ $D = 100\text{mm} = 0.1\text{m}$ $g = 9.8\text{m/s}^2$

$u = \dfrac{Q}{A}$에서 $U = \dfrac{Q}{\dfrac{\pi}{4} \times D^2}$ ∴ $U = \dfrac{0.7\text{m}^3/\text{min} \times \text{min}/60\text{s}}{\dfrac{\pi}{4}(0.1)^2}$

∴ $U = 1.4854\text{m/s}$

∴ $\Delta h_L = \dfrac{0.02 \times 150 \times (1.4854)^2}{2 \times 9.8 \times 0.1} = 3.38\text{m}$

○답 : 3.38m

11년-7월 기출

13 연결송수관 설비가 설치된 높이 120m인 건물이 있다. 가압송수장치가 설치된 경우 다음 물음에 답하시오. (5점)

(물음 1) 가압송수장치 설치 이유를 쓰시오.
(물음 2) 가압송수장치 펌프의 토출량은 몇 m^3/min 이상이어야 하는지 쓰시오. (단, 계단식 아파트가 아니고, 당해 층에 설치된 방수구가 3개 이하이다.)
(물음 3) 최상층 노즐 선단의 방수압력은 몇 MPa 이상이어야 하는지 쓰시오.

풀이 (물음 1) 가압송수장치 설치 이유
○ 답 : 지표면에서 최상층 방수구의 높이가 70m 이상의 소방대상물에서는 소방펌프자동차의 토출압력만으로는 규정방수압력 및 방수량을 얻기가 어렵기 때문이다.

상세해설
연결송수관설비의 가압송수장치 설치대상
지표면에서 최상층 방수구의 높이가 70m 이상의 소방대상물에는 연결송수관설비의 가압송수장치를 설치하여야한다.

(물음 2) 가압송수장치 펌프의 토출량(m^3/min)
○ 답 : $2.4m^3/min$ 이상

상세해설
연결송수관설비의 펌프토출량
펌프의 토출량은 2,400L/min(계단식 아파트의 경우에는 1,200L/min) 이상이 되는 것으로 할 것. 다만, 당해 층에 설치된 방수구가 3개를 초과(방수구가 5개 이상인 경우에는 5개)하는 것에 있어서는 1개마다 800L/min(계단식 아파트의 경우에는 400L/min)를 가산한 양이 되는 것으로 할 것

(물음 3) 최상층 노즐선단의 방수압력(MPa)
○ 답 : 0.35MPa 이상

상세해설
연결송수관설비의 펌프의 양정
최상층에 설치된 노즐선단의 압력이 0.35MPa 이상의 압력이 되도록 할 것

14 다음은 할론소화설비에 대한 화재안전기술기준이다. ( )안에 알맞은 답을 쓰시오. (8점)

> (1) 축압식 저장용기의 압력은 온도 20℃에서 할론 1211을 저장하는 것은 (①)MPa 또는 (②)MPa, 할론 1301을 저장하는 것은 (③)MPa 또는 (④)MPa이 되도록 질소가스로 축압할 것
> (2) 가압용 가스용기는 질소가스가 충전된 것으로 하고, 그 압력은 21℃에서 (⑤)MPa 또는 (⑥)MPa이 되도록 하여야 한다.
> (3) 가압식 저장용기에는 (⑦)MPa 이하의 압력으로 조정할 수 있는 압력조정장치를 설치하여야 한다.
> (4) 하나의 구역을 담당하는 소화약제 저장용기의 소화약제량의 체적합계보다 그 소화약제 방출시 방출경로가 되는 배관(집합관 포함)의 내용적이 (⑧)배 이상일 경우에는 해당 방호구역에 대한 설비는 별도 독립방식으로 하여야 한다.

풀이 ○답 : ① 1.1, ② 2.5, ③ 2.5, ④ 4.2, ⑤ 2.5, ⑥ 4.2, ⑦ 2.0, ⑧ 1.5

상세해설

> **할론소화약제의 저장용기등**
> (1) 축압식 저장용기의 압력은 온도 20℃에서 **할론 1211**을 저장하는 것은 **1.1MPa** 또는 **2.5MPa**, **할론 1301**을 저장하는 것은 **2.5MPa** 또는 **4.2MPa**이 되도록 질소가스로 축압할 것
> (2) 저장용기의 **충전비**는 **할론 2402**를 저장하는 것 중 가압식 저장용기는 0.51 이상 0.67 미만, 축압식 저장용기는 0.67 이상 2.75 이하, 할론 1211은 0.7 이상 1.4 이하, 할론 1301은 0.9 이상 1.6 이하로 할 것
> (3) 동일 집합관에 접속되는 용기의 소화약제 충전량은 동일충전비의 것이어야 할 것
> (4) 가압용 가스용기는 질소가스가 충전된 것으로 하고, 그 압력은 21℃에서 **2.5MPa** 또는 **4.2MPa**이 되도록 하여야 한다.
> (5) 할론소화약제 저장용기의 개방밸브는 전기식·가스압력식 또는 기계식에 따라 자동으로 개방되고 수동으로도 개방되는 것으로서 안전장치가 부착된 것으로 하여야 한다.
> (6) 가압식 저장용기에는 **2.0MPa 이하**의 압력으로 조정할 수 있는 **압력조정장치**를 설치하여야 한다.
> (7) 하나의 구역을 담당하는 소화약제 저장용기의 소화약제량의 체적합계보다 그 소화약제 방출시 방출경로가 되는 배관(집합관 포함)의 내용적이 **1.5배 이상**일 경우에는 해당 방호구역에 대한 설비는 **별도 독립방식**으로 하여야 한다.

15 1시간30분 동안에 50톤의 물이 길이가 350m이고 안지름이 155mm인 수평 배관에 흐르고 있다. 배관의 마찰손실계수는 0.03일 때 다음 각 물음에 답하시오. (5점)

(물음 1) 배관 내 물의 유속(m/s)을 계산하시오.
(물음 2) 배관 내 마찰손실압력(kPa)을 계산하시오.

풀이 (물음 1) 배관 내 물의 유속(m/s)

○ 계산과정 : $Q = 50\text{톤} \times \dfrac{1\text{m}^3}{1\text{톤}} / (1.5 \times 3{,}600)\text{s}$

$$u = \dfrac{Q}{A} = \dfrac{50\text{m}^3/(1.5 \times 3600)\text{s}}{\dfrac{\pi}{4} \times (0.155\text{m})^2} = 0.49\text{m/s}$$

○ 답 : 0.49m/s

(물음 2) 배관 내 마찰손실압력(kPa)

○ 계산과정 : ① $f = 0.03$, $l = 350\text{m}$, $d = 0.155\text{m}$, $u = 0.49\text{m/s}$

② $\Delta P = 0.03 \times \dfrac{350}{0.155} \times \dfrac{0.49^2}{2 \times 9.8} \times 9.8\text{kN/m}^3$

$\qquad = 8.13\text{kN/m}^2(\text{kPa})$

○ 답 : 8.13kPa

상세해설

달시 – 바이스바하(Darcy – Weisbach) 공식

$$\Delta h_L(\text{m}) = f \times \dfrac{l}{d} \times \dfrac{u^2}{2g} \qquad \Delta P(\text{kPa}) = \Delta h_L(\text{m}) \times \gamma(\text{kN/m}^3)$$

여기서, Δh_L : 마찰손실수두(m)
 f : 마찰손실계수
 l : 배관길이(m)
 u : 유속(m/s)
 g : 중력가속도(9.8m/s²)
 d : 배관내경(m)
 γ : 비중량($\gamma_w = 9800\text{N/m}^3 = 9.8\text{kN/m}^3$)

03년-10월, 06년-4월, 06년-11월, 13년-4월, 13년-11월, 15년-4월, 16년-6월 유사

16 표면화재 방호대상물에 아래와 같은 조건으로 전역방출방식의 고압식 이산화탄소소화설비를 설치하였을 경우 각 물음에 답하시오. (12점)

[조건]
① 방호구역의 조건

방호구역	크기(m) 면적	크기(m) 높이	개구부면적(m^2)	개구부상태
발전기실	12×5	5	5.2	자동폐쇄 가능
축전지실	13×2	5	2.4	자동폐쇄 가능

② 이산화탄소저장용기는 내용적 68L, 충전량 45kg인 것을 사용하는 것으로 한다.
③ CO_2 방출시간은 1분을 기준으로 한다.
④ CO_2 저장용기는 내용적 68L/충전량 45kg 용의 것을 사용하는 것으로 한다.

(가) 각 방호구역별 필요한 약제저장용기의 수는 몇 [병]인가?
(나) 용기저장소에 저장해야하는 소화약제의 용기 수는 몇 [병]인가?
(다) 각 방호구역별 선택밸브 직후의 유량은 몇 [kg/s]인가? (실제 방출 병수로 계산)
(라) 저장용기는 몇 [MPa] 이상의 내압시험에 합격한 것으로 하여야 하는가?
(마) 저장용기와 선택밸브 또는 개폐밸브 사이에 설치하는 안전장치의 작동압력 범위를 쓰시오.
(바) 분사헤드의 방사압력 몇 [MPa] 이상으로 하여야 하는가?
(사) 약제저장용기 밸브의 작동방식을 3가지로 분류하여 쓰시오.

풀이 (가) 각 실별 필요한 약제저장용기의 수

○계산과정 : ○발전기실 : $Q = 12 \times 5 \times 5m^3 \times 0.8kg/m^3 = 240kg$

$$N = \frac{240kg}{45kg} = 5.33 \quad \therefore 6병$$

○축전지실 : $Q = 13 \times 2 \times 5m^3 \times 0.9kg/m^3 = 117kg$

$$N = \frac{117kg}{45kg} = 2.60 \quad \therefore 3병$$

○답 : 발전기실 6병, 축전지실 3병

(나) 용기 저장소에 저장해야하는 소화약제의 용기 수
가장 많은 양의 약제를 필요로 하는 방호구역 기준이므로
○답 : 6병

(다) 각 방호구역별 선택밸브 직후의 유량
　　○ 계산과정 : ○ 발전기실 : $Q = \dfrac{6병 \times 45\text{kg}}{60\text{s}} = 4.5\text{kg/s}$

　　　　　　　　　○ 축전지실 $Q = \dfrac{3병 \times 45\text{kg}}{60\text{s}} = 2.25\text{kg/s}$

　　○ 답 : 발전기실 4.5kg/s, 축전지실 2.25kg/s

(라) 약제저장용기의 내압시험압력
　　○ 답 : 25MPa 이상

(마) 안전장치의 작동압력 범위
　　○ 답 : 배관의 최소사용설계압력과 최대허용압력 사이의 압력

(바) 분사헤드의 방사압력
　　○ 답 : 2.1MPa 이상

(사) 약제저장용기 밸브의 작동방식을 3가지
　　○ 답 : ① 전기식　② 가스압력식　③ 기계식

상세해설

(1) 표면화재의 방호구역 체적계수 및 면적계수

방호구역의 체적 (m^3)	방호구역의 체적 $1m^3$에 대한 소화약제의 양 kg (K_1 : kg/m^3)	저장량의 최저한도량 (kg)	개구부 가산량 (K_2 : kg/m^2) (자동폐쇄장치 미설치시)
45 미만	1	45	5
45 이상 150 미만	0.9	45	5
150 이상 1450 미만	0.8	135	5
1450 이상	0.75	1125	5

[$K_1(kg/m^3)$: 방호구역 체적계수, $K_2(kg/m^2)$: 개구부 면적계수]

(2) 전역방출방식 표면화재 방호대상물의 약제저장량

$$Q = V \times K_1 + A \times K_2$$

여기서, Q : CO_2약제저장량(kg), V : 방호구역체적(m^3)
　　　　$K_1(kg/m^3)$: 방호구역 체적계수, A : 개구부면적(m^2)
　　　　$K_2(kg/m^2)$: 개구부 면적계수

소방설비기사 – 기계분야
2020년 5월 24일 시행

10년-10월 기출

01 그림과 같은 직사각형 주철 관로망에서 A 지점에서 $0.6\text{m}^3/\text{s}$ 유량으로 물이 들어와서 B와 C 지점에서 각각 $0.2\text{m}^3/\text{s}$와 $0.4\text{m}^3/\text{s}$의 유량으로 물이 나갈 때 관 내에서 흐르는 물의 유량 Q_1, Q_2, Q_3는 각각 몇 m^3/s 인가? (단, 관로가 길기 때문에 관 마찰 손실 이외의 손실은 무시하고 d_1, d_2 관의 관 마찰계수는 $\lambda = 0.025$, d_3, d_4의 관에 대한 관 마찰계수는 $\lambda = 0.028$ 이다. 그리고 각각의 관의 내경은 $d_1 = 0.4\text{m}$, $d_2 = 0.4\text{m}$, $d_3 = 0.322\text{m}$, $d_4 = 0.322\text{m}$ 이며, 또한 본 문제는 Darcy-Weisbach의 방정식을 이용하여 유량을 구한다.) (7점)

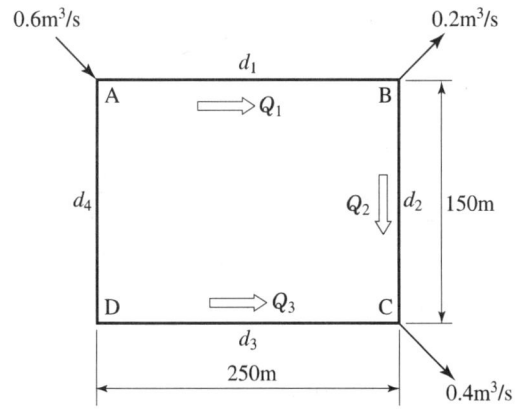

풀이 ○ 계산과정 : $k_1 = 0.0827 \times 0.025 \times \dfrac{250}{0.4^5} = 50.47$

$k_2 = 0.0827 \times 0.025 \times \dfrac{150}{0.4^5} = 30.29$

$k_3 = 0.0827 \times 0.028 \times \dfrac{400}{0.322^5} = 267.57$

$Q_1 + Q_3 = 0.6\text{m}^3/\text{s}$ ········ ①

$Q_1 - Q_2 = 0.2\text{m}^3/\text{s}$ ········ ②

$$50.47Q_1^2 + 30.29Q_2^2 = 267.57Q_3^2$$
$$\therefore \; 50.47Q_1^2 + 30.29Q_2^2 - 267.57Q_3^2 = 0$$
$$50.47Q_1^2 + 30.29(Q_1 - 0.2)^2 - 267.57(0.6 - Q_1)^2 = 0$$
$$186.81Q_1^2 - 308.96Q_1 + 95.12 = 0$$
$$Q_1 = \frac{308.96 + \sqrt{308.96^2 - 4 \times 186.81 \times 95.12}}{2 \times 186.81} = 1.24 \, \text{m}^3/\text{s}$$
$$Q_1 = \frac{308.96 - \sqrt{308.96^2 - 4 \times 186.81 \times 95.12}}{2 \times 186.81} = 0.41 \, \text{m}^3/\text{s}$$
$Q_1 = 1.24 \, \text{m}^3/\text{s}$ 또는 $Q_1 = 0.41 \, \text{m}^3/\text{s}$

여기서 Q_1이 역류하는 경우는 없으므로 $Q_1 = 1.24 \, \text{m}^3/\text{s}$는 발생하지 않는다. 따라서

$Q_1 = 0.41 \, \text{m}^3/\text{s}$

$Q_2 = Q_1 - 0.2 = 0.41 - 0.2 = 0.21 \, \text{m}^3/\text{s}$

$Q_3 = 0.6 - Q_1 = 0.6 - 0.41 = 0.19 \, \text{m}^3/\text{s}$

○**답** : $Q_1 = 0.41 \, \text{m}^3/\text{s}$, $Q_2 = 0.21 \, \text{m}^3/\text{s}$, $Q_3 = 0.19 \, \text{m}^3/\text{s}$

상세해설

Darcy – Weisbach 방정식

$$\Delta H_L = f \times \frac{l}{d} \times \frac{u^2}{2g}$$

여기서, ΔH_L : 마찰손실수두(m), f : 마찰손실계수, l : 배관길이(m)
u : 유속(m/s), g : 중력가속도(9.8m/s^2), d : 배관내경(m)

$$h_L = \lambda \frac{l}{d} \frac{u^2}{2g} = \lambda \frac{l}{d} \frac{1}{2g} \left(\frac{4Q}{\pi d^2}\right)^2 = kQ^2$$

$$k = \lambda \frac{l}{d} \frac{1}{2g} \left(\frac{4}{\pi d^2}\right)^2 = \frac{8\lambda l}{g \pi^2 d^5} = 0.0827 \lambda \frac{l}{d^5}$$

$$k_1 = 0.0827 \times 0.025 \times \frac{250}{0.4^5} = 50.47$$

$$k_2 = 0.0827 \times 0.025 \times \frac{150}{0.4^5} = 30.29 \, ,$$

$$k_3 = 0.0827 \times 0.028 \times \frac{400}{0.322^5} = 267.57$$

그림에서 $Q_1 + Q_3 = 0.6 \, \text{m}^3/\text{s}$ ········ ①, $Q_1 - Q_2 = 0.2 \, \text{m}^3/\text{s}$ ········ ②

①식에서 $Q_3 = (0.6 - Q_1) \, \text{m}^3/\text{s}$, ②식에서 $Q_2 = (Q_1 - 0.2) \, \text{m}^3/\text{s}$

$\Delta h_L ABC = \Delta h_L ADC$

$50.47Q_1^2 + 30.29Q_2^2 = 267.57Q_3^2$ $\quad\quad\quad \therefore \; 50.47Q_1^2 + 30.29Q_2^2 - 267.57Q_3^2 = 0$

$$50.47Q_1^2 + 30.29(Q_1 - 0.2)^2 - 267.57(0.6 - Q_1)^2 = 0$$

$$50.47Q_1^2 + 30.29(Q_1^2 - 0.4Q_1 + 0.04) - 267.57(0.36 - 1.2Q_1 + Q_1^2) = 0$$

$$50.47Q_1^2 + 30.29Q_1^2 - 12.12Q_1 + 1.21 - 96.33 + 321.08Q_1 - 267.57Q_1^2 = 0$$

$$-186.81Q_1^2 + 308.96Q_1 - 95.12 = 0$$

양변에 (−)를 곱하면 $186.81Q_1^2 - 308.96Q_1 + 95.12 = 0$

> 2차 방정식 $ax^2 + bx + c = 0$ $(a \neq 0)$의 두 근 α, β를 구하는 공식
> $$\alpha = \frac{-b + \sqrt{b^2 - 4ac}}{2a} \qquad \beta = \frac{-b - \sqrt{b^2 - 4ac}}{2a}$$

$a = 186.81$, $b = -308.96$, $c = 95.12$

$$Q_1 = \frac{308.96 + \sqrt{(-308.96)^2 - 4 \times 186.81 \times 95.12}}{2 \times 186.81} = 1.24 \, \text{m}^3/\text{s}$$

$$Q_1 = \frac{308.96 - \sqrt{(-308.96)^2 - 4 \times 186.81 \times 95.12}}{2 \times 186.81} = 0.41 \, \text{m}^3/\text{s}$$

$Q_1 = 1.24 \, \text{m}^3/\text{s}$ 또는 $Q_1 = 0.41 \, \text{m}^3/\text{s}$

여기서 Q_1이 역류하는 경우는 없으므로 $Q_1 = 1.24 \, \text{m}^3/\text{s}$는 발생하지 않음

따라서 $Q_1 = 0.41 \, \text{m}^3/\text{s}$

$Q_2 = Q_1 - 0.2 = 0.41 - 0.2 = 0.21 \, \text{m}^3/\text{s}$

$Q_3 = 0.6 - Q_1 = 0.6 - 0.41 = 0.19 \, \text{m}^3/\text{s}$

---

02 다음은 피난기구의 화재안전기술기준(NFTC 301) 중 승강식피난기 및 하향식 피난구용 내림식사다리 설치기준이다. ( )안에 알맞은 답을 쓰시오. (5점)

> (1) 대피실의 면적은 (①)(2세대 이상일 경우에는 3m^2) 이상으로 하고, 「건축법 시행령」 규정에 적합하여야 하며 하강구(개구부) 규격은 직경 (②) 이상일 것
> (2) 대피실의 출입문은 (③)으로 설치하고, 피난방향에서 식별할 수 있는 위치에 "대피실" 표지판을 부착할 것
> (3) 착지점과 하강구는 상호 수평거리 (④) 이상의 간격을 둘 것
> (4) 승강식피난기는 (⑤) 또는 성능시험기관으로 지정받은 기관에서 그 성능을 검증받은 것으로 설치할 것

○답 : ① 2m^2 ② 60cm ③ 60분+ 방화문 또는 60분 방화문
④ 15cm ⑤ 한국소방산업기술원

13년-07월 유사

03 다음은 소화기구 및 자동소화장치의 화재안전기술기준(NFTC 101)중 주거용 주방자동소화장치의 설치기준이다. ( )안에 알맞은 답을 쓰시오. (4점)

(1) 소화약제 방출구는 (①)(주방에서 발생하는 열기류 등을 밖으로 배출하는 장치)의 청소부분과 분리되어 있어야 하며, 형식승인 받은 유효설치 높이 및 (②)에 따라 설치할 것
(2) 감지부는 형식승인 받은 유효한 (③) 및 위치에 설치할 것
(3) 차단장치(전기 또는 가스)는 상시 확인 및 점검이 가능하도록 설치할 것
(4) 가스용 주방자동소화장치를 사용하는 경우 탐지부는 수신부와 분리하여 설치하되, 공기보다 가벼운 가스를 사용하는 경우에는 (④) 면으로 부터 (⑤) 이하의 위치에 설치하고, 공기보다 무거운 가스를 사용하는 장소에는 (⑥) 면으로부터 (⑦) 이하의 위치에 설치할 것
(5) 수신부는 주위의 열기류 또는 습기 등과 주위온도에 영향을 받지 아니하고 사용자가 상시 볼 수 있는 장소에 설치할 것

○답 : ① 환기구 ② 방호면적 ③ 높이
　　　④ 천장 ⑤ 30cm ⑥ 바닥 ⑦ 30cm

97년-05월, 99년-11월, 11년-05월, 19년-06월 기출

04 포소화설비의 포소화약제혼합장치의 종류를 5가지만 쓰시오. (5점)

○답 : ① 펌프 푸로포셔너방식
　　　② 프레져 푸로포셔너방식
　　　③ 라인 푸로포셔너방식
　　　④ 프레져사이드 푸로포셔너방식
　　　⑤ 압축공기포 믹싱챔버방식

상세해설

포소화약제의 혼합장치
① 펌프 프로포셔너 방식(pump proportioner type)(펌프 조합방식)
　펌프의 토출관과 흡입관 사이의 배관도중에 설치한 흡입기에 펌프에서 토출된 물의 일부를 보내고, 농도 조정밸브에서 조정된 포 소화약제의 필요량을 포 소화약제 탱크에서 펌프 흡입측으로 보내어 이를 혼합하는 방식

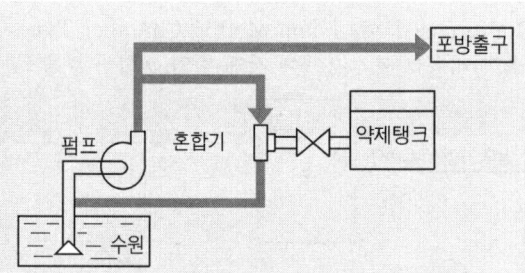

② **프레져 프로포셔너 방식**(pressure proportioner type)(차압 조합방식)
펌프와 발포기의 중간에 설치된 벤추리관의 벤추리작용과 펌프 가압수의 포 소화약제 저장탱크에 대한 압력에 의하여 포소화약제를 흡입·혼합하는 방식

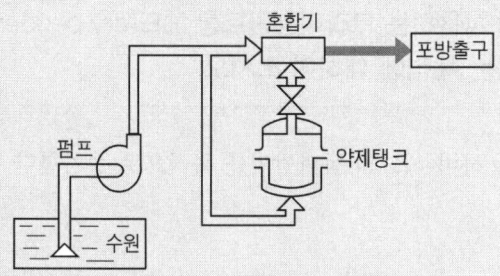

③ **라인 프로포셔너 방식**(line proportioner type)(관로 조합방식)
펌프와 발포기의 중간에 설치된 벤추리관의 벤추리 작용에 의하여 포소화약제를 흡입·혼합하는 방식

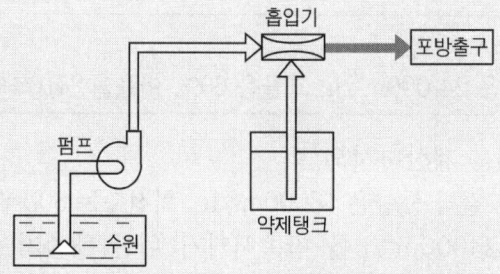

④ **프레져사이드 프로포셔너 방식**(pressure side proportioner type)(압입 혼합방식)
펌프의 토출관에 압입기를 설치하여 포 소화약제 압입용 펌프로 포소화약제를 압입시켜 혼합하는 방식

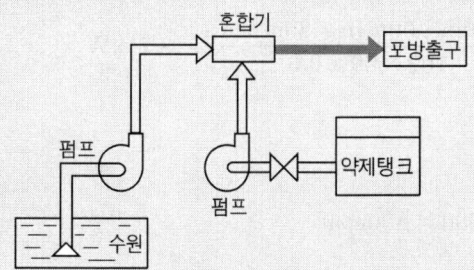

⑤ 압축공기포 믹싱챔버방식(Compressed Air Foam Mixing Chamber Type)
압축공기 또는 압축질소를 일정비율로 포수용액에 강제 주입 혼합하는 방식

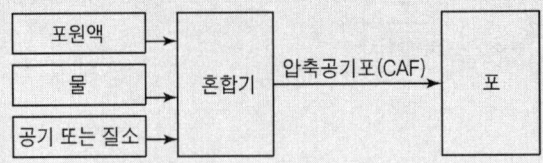

07년-04월, 10년-07월, 18년-06월 기출

05 건식 스프링클러설비 등에 사용하는 드라이펜던트형 헤드(dry pendent type sprinkler head)를 설치하는 목적에 대하여 쓰시오. (3점)

○답 : 하향형 헤드 설치 시 사용하며 헤드의 동파방지를 목적으로 설치한다.

95년-11월, 99년-05월, 00년-08월, 07년-07월 유사

06 어떤 지하상가에 제연설비를 화재안전기술기준과 아래 조건에 따라 설치하려고 한다. 다음 각 물음에 답하시오. (4점)

[조건] ① 전압은 80mmAq이다.
② 배출기의 풍량은 24,000m³/h, 효율은 60%, 여유율은 10%이다.

(1) 배출기의 축동력(kW)을 계산하시오.
(2) 준공 후 풍량 시험을 한 결과 풍량은 18000m³/h 회전수는 600rpm으로 측정되었다. 배출량 24000m³/h를 만족시키기 위한 배출기 회전수 [rpm]를 계산하시오.

(1) 배출기의 축동력(kW)

○계산과정 : $P(\text{kW}) = \dfrac{24000\text{m}^3/60\min \times 80\text{mmAq}}{102 \times 60 \times 0.6} = 8.71\text{kW}$

○답 : 8.71kW

(2) 배출기 회전수(rpm)

○계산과정 : $N_2 = \dfrac{24000}{18000} \times 600 = 800\text{rpm}$

○답 : 800rpm

상세해설

(1) 배출기의 동력계산
 ① 축동력
$$L_S(\text{kW}) = \frac{Q(\text{m}^3/\text{min}) \times P_T(\text{mmAq})}{102 \times 60 \times E}$$
※ 주의 : 축동력 계산 시 전달계수 값은 무시한다.
 ② 모터동력
$$P(\text{kW}) = \frac{Q(\text{m}^3/\text{min}) \times P_T(\text{mmAq})}{102 \times 60 \times E} \times K$$
여기서, Q : 풍량(m³/min), P_T : 전압(mmAq), E : 효율(%/100), K : 전달계수

(2) 상사의 법칙
$$Q_2 = Q_1 \times \frac{N_2}{N_1} \times \left(\frac{D_2}{D_1}\right)^3 \quad H_2 = H_1 \times \left(\frac{N_2}{N_1}\right)^2 \times \left(\frac{D_2}{D_1}\right)^2 \quad P_2 = P_1 \times \left(\frac{N_2}{N_1}\right)^3 \times \left(\frac{D_2}{D_1}\right)^5$$

여기서, Q_1 : 변경 전 유량 Q_2 : 변경 후 유량
  H_1 : 변경 전 양정 H_2 : 변경 후 양정
  P_1 : 변경 전 동력 P_2 : 변경 후 동력
  N_1 : 변경 전 회전수 N_2 : 변경 후 회전수
  D_1 : 변경 전 임펠러직경 D_2 : 변경 후 임펠러직경

13년-07월, 14년-04월, 16년-04월 유사

07 전기실에 제3종 분말약제를 사용한 분말소화설비를 전역방출방식의 가압식으로 설치하고자 한다. 다음 조건을 참조하여 각 물음에 답하시오. (8점)

[조건] ① 전기실의 크기는 가로20m, 세로20m, 높이3m이다.
   ② 헤드1개의 방사량은 2.7kg/s 이다.
   ③ 약제저장량은 10초 이내에 방사한다.

(1) 소화설비에 필요한 약제저장량은 몇 (kg)인가?
(2) 가압용가스로 질소를 사용할 때 필요한 양(L)은 얼마 이상인가?
(3) 가압용가스로 이산화탄소를 사용할 때 필요한 양(g)은 얼마 이상인가?
   (단, 배관청소에 필요한 양은 제외한다)
(4) 소화설비에 필요한 분사헤드의 수는 몇 개인가?
(5) 분사헤드의 수를 화재안전기술기준에 맞게 도면에 그리시오.

(1) 소화설비에 필요한 약제저장량(kg)
　　○ 계산과정 : $V = 20\text{m} \times 20\text{m} \times 3\text{m} = 1200\text{m}^3$
　　　　　　　　$Q = 1200\text{m}^3 \times 0.36\text{kg/m}^3 = 432\text{kg}$
　　○ 답 : 432kg

(2) 가압용가스로 질소를 사용할 때 필요한 양(L)
　　○ 계산과정 : $Q = 432\text{kg} \times 40\text{L/kg} = 17280\text{L}$
　　○ 답 : 17280L

(3) 가압용가스로 이산화탄소를 사용할 때 필요한 양(L)
　　○ 계산과정 : $Q = 432\text{kg} \times 20\text{g/kg} = 8640\text{g}$
　　○ 답 : 8640g

(4) 필요한 분사헤드의 수
　　○ 계산과정 : $N = \dfrac{432\text{kg}}{2.7\text{kg/s} \times 10\text{s}} = 16$개
　　○ 답 : 16개

(5) 도면

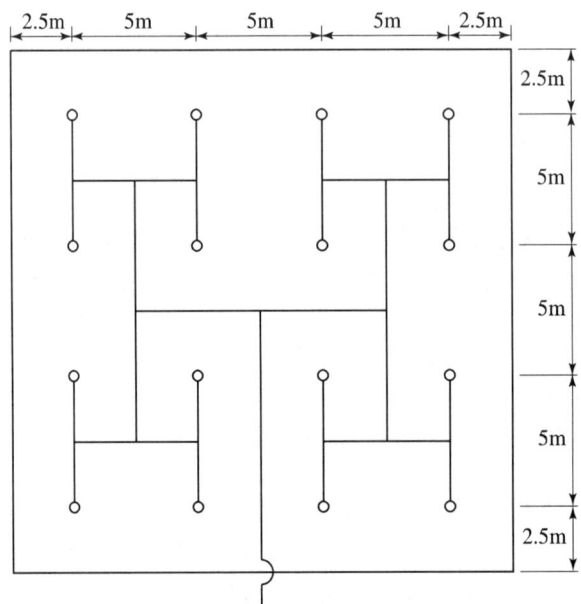

상세해설

1. 분말약제의 전역방출방식

종별	체적계수 $K_1(kg/m^3)$	면적계수 $K_2(kg/m^2)$ (자동폐쇄장치 미설치 시)
제1종	0.60	4.5
제2종, 제3종	0.36	2.7
제4종	0.24	1.8

2. 분말약제의 저장량(kg)

$$Q = V \times K_1 + A \times K_2$$

여기서, Q : 분말약제 저장량(kg), V : 방호구역체적(m^3)
K_1 : 방호구역 체적계수(kg/m^3), K_2 : 개구부 면적계수(kg/m^2)
A : 개구부면적(m^2)(자동폐쇄장치 없는 개구부면적)

3. 가압용 또는 축압용 가스

구 분	질소가스 사용 시	이산화탄소 사용 시
가압용 가스	$40l$(질소)/1kg(약제) 이상 (35℃, 1기압기준)	20g(CO_2)/1kg(약제)+배관청소에 필요한 양
축압용 가스	$10l$(질소)/1kg(약제) 이상 (35℃, 1기압기준)	20g(CO_2)/1kg(약제)+배관청소에 필요한 양

4. 분말소화설비의 약제저장량 방사시간
① 전역방출방식 : 30초 이내
② 국소방출방식 : 30초 이내

5. 분사헤드의 개수

$$N = \frac{약제저장량(kg)}{헤드1개의\ 방사량(kg/s) \times 방사시간(sec)}$$

---

08 운전중인 급수펌프의 유량이 2.3m^3/min, 동력이 12kW이며 흡입관에서의 게이지 압력이 −40kPa, 송출관에서의 게이지 압력이 200kPa이다. 흡입관경과 송출관경이 같고 송출관의 압력측정장치는 흡입관의 압력측정장치의 설치 위치보다 50cm 높게 설치가 되었다면 펌프의 효율(%)은 얼마인가?

(6점)

풀이 ○계산과정 : ① 전체압력 $P = 40\text{kPa}(흡입압력) + 200\text{kPa}(토출압력) = 240\text{kPa}$

② 압력단위를 수두로 환산 $h = \dfrac{P}{\gamma} = \dfrac{240\text{kpa}(\text{kN}/\text{m}^2)}{9.8\text{kN}/\text{m}^3} = 24.49\text{m}$

③ 전양정 계산 $H = 24.49\text{m} + 0.5\text{m}(50\text{cm}) = 24.99\text{m}$

④ $L_S(\text{kW}) = \dfrac{\gamma Q H}{E}$ 에서

$$E = \dfrac{\gamma Q H}{L_S} = \dfrac{9.8 \times (2.3\text{m}^3/60\text{s}) \times 24.99}{12} = 0.7823$$

⑤ $E(\%) = 0.7823 \times 100 = 78.23\%$

○답 : 78.23%

상세해설

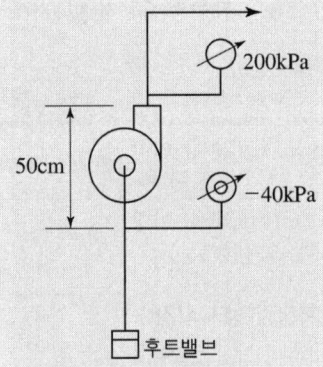

펌프의 동력계산(kW)

① 수동력

$$L_W(\text{kW}) = \gamma Q H$$

※ 주의 : 수동력 계산 시 펌프의 효율 및 전달계수 K값은 무시한다.

② 축동력

$$L_S(\text{kW}) = \dfrac{\gamma Q H}{E}$$

※ 주의 : 축동력 계산 시 전달계수 값은 무시한다.

③ 모터동력

$$L_S(\text{kW}) = \dfrac{\gamma Q H}{E} \times K$$

여기서, γ : 비중량(물의 비중량=9.8kN/m³), Q : 토출량(m³/s)
H : 전양정(m), E : 효율(%/100), K : 전달계수

09 아래 그림은 어느 스프링클러설비의 배관계통도이다. 이 도면과 주어진 조건에 따라 각 물음에 답하시오. (11점)

[조건]
① 배관 마찰손실압력은 헤이젼 윌리엄스 공식을 따르되 계산의 편의상 다음 식과 같다고 가정한다.

$$\Delta P = 6 \times 10^4 \times \frac{Q^2}{C^2 \times D^5}$$

여기서, ΔP : 배관 1m당 마찰손실압력(MPa), Q : 유량(L/min)
C : 조도, D : 내경(mm)

② 배관 호칭구경과 내경은 같다고 한다.
③ 관부속 마찰손실은 무시한다.
④ 헤드는 개방형이고 조도 C는 100으로 한다.
⑤ 배관의 호칭구경은 15, 20, 25, 32, 40, 50, 65, 80, 100으로 한다.
⑥ A헤드의 방수압은 0.1MPa, 방수량은 80L/min으로 가정한다.

[도 면]

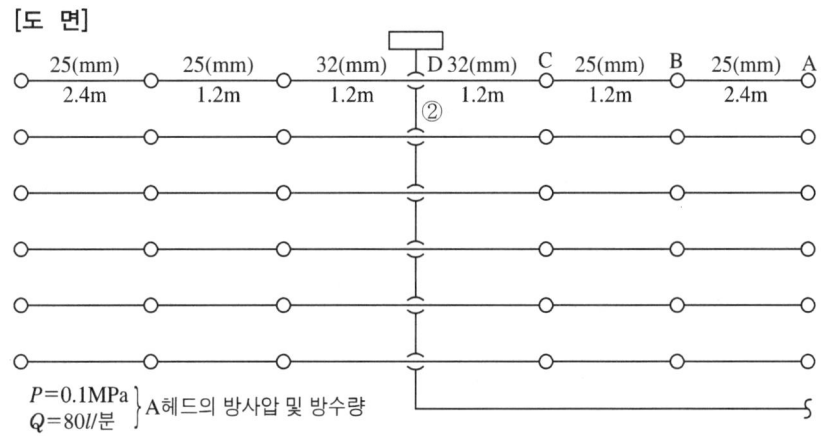

(1) B헤드의 방수압(MPa)은?
(2) B헤드의 방수량(L/min)은?
(3) C헤드의 방수압(MPa)은?
(4) C헤드의 방수량(L/min)은?
(5) D지점의 압력(MPa)은?
(6) ②지점의 유량(L/min)은?
(7) ②지점의 배관최소 호칭구경을 선택하시오.

풀이 (1) B헤드의 방수압(MPa)

○계산과정 : ① $\Delta P_{AB} = 6 \times 10^4 \times \dfrac{80^2}{100^2 \times 25^5} \times 2.4 = 0.01\text{MPa}$

② $P_B = 0.1\text{MPa} + 0.01\text{MPa} = 0.11\text{MPa}$

○답 : 0.11MPa

(2) B헤드의 방수량(L/min)

○계산과정 : ① $K = \dfrac{Q}{\sqrt{10P}} = \dfrac{80}{\sqrt{10 \times 0.1}} = 80$

② $Q_B = 80 \times \sqrt{10 \times 0.11} = 83.90\text{L/min}$

○답 : 83.90L/min

(3) C헤드의 방수압(MPa)

○계산과정 : ① $\Delta P_{BC} = 6 \times 10^4 \times \dfrac{(80 + 83.9)^2}{100^2 \times 25^5} \times 1.2 = 0.02\text{MPa}$

② $P_C = 0.11\text{MPa} + 0.02\text{MPa} = 0.13\text{MPa}$

○답 : 0.13MPa

(4) C헤드의 방수량(L/min)

○계산과정 : $Q_C = 80 \times \sqrt{10 \times 0.13} = 91.21\text{L/min}$

○답 : 91.21L/min

(5) D지점의 압력(MPa)

○계산과정 : ① $\Delta P_{CD} = 6 \times 10^4 \times \dfrac{(80 + 83.9 + 91.21)^2}{100^2 \times 32^5} \times 1.2 = 0.01\text{MPa}$

② $P_D = 0.1\text{MPa} + 0.01\text{MPa} + 0.02\text{MPa} + 0.01\text{MPa} = 0.14\text{MPa}$

○답 : 0.14MPa

(6) ②지점의 유량(L/min)

○계산과정 : $Q_{②} = (80 + 83.9 + 91.21) \times 2 = 510.22\text{L/min}$

○답 : 510.22L/min

(7) ②지점의 배관최소 호칭구경

○계산과정 : $D = \sqrt{\dfrac{4 \times (510.22 \times 10^{-3}/60s)}{\pi \times 10}} \times 1000 = 32.90\text{mm}$

○답 : 40mm

상세해설

(1) B헤드의 방수압(MPa)

① A~B구간의 마찰손실압(MPa) : $\Delta P_{AB} = 6 \times 10^4 \times \dfrac{80^2}{100^2 \times 25^5} \times 2.4 = 0.01 \text{MPa}$

② B헤드의 방수압(MPa) : P_B = A헤드 방수압 + A~B구간의 마찰손실압

(2) B헤드의 방수량(L/min)

① 방출계수 K값 : $K = \dfrac{Q}{\sqrt{10P}} = \dfrac{80}{\sqrt{10 \times 0.1}} = 80$

② 방수량 계산 : $Q_B = K\sqrt{10P} = 80 \times \sqrt{10 \times 0.11} = 83.90 \text{L/min}$

(3) C헤드의 방수압(MPa)

① B~C구간의 마찰손실압(MPa) : $\Delta P_{BC} = 6 \times 10^4 \times \dfrac{(80+83.9)^2}{100^2 \times 25^5} \times 1.2 = 0.02 \text{MPa}$

② C헤드의 방수압(MPa) : P_C = B헤드 방수압 + B~C구간의 마찰손실압

(4) C헤드의 방수량(L/min)

방수량 계산 : $Q_C = K\sqrt{10P} = 80 \times \sqrt{10 \times 0.13} = 91.21 \text{L/min}$

(5) D지점의 압력(MPa)

① C~D구간의 마찰손실압(MPa) : $\Delta P_{CD} = 6 \times 10^4 \times \dfrac{(80+83.9+91.21)^2}{100^2 \times 32^5} \times 1.2$
$= 0.01 \text{MPa}$

② D지점의 방수압(MPa) : P_D = A헤드방수압 + A~B구간 마찰손실압
  + B~C구간 마찰손실압
  + C~D구간 마찰손실압

(6) ②지점의 유량(L/min)

$Q_② = (\text{A헤드의 방수량} + \text{B헤드의 방수량} + \text{C헤드의 방수량}) \times 2$

(7) ②지점의 배관최소 호칭구경

$D(\text{mm}) = \sqrt{\dfrac{4Q}{\pi u}} \times 1000$

[별표 1] 스프링클러헤드 수별 급수관의 구경 (단위 : mm)

구분 \ 구경	25	32	40	50	65	80	90	100	125	150
가	2	3	5	10	30	60	80	100	160	161 이상
나	2	4	7	15	30	60	65	100	160	161 이상
다	1	2	5	8	15	27	40	55	90	91 이상

① 폐쇄형스프링클러헤드를 사용하는 설비의 경우로서 1개층에 하나의 급수배관(또는 밸브 등)이 담당하는 구역의 최대면적은 3,000m²를 초과하지 아니할 것

② 폐쇄형스프링클러헤드를 설치하는 경우에는 "가"란의 헤드 수에 따를 것. 다만, 100개 이상의 헤드를 담당하는 급수배관(또는 밸브)의 구경을 100mm로 할 경우에는 수리계산을 통하여 배관의 유속(가지배관의 유속은 6m/s, 그 밖의 배관의 유속은 10m/s를 초과할 수 없다.)에 적합하도록 할 것
③ 폐쇄형스프링클러헤드를 설치하고 반자 아래의 헤드와 반자속의 헤드를 동일 급수관의 가지관상에 병설하는 경우에는 "나"란의 헤드 수에 따를 것
④ 무대부ㆍ특수가연물을 저장 또는 취급하는 장소로서 폐쇄형스프링클러헤드를 설치하는 설비의 배관구경은 "다"란에 따를 것
⑤ 개방형스프링클러헤드를 설치하는 경우 하나의 방수구역이 담당하는 헤드의 개수가 30개 이하일 때는 "다"란의 헤드수에 의하고, 30개를 초과할 때는 수리계산 방법에 따를 것

16년-11월 기출

10 위험물옥외저장탱크에 Ⅰ형 포방출구로 포소화설비를 설치하였다. 다음 조건을 참조하여 각 물음에 답하시오. (6점)

[조건]
① 탱크의 내부 직경은 12m이다.
② 소화약제는 6%의 수성막포를 사용하며 분당 방출량은 $2.27 L/m^2 \cdot$ 분, 방사시간은 30분을 기준으로 한다.
③ 보조소화전은 1개 설치되어있다.
④ 포원액탱크에서 포방출구까지의 배관길이는 20m, 배관내경은 150mm 이다.
⑤ 기타의 조건은 무시한다.

(1) 포원액의 양(L)을 계산하시오.
(2) 수원의 양(m^3)을 계산하시오.

풀이 (1) **포원액의 양(L)**

○ 계산과정 : 고정포방출구 : $Q_1 = \dfrac{\pi}{4} \times 12^2 \times 2.27 \times 30 \times 0.06 = 462.12 L$

보조소화전 : $Q_2 = 1 \times 0.06 \times 8000 = 480 L$

배관 : $Q_3 = \dfrac{\pi}{4} \times 0.15^2 \times 20 \times 0.06 \times 1000 = 21.21 L$

필요한 원액의 양 : $Q_T = 462.12 + 480 + 21.21 = 963.33 L$

○ 답 : 963.33L

(2) 수원의 양(m^3)

○ 계산과정 : 고정포방출구 : $Q_1 = \dfrac{\pi}{4} \times 12^2 \times 2.27 \times 30 \times 0.94 = 7239.81L$

　　　　　　　보조소화전양 : $Q_2 = 1 \times 0.94 \times 8000 = 7520L$

　　　　　　　배관 : $Q_3 = \dfrac{\pi}{4} \times 0.15^2 \times 20 \times 0.94 \times 1000 = 333.22L$

　　　　　　　필요한 수원의 양 : $Q_T = \dfrac{7239.81 + 7520 + 333.22}{1000} = 15.09 m^3$

○ 답 : $15.09 m^3$

상세해설

고정포방출구방식의 약제량 계산

구 분	약제 저장량
❶ 고정포 방출구	$Q = A \times Q_1 \times T \times S$ Q : 포소화약제의 양(L) A : 저장탱크의 액표면적(m^2) Q_1 : 단위 포소화수용액의 양(L/m^2분) T : 방출시간(분) S : 포소화약제의 사용농도(%)
❷ 보조소화전	$Q = N \times S \times 8000L$ Q : 포소화약제의 양(L) N : 호스 접결구 개수(3개 이상의 경우는 3) S : 포소화약제의 사용농도(%)
❸ 배관보정	가장 먼 탱크까지의 송액관(내경 75mm 이하 제외)에 충전하기 위하여 필요한 양 $Q = V \times S \times 1000$ Q : 포소화약제의 양(L) V : 송액관 내부의 체적(m^3) S : 포소화약제의 사용농도(%)
❹ 합계	고정포 방출구방식의 약제량 = ❶ + ❷ + ❸

11 그림은 CO_2 소화설비의 소화약제 저장용기 주위의 배관 계통도이다. 방호구역은 A, B 두 부분으로 나누어지고, 각 구역의 소요 약제량은 A 구역은 2B/T, B 구역은 5B/T 이라 할 때 그림을 보고 다음 물음에 답하시오. (5점)

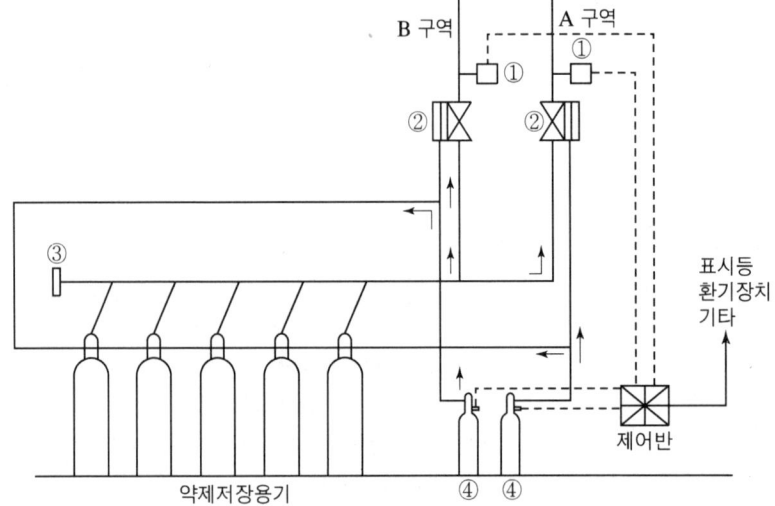

(1) 각 방호구역에 소요 약제량을 방출할 수 있게 조작관에 설치할 체크밸브의 위치를 표시하시오. (단, 저장용기와 집합관사이의 연결배관에는 체크밸브가 설치된 것으로 한다)
(2) ①, ②, ③, ④ 기구의 명칭은 무엇인가?

풀이 (1) 체크밸브의 위치
　　　○답 :

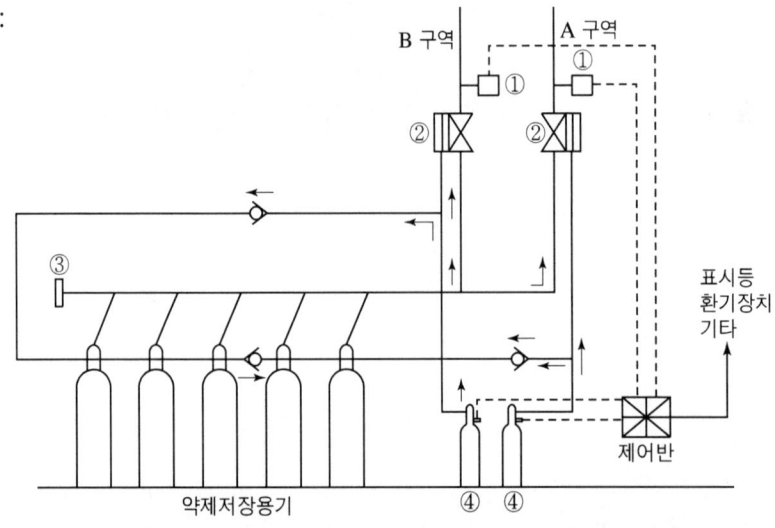

(2) **기구의 명칭**
  ○ **답** : ① 압력스위치   ② 선택밸브   ③ 안전밸브   ④ 기동용가스용기

> 참고 B/T = Bottle(병)

05년-05월, 06년-11월, 10년-10월 기출

12 그림과 같은 옥내소화전 설비를 아래의 조건에 따라 설치하려고 한다. 다음 물음에 답하시오. (10점)

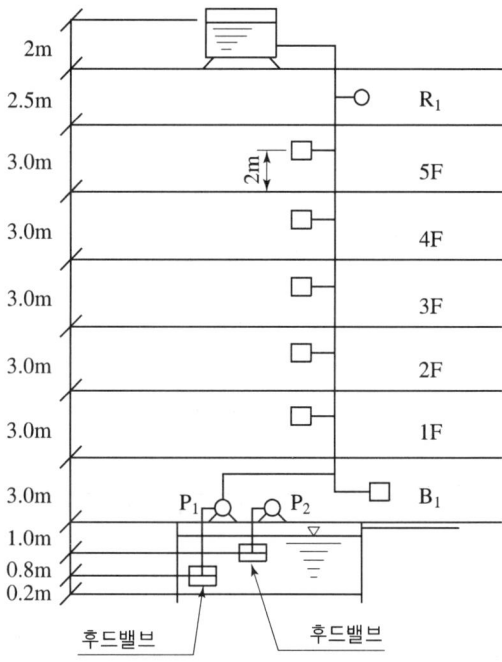

[조건]
1. P_1 = 옥내소화전 펌프
2. P_2 = 잡용수 양수펌프
3. 펌프의 후드밸브로부터 5층 옥내소화전함 호스 접결구까지의 마찰손실 및 저항손실 수두는 실 양정의 30%로 한다.
4. 펌프의 효율은 65%이다.
5. 옥내소화전의 개수는 각층 3개씩이다.
6. 소방호스의 마찰손실 수두는 6m이다.

(1) 펌프의 최소유량은 몇 L/min 인가?
(2) 수원의 최소유효저수량은 몇 m^3 인가?
(3) 펌프의 양정은 몇 m 인가?
(4) 펌프의 축동력은 몇 kW 인가?

풀이 (1) **펌프의 최소유량**(L/min)
　　○ 계산과정 : $Q = 2 \times 130 = 260 \, \text{L/min}$
　　○ 답 : 260L/min

(2) **수원의 최소유효저수량**(m^3)
　　○ 계산과정 : $Q = 2 \times 2.6 = 5.2 \, m^3$
　　○ 답 : 5.2m^3

(3) **펌프의 양정**(m)
　　○ 계산과정 : $h_1 = 0.8 + 1.0 + (3 \times 5) + 2.0 = 18.8 \, m$
　　　　　　　　$h_2 = 18.8 \times 0.3 = 5.64 \, m$
　　　　　　　　$h_3 = 6 \, m$
　　　　∴ $H = 18.8 + 5.64 + 6 + 17 = 47.44 \, m$
　　○ 답 : 47.44m

(4) **펌프의 축동력**(kW)
　　○ 계산과정 : $L_S (\text{kW}) = \dfrac{9.8 \times (0.26/60) \times 47.44}{0.65} = 3.10 \, \text{kW}$
　　○ 답 : 3.10kW

상세해설

(1) **펌프의 최소유량**(L/min)
　$Q = N \times 130 \, \text{L/min}$ (N : 옥내소화전 개수(최대 2개))

(2) **수원의 최소유효저수량**(m^3)
　$Q = N \times 2.6 \, m^3$ (N : 최대 2개)

(3) **펌프의 양정**(m)
　$H = h_1 + h_2 + h_3 + 17 \, m$
　여기서, H : 전양정(m), h_1 : 실양정(흡입양정 + 토출양정)(m)
　　　　　h_2 : 배관의 마찰손실수두(m), h_3 : 소방용호스의 마찰손실수두(m)
　　　　　17m : 노즐선단의 방수압력 환산수두

(4) 펌프의 동력계산(kW)

① 수동력

$$L_W(\text{kW}) = \gamma Q H$$

※ 주의 : 수동력 계산 시 펌프의 효율 및 전달계수 K값은 무시한다.

② 축동력

$$L_S(\text{kW}) = \frac{\gamma Q H}{E}$$

※ 주의 : 축동력 계산 시 전달계수 값은 무시한다.

③ 모터동력

$$L_S(\text{kW}) = \frac{\gamma Q H}{E} \times K$$

여기서, γ : 비중량(물의 비중량 = 9.8kN/m³), Q : 토출량(m³/s)
H : 전양정(m), E : 효율(%/100), K : 전달계수

---

13 다음은 옥외소화전에 대한 그림이다. 조건을 참조하여 각 물음에 답하시오.

(5점)

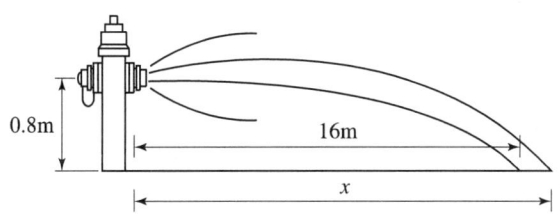

[조건]
① 옥외소화전 방수구의 안지름은 65mm이다.
② 지면으로부터 방수구까지 y의 높이는 800mm이다.
③ 자유낙하운동을 고려하여 산출한다.

(1) 방수구에서 지면도달거리가 16m일 경우 방수량(m³/s)를 구하시오.
(2) 화재안전기술기준에 따른 규정 방수량을 만족하려면 물이 도달하는 거리 x의 최소거리(m)를 구하시오.

풀이 (1) 방수량(m^3/s)

○ 계산과정 : $V = \dfrac{S}{t} = \dfrac{S}{\sqrt{\dfrac{2h}{g}}} = \dfrac{16\mathrm{m}}{\sqrt{\dfrac{2\times 0.8\mathrm{m}}{9.8\mathrm{m/s^2}}}} = 39.60\mathrm{m/s}$

$Q = AV = \dfrac{\pi}{4}\times 0.065^2 \times 39.60 = 0.13\mathrm{m^3/s}$

○ 답 : $0.13\mathrm{m^3/s}$

(2) 최소거리(m)

○ 계산과정 : ① 옥외소화전 규정 방수량 $Q = 350\mathrm{L/min} = 0.35\mathrm{m^3}/60\mathrm{s}$

② 방수구 단면적 $A = \dfrac{\pi}{4}\times (0.065\mathrm{m})^2$

③ 유속을 구하면 $V = \dfrac{Q}{A} = \dfrac{0.35/60}{\dfrac{\pi}{4}\times 0.065^2} = 1.76\mathrm{m/s}$

④ $x = Vt = V\times \sqrt{\dfrac{2h}{g}} = 1.76\times \sqrt{\dfrac{2\times 0.8}{9.8}} = 0.71\mathrm{m}$

○ 답 : $0.71\mathrm{m}$

상세해설

(1) 임의의 시간 t초 후 유속

$$V = \dfrac{S}{t} \qquad t = \sqrt{\dfrac{2h}{g}} \qquad h = \dfrac{1}{2}gt^2$$

(2) 유체의 x방향 이동거리(m)

$$S = Vt = V\times \sqrt{\dfrac{2h}{g}}$$

여기서, V : 유속(m/s), S : 유체의 x방향 이동거리(m), h : 수직낙하높이(m)
g : 중력가속도($9.8\mathrm{m/s^2}$)

19년-06월 기출

14 다음 조건을 참조하여 할로겐화합물소화설비의 10초 동안 방사된 소화약제량을 구하시오. (6점)

[조건]
① 10초 동안 약제가 방사될 시 설계농도의 95%에 해당하는 약제가 방출된다.
② 방호구역의 크기는 가로 4m 세로 5m 높이 4m 이다.
③ $K_1=0.2413$, $K_2=0.00088$, 실온은 20℃이다.
④ A급 화재 발생 가능 장소로써 소화농도는 8.5%이다.

○계산과정 : $W = \dfrac{V}{S} \times \left\{\dfrac{C}{(100-C)}\right\}$

여기서, W : 소화약제의 무게(kg), V : 방호구역의 체적(m³)
S : 소화약제별 선형상수($K_1 + K_2 \times t$)(m³/kg)
C : 체적에 따른 소화약제의 설계농도(%)
t : 방호구역의 최소예상온도(℃)

① V(방호구역 체적) = $4 \times 5 \times 4 = 80 \text{m}^3$
② S(소화약제별 선형상수) = $K_1 + K_2 \times t$ = $0.2413 + 0.00088 \times 20$
   $= 0.2589 \text{(m}^3\text{/kg)}$
③ 설계농도(C) = 소화농도 × 1.2(안전률 A급 화재) = 8.5% × 1.2
   $= 10.2\%$
④ 설계농도의 95%에 해당하는 농도 = 10.2% × 0.95 = 9.69%

∴ $W = \dfrac{V}{S} \times \left(\dfrac{C}{100-C}\right) = \left(\dfrac{80}{0.2589}\right) \times \left(\dfrac{9.69}{100-9.69}\right) = 33.15\text{kg}$

○답 : 33.15kg

상세해설

할로겐화합물소화약제량 산출 공식

$$W = \dfrac{V}{S} \times \left(\dfrac{C}{100-C}\right)$$

여기서, W : 소화약제의 무게(kg), V : 방호구역의 체적(m³)
S : 소화약제별 선형상수($K_1 + K_2 \times t$)(m³/kg)
C : 체적에 따른 소화약제의 설계농도(%)
　C=소화농도(%) × K[안전계수(A급 : 1.2, B급 : 1.3, C급 : 1.35)]
　※ C급(통전상태)의 안전계수는 A급(전기차단상태)소화농도의 1.35
t : 방호구역의 최소예상온도(℃)

98년-05월, 02년-01월, 03년-07월, 08년-04월 유사

15 다음 그림은 어느 건축물의 평면도이다. 이 실들 중 A실에 급기가압을 하고 문 A_4, A_5, A_6는 외기와 접해있을 경우 조건을 참조하여 각 물음에 답하시오.

(7점)

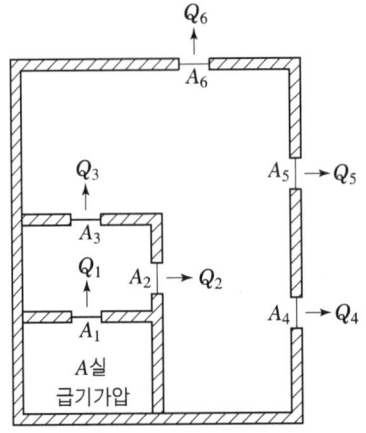

[조건] ① 모든 개구부 틈새면적은 0.02m^2으로 동일하다.
② 각 실은 출입문이외의 틈새는 없다.
③ 임의의 어느 실에 대한 급기량 $Q(\text{m}^3/\text{s})$와 얻고자하는 기압차 (Pa)의 관계식은 $Q = 0.827 \times A \times \sqrt{P}$이다.

(1) A실을 기준으로 외기와의 유효개구부 틈새면적을 소수점 5째 자리까지 구하시오.
(2) A실과 외부간에 0.1kPa의 기압차를 얻기 위하여 A실에 급기 시켜야 할 풍량(m^3/s)은 얼마가 되겠는가?

풀이 (1) 유효개구부 틈새면적
○ 계산과정:

① 도면에서 A_4, A_5, A_6는 병렬상태이므로

$A_4 + A_5 + A_6 = 0.02 + 0.02 + 0.02 = 0.06\text{m}^2$

② 도면에서 A_2, A_3는 병렬상태이므로 $A_2 + A_3 = 0.02 + 0.02 = 0.04\text{m}^2$

③ A_1, $A_2 + A_3$, $A_4 + A_5 + A_6$는 직렬상태

∴ $A_1 = 0.02\text{m}^2$, $A_2 \sim A_3 = 0.04\text{m}^2$, $A_4 \sim A_6 = 0.06\text{m}^2$

④ $A_T = \dfrac{1}{\sqrt{\dfrac{1}{0.02^2} + \dfrac{1}{0.04^2} + \dfrac{1}{0.06^2}}} = 0.017143\text{m}^2$

◦ 답 : 0.01714m^2

(2) 풍량(m^3/s)

◦ 계산과정 : $P = 0.1\text{kPa} = 100\text{Pa}$, $Q = 0.827 \times 0.017143 \times \sqrt{100} = 0.14\text{m}^3/\text{s}$

◦ 답 : $0.14\text{m}^3/\text{s}$

96년-11월, 02년-04월, 04년-04월, 11년-11월 유사

16 어느 특정소방대상물에 전역방출방식으로 할론 1301 소화설비를 설계하려 한다. 설계조건을 참조하여 다음 각 물음에 답하시오. (10점)

[설계조건]
① 약제저장용기는 50kg/병 이다.
② 방호구역의 크기 및 개구부 면적은 다음과 같다.

방호구역명	크기		개구부면적(m^2)	개구부 상태
	면적(m^2)	높이(m)		
전산실	10×8	3	5	자동폐쇄 불가
통신기기실	12×20	3	5	자동폐쇄 불가
전기실	12×20	3	5	자동폐쇄 가능

(1) 방호구역상 필요한 저장용기의 수량(병)을 각 실별로 산출하시오.
(2) 분사헤드의 방사압력(MPa)은?
(3) 전기실에 저장된 약제가 전량 방출되었을 경우 할론 1301의 농도(%)는 얼마가 되겠는가? (단, 할론1301의 분자량은 149, 표준상태 0℃ 1atm 기준이다.)

풀이 (1) 저장용기의 수량(병)

[전산실] ○계산과정 : $Q = 10 \times 8 \times 3\text{m}^3 \times 0.32 + 5 \times 2.4 = 88.8\text{kg}$
$N = 88.8\text{kg}/50\text{kg} = 1.78$병

○답 : 2병

[통신기기실] ○계산과정 : $Q = 12 \times 20 \times 3\text{m}^3 \times 0.32 + 5 \times 2.4 = 242.4\text{kg}$
$N = 242.4\text{kg}/50\text{kg} = 4.85$병

○답 : 5병

[전기실] ○계산과정 : $Q = 12 \times 20 \times 3\text{m}^3 \times 0.32 = 230.4\text{kg}$
$N = 230.4\text{kg}/50\text{kg} = 4.61$병

○답 : 5병

(2) 헤드의 방사압력(MPa)
○답 : 0.9MPa 이상

(3) 할론 1301의 농도(%)
○계산과정 : ① 방출된 가스량 계산
$$G_V = \frac{WRT}{PM} = \frac{50\text{kg} \times 5 \times 0.082 \times (273+0)}{1 \times 149} = 37.56\text{m}^3$$

② 농도(%) 계산
$$C = \frac{G_V}{G_V + V} = \frac{37.56}{37.56 + 720} \times 100 = 4.96\%$$

○답 : 4.96%

상세해설

(1) 할론1301 소화약제 저장량

소방대상물	방호구역의 소요약제량	개구부 가산량 (자동폐쇄장치 미설치시)
차고, 주차장, 전기실, 통신기기실, 전산실, 기타 이와 유사한 전기설비가 설치되어 있는 부분	0.32kg/m³	2.4kg/m²

(2) 전역방출방식(심부화재) 방호대상물의 약제저장량

$$Q = V \times K_1 + A \times K_2$$

여기서, Q : 약제저장량(kg), V : 방호구역체적(m³)
K_1 : 방호구역 체적계수(kg/m³), A : 개구부 면적(m²)
K_2 : 개구부 면적계수(kg/m²)

(3) 할론소화설비 분사헤드의 방사압력

구 분	할론 2402	할론 1211	할론 1301
방사압력	0.1MPa 이상	0.2MPa 이상	0.9MPa 이상

(4) 이상기체 상태방정식

$$PV = nRT = \frac{W}{M}RT$$

여기서, P : 압력(atm) V : 체적(m^3)
       n : mol W : CO_2무게(kg)
       M : CO_2분자량 R : 기체상수(0.082atm·m^3/mol·K)
       T : 절대온도(273+t℃)K

(5) 할론1301(%)

$$C(\%) = \frac{G_V}{G_V + V}$$

여기서, G_V : 방출가스체적(m^3), V : 방호구역체적(m^3)

소방설비기사 - 기계분야
2020년 7월 25일 시행

01 아래의 소방시설 도시기호에 대한 명칭을 쓰시오. (4점)

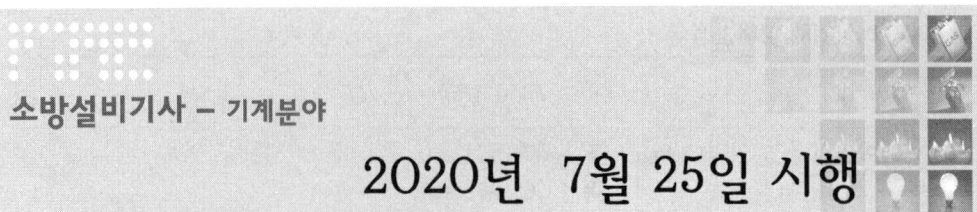

○ 답 : (가) 분말, 탄산가스, 할로겐헤드
(나) 선택밸브
(다) y형스트레이너
(라) 맹후렌지

02 다음 혼합물의 연소 상한계와 하한계를 구하라. 또한 이물질의 연소 가능여부를 답하시오.

물질	조성농도(%)	인화점(°F)	LFL(%)	UFL(%)
수소	5	가스	4	75
메탄	10	-306	5	15
프로판	5	가스	2.1	9.5
아세톤	10	가스	2.5	13
공기	70			
합계	100			

(1) 연소상한계 : (   )%
(2) 연소하한계 : (   )%
(3) 연소가능여부를 판단하고 설명하시오.

풀이 (1) 연소상한계

　　○ 계산과정 : $\dfrac{30}{UFL} = \dfrac{5}{75} + \dfrac{10}{15} + \dfrac{5}{9.5} + \dfrac{10}{13}$ 　∴ $UFL = 14.79\%$

　　○ 답 : 14.79%

(2) 연소하한계

　　○ 계산과정 : $\dfrac{30}{LFL} = \dfrac{5}{4} + \dfrac{10}{5} + \dfrac{5}{2.1} + \dfrac{10}{2.5}$ 　∴ $UFL = 3.11\%$

　　○ 답 : 3.11%

(3) 연소가능여부

　　○ 계산과정 : ① 혼합가스의 연소범위 = 3.11%~14.79%
　　　　　　　　② 연소가스의 총합계 = 5 + 10 + 5 + 10 = 30%

　　○ 답 : 연소가스의 총합계가 30[%]이므로 이는 연소범위(3.11%~14.79%)밖에 있으므로 연소가 불가능하다.

상세해설

르샤트리에(Lechartelier)공식

$$\dfrac{V}{L} = \dfrac{V_1}{L_1} + \dfrac{V_2}{L_2} + \dfrac{V_3}{L_3} + \cdots\cdots + \dfrac{V_n}{L_n}$$

여기서, L : 혼합가스의 연소한계(하한값(LFL), 상한값(UFL)의 용량(%))
　　　　V : 혼합가스 중 가연성가스의 총합계(%)
　　　　$V_1,\ V_2,\ V_3,\ V_n$: 가연성가스의 용량(%)
　　　　$L_1,\ L_2,\ L_3,\ L_n$: 가연성가스의 하한값 또는 상한값의 용량(%)

※ UFL(Upper Flammable Limit) : 연소상한계
　　LFL(Lower Flammable Limit) : 연소하한계

97년-01월, 11년-11월, 14년-07월, 14년-11월, 16년-11월, 19년-04월 기출

03 포소화설비 중 배액밸브를 설치하는 목적과 설치위치에 대하여 쓰시오.

(4점)

풀이 ○ 답 : ① **설치목적** : 포 약제방출 후 배관안의 액을 배출하기 위하여
　　　　② **설치위치** : 배관의 가장 낮은 부분에 설치

96년-11월, 02년-01월, 06년-07월, 07년-11월 유사

04 그림은 어느 배관평면도에서 화살표 방향으로 물이 흐르고 있다. 단, 주어진 조건을 참조하여 Q_1, Q_2의 유량을 각각 계산하시오. (8점)

[조건] 1. 헤이젠 윌리엄스 공식은 다음과 같다.

$$\Delta P = \frac{6.053 \times 10^4 \times Q^{1.85}}{C^{1.85} \times D^{4.87}}$$

단, ΔP : 배관 1m당 마찰 손실 압력(MPa)
  Q : 배관내 유수량(리터/분)
  C : 조도(Roughness), D : 배관 안지름(mm)

2. 호칭 25mm 배관의 안지름은 27mm이다.
3. 호칭 25mm 엘보(90°)의 등가길이는 1m이다.
4. 배관은 아연도강관이다.
5. A 및 D점에 있는 티(Tee)의 마찰손실은 무시한다.

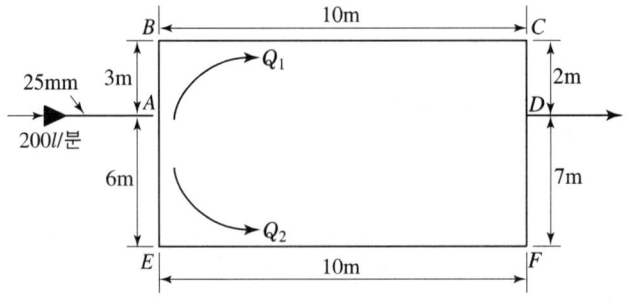

○계산과정 :

① ΔP_{ABCD}(ABCD 배관상 마찰손실) = ΔP_{AEFD}(AEFD 배관상 마찰손실)

$$\Delta P_{ABCD} = \frac{6.053 \times 10^4 \times Q_1^{1.85}}{C^{1.85} \times 27^{4.87}} \times [3+10+2+(1 \times 2개(90°엘보)]$$

$$\Delta P_{AEFD} = \frac{6.053 \times 10^4 \times Q_2^{1.85}}{C^{1.85} \times 27^{4.87}} \times [6+10+7+(1 \times 2개(90°엘보)]$$

$$\Delta P_{ABCD} = \frac{6.053 \times 10^4 \times Q_1^{1.85}}{C^{1.85} \times 27^{4.87}} \times 17 = \frac{6.053 \times 10^4 \times Q_2^{1.85}}{C^{1.85} \times 27^{4.87}} \times 25$$

$\frac{6.053 \times 10^4}{C^{1.85} \times 27^{4.87}}$ 은 양변이 모두 같으므로 소거(삭제)가 된다.

② $17Q_1^{1.85} = 25Q_2^{1.85}$ $Q_1 = 1$이라 가정 $Q_2^{1.85} = \frac{17}{25}$

양변에 $\frac{1}{1.85}$ 승을 적용하면 $Q_2^{1.85 \times \frac{1}{1.85}} = \left(\frac{17}{25}\right)^{\frac{1}{1.85}}$

$$Q_2 = \left(\frac{17}{25}\right)^{\frac{1}{1.85}} = 0.8118 \quad \therefore \ Q_1 = 1, \ Q_2 = 0.8118$$

$$Q_1 = 200 \times \frac{1}{1+0.8118} = 110.39 \text{L/분}, \quad Q_2 = 200 \times \frac{0.8118}{1+0.8118} = 89.61 \text{L/분}$$

○답 : $Q_1 = 110.39$L/분, $Q_2 = 89.61$L/분

08년-04월, 10년-04월, 15년-11월 기출

05 다음은 각종 제연방식 중 자연제연방식에 대한 내용이다. 주어진 조건을 참조하여 각 물음에 답하시오. **(10점)**

[조건] ① 연기층과 공기층의 높이차는 3m이다.
② 화재실의 온도는 707℃이고, 외부온도는 27℃이다.
③ 공기평균분자량은 28이고, 연기평균분자량은 29라고 가정한다.
④ 화재실 및 실외의 기압은 1기압이다.
⑤ 중력가속도는 9.8m/s²으로 한다.

(1) 연기의 유출속도(m/s)를 산출하시오.
(2) 외부풍속(m/s)를 산출하시오.
(3) 자연제연방식을 변경하여 화재실 상부에 배연기(배풍기)를 설치하여 연기를 배출하는 형식으로 한다면 그 방식은 무엇인가?
(4) 일반적으로 가장 많이 이용하고 있는 제연방식을 3가지만 쓰시오.
(5) 화재실의 바닥면적이 300m²이고 fan의 효율은 60%, 전압 70mmAq, 여유율 10%로 할 경우 설비의 풍량을 송풍할 수 있는 배출기의 최소동력(kW)을 산출하시오.

풀이 (1) 연기의 유출속도(m/s)

○계산과정 : 공기의 비중량 $\gamma_a = \dfrac{PM}{RT} = \dfrac{1 \times 28}{0.082 \times (273+27)} = 1.1382 \text{kg/m}^3$

연기의 비중량 $\gamma_s = \dfrac{PM}{RT} = \dfrac{1 \times 29}{0.082 \times (273+707)} = 0.3609 \text{kg/m}^3$

연기의 유출속도 : $V_S = \sqrt{2gH\left(\dfrac{\gamma_a}{\gamma_s} - 1\right)}$

$= \sqrt{2 \times 9.8 \times 3 \times \left(\dfrac{1.1382}{0.3609} - 1\right)}$

$= 11.25$m/s

○답 : 11.25m/s

(2) 외부풍속(m/s)
　○계산과정 : $V_o = \sqrt{\dfrac{\gamma_s}{\gamma_a}} \times V_s = \sqrt{\dfrac{0.3609}{1.1382}} \times 11.25 = 6.33 \mathrm{m/s}$

　○답 : 6.33m/s

(3) 연기를 배출하는 형식
　○답 : 제3종 기계제연방식

(4) 제연방식 3가지
　○답 : ① 자연제연방식　② 스모그타워 제연방식　③ 기계제연방식

(5) 배출기의 최소동력(kW)
　○계산과정 : $Q = 300 \mathrm{m}^2 \times \dfrac{1 \mathrm{m}^3}{\mathrm{m}^2 \cdot \min} = 300 \mathrm{m}^3/\min$

　$P_T = 70 \mathrm{mmAq},\ E = 60\% = 0.6,\ K = 1.1$

　$P\mathrm{n(kW)} = \dfrac{Q \times P_T}{102 \times 60 \times E} \times K = \dfrac{300 \times 70}{102 \times 60 \times 0.6} \times 1.1 = 6.29 \mathrm{kW}$

　○답 : 6.29kW

상세해설

(1) 연기의 유출속도

$$\dfrac{V_s^2}{2g} \gamma_s = (\gamma_a - \gamma_s) H$$

여기서, V_s : 연기의 유출속도(m/s), g : 중력 가속도(9.8m/s^2)
　　　γ_s : 연기의 비중량(kg/m^3), γ_a : 화재실 외부의 공기 비중량(kg/m^3)
　　　H : 연기층과 공기층과의 높이차(m)

$$\gamma = \dfrac{PM}{RT}$$

여기서, γ : 비중량(kg/m^3), R : 0.082atm · m^3/mol · k, P : 압력(atm)
　　　T : 절대온도(273+t℃)(K), M : 분자량

(2) 연기의 동압 = 외부풍의 동압

$$\dfrac{\gamma_s}{2g} \times V_s^2 = \dfrac{\gamma_a}{2g} \times V_o^2$$

(3) 배출기의 전동기 출력

$$P(\mathrm{kW}) = \dfrac{Q \times P_T}{102 \times 60 \times E} \times K$$

여기서, P : 배출기의 전동기 출력(kW), Q : 풍량(m^3/min), P_T : 전압(mmAq)
　　　E : 효율, K : 전달계수(여유율)

14년-04월 기출

06 할로겐화합물 소화약제의 구비조건을 5가지만 쓰시오. (5점)

○답 : ① ODP(오존파괴지수)가 낮을 것
② GWP(지구온난화지수)가 낮을 것
③ 소화능력이 우수할 것
④ 독성이 낮을 것
⑤ 가격이 적당할 것
⑥ 유지관리측면에서 경제적일 것

11년-07월, 19년-11월 유사

07 연결송수관설비에 대한 다음 각 물음에 답하시오. (9점)

(1) 가압송수장치를 설치하여야하는 것은 지표면에서 최상층 방수구의 높이 (m)가 얼마 이상이며 그 이유를 간단히 설명하시오.
(2) 펌프의 흡입측에 연성계 또는 진공계를 설치하지 아니할 수 있는 경우를 2가지만 쓰시오.
(3) 해당 층에 설치된 방수구가 6개인 경우 펌프의 최소 토출량(L/min)을 구하시오.
(4) 펌프의 양정은 최상층에 설치된 노즐선단의 압력(MPa)은 얼마이상의 압력이 되도록 하여야 하는가?
(5) 11층 이상의 부분에 설치하는 방수구를 단구형으로 설치할 수 있는 경우를 2가지만 쓰시오.

(1) **최상층 방수구의 높이(m)와 그 이유**
○답 : ① 높이 : 70m 이상
② 이유 : 소방자동차에서 공급되는 수압력만으론 규정 노즐방사압력(0.35 MPa) 이상을 유지하기 어렵기 때문에 가압송수장치를 설치한다.

(2) **진공계를 설치하지 아니할 수 있는 경우**
○답 : ① 수원의 수위가 펌프의 위치보다 높은 경우
② 수직회전축 펌프의 경우

(3) **펌프의 최소 토출량(L/min)**
○계산과정 : $Q = 2400 + 800 \times 2 = 4000 \text{L/min}$
○답 : 4000L/min

(4) 노즐선단의 압력(MPa)
  ○답 : 0.35MPa 이상

(5) 11층 이상의 부분에 설치하는 방수구를 단구형으로 설치할 수 있는 경우
  ○답 : ① 아파트의 용도로 사용되는 층
       ② 스프링클러설비가 유효하게 설치되어 있고 방수구가 2개소 이상 설치된 층

상세해설

연결송수관설비의 펌프 토출량

구 분	해당 층의 방수구 수		
	3개 이하	4개	5개 이상
계단식아파트가 아닌 경우	2400L/min 이상	2400+800×1 =3200L/min 이상	2400+800×2 =4000L/min 이상
계단식아파트인 경우	1200L/min 이상	1200+400×1 =1600L/min 이상	1200+400×2 =2000L/min 이상

---

08 바닥면적이 350m²인 거실에 제연설비를 설치하고자 한다. 배출기의 흡입측 풍도의 풍속을 15m/s 이하가 되도록 하고자 할 때 흡입측 닥트의 최소 폭[mm]을 구하시오. (단, 닥트의 높이제한은 600mm이며 강판 두께, 닥트 후렌지 및 보온두께는 고려하지 않는다.)

(3점)

풀이 ○계산과정 : ① 소요 배출량 계산

$$Q = 350\text{m}^2 \times 1\text{m}^3/\text{m}^2 \cdot \text{min}$$
$$= 350\text{m}^3/\text{min} \times \frac{1\text{min}}{60\text{s}} = 350\text{m}^3/60\text{s}$$

② 풍도의 풍속 $u = 15\text{m/s}$ 이하

③ 닥트의 단면적 $A = \dfrac{Q}{u} = \dfrac{350\text{m}^3/60\text{s}}{15\text{m/s}}$

④ 흡입측 닥트의 최소 폭 $W = \dfrac{A}{H} = \dfrac{\frac{350\text{m}^3/60\text{s}}{15\text{m/s}}}{0.6\text{m}} \times 1000 = 648.15\text{mm}$

○답 : 648.15mm

상세해설

(1) 흡입측 닥트의 상세도면

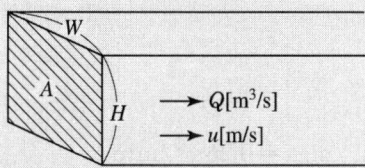

(2) 닥트의 단면적 및 풍량

$$A = W \times H, \quad Q = uA, \quad u = \frac{Q}{A}$$

여기서, A : 단면적(m^2), W : 폭(m), H : 높이(m), Q : 풍량(m^3/s), u : 풍속(m/s)

05년-11월, 13년-11월 유사

09 지상 5층의 특정소방대상물에 옥내소화전설비를 화재안전기술기준 및 조건에 따라 설치되었을 때 각 물음에 답하시오.

[조건]
① 옥내소화전은 각 층마다 6개씩 설치되었다고 한다.
② 실양정은 20m이고 배관상 마찰손실(소방용호스 제외)은 40m로 한다.
③ 소방용 호스의 마찰손실은 100m당 26m로 하고 호스의 길이는 15m, 수량은 2개이다.
④ 기타의 조건은 국가화재안전기술기준(NFTC)에 따른다.

(1) 옥상수조에 저장하여야 할 최소 유효저수량(m^3)은 얼마인가?
(2) 펌프의 최소 토출량(m^3/분)은 얼마인가?
(3) 전양정(m)은 얼마인가?
(4) 펌프의 성능은 정격토출량의 150%로 운전할 경우 정격토출압력은 최소 몇 MPa 이상이어야 하는지 구하시오.
(5) 펌프의 토출 측 주배관의 최소구경을 다음 [보기]에서 선정하시오.

[보기] 25mm, 32mm, 40mm, 50mm, 65mm, 80mm, 100mm

(6) 옥내소화전의 방수량이 200L/min일 때 방수압력이 0.2MPa이었다. 방수압력을 0.4MPa로 방수하였을 경우 방수량(L/min)은 얼마가 되겠는가?
(7) (6)에서 산정한 방수압과 방수량을 기준으로 노즐의 구경을 산출하시오.

풀이 (1) 최소 유효저수량(m³)
○ 계산과정 : $Q = 2 \times 2.6\text{m}^3 \times \dfrac{1}{3} = 1.73\text{m}^3$
○ 답 : 1.73m^3

(2) 최소 토출량(m³/분)
○ 계산과정 : $Q = 2 \times 130\text{L/min} = 260\text{L/min} = 0.26\text{m}^3/\text{min}$
○ 답 : $0.26\text{m}^3/\text{min}$

(3) 전양정(m)
○ 계산과정 : $H = 20\text{m} + 40\text{m} + \left(15\text{m} \times 2 \times \dfrac{26\text{m}}{100\text{m}}\right) + 17\text{m} = 84.8\text{m}$
○ 답 : 84.8m

(4) 정격토출압력(MPa)
○ 계산과정 : $P = 84.8\text{m} \times \dfrac{0.101325\text{MPa}}{10.332\text{m}} \times 0.65 = 0.54\text{MPa}$
○ 답 : 0.54MPa 이상

(5) 최소구경
○ 계산과정 : $d = \sqrt{\dfrac{4Q}{\pi u}} \times 1000 = \sqrt{\dfrac{4 \times 0.26\text{m}^3/60\text{s}}{\pi \times 4\text{m/s}}} \times 1000 = 37.14\text{mm}$
∴ 주배관 중 수직배관의 최소구경은 50mm 이다.
○ 답 : 50mm

(6) 방수량(L/min)
○ 계산과정 : ① 방출계수
$Q = K\sqrt{10P}$ 에서 $K = \dfrac{Q}{\sqrt{10P}} = \dfrac{200}{\sqrt{10 \times 0.2}} = 141.42$
② 0.4MPa로 방수하였을 경우 방수량(L/min)
$Q = 141.42 \times \sqrt{10 \times 0.4} = 282.84\text{L/min}$
○ 답 : 282.84L/min

(7) 노즐의 구경
○ 계산과정 : $d = \sqrt{\dfrac{Q}{0.653 \times \sqrt{10P}}} = \sqrt{\dfrac{282.84}{0.653 \times \sqrt{10 \times 0.4}}} = 14.72\text{mm}$
○ 답 : 14.72mm

상세해설

(1) 옥내소화전설비의 수원의 양

① 수원의 유효저수량(m^3)

$Q = N \times 2.6 m^3$ 이상 (N: 옥내소화전이 가장 많은 층의 설치개수(최대 2개))

② 옥상수조의 유효저수량(m^3)

$Q = N \times 2.6 m^3 \times \dfrac{1}{3}$ 이상 (N: 옥내소화전이 가장 많은 층의 설치개수(최대 2개))

(2) 펌프의 최소 토출량(m^3/분)

$Q = N \times 130 L/min$ 이상 (N: 옥내소화전이 가장 많은 층의 설치개수(최대 2개))

(3) 옥내소화전설비의 전양정

$H = h_1 + h_2 + h_3 + 17 m$

여기서, h_1: 실양정(흡입양정+토출양정)(m)
　　　　h_2: 배관의 마찰손실 수두(m)
　　　　h_3: 소방용호스 마찰손실 수두(m)

(4) 펌프의 성능
① 체절운전 시 정격토출압력의 140%를 초과하지 아니할 것
② 정격토출량의 150%로 운전 시 정격토출압력의 65% 이상이 되어야 할 것

(5) 펌프의 토출 측 주배관의 구경
① 유속이 4m/s 이하가 될 수 있는 크기 이상으로 하여야 할 것
② 옥내소화전방수구와 연결되는 가지배관의 구경은 40mm(호스릴옥내소화전설비 25mm) 이상으로 할 것
③ 주배관 중 수직배관의 구경은 50mm(호스릴옥내소화전설비 32mm) 이상으로 할 것

10 위험물을 저장하는 5m(가로)×6m(세로)×4m(높이)의 방호대상물에 국소방출방식으로 제4종 분말 약제를 사용하는 분말소화설비를 설치하려고 한다. 조건을 참조하여 필요한 소화약제의 최소 저장량(kg)을 계산하시오. (5점)

[조건]
① 국소방출방식의 계산식에서 방호공간에 대한 분말소화약제의 양을 산출하기 위한 X 및 Y의 값은 다음 표에 따른다.

소화약제의 종별	X의 수치	Y의 수치
제1종 분말	5.2	3.9
제2종 분말 또는 제3종 분말	3.2	2.4
제4종 분말	2.0	1.5

② 방호대상물의 주위에는 동일한 크기의 벽이 설치되어 있으며 바닥면적을 제외하고 5면을 기준으로 계산한다.

풀이 ○계산과정:
① 방호공간의 체적(m^3)
$V = 5m(가로) \times 6m(세로) \times 4.6m(높이+0.6m) = 138m^3$

② a : 방호대상물의 주변에 설치된 벽면적의 합계(m^2)
$a = 5m(가로) \times 4m(높이) \times 2면(전면 및 후면) + 6m(세로) \times 4m(높이) \times 2면(좌면 및 우면)$
$= 88m^2$

③ A : 방호공간의 벽면적의 합계(m^2)
$A = 5m \times 4.6m \times 2면(전면 및 후면) + 6m(세로) \times 4.6m(높이) \times 2면(좌면 및 우면)$
$= 101.2m^2$

④ 할증 계수
$K = 1.1$

⑤ 소화약제의 종별(제4종) X 및 Y의 수치
$X = 2.0$, $Y = 1.5$

⑥ 방호공간에 대한 분말소화약제의 양(kg/m^3)
$Q = X - Y\dfrac{a}{A} = 2 - 1.5 \times \dfrac{88}{101.2} = 0.6957 kg/m^3$

⑦ 소화약제의 최소 저장량(kg)
$V = 138m^3$, $Q = 0.6957 kg/m^3$, $K = 1.1$
$W = V \times Q \times K = 138 \times 0.6957 \times 1.1 = 105.61 kg$

○답 : 105.61kg

상세해설

(1) 국소방출방식의 분말소화약제 최소저장량(kg)

$$W = V \times \left(X - Y\frac{a}{A}\right) \times K$$

여기서, W : 국소방출방식의 분말소화약제 최소저장량(kg)
  V : 방호공간의 체적(m³), X 및 Y : 분말소화약제의 종별 수치
  K : 할증계수(1.1)

(2) 국소방출방식은 다음의 기준에 따라 산출한 양에 1.1을 곱하여 얻은 양 이상으로 할 것

$$Q = X - Y\frac{a}{A}$$

여기서, Q : 방호공간(방호대상물의 각 부분으로부터 0.6m의 거리에 따라 둘러싸인 공간) 1m³에 대한 분말소화약제의 양(kg/m³)
  a : 방호대상물의 주변에 설치된 벽면적의 합계(m²)
  A : 방호공간의 벽면적(벽이 없는 경우에는 벽이 있는 것으로 가정한 당해 부분의 면적)의 합계(m²)
  X 및 Y : 다음표의 수치

소화약제의 종별	X의 수치	Y의 수치
제1종 분말	5.2	3.9
제2종 분말 또는 제3종 분말	3.2	2.4
제4종 분말	2.0	1.5

(3) 방호공간의 체적(m³)
방호대상물 주위에는 동일한 크기의 벽이 설치되어 있으므로 벽 방향으로는 연장할 수 없고 높이 방향으로만 0.6m를 연장한다.

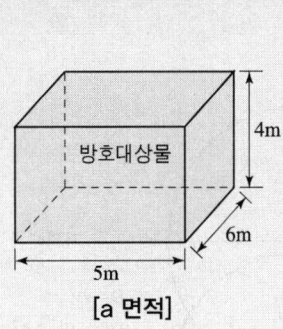
[a 면적]

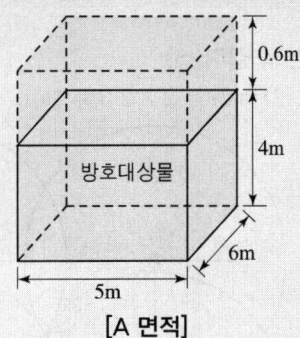
[A 면적]

※ 방호공간 : 방호대상물의 각 부분으로부터 0.6m의 거리에 따라 둘러싸인 공간
[주] (1) 바닥은 밀폐된 것으로 간주하는 것이 원칙이며 별도의 규정이 없는 한 0.6m 연장을 적용하면 안된다.
  (2) 방호대상물로부터 0.6m 이내에 기둥 또는 칸막이가 설치되어 더 이상 연장 할 수 없는 경우에는 해당부분까지만 연장하여야 한다.

11 다음 그림은 가로 20m 세로 10m인 직사각형 형태의 실의 평면도이다. 이 실의 내부에는 기둥이 없고 실내상부는 반자로 고르게 마감되어 있다. 이 실내에 스프링클러헤드를 직사각형 형태로 설치하고자 할 때 다음 각 물음에 답하시오. (단, 내화구조이며 반자 속에는 헤드를 설치하지 아니하며 전등 또는 공조용 디퓨저 등의 모듈(module)은 무시한다.)   (7점)

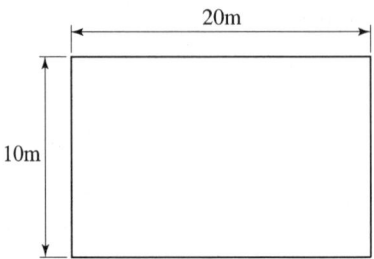

(1) 헤드간 대각선의 길이[m]는 최대 얼마인지 구하시오.
(2) 다음 표는 가로열 설치 헤드의 수와 세로열 설치 헤드의 수를 나타낸 것이다. 헤드간 대각선의 길이를 이용하여 다음 빈칸을 채우시오.

가로열 설치 헤드의 수	5	6	7	8
세로열 설치 헤드의 수	①	②	③	④
총 설치 헤드의 수	⑤	⑥	⑦	⑧

(3) "(2)"의 표를 참고하여 실의 평면도에 설치 가능한 최소 헤드의 개수[개]를 계산하시오.

풀이 (1) 헤드간 대각선의 길이(m)
  ○계산과정 : $D = 2r = 2 \times 2.3 = 4.6\,\text{m}$

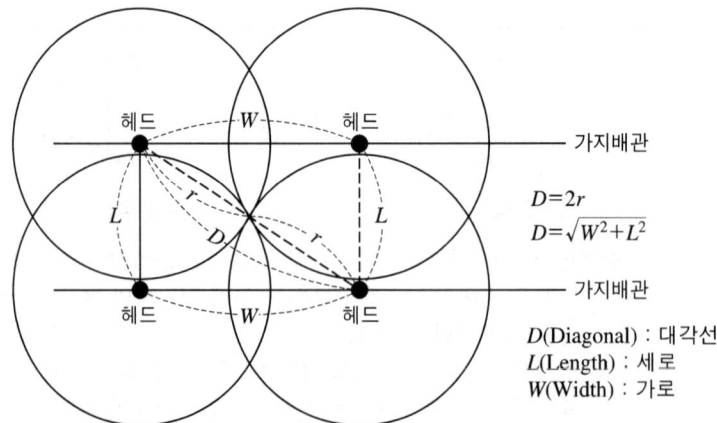

  ○답 : 4.6m

(2) ○계산과정 :

가로열 설치 헤드의 수	5	6	7	8
D(대각선길이)	4.6m	4.6m	4.6m	4.6m
가로 $W=\dfrac{\text{가로길이}}{\text{헤드개수}}$	$W=\dfrac{20m}{5}$	$W=\dfrac{20m}{6}$	$W=\dfrac{20m}{7}$	$W=\dfrac{20m}{8}$
세로 $L=\sqrt{D^2-W^2}$	$L=\sqrt{4.6^2-\left(\dfrac{20}{5}\right)^2}$ $=2.27m$	$L=\sqrt{4.6^2-\left(\dfrac{20}{6}\right)^2}$ $=3.17m$	$L=\sqrt{4.6^2-\left(\dfrac{20}{7}\right)^2}$ $=3.61m$	$L=\sqrt{4.6^2-\left(\dfrac{20}{8}\right)^2}$ $=3.86m$
세로열 설치 헤드의 수 $N=\dfrac{\text{세로길이}}{\text{헤드간격}}$ (소수점 이하 절상)	$N=\dfrac{10m}{2.27}=4.41$ ∴ 5개	$N=\dfrac{10m}{3.17}=3.15$ ∴ 4개	$N=\dfrac{10m}{3.61}=2.77$ ∴ 3개	$N=\dfrac{10m}{3.86}=2.59$ ∴ 3개
총 설치 헤드의 수	5×5=25개	6×4=24개	7×3=21개	8×3=24개

○답 :

가로열 설치 헤드의 수	5	6	7	8
세로열 설치 헤드의 수	① 5	② 4	③ 3	④ 3
총 설치 헤드의 수	⑤ 25	⑥ 24	⑦ 21	⑧ 24

(3) 최소 헤드의 개수[개]
　　○계산과정 : $N=$가로열 설치헤드의 수(7개)×세로열 설치 헤드의 수(3개)=21개
　　○답 : 21개

12 모형펌프의 시험운전을 기준으로 원형펌프를 설계하고자 한다. 아래의 조건을 참조하여 원형펌프의 유량(m³/s)과 축동력(MW)을 계산하시오. (단, 모형펌프와 원형펌프는 서로 상사한다.)

[조건] 모형펌프 : • 축동력 16.5kW　　• 임펠러의 직경 42cm
　　　　　　　　• 양정 5.64m　　　　• 회전수 374rpm
　　　　　　　　• 효율 89.3%
　　　　원형펌프 : • 임펠러의 직경 409cm　• 양정 55m

풀이 ○계산과정 : ① 모형펌프의 유량(m³/s)

$$P_1 = \dfrac{\gamma \times Q_1 \times H_1}{E_1}\text{에서}$$

$$Q_1 = \dfrac{P_1 \times E_1}{\gamma \times H_1} = \dfrac{16.5 \times 0.893}{9.8 \times 5.64} = 0.2666 m^3/s$$

$$Q_2 = Q_1 \times \left(\frac{N_2}{N_1}\right) \times \left(\frac{D_2}{D_1}\right)^3 = 0.2666 \times \left(\frac{119.9135}{374}\right) \times \left(\frac{409}{42}\right)^3$$
$$= 78.94 \mathrm{m}^3/\mathrm{s}$$

② 원형펌프의 회전수

$$\frac{H_2}{H_1} = \left(\frac{N_2}{N_1}\right)^2 \times \left(\frac{D_2}{D_1}\right)^2 \text{에서 } H_2 = H_1 \times \left(\frac{N_2}{N_1}\right)^2 = \left(\frac{D_2}{D_1}\right)^2$$

$$55 = 5.64 \times \left(\frac{N_2}{374}\right)^2 \times \left(\frac{409}{42}\right)^2, \ \left(\frac{N_2}{374}\right)^2 = 0.1028, \ \frac{N_2^2}{374^2} = 0.1028$$

$$N_2^2 = 0.1028 \times 374^2 \quad N_2 = \sqrt{0.1028 \times 374^2} = 119.9135 \mathrm{rpm}$$

③ 원형펌프의 축동력(kW)

$$P_2 = P_1 \times \left(\frac{N_2}{N_1}\right)^3 \times \left(\frac{D_2}{D_1}\right)^5 \times \left(\frac{E_2}{E_1}\right)$$

$$P_2 = 16.5 \times \left(\frac{119.9135}{374}\right)^3 \times \left(\frac{409}{42}\right)^5 = 47625.93 \mathrm{kW} = 47.63 \mathrm{MW}$$

○답: • 원형펌프의 유량 : 78.94m³/s
　　 • 원형펌프의 축동력 : 47.63MW

상세해설

$$Q_2 = Q_1 \times \left(\frac{N_2}{N_1}\right) \times \left(\frac{D_2}{D_1}\right)^3 \qquad H_2 = H_1 \times \left(\frac{N_2}{N_1}\right)^2 \times \left(\frac{D_2}{D_1}\right)^2 \qquad P_2 = P_1 \times \left(\frac{N_2}{N_1}\right)^3 \times \left(\frac{D_2}{D_1}\right)^5$$

여기서, Q_1 : 변경 전 풍량　　　　　Q_2 : 변경 후 풍량
　　　　 N_1 : 변경 전 회전수　　　　N_2 : 변경 후 회전수
　　　　 H_1 : 변경 전 전압　　　　　H_2 : 변경 후 전압
　　　　 P_1 : 변경 전 동력　　　　　P_2 : 변경 후 동력
　　　　 D_1 : 변경 전 임펠러 직경　　D_2 : 변경 후 임펠러 직경

99년-01월, 00년-04월 유사

13 에탄을 저장하는 창고에 이산화탄소소화설비를 설치하려고 할 때 다음 조건을 참조하여 각 물음에 답하시오.

[조건]
가. 전역방출방식(고압식)이며 표면화재 방호대상물로 간주한다.
나. 저장창고의 방호구역체적은 125m³이다.
다. 이산화탄소의 설계농도는 40%이며 보정계수는 1.2이다.
라. 개구부는 2m×1m×1개소이며 자동폐쇄장치가 설치되어 있지 않다.
마. 약제저장용기는 충전비가 1.9이며 내용적은 68L이다.
바. 기타의 조건은 화재안전기술기준을 적용한다.

(1) 필요한 이산화탄소 소화약제의 양(kg)을 계산하시오.
(2) 방호구역내에 이산화탄소가 설계농도로 유지될 때의 산소의 농도(%)는 얼마인가?
(3) 필요한 소화약제의 저장용기는 몇 병 인가?
(4) 다음은 이산화탄소소화설비의 화재안전기술기준에 관한 내용이다. ( )안에 알맞은 답을 쓰시오.

① 고압식의 경우 분사헤드의 방사압력이 ( )MPa 이상의 것으로 할 것
② 전역방출방식에 있어서 가연성액체 또는 가연성가스등 표면화재 방호대상물의 경우에는 이산화탄소의 소요량이 ( )분 이내에 방사되어야 한다.
③ 이산화탄소소화약제의 저장용기실의 온도는 ( )℃ 이하가 되어야 한다.
④ 이산화탄소소화설비의 배관은 강관을 사용하는 경우 ( )(저압식은 스케줄 40) 이상의 것

(5) 이산화탄소소화설비의 자동식 기동장치에 사용되는 화재감지기의 회로는 어떤 방식으로 설치 하여야 하는지 그 회로방식과 정의를 쓰시오.

풀이 (1) **소화약제의 양**(kg)

○ 계산과정 : $Q = 125(\text{m}^3) \times 0.9\text{kg/m}^3 \times 1.2 + (2\times 1)\text{m}^2 \times 5\text{kg/m}^2 = 145\text{kg}$

○ 답 : 145kg

(2) **산소의 농도**(%)

○ 계산과정 : $CO_2(\%) = \dfrac{21 - O_2(\%)}{21} \times 100$

$$40(\%) = \frac{21 - O_2(\%)}{21} \times 100 \qquad 0.4 = \frac{21 - O_2(\%)}{21}$$

$$21 - O_2(\%) = 0.4 \times 21 = 8.4 \qquad O_2(\%) = 21 - 8.4 = 12.6\%$$

○답 : 12.6%

(3) 저장용기의 병수

○계산과정 : 1병당 약제저장량 계산

$$\text{충전비 } C = \frac{V(\text{L})}{G(\text{kg})} \qquad G(\text{kg}) = \frac{V(\text{L})}{C} = \frac{68\text{L}}{1.9} = 35.79\text{kg}$$

$$N = \frac{145\text{kg}}{35.79\text{kg}/\text{병}} = 4.05 \qquad \therefore 5\text{병(소수점 이하는 무조건 절상)}$$

○답 : 5병

(4) ○답 : ① 2.1 ② 1 ③ 40 ④ 압력배관용탄소강관 중 스케줄 80

(5) 회로방식과 정의

○답 : ① 회로방식 : 교차회로방식
② 정의 : 하나의 방호구역 내에 2 이상의 화재감지기회로를 설치하고 인접한 2 이상의 화재감지기가 화재를 감지하는 때에 소화설비가 작동하는 방식

상세해설

(1) 표면화재의 방호구역 체적계수 및 면적계수

방호구역의 체적 (m³)	방호구역의 체적 1m³에 대한 소화약제의 양 kg (K_1 : kg/m³)	저장량의 최저한도량 (kg)	개구부 가산량 (K_2 : kg/m²) (자동폐쇄장치 미설치시)
45 미만	1	45	5
45 이상 150 미만	0.9		
150 이상 1450 미만	0.8	135	
1450 이상	0.75	1125	

[K_1(kg/m³) : 방호구역 체적계수, K_2(kg/m²) : 개구부 면적계수]

(2) 전역방출방식 표면화재 방호대상물의 약제저장량

$$Q = V \times K_1 + A \times K_2$$

여기서, Q : CO_2약제저장량(kg), V : 방호구역체적(m³)
K_1(kg/m³) : 방호구역 체적계수, A : 개구부면적(m²)
K_2(kg/m²) : 개구부 면적계수

2020년 7월 25일 시행

13년-04월, 14년-07월, 17년-06월 유사

14 할로겐화합물 및 불활성기체소화약제 중 HFC-23과 IG-541을 사용하여 소화설비를 설치하고자한다. 다음 조건을 참조하여 각 물음에 답하시오.

[조건] ① HFC-23의 소화농도는 7.3%이다.
② IG-541의 소화농도는 31.25%이다.
③ 발전기실의 연료는 경유를 사용한다.
④ 방호구역의 체적은 1400m³이다.
⑤ 소화약제량 산출시 선형상수를 이용하며 방사시 기준온도는 20℃이다.

소화약제	K_1	K_2
HFC-23	0.3164	0.0012
IG-541	0.65799	0.00239

(1) HFC-23의 저장량은 최소 몇 kg인가?
(2) IG-541의 저장량은 최소 몇 m³인가?

풀이 (1) HFC-23의 저장량

○계산과정 : $V = 1400 \text{m}^3$

$S = K_1 + (K_2 \times t\text{℃}) = 0.3164 + (0.0012 \times 20) = 0.3404$

$C =$ 소화농도(%) × K(안전계수) $= 7.3 \times 1.3 = 9.49\%$

$W = \dfrac{V}{S} \times \left(\dfrac{C}{100-C}\right) = \dfrac{1400}{0.3404} \times \left(\dfrac{9.49}{100-9.49}\right) = 431.23 \text{kg}$

○답 : 431.23kg

(2) IG-541의 저장량

○계산과정 : $V_s = 0.65799 + (0.00239 \times 20) = 0.7058 \text{m}^3/\text{kg}$

$S = 0.65799 + (0.00239 \times 20) = 0.7058 \text{m}^3/\text{kg}$

$C =$ 소화농도(%) × K(안전계수) $= 31.25 \times 1.3 = 40.625\%$

$X = 2.303 \times \dfrac{0.7058}{0.7058} \times \log_{10}\left(\dfrac{100}{100-40.625}\right) = 0.5214 \text{m}^3/\text{m}^3$

$W = 1400 \text{m}^3 \times 0.5214 \text{m}^3/\text{m}^3 = 729.96 \text{m}^3$

○답 : 729.96m³

상세해설

(1) 할로겐화합물소화약제량 산출 공식

$$W = \frac{V}{S} \times \left(\frac{C}{100-C}\right)$$

여기서, W : 소화약제의 무게(kg), V : 방호구역의 체적(m³)
S : 소화약제별 선형상수($K_1 + K_2 \times t$)(m³/kg)
C : 체적에 따른 소화약제의 설계농도(%)
  $C =$ 소화농도(%) $\times K$[안전계수(A급 : 1.2, B급 : 1.3, C급 : 1.35)]
  ※ C급(통전상태)의 안전계수는 A급(전기차단상태)소화농도의 1.35
t : 방호구역의 최소예상온도(℃)

(2) IG-541의 저장량(m³)

불활성기체 소화약제량 산출공식

$$X = 2.303 \times \frac{V_S}{S} \times \log_{10}\left(\frac{100}{100-C}\right)$$

여기서, X : 공간 체적당 더해진 소화약제의 부피(m³)
V_S : 20℃에서 소화약제의 비체적(m³/kg)
S : 소화약제별 선형상수($K_1 + K_2 \times t$)(m³/kg)
C : 체적에 따른 소화약제의 설계농도(%)
  [$C =$ 소화농도(%) $\times K$(안전계수, A급 : 1.2, B급 : 1.3, C급 : 1.35)]
  ※ C급(통전상태)의 안전계수는 A급(전기차단상태)소화농도의 1.35

(3) 배관구경

방호구역에 할로겐화합물 소화약제가 10초(불활성기체 소화약제는 A, C급 화재 2분, B급 화재 1분) 이내에 최소설계농도의 95% 이상 방출되도록 하여야 한다.

13년-11월, 17년-04월, 13년-11월 유사

15 특정소방대상물별의 바닥면적이 24m×40m일 때 아래의 용도에 따른 소화기구의 능력단위를 계산하시오. (3점)

(1) 전시장(주요구조부가 내화구조이고 벽 및 반자의 실내에 면하는 부분이 불연재료이다)
(2) 위락시설(주요구조부가 내화구조가 아닌 경우)
(3) 집회장(주요구조부가 내화구조가 아닌 경우)

풀이

(1) 전시장   ○계산과정 : $N(능력단위) = \dfrac{24 \times 40(\text{m}^2)}{100 \times 2(\text{m}^2)} = 4.8$

∴ 5(소수점 이하는 절상)

○답 : 5단위

(2) 위락시설   ○계산과정 : $N(능력단위) = \dfrac{24 \times 40(\text{m}^2)}{30(\text{m}^2)} = 32$

○답 : 32단위

(3) 집회장   ○계산과정 : $N(능력단위) = \dfrac{24 \times 40(\text{m}^2)}{50(\text{m}^2)} = 19.2$

∴ 20(소수점 이하는 절상)

○답 : 20단위

상세해설

능력단위

$$N(능력단위) = \dfrac{바닥면적(\text{m}^2)}{기준바닥면적(\text{m}^2)}$$

※ 소요능력단위 계산결과 소수점이 발생되면 절상하여 정수로 표기한다.

특정소방대상물별 소화기구의 능력단위기준

특정소방대상물	소화기구의 능력단위
1. 위락시설	해당 용도의 바닥면적 30m²마다 능력단위 1단위 이상
2. 공연장·집회장·관람장·문화재·장례식장 및 의료시설	해당 용도의 바닥면적 50m²마다 능력단위 1단위 이상
3. 근린생활시설·판매시설·운수시설·숙박시설·노유자시설·전시장·공동주택·업무시설·방송통신시설·공장·창고시설·항공기 및 자동차 관련 시설 및 관광휴게시설	해당 용도의 바닥면적 100m²마다 능력단위 1단위 이상
4. 그 밖의 것	해당 용도의 바닥면적 200m²마다 능력단위 1단위 이상

(주) 소화기구의 능력단위를 산출함에 있어서 건축물의 주요구조부가 내화구조이고, 벽 및 반자의 실내에 면하는 부분이 불연재료·준불연재료 또는 난연재료로 된 특정소방대상물에 있어서는 위 표의 기준면적의 2배를 해당 특정소방대상물의 기준면적으로 한다.

99년-05월 동일

16 아래 그림 및 조건을 참조하여 노즐에서의 유속(m/s)을 계산하시오. (5점)

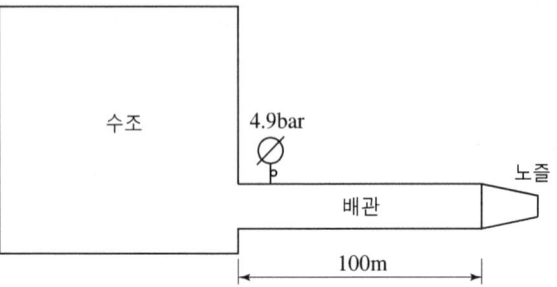

[조건] ① 배관의 내경은 60mm이다.
② 노즐의 내경은 20mm이다.
③ 배관에서 마찰손실계수는 0.025이다.
④ 노즐의 마찰손실은 무시한다.

풀이 ○ 계산과정 :

$$P_1 = 4.9 \text{bar} \times \frac{101.325 \text{kPa}}{1.013 \text{bar}} = 490.12 \text{kPa}(\text{kN/m}^2)$$

$$Q_1 = Q_2, \ A_1 u_1 = A_2 u_2, \ \frac{\pi}{4} \times d_1^2 \times u_1 = \frac{\pi}{4} \times d_2^2 \times u_2$$

$$d_1 = 60 \text{mm} = 0.06 \text{m}, \ d_2 = 20 \text{mm} = 0.02 \text{m}$$

$$\frac{\pi}{4} \times 0.06^2 \times u_1 = \frac{\pi}{4} \times 0.02^2 \times u_2, \ u_2 = 9 u_1$$

배관에서 마찰손실계산

$$\Delta h_L = f \times \frac{l}{D} \times \frac{u_1^2}{2g} = 0.025 \times \frac{100}{0.06} \times \frac{u_1^2}{2 \times 9.8} = 2.1259 u_1^2$$

$$u_2 = 9 u_1$$

$P_1 = 490.12 \text{kN/m}^2$, 대기압상태이므로 P_2(게이지압) $= 0$

γ(물의 비중량) $= 9.8 \text{kN/m}^3$, 수평배관이므로 $Z_1 = Z_2$

$$\frac{u_1^2}{2 \times 9.8} + \frac{490.12}{9.8} = \frac{(9u_1)^2}{2 \times 9.8} + \frac{0}{9.8} + 2.1259 u_1^2$$

$$\frac{81 u_1^2 - u_1^2}{2 \times 9.8} + 2.2159 u_1^2 = \frac{490.12}{9.8}, \ 6.2975 u_1^2 = 50.0122$$

$$u_1^2 = \frac{50.0122}{6.2975}, \ \sqrt{u_1^2} = \sqrt{\frac{50.0122}{6.2975}}$$

$$u_1 = \sqrt{\frac{50.0122}{6.2975}} = 2.8181 \text{m/s}, \quad u_2 = 9u_1 = 9 \times 2.8181 = 25.36 \text{m/s}$$

○ 답 : 25.36m/s

상세해설

1. 달시 – 바이스바하(Darcy – Weisbach) 공식

$$\Delta h_L(\text{m}) = f \times \frac{l}{D} \times \frac{u^2}{2g}$$

   여기서, Δh_L : 마찰손실수두(m), f : 마찰손실계수, l : 배관길이(m)
   u : 유속(m/s), g : 중력가속도(9.8m/s²), D : 배관내경(m)

2. 베르누이 수정 방정식(실제유체)

$$H = \frac{u_1^2}{2g} + \frac{P_1}{\gamma} + Z_1 = \frac{u_2^2}{2g} + \frac{P_2}{\gamma} + Z_2 + \Delta h_L$$

   여기서, H : 전에너지(m), $\frac{u^2}{2g}$: 속도수두(m), $\frac{p}{\gamma}$: 압력수두(m), Z : 위치수두(m)
   Δh_L : 마찰손실수두, γ : 물의 비중량(9.8kN/m³)

소방설비기사 – 기계분야
2020년 10월 17일 시행

11년-07월 유사

01 아래 그림은 지하1층, 지상10층인 특정소방대상물에 습식스프링클러설비를 설치한 펌프 주변 상세도이다. 조건을 참조하여 각 물음에 답하시오. **(13점)**

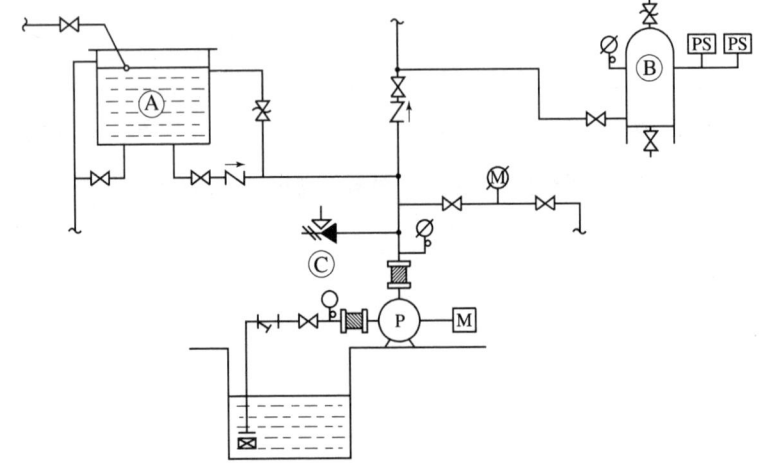

[조건]
① 특정소방대상물의 지하층은 주차장으로 지상층은 업무시설로 사용한다.
② 특정소방대상물은 내화구조이고 연면적 20,000m²이며 층당 헤드의 부착높이는 4m이다.
③ 특정소방대상물은 동결의 우려가 없으며 스프링클러헤드는 총 200개가 설치되어 있다.
④ 펌프의 효율은 65%이며 전달계수는 1.1이다.
⑤ 실양정은 52m이고 배관의 마찰손실은 실양정의 30%로 가정한다.
⑥ 스프링클러헤드의 방수압력은 0.1MPa로 한다.

(1) 헤드의 설치간격(m)를 구하시오.(단, 헤드는 정방형으로 설치한다)
(2) 펌프의 전동기 용량(kW)를 구하시오.
(3) 수원의 최소유효 저수량(m³)을 구하시오.(옥상수조 포함)

(4) 기호 Ⓐ의 명칭과 최소용량(L)를 쓰시오.
(5) 기호 Ⓑ의 명칭과 그 기능을 쓰시오.
(6) 기호 Ⓒ의 명칭과 작동압력범위를 쓰시오.
(7) 기호 Ⓐ 급수관의 최소구경(mm)를 쓰시오.

풀이 (1) 헤드의 설치간격(m)
 ○계산과정 : $S = 2r\cos 45° = 2 \times 2.3 \times \cos 45° = 3.25\text{m}$
 ○답 : 3.25m

(2) 펌프의 전동기 용량(kW)
 ○계산과정 : $\gamma(물) = 9.8\text{kN/m}^3$
  $Q = 80\text{L/min} \times 10개 = 800\text{L/min} = 0.8\text{m}^3/60\text{s}$
  $H = h_1 + h_2 + 10\text{m} = 52\text{m} + (52 \times 0.3)\text{m} + 10\text{m} = 77.6\text{m}$
  $E = 65\% = 0.65$
  $K = 1.1$
  $P = \dfrac{\gamma QH}{E} \times K = \dfrac{9.8 \times (0.8/60) \times 77.6}{0.65} \times 1.1 = 17.16\text{kW}$
 ○답 : 17.16kW

(3) 수원의 최소유효 저수량(m^3)
 ○계산과정 : $Q = 10개 \times 1.6\text{m}^3 + (10개 \times 1.6\text{m}^3) \times \dfrac{1}{3} = 21.33\text{m}^3$
 ○답 : 21.33m^3

(4) 기호 Ⓐ의 명칭과 최소용량(L)
 ○답 : 명칭 : 물올림수조(물올림장치)
    용량 : 100L 이상

(5) 기호 Ⓑ의 명칭과 그 기능
 ○답 : 명칭 : 압력챔버(기동용수압개폐장치)
    기능 : 소화펌프의 자동기동 및 정지

(6) 기호 Ⓒ의 명칭과 작동압력범위
 ○답 : 명칭 : 릴리프밸브
    작동압력범위 : 체절압력 이하

(7) 기호 Ⓐ 급수관의 최소구경(mm)
 ○답 : 15mm

상세해설

(1) 헤드의 배치(정방형)

$$S = 2r\cos 45°$$

여기서, S : 헤드 상호간의 거리(m), r : 수평거리(m)

(2) 스프링클러헤드의 배치기준

설치장소		설치기준
천장·반자·천장과 반자 사이·덕트·선반 기타 이와 유사한 부분(폭이 1.2m를 초과하는 것)	무대부, 특수가연물 저장 취급 장소 및 창고	수평거리 1.7m 이하
	특정소방대상물 - 기타구조	수평거리 2.1m 이하
	특정소방대상물 - 내화구조	수평거리 2.3m 이하
	아파트	수평거리 2.6m 이하
랙식 창고		랙 높이 3m 이하 마다

(3) 폐쇄형헤드를 사용하는 경우 설치장소별 스프링클러헤드의 기준개수

스프링클러설비 설치장소		기준개수
지하층을 제외한 층수가 10층 이하	공장 - 특수가연물을 저장·취급하는 것	30
	공장 - 그 밖의 것	20
	근린생활시설·판매시설·운수시설 또는 복합건축물 - 판매시설 또는 복합건축물(판매시설이 설치되는 복합건축물)	30
	근린생활시설·판매시설·운수시설 또는 복합건축물 - 그 밖의 것	20
	그 밖의 것 - 헤드의 부착높이가 8m 이상인 것	20
	그 밖의 것 - 헤드의 부착높이가 8m 미만인 것	10
아파트		10
지하층을 제외한 층수가 11층 이상인 소방대상물(아파트를 제외)·지하가 또는 지하역사		30

(4) 펌프의 동력계산(kW)

① 수동력

$$L_W(\text{kW}) = \gamma QH$$

※ 주의 : 수동력 계산 시 펌프의 효율 및 전달계수 K값은 무시한다.

② 축동력

$$L_S(\text{kW}) = \frac{\gamma QH}{E}$$

※ 주의 : 축동력 계산 시 전달계수 값은 무시한다.

③ 모터동력

$$P(\text{kW}) = \frac{\gamma QH}{E} \times K$$

여기서, γ : 비중량(물의 비중량 = 9.8kN/m³), Q : 토출량(m³/s)
H : 전양정(m), E : 효율(%/100), K : 전달계수

03년-10월, 07년-04월, 10년-10월, 18년-11월 기출

02 분말 소화설비에 설치하는 정압작동 장치의 기능과 압력 스위치 방식에 대하여 작성하시오. **(4점)**

(1) 정압작동 장치 기능   (2) 압력 스위치 방식

○ 답 : **(1) 정압작동장치의 기능**
  저장용기의 내부압력이 설정압력이 되었을 때 주 밸브를 개방시키는 기능
(2) 압력스위치 방식
  분말약제 저장용기에 유입된 가스압력에 의하여 설정된 압력이 되면 스위치가 닫혀 전자밸브를 개방시켜 메인밸브를 개방시키는 방식

상세해설

(1) 기계적 방식
  분말약제 저장용기에 유입된 가스압력에 의하여 밸브의 레버를 당겨서 가스의 통로를 개방, 가스를 메인밸브로 보내어 메인밸브를 개방시키는 방식
(2) 시한릴레이 방식
  분말약제 저장용기에 유입된 가스가 설정된 압력에 도달하는 시간을 미리 산출하여 시한릴레이에 입력시키고 기동과 동시에 시한릴레이를 작동 하게하여 입력시간이 지나면 릴레이가 작동, 전자밸브를 개방하여 주 밸브를 개방시키는 방식

13년-04월, 19년-06월 기출

03 다음 그림과 같이 직육면체(수면면적 36m²)의 물탱크에서 밸브를 완전히 개방하였을 때 최저유효수면(10m)까지 물이 배수되는 소요시간(min)을 구하시오.(단, 토출측 관의 안지름은 80mm이고 탱크수면의 하강속도가 변화하는 것을 고려한다) **(6점)**

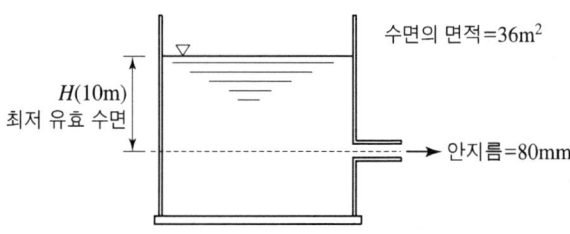

○ 계산과정 : $A_1 = 36\text{m}^2$, $A_2 = \dfrac{\pi}{4}d^2 = \dfrac{\pi}{4}(0.08\text{m})^2 = 5.03 \times 10^{-3}\text{m}^2$

$u_2 = \sqrt{2gH} = \sqrt{2 \times 9.8 \times 10\text{m}} = 14\text{m/s}$

$36 \times u_1 = 5.03 \times 10^{-3} \times 14$

$$u_1 = \frac{5.03 \times 10^{-3} \times 14}{36} = 1.95 \times 10^{-3} \text{m/s}$$

표면하강 가속도 $a(\text{m/s}^2) = \dfrac{0 - 1.95 \times 10^{-3}}{t} = \dfrac{-1.95 \times 10^{-3}}{t}$

물체의 속도 $u_2 = u_1(처음속도) + at$

t 초 동안 이동한 거리

$$S = u_0 t + \frac{1}{2} a t^2$$

이동거리 $10 = 1.95 \times 10^{-3} \times t + \dfrac{1}{2}\left(\dfrac{-1.95 \times 10^{-3}}{t}\right) \times t^2$

$10 = \dfrac{1.95 \times 10^{-3} t}{2}$, $t = 10256.41\text{s} = 170.94\text{min}$

○ 답 : 170.94min

상세해설

연속방정식

$$A_1 u_1 = A_2 u_2$$

토리첼리 방정식

$$u = \sqrt{2gH}$$

여기서, u : 유체 속도(m/s), g : 중력 가속도(9.8m/s^2), H : 높이(m)

t 초 동안 이동한 거리

$$S = \int u\,dt = \int (u_0 + at)\,dt = u_0 t + \frac{1}{2} a t^2$$

---

04 전역방출방식의 할론소화설비의 분사헤드 설치기준을 3가지만 쓰시오. (3점)

○ 답 : ① 방사된 소화약제가 방호구역의 전역에 균일하게 신속히 확산할 수 있도록 할 것
② 할론 2402를 방출하는 분사헤드는 해당 소화약제가 무상으로 분무되는 것으로 할 것
③ 분사헤드의 방사압력은 할론 2402를 방사하는 것은 0.1MPa 이상, 할론 1211을 방사하는 것은 0.2MPa 이상, 할론 1301을 방사하는 것은 0.9MPa 이상으로 할 것
④ 기준저장량의 소화약제를 10초 이내에 방사할 수 있는 것으로 할 것

05 아래 그림은 어느 물계통의 소화펌프 계통도를 나타내고 있다. 그림과 조건을 참조하여 각 물음에 답하시오. (6점)

11년-11월, 13년-07월 기출

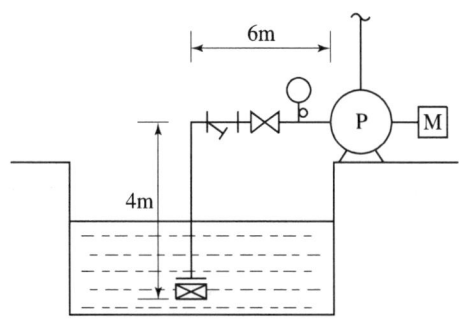

[조건]
① 펌프의 흡입측 배관에 설치된 관부속품에 대한 등가길이는 15m이다.
② 대기압두는 10.3m이며 물의 포화수증기압두는 0.2m이다.
③ 펌프의 유량은 144m³/h이고 흡입배관의 내경은 125mm이다.
④ 펌프의 필요흡입양정은 4.5m이다.
⑤ 배관의 마찰손실수두는 다음의 공식을 따르되 펌프 운전시 배관에서의 속도수두는 무시한다.

$$\Delta H = 6 \times 10^6 \times \frac{Q^2}{120^2 \times d^5} \times L$$

여기서, ΔH : 배관의 마찰손실수두(m), Q : 배관내의 유량(L/min)
d : 배관내경(mm), L : 배관의 길이(m)

(1) 펌프의 흡입측 배관의 마찰손실수두(m)를 구하시오.
(2) 펌프의 유효흡입양정(m)을 구하시오.
(3) 펌프의 사용가능여부를 판정하시오.
(4) 펌프가 흡입이 안 될 경우 흡입배관에 대한 개선대책을 2가지만 쓰시오.

풀이 (1) **마찰손실수두(m)**

○ 계산과정 : $Q = 144\text{m}^3/\text{h} = 144 \times 10^3 \text{L}/60\text{min} = 2400\text{L/min}$, $d = 125\text{mm}$

$L = 4\text{m} + 6\text{m} + 15\text{m} = 25\text{m}$

$$\Delta H = 6 \times 10^6 \times \frac{2400^2}{120^2 \times 125^5} \times 25 = 1.97\text{m}$$

○ 답 : 1.97m

(2) 유효흡입양정(m)
   ○ 계산과정 : NPSHav = 10.3m(대기압두) − 0.2m(증기압두) − 4m(흡입수두)
                         − 1.97m(흡입배관마찰손실수두)
                       = 4.13m
   ○ 답 : 4.13m

(3) 사용가능여부
   ○ 답 : NPSHav(4.13m) < NPSHre(4.5m)이므로 공동현상이 발생하여 펌프는 사용할 수 없다.

(4) 개선대책
   ○ 답 : ① 펌프의 흡입관경을 크게 한다.
          ② 펌프의 흡입측 배관길이를 가능한 짧게 한다.
          ③ 펌프의 흡입측 배관의 유속을 줄인다.

상세해설

NPSHav(유효흡입양정)

$$\text{NPSH}_{av} = \frac{P_a}{\gamma} - \frac{P_v}{\gamma} \pm H_s - f\frac{V_s^2}{2g}$$

여기서, P_a : 대기압(Pa)
P_V : 증기압(Pa)
H_S : 흡입수두(−) 또는 압입수두(+)
$f\frac{V_s^2}{2g}$: 흡입배관마찰손실수두(m)
γ : 물의 비중량(9800N/m³)

① NPSH
유효흡입양정으로 펌프의 흡입압력이 물의 증기압보다 낮을 때 물이 증발하여 공동현상이 발생하지 않고 펌프가 물을 액송할 수 있는 양정을 말한다.

② 공동현상 발생 방지조건
NPSHav(유효흡입양정) ≥ NPSHre(필요흡입양정)

③ 공동현상 방지 설계조건
NPSHav(유효흡입양정) ≥ NPSHre(필요흡입양정) × 1.3

2020년 10월 17일 시행

13년-07월, 19년-06월, 17년-04월 기출

06 4층 이상 10층 이하의 의료시설에 설치하여야 할 피난기구를 3가지만 쓰시오.
(3점)

○답 : ① 구조대 ② 피난교 ③ 피난용트랩 ④ 다수인피난장비 ⑤ 승강식피난기

소방대상물의 설치장소별 피난기구의 적응성

구분 \ 층별	1층	2층	3층	4층 이상 10층 이하
노유자시설			미구교다승	구¹⁾교다승
의료시설·근린생활시설 중 입원실이 있는 의원·접골원·조산원			미트구교다승	트구교다승
다중이용업소로서 영업장의 위치가 4층 이하인 다중이용업소			미사구 완다승	
그 밖의 것			트공³⁾간²⁾교미사구 완다승	공³⁾간²⁾교사구 완다승

[비고] 1) 구조대의 적응성은 장애인 관련 시설로서 주된 사용자 중 스스로 피난이 불가한 자가 있는 경우 추가로 설치하는 경우에 한한다.
2) 간이완강기의 적응성은 숙박시설의 3층 이상에 있는 객실에 한한다.
3) 공기안전매트의 적응성은 공동주택에 추가로 설치하는 경우에 한한다.

어두문자 암기방법

피난용트랩 ⇒ 트   피난교 ⇒ 교
피난사다리 ⇒ 사   미끄럼대 ⇒ 미
구조대 ⇒ 구   다수인피난장비 ⇒ 다
승강식피난기 ⇒ 승   완강기 ⇒ 완
간이완강기 ⇒ 간   공기안전매트 ⇒ 공

피난기구 설치기준

(1) 피난기구는 계단·피난구 기타 피난시설로부터 적당한 거리에 있는 안전한 구조로 된 피난 또는 소화활동상 유효한 개구부(가로 0.5m 이상 세로 1m 이상인 것을 말한다. 이 경우 개부구 하단이 바닥에서 1.2m 이상이면 발판 등을 설치하여야 하고, 밀폐된 창문은 쉽게 파괴할 수 있는 파괴장치를 비치하여야 한다)에 고정하여 설치하거나 필요한 때에 신속하고 유효하게 설치할 수 있는 상태에 둘 것
(2) 피난기구를 설치하는 개구부는 서로 동일직선상이 아닌 위치에 있을 것. 다만, 피난교·피난용트랩·간이완강기·아파트에 설치되는 피난기구(다수인 피난장비는 제외) 기타 피난 상 지장이 없는 것에 있어서는 그러하지 아니하다.

08년-04월 유사

07 가로 10m, 세로 15m, 높이 4m인 전기실에 화재안전기술기준과 다음 조건에 따라 전역방출방식의 이산화탄소 소화설비를 설치하려고 한다. 조건을 참조하여 각 물음에 답하시오. (7점)

[조건]
① 공기 중 산소의 부피농도는 21%이고 이산화탄소약제를 방사한 후 방호구역의 산소농도를 측정한 결과 부피농도는 14%이었다.
② 대기압은 760mmHg이고 이산화탄소약제 방출 후 방호구역의 압력은 770mmHg이다.
③ 방호구역의 기준 온도는 20℃이다.
④ 개구부는 자동폐쇄장치가 설치되어 있다.

(1) 이산화탄소약제를 방사한 후 이산화탄소의 부피농도(%)를 구하시오.
(2) 방호구역에 방사된 이산화탄소의 양(kg)은 얼마인가?
(3) 약제용기는 내용적이 68L이고 충전비가 1.7인 경우 필요한 용기 수는 몇 병인가?
(4) 다음은 이산화탄소 소화설비의 분사헤드 설치제외 장소이다. ( )안에 알맞은 답을 쓰시오.

① 방재실, 제어실 등 사람이 ( ) 하는 장소
② 니트로셀룰로오스, 셀룰로이드제품 등 ( )을 저장, 취급하는 장소
③ 나트륨, 칼륨, 칼슘 등 ( )을 저장, 취급하는 장소
④ 전시장 등의 관람을 위하여 다수인이 출입, 통행하는 통로 및 전시실 등

풀이 (1) 이산화탄소의 부피농도(%)

○ 계산과정 : $CO_2(\%) = \dfrac{21 - O_2(\%)}{21} \times 100 = \dfrac{21 - 14(\%)}{21} \times 100 = 33.33\%$

○ 답 : 33.33%

(2) 이산화탄소의 양(kg)

○ 계산과정 : $G_V = \dfrac{21 - O_2(\%)}{O_2(\%)} \times V = \dfrac{21 - 14}{14} \times (10 \times 15 \times 4)\text{m}^3 = 300\text{m}^3$

$W = \dfrac{PVM}{RT} = \dfrac{(770/760) \times 300 \times 44}{0.082 \times (273 + 20)} = 556.63\text{kg}$

○ 답 : 556.63kg

(3) 용기 수

○ 계산과정 : 저장용기 1병당 약제저장량 $G = \dfrac{V}{C} = \dfrac{68\text{L}}{1.7\text{L/kg}} = 40\text{kg}$

$N = \dfrac{556.63\text{kg}}{40\text{kg}} = 13.92$

○ 답 : 14병

(4) ○ 답 : ① 상시 근무
② 자기연소성물질
③ 활성금속물질

상세해설

이산화탄소소화설비의 분사헤드 설치제외 장소
① 방재실·제어실 등 사람이 **상시 근무**하는 장소
② 니트로셀룰로스·셀룰로이드제품 등 **자기연소성물질**을 저장·취급하는 장소
③ 나트륨·칼륨·칼슘 등 **활성금속물질**을 저장·취급하는 장소
④ 전시장 등의 관람을 위하여 다수인이 출입·통행하는 **통로 및 전시실** 등

06년-04월, 11년-11월, 17년-11월 기출

08
다음은 지하구의 화재안전기술기준에 관한 설치기준이다. ( ) 안에 알맞은 답을 쓰시오. (6점)

(1) 연소방지설비전용헤드를 사용하는 경우 하나의 배관에 부착하는 살수헤드의 개수가 4개 또는 5개인 경우 배관의 구경은 (①)mm 이상의 것으로 할 것
(2) 소방대원의 출입이 가능한 (②)·(③)마다 지하구의 양쪽방향으로 살수헤드를 설정하되, 한쪽 방향의 살수구역의 길이는 (④)m 이상으로 할 것. 다만, 환기구 사이의 간격이 (⑤)m를 초과할 경우에는 (⑥)m 이내마다 살수구역을 설정 할 것
(3) 방수헤드간의 수평거리는 연소방지설비 전용헤드의 경우에는 (⑦)m 이하, 스프링클러헤드의 경우에는 (⑧)m 이하로 할 것

풀이 ○ 답 : ① 65　　② 환기구　　③ 작업구　　④ 3
　　　　⑤ 700　　⑥ 700　　　⑦ 2　　　　⑧ 1.5

01년-07월 기출

09 소화설비에서 배관 내경이 100mm인 수평배관에 물이 350L/min의 유량으로 흐르고 있다. 직관의 길이는 150m, 레이놀드수는 1800일 때 배관의 출발점 압력이 0.75MPa 이라면 배관 끝점의 압력(MPa)을 구하시오. (4점)

○ 계산과정 : ① 배관의 마찰손실압력(MPa)

$$u = \frac{Q}{A} = \frac{Q}{\pi d^2/4} = \frac{0.35 \text{m}^3/60 \text{s}}{\pi \times 0.1^2/4} = 0.74 \text{m/s}$$

f = 마찰손실계수(층류 $f = \dfrac{64}{Re\,No} = \dfrac{64}{1800}$)

$d = 100\text{mm} = 0.1\text{m},\ g = 9.8\text{m/s}^2$

$$\Delta h_L = f \times \frac{l}{d} \times \frac{u^2}{2g} = \frac{64}{1800} \times \frac{150}{0.1} \times \frac{0.74^2}{2 \times 9.8} = 1.49\text{m}$$

$$\Delta P = \gamma h = 9.8 \text{kN/m}^3 \times 1.49\text{m} = 14.60 \text{kN/m}^2 (\text{kPa})$$
$$= 0.0146 \text{MPa}$$

② 배관 끝점의 압력 = 출발점압력 - 배관의 마찰손실압력

$$P = 0.75 \text{MPa} - 0.01460 \text{MPa} = 0.74 \text{MPa}$$

○ 답 : 0.74MPa

상세해설

달시 - 바이스바하(Darcy - Weisbach) 공식

$$\Delta h_L(\text{m}) = f \times \frac{l}{D} \times \frac{u^2}{2g} \qquad \Delta P(\text{kPa}) = \Delta h_L(\text{m}) \times \gamma(\text{kN/m}^3)$$

여기서, Δh_L : 마찰손실수두(m), f : 마찰손실계수, l : 배관길이(m),
u : 유속(m/s), g : 중력가속도(9.8m/s²), D : 배관내경(m)
γ : 비중량($\gamma_w = 9800\text{N/m}^3 = 9.8\text{kN/m}^3$)

00년-11월, 03년-04월, 10년-10월 기출

10 물분무소화설비를 설치하는 차고 또는 주차장에는 배수설비를 하여야 한다. 다음 각 물음에 답하시오. (6점)

(1) 배수구의 설치기준을 쓰시오.
(2) 기름분리장치의 설치기준을 쓰시오.
(3) 기울기에 대한 기준을 쓰시오.

풀이 ○ **답** : (1) 차량이 주차하는 장소의 적당한 곳에 높이 10cm 이상의 경계턱으로 배수구를 설치할 것
(2) 배수구에는 새어나온 기름을 모아 소화할 수 있도록 길이 40m 이하마다 집수관·소화핏트 등 기름분리장치를 설치할 것
(3) 차량이 주차하는 바닥은 배수구를 향하여 100분의 2 이상의 기울기를 유지할 것

상세해설

물분무소화설비를 설치하는 차고 또는 주차장의 배수설비 설치기준
① 차량이 주차하는 장소의 적당한 곳에 높이 10cm 이상의 경계턱으로 배수구를 설치할 것
② 배수구에는 새어나온 기름을 모아 소화할 수 있도록 길이 40m 이하마다 집수관·소화핏트 등 기름분리장치를 설치할 것
③ 차량이 주차하는 바닥은 배수구를 향하여 100분의 2 이상의 기울기를 유지할 것
④ 배수설비는 가압송수장치의 최대송수능력의 수량을 유효하게 배수할 수 있는 크기 및 기울기로 할 것

11년-07월 기출

11 초고층 건물에 심하게 발생하는 연돌효과(stack effect)를 간략하게 설명하고, 제연설비에 미치는 영향은 무엇인지 쓰시오. (4점)

(1) 연돌효과(stack effect)
(2) 제연설비에 미치는 영향

풀이 ○ **답** : (1) **연돌효과** : 건축물 내부와 외부의 온도차이로 인하여 발생한 공기밀도의 차이로 인해 저층부의 공기가 고층부로 상승하는 현상
(2) **제연설비에 미치는 영향** : 유독성연기와 화염이 각종 수직개구부인 계단, 엘리베이터샤프트, 공조닥트 등을 통하여 급속하게 전 층으로 확대

16년-11월 기출

12 할로겐화합물 및 불활성기체 소화설비에 압력배관용탄소강관(KS D 3562)을 사용할 때 다음 조건을 참조하여 최대허용압력(MPa)을 계산하시오. **(4점)**

[조건] ① 압력배관용탄소강관(KS D 3562)의 인장강도 420MPa, 항복점 250MPa이다.
② 배관이음효율은 0.85를 적용한다.
③ 배관의 최대허용응력(SE)은 배관재질 인장강도의 1/4값과 항복점의 2/3값 중 작은 값(σ)을 기준으로 다음의 식을 적용한다.

$$SE = \sigma \times 배관이음효율 \times 1.2$$

④ 적용되는 배관의 바깥지름은 114.3mm이고 두께는 6.0mm이다.
⑤ 나사이음, 홈이음 등의 허용 값(mm)(헤드설치부분은 제외한다)은 무시한다.

○ 계산과정 : ① 인장강도의 1/4값 = $= 420\text{MPa} \times \dfrac{1}{4} = 105\text{MPa}$

② 항복점의 2/3값 = $= 250\text{MPa} \times \dfrac{2}{3} = 166.67\text{MPa}$

③ 배관의 최대허용응력 계산(작은 값(σ)=105MPa적용)
$SE = \sigma \times 배관이음효율 \times 1.2 = 105 \times 0.85 \times 1.2 = 107.1\text{MPa}$

④ $SE = 107.1\text{MPa}$, $t = 6\text{mm}$, $D = 114.3\text{mm}$, $A = 0$(무시)

⑤ $P = \dfrac{2SE}{D}(t-A) = \dfrac{2 \times 107.1}{114.3}(6-0) = 11.24\text{MPa}$

○ 답 : 11.24MPa

상세해설

관의 두께

$$t = \dfrac{PD}{2SE} + A$$

여기서, t : 관의 두께(mm), P : 최대허용압력(kPa), D : 배관의 바깥지름(mm)
SE : 최대허용응력(kPa)(배관재질 인장강도의 1/4값과 항복점의 2/3 값 중 적은 값×배관이음효율×1.2)
A : 나사이음(mm) (헤드설치부분은 제외한다)

- 나사이음 : 나사의 높이
- 절단홈이음 : 홈의 깊이
- 용접이음 : 0

※ 배관이음효율 : ① 이음매 없는 배관 : 1.0
② 전기저항 용접배관 : 0.85
③ 가열맞대기 용접배관 : 0.60

13 경유를 저장하는 탱크의 내부직경이 40m인 플루팅루프(Floating Roof) 탱크에 포소화설비의 특형 방출구를 설치하여 방출하려고 할 때 다음 각 물음에 답하시오. (11점)

[조건] ① 소화약제는 3%용의 단백포를 사용하며 수용액의 분당 방출량은 $12L/m^2 \cdot min$이고 방사시간은 20분으로 한다.
② 탱크내면과 굽도리판의 간격은 2.5m로 한다.
③ 펌프의 효율은 60%, 전동기 전달계수는 1.2로 한다.

(1) 포수용액의 양[m^3]은 얼마 이상인지 구하시오.
(2) 수원의 양[m^3]은 얼마 이상인지 구하시오.
(3) 포원액의 양[m^3]은 얼마 이상인지 구하시오.
(4) 가압송수장치의 최소 분당 토출량(L/min)을 구하시오.
(5) 펌프의 전양정이 100m라고 할 때 전동기의 출력(kW)은 최소얼마 이상인지 구하시오.(단, 포수용액의 비중은 물의 비중과 동일하다고 가정한다.)
(6) 팽창비를 구하는 식을 쓰시오.
(7) 고발포의 팽창비 범위를 쓰시오.
(8) 저발포의 팽창비 범위를 쓰시오.
(9) 포소화약제의 종류를 5가지만 쓰시오.

풀이 (1) **포수용액의 양**[m^3]

○계산과정 : $Q = A \times Q_1 \times T = \dfrac{\pi}{4}(40^2 - 35^2)m^2 \times 12L/m^2 \cdot min \times 20min$

$= 70685.83L = 70.69m^3$

○답 : $70.69m^3$

(2) **수원의 양**[m^3]

○계산과정 : $Q = A \times Q_1 \times T \times S_W$

$= \dfrac{\pi}{4}(40^2 - 35^2)m^2 \times 12L/m^2 \cdot min \times 20min \times 0.97$

$= 68565.26L = 68.57m^3$

○답 : $68.57m^3$

(3) **포원액의 양**[m^3]

○계산과정 : $Q = A \times Q_1 \times T \times S$

$$= \frac{\pi}{4}(40^2 - 35^2)\text{m}^2 \times 12\text{L/m}^2 \cdot \min \times 20\min \times 0.03$$
$$= 2120.58\text{L} = 2.12\text{m}^3$$

○ 답 : 2.12m^3

(4) 가압송수장치의 최소 분당 토출량(L/min)

○ 계산과정 : $Q = A \times Q_1 = \frac{\pi}{4}(40^2 - 35^2)\text{m}^2 \times 12\text{L/m}^2 \cdot \min$
$$= 3534.29\text{L/min}$$

○ 답 : 3534.29L/min

(5) 전동기의 출력(kW)

○ 계산과정 : $\gamma = 9.8\text{kN/m}^3$, $H = 100\text{m}$, $E = 60\% = 0.60$, $K = 1.2$
$Q = 3534.29\text{L/min} = 3.53\text{m}^3/60\text{s}$
$$P = \frac{\gamma QH}{E} \times K = \frac{9.8 \times (3.53/60) \times 100}{0.60} \times 1.2 = 115.31\text{kW}$$

○ 답 : 115.31kW

(6) 팽창비를 구하는 식

○ 답 : 팽창비 = 발포 후 포의 부피 / 발포 전 포수용액의 부피

(7) 고발포의 팽창비 범위

○ 답 : 팽창비가 80 이상 1000 미만인 것

(8) 저발포의 팽창비 범위

○ 답 : 팽창비가 20 이하인 것

(9) 포소화약제의 종류를 5가지

○ 답 : ① 단백포 ② 합성계면활성제포 ③ 수성막포 ④ 알코올포 ⑤ 불화단백포

상세해설

(1) 특형방출구의 환상부분 액표면적 계산

$$A = \frac{\pi}{4} \times (D_1^2 - D_2^2)$$

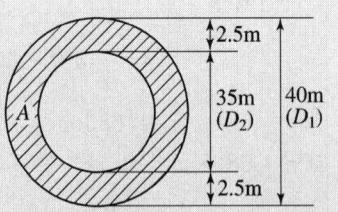

(2) 고정포방출구방식의 약제량 계산

구 분	약제 저장량
❶ 고정포 방출구	$Q = A \times Q_1 \times T \times S$ Q : 포소화약제의 양(L) A : 저장탱크의 액표면적(m^2) Q_1 : 단위 포소화수용액의 양(L/m^2분) T : 방출시간(분) S : 포소화약제의 사용농도(%)
❷ 보조소화전	$Q = N \times S \times 8000L$ Q : 포소화약제의 양(L) N : 호스 접결구 개수(3개 이상의 경우는 3) S : 포소화약제의 사용농도(%)
❸ 배관보정	가장 먼 탱크까지의 송액관(내경 75mm 이하 제외)에 충전하기 위하여 필요한 양 $Q = V \times S \times 1000$ Q : 포소화약제의 양(L) V : 송액관 내부의 체적(m^3) S : 포소화약제의 사용농도(%)
❹ 합계	고정포 방출구방식의 약제량 = ❶ + ❷ + ❸

95년-01월, 98년-11월, 03년-07월, 10년-04월, 17년-06월 기출

14 그림은 공장에 설치된 지하매설 소화용 배관도이다. "가"~"마"까지의 각각의 옥외소화전의 측정수압이 표와 같을 때 다음 각 물음에 답하시오. (9점)

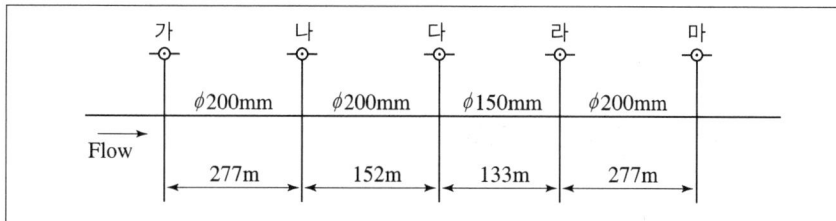

[소화전 측정압력(MPa)]

압력 \ 위치	가	나	다	라	마
정 압	0.557	0.517	0.572	0.586	0.552
방사압력	0.49	0.379	0.296	0.172	0.069

※ 방사압력은 소화전의 노즐 캡을 열고 소화전 본체 직근에서 측정한 잔류압력(Residual pressure)을 말한다.

(1) 다음은 동수경사선(hydraulic gradient)을 작성하기 위한 과정이다. 주어진 자료를 활용하여 표의 빈곳을 채우시오. (단, 계산과정을 기록할 것)

항목 소화전	구경 (mm)	실관장 (m)	측정압력(MPa)		펌프로부터 각 소화전까지 전 마찰손실 (MPa)	소화전간의 배관마찰 손실 (MPa)	Gauge elevation (MPa)	경사선의 elevation (MPa)
			정압	방사압력				
가	–	–	0.557	0.49	①	–	0.029	0.519
나	200	277	0.517	0.379	②	⑤	0.069	⑩
다	200	152	0.572	0.296	③	0.138	⑧	0.31
라	150	133	0.586	0.172	0.414	⑥	0	⑪
마	200	277	0.552	0.069	④	⑦	⑨	⑫

(단, 기준 elevation으로 부터의 정압은 0.586(MPa)으로 본다.)

(2) 상기 (1)항에서 완성된 표를 자료로 하여 답안지의 동수 경사선과 Pipe profile을 완성하시오.

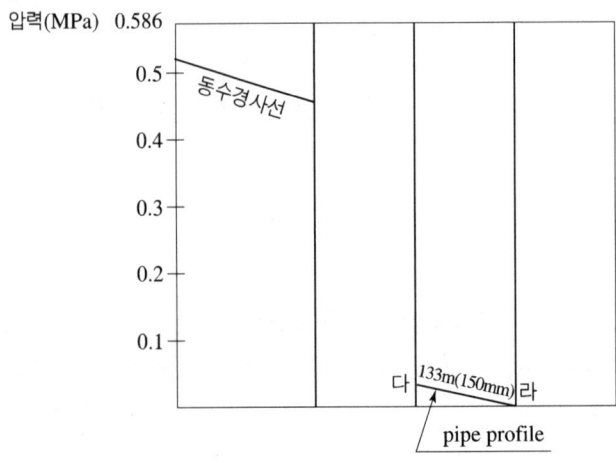

풀이 (1) 동수경사선 작성과정 빈칸 채우기

　○계산과정　　　　　　　　　　○답
　① 0.557－0.49＝0.067　　　　0.067
　② 0.517－0.379＝0.138　　　　0.138
　③ 0.572－0.296＝0.276　　　　0.276
　④ 0.552－0.069＝0.483　　　　0.483
　⑤ 0.138－0.067＝0.071　　　　0.071
　⑥ 0.414－0.276＝0.138　　　　0.138
　⑦ 0.483－0.414＝0.069　　　　0.069
　⑧ 0.586－0.572＝0.014　　　　0.014

⑨ 0.586-0.552=0.034   0.034
⑩ 0.379+0.069=0.448   0.448
⑪ 0.172+0=0.172   0.172
⑫ 0.069+0.034=0.103   0.103

(2) 동수경사선과 pipe profile을 완성
  ○ 계산과정:

항목 소화전	구경 (mm)	실관장 (m)	측정압력 (MPa)		펌프로부터 각 소화전까지 전 마찰손실 (MPa)	소화전간의 배관마찰 손실 (MPa)	Gauge elevation (MPa)	경사선의 elevation (MPa)
			정압(A)	방사압력				
계산방법					정압-방사압력	각 소화전호스까지 마찰손실차	기준정압 elevation (5.86MPa)−A	방사압력 +gauge elevation
가	−	−	0.557	0.49	① 0.067	−	0.586−0.557 =0.029	0.49+0.029=0.519
나	200	277	0.517	0.379	② 0.138	⑤ 0.071	0.586−0.517 =0.069	⑩ 0.448
다	200	152	0.572	0.296	③ 0.276	0.276−0.138 =0.138	⑧ 0.014	0.296+0.014=0.31
라	150	133	0.586	0.172	0.586−0.172 =0.414	⑥ 0.138	0.586−0.586 =0	⑪ 0.172
마	200	277	0.552	0.069	④ 0.483	⑦ 0.069	⑨ 0.034	⑫ 0.103

○ 답:

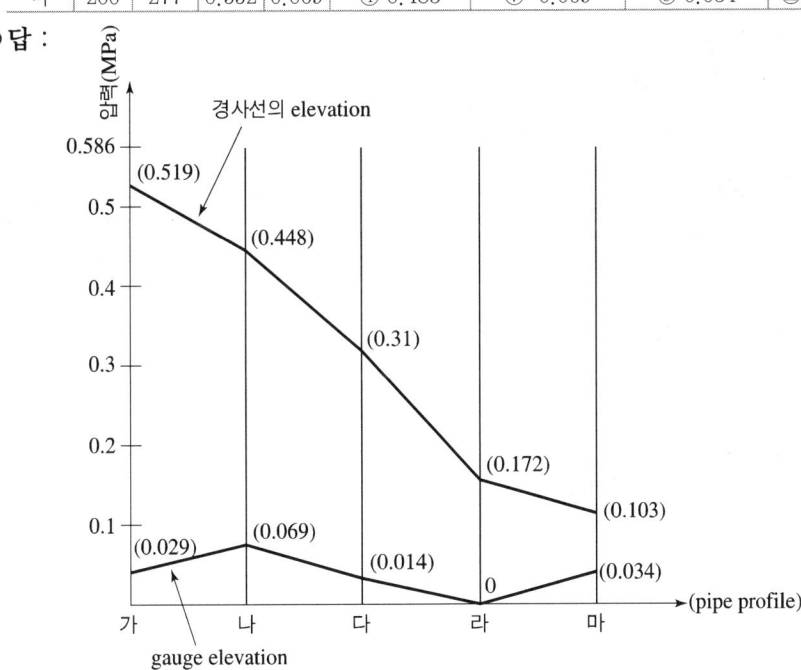

[주의] 답란에 그래프가 문제 (2)항 아래와 같이 일부 구간이 그려져 있으므로 방사압력 또는 경사선 elevation이 때때로 바꿔서 출제되므로 답란의 그래프를 꼭 확인하시기 바랍니다.

14년-07월, 14년-11월, 18년-04월 유사

15 다음은 펌프의 성능시험에 관한 내용이다. 각 물음에 답하시오. (8점)

(1) 체절운전에 대하여 기술하시오.
(2) 정격운전에 대하여 기술하시오.
(3) 최대운전(피크운전)에 대하여 기술하시오.
(4) 펌프의 성능특성곡선을 그리고 체절운전점, 설계점, 운전점을 표시하시오.
(5) 다음은 옥내소화전설비에 설치된 펌프의 성능시험표이다. 빈칸의 번호에 알맞은 답을 쓰시오.

구분	체절운전	정격운전	최대운전
유량 Q(L/min)	0	520	(②)
압력 P(MPa)	(①)	0.7	(③)

풀이 (1) **체절운전**
○ 답 : 펌프 토출측의 개폐밸브를 닫은 상태에서 성능시험배관의 유량조절밸브를 폐쇄하고 운전하여 토출압력을 확인하는 운전

(2) **정격운전**
○ 답 : 펌프 토출측의 개폐밸브를 닫은 상태에서 성능시험배관의 유량조절밸브를 개방하여 정격토출량의 100%로 운전 시 토출압력을 확인하는 운전

(3) **최대운전**
○ 답 : 펌프 토출측의 개폐밸브를 닫은 상태에서 성능시험배관의 유량조절밸브를 개방하여 정격토출량의 150%로 운전 시 토출압력을 확인하는 운전

(4) **펌프의 성능곡선**

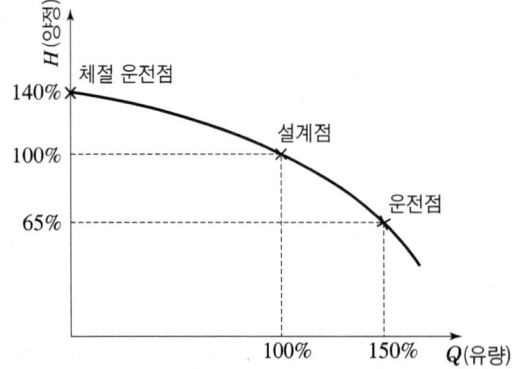

(5) 성능시험표 빈칸 채우기
  ○ 계산과정 : ① $P = 0.7\text{MPa} \times 1.4(140\%) = 0.98\text{MPa}$
              ② $Q = 520\text{L/min} \times 1.5(150\%) = 780\text{L/min}$
              ③ $P = 0.7\text{MPa} \times 0.65(65\%) = 0.46\text{MPa}$
  ○ 답 : ① 0.98 ② 780 ③ 0.46

상세해설

성능시험배관상 유량조절밸브가 설치된 경우 펌프성능시험방법
(원칙적으로 성능시험배관상 개폐밸브 및 유량조절밸브가 설치되어야 한다.)

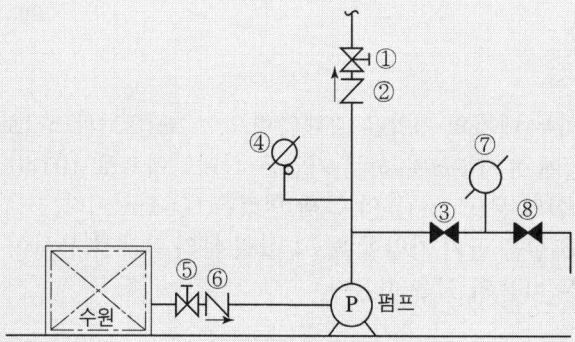

① 무부하운전=체절운전(No Flow Condition)
  ㉠ 펌프의 토출측 개폐밸브① 폐쇄
  ㉡ 제어반에서 충압펌프 및 주펌프 운전스위치를 수동(Manual)위치로 한다.
  ㉢ 성능시험 배관 상 유량조절밸브⑧완전 폐쇄 후 개폐밸브③완전 개방
  ㉣ 제어반에서 주펌프 수동기동
  ㉤ 릴리프밸브 작동압력을 압력계④로 확인(만약 릴리프밸브가 체절압력 이하에서 개방되지 않으면 릴리프밸브를 서서히 개방하여 체절압력 이하에서 압력수가 토출되도록 한다)
② 정격부하운전=설계점운전(Rated Load)
  ㉠ 펌프가 기동한 상태에서 성능시험 배관상 유량조절밸브⑧ 서서히 개방하여 유량계⑦의 유량이 정격토출량이 되도록 한다.
  ㉡ 압력계④의 눈금을 읽어 압력을 확인
③ 피크부하운전=최대운전(Peak Load)
  ㉠ 성능시험 배관상 유량조절밸브⑧를 더 개방하여 유량계⑦의 유량이 정격토출량의 150%가 되도록 한다.
  ㉡ 압력계④의 눈금을 읽어 압력을 확인

94년-06월, 98년-02월, 01년-07월, 09년-04월, 11년-11월, 12년-11월, 15년-07월, 16년-06월, 17년-11월, 18년-11월 유사

16 다음 그림은 어느 실등의 평면도이다. 이 실들 중 A실을 급기 가압하고자 한다. 주어진 조건을 이용하여 각 물음에 답하시오. (6점)

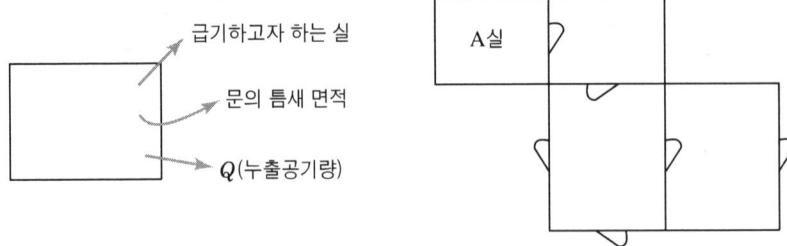

[조건]
1. 실외부 대기의 기압은 절대압력으로 101300파스칼로서 일정하다.
2. A실에 유지하고자 하는 기압은 절대압력으로 101400파스칼이다.
3. 각 실의 문(Door)들의 틈새 면적은 0.01m^2이다.
4. 어느 실을 급기 가압할 때 그 실의 문의 틈새를 통하여 누출되는 공기의 양은 다음의 식을 따른다.

$$Q = 0.827 A P^{\frac{1}{2}} = 0.827 A \sqrt{P}$$

여기서, Q : 누출되는 공기의 양(m^3/s), A : 문의 틈새 면적(m^2)
P : 문을 경계로 한 실내외 기압차(파스칼)

(1) 각 실의 문의 틈새면적 합계(m^2)를 소수점 5째 자리까지 구하시오.
(2) A실에 유입시켜야 할 풍량은 몇 (m^3/s)가 되는지 소숫점 4째 자리까지 구하시오.

풀이 (1) 각 실의 문의 틈새면적 합계(m^2)
○ 계산과정 :

(가) 우선 D실의 ⑤+⑥ [직렬관계]의 합성 틈새 면적

$$A = \frac{1}{\sqrt{\frac{1}{0.01^2} + \frac{1}{0.01^2}}} = 0.00707\text{m}^2$$

(나) ③+④+(⑤+⑥) [병렬관계]의 합성틈새면적

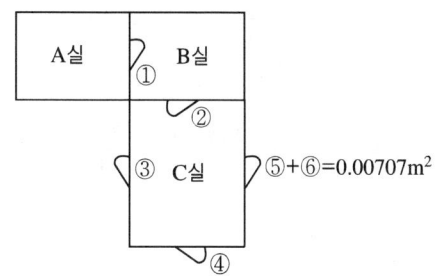

$$A = 0.01 + 0.01 + 0.00707 = 0.02707\text{m}^2$$

(다) ①+②+[③+④+(⑤+⑥)] [직렬관계]의 합성틈새면적

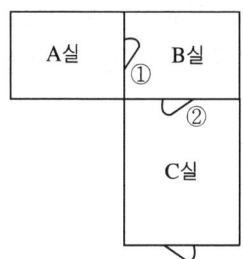

③+④+(⑤+⑥)=0.02707m²

$$A = \cfrac{1}{\sqrt{\cfrac{1}{0.01^2} + \cfrac{1}{0.01^2} + \cfrac{1}{0.02707^2}}} = \cfrac{1}{146.166538} = 0.0068415\text{m}^2$$

○답 : 0.00684m^2

(2) A실에 유입시켜야 할 풍량(m³/s)

○계산과정 : $Q = 0.827 A P^{\frac{1}{2}} = 0.827 A \sqrt{P}$ 식에 대입

$A = 0.00684\text{m}^2$, $P = 101400 - 101300 = 100\text{Pa}$

$Q = 0.827 A \sqrt{P} = 0.827 \times 0.00684 \times \sqrt{100} = 0.05657\text{m}^3/\text{s}$

○답 : $0.0566\text{m}^3/\text{s}$

소방설비기사 – 기계분야

2020년 11월 15일 시행

07년-04월, 15년-04월 유사

01 준공 후 소화펌프의 시험결과 유량 240m³/h, 양정 80m, 회전수 1,565rpm으로 측정되었다. 규정방수압력을 유지하기 위하여 펌프의 토출양정이 20m 부족하다. 소화펌프의 토출양정을 20m 올리기 위해 필요한 임펠러의 회전수 [rpm]를 구하시오. (3점)

풀이 ○ 계산과정 : ① $H_1 = 80\text{m}$, $H_2 = 100\text{m}$, $N_1 = 1565\text{rpm}$, $N_2 = ?$

② $H_2 = H_1 \times \left(\dfrac{N_2}{N_1}\right)^2$ 식에 대입하면 $100 = 80 \times \left(\dfrac{N_2}{1565}\right)^2$

③ $N_2^2 = \dfrac{100 \times 1565^2}{80}$

④ $N_2 = \sqrt{\dfrac{100 \times 1565^2}{80}} = 1749.72\text{rpm}$

○ 답 : 1749.72rpm

상세해설

상사의 법칙

$$Q_2 = Q_1 \times \frac{N_2}{N_1} \times \left(\frac{D_2}{D_1}\right)^3 \qquad H_2 = H_1 \times \left(\frac{N_2}{N_1}\right)^2 \times \left(\frac{D_2}{D_1}\right)^2 \qquad P_2 = P_1 \times \left(\frac{N_2}{N_1}\right)^3 \times \left(\frac{D_2}{D_1}\right)^5$$

여기서, Q_1 : 변경 전 유량 Q_2 : 변경 후 유량
H_1 : 변경 전 양정 H_2 : 변경 후 양정
P_1 : 변경 전 동력 P_2 : 변경 후 동력
N_1 : 변경 전 회전수 N_2 : 변경 후 회전수
D_1 : 변경 전 임펠러직경 D_2 : 변경 후 임펠러직경

11년-11월, 16년-11월 기출

02 아래의 도면과 같은 방호대상물에 전역방출방식으로 할론1301소화설비를 설계하려한다. 각 실에 설치된 분사노즐 당 설계방출량(kg/s)을 계산하시오.

(8점)

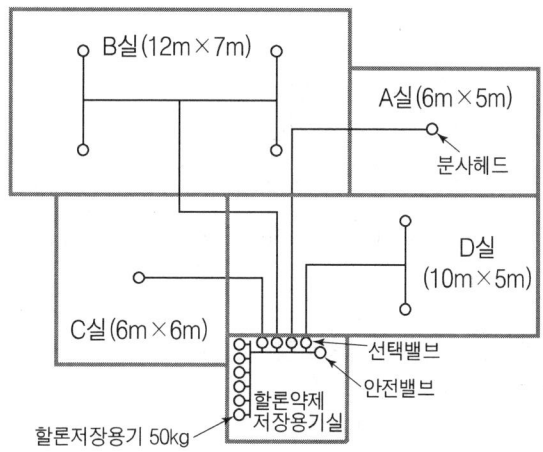

[설계조건]
① 각 실의 바닥으로부터 천장까지 높이(층고)는 5m이다.
② 할론저장용기는 고압식으로 병당 약제저장량은 50kg이다.
③ 분사헤드의 수는 도면에 설치된 수량을 기준으로 한다.
④ 각 실의 방호구역체적(m^3) 당 필요한 약제소요량(kg)은 다음 표와 같다.

A실	B실	C실	D실
0.33kg/m^3	0.52kg/m^3	0.33kg/m^3	0.52kg/m^3

⑤ 방호구역은 4개 구역이며 각 구역별 개구부는 무시한다.
⑥ 약제저장용기의 개방방식은 가스압력식으로 한다.
⑦ 각 실의 분사노즐 당 설계 방출량은 약제저장용기의 저장량을 기준으로 한다.

① A실의 분사노즐 1개당 설계방출량(kg/s)
○ 계산과정 : A실에 필요한 약제의 양 = 6m × 5m × 5m × 0.33kg/m^3 = 49.5kg
A실에 필요한 약제저장용기의 수 = 49.5kg/50kg = 0.99 ∴ 1병

분사노즐 1개당 설계방출량 $Q = \dfrac{1병 \times 50kg/병}{1개 \times 10s} = 5kg/s$

○ 답 : 5kg/s

② B실의 분사노즐 1개당 설계방출량(kg/s)
　　○계산과정 : B실에 필요한 약제의 양 = $12m \times 7m \times 5m \times 0.52kg/m^3 = 218.4kg$
　　　　　　　　B실에 필요한 약제저장용기의 수 = $218.4kg/50kg = 4.37$ ∴ 5병
　　　　　　분사노즐 1개당 설계방출량 $Q = \dfrac{5병 \times 50kg/병}{4개 \times 10s} = 6.25kg/s$
　　○답 : 6.25kg/s

③ C실의 분사노즐 1개당 설계방출량(kg/s)
　　○계산과정 : C실에 필요한 약제의 양 = $6m \times 6m \times 5m \times 0.33kg/m^3 = 59.4kg$
　　　　　　　　C실에 필요한 약제저장용기의 수 = $59.4kg/50kg = 1.19$ ∴ 2병
　　　　　　분사노즐 1개당 설계방출량 $Q = \dfrac{2병 \times 50kg/병}{1개 \times 10s} = 10kg/s$
　　○답 : 10kg/s

④ D실의 분사노즐 1개당 설계방출량(kg/s)
　　○계산과정 : D실에 필요한 약제의 양 = $10m \times 5m \times 5m \times 0.52kg/m^3 = 130kg$
　　　　　　　　D실에 필요한 약제저장용기의 수 = $130kg/50kg = 2.6$ ∴ 3병
　　　　　　분사노즐 1개당 설계방출량 $Q = \dfrac{3병 \times 50kg/병}{2개 \times 10s} = 7.5kg/s$
　　○답 : 7.5kg/s

상세해설

할론소화설비에서 전역방출방식의 약제저장량

$$Q = V \times K_1 + A \times K_2$$

여기서, Q : 약제저장량(kg), V : 방호구역체적(m^3)
　　　　K_1 : 방호구역 체적계수(kg/m^3), A : 개구부면적(m^2)
　　　　K_2 : 개구부 면적계수(kg/m^2)

할론소화설비에서 기준약제저장량의 방사시간

전역 방출 방식	국소 방출 방식
10초 이내	10초 이내

09년-07월, 14년-04월 기출

03 경유를 저장하는 탱크의 내부직경이 50m인 플루팅루프(Floating Roof) 탱크에 포소화설비의 특형 방출구를 설치하여 방출하려고 할 때 [조건]을 참조하여 다음 각 물음에 답하시오. (7점)

[조건] ① 소화약제는 3%용의 단백포를 사용하며 수용액의 분당 방출량은 $8L/m^2 \cdot min$이고 방사시간은 30분으로 한다.
② 탱크 옆판의 내측으로부터 굽도리판의 간격은 1m로 한다.
③ 펌프의 효율은 65%로 한다.

(1) 탱크의 액표면적(m^2)을 계산하시오.
(2) 상기탱크의 특형 방출구에 의하여 소화하는데 필요한 수용액의 양, 수원의 양, 포원액의 양은 각각 얼마 이상이어야 하는가?(단위는 L)
(3) 전동기의 축동력(kW)은 얼마 이상이어야 하는가?
(단, 포수용액의 비중은 물의 비중과 동일하며 전양정은 81.95m라고 가정한다.)

풀이 (1) **탱크의 액표면적**(m^2)

○계산과정 : $A = \dfrac{\pi}{4}(50^2 - 48^2) = 153.94 m^2$

○답 : $153.94 m^2$

(2) **수용액의 양, 수원의 양, 포원액의 양**

○계산과정 : ① 수용액의 양 $Q = A \times Q_1 \times T$
$= 153.94 m^2 \times 8L/m^2 \cdot min \times 30 min$
$= 36,945.6 L$

② 포원액의 양 $Q = A \times Q_1 \times T \times S$
$= 153.94 m^2 \times 8L/m^2 \cdot min \times 30 min \times 0.03$
$= 1,108.37 L$

③ 수원의 양 $Q = A \times Q_1 \times T \times S_w$
$= 153.94 m^2 \times 8L/m^2 \cdot min \times 30 min \times 0.97$
$= 35,837.23 L$

○답 : ① 수용액의 양 : 36,945.6L
② 포원액의 양 : 1,108.37L
③ 수원의 양 : 35,837.23L

(3) 전동기의 축동력(kW)

○ 계산과정 : $\gamma = 9.8\text{kN/m}^3$, $H = 81.95\text{m}$, $E = 65\% = 0.65$

$$Q = A \times Q_1 = 153.94\text{m}^2 \times 8\text{L/m}^2 \cdot \text{min}$$
$$= 1231.52\text{L/min} = 1.23\text{m}^3/60\text{s}$$
$$P = \frac{\gamma QH}{E} = \frac{9.8 \times (1.23/60) \times 81.95}{0.65} = 25.33\text{kW}$$

○ 답 : 25.33kW

상세해설

(1) 플루팅루프(Floating Roof) 탱크의 액표면적

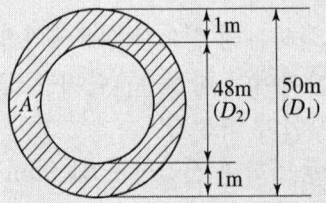

(2) 고정포방출구방식의 약제량 계산

구 분	약제 저장량
❶ 고정포 방출구	$Q = A \times Q_1 \times T \times S$ Q : 포소화약제의 양(L) A : 저장탱크의 액표면적(m²) Q_1 : 단위 포소화수용액의 양(L/m²분) T : 방출시간(분) S : 포소화약제의 사용농도(%)
❷ 보조소화전	$Q = N \times S \times 8000\text{L}$ Q : 포소화약제의 양(L) N : 호스 접결구 개수(3개 이상의 경우는 3) S : 포소화약제의 사용농도(%)
❸ 배관보정	가장 먼 탱크까지의 송액관(내경 75mm 이하 제외)에 충전하기 위하여 필요한 양 $Q = V \times S \times 1000$ Q : 포소화약제의 양(L) V : 송액관 내부의 체적(m³) S : 포소화약제의 사용농도(%)
❹ 합계	고정포 방출구방식의 약제량 = ❶ + ❷ + ❸

95년-09월, 99년-01월, 02년-01월, 03년-10월, 06년-07월 기출

04 지하 2층 지상 12층의 사무소 건물에 있어서 11층 이상에 화재안전기술기준과 아래 조건에 따라 스프링클러설비를 설계하려고 한다. 다음 각 물음에 답하시오. (12점)

[조건]
① 11층 및 12층에 설치하는 폐쇄형 스프링클러헤드의 수량은 각각 80개이다.
② 입상관의 내경은 150mm이고 배관길이는 40m이다.
③ 펌프의 풋밸브로부터 최상층 스프링클러헤드까지의 실고는 50m이다.
④ 입상관의 마찰손실수두를 제외한 펌프의 풋밸브로부터 최상층, 가장 먼 스프링클러헤드까지의 마찰 및 저항손실수두는 15m이다.
⑤ 모든 규격치는 최소량을 적용한다.
⑥ 펌프의 효율은 65%이다.

(1) 펌프의 최소 토출량[L/min]을 구하시오.
(2) 수원의 최소 유효저수량[m³]을 구하시오.
(3) 입상관에서의 마찰손실수두[m]를 구하시오.
 (단, 입상관은 직관으로 간주하고, DARCY WEISBACH의 식을 사용하며, 마찰손실계수는 0.02로 한다.)
(4) 펌프 최소양정[m]을 구하시오.
(5) 펌프의 축동력[kW]을 구하시오.
(6) 불연재료로 된 천정에 헤드를 아래 그림과 같이 정방형으로 배치하려고 한다. A 및 B의 최대길이를 계산하시오.(단, 건물은 내화구조이다.)

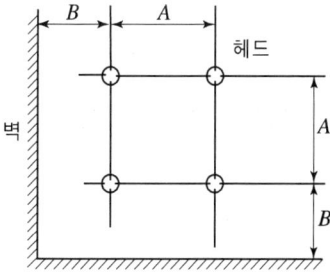

풀이 **(1) 펌프의 최소 토출량[L/min]**
  ㅇ 계산과정 : $Q = 30 \times 80 \text{L/min} = 2400 \text{L/min}$
  ㅇ 답 : 2400L/min

(2) 수원의 최소 유효저수량[m³]
  ○계산과정 : $Q = 30 \times 1.6\text{m}^3 = 48\text{m}^3$
  ○답 : 48m^3

(3) 입상관에서의 마찰손실수두[m]
  ○계산과정 : $u = \dfrac{Q}{A} = \dfrac{2.4\text{m}^3/60\text{s}}{\dfrac{\pi}{4} \times (0.15\text{m})^2} = 2.2635\text{m/s}$

  $\Delta h_L = f \times \dfrac{L}{d} \times \dfrac{u^2}{2g} = 0.02 \times \dfrac{40}{0.15} \times \dfrac{2.2635^2}{2 \times 9.8} = 1.39\text{m}$

  ○답 : 1.39m

(4) 펌프 최소양정[m]
  ○계산과정 : $H = 50 + (1.39 + 15) + 10 = 76.39\text{m}$
  ○답 : 76.39m

(5) 펌프의 축동력[kW]
  ○계산과정 : $P = \dfrac{\gamma Q H}{E} = \dfrac{9.8 \times (2.4/60) \times 76.39}{0.65} = 46.07\text{kW}$
  ○답 : 46.07kW

(6) A 및 B의 최대길이
  ○계산과정 : $A = 2 \times 2.3 \times \cos 45° = 3.25\text{m}$, $B = \dfrac{A}{2} = \dfrac{3.25}{2} = 1.63\text{m}$
  ○답 : A = 3.25m, B = 1.63m

상세해설

스프링클러설비

(1) 펌프의 최소 토출량(L/min)

  $Q = N \times 80\text{L/min}$ (N : 기준개수 또는 기준개수보다 적은 경우 설치개수)

(2) 수원의 최소 유효저수량(m³)

  $Q = N \times 1.6\text{m}^3$ (N : 기준개수 또는 기준개수보다 적은 경우 설치개수)

(3) 달시(DARCY WEISBACH)방정식

  $\Delta h_L = f \times \dfrac{L}{d} \times \dfrac{u^2}{2g}$

  여기서, Δh_L : 마찰손실수두(m), f : 마찰손실계수, d : 배관내경(m)
  L : 배관길이(m), u : 유속(m/s), g : 중력가속도(m/s²)

(4) 전양정

$$H = h_1 + h_2 + 10\text{m}$$

여기서, h_1 : 실양정(흡입+토출양정), h_2 : 배관 및 관부속품 마찰손실수두

(5) 펌프의 축동력

$$P(\text{kW}) = \frac{\gamma Q H}{E}$$

여기서, P : 축동력(kW), γ : 비중량(물의 비중량=9.8kN/m³), Q : 토출량(m³/s)
H : 전양정(m), E : 효율(%/100)

(6) 헤드의 배치

① 정방형 $S = 2r\cos 45°$
여기서, S : 헤드 상호간의 거리(m), r : 수평거리(m)

② 벽과 스프링클러헤드간의 거리 : $\frac{1}{2}S$ 이하(S : 헤드간의 거리(m))

③ 벽과 스프링클러헤드간의 공간은 10cm 이상

13년-04월, 13년-11월, 14년-04월, 16년-11월, 19년-11월 유사

05 가로9m 세로10m 높이9m인 전기실에 불활성기체소화약제인 IG-541을 사용할 경우 아래 조건을 참조하여 필요한 IG-541의 최소 용기수(병)을 계산하시오. (6점)

[조건] ① 방호구역의 예상온도는 50℃이며 20℃에서의 IG-541의 비체적은 0.697m³/kg이다.
② IG-541의 설계농도는 37%이다.
③ IG-541의 저장용기는 80(L)용 12.5(m³/병)을 적용한다.
④ 소화약제량 산정 시 선형상수를 이용하며 방사시 기준온도는 50℃이다.

K₁	K₂
0.65799	0.00239

풀이 ○계산과정 : $V = 9 \times 10 \times 9 = 810\text{m}^3$

$V_S = 0.697\text{m}^3/\text{kg}$

$S = 0.65799 + (0.00239 \times 50) = 0.7775\text{m}^3/\text{kg}$

$C(\text{설계농도}) = 37\%$

$$X = 2.303 \times \frac{0.697}{0.7775} \times \log\left(\frac{100}{100-37}\right) = 0.4143 \text{m}^3/\text{m}^3$$

$$W = 810\text{m}^3 \times 0.4143\text{m}^3/\text{m}^3 = 335.58\text{m}^3$$

$$N = \frac{335.58\text{m}^3}{12.5\text{m}^3} = 26.85병 \quad \therefore\ 27병$$

○ 답 : 27병

상세해설

IG-541의 저장량(m^3)
불활성기체 소화약제량 산출공식

$$X = 2.303 \times \frac{V_S}{S} \times \log_{10}\left(\frac{100}{100-C}\right)$$

여기서, X : 공간 체적당 더해진 소화약제의 부피(m^3)
V_S : 20℃에서 소화약제의 비체적(m^3/kg)
S : 소화약제별 선형상수($K_1 + K_2 \times t$)(m^3/kg)
C : 체적에 따른 소화약제의 설계농도(%)
[C = 소화농도(%) × K(안전계수, A급 : 1.2, B급 : 1.3, C급 : 1.35)]
※ C급(통전상태)의 안전계수는 A급(전기차단상태)소화농도의 1.35

11년-11월 기출

06 다음은 물분무 소화설비의 배수설비 설치기준이다. ( )안에 알맞은 답을 쓰시오.
(3점)

(1) 차량이 주차하는 장소의 적당한 곳에 (①) 이상의 경계턱으로 배수구를 설치할 것
(2) 배수구에는 새어나온 기름을 모아 소화할 수 있도록 길이 (②) 이하마다 집수관, 소화핏트 등 기름분리장치를 설치할 것
(3) 차량이 주차하는 바닥은 배수구를 향하여 (③) 이상의 기울기를 유지할 것
(4) 배수설비는 가압송수장치의 최대송수능력의 수량을 유효하게 배수할 수 있는 크기 및 기울기로 할 것

풀이 ○ 답 : ① 10cm
② 40m
③ 2/100

07 그림과 같은 옥내소화전설비를 다음 조건과 화재안전기술기준 등에 따라 설치하려고 한다. 각 물음에 답하시오. (단, 풋밸브는 지하수조 바닥으로부터 0.2m) (9점)

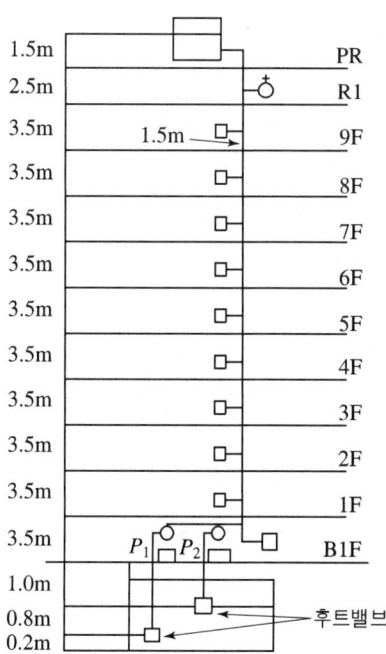

[조건] ① P_1 : 옥내소화전 펌프
② P_2 : 잡용수 양수펌프
③ 펌프의 풋밸브로부터 9층 옥내소화전함의 호스접속구까지 마찰손실 및 저항손실수두는 실양정의 25%로 한다.
④ 펌프의 효율은 70%
⑤ 옥내소화전의 갯수는 각층 2개씩이다.
⑥ 소화호스의 마찰손실수두는 7.8m이다.

(1) 펌프의 최소 토출량(L/min)을 구하시오.
(2) 수원의 최소 유효저수량은(m^3)을 구하시오.
(3) 펌프의 최소 토출압력(kPa)을 구하시오.
(4) 펌프의 최소 축동력(kW)을 구하시오.

풀이 (1) **펌프의 최소 토출량**(L/min)
  ○계산과정 : $Q = 2 \times 130 \text{L/min} = 260 \text{L/min}$
  ○답 : 260L/min

(2) 수원의 최소 유효저수량은(m³)
  ○계산과정 : $Q = 2 \times 2.6\text{m}^3 = 5.2\text{m}^3$
  ○답 : 5.2m^3

(3) 펌프의 최소 토출압력(kPa)
  ○계산과정 : $H = h_1 + h_2 + h_3 + 17\text{m}$
  $h_1 = 0.8 + 1.0 + (3.5 \times 9) + 1.5 = 34.8\text{m}$
  $h_2 = 34.8 \times 0.25 = 8.7\text{m}$
  $h_3 = 7.8\text{m}$
  $H = 34.8 + 8.7 + 7.8 + 17 = 68.3\text{m}$
  $P = \gamma H = 9.8\text{kN}/\text{m}^3 \times 68.3\text{m} = 669.34\text{kN}/\text{m}^2(\text{kPa})$
  ○답 : 669.34kPa

(4) 펌프의 최소 축동력(kW)
  ○계산과정 : $P = \dfrac{\gamma Q H}{E} = \dfrac{9.8 \times (0.26/60) \times 68.3}{0.7} = 4.14\text{kW}$
  ○답 : 4.14kW

상세해설

옥내소화전설비

(1) 펌프의 최소 토출량(L/min)

$Q = N \times 130\text{L/min}$ (N : 기준개수 또는 기준개수보다 적은 경우 설치개수)

(2) 수원의 최소 유효저수량(m³)

$Q = N \times 2.6\text{m}^3$ (N : 기준개수 또는 기준개수보다 적은 경우 설치개수)

(3) 펌프의 최소토출압력

① 전양정

$$H = h_1 + h_2 + h_3 + 17\text{m}$$

여기서, h_1 : 실양정(흡입+토출양정), h_2 : 배관 및 관부속품 마찰손실수두
  h_3 : 소방용호스의 마찰손실수두(m)

② 수두(m)를 압력(kPa)으로 환산

$$P = \gamma H$$

여기서, P : 압력(kPa), γ : 비중량(물의 비중량=9.8kN/m³)
  H : 수두 또는 전양정(m)

(4) 펌프의 축동력

$$P(\text{kW}) = \dfrac{\gamma Q H}{E}$$

여기서, P : 축동력(kW), γ : 비중량(물의 비중량=9.8kN/m³), Q : 토출량(m³/s)
  H : 전양정(m), E : 효율(%/100)

2020년 11월 15일 시행

97년-11월 기출

08 다음 표는 이산화탄소소화설비의 전역방출방식에 있어서 가연성액체 또는 가연성가스등 표면화재 방호대상물의 경우에 방호구역에 대한 소화약제의 양이다. 빈칸의 ( )안에 알맞은 답을 쓰시오. (4점)

방호구역 체적	방호구역의 체적 $1m^3$에 대한 소화약제의 양	소화약제 저장량의 최저한도의 양
$45m^3$ 미만	(①) kg	(③) kg
$45m^3$ 이상 $150m^3$ 미만	0.90 kg	
$150m^3$ 이상 $1450m^3$ 미만	(②) kg	135 kg
$1,450m^3$ 이상	0.75 kg	(④) kg

풀이 ○ 답 : ① 1   ② 0.80   ③ 45   ④ 1125

상세해설

이산화탄소소화설비의 방호구역에 대한 소화약제의 양
(1) 전역방출방식의 가연성액체 또는 가연성가스등 표면화재 방호대상물

방호구역의 체적 (m^3)	방호구역의 체적 $1m^3$에 대한 소화약제의 양 kg (K_1 : kg/m^3)	저장량의 최저한도량 (kg)	개구부 가산량 (K_2 : kg/m^2) (자동폐쇄장치 미설치시)
45 미만	1	45	5
45 이상 150 미만	0.9		
150 이상 1450 미만	0.8	135	
1450 이상	0.75	1125	

[K_1(kg/m^3) : 방호구역 체적계수, K_2(kg/m^2) : 개구부 면적계수]

(2) 전역방출방식의 종이 · 목재 · 석탄 · 섬유류 · 합성수지류 등 심부화재 방호대상물

방 호 대 상 물	방호구역의 체적 $1m^3$에 대한 소화약제의 양 kg (K_1 : kg/m^3)	설계농도 (%)	개구부 가산량 (K_2 : kg/m^2) (자동폐쇄장치 미설치시)
유압기기를 제외한 전기설비, 케이블실	1.3	50%	10
체적 $55m^3$ 미만의 전기설비	1.6	50%	
서고, 전자제품창고, 목재가공품창고, 박물관	2.0	65%	
고무류, 면화류창고, 모피창고, 석탄창고, 집진설비	2.7	75%	

96년-11월, 98년-05월, 14년-07월 기출

09 아래 그림과 같이 물이 흐르는 배관의 Ⓐ점은 직경 50mm 압력 12kPa, Ⓑ점은 직경 50mm 압력 11.5kPa, Ⓒ점은 직경 30mm 압력 10.5kPa이며 유량은 5L/s이다. 각 물음에 답하시오. (6점)

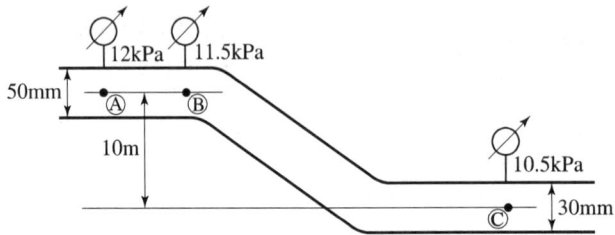

(1) Ⓐ 지점에서의 유속(m/s)를 구하시오.
(2) Ⓒ 지점에서의 유속(m/s)을 구하시오.
(3) Ⓐ지점과 Ⓑ지점간의 마찰손실(m)을 구하시오.
(4) Ⓐ지점과 Ⓒ지점간의 마찰손실(m)을 구하시오.

풀이 (1) Ⓐ 지점에서의 유속(m/s)
○계산과정 : ① $Q = 5\text{L/s} = 5 \times 10^{-3} \text{m}^3/\text{s}$, $d = 50\text{mm} = 0.05\text{m}$

② $u = \dfrac{Q}{A} = \dfrac{Q}{\pi d^2/4} = \dfrac{5 \times 10^{-3}}{\pi \times 0.05^2/4} = 2.55\text{m/s}$

○답 : 2.55m/s

(2) Ⓒ 지점에서의 유속(m/s)
○계산과정 : ① $Q = 5\text{L/s} = 5 \times 10^{-3} \text{m}^3/\text{s}$, $d = 30\text{mm} = 0.03\text{m}$

② $u = \dfrac{Q}{A} = \dfrac{Q}{\pi d^2/4} = \dfrac{5 \times 10^{-3}}{\pi \times 0.03^2/4} = 7.07\text{m/s}$

○답 : 7.07m/s

(3) Ⓐ지점과 Ⓑ지점간의 마찰손실(m)
○계산과정 : ① $u_1 = u_2 = 2.55\text{m/s}$, $P_1 = 12\text{kPa}$, $P_2 = 11.5\text{kPa}$

$\gamma(\text{물}) = 9800\text{N/m}^3 = 9.8\text{kN/m}^3$, $g = 9.8\text{m/s}^2$, $Z_1 = Z_2 = 10\text{m}$

② $H = \dfrac{u_1^2}{2g} + \dfrac{P_1}{\gamma} + Z_1 = \dfrac{u_2^2}{2g} + \dfrac{P_2}{\gamma} + Z_2 + \Delta h_L$ 식에 대입

③ $\dfrac{2.55^2}{2 \times 9.8} + \dfrac{12}{9.8} + 10 = \dfrac{2.55^2}{2 \times 9.8} + \dfrac{11.5}{9.8} + 10 + \Delta h_L$

④ $\Delta h_L = 0.05\text{m}$

○답 : 0.05m

(4) Ⓐ지점과 Ⓒ지점간의 마찰손실(m)
　○계산과정 : ① $u_1 = 2.55\text{m/s}$, $u_3 = 7.07\text{m/s}$, $P_1 = 12\text{kPa}$, $P_2 = 10.5\text{kPa}$
　　　　　　　$\gamma(물) = 9800\text{N/m}^3 = 9.8\text{kN/m}^3$, $g = 9.8\text{m/s}^2$
　　　　　　　$Z_1 = 10\text{m}$, $Z_2 = 0$(기준점)

　　　　　② $H = \dfrac{u_1^2}{2g} + \dfrac{P_1}{\gamma} + Z_1 = \dfrac{u_3^2}{2g} + \dfrac{P_3}{\gamma} + Z_3 + \Delta h_L$ 식에 대입

　　　　　③ $\dfrac{2.55^2}{2 \times 9.8} + \dfrac{12}{9.8} + 10 = \dfrac{7.07^2}{2 \times 9.8} + \dfrac{10.5}{9.8} + 0 + \Delta h_L$

　　　　　④ $\Delta h_L = 7.93\text{m}$

　○답 : 7.93m

상세해설

베르누이의 정리

　① 이상유체 : $H = \dfrac{u^2}{2g} + \dfrac{P}{\gamma} + Z$　② 실제유체 : $H = \dfrac{u^2}{2g} + \dfrac{P}{\gamma} + Z + \Delta h_L$

여기서, H : 전수두(m), $\dfrac{u^2}{2g}$: 속도수두(m), $\dfrac{P}{\gamma}$: 압력수두(m), Z : 위치수두(m)
　　　Δh_L : 배관마찰손실수두(m)

19년-06월 유사

10 특수가연물을 저장 또는 취급하는 랙크식 창고에 스프링클러헤드를 설치하고자 한다. 조건을 참조하여 랙크식 창고에 필요한 스프링클러헤드의 총 소요개수를 구하시오.
(5점)

[조건]
① 헤드는 라지드롭형 스프링클러헤드(폐쇄형)를 정방형으로 설치한다.
② 랙크식 창고의 크기는 가로15m, 세로26m, 높이7m이다.
③ 화재조기진압용 스프링클러설비는 적용하지 않는다.

○계산과정 : ① 헤드간의 거리(정방형) : $S = 2 \times 1.7\text{m} \times \cos 45° = 2.40\text{m}$

　　　　　② 가로열 소요개수 $N_W = \dfrac{15\text{m}}{2.4\text{m}} = 6.25$　　∴ 7개

　　　　　③ 세로열 소요개수 $N_L = \dfrac{26\text{m}}{2.4\text{m}} = 10.83$　　∴ 11개

　　　　　④ 특수가연물의 랙크식 창고는 랙크 높이 3m 이하마다 설치

$$\frac{7m}{3m} = 2.3 \quad \therefore 3열\ 설치$$

⑤ $N_T = 7 \times 11 \times 3 = 231$

○ 답 : 231개

상세해설

(1) 헤드의 배치(정방형)

$$S = 2r\cos 45°$$

여기서, S : 헤드 상호간의 거리(m), r : 수평거리(m)

(2) 스프링클러헤드의 배치기준

설치장소			설치기준
천장·반자·천장과 반자 사이·덕트·선반 기타 이와 유사한 부분(폭이 1.2m를 초과하는 것)	무대부, 특수가연물 저장 취급 장소 및 창고		수평거리 1.7m 이하
	특정 소방대상물	기타구조	수평거리 2.1m 이하
		내화구조	수평거리 2.3m 이하
	아파트		수평거리 2.6m 이하
랙식 창고			랙 높이 3m 이하 마다

94년-06월, 97년-05월, 00년-11월, 03년-07월, 06년-07월 기출

11 파이프(배관)시스템 설계시 Moody챠트에서 배관 길이에 대한 마찰손실 이외에 소위 부차적 손실을 고려하게 된다. 부차적 손실은 주로 어떠한 부분에 발생하는지 3가지만 기술하시오. (3점)

○ 답 : ① 관부속품 설치부분
② 배관의 급격한 확대부분
③ 배관의 급격한 축소부분
④ 유로의 급격한 변경부분

12 아래 도면은 어느 특정소방대상물에 옥외소화전 2개가 설치된 것이다. 조건과 도면을 참조하여 각 물음에 답하시오. (8점)

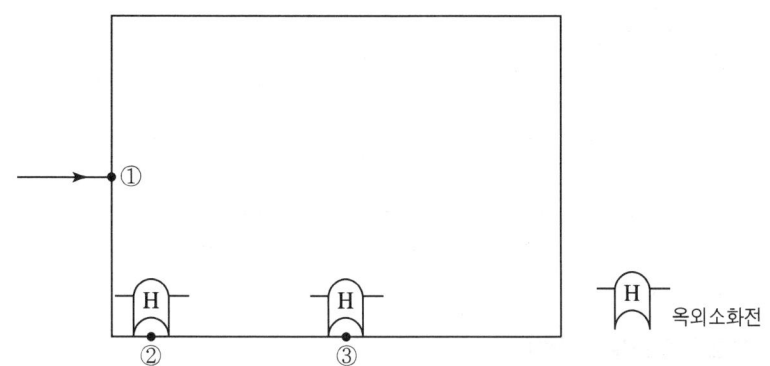

[조건] ① ①~②구간의 배관길이는 100m이며 배관내경은 120mm이다.
② ②~③구간의 배관길이는 200m이며 배관내경은 85mm이다.
③ 배관부속 및 소방용호스의 마찰손실은 무시한다.
④ 소화전 방수구는 유입수평배관보다 1m 위에 있다.
⑤ 배관 마찰손실압력은 헤이젠 윌리엄스 공식을 따르되 계산의 편의상 다음 식과 같다고 가정한다.

$$\Delta P = 6.174 \times 10^4 \times \frac{Q^{1.85}}{C^{1.85} \times d^{4.87}}$$

여기서, ΔP : 배관 1m당 마찰손실압력(MPa)
Q : 유량(L/min), C : 조도(120), D : 내경(mm)

(1) ①~②구간의 배관마찰손실수두(m)를 계산하시오.
(2) ②~③구간의 배관마찰손실수두(m)를 계산하시오.
(3) 펌프의 최소토출압력(kPa)을 계산하시오.
(4) 소화전의 방수량이 350L/min일 때 방수압을 측정해보니 0.25MPa이었다. 이때 방수량을 500L/min으로 변경하였을 경우 방수압(kPa)을 계산하시오.

풀이 (1) ①~②구간의 배관마찰손실수두(m)
○계산과정 : $Q = 700$L/min(옥외소화전 2개 담당), $d = 120$mm

$$\Delta P = 6.174 \times 10^4 \times \frac{700^{1.85}}{120^{1.85} \times 120^{4.87}} \times 100 \times 1000 = 12.0754\text{kPa}$$

$$H = \frac{P(\text{kPa}:\text{kN/m}^2)}{\gamma(9.8\text{kN/m}^3)} = \frac{12.0754\text{kPa}}{9.8\text{kN/m}^3} = 1.23\text{m}$$

○ 답 : 1.23m

(2) ②∼③구간의 배관마찰손실수두(m)

○ 계산과정 : $Q = 350\text{L/min}$(옥외소화전 1개 담당), $d = 85\text{mm}$

$$\Delta P = 6.174 \times 10^4 \times \frac{350^{1.85}}{120^{1.85} \times 85^{4.87}} \times 200 \times 1000 = 35.9225\text{kPa}$$

$$H = \frac{P(\text{kPa}:\text{kN/m}^2)}{\gamma(9.8\text{kN/m}^3)} = \frac{32.9225\text{kPa}}{9.8\text{kN/m}^3} = 3.67\text{m}$$

○ 답 : 3.67m

(3) 펌프의 최소토출압력(kPa)

○ 계산과정 : $H = h_1 + h_2 + h_3 + 25\text{m}$

$h_1 = 1\text{m}$(방수구는 유입수평배관보다 1m 위)

$h_2 = 1.23\text{m} + 3.67\text{m} = 4.9\text{m}$

$h_3 = 0$(소방용호스의 마찰손실은 무시)

$H = 1 + 4.9 + 25 = 30.9\text{m}$

$P = \gamma H = 9.8\text{kN/m}^3 \times 30.9\text{m} = 302.82\text{kN/m}^2(\text{kPa})$

○ 답 : 302.82kPa

(4) 방수량을 500L/min으로 변경하였을 경우 방수압(kPa)

○ 계산과정 : $Q = k\sqrt{10P}$ 에서 $k = \frac{Q}{\sqrt{10P}} = \frac{350}{\sqrt{10 \times 0.25}} = 221.36$

$Q = k\sqrt{10P}$ 에서 $P = \frac{Q^2}{10k^2} = \frac{500^2}{10 \times 221.36^2} \times 1000 = 510.2\text{kPa}$

○ 답 : 510.2kPa

상세해설

(1) 옥외소화전의 노즐선단

방수압력	방수량
0.25MPa 이상	350L/min 이상

(2) 펌프의 최소토출압력

① 전양정

$$H = h_1 + h_2 + h_3 + 25\text{m}$$

여기서, h_1 : 실양정(흡입＋토출양정), h_2 : 배관 및 관부속품 마찰손실수두

h_3 : 소방용호스의 마찰손실수두(m)

② 수두(m)를 압력(kPa)으로 환산

$$P = \gamma H$$

여기서, P : 압력(kPa), γ : 비중량(물의 비중량=9.8kN/m³)
 H : 수두 또는 전양정(m)

(3) **스프링클러헤드의 방수량**

$$Q = k\sqrt{10P}$$

여기서, Q : 방수량(L/min), K : 방출계수, P : 헤드의 방수압(MPa)

13 아래 도면은 어느 특정소방대상물에 거실제연설비를 설치한 것이다. 도면 및 조건을 참조하여 각 물음에 답하시오. (6점)

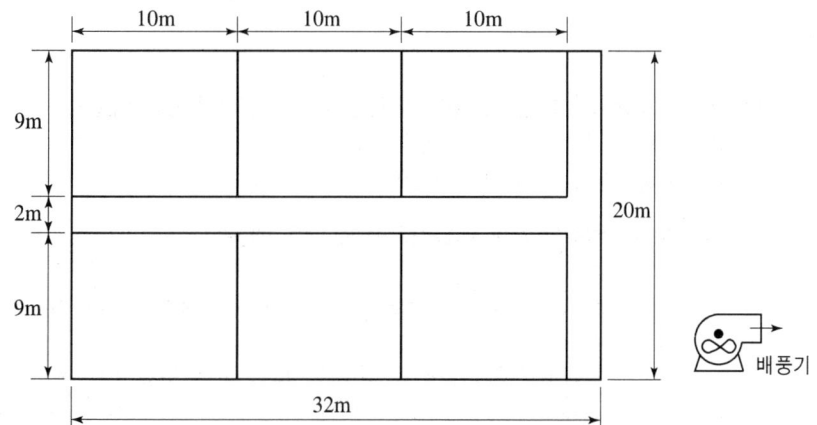

[조건] ① 각 실은 공동예상제연구역으로 칸막이(벽)로 구획되어 있다.
 ② 각 거실은 배기를 복도통로는 급기를 실시한다.
 ③ 바닥으로부터 천장까지의 높이는 2.3m이다.
 ④ 각 실은 경유거실이 없는 경우이다.

(1) 배출FAN의 최소 소요배출량(m³/hr)을 구하시오.
(2) 배출기의 흡입측 주덕트의 최소면적(m²)을 구하시오.
(3) 배출기의 배출측 주덕트의 최소면적(m²)을 구하시오.

풀이 (1) **소요배출량**(m³/hr)
 ○계산과정 : ① 각 실별 예상제연구역에 대한 배출량(바닥면적이 400m² 미만)
 ② $Q = 9\text{m} \times 10\text{m} \times 1\text{m}^3/\text{min} \cdot \text{m}^2 = 90\text{m}^3/\text{min} = 5400\text{m}^3/\text{hr}$

③ 배출기 소요풍량의 합계 $Q = 5400\text{m}^3/\text{hr} \times 6구역 = 32400\text{m}^3/\text{hr}$
○답 : $32400\text{m}^3/\text{hr}$

(2) 흡입측 주덕트의 최소면적(m^2)
○계산과정 : ① 흡입측 풍도안의 풍속 $u = 15\text{m/s}$ 이하
② 배출량 $Q = 32400\text{m}^3/\text{hr} = 32400\text{m}^3/3600\text{s} = 9\text{m}^3/\text{s}$
③ $A = \dfrac{Q}{u} = \dfrac{9\text{m}^3/\text{s}}{15\text{m/s}} = 0.6\text{m}^2$
○답 : 0.6m^2

(3) 배출측 주덕트의 최소면적(m^2)
○계산과정 : ① 배출측의 풍속 $u = 20\text{m/s}$ 이하
② $A = \dfrac{Q}{u} = \dfrac{9\text{m}^3/\text{s}}{20\text{m/s}} = 0.45\text{m}^2$
○답 : 0.45m^2

상세해설

(1) 바닥면적이 400m² 미만으로 구획(제연경계구획 제외)된 경우 배출량
  ① 바닥면적 1m²당 1m³/min 이상으로 할 것
  ② 최저 배출량은 5,000m³/hr 이상으로 할 것

(2) 공동예상제연구역을 동시에 배출하고자 할 때의 배출량

구획의 구분	벽으로 구획된 경우	제연경계로 구획된 경우
배출량	• 각 예상제연구역의 배출량을 합한 것 이상 • 예상제연구역의 바닥면적이 400m² 미만인 경우 배출량은 바닥면적 1m²당 1m³/min 이상으로 하고 공동예상구역 전체배출량은 5,000m³/hr 이상으로 할 것	• 각 예상제연구역의 배출량 중 최대의 것 • 공동제연상구역이 거실일 때에는 그 바닥면적이 1,000m² 이하이며, 직경 40m 원 안에 들어가야 하고, 공동제연예상구역이 통로일 때에는 보행중심선의 길이를 40m 이하로 해야 한다.

(3) 주덕트의 풍속

구분	흡입측	배출측
풍속	15m/s 이하	20m/s 이하

(4) 주덕트의 최소면적(m^2)

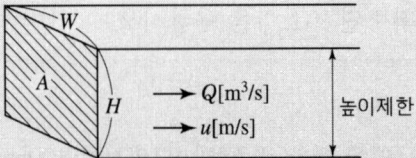

$$A(\text{m}^2) = \dfrac{Q(\text{m}^3/\text{s})}{u(\text{m/s})}$$

여기서, A : 덕트의 단면적, Q : 배출량

14 특별피난계단의 계단실 및 부속실 제연설비에 대한 다음 각 물음에 답하시오.
(5점)

(1) 화재실의 바닥면적이 350m², FAN의 효율 65%, 전압이 75mmAq일 때 제연 FAN을 구동하기 위한 전동기의 최소 소요동력(kW)를 구하시오. (단, 전동기의 여유율은 10%로 한다.)
(2) 제연구역의 선정기준을 3가지만 쓰시오.
(3) 방연풍속은 제연구역의 선정방식에 따라 다음 표의 기준에 따라야 한다. 빈칸의 ( )안에 알맞은 답을 쓰시오.

제연구역		방연풍속
계단실 및 그 부속실을 동시에 제연하는 것 또는 계단실만 단독으로 제연하는 것		(①)m/s 이상
부속실만 단독으로 제연하는 것	부속실 또는 승강장이 면하는 옥내가 거실인 경우	(②)m/s 이상
	부속실이 면하는 옥내가 복도로서 그 구조가 방화구조(내화시간 30분 이상인 구조를 포함한다)인 것	(③)m/s 이상

풀이 (1) **전동기의 최소 소요동력(kW)**
　　○계산과정 : ① 예상제연구역의 바닥면적이 400m² 미만인 경우
　　　　　　　　　$Q = A(\text{m}^2) \times 1\text{m}^3/\text{m}^2 \cdot \min = 350 \times 1 = 350\text{m}^3/\min$
　　　　　　　② $P_T = 75\text{mmAq}, \ E = 65\% = 0.65, \ K = 1.1$(여유율 10%)
　　　　　　　③ $P = \dfrac{Q(\text{m}^3/\min) \times P_T(\text{mmAq})}{102 \times 60 \times E} \times K$
　　　　　　　　　$= \dfrac{350 \times 75}{102 \times 60 \times 0.65} \times 1.1 = 7.26\text{kW}$

　　○답 : 7.26kW

(2) **제연구역의 선정기준**
　　○답 : ① 계단실 및 그 부속실을 동시에 제연하는 것
　　　　　② 부속실만을 단독으로 제연하는 것
　　　　　③ 계단실만 단독 제연하는 것

(3) ○답 : ① 0.5 　② 0.7 　③ 0.5

상세해설

배풍기의 전동기동력 계산방법

$$P(\text{kW}) = \frac{Q(\text{m}^3/\text{min}) \times P_T(\text{mmAg})}{102 \times 60 \times E} \times K$$

여기서, Q : 풍량, P_T : 전압, E : 펌프의 효율, K : 전달계수

18년-06월, 19년-06월 기출

15 특별피난계단의 계단실 및 부속실제연설비에 대한 제연구역과 옥내와의 차압(Pa)을 다음 조건을 참조하여 계산하시오. (5점)

[조건]
① 출입문 개방에 필요한 전체 힘은 화재안전기술기준으로 한다.
② 출입문의 폭(W)은 0.9m, 높이(H)는 2.1m이다.
③ 자동폐쇄장치 및 경첩에 의해 폐쇄되는 힘은 30N이다.
④ 문의 손잡이와 문의 끝까지(모서리까지)의 거리는 0.1m이다.
⑤ K_d(상수) = 1.0으로 한다.
⑥ 차압에 의한 방화문에 미치는 힘은 다음과 같이 계산한다.

$$F_P = \frac{K_d \times W \times A \times \Delta P}{2(W-d)}$$

여기서, F_P : 차압에 의한 방화문에 미치는 힘(N)
K_d : 상수 값(1.0)
W : 출입문의 폭(m)
A : 출입문의 면적(m²)
ΔP : 제연구역과 옥내와의 차압(Pa)
d : 문의 손잡이와 문의 끝까지(모서리까지)의 거리(m)

풀이
○ **계산과정** : 화재안전기술기준상 제연설비가 가동되었을 경우 출입문의 개방에 필요한 힘은 110N 이하로 하여야 한다.

$$110 = 30\text{N} + \frac{1 \times 0.9 \times (0.9 \times 2.1) \times \Delta P}{2 \times (0.9 - 0.1)}$$

$$\Delta P = \frac{(110-30) \times 2 \times (0.9 - 0.1)}{1 \times 0.9 \times (0.9 \times 2.1)} = 75.25\text{Pa}$$

○ **답** : 75.25Pa

상세해설

(1) 출입문 개방에 필요한 힘(제연설비가 가동된 상태에서)

$$F[N] = F_{dc}[N] + F_P[N]$$

여기서, F : 출입문개방에 필요한 전체 힘(N)
F_{dc} : 자동폐쇄장치(도어체크)의 저항력(N)
F_P : 차압에 의해 출입문에 미치는 힘(N)

(2) 차압에 의한 방화문에 미치는 힘(제연설비가 가동된 상태에서)

$$F_P = \frac{K_d \times W \times A \times \Delta P}{2(W-d)}$$

여기서, K_d : 상수 값(1.0), W : 출입문의 폭(m), A : 출입문의 면적(m^2)
ΔP : 제연구역과 옥내와의 차압(Pa)
d : 문의 손잡이와 문의 끝까지(모서리까지)의 거리(m)

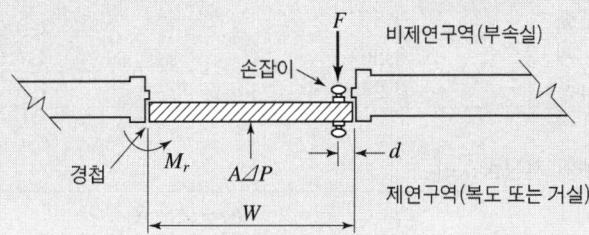

[제연구역 출입문에 미치는 힘]

(3) 특별피난계단의 계단실 및 부속실 제연설비의 화재안전기술기준(NFTC 501A)
① 제연설비가 가동되었을 경우 출입문의 개방에 필요한 힘은 110N 이하
② 제연구역과 옥내와의 사이에 유지하여야 하는 최소 차압은 40Pa
 (옥내에 스프링클러설비가 설치된 경우에는 12.5Pa) 이상

15년-07월, 18년-04월 기출

16 주차장에 제3종 분말약제를 사용한 분말소화설비를 전역방출방식으로 설치하고자 한다. 다음 조건을 참조하여 각 물음에 답하시오. (6점)

[조건] ① 주차장의 바닥면적은 $600m^2$이고 층고는 4m이다.
② 자동폐쇄장치가 없는 개구부의 크기는 $10m^2$이다.

(1) 소화설비에 필요한 약제저장량은 몇(kg)인가?
(2) 축압용가스로 질소를 사용할 때 필요한 질소가스의 양(m^3)은 얼마 이상인가?

풀이 (1) 소화설비에 필요한 약제저장량(kg)
  ○ 계산과정 : $V = 600\text{m}^2 \times 4\text{m} = 2400\text{m}^3$
  $Q = 2400\text{m}^3 \times 0.36\text{kg/m}^3 + 10\text{m}^2 \times 2.7\text{kg/m}^2 = 891\text{kg}$
  ○ 답 : 891kg

(2) 축압용가스로 질소를 사용할 때 필요한 양
  ○ 계산과정 : $Q = 891\text{kg} \times 10\text{L/kg} = 8910\text{L} = 8.91\text{m}^3$
  ○ 답 : 8.91m^3

상세해설

1. 분말약제의 전역방출방식

종별	체적계수 K_1(kg/m³)	면적계수 K_2(kg/m²) (자동폐쇄장치 미설치 시)
제1종	0.60	4.5
제2종, 제3종	0.36	2.7
제4종	0.24	1.8

2. 분말약제의 저장량(kg)

$$Q = V \times K_1 + A \times K_2$$

여기서, Q : 분말약제 저장량(kg), V : 방호구역체적(m³)
  K_1 : 방호구역 체적계수(kg/m³), K_2 : 개구부 면적계수(kg/m²)
  A : 개구부면적(m²)(자동폐쇄장치 없는 개구부면적)

3. 가압용 또는 축압용 가스

구 분	질소가스 사용 시	이산화탄소 사용 시
가압용 가스	40L(질소)/1kg(약제) 이상 (35℃, 1기압기준)	20g(CO₂)/1kg(약제)+배관청소에 필요한 양
축압용 가스	10L(질소)/1kg(약제) 이상 (35℃, 1기압기준)	20g(CO₂)/1kg(약제)+배관청소에 필요한 양

2021년 4월 25일 시행

소방설비기사 – 기계분야

2021년 4월 25일 시행

12년-04월, 16년-06월 기출

01 지하2층 지상11층인 내화구조의 특정소방대상물에 아래 조건과 같이 스프링클러설비를 설계하려고 한다. 다음 각 물음에 답하시오. (6점)

[조건] ① 각 층에 대한 바닥의 평면도는 다음과 같이 모두 같다.

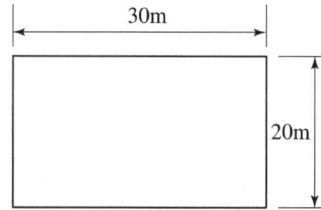

② 펌프로부터 최상층 헤드까지 수직거리는 48m이다.
③ 배관 및 관 부속품 마찰손실수두는 12m로 한다.
④ 모든 규격치는 최소량을 적용한다.
⑤ 펌프의 효율은 65%이며 전달계수는 1.1이다.
⑥ 배관은 연결송수관설비와 겸용이다.

(1) 지상 층에 필요한 헤드의 개수를 산출하시오.(단, 헤드는 정방형으로 배치한다.)
(2) 펌프의 전양정[m]을 산출하시오.
(3) 펌프의 전동기 용량[kW]을 산출하시오.

풀이 (1) 지상 층에 필요한 헤드의 개수

○계산과정 :

① 헤드간의 거리(정방형) $S = 2r\cos\theta = 2 \times 2.3 \times \cos 45°$

② 가로 열에 필요한 헤드 수 $N = \dfrac{W}{S} = \dfrac{30m}{2 \times 2.3 \times \cos 45°} = 9.22$ ∴ 10개

③ 세로 열에 필요한 헤드 수 $N = \dfrac{D}{S} = \dfrac{20m}{2 \times 2.3 \times \cos 45°} = 6.15$ ∴ 7개

④ 층 당 필요한 헤드개수 = $10 \times 7 = 70$개

⑤ 지상 층에 필요한 헤드개수 $N = 11층 \times \dfrac{70개}{층} = 770개$

○답 : 770개

(2) 펌프의 전양정[m]
○계산과정 : $H = 48\text{m}(실양정) + 12\text{m}(배관마찰손실) + 10\text{m} = 70\text{m}$
○답 : 70m

(3) 펌프의 전동기 용량[kW]
○계산과정 : $Q = N \times 80\text{L/min} = 30개(11층 이상) \times 80\text{L/min}$
$= 2400\text{L/min} = 2.4\text{m}^3/60\text{s}$
$P = \dfrac{9.8 \times (2.4/60) \times 70}{0.65} \times 1.1 = 46.44\text{kW}$

○답 : 46.44kW

상세해설

(1) 헤드의 배치(정방형)

$$S = 2r\cos 45°$$

여기서, S : 헤드 상호간의 거리(m), r : 수평거리(m)

(2) 스프링클러헤드의 배치기준

설치장소			설치기준
천장 · 반자 · 천장과 반자 사이 · 덕트 · 선반 기타 이와 유사한 부분(폭이 1.2m를 초과하는 것)	무대부, 특수가연물 저장 취급 장소 및 창고		수평거리 1.7m 이하
	특정 소방대상물	기타구조	수평거리 2.1m 이하
		내화구조	수평거리 2.3m 이하
	아파트		수평거리 2.6m 이하
랙식 창고			랙 높이 3m 이하 마다

(3) 펌프의 전동기 용량

$$P(\text{kW}) = \dfrac{\gamma Q H}{E} \times K$$

여기서, γ : 비중량(물의 비중량 = 9.8kN/m³), Q : 토출량(m³/s)
H : 전양정(m), E : 효율(%/100), K : 전달계수

05년-05월, 12년-11월, 17년-06월 기출

02 배관의 관부속품 중 유체의 역류를 방지하기 위해 한쪽 방향으로만 흐르게 하는 밸브를 체크밸브라 한다. 체크밸브의 종류 중 스윙형 체크밸브와 리프트형 체크밸브의 차이점을 2가지씩만 쓰시오. (4점)

○답:

스윙형 체크밸브	리프트형 체크밸브
① 수평배관 및 수직배관에 설치	① 수평배관에만 설치
② 압력손실이 작다	② 압력손실이 크다

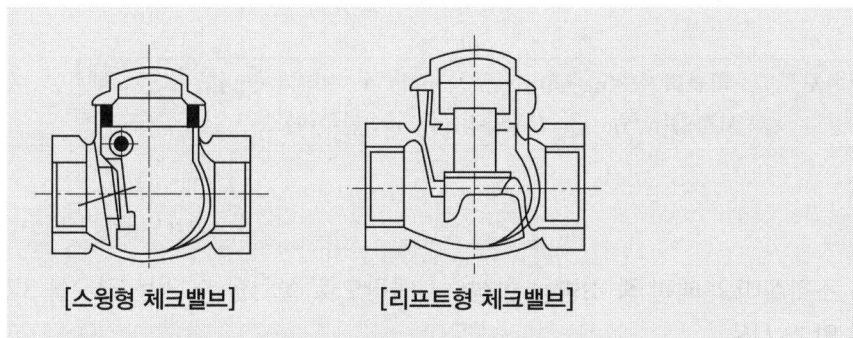

[스윙형 체크밸브]   [리프트형 체크밸브]

11년-05월 기출

03 유량이 1.228m³/min인 펌프가 3600rpm의 회전으로 128m의 양정이 필요하다면 비속도가 200~260m³/min·m·rpm 범위에 속하는 다단펌프를 사용할 경우 몇 단의 펌프를 사용하여야 하는가? (5점)

○계산과정:

① $n = \left(\dfrac{N_S \times H^{\frac{3}{4}}}{N \times \sqrt{Q}}\right)^{\frac{4}{3}}$

② $N_S = 200$일 때 이론 단수를 구하면

③ $n = \left(\dfrac{200 \times 128^{\frac{3}{4}}}{3600 \times \sqrt{1.228}}\right)^{\frac{4}{3}} = 2.37$ ∴ 3단

④ $N_S = 260$일 때 이론 단수를 구하면

⑤ $n = \left(\dfrac{260 \times 128^{\frac{3}{4}}}{3600 \times \sqrt{1.228}}\right)^{\frac{4}{3}} = 3.36$ ∴ 4단

따라서 이론 최소 단수 이므로 3단을 선정한다.

○ 답 : 3단

상세해설

① $N_s = \dfrac{N \times Q^{1/2}}{\left(\dfrac{H}{n}\right)^{3/4}} = \dfrac{N \times \sqrt{Q}}{\left(\dfrac{H}{n}\right)^{3/4}}$ ② $n^{\frac{3}{4}} = \dfrac{N_S \times H^{\frac{3}{4}}}{N \times \sqrt{Q}}$ ③ $n = \left(\dfrac{N_S \times H^{\frac{3}{4}}}{N \times \sqrt{Q}}\right)^{\frac{4}{3}}$

비교 회전도

$$N_s = \dfrac{N \times Q^{1/2}}{\left(\dfrac{H}{n}\right)^{3/4}} = \dfrac{N \times \sqrt{Q}}{\left(\dfrac{H}{n}\right)^{3/4}}$$

여기서, N_S : 비교회전도($m^3/min \cdot m \cdot rpm$), N : 회전수(rpm)
Q : 토출량(m^3/min), H : 양정(m), n : 단수(단)

14년-11월, 16년-11월 기출

04 소화설비의 배관 중 소방용 합성수지배관으로 설치할 수 있는 경우를 3가지만 쓰시오. (5점)

○ 답 : ① 배관을 지하에 매설하는 경우
② 다른 부분과 내화구조로 구획된 덕트 또는 피트의 내부에 설치하는 경우
③ 천장과 반자를 불연재료 또는 준불연 재료로 설치하고 그 내부에 습식으로 배관을 설치하는 경우

상세해설

배관의 설치기준
배관 이음은 각 배관과 동등 이상의 성능에 적합한 배관이음쇠를 사용하고 배관용 스테인리스강관(KS D 3576)의 이음을 용접으로 할 경우에는 알곤용접방식에 따른다.
(1) 배관 내 사용압력이 1.2MPa 미만일 경우에는 다음 각 목의 어느 하나에 해당하는 것
 ① 배관용 탄소강관(KS D 3507)
 ② 이음매 없는 구리 및 구리합금관(KS D 5301). 다만, 습식의 배관에 한한다.
 ③ 배관용 스테인리스강관(KS D 3576) 또는 일반배관용 스테인리스강관(KS D 3595)
 ④ 덕타일 주철관(KS D 4311)
(2) 배관 내 사용압력이 1.2MPa 이상일 경우
 ① 압력배관용탄소강관(KS D 3562)
 ② 배관용 아크용접 탄소강관(KS D 3583)

05 거실의 크기가 가로20m×세로15m×높이5m인 공간에서 커다란 화염의 화재가 발생하여 t초 시간이 지난 후의 청결층높이 $y(m)$의 값이 1.8m가 되었다. 다음의 식을 이용하여 각 물음에 답하시오. (4점)

[조건]
① $Q = \dfrac{A(H-y)}{t}$ [Q : 연기 발생량(m³/min), A : 바닥면적(m²), H : 층고(m)]
② 위 식에서 시간 t(초)는 다음의 Hinkley식을 만족한다.
  Hinkley식 : $t = \dfrac{20A}{Pf \times \sqrt{g}} \times \left(\dfrac{1}{\sqrt{y}} - \dfrac{1}{\sqrt{H}}\right)$
  (단, $g = 9.81\text{m/s}^2$이고 Pf는 화재경계의 길이로서 큰 화염의 경우 12m, 중간화염의 경우 6m, 작은 화염의 경우 4m를 적용한다)
③ 연기 생성률(kg/s)계산공식은 다음과 같다
  $M(\text{kg/s}) = 0.188 \times Pf \times y^{\frac{3}{2}}$

(1) 상부에 설치된 배연구에서 몇 m³/min의 연기를 배출해야 이 청결층의 높이가 유지되는지 계산하시오.
(2) 연기 생성률(kg/s)을 계산하시오.

풀이 **(1) 연기 배출량**

  ○계산과정 : $t = \dfrac{20A}{Pf \times \sqrt{g}} \times \left(\dfrac{1}{\sqrt{y}} - \dfrac{1}{\sqrt{H}}\right)$

  $= \dfrac{20 \times 300\text{m}^2}{12\text{m} \times \sqrt{9.81}} \times \left(\dfrac{1}{\sqrt{1.8\text{m}}} - \dfrac{1}{\sqrt{5\text{m}}}\right)$

  $= 47.59$초

  $t = 47.59\text{s} \times \dfrac{\text{min}}{60\text{s}} = 0.7932\text{min}$

  $Q = \dfrac{A(H-y)}{t} = \dfrac{300\text{m}^2 \times (5\text{m} - 1.8\text{m})}{0.7932\text{min}} = 1210.29\text{m}^3/\text{min}$

  ○답 : 1210.29m³/min

(2) 연기 생성률

  ○계산과정 : 연기 생성률 $M = 0.188 \times Pf \times y^{\frac{3}{2}} = 0.188 \times 12 \times 1.8^{\frac{3}{2}}$
        $= 5.45\text{kg/s}$

  ○답 : 5.45kg/s

06 특정소방대상물에 피난기구를 설치하고자 한다. 다음 조건을 참조하여 각 물음에 답하시오. (6점)

[조건]
(1) 각 특정소방대상물의 구조, 바닥면적, 용도는 다음과 같다.
  ① 바닥면적은 1,200m²이며 주요구조부가 내화구조이고 거실의 각 부분으로 직접 복도로 피난할 수 있는 4층의 학교(강의실 용도로 사용되는 층)
  ② 바닥면적은 800m²이며 5층의 객실 수가 6개인 숙박시설
  ③ 바닥면적은 1,000m²이며 주요구조부가 내화구조이고 직통계단인 피난계단이 2개소 설치된 8층 병원
(2) 피난기구 중 간이완강기는 설치하지 않는 것으로 가정한다.
(3) 만약 피난기구를 설치하지 않아도 되는 경우에는 계산과정을 적지 아니하고 답란에 0으로 쓰시오.

(1) ①, ②, ③ 의 특정소방대상물에 설치하여야 할 피난기구의 개수를 각각 구하시오.
(2) ②의 경우 적응성 있는 피난기구 3가지를 쓰시오.
   (단, 완강기와 간이완강기는 제외하고 답할 것)

풀이 (1) ① **4층의 학교(강의실 용도)** : ○답 : 0개

② **5층의 객실수 6개인 숙박시설**
   ○계산과정 : • 바닥면적별 설치개수 $N = 800\text{m}^2 \times \dfrac{1개}{500\text{m}^2} = 1.6개 \therefore 2개$

   • 객실마다 완강기 추가설치 개수 $N = 6(객실수) \times \dfrac{1개}{객실} = 6개$

   • 총 설치개수 $N = 2개 + 6개 = 8개$

   ○**답** : 8개

③ **피난계단이 2개소 설치된 8층 병원**
   ○계산과정 : • 바닥면적별 설치개수 $N = 1,000\text{m}^2 \times \dfrac{1개}{500\text{m}^2} = 2개$

   • 피난기구의 설치감소 $N = 2개 \times \dfrac{1}{2} = 1개$

   • 설치개수 $N = 2개 - 1개 = 1개$

   ○**답** : 1개

(2) ②의 경우 적응성 있는 피난기구
  ○답 : 피난사다리, 구조대, 피난교, 다수인피난장비, 승강식피난기

상세해설

1. **피난기구 설치제외**
   - 주요구조부가 내화구조로서 거실의 각 부분으로 직접 복도로 피난할 수 있는 학교(강의실 용도로 사용되는 층)

2. **피난기구의 설치기준**
   (1) 층마다 설치
   (2) 설치개수 산정기준

층의 용도	설치개수 기준
• 숙박시설 · 노유자시설 및 의료시설	바닥면적 500m²마다 1개 이상
• 위락시설 · 문화집회 및 운동시설 · 판매시설 • 복합용도	바닥면적 800m²마다 1개 이상
• 계단실형 아파트	각 세대마다 1개 이상
• 그 밖의 용도	바닥면적 1,000m²마다 1개 이상

   (3) 숙박시설(휴양콘도미니엄을 제외)의 경우에는 추가로 객실마다 완강기 또는 둘 이상의 간이완강기를 설치할 것

3. **피난기구설치의 감소**
   (1) 피난기구를 설치하여야 할 소방대상물중 다음 각 호의 기준에 적합한 층에는 피난기구의 2분의 1을 감소할 수 있다. 이 경우 설치하여야 할 피난기구의 수에 있어서 소수점 이하의 수는 1로 한다.
     ① 주요구조부가 **내화구조**로 되어 있을 것
     ② **직통계단인 피난계단 또는 특별피난계단이 2 이상 설치**되어 있을 것
   (2) 피난기구를 설치하여야 할 소방대상물 중 주요구조부가 내화구조이고 다음 각 호의 기준에 적합한 건널 복도가 설치되어 있는 층에는 피난기구의 수에서 해당 건널 복도의 수의 2배의 수를 뺀 수로 한다.
     ① 내화구조 또는 철골조로 되어 있을 것
     ② 건널 복도 양단의 출입구에 자동폐쇄장치를 한 60분+ 방화문 또는 60분 방화문(방화셔터를 제외한다)이 설치되어 있을 것
     ③ 피난 · 통행 또는 운반의 전용 용도일 것
   (3) 피난기구를 설치하여야 할 소방대상물 중 다음 각 호에 기준에 적합한 노대가 설치된 거실의 바닥면적은 피난기구의 설치개수 산정을 위한 바닥면적에서 이를 제외한다.
     ① 노대를 포함한 소방대상물의 주요구조부가 내화구조일 것
     ② 노대가 거실의 외기에 면하는 부분에 피난 상 유효하게 설치되어 있어야 할 것
     ③ 노대가 소방사다리차가 쉽게 통행할 수 있는 도로 또는 공지에 면하여 설치되어 있거나, 또는 거실부분과 방화 구획되어 있거나 또는 노대에 지상으로 통하는 계단 그 밖의 피난기구가 설치되어 있어야 할 것

4. 소방대상물의 설치장소별 피난기구의 적응성

구분 \ 층별	1층	2층	3층	4층 이상 10층 이하
노유자시설			미구교다승	구[1]교다승
의료시설·근린생활시설 중 입원실이 있는 의원·접골원·조산원			미트구교다승	트구교다승
다중이용업소로서 영업장의 위치가 4층 이하인 다중이용업소			미사구완다승	
그 밖의 것			트공[3]간[2]교미사구완다승	공[3]간[2]교사구완다승

[비고] 1) 구조대의 적응성은 장애인 관련 시설로서 주된 사용자 중 스스로 피난이 불가한 자가 있는 경우 추가로 설치하는 경우에 한한다.
2) 간이완강기의 적응성은 숙박시설의 3층 이상에 있는 객실에 한한다.
3) 공기안전매트의 적응성은 공동주택에 추가로 설치하는 경우에 한한다.

어두문자 암기방법

피난용트랩 ⇒ 트   피난교 ⇒ 교
피난사다리 ⇒ 사   미끄럼대 ⇒ 미
구조대 ⇒ 구   다수인피난장비 ⇒ 다
승강식피난기 ⇒ 승   완강기 ⇒ 완
간이완강기 ⇒ 간   공기안전매트 ⇒ 공

03년-04월 기출

07 직경이 300mm인 소화배관에 소화수가 0.2m³/s의 유량으로 흐르고 있다. 이 관에 직경은 200mm, 길이는 1,000m인 A배관과 직경이 150mm, 길이가 300m인 B배관으로 아래 그림과 같이 평행하게 분기되었다가 다시 300mm 배관으로 합쳐 있다. 각 분기관에서의 관마찰계수는 0.022이라 할 때 다음 각 물음에 답하시오. (단, Darcy weisbach식을 사용할 것) **(6점)**

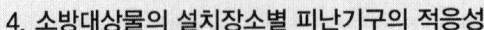

(1) 분기배관 A와 B의 유속(m/s)을 구하시오.
(2) 분기배관 A와 B의 유량(m³/s)을 구하시오.

풀이 (1) 분기배관 A와 B의 유속(m/s)
　○계산과정 :
　　① 분기배관 A와 B의 배관마찰손실은 같다($\Delta H_A = \Delta H_B$).

$$f_A \times \frac{L_A}{d_A} \times \frac{u_A^2}{2g} = f_B \times \frac{L_B}{d_B} \times \frac{u_B^2}{2g} \; (f_A = f_B = 0.022)$$

$$\frac{L_A}{d_A} \times u_A^2 = \frac{L_B}{d_B} \times u_B^2, \; \frac{1,000}{0.2} \times u_A^2 = \frac{300}{0.15} \times u_B^2$$

$$5,000 u_A^2 = 2,000 u_B^2, \; u_A^2 = \frac{2,000}{5,000} u_B^2 = 0.4 u_B^2, \; u_A = \sqrt{0.4 u_B^2} = \sqrt{0.4}\, u_B$$

② 분기 전 유량은 분기배관에 흐르는 유량의 합과 같다($Q = Q_A + Q_B$).

$$Q = Q_A + Q_B = u_A A_A + u_B A_B$$

$$0.2 = \sqrt{0.4}\, u_B \times \frac{\pi}{4} \times 0.2^2 + u_B \times \frac{\pi}{4} \times 0.15^2$$

$$u_B = 5.33 \mathrm{m/s},\; u_A = \sqrt{0.4} \times 5.33 = 3.37 \mathrm{m/s}$$

○ **답** : A의 유속＝3.37m/s, B의 유속＝5.33m/s

(2) 분기배관 A와 B의 유량(m³/s)

○ 계산과정 : $Q_A = u_A A_A = 3.37 \times \frac{\pi}{4} \times 0.2^2 = 0.11 \mathrm{m^3/s}$

$$Q_B = u_B A_B = 5.33 \times \frac{\pi}{4} \times 0.15^2 = 0.09 \mathrm{m^3/s}$$

○ **답** : A의 유량＝0.11m³/s, B의 유량＝0.09m³/s

상세해설

달시－바이스바하(Darcy－Weisbach) 공식

$$\Delta h_L(\mathrm{m}) = f \times \frac{l}{d} \times \frac{u^2}{2g} \qquad \Delta P(\mathrm{kPa}) = \Delta h_L(\mathrm{m}) \times \gamma(\mathrm{kN/m^3})$$

여기서, Δh_L : 마찰손실수두(m)
　　　　f : 마찰손실계수
　　　　l : 배관길이(m)
　　　　u : 유속(m/s)
　　　　g : 중력가속도(9.8m/s²)
　　　　d : 배관내경(m)
　　　　γ : 비중량($\gamma_w = 9800\mathrm{N/m^3} = 9.8\mathrm{kN/m^3}$)

15년-11월, 18년-06월 기출

08 경유를 저장하는 위험물 옥외저장탱크의 높이가 7m, 직경 10m인 콘루프탱크(Cone Roof Tank)에 II형 포방출구 및 옥외보조소화전 2개가 설치되었다. [조건]을 참조하여 각 물음에 답하시오. (8점)

[조건]
① 배관의 낙차 수두와 마찰손실수두는 55m이다.
② 폼챔버의 방사압력은 0.3MPa이며 보조소화전의 압력수두는 무시한다.
③ 펌프의 효율은 65%(전동기와 펌프 직결)이며 전달계수 $K=1.1$이다.
④ 포 소화약제는 3%의 수성막포를 사용하며 포수용액의 비중은 물의 비중과 동일하다고 가정한다.
⑤ 배관의 송액량은 제외한다.
⑥ 고정포방출구의 방출량 및 방사시간

포방출구의 종류 구분	I형		II형		특형	
	방출률 (L/m²·분)	방사시간 (분)	방출률 (L/m²·분)	방사시간 (분)	방출률 (L/m²·분)	방사시간 (분)
제4류위험물 중 인화점이 21℃ 미만인 것	4	30	4	55	12	30
제4류위험물 중 인화점이 21℃ 이상 70℃ 미만인 것	4	20	4	30	12	20
제4류위험물 중 인화점이 70℃ 이상인 것	4	15	4	25	12	15
제4류위험물 중 수용성의 것	8	20	8	30	–	–

(1) 포소화약제의 양(L)을 구하시오.
(2) 펌프의 동력(kW)을 구하시오.

풀이 (1) 포소화약제의 양(L)
  ○ 계산과정 :
    ※ 경유-제4류 위험물-제2석유류(인화점 21℃이상 70℃미만)-비수용성
    A(액표면적) $= \dfrac{\pi}{4} \times (10m)^2$, Q_1(방출률) $= 4L/m^2 \cdot$ 분,
    T(방사시간) $= 30$분, S(약제농도) $= 3\% = 0.03$
  • 고정포방출구 : $Q_1 = \dfrac{\pi}{4} \times 10^2 \times 4 \times 30 \times 0.03 = 282.74L$
  • 보조소화전 : $Q_2 = 2 \times 0.03 \times 8000 = 480L$
  • 포소화약제의 양 : $Q_T = 282.74 + 480 = 762.74L$
  ○ 답 : 762.74L

(2) **펌프의 동력**(kW)
　○ 계산과정 :

　　• $\gamma_W = 9.8\text{kN/m}^3$

　　• 포수용액의 방출량 $Q = \dfrac{\pi}{4} \times 10^2 \times 4 + 2 \times 400 = 1114.16\text{L/min}$
　　　　　　　　　　　　　 $= 1.1142\text{m}^3/60\text{s}$

　　• 전양정 $H = 30.61\text{m} + 55\text{m} = 85.61\text{m}$

　　　　$h_1 = \dfrac{0.3 \times 10^3 \text{kPa}(\text{kN/m}^2)}{9.8\text{kN/m}^3} = 30.61\text{m}$

　　　　$h_2 + h_3 = 55\text{m}$

　　　　$h_4 =$ 생략(조건에 없음)

　　• $P(\text{kW}) = \dfrac{9.8\text{kN/m}^3 \times (1.1142/60) \times 85.61}{0.65} \times 1.1 = 26.37\text{kW}$

　○ 답 : 26.37kW

상세해설

(1) **고정포방출구방식의 약제량 계산**

구 분	약제 저장량
❶ 고정포 방출구	$Q = A \times Q_1 \times T \times S$ 여기서, Q : 포소화약제의 양(L), A : 저장탱크의 액표면적(m²) Q_1 : 단위 포소화수용액의 양(L/m²분) T : 방출시간(분), S : 포소화약제의 사용농도(%)
❷ 보조소화전	$Q = N \times S \times 8000\text{L}$ 여기서, Q : 포소화약제의 양(L) N : 호스 접결구 개수(3개 이상의 경우는 3) S : 포소화약제의 사용농도(%)
❸ 배관보정	가장 먼 탱크까지의 송액관(내경 75mm 이하 제외)에 충전하기 위하여 필요한 양 $Q = V \times S \times 1000$ 여기서, Q : 포소화약제의 양(L), V : 송액관 내부의 체적(m³) S : 포소화약제의 사용농도(%)
❹ 합계	고정포 방출구방식의 약제량 = ❶ + ❷ + ❸

(2) **포소화설비에서 펌프의 양정**

　　$H = h_1 + h_2 + h_3 + h_4$

　여기서, H : 펌프의 양정(m)
　　　　h_1 : 방출구의 설계압력 환산수두 또는 노즐 선단의 방사압력 환산수두(m)
　　　　h_2 : 배관의 마찰손실수두(m)

h_3 : 낙차(m)
h_4 : 소방용 호스의 마찰손실수두(m)

(3) 펌프의 토출량(포소화설비의 화재안전기술기준)
포헤드·고정포방출구 또는 이동식 포노즐의 설계압력 또는 노즐의 방사압력의 허용범위 안에서 포수용액을 방출 또는 방사할 수 있는 양 이상이 되도록 할 것

09 다음은 압력수조를 이용한 옥내소화전설비의 가압송수장치의 설계도면이다. 각 물음에 답하시오. (단, 배관 및 소방용호스의 마찰손실수두는 6.5m이다.)

(6점)

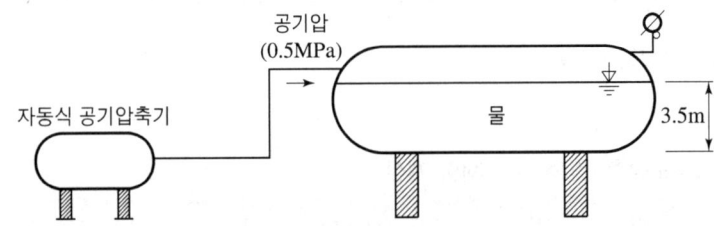

(1) 압력수조 내 바닥의 압력(MPa)을 구하시오.
(2) 화재안전기술기준에 의한 규정방수압력에 적합하도록 설계할 수 있는 건축물의 높이(m)를 구하시오.
(3) 자동식 공기압축기의 설치목적에 대하여 간단히 설명하시오.

풀이 (1) 압력수조 내 바닥의 압력(MPa)
○계산과정 : $P = 0.5\text{MPa} + (9.8\text{kN}/\text{m}^3 \times 3.5\text{m} \times 10^{-3} = 0.034\text{MPa})$
$= 0.53\text{MPa}$
○답 : 0.53MPa

(2) 설계할 수 있는 건축물의 높이(m)
○계산과정 : $P_3 = P - P_1 - P_2 - 0.17$
$P_3 = \dfrac{0.53 \times 10^3 \text{kPa}}{9.8\text{kN}/\text{m}^3} - 6.5\text{m} - \dfrac{0.17 \times 10^3 \text{kPa}}{9.8\text{kN}/\text{m}^3} = 30.23\text{m}$
○답 : 30.23m

(3) 자동식 공기압축기의 설치목적
○답 : 압력수조 내 압력을 일정하게 유지하여 노즐선단에서 규정방수압력 유지

상세해설

(1) 압력과 수두 관계

$$P = \gamma H \text{ 또는 } H = \frac{P}{\gamma}$$

여기서, P : 압력(kPa)
γ : 비중량(kN/m³)(물의 비중량=9.8kN/m³)
H : 압력수두(m)

(2) 옥내소화전설비의 압력수조의 압력

$$P = P_1 + P_2 + P_3 + 0.17$$

여기서, P : 필요한 압력(MPa)
P_1 : 소방용호스의 마찰손실 수두압(MPa)
P_2 : 배관의 마찰손실 수두압(MPa)
P_3 : 낙차의 환산 수두압(MPa)
0.17 : 노즐선단의 방수압(0.17MPa)

03년-04월 기출

10 다음의 도면, 조건 및 덕트 설계도를 참고로 하여 제연설비의 설계과정중의 공란을 채우고 배출기의 소요동력[kW]을 구하시오. (12점)

[조건]
① A-H는 각 거실의 명칭(제연구획)이다.
② ①-④는 메인덕트와 분기덕트의 분기점이다.
③ $A_Q - H_Q$는 각 거실의 설계 배연 풍량이다.
④ 배출풍도 계통 중 한 부분의 통과 풍량은 같은 분기덕트에 속하는 말단에 있는 배연구의 해당 풍량 가운데 최대 풍량의 2배가 통과할 수 있게 한다.
⑤ 거실의 용적 A>B>C>D>E>F>G>H
⑥ 메인덕트 내의 풍속 15m/s, 분기덕트의 풍속은 10m/s로 가정한다.
⑦ 각 거실의 설계 배출풍량은 다음 표와 같다.

구 분	배출풍량(m³/min)	구 분	배출풍량(m³/min)
A_Q	400	E_Q	180
B_Q	300	F_Q	150
C_Q	250	G_Q	100
D_Q	200	H_Q	80

[설계과정]

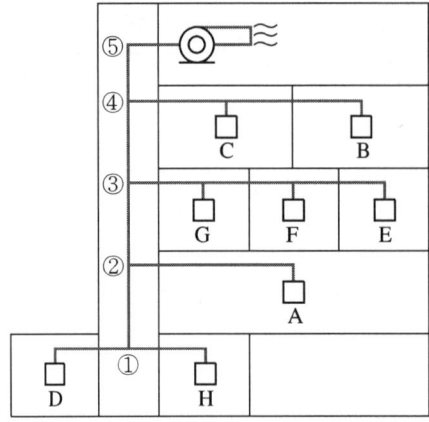

[배출풍도 각 부분의 통과 풍량]

배출풍도의 부분	통과풍량(m³/min)	덕트의 직경(cm)
D~①	$D_Q(200)$	70
H~①	$H_Q(80)$	42
①~②	$2D_Q(400)$	ㅁ
A~②	$A_Q(400)$	108
②~③	$2A_Q(800)$	108
E~F	$E_Q(180)$	ㅂ
F~G	$2E_Q(360)$	92
G~③	ㄱ	ㅅ
③~④	ㄴ	108
B~C	$B_Q(300)$	80
C~④	ㄷ	115
④~⑤	ㄹ	ㅇ

[별표1] 덕트의 마찰손실선도

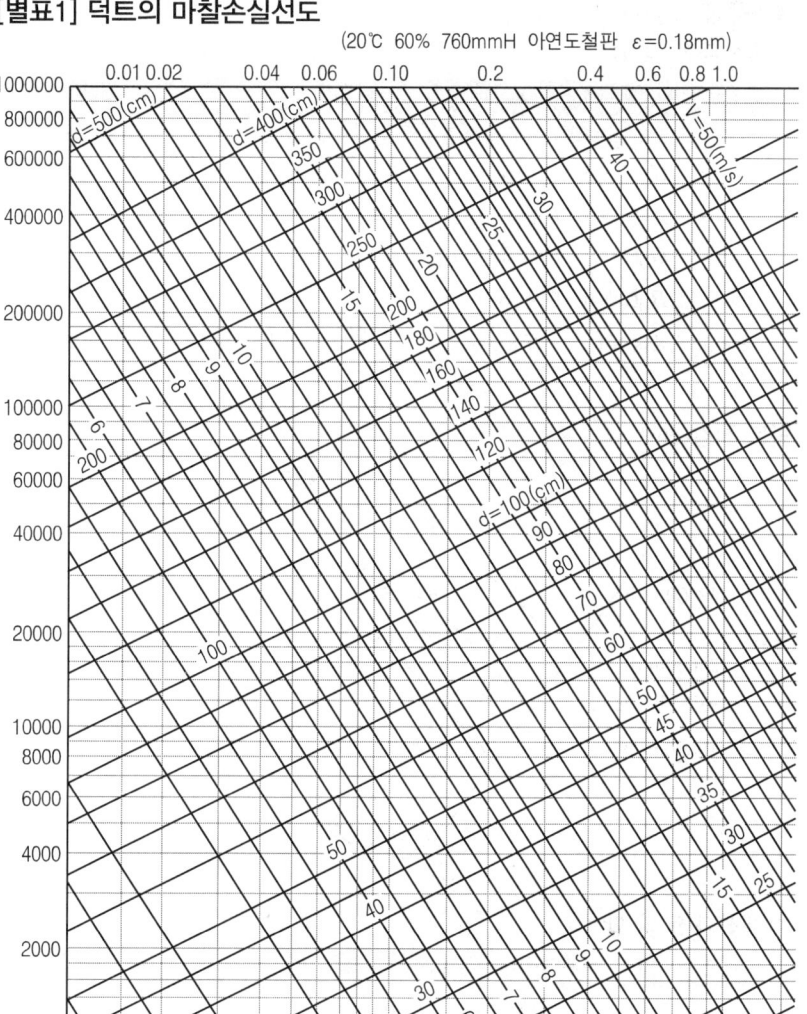

(1) 통과풍량 : ㉠~㉣의 빈칸을 답란의 예시와 같이 구하시오.
(2) ㉤~㉧덕트의 직경을 주어진 조건 및 [별표1]의 그래프를 이용하여 구하되, 적당한 수치는 아래의 보기에서 골라 기재하시오.

[보기] 32cm, 42cm, 50cm, 62cm, 70cm, 80cm, 92cm, 108cm, 115cm, 130cm, 142cm

(3) 이 덕트의 소요 전압이 19.98mmAq이고, 배출기는 터보형 원심송풍기를 사용하려 한다. 이 배출기의 이론 소요동력은 몇 kW인가? (단, 송풍기의 효율은 50%이며 기타 사항은 무시한다)

풀이 (1) **통과풍량**(m³/min)
○계산과정 및 답:

구간	담당구역	통과풍량(m³/min) (2×최대풍량)	정답
G~③	$G_Q(100)$, $F_Q(150)$, $E_Q(180)$	$2 \times E_Q(2\times 180)=360$	㉠ $2E_Q(360)$
③~④	$A_Q(400)$, $D_Q(200)$, $E_Q(180)$, $G_Q(100)$, $F_Q(150)$, $H_Q(80)$	$2 \times A_Q(2\times 400)=800$	㉡ $2A_Q(800)$
C~④	$B_Q(300)$, $C_Q(250)$	$2 \times B_Q(2\times 300)=600$	㉢ $2B_Q(600)$
④~⑤	$A_Q(400) \sim H_Q(80)$	$2 \times A_Q(2\times 400)=800$	㉣ $2A_Q(800)$

(2) 덕트 직경(cm)

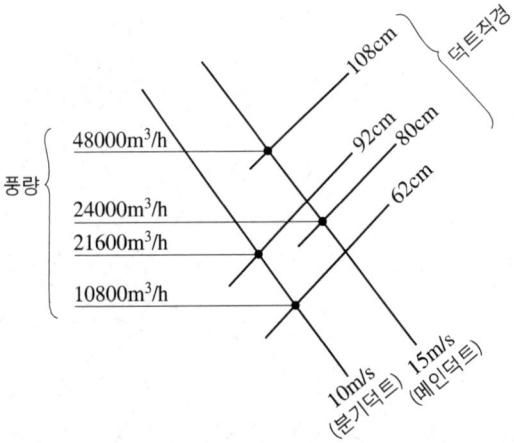

○계산과정 및 답:

구간	풍속	풍량	직경	정답
①~②	메인덕트 $u=15\text{m/s}$	$Q=2D_Q(2\times 200)$ $=400\text{m}^3/\text{min}=24{,}000\text{m}^3/\text{h}$	덕트의 마찰손실선도에서 풍량과 풍속이 교차하는 점에서 덕트의 직경을 선정하면 된다.	㉤ 80
E~F	분기덕트 $u=10\text{m/s}$	$Q=E_Q(180)$ $=180\text{m}^3/\text{min}=10{,}800\text{m}^3/\text{h}$		㉥ 62
G~③	분기덕트 $u=10\text{m/s}$	$Q=2E_Q(2\times 180)$ $=360\text{m}^3/\text{min}=21{,}600\text{m}^3/\text{h}$		㉦ 92
④~⑤	메인덕트 $u=15\text{m/s}$	$Q=2A_Q(2\times 400)$ $=800\text{m}^3/\text{min}=48{,}000\text{m}^3/\text{h}$		㉧ 108

(3) 송풍기 동력(kW)

○계산과정 : $P = \dfrac{800 \times 19.98}{102 \times 60 \times 0.5} = 5.22\text{kW}$

○답 : 5.22kW

(1) 덕트 직경(cm)에 대한 수리 계산방법

구간	풍속	풍량	직경	정답
①~②	메인덕트 $u=15$m/s	$Q=2D_Q(2\times200)$ $=400$m³/min $=400$m³/60s	$d=\sqrt{\dfrac{4\times400/60}{\pi\times15}}\times100$ $=75.23$cm	보기에서 75.23cm보다 크고 근사값은 80cm ⑤ 80
E~F	분기덕트 $u=10$m/s	$Q=E_Q(2\times180)$ $=180$m³/min $=180$m³/60s	$d=\sqrt{\dfrac{4\times180/60}{\pi\times10}}\times100$ $=61.80$cm	보기에서 61.80cm보다 크고 근사값은 62cm ⑥ 62
G~③	분기덕트 $u=10$m/s	$Q=2E_Q(2\times180)$ $=360$m³/min $=360$m³/60s	$d=\sqrt{\dfrac{4\times360/60}{\pi\times10}}\times100$ $=87.40$cm	보기에서 87.40cm보다 크고 근사값은 92cm ⑦ 92
④~⑤	메인덕트 $u=15$m/s	$Q=2A_Q(2\times400)$ $=800$m³/min $=800$m³/60s	$d=\sqrt{\dfrac{4\times800/60}{\pi\times15}}\times100$ $=106.38$cm	보기에서 106.38cm보다 크고 근사값은 108cm ⑧ 108

(2) 송풍기의 전동기출력 계산

① $P(\text{kW})=\dfrac{Q\times P_T}{102\times60\times E}\times K$

여기서, Q : 풍량(m³/min)

P_T : 전압(mmAq)

E : 송풍기 효율

K : 전달계수

② CMH(Cubic Meter Per Hour) : m³/hr

11 다음 그림은 할론 소화설비를 나타낸 것이다. 그림의 방출방식의 종류를 쓰고 해당 방출방식에 대하여 설명하시오. (4점)

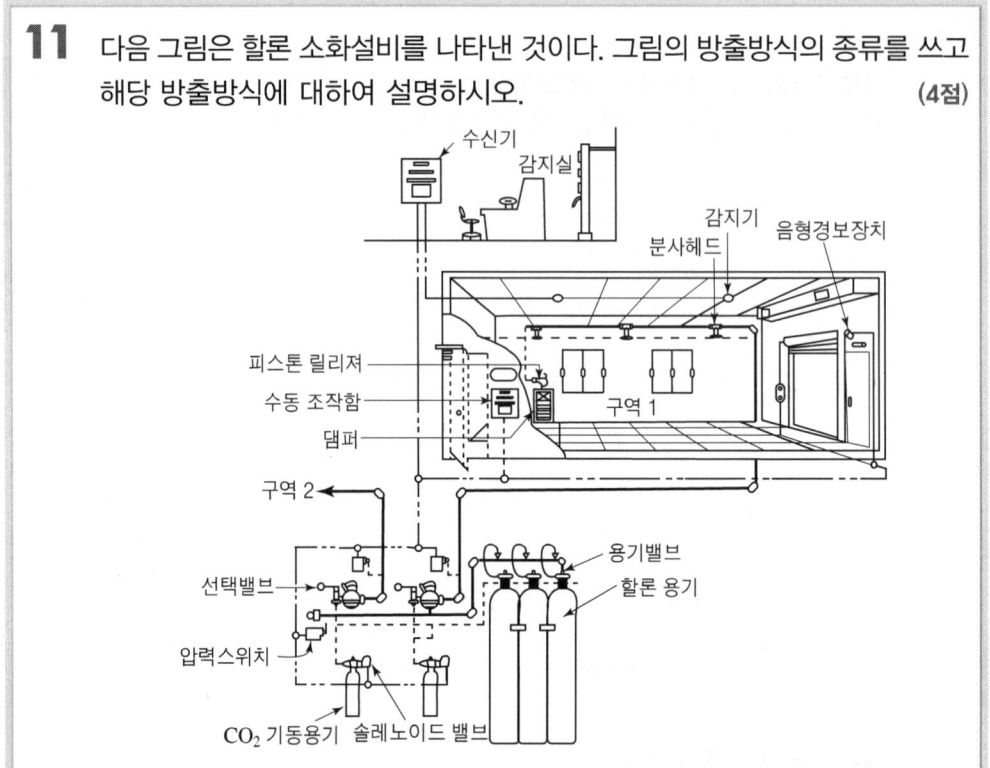

○답 : (1) 방출방식 : 전역방출방식
(2) 설명 : 고정식 할론 공급장치에 배관 및 분사헤드를 고정 설치하여 밀폐 방호구역 내에 할론을 방출하는 설비

할론소화설비의 화재안전기술기준(NFTC 106)
(1) 전역방출방식
   고정식 할론 공급장치에 배관 및 분사헤드를 고정 설치하여 밀폐 방호구역 내에 할론을 방출하는 설비
(2) 국소방출방식
   고정식 할론 공급장치에 배관 및 분사헤드를 설치하여 직접 화점에 할론을 방출하는 설비로 화재발생부분에만 집중적으로 소화약제를 방출하도록 설치하는 방식
(3) 호스릴방식
   분사헤드가 배관에 고정되어 있지 않고 소화약제 저장용기에 호스를 연결하여 사람이 직접 화점에 소화약제를 방출하는 이동식 소화설비

13년-04월 기출

12 방호구역의 체적이 400m³인 특정소방대상물에 분말소화설비를 전역방출방식으로 설치 하고자 할 때 분사헤드의 최소개수는? (단, 사용 분말약제는 제3종이며 분사헤드 1개의 방사량은 10kg/min이다.) (3점)

○ 계산과정 : $Q = 400\text{m}^3 \times 0.36\text{kg/m}^3 = 144\text{kg}$

 헤드1개의 방사량 $= 10\text{kg/분} = 10\text{kg/60s}$

 분사헤드의 개수 $N = \dfrac{144\text{kg}}{(10\text{kg}/60\text{s}) \times 30\text{s}} = 28.8$개 ∴ 29개

○ 답 : 29개

상세해설

1. 분말약제의 전역방출방식

종별	체적계수 K_1(kg/m³)	면적계수 K_2(kg/m²) (자동폐쇄장치 미설치 시)
제1종	0.60	4.5
제2종, 제3종	0.36	2.7
제4종	0.24	1.8

2. 분말약제의 저장량(kg)

$$Q = V \times K_1 + A \times K_2$$

여기서, Q : 분말약제 저장량(kg)
 V : 방호구역체적(m³)
 K_1 : 방호구역 체적계수(kg/m³)
 A : 개구부면적(m²)(자동폐쇄장치 없는 개구부면적)
 K_2 : 개구부 면적계수(kg/m²)

3. 분말소화설비의 약제저장량 방사시간
 ① 전역방출방식 : 30초 이내
 ② 국소방출방식 : 30초 이내

4. 분사헤드의 개수

$$N = \dfrac{\text{약제저장량(kg)}}{\text{헤드1개의 방사량(kg/s)} \times \text{방사시간(s)}}$$

13년-07월, 15년-11월 기출

13 다음 조건을 참조하여 수원의 수위가 펌프보다 낮을 때 펌프 운전 중 공동현상이 발생하지 않도록 하기 위하여 수면으로부터 소화펌프까지의 설치높이는 몇 m 미만으로 해야 하는지 구하시오. (5점)

[조건]
① 흡입배관의 마찰손실수두는 2m이다.
② 대기압은 표준대기압으로 하고 속도수두는 무시한다.
③ 물의 온도는 20℃이고 이때의 포화수증기압은 2,340Pa이다.
④ 물의 비중량은 9800N/m³이라고 가정한다.
⑤ 펌프의 필요흡입양정은 7.5m이다.

풀이 ○ 계산과정 :

① P_a(표준대기압) = 101325Pa(N/m²), γ_w(물의 비중량) = 9800N/m³

P_v(포화수증기압) = 2340Pa(N/m²), $f\dfrac{V_s^2}{2g}$(흡입배관 마찰손실수두) = 2m

$NPSH_{re}$(필요흡입양정) = 7.5m

② $NPSH_{av} = \dfrac{101325\text{N/m}^2}{9800\text{N/m}^3} - \dfrac{2340\text{N/m}^2}{9800\text{N/m}^3} - H_S - 2\text{m} = 8.1\text{m} - H_S$

③ $8.1\text{m} - H_S > 7.5\text{m}$ ∴ $H_S = 8.1\text{m} - 7.5\text{m} = 0.6\text{m}$

○ 답 : 0.6m 미만

상세해설

(1) $NPSH_{av}$(유효흡입양정)과 $NPSH_{re}$(필요흡입양정)의 관계
① 캐비테이션 발생한계조건(임계조건) $NPSH_{av} = NPSH_{re}$
② 캐비테이션 발생방지 조건 $NPSH_{av} > NPSH_{re}$
③ 캐비테이션 발생방지 설계조건 $NPSH_{av} \geq NPSH_{re} \times 1.3$

(2) $NPSH_{av}$(유효흡입양정) = $\dfrac{P_a}{\gamma} - \dfrac{P_v}{\gamma} - \pm H_S - f\dfrac{V_s^2}{2g}$

여기서, P_a : 대기압(N/m²), P_v : 포화증기압(N/m²=Pa), γ : 비중량(N/m³)

H_S : (+) 압입양정(m), (−) 흡입양정(m), $f\dfrac{V_s^2}{2g}$: 흡입배관총손실(m)

11년-05월, 14년-04월 기출

14 스프링클러헤드의 반응시간지수(Response Time Index)를 구하는 식을 쓰고 간단히 설명하시오. (4점)

○답 : (1) 반응시간지수 구하는 식

$RTI = \tau \sqrt{u}$

여기서, RTI : 반응시간지수($(m \cdot s)^{0.5}$)
  τ : 감열체의 시간상수
  u : 기류속도(m/s)

(2) 반응시간지수 설명
  기류의 온도, 속도, 작동시간에 대하여 스프링클러헤드의 반응을 예상한 지수

상세해설

감도에 따른 분류	RTI값 범위	비 고
표준반응(standard response)형 헤드	80 초과 ~ 350 이하	• 가장 일반적으로 사용하는 헤드
특수반응(special response)형 헤드	50 초과 ~ 80 이하	• 특수용도에 사용하는 헤드
조기반응(fast response)형 헤드	50 이하	• 표준형헤드보다 기류온도 및 기류속도에 조기에 반응하는 헤드

14년-07월, 17년-06월 기출

15 그림은 어느 연결살수설비의 Isometric Diagram이다. 이 도면과 주어진 조건을 참조하여 설비가 작동되었을 경우 표의 유량, 구간별 마찰손실, 마찰손실 합계 등을 답란의 요구순서대로 수리계산하여 산출하시오. (단, 0.1MPa= 10m로 한다.) (12점)

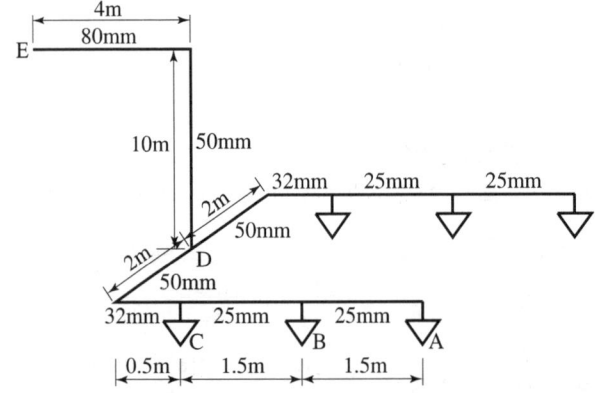

[조건]
① 설치된 개방형헤드 A의 방수량은 100Lpm, 방수압력은 0.25MPa이다.
② 배관부속 및 밸브류의 마찰손실은 무시한다.
③ 연결송수구에서 압력은 일정하다고 가정한다.
④ 수리계산 시 속도수두는 무시한다.

구 간	유량 (Lpm)	배관길이 (m)	1m당 마찰손실압(MPa)	구간별 마찰손실압(MPa)	낙차 (m)	마찰손실압합계(MPa)
헤드 A	100	–	–	–	–	0.25
A~B	100	1.5	0.02	0.03	0	①
헤드 B	②	–	–	–	–	–
B~C	③	1.5	0.04	④	0	⑤
헤드 C	⑥	–	–	–	–	–
C~D	⑦	2.5	0.06	⑧	–	⑨
D~E	⑩	14	0.01	⑪	-10	⑫

[풀이] ○ 계산과정 :

구간	유량(Lpm)	배관 길이(m)	1m당 마찰 손실압 (MPa)	구간별 마찰손실압 (MPa)	낙차 (m)	마찰손실압 합계(MPa)
헤드A	100	–	–	–	–	0.25
A~B	100	1.5	0.02	0.03	0	① $0.25+0.03$ $=0.28$
헤드B	② $K=\dfrac{Q}{\sqrt{10P}}$ $K=\dfrac{100}{\sqrt{10\times 0.25}}$ $=63.2456$ $Q=K\sqrt{10P}$ $Q=63.2456\sqrt{10\times 0.28}$ $=105.83$	–	–	–	–	–
B~C	③ $105.83+100=205.83$	1.5	0.04	④ 1.5×0.04 $=0.06$	0	⑤ $0.28+0.06$ $=0.34$
헤드C	⑥ $63.2456\sqrt{10\times 0.34}$ $=116.62$	–	–	–	–	–
C~D	⑦ $116.62+205.83=322.45$	2.5	0.06	⑧ 2.5×0.06 $=0.15$	–	⑨ $0.34+0.15$ $=0.49$
D~E	⑩ $322.45\times 2=644.9$	14	0.01	⑪ 14×0.01 $=0.14$	-10	⑫ $0.49+0.14$ $-0.1(10m)$ $=0.53$

○ 답 : ① 0.28 ② 105.83 ③ 205.83 ④ 0.06 ⑤ 0.34 ⑥ 116.62
　　　⑦ 322.45 ⑧ 0.15 ⑨ 0.49 ⑩ 644.9 ⑪ 0.14 ⑫ 0.53

상세해설

- 유량 $Q(\text{L/min})=K(\text{방출계수})\sqrt{10P(\text{MPa})}$
- 구간별 마찰손실압 $\Delta P = $ 배관길이(m) × 1m당 마찰손실압(MPa)

20년-07월 기출

16 가로 12m, 세로 18m, 높이 3m인 전기실에 화재가 발생하여 CO_2소화설비가 작동되어 화재가 진압되었다. 화재안전기술기준과 다음 조건을 참조하여 각 물음에 답하시오. (10점)

[조건]
① 공기 중 산소의 부피농도는 21%이고 약제를 방사한 후 산소의 부피농도는 15%이었다.
② 대기압은 760mmHg 이고 약제 방출 후 실내압력은 800mmHg이다.
③ 저장용기의 충전비는 1.6이고, 내용적은 80L이다.
④ 실내온도는 18℃이며, 기체상수 R은 $0.082 atm \cdot m^3/kmol \cdot K$로 계산한다.
⑤ 개구부에는 자동폐쇄장치가 설치되어 있다.

(1) 약제 방사 후 CO_2의 부피농도(%)를 구하시오.
(2) 방사된 CO_2의 부피(m^3)를 구하시오.
(3) 방사된 CO_2의 무게(kg)를 구하시오.
(4) 약제저장용기의 수(병)를 구하시오.
(5) 심부화재일 경우 선택밸브 직후의 유량(kg/min)을 구하시오.

풀이 **(1) 약제 방사 후 CO_2의 부피농도(%)**

○계산과정 : $CO_2(\%) = \dfrac{21 - O_2(\%)}{21} \times 100 = \dfrac{21 - 15(\%)}{21} \times 100 = 28.57\%$

○답 : 28.57%

(2) 방사된 CO_2의 부피(m^3)

○계산과정 : $G_V = \dfrac{21 - O_2(\%)}{O_2(\%)} \times V = \dfrac{21-15}{15} \times (12 \times 18 \times 3) m^3 = 259.2 m^3$

○답 : $259.2 m^3$

(3) 방사된 CO_2의 무게(kg)

○계산과정 : $W = \dfrac{PVM}{RT} = \dfrac{(800/760) \times 259.2 \times 44}{0.082 \times (273 + 18)} = 503.10 kg$

○답 : 503.10kg

(4) 약제저장용기의 수(병)

○계산과정 : • 저장용기 1병당 약제저장량 $G = \dfrac{V}{C} = \dfrac{80L}{1.6L/kg} = 50kg$

- 용기수 $N = \dfrac{503.10\text{kg}}{50\text{kg}} = 10.06$

  ○답 : 11병

(5) **선택밸브 직후의 유량**(kg/min)

  ○계산과정 : $Q = \dfrac{50\text{kg/병} \times 11\text{병}}{7\text{min}} = 78.57\text{kg/min}$

  ○답 : 78.57kg/min

상세해설

(1) CO₂의 부피농도(%)

CO₂ 농도 계산방법
$CO_2 = \dfrac{21 - O_2}{21} \times 100$

$CO_2(\%) = \dfrac{\text{방출된 } CO_2 \text{ 가스체적}(\text{m}^3)}{\text{방호구역체적}(\text{m}^3) + \text{방출된 } CO_2 \text{ 가스체적}(\text{m}^3)} \times 100$

(2) 방사된 CO₂의 부피(m³)

방출 가스량 계산방법
$G_V = \dfrac{21 - O_2}{O_2} \times V$

여기서, G_V : 방출가스량(m³), V : 방호구역체적(m³)

(3) 방사된 CO₂의 무게(kg)

이상기체 상태방정식
$PV = \dfrac{W}{M}RT$

여기서, P : 압력(atm), V : 방출가스량(m³), W : 무게(kg), M : 분자량
R : 기체상수(0.082atm·m³/kmol·K), T : 절대온도(K)

(4) 저장된 용기 수

$N = \dfrac{\text{약제저장량}(\text{kg})}{\text{저장용기 1병당 저장량}(\text{kg/병})}$ (소수점 이하는 무조건 절상)

(5) 선택밸브 직후의 유량(kg/min)

① CO₂ 기준방사시간

구분	전역방출방식		국소 방출방식
	표면 화재 (가연성 액체 및 가스)	심부 화재 (종이, 목재, 석탄, 섬유류, 합성수지류)	
방사시간 기준	1분 이내	7분 이내 (설계농도가 2분 이내 30%에 도달할 것)	30초 이내

② 선택밸브 직후의 유량 $Q(\text{kg/min}) = \dfrac{\text{kg/병} \times \text{저장용기수}}{\text{기준방사시간}(\text{min})}$

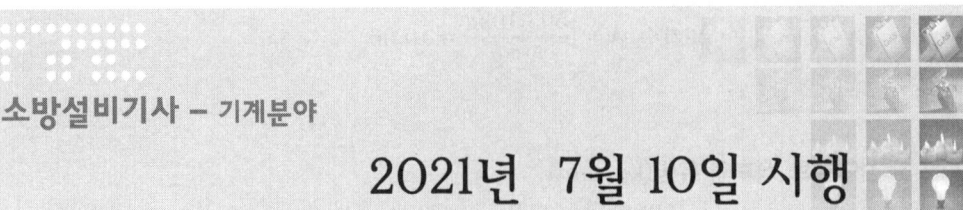

16년-11월 기출

01 스프링클러설비의 급수배관 내경을 수리계산에 의하여 따르는 경우 아래 그림을 보고 각 물음에 답하시오. (단, 배관 내 유속은 스프링클러설비의 화재안전기술기준에서 정하는 기준에 적합하여야 한다.) (4점)

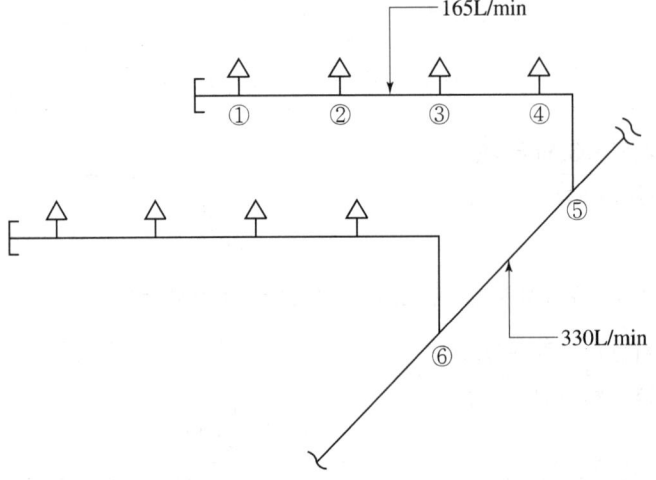

(1) ②~③구간의 배관 내경(mm)의 최소값을 구하시오.
(2) ⑤~⑥구간의 배관 내경(mm)의 최소값을 구하시오.

풀이 (1) ②~③구간의 배관 내경(mm)의 최소값
○ 계산과정 : $Q = 165\text{L/min} = 0.165\text{m}^3/60\text{s}$, $u = 6\text{m/s}$ 이하(가지배관)

$$D = \sqrt{\frac{4 \times 0.165/60}{\pi \times 6}} \times 1000 = 24.16\text{mm}$$

○ 답 : 24.16mm

(2) ⑤~⑥구간의 배관 내경(mm)의 최소값
○ 계산과정 : $Q = 330\text{L/min} = 0.33\text{m}^3/60\text{s}$, $u = 10\text{m/s}$ 이하(기타배관)

$$D = \sqrt{\frac{4 \times 0.33/60}{\pi \times 10}} \times 1000 = 26.46\text{mm}$$

○답 : 26.46mm

상세해설

(1) **배관 내경 산출공식**

$$Q = uA = u \times \frac{\pi D^2}{4} \qquad D = \sqrt{\frac{4Q}{\pi u}}$$

여기서, Q : 유량(m^3/s), u : 유속(m/s), D : 관경(m)

(2) **스프링클러의 급수배관 구경**(수리계산에 따르는 경우)
① 가지배관의 유속은 6m/s 이하
② 그 밖의 배관의 유속은 10m/s 이하

02
다음 도면은 내화구조로 된 11층 업무시설의 1층 평면도이다. 이 특정소방대 상물의 1층에 정방형으로 습식스프링클러설비의 헤드를 설치하려고 한다. 다음 각 물음에 답하시오. (5점)

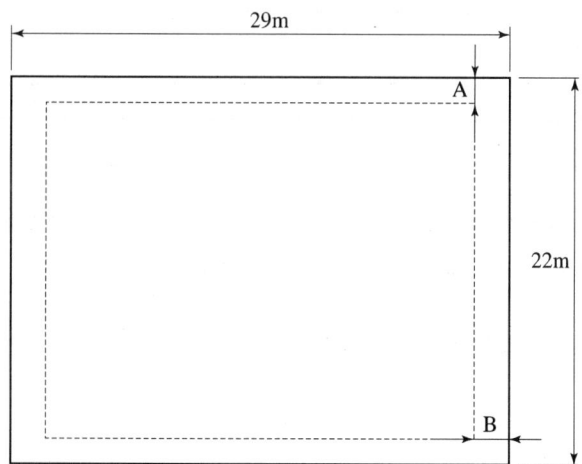

(1) 스프링클러헤드의 최소 소요개수를 구하시오.
(2) 도면에 헤드를 배치하시오.
 (단, 헤드간의 간격 및 벽면으로부터 헤드간의 거리(A와 B)를 표시할 것)

풀이 (1) **스프링클러헤드의 최소 소요개수**
○계산과정 : 헤드간의 거리(최대값) $S = 2r\cos 45° = 2 \times 2.3 \times \cos 45° = 3.25\text{m}$

가로열 헤드개수 $N = \dfrac{29\text{m}}{3.25\text{m}} = 8.92$ ∴ 9개

세로열 헤드개수 $N = \dfrac{22\text{m}}{3.25\text{m}} = 6.76$ ∴ 7개

총 소요개수 $N_T = 9 \times 7 = 63$개

○답 : 63개

(2) 헤드 배치

○답 :

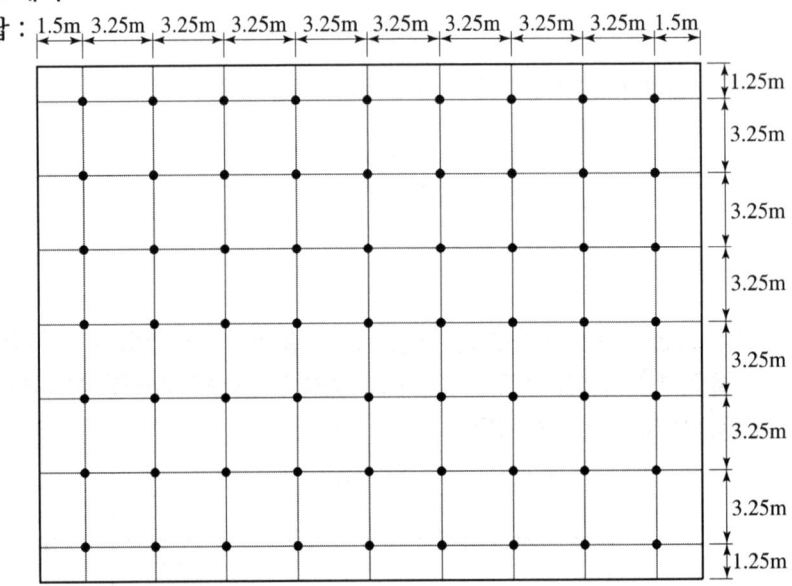

상세해설

① 헤드간의 거리(최대값) $S = 2r\cos 45° = 2 \times 2.3 \times \cos 45° = 3.25\text{m}$

② 가로변의 벽면과 헤드간의 거리 $W = \dfrac{29\text{m} - 3.25 \times (9-1)}{2} = 1.5\text{m}$

③ 세로변의 벽면과 헤드간의 거리 $L = \dfrac{22\text{m} - 3.25 \times (7-1)}{2} = 1.25\text{m}$

07년-04월, 11년-05월 기출

03 다음 도면은 비화재시 즉, 평상시에는 공조설비로 사용하고 화재시에는 제연설비로 사용할 때 도면이다. 다음 각 물음에 답하시오. **(5점)**

(1) 아래 도면에 화재시 유효하게 배연이 될 수 있도록 제연댐퍼를 도시하시오. (단, 제연댐퍼는 D_1~D_4까지 4개를 설치하는 것으로 한다)

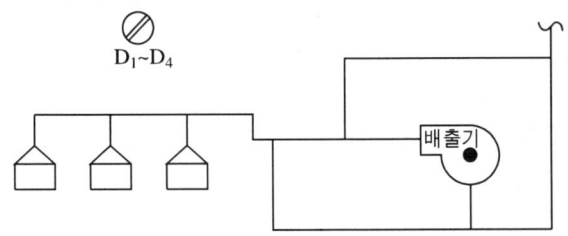

(2) 평상시 및 화재시 제연댐퍼의 개폐여부를 빈칸에 알맞게 채우시오. (단, 개방은 ○, 폐쇄는 ×로 표시하시오)

구 분	D_1	D_2	D_3	D_4
평상시				
화재시				

풀이 (1) 제연댐퍼 도시
○답 :

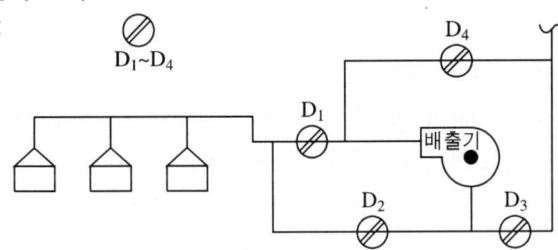

(2) 제연댐퍼의 개폐여부
○답 :

구 분	D_1	D_2	D_3	D_4
평상시	○	×	○	×
화재시	×	○	×	○

10년-07월, 12년-04월, 15년-11월 기출

04 특정소방대상물에 전역방출방식의 이산화탄소소화설비를 설치하고자 한다. 조건 및 도면을 참조하여 각 물음에 답하시오. (11점)

[조건]
① 각 실의 층고는 모두 3m이고, 방호구역의 크기와 용도는 아래 도면과 같다.

전기실 가로 8m×세로 3m 개구부 1m×2m(자동폐쇄장치 미설치)	모피창고 가로 10m×세로 3m 개구부 1m×2m(자동폐쇄장치 미설치)
케이블실 가로 4m×세로 3m	서고 가로 10m×세로 7m
저장용기실	

② 저장용기의 내용적은 68L이고, 충전비는 1.511이며 동일 충전비를 갖는다.
④ 유압기기가 설치된 실은 없으며 전기실과 케이블실은 약제가 동시에 방출된다고 가정한다.
⑤ 각 헤드의 분구면적은 $10mm^2$이며 헤드의 방사율은 $1.3kg/mm^2 \cdot 분 \cdot 개$이다.
⑥ 주어진 조건 외에는 화재안전기술기준을 적용한다.

(1) 저장용기 1병당 약제저장량(kg)을 구하시오.
(2) 저장용기 실에 필요한 용기 수(병)를 구하시오.
(3) 모피창고에 설치하여야 할 헤드의 개수(개)를 구하시오.
(4) 설치하여야 할 선택밸브의 개수(개)를 구하시오.
(5) 서고의 선택밸브 직후의 유량(kg/min)을 구하시오.

풀이 (1) 저장용기 1병당 약제저장량

○계산과정 : $G = \dfrac{68}{1.511} = 45kg$

○답 : 45kg

(2) **저장용기실에 필요한 용기 수(병)**

○계산과정 :
① 전기실+케이블실(전기실과 케이블실은 약제가 동시에 방출)
$Q = (8 \times 3 + 4 \times 3) \times 3(m^3) \times 1.3 kg/m^3 + 1 \times 2(m^2) \times 10 kg/m^2$
$= 160.4 kg$
$N = \dfrac{160.4 kg}{45 kg/병} = 3.56병 \quad \therefore 4병$

② 모피창고
$$Q = 10 \times 3 \times 3 (\text{m}^3) \times 2.7 \text{kg/m}^3 + 1 \times 2 (\text{m}^2) \times 10 \text{kg/m}^2 = 263 \text{kg}$$
$$N = \frac{263 \text{kg}}{45 \text{kg/병}} = 5.84 \text{병} \quad \therefore 6 \text{병}$$

③ 서 고
$$Q = 10 \times 7 \times 3 (\text{m}^3) \times 2.0 \text{kg/m}^3 = 420 \text{kg}$$
$$N = \frac{420 \text{kg}}{45 \text{kg/병}} = 9.33 \text{병} \quad \therefore 10 \text{병}$$

가장 많은 약제량을 필요로 하는 방호구역 기준 $\quad \therefore 10$병

○답 : 10병

(3) 모피창고에 설치하여야 할 헤드의 개수(개)

○계산과정 : $N = \dfrac{45 \text{kg/병} \times 6 \text{병}}{1.3 \text{kg/mm}^2 \cdot \text{min} \cdot \text{개} \times 7 \text{min} \times 10 \text{mm}^2} = 2.97$개 $\quad \therefore 3$개

○답 : 3개

(4) 선택밸브의 개수(개)

○계산과정 :
  ① 선택밸브는 각 방호구역마다 설치
  ② 방호구역의 수 = (전기실+케이블실)1구역+모피창고1구역+서고1구역
   = 3구역 $\quad \therefore 3$개

○답 : 3개

(5) 서고의 선택밸브 직후의 유량(kg/min)

○계산과정 : $Q = \dfrac{45 \text{kg/병} \times 10 \text{병}}{7 \text{min}} = 64.29 \text{kg/min}$

○답 : 64.29kg/min

상세해설

이산화탄소소화설비의 방호구역에 대한 소화약제의 양

(1) 전역방출방식의 가연성액체 또는 가연성가스등 표면화재 방호대상물

방호구역의 체적 (m³)	방호구역의 체적 1m³에 대한 소화약제의 양 kg (K_1 : kg/m³)	저장량의 최저한도량 (kg)	개구부 가산량 (K_2 : kg/m²) (자동폐쇄장치 미설치시)
45 미만	1	45	5
45 이상 150 미만	0.9		
150 이상 1450 미만	0.8	135	
1450 이상	0.75	1125	

[K_1(kg/m³) : 방호구역 체적계수, K_2(kg/m²) : 개구부 면적계수]

(2) 전역방출방식의 종이 · 목재 · 석탄 · 섬유류 · 합성수지류 등 심부화재 방호대상물

방 호 대 상 물	방호구역의 체적 1m³에 대한 소화약제의 양 kg (K_1 : kg/m³)	설계농도 (%)	개구부 가산량 (K_2 : kg/m²) (자동폐쇄장치 미설치시)
유압기기를 제외한 전기설비, 케이블실	1.3	50%	10
체적 55m³ 미만의 전기설비	1.6	50%	
서고, 전자제품창고, 목재 가공품창고, 박물관	2.0	65%	
고무류, 면화류창고, 모피창고, 석탄창고, 집진설비	2.7	75%	

이산화탄소의 소요량 방사시간(전역방출방식)

구 분	표면화재	심부화재
방사시간	1분 이내	7분 이내(단, 설계농도가 2분 이내에 30%에 도달)

08년-04월 기출

05 다음 표는 분말소화설비에 관한 사항이다. 빈칸에 알맞은 답을 쓰시오.

(8점)

종 별	주성분	기타사항			
제1종	①	안전밸브 작동압력		가압식	⑤
제2종	②			축압식	⑥
제3종	③	저장용기 충전비			⑦
제4종	④	가압용가스 용기를 3병 이상 설치한 경우의 전자개방밸브 수			⑧

○답 : ① 탄산수소나트륨 ② 탄산수소칼륨
③ 제1인산암모늄 ④ 탄산수소칼륨+요소
⑤ 최고사용압력의 1.8배 이하 ⑥ 내압시험압력의 0.8배 이하
⑦ 0.8 이상 ⑧ 2개 이상

06 다음은 지하구의 화재안전기술기준 중 일부이다. 각 물음에 답하시오. (5점)

(1) 다음은 지하구의 정의이다. ( ) 안에 알맞은 답을 쓰시오.

> 전력 · 통신용의 전선이나 가스 · 냉난방용의 배관 또는 이와 비슷한 것을 집합수용하기 위하여 설치한 지하 인공구조물로서 사람이 점검 또는 보수를 하기 위하여 출입이 가능한 것 중 다음의 어느 하나에 해당하는 것
> ① 전력 또는 통신사업용 지하 인공구조물로서 전력구(케이블 접속부가 없는 경우는 제외한다) 또는 통신구 방식으로 설치된 것
> ② ①외의 지하 인공구조물로서 폭이 (㉠)m 이상이고 높이가 (㉡)m 이상 이며 길이가 (㉢)m 이상인 것

(2) 연소방지설비의 교차배관의 최소 구경(mm) 기준을 쓰시오.

풀이 ○답 : (1) ㉠ 1.8   ㉡ 2   ㉢ 50
　　　　 (2) 40mm 이상

상세해설

소방시설법 시행령 [별표2] 지하구의 정의
전력 · 통신용의 전선이나 가스 · 냉난방용의 배관 또는 이와 비슷한 것을 집합수용하기 위하여 설치한 지하 인공구조물로서 사람이 점검 또는 보수를 하기 위하여 **출입이 가능한 것** 중 다음의 어느 하나에 해당하는 것
① **전력 또는 통신사업용** 지하 인공구조물로서 **전력구**(케이블 접속부가 없는 경우에는 제외한다) 또는 **통신구** 방식으로 설치된 것
② ①외의 지하 인공구조물로서 폭이 **1.8m 이상**이고 높이가 **2m 이상**이며 길이가 **50m 이상**인 것
③ 「국토의 계획 및 이용에 관한 법률」에 따른 **공동구**

지하구의 화재안전기술기준 제7조(연소방지설비)
(1) 연소방지설비의 배관
　배관용 탄소강관(KS D 3507) 또는 압력배관용 탄소강관(KS D 3562)이나 이와 동등 이상의 강도 · 내식성 및 내열성을 가진 것으로 하여야 한다.
(2) 급수배관(송수구로부터 연소방지설비 헤드에 급수하는 배관)은 **전용**으로 하여야 한다.
(3) 배관의 구경은 다음 각 목의 기준에 적합한 것이어야 한다.
　① 연소방지설비전용헤드를 사용하는 경우에는 다음 표에 따른 구경 이상으로 할 것

하나의 배관에 부착하는 살수헤드의 개수	1개	2개	3개	4개 또는 5개	6개 이상
배관의 구경(mm)	32	40	50	65	80

　② **교차배관**은 가지배관과 수평으로 설치하거나 또는 가지배관 밑에 설치하고, 그 구경은 **최소구경이 40mm 이상**이 되도록 할 것

13년-07월, 15년-11월 기출

07 다음 조건을 참조하여 펌프의 NPSH(유효흡입양정)을 계산하고 캐비테이션의 발생유무를 쓰시오. (5점)

[조건]
① 펌프의 흡입수두는 3m이다.
② 물의 온도는 20℃이고, 이때의 포화수증기압은 2.33kPa이다.
③ 펌프흡입배관 마찰손실압력은 3.5kPa이다.
④ 필요흡입양정(NPSHre)은 5m라고 가정한다.
⑤ 수조의 수위가 펌프보다 낮은 경우이다.
⑥ 대기압은 101.325kPa로 가정한다.
⑦ 물의 비중량은 9800N/m³이다.

풀이 ○계산과정 : $P_a = 101.325\text{kPa} = 101325\text{Pa}(\text{N/m}^2)$

$P_V = 2.33\text{kPa} = 2330\text{Pa}(\text{N/m}^2)$

$H_s = 3\text{m}$

$\Delta H_L = 3.5\text{kPa} = 3500\text{Pa}(\text{N/m}^2)$

$\text{NPSH}_{av} = \dfrac{101325}{9800} - \dfrac{2330}{9800} - 3\text{m} - \dfrac{3500}{9800} = 6.74\text{m}$

○답 : ① NPSH = 6.74m
② 캐비테이션발생유무 : 유효흡입양정(6.74m)이 필요흡입양정(5m)보다 크므로 캐비테이션 발생 없음

상세해설

NPSHav(유효흡입양정)

$$\text{NPSH}_{av} = \frac{P_a}{\gamma} - \frac{P_v}{\gamma} \pm H_s - f\frac{V_s^2}{2g}$$

여기서, P_a : 대기압(Pa), P_V : 증기압(Pa), H_s : 흡입수두(-) 또는 압입수두(+)

$f\dfrac{V_s^2}{2g}$: 흡입배관마찰손실수두(m), γ : 물의 비중량(9800N/m³)

① NPSH
유효흡입양정으로 펌프의 흡입압력이 물의 증기압보다 낮을 때 물이 증발하여 공동현상이 발생하지 않고 펌프가 물을 액송할 수 있는 양정을 말한다.

② 공동현상 발생 방지조건
NPSHav(유효흡입양정) ≧ NPSHre(필요흡입양정)

③ 공동현상 방지 설계조건
NPSHav(유효흡입양정) ≧ NPSHre(필요흡입양정) × 1.3

08 안지름이 각각 300mm와 450mm의 원관이 직접 연결되어 있을 때 안지름이 작은 관에서 큰 관 방향으로 매초 230L의 물이 흐르고 있을 때 돌연 확대 부분에서의 손실은 얼마인가? (6점)

○ 계산과정 : ① $d_1 = 300\text{mm} = 0.3\text{m}$, $d_2 = 450\text{mm} = 0.45\text{m}$

$Q = 230\text{L/s} = 0.23\text{m}^3/\text{s}$

② $u_1 = \dfrac{0.23\text{m}^3/\text{s}}{\dfrac{\pi}{4} \times (0.3\text{m})^2} = 3.2538\text{m/s}$

③ $u_2 = \dfrac{0.23\text{m}^3/\text{s}}{\dfrac{\pi}{4} \times (0.45\text{m})^2} = 1.4461\text{m/s}$

④ $\Delta h_L = \dfrac{(u_1 - u_2)^2}{2g} = \dfrac{(3.2538 - 1.4461)^2}{2 \times 9.8} = 0.17\text{m}$

○ 답 : 0.17m

상세해설

관이 급격히 확대하는 경우

$F(\text{m}) = \dfrac{(U_1 - U_2)^2}{2g} = K\dfrac{u_1^2}{2g}$

$K(\text{확대손실계수}) = \left[1 - \left(\dfrac{d_1}{d_2}\right)^2\right]^2$ $d_2 \gg d_1$이면 $K = 1$

∴ $F = \dfrac{(U_1 - U_2)^2}{2g}(\text{m})$

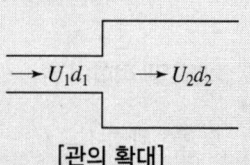

[관의 확대]

15년-11월 기출

09 다음은 특별피난계단의 계단실 및 부속실 제연설비에 관한 것이다. 주어진 조건을 참조하여 다음 각 물음에 답하시오. (4점)

[조건] ① 평상시 거실과 부속실의 출입문 개방에 필요한 힘은 60N이다.
② 화재시 거실과 부속실의 출입문 개방에 필요한 힘은 110N이다.
③ 출입문의 크기는 폭(W)이 1m이고, 높이(H)가 2.4m이다.
④ 문의 손잡이는 출입문 끝부분에 있다고 가정한다.
⑤ 상수 값 $K_d = 1$로 한다.
⑥ 스프링클러설비는 설치되어 있지 않다.

(1) 제연구역의 선정기준을 3가지만 쓰시오.
(2) 조건을 이용하여 거실과 부속실 사이의 차압[Pa]을 구하고 화재안전기술기준에 따른 최소차압 기준과 비교하여 적합여부를 설명하시오.

풀이 (1) 제연구역 선정기준 3가지
○ 답: ① 계단실 및 그 부속실을 동시에 제연하는 것
② 부속실만을 단독으로 제연하는 것
③ 계단실을 단독으로 제연하는 것

(2) 차압 및 적합여부

○ 계산과정: $\Delta P = \dfrac{(F - F_{dc}) \times 2 \times (W - d)}{K_d \times W \times A}$

$F = 110\text{N}$, $F_{dc} = 60\text{N}$, $W = 1\text{m}$, $d = 0$, $K_d = 1$, $A = 1\text{m} \times 2\text{m}$

$\Delta P = \dfrac{(110 - 60)\text{N} \times 2 \times (1\text{m} - 0)}{1 \times 1\text{m} \times (1\text{m} \times 2.4\text{m})} = 41.67 \text{Pa}$

○ 답: 화재안전기술기준의 최소차압기준은 40Pa 이상이므로 적합하다.

상세해설

(1) 제연구역과 옥내와의 차압(Pa)

$$\Delta P = \dfrac{(F - F_{dc}) \times 2 \times (W - d)}{K_d \times W \times A}$$

여기서, F: 출입문 개방에 필요한 전체의 힘(N)
(화재시 제연설비가 가동되었을 경우 출입문 개방에 필요한 힘)
F_{dc}: 자동폐쇄장치(도어체크)의 저항력(N)(평상시 출입문 개방에 필요한 힘)
W: 출입문의 폭(m)
d: 문의 손잡이와 문의 끝까지(모서리까지)의 거리(m)

A : 출입문의 면적(m²)
K_d : 상수 값(1.0)

(2) 출입문 개방에 필요한 힘(제연설비가 가동된 상태에서)

$$F[N] = F_{dc}[N] + F_P[N]$$

여기서, F : 출입문개방에 필요한 전체 힘(N)
   F_{dc} : 자동폐쇄장치(도어체크)의 저항력(N)
   F_P : 차압에 의해 출입문에 미치는 힘(N)

(3) 차압에 의한 방화문에 미치는 힘(제연설비가 가동된 상태에서)

$$F_P = \frac{K_d \times W \times A \times \Delta P}{2(W-d)}$$

여기서, K_d : 상수 값(1.0), W : 출입문의 폭(m), A : 출입문의 면적(m²)
   ΔP : 제연구역과 옥내와의 차압(Pa)
   d : 문의 손잡이와 문의 끝까지(모서리까지)의 거리(m)

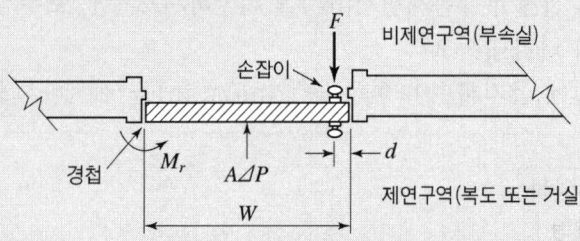

[제연구역 출입문에 미치는 힘]

(4) 특별피난계단의 계단실 및 부속실 제연설비의 화재안전기술기준(NFTC 501A)
① 제연설비가 가동되었을 경우 출입문의 개방에 필요한 힘은 110N 이하
② 제연구역과 옥내와의 사이에 유지하여야 하는 최소 차압은 40Pa
 (옥내에 스프링클러설비가 설치된 경우에는 12.5Pa) 이상

07년-07월, 12년-07월, 16년-04월 기출

10 그림에서 "㉮" 실을 급기 가압하여 옥외와의 압력차가 50Pa이 유지되도록 하려고 한다. 다음 각 물음에 답하시오. (6점)

[조건] (1) 급기량(Q)은 $Q = 0.827 \times A \times \sqrt{P_1 - P_2}$ 로 구한다.
(2) [그림]에서 A_1, A_2, A_3, A_4는 닫힌 출입문으로 공기누설 틈새 면적은 모두 0.01m^2로 한다. (Q: 급기량(m^3/s), A: 틈새 면적(m^2), P_1, P_2: 급기 가압실 내·외의 기압(Pa))

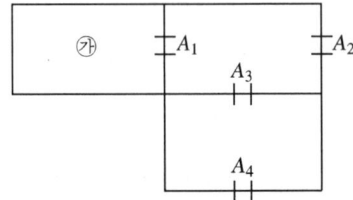

(1) 실의 전체 누설틈새면적(m^2)을 계산하시오. (단, 소수점 아래 다섯째자리까지 나타내시오)
(2) ㉮실에 급기하여야 하는 풍량(m^3/min)을 계산하시오.

풀이 (1) **누설틈새면적**(m^2)
  ○계산과정:
  ① A_3와 A_4는 직렬관계 $A_{(3+4)} = \dfrac{1}{\sqrt{\dfrac{1}{0.01^2} + \dfrac{1}{0.01^2}}} = 0.00707\text{m}^2$

  ② A_2와 $A_{(3+4)}$는 병렬관계 $A_2 + A_{(3+4)} = 0.01 + 0.00707 = 0.01707\text{m}^2$

  ③ A_1과 $A_2 + A_{(3+4)}$는 직렬관계
  $A_1 + A_{2+(3+4)} = \dfrac{1}{\sqrt{\dfrac{1}{0.01^2} + \dfrac{1}{0.01707^2}}} = 0.00863\text{m}^2$

  ○답: 0.00863m^2

(2) **급기풍량**(m^3/min)
  ○계산과정: $Q = 0.827 \times 0.00863 \times \sqrt{50} \times 60 = 3.03\text{m}^3/\text{min}$
  ○답: $3.03\text{m}^3/\text{min}$

상세해설

① A_3와 A_4는 직렬관계

$$\therefore A_3 + A_4 = \dfrac{1}{\sqrt{\dfrac{1}{A_3^2} + \dfrac{1}{A_4^2}}} = \dfrac{1}{\sqrt{\dfrac{1}{0.01^2} + \dfrac{1}{0.01^2}}} = 7.07 \times 10^{-3} \text{m}^2$$

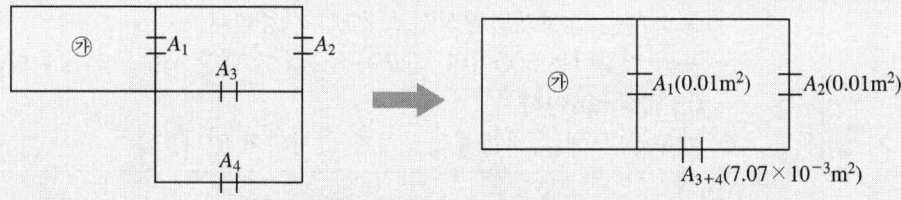

② A_2와 A_{3+4}는 병렬관계

$$\therefore A_2 + A_{3+4} = 0.01 \text{m}^2 + 7.07 \times 10^{-3} \text{m}^2 = 0.01707 \text{m}^2$$

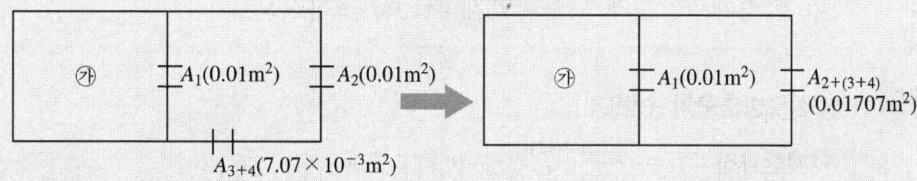

③ A_1과 $A_{2+(3+4)}$는 직렬관계

$$\therefore A_1 + A_{2+(3+4)} = \dfrac{1}{\sqrt{\dfrac{1}{A_1^2} + \dfrac{1}{A_{2+(3+4)}^2}}} = \dfrac{1}{\sqrt{\dfrac{1}{0.01^2} + \dfrac{1}{0.01707^2}}}$$

$$= 8.63 \times 10^{-3} \text{m}^2$$

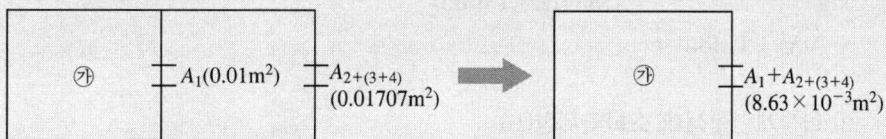

④ $Q = 0.827 \times 8.63 \times 10^{-3} \times \sqrt{50} = 0.050466 \text{m}^3/\text{s}$

$$\therefore Q = \dfrac{0.050466 \text{m}^3}{\text{s}} \times \dfrac{60 \text{s}}{\text{min}} = 3.03 \text{m}^3/\text{분}$$

11 항공기격납고에 전역방출방식의 고발포용 고정포방출구를 아래 [조건]과 같이 설치되어 있다. 각 물음에 답하시오. (5점)

[조건] ① 항공기격납고의 크기는 20m(가로)×10m(세로)×5m(높이)이다.
② 바닥면으로부터 방호대상물의 높이는 1.8m이다.
③ 포약제는 합성계면활성제포 3%를 사용한다.
④ 포의 팽창비는 500이며, 관포체적 1m³에 대한 포수용액 방출량은 0.29L/min이다.
⑤ 개구부 등에는 자동폐쇄장치가 설치되어 있다.

(1) 고정포방출구의 수량(개)을 구하시오.
(2) 포수용액의 양(m³)을 구하시오.
(3) 합성계면활성제포 소화약제량(L)을 구하시오.

풀이 (1) 고정포방출구의 수량(개)

○계산과정 : $N = \dfrac{20\text{m} \times 10\text{m}}{500\text{m}^2/\text{개}} = 0.4$ ∴ 1개

○답 : 1개

(2) 포수용액의 양(m³)

○계산과정 : $Q = 20\text{m} \times 10\text{m} \times (1.8+0.5)\text{m} \times 0.29\text{L/m}^3 \cdot \min \times 10\min$
$= 1{,}334\text{L} = 1.33\text{m}^3$

○답 : 1.33m³

(3) 합성계면활성제 소화약제량(L)

○계산과정 : $Q = 1.33\text{m}^3 \times 0.03 \times \dfrac{1{,}000\text{L}}{\text{m}^3} = 39.9\text{L}$

○답 : 39.9L

상세해설

(1) 고발포용 고정포방출구의 수량(개)
① 고정포방출구는 바닥면적 500m²마다 1개 이상
② $N = \dfrac{A(\text{m}^2)(\text{바닥면적})}{500\text{m}^2/\text{개}}$

(2) 고발포용 고정포방출구의 포수용액의 양(m³)
① 관포체적(바닥 면으로부터 방호대상물의 높이보다 0.5m 높은 위치까지의 체적)

② 고정포방출구의 관포체적에 대한 방출량

소방대상물	포의 팽창비	1m³에 대한 분당 포수용액 방출량(K)
항공기격납고	팽창비 80 이상 250 미만의 것	2.00L
	팽창비 250 이상 500 미만의 것	0.50L
	팽창비 500 이상 1,000 미만의 것	0.29L

③ 포수용액의 양 $Q = V(\text{m}^3)(\text{관포체적}) \times K(\text{L/m}^3 \cdot \text{min}) \times T(\text{min})$

(3) 소화약제량(L)

Q = 포수용액의 양 × 약제의 농도

12
스프링클러설비에는 유수검지장치를 시험할 수 있는 시험장치를 설치하여야 한다. 다음 각 물음에 답하시오. (6점)

(1) 습식스프링클러설비 및 부압식스프링클러설비의 경우 시험장치의 설치위치를 쓰시오.
(2) 건식스프링클러설비의 경우 시험장치의 설치위치를 쓰시오.
(3) 시험장치의 배관 끝부분에 설치하는 구성부품 중 2가지만 쓰시오.

풀이 (1) 습식 및 부압식 스프링클러설비의 경우 시험장치의 설치위치
 ○ 답 : 유수검지장치 2차측 배관에 연결하여 설치
(2) 건식스프링클러설비의 경우 시험장치의 설치위치
 ○ 답 : 유수검지장치에서 가장 먼 거리에 위치한 가지배관의 끝으로부터 연결하여 설치
(3) 시험장치 배관 끝부분에 설치하는 구성요소 2가지
 ○ 답 : ① 개폐밸브
   ② 개방형헤드 또는 스프링클러헤드와 동등한 방수성능을 가진 오리피스

상세해설

유수검지장치를 시험할 수 있는 시험 장치의 설치기준
(1) 습식스프링클러설비 및 부압식스프링클러설비에 있어서는 유수검지장치 2차측 배관에 연결하여 설치하고 건식스프링클러설비인 경우 유수검지장치에서 가장 먼 거리에 위치한 가지배관의 끝으로부터 연결하여 설치할 것. 유수검지장치 2차측 설비의 내용적이 2,840L를 초과하는 건식스프링클러설비의 경우 시험장치 개폐밸브를 완전 개방 후 1분 이내에 물이 방사되어야 한다.
(2) 시험장치 배관의 구경은 25mm 이상으로 하고, 그 끝에 개폐밸브 및 개방형헤드 또는 스프링클러헤드와 동등한 방수성능을 가진 오리피스를 설치할 것. 이 경우 개방형헤드는 반사판 및 프레임을 제거한 오리피스만으로 설치할 수 있다.

02년-05월, 07년-11월, 12년-07월 기출

13 어느 특정소방대상물에 옥내소화전설비를 설치하고자 한다. 조건을 참조하여 각 물음에 답하시오. (9점)

[조건]
① 옥내소화전은 지하 1층 2개소, 1~3층까지 각 4개소씩, 5, 6층에 각 3개소, 옥상 층에는 시험용 소화전을 설치하였다.
② 지표면으로부터 최상층 방수구까지의 수직거리는 28m이며 소화펌프는 지표면으로부터 3.5m아래에 설치되어 있으며 흡입고는 1.5m이다.
③ 직관의 마찰손실 6m, 호스의 마찰손실 6.5m, 이음쇠 밸브류 등의 마찰손실 8m이다
④ 수원 확보량은 옥상수조의 양을 포함하여 산정한다.

(1) 전용 수원의 확보 용량(m^3)을 계산하시오.
 (단, 전용 수원 확보량은 법적 수원 확보량의 15%를 가산한 양으로 한다.)
(2) 펌프의 토출량(L/min)은 얼마 이상이어야 하는가?
 (단, 펌프의 토출량은 안전율 15%를 가산한 양으로 산정한다.)
(3) 펌프를 지하층에 설치할 경우 전양정(m)을 계산하시오.
(4) 펌프의 전동기의 용량(kW)을 계산하시오.
 (단, 펌프의 효율은 65%, 전달계수는 1.1이다.)

풀이 (1) **전용 수원의 확보 용량**(m^3)

　○ 계산과정 : $Q = \left[2 \times 2.6 + 2 \times 2.6 \times \dfrac{1}{3}\right] \times 1.15 = 7.97 m^3$

　○ 답 : $7.97 m^3$ 이상

(2) **펌프의 토출량**(L/min)

　○ 계산과정 : $Q = 2 \times 130 \times 1.15 = 299 L/min$

　○ 답 : 299L/min 이상

(3) **전양정**(m)

　○ 계산과정 : 전양정 $H = h_1 + h_2 + h_3 + 17m$

　　　　　　(h_1 : 낙차, h_2 : 배관의 마찰손 실수두, h_3 : 소방용 호스의 마찰손실수두)

　　　　　　$H = (28 + 3.5 + 1.5) + (6 + 8) + 6.5 + 17 = 70.5m$

　○ 답 : 70.5m

(4) 전동기의 용량(kW)

　○ 계산과정 : $P = \dfrac{9.8\text{kN}/\text{m}^3 \times 0.299\text{m}^3/60\text{s} \times 70.5\text{m}}{0.65} \times 1.1 = 5.83\text{kW}$

　○ 답 : 5.83kW 이상

상세해설

(1) 옥내소화전설비의 수원의 유효저수량

　　$Q = N \times 2.6\text{m}^3$ (N : 옥내소화전의 개수(최대2개))

(2) 옥내소화전설비의 펌프의 토출량

　　$Q = N \times 130\text{L}/\text{min}$ (N : 옥내소화전의 개수(최대2개))

(3) 옥내소화전설비의 전양정

　　전양정 $H = h_1 + h_2 + h_3 + 17\text{m}$

　　여기서, h_1 : 낙차, h_2 : 배관의 마찰손실수두, h_3 : 소방용 호스의 마찰손실수두

(4) 펌프의 동력계산

　① 수동력

$$L_W(\text{kW}) = \gamma Q H$$

　　※ 주의 : 수동력 계산 시 펌프의 효율 및 전달계수 K값은 무시한다.

　② 축동력

$$L_S(\text{kW}) = \dfrac{\gamma Q H}{E}$$

　　※ 주의 : 축동력 계산 시 전달계수 값은 무시한다.

　③ 모터동력

$$P(\text{kW}) = \dfrac{\gamma Q H}{E} \times K$$

　　여기서, γ : 비중량(물의 비중량=9.8kN/m³), Q : 토출량(m³/s)
　　　　　 H : 전양정(m), E : 효율(%/100), K : 전달계수

14 할로겐화합물 및 불활성기체 소화설비에 압력배관용 탄소강관(KS D 3562)을 사용할 때 다음 [표]를 참조하여 각 물음에 답하시오. (8점)

[표] 압력배관용 탄소강관 SPPS 250[KS D 3562(SCH 40)]의 규격

호칭지름(A)	25	32	40	50	65	80	90	100
바깥지름(mm)	34.0	42.7	48.6	60.5	76.3	89.1	101.6	114.3
두께(mm)	3.4	3.6	3.7	3.9	5.2	5.5	5.7	6.0

(1) 호칭지름이 32A인 압력배관용 탄소강관(SCH 40)에 분사헤드가 접속되어 있다. 이때 분사헤드의 오리피스의 최대 직경(mm)을 구하시오.

(2) 호칭구경이 65A인 압력배관용 탄소강관(SCH 40)을 사용하여 용접배관을 하는 경우 배관에 적용할 수 있는 최대허용압력(MPa)을 계산하시오. (단, 인장강도는 410MPa, 항복점(항복강도)은 250MPa이며, 전기저항 용접배관으로 배관이음효율은 0.85를 적용한다.)

풀이 (1) **분사헤드의 오리피스의 최대 직경(mm)**
○ 계산과정:
① 분사헤드의 오리피스의 면적
- 분사헤드가 연결되는 배관구경면적의 70%초과 금지
- 배관의 내경 D = 배관바깥지름 − (배관두께 × 2) = 42.7 − (3.6 × 2) = 35.5mm
- 배관의 구경 면적 $A = \dfrac{\pi}{4} \times D^2 = \dfrac{\pi}{4} \times 35.5^2 = 989.80\text{mm}^2$

② 분사헤드의 오리피스의 면적
$A = 989.80 \times 0.7 = 692.86\text{mm}^2$

③ 분사헤드의 오리피스의 최대구경
$d_{\max} = \sqrt{\dfrac{4A}{\pi}} = \sqrt{\dfrac{4 \times 692.86}{\pi}} = 29.70\text{mm}$

○ 답: 29.70mm

(2) **최대허용압력(MPa)**
○ 계산과정:
① 최대허용응력(SE)
SE : 최대허용응력(kPa)(배관 재질 인장강도의 1/4값과 항복점의 2/3 값 중 적은 값 × 배관이음효율 × 1.2)
- 인장강도의 $\dfrac{1}{4}$값 = 410MPa × $\dfrac{1}{4}$ = 102.5MPa

- 항복점의 $\frac{2}{3}$값 = 250MPa × $\frac{2}{3}$ = 166.67MPa
- 배관의 최대허용응력 계산(작은 값(σ) = 102.5MPa 적용)
- $SE = \sigma \times$ 배관이음효율 $\times 1.2 = 102.5 \times 0.85 \times 1.2 = 104.55$MPa

② 최대허용압력(P)
- A(나사이음)는 조건에 없으므로 무시한다.
- $P = \frac{2SE}{D} \times (t - A) = \frac{2 \times 104.55}{76.3} \times 5.2 = 14.25$MPa

○ 답 : 14.25MPa

상세해설

할로겐화합물 및 불활성기체소화설비의 화재안전기술기준(NFTC 107A)

(1) 분사헤드
 분사헤드의 오리피스의 면적은 분사헤드가 연결되는 배관구경면적의 70%를 초과하여서는 아니 된다.

(2) 관의 두께

$$t = \frac{PD}{2SE} + A$$

여기서, t : 관의 두께(mm)
 P : 최대허용압력(kPa)
 D : 배관의 바깥지름(mm)
 SE : 최대허용응력(kPa)(배관재질 인장강도의 1/4값과 항복점의 2/3 값 중 적은 값×배관이음효율×1.2)
 A : 나사이음(mm) (헤드설치부분은 제외한다)

- 나사이음 : 나사의 높이 • 절단홈이음 : 홈의 깊이 • 용접이음 : 0
※ 배관이음효율 : ① 이음매 없는 배관 : 1.0
          ② 전기저항 용접배관 : 0.85
          ③ 가열맞대기 용접배관 : 0.60

15 아래 그림과 같이 소화배관에 1500L/min의 유량으로 물이 흐르고 있다가 분기배관에 Q_1, Q_2, Q_3로 분리되어 흐른다. [조건]을 참조하여 Q_1, Q_2, Q_3의 유량(Lpm)을 계산하고 소수점 미만은 반올림하여 정수로 나타내시오. **(8점)**

[조건]
① 배관의 마찰손실은 다음의 Hazen-William's식을 이용한다.
$$\Delta P_m = 6.053 \times 10^4 \times \frac{Q^{1.85}}{C^{1.85} \times d^{4.87}}$$
여기서, ΔP_m : 배관 1m당 마찰손실압력(MPa)
  Q : 유량(L/min),
  C : 조도(roughness)
  d : 배관의 내경[mm]
② 배관의 조도는 모두 동일하며, 물의 비중량은 $9.8kN/m^3$이다.
③ 각 분기배관의 마찰손실수두는 10m로 같다.

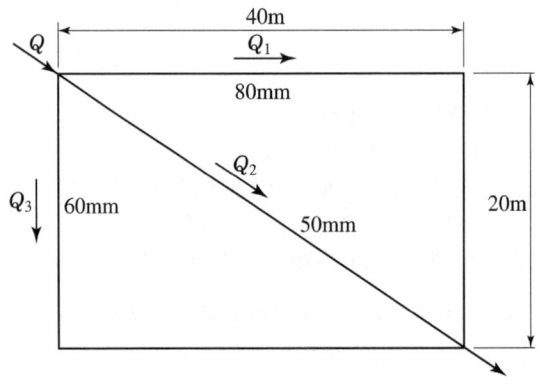

풀이 ○계산과정 :
(1) 배관마찰손실(m)을 압력(MPa)으로 단위 환산
  $P = \gamma h = 9.8kN/m^3 \times 10m = 98kN/m^2 (kPa) = 0.098MPa$

(2) 배관의 내경, 길이 산정

배관의 내경	배관의 길이	조도
$d_1 = 80mm$	$L_1 = 40 + 20 = 60m$	
$d_2 = 50mm$	$L_2 = \sqrt{40^2 + 20^2} = 44.7214m$	모두 같다.
$d_3 = 60mm$	$L_3 = 20 + 40 = 60m$	

(3) 조도 계산

① $\Delta P_1 = 6.053 \times 10^4 \times \dfrac{Q_1^{1.85}}{C^{1.85} \times 80^{4.87}} \times 60 = 0.098\text{MPa}$

$\Delta P_2 = 6.053 \times 10^4 \times \dfrac{Q_2^{1.85}}{C^{1.85} \times 50^{4.87}} \times 44.7214 = 0.098\text{MPa}$

$\Delta P_3 = 6.053 \times 10^4 \times \dfrac{Q_3^{1.85}}{C^{1.85} \times 60^{4.87}} \times 60 = 0.098\text{MPa}$

② $Q_1 = C^{1.85 \times \frac{1}{1.85}} \times \left(\dfrac{80^{4.87} \times 0.098}{6.053 \times 10^4 \times 60} \right)^{\frac{1}{1.85}} = 8.2882C$

$Q_2 = C^{1.85 \times \frac{1}{1.85}} \times \left(\dfrac{50^{4.87} \times 0.098}{6.053 \times 10^4 \times 44.7214} \right)^{\frac{1}{1.85}} = 2.8192C$

$Q_3 = C^{1.85 \times \frac{1}{1.85}} \times \left(\dfrac{60^{4.87} \times 0.098}{6.053 \times 10^4 \times 60} \right)^{\frac{1}{1.85}} = 3.8866C$

③ $Q_1 + Q_2 + Q_3 = 8.2882C + 2.8192C + 3.8866C = 1500\text{L/min}$

$14.994C = 1500 \qquad C = \dfrac{1500}{14.994} = 100.0400$

(4) 유량 계산

$Q_1 = 8.2882C = 8.2882 \times 100.04 = 829.15 \fallingdotseq 829\text{L/min(Lpm)}$

$Q_2 = 2.8192C = 2.8192 \times 100.04 = 282.03 \fallingdotseq 282\text{L/min(Lpm)}$

$Q_3 = 3.8866C = 3.8866 \times 100.04 = 388.82 \fallingdotseq 389\text{L/min(Lpm)}$

○답 : $Q_1 = 829\text{Lpm}, \ Q_2 = 282\text{Lpm}, \ Q_3 = 389\text{Lpm}$

상세해설

(1) 배관마찰손실압력

$\Delta P = 6.053 \times 10^4 \times \dfrac{Q^{1.85}}{C^{1.85} \times d^{4.87}} \times L(\text{배관길이})$

(2) 유량과 조도 관계

$Q_1^{1.85} = \dfrac{C^{1.85} \times 80^{4.87} \times 0.098}{6.053 \times 10^4 \times 60}, \quad Q_1^{1.85 \times \frac{1}{1.85}} = \left(\dfrac{C^{1.85} \times 80^{4.87} \times 0.098}{6.053 \times 10^4 \times 60} \right)^{\frac{1}{1.85}}$

$Q_1 = \left(\dfrac{C^{1.85} \times 80^{4.87} \times 0.098}{6.053 \times 10^4 \times 60} \right)^{\frac{1}{1.85}} = 8.2882C$

16 용도가 판매시설인 지하1층으로서 바닥면적이 3000m² 이고 수동식 분말소화기를 설치하고자 한다. 분말소화기 1개의 능력단위가 A급 화재기준으로 3단위인 경우 최저로 필요한 소요 소화기 개수를 계산하시오? (단, 언급되지 않은 기타 조건은 무시한다) (3점)

[풀이] ○ 계산과정 :

① 판매시설인 경우

  소화기구의 소요 능력단위는 당해용도의 바닥면적 100m²마다 능력단위 1단위 이상

② 소요 능력단위 = $\dfrac{바닥면적(m^2)}{기준면적(m^2)} = \dfrac{3000m^2}{100m^2} = 30$단위

③ 필요한 소화기개수 = $30단위 \times \dfrac{1개}{3단위} = 10$개

○ 답 : 10개

[참고] 소방대상물별 소화기구의 능력단위기준

소 방 대 상 물	소화기구의 능력단위
위락시설	바닥면적 30m² 마다 능력단위 1단위 이상
공연장·집회장·관람장·문화재·장례식장 및 의료시설	바닥면적 50m² 마다 능력단위 1단위 이상
근린생활시설·판매시설·운수시설·숙박시설·노유자시설·전시장·공동주택·업무시설·방송통신시설·공장·창고시설·항공기 및 자동차관련시설 및 관광휴게시설	바닥면적 100m² 마다 능력단위 1단위 이상
그 밖의 것	바닥면적 200m² 마다 능력단위 1단위 이상

(주) 소화기구의 능력단위를 산출함에 있어서 건축물의 주요구조부가 내화구조이고, 벽 및 반자의 실내에 면하는 부분이 불연재료·준불연재료 또는 난연재료로 된 특정소방대상물에 있어서는 위 표의 기준면적의 2배를 해당 특정소방대상물의 기준면적으로 한다.

소방설비기사 - 기계분야

2021년 11월 14일 시행

15년-04월 기출

01 아래 그림 및 조건을 참조하여 스프링클러설비 가지배관에서의 구성부품의 규격 및 수량을 산출하여 다음 답란의 빈칸을 완성하시오. (6점)

[조건]
① 티의 접속부분은 모두 동일 구경을 사용하고 배관이 축소되는 부분은 반드시 레듀셔를 사용한다.
② 교차배관의 구성부부품은 제외한다.
③ 스프링클러헤드 수별 급수관의 구경은 다음과 같다.

급수관의 구경(mm)	25	32	40	50
헤드 수(개)	2	3	5	10

④ 티의 규격은 다음의 실례와 같은 방법으로 표기할 것
(예시)

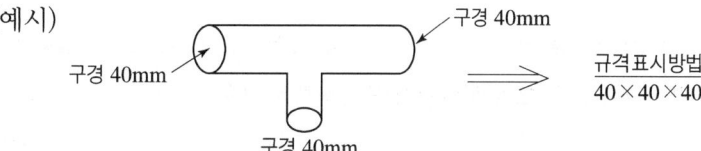

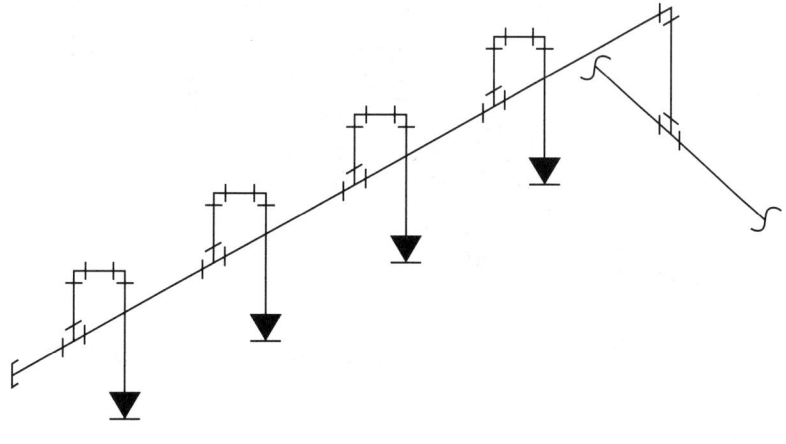

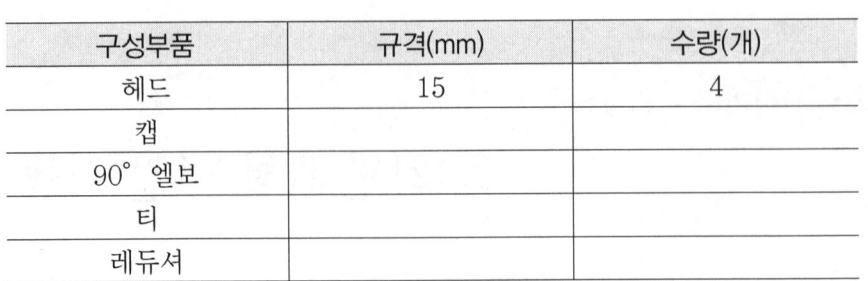

풀이 ○답:

구성부품	규격(mm)	수량(개)
헤드	15	4
캡	25	1
90° 엘보	25	8
	40	1
티	25×25×25	2
	32×32×32	1
	40×40×40	1
레듀셔	25×15	4
	32×25	2
	40×32	1
	40×25	1

상세해설

(1) 티의 접속부분을 **모두 동일구경**을 사용하는 경우

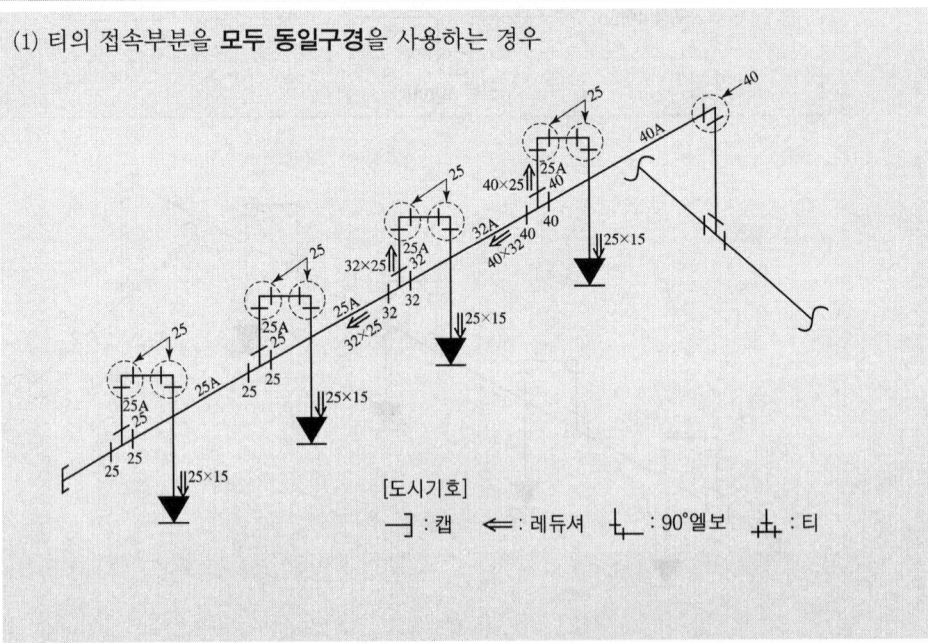

(2) 티의 직류방향의 **두 접속부만 동일구경**을 사용하는 경우

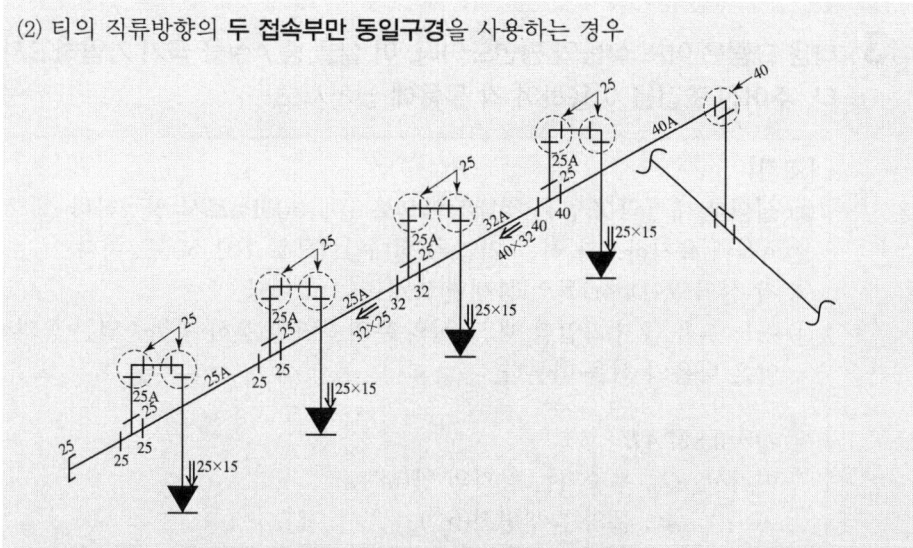

구성부품	규격(mm)	수량(개)
헤드	15	4
캡	25	1
90° 엘보	25	8
	40	1
티	25×25×25	2
	32×32×25	1
	40×40×25	1
레듀셔	25×15	4
	32×25	1
	40×32	1

04년-04월, 16년-06월 기출

02 다음은 옥내소화전설비의 물올림장치의 설치기준이다. ( )안에 알맞은 답을 쓰시오. **(4점)**

(1) 물올림장치는 전용의 (①)를 설치할 것
(2) (②)의 유효수량은 (③) 이상으로 하되, 구경 (④) 이상의 (⑤)에 따라 해당 탱크에 물이 계속 보급되도록 할 것

○답 : ① 탱크 ② 탱크 ③ 100L ④ 15mm ⑤ 급수배관

01년-07월, 09년-04월, 11년-11월, 12년-11월, 15년-07월, 16년-06월, 17년-11월, 18년-11월, 20년-10월 기출

03 다음 그림은 어느 실등의 평면도이다. 이 실들 중 A실을 급기 가압하고자 한다. 주어진 조건을 이용하여 각 물음에 답하시오. (7점)

[조건]
① 실외부 대기의 기압은 절대압력으로 101,300Pa로서 일정하다.
② A실에 유지하고자 하는 기압은 절대압력으로 101,500Pa이다.
③ 각 실의 문(Door)들의 틈새면적은 $0.01m^2$이다.
④ 어느 실을 급기 가압할 때 그 실의 문의 틈새를 통하여 누출되는 공기의 양은 다음의 식을 따른다.

$$Q = 0.827 A P^{\frac{1}{2}}$$

여기서, Q : 누출되는 공기의 양(m^3/s)
A : 문의 틈새면적(m^2)
P : 문을 경계로 한 실내외 기압차(Pa)

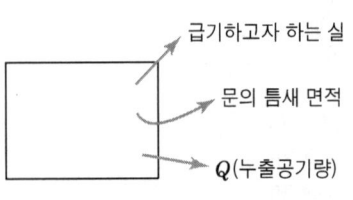
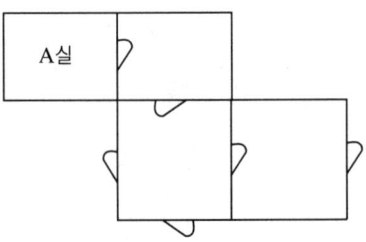

(1) 각 실의 문의 틈새면적 합계(m^2)를 구하시오.
(단, 소수점 아래 6째 자리에서 반올림하여 5째 자리까지 나타내시오).
(2) A실에 유입시켜야 할 풍량(L/s)을 구하시오.

풀이 (1) 문의 틈새면적 합계(m^2)
○계산과정 :

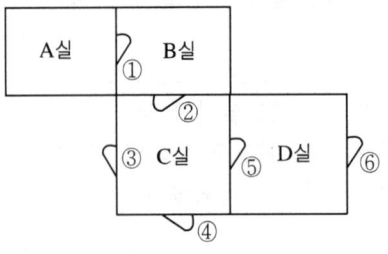

우선 D실의 ⑤와 ⑥의 합성 틈새 면적 $A = \dfrac{1}{\sqrt{\dfrac{1}{(0.01)^2} + \dfrac{1}{(0.01)^2}}} = 0.00707m^2$

그리고 ③과 ④의 합성 틈새 면적은 외부와 직접 연결되므로

$$0.01\text{m}^2 + 0.01\text{m}^2 = 0.02\text{m}^2$$

∴ ③~⑥까지 합성 틈새 면적 $= 0.02\text{m}^2 + 0.00707\text{m}^2 = 0.02707\text{m}^2$

∴ ① $= 0.01\text{m}^2$ ② $= 0.01\text{m}^2$ ③~⑥ $= 0.02707\text{m}^2$

∴ 총합성 틈새 면적 $= \dfrac{1}{\sqrt{\dfrac{1}{(0.01)^2} + \dfrac{1}{(0.01)^2} + \dfrac{1}{(0.02707)^2}}}$

$$= \dfrac{1}{146.166538} = 0.0068415\text{m}^2$$

∴ $A = 0.0068415\text{m}^2$

○ 답 : 0.00684m^2

(2) A실에 유입시켜야 할 풍량(L/s)

○ 계산과정 : $P = 101{,}500\text{Pa} - 101{,}300\text{Pa} = 200\text{Pa}$

$$Q = 0.827 \times 0.00684 \times \sqrt{200} \times \dfrac{1{,}000\text{L}}{1\text{m}^3} = 79.997\text{L/s}$$

○ 답 : 80L/s

00년-04월, 00년-11월, 04년-07월, 05년-05월, 15년-11월 기출

04 제연설비에서 많이 사용하는 솔레노이드댐퍼, 모터댐퍼 및 퓨즈댐퍼의 작동 원리를 비교하여 설명하시오. (6점)

○ 답 : ① 솔레노이드댐퍼 : 연기에 의하여 작동하며 솔레노이드가 누르게핀을 이동하여 작동
② 모터댐퍼 : 연기에 의하여 작동하며 모터가 누르게 핀을 이동하여 작동
③ 퓨즈댐퍼 : 온도에 의하여 퓨즈가 용융되어 자동으로 폐쇄되는 댐퍼

08년-11월, 09년-07월, 14년-07월 기출

05 아래 도면은 어느 판매장에 대한 제연설비 중 배출풍도와 배출FAN을 나타내고 있는 평면도이다. 다음 각 물음에 답하시오. (단, 각 실은 독립배연방식이다.)

(8점)

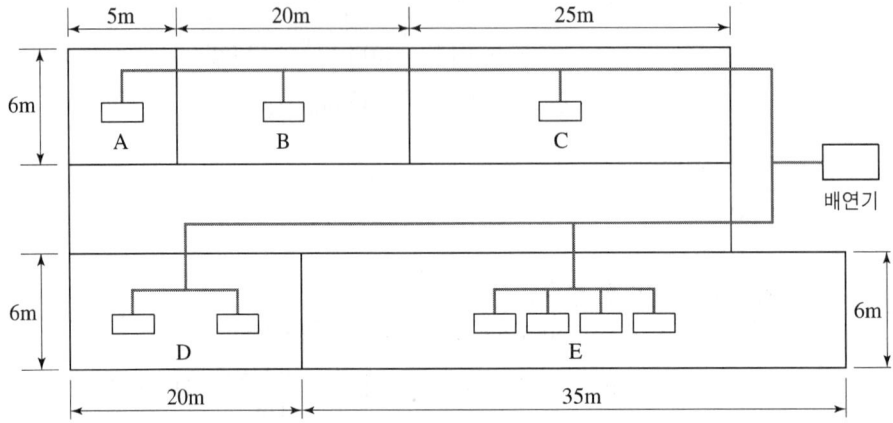

(1) 댐퍼의 설치위치를 도면에 표기하시오. (단, 댐퍼표기는 ⌀의 모양으로 할 것)
(2) 각 실의 최소 소요배출량(m^3/h)을 계산하시오.
   ① A실(계산과정 및 답)
   ② B실(계산과정 및 답)
   ③ C실(계산과정 및 답)
   ④ D실(계산과정 및 답)
   ⑤ E실(계산과정 및 답)
(3) 배연기의 최소 배출량(m^3/h)을 계산하시오.

풀이 (1) 댐퍼 설치위치

○답 :

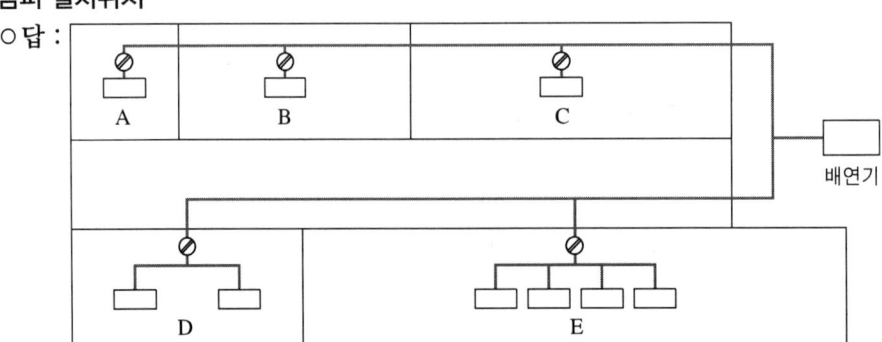

(2) 각 실의 소요배출량
○ 계산과정 및 답 :

구분	바닥면적	배출량 계산과정	배출량
A실	$5m \times 6m = 30m^2$	$Q_A = 30m^2 \times 1m^3/min \cdot m^2 \times 60min/h$ $= 1,800m^3/h$ ∴ 최소 배출량은 $5,000m^3/h$	$5,000m^3/h$
B실	$20m \times 6m = 120m^2$	$Q_B = 120m^2 \times 1m^3/min \cdot m^2 \times 60min/h$ $= 7,200m^3/h$	$7,200m^3/h$
C실	$25m \times 6m = 150m^2$	$Q_C = 150m^2 \times 1m^3/min \cdot m^2 \times 60min/h$ $= 9,000m^3/h$	$9,000m^3/h$
D실	$20m \times 6m = 120m^2$	$Q_D = 120m^2 \times 1m^3/min \cdot m^2 \times 60min/h$ $= 7,200m^3/h$	$7,200m^3/h$
E실	$35m \times 6m = 210m^2$	$Q_E = 210m^2 \times 1m^3/min \cdot m^2 \times 60min/h$ $= 12,600m^3/h$	$12,600m^3/h$

(3) 배출기의 최소 배출량(m^3/h)
○ 답 : $12,600m^3/h$

상세해설

(1) 거실의 바닥면적이 $400m^2$ 미만으로 구획된 예상제연구역에 대한 배출량

$$Q = S \times m^3/min \cdot m^2$$

여기서, Q : 배출량(m^3/min)[최솟값은 $5000m^3/hr$($83.33m^3/min$) 이상]
S : 바닥면적(m^2)

(2) 바닥면적이 $400m^2$ 이상인 경우의 배출량(제연경계로 구획된 경우는 예외)

구분	직경 40m인 원의 범위 안에 있을 경우	직경 40m인 원의 범위를 초과할 경우
배출량	$40,000m^3/h$ 이상	$45,000m^3/h$ 이상

(3) 배연기의 배출량

구 분	구획의 구분	배출량
① 공동배연구역 (댐퍼 미설치)	예상제연구역이 각각 벽으로 구획된 경우	각 예상제연구역의 배출량을 합한 것 이상
② 독립배연구역 (댐퍼 설치)	예상제연구역이 각각 제연경계로 구획된 경우	각 예상제연구역의 배출량 중 최대의 것

18년-06월 기출

06 상수도소화용수설비가 설치되지 않은 특정소방대상물에 옥외소화전설비를 설치하고자 한다. 아래 도면을 참조하여 각 물음에 답하시오. (6점)

[조건]
① 도면은 가로 120m, 세로 50m인 어느 특정소방대상물의 평면도이다.

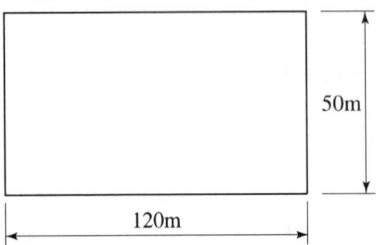

② 해당 특정소방대상물은 2층의 건축물이며, 바닥면적은 6,000m²이고, 연면적은 12,000m²이다.

(1) 특정소방대상물의 각 부분으로부터 하나의 호스 접결구까지의 수평거리는 몇 (m) 이하인지 쓰시오.
(2) 설치하여야 할 옥외소화전의 최소개수를 구하시오.
(3) 펌프의 토출량(L/min)을 구하시오.
(4) 수원의 양(m³)을 구하시오.

풀이 (1) 호스 접결구까지의 수평거리
  ○답 : 40m 이하

(2) 옥외소화전의 최소개수
  ○계산과정 : $N = \dfrac{120\text{m} \times 2 + 50\text{m} \times 2}{40\text{m} \times 2} = 4.25 \quad \therefore \ 5개$
  ○답 : 5개

(3) 펌프의 토출량
  ○계산과정 : $Q = 2 \times 350\text{L/min} = 700\text{L/min}$
  ○답 : 700L/min

(4) 수원의 양
  ○계산과정 : $Q = 2 \times 7\text{m}^3 = 14\text{m}^3$
  ○답 : 14m³

상세해설

(1) 옥외소화전의 호스접결구
 ① 지면으로부터 높이가 0.5m 이상 1m 이하의 위치에 설치
 ② 특정소방대상물의 각 부분으로부터 하나의 호스접결구까지의 수평거리가 40m 이하

(2) 옥외소화전설비에서 펌프의 토출량

$$\text{펌프의 토출량 } Q(\text{L/min}) = N \times 350\text{L/min}$$

여기서, N : 옥외소화전 설치개수(최대 2개)

(3) 옥외소화전설비에서 수원의 최소 유효저수량(m^3)

$$Q(\text{m}^3) = N \times 7\text{m}^3 (N : \text{최대 2개})$$

13년-04월 기출

07 할론 소화설비에서 사용하는 soaking time에 대하여 간단히 설명하시오.
(3점)

풀이 ○**답** : 할론 소화약제는 표면화재의 화재초기에 저농도(5~10%)로 사용되나 심부화재에 적용할 경우 고농도를 일정시간 유지시켜 주어야 소화가 된다. 이때 필요한 시간을 말한다.

상세해설

할론 소화약제는 표면화재의 화재초기에 저농도(5~10%)로 사용되나 심부화재에 적용할 경우 소화를 위하여 고농도를 일정시간 유지시켜 주어야 소화가 된다. 이때 필요한 시간을 쇼킹타임(Soaking Time)이라 한다. 할론 소화약제의 쇼킹타임은 약10분이다.

00년-02월, 08년-11월, 12년-10월, 19년-06월, 20년-07월 기출

08 그림은 어느 배관의 평면도에서 화살표 방향으로 물이 흐르고 있다. 주어진 조건을 참조하여 Q_1, Q_2(L/min)의 유량을 각각 구하시오. (7점)

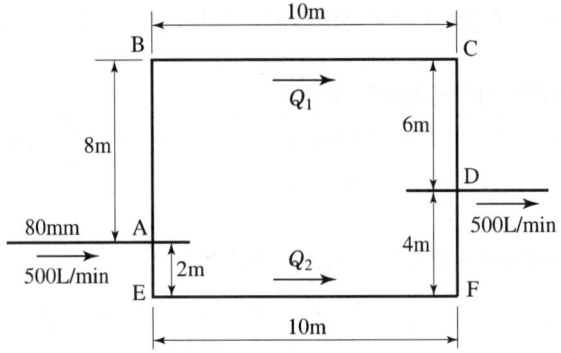

[조건]
① 루프배관 BCDFEAB의 호칭구경은 50mm이다.
② 호칭구경 50mm 배관의 안지름은 54mm이다.
③ 호칭구경 50mm 엘보의 등가길이는 1.4m이며, A 및 D점에 있는 티의 마찰손실은 무시한다.
④ 배관의 마찰손실압력은 다음의 헤이젠-윌리엄스 공식을 사용하여 구한다.

$$\Delta P = \frac{6 \times 10^4 \times Q^2}{100^2 \times d^5}$$

여기서, ΔP : 배관 1m당 마찰손실압력(MPa/m)
d : 배관의 내경(mm)
Q : 유량(L/min)

풀이 ○ 계산과정 :

(1) Q_1과 Q_2의 유량에 대한 비율을 계산
① 관로망에서 배관마찰손실은 서로 같다.
② $\Delta P_{ABCD} = \Delta P_{AEFD}$

③ $\dfrac{6 \times 10^4 \times Q_1^2}{100^2 \times 54^5} \times [8 + 10 + 6 + (1.4 \times 2)]$

$= \dfrac{6 \times 10^4 \times Q_2^2}{100^2 \times 54^5} \times [2 + 10 + 4 + (1.4 \times 2)]$

④ $\dfrac{6 \times 10^4}{100^2 \times 54^5}$ 은 양변이 같으므로 소거한다.

⑤ $26.8Q_1^2 = 18.8Q_2^2$ $Q_1^2 = \dfrac{18.8}{26.8}Q_2^2$ $Q_1 = \sqrt{\dfrac{18.8}{26.8}}Q_2$ $Q_1 = 0.837Q_2$

⑥ Q_2를 1이라 가정하면 $Q_1 = 0.837$

(2) Q_1과 Q_2의 유량 계산

$$Q_1 = 500\text{L/min} \times \dfrac{0.837}{0.837 + 1} = 227.82\text{L/min}$$

$$Q_2 = 500\text{L/min} \times \dfrac{1}{0.837 + 1} = 272.18\text{L/min}$$

○답 : $Q_1 = 227.82\text{L/min}$, $Q_2 = 272.18\text{L/min}$

00년-08월, 07년-11월, 12년-07월, 16년-04월 기출

09 소화펌프가 토출량 4000 l/min, 임펠러직경 150mm, 회전속도 1770rpm, 양정 50m로 운전되고 있다. 펌프를 임펠러직경 200mm, 회전속도 1170rpm으로 변경하여 운전하면 유량(l/min)과 양정(m)은 얼마로 변하는지 계산하시오.

(4점)

풀이

○계산과정 : ① 유량(l/min)계산 : $Q_2 = 4000 \times \dfrac{1170}{1770} \times \left(\dfrac{200}{150}\right)^3 = 6267.42\,l/\text{min}$

○답 : $6267.42\,l/\text{min}$

② 양정(m)계산 : $H_2 = 50 \times \left(\dfrac{1170}{1770}\right)^2 \times \left(\dfrac{200}{150}\right)^2 = 38.84\text{m}$

○답 : 38.84m

상세해설

펌프의 상사법칙

$$Q_2 = Q_1 \times \left(\dfrac{N_2}{N_1}\right) \times \left(\dfrac{D_2}{D_1}\right)^3 \qquad H_2 = H_1 \times \left(\dfrac{N_2}{N_1}\right)^2 \times \left(\dfrac{D_2}{D_1}\right)^2 \qquad P_2 = P_1 \times \left(\dfrac{N_2}{N_1}\right)^3 \times \left(\dfrac{D_2}{D_1}\right)^5$$

여기서, Q_1 : 변경 전 풍량 Q_2 : 변경 후 풍량 N_1 : 변경 전 회전수 N_2 : 변경 후 회전수
H_1 : 변경 전 전압 H_2 : 변경 후 전압 P_1 : 변경 전 동력 P_2 : 변경 후 동력
D_1 : 변경 전 임펠러 직경 D_2 : 변경 후 임펠러 직경

10 다음과 그림과 같은 옥내소화전펌프와 $NPSH_{re}$ 그래프가 있을 경우 조건을 참조하여 각 물음에 답하시오. (5점)

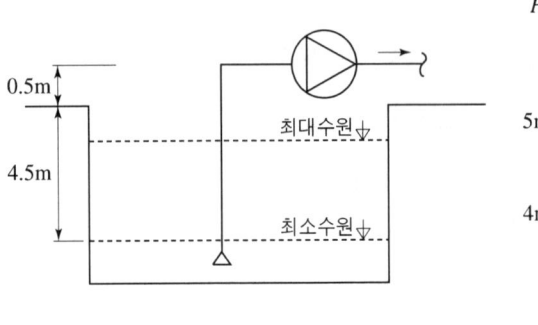
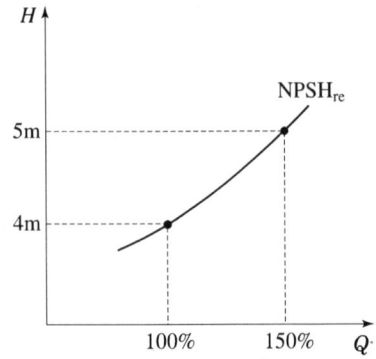

[조건] ① 대기압은 0.1MPa을 기준으로 한다.
② 물의 온도는 20℃ 이고, 이때의 포화수증기압은 2.45kPa이다.
③ 물의 비중량은 9.8kN/m³을 적용한다.
④ 배관 내 마찰손실수두는 0.3m이다.

(1) 유효흡입수두($NPSH_{av}$)(m)을 구하시오.
(2) 필요흡입수두($NPSH_{re}$) 그래프를 보고 펌프의 사용가능여부와 그 이유를 설명하시오.

풀이 (1) **유효흡입수두**($NPSH_{av}$)(m)

○계산과정 : ① 대기압 환산수두 $H = \dfrac{P}{\gamma} = \dfrac{0.1 \times 10^3 \text{kPa}(\text{kN/m}^2)}{9.8 \text{kN/m}^3} = 10.20\text{m}$

② 포화수증기압 환산수두 $H = \dfrac{P}{\gamma} = \dfrac{2.45 \text{kPa}(\text{kN/m}^2)}{9.8 \text{kN/m}^3} = 0.25\text{m}$

③ 배관 내 마찰손실수두 $H = 0.3\text{m}$

④ 유효흡입수두($NPSH_{av}$) = $10.2 - 0.25 - (4.5 + 0.5) - 0.3 = 4.65\text{m}$

○답 : 4.65m

(2) **펌프의 사용가능여부와 그 이유**

○답 : ① 100%(정격) 운전 시 : $NPSH_{av}$(4.65m) > $NPSH_{re}$(4m)
② 150%(과부하) 운전 시 : $NPSH_{av}$(4.65m) < $NPSH_{re}$(5m)
따라서, 정격운전 시에는 공동현상이 발생하지 않으나, 150% 운전 시에는 공동현상이 발생하여 펌프운전이 불가능하다.

상세해설

NPSH_av (유효흡입양정)

$$\text{NPSH}_{av} = \frac{P_a}{\gamma} - \frac{P_v}{\gamma} \pm H_s - f\frac{V_s^2}{2g}$$

여기서, P_a : 대기압(Pa), P_V : 증기압(Pa), H_s : 흡입수두(-) 또는 압입수두(+)

$f\frac{V_s^2}{2g}$: 흡입배관마찰손실수두(m), γ : 물의 비중량(9800N/m³)

① NPSH
   유효흡입양정으로 펌프의 흡입압력이 물의 증기압보다 낮을 때 물이 증발하여 공동현상이 발생하지 않고 펌프가 물을 액송할 수 있는 양정을 말한다.
② 공동현상 발생 방지조건
   NPSH_{av} (유효흡입양정) ≥ NPSH_{re} (필요흡입양정)
③ 공동현상 방지 설계조건
   NPSH_{av} (유효흡입양정) ≥ NPSH_{re} (필요흡입양정) × 1.3

04년-10월, 08년-07월, 10년-07월, 17년-11월, 18년-11월 기출

11 18층의 복도식 아파트에 습식스프링클러설비를 설치하고자 한다. 아래 조건을 참조하여 각 물음에 답하시오. (6점)

[조건] 층별 방호면적은 990m², 실양정이 65m, 배관마찰손실수두 25m, 헤드의 방사압력 0.1MPa, 배관 내의 유속 2.0m/s, 펌프의 효율 60%이다.

(1) 본 소화설비의 주 펌프의 토출량(L/min)을 구하시오.
    (단, 헤드 적용 수량은 최대 기준 개수를 적용한다.)
(2) 전용 수원의 확보량(m³)을 구하시오.
(3) 소화펌프의 모터 최소동력(kW)을 구하시오.

풀이 (1) **주 펌프의 토출량**(L/min)
   ○계산과정 : $Q = 10 \times 80\text{L/min} = 800\text{L/min}$
   ○답 : 800L/min

(2) **전용수원의 확보량**(m³)
   ○계산과정 : $Q = 10 \times 1.6\text{m}^3 = 16\text{m}^3$
   ○답 : 16m³

(3) 소화펌프의 모터 최소동력(kW)

○ 계산과정 : 전양정 $H = 65\text{m} + 25\text{m} + 10\text{m}\,(0.1\text{MPa}) = 100\text{m}$

전달계수는 조건에 없으므로 무시한다.

$$P = \frac{9.8 \times (0.8\text{m}^3/60\text{s}) \times 100}{0.6} = 21.78\text{kW}$$

○ 답 : 21.78kW

상세해설

1. 폐쇄형스프링클러헤드를 사용하는 경우

(1) 주 펌프의 토출량 계산

$Q = N \times 80 l/\text{min}$ (N : 기준개수 또는 기준개수보다 적은 경우 설치개수)

(2) 전용수원의 확보량

$Q = N \times 1.6\text{m}^3$ (N : 기준개수 또는 기준개수보다 적은 경우 설치개수)

(3) 모터동력

$$P(\text{kW}) = \frac{\gamma Q H}{E} \times K$$

여기서, γ : 비중량(물의 비중량=9.8kN/m³), Q : 토출량(m³/s)

H : 전양정(m), E : 효율(%/100), K : 전달계수

2. 폐쇄형헤드를 사용하는 경우 설치장소별 스프링클러헤드의 기준개수

스프링클러설비 설치장소			기준개수
지하층을 제외한 층수가 10층 이하	공장	특수가연물을 저장·취급하는 것	30
		그 밖의 것	20
	근린생활시설·판매시설· 운수시설 또는 복합건축물	판매시설 또는 복합건축물 (판매시설이 설치되는 복합건축물)	30
		그 밖의 것	20
	그 밖의 것	헤드의 부착높이가 8m 이상인 것	20
		헤드의 부착높이가 8m 미만인 것	10
아파트			10
지하층을 제외한 층수가 11층 이상인 소방대상물(아파트를 제외)·지하가 또는 지하역사			30

※ 아파트등의 각 동이 주차장으로 서로 연결된 구조인 경우 해당 주차장 부분의 기준개수는 30개로 할 것

2021년 11월 14일 시행

12 다음은 특정소방대상물의 용도 및 장소별 설치하여야 할 인명구조기구이다. ( )안에 알맞은 답을 쓰시오. (6점)

특정소방대상물	인명구조기구의 종류	설치수량
○지하층을 포함하는 층수가 7층 이상인 (①) 및 5층 이상인 병원	○방열복 또는 방화복 (헬멧, 보호장갑 및 안전화를 포함한다) ○(②) ○(③)	○각 (④)개 이상 비치할 것. 다만, 병원의 경우에는 (③)를 설치하지 아니할 수 있다.
○문화 및 집회시설 중 수용인원이 (⑤)명 이상인 영화상영관 ○판매시설 중 대규모점포 ○운수시설 중 지하역사 ○지하가 중 지하상가	○(②)	○층마다 (⑥)개 이상 비치할 것. 다만, 각 층마다 갖추어 두어야 할 (②) 중 일부를 직원이 상주하는 인근 사무실에 갖추어 둘 수 있다.

풀이 ○답 : ① 관광호텔 ② 공기호흡기 ③ 인공소생기 ④ 2 ⑤ 100 ⑥ 2

상세해설

특정소방대상물의 용도 및 장소별로 설치하여야 할 인명구조기구			
특정소방대상물	인명구조기구의 종류	설치 수량
○지하층을 포함하는 층수가 7층 이상인 관광호텔 및 5층 이상인 병원	○방열복 또는 방화복 (헬멧, 보호장갑 및 안전화를 포함한다) ○공기호흡기 ○인공소생기	○각 2개 이상 비치할 것. 다만, 병원의 경우에는 인공소생기를 설치하지 않을 수 있다.
○문화 및 집회시설 중 수용인원 100명 이상의 영화상영관 ○판매시설 중 대규모 점포 ○운수시설 중 지하역사 ○지하가 중 지하상가	○공기호흡기	○층마다 2개 이상 비치할 것. 다만, 각 층마다 갖추어 두어야 할 공기호흡기 중 일부를 직원이 상주하는 인근 사무실에 갖추어 둘 수 있다.
○물분무등소화설비 중 이산화탄소소화설비를 설치하여야 하는 특정소방대상물	○공기호흡기	○이산화탄소소화설비가 설치된 장소의 출입구 외부 인근에 1대 이상 비치할 것

04년-07월, 13년-11월, 16년-11월, 18년-04월 기출

13 방호구역의 크기가 15m×20m×5m인 발전기실(연료는 경유 사용)에 할로겐화합물과 불활성기체 소화설비를 비교하여 설치하고자 한다. 다음 조건과 화재안전기술기준을 참조하여 각 물음에 답하시오. (8점)

[조건]
① HCFC BLEND A의 저장용기는 내용적 60(L)용 50(kg/병)이고, IG-541의 저장용기는 80(L)용 12.4(m³/병)를 적용하다.
② 할로겐화합물 및 불활성기체 소화약제의 소화농도는 다음과 같으며, 최대 허용설계농도는 무시한다.

소화약제	상품명	소화농도(%)	
		A급 화재	B급 화재
HCFC BLEND A	NAFS-Ⅲ	7.2	10
IG-541	Inergen	31.25	31.25

③ 소화약제 산정 시 선형상수를 이용하며 기준온도는 20℃이다.

소화약제	K_1	K_2
HCFC BLEND A	0.2413	0.00088
IG-541	0.65799	0.00239

(1) HCFC BLEND A의 약제량(kg)을 구하시오.
(2) HCFC BLEND A의 약제용기의 병수(병)를 구하시오.
(3) IG-541의 약제량(m³)을 구하시오.
(4) IG-541의 약제용기의 병수(병)를 구하시오.

풀이 (1) HCFC BLEND A의 약제량(kg)
  ○계산과정 : ① $V = 15\text{m} \times 20\text{m} \times 5\text{m} = 1500\text{m}^3$
  ② $S = K_1 + (K_2 \times t℃) = 0.2413 + (0.00088 \times 20) = 0.2589$
  ③ $C =$ 소화농도(%) $\times K$(안전계수) $= 10\%$(B급화재) $\times 1.3$
    $= 13\%$
  ④ $W = \dfrac{1500}{0.2589} \times \left(\dfrac{13}{100-13}\right) = 865.73\text{kg}$

  ○답 : 865.73kg

(2) HCFC BLEND A의 최소 약제용기의 병수(병)
  ○계산과정 : $N = \dfrac{865.73\text{kg}}{50\text{kg/병}} = 17.31$병
  ○답 : 18병

(3) IG-541의 최소 약제량(m³)

　○계산과정 : ① $V_s = 0.65799 + (0.00239 \times 20) = 0.7058 \text{m}^3/\text{kg}$

　　　　　　② $S = 0.65799 + (0.00239 \times 20) = 0.7058 \text{m}^3/\text{kg}$

　　　　　　③ $C = $ 소화농도(%) $\times K$(안전계수) $= 31.25 \times 1.3 = 40.625\%$

　　　　　　④ $X = 2.303 \times \dfrac{0.7058}{0.7058} \times \log_{10}\left(\dfrac{100}{100-40.625}\right) = 0.5214 \text{m}^3/\text{m}^3$

　　　　　　⑤ $W = 1500\text{m}^3 \times 0.5214\text{m}^3/\text{m}^3 = 782.10\text{m}^3$

　○답 : 782.10m³

(4) IG-541의 약제용기의 병수(병)

　○계산과정 : $N = \dfrac{782.10\text{m}^3}{12.4\text{m}^3/\text{병}} = 63.07$병

　○답 : 64병

상세해설

(1) 할로겐화합물소화약제량 산출 공식

$$W = \dfrac{V}{S} \times \left(\dfrac{C}{100-C}\right)$$

여기서, W : 소화약제의 무게(kg), V : 방호구역의 체적(m³)
　　　　S : 소화약제별 선형상수$(K_1 + K_2 \times t)$(m³/kg)
　　　　C : 체적에 따른 소화약제의 설계농도(%)
　　　　　　$C = $소화농도(%)$\times K$[안전계수(A급 : 1.2, B급 : 1.3, C급 : 1.35)]
　　　　　　※ C급(통전상태)의 안전계수는 A급(전기차단상태)소화농도의 1.35
　　　　t : 방호구역의 최소예상온도(℃)

(2) IG-541의 저장량(m³)

불활성기체 소화약제량 산출공식

$$X = 2.303 \times \dfrac{V_S}{S} \times \log_{10}\left(\dfrac{100}{100-C}\right)$$

여기서, X : 공간 체적당 더해진 소화약제의 부피(m³/m³)
　　　　V_S : 20℃에서 소화약제의 비체적(m³/kg)
　　　　S : 소화약제별 선형상수$(K_1 + K_2 \times t)$(m³/kg)
　　　　C : 체적에 따른 소화약제의 설계농도(%)
　　　　　　[$C = $소화농도(%)$\times K$(안전계수, A급 : 1.2, B급 : 1.3, C급 : 1.35)]
　　　　　　※ C급(통전상태)의 안전계수는 A급(전기차단상태)소화농도의 1.35

(3) **배관구경** : 방호구역에 할로겐화합물 소화약제가 10초(불활성기체 소화약제는 A, C급 화재 2분, B급 화재 1분) 이내에 최소설계농도의 95% 이상 방출되도록 하여야 한다.

14 다음은 수원 및 펌프가 중앙집결방식으로 설치되었으며 각 방호구역이 방화구획으로 구분되어 있는 방호구역 A, B, C에 대한 설명이다. 다음 조건을 보고 각 물음에 답하시오. (단 옥상수조는 무시한다) (8점)

[방호구역 A]
옥내소화전설비가 2개 설치되어 있고, 스프링클러설비는 헤드가 10개 설치되어 있다.

[방호구역 B]
옥외소화전설비가 3개 설치되어 있고, 차고에 물분무소화설비가 설치되어 있으며 바닥면적에 대한 표준방사량은 20L/min · m²으로 하고, 최소 바닥면적은 50m²을 적용하도록 한다.

[방호구역 C]
옥외에 완전 개방된 주차장에 설치하는 포소화전설비는 포소화전 방수구가 8개 설치되어 있으며 포원액의 농도는 무시하고 산출한다. 단, 포소화전설비를 설치한 1개 층의 바닥면적은 200m²을 초과한다.

(1) 펌프의 토출량(L/min)을 구하시오.
(2) 수원의 양(m³)을 구하시오.

풀이 (1) **펌프의 토출량**(L/min)
○ 계산과정 : ① A구역
- 옥내소화전설비 $Q = 2 \times 130\text{L/min} = 260\text{L/min}$
- 스프링클러설비 $Q = 10 \times 80\text{L/min} = 800\text{L/min}$
- 옥내소화전설비+스프링클러설비
  $Q = 260 + 800 = 1,060\text{L/min}$
② B구역
- 옥외소화전설비 $Q = 2 \times 350\text{L/min} = 700\text{L/min}$
- 물분무소화설비 $Q = 50\text{m}^2 \times 20\text{L/m}^2 \cdot \text{min} = 1,000\text{L/min}$
- 옥외소화전설비+물분무소화설비
  $Q = 700 + 1,000 = 1,700\text{L/min}$
③ C구역
- 포소화전설비 $Q = 5 \times 300\text{L/min} = 1,500\text{L/min}$
④ 방호구역 A, B, C의 펌프 토출량
  A, B, C구역에 필요한 펌프 토출량 중 최대의 것
  ∴ B구역의 펌프 토출량
○ 답 : 1,700L/min

(2) **수원의 양**(m^3)

○ 계산과정 : $Q = 1.7\mathrm{m}^3/\mathrm{min} \times 20\mathrm{min} = 34\mathrm{m}^3$

○ 답 : $34\mathrm{m}^3$

상세해설

옥내소화전설비의 화재안전기술기준(NFTC 102) 제12조
(수원 및 가압송수장치의 펌프 등의 겸용)

① 옥내소화전설비의 수원을 스프링클러설비·간이스프링클러설비·화재조기진압용 스프링클러설비·물분무소화설비·포소화전설비 및 옥외소화전설비의 수원과 **겸용**하여 설치하는 경우의 저수량은 각 소화설비에 필요한 저수량을 합한 양 이상이 되도록 하여야 한다. 다만, 이들 소화설비 중 고정식 소화설비(펌프·배관과 소화수 또는 소화약제를 최종 방출하는 방출구가 고정된 설비를 말한다. 이하 같다)가 2 이상 설치되어 있고, 그 소화설비가 설치된 부분이 **방화벽과 방화문으로 구획**되어 있는 경우에는 각 고정식 소화설비에 필요한 저수량 중 최대의 것 이상으로 할 수 있다.

② 옥내소화전설비의 가압송수장치로 사용하는 펌프를 스프링클러설비·간이스프링클러설비·화재조기진압용 스프링클러설비·물분무소화설비·포소화전설비 및 옥외소화전설비의 가압송수장치와 **겸용**하여 설치하는 경우의 펌프의 토출량은 각 소화설비에 해당하는 토출량을 합한 양 이상이 되도록 하여야 한다. 다만, 이들 소화설비 중 고정식 소화설비가 2 이상 설치되어 있고, 그 소화설비가 설치된 부분이 **방화벽과 방화문으로 구획**되어 있으며 각 소화설비에 지장이 없는 경우에는 **펌프의 토출량 중 최대의 것** 이상으로 할 수 있다.

(예시) 같은 장소에 옥내소화전이 최대 2개, 스프링클러(기준량 10개)가 동시에 설치 된 경우
- 옥내소화전 : 260Lpm = 130Lpm × 2개
- 스프링클러 : 800Lpm = 80Lpm × 10개
- 펌프의 토출량 : 1,060L/min

(예시) 방화구획 된 장소에 옥내소화전이 최대 3개, 다른 장소에 스프링클러(기준량 10개)가 설치된 경우
- 옥내소화전 : 260Lpm = 130Lpm × 2개
- 스프링클러 : 800Lpm = 80Lpm × 10개
- 펌프의 토출량 : 800L/min(800L/min이 크므로)

15 직경이 12m, 높이가 40m인 콘루프탱크에 제1석유류(비수용성) 45,000L를 저장하는 위험물 옥외저장탱크가 있으며 Ⅱ형 고정포방출구가 설치되어 있다. 아래 조건을 참조하여 다음 각 물음에 답하시오. (10점)

[조건]
① 소화약제는 6%용의 단백포를 사용하며 포수용액의 표준방사량은 4.2L/m²·분이고 방사시간은 30분을 기준으로 한다.
② 배관 및 관부속품의 총 마찰손실수두는 30m이다.
③ 포방출구의 압력은 350kPa이다.
④ 보조소화전은 1개 설치 되어 있으며 호스접결구 수는 1개이다.
⑤ 송액관의 내경은 100mm 이고, 길이는 30m이다.
⑥ 펌프의 효율은 60%이고, 전달계수 $K=1.1$이다.
⑦ 포수용액의 밀도는 물의 밀도와 같다고 가정한다.

(1) 포소화약제의 양(L)을 구하시오.
(2) 수원의 양(m^3)을 구하시오.
(3) 펌프의 전양정(m)을 구하시오. (단, 낙차는 탱크의 높이로 한다.)
(4) 펌프의 정격토출량(m^3/min)을 구하시오.
(5) 펌프의 최소동력(kW)을 구하시오.

풀이 (1) 포소화약제의 양(L)
○계산과정 : ① 고정포방출구에 필요한 포수용액

$$Q_1 = \frac{\pi}{4} \times 12^2 (m^2) \times 4.2 (L/m^2 \cdot min) \times 30(min) = 14,250.26L$$

② 보조소화전에 필요한 포수용액
$Q_2 = 1(개) \times 8,000L = 8,000L$

③ 배관보정에 필요한 포수용액

$$Q_3 = \frac{\pi}{4} \times 0.1^2 (m^2) \times 30(m) \times 1,000(L/m^3) = 235.62L$$

④ 고정포방출설비 포수용액(원액+물)의 저장량
$Q = 14,250.26 + 8,000 + 235.62 = 22,485.88L$

⑤ 고정포방출설비 포소화약제의 양(포 원액의 양)
$Q = 22,485.88L \times 0.06 = 1,349.15L$

○답 : 1,349.15L

(2) 수원의 양(m³)

  ○ 계산과정 : $Q = 22{,}485.88\text{L} \times (1 - 0.06) = 21{,}136.73\text{L} = 21.14\text{m}^3$

  ○ 답 : 21.14m³

(3) 펌프의 전양정(m)

  ○ 계산과정 : $H = \dfrac{350\text{kPa}(\text{kN/m}^2)}{9.8\text{kN/m}^3} + 30\text{m} + 40\text{m}(\text{탱크높이}) = 105.71\text{m}$

  ○ 답 : 105.71m

(4) 펌프의 정격토출량(m³/min)

  ○ 계산과정 : $Q = \dfrac{\pi}{4} \times 12^2(\text{m}^2) \times 4.2\text{L/m}^2 \cdot \text{min} + 1 \times 400\text{L/min}$

  $= 875.01\text{L/min} = 0.88\text{m}^3/\text{min}$

  ○ 답 : 0.88m³/min

(5) 펌프의 최소 동력(kW)

  ○ 계산과정 : $\gamma = 9.8\text{kN/m}^3$, $Q = 0.88\text{m}^3/60\text{s}$, $H = 105.71\text{m}$
  $E = 60\% = 0.60$, $K = 1.1$

  $P = \dfrac{9.8 \times (0.88/60) \times 105.71}{0.60} \times 1.1 = 27.86\text{kW}$

  ○ 답 : 27.86kW

상세해설

고정포방출구방식의 약제량 계산

구 분	약제 저장량
❶ 고정포 방출구	$Q = A \times Q_1 \times T \times S$ 여기서, Q : 포소화약제의 양(L), A : 저장탱크의 액표면적(m²) Q_1 : 단위 포소화수용액의 양(L/m²분) T : 방출시간(분), S : 포소화약제의 사용농도(%)
❷ 보조소화전	$Q = N \times S \times 8000\text{L}$ 여기서, Q : 포소화약제의 양(L) N : 호스 접결구 개수(3개 이상의 경우는 3) S : 포소화약제의 사용농도(%)
❸ 배관보정	가장 먼 탱크까지의 송액관(내경 75mm 이하 제외)에 충전하기 위하여 필요한 양 $Q = V \times S \times 1000$ 여기서, Q : 포소화약제의 양(L), V : 송액관 내부의 체적(m³) S : 포소화약제의 사용농도(%)
❹ 합계	고정포 방출구방식의 약제량 = ❶ + ❷ + ❸

16 체적이 150m³인 전기실에 이산화탄소소화설비를 전역방출방식으로 설계하고자 한다. 설계농도를 50%로 할 경우 방출체적계수는 1.3kg/m³이며, 저장용기의 충전비는 1.8, 내용적은 68L인 경우 다음 각 물음에 답하시오. (5점)

(1) 필요한 이산화탄소소화약제의 양(kg)을 구하시오.
(2) 필요한 약제저장용기의 병수를 구하시오.
(3) 이산화탄소소화설비는 고압식인지, 저압식인지 여부를 쓰시오.
(4) 저장용기는 몇 Mpa 이상의 내압시험압력에 합격한 것으로 하는가?

풀이 (1) 이산화탄소소화약제의 양(kg)
  ○ 계산과정 : $Q = 150\text{m}^3 \times 1.3\text{kg/m}^3 = 195\text{kg}$
  ○ 답 : 195kg

(2) 저장용기의 병수
  ○ 계산과정 : ① 저장용기 1병당 약제량 $G = \dfrac{V}{C} = \dfrac{68\text{L}}{1.8\text{L/kg}} = 37.78\text{kg/병}$
  ② 저장용기의 개수(개) $N = \dfrac{195\text{kg}}{37.78\text{kg/병}} = 5.16$병 ∴ 6병
  ○ 답 : 6병

(3) 고압식 또는 저압식 여부
  ○ 답 : 고압식

(4) 저장용기의 내압시험압력(MPa) 합격기준
  ○ 답 : 25MPa 이상

상세해설

(1) CO_2 소화설비의 약제량

$$Q = V \times K_1 + A \times K_2$$

여기서, Q : CO_2 약제저장량(kg)
  V : 방호구역 체적(m³)
  K_1 : 방호구역 체적계수(kg/m³)
  A : 개구부 면적(m²)
  K_2 : 개구부 면적계수(kg/m²)

(2) 충전비

$$C(\text{L/kg}) = \frac{V(\text{L})}{G(\text{kg})}$$

여기서, C : 충전비(L/kg)
  V : 용기(병)의 체적(L)
  G : 병당 저장하는 약제의 무게(kg)

(3) CO_2 저장용기의 충전비

구 분	고압식	저압식
충전비(L/kg)	1.5 이상 1.9 이하	1.1 이상 1.4 이하

(4) 저장용기의 내압시험압력(MPa) 합격기준

구 분	고압식	저압식
합격기준	25MPa 이상	3.5MPa 이상

소방설비기사 – 기계분야

2022년 5월 7일 시행

14년-07월 유사

01 그림은 어느 판매장의 무창층에 대한 제연설비 중 연기 배출풍도와 배출 FAN을 나타내고 있는 평면도이다. 주어진 조건을 이용하여 풍도에 설치되어야 할 제어댐퍼를 가장 적합한 지점에 표기한 다음 물음에 답하시오.(단, 댐퍼의 표기는 ⊘의 모양으로 할 것) (8점)

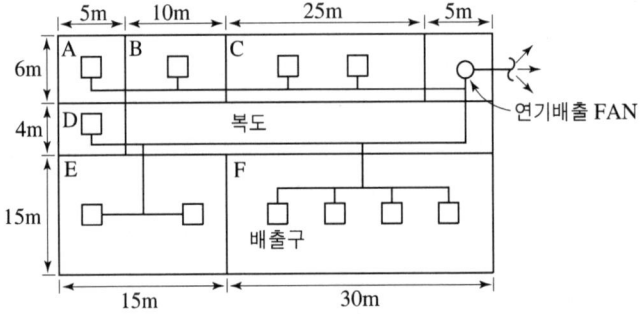

[조건] 1. 건물의 주요구조부는 모두 내화구조이다.
2. 각 실은 불연성 구조물로 구획되어 있다.
3. 복도의 내부면은 모두 불연재이고, 복도 내에 가연물을 두는 일은 없다.
4. 각 실에 대한 연기 배출방식에서 공동배출구역 방식은 없다.
5. 이 판매장에는 음식점은 없다.

(1) 제어댐퍼를 설치하시오.
(2) 각실(A, B, C, D, E, F)의 최소 소요배출량은 얼마인가?
(3) 배출 FAN의 소요 최소 배출용량은 얼마인가?

[풀이] (1) 제어댐퍼 설치
   ○답:

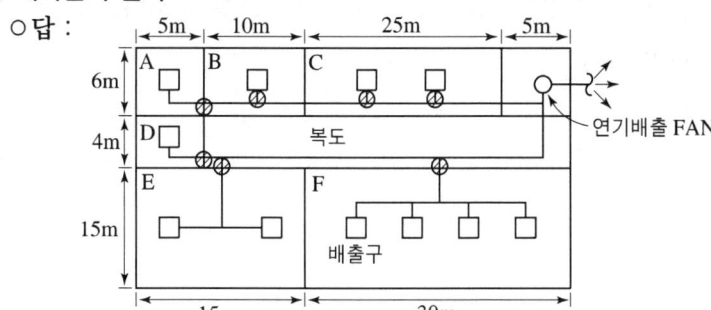

(2) 최소 소요배출량
   ○계산과정:
   A실: $6m \times 5m \times m^3/m^2 \cdot 분 \times 60분/시간 = 1800m^3/hr$
   ∴ $5000m^3/hr$
   B실: $6m \times 10m \times m^3/m^2 \cdot 분 \times 60분/시간 = 3600m^3/hr$
   ∴ $5000m^3/hr$
   C실: $6m \times 25m \times m^3/m^2 \cdot 분 \times 60분/시간 = 9000m^3/hr$
   D실: $4m \times 5m \times m^3/m^2 \cdot 분 \times 60분/시간 = 1200m^3/hr$
   ∴ $5000m^3/hr$
   E실: $15m \times 15m \times m^3/m^2 \cdot 분 \times 60분/시간 = 13500m^3/hr$
   F실: $15m \times 30m = 450m^2 (400m^2$ 이상이며 제연구역이 40m 원안에 있음)
   ∴ $40000m^3/hr$ 이상
   ○답: A실 $5000m^3/hr$ B실 $5000m^3/hr$
   　　 C실 $9000m^3/hr$ D실 $5000m^3/hr$
   　　 E실 $13500m^3/hr$ F실 $40000m^3/hr$

(3) 배출 FAN의 소요 최소 배출용량
   ○답: 가장 많은 소요배출량 기준이므로 $40000m^3/hr$ 이상

02 다음과 같은 특정소방대상물에 소화수조 및 저수조를 설치하고자 한다. 다음 각 물음에 답하시오. (6점)

구 분	지하2층	지하1층	지상1층	지상2층	지상3층
바닥면적[m²]	2,500	2,500	13,500	13,500	6,500

(1) 소화용수의 저수량은 몇 [m³]인가?
  ○ 계산과정 :   ○ 답 :
(2) 흡수관투입구 및 채수구는 몇 개 이상으로 설치하여야 하는가?
  ○ 답 :
(3) 가압송수장치의 1분당 양수량은 몇 [L] 이상으로 하여야 하는가?
  ○ 답 :

풀이 (1) 소화용수의 저수량

  ○ 계산과정 : $Q = K \times 20m^3$, $K = \dfrac{38,500}{7500} = 5.13$

    ∴ $K = 6$ (소수점 이하의 수는 무조건 절상)

    $Q = 6 \times 20m^3 = 120m^3$

  ○ 답 : $120m^3$

(2) 흡수관투입구 및 채수구
  ○ 해설 : ① 흡수관투입구
    소요수량이 $80m^3$ 미만인 것은 1개 이상, $80m^3$ 이상인 것은 2개 이상
    ② 채수구
    소요수량이 $100m^3$ 이상이므로 채수구 수는 3개
  ○ 답 : 흡수관투입구 2개 이상, 채수구 3개

(3) 가압송수장치의 1분당 양수량
  ○ 해설 : 소요수량이 $100m^3$ 이상이므로 3300L/분 이상
  ○ 답 : 3300L

상세해설

1. 소화수조 또는 저수조의 저수량

$$Q = K \times 20m^3 \text{ 이상}$$

여기서, Q : 소화수조 또는 저수조의 저수량(m^3)

$K = \dfrac{\text{연면적}(m^2)}{\text{기준면적}(m^2)}$ (소수점 이하의 수는 1로 본다)

2. 소방대상물의 구분에 따른 기준면적

소방대상물의 구분	면적
1. 1층 및 2층의 바닥면적 합계가 15,000m² 이상인 소방대상물	7,500m²
2. 제1호에 해당되지 아니하는 그 밖의 소방대상물	12,500m²

3. 흡수관투입구 또는 채수구 설치기준

(1) 지하에 설치하는 소화용수설비의 흡수관투입구 설치기준
 한 변이 0.6m 이상이거나 직경이 0.6m 이상인 것으로 하고, 소요수량이 80m³ 미만인 것은 1개 이상, 80m³ 이상인 것은 2개 이상을 설치하여야 하며, "흡관투입구"라고 표시한 표지를 할 것

(2) 소화용수설비에 설치하는 채수구 설치기준
 ① 채수구는 다음 표에 따라 소방용호스 또는 소방용흡수관에 사용하는 구경 65mm 이상의 나사식 결합금속구를 설치할 것

소요수량	20m³ 이상 40m³ 미만	40m³ 이상 100m³ 미만	100m³ 이상
채수구의 수	1개	2개	3개

 ② 채수구는 지면으로부터의 높이가 0.5m 이상 1m 이하의 위치에 설치하고 "채수구"라고 표시한 표지를 할 것

4. 가압송수장치 설치기준

소화수조 또는 저수조가 지표면으로부터의 깊이(수조 내부바닥까지의 길이)가 4.5m 이상인 지하에 있는 경우에는 다음 표에 따라 가압송수장치를 설치하여야 한다. 다만, 저수량을 지표면으로부터 4.5m 이하인 지하에서 확보할 수 있는 경우에는 소화수조 또는 저수조의 지표면으로부터의 깊이에 관계없이 가압송수장치를 설치하지 아니할 수 있다.

소요수량	20m³ 이상 40m³ 미만	40m³ 이상 100m³ 미만	100m³ 이상
가압송수장치의 1분당 양수량	1,100L 이상	2,200L 이상	3,300L 이상

13년-07월 기출

03 다음은 피난기구에 대한 화재안전기술기준이다. 각 물음에 답하시오. (6점)

(1) 의료시설에 설치하여야 하는 피난기구를 층별로 구분하여 답하시오.
　　① 지상3층　　　　　　② 지상4층 이상 10층 이하

(2) 피난기구 설치 시 개구부에 관련되는 사항으로 (　)안에 알맞은 답을 쓰시오.

> 피난기구는 계단·피난구 기타 피난시설로부터 적당한 거리에 있는 안전한 구조로 된 피난 또는 소화활동상 유효한 개구부(가로 (①)m 이상 세로 (②)m 이상인 것을 말한다. 이 경우 개부구 하단이 바닥에서 (③)m 이상이면 발판 등을 설치하여야 하고, 밀폐된 창문은 쉽게 파괴할 수 있는 파괴장치를 비치)에 고정하여 설치하거나 필요한 때에 신속하고 유효하게 설치할 수 있는 상태에 둘 것

풀이 (1) 의료시설에 설치하여야 하는 피난기구

　○답 : ① 지상3층 :
　　　　　미끄럼대·구조대·피난교·피난용트랩·다수인피난장비·승강식피난기
　　　② 지상4층 이상 10층 이하 :
　　　　　구조대·피난교·피난용트랩·다수인피난장비·승강식피난기

(2) 피난기구 설치 시 개구부에 관련되는 사항
　○답 : ① 0.5　　② 1　　③ 1.2

상세해설

소방대상물의 설치장소별 피난기구의 적응성

구분 \ 층별	1층	2층	3층	4층 이상 10층 이하
노유자시설			미구교다승	구[1]교다승
의료시설·근린생활시설 중 입원실이 있는 의원·접골원·조산원			미트구교다승	트구교다승
다중이용업소로서 영업장의 위치가 4층 이하인 다중이용업소			미사구완다승	
그 밖의 것			트공[3]간[2]교미사구완다승	공[3]간[2]교사구완다승

[비고] 1) 구조대의 적응성은 장애인 관련 시설로서 주된 사용자 중 스스로 피난이 불가한 자가 있는 경우 추가로 설치하는 경우에 한한다.
　　　2) 간이완강기의 적응성은 숙박시설의 3층 이상에 있는 객실에 한한다.
　　　3) 공기안전매트의 적응성은 공동주택에 추가로 설치하는 경우에 한한다.

어두문자 암기방법

피난용트랩 ⇒ 트	피난교 ⇒ 교	피난사다리 ⇒ 사	미끄럼대 ⇒ 미
구조대 ⇒ 구	다수인피난장비 ⇒ 다	승강식피난기 ⇒ 승	완강기 ⇒ 완
간이완강기 ⇒ 간	공기안전매트 ⇒ 공		

피난기구 설치기준

(1) 피난기구는 계단·피난구 기타 피난시설로부터 적당한 거리에 있는 안전한 구조로 된 피난 또는 소화활동상 유효한 개구부(가로 0.5m 이상 세로 1m 이상인 것을 말한다. 이 경우 개부구 하단이 바닥에서 1.2m 이상이면 발판 등을 설치하여야 하고, 밀폐된 창문은 쉽게 파괴할 수 있는 파괴장치를 비치하여야 한다)에 고정하여 설치하거나 필요한 때에 신속하고 유효하게 설치할 수 있는 상태에 둘 것
(2) 피난기구를 설치하는 개구부는 서로 동일직선상이 아닌 위치에 있을 것. 다만, 피난교·피난용트랩·간이완강기·아파트에 설치되는 피난기구(다수인 피난장비는 제외) 기타 피난 상 지장이 없는 것에 있어서는 그러하지 아니하다.

04 아래와 같은 조건으로 전역방출방식의 고압식 이산화탄소소화설비를 설치하였을 경우 각 물음에 답하시오.
(8점)

[조건]
① 방호구역의 크기는 가로 10m, 세로 20m, 높이 5m이다.
② 개구부의 조건

개구부의 크기	자동폐쇄장치 설치여부
가로2.4m×세로1.8m	설치안됨
가로1.2m×세로0.8m	설치됨

③ 개구부의 상태에 따라 개구부 면적 $1m^2$당 가산하는 소화약제의 양은 5kg으로 한다.
④ 설치된 분사헤드의 방사율은 1개당 $1.05kg/mm^2 \cdot$ 분으로 하며 CO_2방출시간은 1분을 기준으로 한다.
⑤ CO_2 저장용기는 내용적 $68l$/충전량 45kg 용의 것을 사용하는 것으로 한다.
⑥ 분사헤드의 분구면적은 1개당 $51mm^2$이다.
⑦ 소화약제의 산정기준 및 기타 필요한 사항은 국가화재안전기술기준에 따른다.

(1) 필요한 소화약제의 양(kg)을 산출하시오.
(2) 용기저장소에 저장하여야 할 소화약제의 용기수는 얼마인가?
(3) 선택밸브 직후의 유량은 몇(kg/s)인가?
(4) 설치하여야 할 헤드 수는 모두 몇 개인지 구하시오.
 (단, 실제방출 병 수로 계산)

풀이 (1) 필요한 소화약제의 양

　　○계산과정 : $Q = 10 \times 20 \times 5 (m^3) \times 0.8 kg/m^3 + 2.4 \times 1.8 m^2 \times 5 kg/m^2$
　　　　　　　　　$= 821.6 kg$

　　○답 : 821.6kg

(2) 소화약제의 용기수

　　○계산과정 : $N = \dfrac{821.6 kg}{45 kg} = 18.26$ ∴ 19병

　　○답 : 19병

(3) 선택밸브 직후의 유량

　　○계산과정 : $Q = \dfrac{19병 \times 45 kg}{60 sec} = 14.25 kg/s$

　　○답 : 14.25kg/s

(4) 설치하여야 할 헤드 수

　　○계산과정 : $N = \dfrac{19병 \times 45 kg}{1.05 \times 51 \times 1분} = 15.97$ ∴ 16개

　　○답 : 16개

상세해설

(1) 표면화재의 방호구역 체적계수 및 면적계수

방호구역의 체적 (m³)	방호구역의 체적 1m³에 대한 소화약제의 양 kg (K_1 : kg/m³)	저장량의 최저한도량 (kg)	개구부 가산량 (K_2 : kg/m²) (자동폐쇄장치 미설치시)
45 미만	1	45	5
45 이상 150 미만	0.9		
150 이상 1450 미만	0.8	135	
1450 이상	0.75	1125	

[$K_1 (kg/m^3)$: 방호구역 체적계수, $K_2 (kg/m^2)$: 개구부 면적계수]

(2) 전역방출방식 표면화재 방호대상물의 약제저장량

$Q = V \times K_1 + A \times K_2$

　　여기서, Q : CO_2약제저장량(kg), V : 방호구역체적(m^3), A : 개구부면적(m^2)
　　　　　　 $K_1 (kg/m^3)$: 방호구역 체적계수, $K_2 (kg/m^2)$: 개구부 면적계수

(4) 헤드 1개의 방사량 계산

$Q = 1.05 kg/mm^2 \cdot min \times 51 mm^2$

헤드개수 산출

N(헤드수)

$= \dfrac{약제저장량(kg)}{헤드의 방출율(kg/mm^2 \cdot min \cdot 개) \times 헤드분구면적(mm^2) \times 방사시간(min)}$

05

다음 소방시설의 도시기호에 대한 명칭을 쓰시오. (6점)

도시기호	—WS—	←┼─	(기호)	(기호)	(기호)	(기호)
번호	①	②	③	④	⑤	⑥

풀이 ○답:

도시기호	—WS—	←┼─	(기호)	(기호)	(기호)	(기호)
명칭	물분무배관	플러그	포헤드(평면도)	가스체크밸브	경보밸브(습식)	옥외소화전

06

어떤 지하상가에 제연설비를 화재안전기술기준과 아래조건에 따라 설치하려고 한다. 각 물음에 답하시오. (7점)

[조건]
1. 주덕트의 높이제한은 600mm이다. (강판 두께, 닥트 후렌지 및 보온두께는 고려하지 않는다.)
2. 배출기는 원심 다익형이다.
3. 각종 효율은 무시한다.
4. 예상 제연구역의 설계 배출량은 45000m³/H이다.

(1) 배출기의 흡입측 주덕트의 최소폭(m)를 계산하시오.
(2) 배출기의 배출측 주덕트의 최소폭(m)를 계산하시오.
(3) 준공 후 풍량시험을 한 결과 풍량은 36000m³/H, 회전수는 600 rpm, 축동력은 7.5kW로 측정되었다. 배출량 45000m³/H를 만족시키기 위한 배출기 회전수(rpm)를 계산하시오.
(4) 회전수를 높여서 배출량을 만족시킬 경우의 예상축동력(kW)을 계산하시오.

풀이 (1) 배출기의 흡입측 주덕트의 최소폭

○계산과정: $Q = 45000 \, \text{m}^3/\text{H} = 12.5 \, \text{m}^3/\text{s}$

$Q = UA$ 에서 닥트 단면적 $A = \dfrac{Q}{U}$

흡입측 주닥트의 풍속 $U = 15 \text{m/s}$ 이하

$$\therefore A = \frac{12.5\text{m}^3/\text{s}}{15\text{m/s}} = 0.8333\text{m}^2$$

닥트 최소폭 $L = \frac{0.8333}{0.6} = 1.39\text{m}$

○답 : 1.39m

(2) **배출기의 배출측 주닥트의 최소폭**

○계산과정 : $Q = 45000\text{m}^3/\text{H} = 12.5\text{m}^3/\text{s}$

$Q = UA$ 에서 닥트 단면적 $A = \frac{Q}{U}$

배출측 주닥트의 풍속 $U = 20\text{m/s}$ 이하

$$\therefore A = \frac{12.5\text{m}^3/\text{s}}{20\text{m/s}} = 0.625\text{m}^2$$

배출측 주닥트 최소폭 $L = \frac{0.625}{0.6} = 1.04\text{m}$

○답 : 1.04m

(3) **배출기 회전수**

○계산과정 :

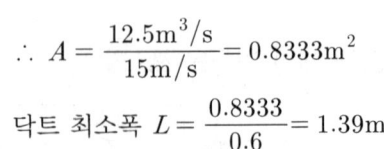

$$Q' = Q \times \left(\frac{N'}{N}\right) \quad H' = H \times \left(\frac{N'}{N}\right)^2 \quad P' = P \times \left(\frac{N'}{N}\right)^3$$

여기서, Q : 풍량, H : 전압, P : 축동력, N : 회전수

$\therefore Q' = Q \times \frac{N'}{N}$ 식에 대입

$45000 = 36000 \times \left(\frac{N'}{600}\right) \quad N' = 750\text{rpm}$

○답 : 750rpm

(4) **예상축동력**

○계산과정 : $P' = P \times \left(\frac{N'}{N}\right)^3$ 식에 대입

$P' = 7.5 \times \left(\frac{750}{600}\right)^3 \quad P' = 14.65\text{kW}$

○답 : 14.65kW

07 습식스프링클러설비를 아래의 조건을 이용하여 그림과 같이 8층의 백화점 건물에 시공할 경우 다음 물음에 답하시오. (9점)

[조건] ① 배관 및 부속류의 총 마찰손실은 펌프 자연낙차압의 40%이다.
② 펌프의 진공계 눈금은 500mmHg이다.
③ 펌프의 체적효율(ν)=0.95, 기계효율(m)=0.85, 수력효율(h)=0.75이다.
④ 전동기의 전달계수(K)는 1.2이다.

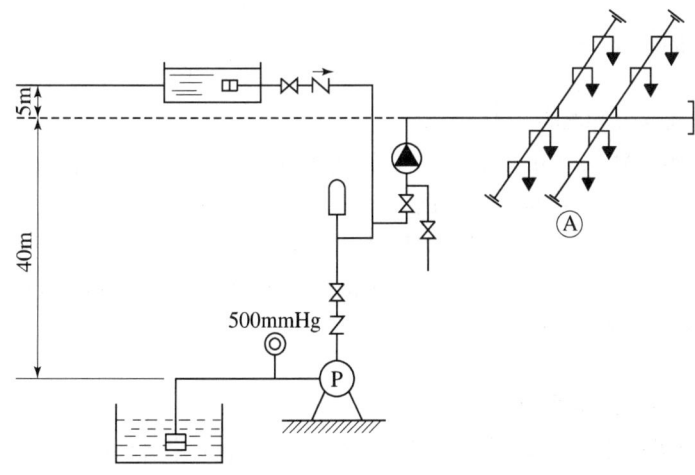

(1) 주 펌프의 양정(m)을 구하시오.
(2) 주 펌프의 토출량(m^3/min)을 구하시오.
(단, 스프링클러 헤드는 최대 기준개수 이상 설치되는 기준임)
(3) 주 펌프의 모터동력(kW)을 구하시오.
(4) 폐쇄형스프링클러헤드의 선정은 설치장소의 최고주위온도와 선정된 헤드의 표시온도를 고려하여야 한다. 다음 표의 설치장소의 최고 주위온도에 대한 표시온도를 쓰시오.

설치장소의 최고 주위온도	표시온도
39℃ 미만	79℃ 미만
39℃ 이상 64℃ 미만	①
64℃ 이상 106℃ 미만	②
106℃ 이상	162℃ 이상

풀이 (1) 주 펌프의 양정(m)
  ○ 계산과정 : $H = h_1 + h_2 + 10\text{m}$
    H : 펌프의 전양정(m), h_1 : 낙차(흡입양정 + 토출양정)
    h_2 : 배관 및 관부속품 마찰손실수두(m)

    흡입양정 $= 500\text{mmHg} \times \dfrac{10.332\text{m}}{760\text{mmHg}} = 6.80\text{m}$

    토출양정 $= 40\text{m}$

    ∴ $h_1 = 6.8 + 40 = 46.8\text{m}$

    $h_2 = (40 + 5)\text{m}(펌프의\ 자연낙차) \times 0.4 = 18\text{m}$

    ∴ $H = 46.8 + 18 + 10 = 74.8\text{m}$

  ○ 답 : 74.8m

(2) 주 펌프의 토출량(m^3/min)
  ○ 계산과정 : 소방대상물이 백화점이므로 폐쇄형헤드의 기준개수는 30개
    $Q = N \times 80\text{L/min}$
    (N : 폐쇄형헤드의 기준개수(기준개수보다 적은 경우 그 설치 개수))

    ∴ $Q = 30 \times 80\text{L/min} = 2400\text{L/min} = 2.4\text{m}^3/\text{min}$

  ○ 답 : $2.4\text{m}^3/\text{min}$

(3) 주 펌프의 모터동력(kW)
  ○ 계산과정 : 전효율(%) = 체적효율 × 기계효율 × 수력효율 × 100
    ∴ 전효율(E) $= 0.95 \times 0.85 \times 0.75 \times 100 = 60.56\%$

    $P(\text{kW}) = \dfrac{\gamma Q H}{E} \times K$

    $P(\text{kW}) = \dfrac{9.8\text{kN}/\text{m}^3 \times (2.4\text{m}^3/60\text{s}) \times 74.8\text{m}}{0.6056} \times 1.2 = 58.10\text{kW}$

  ○ 답 : 58.10kW

(4) ○ 답 : ① 79℃ 이상 121℃ 미만
        ② 121℃ 이상 162℃ 미만

참고 **자연낙차**
옥상수조 내 물이 펌프실의 압력챔버에 가하는 압력을 양정(m)으로 나타낸 값

08 그림과 같이 휘발유 탱크 1기와 경유탱크 1기를 1개의 방유제에 설치하는 옥외 탱크 저장소에 대하여 각 물음에 답하시오. (단, 그림에서 길이 단위는 mm 이다.)

(11점)

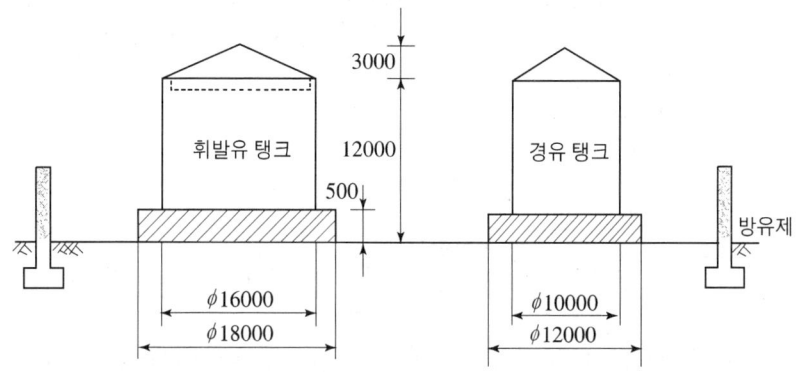

[조건]
1. 탱크용량 및 형태
   - 휘발유탱크 : 2,000m³(지정수량의 10,000배) 플루팅루프탱크(탱크 내 측면과 굽도리판(Foam Dam)사이의 거리는 0.6m이다.(인화점 : 21℃ 미만)
   - 경유탱크 : 850m³(지정수량의 850배) 콘루프탱크(인화점 : 21℃ 이상 70℃ 미만)
2. 고정포 방출구 - 경유탱크 : Ⅱ형, 휘발유탱크 : 특형
3. 포소화약제의 종류 : 수성막포(사용농도 3%)
4. 보조포 소화전 : 쌍구형×2개 설치
5. 참고사항 :
   ① 옥외탱크 저장소의 보유공지

저장 또는 취급하는 위험물의 최대저장량	공지의 너비
지정수량의 500배 이하	3m 이상
지정수량의 500배 초과 1,000배 이하	5m 이상
지정수량의 1,000배 초과 2,000배 이하	9m 이상
지정수량의 2,000배 초과 3,000배 이하	12m 이상
지정수량의 3,000배 초과 4,000배 이하	15m 이상
지정수량의 4,000배 초과	당해 탱크의 최대지름과 탱크의 높이 또는 길이 중 큰 것과 같은 거리 이상 (단, 30m 초과의 경우에는 30m 이상으로 할 수 있고, 15m 미만의 경우는 15m 이상으로 하여야 한다.)

② 고정포 방출구의 방출율 및 방사시간

위험물의 종류	Ⅰ형		Ⅱ형		특형	
	방출율 (L/m²분)	방사시간 (분)	방출율 (L/m²분)	방사시간 (분)	방출율 (L/m²분)	방사시간 (분)
제4류 위험물 중 인화점이 섭씨 21도 미만의 것	4	30	4	55	8	30
제4류 위험물 중 인화점이 섭씨 21도 이상 70도 미만의 것	4	20	4	30	8	20
제4류 위험물 중 인화점이 섭씨 70도 이상의 것	4	15	4	25	8	15

(1) 다음 A, B, C의 거리를 구하시오. (단, 탱크 측판 두께의 보온 두께는 무시한다.)

① A(휘발유탱크 측판과 방유제 내측거리, m)
   ○ 계산과정 :
   ○ 답 :

② B(휘발유탱크 측판과 경유탱크 측판사이거리, m) (단, 휘발유 탱크만 보유공지 단축을 위한 기준에 적합한 물분무 소화설비가 설치됨)
   ○ 계산과정 :
   ○ 답 :

③ C(경유탱크 측판과 방유제 내측거리, m)
   ○ 계산과정 :
   ○ 답 :

(2) 다음에서 요구하는 각 장비의 용량을 구하시오.

① 포소화약제 저장탱크의 최소 용량(L)을 아래 표에 선정하시오.
   (단, 75A 이상의 배관길이는 50m이고, 배관크기는 100A이다.)

   [포소화약제의 저장탱크의 종류]
   700L, 750L, 800L, 900L, 1,000L, 1,200L, 1,500L
   (단, 포소화약제의 저장탱크 용량은 포소화약제의 저장량을 말한다.)

   ○ 계산과정 :
   ○ 답 :

② 가압송수장치(펌프)의 유량(Lpm)
   ○ 계산과정 :
   ○ 답 :

③ 소화설비의 수원(저수량, m³) (단, 소수점 이하는 반올림하여 정수로 표시한다.)
　　○ 계산과정 :
　　○ 답 :
④ 포소화약제의 혼합방식은 펌프와 발포기 중간에 설치된 벤추리관의 벤추리 작용과 펌프 가압수의 포 소화약제 저장탱크에 대한 압력에 의하여 포 소화약제를 흡입·혼합하는 방식이다 포소화약제의 혼합방식 명칭을 쓰시오.

풀이 (1) A, B, C의 거리
① A(휘발유탱크 측판과 방유제 내측거리, m)
　○**계산과정** : A = 탱크높이 $12\text{m} \times \dfrac{1}{2} = 6\text{m}$ 이상
　○**답** : 6m
② B(휘발유탱크 측판과 경유탱크 측판사이 거리, m)
　○**계산과정** : B = 탱크지름 $16\text{m} \times \dfrac{1}{2} = 8\text{m}$ 이상
　○**답** : 8m
③ C(경유탱크 측판과 방유제 내측거리, m)
　○**계산과정** : C = 탱크높이 $12\text{m} \times \dfrac{1}{3} = 4\text{m}$
　○**답** : 4m

(2) 각 장비의 용량
① 포소화약제 저장탱크의 최소용량(L)
　○계산과정 :
　　㉠ 휘발유탱크 약제소요량
$$Q_1(\text{고정포방출구}) = \dfrac{\pi}{4}(16^2 - 14.8^2)\text{m}^2 \times 8\text{L/m}^2 \cdot \text{분} \times 30\text{분} \times \dfrac{3}{100}$$
$$= 209\text{L}$$
$$Q_2(\text{배관}) = 50\text{m} \times \dfrac{\pi}{4} \times 0.1^2 \times \dfrac{3}{100} \times \dfrac{10^3\text{L}}{\text{m}^3} = 11.78\text{L}$$
$$Q_3(\text{보조소화전}) = 3 \times \dfrac{3}{100} \times 8000\,\text{L} = 720\,\text{L}$$
$$Q_T = Q_1 + Q_2 + Q_3 = 209 + 11.78 + 720 = 940.78\,\text{L}$$
　　㉡ 경유 탱크 약제소요량
$$Q_1(\text{고정포방출구}) = \dfrac{\pi}{4} \times 10^2\,\text{m}^2 \times 4\text{L/m}^2 \cdot \text{분} \times 30\text{분} \times \dfrac{3}{100} = 282.74\,\text{L}$$

$$Q_2(\text{배관}) = 50\text{m} \times \frac{\pi}{4}(0.1\text{m})^2 \times \frac{3}{100} \times 10^3 \text{L/m}^3 = 11.78\text{L}$$

$$Q_3(\text{보조소화전}) = 3 \times \frac{3}{100} \times 8000\text{L} = 720\text{L}$$

$$Q_T = 282.74 + 11.78 + 720 = 1014.52\,\text{L}$$

∴ 많은 약제소요량 기준이므로 약제소요량은 1014.52L이다.
[조건]에서 선택하면 1200L이다.

○답 : 1200L

② 가압송수장치(펌프)의 유량(Lpm)
○계산과정 : 경유탱크에 분당 필요한 포수용액의 양(l/분)

$$= Q_1\left(\frac{\pi}{4} \times 10^2 \text{m}^2 \times 4\text{L/m}^2 \cdot \text{분}\right) + Q_3(400\,\text{L/분} \times 3)$$

$$= 1514.16\,\text{L/분}\,(\text{Lpm})$$

○답 : 1514.16 Lpm

③ 소화설비의 수원(저수량, m³) (단, m³ 이하는 반올림하여 정수로 표시한다)
○계산과정 : 경유탱크 수원의 양이 최대이므로

$$Q_1(\text{고정포방출구}) = \frac{\pi}{4} \times 10^2 \text{m}^2 \times 4\text{L/m}^2 \cdot \text{분} \times 30\text{분} \times \frac{97}{100}$$

$$= 9142.03\text{L} = 9.14\text{m}^3$$

$$Q_2(\text{배관}) = 50\text{m} \times \frac{\pi}{4}(0.1\text{m})^2 \times \frac{97}{100} = 0.37\text{m}^3$$

$$Q_3(\text{보조소화전}) = 3 \times \frac{97}{100} \times 8000\text{L} = 23280\text{L} = 23.28\text{m}^3$$

∴ $Q_T = 9.14 + 0.38 + 23.28 = 32.80\,\text{m}^3$ ∴ 33m³

○답 : 33m³

④ ○답 : 프레져 프로포셔너 방식

상세해설

(1) A, B, C의 거리
방유제와 탱크 측면의 이격거리(단, 인화점 200℃ 이상 제외)

탱크지름	이격거리
15m 미만	탱크높이의 $\frac{1}{3}$ 이상
15m 이상	탱크높이의 $\frac{1}{2}$ 이상

① A(휘발유탱크 측판과 방유제 내측거리, m)
휘발유 탱크의 지름(16m)이 15m 이상이므로 방유제와 탱크 측면의 이격거리는 탱크높이의 $\frac{1}{2}$ 이상

$\therefore A = $ 탱크높이 $12\text{m} \times \dfrac{1}{2} = 6\text{m}$ 이상

② B(휘발유탱크 측판과 경유탱크 측판사이 거리, m)
휘발유 탱크는 지정수량의 1만 배이므로 조건 ⑤의 표에서 지정수량의 4,000배 초과에 해당 탱크 지름(16m)이 탱크높이(12m) 보다 크므로 공지의 너비는 탱크지름(16m) 이상이다. 그러나 보유공지단축을 위한 물분무소화설비가 설치되어 있으므로 보유공지의 2분의 1 이상의 너비로 할 수 있다.

$\therefore B = 16\text{m} \times \dfrac{1}{2} = 8\text{m}$

> 지정수량의 **4,000배를 초과**하여 위험물을 저장 또는 취급하는 옥외저장탱크에 있어서는 당해 옥외저장탱크에 다음 각목의 기준에 적합한 **물분무설비로 방호조치를 하는 경우**
> (1) 보유공지를 규정에 의한 보유공지의 2분의 1 이상의 너비로 할 수 있다. 이 경우 공지단축 옥외저장탱크의 화재시 1m^2당 20kW 이상의 복사열에 노출되는 표면을 갖는 인접한 옥외저장탱크가 있으면 당해 표면에도 다음 각목의 기준에 적합한 물분무설비로 방호조치를 함께 하여야 한다.
> (2) 규정에 불구하고, 옥외저장탱크에 다음 각목의 기준에 적합한 물분무설비로 방호조치를 하는 경우에는 그 보유공지를 제1호의 규정에 의한 보유공지의 2분의 1 이상의 너비(최소 3m 이상)로 할 수 있다.
>   ① 탱크의 표면에 방사하는 물의 양은 탱크의 높이(기초의 높이를 제외한 높이) 15m 이하마다 원주길이 1m에 대하여 분당 37l 이상으로 할 것
>   ② 수원의 양은 20분 이상 방사할 수 있는 수량으로 할 것
>   ③ 탱크에 보강링이 설치된 경우에는 보강링의 아래에 물분무헤드를 설치하되, 분무헤드는 탱크의 높이 및 구조를 고려하여 분무가 적정하게 이루어질 수 있도록 배치할 것
>   ④ 물분무소화설비의 설치기준에 준할 것

③ C(경유탱크 측판과 방유제 내측거리, m)
경유 탱크의 지름(10m)이 15m 미만이므로 방유제와 탱크측면의 이격거리는 탱크높이의 $\dfrac{1}{3}$ 이상

$\therefore C = $ 탱크높이 $12\text{m} \times \dfrac{1}{3} = 4\text{m}$

(2) 각 장비의 용량
① ㉠ 휘발유탱크 약제소요량
- 플루팅루프탱크이므로 특형 방출구를 선정한다.
- 휘발유는 위험물 4류 제1석유류(인화점 21℃ 미만)이다.

Q_1(고정포 방출구를 위한 약제 저장량) $= AQTS$

$Q_1 = \dfrac{\pi}{4}(16^2 - 14.8^2)\text{m}^2 \times 8\text{L/m}^2 \cdot \text{분} \times 30\text{분} \times \dfrac{3}{100} = 209\text{L}$

Q_2(배관 충전 필요량) $= Q_A \times S$ [75mm 이하는 제외]

$$Q_2 = 50\text{m} \times \frac{\pi}{4}(0.1\text{m})^2 \times \frac{3}{100} \times 10^3 \text{L/m}^3 = 11.78\text{L}$$

Q_3(보조소화전 약제량) $= N \times S \times 8000l$ [N : 호스접결구수(최대3개)]

$$Q_3 = 3 \times \frac{3}{100} \times 8000\text{L} = 720\text{L}$$

$Q_T = Q_1 + Q_2 + Q_3 = 209 + 11.78 + 720 = 940.78\text{L}$

ⓒ 경유 탱크 약제소요량 : 수성막포 3%사용
- Ⅱ형 포방출구이다.
- 경유는 위험물 제4류 제2석유류(인화점 21℃ 이상 70℃ 미만)이다.

$$Q_1 = \frac{\pi}{4} \times 10^2\text{m}^2 \times 4\text{L/m}^2 \cdot \text{분} \times 30\text{분} \times \frac{3}{100} = 282.74\text{L}$$

$$Q_2 = 50\text{m} \times \frac{\pi}{4}(0.1\text{m})^2 \times \frac{3}{100} \times 10^3\text{L/m}^3 = 11.78\text{L}$$

$$Q_3 = 3 \times \frac{3}{100} \times 8000\text{L} = 720\text{L}$$

$Q_T = 282.74 + 11.78 + 720 = 1014.52\text{L}$

∴ 많은 약제소요량 기준이므로 약제소요량은 1014.52L이다.
[조건]에서 선택하면 1200L이다.

② 펌프의 토출량은 포수용액을 기준시간이내에 토출할 수 있어야 한다.
경유탱크에 분당 필요한 포수용액의 양(L/분)

$$Q_1\left(\frac{\pi}{4} \times 10^2\text{m}^2 \times 4\text{L/m}^2 \cdot \text{분}\right) + Q_3(400\text{L/분} \times 3) = 1514.16\text{L/분}$$

③ 경유 탱크 수원의 양이 최대이므로

$$Q_1(\text{고정포방출구}) = \frac{\pi}{4} \times 10^2\text{m}^2 \times 4\text{L/m}^2 \cdot \text{분} \times 30\text{분} \times \frac{97}{100}$$
$$= 9142.03\text{L} = 9.14\text{m}^3$$

$$Q_2(\text{배관}) = 50\text{m} \times \frac{\pi}{4}(0.1\text{m})^2 \times \frac{97}{100} = 0.37\text{m}^3$$

$$Q_3(\text{보조소화전}) = 3 \times \frac{97}{100} \times 8000\text{L} = 23280\text{L} = 23.28\text{m}^3$$

∴ $Q_T = 9.14 + 0.38 + 23.28 = 32.80\text{m}^3$ ∴ 33m^3

09 다음은 포소화설비의 수동식 기동장치의 설치기준이다. ( )안에 알맞은 답을 쓰시오. (6점)

(1) 직접조작 또는 원격조작에 따라 (①)·수동식개방밸브 및 소화약제 혼합장치를 기동할 수 있는 것으로 할 것
(2) 2 이상의 (②)을 가진 포소화설비에는 방사구역을 선택할 수 있는 구조로 할 것
(3) 기동장치의 조작부는 화재 시 쉽게 접근할 수 있는 곳에 설치하되, 바닥으로부터 (③) m 이상 (④) m 이하의 위치에 설치하고, 유효한 보호장치를 설치할 것
(4) 기동장치의 조작부 및 호스 접결구에는 가까운 곳의 보기 쉬운 곳에 각각 "기동장치의 조작부" 및 (⑤)라고 표시한 표지를 설치할 것
(5) 차고 또는 주차장에 설치하는 포소화설비의 수동식 기동장치는 방사구역마다 1개 이상 설치할 것
(6) 항공기격납고에 설치하는 포소화설비의 수동식 기동장치는 각 방사구역마다 2개 이상을 설치하되, 그중 1개는 각 방사구역으로부터 가장 가까운 곳 또는 조작에 편리한 장소에 설치하고, 1개는 화재감지기의 (⑥)를 설치한 감시실 등에 설치할 것

○답 : ① 가압송수장치 ② 방사구역 ③ 0.8 ④ 1.5 ⑤ 접결구 ⑥ 화재수신기

13년-07월, 17년-11월 기출

10 아래 그림과 같이 바닥이 자갈로 되어있는 절연유 봉입변압기에 물분무소화설비를 하고자 한다. 다음 각 물음에 답하시오. (3점)

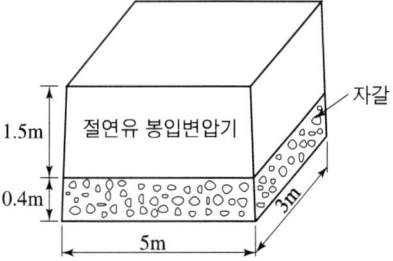

(1) 소화펌프의 최소 토출량(L/min)을 구하시오.
(2) 필요한 최소 수원의 양(m^3)을 구하시오.

풀이 (1) 소화펌프의 최소 토출량(L/min)
　　○계산과정 : $Q(\text{m}^3) = A(\text{m}^2) \times K(\text{L/m}^2 \cdot \text{min})$
　　　　　　　$A = 5\text{m} \times 3\text{m} \times \underset{\text{(상부)}}{1면} + 5\text{m} \times 1.5\text{m} \times \underset{\text{(앞면, 뒷면)}}{2면} + 3\text{m} \times 1.5\text{m} \times \underset{\text{(좌면, 우면)}}{2면}$
　　　　　　　　$= 39\text{m}^2$
　　　　　　　$Q = 39\text{m}^2 \times 10\text{L/m}^2 \cdot \text{min} = 390\text{L/min}$
　　○답 : 390L/min

(2) 필요한 최소 수원의 양(m^3)
　　○계산과정 : $Q = 390\text{L/min} \times 20\text{min} = 7800\text{L} = 7.8\text{m}^3$
　　○답 : 7.8m^3

상세해설

(1) 물분무소화설비의 펌프 분당토출량

소방대상물	펌프의 토출량(l/분)
특수가연물 저장, 취급	바닥면적(m^2)(최대방수구역기준 최소 50m^2)×10L/m^2·분
차고, 주차장	바닥면적(m^2)(최대방수구역기준 최소 50m^2)×20L/m^2·분
절연유 봉입 변압기	표면적(바닥부분제외)(m^2)×10L/m^2·분
케이블 트레이, 닥트	투영된 바닥면적(m^2)×12L/m^2·분
콘베이어벨트 등	벨트부분의 바닥면적(m^2)×10L/m^2·분

(2) 물분무소화설비의 수원의 양

소방대상물	수원의 저수량(m^3)
특수가연물 저장, 취급	바닥면적(m^2)(최대방수구역기준 최소 50m^2)×10L/m^2·분 ×20분
차고, 주차장	바닥면적(m^2)(최대방수구역기준 최소 50m^2)×20L/m^2·분 ×20분
절연유 봉입 변압기	표면적(바닥부분제외)(m^2)×10L/m^2·분×20분
케이블 트레이, 닥트	투영된 바닥면적(m^2)×12L/m^2·분×20분
콘베이어벨트 등	벨트부분의 바닥면적(m^2)×10L/m^2·분×20분

98년-05월, 02년-01월, 03년-07월, 08년-04월 유사, 20년-05월 유사

11 다음 그림은 어느 건축물의 평면도이다. 이 실들 중 A실에 급기가압을 하고 문 A_4, A_5, A_6는 외기와 접해있을 경우 조건을 참조하여 각 물음에 답하시오.

(7점)

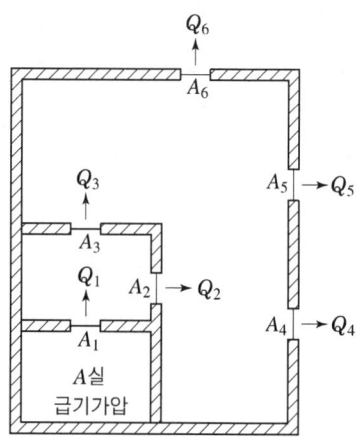

[조건] ① 모든 개구부 틈새면적은 0.01m^2로 동일하다.
② 각 실은 출입문이외의 틈새는 없다.
③ 임의의 어느 실에 대한 급기량 $Q(\text{m}^3/\text{s})$와 얻고자하는 기압차 (Pa)의 관계식은 $Q = 0.827 \times A \times \sqrt{P}$이다.

(1) A실을 기준으로 외기와의 유효개구부 틈새면적을 소수점 5째 자리까지 구하시오.
(2) A실과 외부간에 240Pa의 기압차를 얻기 위하여 A실에 급기시켜야 할 풍량(m^3/s)은 얼마가 되겠는가?

풀이 (1) 유효개구부 틈새면적
  ○계산과정:

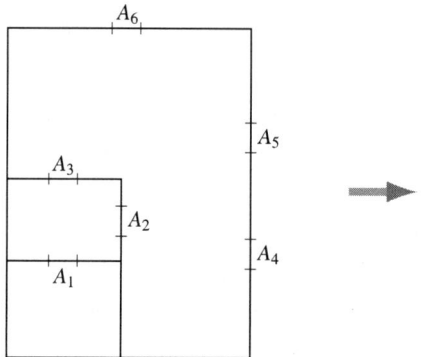

① 도면에서 A_4, A_5, A_6는 병렬상태이므로

$A_4 + A_5 + A_6 = 0.01 + 0.01 + 0.01 = 0.03 \text{m}^2$

② 도면에서 A_2, A_3는 병렬상태이므로 $A_2 + A_3 = 0.01 + 0.01 = 0.02 \text{m}^2$

③ $A_1, A_2 + A_3, A_4 + A_5 + A_6$는 직렬상태

∴ $A_1 = 0.01 \text{m}^2, A_2 \sim A_3 = 0.02 \text{m}^2, A_4 \sim A_6 = 0.03 \text{m}^2$

④ $A_T = \dfrac{1}{\sqrt{\dfrac{1}{0.01^2} + \dfrac{1}{0.02^2} + \dfrac{1}{0.03^2}}} = 8.57 \times 10^{-3} = 0.00857 \text{m}^2$

○답 : 0.0857m^2

(2) 풍량(m^3/s)

○계산과정 : $A = 0.00857 \text{m}^2$, $P = 240 \text{Pa}$

$Q = 0.827 \times 0.00857 \times \sqrt{240} = 0.11 \text{m}^3/\text{s}$

○답 : $0.11 \text{m}^3/\text{s}$

12 그림과 같은 배관을 통하여 유량이 80L/min로 흐르고 있다. B, C배관의 마찰손실수두는 서로 동일하고 B배관의 유량은 30L/min일 때 아래 조건을 참조하여 C배관의 구경(mm)를 계산하시오. (5점)

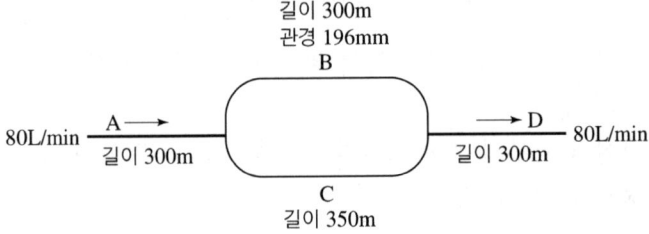

[조건] 헤이젠-윌리엄스 공식

$$\Delta P_m = 6.053 \times 10^4 \times \dfrac{Q^{1.85}}{C^{1.85} \times D^{4.87}}$$

여기서, ΔP_m : 배관 1m당 마찰손실압력(MPa), Q : 유량(L/min)

C : 조도(배관의 거칠음 계수), D : 배관내경(mm)

풀이 ○계산과정 : ① 관로망에서 배관마찰손실은 서로 같다.

② $Q_B = 30 \text{L/min}$, $Q_C = (80-30) = 50 \text{L/min}$, $\Delta P_B = \Delta P_C$

③ $\dfrac{6.053 \times 10^4 \times 30^{1.85}}{C^{1.85} \times 196^{4.87}} \times 300 = \dfrac{6.053 \times 10^4 \times 50^{1.85}}{C^{1.85} \times D^{4.87}} \times 350$

④ $\dfrac{6.053 \times 10^4}{C^{1.85}}$ 은 양변이 같으므로 소거한다.

⑤ $\dfrac{30^{1.85}}{196^{4.87}} \times 300 = \dfrac{50^{1.85}}{D^{4.87}} \times 350$

⑥ $D^{4.87} = \dfrac{196^{4.87} \times 50^{1.85} \times 350}{30^{1.85} \times 300} = 4.3717 \times 10^{11}$

⑦ $D^{4.87 \times \frac{1}{4.87}} = (4.3717 \times 10^{11})^{\frac{1}{4.87}}$ ∴ $D = 245.63\text{mm}$

○답 : 245.63mm

13
가로 15m, 세로 12m, 높이 5m인 전산실에 할론소화설비를 설치할 경우 다음 각 물음에 답하시오.(단, 저장용기의 내용적은 68L이다)   (6점)

(1) 전산실에 가장 적합한 할론 소화약제명을 쓰시오.
(2) 전산실에 필요한 최소 약제소요량(kg)을 구하시오.
(3) 한 병당 최대로 저장할 수 약제량(kg)을 구하시오.
(4) 필요한 최소 저장용기 수를 구하시오.

풀이 (1) 할론 소화약제명
   ○답 : 할론 1301

(2) 최소 약제소요량(kg)
   ○계산과정 : $Q = (15 \times 12 \times 5)\text{m}^3 \times 0.32\text{kg/m}^3 = 288\text{kg}$
   ○답 : 288kg

(3) 한 병당 최대로 저장할 수 약제량(kg)
   ○계산과정 : ① 할론1301 충전비 $C = 0.9$ 이상 1.6 이하
   ② 충전비 $C(\text{L/kg}) = \dfrac{V(\text{L})}{G(\text{kg})}$
   ③ 한 병당 최소 저장량 $G = \dfrac{V}{C} = \dfrac{68\text{L}}{1.6} = 42.50\text{kg}$
   ④ 한 병당 최대 저장량 $G = \dfrac{V}{C} = \dfrac{68\text{L}}{0.9} = 75.55\text{kg}$
   ○답 : 75.55kg

(4) 필요한 최소 저장용기 수
   ○계산과정 : $Q = \dfrac{288}{75.55} = 3.81$병
   ○답 : 4병

14 할로겐화합물 및 불활성기체 소화설비에 압력배관용탄소강관(KS D 3562)을 사용할 때 다음 조건을 참조하여 관의 두께(mm)를 계산하시오. **(4점)**

[조건] ㉠ 압력배관용탄소강관(KS D 3562)의 인장강도는 400MPa, 항복점은 인장강도의 80%이다.
㉡ 최대허용압력은 15MPa이다.
㉢ 배관이음효율은 가열맞대기 용접배관을 적용한다.
㉣ 배관의 최대허용응력(SE)은 배관재질 인장강도의 1/4값과 항복점의 2/3값 중 작은 값(σ)을 기준으로 다음의 식을 적용한다.

$$SE = \sigma \times 배관이음효율 \times 1.2$$

㉤ 적용되는 배관의 바깥지름은 65mm이다.
㉥ 나사이음, 홈이음 등의 허용값(mm)(헤드설치부분은 제외한다)은 무시한다.

○ 계산과정 : ① P(최대허용압력)= 15MPa, D = 65mm
② SE(최대허용응력)계산
 • 인장강도 400MPa
 • 인장강도의 1/4값 = $400\text{MPa} \times \dfrac{1}{4} = 100\text{MPa}$
 • 항복점 = 인장강도의 80% = $400\text{MPa} \times 0.8 = 320\text{MPa}$
 • 항복점의 2/3값 = $320\text{MPa} \times \dfrac{2}{3} = 213.33\text{MPa}$
 • 배관의 최대허용응력 계산(작은 값(σ) = 100MPa 적용)
 ∴ $SE = \sigma \times 배관이음효율 \times 1.2$
   $= 100\text{MPa} \times 0.6(가열맞대기 용접배관) \times 1.2$
   $= 72\text{MPa}$
③ $t = \dfrac{PD}{2SE} + A = \dfrac{15 \times 65}{2 \times 72} = 6.77\text{mm}$

○ 답 : 6.77mm

상세해설

관의 두께

$$t = \dfrac{PD}{2SE} + A$$

여기서, t : 관의 두께(mm), P : 최대허용압력(kPa), D : 배관의 바깥지름(mm)
SE : 최대허용응력(kPa)(배관재질 인장강도의 1/4값과 항복점의 2/3 값 중 적은

값×배관이음효율×1.2)
A : 나사이음(mm) (헤드설치부분은 제외한다)
• 나사이음 : 나사의 높이   • 절단홈이음 : 홈의 깊이   • 용접이음 : 0
※ 배관이음효율 : ① 이음매 없는 배관 : 1.0
　　　　　　　　② 전기저항 용접배관 : 0.85
　　　　　　　　③ 가열맞대기 용접배관 : 0.60

05년-05월, 06년-11월, 10년-10월, 20년-05월 유사

15 그림과 같은 옥내소화전 설비를 아래의 조건에 따라 설치하려고 한다. 다음 물음에 답하시오.
(7점)

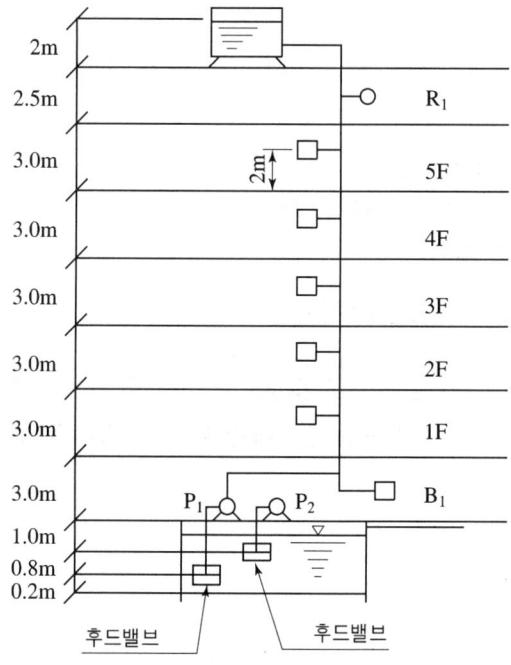

[조건]　1. P_1 = 옥내소화전 펌프
　　　 2. P_2 = 잡용수 양수펌프
　　　 3. 펌프의 후드밸브로부터 5층 옥내소화전함 호스 접결구까지의 마찰손실 및 저항손실 수두는 실 양정의 30%로 한다.
　　　 4. 펌프의 효율은 65%이다.
　　　 5. 옥내소화전의 개수는 각층 3개씩이다.
　　　 6. 소방호스의 마찰손실 수두는 6m이다.

(1) 펌프의 양정(m)을 계산하시오.
(2) 펌프의 최소유량(L/min) 계산하시오.
(3) 펌프의 토출측 주배관의 호칭구경을 계산하시오.
 (단, 배관의 구경은 다음 표에 의한다)

호칭구경	40A	50A	65A	80A	100A
내경(mm)	42	53	69	81	105

풀이 (1) **펌프의 양정**(m)
 ○ 계산과정 : $h_1 = 0.8 + 1.0 + (3 \times 5) + 2 = 18.8\text{m}$
  $h_2 = 18.8 \times 0.3 = 5.64\text{m}$
  $h_3 = 6\text{m}$
  $\therefore H = 18.8 + 5.64 + 6 + 17 = 47.44\text{m}$
 ○ 답 : 47.44m

(2) **펌프의 최소유량**(L/min)
 ○ 계산과정 : $Q = 2 \times 130 = 260\,\text{L/min}$
 ○ 답 : 260L/min

(3) **펌프의 토출측 주배관의 호칭구경**
 ○ 계산과정 : $d = \sqrt{\dfrac{4 \times 0.26\text{m}^3/60\text{s}}{\pi \times 4\text{m/s}}} \times 1000 = 37.14\text{mm}$
  $\therefore$ 주배관 중 수직배관의 최소구경은 50mm 이상
 ○ 답 : 50A

상세해설

(1) **펌프의 양정**(m)
 $H = h_1 + h_2 + h_3 + 17\text{m}$
 여기서, H : 전양정(m), h_1 : 실양정(흡입양정 + 토출양정)(m)
  h_2 : 배관의 마찰손실수두(m), h_3 : 소방용호스의 마찰손실수두(m)
  17m : 노즐선단의 방수압력 환산수두

(2) **옥내소화전설비의 펌프의 토출량**
 $Q = N(최대\ 2개) \times 130\,\text{L/min}$

(3) **펌프의 토출측 배관의 최소 호칭구경**
 ① 펌프 토출측 주배관의 구경은 유속이 4m/s 이하가 될 수 있는 크기 이상
 ② $D(\text{mm}) = \sqrt{\dfrac{4Q}{\pi u}} \times 1000$

(4) 옥내소화전설비의 배관
① 펌프의 **토출** 측 주배관의 구경은 유속이 4m/s 이하가 될 수 있는 크기 이상
② 옥내소화전방수구와 연결되는 가지배관의 구경은 40mm(호스릴옥내소화전설비의 경우에는 25mm) 이상
③ 주배관 중 수직배관의 구경은 50mm(호스릴옥내소화전설비의 경우에는 32mm) 이상
④ 연결송수관설비의 배관과 겸용할 경우의 **주배관**은 구경 100mm 이상, 방수구로 연결되는 배관의 구경은 65mm 이상의 것으로 할 것.

16 다음 그림과 같은 벤츄리관에 유량이 5.6m³/min로 물이 흐르고 있다. 내경이 36cm인 본관에 내경이 13cm인 벤츄리미터가 설치 장치되어 있다. 압력차 $(P_1 - P_2)$(kPa)을 구하시오. (단, 벤츄리관 송출계수(유량계수)는 0.86이라고 가정한다) (5점)

풀이

○계산과정 : $P_1 - P_2 = \dfrac{\left(\dfrac{5.6/60 \times \sqrt{1 - \dfrac{0.13^4}{0.36^4}}}{0.86 \times \dfrac{\pi}{4} \times 0.13^2}\right)^2}{2} = 32.86\,\text{kPa}$

○답 : 32.86kPa

상세해설

(1) 벤츄리미터에서 압력차 계산공식

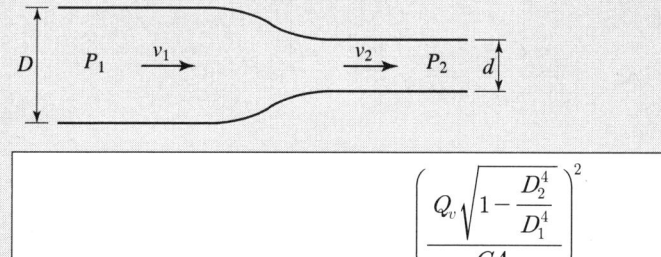

$$P_1 - P_2 = \dfrac{\left(\dfrac{Q_v \sqrt{1 - \dfrac{D_2^4}{D_1^4}}}{CA_2}\right)^2}{2}$$

여기서, P_1 : 1지점의 압력, P_2 : 2지점의 압력
D_1 : 1지점의 내경, D_2 : 2지점의 내경
A_2 : 2지점의 단면적, C : 유량계수
Q_v : 벤츄리미터 유량

(2) 베르누이정리를 이용한 계산공식

① 배관에서의 유량 $Q = \dfrac{Q_v(\text{벤츄리미터 유량})}{C(\text{벤츄리 유량계수})}$

② 유속 계산 $V_1 = \dfrac{Q}{A_1}$, $V_2 = \dfrac{Q}{A_2}$

③ 압력차 계산

$$P_1 - P_2 = \dfrac{\gamma}{2g}\left(V_2^2 - V_1^2\right)$$

여기서, P_1 : 1지점의 압력, P_2 : 2지점의 압력
V_1 : 1지점의 유속, V_2 : 2지점의 유속
γ : 유체의 비중량, g : 중력가속도

(3) 베르누이정리를 이용한 계산공식으로 풀이

① 배관에서의 유량 $Q = \dfrac{Q_v}{C} = \dfrac{5.6\text{m}^3/60\text{s}}{0.86}$

② 유속 계산

$V_1 = \dfrac{Q}{A} = \dfrac{\frac{5.6/60}{0.86}\text{m}^3/\text{s}}{\frac{\pi}{4} \times (0.36\text{m})^2} = 1.0662\text{m/s}$, $V_2 = \dfrac{Q}{A} = \dfrac{\frac{5.6/60}{0.86}\text{m}^3/\text{s}}{\frac{\pi}{4} \times (0.13\text{m})^2} = 8.1764\text{m/s}$

③ 압력차 계산

$P_1 - P_2 = \dfrac{9.8\text{kN/m}^3}{2 \times 9.8\text{m/s}^2} \times (8.1764^2 - 1.0662^2)\text{m}^2/\text{s}^2 = 32.86\text{kN/m}^2(\text{kPa})$

(4) 벤츄리의 유량

$Q_v(\text{m}^3/\text{s}) = C_v Q_2 = C_v \dfrac{\pi D_2^2}{4} \sqrt{\dfrac{2g\Delta h}{1 - (D_2/D_1)}}$

$Q_v(\text{m}^3/\text{s}) = C_v Q_2 = \dfrac{C_v A_2}{\sqrt{1 - (A_2/A_1)^2}} \sqrt{\dfrac{2g(P_1 - P_2)}{\gamma}}$

소방설비기사 - 기계분야

2022년 7월 24일 시행

17년-06월 기출

01 가로15m 세로14m 높이3.5m인 전산실에 할로겐화합물 및 불활성기체 소화약제 중 HFC-23과 IG-541을 사용할 경우 아래 조건을 참조하여 다음 각 물음에 답하시오. (12점)

[조건]
① HFC-23의 소화농도는 A, C급 화재는 38%, B급 화재는 35%이다.
② HFC-23의 저장용기는 68*l*이며 충전밀도는 720.8kg/m³이다.
③ IG-541의 소화농도는 33%이다.
④ IG-541의 저장용기는 80(*l*)용 15.8(m³/병)을 적용하며 충전압력은 19.996MPa이다.
⑤ 소화약제량 산정 시 선형상수를 이용하며 방사시 기준온도는 30℃이다.

소화약제	K_1	K_2
HFC-23	0.3164	0.0012
IG-541	0.65799	0.00239

(1) HFC-23의 저장량은 최소 몇 kg인가?
(2) HFC-23의 저장용기 수는 최소 몇 병 인가?
(3) 배관구경 산정 조건에 따라 HFC-23의 약제량 방사 시 주배관의 방사유량은 몇 kg/s인가?
(4) IG-541의 저장량은 최소 몇 m³인가?
(5) IG-541의 저장용기 수는 최소 몇 병 인가?
(6) 배관구경산정 조건에 따라 IG-541의 약제량 방사 시 주배관의 방사유량은 몇 m³/s인가?

풀이 (1) HFC-23의 저장량

○계산과정 : ① $V = 15 \times 14 \times 3.5 = 735 \text{m}^3$

② $S = 0.3164 + (0.0012 \times 30) = 0.3524 \text{m}^3/\text{kg}$

③ C급 화재시 C=소화농도×K(안전계수)=38%×1.35(C급)

$$= 51.3\%$$

④ $W = \dfrac{735}{0.3524} \times \left(\dfrac{51.3}{100-51.3}\right) = 2197.05\,\text{kg}$

○답 : 2197.05kg

(2) HFC-23의 저장용기 수

○계산과정 : $W = 68(l) \times 0.7208\,(\text{kg}/l) = 49.01\,\text{kg}$

$N = \dfrac{2197.05\,\text{kg}}{49.01\,\text{kg}} = 44.83\,\text{병}$ ∴ 45병

○답 : 45병

(3) HFC-23의 약제량 방사 시 주배관의 방사 유량

○계산과정 : ① $V = 15 \times 14 \times 3.5 = 735\,\text{m}^3$

② $S = 0.3164 + (0.0012 \times 30) = 0.3524\,\text{m}^3/\text{kg}$

③ $C = 38\% \times 1.35(\text{C급}) \times 0.95 = 48.74\%$

④ $W = \dfrac{735}{0.3524} \times \left(\dfrac{48.74}{100-48.74}\right) = 1983.16\,\text{kg}$

⑤ $Q = \dfrac{1983.16\,\text{kg}}{10\,s} = 198.32\,\text{kg/s}$

○답 : 198.32kg/s

(4) IG-541의 저장량

○계산과정 : $V_S = 0.65799 + (0.00239 \times 20) = 0.7058\,\text{m}^3/\text{kg}$

$S = 0.65799 + (0.00239 \times 30) = 0.7297\,\text{m}^3/\text{kg}$

C급 화재시 $C = $ 소화농도 $\times K$(안전계수) $= 33\% \times 1.35(\text{C급}) = 44.55\%$

$X = 2.303 \times \dfrac{0.7058}{0.7297} \times \log_{10}\left(\dfrac{100}{100-44.55}\right) = 0.57\,\text{m}^3/\text{m}^3$

$W = 735\,\text{m}^3 \times 0.57\,\text{m}^3/\text{m}^3 = 418.95\,\text{m}^3$

○답 : 418.95m³

(5) IG-541의 저장용기 수

○계산과정 : $N = \dfrac{418.95\,\text{m}^3}{15.8\,\text{m}^3} = 26.52\,\text{병}$ ∴ 27병

○답 : 27병

(6) IG-541의 약제량 방사 시 주배관의 방사유량

○계산과정 : ① $V_S = 0.7058\,\text{m}^3/\text{kg}$

② $S = 0.65799 + (0.00239 \times 30) = 0.7297\,\text{m}^3/\text{kg}$

③ C급 화재시 C = 33% × 1.35(C급) × 0.95 = 42.32%

④ $X = 2.303 \times \dfrac{0.7058}{0.7297} \times \log_{10}\left(\dfrac{100}{100-42.32}\right) = 0.53\text{m}^3/\text{m}^3$

⑤ $W = 735\text{m}^3 \times 0.53\text{m}^3/\text{m}^3 = 389.55\text{m}^3$

⑥ $Q = \dfrac{389.55\text{m}^3}{120\text{s}} = 3.25\text{m}^3/\text{s}$

○ 답 : $3.25\text{m}^3/\text{s}$

상세해설

(1) HFC-23의 저장량(kg)

HCFC 등의 소화약제량 산출 공식

$$W = \dfrac{V}{S} \times \left(\dfrac{C}{100-C}\right)$$

여기서, W : 소화약제의 무게(kg), V : 방호구역의 체적(m^3)
S : 소화약제별 선형상수$(K_1 + K_2 \times t)(\text{m}^3/\text{kg})$
C : 체적에 따른 소화약제의 설계농도(%)
　　[C = 소화농도(%) × K(안전계수, A급 1.2, B급 1.3, C급 1.35)]
　　※ C급(통전상태)의 안전계수는 A급(전기차단상태)소화농도의 1.35
t : 방호구역의 최소예상온도(℃)

(2) HFC-23의 저장용기 수

용기1병당 약제량(kg)

$$W = V(\text{L}) \times G(\text{kg/L})$$

여기서, $V(\text{L})$: 용기의 부피, $G(\text{kg/L})$: 용기의 충전밀도
$V = 68\text{L}$, $G = 720.8\text{kg}/\text{m}^3 = 720.8\text{kg}/1000\text{L} = 0.7208\text{kg/L}$

(3) 배관구경

방호구역에 할로겐화합물 소화약제가 10초(불활성기체 소화약제는 A, C급 화재 2분, B급 화재 1분) 이내에 최소설계농도의 95% 이상 방출되도록 하여야 한다.

(4) IG-541의 저장량(m^3)

불활성기체 소화약제량 산출 공식

$$X = 2.303 \times \dfrac{V_S}{S} \times \log_{10}\left(\dfrac{100}{100-C}\right)$$

여기서, X : 공간체적당 더해진 소화약제의 부피(m^3/m^3)
V_S : 20℃에서 소화약제의 비체적(m^3/kg)
S : 소화약제별 선형상수$(K_1 + K_2 \times t)(\text{m}^3/\text{kg})$
C : 체적에 따른 소화약제의 설계농도(%)
　※ C급(통전상태)의 안전계수는 A급(전기차단상태)소화농도의 1.35

02 소화약제를 자동으로 방사하는 고정된 소화장치로서 형식승인이나 성능인증을 받은 유효설치 범위 이내에 설치하여 소화하는 자동소화장치의 종류를 5가지만 쓰시오. (5점)

○답 : ① 주거용 주방자동소화장치
② 상업용 주방자동소화장치
③ 캐비닛형 자동소화장치
④ 가스자동소화장치
⑤ 분말자동소화장치
⑥ 고체에어로졸자동소화장치

18년-06월 유사

03 특별피난계단의 계단실 및 부속실 제연설비에 대한 다음 각 물음에 답하시오. (7점)

[조건] ① 제연구역과 옥내와의 차압은 50Pa이다.
② 문의 폭(W)은 1m, 높이(H)는 2.5m이다.
③ 자동폐쇄장치 및 경첩에 의해 폐쇄되는 힘은 50N이다.
④ 문의 손잡이와 문의 끝까지(모서리까지)의 거리는 10cm이다.
⑤ K=상수(1.0)으로 한다.

(1) 제연설비가 가동된 상태에서 출입문 개방에 필요한 힘[N]을 계산하시오.
(2) 플랩댐퍼를 설치하여야 하는지의 여부를 화재안전기술기준을 근거하여 설명하시오.

(1) 출입문 개방에 필요한 힘(N)

○계산과정 : $F = F_{dc} + \dfrac{K_d \times W \times A \times \Delta P}{2(W-d)}$

여기서, F_{dc} : 도어체크의 저항력(50N)
K : 상수(1.0)
W : 폭(1m)
A : 출입문 면적(1m×2m)
ΔP : 압력차(50Pa)
d : 거리(10cm=0.1m)

$$F = 50\text{N} + \frac{1 \times 1\text{m} \times (1\text{m} \times 2.5\text{m}) \times 50\text{Pa}}{2 \times (1\text{m} - 0.1\text{m})} = 119.44\text{N}$$

○ 답 : 119.44N

(2) 플랩댐퍼 설치 여부

○ 답 : 화재안전기술기준에 따른 출입문개방에 필요한 힘은 **110N 이하**이다. 따라서 출입문 개방에 필요한 힘이 119.44N이므로 **플랩댐퍼가 필요**하다.

상세해설

(1) 출입문 개방에 필요한 힘(제연설비가 가동된 상태에서)

$$F[\text{N}] = F_{dc}[\text{N}] + F_P[\text{N}]$$

여기서, F : 출입문개방에 필요한 전체 힘(N)
F_{dc} : 자동폐쇄장치(도어체크)의 저항력(N)
F_P : 차압에 의해 출입문에 미치는 힘(N)

(2) 차압에 의한 방화문에 미치는 힘(제연설비가 가동된 상태에서)

$$F_P = \frac{K_d \times W \times A \times \Delta P}{2(W - d)}$$

여기서, K_d : 상수 값(1.0), W : 출입문의 폭(m), A : 출입문의 면적(m^2)
ΔP : 제연구역과 옥내와의 차압(Pa)
d : 문의 손잡이와 문의 끝까지(모서리까지)의 거리(m)

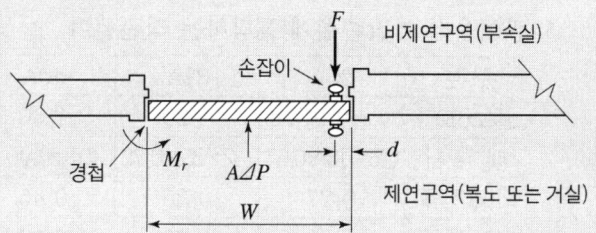

[제연구역 출입문에 미치는 힘]

(3) 특별피난계단의 계단실 및 부속실 제연설비의 화재안전기술기준(NFTC 501A)
① 제연설비가 가동되었을 경우 출입문의 개방에 필요한 힘은 110N 이하
② 제연구역과 옥내와의 사이에 유지하여야 하는 최소 차압은 40Pa
 (옥내에 스프링클러설비가 설치된 경우에는 12.5Pa) 이상

00년-04월, 02년-07월, 07년-04월, 12년-07월, 16년-06월

04 폐쇄형 헤드를 사용한 스프링클러 설비에서 나타난 스프링클러헤드 중 A점에 설치된 헤드 1개만이 개방되었을 때 다음 각 물음에 답하시오.

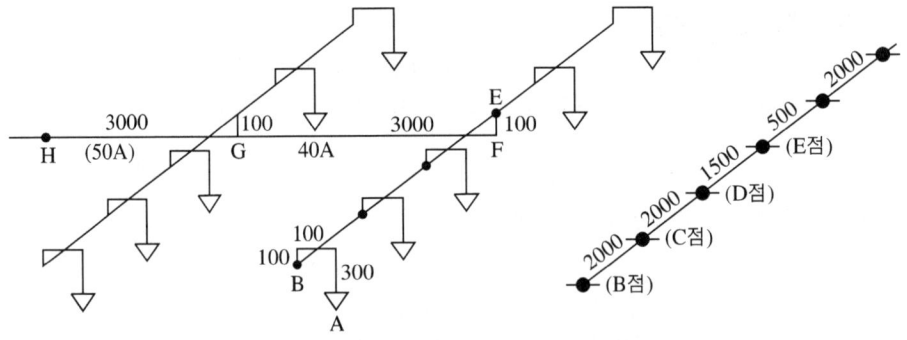

[조건] ① 급수관 중 「H점」에서의 가압수 압력은 0.15MPa로 계산한다.
② 티이 및 엘보는 직경이 다른 티이 및 엘보는 사용치 않는다.
③ 스프링클러헤드는 「15A」헤드가 설치된 것으로 한다.
④ 직관 마찰 손실(100m당)   (단위 : m)

유량	25A	32A	40A	50A
80 l/min	39.82	11.38	5.40	1.68

(A점에서의 헤드 방수량 80 l/min로 계산한다.)
⑤ 관이음쇠 마찰손실에 해당하는 직관길이   (단위 : m)

구 분	25A	32A	40A	50A
엘보(90°)	0.9	1.20	1.50	2.10
레 듀 샤	(25×15A)0.54	(32×25A)0.72	(40×32A)0.90	(50×40A)1.20
티이(직류)	0.27	0.36	0.45	0.60
티이(분류)	1.50	1.80	2.10	3.00

⑥ 방사압력 산정에 필요한 계산과정을 상세히 명시하고, 방사 압력을 소수점 4자리까지 구하시오.(소수점 4자리 미만은 삭제)
⑦ 물의 비중량은 9800N/m^3으로 한다.

(1) H ~ A까지의 배관마찰손실수두(m)를 계산하시오.
   (단, 소수점 넷째 자리까지 나타내시오)
(2) (   )가 (   )보다 위치수두가 (   )m 높다. (   )안에 알맞은 답을 쓰시오.
(3) A점에서 방사압력(kpa)을 계산하시오.
   (단, 소수점 넷째 자리까지 나타내시오.)

풀이 (1) H ~ A까지의 배관마찰손실수두
○ 계산과정 :

관경	유량	직관 및 등가길이(m)	100m당 마찰손실수두 (m)	마찰손실수두 (m)
50A	80 L/min	직관 : 3 관부속 : 티이(직류)1개×0.60=0.60 　　　　레듀샤(50×40)1개×1.20=1.20 계 : 4.80	1.68	$4.8 \times \dfrac{1.68}{100}$ $= 0.0806$
40A	80 L/min	직관 : 3+0.1=3.1 관부속 : 엘보(90°)1개×1.50=1.50 　　　　티이(분류)1개×2.10=2.10 　　　　레듀샤(40×32)1개×0.90=0.90 계 : 7.60	5.40	$7.60 \times \dfrac{5.40}{100}$ $= 0.4104$
32A	80 L/min	직관 : 1.5 관부속 : 티이(직류)1개×0.36=0.36 　　　　레듀샤(32×25)1개×0.72=0.72 계 : 2.58	11.38	$2.58 \times \dfrac{11.38}{100}$ $= 0.2936$
25A	80 L/min	직관 : 2+2+0.1+0.1+0.3=4.5 관부속 : 티이(직류)1개×0.27=0.27 　　　　엘보(90°)3개×0.9=2.70 　　　　레듀샤(25×15)1개×0.54=0.54 계 : 8.01	39.82	$8.01 \times \dfrac{39.82}{100}$ $= 3.1895$
		총 계		3.9741m

○ 답 : 3.9741m

(2) H의 위치수두(A점 기준)
　○ 계산과정 : $H = 0.3\text{m}(300\text{mm}) - 0.1\text{m}(100\text{mm}) - 0.1\text{m}(100\text{mm}) = 0.1\text{m}$
　○ 답 : H, A, 0.1

(3) A점에서 방사압력
　○ 계산과정 : ① $\Delta H_L(손실수두) = (0.1 + 0.1 - 0.3) + 3.9741 = 3.8741\text{m}$
　　　　　　　② 물의 비중량 $= 9800\text{N/m}^3 = 9.8\text{kN/m}^3$
　　　　　　　③ $\Delta P = \gamma h = 9.8\text{kN/m}^3 \times 3.8741\text{m} = 37.96618\text{kN/m}^2(\text{kPa})$
　　　　　　　④ $P = 0.15 \times 10^3 \text{kPa} - 37.96618\text{kPa} = 112.03382\text{kPa}$
　○ 답 : 112.0338kPa

18년-04월, 19년-04월 기출

05 경유를 저장하는 내부직경이 50m인 플루팅루프탱크(부상식 지붕구조)에 포방출구를 설치하여 방호하려고 할 때 아래의 조건을 참조하여 다음 각 물음에 답하시오.

(9점)

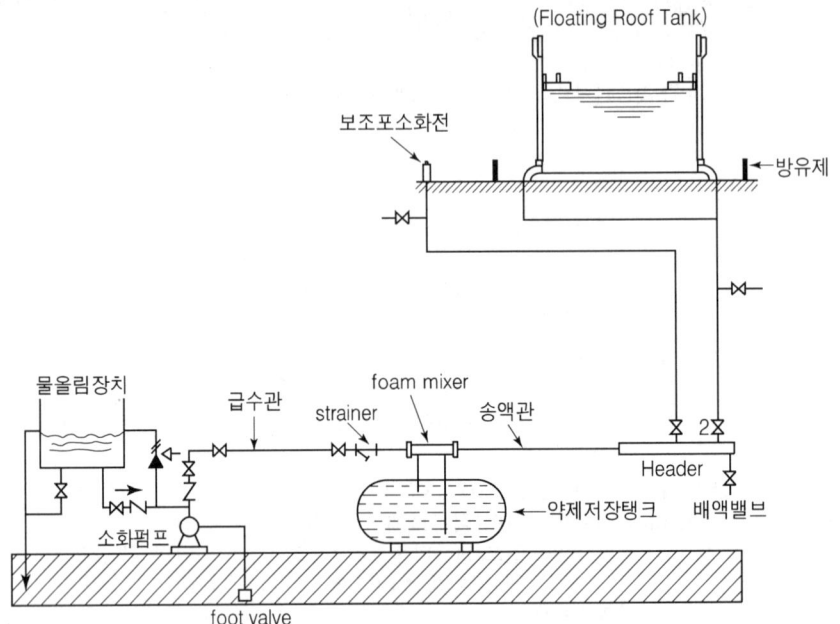

[조건] ① 소화약제는 6%용의 단백포를 사용하며 수용액의 표준 방사량은 $8L/m^2 \cdot$분이고 방사시간은 30분을 기준으로 한다.
② 탱크내면과 굽도리판의 간격은 1.2m로 한다.
③ 보조소화전은 3개 설치되어 있다.
④ 송액배관의 길이는 200m이며 내경은 100mm이다.
⑤ 물의 밀도는 $1000kg/m^3$, 포소화약제의 밀도는 $1050kg/m^3$이다.

(1) 고정식 포방출구의 종류는 무엇인가?
(2) 가압송수장치의 최소 분당 토출량(L/분)을 계산하시오.
  ○ 계산과정 :
  ○ 답 :
(3) 최소 수원의 양(m^3)을 계산하시오.
  ○ 계산과정 :
  ○ 답 :
(4) 최소 포소화약제의 양(l)을 계산하시오.
  ○ 계산과정 :
  ○ 답 :

(5) 배관 내 물의 질량 유량(kg/s) 과 포소화약제의 질량유량(kg/s)을 계산하시오.
　○ 계산과정 :
　○ 답 :
(6) 포소화약제의 혼합방식을 쓰시오.

풀이 **(1) 고정포방출구의 종류**
　○답 : 특형방출구

(2) 가압송수장치의 분당 토출량(L/분)
　○계산과정 : $Q = \dfrac{\pi}{4} \times (50^2 - 47.6^2)\text{m}^2 \times 8l/\text{m}^2 \cdot \min + 3 \times 400 l/\min$
　　　　　　$= 2671.77 l/\min$
　○답 : $2671.77 l/\min$

(3) 수원의 양(m³)
　○계산과정 : $Q_1 = \dfrac{\pi}{4} \times (50^2 - 47.6^2)\text{m}^2 \times 8\text{L}/\text{m}^2 \cdot \min \times 30\min \times 0.94$
　　　　　　$= 41504.01\text{L} = 41.50\text{m}^3$
　　　　$Q_2 = 3 \times 0.94 \times 8000(400\text{L}/\min \times 20\min) = 22560\text{L} = 22.56\text{m}^3$
　　　　$Q_3 = \dfrac{\pi}{4} \times (0.1\text{m})^2 \times 200\text{m} \times 0.94 \times \dfrac{1000\text{L}}{\text{m}^3} = 1476.55\text{L} = 1.48\text{m}^3$
　　　$Q = Q_1 + Q_2 + Q_3 = 41.50 + 22.56 + 1.48 = 65.54\text{m}^3$
　○답 : 65.54m^3

(4) 포소화약제의 양(L)
　○계산과정 :
　　$Q_1 = \dfrac{\pi}{4} \times (50^2 - 47.6^2)\text{m}^2 \times 8\text{L}/\text{m}^2 \cdot \min \times 30\min \times 0.06 = 2649.19\text{L}$
　　$Q_2 = 3 \times 0.06 \times 8000(400\text{L}/\min \times 20\min) = 1440\text{L}$
　　$Q_3 = \dfrac{\pi}{4} \times (0.1\text{m})^2 \times 200\text{m} \times 0.06 \times \dfrac{1000\text{L}}{\text{m}^3} = 94.25\text{L}$
　　$Q = Q_1 + Q_2 + Q_3 = 2649.19 + 1440 + 94.25 = 4183.44\text{L}$
　○답 : 4183.44L

(5) 물의 질량유량(kg/s) 및 포소화약제의 질량유량(kg/s)

① 물의 질량유량

○계산과정 : $\overline{m} = Au\rho = Q\rho = \dfrac{2671.77\text{L}}{60\text{s}} \times 0.94 \times 1\text{kg/L} = 41.86\text{kg/s}$

○답 : 41.86kg/s

② 포소화약제의 질량유량

○계산과정 : $\overline{m} = Au\rho = Q\rho = \dfrac{2671.77\text{L}}{60\text{s}} \times 0.06 \times 1.05\text{kg/L} = 2.81\text{kg/s}$

○답 : 2.81kg/s

(6) 포소화약제의 혼합방식

○답 : 프레져 푸로포셔너방식

11년-11월, 14년-11월, 18년-04월 기출

06 다음은 미분무소화설비의 화재안전기술기준에서 사용하는 용어의 정의이다. ( )안에 알맞은 답을 쓰시오. (4점)

> "미분무"란 물만을 사용하여 소화하는 방식으로 최소설계압력에서 헤드로부터 방출되는 물입자 중 99%의 누적체적분포가 (①)μm 이하로 분무되고 (②)화재에 적응성을 갖는 것을 말한다.

풀이 ○답 : ① 400
② A, B, C급

상세해설

미분무소화설비의 화재안전기술기준(NFTC 104A)
용어의 정의
① "미분무"란 물만을 사용하여 소화하는 방식으로 최소설계압력에서 헤드로부터 방출되는 물입자 중 99%의 누적체적분포가 400μm 이하로 분무되고 A, B, C급 화재에 적응성을 갖는 것을 말한다.
② "저압 미분무 소화설비"란 최고사용압력이 1.2MPa 이하인 미분무소화설비를 말한다.
③ "중압 미분무 소화설비"란 사용압력이 1.2MPa을 초과하고 3.5MPa 이하인 미분무소화설비를 말한다.
④ "고압 미분무 소화설비"란 최저사용압력이 3.5MPa을 초과하는 미분무소화설비를 말한다.

07 기동용수압개폐장치인 압력챔버의 기능을 3가지만 쓰시오. (3점)

○답 : ① 가압송수장치의 자동기동 또는 정지
　　　② 수격작용방지
　　　③ 배관 내 압력저하 감지

상세해설

(1) **압력챔버(기동용수압개폐장치)**
　소화설비의 배관내 압력변동을 검지하여 자동적으로 펌프를 기동 또는 정지시키는 것
(2) **내부용적 및 호칭압력**
　① 압력챔버의 내부용적은 100L 이상이어야 하며 내부용적을 증가하는 경우에는 100 단위로 하여야 한다.
　② 압력챔버의 호칭압력은 사용압력에 따라 다음과 같이 구분한다.

호칭압력	1MPa	2MPa
사용압력(MPa)	1MPa 미만	1MPa 이상 2MPa 미만

(3) **압력챔버의 기능**
　① 압력챔버의 압력스위치는 용기내의 압력이 작동압력이 되는 경우와 중지압력이 되는 경우에 즉시 작동 및 정지되어야 한다.
　② 압력챔버의 안전밸브는 호칭압력과 호칭압력의 1.3배의 압력범위내에서 작동되어야 한다.

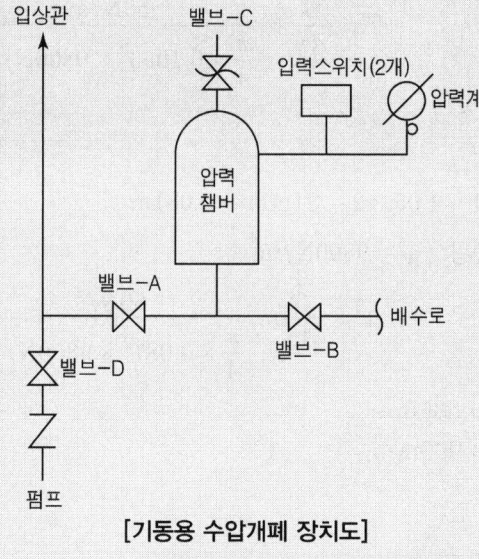

[기동용 수압개폐 장치도]

08 아래 조건과 같은 배관의 A지점에서 B지점으로 50N/s의 소화수가 흐를 때 A, B 각 지점에서 평균속도(m/s)를 계산하시오(단, 조건에 없는 내용은 고려하지 않으며 계산과정을 쓰고 답은 소수점 넷째자리에서 반올림하여 셋째자리까지 구하시오). (3점)

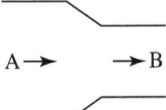

[조건] ① 배관의 재질 : 배관용 탄소강관(KS D 3507)
② A지점 : 호칭지름 100, 바깥지름 : 114.3mm, 두께 4.5mm
③ B지점 : 호칭지름 80, 바깥지름 : 89.1mm, 두께 4.05mm

풀이 ○ 계산과정 :

(1) A지점 유속

$\overline{G} = 50\text{N/s}$

$d_1 = 114.3 - 4.5 \times 2 = 105.3\text{mm} = 0.1053\text{m}$

물의 비중량 $\gamma_W = 9800\text{N/m}^3$

$\overline{G} = AV\gamma \qquad V = \dfrac{\overline{G}}{A\gamma} = \dfrac{50\text{N/s}}{\dfrac{\pi}{4} \times 0.1053^2 \times 9800\text{N/m}^3} = 0.5859\text{m/s}$

(2) B지점 유속

$\overline{G} = 50\text{N/s}$

$d_2 = 89.1 - 4.05 \times 2 = 81\text{mm} = 0.081\text{m}$

물의 비중량 $\gamma_W = 9800\text{N/m}^3$

$\overline{G} = AV\gamma \qquad V = \dfrac{\overline{G}}{A\gamma} = \dfrac{50\text{N/s}}{\dfrac{\pi}{4} \times 0.081^2 \times 9800\text{N/m}^3} = 0.9901\text{m/s}$

○ 답 : A지점 0.586m/s
B지점 0.990m/s

09 다음 그림은 위험물저장탱크에 국소방출방식의 이산화탄소소화설비를 설치한 도면이다. 각 물음에 답하시오.(단, 고압식이며 방호대상물 주위에 설치된 벽은 없다고 가정한다.) (6점)

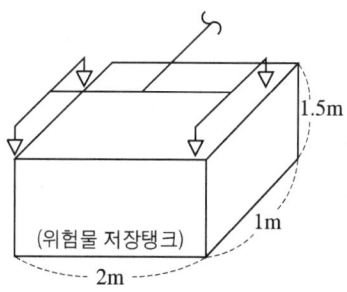

(1) 방호공간의 체적(m^3)을 계산하시오.
  ○ 계산과정 :   ○ 답 :
(2) 소화약제 최소저장량(kg)을 계산하시오.
  ○ 계산과정 :   ○ 답 :
(3) 하나의 분사헤드에 대한 방출량(kg/s)을 계산하시오.
  ○ 계산과정 :   ○ 답 :

풀이 (1) 방호공간의 체적(m^3)
  ○계산과정 : $V = (0.6+2+0.6) \times (0.6+1+0.6) \times (1.5+0.6) = 14.78m^3$
  ○답 : $14.78m^3$

(2) 소화약제 최소저장량(kg)
  ○계산과정 : $V = 14.78m^3$
  $a = 0$(방호대상물 주위에 설치된 벽은 없다)
  $\dfrac{a}{A} = 0$, $K = 1.4$(고압식)
  $Q = V \times \left(8 - 6 \times \dfrac{a}{A}\right) \times K = 14.78 \times (8 - 6 \times 0) \times 1.4 = 165.54 kg$
  ○답 : 165.54kg

(3) 하나의 분사헤드에 대한 방출량(kg/s)
  ○계산과정 : $Q = \dfrac{165.54 kg}{30s \times 4} = 1.38 kg/s$
  ○답 : 1.38kg/s

상세해설

(1) 방호공간의 체적(m^3)
방호대상물의 각 부분으로부터 0.6m의 거리에 따라 둘러싸인 공간

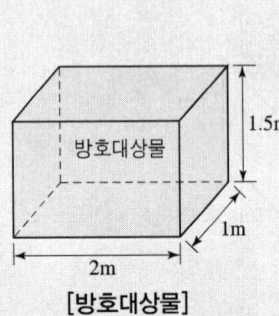
[방호대상물]

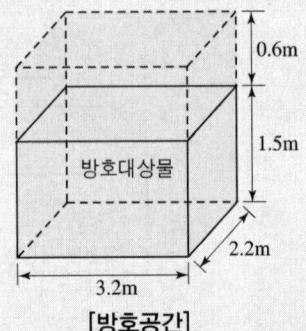
[방호공간]

(2) 국소방출방식
① • 윗면이 개방된 용기에 저장하는 경우
 • 화재시 연소면이 한정되고 가연물이 비산할 우려가 없는 경우
 $Q(kg) =$ 방호대상물 표면적$(m^2) \times 13kg/m^2 \times$ [고압식 1.4, 저압식 1.1]

② ① 이외의 경우
 $Q(kg) = V$(방호공간의 체적)$\times Q_1 \times$ [고압식 1.4, 저압식 1.1]

 $Q_1 = 8 - 6\dfrac{a}{A}$

 여기서, Q_1 : (kg/m^3)
  a : 방호대상물 주위에 설치된 벽면적 합계(m^2)
  A : 방호공간의 벽면적 합계(m^2)

※ **방호공간** : 방호대상물의 각 부분으로부터 0.6m의 거리에 따라 둘러싸인 공간

[주] (1) 방호공간의 벽 면적 계산 시 상부(뚜껑)의 면적은 적용하지 않는다.
 (2) 바닥은 밀폐된 것으로 간주하는 것이 원칙이며 별도의 규정이 없는 한 0.6m 연장을 적용하면 안된다.
 (3) 방호대상물로부터 0.6m 이내에 기둥 또는 칸막이가 설치되어 더 이상 연장할 수 없는 경우에는 해당부분까지만 연장하여야 한다.

10 아래 그림과 같은 배관 내에 물이 흐르는 경우 배관 ①, ②, ③에 흐르는 각각의 유량(Lpm)을 계산하여 소수점 미만은 반올림하여 정수로 나타내시오. (단, A, B사이의 배관 ①, ②, ③의 마찰손실수두는 모두 각각 10m로 같고 관경 및 유량은 다음 그림과 같다. 이 때 다음의 Hazen-Williams의 식을 이용하여라.)

Hazen-Williams의 식 : $\Delta Pm(\text{MPa/m}) = 6.053 \times 10^4 \times \dfrac{Q^{1.85}}{C^{1.85} \times d^{4.87}}$

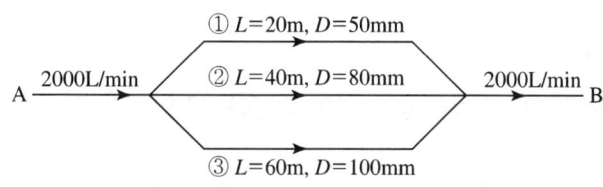

풀이 ○ 계산과정 :

(1) $\Delta Pm(\text{MPa}) = 6.053 \times 10^4 \times \dfrac{Q^{1.85}}{C^{1.85} \times d^{4.87}} \times L$ 에서

$Q = \left(\dfrac{d^{4.87} \times \Delta P \times C^{1.85}}{6.053 \times 10^4 \times L} \right)^{\frac{1}{1.85}}$

(2) ①~③의 배관마찰손실압력

$\Delta P = \gamma H = 9.8 \,\text{kN/m}^3 \times 10\text{m} = 98 \,\text{kN/m}^2 = 98 \text{kPa} = 0.098 \text{MPa}$

(3) $Q_① + Q_② + Q_③ = 2000 \text{L/min}$

(4) $\left(\dfrac{50^{4.87} \times 0.098 \times C^{1.85}}{6.053 \times 10^4 \times 20} \right)^{\frac{1}{1.85}} + \left(\dfrac{80^{4.87} \times 0.098 \times C^{1.85}}{6.053 \times 10^4 \times 40} \right)^{\frac{1}{1.85}}$

$+ \left(\dfrac{100^{4.87} \times 0.098 \times C^{1.85}}{6.053 \times 10^4 \times 60} \right)^{\frac{1}{1.85}} = 2000$

(5) $4.3554C + 10.3192C + 14.9132C = 2000$, $29.5878C = 2000$, $C = 67.5954$

(6) $Q_① = 4.3554C = 4.3554 \times 67.5954 = 294.41 \text{L/min} ≒ 294 \text{L/min}$

$Q_② = 10.3192C = 10.3192 \times 67.5954 = 697.53 \text{L/min} ≒ 698 \text{L/min}$

$Q_③ = 14.9132C = 14.91.32 \times 67.5954 = 1008.06 \text{L/min} ≒ 1008 \text{L/min}$

○ 답 : $Q_① = 294 \text{L/min}$

$Q_② = 698 \text{L/min}$

$Q_③ = 1008 \text{L/min}$

> **상세해설**
>
> (1) 배관의 마찰손실을 ΔP라고 가정하면 ①, ②, ③의 마찰손실수두가 모두 같으므로 다음의 관계가 성립한다.
> $\Delta P_1 = \Delta P_2 = \Delta P_3$ ··· ⓐ식
> (2) 각 배관 내에 흐르는 유량을 Q라고 가정하면
> $Q_1 + Q_2 + Q_3 = 2000\text{L/min}$ ···································· ⓑ식

11 다음 조건 및 그림을 참조하여 각 물음에 답하시오. (10점)

[조건] ① 옥내소화전은 층마다 2개씩 설치되어 있다.
② 흡입배관의 내경은 65mm, 토출배관의 내경은 100mm이다.
③ 연성계의 지시압력은 3.8mmHg이고 압력계의 지시압력은 0.5MPa이다.
④ 물의 비중량은 9.8kN/m³로 한다.

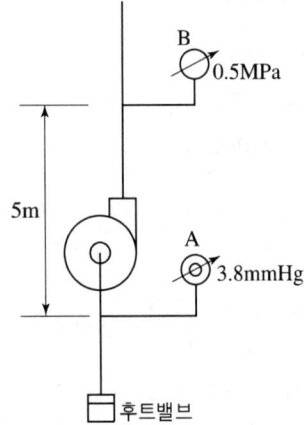

(1) A, B의 도시기호를 그리고 지시압력범위를 쓰시오.
(2) 흡입배관 및 토출측 배관 내 유속(m/s)을 구하시오.
(3) 전 양정(m)을 구하시오.
(4) 펌프의 수동력(kW)을 구하시오.

풀이 (1) A, B의 도시기호 및 지시압력범위

○답 :

구분	A	B
도시기호	(연성계 기호)	(압력계 기호)
지시압력범위	대기압력 이상 및 이하	대기압력 이상

(2) 흡입배관 및 토출측 배관 내 유속(m/s)

○계산과정 : 흡입측 배관 유속 $V = \dfrac{Q}{A} = \dfrac{0.26\text{m}^3/60\text{s}}{\dfrac{\pi}{4} \times (0.065\text{m})^2} = 1.31\text{m/s}$

토출측 배관 유속 $V = \dfrac{Q}{A} = \dfrac{0.26\text{m}^3/60\text{s}}{\dfrac{\pi}{4} \times (0.1\text{m})^2} = 0.55\text{m/s}$

○답 : 흡입측 배관 유속 1.31m/s
　　　토출측 배관 유속 0.55m/s

(3) 전 양정(m)

○계산과정 : $H = 3.8\text{mmHg} \times \dfrac{10.332\text{m}}{760\text{mmHg}} + 5\text{m} + \dfrac{0.5 \times 10^3 \text{kpa}}{9.8\text{kN/m}^3} + 17\text{m}$

　　　　　$= 73.07\text{m}$

○답 : 73.07m

(4) 펌프의 수동력(kW)

○계산과정 : $P = \gamma QH = 9.8\text{kN/m}^3 \times (0.26\text{m}^3/60\text{s}) \times 73.07\text{m} = 3.10\text{kW}$

○답 : 3.10kW

16년-04월 기출

12 정격토출량 및 정격토출양정이 각각 800Lpm 및 80m인 표준수직원심펌프의 성능특성곡선을 그리고 체절점(양정, 토출량), 설계점(양정, 토출량), 운전점(양정, 토출량)을 명시하시오. **(4점)**

○답 : (1) **체절점**
　① H(체절점 양정) = 80m × 1.4 = 112m
　② Q(체절점 유량) = 0l/min
(2) **설계점**
　① H(설계점 양정) = 80m × 1.0(100%) = 80m
　② Q(설계점 토출량) = 800l/min × 1.0(100%) = 800l/min
(3) **운전점**
　① H(운전점 양정) = 80m × 0.65 = 52m
　② Q(운전점 유량) = 800l/min × 1.5 = 1200l/min

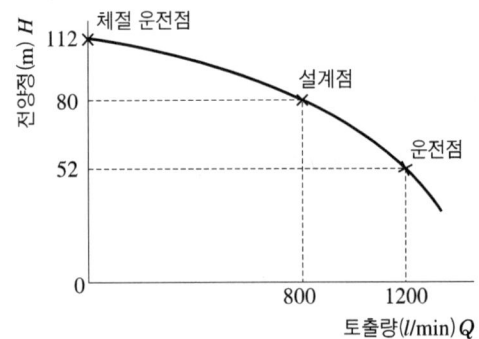

펌프의 성능
- 체절운전 시 정격토출압력의 140%를 초과하지 아니할 것
- 정격토출량의 150%로 운전 시 정격토출압력의 65% 이상이 되어야 할 것.

(1) **체절점**
　① 체절점 양정 = 정격 토출양정 × 1.4(140%)
　② 체절점 유량 = 펌프의 토출측 밸브가 모두 폐쇄된 상태 운전 즉 토출유량이 0인 유량
(2) **설계점**
　① 설계점 양정 = 정격 토출양정 × 1.0(100%)
　② 설계점 토출량 = 정격 토출량 × 1.0(100%)
(3) **운전점**
　① 운전점의 양정 = 정격 양정 × 0.65(65%)
　② 운전점 유량 = 정격토출량 × 1.5(150%)

13 아래의 소방대상물에 수동식 분말소화기를 설치하고자한다. 분말소화기 1개의 능력단위가 A급 화재기준으로 2단위인 경우 최저로 필요한 소요 소화기 개수를 계산하시오. (단, 언급되지 않은 기타 조건은 무시한다) **(4점)**

(1) 바닥면적이 400m²인 숭례문
(2) 바닥면적이 950m²인 전시장

풀이 (1) 숭례문(문화재)의 소요능력단위는 바닥면적 50m²마다 1단위 이상

○ 계산과정 : 소요능력단위 $= \dfrac{400m^2}{50m^2} = 8$단위

소요 소화기 개수 $= \dfrac{8단위}{2단위/개} = 4$개

○ 답 : 4개

(2) 전시장의 소요능력단위는 바닥면적 100m²마다 1단위 이상

○ 계산과정 : 소요능력단위 $= \dfrac{950m^2}{100m^2} = 9.5$단위 ∴ 10단위(소수점 이하는 절상)

소요 소화기 개수 $= \dfrac{10단위}{2단위/개} = 5$개

○ 답 : 5개

상세해설

소방대상물별 소화기구의 능력단위기준

소방대상물	능력단위기준
1. 위락시설	바닥면적 30m² 마다 능력단위 1단위 이상
2. 공연장, 집회장, 관람장, 문화재·장례식장 및 의료시설	바닥면적 50m² 마다 능력단위 1단위 이상
3. 근린생활시설·판매시설·운수시설·숙박시설·노유자시설·전시장·공동주택·업무시설·방송통신시설·공장·창고시설·항공기 및 자동차관련시설 및 관광휴게시설	바닥면적 100m² 마다 능력단위 1단위 이상
4. 그 밖의 것	바닥면적 200m² 마다 능력단위 1단위 이상

[주] 소화기구의 능력단위를 산출함에 있어서 건축물의 주요구조부가 내화구조이고, 벽 및 반자의 실내에 면하는 부분이 불연재료·준불연재료 또는 난연재료로 된 특정소방대상물에 있어서는 위 표의기준면적의 2배를 해당 특정소방대상물의 기준면적으로 한다.

14 다음의 조건과 같이 이산화탄소소화설비를 설치하고자 한다. 주어진 조건을 참조하여 각 물음에 답하시오. (10점)

[조건]
1. 설비는 전역방출방식으로 하며 설치장소는 케이블실, 박물관, 일산화탄소저장실 임.
2. 모든 실의 개구부에는 자동폐쇄장치가 설치
3. 각 실별 방호구역의 체적은 다음과 같다.

실 명	방호구역체적
• 케이블실	400m³
• 박물관	240m³
• 일산화탄소저장실	32m³

4. 일산화탄소저장실은 표면화재이며 설계농도가 34% 이상으로서 보정계수는 1.9로 한다.
5. 저장용기의 내용적은 68L이며, 충전비는 1.7로 동일 충전비를 가짐.

(1) 각 실별 약제소요량(kg)을 계산하시오.

실 명	약제소요량(계산과정 포함)
• 케이블실	
• 박물관	
• 일산화탄소저장실	

(2) 저장용기 1병당 약제저장량(kg)을 계산하시오.
(3) 각 실별 소요병수(병)를 계산하시오.

실 명	소요 병수(계산과정 포함)
• 케이블실	
• 박물관	
• 일산화탄소저장실	
• 저장용기실	

(4) 방호구역내의 산소농도가 14%인 경우 이산화탄소의 농도(%)를 계산하시오.
(5) 케이블실과 박물관에 이산화탄소약제를 방사하였을 경우 방사된 이산화탄소의 체적(m³)을 계산하시오.(단, 표준상태(0℃, 1atm)을 기준으로 한다.)

풀이 (1) 각 실별 약제소요량
　　○ 계산과정 및 답 :

실 명	약제소요량(계산과정 포함)
• 케이블실(심부화재)	$Q = 400\text{m}^3 \times 1.3\text{kg/m}^3 = 520\text{kg}$
• 박물관(심부화재)	$Q = 240\text{m}^3 \times 2.0\text{kg/m}^3 = 480\text{kg}$
• 일산화탄소저장실 (표면화재)	$Q_1 = 32\text{m}^3 \times 1.0\text{kg/m}^3 = 32\text{kg}$　최저한도의 양이 45kg $Q = Q_1 \times K(\text{보정계수}) = 45\text{kg} \times 1.9 = 85.5\text{kg}$

(2) 저장용기 1병당 약제저장량(kg)

　　○ 계산과정 : $G = \dfrac{V}{C} = \dfrac{68\text{L}}{1.7} = 40\text{kg}$

　　○ 답 : 40kg

(3) 각 실별 소요병수
　　○ 계산과정 및 답 :

실 명	소요 병수	
• 케이블실(심부화재)	$N = \dfrac{520\text{kg}}{40\text{kg}} = 13$	∴ 13병
• 박물관(심부화재)	$N = \dfrac{480\text{kg}}{40\text{kg}} = 12$	∴ 12병
• 일산화탄소저장실 (표면화재)	$N = \dfrac{85.5\text{kg}}{40\text{kg}} = 2.14$	∴ 3병
• 저장용기실	가장 많은 양의 약제를 필요로 하는 방호구역 기준이므로 13병	

(4) 산소농도가 14%인 경우 이산화탄소의 농도(%)

　　○ 계산과정 : $CO_2(\%) = \dfrac{21-14}{21} \times 100 = 33.33\%$

　　○ 답 : 33.33%

(5) 이산화탄소의 체적(m^3)
　　○ 계산과정 :

　　① 케이블실 $G_V = \dfrac{WRT}{PM} = \dfrac{13\text{병} \times 40\text{kg/병} \times 0.082 \times (273+0)}{1 \times 44} = 264.56\text{m}^3$

　　② 박물관 $G_V = \dfrac{WRT}{PM} = \dfrac{12\text{병} \times 40\text{kg/병} \times 0.082 \times (273+0)}{1 \times 44} = 244.21\text{m}^3$

　　○ 답 : 케이블실 264.56m^3
　　　　　박물관 244.21m^3

상세해설

이산화탄소소화설비의 방호구역에 대한 소화약제의 양

(1) 전역방출방식의 가연성액체 또는 가연성가스등 표면화재 방호대상물

방호구역의 체적 (m^3)	방호구역의 체적 $1m^3$에 대한 소화약제의 양 kg (K_1 : kg/m^3)	저장량의 최저한도량 (kg)	개구부 가산량 (K_2 : kg/m^2) (자동폐쇄장치 미설치시)
45 미만	1	45	5
45 이상 150 미만	0.9	45	5
150 이상 1450 미만	0.8	135	5
1450 이상	0.75	1125	5

[$K_1(kg/m^3)$: 방호구역 체적계수, $K_2(kg/m^2)$: 개구부 면적계수]

(2) 전역방출방식의 종이·목재·석탄·섬유류·합성수지류 등 심부화재 방호대상물

방호대상물	방호구역의 체적 $1m^3$에 대한 소화약제의 양 kg (K_1 : kg/m^3)	설계농도 (%)	개구부 가산량 (K_2 : kg/m^2) (자동폐쇄장치 미설치시)
유압기기를 제외한 전기설비, 케이블실	1.3	50%	10
체적 $55m^3$ 미만의 전기설비	1.6	50%	10
서고, 전자제품창고, 목재가공품창고, 박물관	2.0	65%	10
고무류, 면화류창고, 모피창고, 석탄창고, 집진설비	2.7	75%	10

이산화탄소의 소요량 방사시간(전역방출방식)

구분	표면화재	심부화재
방사시간	1분 이내	7분 이내(단, 설계농도가 2분 이내에 30%에 도달)

전역방출방식 표면화재 방호대상물의 약제저장량

$$Q = V \times K_1 + A \times K_2$$

여기서, Q : CO_2약제저장량(kg), V : 방호구역체적(m^3)
$K_1(kg/m^3)$: 방호구역 체적계수, A : 개구부면적(m^2)
$K_2(kg/m^2)$: 개구부 면적계수

※ 설계농도가 34% 이상인 방호대상물의 소화약제량은 산출한 기본 소화약제량에 보정계수를 곱하여 산출한다.

15 다음 조건을 참조하여 각 물음에 답하시오. (5점)

[조건] ① 스프링클러설비이며 헤드의 기준개수는 20개를 적용한다.
② 준공 후 소화펌프의 시험결과 양정 80m, 회전수 1500rpm 이었다.
③ 펌프의 효율은 60%, 전달계수는 1.1로 한다.
④ 물의 비중량은 9.8kN/m³로 한다.

(1) 현재의 펌프 토출량에 20%의 여유를 두는 경우 임펠러의 회전수(rpm)는 얼마로 변경하여야 하는가?
(2) 임펠러의 회전수를 변경하면 양정(m)은 얼마로 변경하여야 하는가?
(3) 펌프의 동력이 50kW로 설치되었다면 펌프 토출량에 20%의 여유를 두는 경우 적합여부를 쓰시오.

풀이 (1) 임펠러의 회전수(rpm)

○계산과정 : $Q_2 = Q_1 \times \dfrac{N_2}{N_1}$ 에서

$$N_2 = \dfrac{Q_2}{Q_1}(1.2) \times N_1 = 1.2 \times 1500 = 1800 \text{rpm}$$

○답 : 1800rpm

(2) 양정(m)

○계산과정 : $H_2 = H_1 \times \left(\dfrac{N_2}{N_1}\right)^2 = 80\text{m} \times \left(\dfrac{1800}{1500}\right)^2 = 115.2\text{m}$

○답 : 115.2m

(3) 적합여부

○계산과정 : $Q = 20$개 $\times 80\text{L/min} \times 1.2(20\%증가) = 1920\text{L/min}$
$= 1.92\text{m}^3/60\text{s}$

$$P = \dfrac{\gamma QH}{E} \times K = \dfrac{9.8\text{kN/m}^3 \times (1.92\text{m}^3/60\text{s}) \times 115.2\text{m}}{0.6} \times 1.1$$
$= 66.23\text{kW}$

설치된 모터동력이 50kW이고 소요 모터동력이 66.23kW이므로 부적합하다.

○답 : 부적합

상세해설

상사의 법칙

$$Q_2 = Q_1 \times \frac{N_2}{N_1} \times \left(\frac{D_2}{D_1}\right)^3 \qquad H_2 = H_1 \times \left(\frac{N_2}{N_1}\right)^2 \times \left(\frac{D_2}{D_1}\right)^2 \qquad P_2 = P_1 \times \left(\frac{N_2}{N_1}\right)^3 \times \left(\frac{D_2}{D_1}\right)^5$$

여기서, Q_1 : 변경 전 유량　　　　　Q_2 : 변경 후 유량
　　　　H_1 : 변경 전 양정　　　　　H_2 : 변경 후 양정
　　　　P_1 : 변경 전 동력　　　　　P_2 : 변경 후 동력
　　　　N_1 : 변경 전 회전수　　　　N_2 : 변경 후 회전수
　　　　D_1 : 변경 전 임펠러직경　　D_2 : 변경 후 임펠러직경

13년-04월

16 다음은 제연설비에 대한 설명이다. ( )안에 알맞은 답을 쓰시오.　　(3점)

(1) 하나의 제연구역의 면적은 (①)m² 이내로 하고 거실과 통로(복도를 포함)는 상호 제연구획 할 것
(2) 예상제연구역의 각 부분으로부터 하나의 배출구까지의 수평거리는 (②)m 이내가 되도록 하여야 한다.
(3) 유입풍도안의 풍속은 (③)m/s 이하로 하여야 한다.

풀이 ○답 : ① 1000　　② 10　　③ 20

상세해설

제연설비의 설치장소의 제연구역 구획기준
① 하나의 제연구역의 면적은 1,000m² 이내로 할 것
② 거실과 통로(복도를 포함한다. 이하 같다)는 상호 제연구획 할 것
③ 통로상의 제연구역은 보행중심선의 길이가 60m를 초과하지 아니할 것
④ 하나의 제연구역은 직경 60m 원내에 들어갈 수 있을 것
⑤ 하나의 제연구역은 2개 이상 층에 미치지 아니하도록 할 것. 다만, 층의 구분이 불분명한 부분은 그 부분을 다른 부분과 별도로 제연구획 하여야 한다.

배출구의 설치기준
예상제연구역의 각 부분으로부터 하나의 배출구까지의 수평거리는 10m 이내가 되도록 하여야 한다.

유입풍도등
유입풍도안의 풍속은 20m/s 이하로 하고 풍도의 강판두께는 기준 이상으로 설치하여야 한다.

2022년 11월 19일 시행

01 다음 조건에 따라 제1종 분말소화설비를 전역방출방식으로 설치하려고 한다. 조건을 참조하여 각 물음에 답하시오. (8점)

[조건] ① 소방 대상물의 크기는 가로 20m, 세로 10m, 높이 3m인 내화구조로 되어 있다.
② 헤드의 배치는 정방형으로 하고 헤드와 벽과의 간격은 헤드간격의 1/2 이하로 한다.
③ 방사 헤드 1개의 방사량은 1.5kg/s이고 방시시간기준은 30초이다.
④ 배관은 최단거리 토너먼트 배관방식을 적용한다.

(1) 필요한 소화약제의 최소 소요량(kg)을 계산하시오.
(2) 가압용가스(질소)의 최소 필요량(35℃, 1기압 환산)(L)을 계산하시오.
(3) 필요한 분사헤드의 최소개수(개)를 계산하시오.
(4) 헤드의 배치도 및 개략적인 배관도를 작성하시오.(단, 눈금1개의 간격은 1m이고 헤드 간의 간격 및 벽과의 간격을 표시해야하며 분말배관 연결지점은 상부 중간에서 분기한다.

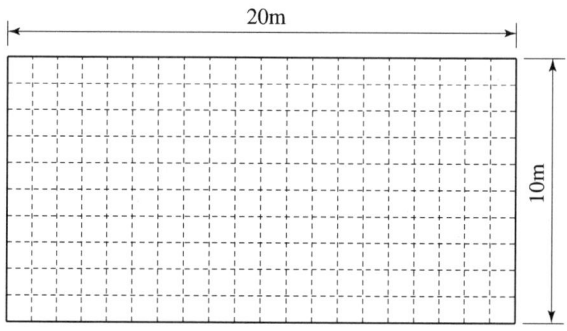

풀이 (1) 소화약제의 최소 소요량(kg)
  ○ 계산과정 : $Q = 20\text{m} \times 10\text{m} \times 3\text{m} \times 0.6\text{kg/m}^3 = 360\text{kg}$
  ○ 답 : 360kg

(2) 가압용가스(질소)의 최소 필요량(35℃, 1기압 환산)(L)
  ○계산과정 : $V = 360\text{kg} \times 40\text{L/kg} = 14,400\text{L}$
  ○답 : 14,400L

(3) 분사헤드의 최소개수(개)
  ○계산과정 : $N = \dfrac{360\text{kg}}{1.5\text{kg/s} \times 30\text{s}} = 8$개
  ○답 : 8개

(4) 헤드의 배치도 및 개략적인 배관도
  ○답 :

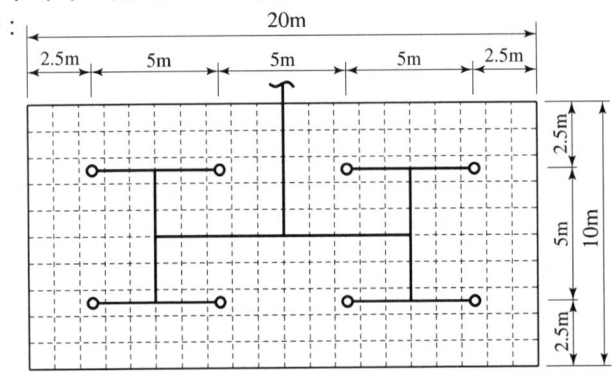

상세해설

1. 분말약제의 전역방출방식

종별	체적계수 $K_1(\text{kg/m}^3)$	면적계수 $K_2(\text{kg/m}^2)$ (자동폐쇄장치 미설치 시)
제1종	0.60	4.5
제2종, 제3종	0.36	2.7
제4종	0.24	1.8

2. 분말약제의 저장량(kg)

$$Q = V \times K_1 + A \times K_2$$

여기서, Q : 분말약제 저장량(kg), V : 방호구역체적(m^3)
  K_1 : 방호구역 체적계수(kg/m^3), K_2 : 개구부 면적계수(kg/m^2)
  A : 개구부면적(m^2)(자동폐쇄장치 없는 개구부면적)

3. 가압용 또는 축압용 가스

구 분	질소가스 사용 시	이산화탄소 사용 시
가압용 가스	40*l*(질소)/1kg(약제) 이상 (35℃, 1기압기준)	20g(CO_2)/1kg(약제)+배관청소에 필요한 양
축압용 가스	10*l*(질소)/1kg(약제) 이상 (35℃, 1기압기준)	20g(CO_2)/1kg(약제)+배관청소에 필요한 양

4. 분말소화설비의 약제저장량 방사시간
   ① 전역방출방식 : 30초 이내
   ② 국소방출방식 : 30초 이내

5. 분사헤드의 개수

$$N = \frac{약제저장량(kg)}{헤드1개의\ 방사량(kg/s) \times 방사시간(sec)}$$

02 내경이 100mm인 소방용 호스에 내경이 30mm인 노즐이 부착되어 있다. 1.5m³/min의 방수량으로 대기 중에 방사할 경우 플랜지 볼트에 작용하는 힘 (kN)을 구하시오. (5점)

[조건] 마찰 손실은 무시한다.

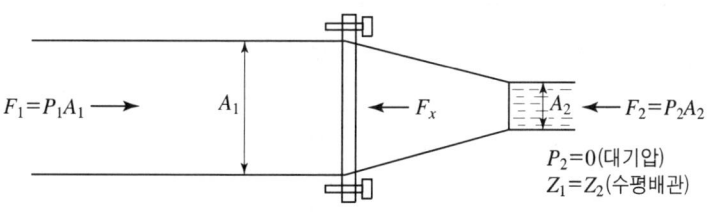

풀이 ○ 계산과정 : Flange volt(플랜지 볼트)에 작용하는 힘

$$F_x = \frac{9.8 \times \frac{\pi}{4} \times (0.1\text{m})^2 \times (1.5\text{m}^3/60\text{s})^2}{2 \times 9.8} \times \left(\frac{\frac{\pi}{4} \times (0.1\text{m})^2 - \frac{\pi}{4} \times (0.03\text{m})^2}{\frac{\pi}{4} \times (0.1\text{m})^2 \times \frac{\pi}{4} \times (0.03\text{m})^2} \right)^2$$

= 4.07kN

○ 답 : 4.07kN

상세해설

$$F_x = \frac{\gamma A_1 Q^2}{2g} \left(\frac{A_1 - A_2}{A_1 A_2} \right)^2$$

여기서, F_x : 플랜지볼트에 작용하는 힘(kN)
   γ : 물의 비중량(9.8kN/m³)
   Q : 유량(m³/s)
   g : 중력가속도(9.8m/s²)
   A : 단면적(m²)

09년-07월

03 아래의 도면과 같은 방호대상물에 고압식 이산화탄소소화설비를 설계하려고 한다. 설계조건을 참조하여 각 물음에 답하시오. (7점)

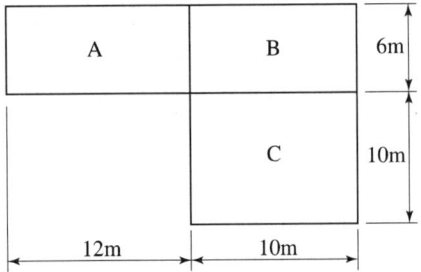

[설계조건] ① 건물의 층고(높이)는 4m이다.
② 약제 방출방식은 전역방출 방식이다.
③ 개구부는 자동폐쇄 장치가 설치되어 있음
④ 약제저장용기는 45kg/병이다.

(1) 각 실의 소요 용기수를 산출하시오.
(2) 이산화탄소소화설비의 Isometric Diagram을 설계하시오.
(단, 도시기호는 저장용기 : ◯, 선택밸브 : ⊠, 기동용기 : ▯

동관 : ----(점선), 가스체크밸브 : ▷

배관 : ——(실선)으로 한다)

풀이 (1) 각 실의 소요 용기수
○계산과정 :
① A실 약제량 $Q(\text{kg}) = 12\text{m} \times 6\text{m} \times 4\text{m} (288\text{m}^3) \times 0.8\text{kg/m}^3 = 230.4\text{kg}$

저장용기수 $N = \dfrac{230.4\text{kg}}{45\text{kg}} = 5.12$ ∴6병

② B실 약제량 $Q(\text{kg}) = 10\text{m} \times 6\text{m} \times 4\text{m} (240\text{m}^3) \times 0.8\text{kg/m}^3 = 192\text{kg}$

저장용기수 $N = \dfrac{192\text{kg}}{45\text{kg}} = 4.27$ ∴5병

③ C실 약제량 $Q(\text{kg}) = 10\text{m} \times 10\text{m} \times 4\text{m} (400\text{m}^3) \times 0.8\text{kg/m}^3 = 320\text{kg}$

저장용기수 $N = \dfrac{320\text{kg}}{45\text{kg}} = 7.11$ ∴8병

○답 : A실 6병, B실 5병, C실 8병

(2) 이산화탄소소화설비의 Isometric Diagram
　　○답:

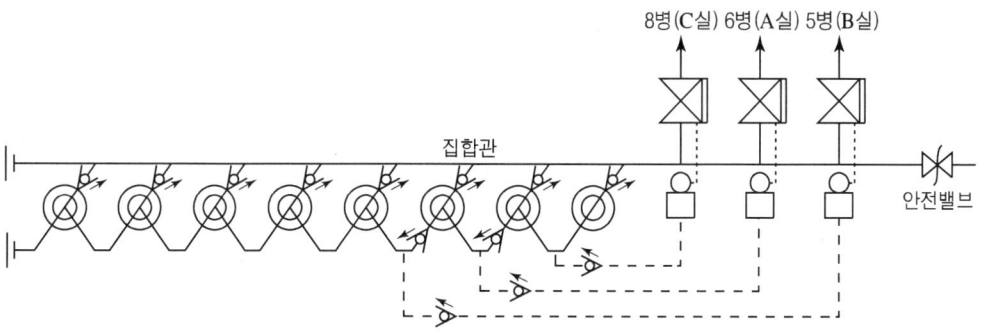

상세해설

이산화탄소소화설비 표면화재 방호대상물

방호구역 체적	방호구역 체적계수 (kg/m³)	최저 한도량	개구부 면적계수(kg/m²) (자동폐쇄장치 미설치시)
45m³ 미만	1.0	45kg	5
45m³ 이상 150m³ 미만	0.9	45kg	5
150m³ 이상 1450m³ 미만	0.8	135kg	5
1450m³ 이상	0.75	1125kg	5

(1) **필요한 소화약제의 양**(kg)

이산화탄소의 약제저장량(kg)

$$Q = V \times K_1 + A \times K_2$$

여기서, Q : 이산화탄소 약제저장량(kg)
　　　　V : 방호구역체적(m³)
　　　　K_1 : 방호구역 체적계수(kg/m³)
　　　　A : 개구부 면적(m²)(자동폐쇄장치가 없는 개구부면적)
　　　　K_2 : 개구부 면적계수(kg/m²)

(2) **소화약제의 용기 수**

$$N = \frac{\text{약제저장량(kg)}}{\text{용기1병당 약제량(kg)}} \text{(소수점 이하는 무조건 절상)}$$

18년-06월 기출

04 특수가연물을 저장하는 창고에 포소화설비를 설치하고자 한다. 다음 조건을 참조하여 각 물음에 답하시오. (10점)

[조건]
① 창고의 크기는 가로20m, 세로10m이다.
② 포워터스프링클러헤드를 정방형으로 배치한다.
③ 포원액은 3% 수성막포를 사용한다.
④ 전양정은 35m, 효율은 65%, 여유율은 10%이다.

(1) 필요한 포워터스프링클러헤드의 수량은 몇 개인가?
  ○ 계산과정: ○ 답:
(2) 수원의 저수량은 몇 m^3 이상으로 하여야 하는가?
  ○ 계산과정: ○ 답:
(3) 포 원액의 양은 몇 l 이상으로 하여야 하는가?
  ○ 계산과정: ○ 답:
(4) 펌프의 분당 토출량(l/min)은 얼마 이상인가?
  (단, 포원액의 양은 토출량에서 제외한다)
  ○ 계산과정: ○ 답:
(5) 전동기의 출력은 몇 kW인가?
  ○ 계산과정: ○ 답:

풀이 (1) 필요한 포헤드의 수량

○ 계산과정: 헤드간의 거리 $S = 2 \times 2.1 \times \cos 45° = 2.97m$

가로열 헤드설치 수 $N = \dfrac{20m}{2.97m} = 6.73$개   ∴ 7개

세로열 헤드설치 수 $N = \dfrac{10m}{2.97m} = 3.37$개   ∴ 4개

포헤드 수량 $N = 7 \times 4 = 28$개

○ 답: 28개

(2) 수원의 저수량

○ 계산과정: $Q = 28 \times 75 l/min \times 10min \times 0.97 = 20370 l = 20.37m^3$
○ 답: $20.37m^3$

(3) 포 원액의 량

○ 계산과정: $Q = 28 \times 75 l/min \times 10min \times 0.03 = 630 l$
○ 답: $630 l$

(4) 펌프의 분당 토출량

○계산과정 : $Q = 28 \times 75l/\min \times 0.97 = 2037l/\min$

○답 : $2037l/\min$

(5) 전동기의 출력

○계산과정 : $P = \dfrac{9.8 \times (2.037/60) \times 35}{0.65} \times 1.1 = 19.71 \text{kW}$

○답 : 19.71kW

상세해설

(1) 포헤드(포워터스프링클러헤드 및 포헤드)

정방형 설치시 헤드간의 거리

$$S = 2r\cos 45°$$

(2) 포워터스프링클러헤드의 수원의 양(m^3)

$Q = N$(헤드의 개수)$\times K$(표준방사량)$\times T(\min)$(방사시간)$\times S_w$(물의 농도)

※ 포워터스프링클러헤드 표준방사량 : $75l/\min$

포헤드의 방식

소방대상물	수원의 양	
차고, 주차장 및 항공기 격납고	• 포워터스프링클러설비 : 포워터스프링클러헤드수 × $75l$/분 × 10분 • 포헤드설비 : 바닥면적($200m^2$ 이상인 경우 200) × 표준방사량(K값) × 10분 [표준방사량K값($l/m^2 \cdot$ 분)]	
	포소화약제의 종류	바닥면적 $1m^2$당 방사량
	단백포	$6.5l$ 이상
	합성계면활성제포	$8.0l$ 이상
	수성막포	$3.7l$ 이상
특수가연물 저장·취급장소	포소화약제의 종류	바닥면적 $1m^2$당 방사량
	단백포	$6.5l$ 이상
	합성계면활성제포	$6.5l$ 이상
	수성막포	$6.5l$ 이상

(3) 포 원액의 양(l)

$Q = N$(헤드의 개수)$\times K$(표준방사량)$\times T(\min)$(방사시간)$\times S$(약제의 농도)

(4) 펌프의 분당 토출량($l/\min$)

$Q = N$(헤드의 개수)$\times K$(표준방사량 : $75l/\min$)

(5) 전동기의 출력(kW)

모터동력

$$P(\text{kW}) = \dfrac{\gamma QH}{E} \times K$$

여기서, γ : 비중량(kN/m^3, 물의 비중량 = $9.8 kN/m^3$), K : 전달계수
Q : 유량(m^3/s), H : 전양정(m), E : 펌프의 효율(%/100)

05 다음은 제연설비 중 배출구와 공기유입구의 설치 및 배출량 산정에서 이를 제외할 수 있는 경우이다. (   )안 알맞은 답을 쓰시오. (4점)

> 제연설비를 설치해야 할 특정소방대상물 중 화장실·목욕실·(①)·
> (②)를 설치한 숙박시설(가족호텔 및 (③)에 한한다)의 객실과 사람이
> 상주하지 않는 기계실·전기실·공조실·(④)m² 미만의 창고 등으로
> 사용되는 부분에 대하여는 배출구와 공기유입구의 설치 및 배출량 산정에
> 서 이를 제외할 수 있다.

○답 : ① 주차장   ② 발코니   ③ 휴양콘도미니엄   ④ 50

15년-04월 유사

06 아래 그림과 같이 양정 50m 성능을 갖는 펌프가 운전 중 노즐에서 방수압을 측정하여 보니 0.15MPa이었다. 만약 노즐의 방수압을 0.25MPa으로 증가하고자 할 때 조건을 참조하여 노즐의 방수량(L/분)과 펌프가 요구하는 압력(MPa)은 얼마인가? (4점)

[조건] ① 배관의 마찰손실은 헤이젠-윌리엄스 공식을 이용한다.
② 노즐의 방출계수 $K = 100$으로 한다.
③ 펌프의 특성곡선은 토출유량과 무관하다.
④ 펌프와 노즐은 수평관계이다.

○계산과정 :

(1) **노즐의 방수량**

$Q(\text{방수량}) = K\sqrt{10P} = 100\sqrt{10 \times 0.25} = 158.11\,\text{L/분}$

(2) **펌프가 요구하는 압력**

① 방수압력 0.15MPa일 때

$Q(\text{방수량}) = K\sqrt{10P} = 100\sqrt{10 \times 0.15} = 122.47\,\text{L/분}$

조건 ④에서 펌프와 노즐이 수평관계이므로 낙차 = 0이다.
양정 50m를 압력으로 환산하면

$$P = \gamma H = 9.8\,\text{kN/m}^3 \times 50\text{m} = 490\text{kN/m}^2(\text{kPa}) = 0.49\text{MPa}$$

$$\Delta P(\text{배관마찰손실압력}) = 0.49\text{MPa} - 0.15\text{MPa} = 0.34\text{MPa}$$

$$\therefore \Delta P_1 = 6.053 \times 10^4 \times \frac{Q^{1.85}}{C^{1.85} \times D^{4.87}} \times L(\text{배관길이}) = 0.34\text{MPa}$$

② 방수압력 0.25MPa일 때

$$\Delta P_2 = 6.053 \times 10^4 \times \frac{Q^{1.85}}{C^{1.85} \times D^{4.87}} \times L(\text{배관길이})\text{에서}$$

C(조도), D(배관내경), L(배관길이)는 동일하므로 마찰손실압력 ΔP_2는 $Q^{1.85}$에 비례한다.

$$\therefore \Delta P_2 = \Delta P_1 \times \left(\frac{Q_2}{Q_1}\right)^{1.85} = 0.34 \times \left(\frac{158.11}{122.47}\right)^{1.85} = 0.5454\text{MPa}$$

∴ 펌프의 토출압 = 낙차 + 배관마찰손실압 + 노즐의 방수압

∴ $H = 0 + 0.5454\text{MPa} + 0.25\text{MPa} = 0.80\text{MPa}$

○ 답 : 노즐의 방수량 158.11L/분

펌프가 요구하는 압력 0.80MPa

상세해설

(1) 노즐의 방수량

$$Q = K\sqrt{10P}$$

여기서, Q : 방수량(L/분), K : 방출계수, P : 방수압력(MPa)

(2) 헤이젠-윌리엄스 공식

$$\Delta P_m = 6.053 \times 10^4 \times \frac{Q^{1.85}}{C^{1.85} \times D^{4.87}}$$

여기서, ΔP_m : 배관 1m당 마찰손실압력(MPa), Q : 유량(L/min)

C : 조도(배관의 거칠음 계수), D : 배관내경(mm)

19년-11월 기출

07 포소화약제 중 수성막포의 장점과 단점을 각각 2가지씩 쓰시오. (4점)

○ 답 : [장점] ① 포약제 중 소화력이 가장 우수하다.
② 화학적으로 안정하여 장기보존이 가능하다.
③ 화학적으로 안정하여 다른 소화약제와 겸용이 가능하다.

[단점] ① 다른 약제에 비해 가격이 비싸다.
② 유동성과 열안정성에 약하다.
③ 대형화재 및 고온화재(1000℃ 이상)에 표면막 생성곤란

08 지하층으로서 가로 20m 세로 10m인 부분에 연결살수설비의 전용헤드를 정방형으로 설치하는 경우 다음 각 물음에 답하시오. (6점)

(1) 헤드의 최소 소요개수를 구하시오.
(2) 배관의 최소구경(mm)을 구하시오.

풀이 (1) 헤드의 최소 소요개수
○ 계산과정 : 헤드간의 거리 $S = 2 \times 3.7\text{m} \times \cos 45° = 5.23\text{m}$

- 가로열 헤드설치 수 $N = \dfrac{20\text{m}}{5.23\text{m}} = 3.82$개 ∴ 4개

- 세로열 헤드설치 수 $N = \dfrac{10\text{m}}{5.23\text{m}} = 1.91$개 ∴ 2개

- 헤드의 최소 소요개수 $N_T = 4 \times 2 = 8$

○ 답 : 8개

(2) 배관의 최소구경(mm)
○ 계산과정 : 하나의 배관에 부착하는 연결살수설비 전용헤드의 개수가 6개 이상 10개 이하이므로 배관의 구경은 80mm 이상
○ 답 : 80mm

상세해설

(1) 연결살수헤드
천장 또는 반자의 각 부분으로부터 하나의 살수헤드까지의 수평거리

구 분	연결살수설비 전용헤드	스프링클러헤드
수평거리	3.7m 이하	2.3m 이하

(2) 연결살수설비 전용헤드 수별 급수관의 구경

하나의 배관에 부착하는 연결살수설비 전용헤드의 개수	1개	2개	3개	4개 또는 5개	6개 이상 10개 이하
배관의 최소구경	32mm	40mm	50mm	65mm	80mm

09 아래 도면은 용도가 교육연구시설인 학교의 강의실에 대한 도면이다. 설치하는 소화기는 능력단위가 A급 화재기준으로 3단위인 경우 각 물음에 답하시오.(단, 강의실 출입문은 중앙에 위치하고 있다고 가정한다) (6점)

```
      20m    20m    20m
   ┌──────┬──────┬──────┐
   │ A실  │ B실  │ C실  │ 7m
   │   ╱  │   ╱  │   ╱  │
   ├──────┴──────┴──────┤
   │       통로          │ 3m
   │           ╱        │
   │           │ D실    │ 10m
   │           │        │
   └───────────┴────────┘
```

(1) 바닥면적을 기준으로 필요한 소화기의 개수를 구하시오.
   (단, 통로는 제외하며 보행거리 기준은 고려하지 않는다.)
(2) 보행거리에 따른 통로에 설치하여야 할 소화기의 개수를 구하시오.
   (단, 복도 끝부분에 소화기를 배치한다)
(3) (1)과 (2)를 고려하였을 때 필요한 소화기의 최소개수를 구하시오.

풀이 (1) **바닥면적 기준 소화기의 개수**
  ○ 계산과정 :
  ① 기본 배치기준
  · 소화기의 능력단위 $N = \dfrac{(20\text{m} \times 7\text{m}) \times 3 + (20\text{m} \times 10\text{m})}{200\text{m}^2} = 3.1$ 단위
    ∴ 4단위(소수점 이하는 절상)
  · 소화기의 개수산정 $N = \dfrac{4}{3} = 1.33$개 ∴ 2개
  ② 추가 배치기준
    바닥면적이 33m^2 이상으로 구획된 각 거실(아파트의 경우에는 각 세대)에도 배치
    ∴ 구획된 실이 4개이므로 소화기 4개가 필요
  ③ 필요한 소화기의 개수
    $N_T = 2$개 $+ 4$개 $= 6$개
  ○ **답 : 6개**

(2) **보행거리에 따른 통로에 설치하여야 할 소화기의 개수**
  ○ 계산과정 :
  ① 복도의 양 끝에 설치 : 2개
  ② 보행거리 20m 이내 $N = \dfrac{20\text{m} \times 3}{20\text{m}} - 1 = 2$개

　　　③ 필요한 소화기의 개수 $N_T = 2개 + 2개 = 4개$
○답 : 4개

(3) (1)과 (2)를 고려하였을 때 필요한 소화기의 최소개수
○계산과정 : $N_T = 6개 + 4개 = 10개$
○답 : 10개

상세해설

(1) 소방대상물별 소화기구의 능력단위기준

소방대상물	능력단위기준
1. 위락시설	바닥면적 30m² 마다 능력단위 1단위 이상
2. 공연장, 집회장, 관람장, 문화재·장례식장 및 의료시설	바닥면적 50m² 마다 능력단위 1단위 이상
3. 근린생활시설·판매시설·운수시설·숙박시설·노유자시설·전시장·공동주택·업무시설·방송통신시설·공장·창고시설·항공기 및 자동차관련시설 및 관광휴게시설	바닥면적 100m² 마다 능력단위 1단위 이상
4. 그 밖의 것	바닥면적 200m² 마다 능력단위 1단위 이상

[주] 소화기구의 능력단위를 산출함에 있어서 건축물의 주요구조부가 내화구조이고, 벽 및 반자의 실내에 면하는 부분이 불연재료·준불연재료 또는 난연재료로 된 특정소방대상물에 있어서는 위 표의 기준면적의 2배를 해당 특정소방대상물의 기준면적으로 한다.

(2) 특정소방대상물의 각 층마다 설치하되, 각층이 2 이상의 거실로 구획된 경우에는 각 층마다 설치하는 것 외에 바닥면적이 33m² 이상으로 구획된 각 거실에도 배치할 것

(3) 거리기준

구 분	소형소화기	대형소화기
각 부분으로부터 1개의 소화기까지의 보행거리	20m 이내	30m 이내

10 다음 그림은 어느 건축물의 평면도이다. 이 실들 중 A실에 급기가압을 하고 문 A_4, A_5, A_6는 외기와 접해있을 경우 A실을 기준으로 외기와의 유효 개구부 틈새 면적을 구하시오. (4점)

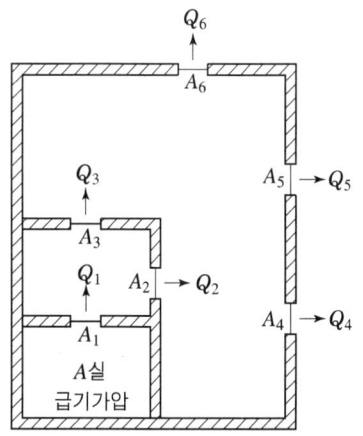

[조건]
① 개구부 틈새면적은 A_1, A_2, A_3가 각각 0.015m^2이며 A_4, A_5, A_6가 각각 0.01m^2이다.
② 각 실은 출입문이외의 틈새는 없다.
③ 틈새면적은 소수점 5째 자리까지 나타내시오.

풀이 ○ 계산과정 :

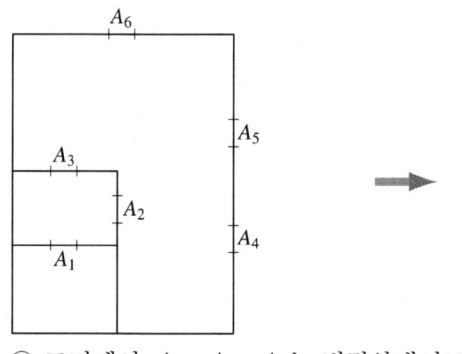 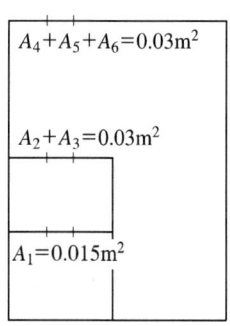

① 도면에서 A_4, A_5, A_6는 병렬상태이므로
  $A_4 + A_5 + A_6 = 0.01 + 0.01 + 0.01 = 0.03\text{m}^2$
② 도면에서 A_2, A_3는 병렬상태이므로 $A_2 + A_3 = 0.015 + 0.015 = 0.03\text{m}^2$
③ A_1, $A_2 + A_3$, $A_4 + A_5 + A_6$는 직렬상태
  ∴ $A_1 = 0.015\text{m}^2$, $A_2 \sim A_3 = 0.03\text{m}^2$, $A_4 \sim A_6 = 0.03\text{m}^2$
④ $A_T = \dfrac{1}{\sqrt{\dfrac{1}{0.015^2} + \dfrac{1}{0.03^2} + \dfrac{1}{0.03^2}}} = 0.01225\text{m}^2$

○ 답 : 0.01225m^2

11 다음은 10층 건물에 설치한 옥내소화전 설비의 계통도이다. 각 물음에 답하시오. (8점)

[조건] ① 배관의 마찰손실수두는 40m(소방호스, 관 부속품의 마찰손실수두 포함)
② 펌프의 효율은 65%이다.
③ 펌프의 여유율은 10%적용한다.

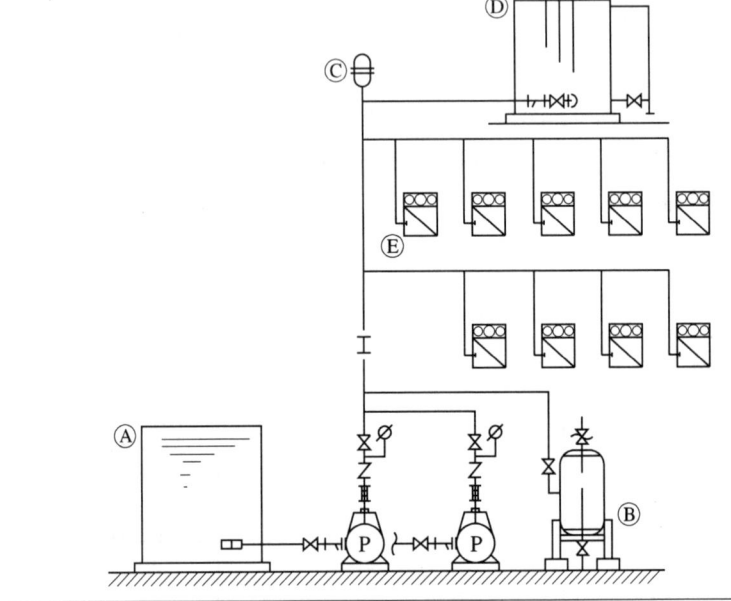

(1) Ⓐ~Ⓔ의 명칭을 쓰시오.
(2) Ⓓ에 보유하여야 할 최소유효저수량(m^3)은?
(3) Ⓑ의 주된 기능은?
(4) Ⓒ의 설치목적은 무엇인가?
(5) Ⓔ항의 문짝의 면적은 얼마 이상이어야 하는가?
(6) 펌프의 전동기 용량(kW)을 계산하시오.

풀이 (1) 명칭
○답 : Ⓐ : 소화수조   Ⓑ : 기동용 수압개폐장치
　　　Ⓒ : 수격방지기   Ⓓ : 옥상수조
　　　Ⓔ : 옥내소화전

(2) 최소유효저수량

　　○ 계산과정 : 옥상수조의 최소유효저수량은 유효수량의 $\dfrac{1}{3}$ 이상이다.

$$Q = N \times 2.6\text{m}^3 \times \dfrac{1}{3}$$

[Q : 옥상수조 최소유효저수량(m^3), N : 옥내소화전개수(최대 2개)]

$$\therefore Q = 2 \times 2.6\text{m}^3 \times \dfrac{1}{3} = 1.73\text{m}^3$$

　　○ 답 : 1.73m^3

(3) Ⓑ의 주된 기능

　　○ 답 : 펌프의 자동기동 및 정지

(4) Ⓒ의 설치목적

　　○ 답 : 배관 내 수격작용 방지

(5) Ⓔ항의 문짝의 면적

　　○ 답 : 0.5m^2 이상

(6) 펌프의 전동기 용량(kW)

　　○ 계산과정 : $P[\text{kW}] = \dfrac{9.8 \times Q[\text{m}^3/\text{s}] \times H[\text{m}]}{E[\%/100]} \times K$

$$Q = N \times 130l/\text{분} = 2 \times 130l/\text{분} = 260l/\text{분} = 0.26\text{m}^3/60\text{s}$$

$$H = h_1 + h_2 + h_3 + 17\text{m}$$

$$H = 40\text{m} + 17\text{m} = 57\text{m}\,(h_1 : \text{실양정은 조건 및 계통도에 없으므로 무시})$$

$$E = \dfrac{65}{100} = 0.65 \qquad K = 1.1\,(\text{여유율}\,10\%)$$

$$\therefore P[\text{kW}] = \dfrac{9.8 \times 0.26/60 \times 57}{0.65} \times 1.1 = 4.10\text{kW}$$

　　○ 답 : 4.10kW

10년-10월, 20년-05월 기출

12 그림과 같은 직사각형 주철 관로망에서 A 지점에서 0.6m³/s 유량으로 물이 들어와서 B와 C 지점에서 각각 0.2m³/s와 0.4m³/s의 유량으로 물이 나갈 때 관 내에서 흐르는 물의 유량 Q_1, Q_2, Q_3는 각각 몇 m³/s 인가? (단, 관로가 길기 때문에 관 마찰 손실 이외의 손실은 무시하고 d_1, d_2 관의 관 마찰계수는 $\lambda=0.025$, d_3, d_4의 관에 대한 관 마찰계수는 $\lambda=0.028$ 이다. 그리고 각각의 관의 내경은 $d_1=0.4$m, $d_2=0.4$m, $d_3=0.322$m, $d_4=0.322$m 이며, 또한 본 문제는 Darcy-Weisbach의 방정식을 이용하여 유량을 구한다.) (7점)

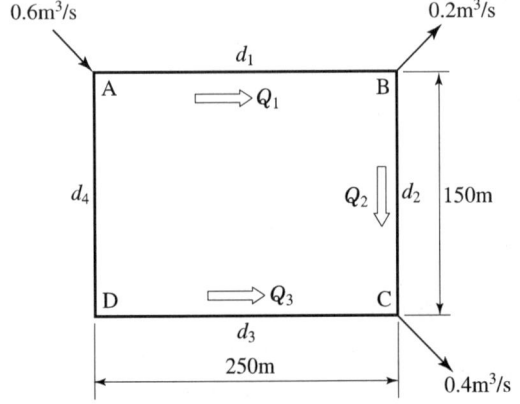

○ 계산과정 : $k_1 = 0.0827 \times 0.025 \times \dfrac{250}{0.4^5} = 50.47$

$k_2 = 0.0827 \times 0.025 \times \dfrac{150}{0.4^5} = 30.29$

$k_3 = 0.0827 \times 0.028 \times \dfrac{400}{0.322^5} = 267.57$

$Q_1 + Q_3 = 0.6 \text{m}^3/\text{s}$ ········ ①

$Q_1 - Q_2 = 0.2 \text{m}^3/\text{s}$ ········ ②

$50.47 Q_1^2 + 30.29 Q_2^2 = 267.57 Q_3^2$

∴ $50.47 Q_1^2 + 30.29 Q_2^2 - 267.57 Q_3^2 = 0$

$50.47 Q_1^2 + 30.29 (Q_1 - 0.2)^2 - 267.57 (0.6 - Q_1)^2 = 0$

$186.81 Q_1^2 - 308.96 Q_1 + 95.12 = 0$

$Q_1 = \dfrac{308.96 + \sqrt{308.96^2 - 4 \times 186.81 \times 95.12}}{2 \times 186.81} = 1.24 \text{m}^3/\text{s}$

$$Q_1 = \frac{308.96 - \sqrt{308.96^2 - 4 \times 186.81 \times 95.12}}{2 \times 186.81} = 0.41 \, \text{m}^3/\text{s}$$

$Q_1 = 1.24 \, \text{m}^3/\text{s}$ 또는 $Q_1 = 0.41 \, \text{m}^3/\text{s}$

여기서 Q_1이 역류하는 경우는 없으므로 $Q_1 = 1.24 \, \text{m}^3/\text{s}$는 발생하지 않는다. 따라서

$Q_1 = 0.41 \, \text{m}^3/\text{s}$

$Q_2 = Q_1 - 0.2 = 0.41 - 0.2 = 0.21 \, \text{m}^3/\text{s}$

$Q_3 = 0.6 - Q_1 = 0.6 - 0.41 = 0.19 \, \text{m}^3/\text{s}$

○답 : $Q_1 = 0.41 \, \text{m}^3/\text{s}$, $Q_2 = 0.21 \, \text{m}^3/\text{s}$, $Q_3 = 0.19 \, \text{m}^3/\text{s}$

상세해설

Darcy – Weisbach 방정식

$$\Delta H_L = f \times \frac{l}{d} \times \frac{u^2}{2g}$$

여기서, ΔH_L : 마찰손실수두(m)
   f : 마찰손실계수
   l : 배관길이(m)
   u : 유속(m/s)
   g : 중력가속도(9.8m/s^2)
   d : 배관내경(m)

$$h_L = \lambda \frac{l}{d} \frac{u^2}{2g} = \lambda \frac{l}{d} \frac{1}{2g} \left(\frac{4Q}{\pi d^2}\right)^2 = kQ^2$$

$$k = \lambda \frac{l}{d} \frac{1}{2g} \left(\frac{4}{\pi d^2}\right)^2 = \frac{8\lambda l}{g \pi^2 d^5} = 0.0827 \lambda \frac{l}{d^5}$$

$k_1 = 0.0827 \times 0.025 \times \dfrac{250}{0.4^5} = 50.47$

$k_2 = 0.0827 \times 0.025 \times \dfrac{150}{0.4^5} = 30.29$,

$k_3 = 0.0827 \times 0.028 \times \dfrac{400}{0.322^5} = 267.57$

그림에서 $Q_1 + Q_3 = 0.6 \, \text{m}^3/\text{s}$ ········ ①, $Q_1 - Q_2 = 0.2 \, \text{m}^3/\text{s}$ ········ ②

①식에서 $Q_3 = (0.6 - Q_1) \, \text{m}^3/\text{s}$, ②식에서 $Q_2 = (Q_1 - 0.2) \, \text{m}^3/\text{s}$

$\Delta h_L ABC = \Delta h_L ADC$

$50.47 Q_1^2 + 30.29 Q_2^2 = 267.57 Q_3^2$ ∴ $50.47 Q_1^2 + 30.29 Q_2^2 - 267.57 Q_3^2 = 0$

$50.47 Q_1^2 + 30.29 (Q_1 - 0.2)^2 - 267.57 (0.6 - Q_1)^2 = 0$

$50.47 Q_1^2 + 30.29 (Q_1^2 - 0.4 Q_1 + 0.04) - 267.57 (0.36 - 1.2 Q_1 + Q_1^2) = 0$

$50.47Q_1^2 + 30.29Q_1^2 - 12.12Q_1 + 1.21 - 96.33 + 321.08Q_1 - 267.57Q_1^2 = 0$

$-186.81Q_1^2 + 308.96Q_1 - 95.12 = 0$

양변에 $(-)$를 곱하면 $186.81Q_1^2 - 308.96Q_1 + 95.12 = 0$

> 2차 방정식 $ax^2 + bx + c = 0$ $(a \neq 0)$의 두 근 α, β를 구하는 공식
> $$\alpha = \frac{-b + \sqrt{b^2 - 4ac}}{2a} \qquad \beta = \frac{-b - \sqrt{b^2 - 4ac}}{2a}$$

$a = 186.81$, $b = -308.96$, $c = 95.12$

$Q_1 = \dfrac{308.96 + \sqrt{(-308.96)^2 - 4 \times 186.81 \times 95.12}}{2 \times 186.81} = 1.24 \, \text{m}^3/\text{s}$

$Q_1 = \dfrac{308.96 - \sqrt{(-308.96)^2 - 4 \times 186.81 \times 95.12}}{2 \times 186.81} = 0.41 \, \text{m}^3/\text{s}$

$Q_1 = 1.24 \, \text{m}^3/\text{s}$ 또는 $Q_1 = 0.41 \, \text{m}^3/\text{s}$

여기서 Q_1이 역류하는 경우는 없으므로 $Q_1 = 1.24 \, \text{m}^3/\text{s}$는 발생하지 않음

따라서 $Q_1 = 0.41 \, \text{m}^3/\text{s}$

$Q_2 = Q_1 - 0.2 = 0.41 - 0.2 = 0.21 \, \text{m}^3/\text{s}$

$Q_3 = 0.6 - Q_1 = 0.6 - 0.41 = 0.19 \, \text{m}^3/\text{s}$

13

폐쇄형 헤드를 사용한 스프링클러설비의 일부 배관 계통도이다. 주어진 조건을 참조하여 각 물음에 답하시오. (8점)

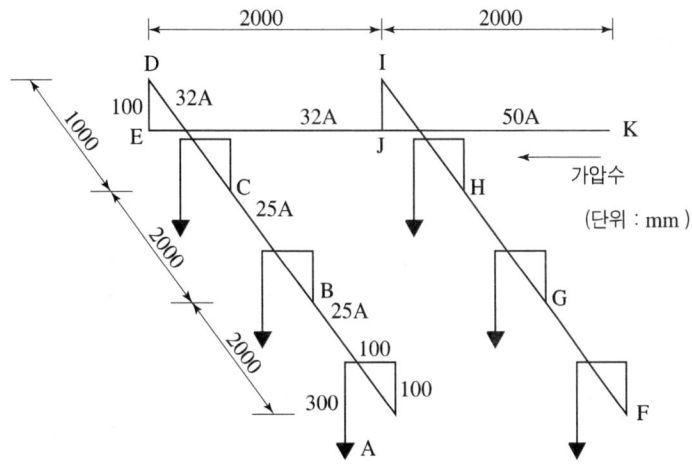

(단위 : mm)

[조건] ① 직관 마찰손실수두(100m당)(단위 : m)

개수	유량	25A	32A	40A	50A
1	80*l*/min	39.82	11.38	5.40	1.68
2	160*l*/min	150.42	42.84	20.29	6.32
3	240*l*/min	307.77	87.66	41.51	12.93
4	320*l*/min	521.92	148.66	70.40	21.93
5	400*l*/min	789.04	224.75	106.31	32.99
6	480*l*/min		321.55	152.26	47.43

② 관이음쇠 마찰손실에 해당하는 직관길이(단위 : m)

구 분	25A	32A	40A	50A
엘보(90°)	0.9	1.20	1.50	2.10
레듀샤	0.54	0.72	0.90	1.20
티이(직류)	0.27	0.36	0.45	0.60
티이(분류)	1.50	1.80	2.10	3.00

③ 헤드나사는 $PT\frac{1}{2}(15A)$ 기준

④ 헤드방사압은 0.1MPa(10m) 기준

(1) ① A~B 구간의 마찰손실수두(m)를 산출하시오.
　　② B~C 구간의 마찰손실수두(m)를 산출하시오.
　　③ C~J 구간의 마찰손실수두(m)를 산출하시오.
　　④ J~K 구간의 마찰손실수두(m)를 산출하시오.

(2) 낙차수두(m)를 산출하시오.
(3) 배관상 총마찰손실수두(m)를 산출하시오.
(4) 전양정(m)을 산출하시오.
(5) K점에 필요한 압력수의 수압(kPa)을 산출하시오.

풀이 (1) 마찰손실수두

○ 계산과정 :

번호	구간	관경	유량	직관 및 등가길이(m)	마찰손실수두(m)
①	A~B	25A	80L/min	직관 : 2+0.1+0.1+0.3=2.5m 90°엘보3개×0.9=2.7m 레듀샤(25×15)1개=0.54m 5.74m	$5.74 \times \dfrac{39.82}{100}$ $=2.29\text{m}$
②	B~C	25A	160L/min	직관 2m 분류 T (25×25×25)1개×1.50 =1.50m 3.50m	$3.50 \times \dfrac{150.42}{100}$ $=5.26\text{m}$
③	C~J	32A	240L/min	직관 : 2+0.1+1=3.1m 90°엘보2개×1.2=2.4m 분류 T (32×32×25)1개×1.80 =1.80m 레듀샤(32×25)1개=0.72 8.02m	$8.02 \times \dfrac{87.66}{100}$ $=7.03\text{m}$
④	J~K	50A	480L/min	직관 : 2m 분류 T (50×50×32)1개×3.0 =3m 레듀샤(50×32)1개=1.20m 6.2m	$6.2 \times \dfrac{47.43}{100}$ $=2.94\text{m}$

○ 답 : ① 2.29m ② 5.26m ③ 7.03m ④ 2.94m

(2) 낙차수두

   ○ 계산과정 : $h_1 = 100\text{mm} + 100\text{mm} - 300\text{mm} = -100\text{mm} = -0.1\text{m}$

   ○ 답 : -0.1m

(3) 총마찰손실수두

   ○ 계산과정 : $h_2 = 2.29\text{m} + 5.26\text{m} + 7.03\text{m} + 2.94\text{m} = 17.52\text{m}$

   ○ 답 : 17.52m

(4) 전양정

   ○ 계산과정 : $H = h_1 + h_2 + 10\text{m}$

   ∴ $H = -0.1\text{m} + 17.52\text{m} + 10\text{m} = 27.42\text{m}$

   ○ 답 : 27.42m

(5) K점에 필요한 압력수의 수압

○계산과정 : $P = 27.42\text{m} \times \dfrac{100\text{kPa}}{10\text{m}} = 274.20\text{kPa}$

○답 : 274.20kPa

14 바닥면적이 100m²이고 높이3.5m인 발전기실에 청정소화약제 중 HFC-125를 사용할 경우 아래 조건을 참조하여 다음 각 물음에 답하시오. (6점)

[조건]
① HFC-125의 설계농도는 8%이며 방호구역의 최소예상온도는 20℃로 한다.
② HFC-125의 용기는 90L/60kg으로 한다.
③ HFC-125의 선형상수는 아래 표와 같다.

소화약제	K₁	K₂
HFC-125	0.1825	0.0007

④ 사용하는 배관은 압력배관용 탄소강관(SPPS 250)으로 항복점은 250MPa 인장강도는 410MPa이다. 이 배관의 호칭지름은 DN400이며 이음매 없는 배관이고 이 배관의 바깥지름과 스케줄에 따른 두께는 아래 표와 같다.

호칭지름	바깥지름(mm)	배관두께(mm)					
		스케줄 10	스케줄 20	스케줄 30	스케줄 40	스케줄 60	스케줄 80
DN400	406.4	6.4	7.9	9.5	12.7	16.7	21.4

(1) HFC-125의 저장용기의 수는 최소 몇 병 인가?
(2) 배관의 최대허용압력이 6.1MPa일 때 이를 만족하는 배관의 최소 스케줄 번호를 구하시오.

풀이 (1) 저장용기의 수

○계산과정 : $V = 100\text{m}^2 \times 3.5 = 350\text{m}^3$

$S = 0.1825 + (0.0007 \times 20) = 0.1965\text{m}^3/\text{kg}$

$C(\text{설계농도}) = 8\%$

$W = \dfrac{350}{0.1965} \times \left(\dfrac{8}{100-8}\right) = 154.88\text{kg}$

$$N = \frac{154.88\text{kg}}{60\text{kg}} = 2.58\text{병} \quad \therefore \ 3\text{병}$$

○ 답 : 3병

(2) 배관의 최소 스케줄 번호
   ○ 계산과정 : ① P(최대허용압력) = 6.1MPa
   ② SE(최대허용응력)계산

   - 인장강도의 1/4값 = $410\text{MPa} \times \dfrac{1}{4}$ = 102.5MPa
   - 항복점의 2/3값 = $250\text{MPa} \times \dfrac{2}{3}$ = 166.67MPa
   - 배관의 최대허용응력 계산(작은 값(σ) = 102.5MPa 적용)
     $SE = \sigma \times$ 배관이음효율 $\times 1.2$
     $= 102.5\text{MPa} \times 1.0$(이음매 없는 배관) $\times 1.2$
     $= 123\text{MPa}$
   - A(나사이음(mm))는 조건에 없으므로 무시한다.

   ③ $t = \dfrac{PD}{2SE} + A = \dfrac{6.1 \times 406.4}{2 \times 123} = 10.08\text{mm}$

   조건④의 표에서 바깥지름 10.08mm는 9.5mm초과~12.7mm이하에 해당하므로 스케줄 40을 선택한다.

   ○ 답 : 스케줄 40

상세해설

(1) HCFC 등의 소화약제량 산출 공식

$$W = \frac{V}{S} \times \left(\frac{C}{100 - C} \right)$$

여기서, W : 소화약제의 무게(kg)
V : 방호구역의 체적(m^3)
S : 소화약제별 선형상수($K_1 + K_2 \times t$)(m^3/kg)
C : 체적에 따른 소화약제의 설계농도(%)
  [C = 소화농도(%) $\times K$(안전계수, A급 1.2, B급 1.3, C급 1.35)]
  ※ C급(통전상태)의 안전계수는 A급(전기차단상태)소화농도의 1.35
t : 방호구역의 최소예상온도(℃)

(2) 관의 두께

$$t = \frac{PD}{2SE} + A$$

여기서, t : 관의 두께(mm)
P : 최대허용압력(kPa)

D : 배관의 바깥지름(mm)
SE : 최대허용응력(kPa)(배관재질 인장강도의 1/4값과 항복점의 2/3 값 중 적은 값×배관이음효율×1.2)
A : 나사이음(mm) (헤드설치부분은 제외한다)

- 나사이음 : 나사의 높이
- 절단홈이음 : 홈의 깊이
- 용접이음 : 0

※ 배관이음효율 : ① 이음매 없는 배관 : 1.0
② 전기저항 용접배관 : 0.85
③ 가열맞대기 용접배관 : 0.60

---

15 다음은 제연설비의 공기유입방식 및 유입구에 관한 화재안전기술기준이다. ( )안에 알맞은 답을 쓰시오. (5점)

1. 예상제연구역에 대한 공기유입은 유입풍도를 경유한 (①) 또는 (②)으로 하거나, 인접한 제연구역 또는 통로에 유입되는 공기가 해당구역으로 유입되는 방식으로 할 수 있다.
2. 예상제연구역에 설치되는 공기유입구는 다음 각 호의 기준에 적합하여야 한다.
   (1) 바닥면적 400m² 미만의 거실인 예상제연구역에 대해서는 공기유입구와 배출구간의 직선거리는 (③)m 이상 또는 구획된 실의 장변의 2분의 1 이상으로 할 것. 다만, 공연장·집회장·위락시설의 용도로 사용되는 부분의 바닥면적이 (④)제곱미터를 초과하는 경우의 공기유입구는 (2)의 기준에 따른다.
   (2) 바닥면적이 400m² 이상의 거실인 예상제연구역에 대하여는 바닥으로부터 (⑤)m 이하의 높이에 설치하고 그 주변은 공기의 유입에 장애가 없도록 할 것

풀이 ○답 : ① 강제유입
② 자연유입방식
③ 5
④ 200
⑤ 1.5

14년-07월 기출

16 아래도면은 어느 소방대상물인 전기실(A실), 발전기실(B실), 방제반실(C실), 밧데리실(D실)을 방호하기위한 할론1301의 배관평면도이다. 도면 및 조건을 참조하여 할론1301 소화약제의 최소용기 개수를 산출하시오. (8점)

[도면]

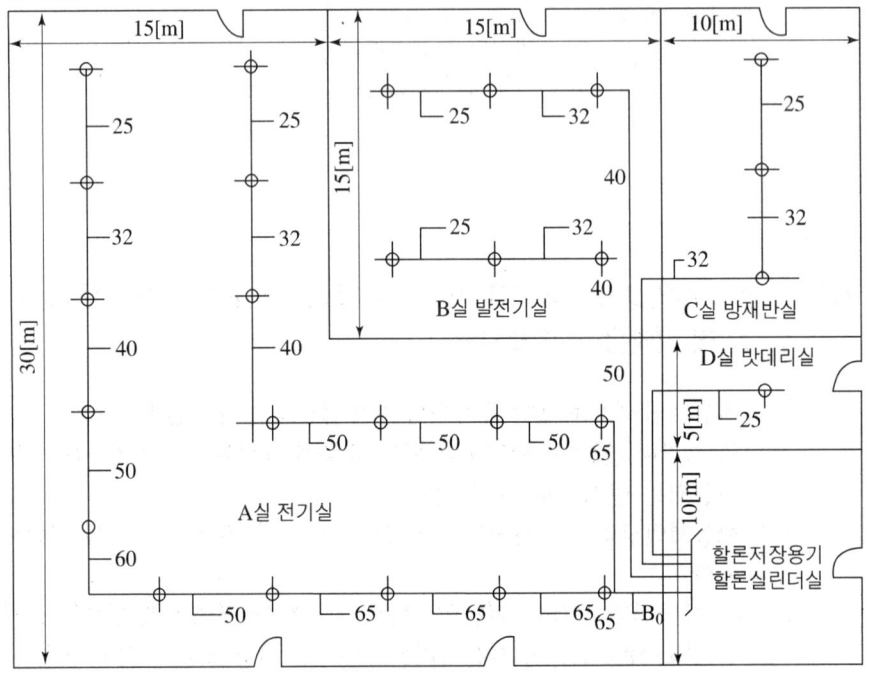

[조건]
1) 약제저장용기 방식은 고압식이다.
2) 용기 1개의 약제량은 50kg이고 내용적은 68l이다.
3) 도면상 각 실에 대한 배관내용적(용기실내의 입상관 포함)은 다음과 같다.

| A실 배관내용적 : 198l | B실 배관내용적 : 78l |
| C실 배관내용적 : 28l | D실 배관내용적 : 10l |

4) A실에 대한 할론 집합관의 배관내용적은 88l이다.
5) 할론약제저장용기와 집합관 사이의 연결관에 대한 내용적은 무시한다.
6) 설비의 설계기준온도는 20℃로 한다.
7) 액화할론1301의 비중은 20℃에서 1.6이다.
8) 각 실의 개구부는 없다고 가정한다.

9) 약제 소요량 산출시 각 실의 내부기둥 및 내용물은 무시한다.
10) 각 실의 층고(바닥으로부터 천정까지 높이)는 각각 다음과 같다.

| A실 및 B실 : 5m | C실 및 D실 : 3m |

○ 계산과정 :

할론1301 소화약제 저장량

소방대상물	방호구역의 소요약제량	개구부 가산량 (자동폐쇄장치 미설치시)
차고, 주차장, 전기실, 통신기기실, 전산실, 기타 이와 유사한 전기설비가 설치되어 있는 부분	0.32kg/m³	2.4kg/m²

• 약제장량(kg) = 방호구역체적(m³) × 소요약제량(kg/m³) + 개구부면적(m²) × 개구부가산량(kg/m²)

A실(전기실)

① 방호구역 약제소요량 계산

$Q = (30m \times 30m - 15m \times 15m) \times 5m \times 0.32 kg/m^3 = 1080 kg$

② 소요 용기 수 = 1080kg/50kg = 21.6병 ∴ 22병

③ 독립배관방식 필요여부

㉠ 배관 내용적(집합관+배관) = 88 + 198 = 286 l

㉡ 저장용기 소화약제량의 체적 = 22병 × 50kg ÷ 1.6 = 687.5 l

㉢ 배관 내용적에 대한 약제량의 체적비 = $\frac{286}{687.5}$ = 0.42배

㉣ 1.5배 미만이므로 별도 독립배관방식 불필요

B실(발전기실)

① 방호구역 약제소요량

$Q = 15m \times 15m \times 5m \times 0.32 kg/m^3 = 360 kg$

② 소요 용기 수 = 360kg/50kg = 7.2병 ∴ 8병

③ 독립배관방식 필요여부

㉠ 배관 내용적(집합관+배관) = 88 + 78 = 166 l

㉡ 저장용기 소화약제량의 체적 = 8병 × 50kg ÷ 1.6 = 250 l

㉢ 배관 내용적에 대한 약제량의 체적비 = $\frac{166}{250}$ = 0.66배

㉣ 1.5배 미만이므로 별도 독립배관방식 불필요

C실(방재반실)

① 방호구역 약제소요량

$Q = 10m \times 15m \times 3m \times 0.32 kg/m^3 = 144 kg$

② 소요 용기 수 = 144kg/50kg = 2.88병 ∴ 3병
③ 독립배관방식 필요여부
  ㉠ 배관 내용적(집합관+배관) = 88 + 28 = 116l
  ㉡ 저장용기 소화약제량의 체적 = 3병 × 50kg ÷ 1.6 = 93.75l
  ㉢ 배관 내용적에 대한 약제량의 체적비 = $\frac{116}{93.75}$ = 1.24배
  ㉣ 1.5배 미만이므로 별도 독립배관방식 불필요

D실(밧데리실)

① 방호구역 약제소요량
  $Q = 10m \times 5m \times 3m \times 0.32kg/m^3 = 48kg$
② 소요 용기 수 = 48kg/50kg = 0.96병 ∴ 1병
③ 독립배관방식 필요여부
  ㉠ 배관 내용적(집합관+배관) = 88 + 10 = 98l
  ㉡ 저장용기 소화약제량의 체적 = 1병 × 50kg ÷ 1.6 = 31.25l
  ㉢ 배관 내용적에 대한 약제량의 체적비 = $\frac{98}{31.25}$ = 3.14 배
  ㉣ 1.5배 이상이므로 별도 독립배관방식 필요

저장실에 저장하여야 할 용기 수
  N = 22병(같은 집합관사용 소요용기수중 최대) + 1병(별도 독립배관 사용 소요용기수)
    = 23병
○답 : 23병

> **참고** **할론 소화설비의 배관**
> 하나의 구역을 담당하는 소화약제 저장용기의 소화약제량의 체적합계보다 그 소화약제 방출시 방출경로가 되는 배관(집합관 포함)의 내용적이 1.5배 이상일 경우에는 당해 방호구역에 대한 설비는 별도 독립방식으로 하여야 한다.

실	저장용기 소화약제량의 체적(A)	배관내용적(B) (집합관+배관)	B/A	독립배관방식
A	1080÷50=21.6 ∴ 22병×50kg÷1.6=687.5l	286l	0.42	필요없음
B	360÷50=7.2 ∴ 8병×50kg÷1.6=250l	166l	0.66	필요없음
C	140÷50=2.88 ∴ 3병×50kg÷1.6=93.75l	116l	1.23	필요없음
D	48÷50=0.96 ∴ 1병×50kg÷1.6=31.25l	98l	3.14	필요

소방설비기사 - 기계분야

2023년 4월 23일 시행

16년-4월, 20년-7월 유사

01 송풍기의 시험운전을 기준으로 송풍기를 설계하고자 한다. 아래의 조건을 참조하여 송풍기에 대한 각 물음에 답하시오. (단, 시험운전 송풍기와 설계하고자 하는 송풍기는 서로 상사한다.) (6점)

[조건] 시험운전 송풍기
① 축동력 100kW, ② 임펠러의 직경 1m, ③ 정압 50mmAq,
④ 전압 80mmAq, ⑤ 회전수 1750rpm, ⑥ 풍량 750m³/min,
⑦ 효율 75%

(1) 임펠러의 회전수를 2000rpm으로 변경하는 경우 풍량(m³/min)을 구하시오. (단, 임펠러의 직경은 1m로 일정하다)

(2) 임펠러의 직경을 1.2m로 변경하는 경우 축동력(kW)을 구하시오. (단, 임펠러의 회전수는 1750rpm으로 일정하다)

(3) 임펠러의 직경을 1.2m로 변경하는 경우 정압(mmAq)을 구하시오. (단, 임펠러의 회전수는 1750rpm으로 일정하다)

풀이 (1) 풍량(m³/min)
○ 계산과정:

$D_1 = D_2 = 1\text{m}$, $Q_1 = 750\text{m}^3/\text{min}$, $N_1 = 1750\text{rpm}$, $N_2 = 2000\text{rpm}$

$Q_2 = Q_1 \times \dfrac{N_2}{N_1} \times \left(\dfrac{D_2}{D_1}\right)^3 = 750 \times \dfrac{2000}{1750} = 857.14\text{m}^3/\text{min}$

○ 답: 857.14m³/min

(2) 축동력(kW)
○ 계산과정:

$N_1 = N_2 = 1750\text{rpm}$, $P_1 = 100\text{kW}$, $D_1 = 1\text{m}$, $D_2 = 1.2\text{m}$

$$P_2 = P_1 \times \left(\frac{N_2}{N_1}\right)^3 \times \left(\frac{D_2}{D_1}\right)^5 = 100 \times \left(\frac{1.2}{1}\right)^5 = 248.83\text{kW}$$

○답 : 248.83kW

(3) **정압**(mmAq)

○계산과정 :

$N_1 = N_2 = 1750\text{rpm}, \ H_1 = 50\text{mmAq}, \ D_1 = 1\text{m}, \ D_2 = 1.2\text{m}$

$$H_2 = H_1 \times \left(\frac{N_2}{N_1}\right)^2 \times \left(\frac{D_2}{D_1}\right)^2 = 50 \times \left(\frac{1.2}{1}\right)^2 = 72\text{mmAq}$$

○답 : 72mmAq

상세해설

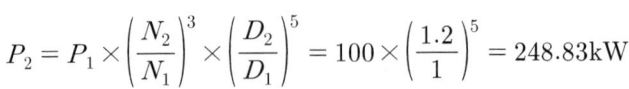

여기서, Q_1 : 변경 전 풍량 Q_2 : 변경 후 풍량
       N_1 : 변경 전 회전수 N_2 : 변경 후 회전수
       H_1 : 변경 전 전압 H_2 : 변경 후 전압
       P_1 : 변경 전 동력 P_2 : 변경 후 동력
       D_1 : 변경 전 임펠러 직경 D_2 : 변경 후 임펠러 직경

02 무대부 또는 연소할 우려가 있는 개구부에 적용하는 스프링클러설비의 방식을 쓰시오. (3점)

풀이 ○답 : 일제살수식스프링클러설비

상세해설

일제살수식스프링클러설비
가압송수장치에서 일제개방밸브 1차 측까지 배관 내에 항상 물이 가압되어 있고 2차 측에서 개방형스프링클러헤드까지 대기압으로 있다가 화재 시 자동감지장치 또는 수동식 기동장치의 작동으로 일제개방밸브가 개방되면 스프링클러헤드까지 소화수가 송수되는 방식의 스프링클러설비

03 사무소 건물의 지하층에 있는 발전기실에 화재안전기술기준과 다음 조건에 따라 전역방출방식 이산화탄소소화설비를 설치하려고 한다. 다음 각 물음에 답하시오. (6점)

[조건]
① 소화설비는 고압식으로 한다.
② 발전기실의 크기 : 가로7m×세로10m×높이5m
   발전기실의 개구부 크기 : 1.8m×3m×2개소(자동폐쇄장치 있음)
③ 가스용기 1병당 충전량 : 45kg
④ 소화약제의 양은 $0.8kg/m^3$, 개구부 가산량 $5kg/m^2$을 기준으로 산출한다.
⑤ 설계농도에 따른 보정계수는 무시한다.

(1) 가스 용기는 몇 병이 필요한지 구하시오.
(2) 선택밸브 직후의 유량(kg/s)을 구하시오.
(3) 음향경보장치는 소화약제의 방출개시 후 얼마동안 경보를 계속할 수 있어야 하는가?
(4) 약제저장용기의 개방밸브는 작동방식에 따라 3가지로 분류된다. 그 명칭을 쓰시오.

풀이 (1) 필요한 용기 수

○계산과정 : $N = \dfrac{7m \times 10m \times 5m \times \dfrac{0.8kg}{m^3}}{45kg} = 6.22$ ∴ 7병

○답 : 7병

(2) 선택밸브 직후의 유량(kg/s)

○계산과정 : $Q = \dfrac{45kg/병 \times 7병}{60s} = 5.25 kg/s$

○답 : 5.25kg/s

(3) 음향경보장치 경보시간
  ○답 : 1분 이상

(4) 개방밸브 작동방식
  ○답 : ① 전기식 ② 가스압력식 ③ 기계식

상세해설

(1) 표면화재 또는 심부화재 여부 판단

체적계수 $K_1 = 0.8\,\text{kg/m}^3$, 개구부 면적계수 $K_2 = 5\,\text{kg/m}^2$이므로 **표면화재**이다.
따라서 약제방사시간은 1분(60s)이내 이다.

(2) 이산화탄소소화설비의 방호구역에 대한 소화약제의 양

① 전역방출방식의 가연성액체 또는 가연성가스등 표면화재 방호대상물

방호구역의 체적 (m^3)	방호구역의 체적 $1m^3$에 대한 소화약제의 양 kg (K_1 : kg/m^3)	저장량의 최저한도량 (kg)	개구부 가산량 (K_2 : kg/m^2) (자동폐쇄장치 미설치시)
45 미만	1	45	5
45 이상 150 미만	0.9		
150 이상 1450 미만	0.8	135	
1450 이상	0.75	1125	

[$K_1(kg/m^3)$: 방호구역 체적계수, $K_2(kg/m^2)$: 개구부 면적계수]

② 전역방출방식의 종이·목재·석탄·섬유류·합성수지류 등 심부화재 방호대상물

방 호 대 상 물	방호구역의 체적 $1m^3$에 대한 소화약제의 양 kg (K_1 : kg/m^3)	설계 농도 (%)	개구부 가산량 (K_2 : kg/m^2) (자동폐쇄장치 미설치시)
유압기기를 제외한 전기설비, 케이블실	1.3	50%	10
체적 $55m^3$ 미만의 전기설비	1.6	50%	
서고, 전자제품창고, 목재가공품창고, 박물관	2.0	65%	
고무류, 면화류창고, 모피창고, 석탄창고, 집진설비	2.7	75%	

(3) 이산화탄소소화약제의 소요량의 방출기준시간

구 분	표면화재	심부화재
전역방출방식	1분 이내	7분 이내(단, 2분 이내에 설계농도의 30 %에 도달)
국소방출방식	30초 이내	

04 다음 도면은 옥내소화전설비의 가압송수장치 주변에 대한 것이다. 각 물음에 답하시오. (7점)

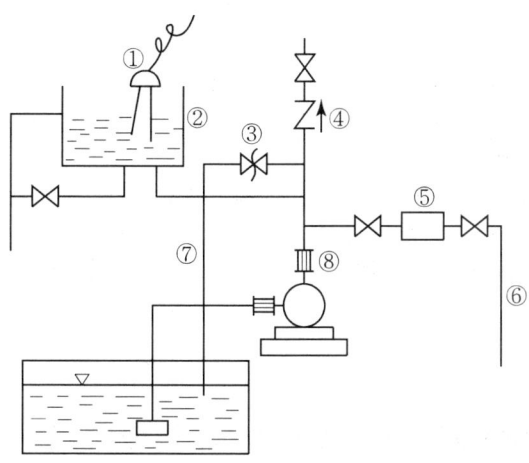

(1) 도면을 보고 번호에 따른 부품 또는 설비의 명칭을 쓰시오.

번호	명칭	번호	명칭
①		⑤	
②		⑥	
③		⑦	순환배관
④	체크밸브	⑧	

(2) 펌프의 정격토출압력이 1MPa일 때 ③은 몇 MPa 이하에서 개방이 되도록 설치하는가?
(3) ②에 연결된 급수배관의 최소구경(mm)을 쓰시오.
(4) ②의 용량(L)은 얼마 이상으로 하여야 하는가?

풀이 (1) 명칭
○답:

번호	명칭	번호	명칭
①	감수경보장치	⑤	유량측정장치
②	물올림수조	⑥	성능시험배관
③	릴리프밸브	⑦	순환배관
④	체크밸브	⑧	플렉시블조인트

(2) 릴리프밸브의 개방압력
○계산과정 및 답 : $P = 1\text{MPa} \times 1.4 = 1.4\text{MPa}$ 이하

(3) 물올림수조의 최소구경
○답 : 15mm

(4) 물올림수조의 용량
○답: 100L 이상

상세해설

(1) 배관 등
가압송수장치의 체절운전 시 수온의 상승을 방지하기 위하여 체크밸브와 펌프사이에서 분기한 구경 20mm이상의 배관에 체절압력 이하에서 개방되는 **릴리프밸브**를 설치할 것

(2) 가압송수장치
펌프의 성능은 체절운전 시 **정격토출압력의 140%**를 초과하지 않고, 정격토출량의 150%로 운전 시 **정격토출압력의 65% 이상**이 되어야 하며, 펌프의 성능을 시험할 수 있는 성능시험배관을 설치할 것. 다만, 충압펌프의 경우에는 그렇지 않다.

20년-5월 기출

05 다음은 피난기구의 화재안전기술기준 중 승강식 피난기 및 하향식 피난구용 내림식사다리의 설치기준이다. ( )안에 알맞는 답을 쓰시오. (6점)

(1) 대피실의 면적은 (①)(2세대 이상일 경우에는 $3m^2$) 이상으로 하고, 하강구(개구부) 규격은 직경 (②) 이상일 것
(2) 대피실의 출입문은 (③) 또는 (④)으로 설치하고, 피난방향에서 식별할 수 있는 위치에 "대피실" 표지판을 부착할 것.
(3) 착지점과 하강구는 상호 수평거리 (⑤) 이상의 간격을 둘 것
(4) 승강식 피난기는 (⑥) 또는 성능시험기관으로 지정받은 기관에서 그 성능을 검증받은 것으로 설치할 것

풀이 ○답: ① $2m^2$　　② 60cm　　③ 60분+ 방화문
　　　　④ 60분 방화문　　⑤ 15cm　　⑥ 한국소방산업기술원

상세해설

승강식 피난기 및 하향식 피난구용 내림식사다리 설치기준
① 대피실의 면적은 $2m^2$(2세대 이상일 경우에는 $3m^2$) 이상으로 하고, 하강구(개구부) 규격은 직경 60cm 이상일 것.
② 대피실의 출입문은 60분+ 방화문 또는 60분 방화문으로 설치하고, 피난방향에서 식별할 수 있는 위치에 "대피실" 표지판을 부착할 것.
③ 착지점과 하강구는 상호 수평거리 15cm 이상의 간격을 둘 것
④ 대피실 내에는 비상조명등을 설치할 것
⑤ 승강식 피난기는 한국소방산업기술원 또는 성능시험기관으로 지정받은 기관에서 그 성능을 검증받은 것으로 설치할 것

09년-04월, 13년-7월, 15년-4월 기출

06 아래 그림은 소방대 연결송수구와 체크밸브가 설치된 연결송수관설비이다. 각 물음에 답하시오. (5점)

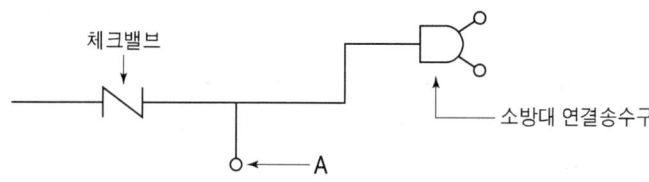

(1) 위의 그림은 습식, 건식 중 어느 것에 해당하는지 쓰시오.
(2) A의 명칭과 도시기호를 그리시오.
(3) A의 설치목적을 쓰시오.

풀이 ○ 답 : (1) 습식

(2) 명칭 : 자동배수밸브, 도시기호 : ▯

(3) 소화 작업 후 배관내의 물을 자동으로 배수하여 동파방지 및 배관부식 방지

상세해설

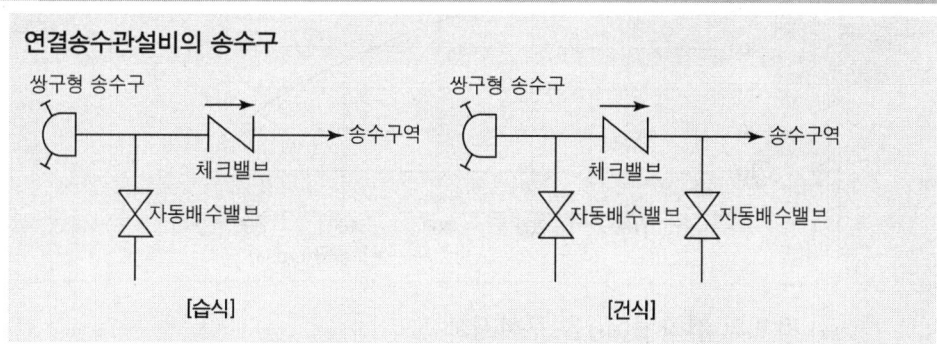

07 지상 5층인 특정소방대상물에 연결송수관설비의 배관과 겸용인 옥내소화전 설비가 설치되어 있다. 아래 조건을 참조하여 각 물음에 답하시오. (10점)

[조건]
① 옥내소화전이 5층에 7개 그 외 다른 층에는 4개씩 설치되었다고 한다.
② 펌프의 풋 밸브로 부터 최고위 옥내소화전 앵글밸브까지의 수직거리는 20m이다.
③ 배관의 마찰손실은 실 양정의 20%이며 관부속품의 마찰손실은 배관 마찰손실의 50%로 한다.
④ 소방용 호스의 길이는 15m이며 마찰손실수두는 100m당 26m이다.
⑤ 호칭구경에 따른 배관의 구경

호칭구경	15A	20A	25A	32A	40A	50A	65A	80A	100A
내경(mm)	16.4	21.9	27.5	36.2	42.1	53.2	69	81	105.3

⑥ 펌프의 전달계수는 1.2이며 효율은 0.6이다.
⑦ 펌프의 성능 곡선

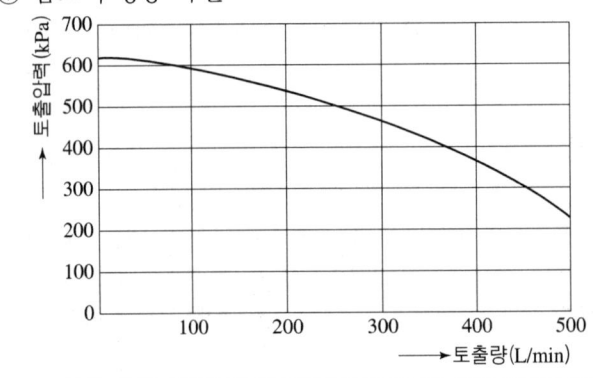

(1) 펌프의 전양정(m)을 구하시오.

(2) 펌프의 성능곡선을 참고하여 펌프의 적합성을 판정하시오.

(3) 펌프의 성능시험을 위한 유량측정장치의 최소측정유량(L/min)을 구하시오.

(4) 토출측 주 배관에서 배관의 최소호칭구경을 구하시오.

(5) 펌프의 최소동력(kW)을 구하시오.

[풀이] (1) 펌프의 전양정(m)

○ 계산과정 :

실양정 $h_1 = 20\text{m}$

배관 및 관부속품의 마찰손실수두 $h_2 = 20\text{m} \times 0.2 + 20\text{m} \times 0.2 \times 0.5$
 (20%) (50%)
$ = 6\text{m}$

소방용 호스의 마찰손실수두 $h_3 = 15\text{m} \times \dfrac{26\text{m}}{100\text{m}} = 3.9\text{m} \fallingdotseq 3.9\text{m}$

전양정 $H = 20\text{m} + 6\text{m} + 3.9\text{m} + 17\text{m} = 46.9\text{m}$

○ 답 : 46.9m

(2) 펌프의 적합성 판정

○ 계산과정 :

- 정격토출량 $Q = 2 \times 130 = 260\text{L/min}$
- 정격토출압력 $P = \gamma H = 9.8\text{kN/m}^3 \times 46.9\text{m} = 459.62\text{kN/m}^2 (\text{kPa})$
- 체절압력 $P = 459.62 \times 1.4 = 643.47\text{kPa}$
- 정격토출량의 150% $Q = 260 \times 1.5 = 390\text{L/min}$
- 정격토출압력의 65% $P = 459.62 \times 0.65 = 298.75\text{kPa}$

구분	체절운전		정격운전		최대운전	
	이론값	측정값	이론값	측정값	이론값	측정값
토출량(L/min)	0		260		390	
토출압력(kPa)	643.47 이하	620	459.62 이상	500	298.75 이상	380
적합여부판정	적합		적합		적합	

○ 답 : 적합

(3) 유량측정장치의 최소측정유량(L/min)

○ 계산과정 : $Q = 260 \times 1.75 = 455\text{L/min}$

○ 답 : 455L/min

(4) 주배관 최소호칭구경

○ 계산과정 : $d = \sqrt{\dfrac{4Q}{\pi V}} = \sqrt{\dfrac{4 \times 0.26\text{m}^3/60\text{s}}{\pi \times 4\text{m/s}}} \times 1000 = 37.14\text{mm}$

$\therefore$ 연결송수관설비와 겸용이므로 펌프의 토출측 주배관의 구경은 100A

○ 답 : 100A

(5) 펌프의 최소동력(kW)

○ 계산과정 : $P = \dfrac{9.8\text{kN/m}^3 \times 0.26\text{m}^3/60\text{s} \times 46.9\text{m}}{0.6} \times 1.2 = 3.98\text{kW}$

○ 답 : 3.98kW

상세해설

(1) 옥내소화전설비의 수원의 양

① 수원의 유효저수량(m^3)

$$Q = N \times 2.6m^3 \text{ 이상} (N : \text{옥내소화전이 가장 많은 층의 설치개수(최대 2개)})$$

② 옥상수조의 유효저수량(m^3)

$$Q = N \times 2.6m^3 \times \frac{1}{3} \text{ 이상} (N : \text{옥내소화전이 가장 많은 층의 설치개수(최대 2개)})$$

(2) 펌프의 최소 토출량(m^3/분)

$$Q = N \times 130L/min \text{ 이상} (N : \text{옥내소화전이 가장 많은 층의 설치개수(최대 2개)})$$

(3) 옥내소화전설비의 전양정

$$H = h_1 + h_2 + h_3 + 17m$$

여기서, h_1 : 실양정(흡입양정+토출양정)(m)
   h_2 : 배관의 마찰손실 수두(m)
   h_3 : 소방용호스 마찰손실 수두(m)

(4) 펌프의 성능
① 체절운전 시 정격토출압력의 140%를 초과하지 아니할 것
② 정격토출량의 150%로 운전 시 정격토출압력의 65% 이상이 되어야 할 것

(5) 펌프의 토출 측 주배관의 구경
① 유속이 4m/s 이하가 될 수 있는 크기 이상으로 하여야 할 것
② 옥내소화전방수구와 연결되는 가지배관의 구경은 40mm(호스릴옥내소화전설비 25mm) 이상으로 할 것
③ 주배관 중 수직배관의 구경은 50mm(호스릴옥내소화전설비 32mm) 이상으로 할 것

(6) 연결송수관설비의 배관과 겸용할 경우의 배관
① 주배관은 구경 100mm 이상
② 방수구로 연결되는 배관의 구경은 65mm 이상

(7) 펌프의 성능시험배관
① 펌프의 토출 측에 설치된 개폐밸브 이전에서 분기하여 직선으로 설치하고, 유량측정장치를 기준으로 전단 직관부에는 개폐밸브를 후단 직관부에는 유량조절밸브를 설치할 것
② 유량측정장치는 펌프의 정격토출량의 175% 이상까지 측정할 수 있는 성능이 있을 것

2023년 4월 23일 시행

08 가로 20m, 세로 8m, 높이 3m인 발전기실에 불활성기체 소화약제 중 IG-100을 사용 할 경우 아래 조건을 참조하여 다음 각 물음에 답하시오. (10점)

20년-7월, 20년-11월, 21년-11월, 22년-7월 유사

[조건] ① IG-100의 소화농도는 35.85%이다.
② 소화약제량 산정시 선형상수를 이용하도록 하며 방사시 기준온도는 10℃이다.

소화약제	K_1	K_2
IG-100	0.7997	0.00293

③ 화재는 전기화재로 간주한다.
④ IG-100의 충전밀도는 $1.5kg/m^3$이며 충전량은 100kg이다.

(1) IG-100의 저장량은 몇 m^3인지 구하시오.
(2) 저장용기의 1병당 충전량(m^3)을 구하시오.
(3) IG-100의 저장용기수는 최소 몇 병인지 구하시오.
(4) 배관구경 산정조건에 따라 IG-100의 약제량 방사시 유량은 몇 m^3/s인지 구하시오.

풀이 (1) **IG-100의 저장량**(m^3)

○계산과정 :

$V = 20 \times 8 \times 3 = 480 m^3$

$V_S = 0.7997 + (0.00293 \times 20) = 0.8583 m^3/kg$

$S = 0.7997 + (0.00293 \times 10) = 0.829 m^3/kg$

C급 화재시 C=소화농도×K(안전계수)=35.85%×1.35(C급)=48.40%

$W = X \times V = 2.303 \times \dfrac{0.8583}{0.829} \times \log\left(\dfrac{100}{100-48.40}\right) \times 480 = 328.88 m^3$

○답 : $328.88 m^3$

(2) **저장용기의 1병당 충전량**(m^3)

○계산과정 : $Q = 100kg \times \dfrac{1m^3}{1.5kg} = 66.67 m^3/$병

○답 : $66.67 m^3$

(3) **IG-100의 저장용기 수**

○계산과정 : 저장용기 수 $N = \dfrac{328.88 m^3}{66.67 m^3} = 4.93$병

○답 : 5병

(4) IG-100의 약제량 방사시 유량(m^3/s)
  ○ 계산과정 :
  ① $V_S = 0.7997 + (0.00293 \times 20) = 0.8583 m^3/kg$
  ② $S = 0.7997 + (0.00293 \times 10) = 0.829 m^3/kg$
  ③ C급 화재 시 $C = 35.85 \times 1.35(\text{C급}) \times 0.95 = 45.98\%$
  ④ $X = 2.303 \times \dfrac{0.8583}{0.829} \times \log\left(\dfrac{100}{100-45.98}\right) = 0.6377 m^3/m^3$
  ⑤ 기준시간 내에 방사되어야 할 약제의 부피
  $$V = 480 m^3 \times \dfrac{0.6377 m^3}{m^3} = 306.10 m^3$$
  ⑥ 약제 방사 시 유량 $Q = \dfrac{306.10 m^3}{120 s} = 2.55 m^3/s$
  ○ 답 : $2.55 m^3/s$

상세해설

(1) 불활성기체 소화약제량 산출공식

$$X = 2.303 \left(\dfrac{V_S}{S}\right) \times \log_{10}\left[\dfrac{100}{(100-C)}\right]$$

여기서, X : 공간체적당 더해진 소화약제의 부피(m^3/m^3)
  S : 소화약제별 선형상수($K_1 + K_2 \times t$)(m^3/kg)
  t : 방호구역의 최소예상온도(℃)
  C : 체적에 따른 소화약제의 설계농도(%)
  V_S : 20℃에서 소화약제의 비체적(m^3/kg)

(2) 설계농도는 소화농도(%)에 안전계수(A급화재 : 1.2, B급화재 : 1.3, C급화재 : 1.35)를 곱한 값으로 할 것
  ※ C급(통전상태)의 안전계수는 A급(전기차단상태)소화농도의 1.35

(3) 배관의 구경은 해당 방호구역에 할로겐화합물소화약제는 10초 이내에, 불활성기체소화약제는 A · C급 화재 2분, B급 화재 1분 이내에 방호구역 각 부분에 최소설계농도의 95% 이상 해당하는 약제량이 방출되도록 하여야 한다.

15년-7월 기출

09 펌프에서 발생하는 여러 가지 이상현상의 하나인 맥동현상에 대한 정의 및 방지대책을 2가지만 쓰시오. (6점)

○답 : (1) **맥동현상의 정의**
    펌프 운전 시 규칙적으로 운동, 양정, 토출량이 변화하는 현상, 즉 송출 압력과 송출 유량의 주기적인 변동이 발생하는 현상

(2) **맥동현상의 방지대책**
    ① pump의 양수량을 증가시킨다.
    ② 임펠러 회전수를 변화시킨다.
    ③ 배관내의 공기제거 및 단면적, 유속, 유량 조절

써징 현상(Surging, 맥동 현상)
펌프 운전시 규칙적으로 운동, 양정, 토출량이 변화하는 현상, 즉 송출 압력과 송출 유량의 주기적인 변동이 발생하는 현상이다.
① 써징 현상 발생 원인
    ㉠ 펌프의 양정 곡선이 산형 특성이며 사용범위가 우상특성일 것.
    ㉡ 토출배관에 수조, 공기저장기가 있을 때
    ㉢ 토출량 조절 밸브가 수조, 공기저장기보다 아래에 있을 때
② 써징 현상 방지 대책
    ㉠ pump의 양수량을 증가시키거나 임펠러 회전수를 변화시킨다.
    ㉡ 배관내의 공기제거 및 단면적, 유속, 유량 조절

10 다음 그림은 어느 실 등의 평면도이다. 이 실들 중 A실을 0.1m³/s로 급기 가압하고자 한다. 주어진 조건을 이용하여 외부와 A실의 차압(Pa)을 구하시오.

(6점)

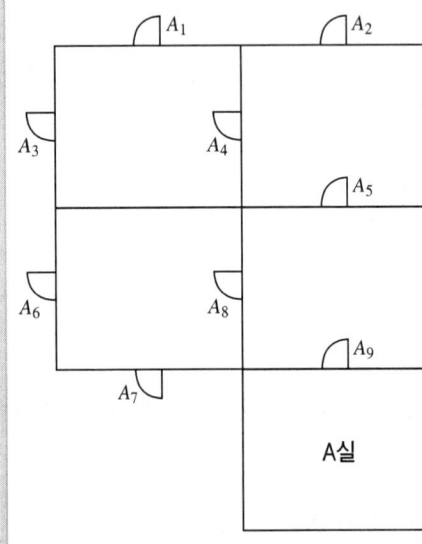

[조건]
① 각 실의 문(Door)들의 틈새 면적은 다음과 같다.
$A_1 = A_2 = 0.005\text{m}^2$
$A_3 \sim A_9 = 0.02\text{m}^2$

② 어느 실을 급기 가압할 때 그 실의 문의 틈새를 통하여 누출되는 공기의 양은 다음의 식을 따른다.
$Q = 0.827A\sqrt{P}$
  Q : 누출되는 공기의 양(m³/s)
  A : 문의 틈새 면적(m²)
  P : 문을 경계로 한 실내외 기압차(파스칼)

풀이 ○ 계산과정 :
  (1) **누설틈새면적**(m²)
    ① A_1과 A_3는 병렬관계
      $A_{1,3} = 0.005 + 0.02 = 0.025\text{m}^2$

    ② A_6과 A_7는 병렬관계
      $A_{6,7} = 0.02 + 0.02 = 0.04\text{m}^2$

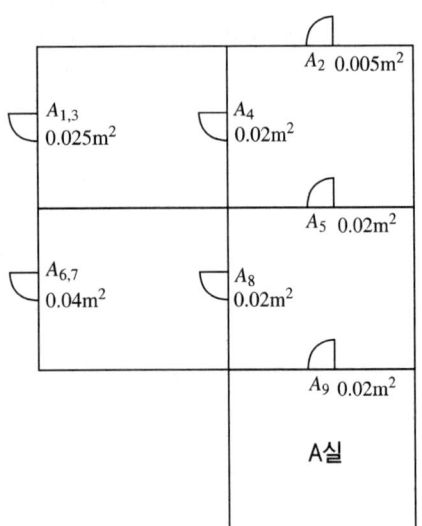

③ $A_{1,3}$와 A_4는 직렬관계

$$A_{1,3,4} = \frac{1}{\sqrt{\frac{1}{0.025^2} + \frac{1}{0.02^2}}} = 0.01562\text{m}^2$$

④ $A_{6,7}$와 A_8은 직렬관계

$$A_{6,7,8} = \frac{1}{\sqrt{\frac{1}{0.04^2} + \frac{1}{0.02^2}}} = 0.01789\text{m}^2$$

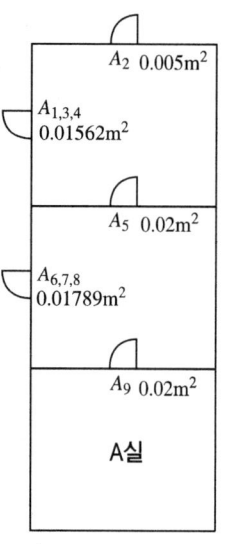

⑤ $A_{1,3,4}$와 A_2는 병렬관계

$$A_{1\sim4} = 0.01562 + 0.005 = 0.02062\text{m}^2$$

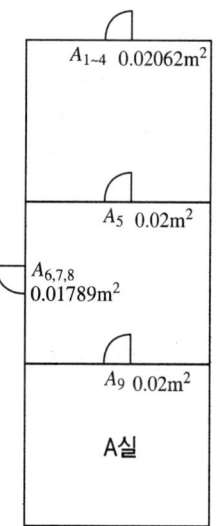

⑥ $A_{1\sim4}$와 A_5는 직렬관계

$$A_{1\sim5} = \frac{1}{\sqrt{\frac{1}{0.02062^2} + \frac{1}{0.02^2}}} = 0.01436\text{m}^2$$

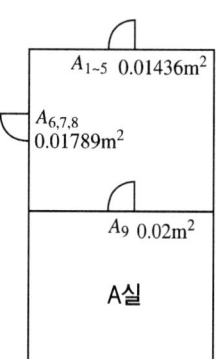

⑦ $A_{1\sim5}$와 $A_{6,7,8}$는 병렬관계

$A_{1\sim8} = 0.01436 + 0.01789 = 0.03225\text{m}^2$

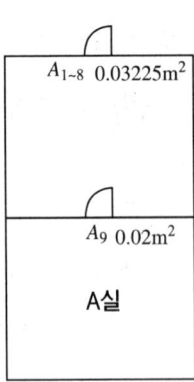

⑧ $A_{1\sim8}$과 A_9는 직렬관계

$$A_T = \cfrac{1}{\sqrt{\cfrac{1}{0.03225^2} + \cfrac{1}{0.02^2}}} = 0.01700\text{m}^2$$

(2) **A실의 차압**(Pa)

$Q = 0.1\text{m}^3/\text{s}$, $A = 0.017\text{m}^2$을 식에 대입하면

① $0.1 = 0.827 \times 0.017 \times \sqrt{P}$

② $\sqrt{P} = \cfrac{0.1}{0.827 \times 0.017}$

③ 양변을 제곱하면 $P = \left(\cfrac{0.1}{0.827 \times 0.017}\right)^2 = 50.59\text{Pa}$

○답 : 50.59Pa

11 다음 그림은 어느 폐쇄형 습식스프링클러설비에 대한 계통도이다. 이 도면과 주어진 조건에 의하여 헤드 A만을 개방하였을 때 각 물음에 답하시오.

(12점)

[조건]
① 설치된 헤드의 방출계수(K)는 80이다.
② 가지배관으로부터 헤드까지의 마찰손실은 무시한다.
   (단, 호칭구경 25A에서의 손실만 고려한다.)
③ 배관의 마찰손실압력은 Hazen-willam's 공식을 이용하되 계산 편의상 다음식과 같다고 가정한다.

$$\Delta P = 6 \times 10^4 \times \frac{Q^2}{C^2 \times d^5} \times L$$

여기서, ΔP : 배관의 마찰손실압력(MPa), Q : 유량(L/min)
C : 조도(120), d : 안지름(mm), L : 배관의 길이(m)

④ 티와 엘보는 동경만 사용하고 티와 엘보를 사용하는 구간의 구경이 다르면 큰 구경에 따르고 관경이 다른 곳은 리듀서로 연결한다.
⑤ 고가수조로 부터 B지점까지의 배관 및 관부속의 규격은 100A를 적용한다.
⑥ 배관의 호칭구경별 안지름은 다음과 같다.

호칭구경	25A	32A	40A	50A	65A	80A	100A
내경(mm)	27	33	42	53	66	79	102

⑦ 배관부속 및 밸브류 등의 등가길이(m)는 아래 표와 같으며 이 표에 없는 부속 또는 밸브류의 등가길이는 무시해도 좋다.

호칭구경	25A	32A	40A	50A	65A	80A	100A
90° 엘보	0.6	0.9	1.8	2.1	2.4	2.7	3.0
분류티	1.7	2.2	2.5	3.2	4.1	4.9	6.0
경보밸브	-	-	-	-	-	-	8.7
체크밸브	-	-	-	-	-	-	8.7
게이트밸브	-	-	-	-	-	-	0.7

⑧ 물의 비중량은 9.8kN/m³이다.
⑨ 경보밸브, 체크밸브, 게이트밸브의 길이는 0.3m이다.

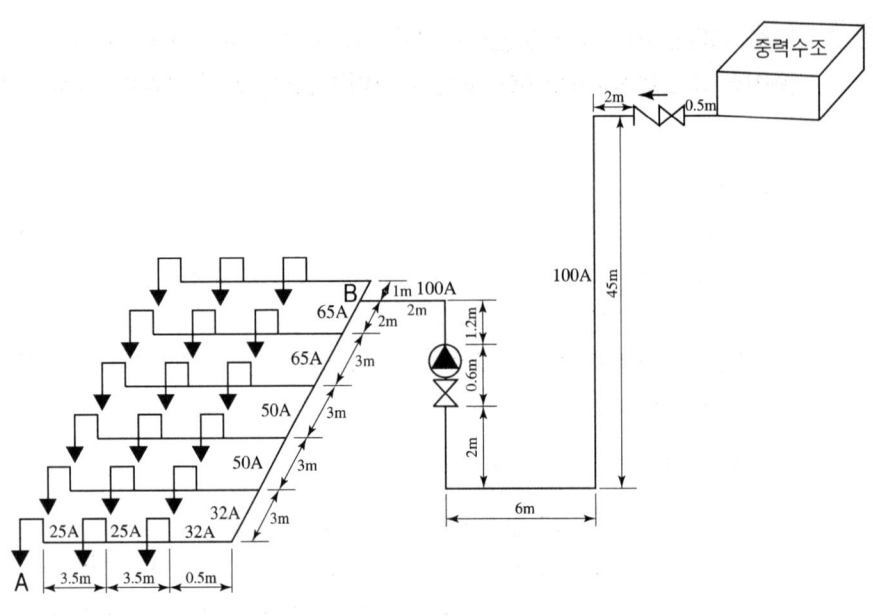

(1) 호칭구경별 등가길이(m)를 구하시오.

호칭구경	계산식	등가길이(m)
25A		
32A		
50A		
65A		
100A		

(2) A헤드를 기준으로 고가수조의 낙차(m)를 구하시오.

(3) A헤드의 낙차압(MPa)을 구하시오.

(4) 배관 1m당 마찰손실압력(MPa)을 구하시오.
(단, 마찰손실압력 계산 시 $2.904 \times 10^{-7} Q^2$의 형태로 작성한다)

호칭구경	계산식	마찰손실압력(MPa/m)
25A		
32A		
50A		
65A		
100A		

(5) A헤드의 분당 방수량(L/min)을 구하시오.

풀이 (1) 호칭구경별 등가길이(m)
○계산과정 및 답 :

호칭구경	계산식	등가길이(m)
25A	직관 3.5+3.5=7 90° 엘보 3개×0.6=1.8	8.8
32A	직관 0.5+3=3.5 90° 엘보 1개×0.9=0.9	4.4
50A	직관 3+3=6	6
65A	직관 3+2=5	5
100A	직관 2+1.2+2+6+45+2+0.5=58.7 분류티 1개×6=6 90° 엘보 4개×3=12 경보밸브 1개×8.7=8.7 체크밸브 1개×8.7=8.7 게이트밸브 2개×0.7=1.4	95.5

(2) A헤드를 기준으로 고가수조의 낙차(m)
  ○계산과정 : $H = 45 - 3.8(2 + 0.6 + 1.2) = 41.2\,\text{m}$
  ○답 : 41.2m

(3) A헤드의 낙차압(MPa)
  ○계산과정 : $P = \gamma H = 9.8\,\text{kN/m}^3 \times 41.2\,\text{m} = 403.76\,\text{kN/m}^2(\text{kPa}) = 0.40\,\text{MPa}$
  ○답 : 0.40MPa

(4) 배관 1m당 마찰손실압력(MPa)
  ○계산과정 및 답 :

호칭구경	계산식	마찰손실압력(MPa/m)
25A	$\Delta P = 6 \times 10^4 \times \dfrac{Q^2}{120^2 \times 27^5} = 2.904 \times 10^{-7} Q^2$	$2.904 \times 10^{-7} \times Q^2$
32A	$\Delta P = 6 \times 10^4 \times \dfrac{Q^2}{120^2 \times 33^5} = 1.065 \times 10^{-7} Q^2$	$1.065 \times 10^{-7} \times Q^2$
50A	$\Delta P = 6 \times 10^4 \times \dfrac{Q^2}{120^2 \times 53^5} = 9.963 \times 10^{-9} Q^2$	$9.963 \times 10^{-9} \times Q^2$
65A	$\Delta P = 6 \times 10^4 \times \dfrac{Q^2}{120^2 \times 66^5} = 3.327 \times 10^{-9} Q^2$	$3.327 \times 10^{-9} \times Q^2$
100A	$\Delta P = 6 \times 10^4 \times \dfrac{Q^2}{120^2 \times 102^5} = 3.774 \times 10^{-10} Q^2$	$3.774 \times 10^{-10} \times Q^2$

(5) A헤드의 분당 방수량(L/min)
○ 계산과정 :
① $Q = K\sqrt{10P}$ 에서 Q : 방수량(L/min), K : 방출계수, P : 방수압(MPa)
② P_A(A헤드 방수압)=낙차의 환산수두압-배관상 총마찰손실압
③ 배관상 총마찰손실압

$\Delta P = 2.904 \times 10^{-7} Q^2 \times 8.8 + 1.065 \times 10^{-7} Q^2 \times 4.4 + 9.963 \times 10^{-9} Q^2 \times 6$
$\quad + 3.327 \times 10^{-9} Q^2 \times 5 + 3.774 \times 10^{-10} Q^2 \times 95.5$
$\quad = 3.137 \times 10^{-6} Q^2$

④ $Q = 80\sqrt{10 \times (0.4 - 3.137 \times 10^{-6} Q^2)}$
양변을 제곱하여 계산하면 $Q^2 = 80^2 \times (4 - 3.137 \times 10^{-5} Q^2)$
$Q^2 = 25600 - 0.200768 Q^2$, $1.200768 Q^2 = 25600$
$Q = \sqrt{\dfrac{25600}{1.200768}} = 146.01\,\text{L/min}$
(※공학 계산기의 solve 기능을 이용하면 $Q = 146.01\text{L/min}$)
○ 답 : 146.01L/min

12 가로20m, 세로 15m, 높이 4m인 방호구역에 포헤드를 설치하고자 한다. 조건을 참조하여 포헤드의 설치개수와 배관의 구경을 구하시오. (4점)

[조건] ① 감지방식 : 스프링클러헤드
② 헤드의 개수에 따른 배관구경

헤드수	1	2	5	8	15	27	40	55
호칭구경(A)	25	32	40	50	65	80	100	125

○ 계산과정 : (1) 포헤드 개수 $N = \dfrac{20\text{m} \times 15\text{m}}{9\text{m}^2} = 33.33$개 ∴ 34개

(2) 배관구경-표에서 40개 이하에 해당 ∴ 100A

○ 답 : 포헤드 개수 34개
배관구경 100A

상세해설

포헤드의 설치기준

구 분	바닥면적당 설치기준
포워터스프링클러헤드	바닥면적 8m² 마다 1개 이상
포헤드	바닥면적 9m² 마다 1개 이상

13 다음과 같은 조건이 주어질 때 HALON 1301의 소화설비를 설계하는데 필요한 다음 각 물음에 답하시오. (6점)

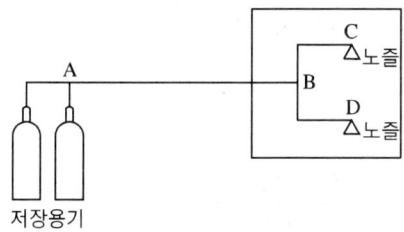

[조건]
① 방호구역의 체적은 420m³이다.(출입구에는 자동폐쇄장치 설치)
② 소방대상물 및 소화약제의 종류에 따른 소화약제의 양

소방대상물 또는 그 부분	소화약제의 종류	방호구역의 체적 1m³당 소화약제의 양
• 차고 · 주차장 · 전기실 · 통신기기실 · 전산실 • 기타 이와 유사한 전기설비가 설치되어 있는 부분	할론 1301	0.32kg 이상 0.64kg 이하

③ 초기 압력강하 1.5(MPa)
④ 고저에 의한 압력손실 0.06(MPa)
⑤ A, B간의 마찰저항에 의한 압력손실 0.06(MPa)
⑥ B-C, B-D간의 각 압력손실 0.03(MPa)
⑦ 약제 저장압력 4.2(MPa)
⑧ 저장용기 1병당 충전량은 45kg이다.
⑨ 작동 10초 이내에 약제 전량이 방출

(1) 소화약제의 저장용기의 수(병)를 구하시오.

(2) 소화설비가 작동하였을 때 A-B간의 배관 내를 흐르는 유량(kg/s)을 구하시오. (단, (1)에서 구한 실제 저장하는 약제량을 전량 방사하는 것으로 한다)

(3) C점 노즐에서 방출되는 약제의 압력(MPa)을 구하시오.
(단, C점과 D점에서의 방사 압력은 같다)

(4) C점 노즐에서의 방출율이 3.75kg/s · cm²이면 분사헤드의 등가분구면적(cm²)을 구하시오.

[풀이] **(1) 소화약제의 저장용기의 수(병)**

  ○ 계산과정 : $W = 420\text{m}^3 \times \dfrac{0.32\text{kg}}{\text{m}^3} = 134.4\text{kg}$

  $N = 134.4\text{kg} \div 45\text{kg/병} = 2.99병 \quad \therefore \ 3병$

  ○ 답 : 3병

(2) A – B간의 유량(kg/s)

  ○ 계산과정 : $Q = \dfrac{3병 \times 45\text{kg/병}}{10\text{s}} = 13.5\text{kg/s}$

  ○ 답 : 13.5kg/s

(3) C점 노즐에서 압력(MPa)

  ○ 계산과정 : $P =$ 저장압력 $-$ 전 손실압력(초기압력 강하+압력손실)

  $\therefore \ P = 4.2\text{MPa} - (1.5\text{MPa} + 0.06\text{MPa} + 0.06\text{MPa} + 0.03\text{MPa})$
  $= 2.55\text{MPa}$

  ○ 답 : 2.55MPa

(4) 분사헤드의 등가분구면적(cm^2)

  ○ 계산과정 : ① 헤드1개의 방사량 $= \dfrac{13.5\text{kg/s}}{2개} = 6.75\text{kg/s}$

  ② 헤드의 등가분구면적(cm^2) $= \dfrac{Q(\text{헤드1개의 방사량} : \text{kg/s})}{\text{방출율}(\text{kg/s} \cdot \text{cm}^2)}$

  $= \dfrac{6.75\text{kg/s}}{3.75\text{kg/s} \cdot \text{cm}^2} = 1.8\text{cm}^2$

  ○ 답 : 1.8cm^2

03년-10월, 07년-04월, 10년-10월, 18년-11월, 20년-10월 기출

14 분말 소화설비에 설치하는 정압작동 장치의 기능과 압력 스위치 방식에 대하여 간단히 설명하시오. (4점)

(1) 정압작동 장치 기능   (2) 압력 스위치 방식

○답 : (1) **정압작동장치의 기능**
저장용기의 내부압력이 설정압력이 되었을 때 주 밸브를 개방시키는 기능

(2) **압력스위치 방식**
분말약제 저장용기에 유입된 가스압력에 의하여 설정된 압력이 되면 스위치가 닫혀 전자밸브를 개방시켜 메인밸브를 개방시키는 방식

상세해설

(1) **기계적 방식**
분말약제 저장용기에 유입된 가스압력에 의하여 밸브의 레버를 당겨서 가스의 통로를 개방, 가스를 메인밸브로 보내어 메인밸브를 개방시키는 방식

(2) **시한릴레이 방식**
분말약제 저장용기에 유입된 가스가 설정된 압력에 도달하는 시간을 미리 산출하여 시한릴레이에 입력시키고 기동과 동시에 시한릴레이를 작동 하게하여 입력시간이 지나면 릴레이가 작동, 전자밸브를 개방하여 주 밸브를 개방시키는 방식

16년-04월 유사

15 지하 2층, 지상 3층인 특정소방대상물의 각 층에 A급 소화기(3단위)를 설치하고자 한다 아래 조건을 참조하여 각 층별로 필요한 소화기의 최소 개수를 구하시오. (단, 건축물의 주요구조부가 내화구조가 아닌 경우이다) (4점)

[조건]
① 각 층의 바닥면적은 2000m^2로 동일하다.
② 지하 1층 및 지하 2층의 주 용도는 주차장이며 지하2층에는 보일러실 150m^2가 구획된 장소로 바닥면적에 포함된다.
③ 지상1층~지상3층의 주 용도는 업무시설이다.
④ 소화설비 및 대형소화기의 설치에 따른 감소기준은 적용하지 않는다.
⑥ 지하2층을 제외한 모든 층은 구획된 장소 없이 개방된 공간이다.

(1) 지하 2층 ○계산과정 :   ○답 :
(2) 지하 1층 ○계산과정 :   ○답 :
(3) 지상 1층 ○계산과정 :   ○답 :

[풀이] **(1) 지하 2층**(주차장 및 보일러실)

○ 계산과정 :

① 주차장(자동차관련시설)의 소요단위 $N = \dfrac{2,000\text{m}^2}{100\text{m}^2} = 20$단위

소화기 소요개수 $N = \dfrac{20\text{단위}}{3\text{단위}} = 6.67$개 ∴ 7개

(주의) 소요단위산정 시 바닥면적은 부속용도(보일러실)의 바닥면적도 포함하여 $2,000\text{m}^2$로 계산한다.

② 부속용도별로 추가하여야 할 소화기구

보일러실의 소요단위 $N = \dfrac{150\text{m}^2}{25\text{m}^2} = 6$단위

추가 소화기 소요개수 $N = \dfrac{6\text{단위}}{3\text{단위}} = 2$개 ∴ 2개

③ 총 소요개수 = 7 + 2 = 9개

○ **답** : 9개

(2) 지하 1층(주차장)

○ **계산과정** : 주차장(자동차관련시설)의 소요단위 $N = \dfrac{2,000\text{m}^2}{100\text{m}^2} = 20$단위

소화기 소요개수 $N = \dfrac{20\text{단위}}{3\text{단위}} = 6.67$개

○ **답** : 7개

(3) 지상 1층(업무시설)

○ **계산과정** : 지상 1층(업무시설)의 소요단위 $N = \dfrac{2,000\text{m}^2}{100\text{m}^2} = 20$단위

소화기 소요개수 $N = \dfrac{20\text{단위}}{3\text{단위}} = 6.67$개 ∴ 7개

○ **답** : 7개

[상세해설]

소화기 소요개수 산정시 유의사항
① 소화기의 설치기준은 용도별, 면적별 소요단위 수 산정
② 바닥면적별 소요단위 수 만족한 경우에도 보행거리 20m초과시 추가로 소화기 설치
③ 소화기는 각 층에 대하여 당해용도별로 단위수를 산정
④ 2개 이상의 용도가 복합된 경우에도 복합건축물로 적용하지 않는다.
⑤ 소화기는 건물단위로 산정하는 것이 아니며 층별 당해용도 및 바닥면적별로 산출한다.
 • 주차장 : 자동차관련시설(바닥면적 100m^2마다 1단위 이상)

- 보일러실 : 부속용도별로 추가(바닥면적 25m² 마다 1단위 이상)
- 지상층 : 업무시설(바닥면적 100m² 마다 1단위 이상)

소방대상물별 소화기구의 능력단위기준

소방대상물	능력단위기준
1. 위락시설	바닥면적 30m² 마다 능력단위 1단위 이상
2. 공연장, 집회장, 관람장, 문화재 · 장례식장 및 의료시설	바닥면적 50m² 마다 능력단위 1단위 이상
3. 근린생활시설 · 판매시설 · 운수시설 · 숙박시설 · 노유자시설 · 전시장 · 공동주택 · 업무시설 · 방송통신시설 · 공장 · 창고시설 · 항공기 및 **자동차관련시설** 및 관광휴게시설	바닥면적 100m² 마다 능력단위 1단위 이상
4. 그 밖의 것	바닥면적 200m² 마다 능력단위 1단위 이상

[주] 소화기구의 능력단위를 산출함에 있어서 건축물의 주요구조부가 내화구조이고, 벽 및 반자의 실내에 면하는 부분이 불연재료 · 준불연재료 또는 난연재료로 된 특정소방대상물에 있어서는 위 표의기준면적의 2배를 해당 특정소방대상물의 기준면적으로 한다.

부속용도별로 추가하여야 할 소화기구

용 도 별	소화기구의 능력단위
다음 각목의 시설. 다만, 스프링클러설비 · 간이스프링클러설비 · 물분무등소화설비 또는 상업용 주방자동소화장치가 설치된 경우에는 자동확산소화기를 설치하지 아니 할 수 있다. ① 보일러실 · 건조실 · 세탁소 · 대량화기취급소 ② 음식점(지하가의 음식점 포함) · 다중이용업소 · 호텔 · 기숙사 · 노유자시설 · 의료시설 · 업무시설 · 공장의 주방 다만, 의료시설 · 업무시설 및 공장의 주방은 공동취사를 위한 것에 한한다. ③ 관리자의 출입이 곤란한 변전실 · 송전실 · 변압기실 및 배전반실(불연재료로 된 상자안에 장치된 것을 제외한다) ④ 지하구의 제어반 또는 분전반	1. 해당 용도의 바닥면적 25m²마다 능력단위 1단위 이상의 소화기로 하고, 그 외에 자동확산소화기를 바닥면적 10m² 이하는 1개, 10m² 초과는 2개를 설치할 것. 2. ②의 주방의 경우 1호에 의하여 설치하는 소화기 중 1개 이상은 주방화재용소화기(K급)를 설치하여야 한다.

17년-04월 기출

16 그림과 같은 벤투리미터(Venturi-meter)에서 관 속에 흐르는 물의 유량(L/s)을 구하시오. (단, 수은의 비중은 13.6, 유량계수는 0.97, 수은주의 높이 차는 500mm, 중력가속도는 9.8m/s²이다) (5점)

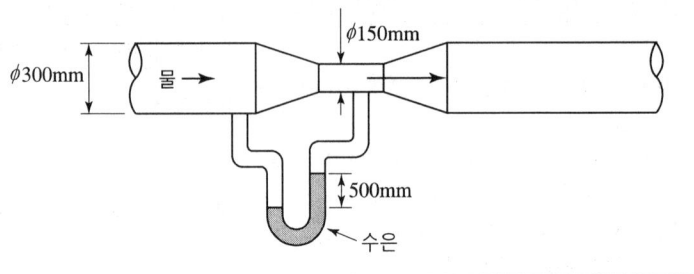

풀이 ○계산과정:

$$Q = \frac{CA_2}{\sqrt{1-m^2}}\sqrt{2g\Delta h(S-1)} \qquad m = \frac{A_2}{A_1} = \left(\frac{D_2}{D_1}\right)^2 = \left(\frac{0.15}{0.3}\right)^2 = 0.25$$

$D_1 = 300\text{mm} = 0.3\text{m}$, $D_2 = 150\text{mm} = 0.15\text{m}$, $C = 0.97$, $g = 9.8\text{m/s}^2$,
$\Delta h = 500\text{mm} = 0.5\text{m}$, S(수은의 비중) $= 13.6$

$$Q = \frac{0.97 \times (\pi/4) \times 0.15^2}{\sqrt{1-0.25^2}}\sqrt{2 \times 9.8 \times 0.5 \times (13.6-1)} \times \frac{1000\text{L}}{\text{m}^3} = 196.72\text{L/s}$$

○답 : 196.72L/s

상세해설

벤투리미터의 이론유량 $Q = \dfrac{A_2}{\sqrt{1-m^2}}\sqrt{2g\Delta h(S-1)}$

벤투리미터의 실제유량 $Q = \dfrac{CA_2}{\sqrt{1-m^2}}\sqrt{2g\Delta h(S-1)}$

C(유량계수) $= \dfrac{Q_r(\text{실제유량})}{Q_{th}(\text{이론유량})}$

알고갑시다 ☞ 유량계수 C에 대하여
실제유체의 흐름에 있어서는 유체의 점성으로 인한 에너지의 손실이 있을 뿐 아니라 각 단면에서 유속분포가 균일하지 않으므로 계산된 유량보다 약간 작은 유량이 계산된다. 따라서 계산된 유량에 유량계수 C를 곱한 것이 실제유량이 된다. C값은 벤투리미터의 종류나 유량의 크기에 따라 약간의 차이가 있으나 대략 0.92~0.99의 값을 갖는다.

소방설비기사 – 기계분야
2023년 7월 22일 시행

01년-07월, 14년-04월 기출

01 아래 그림과 같이 해발고도 1000m의 고지대인 산의 정상에 펌프를 설치하였다. 조건을 참조하여 다음 각 물음에 답하시오. (5점)

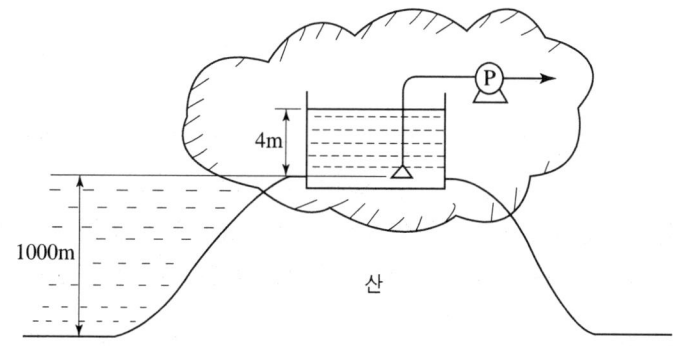

[조건] ① 해발고도 0m에서 대기압= $1.0330 \times 10^5 Pa$
② 해발고도 1000m에서 대기압= $0.901 \times 10^5 Pa$
③ 물의 포화증기압= $2.334 \times 10^3 Pa$
④ 흡입배관 마찰손실수두= 0.5m
⑤ 물의 단위체적당 중량= $9800 N/m^3$
⑥ 펌프의 필요흡입양정은 4.5m이다.

(1) 펌프의 NPSH(유효 흡입 양정)을 계산하시오.
(2) 펌프의 공동현상 발생여부를 판정하시오.

풀이 (1) 펌프의 NPSH(유효 흡입 양정)

○ 계산과정 : $NPSH_{av} = \dfrac{0.901 \times 10^5}{9800} - \dfrac{2.334 \times 10^3}{9800} - 4 - 0.5 = 4.46\text{m}$

○ 답 : 4.46m

(2) 펌프의 공동현상 발생여부

○ 계산과정 : $NPSH_{av}(4.46\text{m}) < NPSH_{re}(4.5\text{m})$ 이므로 공동현상이 발생한다.

○ 답 : 공동현상 발생

상세해설

(1) $NPSH_{av}$(유효흡입양정) $= \dfrac{P_a}{\gamma} - \dfrac{P_v}{\gamma} \pm H_S - f\dfrac{V_s^2}{2g}$

여기서, P_a : 대기압(N/m²), P_v : 포화증기압(N/m²), γ : 비중량(N/m³)

H_S : (+) 압입양정(m), (−) 흡입양정(m), $f\dfrac{V_s^2}{2g}$: 흡입배관총손실(m)

(2) $NPSH_{av}$(유효흡입양정)와 $NPSH_{re}$(필요흡입양정)의 관계
① 캐비테이션 발생한계조건(임계조건) $NPSH_{av} = NPSH_{re}$
② 캐비테이션 발생방지 조건 $NPSH_{av} > NPSH_{re}$
③ 캐비테이션 발생방지 설계조건 $NPSH_{av} \geq NPSH_{re} \times 1.3$

---

02 물분무소화설비의 화재안전기술기준 중 배관의 설치기준에도 불구하고 다음의 어느 하나에 해당하는 장소에는 소방청장이 정하여 고시한 「소방용합성수지배관의 성능인증 및 제품검사의 기술기준」에 적합한 소방용 합성수지배관으로 설치할 수 있다. ( )안에 알맞은 답을 보기에서 골라 채우시오. (6점)

> [보기] 지하, 지상, 내화구조, 방화구조, 소화수, 천장, 반자, 바닥, 불연재료, 난연재료

(1) 배관을 (①)에 매설하는 경우
(2) 다른 부분과 (②)로 구획된 덕트 또는 피트의 내부에 설치하는 경우
(3) (③)과 (④)를 (⑤) 또는 준(⑤)로 설치하고 소화배관 내부에 항상 (⑥)가 채워진 상태로 설치하는 경우

풀이 ○답 : ① 지하 ② 내화구조 ③ 천장 ④ 반자 ⑤ 불연재료 ⑥ 소화수

상세해설

다음의 어느 하나에 해당하는 장소에는 소방청장이 정하여 고시한 「소방용합성수지배관의 성능인증 및 제품검사의 기술기준」에 적합한 소방용 합성수지배관으로 설치할 수 있다.
(1) 배관을 **지하**에 매설하는 경우
(2) 다른 부분과 **내화구조**로 구획된 덕트 또는 피트의 내부에 설치하는 경우
(3) **천장**(상층이 있는 경우에는 상층바닥의 하단을 포함)과 **반자**를 **불연재료** 또는 **준불연 재료**로 설치하고 소화배관 내부에 항상 **소화수**가 채워진 상태로 설치하는 경우

93년-10월, 00년-8월, 02년-4월, 12년-11월 기출

03 일제살수식스프링클러설비에서 사용되는 일제개방밸브의 작동방식 2가지와 작동원리에 대한 다음 빈칸을 채우시오. (6점)

작동방식	작동원리

○답:

작동방식	작동원리
가압 개방식	관로상에 전자밸브(솔레노이드 밸브) 또는 수동 개방밸브를 설치하여 화재시 화재감지기가 감지, 전자 밸브를 개방 또는 수동으로 수동 개방밸브를 개방하여 가압수가 밸브피스톤을 밀어올려 밸브가 열리는 방식
감압 개방식	관로상에 전자밸브(솔레노이드 밸브) 또는 수동 개방밸브를 설치하여 화재시 화재감지기가 감지, 전자밸브를 개방 또는 수동으로 수동 개방밸브를 개방하여 밸브의 실린더실이 감압되어 밸브가 열리는 방식

(1) **가압 개방식** : 관로상에 전자밸브(솔레노이드 밸브) 또는 수동개방밸브를 설치하여 화재시 화재감지기가 감지, 전자밸브를 개방 또는 수동으로 수동개방밸브를 개방하여 가압수가 밸브피스톤을 밀어 올려 밸브가 열리는 방식

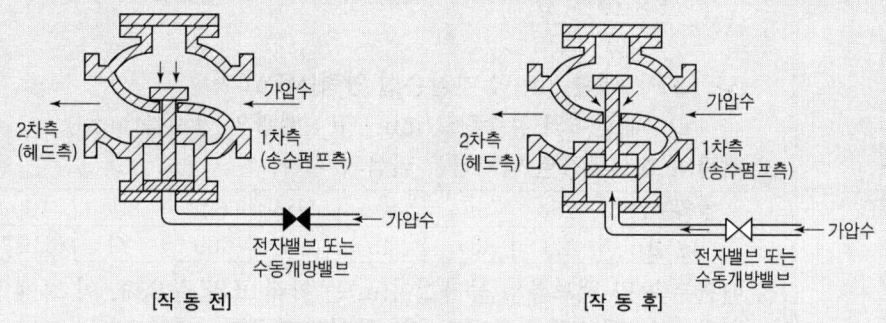

(2) **감압 개방식** : 관로상에 전자밸브(솔레노이드 밸브) 또는 수동개방밸브를 설치하여 화재시 화재감지기가 감지, 전자밸브를 개방 또는 수동으로 수동개방밸브를 개방하여 밸브의 실린더실이 감압되어 밸브가 열리는 방식

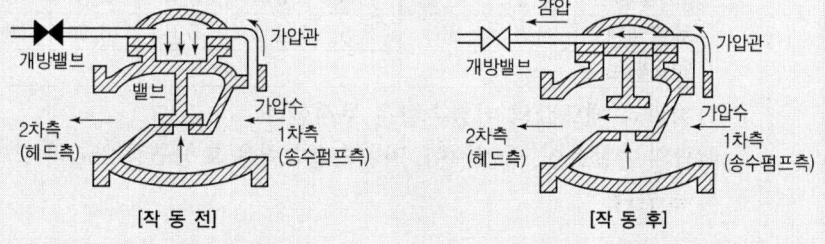

15년-07월 기출

04 건식 스프링클러 소화설비는 건식밸브 2차측이 압축공기나 압축질소 가스로 채워져 있어 설비작동시 습식설비보다 물을 방수하는데 시간이 걸린다. 이를 방지하기 위해 설치하는 기구 명칭을 2가지 쓰시오. (4점)

○답 : 엑셀레이터(Accelater), 익져스터(Exhauster)

18년-06월 기출

05 다음 그림은 어느 스프링클러설비의 Isometric Diagram 이다. 이 도면과 주어진 조건에 의하여 헤드 A만을 개방하였을 때 실제 방수량을 계산하시오. (12점)

[조건]
① 펌프의 양정력은 토출량에 관계없이 일정하다고 가정한다.(펌프토출압 = 0.5MPa)
② 헤드의 방출계수(k)는 80이다.
③ 배관의 마찰손실은 헤이젠-윌리엄스공식을 따르되 계산의 편의상 다음 식과 같다고 가정한다.

$$\Delta P = \frac{6 \times 10^4 \times Q^2}{120^2 \times d^5}$$

(단, ΔP : 배관 1m 당 마찰손실 압력[MPa]
Q : 배관내의 유수량[l/min], d : 배관의 안지름[mm])

④ 배관의 호칭구경별 안지름은 다음과 같다.

호칭구경	25ϕ	32ϕ	40ϕ	50ϕ	65ϕ	80ϕ	100ϕ
내 경	28	37	43	54	69	81	107

⑤ 배관부속 및 밸브류의 등가길이(m)는 아래 표와 같으며, 이 표에 없는 부속 또는 밸브류의 등가길이는 무시해도 좋다.

호칭 구경	25mm	32mm	40mm	50mm	65mm	80mm	100mm
90°엘보	0.8	1.1	1.3	1.6	2.0	2.4	3.2
티 측 류	1.7	2.2	2.5	3.2	4.1	4.9	6.3
게이트밸브	0.2	0.2	0.3	0.3	0.4	0.5	0.7
체크밸브	2.3	3.0	3.5	4.4	5.6	6.7	8.7
알람밸브	−	−	−	−	−	−	8.7

⑥ 가지관과 헤드간의 마찰손실은 무시한다.
⑦ 배관의 마찰손실, 등가길이, 마찰손실압력은 호칭구경 25ϕ와 같이 구하도록 한다.

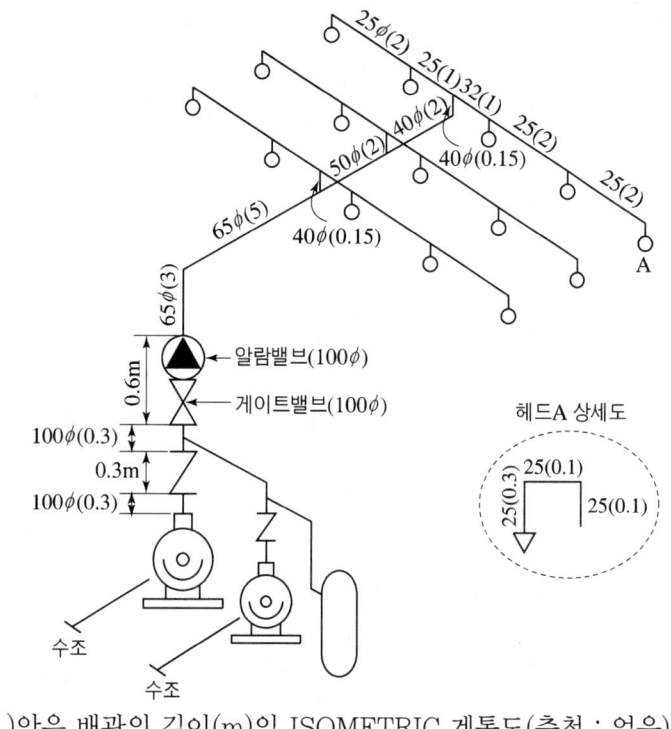

※ ( )안은 배관의 길이(m)임 ISOMETRIC 계통도(축척 : 없음)

(1) 산출근거

호칭 구경	배관의 마찰손실(ΔP) 산출[MPa]	등가길이 산출	마찰손실 압력 [MPa]
25ϕ	$\Delta P = 2.421 \times 10^{-7} \times Q^2$	직관 : 2+2+0.1+0.1+0.3 =4.5 엘보 : 3×0.8=2.4 계 : 6.9m	$1.670 \times 10^{-6} \times Q^2$
32ϕ			
40ϕ			
50ϕ			
65ϕ			
100ϕ			

(2) 배관의 총마찰손실(MPa) :
(3) 실층고 환산 낙차수두(m) :
(4) 방수량(L/min) :
(5) 방수압(MPa) :

풀이 (1) 산출근거
   ○답 :

호칭 구경	배관의 마찰 손실 (ΔP)산출(MPa)	등가길이 산출	마찰손실압력(MPa)
25ϕ	$\Delta P = 2.421 \times 10^{-7} \times Q^2$	직관 : 2+2+0.1+0.1+0.3 =4.5 엘보 : 3×0.8=2.4 계 : 6.9m	$1.670 \times 10^{-6} \times Q^2$
32ϕ	$\Delta P = \dfrac{6 \times 10^4 \times Q^2}{120^2 \times 37^5}$ $= 6.009 \times 10^{-8} \times Q^2$	직관 : 1 계 : 1m	$1 \times 6.009 \times 10^{-8} \times Q^2$ $= 6.009 \times 10^{-8} \times Q^2$
40ϕ	$\Delta P = \dfrac{6 \times 10^4 \times Q^2}{120^2 \times 43^5}$ $= 2.834 \times 10^{-8} \times Q^2$	직관 : 2+0.15=2.15 90°엘보 : 1.3 티측류 : 2.5 계 : 5.95m	$5.95 \times 2.834 \times 10^{-8} \times Q^2$ $= 1.686 \times 10^{-7} \times Q^2$
50ϕ	$\Delta P = \dfrac{6 \times 10^4 \times Q^2}{120^2 \times 54^5}$ $= 9.074 \times 10^{-9} \times Q^2$	직관 : 2 계 2m	$2 \times 9.074 \times 10^{-9} \times Q^2$ $= 1.815 \times 10^{-8} \times Q^2$
65ϕ	$\Delta P = \dfrac{6 \times 10^4 \times Q^2}{120^2 \times 69^5}$ $= 2.664 \times 10^{-9} \times Q^2$	직관 : 5+3=8 90°엘보 : 1×2.0=2 계 10m	$10 \times 2.664 \times 10^{-9} \times Q^2$ $= 2.664 \times 10^{-8} \times Q^2$
100ϕ	$\Delta P = \dfrac{6 \times 10^4 \times Q^2}{120^2 \times 107^5}$ $= 2.971 \times 10^{-10} \times Q^2$	직관 : 0.3+0.3=0.6 체크밸브 : 1×8.7=8.7 게이트밸브 : 1×0.7=0.7 알람밸브 : 1×8.7=8.7 계 : 18.7m	$18.7 \times 2.971 \times 10^{-10} \times Q^2$ $= 5.556 \times 10^{-9} \times Q^2$

(2) 배관상의 총마찰손실
   ○계산과정 :
   $(1.670 \times 10^{-6} \times Q^2) + (6.009 \times 10^{-8} \times Q^2) + (1.686 \times 10^{-7} \times Q^2)$
   $+ (1.815 \times 10^{-8} \times Q^2) + (2.664 \times 10^{-8} \times Q^2) + (5.556 \times 10^{-9} \times Q^2)$
   $= 1.949 \times 10^{-6} \times Q^2$
   ○답 : $1.949 \times 10^{-6} \times Q^2 \text{MPa}$

(3) 실층고 환산 낙차수두
   ○계산과정 : 0.3m+0.3m+0.3m+0.6m+3m+0.15m+0.1m−0.3m=4.45m
   ○답 : 4.45m

(4) 방수량
   ○계산과정 :
   $Q = k\sqrt{10P}$ 에서 $k = 80$
   P(헤드압) = 펌프토출압−(실층고낙차환산수두압+배관손실압)

- 펌프토출압 = 0.5MPa
- 실층고 낙차환산수두압
  $P = \gamma H = 9.8\text{kN/m}^3 \times 4.45\text{m} = 43.61\text{kN/m}^2(\text{kPa}) = 0.0436\text{MPa}$
- 배관손실압 $P = 1.949 \times 10^{-6} Q^2 \text{MPa}$

∴ $P(\text{헤드압}) = 0.5 - (0.0436 + 1.949 \times 10^{-6} Q^2) = 0.4564 - 1.949 \times 10^{-6} Q^2$

$Q = k\sqrt{10P}$ 에서 $k = 80$식에 대입하여 방수량을 계산한다.

$Q = 80\sqrt{10(0.4564 - 1.949 \times 10^{-6} Q^2)}$

양변을 제곱하면

$Q^2 = 80^2(4.564 - 1.949 \times 10^{-5} Q^2)$

$Q^2 = 29,209.6 - 0.1247 Q^2$

$Q^2 + 0.1247 Q^2 = 29,209.6$

$1.1247 Q^2 = 29,209.6$

$Q^2 = \dfrac{29,209.6}{1.1247}$ ∴ $Q = \sqrt{\dfrac{29,209.6}{1.1247}} = 161.16\text{L/min}$

○답 : 161.16L/min

(5) 방수압

○계산과정 : $P = 0.5 - (0.0436 + 1.949 \times 10^{-6} \times 161.16^2) = 0.4058\text{MPa}$

○답 : 0.41MPa

19년-04월 기출

06 바닥면적 400m², 높이 4m되는 통신기기실에 이산화탄소소화설비를 설치하고자 한다. 다음 조건을 참조하여 각 물음에 답하시오 (6점)

[조건] ① 전역방출방식이며 심부화재로 간주 한다.
② CO_2의 방사는 20℃, 1atm을 기준으로 한다.
③ 기체상수 $R = 8.3143\text{kJ/mol} \cdot \text{K}$로 한다.
④ 방호구역에는 5m²의 개구부가 있으며 자동폐쇄장치가 없다.

(1) 필요한 CO_2의 저장용기(68L/45kg)의 병수를 구하시오.
(2) 저장된 CO_2 약제량의 방사시간이 7분이라면 선택밸브 1차 측의 최소 체적유량(m³/min)은 얼마인가?

풀이 (1) 필요한 CO_2의 저장용기의 병수

○계산과정 :

방호구역체적 $V = 400\text{m}^2 \times 4\text{m} = 1600\text{m}^3$, 개구부면적 $A = 5\text{m}^2$

필요한 약제량 $Q = 1600\text{m}^3 \times 1.3\text{kg/m}^3 + 5\text{m}^2 \times 10\text{kg/m}^2 = 2130\text{kg}$

필요한 저장용기수 $N = \dfrac{2130\text{kg}}{45\text{kg}} = 47.33$병 ∴ 48병

○ 답 : 48병

(2) **체적유량**(m^3/min)

○ 계산과정 :

① 약제 방사량 무게 $Q = 48$병 $\times 45\text{kg}$/병 $= 2160\text{kg}$

② 0℃, 1atm에서 CO_2의 비체적(선형상수)

$$K_1 = \frac{RT}{PM} = \frac{8.3143\text{kJ/mol}\cdot\text{K} \times (273+0)\text{K} \times 1\text{mol}}{101.325\text{kPa} \times 44\text{kg}} = 0.509119\text{m}^3/\text{kg}$$

③ 20℃에서 비체적(선형상수)

$$S = K_1 + K_2 t = 0.509119 + \frac{0.509119}{273} \times 20 = 0.546417\text{m}^3/\text{kg}$$

④ CO_2 48병(2160kg)을 체적으로 환산

$$V = 2160\text{kg} \times \frac{0.546417\text{m}^3}{\text{kg}} = 1180.26\text{m}^3$$

⑤ 체적유량 $Q = \dfrac{1180.26\text{m}^3}{7\text{min}} = 168.61\text{m}^3/\text{min}$

○ 답 : $168.61\text{m}^3/\text{min}$

상세해설

(1) 전역방출방식

종이 · 목재 · 석탄 · 섬유류 · 합성수지류 등 심부화재 방호대상물

방호대상물	방호구역의 체적 1m^3에 대한 소화약제의 양 kg (K_1 : kg/m^3)	설계농도 (%)	개구부 가산량 (K_2 : kg/m^2) (자동폐쇄장치 미설치시)
유압기기를 제외한 전기설비, 케이블실	1.3	50%	10
체적 55m^3 미만의 전기설비	1.6	50%	10
서고, 전자제품창고, 목재가공품창고, 박물관	2.0	65%	10
고무류, 면화류창고, 모피창고, 석탄창고, 집진설비	2.7	75%	10

(2) 약제 저장량 계산

$$Q = V \times K_1 + A \times K_2$$

여기서, Q : CO_2약제저장량(kg), V : 방호구역체적(m^3)
K_1 : 방호구역 체적계수(kg/m^3), A : 개구부 면적(m^2)
K_2 : 개구부 면적계수(kg/m^2)

07 다음 그림은 어느 실등의 평면도이다. 이 실들 중 A실을 급기 가압하고자 한다. 주어진 조건을 이용하여 각 물음에 답하시오.　(6점)

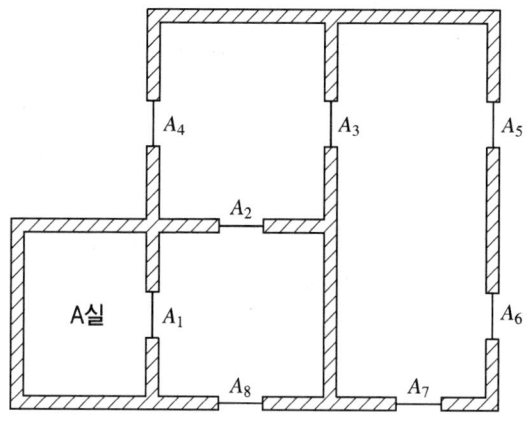

[조건]
① 실외부 대기의 압력은 절대압력으로 101.38kPa로서 일정하다.
② A실에 유지하고자 하는 압력은 절대압력으로 101.55kPa이다.
③ 각 실의 문(Door)들의 틈새면적은 다음과 같다
　$A_1 = A_2 = A_3 = 0.01 \text{m}^2$이고 $A_4 = A_5 = A_6 = A_7 = A_8 = 0.02 \text{m}^2$이다.
④ 어느 실을 급기 가압할 때 그 실의 문의 틈새를 통하여 누출되는 공기의 양은 다음의 식을 따른다.
　$Q = 0.827 \times A \times \sqrt{P}$
　여기서, Q : 누출되는 공기의 양(m³/s), A : 문의 틈새 면적 합계(m²)
　　　　　P : 문을 경계로 한 실내외 압력차(파스칼)

(1) 각 실의 문의 틈새면적 합계(m²)를 소수점 5째 자리까지 구하시오.
(2) A실에 유입시켜야 할 풍량은 몇 m³/s가 되는지 소숫점 넷째 자리에서 반올림하여 소수점 셋째자리까지 나타내시오.

풀이 (1) 각 실의 문의 틈새면적 합계(m²)
　○계산과정:
　　① $A_5 \sim A_7$ [병렬관계] 합성 틈새면적
　　　$A_{5 \sim 7} = 0.02 + 0.02 + 0.02$
　　　　　　$= 0.06 \text{m}^2$

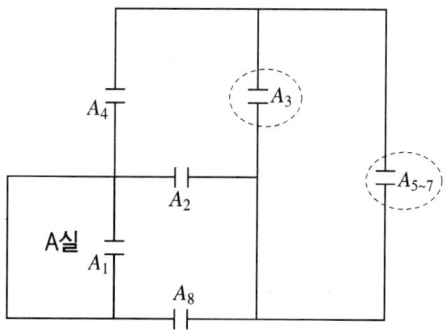

② A_3와 $A_{5～7}$ [직렬관계] 합성 틈새면적

$$A_3 + A_{5～7} = \frac{1}{\sqrt{\dfrac{1}{0.01^2} + \dfrac{1}{0.06^2}}}$$

$$= 0.0098639 ≒ 0.009864 \text{m}^2$$

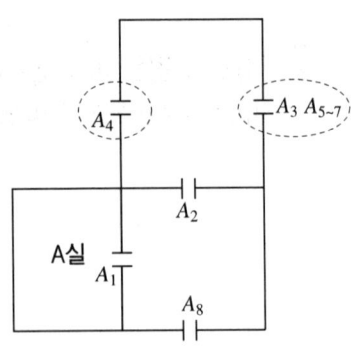

③ A_4와 $[A_3+A_{5～7}]$ [병렬관계] 합성 틈새면적

$$A_{3～7} = 0.02 + 0.009864$$

$$= 0.029864 \text{m}^2$$

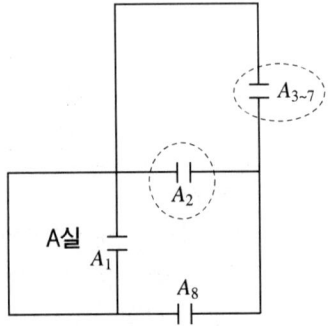

④ $A_{3～7}$과 A_2는 [직렬관계] 합성 틈새면적

$$A_{2～7} = \frac{1}{\sqrt{\dfrac{1}{0.029864^2} + \dfrac{1}{0.01^2}}}$$

$$= 0.0094825 ≒ 0.009483 \text{m}^2$$

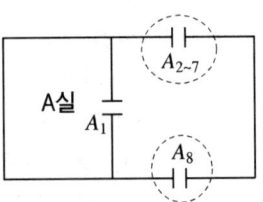

⑤ $A_{2～7}$과 A_8은 [병렬관계] 합성 틈새면적

$$A_{2～8} = 0.009483 + 0.02$$

$$= 0.029483 \text{m}^2$$

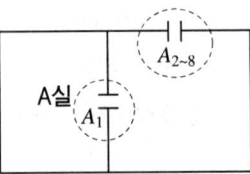

⑥ $A_{2～8}$과 A_1은 [직렬관계] 합성 틈새면적

$$A_{1～8} = \frac{1}{\sqrt{\dfrac{1}{0.029483^2} + \dfrac{1}{0.01^2}}}$$

$$= 0.009470 \text{m}^2$$

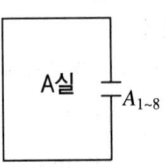

○답 : 0.00947m^2

(2) A실에 유입시켜야 할 풍량(m^3/s)

○계산과정 : $Q = 0.827 \times A \times \sqrt{P}$ 식에 대입

$A = 0.00947m^2$, $P = 101.55 - 101.38 = 0.17kPa = 170Pa$

$Q = 0.827 \times 0.00947 \times \sqrt{170} = 0.1021 ≒ 0.102 m^3/s$

○답 : $0.102 m^3/s$

09년-07월

08 아래의 도면과 같은 방호대상물에 이산화탄소 소화설비를 설계하려한다. 설계 조건을 참조하여 각 물음에 답하시오. (5점)

[설계조건] 1. 각 실의 크기는 다음과 같다

구 분	실의 크기
A 실	가로12m 세로 6m
B 실	가로10m 세로 6m
C 실	가로 10m 세로10m

2. 건물의 층고(높이)는 4m이다.
3. 약제 방출방식은 전역방출 방식이다.
4. 개구부는 자동폐쇄 장치가 설치되어 있음
5. 약제저장용기는 45kg/병이다.
6. 각 실의 기본 약제량은 $0.8kg/m^3$

(1) 각 실의 소요 용기수를 구하시오.

(2) 이산화탄소 소화설비의 Isometric Diagram을 설계하시오.

(단, 도시기호는 저장용기 : ◎ 선택밸브 : ⊠ , 기동용기 : ⌂ ,

동관 : ----(점선), 가스체크밸브 : 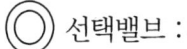 , 배관 : ──(실선)

으로 한다)

풀이 (1) 각 실의 소요 용기수

○계산과정 : 약제소요량

A실 $12m \times 6m \times 4m \times 0.8kg/m^3 = 230.4kg \div 45kg/병 = 5.12$ ∴6병

B실 $10m \times 6m \times 4m \times 0.8kg/m^3 = 192kg \div 45kg/병 = 4.27$ ∴5병

C실 $10m \times 10m \times 4m \times 0.8kg/m^3 = 320kg \div 45kg/병 = 7.11$ ∴8병

○답 : A실 6병, B실 5병, C실 8병

(2) Isometric DIAGRAM
  ○답 :

![집합관 도면: 8병(C실) 6병(A실) 5병(B실), 안전밸브]

09 다음은 분말소화설비의 화재안전기술기준 중 저장용기의 설치기준이다. ( )안에 알맞은 답을 보기에서 골라 쓰시오. (5점)

[보기]
방호구역 내, 방호구역 외, 1, 2, 3, 4, 30, 40, 50, 게이트, 체크, 감압

(1) (①)의 장소에 설치할 것. 다만, (②)에 설치할 경우에는 피난 및 조작이 용이하도록 피난구 부근에 설치해야 한다.
(2) 온도가 (③)℃ 이하이고, 온도 변화가 작은 곳에 설치할 것
(3) 직사광선 및 빗물이 침투할 우려가 없는 곳에 설치할 것
(4) 방화문으로 방화구획 된 실에 설치할 것
(5) 용기의 설치장소에는 해당 용기가 설치된 곳임을 표시하는 표지를 할 것
(6) 용기 간의 간격은 점검에 지장이 없도록 (④)cm 이상의 간격을 유지할 것
(7) 저장용기와 집합관을 연결하는 연결배관에는 (⑤)밸브를 설치할 것

○답 : ① 방호구역 외 ② 방호구역 내 ③ 40 ④ 3 ⑤ 체크

분말소화설비의 화재안전기술기준(NFTC 108)
분말소화약제의 저장용기 설치기준
(1) 방호구역 외의 장소에 설치할 것. 다만, 방호구역 내에 설치할 경우에는 피난 및 조작이 용이하도록 피난구 부근에 설치해야 한다.
(2) 온도가 40℃ 이하이고, 온도 변화가 작은 곳에 설치할 것

(3) 직사광선 및 빗물이 침투할 우려가 없는 곳에 설치할 것
(4) 방화문으로 방화구획 된 실에 설치할 것
(5) 용기의 설치장소에는 해당 용기가 설치된 곳임을 표시하는 **표지**를 할 것
(6) 용기 간의 간격은 점검에 지장이 없도록 **3cm** 이상의 간격을 유지할 것
(7) 저장용기와 집합관을 연결하는 연결배관에는 **체크밸브**를 설치할 것. 다만, 저장용기가 하나의 방호구역만을 담당하는 경우에는 그렇지 않다.

21년-11월 유사

10 옥내소화전설비와 옥외소화전설비를 설치한 35층의 복합건축물에 대한 것이다. 조건을 참조하여 각 물음에 답하시오. (10점)

[조건]
① 옥내소화전의 방수구는 지상1층부터 5층까지는 각 층에 5개씩, 6층부터 35층 까지는 각 층에 6개씩 설치하였다.
② 옥외소화전은 건축물 주변으로 5개가 설치되어있다.
③ 옥내소화전과 옥외소화전이 설치된 부분은 방화벽과 방화문으로 구획되어 있지 않다.
③ 옥내소화전펌프와 옥외소화전펌프는 겸용으로 사용한다.
④ 옥내소화전설비의 실양정 환산수두압력은 1.2MPa, 배관마찰손실은 실양정의 20%, 호스마찰손실은 배관마찰손실의 30%로 간주한다.
⑤ 옥외소화전설비의 실양정 환산수두압력은 0.05MPa, 배관 및 호스의 마찰손실은 실양정의 60%로 간주한다.

(1) 옥내소화전펌프의 최소 토출량(L/min)을 구하시오.
(2) 옥외소화전펌프의 최소 토출량(L/min)을 구하시오.
(3) 저수조에 저장하여야 할 최소 수원의 양(m^3)을 구하시오.(단, 옥상수조는 제외한다)
(4) 펌프의 최소 토출압력(MPa)을 구하시오.

풀이 (1) **옥내소화전펌프의 최소 토출량**(L/min)
  ○계산과정 : $Q = N(최대5개) \times 130L/min = 5 \times 130L/min = 650L/min$
  ○답 : 650L/min

(2) **옥외소화전펌프의 최소 토출량**(L/min)
  ○계산과정 : $Q = N(최대2개) \times 350L/min = 2 \times 350L/min = 700L/min$
  ○답 : 700L/min

(3) 최소 수원의 양(m^3)
  ○ 계산과정 :
   옥내소화전에 필요한 수원의 양 $Q_1 = N(최대 5개) \times 5.2m^3 = 5 \times 5.2m^3 = 26m^3$
   옥외소화전에 필요한 수원의 양 $Q_2 = N(최대 2개) \times 7m^3 = 2 \times 7m^3 = 14m^3$
   옥내+옥외에 필요한 수원의 양 $Q_T = Q_1 + Q_2 = 26 + 14 = 40m^3$
  ○ 답 : $40m^3$

(4) 펌프의 최소 토출압력(MPa)
  ○ 계산과정 :
   옥내소화전 펌프에 필요한 압력
   $P = P_1 + P_2 + P_3 + 0.17 = 1.2 + (1.2 \times 0.2) + (1.2 \times 0.2 \times 0.3) + 0.17$
   $= 1.68MPa$
   옥외소화전 펌프에 필요한 압력
   $P = P_1 + P_2 + P_3 + 0.25 = 0.05 + (0.05 \times 0.6) + 0.25 = 0.33MPa$
   필요한 펌프의 토출압력은 큰 것 기준 ∴ 1.68MPa
  ○ 답 : 1.68MPa

상세해설

(1) 고층건축물의 화재안전기술기준(NFTC 604)
   고층건축물 : 층수가 30층 이상이거나 높이가 120m 이상인 건축물

   옥내소화전설비의 수원의 양(49층 이하)
   $Q = N(최대 5개) \times 5.2m^3 (130L/min \times 40min)$
   옥내소화전설비의 수원의 양(50층 이상)
   $Q = N(최대 5개) \times 7.8m^3 (130L/min \times 60min)$

(2) 각 소화설비의 수원을 겸용하여 설치하는 경우의 저수량
   ① 소화설비가 설치된 부분이 구획되어 있지 않은 경우
      각 소화설비에 필요한 저수량을 합한 양 이상
   ② 소화설비가 설치된 부분이 구획되어 있는 경우
      각 소화설비에 필요한 저수량 중 최대의 것 이상

(3) 각 소화설비의 가압송수장치를 겸용하여 설치하는 경우의 펌프의 토출량
   ① 소화설비가 설치된 부분이 구획되어 있지 않은 경우
      각 소화설비에 해당하는 토출량을 합한 양 이상
   ② 소화설비가 설치된 부분이 구획되어 있는 경우
      각 소화설비에 해당하는 토출량 중 최대의 것 이상

11 다음 그림은 옥내화전설비의 계통도이다. 도면을 보고 잘못된 부분 4가지를 지적하고 수정방법을 쓰시오. (8점)

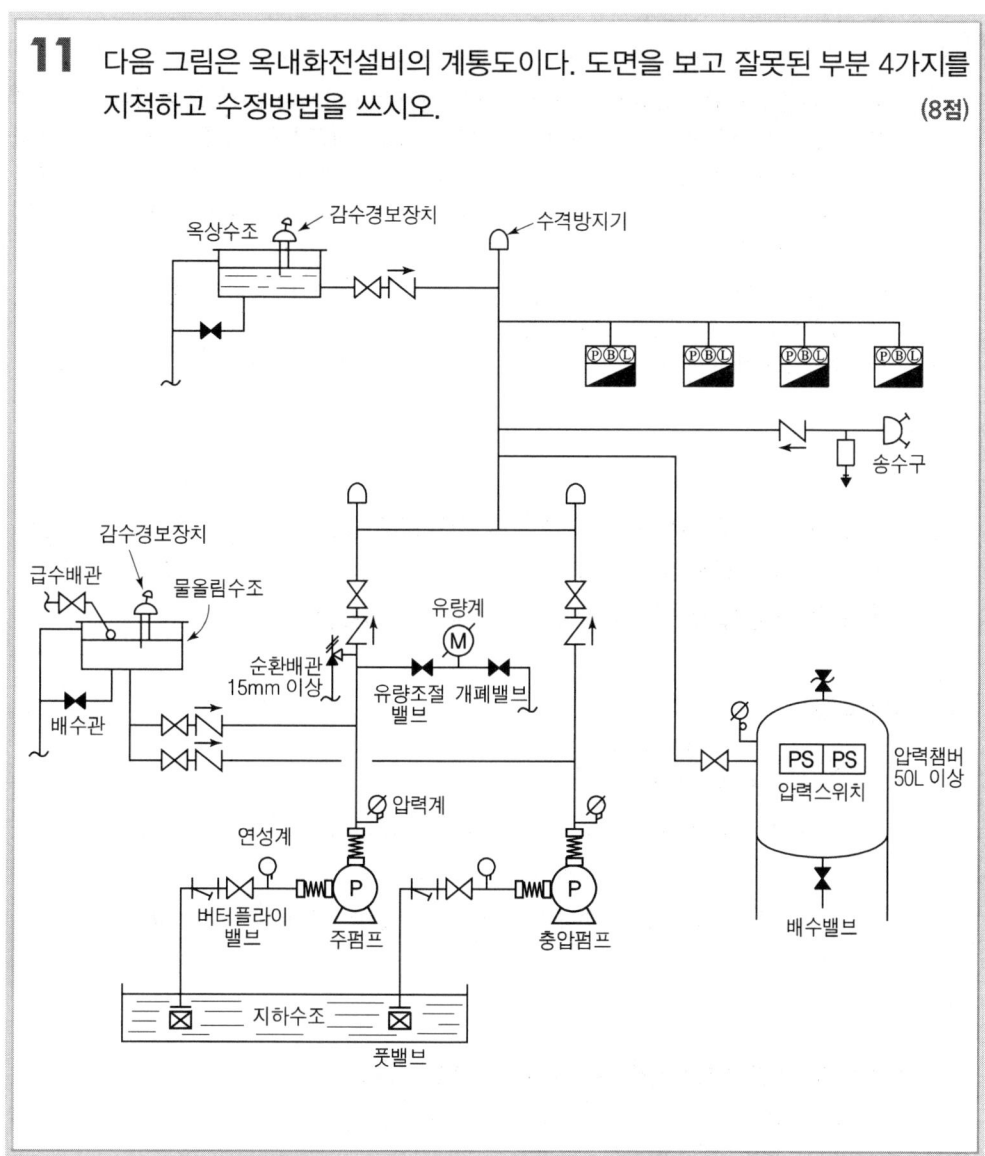

○답 :

구분	잘못된 부분	수정 방법
①	펌프 흡입측 배관에 버터플라이밸브 설치	펌프 흡입측 배관에 버터플라이밸브 외의 개폐표시형밸브를 설치
②	성능시험배관상 유량조절밸브와 개폐밸브의 설치위치	유량측정장치를 기준으로 전단 직관부에는 개폐밸브를 후단 직관부에는 유량조절밸브를 설치
③	순환배관의 구경 15mm 이상	순환배관의 구경 20mm 이상
④	압력챔버의 용적 50L 이상	압력챔버의 용적 100L 이상

상세해설

① 급수배관에 설치되어 급수를 차단할 수 있는 개폐밸브는 개폐표시형으로 해야 한다. 이 경우 펌프의 흡입측배관에는 버터플라이밸브 외의 개폐표시형밸브를 설치해야 한다.
② 성능시험배관은 펌프의 토출 측에 설치된 개폐밸브 이전에서 분기하여 직선으로 설치하고, 유량측정장치를 기준으로 전단 직관부에는 개폐밸브를 후단 직관부에는 유량조절밸브를 설치할 것.
③ 가압송수장치에는 체절운전 시 수온의 상승을 방지하기 위한 순환배관을 설치할 것. 다만, 충압펌프의 경우에는 그렇지 않다.
④ 기동용수압개폐장치 중 압력챔버를 사용할 경우 그 용적은 100L 이상의 것으로 할 것

14년-7월, 15년-7월 유사

12 가로 20m, 세로 10m인 특수가연물 저장창고에 압축공기포소화설비를 설치하려고 한다. 팽창비율에 의한 포의 종류는 저발포이며 팽창비가 최대가 되도록 포약제를 방출하면 방출된 포의 체적(m^3)을 구하시오. (4점)

풀이 ○ 계산과정 :

① 팽창비 = $\dfrac{발포\ 후\ 체적}{발포\ 전\ 포수용액의\ 체적}$

② 발포 전 포수용액의 체적 = $20m \times 10m \times 2.3L/m^2 \cdot min \times 10min$
   = $4,600L = 4.6m^3$

③ 발포 후 체적 = 발포전 포수용액의 체적 × 팽창비 = $4.6m^3 \times 20 = 92m^3$

○ 답 : $92m^3$

상세해설

(1) 방호대상물별 압축공기포 분사헤드의 방출량(m^2/min)

방호대상물	방호면적 $1m^2$에 대한 1분당 방출량
특수가연물	2.3L
기타의 것	1.63L

(2) 팽창비율에 따른 포 및 포방출구의 종류

팽창비율에 따른 포의 종류	포방출구의 종류
팽창비가 20 이하인 것(저발포)	포헤드, 압축공기포헤드
팽창비가 80 이상 1,000 미만인 것(고발포)	고발포용 고정포방출구

(3) 포헤드방식 및 압축공기포소화설비에 있어서는 하나의 방사구역 안에 설치된 포헤드를 동시에 개방하여 표준방사량으로 10분간 방사할 수 있는 양 이상으로 할 것

13 인화점이 10℃인 제4류 위험물(비수용성)을 저장하는 옥외저장탱크가 있다. 조건 및 표를 참조하여 각 물음에 답하시오. (8점)

[조건]
① 탱크형태 : 플루팅루프탱크(탱크내면과 굽도리판의 간격 : 0.3m)
② 탱크의 크기 및 수량 : (직경 15m, 높이 15m)1기
　　　　　　　　　　　 (직경 10m, 높이 10m)1기
③ 옥외 보조소화전 : 지상식 단구형 2개
④ 포소화약제의 종류 : 수성막포 3%
⑤ 송액관 : 80A-50m(80mm로 계산), 100A-50m(100mm로 계산)
⑥ 탱크 2대에서 동시에 화재는 없는 것으로 가정한다.

[단위 포소화 수용액의 양(고정포방출구의 방출량 및 방사시간)]

포방출구의 종류 / 위험물의 구분	Ⅰ형 포수용액량 (L/m²)	Ⅰ형 방출율 (L/m²·min)	Ⅱ형 포수용액량 (L/m²)	Ⅱ형 방출율 (L/m²·min)	특형 포수용액량 (L/m²)	특형 방출율 (L/m²·min)	Ⅲ형 포수용액량 (L/m²)	Ⅲ형 방출율 (L/m²·min)	Ⅳ형 포수용액량 (L/m²)	Ⅳ형 방출율 (L/m²·min)
제4류 위험물 중 인화점이 21℃ 미만인 것	120	4	220	4	240	8	220	4	220	4
제4류 위험물 중 인화점이 21℃ 이상 70℃ 미만인 것	80	4	120	4	160	8	120	4	120	4
제4류 위험물 중 인화점이 70℃ 이상인 것	60	4	100	4	120	8	100	4	100	4
제4류 위험물 중 수용성의 것	160	8	240	8	—	—	—	—	240	8

※ 제4류 위험물중 수용성인 것에 대해서는 다음 표의 세부 구분란의 품목에 따라 정한 계수를 각각 곱한 수치 이상으로 할 것

(1) 포방출구의 종류와 포방출구의 개수를 산정하시오.
　① 포방출구의 종류 :
　② 포방출구의 개수 :

(2) 각 탱크에 필요한 포수용액의 양(L/min)을 구하시오.
　① 직경 15m 탱크　② 직경 10m 탱크　③ 보조소화전

(3) 포소화설비에 필요한 포소화약제의 총량(L)를 구하시오.

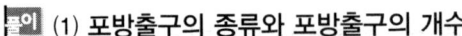

(1) 포방출구의 종류와 포방출구의 개수
  ○답 : ① 포방출구의 종류 : 특형 포방출구
        ② 포방출구의 개수 : 직경 15m 탱크-3개, 직경 10m 탱크-2개

(2) 각 탱크에 필요한 포수용액의 양(L/min)-분당 포수용액의 방사량
  ○계산과정 :
    ① 직경 15m 탱크
$$Q = A\,Q_1 = \frac{\pi}{4} \times (15^2 - 14.4^2)\mathrm{m}^2 \times 8\mathrm{L/m^2 \cdot min} = 110.84\mathrm{L/min}$$
    ② 직경 10m 탱크
$$Q = A\,Q_1 = \frac{\pi}{4} \times (10^2 - 9.4^2)\mathrm{m}^2 \times 8\mathrm{L/m^2 \cdot min} = 73.14\mathrm{L/min}$$
    ③ 보조소화전
$$Q = N(\text{최대3개}) \times 400\mathrm{L/min \cdot 개} = 2\text{개} \times 400\mathrm{L/min \cdot 개} = 800\mathrm{L/min}$$
  ○답 : ① 직경 15m 탱크 : 110.84L/min
        ② 직경 10m 탱크 : 73.14L/min
        ③ 보조소화전 : 800L/min

(3) 포소화설비에 필요한 포소화약제의 총량(L)
  ○계산과정 :
    ① 고정포방출구에서 방출하기 위하여 필요한 양(직경 15m 탱크 기준)
$$Q_1 = A\,Q_1\,TS = \frac{\pi}{4} \times (15^2 - 14.4^2)\mathrm{m}^2 \times 8\mathrm{L/m^2 \cdot min} \times 30\mathrm{min} \times 0.03(3\%)$$
$$= 99.75\mathrm{L}$$
    ② 보조 소화전에서 방출하기 위하여 필요한 양(2개-단구형)
$$Q_2 = N(\text{최대3개}) \times S \times 8{,}000\mathrm{L/개} = 2\text{개} \times 0.03(3\%) \times 8{,}000\mathrm{L/개}$$
$$= 480\mathrm{L}$$
    ③ 송액관(내경 75mm 이하 제외)에 충전하기 위하여 필요한 양
$$Q_3 = V \times S \times 1000\mathrm{L/m^3}$$
$$= \left(\frac{\pi}{4} \times 0.08^2 \times 50 + \frac{\pi}{4} \times 0.1^2 \times 50\right)\mathrm{m}^3 \times 0.03(3\%) \times 1000\mathrm{L/m^3}$$
$$= 19.32\mathrm{L}$$
    ④ $Q_T = Q_1 + Q_2 + Q_3 = 99.75 + 480 + 19.32 = 599.07\mathrm{L}$
  ○답 : 599.07L

상세해설

(1) 탱크의 직경, 구조 및 포방출구의 종류에 따른 개수

탱크의 구조 및 포방출구의 종류 탱크직경	포방출구의 개수			
	고정지붕구조		부상덮개부착 고정지붕구조	부상지붕구조
	Ⅰ형 또는 Ⅱ형	Ⅲ형 또는 Ⅳ형	Ⅱ형	특형
13m 미만	2	1	2	2
13m 이상 19m 미만			3	3
19m 이상 24m 미만			4	4
24m 이상 35m 미만		2	5	5

(2) 탱크의 액표면적

① 직경15m 플루팅루프탱크 액표면적　② 직경10m 플루팅루프탱크 액표면적

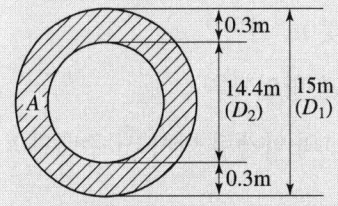 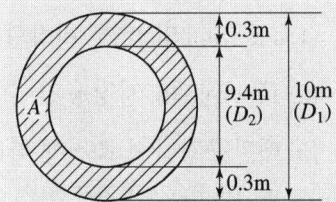

(3) 고정포방출구방식의 약제량 계산

구 분	약제 저장량
❶ 고정포방출구	$Q = A \times Q_1 \times T \times S$ 여기서, Q : 포소화약제의 양(L), A : 저장탱크의 액표면적(m²) 　　　　Q_1 : 단위 포소화수용액의 양(L/m²·min) 　　　　T : 방출시간(min), S : 포소화약제의 사용농도(%)
❷ 보조 소화전	$Q = N \times S \times 8{,}000\text{L}$ 여기서, Q : 포소화약제의 양(L) 　　　　N : 호스 접결구 개수(3개 이상인 경우는 3개) 　　　　S : 포소화약제의 사용농도(%)
❸ 배관보정	가장 먼 탱크까지의 송액관(내경 75mm 이하 제외)에 충전하기 위하여 필요한 양 $Q = V \times S \times 1{,}000$ 여기서, Q : 포소화약제의 양(L) 　　　　V : 송액관 내부의 체적(m³) 　　　　S : 포소화약제의 사용농도(%)
❹ 합 계	고정포 방출구방식의 약제량 = ❶+❷+❸

14년-4월, 18년-6월, 19년-11월, 20년-7월, 20년-11월 기출

14 발전기실에 할로겐화합물 및 불활성기체소화약제 중 IG-541을 사용할 경우 아래 조건을 참조하여 각 물음에 답하시오. (6점)

[조건]
① 방호구역의 크기는 가로 10m, 세로 15m, 높이 5m 이다.
② IG-541의 소화농도는 23%이다.
③ IG-541의 저장용기는 80L, 충전압력은 15MPa이다.
④ 소화약제량 산정 시 선형상수를 이용하며 방사 시 기준온도는 15℃이다.

K_1	K_2
0.65799	0.00239

⑤ 화재는 C급(전기화재)로 간주한다.

(1) IG-541의 약제 저장량은 최소 몇 m^3인가?
(2) IG-541의 저장용기 수는 최소 몇 병인가?
(3) 배관구경산정 조건에 따라 IG-541의 약제량 방사 시 주배관의 방사유량은 몇 m^3/s인가?

풀이 (1) 약제 저장량(m^3)
○ 계산과정 :
① $V = 10m \times 15m \times 5m = 750m^3$
② $V_S = 0.65799 + (0.00239 \times 20) = 0.70579 m^3/kg$
③ $S = 0.65799 + (0.00239 \times 15) = 0.69384 m^3/kg$
④ C(설계농도) = 소화농도 × K(안전계수) = 23% × 1.35(C급) = 31.05%
⑤ 필요한 약제의 부피
$$W = 2.303 \times \frac{0.70579}{0.69384} \times \log\left(\frac{100}{100-31.05}\right) \times 750m^3 = 283.70m^3$$
○ 답 : $283.70m^3$

(2) 저장 용기 수(병)
○ 계산과정 :
① 충전량 : $V = 80L/병 \times \frac{15 \times 10^3 kPa}{101.325 kPa} = 11843.08L = 11.84 m^3/병$
② 저장용기 수 : $N = \frac{283.70m^3}{11.84m^3} = 23.96병$ ∴ 24병
○ 답 : 24병

(3) 주배관의 방사유량(m^3/s)
  ○ 계산과정:
    ① 설계농도의 95% 계산
       $C = 23\% \times 1.35(C급) \times 0.95(95\%) = 29.50\%$
    ② 기준시간(2분 이내) 내에 방사되어야 할 약제의 부피
       $W = 2.303 \times \dfrac{0.70579}{0.69384} \times \log\left(\dfrac{100}{100-29.50}\right) \times 750m^3 = 266.73m^3$
    ③ 약제 방사 시 유량
       $Q = \dfrac{266.73m^3}{120s} = 2.22m^3/s$
  ○ 답 : $2.22m^3/s$

상세해설

(1) IG-541의 저장량(m^3)
  불활성기체 소화약제량 산출 공식
  $$X = 2.303 \times \dfrac{V_S}{S} \times \log_{10}\left(\dfrac{100}{100-C}\right)$$
  여기서, X : 공간체적당 더해진 소화약제의 부피(m^3/m^3)
         V_S : 20℃에서 소화약제의 비체적(m^3/kg)
         S : 소화약제별 선형상수($K_1 + K_2 \times t$)(m^3/kg)
         C : 체적에 따른 소화약제의 설계농도(%)

(2) **설계농도**는 소화농도(%)에 안전계수(A급화재 : 1.2, B급화재 : 1.3, C급화재 : 1.35)를 곱한 값으로 할 것
  ※ C급(통전상태)의 안전계수는 A급(전기차단상태)소화농도의 1.35

(3) 용기 1병당 충전량
  $$V(L/병) = \dfrac{용기의\ 내용적(L) \times 충전압력(kPa)}{표준대기압(101.325kPa)}$$

(4) **배관의 구경**은 해당 방호구역에 할로겐화합물 소화약제는 10초 이내에, 불활성기체 소화약제는 A·C급 화재 2분, B급 화재 1분 이내에 방호구역 각 부분에 최소설계농도의 95% 이상 해당하는 약제량이 방출되도록 하여야 한다.

15 다음은 특별피난계단의 부속실에 설치하는 제연설비에 관한 것이다. 조건을 참조하여 다음 각 물음에 답하시오. (4점)

[조건]
① 옥내의 압력은 740mmHg 이다.
② 옥내에는 스프링클러설비가 설치되지 아니한 경우이다.
③ 부속실만 단독으로 제연하는 방식이다.
④ 유입공기의 배출은 배출구에 따른 배출방식으로 한다.
⑤ 제연구역에는 옥내와 면하는 2개의 출입문이 있으며 각 출입문의 크기는 가로 1m, 세로 2m 이다.
⑥ 부속실이 면하는 옥내가 복도로서 그 구조가 방화구조이다.

(1) 부속실에 유지해야 할 최소압력(kPa)을 계산하시오.
(2) 개폐기의 최소 개구면적(m^2)을 계산하시오.

풀이 (1) 부속실에 유지해야 할 최소압력

○ 계산과정 : $P = 740\text{mmHg} \times \dfrac{101.325\text{kPa}}{760\text{mmHg}} + 0.04\text{kPa}(40\text{Pa}) = 98.7\text{kPa}$

○ 답 : 98.7kPa

(2) 개폐기의 최소 개구면적

○ 계산과정 : $Q_N = (1 \times 2)\text{m}^2 \times 0.5\text{m/s} = 1\text{m}^3/\text{s}$

$A_O = \dfrac{Q_N}{2.5} = \dfrac{1\text{m}^3/\text{s}}{2.5} = 0.4\text{m}^2$

○ 답 : 0.4m^2

상세해설

(1) 차압 등
① 제연구역과 옥내와의 사이에 유지해야 하는 **최소차압은 40Pa**(옥내에 스프링클러설비가 설치된 경우에는 12.5Pa) 이상으로 해야 한다.
② 제연설비가 가동되었을 경우 출입문의 개방에 필요한 힘은 110N 이하로 해야 한다.
③ 출입문이 일시적으로 개방되는 경우 개방되지 않은 제연구역과 옥내와의 차압은 ①의 기준에 따른 차압의 70% 이상이어야 한다.
④ 계단실과 부속실을 동시에 제연하는 경우 부속실의 기압은 계단실과 같게 하거나 계단실의 기압보다 낮게 할 경우에는 부속실과 계단실의 압력 차이는 5Pa 이하가 되도록 해야 한다.

(2) 개폐기의 개구면적

$$A_O = \frac{Q_N}{2.5}$$

여기서, A_O : 개폐기의 개구면적(m^2)
Q_N : 수직풍도가 담당하는 1개 층의 제연구역의 출입문(옥내와 면하는 출입문) 1개의 면적(m^2)과 방연풍속(m/s)를 곱한 값(m^3/s)

(3) 방연풍속

제연구역		방연풍속
계단실 및 그 부속실을 동시에 제연하는 것 또는 계단실만 단독으로 제연하는 것		0.5m/s 이상
부속실만 단독으로 제연하는 것	부속실 또는 승강장이 면하는 옥내가 거실인 경우	0.7m/s 이상
	부속실이 면하는 옥내가 복도로서 그 구조가 방화구조(내화시간이 30분 이상인 구조를 포함)인 것	0.5m/s 이상

16 다음 그림과 같은 벤투리(Venturi)관에 물이 흐르고 있다. 조건을 참조하여 속도 V_1(m/s)을 계산하시오. (6점)

[조건]
① 본관의 내경 $D_1 = 390$mm, 벤투리의 내경 $D_2 = 180$mm이다.
② 액주계에는 수은이 들어있으며 수은주의 높이 $H = 30$cm이다.
③ 벤투리관 유량계수는 0.92라고 가정한다.
④ 중력가속도는 9.8m/s²이다.

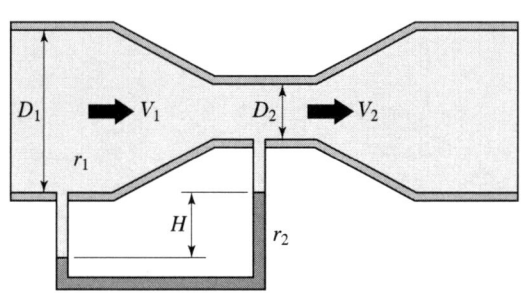

풀이 ○ 계산과정 :

$$V_2 = C\sqrt{2g\Delta h(S-1)}$$

$C = 0.92$, $g = 9.8\text{m/s}^2$, $\Delta h = 30\text{cm} = 0.3\text{m}$, S(수은의 비중)$= 13.6$

$$V_2 = 0.92 \times \sqrt{2 \times 9.8 \times 0.3 \times (13.6-1)} = 7.92\text{m/s}$$

$$V_1 = \left(\frac{D_2}{D_1}\right)^2 \times V_2 = \left(\frac{180}{390}\right)^2 \times 7.92 = 1.69\text{m/s}$$

○ 답 : 1.69m/s

상세해설

벤투리미터의 이론유량 $Q = \dfrac{A_2}{\sqrt{1-m^2}}\sqrt{2g\Delta h(S-1)}$

벤투리미터의 실제유량 $Q = \dfrac{CA_2}{\sqrt{1-m^2}}\sqrt{2g\Delta h(S-1)}$

C(유량계수) $= \dfrac{Q_r(\text{실제유량})}{Q_{th}(\text{이론유량})}$

알고갑시다 ☞ 유량계수 C에 대하여

실제유체의 흐름에 있어서는 유체의 점성으로 인한 에너지의 손실이 있을 뿐 아니라 각 단면에서 유속분포가 균일하지 않으므로 계산된 유량보다 약간 작은 유량이 계산된다. 따라서 계산된 유량에 유량계수 C를 곱한 것이 실제유량이 된다. C값은 벤투리미터의 종류나 유량의 크기에 따라 약간의 차이가 있으나 대략 0.92~0.99의 값을 갖는다.

13년-7월, 16년-4월, 19년-11월 기출

01
다음은 할로겐화합물 및 불활성기체 소화약제의 저장용기 설치기준이다. ( )안에 알맞은 답을 쓰시오. (단, 보기에서 선택하고 중복하여 선택할 수 있다) **(4점)**

[보기] 5, 10, 20, 30, 50, 할로겐화합물, 불활성기체

저장용기의 약제량 손실이 (①)%를 초과하거나 압력손실이 (②)%를 초과할 경우에는 재충전하거나 저장용기를 교체할 것. 다만, (③)소화약제저장용기의 경우에는 압력손실이 (④)%를 초과할 경우 재충전하거나 저장용기를 교체하여야 한다.

○답 : ① 5 ② 10 ③ 불활성기체 ④ 5

할로겐화합물 및 불활성기체 소화약제의 저장용기
① 저장용기의 충전밀도 및 충전압력은 별표 1에 따를 것
② 저장용기는 약제명·저장용기의 자체중량과 총중량·충전일시·충전압력 및 약제의 체적을 표시할 것
③ 집합관에 접속되는 저장용기는 동일한 내용적을 가진 것으로 충전량 및 충전압력이 같도록 할 것
④ 저장용기에 충전량 및 충전압력을 확인할 수 있는 장치를 하는 경우에는 해당 소화약제에 적합한 구조로 할 것
⑤ 저장용기의 약제량 손실이 5%를 초과하거나 압력손실이 10%를 초과할 경우에는 재충전하거나 저장용기를 교체할 것. 다만, 불활성기체 소화약제 저장용기의 경우에는 압력손실이 5%를 초과할 경우 재충전하거나 저장용기를 교체하여야 한다.

02 소방시설 설치 및 관리에 관한 법률 시행령에 따른 수용인원의 산정방법에 따라 다음 조건을 참조하여 수용인원을 산정하시오. (3점)

[조건]
① 숙박시설로서 바닥면적의 합계는 600m²이며 침대가 없는 숙박시설이다.
② 숙박시설의 복도 바닥면적은 30m²이다.
③ 복도는 준불연재료 이상의 것을 사용하여 바닥에서 천장까지 벽으로 구획되어 있다.
④ 주어진 조건 외에는 고려하지 않는다.

풀이

○ 계산과정 : $N = \dfrac{600\text{m}^2 - 30\text{m}^2}{3\text{m}^2} = 190$명

○ 답 : 190명

상세해설

소방시설 설치 및 관리에 관한 법률 시행령 [별표 7]
수용인원의 산정 방법(제17조 관련)

1. 숙박시설이 있는 특정소방대상물

구분	침대가 있는 숙박시설	침대가 없는 숙박시설
계산식	N = 종사자 수 + 침대 수 (2인용 침대는 2인으로 산정)	N = 종사자 수 + $\dfrac{\text{바닥면적의 합계}(\text{m}^2)}{3\text{m}^2}$

2. 제1호 외의 특정소방대상물

　가. 강의실·교무실·상담실·실습실·휴게실 용도로 쓰는 특정소방대상물

　　$N = \dfrac{\text{바닥면적의 합계}(\text{m}^2)}{1.9\text{m}^2}$

　나. 강당, 문화 및 집회시설, 운동시설, 종교시설 용도로 쓰는 특정소방대상물

　　$N = \dfrac{\text{바닥면적의 합계}(\text{m}^2)}{4.6\text{m}^2}$

　　(관람석이 있는 경우 고정식 의자를 설치한 부분은 그 부분의 의자 수로 하고, 긴 의자의 경우에는 의자의 정면너비를 0.45m로 나누어 얻은 수로 한다)

　다. 그 밖의 특정소방대상물

　　$N = \dfrac{\text{바닥면적의 합계}(\text{m}^2)}{3\text{m}^2}$

비고
1. 위 표에서 바닥면적을 산정할 때에는 복도(준불연재료 이상의 것을 사용하여 바닥에서 천장까지 벽으로 구획된 것), 계단 및 화장실의 바닥면적을 포함하지 않는다.
2. 계산 결과 소수점 이하의 수는 반올림한다.

01-11월, 04년-7월, 06년-4월, 06년-11월, 13년-11월 기출

03 아래 그림은 일제살수식스프링클러설비 계통도의 일부를 나타낸 것이다. 주어진 조건을 참조하여 각 물음에 답하시오. (7점)

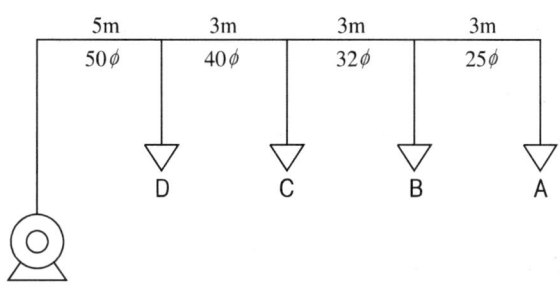

[조건]
① 배관 마찰손실 압력은 헤이젠-윌리엄스 공식을 따르되 계산의 편의상 다음 식과 같다고 가정한다.

$$\Delta P = 6 \times 10^4 \times \frac{Q^2}{100^2 \times d^5}$$

여기서, ΔP : 배관 1m당 마찰손실압력(MPa)
Q : 배관내의 유수량(L/min)
d : 배관의 안지름(mm)

② 헤드는 개방형헤드이며 각 헤드의 방출계수(K)는 동일하며 방수압력 변화와 관계없이 일정하고 그 값은 100이다.
③ 가지관과 헤드간의 마찰손실은 무시한다.
④ 각 헤드의 방수량은 서로 다르다.
⑤ 배관 내경은 호칭경과 같다고 가정한다.
⑥ 배관부속은 무시한다.
⑦ 계산과정 및 답은 소수점 둘째자리까지 나타내시오.
⑧ 헤드A의 방수량은 100L/min이고 방수압은 0.1MPa이다.

(1) B헤드의 방수량(L/min)을 구하시오.

(2) C헤드의 방수량(L/min)을 구하시오.

(3) D헤드의 방수량(L/min)을 구하시오.

(4) 펌프의 토출량(L/min)을 구하시오.

[풀이] **(1) B헤드의 방수량**(L/min)
　○계산과정 :
　　① A~B구간 배관마찰손실
$$\Delta P = 6.0 \times 10^4 \times \frac{100^2}{100^2 \times 25^5} \times 3 = 0.018\text{MPa} \quad \therefore \ 0.02\text{MPa}$$
　　② B헤드 방수량
$$Q_B = K\sqrt{10P} = 100 \times \sqrt{10 \times (0.1 + 0.02)} = 109.54\text{L/min}$$
　○답 : 109.54L/min

(2) C헤드의 방수량(L/min)
　○계산과정 :
　　① B~C구간 배관마찰손실
$$\Delta P = 6.0 \times 10^4 \times \frac{(100 + 109.54)^2}{100^2 \times 32^5} \times 3 = 0.0236\text{MPa} \quad \therefore \ 0.02\text{MPa}$$
　　② C헤드 방수량
$$Q_C = K\sqrt{10P} = 100 \times \sqrt{10 \times (0.1 + 0.02 + 0.02)} = 118.32\text{L/min}$$
　○답 : 118.32L/min

(3) D헤드의 방수량(L/min)
　○계산과정 :
　　① C~D구간 배관마찰손실
$$\Delta P = 6.0 \times 10^4 \times \frac{(100 + 109.54 + 118.32)^2}{100^2 \times 40^5} \times 3 = 0.0189\text{MPa}$$
　　$\therefore \ 0.02\text{MPa}$
　　② D헤드 방수량
$$Q_D = K\sqrt{10P} = 100 \times \sqrt{10 \times (0.1 + 0.02 + 0.02 + 0.02)} = 126.49\text{L/min}$$
　○답 : 126.49L/min

(4) 펌프의 토출량(L/min)
　○계산과정 : $Q_T = 100 + 109.54 + 118.32 + 126.49 = 454.35\text{L/min}$
　○답 : 454.35L/min

04
위험물저장탱크에 국소방출방식의 고압식 이산화탄소소화설비를 설치하고자 한다. 다음 위험물 저장탱크의 도면과 조건을 참조하여 각 물음에 답하시오. (4점)

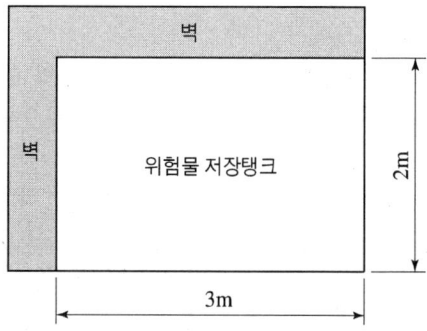

[조건]
① 위험물저장탱크의 크기는 가로3m 세로2m 높이 2m이다.
② 방호대상물 주위에 2면에만 그림과 같이 방호대상물과 동일한 크기의 벽이 설치되어 있다.
③ 윗면이 개방된 용기에 저장하는 경우와 화재시 연소면이 한정되고 가연물이 비산할 우려가 없는 경우가 아니다.

(1) 방호공간의 체적(m^3)을 계산하시오.
(2) 소화약제의 최소저장량(kg)을 계산하시오.
(3) 소화약제의 방사량(kg/s)를 계산하시오.

풀이 (1) 방호공간의 체적(m^3)
  ○계산과정 : $V = (3+0.6) + (2+0.6) + (2+0.6) = 24.34 m^3$
  ○답 : $24.34 m^3$

(2) 소화약제의 최소저장량(kg)
  ○계산과정 : a = 후면($3 \times 2 \times 1$면) + 좌측면($2 \times 2 \times 1$면) = $10 m^2$
  $A = (3.6 \times 2.6 \times 2면) + (2.6 \times 2.6 \times 2면) = 32.24 m^2$
  $Q = 24.34 m^3 \times \left(8 - 6 \times \dfrac{10}{32.24}\right) [kg/m^3] \times 1.4 = 209.19 kg$
  ○답 : 209.19kg

(3) 소화약제의 방사량(kg/s)

○ 계산과정 : $Q = \dfrac{209.19\text{kg}}{30\text{s}} = 6.97\text{kg/s}$

○ 답 : 6.97kg/s

상세해설

(1) 방호공간의 체적(m³)
방호대상물의 각 부분으로부터 0.6m의 거리에 따라 둘러싸인 공간

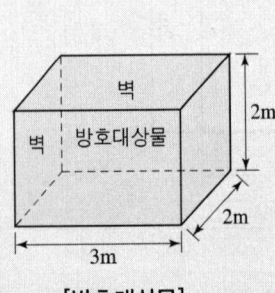
[방호대상물]

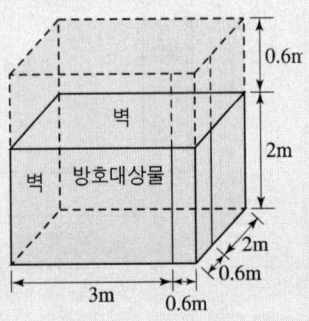
[방호공간]

(2) 국소방출방식
① • 윗면이 개방된 용기에 저장하는 경우
  • 화재시 연소면이 한정되고 가연물이 비산할 우려가 없는 경우
  $Q(\text{kg}) = $ 방호대상물 표면적(m²) $\times 13\text{kg/m}^2 \times$ [고압식 1.4, 저압식 1.1]
② ① 이외의 경우
  $Q(\text{kg}) = V$(방호공간의 체적) $\times Q_1 \times$ [고압식 1.4, 저압식 1.1]
  $Q_1 = 8 - 6\dfrac{a}{A}$

  여기서, Q_1 : (kg/m³)
  a : 방호대상물 주위에 설치된 벽면적 합계(m²)
  A : 방호공간의 벽면적 합계(m²)

※ **방호공간** : 방호대상물의 각 부분으로부터 0.6m의 거리에 따라 둘러싸인 공간
[주] ① 방호공간의 벽 면적 계산 시 상부(뚜껑)의 면적은 적용하지 않는다.
② 바닥은 밀폐된 것으로 간주하는 것이 원칙이며 별도의 규정이 없는 한 0.6m 연장을 적용하면 안된다.
③ 방호대상물로부터 0.6m 이내에 기둥 또는 칸막이가 설치되어 더 이상 연장할 수 없는 경우에는 해당부분까지만 연장하여야 한다.

(3) 이산화탄소소화설비에서 약제저장량의 방사시간

구 분	전역방출방식		국소방출방식
방호대상물	표면화재	심부화재	
방사시간	1분 이내	7분 이내 (단, 2분 이내에 설계농도의 30%에 도달)	30초 이내

05 그림은 어느 판매장의 무창층에 대한 제연설비 중 연기 배출풍도와 배출 FAN을 나타내고 있는 평면도이다. 주어진 조건을 이용하여 풍도에 설치되어야 할 제어댐퍼를 가장 적합한 지점에 표기하고 다음 각 물음에 답하시오. (단, 댐퍼의 표기는 ⊘ 의 모양으로 할 것) (8점)

[조건]
① 건물의 주요구조부는 모두 내화구조이다.
② 각 실은 불연성 구조물로 구획되어 있다.
③ 복도의 내부면은 모두 불연재이고, 복도 내에 가연물을 두는 일은 없다.
④ 각 실에 대한 연기 배출방식에서 공동배출구역 방식은 없다.
⑤ 각 실은 제연경계로 구획되어있지 않다.
⑥ 송풍기의 효율은 60% 전압 40mmAq, 전달계수는 1.1로 한다.

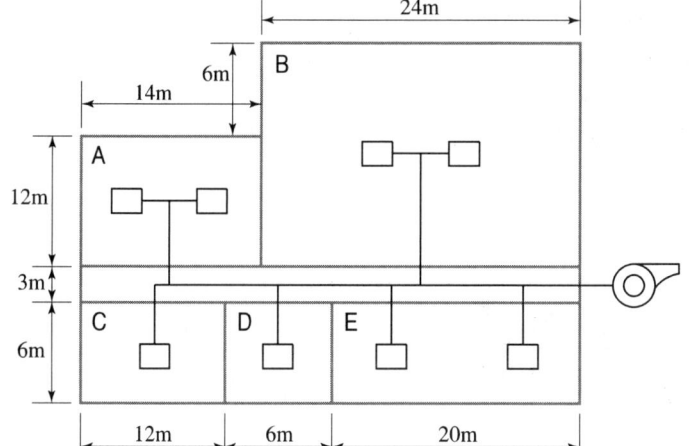

(1) 각 실에 대한 최소 소요배출량(m^3/min)을 구하시오.
　① A실　　　　　　② B실
　③ C실　　　　　　④ D실
　⑤ E실

(2) 범례를 참조하여 도면에 배출댐퍼를 표기하시오.
　(단 댐퍼는 적당한 위치에 설치하고 수량은 최소로 한다)

(3) 송풍기의 최소 소요동력(kW)를 계산하시오.

풀이 (1) 각 실의 최소 소요배출량(m^3/min)
○ 계산과정 :
① A실 : $Q = (14m \times 12m)168m^2 \times 1m^3/m^2 \cdot min = 168m^3/min$
② B실 : 바닥면적 $A = 24m \times (12m + 6m) = 432m^2$
직경 40m 원의 범위 안 또는 초과 여부
$L = \sqrt{24^2 + 18^2} = 30m$ ∴ 직경 40m 원의 범위 안
$Q = 40,000m^3/h$ 이상 $= 40,000m^3/60min$ 이상 $= 666.67m^3/min$ 이상
③ C실 : $Q = (12m \times 6m)72m^2 \times 1m^3/m^2 \cdot min = 72m^3/min$
∴ 최솟값은 $83.33m^3/min$
④ D실 : $Q = (6m \times 6m)36m^2 \times 1m^3/m^2 \cdot min = 36m^3/min$
∴ 최솟값은 $83.33m^3/min$
⑤ E실 : $Q = (20m \times 6m)120m^2 \times 1m^3/m^2 \cdot min = 120m^3/min$
○ 답 : ① A실 : $168m^3/min$
② B실 : $666.67m^3/min$
③ C실 : $83.33m^3/min$
④ D실 : $83.33m^3/min$
⑤ E실 : $120m^3/min$

(2) 배출댐퍼 표기
○ 답 :

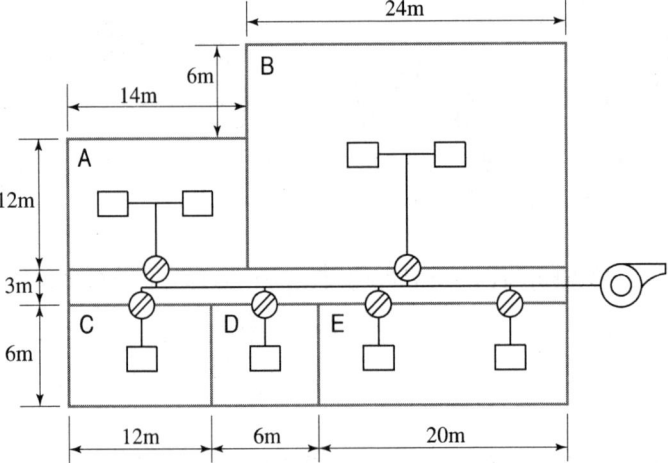

(3) 송풍기의 최소 소요동력(kW)
○ 계산과정 :
$Q = \dfrac{40 \times 666.67}{102 \times 60 \times 0.6} \times 1.1 = 7.99kW$
○ 답 : 7.99kW

상세해설

(1) 거실의 바닥면적이 400m² 미만으로 구획된 예상제연구역에 대한 배출량

$$Q = S \times m^3/min \cdot m^2$$

여기서, Q : 배출량(m^3/min)[최솟값은 5000m^3/hr(83.33m^3/min) 이상]
S : 바닥면적(m^2)

(2) 바닥면적이 400m² 이상인 경우의 배출량(제연경계로 구획된 경우는 예외)

구분	직경 40m인 원의 범위 안에 있을 경우	직경 40m인 원의 범위를 초과할 경우
배출량	40,000m^3/h 이상	45,000m^3/h 이상

(3) 배풍기의 전동기동력 계산방법

$$P(kW) = \frac{Q(m^3/min) \times P_T(mmAg)}{102 \times 60 \times E} \times K$$

여기서, Q : 풍량, P_T : 전압, E : 펌프의 효율, K : 전달계수

---

06 점성계수가 0.103N·s/m², 비중이 0.85인 유체가 내경 30cm, 길이 3000m 인 원관에 900L/min의 유량으로 흐르고 있다. 다음 각 물음에 답하시오.

(5점)

(1) 배관내 유속(m/s)을 계산하시오.
(2) 레이놀즈 수를 구하고 층류 또는 난류로 구분하시오.
(3) 압력손실수두(m)를 계산하시오. (단, 달시 공식을 이용하시오)

풀이 (1) 배관내 유속(m/s)

○ 계산과정 : $Q = 900L/min = 0.9m^3/60s = 0.015m^3/s$, $d = 30cm = 0.3m$

$$V = \frac{Q}{A} = \frac{Q}{\frac{\pi}{4} \times d^2} = \frac{0.015}{\frac{\pi}{4} \times 0.3^2} = 0.21 m/s$$

○ 답 : 0.21m/s

(2) 레이놀즈 수 및 층류 또는 난류 구분

○ 계산과정 : $\mu = 0.103 N \cdot s/m^2$

$\rho = \rho_w \times S = 1000 N \cdot s^2/m^4 \times 0.85 = 850 N \cdot s^2/m^4$

$Re = \frac{\rho V d}{\mu} = \frac{850 \times 0.21 \times 0.3}{0.103} = 519.90$

레이놀즈 수가 2100 이하 ∴ 층류

○답 : 519.90, 층류

(3) **압력손실수두**(m)

○**계산과정** : 층류인 경우 $f = \dfrac{64}{519.9} = 0.123$

$$\Delta h_L = 0.123 \times \dfrac{3000}{0.3} \times \dfrac{0.21^2}{2 \times 9.8} = 2.77\text{m}$$

○답 : 2.77m

상세해설

(1) 배관내 유속(m/s)

$$V = \dfrac{Q}{A} = \dfrac{Q}{\dfrac{\pi}{4} \times d^2}$$

여기서, Q : 유량(m^3/s), A : 단면적(m^2), d : 배관내경(m)

(2) 레이놀즈 수

$$Re = \dfrac{\rho V d}{\mu}$$

여기서, Re : 레이놀즈수
ρ : 밀도(N · s^2/m^4)[$\rho = \rho_w$(물의 밀도 : 1000N · s^2/m^4)$\times S$(비중)]
V : 유속(m/s), d : 내경(m), μ : 점성계수(N · s/m^2)

유체흐름의 형태

흐름 형태	층류	난류
ReNo	ReNo < 2100	ReNo > 4000

(3) 달시 – 바이스바하(Darcy – Weisbach) 공식

$$\Delta h_L(\text{m}) = f \times \dfrac{l}{d} \times \dfrac{u^2}{2g} \qquad \Delta P(\text{kPa}) = \Delta h_L(\text{m}) \times \gamma(\text{kN}/\text{m}^3)$$

여기서, Δh_L : 마찰손실수두(m), f : 마찰손실계수, l : 배관길이(m)
u : 유속(m/s), g : 중력가속도(9.8m/s^2)
d : 배관내경(m), γ : 비중량(γ_w = 9800N/m^3 = 9.8kN/m^3)

07 습식유수검지장치를 사용하는 스프링클러설비에서 유수검지장치를 시험할 수 있는 시험장치를 설치한다. 다음 각 물음에 답하시오. (7점)

(1) 시험장치는 어느 배관에 연결하여 설치하는지 쓰시오.
(2) 시험장치 배관의 최소구경(mm)을 쓰시오.
(3) 다음의 미완성된 도면의 계통도를 완성하시오.
 (단, 배관 및 오리피스, 압력계, 밸브를 반드시 표시한다)

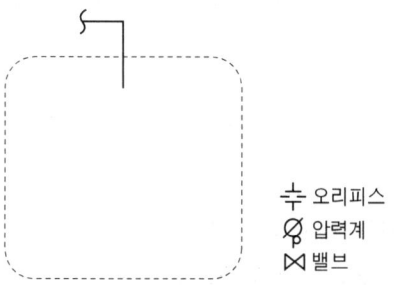

풀이 ○ 답 : (1) 유수검지장치 2차 측 배관
 (2) 25mm
 (3)

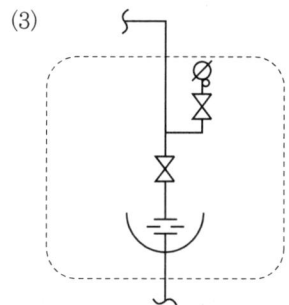

상세해설

습식유수검지장치 또는 건식유수검지장치를 사용하는 스프링클러설비와 부압식스프링클러설비에는 동 장치를 시험할 수 있는 시험장치를 다음의 기준에 따라 설치해야 한다.
(1) 습식스프링클러설비 및 부압식스프링클러설비에 있어서는 유수검지장치 2차 측 배관에 연결하여 설치하고 건식스프링클러설비인 경우 유수검지장치에서 가장 먼 거리에 위치한 가지배관의 끝으로부터 연결하여 설치할 것. 이 경우 유수검지장치 2차 측 설비의 내용적이 2,840L를 초과하는 건식스프링클러설비는 시험장치 개폐밸브를 완전 개방 후 1분 이내에 물이 방사되어야 한다.
(2) 시험장치 배관의 구경은 25mm 이상으로 하고, 그 끝에 개폐밸브 및 개방형헤드 또는 스프링클러헤드와 동등한 방수성능을 가진 오리피스를 설치할 것. 이 경우 개방형헤드는 반사판 및 프레임을 제거한 오리피스만으로 설치할 수 있다.

(3) 시험배관의 끝에는 **물받이 통 및 배수관**을 설치하여 시험 중 방사된 물이 바닥에 흘러내리지 않도록 할 것. 다만, 목욕실·화장실 또는 그 밖의 곳으로서 배수처리가 쉬운 장소에 시험배관을 설치한 경우에는 그렇지 않다.

08 옥외소화전설비의 화재안전기술기준에 대한 각 물음에 보기를 참조하여 답하시오. (4점)

[보기] 80, 130, 350, 0.17, 0.25, 0.5, 1, 1.5, 15, 20, 40, 60

(1) 노즐선단에서의 최소 방수량(L/min)
(2) 노즐선단에서의 최소 방수압력(MPa)
(3) 호스접결구의 설치높이(지면으로부터의 높이)(m)
(4) 특정소방대상물의 각 부분으로부터 하나의 호스접결구까지의 최대 수평거리(m)

풀이 ○답 : (1) 350L/min
　　　　(2) 0.25MPa
　　　　(3) 0.5m 이상 1m 이하
　　　　(4) 40m

상세해설

옥외소화전설비의 화재안전기술기준(NFTC 109)
(1) 옥외소화전(최대2개)을 동시에 사용할 경우 각 옥외소화전의 노즐선단에서의 방수압력이 0.25MPa 이상이고, 방수량이 350L/min 이상이 되는 성능의 것으로 할 것. 다만, 하나의 옥외소화전을 사용하는 노즐선단에서의 방수압력이 0.7MPa을 초과할 경우에는 호스접결구의 인입측에 감압장치를 설치해야 한다.
(2) 호스접결구는 지면으로부터의 높이가 0.5m 이상 1m 이하의 위치에 설치
(3) 각 부분으로부터 하나의 호스접결구까지의 수평거리가 40m 이하

05년-07월, 11년-11월, 12년-11월, 15년-07월, 20년-10월, 21년-11월 기출

09 다음 그림은 어느 실등의 평면도이다. 이 실들 중 A실을 급기 가압하고자 한다. 주어진 조건을 이용하여 각 물음에 답하시오. (7점)

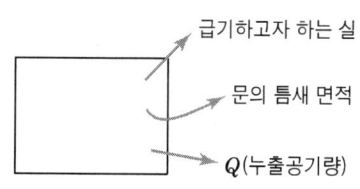
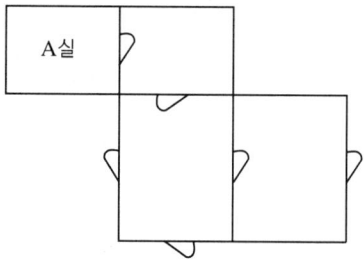

[조건]
1. 실외부 대기의 기압은 절대압력으로 101300파스칼로서 일정하다.
2. A실에 유지하고자 하는 기압은 절대압력으로 101500파스칼이다.
3. 각 실의 문(Door)들의 틈새 면적은 0.01m^2이다.
4. 어느 실을 급기 가압할 때 그 실의 문의 틈새를 통하여 누출되는 공기의 양은 다음의 식을 따른다.

$$Q = 0.827 A P^{\frac{1}{2}} = 0.827 A \sqrt{P}$$

여기서, Q : 누출되는 공기의 양(m^3/s), A : 문의 틈새 면적(m^2)
  P : 문을 경계로 한 실내외 기압차(파스칼)

(1) 각 실의 문의 틈새면적 합계(m^2)를 소수점 5째 자리까지 구하시오.
(2) A실에 유입시켜야 할 풍량은 몇 (L/s)가 되는지 소숫점 4째 자리까지 구하시오.

풀이 (1) 각 실의 문의 틈새면적 합계(m^2)
  ○계산과정:

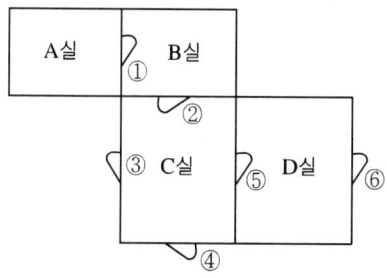

(가) 우선 D실의 ⑤+⑥ [직렬관계]의 합성 틈새 면적

$$A = \frac{1}{\sqrt{\dfrac{1}{0.01^2} + \dfrac{1}{0.01^2}}} = 0.00707\text{m}^2$$

(나) ③+④+(⑤+⑥) [병렬관계]의 합성틈새면적

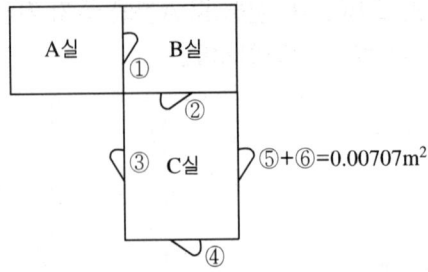

$A = 0.01 + 0.01 + 0.00707 = 0.02707 \text{m}^2$

(다) ①+②+[③+④+(⑤+⑥)] [직렬관계]의 합성틈새면적

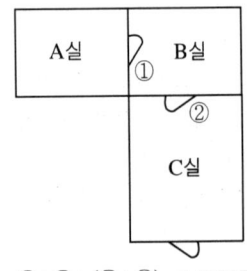

③+④+(⑤+⑥)=0.02707m²

$$A = \frac{1}{\sqrt{\dfrac{1}{0.01^2}+\dfrac{1}{0.01^2}+\dfrac{1}{0.02707^2}}} = \frac{1}{146.166538} = 0.0068415 \text{m}^2$$

○답 : 0.00684m^2

(2) **A실에 유입시켜야 할 풍량**(L/s)

○계산과정 : $Q = 0.827 A \sqrt{P}$ 식에 대입

$A = 0.00684\text{m}^2$, $P = 101500 - 101300 = 200\text{Pa}$

$Q = 0.827 \times 0.00684 \times \sqrt{200} \times \dfrac{1000\text{L}}{\text{m}^3} = 79.9975\text{L/s}$

○답 : 79.9975L/s

15년-04월, 21년-04월 기출

10 다음 그림은 할론 소화설비를 나타낸 것이다. 그림의 방출방식의 종류를 쓰고 해당 방출방식에 대하여 설명하시오. (5점)

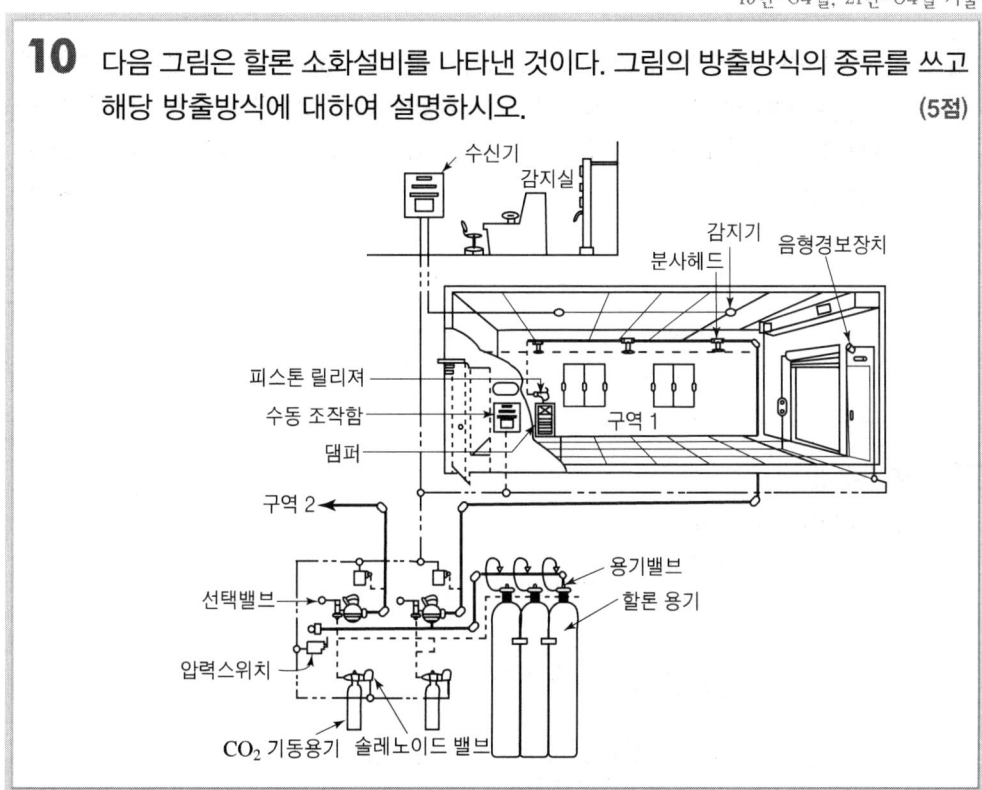

○ 답 : (1) 방출방식 : 전역방출방식
(2) 설명 : 소화약제 공급장치에 배관 및 분사헤드 등을 설치하여 밀폐 방호구역 전체에 소화약제를 방출하는 설비

상세해설

(1) 전역방출방식
소화약제 공급장치에 배관 및 분사헤드 등을 설치하여 밀폐 방호구역 전체에 소화약제를 방출하는 설비
(2) 국소방출방식
소화약제 공급장치에 배관 및 분사헤드를 등을 설치하여 직접 화점에 소화약제를 방출하는 방식
(3) 호스릴방식
소화수 또는 소화약제 저장용기 등에 연결된 호스릴을 이용하여 사람이 직접 화점에 소화수 또는 소화약제를 방출하는 방식

10년-7월, 16년-6월 기출

11 그림과 같이 배관에 유량이 100L/s이고 40℃인 물이 흐르고 있다. ②지점에서 공동현상이 발생하지 않기 위한 ①지점에서의 최소 압력은 몇 kPa인지 계산하시오. (단, 배관의 손실은 무시하고 40℃ 물의 증기압은 55.324mmHg abs이다.)

(5점)

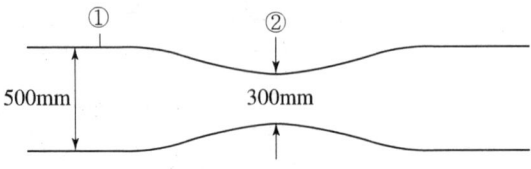

풀이 ○ 계산과정:

$Q = 100\text{L/s} = 0.1\text{m}^3/\text{s}$

$u_1 = \dfrac{4Q}{\pi d_1^2} = \dfrac{4 \times 0.1\text{m}^3/\text{s}}{\pi \times (0.5\text{m})^2} = 0.51\text{m/s}$

$u_2 = \dfrac{4Q}{\pi d_2^2} = \dfrac{4 \times 0.1\text{m}^3/\text{s}}{\pi \times (0.3\text{m})^2} = 1.41\text{m/s}$

$P_V = 55.324\text{mmHg} \times \dfrac{101325\text{N/m}^2}{760\text{mmHg}} = 7375.93\text{N/m}^2(\text{Pa})$

$P_1 = \dfrac{1000\text{N}\cdot\text{s}^2/\text{m}^4 \times (1.41^2 - 0.51^2)}{2} + 7375.93 = 8239.93\text{N/m}^2(\text{Pa})$

$= 8.24\text{kPa}$

○ 답: 8.24kPa

상세해설

(1) 유량 산출 공식

$$u = \dfrac{Q}{A} = \dfrac{Q}{\dfrac{\pi}{4} \times d^2} = \dfrac{4Q}{\pi d^2}$$

여기서, Q: 유량(m^3/s), u: 유속(m/s), A: 단면적(m^2), d: 배관내경(m)

(2) 베르누이 방정식

$$H = \dfrac{u_1^2}{2g} + \dfrac{P_1}{\gamma} + Z_1 = \dfrac{u_2^2}{2g} + \dfrac{P_2}{\gamma} + Z_2$$

여기서, H: 전에너지(m), $\dfrac{u^2}{2g}$: 속도수두(m), $\dfrac{P}{\gamma}$: 압력수두(m), Z: 위치수두(m)

γ: 물의 비중량(9.8kN/m³)

수평배관이므로 위치수두 $Z_1 = Z_2$,
비중량 $\gamma = \rho(밀도, N \cdot s^2/m^4) \times g(중력가속도, m/s^2)$

$$\frac{u_1^2}{2g} + \frac{P_1}{\rho g} = \frac{u_2^2}{2g} + \frac{P_2}{\rho g}$$

(3) ①지점에서의 최소 압력(공동현상발생방지 압력)

$$P_1 = \frac{\rho(u_2^2 - u_1^2)}{2} + P_2$$

여기서, P : 압력(Pa(N/m²)), ρ : 물의 밀도(1000kg/m³ = 1000N · s²/m⁴)
u : 유속(m/s)

12

스프링클러설비에서 사용하는 개방형헤드와 폐쇄형헤드의 기능상 차이점 1가지와 사용헤드별 스프링클러설비의 종류에 대한 빈칸을 채우시오. (6점)

(1) 개방형헤드와 폐쇄형헤드의 기능상 차이점
(2) 사용헤드별 스프링클러설비의 종류

구분	개방형헤드	폐쇄형헤드
스프링클러설비의 종류		

풀이 ○답 : (1) 개방형헤드와 폐쇄형헤드의 기능상 차이점
• 개방형헤드 : 감열체 없이 방수구가 항상 개방된 상태
• 폐쇄형헤드 : 감열체가 있고 일정온도에서 자동적으로 방수구가 개방되는 형태

(2) 사용헤드별 스프링클러설비의 종류

구분	개방형헤드	폐쇄형헤드
스프링클러설비의 종류	일제살수식	습식
		건식
		준비작동식
		부압식

상세해설

- **개방형스프링클러헤드**
  감열체 없이 방수구가 항상 열려져 있는 스프링클러헤드
- **폐쇄형스프링클러헤드**
  정상상태에서 방수구를 막고 있는 감열체가 일정온도에서 자동적으로 파괴·용해 또는 이탈됨으로써 방수구가 개방되는 스프링클러헤드
- **습식스프링클러설비**
  가압송수장치에서 폐쇄형스프링클러헤드까지 배관 내에 항상 물이 가압되어 있다가 화재로 인한 열로 폐쇄형스프링클러헤드가 개방되면 배관 내에 유수가 발생하여 습식유수검지장치가 작동하게 되는 스프링클러설비를 말한다.
- **부압식스프링클러설비**
  가압송수장치에서 준비작동식유수검지장치의 1차측까지는 항상 정압의 물이 가압되고, 2차측 폐쇄형 스프링클러헤드까지는 소화수가 부압으로 되어 있다가 화재 시 감지기의 작동에 의해 정압으로 변하여 유수가 발생하면 작동하는 스프링클러설비를 말한다.
- **준비작동식스프링클러설비**
  가압송수장치에서 준비작동식유수검지장치 1차 측까지 배관 내에 항상 물이 가압되어 있고 2차 측에서 폐쇄형스프링클러헤드까지 대기압 또는 저압으로 있다가 화재발생시 감지기의 작동으로 준비작동식유수검지장치가 작동하여 폐쇄형스프링클러헤드까지 소화용수가 송수되어 폐쇄형스프링클러헤드가 열에 따라 개방되는 방식의 스프링클러설비를 말한다.
- **건식스프링클러설비**
  건식유수검지장치 2차 측에 압축공기 또는 질소 등의 기체로 충전된 배관에 폐쇄형스프링클러헤드가 부착된 스프링클러설비로서, 폐쇄형스프링클러헤드가 개방되어 배관내의 압축공기 등이 방출되면 건식유수검지장치 1차 측의 수압에 의하여 건식유수검지장치가 작동하게 되는 스프링클러설비
- **일제살수식스프링클러설비**
  가압송수장치에서 일제개방밸브 1차 측까지 배관 내에 항상 물이 가압되어 있고 2차 측에서 개방형스프링클러헤드까지 대기압으로 있다가 화재발생시 자동감지장치 또는 수동식 기동장치의 작동으로 일제개방밸브가 개방되면 스프링클러헤드까지 소화용수가 송수되는 방식의 스프링클러설비

09년-7월, 14년-4월, 20년-11월 기출

13 경유를 저장하는 탱크의 내부직경이 50m인 플루팅루프(Floating Roof) 탱크에 포소화설비의 특형 방출구를 설치하여 방출하려고 할 때 다음 각 물음에 답하시오. (7점)

[조건]
① 소화약제는 3%용의 단백포를 사용하며
   수용액의 분당 방출량은 8L/m² · min이고 방사시간은 30분으로 한다.
② 탱크내면과 굽도리판의 간격은 1m로 한다.
③ 물의 비중량은 9.8kN/m³으로 한다.
④ 약제의 혼합방식은 라인프로포셔너방식이다.
⑤ 펌프의 효율은 65%, 기타 조건(전동기 전달계수 등)은 무시한다.

(1) 플루팅루프와 탱크측판 사이의 환상면적(m²)을 계산하시오.
(2) 특형 방출구에 의하여 소화하는데 필요한 수용액의 양(L)을 구하시오.
(3) 특형 방출구에 의하여 소화하는데 필요한 수원의 양(L)을 구하시오.
(4) 특형 방출구에 의하여 소화하는데 필요한 포소화약제 원액의 양(L)을 구하시오.
(5) 펌프의 정격 전양정이 80m라고 할 때 전동기의 최소동력(kW)을 구하시오.

풀이 (1) **환상면적**(액표면적)

○계산과정 : $A = \dfrac{\pi}{4} \times (D_1^2 - D_2^2) = \dfrac{\pi}{4} \times (50^2 - 48^2) = 153.94\text{m}^2$

○답 : 153.94m^2

(2) **수용액의 양**
  ○계산과정 :
   $Q = A \times T \times Q_1$
   Q : 포소화수용액의 양(L), T : 방출시간(분)
   A : 탱크액표면적(m²), Q_1 : 단위 포소화수용액의 양(L/m² · 분)

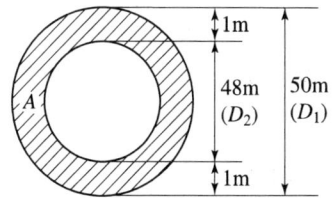

$A = 153.94\text{m}^2$, $T = 30\text{min}$, $Q_1 = 8\text{L/m}^2 \cdot \text{min}$

$\therefore Q = 153.94\text{m}^2 \times 30\text{min} \times 8\text{L/m}^2 \cdot \text{min} = 36945.60\text{L}$

○답 : 36945.60L

(3) 수원의 양

○계산과정 :

$Q_w = A \times T \times Q_1 \times S_w$

Q_w : 수원의 양(L), S_w : 물의 농도(100 - 약제사용농도)

$\therefore Q = 153.94 \times 30\text{min} \times 8\text{L/m}^2 \cdot \text{min} \times \dfrac{97}{100} = 35837.23\text{L}$

○답 : 35837.23L

(4) 포소화약제 원액의 양

○계산과정 :

$Q_s = A \times T \times Q_1 \times S$

Q_s : 포소화약제 원액의 양(L), A : 탱크 액표면적(m^2)

T : 방출시간(min), Q_1 : 단위 포소화 수용액의 양($\text{L/m}^2 \cdot \text{min}$)

S : 포소화약제의 사용농도

$\therefore Q_s = 153.94\text{m}^2 \times 30\text{min} \times 8\text{L/m}^2 \cdot \text{min} \times \dfrac{3}{100} = 1108.37\text{L}$

○답 : 1108.37L

(5) 전동기의 최소동력

○계산과정 :

① 전동기의 동력 $P(\text{kW}) = \dfrac{\gamma \times Q \times H}{E} \times K$

여기서, γ : 유체 비중량(물=9.8kN/m^3), Q : 토출량(m^3/s)

H : 전양정(m), E : 전동기 효율, K : 전달계수

② 펌프의 초당 토출량(m^3/s) 계산

펌프의 토출량=포헤드, 고정포 방출구, 이동식 포노즐의 설계압력 또는 방사압력의 허용범위 안에서 포수용액을 방출 또는 방사할 수 있는 양 이상이 되도록 할 것

$\therefore$ 포수용액을 방사 시간 내에 토출할 수 있어야 한다.

$36945.60\text{L}/30\text{min} = 36945.60 \times 10^{-3}\text{m}^3/(30 \times 60\text{s})$

$= 0.0205\text{m}^3/\text{s}$

③ $\therefore P(\text{kW}) = \dfrac{9.8 \times 0.0205 \times 80}{0.65} = 24.73\text{kW}$

○답 : 24.73kW 이상

19년-6월 기출

14 지상16층의 계단실형(계단식) APT에 옥내소화전설비와 스프링클러설비를 설치한다. 옥내소화전은 3개/층, 폐쇄형스프링클러헤드는 각 세대 당 12개가 설치되며 소화펌프는 옥내소화전설비와 스프링클러설비 겸용으로 사용한다. 조건을 참조하여 다음 각 물음에 답하시오. (10점)

[조건] 1. 옥내소화전설비
① 실양정은 50m로 한다.
② 배관의 마찰손실은 실양정의 30%로 한다.
③ 소방용호스의 마찰손실은 실양정의 15%로 한다.
2. 스프링클러설비
① 실양정은 52m로 한다.
② 배관의 마찰손실은 실양정의 35%로 한다.

(1) 소화펌프의 전양정(m)을 산출하시오.
(2) 소화설비에 필요한 수원의 최소 유효저수량(m^3)을 산출하시오.
(옥상수조 포함)
(3) 펌프의 토출량(L/min)을 산출하시오.
(4) 전동기의 소요동력(kW)을 산출하시오. (단, 펌프는 체적효율 90%, 기계 효율 80%, 수력 효율 75%이며 전달계수는 1.1이다.)
(5) 다음은 감시제어반과 동력제어반으로 구분하여 설치하지 아니할 수 있는 경우이다. ( )안에 알맞은 답을 쓰시오.
① ( )에 따른 가압송수장치를 사용하는 경우
② ( )에 따른 가압송수장치를 사용하는 경우
③ ( )에 따른 가압송수장치를 사용하는 경우

풀이 (1) **전양정**(m)
○계산과정 :
옥내소화전설비의 전양정 $H = 50m + (50m \times 0.3) + (50m \times 0.15) + 17$
$= 89.5m$
스프링클러설비의 전양정 $H = 52m + (52m \times 0.35) + 10 = 80.2m$
○답 : 89.5m

(2) **수원의 최소 유효저수량**(m^3)
○계산과정 : $Q = [2 \times 2.6m^3 + 10 \times 1.6m^3] + [2 \times 2.6m^3 + 10 \times 1.6m^3] \times \dfrac{1}{3}$
$= 28.27m^3$
○답 : $28.27m^3$

(3) **펌프의 토출량**(L/min)
 ○계산과정 : $Q = 2 \times 130\text{L/min} + 10 \times 80\text{L/min} = 1060\text{L/min}$
 ○답 : 1060L/min

(4) **전동기의 소요동력**(kW)
 ○계산과정 : 펌프의 효율 E = 체적효율 × 기계효율 × 수력효율
  펌프의 효율 $E = 0.9 \times 0.8 \times 0.75 \times 100 = 54\%$
  $P = \dfrac{9.8 \times 1.06\text{m}^3/60\text{s} \times 89.5\text{m}}{0.54} \times 1.1 = 31.56\text{kW}$
 ○답 : 31.56kW

(5) ( )넣기
 ○답 : ① 내연기관 ② 고가수조 ③ 가압수조

11년-07월, 13년-07월, 16년-04월, 16년-06월 기출

15 전기실에 제1종 분말소화약제를 사용한 분말소화설비를 전역방출방식의 가압식으로 설치하려고 한다. 다음 조건을 참조하여 각 물음에 답하시오. (9점)

[조건]
① 소방대상물의 크기는 가로 11m, 세로 9m, 높이 4.5m인 내화구조로 되어 있다.
② 소방대상물의 중앙에 가로 1m, 세로 1m의 기둥이 있고, 기둥을 중심으로 가로, 세로 보가 교차되어 있으며 보는 천장으로부터 0.6m, 너비 0.4m의 크기이고, 보와 기둥은 내열성 재료이다.
③ 전기실에는 0.7m×1.0m, 1.2m×0.8m인 개구부가 각각 1개씩 설치되어 있으며, 1.2m×0.8m인 개구부에는 자동폐쇄장치가 설치되어 있다.
④ 방호공간에 내화구조 또는 내열성 밀폐재료가 설치된 경우에는 방호 공간에서 제외할 수 있다.
⑤ 방사헤드의 방출률은 7.82kg/mm² · min · 개 이다.
⑥ 약제저장용기 1개의 내용적은 50L이다.
⑦ 방사헤드 1개의 오리피스(방출구) 면적은 0.45cm²이다.
⑧ 소화약제의 종류에 따른 소화약제의 양과 개구부 가산량은 다음과 같다.

소화약제의 종류	방호구역의 체적 1m³에 대한 소화약제의 양	가산량(개구부의 면적 1m²에 대한 소화약제의 양)
제1종 분말	0.6kg	4.5kg

⑨ 소화약제 산정기준 및 기타 필요한 사항은 국가 화재 안전 기준에 준한다.

(1) 저장에 필요한 제1종 분말 소화약제의 최소 양[kg] :
    ○ 계산과정 :
    ○ 답 :
(2) 저장에 필요한 약제 저장용기의 수[병] :
    ○ 계산과정 :
    ○ 답 :
(3) 설치에 필요한 방사 헤드의 최소 개수[개] :
    (단, 소화약제의 양은 (물음 2에서 구한 저장용기 수의 소화약제 양으로 한다.)
    ○ 계산과정 :
    ○ 답 :
(4) 방사 헤드 1개의 방사량[kg/s] :
    ○ 계산과정 :
    ○ 답 :

풀이 (1) 저장에 필요한 제1종 분말 소화약제의 최소 양
    ○ 계산과정 :

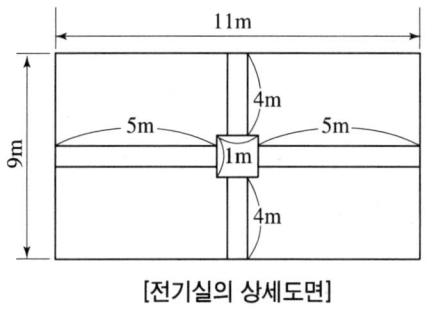 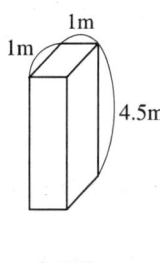 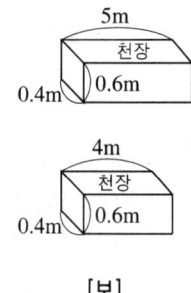

[전기실의 상세도면]　　　　[기둥]　　　　[보]

① 방호공간 전체체적 : $V = 11\text{m} \times 9\text{m} \times 4.5\text{m} = 445.5\text{m}^3$

② 방호공간에서 제외되는 체적

　기둥의 체적 $V_1 = 1\text{m} \times 1\text{m} \times 4.5\text{m} = 4.5\text{m}^3$

　가로 보의 체적 $V_2 = 0.4\text{m} \times 0.6\text{m} \times 10\text{m} = 2.4\text{m}^3$

　세로 보의 체적 $V_3 = 0.4\text{m} \times 0.6\text{m} \times 8\text{m} = 1.92\text{m}^3$

　$V_1 + V_2 + V_3 = 4.5 + 2.4 + 1.92 = 8.82\text{m}^3$

③ 실제 방호공간 체적 : $V = 445.5 - 8.82 = 436.68\text{m}^3$

④ 개구부 면적 : $A = 0.7\text{m} \times 1.0\text{m} = 0.7\text{m}^2$

⑤ $Q(\text{kg}) = 436.68(\text{m}^3) \times 0.6(\text{kg/m}^3) + 0.7(\text{m}^2) \times 4.5(\text{kg/m}^2)$

= 265.16kg

○답 : 265.16kg

(2) 저장에 필요한 약제 저장용기의 수
　○계산과정 :
　　① 용기 1병당 약제 저장량
$$G(\text{kg}) = \frac{50(l)}{0.8} = 62.5\text{kg}$$
　　② 약제 저장용기의 수[병]
$$N(\text{병}) = \frac{265.16(\text{kg})}{62.5(\text{kg})} = 4.24\text{병} \quad \therefore 5\text{병}$$
　○답 : 5병

(3) 설치에 필요한 방사 헤드의 최소 개수
　○계산과정 :
$$N(\text{헤드수}) = \frac{62.5 \times 5\text{병}}{0.5\min \times 7.82(\text{kg/mm}^2 \cdot \min \cdot \text{개}) \times 0.45 \times 10^2 (\text{mm}^2)} = 1.78$$
　　∴ 2개
　○답 : 2개

(4) 방사 헤드 1개의 방사량
　○계산과정 : $Q = \dfrac{62.5\text{kg} \times 5\text{병}}{30\text{s} \times 2\text{개}} = 5.21\text{kg/s}$
　○답 : 5.21kg/s

상세해설

(1) 저장에 필요한 제1종 분말 소화약제의 최소 양
　① 전역방출방식

종 별	방호구역 체적계수 : K_1[kg/m³]	자동폐쇄장치 미설치 개구부 면적계수 : K_2[kg/m²]
제1종	0.60	4.5
제2종, 3종	0.36	2.7
제4종	0.24	1.8

　② 소화약제 저장량 계산
$$Q(\text{kg}) = V(\text{m}^3) \times K_1(\text{kg/m}^3) + A(\text{m}^2) \times K_2(\text{kg/m}^2)$$

(2) 저장에 필요한 약제 저장용기의 수
　① 용기 1병당 약제 저장량
$$C = \frac{V(l)}{G(\text{kg})}$$ 　여기서, C : 충전비, V : 내용적, G : 약제의 무게

② 분말약제 저장용기의 내용적(충전비)

소화약제의 종별	내용적(l)/약제(kg) = 충전비
$NaHCO_3$ (제1종 분말)	0.8
$KHCO_3$ (제2종 분말)	1.0
$NH_4H_2PO_4$ (제3종 분말)	1.0
$KHCO_3 + (NH_2)_2CO$ (제4종 분말)	1.25

③ 약제 저장용기의 수[병]

$$N(병) = \frac{약제\ 소요량(kg)}{1병당\ 저장량(kg)}$$

(3) 설치에 필요한 방사 헤드의 최소 개수

① N(헤드수)

$$= \frac{약제저장량(kg)}{방사시간(min) \times 헤드의\ 방출율(kg/mm^2 \cdot min \cdot 개) \times 헤드\ 분구면적(mm^2)}$$

② 분말소화설비의 소화약제 저장량 방사시간
  ㉠ 전역방출방식 : 30s(0.5min) 이내
  ㉡ 국소방출방식 : 30s(0.5min) 이내

(4) 방사 헤드 1개의 방사량

① Q(헤드 1개의 방사량) = $\dfrac{약제저장량(kg)}{방사시간(min) \times 헤드개수(개)}$

② 분말소화설비의 소화약제 저장량 방사시간
  ㉠ 전역방출방식 : 30s(0.5min) 이내
  ㉡ 국소방출방식 : 30s(0.5min) 이내

---

16 할론소화설비의 화재안전성능기준 및 기술기준에 대한 다음 각 물음에 답하시오. (5점)

(1) 용어의 정의 중 "별도 독립방식"이란 무엇인지 쓰시오.
(2) 다음 (   )안에 알맞은 답을 쓰시오.
  하나의 방호구역을 담당하는 소화약제 저장용기의 소화약제량의 체적합계보다 그 소화약제 방출 시 방출경로가 되는 배관(집합관을 포함한다)의 내용적의 비율이 (   )배 이상일 경우에는 해당 방호구역에 대한 설비는 별도 독립방식으로 해야 한다.

풀이 ○**답** : (1) 소화약제 저장용기와 배관을 방호구역별로 독립적으로 설치하는 방식
        (2) 1.5

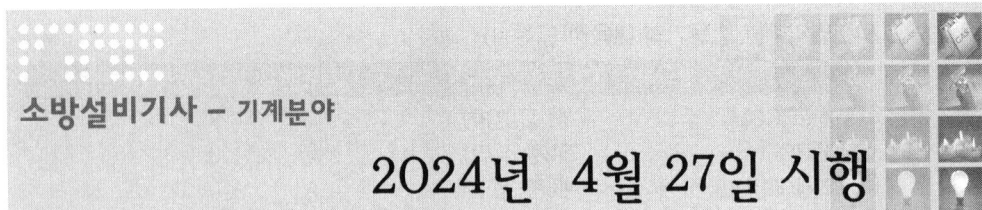

17년-04월, 17년-11월, 18년-11월 기출

01 다음 그림은 습식스프링클러설비 계통도의 일부를 나타낸 것이다. 조건을 참조하여 다음 각 물음에 답하시오. (7점)

[조건] ① H_1헤드 : 방수량(80L/min), 방수압력(0.1MPa)
② 각 헤드 H_1~H_5 간의 방수압력 차이는 0.02MPa이다.
  (단, 배관마찰손실압력 계산 시 배관부속의 마찰손실은 무시한다)
③ A~B 구간의 마찰손실압력은 0.03MPa이다.
④ 가지배관 내 유속은 6m/s이다.

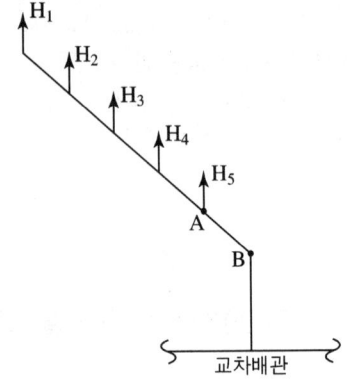

(1) A지점에서 필요한 최소압력(MPa)은 얼마인가?
(2) A~B구간에서의 유량(L/min)은 얼마인가?
(3) A~B구간의 배관 최소구경(mm)은 얼마인가?
   (단, 배관의 최소구경은 호칭구경이 아닌 계산 값으로 한다.)

풀이 (1) **A지점에서 필요한 최소압력**(MPa)
  ○계산과정 : A지점의 압력 $P_A = 0.1 + (0.02 \times 4) = 0.18\text{MPa}$
  ○답 : 0.18MPa

(2) A~B구간에서의 유량(L/min)

○ 계산과정 : $Q = K\sqrt{10P}$, $K = \dfrac{Q}{\sqrt{10P}} = \dfrac{80}{\sqrt{10 \times 0.1}} = 80$

① $Q_{H_1} = 80 \times \sqrt{10 \times 0.1} = 80\text{L/min}$

② $Q_{H_2} = 80 \times \sqrt{10 \times (0.1 + 0.02)} = 87.64\text{L/min}$

③ $Q_{H_3} = 80 \times \sqrt{10 \times (0.1 + 0.02 + 0.02)} = 94.66\text{L/min}$

④ $Q_{H_4} = 80 \times \sqrt{10 \times (0.1 + 0.02 + 0.02 + 0.02)} = 101.19\text{L/min}$

⑤ $Q_{H_5} = 80 \times \sqrt{10 \times (0.1 + 0.02 + 0.02 + 0.02 + 0.02)} = 107.33\text{L/min}$

$Q = 80 + 87.64 + 94.66 + 101.19 + 107.33 = 470.82\text{L/min}$

○ 답 : 470.82L/min

(3) A~B구간의 배관 최소구경(mm)

○ 계산과정 : $d = \sqrt{\dfrac{4 \times (470.82 \times 10^{-3}/60)}{\pi \times 6}} \times 1000 = 40.81\text{mm}$

○ 답 : 40.81mm

상세해설

(1) A지점에 필요한 압력

$P_B = H_1$헤드의 방사압력 + 각 헤드간의 방수압력차

(2) A~B구간의 유량

- $Q_A = H_1 \sim H_5$ 헤드의 방수량
- 헤드의 방수량

$$Q = K\sqrt{10P}$$

여기서, Q : 방수량(L/min), K : 방출계수, P : 방수압력(MPa)

(3) A~B구간의 배관 호칭구경

- 배관내경 산출공식

$$d(\text{mm}) = \sqrt{\dfrac{4Q}{\pi u}} \times 1000$$

여기서, d : 배관내경(mm), Q : 유량(m³/s), u : 배관내 유속(m/s),
1000 : m를 mm로 환산하기 위한 상수

- 급수관의 구경(호칭구경)(단위 : mm)

| 25 | 32 | 40 | 50 | 65 | 80 | 90 | 100 | 125 | 150 |

02 다음은 주거용 주방자동소화장치의 설치기준이다. ( )안에 알맞은 답을 보기에서 골라 쓰시오. (6점)

> [보기] 수신부, 방출구, 차단장치, 감지부, 제어부, 천장면, 바닥면, 20cm, 30cm, 40cm

(1) 소화약제 (①)는 환기구의 청소부분과 분리되어 있어야 하며, 형식승인 받은 유효설치 높이 및 방호면적에 따라 설치할 것
(2) (②)(전기 또는 가스)는 상시 확인 및 점검이 가능하도록 설치할 것
(3) 가스용 주방자동소화장치를 사용하는 경우 탐지부는 (③)와 분리하여 설치하되, 공기보다 가벼운 가스를 사용하는 경우에는 (④)으로부터 (⑤) 이하의 위치에 설치하고, 공기보다 무거운 가스를 사용하는 장소에는 (⑥)으로부터 (⑦) 이하의 위치에 설치할 것

풀이 ○ 답 : (1) ① 방출구
　　　　(2) ② 차단장치
　　　　(3) ③ 수신부　④ 천장면　⑤ 30cm　⑥ 바닥면　⑦ 30cm

상세해설

주거용 주방자동소화장치 설치기준
① 소화약제 방출구는 환기구의 청소부분과 분리되어 있어야 하며, 형식승인 받은 유효설치 높이 및 방호면적에 따라 설치할 것
② 감지부는 형식승인 받은 유효한 높이 및 위치에 설치할 것
③ 차단장치(전기 또는 가스)는 상시 확인 및 점검이 가능하도록 설치할 것
④ 가스용 주방자동소화장치를 사용하는 경우 탐지부는 수신부와 분리하여 설치하되, 공기보다 가벼운 가스를 사용하는 경우에는 천장 면으로 부터 30cm 이하의 위치에 설치하고, 공기보다 무거운 가스를 사용하는 장소에는 바닥 면으로부터 30cm 이하의 위치에 설치할 것

구분	공기보다 가벼운 가스	공기보다 무거운 가스
탐지부	천장 면 30cm 이하	바닥 면 30cm 이하

⑤ 수신부는 주위의 열기류 또는 습기 등과 주위온도에 영향을 받지 아니하고 사용자가 상시 볼 수 있는 장소에 설치할 것

23년-4월 기출

03 다음은 습식유수검지장치 또는 건식유수검지장치를 사용하는 스프링클러설비와 부압식스프링클러설비에 설치하는 시험장치에 관한 내용이다. 각 물음에 답하시오. (5점)

(1) 시험장치의 설치목적을 쓰시오.
(2) 시험장치의 배관에 대한 기준이다. ( )안에 알맞은 답을 쓰시오.

> 시험장치 배관의 구경은 (①) 이상으로 하고, 그 끝에 개폐밸브 및 (②) 또는 스프링클러헤드와 동등한 방수성능을 가진 (③)를 설치할 것. 이 경우 개방형헤드는 반사판 및 프레임을 제거한 (③)만으로 설치할 수 있다.

○답 : (1) **시험장치의 설치목적** : 유수검지장치의 정상적인 작동상태 확인
(2) **시험장치의 배관에 대한 기준**
① 25mm ② 개방형헤드 ③ 오리피스

상세해설

습식유수검지장치 또는 건식유수검지장치를 사용하는 스프링클러설비와 부압식스프링클러설비에는 동 장치를 시험할 수 있는 시험장치를 다음의 기준에 따라 설치해야 한다.

(1) 습식스프링클러설비 및 부압식스프링클러설비에 있어서는 유수검지장치 2차 측 배관에 연결하여 설치하고 건식스프링클러설비인 경우 유수검지장치에서 가장 먼 거리에 위치한 가지배관의 끝으로부터 연결하여 설치할 것. 이 경우 유수검지장치 2차 측 설비의 내용적이 2,840L를 초과하는 건식스프링클러설비는 시험장치 개폐밸브를 완전 개방 후 1분 이내에 물이 방사되어야 한다.

(2) 시험장치 배관의 구경은 25mm 이상으로 하고, 그 끝에 개폐밸브 및 개방형헤드 또는 스프링클러헤드와 동등한 방수성능을 가진 오리피스를 설치할 것. 이 경우 개방형헤드는 반사판 및 프레임을 제거한 오리피스만으로 설치할 수 있다.

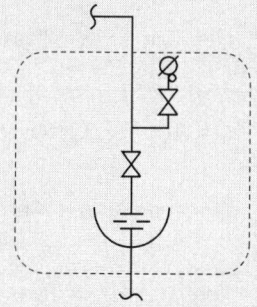

(3) 시험배관의 끝에는 물받이 통 및 배수관을 설치하여 시험 중 방사된 물이 바닥에 흘러내리지 않도록 할 것. 다만, 목욕실·화장실 또는 그 밖의 곳으로서 배수처리가 쉬운 장소에 시험배관을 설치한 경우에는 그렇지 않다.

04 바닥면적이 가로 8m 세로 5m인 차고, 주차장에 물분무소화설비를 설치하고자 한다. 다음 각 물음에 답하시오. (4점)

(1) 소화펌프의 최소 토출량(L/min)을 구하시오.
(2) 필요한 최소 수원의 양(m^3)을 구하시오.

풀이 (1) 소화펌프의 최소 토출량(L/min)
- 계산과정 : 바닥면적 $A = 8m \times 5m = 40m^2$ ∴ 최소면적 $50m^2$을 적용한다.
$$Q = 50m^2 \times 20L/m^2 \cdot min = 1,000L/min$$
- 답 : 1,000L/min

(2) 필요한 최소 수원의 양(m^3)
- 계산과정 : $Q = 50m^2 \times 20L/m^2 \cdot min \times 20min = 20,000 = 20m^3$
- 답 : $20m^3$

상세해설

물분무소화설비의 펌프 토출량 및 수원의 양

소방대상물	표준 방사량(K) ($L/m^2 \cdot min$)	펌프의 토출량 (L/min)	수원의 양(L)
특수가연물	10	$Q = A(최소\ 50m^2) \times K$ A : 최대방수구역 바닥면적 기준	$Q = A(최소\ 50m^2) \times K \times 20min$
차고, 주차장	20	$Q = A(최소\ 50m^2) \times K$ A : 최대방수구역 바닥면적 기준	$Q = A(최소\ 50m^2) \times K \times 20min$
절연유 봉입 변압기	10	$Q = A(m^2) \times K$ A : 바닥부분 제외한 표면적을 합한 면적	$Q = A(m^2) \times K \times 20min$
케이블 트레이, 닥트	12	$Q = A(m^2) \times K$ A : 투영된 바닥면적	$Q = A(m^2) \times K \times 20min$
콘베이어 벨트	10	$Q = A(m^2) \times K$ A : 벨트부분의 바닥면적	$Q = A(m^2) \times K \times 20min$

★ [어두문자 암기법 : 특, 절, 콘10 / 케12 / 차20] ★

05 제연설비에서 주로 사용하는 솔레노이드댐퍼, 모터댐퍼 및 퓨즈댐퍼의 작동 원리를 쓰시오. (3점)

○답 : (1) **솔레노이드댐퍼** : 화재신호에 의하여 솔레노이드밸브(전자밸브)가 전기적인 신호에 의해 작동하는 방식
　　(2) **모터댐퍼** : 화재신호에 의하여 전동모터의 힘으로 작동하는 방식
　　(3) **퓨즈댐퍼** : 특정 온도에 도달되면 퓨즈가 녹아 스프링의 힘에 의해 작동하는 방식

상세해설

(1) **솔레노이드댐퍼** : 솔레노이드밸브(전자밸브) 구동방식으로 열·연기 또는 불꽃의 감지신호를 받으면 솔레노이드밸브가 전기적인 신호에 의해 작동하여 댐퍼를 닫는 방식으로 주로 개구부 면적이 작은 곳에 설치
(2) **모터댐퍼** : 모터 구동방식으로 열·연기 또는 불꽃의 감지신호를 받은 전동모터의 힘으로 댐퍼가 자동으로 차단되는 방식으로 주로 개구부 면적이 큰 곳에 설치
(3) **퓨즈댐퍼** : 퓨즈블링크 구동방식으로 열기가 댐퍼 내부에 도달하였을 때 특정 온도에 도달되면 퓨즈가 녹아 스프링의 힘에 의해 댐퍼가 자동으로 차단되는 방식으로 주로 주방에 설치

06 소화설비에서 펌프의 흡입측배관에는 버터플라이밸브를 설치하면 안 되는 이유를 2가지만 쓰시오. (4점)

○답 : ① 유체의 마찰손실이 커서 공동현상이 발생할 우려가 있기 때문
　　　② 유로차단이 신속하게 되어 수격작용이 발생할 우려가 있기 때문

상세해설

① 급수배관에 설치되어 급수를 차단할 수 있는 개폐밸브는 개폐표시형으로 해야 한다. 이 경우 펌프의 흡입측배관에는 버터플라이밸브 외의 개폐표시형밸브를 설치해야 한다.
② 성능시험배관은 펌프의 토출 측에 설치된 개폐밸브 이전에서 분기하여 직선으로 설치하고, 유량측정장치를 기준으로 전단 직관부에는 개폐밸브를 후단 직관부에는 유량조절밸브를 설치할 것.
③ 가압송수장치에는 체절운전 시 수온의 상승을 방지하기 위한 순환배관을 설치할 것. 다만, 충압펌프의 경우에는 그렇지 않다.
④ 기동용수압개폐장치 중 압력챔버를 사용할 경우 그 용적은 100L 이상의 것으로 할 것

07 다음 표는 할로겐화합물 및 불활성기체소화설비의 화재안전기술기준에 관한 내용이다. 각 물음에 답하시오. (8점)

(1) 할로겐화합물 및 불활성기체소화약제의 방출시간과 방출량 기준에 대한 ( )안에 알맞은 답을 쓰시오.

소화약제		방출시간	방출량
할로겐화합물		( )초 이내	방호구역 각 부분에 최소설계농도의 ( )% 이상에 해당하는 약제량
불활성기체	A급	( )분 이내	
	B급	( )분 이내	
	C급	( )분 이내	

(2) 불활성기체소화약제보다 할로겐화합물소화약제의 방사시간이 더 짧은 이유에 대해 설명하시오.

풀이 ○답: (1)

소화약제		방출시간	방출량
할로겐화합물		(10)초 이내	방호구역 각 부분에 최소설계농도의 (95)% 이상에 해당하는 약제량
불활성기체	A급	(2)분 이내	
	B급	(1)분 이내	
	C급	(2)분 이내	

(2) 약제방사 시 열분해하여 생성되는 독성물질을 최소화하기 위하여

상세해설

배관의 구경

소화약제		방출시간	방출량
할로겐화합물		10초 이내	방호구역 각 부분에 최소설계농도의 95% 이상에 해당하는 약제량
불활성기체	A급, C급	2분 이내	
	B급	1분 이내	

A · B · C급 화재별 안전계수

설계농도	소화농도	안전계수
A급	A급	1.2
B급	B급	1.3
C급	A급	1.35

01년-07월, 05년-07월, 09년-04월, 11년-11월, 12년-11월, 15년-07월, 16년-06월, 17년-11월, 18년-11월, 20년-10월 유사

08 다음 그림은 어느 실등의 평면도이다. 이 실들 중 A실을 급기 가압하고자 한다. 주어진 조건을 이용하여 각 물음에 답하시오. (6점)

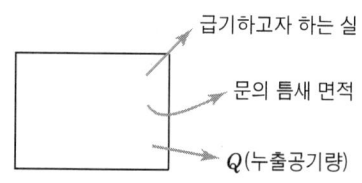 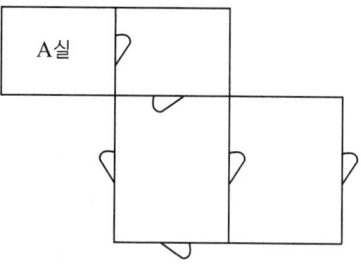

[조건]
1. 실외부 대기의 기압은 절대압력으로 101300파스칼로서 일정하다.
2. A실에 유지하고자 하는 기압은 절대압력으로 101400파스칼이다.
3. 각 실의 문(Door)들의 틈새 면적은 0.01m^2이다.
4. 어느 실을 급기 가압할 때 그 실의 문의 틈새를 통하여 누출되는 공기의 양은 다음의 식을 따른다.

$$Q = 0.827 A P^{\frac{1}{2}} = 0.827 A \sqrt{P}$$

여기서, Q : 누출되는 공기의 양(m^3/s), A : 문의 틈새 면적(m^2)
P : 문을 경계로 한 실내외 기압차(파스칼)

(1) 각 실의 문의 틈새면적 합계(m^2)를 소수점 5째 자리까지 구하시오.
(2) A실에 유입시켜야 할 풍량은 몇 (m^3/s)가 되는지 소숫점 4째 자리까지 구하시오.

풀이 (1) 각 실의 문의 틈새면적 합계(m^2)
○계산과정 :

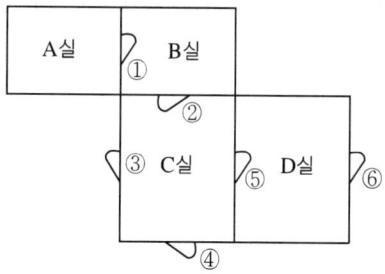

(가) 우선 D실의 ⑤+⑥ [직렬관계]의 합성 틈새 면적

$$A = \frac{1}{\sqrt{\dfrac{1}{0.01^2} + \dfrac{1}{0.01^2}}} = 0.00707\text{m}^2$$

(나) ③+④+(⑤+⑥) [병렬관계]의 합성틈새면적

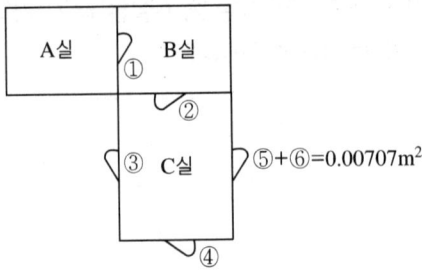

$A = 0.01 + 0.01 + 0.00707 = 0.02707 \text{m}^2$

(다) ①+②+[③+④+(⑤+⑥)] [직렬관계]의 합성틈새면적

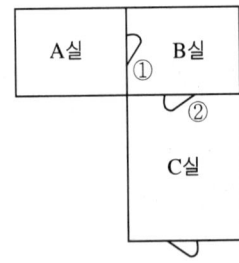

③+④+(⑤+⑥)=0.02707m²

$$A = \cfrac{1}{\sqrt{\cfrac{1}{0.01^2}+\cfrac{1}{0.01^2}+\cfrac{1}{0.02707^2}}} = \cfrac{1}{146.166538} = 0.0068415 \text{m}^2$$

○답 : 0.00684m^2

(2) A실에 유입시켜야 할 풍량(m^3/s)

○계산과정 : $Q = 0.827 A P^{\frac{1}{2}} = 0.827 A \sqrt{P}$ 식에 대입

$A = 0.00684 \text{m}^2$, $P = 101400 - 101300 = 100 \text{Pa}$

$Q = 0.827 A \sqrt{P} = 0.827 \times 0.00684 \times \sqrt{100} = 0.05657 \text{m}^3/\text{s}$

○답 : $0.0566 \text{m}^3/\text{s}$

18년-06월, 21년-11월 기출

09 상수도소화용수설비가 설치되지 않은 특정소방대상물에 옥외소화전설비를 설치하고자 한다. 아래 도면을 참조하여 각 물음에 답하시오. (6점)

[조건]
① 도면은 가로 120m, 세로 50m인 어느 특정소방대상물의 평면도이다.

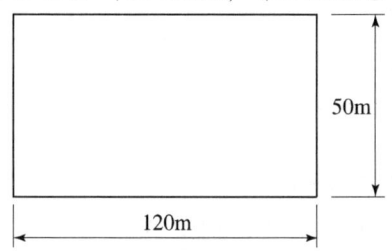

② 해당 특정소방대상물은 2층의 건축물이며, 바닥면적은 6,000m²이고, 연면적은 12,000m²이다.

(1) 특정소방대상물의 각 부분으로부터 하나의 호스 접결구까지의 수평거리는 몇 (m) 이하인지 쓰시오.
(2) 설치하여야 할 옥외소화전의 최소개수를 구하시오.
(3) 펌프의 토출량(L/min)을 구하시오.
(4) 수원의 양(m³)을 구하시오.

풀이 (1) 호스 접결구까지의 수평거리
　　○답 : 40m 이하

(2) 옥외소화전의 최소개수
　　○계산과정 : $N = \dfrac{120\text{m} \times 2 + 50\text{m} \times 2}{40\text{m} \times 2} = 4.25$　∴ 5개
　　○답 : 5개

(3) 펌프의 토출량
　　○계산과정 : $Q = 2 \times 350\text{L/min} = 700\text{L/min}$
　　○답 : 700L/min

(4) 수원의 양
　　○계산과정 : $Q = 2 \times 7\text{m}^3 = 14\text{m}^3$
　　○답 : 14m³

상세해설

(1) 옥외소화전의 호스접결구
① 지면으로부터 높이가 0.5m 이상 1m 이하의 위치에 설치
② 특정소방대상물의 각 부분으로부터 하나의 호스접결구까지의 수평거리가 40m 이하

(2) 옥외소화전설비에서 펌프의 토출량

$$\text{펌프의 토출량 } Q(\text{L/min}) = N \times 350 \text{L/min}$$

여기서, N : 옥외소화전 설치개수(최대 2개)

(3) 옥외소화전설비에서 수원의 최소 유효저수량(m^3)

$$Q(m^3) = N \times 7m^3 \quad (N : \text{최대 2개})$$

---

10 전력통신 배선전용 지하구에 연소방지설비를 화재안전기술기준에 따라 설치하고자 할 때 다음 [조건]을 참조하여 각 물음에 답하시오. (5점)

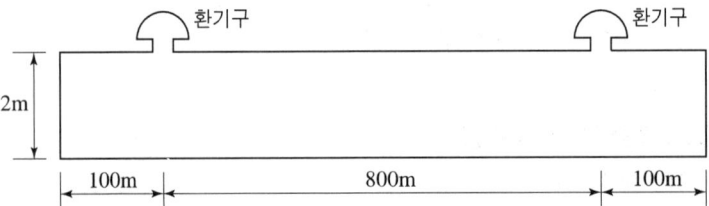

[조건]
① 지하구의 폭은 2.5m, 높이는 2m이며 지하구의 길이는 1000m이다.
② 지하구에는 방화벽이 설치되지 않았다.
③ 환기구마다 지하구의 양쪽방향으로 살수구역을 설정하며 지하구 양쪽 끝에서 100m지점에 설치한다.
④ 헤드는 연소방지설비 전용헤드를 설치하는 것으로 한다.

(1) 살수구역의 최소 구역수를 구하시오.
(2) 1구역에 설치되는 헤드의 최소개수를 구하시오. (단, 천장에 헤드를 설치한다)
(3) 1구역에 (2)에서 구한 헤드의 최소개수를 설치하는 경우 연소방지설비의 급수관의 구경(mm)을 산정하시오.

[풀이] **(1) 살수구역의 최소 구역수**
  ○ 계산과정 :
    ① 환기구마다 지하구의 양쪽방향에 설치하므로 2개(환기구)×2구역/개=4구역
    ② 환기구 사이의 간격이 700m를 초과하므로 $N = \dfrac{800\text{m}}{700\text{m}} - 1 = 0.14$ ∴ 1구역
    ③ 총 살수구역 $N_t = 4구역 + 1구역 = 5구역$
  ○ 답 : 5구역

(2) 1구역에 설치되는 헤드의 최소개수
  ○ 계산과정 :
    ① 살수구역 천장에 설치하는 헤드 수 $N = \dfrac{2.5\text{m}}{2\text{m}} = 1.25$개 ∴ 2개
    ② 살수구역 벽면에 설치하는 헤드 수
       살수구역의 길이는 3m 이상이므로 헤드 수 $N = \dfrac{3\text{m}}{2\text{m}} = 1.5$ ∴ 2개
    ③ 살수구역에 설치하는 총 헤드 수 = 2×2 = 4개
  ○ 답 : 4개

(3) 연소방지설비의 급수관의 구경
  ○ 답 : 65mm

상세해설

(1) 연소방지설비의 헤드 설치기준
  ① 천장 또는 벽면에 설치할 것
  ② 헤드간의 수평거리

연소방지설비 전용헤드	개방형스프링클러헤드
2m 이하	1.5m 이하

  ③ 소방대원의 출입이 가능한 환기구·작업구마다 지하구의 양쪽방향으로 살수헤드를 설정하되, 한쪽 방향의 살수구역의 길이는 3m 이상으로 할 것. 다만, 환기구 사이의 간격이 700m를 초과할 경우에는 700m 이내마다 살수구역을 설정하되, 지하구의 구조를 고려하여 방화벽을 설치한 경우에는 그렇지 않다.

(2) 연소방지설비 전용헤드 수별 급수관의 구경

하나의 배관에 부착하는 연소방지설비 전용헤드의 개수	1개	2개	3개	4개 또는 5개	6개 이상
배관의 구경	32mm	40mm	50mm	65mm	80mm

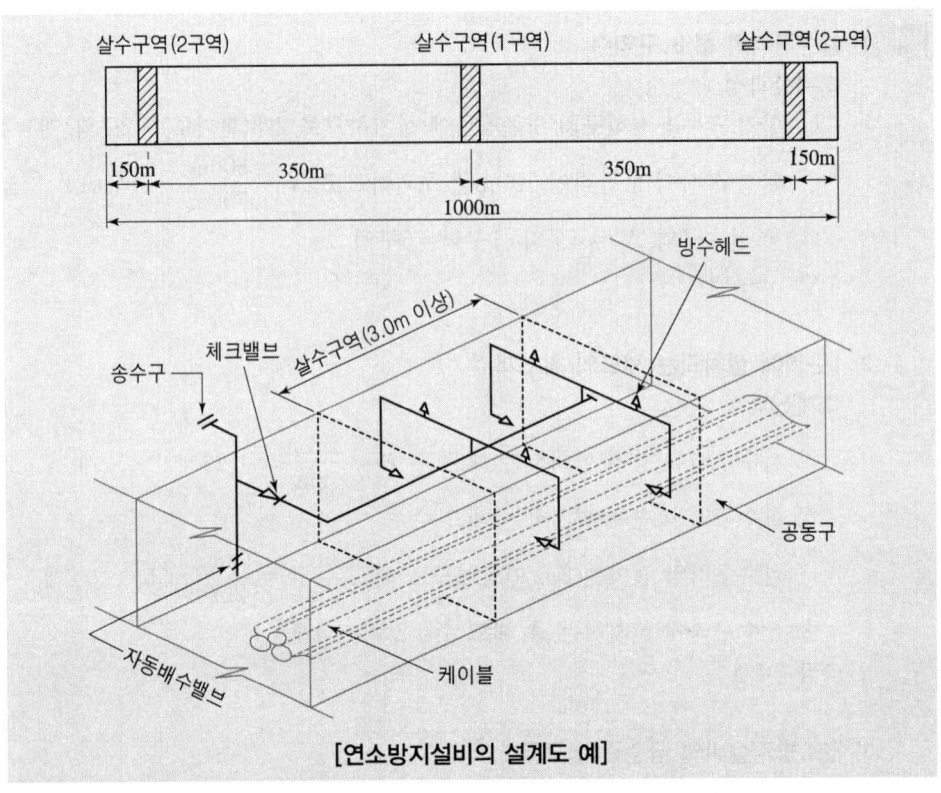

[연소방지설비의 설계도 예]

06년-4월, 09년-4월, 12년-7월 기출

11 액화이산화탄소 45kg을 20℃ 대기 중(표준대기압)에 방출 하였을 경우 각 물음에 답하시오. **(5점)**

(1) 방사된 이산화탄소의 부피(m^3)를 구하시오.
(2) 방호구역공간의 체적이 90m^3인 곳에 약제를 방출하였다면 CO_2의 농도(%)를 구하시오.

풀이 (1) 방사된 이산화탄소의 부피(m^3)

○계산과정 : $V = \dfrac{WRT}{PM} = \dfrac{45kg \times 0.082 \times (273+20)}{1 \times 44} = 24.57m^3$

○답 : $24.57m^3$

(2) CO_2의 농도(%)

○계산과정 : $CO_2(\%) = \dfrac{24.57}{90+24.57} \times 100 = 21.45\%$

○답 : 21.45%

상세해설

(1) 방사된 CO₂의 무게(kg)

이상기체상태방정식

$$PV = \frac{W}{M}RT$$

여기서, P : 압력(atm), V : 방출가스량(m³), W : 무게(kg), M : 분자량
R : 기체상수(0.082atm·m³/kmol·K), T : 절대온도(K)

(2) 설계농도 계산공식

$$C(\%) = \frac{v}{V+v} \times 100$$

여기서, C : 설계농도(%), V : 방호구역체적(m³), v : 방출가스체적(m³)

---

12 다음 조건을 참조하여 인명구조기구에 대한 각 물음에 답하시오. (9점)

[조건]
(1) 관광호텔 : 지하2층 지상5층
(2) 영화상영관 : 바닥면적 500m²
(3) 물분무등소화설비 중 할로겐화합물소화설비가 설치된 특정소방대상물

(1) 소방시설의 설치 및 관리에 관한 법률에 따른 수용인원의 산정방법에 따라 영화상영관의 수용인원을 산정하시오(단, 수용인원 산정 시 고정식의 자와 긴 의자는 고려하지 않는다).
(2) 특정소방대상물의 용도 및 장소별로 설치하여야 할 인명구조기구의 종류 및 설치수량에 대한 표를 완성하시오(단, 인명구조기구의 설치대상이 아닌 경우 X로 표기하고 영화상영관의 경우 물음 "(1)"에서 산정한 수용인원을 기준으로 한다)

특정소방대상물	인명구조기구의 종류	설치수량
• 관광호텔	①	②
• 영화상영관	③	④
• 물분무등소화설비 중 할로겐화합물소화설비가 설치된 특정소방대상물	⑤	⑥

풀이 (1) 영화상영관의 수용인원

○ 계산과정 : $N = \dfrac{500\text{m}^2}{4.6\text{m}^2} = 108.69$ ∴ 109명

○ 답 : 109명

(2) 인명구조기구의 종류 및 설치수량

○ 답 :

특정소방대상물	인명구조기구의 종류	설치수량
• 관광호텔	① • 방열복 또는 방화복 • 공기호흡기 • 인공소생기	② 각 2개 이상
• 영화상영관	③ 공기호흡기	④ 층마다 2개 이상
• 물분무등소화설비 중 할로겐화합물소화설비가 설치된 특정소방대상물	⑤ X	⑥ X

상세해설

소방시설 설치 및 관리에 관한 법률 시행령 [별표 7]
수용인원의 산정 방법(제17조 관련)
1. **숙박시설이 있는 특정소방대상물**

구분	침대가 있는 숙박시설	침대가 없는 숙박시설
계산식	$N=$ 종사자 수 + 침대 수 (2인용 침대는 2인으로 산정)	$N=$ 종사자 수 + $\dfrac{\text{바닥면적의 합계}(\text{m}^2)}{3\text{m}^2}$

2. **제1호 외의 특정소방대상물**

　가. 강의실 · 교무실 · 상담실 · 실습실 · 휴게실 용도로 쓰는 특정소방대상물

$$N = \dfrac{\text{바닥면적의 합계}(\text{m}^2)}{1.9\text{m}^2}$$

　나. 강당, 문화 및 집회시설, 운동시설, 종교시설 용도로 쓰는 특정소방대상물

$$N = \dfrac{\text{바닥면적의 합계}(\text{m}^2)}{4.6\text{m}^2}$$

　(관람석이 있는 경우 고정식 의자를 설치한 부분은 그 부분의 의자 수로 하고, 긴 의자의 경우에는 의자의 정면너비를 0.45m로 나누어 얻은 수로 한다)

　다. 그 밖의 특정소방대상물

$$N = \dfrac{\text{바닥면적의 합계}(\text{m}^2)}{3\text{m}^2}$$

비고
1. 위 표에서 바닥면적을 산정할 때에는 복도(준불연재료 이상의 것을 사용하여 바닥에서 천장까지 벽으로 구획한 것), 계단 및 화장실의 바닥면적을 포함하지 않는다.
2. 계산 결과 소수점 이하의 수는 반올림한다.

특정소방대상물의 용도 및 장소별로 설치하여야 할 인명구조기구

특정소방대상물	인명구조기구의 종류	설치 수량
○ 지하층을 포함하는 층수가 7층 이상인 관광호텔 및 5층 이상인 병원	○ 방열복 또는 방화복 (헬멧, 보호장갑 및 안전화를 포함한다) ○ 공기호흡기 ○ 인공소생기	○ 각 2개 이상 비치할 것. 다만, 병원의 경우에는 인공소생기를 설치하지 않을 수 있다.
○ 문화 및 집회시설 중 수용인원 100명 이상의 영화상영관 ○ 판매시설 중 대규모 점포 ○ 운수시설 중 지하역사 ○ 지하가 중 지하상가	○ 공기호흡기	○ 층마다 2개 이상 비치할 것. 다만, 각 층마다 갖추어 두어야 할 공기호흡기 중 일부를 직원이 상주하는 인근 사무실에 갖추어 둘 수 있다.
○ 물분무등소화설비 중 이산화탄소소화설비를 설치하여야 하는 특정소방대상물	○ 공기호흡기	○ 이산화탄소소화설비가 설치된 장소의 출입구 외부 인근에 1대 이상 비치할 것

13 다음은 위험물 옥외저장탱크에 포소화설비를 설치한 도면이다. 도면 및 주어진 조건을 참조하여 각 물음에 답하시오. (9점)

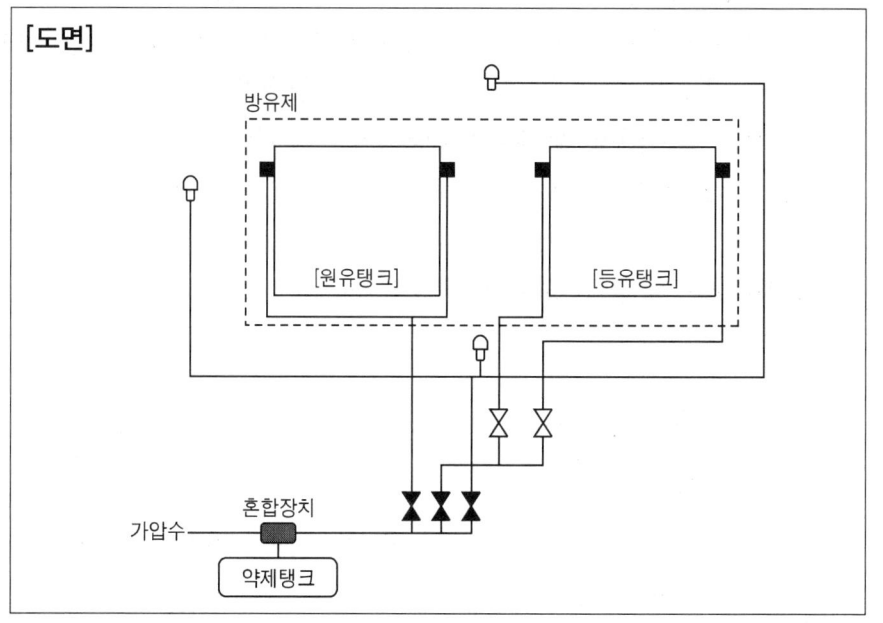

[조건]
① 원유저장탱크는 플루팅루프탱크이며 탱크직경은 12m, 탱크내 측면과 굽도리판(foam Dam) 사이의 거리는 1.2m, 특형 방출구수는 2개이다.
② 등유저장탱크는 콘루프 탱크이며 탱크직경은 25m, Ⅱ형 방출구수는 2개이다.
③ 포 약제는 3%형 단백포이다.
④ 보조 소화전은 3개가 설치되어 있으며 호스접결구 1개의 방사량은 400L/minn으로 하고 방사시간은 20min을 기준으로 한다.
⑤ 각 탱크별 포수용액의 방수량 및 방사시간은 아래와 같다.

구 분	Ⅱ형	특형
방출량(L/min·m²)	4	8
방사시간(min)	30	30

⑥ 송액관에 필요한 소화약제의 양은 72.07L 이다.
⑦ 화재는 저장탱크 2개에서 동시에 발생하는 경우는 없는 것으로 간주한다.

(1) 각 옥외저장탱크의 고정포방출구에 필요한 포수용액의 양(L/min)을 산출하시오.
   ① 원유탱크   ② 등유탱크
(2) 보조 소화전에 필요한 포수용액의 양(L/min)을 산출하시오.
(3) 각 옥외저장탱크의 고정포방출구에 필요한 약제량(L)을 산출하시오.
   ① 원유탱크   ② 등유탱크
(4) 보조 소화전에 필요한 약제량(L)을 산출하시오.
(5) 포소화설비에 필요한 포약제의 양(L)을 산출하시오.

풀이 (1) 고정포방출구에 필요한 포수용액의 양(L/min)
○계산과정 :
① 원유탱크 :
$$Q = \frac{\pi}{4} \times (12^2 - 9.6^2)\text{m}^2 \times 8\text{L/min}\cdot\text{m}^2 = 325.72\text{L/min}$$
∴ 325.72L/min

② 등유탱크 : $Q = \frac{\pi}{4} \times (25\text{m})^2 \times 4\text{L/min}\cdot\text{m}^2 = 1,963.5\text{L/min}$

∴ 1,963.5L/min

○답 : ① 원유탱크 : 325.72L/min
     ② 등유탱크 : 1,963.5L/min

(2) 보조 소화전에 필요한 포수용액의 양(L/min)
　　○계산과정 : $Q = N \times 400\text{L/min} = 3 \times 400\text{L/min} = 1{,}200\text{L/min}$
　　○답 : 1,200L/min

(3) 고정포방출구에 필요한 약제량(L)
　　○계산과정 :
　　　① 원유탱크 :
　　　　$Q = \dfrac{\pi}{4} \times (12^2 - 9.6^2)\text{m}^2 \times 8\text{L/min}\cdot\text{m}^2 \times 30\text{min} \times 0.03 = 293.15\text{L}$
　　　∴ 293.15L/min
　　　② 등유탱크 :
　　　　$Q = \dfrac{\pi}{4} \times (25\text{m})^2 \times 4\text{L/min}\cdot\text{m}^2 \times 30\text{min} \times 0.03 = 1{,}767.15\text{L}$
　　　∴ 1,767.15L
　　○답 : ① 원유탱크 : 293.15L/min
　　　　　② 등유탱크 : 1,767.15L

(4) 보조 소화전에 필요한 약제량(L)
　　○계산과정 : $Q = N \times 400\text{L/min} = 3 \times 400\text{L/min} \times 20\text{min} \times 0.03 = 720\text{L}$
　　○답 : 720L

(5) 포소화설비에 필요한 포약제의 양(L)
　　○계산과정 : $Q = 1{,}767.15 + 720 + 72.07 = 2{,}559.22\text{L}$

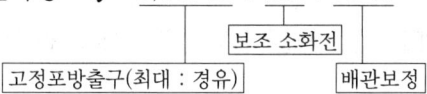

고정포방출구(최대 : 경유)　　배관보정

　　○답 : 2,559.22L

상세해설

(1) 탱크의 액표면적

　① 직경12m 플루팅루프탱크 액표면적　　② 직경25m 콘루프탱크 액표면적

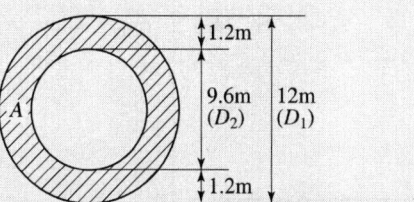 

$A = \dfrac{\pi}{2}(D_1^2 - D_2^2) = \dfrac{\pi}{4} \times (12^2 - 9.6^2)\text{m}^2$　　$A = \dfrac{\pi}{4}D_1^2 = \dfrac{\pi}{4} \times (25\text{m})^2$

(2) 고정포방출구방식의 약제량 계산

구 분	약제 저장량
❶ 고정포방출구	$Q = A \times Q_1 \times T \times S$ 여기서, Q : 포소화약제의 양(L), A : 저장탱크의 액표면적(m^2) Q_1 : 단위 포소화수용액의 양(L/$m^2 \cdot$ min) T : 방출시간(min), S : 포 소화약제의 사용농도(%)
❷ 보조 소화전	$Q = N \times S \times 8,000L$ 여기서, Q : 포소화약제의 양(L) N : 호스 접결구 개수(3개 이상인 경우는 3개) S : 포소화약제의 사용농도(%)
❸ 배관보정	가장 먼 탱크까지의 송액관(내경 75mm 이하의 송액관을 제외)에 충전하기 위하여 필요한 양 $Q = V \times S \times 1,000 L/m^3$ 여기서, Q : 포소화약제의 양(L) V : 송액관 내부의 체적(m^3) S : 포소화약제의 사용농도(%)
❹ 합 계	고정포 방출구방식의 약제량 = ❶+❷+❸

14 아래 그림과 같은 루프(Loop) 배관에 직접 연결된 스프링클러헤드에서 80L/min의 유량으로 물이 방수되고 있다. 화살표 방향으로 흐르는 Q_1 및 Q_2의 유량(L/min)을 산출하시오. (단, 계산시 조건은 아래와 같다) **(6점)**

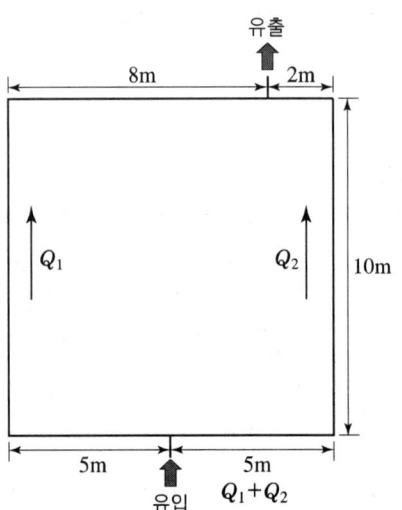

[조건]
① 90도 엘보의 등가길이는 1m로 하고 다른 관 부속품은 고려하지 않는다.
② 배관의 구경은 모두 동일하다.
③ 배관의 마찰손실압력은 다음의 헤이젠-윌리엄스 공식을 사용하되 계산의 편의상 다음과 같다고 가정한다.

$$\Delta P = \frac{6 \times 10^4 \times Q^2}{100^2 \times d^5}$$

여기서, ΔP : 배관 1m당 마찰손실압력(MPa/m)
d : 배관의 내경(mm)
Q : 유량(L/min)

풀이 ○ 계산과정 :
① Q_1 방향으로 흐르는 배관 마찰손실과 Q_2 방향으로 흐르는 배관마찰손실은 같다.
② $Q = Q_1 + Q_2 = 80\text{L/min}$
③ $\Delta P_1 = \Delta P_2$, $D_1 = D_2$

$$\frac{6 \times 10^4 \times Q_1^2}{100^2 \times D_1^5} \times L_1 = \frac{6 \times 10^4 \times Q_1^2}{100^2 \times D_2^5} \times L_2, \quad Q_1^2 \times L_1 = Q_2^2 \times L_2$$

$L_1 = 5\text{m}(\text{직관}) + 1\text{m}(90\text{도 엘보}) + 10\text{m}(\text{직관}) + 1\text{m}(90\text{도 엘보}) + 8\text{m}(\text{직관}) = 25\text{m}$
$L_2 = 5\text{m}(\text{직관}) + 1\text{m}(90\text{도 엘보}) + 10\text{m}(\text{직관}) + 1\text{m}(90\text{도 엘보}) + 2\text{m}(\text{직관}) = 19\text{m}$

④ $25Q_1^2 = 19Q_2^2$, $Q_1 = \sqrt{\dfrac{19}{25}}\, Q_2 = 0.8718 Q_2$

$Q = Q_1 + Q_2 = 80\text{L/min}$이므로
$0.8718 Q_2 + Q_2 = 80\text{L/min}$, $1.8718 Q_2 = 80\text{L/min}$

$Q_2 = \dfrac{80}{1.8718} = 42.74\text{L/min}$, $Q_1 = 80 - 42.74 = 37.26\text{L/min}$

○ **답** : $Q_1 = 37.26\text{L/min}$, $Q_2 = 42.74\text{L/min}$

15 그림과 같은 벤투리미터(Venturi-meter)에서 관 속에 흐르는 물의 유량(L/min)을 구하시오. (단, 수은의 비중은 13.6, 수은주의 높이 차는 25mm, 중력가속도는 9.8m/s² 이다.) (5점)

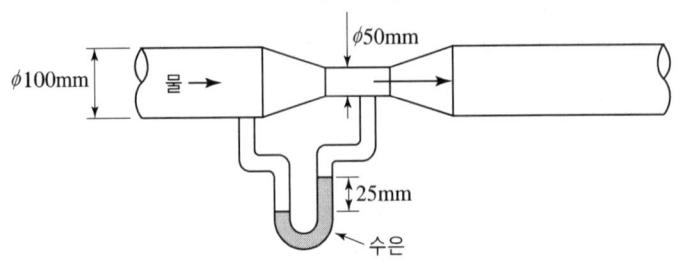

풀이 ○ 계산과정 :

$$Q = \frac{CA_2}{\sqrt{1-m^2}}\sqrt{2g\Delta h(S-1)}, \quad m = \frac{A_2}{A_1} = \left(\frac{D_2}{D_1}\right)^2 = \left(\frac{0.05}{0.1}\right)^2 = 0.25$$

$D_1 = 100\text{mm} = 0.1\text{m}$, $D_2 = 50\text{mm} = 0.05\text{m}$, C=조건에 없으므로 무시,
$g = 9.8\text{m/s}^2$, $\Delta h = 25\text{mm} = 0.025\text{m}$, S(수은의 비중)= 13.6

$$Q = \frac{(\pi/4) \times 0.05^2}{\sqrt{1-0.25^2}}\sqrt{2 \times 9.8 \times 0.025 \times (13.6-1)} \times \frac{1000\text{L}}{\text{m}^3} \times \frac{60\text{s}}{\text{min}}$$

$= 302.33\text{L/min}$

○ 답 : 302.33L/s

상세해설

벤투리미터의 이론유량 $Q = \dfrac{A_2}{\sqrt{1-m^2}}\sqrt{2g\Delta h(S-1)}$

벤투리미터의 실제유량 $Q = \dfrac{CA_2}{\sqrt{1-m^2}}\sqrt{2g\Delta h(S-1)}$

C(유량계수) $= \dfrac{Q_r(\text{실제유량})}{Q_{th}(\text{이론유량})}$

알고갑시다 ☞ **유량계수 C에 대하여**
실제유체의 흐름에 있어서는 유체의 점성으로 인한 에너지의 손실이 있을 뿐 아니라 각 단면에서 유속분포가 균일하지 않으므로 계산된 유량보다 약간 작은 유량이 계산된다. 따라서 계산된 유량에 유량계수 C를 곱한 것이 실제유량이 된다. C값은 벤투리미터의 종류나 유량의 크기에 따라 약간의 차이가 있으나 대략 **0.92~0.99의 값**을 갖는다.

16 아래 그림과 같이 6층 건물(철근콘크리트 건물)에 1층부터 6층까지 각 층에 옥내소화전을 1개씩 설치하고자 한다. 그림과 주어진 조건을 이용하여 각 물음에 답하시오.

(12점)

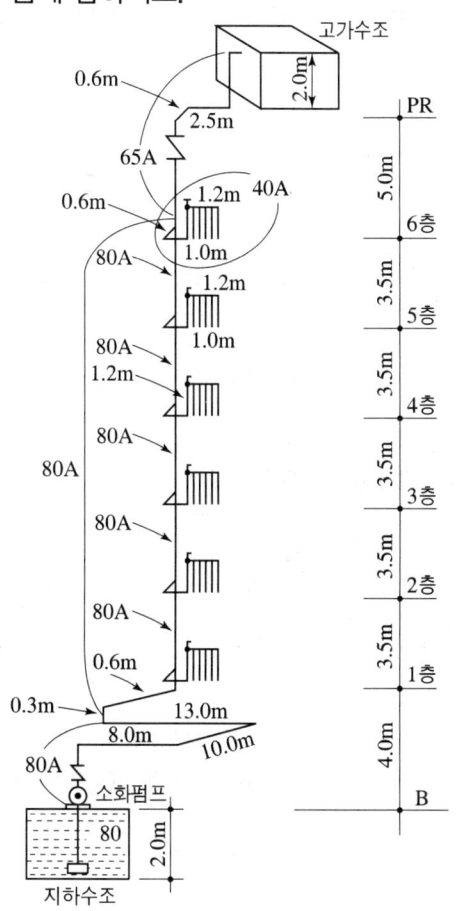

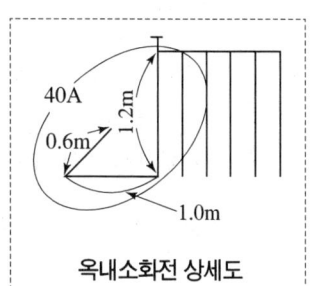

옥내소화전 상세도

[조건]
① 노즐의 최소 방수량 : 130L/min(노즐구경 13mm)
② 수원의 용량 : 소화전 사용할 때 20분간 계속 사용할 수 있는 양으로 한다.
③ 소화전 노즐의 최소 선단 압력 : 0.17MPa
④ 직관의 마찰손실은 다음 표를 참조할 것

[직관의 마찰손실(100m 당)]

유량[L/min]	130	260	390	520
40mm	14.7m			
50mm	5.1m	18.4m		
65mm	1.72m	6.20m	13.2m	
80mm	0.71m	2.57m	5.47m	9.20m

⑤ 관이음 및 밸브 등의 등가길이는 다음 표를 이용할 것

[관이음 및 밸브 등의 등가길이]

관이음 및 밸브의 호칭경mm(in)	90° (엘보)	45° (엘보)	90°T (분류)	카프링 90°T(직류)	게이트 밸브	글로우브 밸브	앵글 밸브
			등 가 길 이(m)				
40($1\frac{1}{2}$)	1.5	0.9	2.1	0.45	0.30	13.5	6.5
50(2)	2.1	1.2	3.0	0.60	0.39	16.5	8.4
65($2\frac{1}{2}$)	2.4	1.5	3.6	0.75	0.48	19.5	10.2
80(3)	3.0	1.8	4.5	0.90	0.60	24.0	12.0
100(4)	4.2	2.4	6.3	1.20	0.81	37.5	16.5
125(5)	5.1	3.0	7.5	1.50	0.99	42.0	21.0
150(6)	6.0	3.6	9.0	1.80	1.20	49.5	24.0

• 체크밸브와 풋밸브의 등가길이는 이 표의 앵글밸브에 준한다.

⑥ 호스의 마찰손실수두는 다음 표를 이용할 것

[호스의 마찰손실수두(100m 당)]

구분 유량 (L/min)	호스의 호칭경					
	40mm		50mm		65mm	
	마호스	고무내장호스	마호스	고무내장호스	마호스	고무내장호스
130	26m	12m	7m	3m	—	—
350	—	—	—	—	10m	4m

⑦ 호스는 길이 15m, 구경 40mm의 마호스 2개를 사용한다.
⑧ 펌프의 효율은 55%이며, 전동기의 축동력 전달 효율은 100%로 계산한다.

(1) 펌프의 분당 송수량(L/min)을 구하시오.
(2) 수원의 소요 저수량(m^3)을 구하시오. (단, 옥상수조를 포함하여 계산)
(3) 다음 순서에 따라 전양정을 산출하시오.
　① 낙차의 환산수두(m) : h_1
　② 소방용호스의 마찰손실수두(m) : h_2
　③ 배관(직관)의 마찰손실수두(m) : h_3
　④ 관부속품의 마찰손실수두(m) : h_3
　⑤ 전양정(m)
(4) 펌프의 소요동력(kW)을 산출하시오.

풀이 (1) **펌프의 분당 송수량**(L/min)
 ○계산과정 : $Q = N \times 130\text{L/min}\,(N : \text{최대 2개})$
  $Q = 1 \times 130\text{L/min} = 130\text{L/min}$
 ○답 : 130L/min

(2) **수원의 소요 저수량**(m^3)
 ○계산과정 : $Q = N \times 130\text{N/min} \times 20\text{min} + N \times 130\text{L/min} \times 20\text{min} \times \dfrac{1}{3}$
  $Q = 1 \times 130\text{N/min} \times 20\text{min} + 1 \times 130\text{L/min} \times 20\text{min} \times \dfrac{1}{3}$
   $= 3,466.67\text{L} = 3.47\text{m}^3$
 ○답 : 3.47m^3

(3) **전양정 산출**
 ① 낙차의 환산수두(m) : h_1
  ○계산과정 : $h_1 =$ (흡입양정 + 토출양정) $= 2 + 4 + (3.5 \times 5) + 1.2 = 24.7\text{m}$
  ○답 : 24.7m

 ② 소방용호스의 마찰손실수두(m) : h_2
  ○계산과정 : • 조건 ⑦에서 호스길이 15m×2개, 호스구경 40mm
     • 조건 ⑥에서 마호스 40mm의 유량 130L/min일 때 100m당 마찰손실수두는 26m이다.
   $\therefore\ h_2 = 15\text{m} \times 2 \times \dfrac{26\text{m}}{100\text{m}} = 7.80\text{m}$
  ○답 : 7.80m

 ③ 배관(직관)의 마찰손실수두(m) : h_3
  ○계산과정 :

구경	유량	배관길이	m당 마찰손실수두(m)	배관 마찰손실수두(m)
80A	130 L/min	2+(4−0.3)+8+10+13+0.3+0.6+(3.5×5)=55.1m	$\dfrac{0.71}{100}$	$55.1 \times \dfrac{0.71}{100}$ = 0.3912
40A	130 L/min	0.6+1.0+1.2=2.8m	$\dfrac{14.7}{100}$	$2.8 \times \dfrac{14.7}{100}$ = 0.4116
계				0.8028

  ○답 : 0.80m

④ 관부속품의 마찰손실수두(m) : h_3

○ 계산과정 :

구경	유량	관부속 및 등가길이	m당 마찰 손실수두(m)	마찰 손실수두(m)
80A	130 L/min	풋밸브1개×12.0=12.0 체크밸브1개×12.0=12.0 90°엘보6개×3.0=18.0 90°T(직류)5개×0.9=4.5 90°T(분류)1개×4.5=4.5 계 51m	$\dfrac{0.71}{100}$	$51 \times \dfrac{0.71}{100}$ $= 0.3621$
40A	130 L/min	90°엘보2개×1.5=3.0 앵글밸브1개×6.5=6.5 계 9.5m	$\dfrac{14.7}{100}$	$9.5 \times \dfrac{14.7}{100}$ $= 1.3965$
계				1.7586

○ 답 : 1.76m

⑤ 전양정(m)

○ 계산과정 : $H = h_1 + h_2 + h_3 + 17\text{m}$

$H = 24.70 + 7.80 + (0.80 + 1.76) + 17 = 52.06\text{m}$

○ 답 : 52.06m

(4) 펌프의 소요동력(kW)

○ 계산과정 : $P(\text{kW}) = \dfrac{9.8\text{kN/m}^3 \times \dfrac{0.13\text{m}^3}{60\text{s}} \times 52.06\text{m}}{0.55} \times 1.0 = 2.01\text{kW}$

○ 답 : 2.01kW

13년-04월, 23년-04월 기출

01 숙박시설인 소방대상물의 바닥면적이 500m²인 경우 소요되는 소화기구의 능력단위는 얼마 이상인가? (단, 소방대상물의 주요 구조부는 비 내화구조이다) (3점)

○ 계산과정 : $N(능력단위) = \dfrac{500(m^2)}{100(m^2)} = 5단위$

○ 답 : 5단위

상세해설

$$N(능력단위) = \dfrac{바닥면적(m^2)}{기준바닥면적(m^2)}$$

특정소방대상물별 소화기구의 능력단위기준

특정소방대상물	소화기구의 능력단위
1. 위락시설	해당 용도의 바닥면적 30m²마다 능력단위 1단위 이상
2. 공연장·집회장·관람장·문화재·장례식장 및 의료시설	해당 용도의 바닥면적 50m²마다 능력단위 1단위 이상
3. 근린생활시설·판매시설·운수시설·숙박시설·노유자시설·전시장·공동주택·업무시설·방송통신시설·공장·창고시설·항공기 및 자동차 관련 시설 및 관광휴게시설	해당 용도의 바닥면적 100m²마다 능력단위 1단위 이상
4. 그 밖의 것	해당 용도의 바닥면적 200m²마다 능력단위 1단위 이상

(주) 소화기구의 능력단위를 산출함에 있어서 건축물의 주요구조부가 내화구조이고, 벽 및 반자의 실내에 면하는 부분이 불연재료·준불연재료 또는 난연재료로 된 특정소방대상물에 있어서는 위 표의 기준면적의 2배를 해당 특정소방대상물의 기준면적으로 한다.

09년-4월, 11년-5월, 19년-6월 기출

02 어떤 소방대상물의 소화설비로 옥외소화전을 7개 설치하였다 다음 각 물음에 답하시오. (4점)

(1) 수원의 최소 저수량(m^3)을 구하시오.
(2) 가압송수장치의 최소 토출량(L/min)을 구하시오.
(3) 다음은 배관 등 설치기준이다. (   )안에 알맞은 답을 쓰시오.

> 호스접결구는 지면으로부터 높이가 (①)의 위치에 설치하고 특정소방대상물의 각 부분으로부터 하나의 호스접결구까지의 수평거리가 (②)가 되도록 설치하여야 한다.

풀이 (1) 수원의 최소 저수량(m^3)
  ○계산과정 : $Q = N \times 7m^3 = 2 \times 7m^3 = 14m^3$
  ○답 : $14m^3$

(2) 가압송수장치의 최소 토출량(L/min)
  ○계산과정 : $Q = N \times 350L/min = 2 \times 350L/min = 700L/min$
  ○답 : 700L/min

(3) ○답 : ① 0.5m 이상 1m 이하   ② 40m 이하

상세해설

(1) 옥외소화전의 호스접결구
  ① 지면으로부터 높이가 0.5m 이상 1m 이하의 위치에 설치
  ② 특정소방대상물의 각 부분으로부터 하나의 호스접결구까지의 수평거리가 40m 이하

(2) 옥외소화전설비에서 펌프의 토출량

> 펌프의 토출량 $Q(L/min) = N \times 350L/min$

여기서, N : 옥외소화전 설치개수(최대 2개)

(3) 옥외소화전설비에서 수원의 최소 유효저수량(m^3)

> $Q(m^3) = N \times 7m^3$ (N : 최대 2개)

03 그림과 같이 물분무헤드에서 물이 분사되고 있을 때 아래의 조건을 참조하여 각 물음에 답하시오. (9점)

[조건]
(1) 각 헤드의 방출계수는 서로 같다.
(2) A헤드의 방수량은 60L/min이며 방수압은 350kPa이다.
(3) 각 구간별 배관의 길이와 안지름은 다음과 같다.

구 분	A~B	B~C	C~D
배관의 길이	8m	4m	4m
배관의 안지름	25mm	32mm	25mm

(4) 수리계산시 동압은 무시한다.
(5) 직관이외의 관로상의 마찰손실은 무시한다.
(6) 직관에서 마찰손실은 Hazen-Williams 공식을 적용하며 조도 C는 100으로 한다.

$$\Delta P = 6.053 \times 10^7 \times \frac{Q^{1.85}}{C^{1.85} \times d^{4.87}} \times L$$

여기서, ΔP : 마찰손실압력(kPa), Q : 유량(L/min),
C : 관의 조도계수, d : 관의 내경(mm), L : 배관의 길이(m)

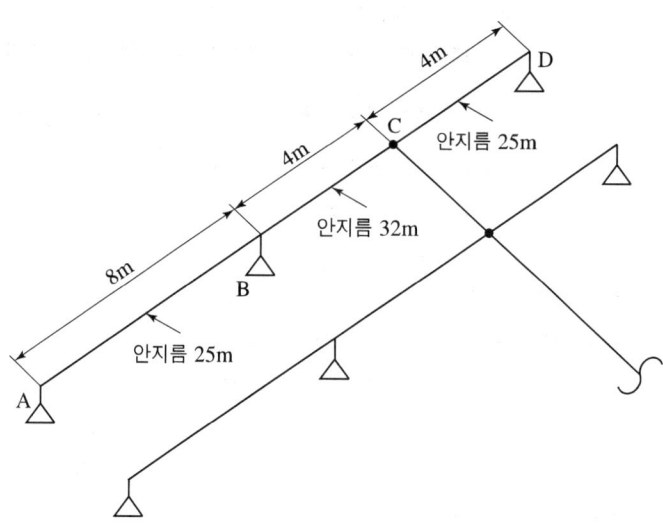

(1) A지점 헤드로부터 C지점까지의 계산
 ① A~B 구간의 마찰손실압력(kPa)을 구하시오.
 ② B지점 헤드의 압력(kPa)과 방수량(L/min)을 구하시오.

③ B~C 구간의 유량(L/min)과 압력손실(kPa)을 구하시오.
④ C지점의 압력(kPa)을 구하시오
(2) D지점 헤드로부터 C지점까지의 계산
  ① C~D 구간의 마찰손실압력(kPa)을 구하시오.
  ② C지점의 압력(kPa)을 구하시오.
(3) 유량과 압력을 보정하기 위하여 D지점 헤드의 압력을 380kPa로 보정하여 준다면 C지점의 압력과 비교하여 동일압력 해당 여부를 판정하시오. (단, 동일압력 여부의 기준 오차범위는 ±5kPa이다.)

풀이 (1) A지점 헤드로부터 C지점까지의 계산
  ① A~B 구간의 마찰손실압력(kPa)
    ○ **계산과정** : 유량 $Q_A = 60\text{L/min}$
      • A~B 구간의 마찰손실압력
      $$\Delta P_{A \sim B} = 6.053 \times 10^7 \times \frac{60^{1.85}}{100^{1.85} \times 25^{4.87}} \times 8 = 29.29\text{kPa}$$
    ○ **답** : 29.29kPa

  ② B지점 헤드의 압력(kPa)과 방수량(L/min)
    ○ **계산과정** : • B지점 헤드의 압력 $P_B = 350 + 29.29 = 379.29\text{kPa}$
      • B지점 헤드의 방수량 계산
      A헤드의 방수량과 방수압으로 헤드의 방출계수를 구하면
      $$Q = K\sqrt{10P}, \ K = \frac{Q}{\sqrt{10P}} = \frac{60}{\sqrt{10 \times 0.35\text{MPa}}} = 32.07$$
      B헤드의 방수량을 계산하면
      $$Q_B = K\sqrt{10P} = 32.07 \times \sqrt{10 \times 0.37929\text{MPa}} = 62.46\text{L/min}$$
    ○ **답** : 379.29kPa, 62.46L/min

  ③ B~C 구간의 유량(L/min)과 압력손실(kPa)
    ○ **계산과정** : • 유량 $Q_{B \ C} = Q_A + Q_B = 60 + 62.46 = 122.46\text{L/min}$
      • B~C 구간의 마찰손실압력
      $$\Delta P_{B \sim C} = 6.053 \times 10^7 \times \frac{122.46^{1.85}}{100^{1.85} \times 32^{4.87}} \times 4 = 16.47\text{kPa}$$
    ○ **답** : 122.46L/min, 16.47kPa

  ④ C지점의 압력
    ○ **계산과정** : $P_C = P_B + \Delta P_{B \sim C} = 379.29 + 16.47 = 395.76\text{kPa}$
    ○ **답** : 395.76kPa

(2) D지점 헤드로부터 C지점까지의 계산
① C~D 구간의 마찰손실압력(kPa)
○계산과정 : $\Delta P_{C \sim D} = 6.053 \times 10^7 \times \dfrac{60^{1.85}}{100^{1.85} \times 25^{4.87}} \times 4 = 14.64 \text{kPa}$

○답 : 14.64kPa

② C지점의 압력
○계산과정 : $P_C = P_D + \Delta P_{C \sim D} = 350 + 14.64 = 364.64 \text{kPa}$

○답 : 364.64kPa

(3) 동일압력 해당 여부 판정
○계산과정 : D헤드의 압력을 380kPa로 보정하였을 경우
- D헤드의 방수량 $Q_D = 32.07 \times \sqrt{10 \times 0.38 \text{MPa}} = 62.52 \text{L/min}$
- C~D구간 마찰손실압력을 다시 계산하면

$$\Delta P_{C \sim D} = 6.053 \times 10^7 \times \dfrac{62.52^{1.85}}{100^{1.85} \times 25^{4.87}} \times 4 = 15.8 \text{kPa}$$

- C지점의 압력 $P_C = 380 + 15.8 = 395.8 \text{kPa}$
  A헤드 기준으로 계산하는 경우 $P_A = 395.76 \text{kPa}$
  D헤드 기준으로 계산하는 경우 $P_D = 395.80 \text{kPa}$
- $\Delta P = 395.76 - 395.80 = -0.04 \text{kPa} (\pm 5 \text{kpa 이내})$
  ∴ 동일압력에 해당

○답 : 동일압력에 해당

16년-11월 기출

04 위험물옥외저장탱크에 Ⅰ형 포방출구로 포소화설비를 설치하였다. 다음 조건을 참조하여 각 물음에 답하시오. (6점)

[조건] ① 탱크의 내부 직경은 12m이다.
② 소화약제는 6%의 수성막포를 사용하며 단위 포수용액의 양은 2.27L/m² · 분, 방출시간은 30분을 기준으로 한다.
③ 보조 소화전(호스접결구 개수 1개) 1개가 설치되어있다.
④ 배관길이는 20m, 배관내경은 150mm이다.
⑤ 기타의 조건은 무시한다.

(1) 포소화약제의 양(L)을 계산하시오.
(2) 수원의 양(m³)을 계산하시오.

풀이 (1) 포소화약제의 양(L)
○ 계산과정 :

고정포방출구 : $Q_1 = \dfrac{\pi}{4} \times (12\text{m})^2 \times 2.27\text{L/m}^2 \cdot \text{min} \times 30\text{min} \times 0.06$
$= 462.12\text{L}$

보조소화전 : $Q_2 = 1\text{개} \times 0.06 \times 8000\text{L} = 480\text{L}$

배관보정 : $Q_3 = \dfrac{\pi}{4} \times (0.15\text{m})^2 \times 20\text{m} \times 0.06 \times 1000\text{L/m}^3 = 21.21\text{L}$

포소화약제의 양 : $Q_T = 462.12 + 480 + 21.21 = 963.33\text{L}$

○ 답 : 963.33L

(2) 수원의 양(m^3)
○ 계산과정 :

고정포방출구 : $Q_1 = \dfrac{\pi}{4} \times (12\text{m})^2 \times 2.27\text{L/m}^2 \cdot \text{min} \times 30\text{min} \times 0.94$
$= 7{,}239.81\text{L}$

보조소화전 양 : $Q_2 = 1\text{개} \times 0.94 \times 8000\text{L} = 7{,}520\text{L}$

배관보정 : $Q_3 = \dfrac{\pi}{4} \times (0.15\text{m})^2 \times 20\text{m} \times 0.94 \times 1000\text{L/m}^3 = 332.22\text{L}$

수원의 양 : $Q_T = 7{,}239.81 + 7{,}520 + 332.22 = 15{,}092.03\text{L} = 15.09\text{m}^3$

○ 답 : 15.09m^3

상세해설

고정포방출구방식의 약제량 계산	
구 분	약제 저장량
❶ 고정포방출구	$Q = A \times Q_1 \times T \times S$ 여기서, Q : 포소화약제의 양(L), A : 저장탱크의 액표면적(m^2) Q_1 : 단위 포소화수용액의 양($\text{L/m}^2 \cdot \text{min}$) T : 방출시간(min), S : 포소화약제의 사용농도(%)
❷ 보조 소화전	$Q = N \times S \times 8{,}000\text{L}$ 여기서, Q : 포소화약제의 양(L) N : 호스 접결구 개수(3개 이상인 경우는 3개) S : 포소화약제의 사용농도(%)
❸ 배관보정	가장 먼 탱크까지의 송액관(내경 75mm 이하의 송액관을 제외)에 충전하기 위하여 필요한 양 $Q = V \times S \times 1{,}000\text{L/m}^3$ 여기서, Q : 포소화약제의 양(L), V : 송액관 내부의 체적(m^3) S : 포소화약제의 사용농도(%)
❹ 합 계	고정포 방출구방식의 약제량=❶+❷+❸

05 다음 그림은 물계통의 소화설비에 대한 성능시험배관에 관한 내용이다. 조건을 참조하여 각 물음에 답하시오. (9점)

[조건] ① 펌프의 토출측 배관에는 플렉시블조인트를 설치할 것
② 펌프 성능시험배관의 밸브는 폐쇄상태일 것
③ 반드시 소방시설도시기호를 사용할 것

(1) 펌프의 토출측 개폐밸브까지와 성능시험배관을 배관부속류 및 계측기를 이용하여 완성하시오.

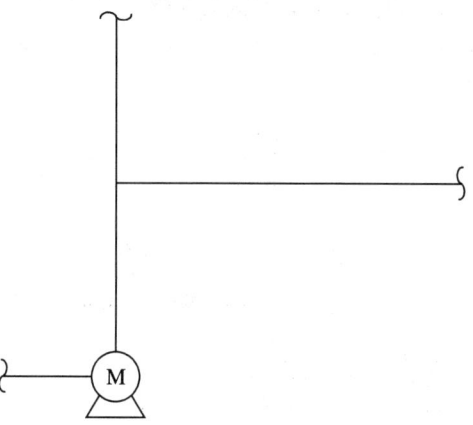

(2) 펌프의 성능시험의 명칭과 판정기준을 각각 3가지씩 작성하시오.
(단, 판정기준은 토출압력과 토출량을 기준으로 작성할 것)

풀이 (1) 펌프주변 상세도 완성
○답:

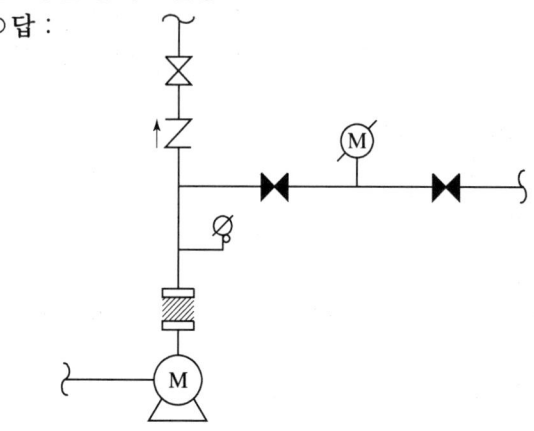

(2) 시험명칭과 판정기준

○답 :

시험명칭	판정기준
• 체절운전시험	체절운전 시 정격토출압력의 140%를 초과하지 아니할 것
• 정격부하운전시험	정격토출량으로 운전 시 정격토출압력의 100% 이상이 될 것
• 최대운전시험 (피크부하운전시험)	정격토출량의 150% 운전 시 정격토출압력의 65% 이상이 되어야 할 것

상세해설

성능시험배관상 유량조절밸브가 설치된 경우 펌프성능시험방법
(원칙적으로 성능시험배관상 개폐밸브 및 유량조절밸브가 설치되어야 한다.)

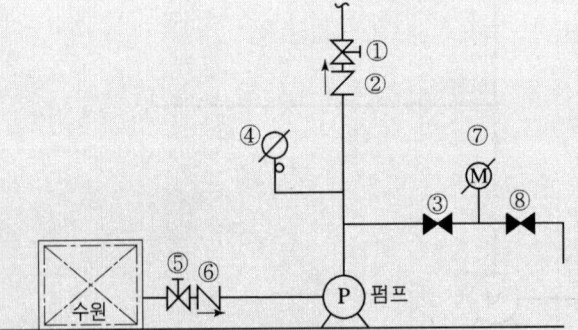

① 무부하운전=체절운전(No Flow Condition)
  ㉠ 펌프의 토출측 개폐밸브① 폐쇄
  ㉡ 제어반에서 충압펌프 및 주펌프 운전스위치를 수동(Manual)위치로 한다.
  ㉢ 성능시험 배관 상 유량조절밸브⑧완전 폐쇄 후 개폐밸브③완전 개방
  ㉣ 제어반에서 주펌프 수동기동
  ㉤ 릴리프밸브 작동압력을 압력계④로 확인(만약 릴리프밸브가 체절압력 이하에서 개방되지 않으면 릴리프밸브를 서서히 개방하여 체절압력 이하에서 압력수가 토출되도록 한다)
② 정격부하운전=설계점운전(Rated Load)
  ㉠ 펌프가 기동한 상태에서 성능시험 배관상 유량조절밸브⑧ 서서히 개방하여 유량계⑦의 유량이 정격토출량이 되도록 한다.
  ㉡ 압력계④의 눈금을 읽어 압력을 확인
③ 피크부하운전=최대운전(Peak Load)
  ㉠ 성능시험 배관상 유량조절밸브⑧를 더 개방하여 유량계⑦의 유량이 정격토출량의 150%가 되도록 한다.
  ㉡ 압력계④의 눈금을 읽어 압력을 확인

06 수원의 수위가 펌프보다 1m낮은 상태에서 물을 토출하는 소화펌프가 있다. 토출구의 압력계 지시값이 0.1MPa일 경우 다음 조건을 이용하여 공동현상의 발생여부를 계산과정과 함께 답하시오. (5점)

[조건] ① 흡입배관의 마찰손실수두는 0.5m이다.
② 대기압은 표준대기압으로 하고 속도수두는 무시한다.
③ 물의 온도는 20℃이고 이때의 포화수증기압은 2340Pa이다.
④ 물의 비중량은 9789N/m³이라고 가정한다.
⑤ 필요흡입양정은 11m이다.

○ 계산과정 : $NPSH_{av} = \dfrac{101325\text{N/m}^2}{9789\text{N/m}^3} - \dfrac{2340\text{N/m}^2}{9789\text{N/m}^3} - 1\text{m} - 0.5\text{m} = 8.61\text{m}$

$NPSH_{av}(8.61\text{m}) < NPSH_{re}(11\text{m})$ 이므로 공동현상이 발생한다.

○ 답 : 공동현상 발생

상세해설

$$NPSH_{av}(\text{유효흡입양정}) = \dfrac{P_a}{\gamma} - \dfrac{P_v}{\gamma} \pm h_s - f\dfrac{V_s^2}{2g}$$

여기서, P_a : 대기압(N/m²), P_v : 포화증기압(N/m² = P_a), γ : 비중량(N/m³)

h_s : (+) 압입양정(m), (−) 흡입양정(m), $f\dfrac{V_s^2}{2g}$: 흡입배관 총손실수두(m)

① $P_a = 101325\,\text{pa} = 101325\,\text{N/m}^2$
② $P_v = 2340\,\text{pa} = 2340\,\text{N/m}^2$
③ $\gamma(\text{물}) : 9789(\text{N/m}^3)$
④ $h_s = -1\text{m}$ (흡입양정)
⑤ $f\dfrac{V_s^2}{2g} = 0.5\text{m}$

$NPSH_{av}$(유효흡입양정)와 $NPSH_{re}$(필요흡입양정)의 관계
① 캐비테이션 발생한계조건(임계조건)　　$NPSH_{av} = NPSH_{re}$
② 캐비테이션 발생방지 조건　　　　　　　$NPSH_{av} > NPSH_{re}$
③ 캐비테이션 발생방지 설계조건　　　　　$NPSH_{av} \geq NPSH_{re} \times 1.3$

07 6층 건물로서 업무시설에 옥내소화전이 각 층당 5개씩 설치되어 있다. 다음 각 물음에 답하시오. (6점)

[조건]
① 최고위 옥내소화전 낙차 : 24m
② 배관 마찰손실수두 : 8m
③ 소방용 호스의 마찰손실수두 : 7.8m
④ 펌프의 효율은 55%이고 동력전달계수는 1.1이다.

(1) 수원의 양(m^3)을 구하시오. (단, 옥상수조의 수원은 제외한다.)
(2) 펌프의 전양정(m)을 구하시오.
(3) 펌프의 토출량(m^3/min)을 구하시오.
(4) 펌프의 모터동력(kW)을 구하시오.

풀이 (1) **수원의 양**(m^3)
 ○ 계산과정 : $Q = 2 \times 2.6m^3 = 5.2m^3$
 ○ 답 : $5.2m^3$

(2) **펌프의 전양정**(m)
 ○ 계산과정 : $H = 24m + 8m + 7.8m + 17m = 56.8m$
 ○ 답 : 56.8m

(3) **펌프의 토출량**
 ○ 계산과정 : $Q = 2 \times 130L/min = 260L/min = 0.26m^3/min$
 ○ 답 : $0.26m^3/min$

(4) **펌프의 모터동력**(kW)
 ○ 계산과정 : $P = \dfrac{9.8kN/m^3 \times 0.26m^3/60s \times 56.8m}{0.55} \times 1.1 = 4.82kW$
 ○ 답 : 4.82kW

상세해설

옥내소화전설비
(1) 펌프의 최소 토출량(L/min)
 $Q = N \times 130L/min$ (여기서, N : 기준개수 또는 기준개수보다 적은 경우 설치개수)
(2) 수원의 최소 유효저수량(m^3)
 $Q = N \times 2.6m^3$ (여기서, N : 기준개수 또는 기준개수보다 적은 경우 설치개수)

(3) 펌프의 전양정

$H = h_1 + h_2 + h_3 + 17\text{m}$

여기서, h_1 : 실양정(흡입＋토출양정)

h_2 : 배관 및 관부속품 마찰손실수두

h_3 : 소방용호스의 마찰손실수두(m)

(4) 펌프의 모터동력

$$P(\text{kW}) = \frac{\gamma QH}{E} \times K$$

여기서, P : 축동력(kW), γ : 비중량(물의 비중량＝9.8kN/m³)

Q : 토출량(m³/s), H : 전양정(m), E : 효율(%/100), K : 전달계수

08 아래의 도면과 같은 방호대상물에 고압식 이산화탄소소화설비를 설계하려고 한다. 설계조건을 참조하여 각 물음에 답하시오. **(12점)**

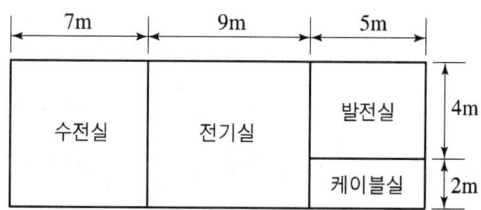

[설계조건]
① 방호구역의 층고는 4.5m이다.
② 방호구역의 개구부 면적은 다음과 같다.
　　(단, 수전실에는 자동폐쇄장치가 설치되어 있다.)
　　－ 수전실 : 5m², 전기실 : 7m², 발전실 : 3.5m², 케이블실 : 없음
③ 전역방출방식이며 표면화재로 간주한다.
④ 방사헤드 1개의 방출량은 50kg/min이다.
⑤ 저장용기 1병당 충전량은 45kg이다.
⑥ 설계농도는 34%이고, 보정계수는 무시한다.
⑦ 물음(1)(2)의 소화약제량은 용기수에 대하여 적용하지 않고 화재안전기준에 따른 계산 값을 적용한다.
⑧ 빈칸은 계산과정 없이 답만 작성한다.
⑨ 물음(4)의 소화약제량은 저장용기수 기준에 따라 산출한다.

제 4 편 소방설비기사 과년도 출제문제

[참고자료]

방호구역 체적	방호구역의 체적 1m³에 대한 소화약제의 양	소화약제 저장량의 최저한도의 양
45m³ 미만	1.00kg	45kg
45m³ 이상 150m³ 미만	0.90kg	
150m³ 이상 1450m³ 미만	0.80kg	135kg
1450m³ 이상	0.75kg	1125kg

(1) 각 방호구역의 빈칸에 알맞은 답을 채우시오.
 (단, 개구부 가산량이 적용되지 않는 경우에는 "−" 표시를 할 것)

방호구역	체적 [m³]	체적당 가스량 [kg/m³]	소화약제량 (최저한도 고려)	개구부 면적 [m²]	개구부 가산량 [kg/m²]	총 소화약제량 [kg]
수전실				5		
전기실				7		
발전실				3.5		
케이블실				−	−	

(2) 각 방호구역에 필요한 소화약제 저장용기의 수를 구하시오.

방호구역	소화약제량[kg]	1병당 저장량	용기수[병]
수전실		45kg	
전기실		45kg	
발전실		45kg	
케이블실		45kg	

(3) 방호구역 전체에 필요한 저장용기수[병]를 구하시오.

(4) 각 방호구역에 설치하는 헤드의 개수를 구하시오.

방호구역	소화약제량[kg]	분당 방출량	헤드수[개]
수전실		50kg/min	
전기실		50kg/min	
발전실		50kg/min	
케이블실		50kg/min	

(5) 아래 도면을 참고하여 이산화탄소소화설비의 Isometric Diagram(계통도)를 완성하시오. (단, 약제저장용기를 추가로 도시하고, 기동용 가스배관(동관)은 점선으로 표시하며 가스체크밸브를 도시하도록 한다.)

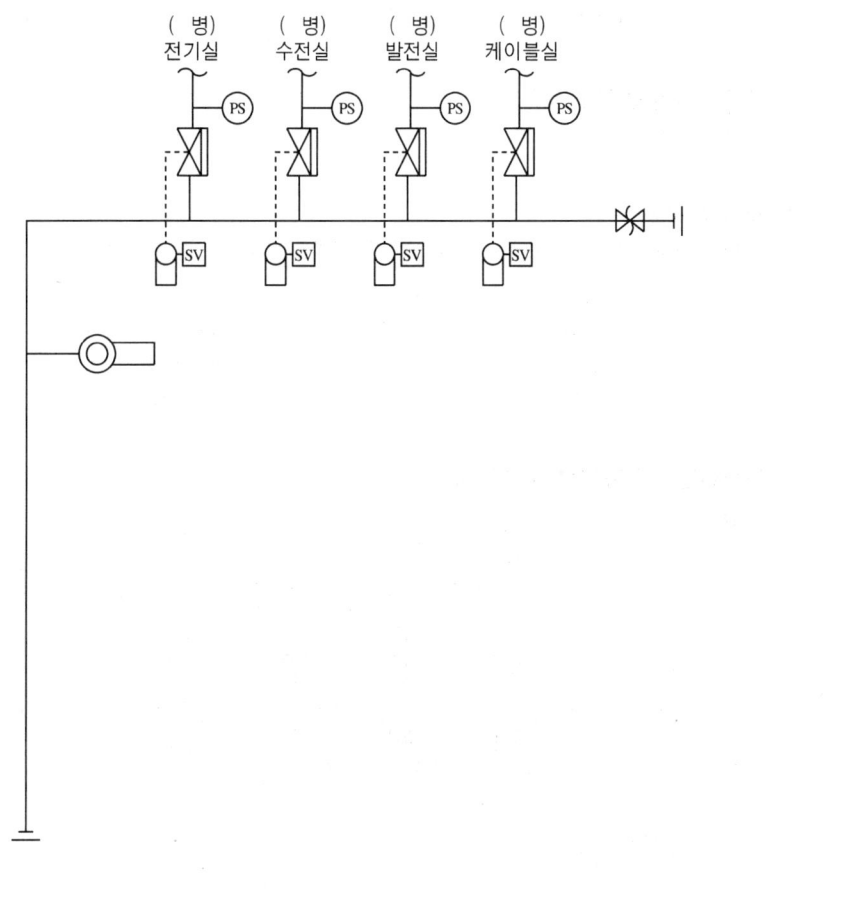

풀이 (1) 소화약제의 양

○답 :

방호구역	체적 [m³]	체적당 가스량 [kg/m³]	소화약제량[kg] (최저한도 고려)	개구부 면적 [m²]	개구부 가산량 [kg/m²]	총 소화약제량 [kg]
수전실	189	0.8	151.2	5	−	151.2
전기실	243	0.8	194.4	7	5	229.4
발전실	90	0.9	81	3.5	5	98.5
케이블실	45	0.9	45	−	−	45

(2) 소화약제 저장용기의 수

  ○답 :

방호구역	소화약제량[kg]	1병당 저장량[kg]	용기수[병]
수전실	151.2	45	4
전기실	229.4	45	6
발전실	98.5	45	3
케이블실	45	45	1

(3) 필요한 저장용기수(병)

  ○답 : 6병

(4) 헤드의 개수

  ○답 :

방호구역	소화약제량[kg]	분당 방출량	헤드수[개]
수전실	180	50kg/min	4
전기실	270	50kg/min	6
발전실	135	50kg/min	3
케이블실	45	50kg/min	1

(5) 이산화탄소소화설비의 계통도

  ○답 :

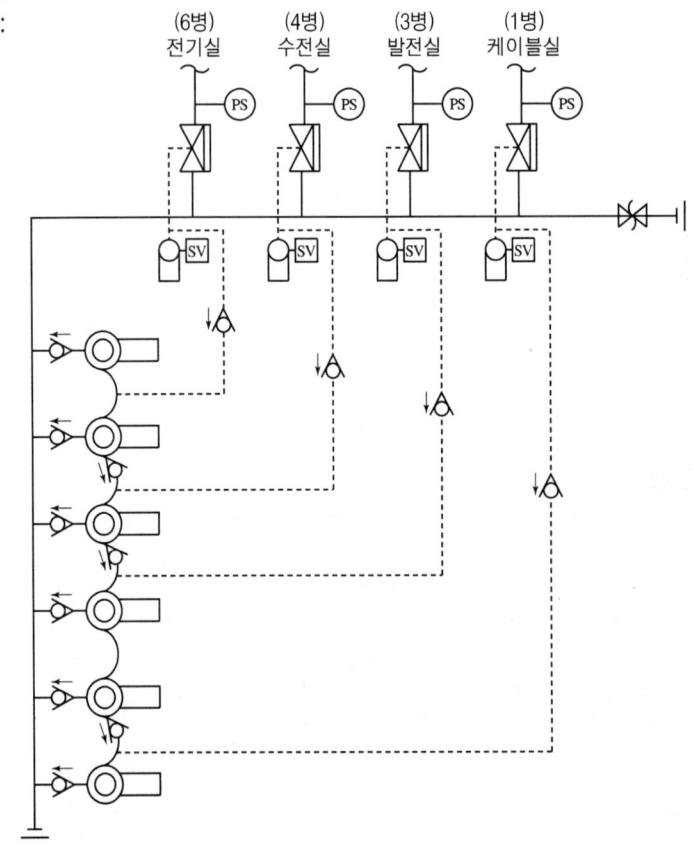

상세해설

(1) 소화약제의 양

방호구역	체적 [m³]	체적당 가스량 [kg/m³]	소화약제량[kg] (최저한도 고려)	개구부 면적 [m²]	개구부 가산량 [kg/m²]	총 소화약제량 [kg]
수전실	7×6×4.5 =189	0.8	189×0.8=151.2	5	폐쇄장치 설치 -	151.2
전기실	9×6×4.5 =243	0.8	243×0.8=194.4	7	5	194.4+7×5 =229.4
발전실	5×4×4.5 =90	0.9	90×0.9=81	3.5	5	81+3.5×5 =98.5
케이블실	5×2×4.5 =45	0.9	45×0.9=40.5 ∴ 최저한도량 45	-	-	45

(2) 소화약제 저장용기의 수

방호구역	소화약제량[kg]	1병당 저장량[kg]	용기수[병]
수전실	151.2	45	151.2/45=3.36 ∴ 4
전기실	229.4	45	229.4/45=5.10 ∴ 6
발전실	98.5	45	98.5/45=2.19 ∴ 3
케이블실	45	45	45/45=1.00 ∴ 1

(3) 필요한 저장용기수[병] 가장 많은 소요약제량의 방호구역기준 ∴ 6병

(4) 헤드의 개수

방호구역	소화약제량[kg]	분당방출량	헤드수[개]
수전실	4병×45kg/병=180	50kg/min	180kg÷50kg/min÷1min=3.6 ∴ 4
전기실	6병×45kg/병=270	50kg/min	270kg÷50kg/min÷1min=5.4 ∴ 6
발전실	3병×45kg/병=135	50kg/min	135kg÷50kg/min÷1min=2.7 ∴ 3
케이블실	1병×45kg/병=45	50kg/min	50kg÷50kg/min÷1min=1 ∴ 1

(5) 이산화탄소의 소요량 방사시간(전역방출방식)

구분	표면화재	심부화재
방사시간	1분 이내	7분 이내(단, 설계농도가 2분 이내에 30%에 도달)

09 다음 그림과 같은 벤츄리관에 유량이 5.6m³/min로 물이 흐르고 있다. 내경이 36cm인 본관에 내경이 13cm인 벤츄리미터가 설치 장치되어 있다. 압력차 ($P_1 - P_2$)(kPa)을 구하시오. (단, 벤츄리관 송출계수(유량계수)는 0.86이라고 가정한다) **(5점)**

○ 계산과정 : $P_1 - P_2 = \dfrac{\left(\dfrac{5.6/60 \times \sqrt{1 - \dfrac{0.13^4}{0.36^4}}}{0.86 \times \dfrac{\pi}{4} \times 0.13^2}\right)^2}{2} = 32.86\,\text{kPa}$

○ 답 : 32.86kPa

상세해설

(1) 벤츄리미터에서 압력차 계산공식

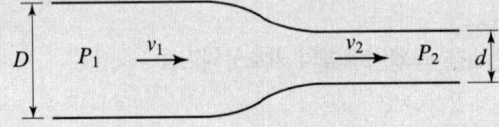

$$P_1 - P_2 = \dfrac{\left(\dfrac{Q_v\sqrt{1 - \dfrac{D_2^4}{D_1^4}}}{CA_2}\right)^2}{2}$$

여기서, P_1 : 1지점의 압력, P_2 : 2지점의 압력
D_1 : 1지점의 내경, D_2 : 2지점의 내경
A_2 : 2지점의 단면적, C : 유량계수
Q_v : 벤츄리미터 유량

(2) 베르누이정리를 이용한 계산공식

① 배관에서의 유량 $Q = \dfrac{Q_v(\text{벤츄리미터 유량})}{C(\text{벤츄리 유량계수})}$

② 유속 계산 $V_1 = \dfrac{Q}{A_1}$, $V_2 = \dfrac{Q}{A_2}$

③ 압력차 계산

$$P_1 - P_2 = \frac{\gamma}{2g}(V_2^2 - V_1^2)$$

여기서, P_1 : 1지점의 압력, P_2 : 2지점의 압력
V_1 : 1지점의 유속, V_2 : 2지점의 유속
γ : 유체의 비중량, g : 중력가속도

(3) 베르누이정리를 이용한 계산공식으로 풀이

① 배관에서의 유량 $Q = \dfrac{Q_v}{C} = \dfrac{5.6\text{m}^3/60\text{s}}{0.86}$

② 유속 계산

$$V_1 = \frac{Q}{A} = \frac{\frac{5.6/60}{0.86}\text{m}^3/\text{s}}{\frac{\pi}{4}\times(0.36\text{m})^2} = 1.0662\text{m/s}, \quad V_2 = \frac{Q}{A} = \frac{\frac{5.6/60}{0.86}\text{m}^3/\text{s}}{\frac{\pi}{4}\times(0.13\text{m})^2} = 8.1764\text{m/s}$$

③ 압력차 계산

$$P_1 - P_2 = \frac{9.8\text{kN/m}^3}{2\times 9.8\text{m/s}^2}\times(8.1764^2 - 1.0662^2)\text{m}^2/\text{s}^2 = 32.86\text{kN/m}^2(\text{kPa})$$

(4) 벤츄리의 유량

$$Q_v(\text{m}^3/\text{s}) = C_v Q_2 = C_v \frac{\pi D_2^2}{4}\sqrt{\frac{2g\Delta h}{1-(D_2/D_1)}}$$

$$Q_v(\text{m}^3/\text{s}) = C_v Q_2 = \frac{C_v A_2}{\sqrt{1-(A_2/A_1)^2}}\sqrt{\frac{2g(P_1-P_2)}{\gamma}}$$

15년-07월, 23년-04월 기출

10 펌프에서 발생하는 여러 가지 이상 현상의 하나인 맥동현상에 대한 정의 및 방지대책을 2가지만 쓰시오. (4점)

○답 : (1) **맥동현상의 정의**
펌프 운전 시 규칙적으로 운동, 양정, 토출량이 변화하는 현상, 즉 송출 압력과 송출 유량의 주기적인 변동이 발생하는 현상

(2) **맥동현상의 방지대책**
① pump의 양수량을 증가시킨다.
② 임펠러 회전수를 변화시킨다.
③ 배관내의 공기제거 및 단면적, 유속, 유량 조절

상세해설

써징 현상(Surging, 맥동 현상)
펌프 운전시 규칙적으로 운동, 양정, 토출량이 변화하는 현상, 즉 송출 압력과 송출 유량의 주기적인 변동이 발생하는 현상이다.
① 써징 현상 발생 원인
  ㉠ 펌프의 양정 곡선이 산형 특성이며 사용범위가 우상특성일 것.
  ㉡ 토출배관에 수조, 공기저장기가 있을 때
  ㉢ 토출량 조절 밸브가 수조, 공기저장기보다 아래에 있을 때
② 써징 현상 방지 대책
  ㉠ pump의 양수량을 증가시키거나 임펠러 회전수를 변화시킨다.
  ㉡ 배관내의 공기제거 및 단면적, 유속, 유량 조절

---

11 특수가연물을 저장 또는 취급하는 랙식 창고에 스프링클러헤드를 설치하고자 한다. 랙크에 소요되는 헤드의 개수를 구하시오. (5점)

[조건]
① 헤드는 라지드롭형 스프링클러헤드(폐쇄형)를 정방형으로 설치한다.
② 랙식 창고의 크기는 가로15m, 세로26m, 높이8m이다.
③ 다른 스프링클러설비를 설치하는 것은 고려하지 않는다.

풀이 ○ 계산과정 : $S = 2 \times 1.7 \times \cos 45° = 2.4\text{m}$

① 가로열 소요개수 $H_W = \dfrac{15\text{m}}{2.4\text{m}} = 6.25$ ∴ 7개

② 세로열 소요개수 $H_L = \dfrac{26\text{m}}{2.4\text{m}} = 10.83$ ∴ 11개

③ 랙식 창고의 경우에는 라지드롭형 스프링클러헤드를 랙 높이 3m 이하마다 설치 높이에 따른 열 $N = \dfrac{8\text{m}}{3\text{m}} = 2.67$ ∴ 3열

④ 총 헤드 소요개수 $N = 7 \times 11 \times 3열 = 231개$

○ 답 : 231개

상세해설

(1) **헤드의 배치**(정방형)
  $S = 2r\cos 45°$ (여기서, S : 헤드 상호간의 거리(m), r : 수평거리(m))

(2) 스프링클러헤드의 배치기준

설치장소			설치기준
천장·반자·천장과 반자 사이·덕트·선반 기타 이와 유사한 부분(폭이 1.2m를 초과하는 것)	무대부, 특수가연물 저장 또는 취급 장소		수평거리 1.7m 이하
	특정 소방대상물	기타구조	수평거리 2.1m 이하
		내화구조	수평거리 2.3m 이하
	아파트		수평거리 2.6m 이하
랙식 창고			랙 높이 3m 이하 마다

(3) 창고시설의 스프링클러설비
① 창고시설에 설치하는 스프링클러설비는 라지드롭형 스프링클러헤드를 습식으로 설치할 것
② 랙식 창고의 경우에는 라지드롭형 스프링클러헤드를 랙 높이 3m 이하마다 설치할 것
③ 수원의 저수량

> 일반 창고 $Q_1(\text{m}^3) = N_1 \times 3.2\text{m}^3 (160\text{L/min} \times 20\text{min})$
> 랙식 창고 $Q_2(\text{m}^3) = N_2 \times 9.6\text{m}^3 (160\text{L/min} \times 60\text{min})$

여기서, Q : 수원의 양, N : 헤드의 개수(최대30개)

④ 가압송수장치의 송수량
송수량은 0.1 MPa의 방수압력 기준으로 160L/min 이상의 방수성능을 가진 기준 개수의 모든 헤드로부터의 방수량을 충족시킬 수 있는 양 이상인 것으로 할 것

(4) 랙식 창고
층고가 10m 이상으로 선반 등을 설치하고 자동식 승강장치에 의해 수납물을 운반하는 자동화창고의 일종으로 rack(선반)단위로 물품을 보관하는 곳을 말한다. 랙(rack)마다 헤드를 설치하는 것이 원칙이고 높이 기준으로 헤드를 설치하고 있기 때문에 화재시 각 랙(rack)마다 살수가 되지 않는 문제점이 발생한다.

---

12 소방시설 설치 및 관리에 관한 법률 시행령에 따른 자동소화장치를 설치해야 하는 특정소방대상물 중 주거용 주방자동소화장치에 대한 내용이다. 빈칸에 알맞은 말을 넣으시오.　　　　　　　　　　　　　　　　　　　　(5점)

> 자동소화장치를 설치해야 하는 특정소방대상물은 다음의 어느 하나에 해당하는 특정소방대상물 중 (①) 및 덕트가 설치되어 있는 주방이 있는 특정소방대상물로 한다. 이 경우 해당 주방에 자동소화장치를 설치해야 한다.
> • 주거용 주방자동소화장치를 설치해야 하는 것 : (②) 및 (③)의 모든 층

풀이 ○답 : ① 후드　② 아파트 등　③ 오피스텔

상세해설

자동소화장치를 설치해야 하는 특정소방대상물

다음의 어느 하나에 해당하는 특정소방대상물 중 후드 및 덕트가 설치되어 있는 주방이 있는 특정소방대상물로 한다. 이 경우 해당 주방에 자동소화장치를 설치해야 한다.
(1) 주거용 주방자동소화장치를 설치해야 하는 것 : 아파트 등 및 오피스텔의 모든 층
(2) 상업용 주방자동소화장치를 설치해야 하는 것
   ① 판매시설 중 대규모점포에 입점해 있는 일반음식점
   ② 집단급식소
(3) 캐비닛형 자동소화장치, 가스자동소화장치, 분말자동소화장치 또는 고체에어로졸자동소화장치를 설치해야 하는 것 : 화재안전기준에서 정하는 장소

---

13 판매장에 제연설비를 아래 조건과 같이 설치하려고 한다. 다음 각 물음에 답하시오. (9점)

[조건]
① 거실의 바닥면적은 $390m^2$이다.
② 닥트의 길이는 80m이고, 단위 길이 당 닥트 저항은 1.96Pa/m로 한다.
③ 배기구 저항은 78Pa, 배기그릴 저항은 29Pa, 부속류의 저항은 전체 덕트 저항의 50%이다.
④ 송풍기 효율은 50%로 하고, 전달계수는 1.1로 한다.

(1) 예상제연구역에 필요한 배출량(m^3/h)을 구하시오.
(2) 송풍기에 필요한 전압(Pa)을 구하시오.
(3) 송풍기의 전동기 최소동력(kW)을 구하시오.
(4) (2)에서 구한 정압으로 송풍기가 1750rpm으로 회전할 때, 송풍기의 정압을 1.2배로 높이려면 회전수(rpm)는 얼마로 증가시켜야 하는지 구하시오.

풀이 (1) 필요한 배출량(m^3/h)
○ 계산과정 : $Q = 390m^2 \times 1m^3/(m^2 \cdot min) \times 60min/hr = 23,400m^3/hr$
○ 답 : $23,400m^3/h$

(2) 정압(Pa)
○ 계산과정 : $P = 80m \times \dfrac{1.96Pa}{m} + 78Pa + 29Pa + \left(80m \times \dfrac{1.96Pa}{m} \times 0.5\right)$
  $= 342.2Pa$
○ 답 : 342.2Pa

(3) 전동기의 최소동력(kW)

○ 계산과정 : $Q = 390\text{m}^2 \times 1\text{m}^3/(\text{m}^2 \cdot \text{min}) = 390\text{m}^3/\text{min}$

$$P_T = 342.2\text{Pa} \times \frac{10332\text{mmAq}}{101325\text{Pa}} = 34.89\text{mmAq}$$

$$P = \frac{390\text{m}^3/\text{min} \times 34.89\text{mmAq}}{102 \times 60 \times 0.5} \times 1.1 = 4.89\text{kW}$$

○ 답 : 4.89kW

(4) 회전수

○ 계산과정 : $N_2 = N_1 \times \sqrt{\dfrac{H_2}{H_1}} = 1750\text{rpm} \times \sqrt{\dfrac{1.2}{1}} = 1917.03\text{rpm}$

○ 답 : 1917.03rpm

상세해설

(1) 바닥면적이 400m² 미만으로 구획(제연경계구획 제외)된 경우 배출량
  ① 바닥면적 1m²당 1m³/min 이상으로 할 것
  ② 최저 배출량은 5,000m³/hr 이상으로 할 것

(2) 배출기의 동력계산
  ① 축동력

  $$L_S(\text{kW}) = \frac{Q(\text{m}^3/\text{min}) \times P_T(\text{mmAq})}{102 \times 60 \times E}$$

  ※ 주의 : 축동력 계산 시 전달계수 값은 무시한다.

  ② 모터동력

  $$P(\text{kW}) = \frac{Q(\text{m}^3/\text{min}) \times P_T(\text{mmAq})}{102 \times 60 \times E} \times K$$

  여기서, Q : 풍량(m³/min), P_T : 전압(mmAq), E : 효율(%/100), K : 전달계수

(3) 상사의 법칙

$$Q_2 = Q_1 \times \frac{N_2}{N_1} \times \left(\frac{D_2}{D_1}\right)^3 \qquad H_2 = H_1 \times \left(\frac{N_2}{N_1}\right)^2 \times \left(\frac{D_2}{D_1}\right)^2 \qquad P_2 = P_1 \times \left(\frac{N_2}{N_1}\right)^3 \times \left(\frac{D_2}{D_1}\right)^5$$

여기서, Q_1 : 변경 전 유량 Q_2 : 변경 후 유량
    H_1 : 변경 전 양정 H_2 : 변경 후 양정
    P_1 : 변경 전 동력 P_2 : 변경 후 동력
    N_1 : 변경 전 회전수 N_2 : 변경 후 회전수
    D_1 : 변경 전 임펠러직경 D_2 : 변경 후 임펠러직경

14 전기실에 제3종 분말소화설비를 설치하려고 한다. 다음 조건을 참고하여 각 물음에 답하시오. (5점)

[조건]
① 전기실의 크기는 가로10m, 세로20m, 높이4m이다.
② 방사헤드의 방출률은 20kg/(min · 개)이다.
③ 전역방출방식이며 개구부는 없는 것으로 한다.
④ 소화약제 산정 및 기타 사항은 국가화재안전기준에 따라 산정한다.

(1) 소화설비에 필요한 분말약제량(kg)을 산출하시오.
(2) 소화설비에 필요한 헤드의 최소개수(개)를 산출하시오.
(3) 가압용가스로 질소를 사용하는 경우 필요한 질소가스의 양(L)을 산출하시오. (단, 35℃에서 1기압의 압력상태로 환산한 것이고, 배관의 청소에 필요한 양은 제외한다.)

풀이 (1) 분말약제량
○ 계산과정 : $Q = (10 \times 20 \times 4)\text{m}^3 \times 0.36 \text{kg/m}^3 = 288 \text{kg}$
○ 답 : 288kg

(2) 헤드 개수
○ 계산과정 : $N = \dfrac{288 \text{kg}}{20 \text{kg/min} \cdot \text{개} \times 0.5 \text{min}} = 28.8$ ∴ 29개
○ 답 : 29개

(3) 질소가스의 양
○ 계산과정 : $Q = 288 \text{kg} \times \dfrac{40 \text{L}}{\text{kg}} = 11,520 \text{L}$
○ 답 : 11,520L

상세해설

1. 분말약제의 전역방출방식

종별	체적계수 K_1(kg/m³)	면적계수 K_2(kg/m²) (자동폐쇄장치 미설치 시)
제1종	0.60	4.5
제2종, 제3종	0.36	2.7
제4종	0.24	1.8

2. 분말약제의 저장량(kg)

$$Q = V \times K_1 + A \times K_2$$

여기서, Q : 분말약제 저장량(kg), V : 방호구역체적(m^3)
K_1 : 방호구역 체적계수(kg/m^3)
A : 개구부면적(m^2)(자동폐쇄장치 없는 개구부면적)
K_2 : 개구부 면적계수(kg/m^2)

3. 가압용 또는 축압용 가스

구 분	질소가스 사용 시	이산화탄소 사용 시
가압용가스	40L(질소)/1kg(약제) 이상 (35℃, 1기압 기준)	20g(CO_2)/1kg(약제)+배관청소에 필요한 양
축압용가스	10L(질소)/1kg(약제) 이상 (35℃, 1기압 기준)	20g(CO_2)/1kg(약제)+배관청소에 필요한 양

4. 분말소화설비의 약제저장량 방사시간
① 전역방출방식 : 30초 이내
② 국소방출방식 : 30초 이내

5. 분사헤드의 개수

$$N = \frac{약제저장량(kg)}{헤드1개의\ 방사량(kg/s) \times 방사시간(sec)}$$

---

15 다음은 제연방식 중 기계제연방식에 대한 종류이다. 제연방식에 대하여 간단히 설명하시오. (6점)

(1) 제1종 기계제연방식 :

(2) 제2종 기계제연방식 :

(3) 제3종 기계제연방식 :

풀이 ○답 :
(1) **제1종 기계제연방식** : 송풍기와 배출기를 설치하여 급기와 배기를 하는 방식
(2) **제2종 기계제연방식** : 송풍기만 설치하여 급기와 배기를 하는 방식
(3) **제3종 기계제연방식** : 배출기만 설치하여 급기와 배기를 하는 방식

상세해설

기계제연방식의 종류

(1) 1종 기계제연방식
  ① 화재실은 배출기로 연기를 배출시키고 동시에 복도나 계단실은 송풍기로 공기를 유입시키는 방식이다.
  ② 급기량은 배기량보다 적게 제어하여 화재실을 부압으로도 유지하면서 화재실의 연기확산을 방지한다.

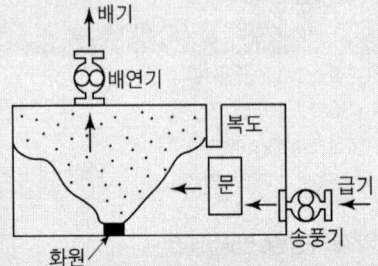

(2) 제2종 기계제연방식
  복도, 계단부속실, 계단실등 피난통로에 송풍기로 공기를 유입시키는 방식으로 그 부분의 압력을 화재실보다 높여 연기의 침입을 방지하는 방식으로 가압급기 제연방식이라고도 한다.

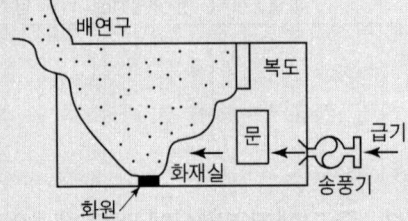

(3) 제3종 기계제연방식
  ① 화재시 발생한 연기를 배출기에 의하여 흡입시켜 옥외로 배출하는 방식
  ② 연기의 흐름을 방지하고 흡인효과를 증대시키기 위하여 제연경계벽이나 제연커튼 등을 병용하여 사용
  ③ 화재초기에 화재실내 내압을 낮추고 연기를 다른 구획으로 확산되지 않도록 하는 특징이 있다.

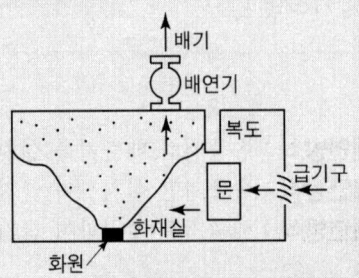

16 다음 도면은 업무시설과 슈퍼마켓(판매시설)에 설치하는 스프링클러설비에 대한 단면도와 평면도를 나타낸 것이다. 조건을 참조하여 각 물음에 답하시오.

(10점)

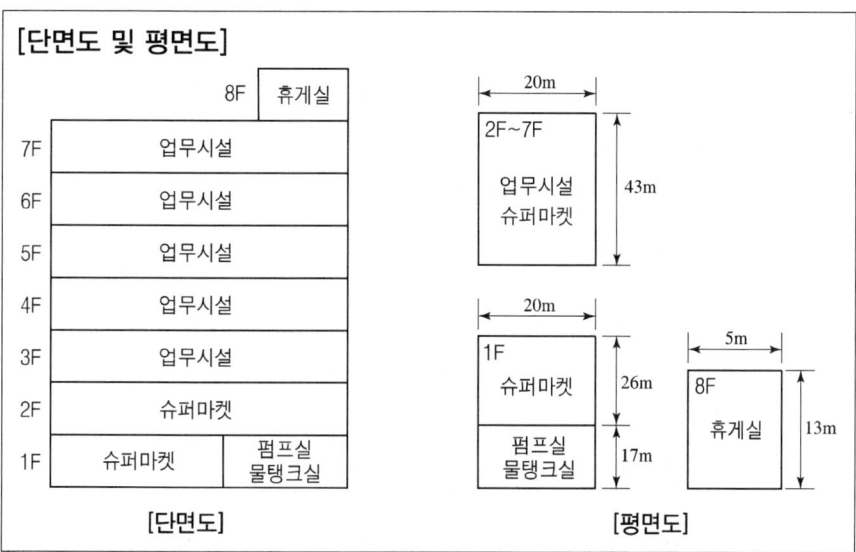

[조건]
① 건축물의 주요 구조부는 내화구조이다.
② 헤드는 표준형 스프링클러헤드를 정방형으로 설치한다.
③ 주배관은 헤드가 가장 많이 설치된 유수검지장치를 기준으로 한다.

(1) 전 층에 필요한 헤드의 개수를 산출하시오.

(2) 다음의 표를 참고하여 헤드 수에 따른 유수검지장치의 구경과 필요수량을 구하시오.

[스프링클러헤드 수별 급수관의 구경]

헤드수	2	4	7	15	30	60	65	100	160	161 이상
급수관의 구경	25	32	40	50	65	80	90	100	125	150

(3) 주배관의 유속(m/s)을 구하시오.

[풀이] (1) 전 층에 필요한 헤드의 총 소요개수

○ 계산과정 : 헤드간의 거리(정방형) $S = 2 \times 2.3\text{m} \times \cos 45° = 3.25\text{m}$

① 1F(슈퍼마켓)

※ 헤드의 설치제외 : 펌프실 · 물탱크실 엘리베이터 권상기실 그 밖의 이와 비슷한 장소

가로열 소요개수 $N_W = \dfrac{20\text{m}}{3.25\text{m}} = 6.15$ ∴ 7개

세로열 소요개수 $N_L = \dfrac{26\text{m}}{3.25\text{m}} = 8$ ∴ 8개

소요개수 $N = 7 \times 8 = 56$개

② 2F~7F(슈퍼마켓+업무시설)

가로열 소요개수 $N_W = \dfrac{20\text{m}}{3.25\text{m}} = 6.15$ ∴ 7개

세로열 소요개수 $N_L = \dfrac{43\text{m}}{3.25\text{m}} = 13.23$ ∴ 14개

소요개수 $N = 7 \times 14 \times 6$개층 $= 588$개

③ 8F(휴게실)

가로열 소요개수 $N_W = \dfrac{5\text{m}}{3.25\text{m}} = 1.54$ ∴ 2개

세로열 소요개수 $N_L = \dfrac{13\text{m}}{3.25\text{m}} = 4$ ∴ 4개

소요개수 $N = 2 \times 4 = 8$개

④ 전 층에 필요한 헤드의 개수

$N_T = 56$개 $+ 588$개 $+ 8$개 $= 652$개

○ 답 : 652개

(2) 유수검지장치의 규격과 필요수량

○ 계산과정 :

① 1층에 필요한 헤드개수 : $N = 7 \times 8 = 56$개

∴ 표에서 헤드 수 : 60개, 급수관의 구경 : 80mm

② 2층~7층에 필요한 층당 헤드개수 : $N = 7 \times 14 = 98$개

∴ 표에서 헤드 수 : 100개, 급수관의 구경 : 100mm

③ 8층에 필요한 헤드개수 : $N = 2 \times 4 = 8$개

∴ 표에서 헤드 수 : 15개, 급수관의 구경 : 50mm

[스프링클러헤드 수별 급수관의 구경]

헤드 수	2	4	7	15	30	60	65	100	160	161 이상
급수관의 구경	25	32	40	50	65	80	90	100	125	150

○ 답 :

구분	유수검지장치의 규격(mm)	필요수량
1F	80	1개
2F~7F	100	각 층 1개, 총 개수 6개
8F	50	1개

(3) 주배관의 유속
  ○ 계산과정 :
    ① 판매시설이 설치되는 복합건축물 : 헤드의 기준개수는 30개
    ② 유량 $Q = 30개 \times 80\text{L/min} = 2400\text{L/min} = 0.04\text{m}^3/\text{s}$

    유속 $V = \dfrac{Q}{A} = \dfrac{4Q}{\pi d^2} = \dfrac{4 \times 0.04\text{m}^3/\text{s}}{\pi \times (0.1\text{m})^2} = 5.09\text{m/s}$

  ○ 답 : 5.09m/s

상세해설

(1) 헤드의 배치(정방형)
  $S = 2r\cos 45°$ (여기서, S : 헤드 상호간의 거리(m), r : 수평거리(m))

(2) 스프링클러헤드의 배치기준

설치장소			설치기준
천장·반자·천장과 반자 사이·덕트·선반 기타 이와 유사한 부분(폭이 1.2m를 초과하는 것)	무대부, 특수가연물 저장 또는 취급 장소		수평거리 1.7m 이하
	특정소방대상물	기타구조	수평거리 2.1m 이하
		내화구조	수평거리 2.3m 이하
	아파트		수평거리 2.6m 이하
랙식 창고			랙 높이 3m 이하 마다

(3) 헤드의 기준개수(폐쇄형)

소방대상물			기준개수
지하층을 제외한 10층 이하	공장 또는 창고 (랙식 포함)	특수가연물	30개
		그 밖의 것	20개
	근린생활시설·판매시설 ·운수시설 또는 복합건축물	판매시설 또는 복합건축물 (판매시설 설치 복합건축물)	30개
		그 밖의 것	20개
	그 밖의 것	헤드 부착높이 8m 이상	20개
		헤드 부착높이 8m 이하	10개
아파트			10개
지하층제외 11층 이상 (아파트 제외) 지하가 또는 지하역사			30개

(4) 유수검지장치의 내경

내경의 구분		25	32	40	50	65	80	100	125	150	200
호칭	A(mm)	25	32	40	50	65	80	100	125	150	200
	B(inch)	1	$1\frac{1}{4}$	$1\frac{1}{2}$	2	$2\frac{1}{2}$	3	4	5	6	8

(5) 스프링클러헤드 수별 급수관의 구경

(단위 : mm)

구경 구분	25	32	40	50	65	80	90	100	125	150
가	2	3	5	10	30	60	80	100	160	161 이상
나	2	4	7	15	30	60	65	100	160	161 이상
다	1	2	5	8	15	27	40	55	90	91 이상

① 폐쇄형스프링클러헤드를 사용하는 설비의 경우로서 1개 층에 하나의 급수배관(또는 밸브 등)이 담당하는 구역의 최대면적은 3,000m²를 초과하지 아니할 것
② 폐쇄형스프링클러헤드를 설치하는 경우에는 "가"란의 헤드 수에 따를 것. 다만, 100개 이상의 헤드를 담당하는 급수배관(또는 밸브)의 구경을 100mm로 할 경우에는 수리계산을 통하여 배관의 유속(가지배관의 유속은 6m/s, 그 밖의 배관의 유속은 10m/s를 초과 할 수 없다)에 적합하도록 할 것
③ 폐쇄형스프링클러헤드를 설치하고 반자 아래의 헤드와 반자속의 헤드를 동일 급수관의 가지관상에 병설하는 경우에는 "나"란의 헤드 수에 따를 것
④ 무대부·특수가연물을 저장 또는 취급하는 장소로서 폐쇄형스프링클러헤드를 설치하는 설비의 배관구경은 "다"란에 따를 것
⑤ 개방형스프링클러헤드를 설치하는 경우 하나의 방수구역이 담당하는 헤드의 개수가 30개 이하일 때는 "다"란의 헤드수에 의하고, 30개를 초과할 때는 수리계산 방법에 따를 것

소방설비기사 – 기계분야

2024년 11월 2일 시행

01년-11월, 08년-04월, 14년-04월, 20년-10월 기출유사

01 방호구역의 체적이 500m³인 특정소방대상물에 할론1301 소화약제를 방사 후 방호구역의 산소농도가 15vol% 되었다. 아래 조건을 참조하여 방사된 할론1301소화약제의 양(kg)을 구하시오. (5점)

[조건] ① 할론 1301의 분자량 : 148.9
② 기체상수 : 0.082atm · m³/kmol · K
③ 실내온도 : 15℃
④ 실내압력 : 1.2atm(절대압력)

풀이

○ 계산과정 : $G_V = \dfrac{21-O_2}{O_2} \times V = \dfrac{21-15}{15} \times 500 = 200\text{m}^3$

$W = \dfrac{PVM}{RT} = \dfrac{1.2\text{atm} \times 200\text{m}^3 \times 148.9}{0.082\text{atm} \cdot \text{m}^3/\text{kmol} \times (273+15)\text{K}} = 1,513.21\text{kg}$

○ 답 : 1,513.21kg

상세해설

(1) 방출 가스량 계산방법

$$G_V = \dfrac{21-O_2}{O_2} \times V$$

여기서, G_V : 방출가스량(m³), V : 방호구역체적(m³)

(2) 이상기체 상태방정식

$$PV = \dfrac{W}{M}RT$$

여기서, P : 압력(atm), V : 방출가스량(m³), W : 무게(kg), M : 분자량
R : 기체상수(0.082atm · m³/kmol · K), T : 절대온도(K)

10년-10월, 17년-4월 유사

02 조건을 참조하여 거실제연설비에 제연을 하기위한 전동기의 동력(kW)를 구하시오. (5점)

[조건]
① 거실의 바닥면적은 850m² 이다.
② 예상제연구역은 직경 50m 범위를 초과하는 경우이다.
③ 예상제연구역은 제연경계로 구획된 경우이며 수직거리는 2.7m이다.
④ 닥트 길이는 165m이다.
⑤ 저항은 다음과 같다.
  • 단위길이 당 닥트 저항 : 0.2mmAq/m
  • 배기구 저항 : 7.5mmAq
  • 배기그릴 저항 : 3mmAq
  • 관 부속품의 저항 : 닥트저항의 55% 적용
⑥ 전동기의 효율은 50%이고 전달계수는 1.1이다.
⑦ 바닥면적 400m² 이상인 거실의 예상제연구역의 배출량은 다음과 같다.

[예상제연구역이 제연경계로 구획된 경우 수직거리에 따른 배출량]

수직거리	배출량	
	예상제연구역이 직경 40m인 원의 범위 안에 있을 경우	예상제연구역이 직경 40m인 원의 범위를 초과할 경우
2m 이하	40,000m³/h	45,000m³/h
2m 초과 2.5m 이하	45,000m³/h	50,000m³/h
2.5m 초과 3m 이하	50,000m³/h	55,000m³/h
3m 초과	60,000m³/h	65,000m³/h

풀이 ○ 계산과정 :
① 예상제연구역의 배출량
  • 바닥면적 400m² 이상(바닥면적 850m²)
  • 조건 ②에서 예상제연구역이 직경 40m인 원의 범위를 초과할 경우에 해당
  • 수직거리 2.5m 초과 3m 이하(예상제연구역의 수직거리 : 2.7m)
  • 배출량 $Q = 55,000\text{m}^3/\text{h}$ 이상
② 전압 계산
$P_T = (165\text{m} \times 0.2\text{mmAq/m}) + 7.5\text{mmAq} + 3\text{mmAq}$
$\quad + (165\text{m} \times 0.2\text{mmAq/m} \times 0.55)$
$\quad = 61.65\text{mmAq}$

③ 전동기의 동력(kW)

$$P = \frac{(55,000\text{m}^3/60\text{min}) \times 61.65\text{mmAq}}{102 \times 60 \times 0.5} \times 1.1 = 20.31\text{kW}$$

○답 : 20.31kW

상세해설

배풍기의 전동기동력 계산방법

$$P(\text{kW}) = \frac{Q(\text{m}^3/\text{min}) \times P_T(\text{mmAg})}{102 \times 60 \times E} \times K$$

여기서, Q : 풍량, P_T : 전압, E : 전동기의 효율, K : 전달계수

08년-11월, 09년-07월, 13년-07월, 14년-04월

03 내경이 40mm인 소방호스에 내경이 13mm인 노즐이 부착되어 있다. 300L/min의 방수량으로 대기 중에 방사할 경우 다음 각 물음에 답하시오. (6점)

(1) 소방호스의 평균유속(m/s)을 계산하시오.
(2) 소방호스에 부착된 노즐의 평균유속(m/s)을 계산하시오.
(3) 소방호스에 부착된 노즐에서 운동량 때문에 발생하는 반발력(N)을 계산하시오.

풀이 (1) 호스의 평균유속

○계산과정 : $u = \dfrac{0.3\text{m}^3/60\text{s}}{\dfrac{\pi}{4} \times (0.04\text{m})^2} = 3.98\text{m/s}$

○답 : 3.98m/s

(2) 노즐의 평균유속

○계산과정 : $u = \dfrac{0.3\text{m}^3/60\text{s}}{\dfrac{\pi}{4} \times (0.013\text{m})^2} = 37.67\text{m/s}$

○답 : 37.67m/s

(3) 노즐에서 운동량 때문에 발생하는 반발력(N)

○계산과정 : $Q = 0.3\text{m}^3/60\text{s}$
$\Delta u = (u_2 - u_1) = (37.67 - 3.98) = 33.69\text{m/s}$
$F = 0.3\text{m}^3/60\text{s} \times 33.69\text{m/s} \times 1000\text{kg}/\text{m}^3 = 168.45\text{kg} \cdot \text{m/s}^2(\text{N})$

○답 : 168.45N

상세해설

호스의 평균유속

$$Q = uA \quad u = \frac{Q}{A} = \frac{Q}{\frac{\pi}{4}d^2}$$

노즐의 평균유속

$$Q = uA \quad u = \frac{Q}{A} = \frac{Q}{\frac{\pi}{4}d^2}$$

노즐에서 운동량 때문에 발생하는 반발력(노즐에 걸리는 반발력)

$$F = Q\Delta u \rho = Q(u_2 - u_1)\rho$$

여기서, F : 운동량 때문에 발생하는 반발력, Q : 유량(m^3/s)
u_1 : 소방용 호스에서 유속(m/s), u_2 : 노즐에서 유속(m/s)
ρ : 밀도(물의 밀도 : $1000kg/m^3$ 또는 $1000N \cdot s^2/m^4$)

참고 플랜지 볼트에 작용하는 힘

$$F_x = \frac{\gamma A_1 Q^2}{2g}\left(\frac{A_1 - A_2}{A_1 A_2}\right)^2$$

여기서, F_x : 플랜지 볼트에 작용하는 힘, γ : 비중량(kgf/m^3), Q : 유량(m^3/s),
g : 중력가속도($9.8m/s^2$), A : 단면적(m^2)

17년-6월 기출

04 소방시설 도시기호에 관한 빈칸에 알맞은 답을 쓰시오. (4점)

명칭	①	선택밸브	편심레듀셔	④
도시기호	⊠	②	③	⊏⊐

풀이 ○답 :

명칭	① 풋밸브	선택밸브	편심레듀셔	④ 라인프로포셔너
도시기호	⊠	② ⊠	③ ▷	⊏⊐

05년-11월, 13년-11월, 20년-07월 기출

05 지상 5층의 특정소방대상물에 옥내소화전설비를 화재안전기술기준 및 조건에 따라 설치되었을 때 각 물음에 답하시오. (10점)

[조건]
① 옥내소화전은 각 층마다 6개씩 설치되었다고 한다.
② 실양정은 20m이고 배관상 마찰손실(소방용호스 제외)은 40m로 한다.
③ 소방용 호스의 마찰손실은 100m당 26m로 하고 호스의 길이는 15m, 수량은 2개이다.
④ 기타의 조건은 국가화재안전기술기준(NFTC)에 따른다.

(1) 옥상수조에 저장하여야 할 최소 유효저수량(m^3)은 얼마인가?

(2) 펌프의 최소 토출량(m^3/분)은 얼마인가?

(3) 전양정(m)은 얼마인가?

(4) 펌프의 성능은 정격토출량의 150%로 운전할 경우 토출압력은 최소 몇 MPa 이상이어야 하는지 구하시오.

(5) 펌프의 토출 측 주배관의 최소구경을 다음 [보기]에서 선정하시오.
(단, 주 배관내 유속은 화재안전기술기준에서 정한 최대유속 이하로 계산한다)

[보기] 25mm, 32mm, 40mm, 50mm, 65mm, 80mm, 100mm

풀이 (1) **옥상수조의 최소 유효저수량**(m^3)

○계산과정 : $Q = 2 \times 2.6m^3 \times \dfrac{1}{3} = 1.73m^3$

○답 : $1.73m^3$

(2) **펌프의 최소 토출량**(m^3/분)

○계산과정 : $Q = 2 \times 130L/min = 260L/min = 0.26m^3/분$

○답 : $0.26m^3/분$

(3) **전양정**(m)

○계산과정 : $H = 20m + 40m + \left(15m \times 2 \times \dfrac{26m}{100m}\right) + 17m = 84.8m$

○답 : $84.8m$

(4) 토출압력(MPa)
   ○ 계산과정 : $P = 84.8\text{m} \times \dfrac{0.101325\text{MPa}}{10.332\text{m}} \times 0.65 = 0.54\text{MPa}$
   ○ 답 : 0.54MPa 이상

(5) 최소구경
   ○ 계산과정 : $d = \sqrt{\dfrac{4Q}{\pi u}} \times 1000 = \sqrt{\dfrac{4 \times 0.26\text{m}^3/60\text{s}}{\pi \times 4\text{m/s}}} \times 1000 = 37.14\text{mm}$
   주 배관 중 수직배관의 최소 구경은 50mm이다.
   ○ 답 : 50mm

상세해설

(1) 옥내소화전설비의 수원의 양
  ① 수원의 유효저수량(m^3)

  > $Q = N \times 2.6\text{m}^3$ 이상 (N : 옥내소화전이 가장 많은 층의 설치개수(최대 2개))

  ② 옥상수조의 유효저수량(m^3)

  > $Q = N \times 2.6\text{m}^3 \times \dfrac{1}{3}$ 이상 (N : 옥내소화전이 가장 많은 층의 설치개수(최대 2개))

(2) 펌프의 최소 토출량(m^3/분)

  > $Q = N \times 130\text{L/min}$ 이상 (N : 옥내소화전이 가장 많은 층의 설치개수(최대 2개))

(3) 옥내소화전설비의 전양정

  > $H = h_1 + h_2 + h_3 + 17\text{m}$

  여기서, h_1 : 실양정(흡입양정+토출양정)(m)
     h_2 : 배관의 마찰손실 수두(m)
     h_3 : 소방용호스 마찰손실 수두(m)

(4) 펌프의 성능
  ① 체절운전 시 정격토출압력의 140%를 초과하지 아니할 것
  ② 정격토출량의 150%로 운전 시 정격토출압력의 65% 이상이 되어야 할 것

(5) 펌프의 토출 측 주배관의 구경
  ① 유속이 4m/s 이하가 될 수 있는 크기 이상으로 하여야 할 것
  ② 옥내소화전방수구와 연결되는 가지배관의 구경은 40mm(호스릴옥내소화전설비 25mm) 이상으로 할 것
  ③ 주배관 중 수직배관의 구경은 50mm(호스릴옥내소화전설비 32mm) 이상으로 할 것

2024년 11월 2일 시행

03년-04월, 04년-04월, 05년-07월, 07년-11월, 08년-04월, 14년-11월 기출

06 어느 배관의 인장강도가 240MPa이고 최고사용압력은 3.6MPa이었다면 이 배관의 스케줄 번호(Sch No)는 얼마인가? (단, 안전율은 5 이며 Sch No는 10, 20, 30, 40, 60, 80, 100 중에서 최소규격을 선택한다.) **(4점)**

풀이 ○ 계산과정 : ① 허용응력 $= \dfrac{\text{인장강도}}{\text{안전율}} = \dfrac{240\text{MPa}}{5} = 48\text{MPa}$

② 스케줄 번호(Sch No) $= \dfrac{\text{최대사용압력}}{\text{허용응력}} \times 1000 = \dfrac{3.6\text{MPa}}{48\text{MPa}} \times 1000$
$= 75$

∴ 80 선택

○ 답 : 80

상세해설

스케줄 번호(Schedule Number)란 무엇인가?
① 배관의 두께를 나타낸다.
② 스케줄 번호(Schedule Number)

| 스케줄번호 | 5 | 10 | 20 | 30 | 40 | 60 | 80 | 100 | 120 | 140 | 160 |

스케줄번호가 클수록 두꺼운 두께를 의미한다.

③ 스케줄 번호 $= \dfrac{\text{최대사용압력}}{\text{허용응력}} \times 1000$, 안전율 $= \dfrac{\text{인장강도}}{\text{허용응력}}$

11년-7월, 14년-4월, 16년-4월 기출

07 다음은 토너먼트배관방식에 관한 내용이다. 각 물음에 답하시오. **(7점)**

(1) 물계통의 소화설비는 토너먼트 배관방식으로 설치하면 안 되는 이유를 간단히 쓰시오.
(2) 토너먼트 배관방식을 적용하여야 하는 소화설비의 종류를 3가지만 쓰시오. (단, 할로겐화합물 및 불활성기체소화설비는 제외한다)

풀이 (1) 토너먼트 배관방식으로 설치하면 안 되는 이유
○ 답 : 수격작용으로 인하여 배관파손 우려

(2) 토너먼트 배관방식을 적용하여야 하는 소화설비
○ 답 : ① 이산화탄소소화설비
② 할론소화설비
③ 분말소화설비

상세해설

토너먼트배관방식
주로 가스계소화설비의 배관방식으로 동시에 방사하는 헤드의 방사압력을 일정하게 유지하기위하여 적용한다. 적용설비는 다음과 같다.
① 이산화탄소 소화설비
② 할론 소화설비
③ 할로겐화합물 및 불활성기체 소화설비
④ 분말 소화설비

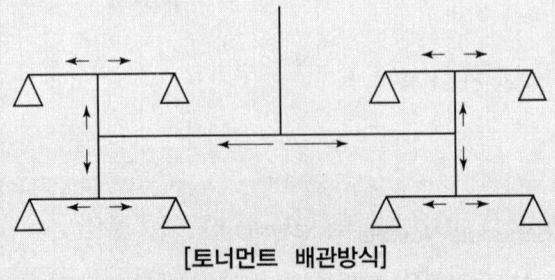

[토너먼트 배관방식]

07년 7월 기출

08 습식 배관의 동파를 방지하기 위해서 보온재로 피복할 때 보온재의 구비 조건을 4가지만 쓰시오.(단, 경제적 측면은 고려하지 않을 것) (4점)

○답 : ① 열전도율이 적을 것
② 흡수성이 적을 것
③ 장시간 사용해도 변질이 없을 것
④ 부피 및 비중이 작을 것
⑤ 다공질이며 기공이 균일할 것

상세해설

보온재의 구비조건
① 열전도율이 적을 것
② 흡수성이 적을 것
③ 장시간 사용해도 변질이 없을 것
④ 부피 및 비중이 작을 것
⑤ 다공질이며 기공이 균일할 것
⑥ 시공이 용이하고 가격이 저렴할 것

2024년 11월 2일 시행

21년 4월 기출 유사

09 지상10층이며 용도가 업무시설인 특정소방대상물에 완강기를 설치하려고 한다. 다음 조건을 참조하여 설치하여야 할 완강기의 개수를 구하시오.

(4점)

[조건] ① 주요구조부가 내화구조이고 직통계단인 특별피난계단이 2 이상 설치되어 있다.
② 각 층의 바닥면적은 4,000m²이다.

풀이 ○ 계산과정 :

① 층 당 필요한 개수 $N = 4000\text{m}^2 \times \dfrac{1개}{1000\text{m}^2} = 4개$

② 3층~10층(8개 층)에 필요한 개수 $N = 4개 \times 8개층 = 32개$

③ 피난기구의 설치감소에 해당
주요구조부가 내화구조이고 직통계단인 특별피난계단이 2 이상 설치되어 있는 경우 필요한 피난기구를 $\dfrac{1}{2}$로 감소할 수 있다.

④ 필요한 완강기의의 개수 $N = 32개 \times \dfrac{1}{2} = 16개$

○ 답 : 16개

상세해설

1. 피난기구의 설치기준
(1) 층 마다 설치
(2) 설치개수 산정기준

층의 용도	설치개수 기준
• 숙박시설 · 노유자시설 및 의료시설	바닥면적 500m²마다 1개 이상
• 위락시설 · 문화집회 및 운동시설 · 판매시설 • 복합용도	바닥면적 800m²마다 1개 이상
• 계단실형 아파트	각 세대마다
• 그 밖의 용도	바닥면적 1,000m²마다 1개 이상

※ 숙박시설(휴양콘도미니엄 제외)의 경우에는 추가로 객실마다 완강기 또는 2 이상의 간이완강기를 설치할 것

2. 피난기구설치의 감소
(1) 피난기구를 설치하여야 할 소방대상물 중 다음의 기준에 적합한 층에는 피난기구의 2분의 1을 감소할 수 있다. 이 경우 설치하여야 할 피난기구의 수에 있어서 소수점 이하의 수는 1로 한다.
① 주요구조부가 내화구조로 되어 있을 것

② 직통계단인 피난계단 또는 특별피난계단이 2 이상 설치되어 있을 것
(2) 피난기구를 설치하여야 할 소방대상물 중 주요구조부가 내화구조이고 다음의 기준에 적합한 건널 복도가 설치되어 있는 층에는 피난기구의 수에서 해당 건널 복도의 수의 2배의 수를 뺀 수로 한다.
① 내화구조 또는 철골조로 되어 있을 것
② 건널 복도 양단의 출입구에 자동폐쇄장치를 한 60분+ 방화문 또는 60분 방화문(방화셔터를 제외)이 설치되어 있을 것
③ 피난·통행 또는 운반의 전용 용도일 것
(3) 피난기구를 설치하여야 할 소방대상물 중 다음에 적합한 노대가 설치된 거실의 바닥면적은 피난기구의 설치개수 산정을 위한 바닥면적에서 이를 제외한다.
① 노대를 포함한 소방대상물의 주요구조부가 내화구조일 것
② 노대가 거실의 외기에 면하는 부분에 피난 상 유효하게 설치되어 있어야 할 것
③ 노대가 소방사다리차가 쉽게 통행할 수 있는 도로 또는 공지에 면하여 설치되어 있거나, 또는 거실부분과 방화 구획되어 있거나 또는 노대에 지상으로 통하는 계단 그 밖의 피난기구가 설치되어 있어야 할 것

3. 소방대상물의 설치장소별 피난기구의 적응성

구분 \ 층별	지하층	1층	2층	3층	4층 이상 10층 이하
노유자시설	트		미구교다승		교다승
의료시설·근린생활시설 중 입원실이 있는 의원·접골원·조산원	트			미트구교다승	트구교다승
다중이용업소로서 영업장의 위치가 4층 이하인 다중이용업소			미사구완다승		
그 밖의 것	트사			트공간교미사구완다승	공간교사구완다승

[비고] 간이완강기의 적응성은 숙박시설의 3층 이상에 있는 객실에, 공기안전매트의 적응성은 공동주택에 한한다.

어두문자 암기방법

피난용트랩 ⇒ 트   피난교 ⇒ 교
피난사다리 ⇒ 사   미끄럼대 ⇒ 미
구조대 ⇒ 구   다수인피난장비 ⇒ 다
승강식피난기 ⇒ 승   완강기 ⇒ 완
간이완강기 ⇒ 간   공기안전매트 ⇒ 공

10 다음 도면을 참조하여 스프링클러설비의 펌프성능시험을 실시하고자 한다.
(1) 체절운전, (2) 정격부하운전, (3) 피크부하운전의 성능시험방법을 쓰시오.
(단, 도면의 밸브 $V_1 \sim V_3$에 대한 개폐상태를 포함하여 작성하도록 한다)

(6점)

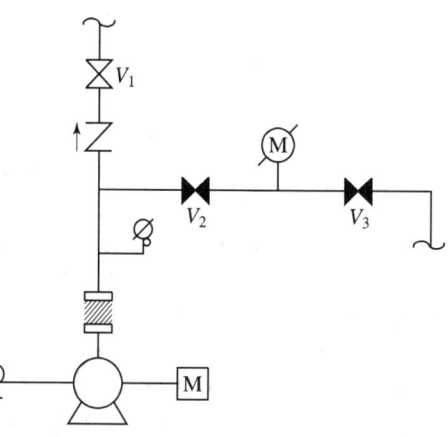

풀이 ○답 : (1) **체절운전**
① 펌프의 토출 측 개폐밸브 V_1 폐쇄
② 제어반에서 충압펌프 및 주펌프 운전스위치를 수동(Manual)위치로 한다.
③ 제어반에서 주 펌프 수동기동
④ 성능시험 배관 상 개폐밸브 V_2 폐쇄상태에서 릴리프밸브 작동압력을 압력계로 확인

(2) **정격부하운전**
① 펌프가 기동한 상태에서 개폐밸브 V_2 완전개방하고 V_3 서서히 개방하여 유량계의 유량이 정격토출량이 되도록 한다.
② 압력계의 눈금을 읽어 압력을 확인

(3) **피크부하운전**
① 성능시험 배관 상 개폐밸브 V_3를 더 개방하여 유량계의 유량이 정격토출량의 150%가 되도록 한다.
② 압력계의 눈금을 읽어 압력을 확인

상세해설

성능시험배관상 유량조절밸브가 설치된 경우 펌프성능시험방법
(원칙적으로 성능시험배관상 개폐밸브 및 유량조절밸브가 설치되어야 한다.)

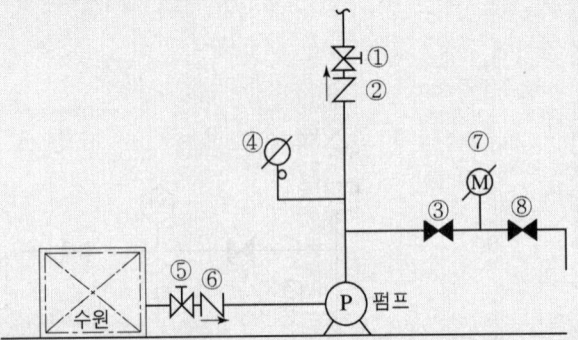

① 무부하운전=체절운전(No Flow Condition)
  ㉠ 펌프의 토출측 개폐밸브① 폐쇄
  ㉡ 제어반에서 충압펌프 및 주펌프 운전스위치를 수동(Manual)위치로 한다.
  ㉢ 성능시험 배관 상 유량조절밸브⑧ 완전 폐쇄 후 개폐밸브③ 완전 개방
  ㉣ 제어반에서 주펌프 수동기동
  ㉤ 릴리프밸브 작동압력을 압력계④로 확인(만약 릴리프밸브가 체절압력 이하에서 개방되지 않으면 릴리프밸브를 서서히 개방하여 체절압력 이하에서 압력수가 토출되도록 한다)
② 정격부하운전=설계점운전(Rated Load)
  ㉠ 펌프가 기동한 상태에서 성능시험 배관상 유량조절밸브⑧ 서서히 개방하여 유량계⑦의 유량이 정격토출량이 되도록 한다.
  ㉡ 압력계④의 눈금을 읽어 압력을 확인
③ 피크부하운전=최대운전(Peak Load)
  ㉠ 성능시험 배관상 유량조절밸브⑧를 더 개방하여 유량계⑦의 유량이 정격토출량의 150%가 되도록 한다.
  ㉡ 압력계④의 눈금을 읽어 압력을 확인

2024년 11월 2일 시행

10년-07월, 13년-11월, 14년-04월, 15년-11월 기출 유사

11 습식스프링클러설비를 백화점(1~9층)에 아래의 조건을 이용하여 시공하는 경우 다음 각 물음에 답하시오. (8점)

[조건]
① 최상층의 가장 먼 말단헤드의 방수압력은 0.11MPa이며 오리피스구경은 11mm이다.
② 펌프에서 최상층의 헤드까지의 수직높이는 50m이다.
③ 펌프의 흡입 측에 설치된 연성계 눈금은 300mmHg이다.
④ 배관의 마찰손실은 펌프에서 최상층의 헤드까지의 수직높이의 20%를 적용한다.
⑤ 각 층에 설치된 폐쇄형스프링클러헤드의 개수는 80개씩 설치되어 있다.
⑥ 펌프의 효율은 68%이다.

(1) 주 펌프의 양정(m)을 구하시오.
(2) 펌프에 필요한 토출량(L/min)을 구하시오.
(3) 최소 수원의 양(m^3)을 구하시오.
(4) 펌프의 효율을 고려하여 축동력(kW)를 구하시오.

풀이 **(1) 주 펌프의 양정(m)**
○ 계산과정 : $H = h_1 + h_2 + 11\text{m}$ (조건에 의하여)

$$h_1 = \left(300\text{mmHg} \times \frac{10.332\text{m}}{760\text{mmHg}}\right) + 50\text{m} = 54.08\text{m}$$

$$h_2 = 50\text{m} \times 0.2 = 10\text{m}$$

$$H = 54.08 + 10 + 11 = 75.08\text{m}$$

○ 답 : 75.08m

(2) 펌프에 필요한 토출량(L/min)
○ 계산과정 : ① 헤드 1개의 방수량

$$Q = 0.653 \times 11^2 \times \sqrt{10 \times 0.11} = 82.87\text{L/min}$$

② 펌프에 필요한 토출량(L/min)

$$Q = 30 \times 82.87\text{L/min} = 2,486.10\text{L/min}$$

○ 답 : 2,486.10L/min

(3) 최소 수원의 양(m^3)
○ 계산과정 : $Q = 30 \times (82.87\text{L/min} \times 20\text{min}) = 49,722\text{L} = 49.72\text{m}^3$
○ 답 : 49.72m^3

(4) 펌프의 효율을 고려한 축동력(kW)

○ 계산과정 : $P = \dfrac{9.8\text{kN/m}^3 \times (2.4861\text{m}^3/60\text{s}) \times 75.08\text{m}}{0.68} = 44.83\text{kW}$

○ 답 : 44.83kW

상세해설

1. 폐쇄형스프링클러헤드를 사용하는 경우

(1) 주 펌프의 토출량 계산

$Q = N \times 80 l/\text{min}$ (N : 기준개수 또는 기준개수보다 적은 경우 설치개수)

(2) 전용수원의 확보량

$Q = N \times 1.6\text{m}^3$ (N : 기준개수 또는 기준개수보다 적은 경우 설치개수)

(3) 모터동력

$$P(\text{kW}) = \dfrac{\gamma Q H}{E} \times K$$

여기서, γ : 비중량(물의 비중량=9.8kN/m³), Q : 토출량(m³/s)
H : 전양정(m), E : 효율(%/100), K : 전달계수

2. 헤드의 기준개수(폐쇄형)

소방대상물			기준개수
지하층 제외 10층 이하	공장	특수가연물	30개
		그 밖의 것	20개
	근린생활시설·판매시설·운수시설 또는 복합건축물	판매시설 또는 복합건축물(판매시설 설치 복합건축물)	30개
		그 밖의 것	20개
	그 밖의 것	헤드높이 8m 이상	20개
		헤드높이 8m 이하	10개
아파트			10개
지하층 제외 11층 이상·지하가 또는 지하역사			30개

※ 아파트 등의 각 동이 주차장으로 서로 연결된 구조인 경우 해당 주차장 부분의 기준개수는 30개로 할 것

12 다음은 이산화탄소소화설비의 분사헤드를 설치해서는 안 되는 장소이다. ( )안에 알맞은 답을 쓰시오. (4점)

(1) 방제실 · 제어실 등 사람이 (①) 하는 곳
(2) 니트로셀룰로오스 · 셀룰로이드제품 등 (②)을 저장 · 취급하는 곳
(3) 나트륨 · 칼륨 · 칼슘 등 (③)을 저장 · 취급하는 곳
(4) (④)등 다수인이 출입 · 통행하는 통로 및 전시실 등

○답 : ① 상시근무   ② 자기연소성 물질   ③ 활성금속물질   ④ 전시장

이산화탄소소화설비의 분사헤드 설치제외 장소
① 방재실 · 제어실 등 사람이 **상시 근무**하는 장소
② 니트로셀룰로스 · 셀룰로이드제품 등 **자기연소성물질**을 저장 · 취급하는 장소
③ 나트륨 · 칼륨 · 칼슘 등 **활성금속물질**을 저장 · 취급하는 장소
④ 전시장 등의 관람을 위하여 다수인이 출입 · 통행하는 **통로 및 전시실** 등

13 동일한 성능의 소화펌프 2대를 설치하였다. [조건]을 참조하여 펌프의 병렬운전 시 $H-Q$의 성능곡선변화의 그래프를 완성하시오. (5점)

[조건] ① 관로저항곡선은 R로 표기한다.
② 하나의 펌프가 기동되는 경우 펌프성능곡선 $A-B$와 운전점 H_1, Q_1을 표기하도록 한다.
③ 2대의 펌프가 동시에 운전되는 경우 펌프성능곡선 $A-C$와 운전점 H_2, Q_2를 표기하도록 한다.

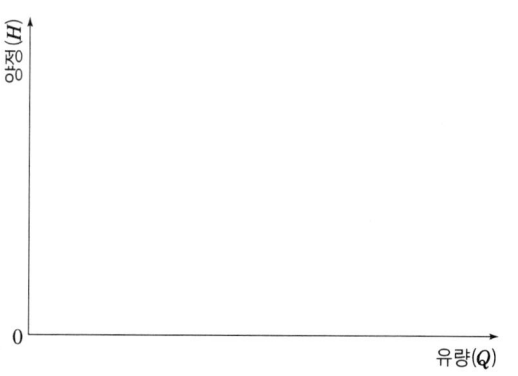

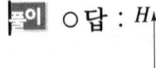 ○답 :

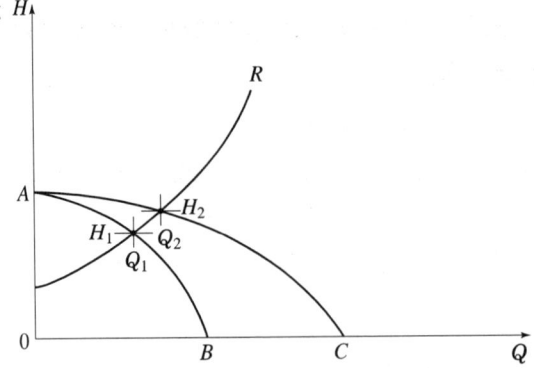

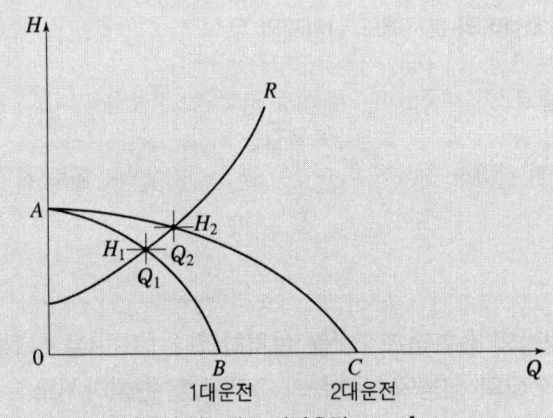

[동일 성능펌프 병렬운전 H-Q]

① 1대의 펌프 성능곡선 : $A-B$, 운전점 H_1, Q_1
② 2대의 펌프 성능곡선 : $A-C$, 운전점 H_2, Q_2
③ 펌프 2대를 동시에 병렬운전시 Q_2의 토출량이 형성된다.
④ 펌프 2대를 병렬 운전하는 경우 토출량은 1대를 운전하는 경우의 2배가 되지 않는다.

14 다음은 소화기구에 관한 내용이다. 조건을 참조하여 각 물음에 답하시오.
(10점)

[조건]
① 주요 구조부는 내화구조이고 벽 및 반자의 실내에 면하는 부분이 불연재료이다.
② 지상 1층은 아동관련시설인 유치원이며 2~3층은 한의원(근린생활시설)에 해당한다.
③ 각 층의 바닥면적은 30m×40m이다.
④ 각 층에 A급 3단위 소화기를 화재안전기술기준에 따라 설치한다.
⑤ 간이소화용구는 A급 1단위를 지상 1층에만 설치하며 지상 1층 소화기 능력단위의 2분의 1로 한다.
⑥ 부속용도별로 사용되는 부분에 대한 소화기구의 추가 설치는 고려하지 않는다.

(1) 지상 1~3층에 필요한 소화기구의 능력단위를 구하시오.
(2) 지상 1층 유치원에 설치해야하는 간이소화용구의 개수를 구하시오.
(3) 지상 2~3층 한의원에 설치해야하는 소화기의 개수를 구하시오.
(4) 간이소화용구의 종류를 4가지만 쓰시오.

풀이 (1) 지상 1~3층에 필요한 소화기구의 능력단위

○계산과정 : $N = \dfrac{30\text{m} \times 40\text{m}}{200\text{m}^2} = 6$단위

$N_T = 6$단위/층 $\times 3$개층 $= 18$단위

○답 : 18단위

(2) 지상 1층 유치원에 설치해야하는 간이소화용구의 개수

○계산과정 : $N = 6$단위 $\times \dfrac{1}{2} \times \dfrac{1\text{개}}{1\text{단위}} = 3$개

○답 : 3개

(3) 지상 2~3층 한의원에 설치해야하는 소화기의 개수

○계산과정 : $N = 6$단위 $\times 2$개층 $\times \dfrac{1\text{개}}{3\text{단위}} = 4$개

○답 : 4개

(4) 간이소화용구의 종류 4가지
   ○답 : ① 에어로졸식 소화용구
         ② 투척용 소화용구
         ③ 소공간용 소화용구
         ④ 소화약제 외의 것을 이용한 간이소화용구(마른모래, 팽창질석, 팽창진주암)

상세해설

1. 능력단위

$$N(능력단위) = \frac{바닥면적(m^2)}{기준바닥면적(m^2)}$$

※ 소요능력단위 계산결과 소수점이 발생되면 절상하여 정수로 표기한다.

2. 특정소방대상물별 소화기구의 능력단위기준

특정소방대상물	소화기구의 능력단위
1. 위락시설	해당 용도의 바닥면적 30m²마다 능력단위 1단위 이상
2. 공연장 · 집회장 · 관람장 · 문화재 · 장례식장 및 의료시설	해당 용도의 바닥면적 50m²마다 능력단위 1단위 이상
3. 근린생활시설 · 판매시설 · 운수시설 · 숙박시설 · 노유자시설 · 전시장 · 공동주택 · 업무시설 · 방송통신시설 · 공장 · 창고시설 · 항공기 및 자동차 관련 시설 및 관광휴게시설	해당 용도의 바닥면적 100m²마다 능력단위 1단위 이상
4. 그 밖의 것	해당 용도의 바닥면적 200m²마다 능력단위 1단위 이상

(주) 소화기구의 능력단위를 산출함에 있어서 건축물의 주요구조부가 내화구조이고, 벽 및 반자의 실내에 면하는 부분이 불연재료 · 준불연재료 또는 난연재료로 된 특정소방대상물에 있어서는 위 표의 기준면적의 2배를 해당 특정소방대상물의 기준면적으로 한다.

3. 소화기구
   (1) 소화기
   (2) 간이소화용구
       ① 에어로졸식 소화용구
       ② 투척용 소화용구
       ③ 소공간용 소화용구
       ④ 소화약제 외의 것을 이용한 간이소화용구
   (3) 자동확산소화기

4. 자동소화장치
   (1) 주거용 주방자동소화장치
   (2) 상업용 주방자동소화장치
   (3) 캐비닛형 자동소화장치
   (4) 가스자동소화장치
   (5) 분말자동소화장치
   (6) 고체에어로졸자동소화장치

13년-04월, 18년-04월, 19년-11월 기출

15 지상 5층이고 각 층의 바닥면적이 6000m²인 특정소방대상물에 소화수조 및 저수조를 설치하고자 한다. 다음 각 물음에 답하시오. (6점)

(1) 소화수조의 저수량은 몇 (m³)인가?
(2) 흡수관투입구는 몇 개 이상으로 설치하여야 하는가?
(3) 가압송수장치를 설치하는 경우 1분당 양수량은 몇 (L) 이상으로 하여야 하는가?

풀이 (1) 소화용수의 저수량(m³)

○ 계산과정 : $Q = K \times 20\text{m}^3$, $K = \dfrac{30000\text{m}^2}{12500\text{m}^2} = 2.40$

$K = 3$ (소수점 이하는 무조건 절상하여 정수로 표기)

∴ $Q = 3 \times 20\text{m}^3 = 60\text{m}^3$

○ 답 : 60m³

(2) 흡수관투입구의 수

소요수량이 80m³ 미만인 것은 1개 이상, 80m³ 이상인 것은 2개 이상

○ 답 : 1개 이상

(3) 가압송수장치의 1분당 양수량(L)

소요수량이 40m³ 이상 100m³ 미만이므로 2200L/분 이상

○ 답 : 2200L 이상

상세해설

1. 소화수조 또는 저수조의 저수량

$$Q = K \times 20\text{m}^3 \text{ 이상}$$

여기서, Q : 소화수조 또는 저수조의 저수량(m^3)

$K = \dfrac{\text{연면적}(\text{m}^2)}{\text{기준면적}(\text{m}^2)}$ (소수점 이하의 수는 1로 본다)

2. 소방대상물의 구분에 따른 기준면적

소방대상물의 구분	면적
1. 1층 및 2층의 바닥면적 합계가 15,000m^2 이상인 소방대상물	7,500m^2
2. 제1호에 해당되지 아니하는 그 밖의 소방대상물	12,500m^2

3. 흡수관투입구 또는 채수구 설치기준

(1) 지하에 설치하는 소화용수설비의 흡수관투입구 설치기준

한 변이 0.6m 이상이거나 직경이 0.6m 이상인 것으로 하고, 소요수량이 80m^3 미만인 것은 1개 이상, 80m^3 이상인 것은 2개 이상을 설치하여야 하며, "흡관투입구"라고 표시한 표지를 할 것

(2) 소화용수설비에 설치하는 채수구 설치기준

① 채수구는 다음 표에 따라 소방용호스 또는 소방용흡수관에 사용하는 구경 65mm 이상의 나사식 결합금속구를 설치할 것

소요수량	20m^3 이상 40m^3 미만	40m^3 이상 100m^3 미만	100m^3 이상
채수구의 수	1개	2개	3개

② 채수구는 지면으로부터의 높이가 0.5m 이상 1m 이하의 위치에 설치하고 "채수구"라고 표시한 표지를 할 것

4. 가압송수장치 설치기준

소화수조 또는 저수조가 지표면으로부터의 깊이(수조 내부바닥까지의 길이)가 4.5m 이상인 지하에 있는 경우에는 다음 표에 따라 가압송수장치를 설치하여야 한다. 다만, 저수량을 지표면으로부터 4.5m 이하인 지하에서 확보할 수 있는 경우에는 소화수조 또는 저수조의 지표면으로부터의 깊이에 관계없이 가압송수장치를 설치하지 아니할 수 있다.

소요수량	20m^3 이상 40m^3 미만	40m^3 이상 100m^3 미만	100m^3 이상
가압송수장치의 1분당 양수량	1,100L 이상	2,200L 이상	3,300L 이상

16 휘발유를 저장하는 플루팅루프탱크(부상식 지붕구조)에 포방출구를 설치하여 방호하려고 할 때 아래 조건과 그림을 참조하여 각 물음에 답하시오. (12점)

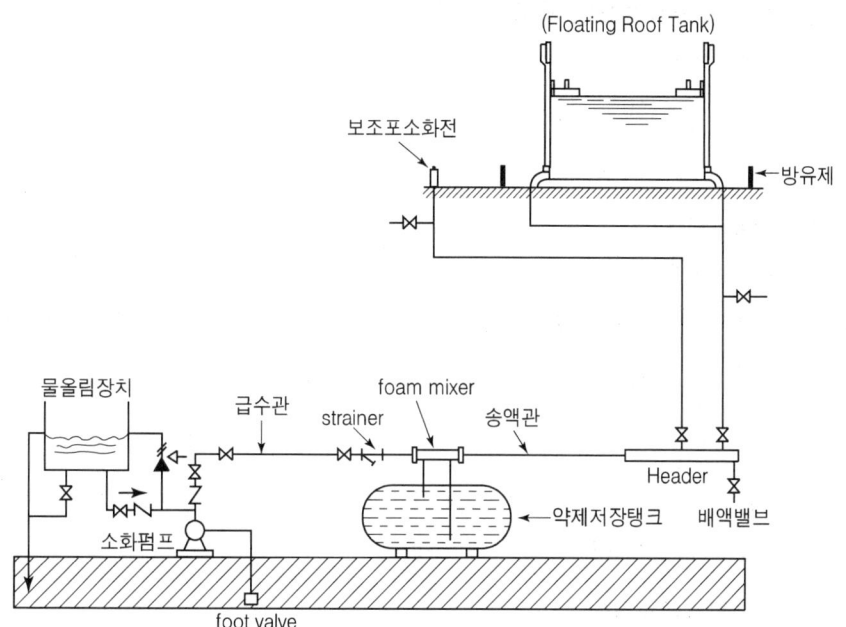

[조건] ① 탱크의 내경 : 50m
② 포 소화약제의 농도 : 6%
③ 고정포방출구의 방출률 : 8L/m² · 분, 방사시간 : 30분
④ 보조 소화전의 방사율 : 400L/min, 방사시간 : 20분
⑤ 탱크내면과 굽도리판의 간격 : 1.2m
⑥ 보조 소화전 : 7개
⑦ 송액배관의 최장길이 : 200m, 내경 : 100mm
⑧ 포소화약제의 밀도 : 1050kg/m³
⑨ 혼합기는 펌프와 발포기의 중간에 설치된 벤추리관의 벤추리작용과 펌프 가압수의 포 소화약제저장탱크에 대한 압력에 의하여 포 소화약제를 흡입 혼합하는 방식이다.

(1) 고정포방출구의 종류를 쓰시오.
(2) 가압송수장치의 최소 분당 토출량(L/분)을 계산하시오.
(3) 최소 수원의 양(L)을 계산하시오.
(4) 최소 포소화약제의 양(L)을 계산하시오.
(5) 포소화약제의 혼합방식을 쓰시오.

풀이 (1) 고정포방출구의 종류
　　　○답 : 특형 방출구

(2) 가압송수장치의 분당 토출량(L/분)
　　　○계산과정 :
$$Q = \frac{\pi}{4} \times (50^2 - 47.6^2)\text{m}^2 \times 8\text{L/m}^2 \cdot \min + 3 \times 400\text{L/min} = 2,671.77\text{L/min}$$
　　　○답 : 2,671.77L/min

(3) 수원의 양(L)
　　　○계산과정 :
$$Q_1 = \frac{\pi}{4} \times (50^2 - 47.6^2)\text{m}^2 \times 8\text{L/m}^2 \cdot \min \times 30\min \times 0.94 = 41,504.01\text{L}$$
$$Q_2 = 3 \times 0.94 \times 8000(400\text{L/min} \times 20\min) = 22,560\text{L}$$
$$Q_3 = \frac{\pi}{4} \times (0.1\text{m})^2 \times 200\text{m} \times 0.94 \times \frac{1000\text{L}}{\text{m}^3} = 1,476.55\text{L}$$
$$Q = Q_1 + Q_2 + Q_3 = 41,504.01 + 22,560 + 1,476.55 = 65,540.56\text{L}$$
　　　○답 : 65,540.56L

(4) 포 소화약제의 양(L)
　　　○계산과정 :
$$Q_1 = \frac{\pi}{4} \times (50^2 - 47.6^2)\text{m}^2 \times 8\text{L/m}^2 \cdot \min \times 30\min \times 0.06 = 2,649.19\text{L}$$
$$Q_2 = 3 \times 0.06 \times 8000(400\text{L/min} \times 20\min) = 1,440\text{L}$$
$$Q_3 = \frac{\pi}{4} \times (0.1\text{m})^2 \times 200\text{m} \times 0.06 \times \frac{1000\text{L}}{\text{m}^3} = 94.25\text{L}$$
$$Q = Q_1 + Q_2 + Q_3 = 2649.19 + 1440 + 94.25 = 4,183.44\text{L}$$
　　　○답 : 4,183.44L

(5) 포소화약제의 혼합방식
　　　○답 : 프레져 푸로포셔너방식

상세해설

1. 특형방출구의 환상부분 액표면적 계산

$$A = \frac{\pi}{4} \times (D_1^2 - D_2^2)$$

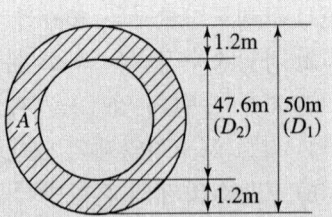

2. 고정포방출구 방식의 포소화약제의 저장량

구 분	약제 저장량
❶ 고정포 방출구	$Q = A \times Q_1 \times T \times S$ 여기서, Q : 포소화약제의 양(L) 　　　　A : 저장탱크의 액 표면적(m^2) 　　　　Q_1 : 단위 포소화수용액의 양($L/m^2 \cdot min$) 　　　　T : 방출시간(min) 　　　　S : 포소화약제의 사용농도(%)
❷ 보조소화전	$Q = N \times S \times 8000L$ 여기서, Q : 포소화약제의 양(L) 　　　　N : 호스 접결구 개수(3개 이상의 경우는 3개) 　　　　S : 포소화약제의 사용농도(%)
❸ 배관보정	가장 먼 탱크까지의 송액관(내경 75mm 이하 제외)에 충전하기 위하여 필요한 양 $Q = V \times S \times 1000L/m^3$ 여기서, Q : 포소화약제의 양(L) 　　　　V : 송액관 내부의 체적(m^3) 　　　　S : 포소화약제의 사용농도(%)
❹ 합계	고정포방출구 방식의 포소화약제의 저장량=❶+❷+❸

3. 포소화약제 혼합방식

(1) 펌프 프로포셔너방식

　펌프의 토출관과 흡입관 사이의 배관도중에 설치한 흡입기에 펌프에서 **토출된 물의 일부를 보내고**, 농도 조정밸브에서 조정된 포 소화약제의 필요량을 포 소화약제 저장탱크에서 펌프 흡입측으로 보내어 이를 혼합하는 방식

(2) 프레셔 프로포셔너방식

　펌프와 발포기의 중간에 설치된 벤추리관의 **벤추리작용**과 펌프 가압수의 포 소화약제 저장탱크에 대한 압력에 따라 포소화약제를 흡입·혼합하는 방식

(3) 라인 프로포셔너방식

　펌프와 발포기의 중간에 설치된 벤추리관의 벤추리작용에 따라 포소화약제를 흡입·혼합하는 방식

(4) 프레셔사이드 프로포셔너방식

　펌프의 토출관에 **압입기**를 설치하여 포 소화약제 **압입용펌프**로 포소화약제를 압입시켜 혼합하는 방식

소방설비기사 – 기계분야
2025년 4월 20일 시행

01 다음 미분무소화설비에 대한 조건을 참조하여 각 물음에 답하시오. (4점)

[조건] ① 방호구역에 설치된 헤드의 개수는 30개이다.
② 설계유량은 0.05m³/min 이다.
③ 설계방수시간은 60min 이다.
④ 안전율은 1.2로 한다.
⑤ 배관의 총체적은 0.07m³이다.

(1) 수원의 양(m³)을 구하시오.
(2) 설치장소의 평상시 최고주위온도를 구하시오. (단, 헤드의 표시온도는 79℃이다)

풀이 (1) 수원의 양(m³)
  ○ 계산과정 : $Q = 30(개) \times 0.05 \text{m}^3/\text{min} \times 60\text{min} \times 1.2 + 0.07 = 108.07 \text{m}^3$
  ○ 답 : 108.07m³

(2) 설치장소의 평상시 최고주위온도
  ○ 계산과정 : $T_a = 0.9 \times 79 - 27.3 = 43.8$ ℃
  ○ 답 : 43.8℃

상세해설

미분무소화설비의 수원의 양

$$Q = N \times D \times T \times S + V$$

여기서, Q : 수원의 양(m³), N : 방호구역(방수구역)내 헤드의 개수
 D : 설계유량(m³/min), T : 설계방수시간(min)
 S : 안전율(1.2 이상), V : 배관의 총체적(m³)

폐쇄형 미분무헤드의 표시온도

$$T_a = 0.9 T_m - 27.3$$

여기서, T_a : 최고주위온도(℃), T_m : 헤드의 표시온도(℃)

00년-02월, 00년-11월, 10년-04월, 15년-04월, 16년-11월

02 일제개방형 스프링클러설비의 배관계통을 나타내는 구조도(Isometric Diagram)이다. 주어진 조건으로 설비가 작동되었을 경우 방수압, 방수량 등을 답란의 요구 순서대로 산출하시오.   (10점)

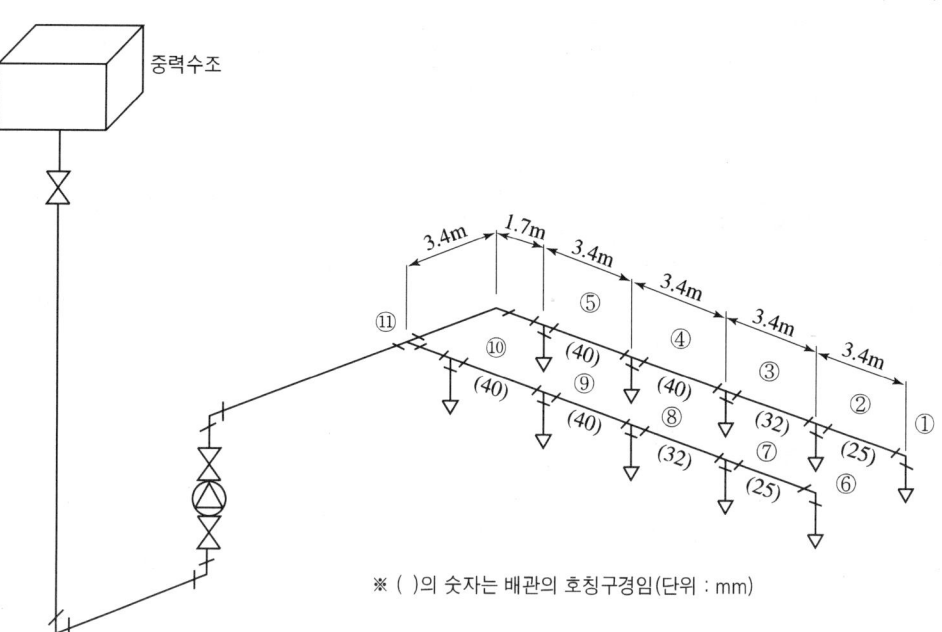

※ ( )의 숫자는 배관의 호칭구경임(단위 : mm)

[조건]
1. 설치된 개방형 헤드 방출계수(K)는 모두 각각 80이다.
2. 살수시 최저 방수압이 걸리는 헤드에서의 방수압은 0.1MPa이다. (각 헤드에서의 방수압이 같지 않음을 유의할 것)
3. 가지관 분기점(티, 엘보)으로부터 헤드까지의 마찰손실은 무시한다.
4. 호칭구경 50mm 이하의 배관은 나사접속식 65mm 이상의 배관은 용접 접속식이다.
5. 배관내의 유수에 따른 마찰손실압력은 헤이전-윌리엄스공식을 적용하되, 계산의 편의상 공식은 다음과 같다고 가정한다.

$\Delta P = \dfrac{6 \times Q^2 \times 10^7}{120^2 \times d^5}$

단, ΔP=배관의 길이 1m당 마찰손실 압력(kPa)
   Q=배관내의 유수량(L/분), d=배관의 내경(mm)
6. 배관의 내경은 호칭별로 다음과 같다고 가정한다.

호칭구경	25	32	40	50	65	80	100
내경	27	36	42	53	69	81	105

7. 배관부속 및 밸브류의 마찰손실은 무시한다.
8. 수리계산시 속도수두는 무시한다.
9. 계산시 소수점 이하의 숫자는 소수점이하 셋째자리에서 반올림할 것
   예) 12.443→12.44   4.267→4.27
10. 살수시 중력수조내의 수위의 변동은 없다고 가정한다.
* 계산은 도면을 참조하여 다음의 순서대로 작성하시오.

(1) 스프링클러 헤드별 방수압 및 방수량 계산

항목	번호	방수압(kPa) 계산	방수량(L/min) 계산
1	①	계산 : $P_1 =$ (kPa)	계산 : $q_1 =$ (L/min)
2	②	계산 : $P_2 =$ (kPa)	계산 : $q_2 =$ (L/min)
3	③	계산 : $P_3 =$ (kPa)	계산 : $q_3 =$ (L/min)
4	④	계산 : $P_4 =$ (kPa)	계산 : $q_4 =$ (L/min)
5	⑤	계산 : $P_5 =$ (kPa)	계산 : $q_5 =$ (L/min)

(2) 도면의 배관구간 ⑤~⑪의 매분 유수량 q_A(L/min)
   (단, ⑤~⑪ 구간의 배관 호칭구경은 40mm로 한다.)
   ○계산과정 :
   ○답 :

풀이 (1)

헤드 번호	방수압력(kPa)	방수량(L/min)
①	$P_① = 0.1\text{MPa} = 100\text{kPa}$ ○답 100kPa	$q_① = K\sqrt{10 \times P}$ $\therefore q_① = 80\sqrt{10 \times 0.1}$ $= 80\text{L/min}$ ○답 80L/min
②	$P_② = P_① + \Delta P_{①~②}$ 총관길이 = 3.4m(직관) $\Delta P_{①~②} = \dfrac{6 \times 10^7 \times 80^2}{120^2 \times 27^5} \times 3.4 = 6.32\text{kPa}$ $\therefore P_② = 100 + 6.32 = 106.32\text{kPa}$ ○답 106.32kPa	$q_② = K\sqrt{10 \times P}$ $\therefore q_② = 80\sqrt{10 \times 0.10632}$ $= 82.49\text{L/min}$ ○답 82.49L/min

헤드 번호	방수압력(kPa)	방수량(L/min)
③	$P_③ = P_② + \Delta P_{②\sim③}$ 총관길이 $= 3.4\text{m}$(직관) $\Delta P_{②\sim③} = \dfrac{6\times10^7 \times (80+82.49)^2}{120^2 \times 36^5} \times 3.4 = 6.19\text{kPa}$ $\therefore P_③ = 106.32 + 6.19 = 112.51\text{kPa}$ 　　　　　　　　　　　　○답 112.51kPa	$q_③ = K\sqrt{10\times P}$ $\therefore q_③ = 80\sqrt{10\times 0.11251}$ 　　　$= 84.86\text{L/min}$ ○답 84.86L/min
④	$P_④ = P_③ + \Delta P_{③\sim④}$ 총관길이 $= 3.4\text{m}$(직관) $\Delta P_{③\sim④} = \dfrac{6\times10^7 \times (80+82.49+84.86)^2}{120^2 \times 42^5} \times 3.4$ 　　　　$= 6.63\text{kPa}$ $\therefore P_④ = 112.51 + 6.63 = 119.14\text{kPa}$ 　　　　　　　　　　　　○답 119.14kPa	$q_④ = K\sqrt{10\times P}$ $\therefore q_④ = 80\sqrt{10\times 0.11914}$ 　　　$= 87.32\text{L/min}$ ○답 87.32L/min
⑤	$P_⑤ = P_④ + \Delta P_{④\sim⑤}$ 총관길이 $= 3.4\text{m}$(직관) $\Delta P_{④\sim⑤} = \dfrac{6\times10^7 \times (80+82.49+84.86+87.32)^2}{120^2 \times 42^5} \times 3.4$ 　　　　$= 12.14\text{kPa}$ $\therefore P_⑤ = 119.14 + 12.14 = 131.28\text{kPa}$ 　　　　　　　　　　　　○답 131.28kPa	$q_⑤ = K\sqrt{10\times P}$ $\therefore q_⑤ = 80\sqrt{10\times 0.13128}$ 　　　$= 91.66\text{L/min}$ ○답 91.66L/min

(2) ○계산과정 : $Q_{⑤\sim⑪}$: 가지관의 헤드(①~⑤)에서 방수되는 총량이다.

　　　　　　$\therefore Q = 80 + 82.49 + 84.86 + 87.32 + 91.66 = 426.33\text{L/min}$

　○답 : 426.33L/min

03 경유를 저장하는 탱크의 내부직경이 40m인 플루팅루프(Floating Roof) 탱크에 포소화설비의 특형 방출구를 설치하여 방출하려고 할 때 다음 각 물음에 답하시오. (7점)

[조건] ① 소화약제는 3%용의 단백포를 사용하며 수용액의 분당 방출량은 $10[L/m^2 \cdot min]$이고 방사시간은 20분으로 한다.
② 탱크내면과 굽도리판의 간격은 2m로 한다.
③ 펌프의 효율은 65%, 전동기 전달계수는 1.2로 한다.

(1) 상기탱크의 특형 방출구에 의하여 소화하는데 필요한 수용액의 양, 수원의 양, 포소화약제 원액의 양은 각각 얼마 이상이어야 하는가? (단위는 m^3)
(2) 수원을 공급하는 가압송수장치의 분당 토출량(L/min)은 얼마 이상이어야 하는가?
(3) 펌프의 정격 전양정이 120m라고 할 때 전동기의 출력(kW)은 얼마 이상이어야 하는가?

풀이 (1) 수용액의 양, 수원의 양, 포소화약제 원액의 양
○ 계산과정 :
• 수용액의 양

$$Q = A \times T \times Q_1$$

여기서, Q : 포소화수용액의 양(L)
T : 방출시간(분)
A : 저장탱크의 액표면적(m^2)
Q_1 : 단위 포소화 수용액의 양($L/m^2 \cdot$ 분)

$$A = \frac{\pi}{4} \times (D_1^2 - D_2^2)$$

$$\therefore A = \frac{\pi}{4} \times (40^2 - 36^2)$$

$T = 20\text{min}, \ Q_1 = 10L/m^2 \cdot \text{min},$

$S = 3\% \left(\dfrac{3}{100}\right)$

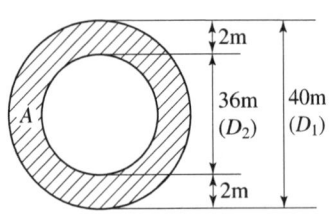

$$\therefore Q = \frac{\pi}{4} \times (40^2 - 36^2)m^2 \times 20\text{min} \times 10L/m^2 \cdot \text{min}$$

$$= 47752.21L = 47.75m^3$$

- 수원의 양

$$Q_w = A \times T \times Q_1 \times S_w$$

여기서, Q_w : 수원의 양(L), S_w : 물의 농도(100 - 약제사용농도)

$$\therefore Q_w = \frac{\pi}{4} \times (40^2 - 36^2)\text{m}^2 \times 20\text{min} \times 10\text{L/m}^2 \cdot \text{min} \times \frac{97}{100}$$

$$= 46319.64\text{L} = 46.32\text{m}^3$$

- 포소화약제 원액의 양

$$Q = A \times T \times Q_1 \times S$$

여기서, Q : 포소화약제 원액의 양(L), A : 탱크 액표면적(m^2)
T : 방출시간(min), Q_1 : 단위 포소화 수용액의 양($\text{L/m}^2 \cdot \text{min}$)
S : 포소화약제의 사용농도

$$\therefore Q = \frac{\pi}{4} \times (40^2 - 36^2)\text{m}^2 \times 20\text{min} \times 10\text{L/m}^2 \cdot \text{min} \times \frac{3}{100}$$

$$= 1432.57\text{L} = 1.43\text{m}^3$$

○답 : 수용액의 양 = 47.75m^3 이상
    수원의 양 = 46.32m^3 이상
    원액의 양 = 1.43m^3 이상

(2) 수원을 공급하는 가압송수장치의 분당 토출량(L/min)
○계산과정 :
펌프의 토출량 = 포헤드, 고정포 방출구, 이동식 포노즐의 설계압력 또는 방사압력의 허용범위 안에서 포수용액을 방출 또는 방사할 수 있는 양 이상이 되도록 할 것
∴ 포수용액을 방사 시간 내에 토출할 수 있어야 한다.
47752.21L/20min = 2387.61L/min
○답 : 2387.61L/min 이상

(3) 펌프의 정격 전양정이 120m라고 할 때 전동기의 출력(kW)
○계산과정 :

펌프의 동력 $P(\text{kW}) = \dfrac{\gamma \times Q \times H}{E} \times K$

여기서, γ : 유체 비중량(물 = 9.8kN/m^3), Q : 토출량(m^3/s)
H : 전양정(m), E : 전동기 효율, K : 전달계수

$$\therefore P(\text{kW}) = \frac{9.8 \times (2.387/60) \times 120}{0.65} \times 1.2 = 86.37\text{kW}$$

○답 : 86.37kW 이상

05년-7월, 13년-11월 19년-6월 기출

04 지상 10층의 백화점 건물에 옥내소화전설비를 화재안전기술기준 및 조건에 따라 설치되었을 때 아래 조건을 참조하여 각 물음에 답하시오. (12점)

[조건]
① 옥내소화전은 1층부터 10층까지는 각 층에 3개가 설치되었다고 한다.
② 펌프의 풋밸브에서 10층의 옥내소화전 방수구까지 수직거리는 40m이고 배관상 마찰손실(소방용 호스제외)은 20m로 한다.
③ 소방용 호스의 마찰손실은 100m당 26m로 하고 호스의 길이는 15m, 수량은 1개이다.
④ 주 배관은 연결송수관설비의 배관과 겸용이다.

(1) 수원의 최소 유효저수량(m^3)은 옥상수조를 포함하여 얼마인가?
(2) 펌프의 최소 토출량(L/min)은 얼마인가?
(3) 전양정(m)은 얼마인가?
(4) 펌프의 모터동력(kW)은 얼마 이상인가?
  (단, 펌프의 효율은 60%, 전달계수 K=1.2이다)

풀이 (1) 수원의 최소 유효저수량(m^3)
  ○계산과정 : $Q = 2 \times 2.6m^3 + 2 \times 2.6m^3 \times \dfrac{1}{3} = 6.93m^3$
  ○답 : $6.93m^3$

(2) 펌프의 최소 토출량(L/min)
  ○계산과정 : $Q = 2 \times 130 L/min = 260 L/min$
  ○답 : 260L/min

(3) 전양정(m)
  ○계산과정 : $H = 40m + 20m + 15m \times \dfrac{26m}{100m} + 17m = 80.9m$
  ○답 : 80.9m

(4) 펌프의 모터동력(kW)
  ○계산과정 : $P = \dfrac{9.8 \times (0.26m^3/60s) \times 80.9m}{0.6} \times 1.2 = 6.87kW$
  ○답 : 6.87kW

05 그림은 어느 배관의 평면도에서 화살표 방향으로 물이 흐르고 있다. 주어진 조건과 그림을 참조하여 d_{AEFD}의 배관내경(mm)을 구하시오. (6점)

19년-06월, 20년-07월, 21년-11월 기출유사

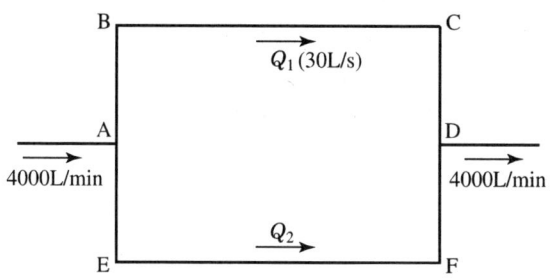

[조건] ① 루프배관 ABCD의 배관내경은 200mm이다.
② 루프배관 ABCD의 직관길이는 220m이다.
③ 루프배관 AEFD의 직관길이는 140m이다.
④ 직관 이외의 배관부속품의 마찰손실은 무시한다.
⑤ 배관의 마찰손실압력은 다음의 헤이젠-윌리엄스 공식을 사용하여 구한다.

$$\Delta P = 6 \times 10^4 \times \frac{Q^2}{C^2 \times d^5}$$

여기서, ΔP : 배관 1m 당 마찰손실압력(MPa)
d : 배관의 내경(mm)
Q : 유량(L/min)
C : 조도

풀이 ○ 계산과정 :
① 관로망에서 배관마찰손실은 서로 같다.
② $\Delta P_{ABCD} = \Delta P_{AFED}$

$$6 \times 10^4 \times \frac{Q_1^2}{C^2 \times d_1^5} \times L_1 = 6 \times 10^4 \times \frac{Q_2^5}{C^2 \times d_2^5} \times L_2$$

③ $\dfrac{6 \times 10^4}{C^2}$ 은 양변이 같으므로 소거한다.

$$\frac{Q_1^2}{d_1^5} \times L_1 = \frac{Q_2^2}{d_2^5} \times L_2$$

$$d_2^5 = \frac{Q_2^2 \times L_2}{Q_1^2 \times L_1} \times d_1^5$$

$$d_2 = \left(\frac{Q_2^2 \times L_2}{Q_1^2 \times L_1}\right)^{\frac{1}{5}} \times d_1$$

$Q_1 = 30\text{L/s} = 1800\text{L/min},\ Q_2 = (4000-1800)\text{L/min} = 2200\text{L/min}$

$L_1 = 220\text{m},\ L_2 = 140\text{m},\ d_1 = 200\text{mm}$

$$d_2 = \left(\frac{2200^2 \times 140}{1800^2 \times 220}\right)^{\frac{1}{5}} \times 200 = 197.98\text{mm}$$

○답 : 197.98mm

---

06 방호구역의 체적이 520m³인 전산실에 할로겐화합물소화약제인 HFC-23을 사용할 경우 아래 조건을 참조하여 다음 각 물음에 답하시오. (6점)

[조건]
① HFC-23의 소화농도는 A, C급 화재의 경우 12%이다.
② 전산실의 화재는 C급 화재로 간주한다.
② HFC-23의 저장용기는 68L이며 충전밀도는 720.8kg/m³이다.
③ 소화약제량 산정 시 선형상수를 이용하며 방사시 기준온도는 10℃이다.

소화약제	K₁	K₂
HFC-23	0.3164	0.0012

(1) 설계농도(%)를 구하시오.
(2) HFC-23의 필요한 약제량(kg)을 구하시오.
(3) HFC-23의 필요한 저장용기 수(병)를 구하시오.

풀이 (1) 설계농도(%)
○계산과정 : C = 소화농도 × K(안전계수) = 12% × 1.35 = 16.2%
○답 : 16.2%

(2) 필요한 약제량(kg)
○계산과정 : $V = 520\text{m}^3$
$S = K_1 + K_2 \times t = 0.3164 + 0.0012 \times 10 = 0.3284\text{m}^3/\text{kg}$
$W = \dfrac{520}{0.3284} \times \left(\dfrac{16.2}{100-16.2}\right) = 306.11\text{kg}$
○답 : 306.11kg

(3) 필요한 저장용기 수(병)
　　ㅇ계산과정 : $W = 68(\text{L}) \times 0.7208(\text{kg/L}) = 49.01\text{kg}$
　　　　　　　　$N = \dfrac{306.11\text{kg}}{49.01\text{kg}} = 6.25\text{병}$ ∴ 7병
　　ㅇ답 : 7병

상세해설

(1) HCFC 등의 소화약제량 산출 공식

$$W = \dfrac{V}{S} \times \left(\dfrac{C}{100-C}\right)$$

여기서, W : 소화약제의 무게(kg)
　　　　V : 방호구역의 체적(m^3)
　　　　S : 소화약제별 선형상수$(K_1 + K_2 \times t)(\text{m}^3/\text{kg})$
　　　　C : 체적에 따른 소화약제의 설계농도(%)
　　　　　[C=소화농도(%)$\times K$(안전계수, A급 : 1.2, B급 : 1.3, C급 : 1.35)]
　　　　　※ C급(통전상태)의 안전계수는 A급(전기차단상태)소화농도의 1.35
　　　　t : 방호구역의 최소예상온도(℃)

(2) HFC-23의 저장용기 수
　　용기 1병당 약제량(kg)

$$W = V(\text{L}) \times G(\text{kg/L})$$

여기서, V : 용기의 부피(L), G : 용기의 충전밀도(kg/L)

---

07 물계통의 소화설비에서 수원의 수위가 펌프보다 낮은 위치에 있는 가압송수장치에는 물올림장치를 설치한다. 다음 각 물음에 답하시오. (6점)

(1) 물올림장치를 설치하지 않아도 되는 경우를 쓰시오.
(2) 다음은 물올림장치의 설치기준이다. ( )안에 알맞은 답을 쓰시오.
　① 물올림장치에는 전용의 (㉠)를 설치할 것
　② 수조의 유효수량은 (㉡)L 이상으로 하되, 구경 (㉢)mm 이상의
　　(㉣)에 따라 해당 수조에 물이 계속 보급되도록 할 것

풀이 ㅇ답 : (1) 물올림장치를 설치하지 않아도 되는 경우
　　　　　　수원의 수위가 펌프보다 높은 위치에 있는 경우
　　　　(2) ( )안에 알맞은 답
　　　　　　㉠ 수조　　㉡ 100　　㉢ 15　　㉣ 급수배관

08 지상8층인 백화점에 습식스프링클러설비를 설치하고자 한다. 조건을 참조하여 각 물음에 답하시오. (7점)

[조건]
① 백화점은 내화구조이고 층당 바닥면적은 2500m²이다.
② 스프링클러헤드는 층당 80개가 설치되어 있다.
③ 펌프의 효율은 60%이며 전달계수는 1.1이다.
④ 낙차의 환산수두압 0.4MPa, 배관의 마찰손실은 낙차의 환산수두압의 20%, 펌프의 흡입수두는 3m로 한다.
⑤ 스프링클러헤드의 방수압력은 0.1MPa로 한다.

(1) 주 펌프의 전양정(m)를 구하시오.
(2) 주 펌프의 축동력(kW)을 구하시오.
(3) 필요한 유수검지장치의 개수를 구하시오.
(4) 주 펌프의 체절압력(MPa)을 구하시오.
(5) 헤드를 정방형으로 설치하는 경우 헤드간의 간격(m)을 구하시오.

풀이 (1) 주 펌프의 전양정
○계산과정 : $H = 40\text{m}(0.4\text{MPa}) + (40\text{m} \times 0.2) + 3\text{m} + 10\text{m} = 61\text{m}$
○답 : 61m

(2) 주 펌프의 축동력
○계산과정 : 물의 비중량 $\gamma_w = 9.8\text{kN/m}^3$

펌프의 토출량 $Q = 30 \times 80\text{L/min} = 2400\text{L/min} = 2.4\text{m}^3/60\text{s}$
전양정 $H = 61\text{m}$
펌프의 효율 $= 60\% = 0.6$

$$P = \frac{9.8 \times (2.4\text{m}^3/60\text{s}) \times 61\text{m}}{0.6} = 39.85\text{kW}$$

○답 : 39.85kW

(3) 필요한 유수검지장치의 개수
○계산과정 : $N = 8\text{층} \times \dfrac{1\text{개}}{\text{층}} = 8\text{개}$

○답 : 8개

(4) 주 펌프의 체절압력
　　○ 계산과정 : 전양정을 압력단위로 환산
$$P = \gamma H = 9.8 \text{kN/m}^3 \times 61\text{m} = 597.8 \text{kN/m}^2 (\text{kPa}) = 0.60 \text{MPa}$$
　　　　　　　체절압력 $P = 0.60 \text{MPa} \times 1.4 = 0.84 \text{MPa}$
　　○ 답 : 0.84MPa

(5) 헤드간의 간격
　　○ 계산과정 : $S = 2r\cos 45° = 2 \times 2.3 \times \cos 45° = 3.25\text{m}$
　　○ 답 : 3.25m

상세해설

1. 폐쇄형스프링클러헤드를 사용하는 경우

(1) 주 펌프의 토출량 계산
　　$Q = N \times 80\text{L/min}$ (N : 기준개수 또는 기준개수보다 적은 경우 설치개수)

(2) 전용수원의 확보량
　　$Q = N \times 1.6\text{m}^3$ (N : 기준개수 또는 기준개수보다 적은 경우 설치개수)

(3) 축동력
$$P(\text{kW}) = \frac{\gamma QH}{E}$$

　　여기서, γ : 비중량(물의 비중량 = 9.8kN/m³), Q : 토출량(m³/s)
　　　　　　H : 전양정(m), E : 효율(%/100)

2. 헤드의 기준개수(폐쇄형)

소방대상물			기준개수
지하층 제외 10층 이하	공장	특수가연물	30개
		그 밖의 것	20개
	근린생활시설 · 판매시설 · 운수시설 또는 복합건축물	판매시설 또는 복합건축물(판매시설 설치 복합건축물)	30개
		그 밖의 것	20개
	그 밖의 것	헤드높이 8m 이상	20개
		헤드높이 8m 이하	10개
아파트			10개
지하층 제외 11층 이상 · 지하가 또는 지하역사			30개

※ 아파트 등의 각 동이 주차장으로 서로 연결된 구조인 경우 해당 주차장 부분의 기준개수는 30개로 할 것

3. 폐쇄형스프링클러헤드를 사용하는 설비의 방호구역 및 유수검지장치
(1) 하나의 방호구역의 바닥면적은 3,000m²를 초과하지 않을 것
(2) 하나의 방호구역에는 1개 이상의 유수검지장치를 설치할 것
(3) 하나의 방호구역은 2개 층에 미치지 않도록 할 것

09 아래 그림은 특정소방대상물에 설치한 가압송수장치인 펌프 주변 상세도이다. 각 물음에 답하시오. (4점)

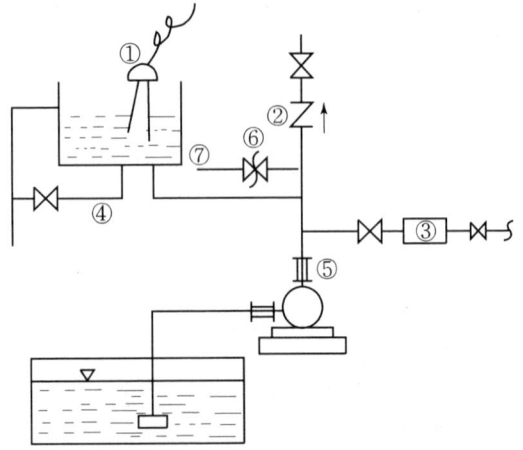

(1) 그림에서 각 번호의 명칭을 쓰시오.
(2) 후렉시블조인트의 설치목적을 쓰시오.
(3) 그림에서 ⑦번 배관의 설치이유를 간단히 쓰시오.
(4) 소방대 연결송수구와 체크밸브 사이에 자동배수장치를 설치하는 이유를 2가지만 쓰시오.

○답 : **(1) 각 번호의 명칭**
① 감수경보장치 ② 체크밸브 ③ 유량계 ④ 배수관
⑤ 후렉시블조인트 ⑥ 릴리프밸브 ⑦ 순환배관

(2) 후렉시블조인트의 설치목적
배관 내 진동을 흡수하여 배관 및 부속품의 파손방지

(3) ⑦번 배관의 설치이유
펌프의 체절 운전시 체절압력 이하에서 과압을 방출하여 수온의 온도상승을 방지

(4) 자동배수장치를 설치하는 이유 2가지
① 동파방지 ② 배관부식방지

00년-04월, 02년-07월, 16년-06월

10 배관내의 유체온도 및 외부온도의 변화에 따라 배관이 팽창 또는 수축을 함으로 배관, 기구의 파손이나 굽힘을 방지하기 위하여 배관도중에 신축이음을 한다. 이때 사용되는 신축이음의 종류 5가지를 쓰시오. (5점)

○답 : ① 슬리브형 ② 벨로우즈형 ③ 굴곡관형 ④ 스위블형 ⑤ 볼조인트형

신축이음의 종류

① 슬리브형 신축 이음(미끄럼 이음 : Slide Type expansion joint)
　직관의 선팽창을 흡수하며 벨로우즈형보다 큰 압력의 온도에 견딜 수 있다.
② 굴곡관형 신축 이음(만곡관형 이음 : Bending pipe joint)
③ 벨로우즈형 신축 이음(파형 이음 : Bellows Type expansion joint)
④ 스위블형 신축 이음(스윙형 이음) : 배관상 2개 이상의 엘보를 설치하여 신축을 흡수한다.
　※ 팽창과 수축의 흡수량 순서
　　굴곡관형 > 슬리브형 > 벨로우즈형 > 스위블형
⑤ 볼조인트형

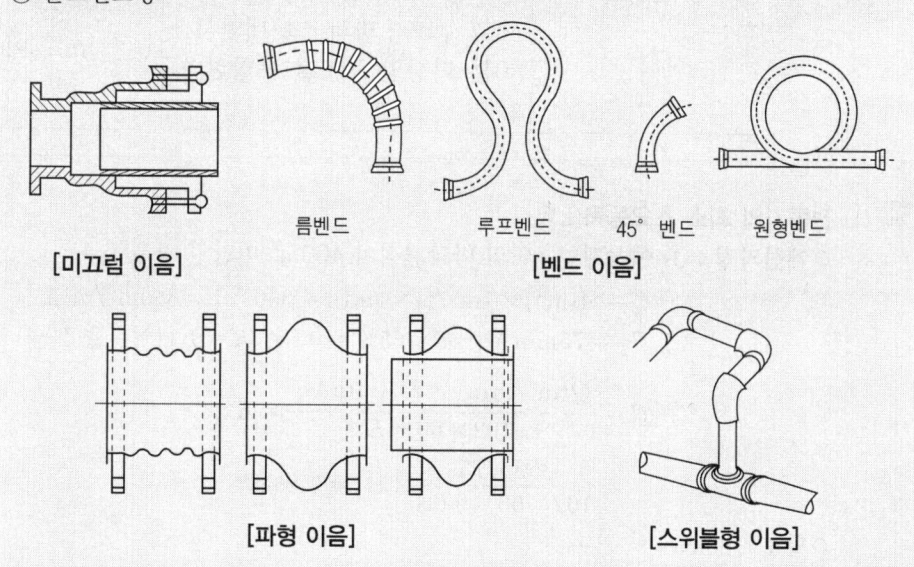

제 4 편 소방설비기사 과년도 출제문제

15년-11월 유사, 20년-11월 기출

11 특별피난계단의 계단실 및 부속실 제연설비에 대한 다음 각 물음에 답하시오.
(7점)

(1) 화재실의 바닥면적이 350m², FAN의 효율 65%, 전압이 75mmAq일 때 제연 FAN을 구동하기 위한 전동기의 최소 소요동력(kW)를 구하시오. (단, 전동기의 여유율은 10%로 한다.)
(2) 제연구역의 선정기준을 3가지만 쓰시오.
(3) 방연풍속은 제연구역의 선정방식에 따라 다음 표의 기준에 따라야 한다. 빈칸의 ( )안에 알맞은 답을 쓰시오.

제연구역		방연풍속
계단실 및 그 부속실을 동시에 제연하는 것 또는 계단실만 단독으로 제연하는 것		(①)m/s 이상
부속실만 단독으로 제연하는 것	부속실 또는 승강장이 면하는 옥내가 거실인 경우	(②)m/s 이상
	부속실이 면하는 옥내가 복도로서 그 구조가 방화구조(내화시간 30분 이상인 구조를 포함한다)인 것	(③)m/s 이상

풀이 (1) 전동기의 최소 소요동력(kW)
　○계산과정 : ① 예상제연구역의 바닥면적이 400m² 미만인 경우
$$Q = A(m^2) \times 1m^3/m^2 \cdot min = 350 \times 1 = 350 m^3/min$$
② $P_T = 75\text{mmAq}, \ E = 65\% = 0.65, \ K = 1.1$(여유율 10%)
③ $P = \dfrac{Q(m^3/min) \times P_T(\text{mmAq})}{102 \times 60 \times E} \times K$
$\quad = \dfrac{350 \times 75}{102 \times 60 \times 0.65} \times 1.1 = 7.26\text{kW}$

　○답 : 7.26kW

(2) 제연구역의 선정기준
　○답 : ① 계단실 및 그 부속실을 동시에 제연하는 것
　　　　② 부속실만을 단독으로 제연하는 것
　　　　③ 계단실만 단독 제연하는 것

(3) ○답 : ① 0.5　② 0.7　③ 0.5

상세해설

배풍기의 전동기동력 계산방법

$$P(\text{kW}) = \frac{Q(\text{m}^3/\text{min}) \times P_T(\text{mmAq})}{102 \times 60 \times E} \times K$$

여기서, Q : 풍량, P_T : 전압, E : 펌프의 효율, K : 전달계수

21년-04월 기출

12 특정소방대상물에 피난기구를 설치하고자 한다. 다음 조건을 참조하여 각 물음에 답하시오. (6점)

[조건]
(1) 각 특정소방대상물의 구조, 바닥면적, 용도는 다음과 같다.
  ① 바닥면적은 1,200m²이며 주요구조부가 내화구조이고 거실의 각 부분으로 직접 복도로 피난할 수 있는 4층의 학교(강의실 용도로 사용되는 층)
  ② 바닥면적은 800m²이며 5층의 객실 수가 6개인 숙박시설
  ③ 바닥면적은 1,000m²이며 주요구조부가 내화구조이고 직통계단인 피난계단이 2개소 설치된 8층 병원
(2) 피난기구 중 간이완강기는 설치하지 않는 것으로 가정한다.
(3) 만약 피난기구를 설치하지 않아도 되는 경우에는 계산과정을 적지 아니하고 답란에 0으로 쓰시오.

(1) ①, ②, ③ 의 특정소방대상물에 설치하여야 할 피난기구의 개수를 각각 구하시오.
(2) ②의 경우 적응성 있는 피난기구 3가지를 쓰시오.
   (단, 완강기와 간이완강기는 제외하고 답할 것)

풀이 (1) ① 4층의 학교(강의실 용도) : ○답 : 0개
  ② 5층의 객실수 6개인 숙박시설
   ○계산과정 : • 바닥면적별 설치개수 $N = 800\text{m}^2 \times \dfrac{1\text{개}}{500\text{m}^2} = 1.6\text{개}$ ∴ 2개

   • 객실마다 완강기 추가설치 개수 $N = 6(\text{객실수}) \times \dfrac{1\text{개}}{\text{객실}} = 6\text{개}$

   • 총 설치개수 $N = 2\text{개} + 6\text{개} = 8\text{개}$
   ○답 : 8개

③ 피난계단이 2개소 설치된 8층 병원

○ 계산과정 : • 바닥면적별 설치개수 $N = 1{,}000\text{m}^2 \times \dfrac{1\text{개}}{500\text{m}^2} = 2$개

• 피난기구의 설치감소 $N = 2\text{개} \times \dfrac{1}{2} = 1$개

• 설치개수 $N = 2\text{개} - 1\text{개} = 1$개

○ 답 : 1개

(2) ②의 경우 적응성 있는 피난기구

○ 답 : 피난사다리, 구조대, 피난교, 다수인피난장비, 승강식피난기

상세해설

1. 피난기구 설치제외
- 주요구조부가 내화구조로서 거실의 각 부분으로 직접 복도로 피난할 수 있는 학교(강의실 용도로 사용되는 층)

2. 피난기구의 설치기준
(1) 층마다 설치
(2) 설치개수 산정기준

층의 용도	설치개수 기준
• 숙박시설 · 노유자시설 및 의료시설	바닥면적 500m²마다 1개 이상
• 위락시설 · 문화집회 및 운동시설 · 판매시설 • 복합용도	바닥면적 800m²마다 1개 이상
• 계단실형 아파트	각 세대마다 1개 이상
• 그 밖의 용도	바닥면적 1,000m²마다 1개 이상

(3) 숙박시설(휴양콘도미니엄을 제외)의 경우에는 추가로 객실마다 완강기 또는 둘 이상의 간이완강기를 설치할 것

3. 피난기구설치의 감소
(1) 피난기구를 설치하여야 할 소방대상물중 다음 각 호의 기준에 적합한 층에는 피난기구의 2분의 1을 감소할 수 있다. 이 경우 설치하여야 할 피난기구의 수에 있어서 소수점 이하의 수는 1로 한다.
① 주요구조부가 내화구조로 되어 있을 것
② 직통계단인 피난계단 또는 특별피난계단이 2 이상 설치되어 있을 것
(2) 피난기구를 설치하여야 할 소방대상물 중 주요구조부가 내화구조이고 다음 각 호의 기준에 적합한 건널 복도가 설치되어 있는 층에는 피난기구의 수에서 해당 건널 복도의 수의 2배의 수를 뺀 수로 한다.
① 내화구조 또는 철골조로 되어 있을 것
② 건널 복도 양단의 출입구에 자동폐쇄장치를 한 60분+ 방화문 또는 60분 방화문(방화셔터를 제외한다)이 설치되어 있을 것
③ 피난 · 통행 또는 운반의 전용 용도일 것

(3) 피난기구를 설치하여야 할 소방대상물 중 다음 각 호에 기준에 적합한 노대가 설치된 거실의 바닥면적은 피난기구의 설치개수 산정을 위한 바닥면적에서 이를 제외한다.
① 노대를 포함한 소방대상물의 주요구조부가 내화구조일 것
② 노대가 거실의 외기에 면하는 부분에 피난 상 유효하게 설치되어 있어야 할 것
③ 노대가 소방사다리차가 쉽게 통행할 수 있는 도로 또는 공지에 면하여 설치되어 있거나, 또는 거실부분과 방화 구획되어 있거나 또는 노대에 지상으로 통하는 계단 그 밖의 피난기구가 설치되어 있어야 할 것

4. 소방대상물의 설치장소별 피난기구의 적응성

층별 구분	1층	2층	3층	4층 이상 10층 이하
노유자시설			미구교다승	구¹⁾교다승
의료시설 · 근린생활시설 중 입원실이 있는 의원 · 접골원 · 조산원			미트구교다승	트구교다승
다중이용업소로서 영업장의 위치가 4층 이하인 다중이용업소			미사구 완다승	
그 밖의 것			트공³⁾간²⁾미사구 완다승	공³⁾간²⁾교사구 완다승

[비고] 1) 구조대의 적응성은 장애인 관련 시설로서 주된 사용자 중 스스로 피난이 불가한 자가 있는 경우 추가로 설치하는 경우에 한한다.
2) 간이완강기의 적응성은 숙박시설의 3층 이상에 있는 객실에 한한다.
3) 공기안전매트의 적응성은 공동주택에 추가로 설치하는 경우에 한한다.

어두문자 암기방법

피난용트랩 ⇒ 트   피난교 ⇒ 교
피난사다리 ⇒ 사   미끄럼대 ⇒ 미
구조대 ⇒ 구   다수인피난장비 ⇒ 다
승강식피난기 ⇒ 승   완강기 ⇒ 완
간이완강기 ⇒ 간   공기안전매트 ⇒ 공

14년-04월

13 아래의 소방시설 도시기호에 대한 명칭을 쓰시오. (5점)

(1) 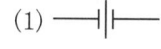   (2) ━┫　┣━

(3) 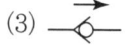   (4) ━┨H┠━

(5)

풀이 ○답 : (1) 유니온 (2) 라인프로포셔너 (3) 가스체크밸브 (4) 옥외소화전 (5) 포헤드(입면도)

01년-07월, 13년-11월, 17년-04월 기출

14 스프링클러 가압송수장치의 성능시험을 위하여 오리피스로 시험한 결과 그림과 같이 수은주의 높이차가 200mm로 측정되었다. 이 오리피스를 통과하는 유량(L/s)은 얼마인가? (단, 마노미터속 유체비중은 4, 유량계수 C=0.95, 중력가속도 g=9.8m/s² 이다.) (5점)

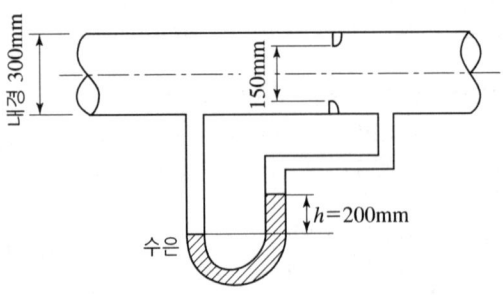

○ 계산과정 : $Q = C_0 \dfrac{A_2}{\sqrt{1-m^2}} \sqrt{2g \dfrac{(\gamma_1 - \gamma_2)}{\gamma_2} R}$

$m = \dfrac{A_2}{A_1} = \left(\dfrac{D_2}{D_1}\right)^2 = \left(\dfrac{0.15}{0.30}\right)^2 = 0.25$

$C_0 = 0.95$, $g = 9.8 \text{m/s}^2$, $S = 4$, $R = 200\text{mm} = 0.2\text{m}$

$Q = \dfrac{0.95 \times (\pi/4) \times 0.15^2}{\sqrt{1-0.25}} \sqrt{2 \times 9.8 \times 0.2 \times (4-1)} \times 1000$

$= 66.48 \text{L/s}$

○ 답 : 66.48L/s

상세해설

오리피스미터의 이론유량 $Q = \dfrac{A_2}{\sqrt{1-m^2}} \sqrt{2g\Delta h (S-1)}$

오리피스미터의 실제유량 $Q = \dfrac{CA_2}{\sqrt{1-m^2}} \sqrt{2g\Delta h (S-1)}$

$C(\text{유량계수}) = \dfrac{Q_r(\text{실제유량})}{Q_{th}(\text{이론유량})}$

알고갑시다 ☞ 유량계수 C에 대하여

실제유체의 흐름에 있어서는 유체의 점성으로 인한 에너지의 손실이 있을 뿐 아니라 각 단면에서 유속분포가 균일하지 않으므로 계산된 유량보다 약간 작은 유량이 계산된다. 따라서 계산된 유량에 유량계수 C를 곱한 것이 실제유량이 된다. C값은 오리피스미터의 종류나 유량의 크기에 따라 약간의 차이가 있으나 대략 0.92~0.99의 값을 갖는다.

15 에탄을 저장하는 창고에 이산화탄소소화설비를 설치하려고 할 때 다음 조건을 참조하여 각 물음에 답하시오. (6점)

> [조건] 가. 전역방출방식(고압식)이며 표면화재 방호대상물로 간주한다.
> 나. 저장창고의 방호구역체적은 6m×6m×5m이다.
> 다. 이산화탄소의 설계농도는 40%이며 보정계수는 1.2이다.
> 라. 개구부는 1m×1m, 1m×2m 2개소이며 자동폐쇄장치가 설치되어 있지 않다.
> 바. 기타의 조건은 화재안전기술기준을 적용한다.

(1) 필요한 이산화탄소소화약제의 양(kg)을 계산하시오.
(2) 방호구역 내에 이산화탄소가 설계농도로 유지될 때의 산소의 농도(%)는 얼마인가?

풀이 (1) 필요한 이산화탄소소화약제의 양(kg)
  ○ 계산과정 : $Q = (6 \times 6 \times 5)\text{m}^3 \times 0.8\text{kg/m}^3 \times 1.2 + (1 \times 1 + 1 \times 2)\text{m}^2 \times 5\text{kg/m}^2$
  $= 187.8\text{kg}$
  ○ 답 : 187.8kg

(2) 산소의 농도(%)
  ○ 계산과정 : $CO_2(\%) = \dfrac{21 - O_2(\%)}{21} \times 100$
  $40(\%) = \dfrac{21 - O_2(\%)}{21} \times 100$, $0.4 = \dfrac{21 - O_2(\%)}{21}$
  $21 - O_2(\%) = 0.4 \times 21$, $O_2(\%) = 21 - 8.4 = 12.6(\%)$
  ○ 답 : 12.6%

상세해설

(1) 표면화재의 방호구역 체적계수 및 면적계수

방호구역의 체적 (m³)	방호구역의 체적 1m³에 대한 소화약제의 양 kg (K_1 : kg/m³)	저장량의 최저한도량 (kg)	개구부 가산량 (K_2 : kg/m²) (자동폐쇄장치 미설치시)
45 미만	1	45	5
45 이상 150 미만	0.9		
150 이상 1450 미만	0.8	135	
1450 이상	0.75	1125	

[K_1(kg/m³) : 방호구역 체적계수, K_2(kg/m²) : 개구부 면적계수]

(2) 전역방출방식 표면화재 방호대상물의 약제저장량

$$Q = V \times K_1 + A \times K_2$$

여기서, Q : CO_2약제저장량(kg), V : 방호구역체적(m^3), A : 개구부면적(m^2)
K_1 : 방호구역 체적계수(kg/m^3), K_2 : 개구부 면적계수(kg/m^2)

※ 설계농도가 34% 이상인 방호대상물의 소화약제량은 산출한 기본 소화약제량에 보정계수를 곱하여 산출한다.

16
다음은 소화기구 및 자동소화장치의 화재안전기술기준 중 주거용자동소화장치의 설치기준이다. ( )안에 알맞은 답을 쓰시오. **(4점)**

(1) 소화약제 방출구는 (①)과 분리되어 있어야 하며, 형식승인 받은 유효설치 (②) 및 (③)에 따라 설치할 것
(2) 탐지부는 수신부와 분리하여 설치하되, 메탄가스를 사용하는 경우에는 (④)면으로부터 (⑤)cm 이하의 위치에 설치하고, 프로판가스를 사용하는 장소에는 (⑥)면으로부터 (⑦)cm 이하의 위치에 설치할 것

답 : (1) ① 환기구의 청소부분   ② 높이   ③ 방호면적
(2) ④ 천장   ⑤ 30   ⑥ 바닥   ⑦ 30

상세해설

※ 메탄가스의 증기비중(0.55) - 공기보다 가벼운 가스
프로판가스의 증기비중(1.52) - 공기보다 무거운 가스

주거용 주방자동소화장치의 설치기준
(1) 소화약제 방출구는 환기구(주방에서 발생하는 열기류 등을 밖으로 배출하는 장치를 말한다. 이하 같다)의 **청소부분**과 분리되어 있어야 하며, 형식승인 받은 유효설치 **높이** 및 **방호면적**에 따라 설치할 것
(2) 감지부는 형식승인 받은 유효한 높이 및 위치에 설치할 것
(3) 차단장치(전기 또는 가스)는 상시 확인 및 점검이 가능하도록 설치할 것
(4) 가스용 주방자동소화장치를 사용하는 경우 **탐지부**는 수신부와 분리하여 설치하되, 공기보다 가벼운 가스를 사용하는 경우에는 **천장면으로부터 30cm 이하의 위치**에 설치하고, 공기보다 무거운 가스를 사용하는 장소에는 **바닥면으로부터 30cm 이하의 위치**에 설치할 것
(5) 수신부는 주위의 **열기류** 또는 습기 등과 **주위온도**에 영향을 받지 않고 사용자가 상시 볼 수 있는 장소에 설치할 것

소방설비기사 실기 – 기계편

1판 2쇄 발행	2010년 5월 10일
개정2판 발행	2011년 3월 25일
개정3판 발행	2012년 4월 5일
개정4판 발행	2013년 3월 5일
개정5판 발행	2014년 3월 5일
개정6판 발행	2015년 3월 5일
개정7판 발행	2016년 2월 28일
개정8판 발행	2017년 2월 10일
개정9판 발행	2018년 2월 28일
개정10판 발행	2019년 2월 1일
개정11판 발행	2020년 2월 10일
개정12판 발행	2021년 2월 10일
개정13판 발행	2022년 2월 20일
개정14판 발행	2023년 2월 10일
개정15판 발행	2024년 1월 20일
개정16판 발행	2025년 1월 15일
개정17판 발행	2025년 5월 15일

지은이 ▪ 강석민 · 정진홍
펴낸이 ▪ 홍세진
펴낸곳 ▪ 세진북스

주소 ▪ (우)10207 경기도 고양시 일산서구 산율길 56(구산동 145-1)
전화 ▪ 031-924-3092
팩스 ▪ 031-924-3093
홈페이지 ▪ http://www.sejinbooks.kr

출판등록 ▪ 제 315-2008-042호(2008.12.9)
ISBN ▪ 979-11-5745-710-6 13530

값 ▪ 40,000원

- 이 책의 출판권은 도서출판 세진북스가 가지고 있습니다.
- 이 책의 일부 또는 전체에 대한 무단 복제와 전재를 금합니다.

 세진북스에는 당신과 나 그리고 우리의 미래가 있습니다.